Synthetic Organic Chemistry

유기합성화학

조병태 지음

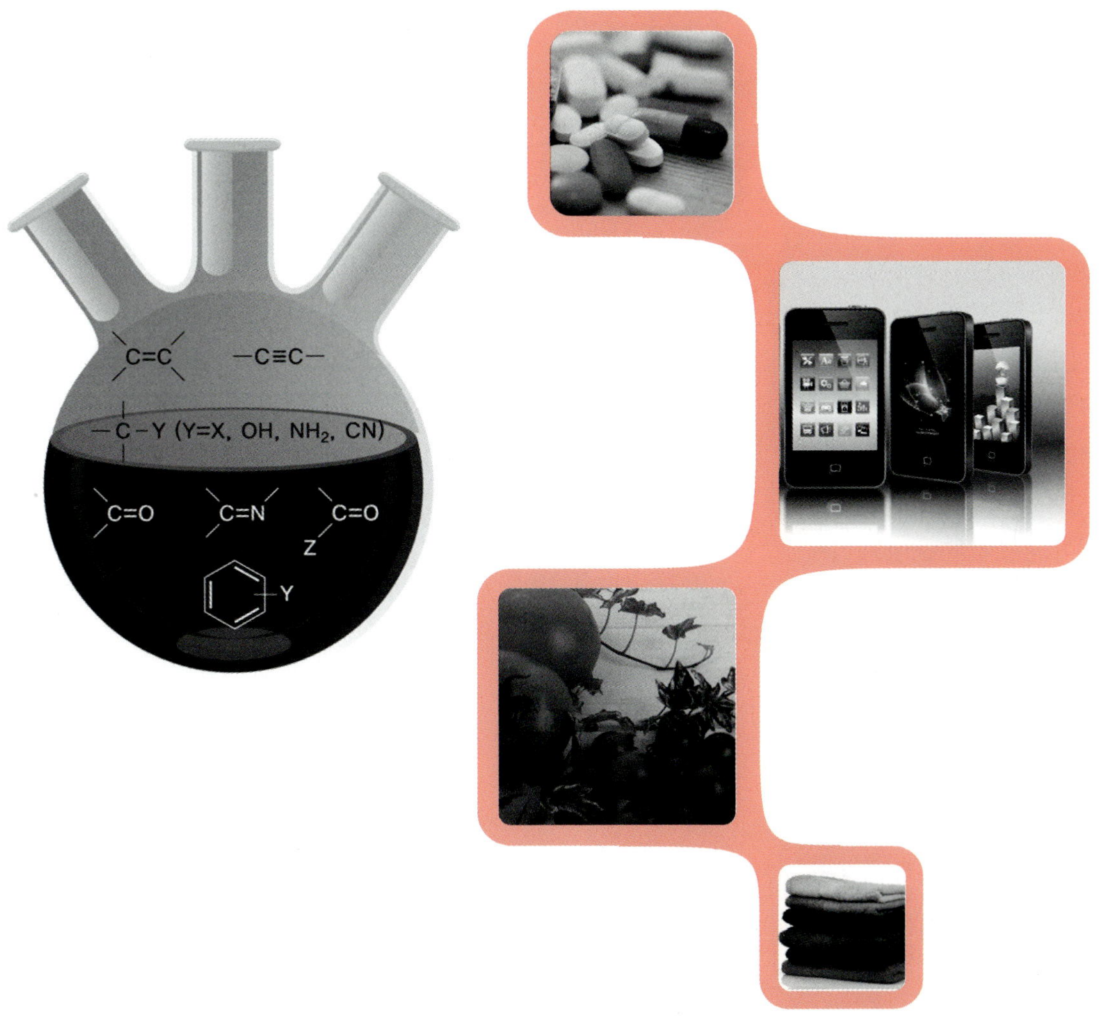

자유아카데미

머리말

이 책은 유기 합성 분야에 관심을 가진 학부 고급 학년 학생들과 대학원 초급 과정 학생들이 유기 합성을 좀 더 체계적으로 공부할 수 있도록 안내하기 위한 입문 교재이다. 유기 합성이란 유기 반응을 핵심 도구로 사용하여 탄소 원자와의 기존 결합을 변경시키거나 새로운 결합을 생성시킴으로써 어떤 특정 유기 분자 (목표 분자)를 인공적으로 만들어 내는 수단과 방법을 통틀어 일컫는 용어이다. 따라서 유기 합성을 잘 시행하려면 다양한 종류의 합성 반응을 체계적이고 원리적으로 이해하여 각 반응이 가지고 있는 반응 특성과 유용성을 목표 분자를 합성하는 데 잘 활용할 수 있어야 한다.

학부에서 시행되는 유기 합성 강의는 적어도 한 학기 이상 유기 화학을 이수한 학생을 대상으로 개설되는 것이 보통이다. 유기 화학과 유기 합성 강의는 추구하는 학습 목표가 서로 다르다. 유기 화학 강의의 학습 목표는 유기 화합물의 구조, 결합, 성질, 명명법, 반응 등을 종합적으로 폭넓게 이해시키는 데 있다. 그러나 유기 합성 강의의 학습 목표는 목표 분자의 효율적 합성에 필요한 다양한 합성 방법과 반응의 원리를 체계적으로 이해하고 이를 응용하기 위한 통합적 지식을 습득하는 데 있다. 현재 다양한 종류의 유기 합성 교재가 시중에 나와 있으나 내용이 너무 방대하고 전문적이어서 학부 학생 또는 초급 대학원생이 이용하기에 적당하지 않은 경우가 대부분이다. 따라서 본 교재에서는 이런 학생들이 유기 합성에 관한 공부를 보다 쉽게 할 수 있도록 학습 내용과 수준을 학부 유기 화학 교재 내용을 크게 벗어나지 않은 범위 내에서 유기 합성의 학습 목표에 부합되도록 조정하여 편성하였다. 또한 실제 목표 분자를 합성할 때 중요하게 사용되는 합성 반응 (도구)이지만 학부 유기 화학 교재에서 다소 미흡하게 다루고 있는 산화 반응 (5장), 환원 반응 (6장), 역합성 분석 (7장), 보호기 (7장) 및 반응 선택성 (13장) 등에 관한 내용을 수준에 맞추어 추가 또는 보완하였다. 이 밖에 유기 합성의 핵심 수단에 해당하는 작용기 전환 반응 (8장)과 탄소–탄소 결합 반응 (9장~12장)을 통합적으로 체계화시키고 보완하였다.

이 교재는 다음과 같은 내용을 4부 14장으로 나누어 구성하였으며, 복습과 예습 효과를 높이기 위하여 각 장마다 도입부에 그 장에서 다룰 학습 내용을 총론적으로 먼저 기술하였다.

제1부는 유기 합성의 필요성, 설계와 전략, 유기 합성 반응의 분류와 소개 등 이 교재에서 공부할 전반적인 내용을 개괄적으로 기술한 한 개의 장 (1장)으로 구성되어 있다.

제2부는 치환 반응 (2장), 제거 반응 (3장), 첨가 반응 (4장), 산화 반응 (5장), 환원 반응 (6장) 등 다섯 개의 장으로 구성되어 있다. 제2부에서는 대부분의 학부 유기 화학 교재에서 작용기별로 분산하여 기술되어 있는 유기 반응을 합성 반응 중심으로 통합 분류하여 반응의 원리 (메커니즘)와 특성, 이에 해당하는 구체적 합성 반응 예들을 기술함으로써 합성 반응에 대한 통합적 이해와 활용성이 제고되도록 편성하였다.

제3부는 역합성 분석, 보호기와 선택 반응 (7장), 작용기 전환과 생성 반응 (8장), 탄소-탄소 단일 결합 형성 반응 (9장과 10장), 고리형 협동 반응, 짝지음 반응과 복분해 반응 (11장), 탄소-탄소 다중 결합 생성 반응 (12장)과 반응 선택성 (13장) 등 일곱 개의 장으로 구성되어 있다. 제3부에서는 목표 물질을 (1) '어떻게 효율적으로 합성할 것인가', (2) '실행 가능한 합성 전략을 어떻게 세울 것인가', (3) '어디서, 어떻게 시작할 것인가'에 대한 핵심 수단과 방법으로 역합성 분석의 기본 개념, 작용기에 대한 보호기, 반응 선택성, 작용기의 도입과 생성 반응과 탄소 골격 형성 반응 등에 관한 내용을 중심으로 기술하였다.

제4부는 유기 합성의 응용 편으로 생리 활성을 나타내는 천연물 몇 종과 세계적으로 가장 많이 판매되는 의약품 몇 종을 대표 목표 분자로 선정하여 이들의 합성법이 어떻게 설계되고 어떤 방법으로 합성되었는지를 분석하고 살펴보는 한 개의 장 (14장)으로 구성되어 있다.

이 교재는 유기 합성 공부를 처음 시작하는 학생들을 위해 만든 입문서에 해당되는 만큼 학생들이 새로운 유기 합성 반응에 관한 보다 많은 학술 정보를 다양하게 활용하려면 이 교재에서 취급한 학습 내용을 기초로 하여 각종 유기 합성 관련 학술지에 발표되는 논문을 비롯하여 특정 반응에 관해 기술한 리뷰 논문 및 단행본 등을 참고할 것을 강력히 추천한다.

아울러, 학생들이 인터넷을 이용하여 스스로 공부할 수 있게 나음과 같이 유기 합성 반응과 천연물 전합성에 관련된 유익한 학술 정보를 제공하는 무료 온라인 사이트를 소개하고자 한다.

유기 합성 반응 관련 사이트: http://www.orgsyn.org/
http://www.organic-chemistry.org/synthesis/
천연물 전합성 관련 사이트: http://www.synarchive.com/

끝으로 이 교재가 출판되도록 지원해 주신 자유아카데미 주정희 사장님, 임철석 부사장님, 편집부 여러분께 깊은 감사의 말씀을 드린다.

2014년 1월

조 병 태

저자 소개

조병태

서울대학교 약학대학 약학과 졸업

서강대학교 화학과 대학원 졸업 (이학 박사)

KIST 유기합성실 연구원

동화약품 공업주식회사 합성 실장, 이사, 감사 역임

Purdue 대학교 화학과 박사 후 연구원 및 방문 교수

한림대학교 자연과학대학 화학과 교수

현재 한림대학교 자연과학대학 화학과 명예 교수

저서: 유기화학 (자유아카데미, 2011)

논문: 비대칭 환원 및 알킬화 반응에 관련된 80여 편

기타 저작물 (book chapter 저자):

- Boronic acids: Preparation, Applications in Organic Synthesis and Medicine (D. G. Hall, Ed. 2005, Wiley-VCH, Chapter 11)
- Organoboranes for Syntheses (P. V. Ramachandran and H. C. Brown, Ed. 2001, American Chemical Society, Chapter 9)

차례

Contents

제1부 유기 합성의 소개

제2부 합성 반응의 이해

차 례

Contents

차례

Contents

제3부 유기 합성의 수단과 방법

차례

Contents

제4부 유기 합성의 실제

부록

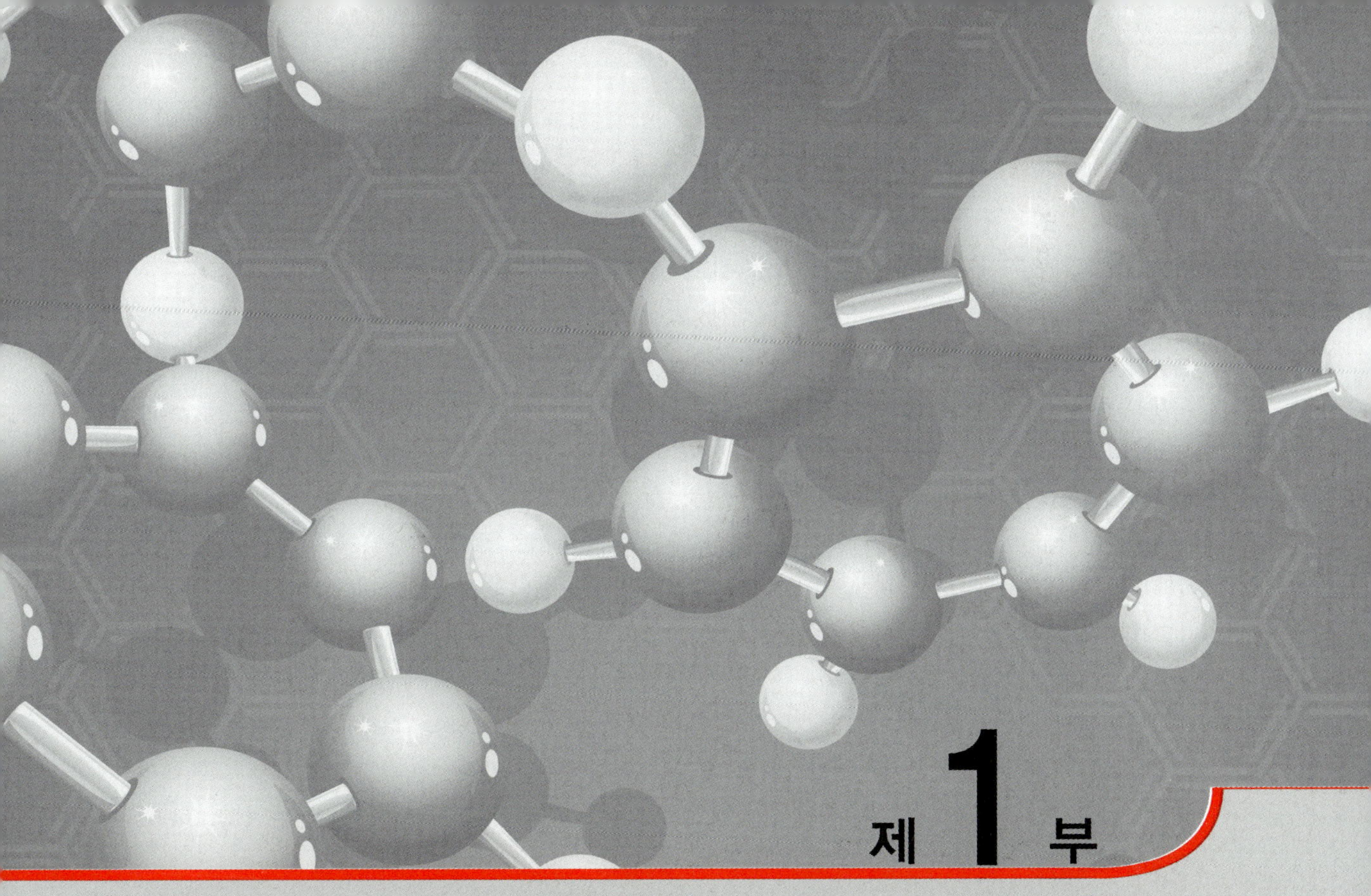

제 1 부

유기 합성의 소개

CHAPTER 01 유기 합성 서론

유기 화합물은 탄소–탄소 또는 탄소–헤테로 원자 (수소, 할로젠, 산소, 황, 질소, 인 등)가 단일 결합, 이중 또는 삼중 결합 형태로 공유 결합을 하고 있는 물질이다. **유기 합성** (organic synthesis)이란 유기 반응을 이용하여 구조가 간단하고 작은 분자인 **출발물** (starting materials, SM, 또는 **반응 기질**)로부터 구조가 보다 복잡하고 큰 분자인 **목표 분자** (targeting molecule, TM 또는 **생성물**)를 인공적으로 만들어 내는 수단과 방법을 통틀어 일컫는 용어로서, 이를 학문적으로 연구하고 공부하는 분야를 **유기 합성 화학** (synthetic organic chemistry)이라고 한다. 유기 합성의 대상은 천연물은 물론 인공적으로 고안된 모든 유기 화합물로서, 의약품, 농약, 식품 첨가물, 합성 플라스틱, 합성 섬유, 유기 재료 (액정, 유기 발광 소자, 고분자 재료 등) 등을 모두 포함한다. 유기 합성은 목표 분자의 합성에 중점을 둔 **전합성** (total synthesis)과 합성 반응에 유용하게 사용될 수 있는 새로운 반응, 시약, 촉매 또는 실용적인 응용 방법 (합성 개량법) 등과 같이 합성 방법에 중점을 둔 **합성 방법론** (synthetic methodology)으로 크게 구분할 수 있다 (그림 1.1).

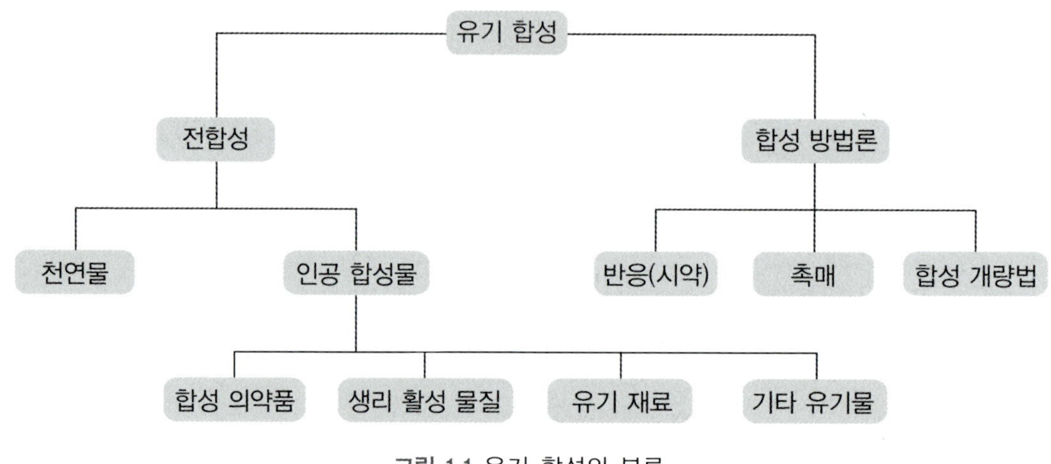

그림 1.1 유기 합성의 분류

1.1 유기 합성의 배경과 필요성

배경

유기 화합물에 대한 화학적 정보가 본격적으로 알려지기 시작한 역사는 불과 200년에 지나지 않는다. 그러나 인간은 수천년 전부터 경험을 통하여 자연으로부터 삶에 유용한 유기 물질

(천연물)을 얻어 내고, 그것을 활용하는 지혜를 축적해 왔다. 예를 들어, BC 2000년경에 중동 지역에 나타난 수메르 (sumer) 문명 시대에 만들어진 비석에 버드나무 껍질을 두통 치료에 사용한 기록이 있고 (현재의 아스피린을 발견하는 단초를 제공), 과학 문명이 발선하기 전부터 남미의 토착민들은 식물 (woorari)에서 얻은 물질을 동물 사냥용 화살 독으로 사용해 오고 있다 (이 물질은 신경독성 물질로 신경 마비를 일으키는 curare임이 나중에 밝혀짐). 또한, 고대로부터 사람들은 식물에서 추출한 파란색 색소인 indigo와 빨간색 색소인 alizarin 등과 같은 색소들을 옷감 염색에 사용하였다. 그러나 이러한 천연 자원 (식물)으로부터 필요한 성분을 직접 얻어 사용하는 방법은 오늘날 늘어난 인구와 지구 환경을 감안할 때 자원의 유한성 (원료 공급의 제한성과 지속성) 때문에 더 이상 지속할 수 없게 되었다.

1828년 독일 화학자인 F. Wöhler가 무기물인 ammonium cyanate에서 유기물인 요소 (urea)를 처음으로 합성하였다. 이는 그 당시 유기물은 생명력을 가진 유기물에서만 얻을 수 있다는 고정 관념을 수정하는 데 큰 의미를 부여한 역사적인 발견이었다.

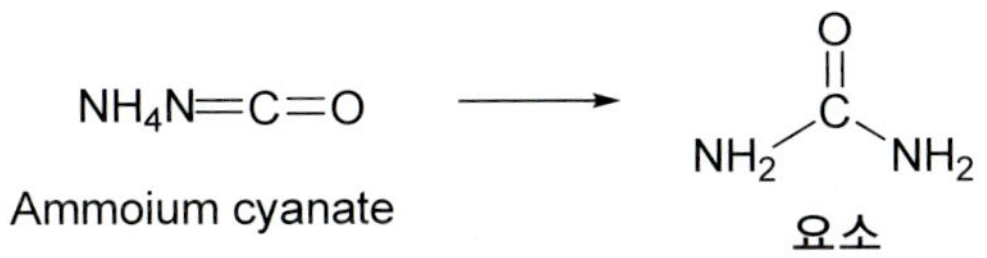

$$NH_4N{=}C{=}O \longrightarrow H_2N{-}C({=}O){-}NH_2$$

Ammoium cyanate → 요소

그 후 유기 화학자들은 사람들의 실생활에 필요한 염료, 의약품, 비료 등과 같은 유기물의 인공적 합성에 눈을 돌리게 되었고, 그 첫 번째 성공은 상업적인 요구에 의해 염료 합성으로 실현되었다. 자연과학의 발전과 더불어 유기 화학이 태동하던 19세기 중엽 (1856년)에 이르러 석탄 (콜타르)에서 추출한 아닐린 (aniline)을 산화시켜 얻은 물질이 당시에 귀하게 여겼던 mouvine (자색 물감)을 대신하여 사용할 수 있음을 알게 되었다. 이 합성 물질의 성분이 비록 단일 물질이 아닌 혼합물이라는 것이 나중에 밝혀졌지만 인공적으로 합성된 첫 번째 염료이다. 이 물질이 합성되기 전에 mouvine은 지중해에 있는 조개류에서 얻었는데 이 물질 1g을 얻는 데 약 1만 개의 조개가 필요했으며 가격도 당시 금 값의 수 십 배나 되었다고 한다. 곧이어 오직 식물로부터만 얻을 수 있었던 indigo (청색 물감)와 alizarin (빨간색 물감) 등도 인공적으로 만드는 데 성공하였다.

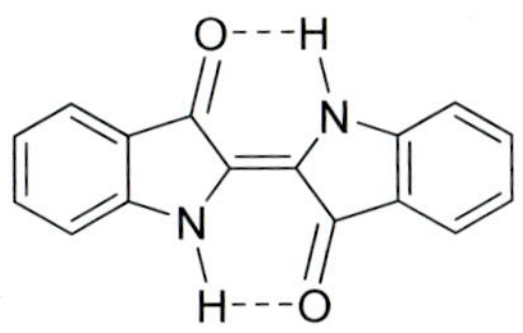

Indigo (1865년, Baeyer)

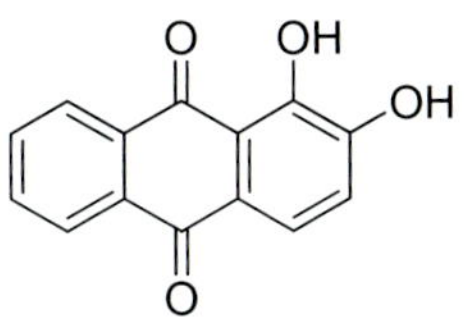

Alizarin (1868년, BASF)

그 후 유기 화학을 포함한 자연과학에 대한 지식이 축적되고 유기 합성 기술과 더불어 유기 화합물에 대한 분석과 분리 기술이 발전함에 따라 수많은 종류의 천연물이 인공적으로 합성되기 시작하였으며, 이들 성분으로부터 얻어진 생물 활성에 대한 유용한 지식은 오늘날 널리 사용되는 다양한 종류의 합성 의약품을 탄생시켰다. 더 나아가 유기 합성법의 발전은 비료와 농약의 대량 합성 기술로 이어져 식량 증산에 크게 기여하였으며, 이 밖에 인공적으로 합성한 다양한 종류의 염료, 합성수지, 합성 섬유, 액정, 유기 발광체 등 신소재 물질의 합성과 광범위한 응용은 우리 인류의 삶을 보다 풍요롭게 만들고 있다.

필요성

- 인간이 필요로 하는 물질을 제공받기 위하여 필요하다.

유기 합성 기술은 인간이 필요로 하고 또한 꿈꾸는 신물질을 만드는 데 핵심적인 역할을 하고 있다. 현재 일상생활에서 편리하게 사용되는 플라스틱류는 인간이 만들어 낸 합성 물질로 자연에 존재하는 물질이 아니다. 휴대폰이나 TV 화면에 사용하는 액정과 유기 발광체(OLED)도 인공 합성 유기 물질이다. 뿐만 아니라 많은 종류의 의약, 농약, 화장품, 염료, 합성 섬유, 식품 첨가물과 유기 전자 재료 등 여러 종류의 인공적으로 유기 합성 물질들이 우리의 일상 생활 속에 깊이 들어와 이용됨으로써 건강하고 풍족한 삶을 누리는 데 기여하고 있다. 앞으로 인류의 행복한 미래를 위해 요구되는 식량과 에너지 증산에 필요한 녹색 기술 개발에도 유기 합성은 핵심적으로 참여할 분야이다.

예: Lipitor (Atorvastatin)

1985년에 합성된 혈중 콜레스테롤의 양을 감소시키는 고지혈증 치료제로 인간의 수명 연장에 크게 기여한 약이다. 세계적으로 연간 수십억 달러 이상 팔리는 합성 의약품이다 (합성법은 14.3절 참조).

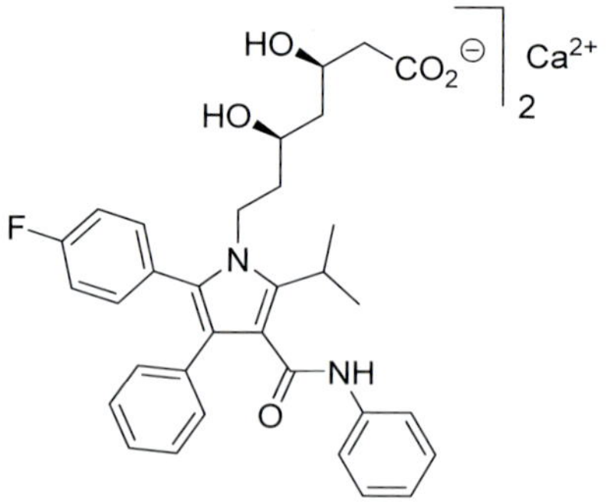

Atorvastatin Ca salt
(Lipitor™), 고지혈증 치료제

- 천연물의 구조를 최종적으로 확인하고 또한 다량 생산을 위해 필요하다.

인류는 인류 역사가 시작할 때부터 의·식·주 등 생존에 필요한 물질을 천연물로부터 얻어 이용해 왔으며 과학 문명이 발달함에 따라 천연물 자체가 아닌 천연물의 유효 성분을 추출하여 보다 효율적으로 사용하게 되었다. 천연물의 성분은 식물, 동물, 미생물 또는 곰팡이가 생산한 물질을 추출과 정제 과정을 거쳐 단일 물질로 분리한 후 적외선 (Infrared spectrophotometer, IR), 가시광선−자외선 분광 광도계 (Ultraviolet−visible spectrophotometer), 핵자기 공명기 (Nuclear resonance spectrometer, NMR) 질량 분석기 (Mass spectrometer) 및 X−선 회절 분석기 (X−ray diffractometer) 등과 같은 여러 종류의 화학 구조 분석 기기를 사용하여 그 구조를 규명할 수 있다. 그러나 매우 복잡한 화학 구조를 가지고 있는 천연물의 경우 각종 이성질체가 혼재되어 있거나 불안정하여 정확한 구조를 알아내기 어렵다. 이런 경우 합성화학자들이 구조 분석을 통해 제안된 구조들을 인공적으로 합성함으로써 이 물질의 최종 구조를 확인한다. 이러한 종류의 합성을 **천연물의 전합성 (total synthesis of natural products)**이라고 한다. 또한 유기 합성은 천연물의 유효 성분이 다량 필요할 경우에도 천연 자원을 훼손하지 않고 그 성분을 합성하는 데 매우 쓸모가 있다. 예를 들면, 유방암을 치료하는 데 효과적인 항암제로 사용되는 taxol (Paclitaxel)은 주목 (*Taxus brevifolia*) 나무 껍질에서 얻어진 천연물이다. 이 물질은 주목 나무 껍질 120 kg에서 겨우 1 g 정도를 추출하여 얻을 수 있는데 이것은 수령이 100년 된 주목나무 10그루에 해당하는 양이다. 보통 유효한 물질을 천연물로부터 직접 추출하여 얻는 방법은 보통 효율이 낮고 비용이 많이 든다. 신물질이 약이 되기 위하여는 임상 연구 단계에서만 수 킬로그램의 물질이 필요하게 된다. Taxol의 경우 수십 킬로그램이 필요하였는데 이 양은 주목 나무 수천 그루에 해당되는 양이다. 만약에 이 물질이 인공적으로 합성되지 않았다면 아무리 항암 효과가 우수하다 하더라도 항암제로 시중에 나오기 힘들었을지 모른다. 다행히 이 물질은 여러 유기 합성 화학자들에 의해 전합성이 성공적으로 이루어져 대량 생산이 가능해져 널리 사용되고 있다.

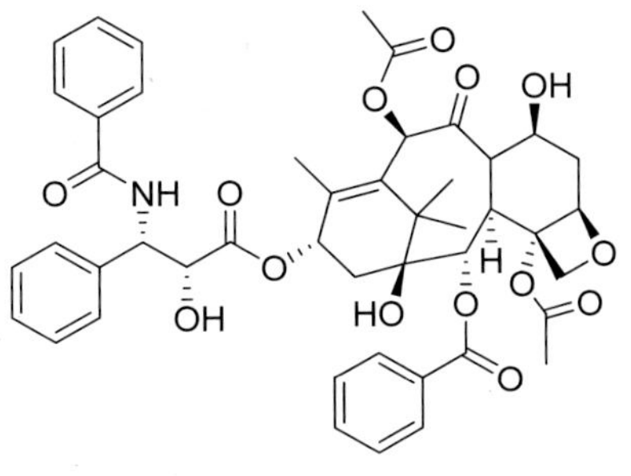

Taxol (Paclitaxel), 항암제

- **유기 반응 메커니즘, 분자 수준에서 생명 현상, 생합성 반응, 체내 대사 과정과 생리 활성 메커니즘 등을 규명하기 위하여 필요하다.**

출발물로부터 목표 분자가 합성되는 과정에서 반응이 어떻게 일어나는지를 규명하는 것은 그 반응 자체를 이해하는 데 그치지 않고 새로운 유기 반응을 알아내는 목적으로도 필요하다. 복잡한 구조를 가진 유기 화합물의 합성 반응은 다단계로 일어난다. 각 단계에 관여하는 유기 반응이 어떤 메커니즘을 거쳐 일어나는지를 파악하기 위하여 예상되는 합성 (반응) 중간체를 실제로 합성할 필요가 있다. 또한 인간을 포함하여 모든 생명체는 생합성 과정을 통하여 생존에 필요한 다양한 유기 화합물을 만들고 (생합성), 또한 섭취한 유기 화합물을 대사 과정을 통하여 분해하여 체외로 배출한다. 이들 물질은 생명을 유지하거나 활동하는 데 필요한 생리 활동에 관여하고 있다. 이들 물질이 어떤 메커니즘으로 생리 활성을 나타내는 데 관여하는지를 알아내는 일은 궁극적으로 생명 현상을 규명하는 것과 연관 있다. 그러나 이러한 생리 활성 물질들의 대부분은 생체 내에 극소량 존재하기 때문에 이들 활성에 대한 본질적이고 실체적 사실을 규명하는 데 심각한 한계성을 나타내게 된다. 이 한계성을 극복하는 방법으로 이와 같은 물질의 인공적 합성이 필요하게 된다.

예: Prostaglandins

이 물질은 인체의 각 조직과 기관에 극소량 분포되어 있는 생리 활성 물질로서 1935년에 정액에서 처음으로 분리되었다. 이 물질은 평활근 이완과 수축, 혈액의 응고, 염증 유발, 위산 분비 등과 같은 다양한 생리 작용을 나타내는 데 호르몬처럼 관여하는 물질이다. 1969년에 하버드 대학의 E. J. Corey 교수 그룹에서 이들 유도체를 처음으로 합성하는 데 성공하였다 (합성법은 14.1절 참조).

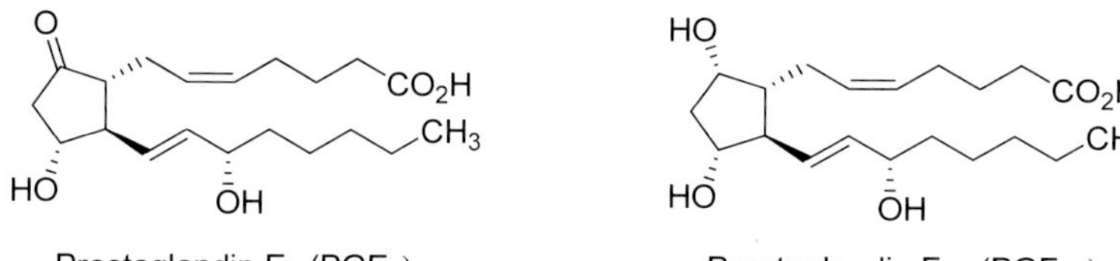

Prostaglandin E_2 (PGE_2)　　Prostaglandin $F_{2\alpha}$ ($PGF_{2\alpha}$)

- **지적 도전을 위하여 필요하다.**

인간은 새로운 것을 알아내기 위한 지적 도전을 꾸준히 지속해 왔다. 풍요로운 삶을 누리는 데 현대 문명사회가 주는 여러 가지 혜택은 이들 지적 도전의 산물이라고 해도 과언이 아니다. 유기 합성은 기존 또는 새로운 유기 반응을 이용하여 새로운 것을 만들어 내는 창조적인 예술에 비유할 수 있다. 인간의 지적 도전은 새로운 유기 반응을 찾아내고 새로운 물질을 합성하는 데 기여하고 있다. 예를 들면, 효소 반응을 모방한 유기 합성 방법론을 찾아내는 연구 및 식물의 광합성 작용을 모방하여 인공 광합성 반응을 찾아내는 연구 등이 이에 해당된다.

1.2 유기 합성의 설계와 전략

유기 합성은 간단한 분자 구조를 가지고 있는 작은 분사의 출발 물질로부터 보다 크고 복잡한 구조를 가진 목표 분자를 효율적으로 만드는 행위이다. 유기 합성은 집을 짓는 작업에 비유할 수 있다. 집 (목표 분자)을 지으려면 우선 건축 설계도와 설계에 따라 어떤 종류의 건축 자재 (출발 물질)가 필요하고 또한 이를 어떻게 활용할 것인가를 규정하는 시공 방법 (합성 반응)이 필요하다.

합성 설계와 전략

동일한 목표 분자라 할지라도 합성 방법은 여러 가지가 가능하다. 그 중 어떤 합성법을 선택할 것인가는 합성 목적, 제품의 성격, 생산 규모와 시설 등에 따라 약간의 차이는 있으나 대체적으로 다음의 단계를 거치며, 이들 단계들은 상호 보완적으로 융통성 있게 적용된다. 최근 **녹색 화학**에 대한 중요성이 점차 고조되고 있기 때문에 합성 설계 단계부터 녹색 화학 관련 기술을 적극 반영할 필요가 있다. 유기 합성의 설계는 역합성 분석에 의해 구체화될 수 있는데 이에 대한 내용은 7장에서 다룰 것이다.

[1단계] 목표 분자 (합성 대상 물질)의 구조 특성 분석

- 탄소 원자의 결합 형태
- 작용기의 종류
- 입체 이성질체 유무

[2단계] 합성법 설계: 실험실적 방법으로 접근

- 효율적인 작용기의 도입과 전환 방법
- 탄소-탄소 결합 형성 반응: 합성 단계를 단순화시킬 수 있는 결합 분해 위치 선정
- 선형 합성 또는 수렴 합성을 할 것인가를 결정
- 보호기의 필요성 여부 및 사용할 보호기의 종류
- 반응 선택성 (화학 선택성, 위치 선택성, 입체 선택성)을 제어할 수 있는 반응 모색
- 녹색 화학적 접근

[3단계] 합성법 선택: 공장화에 적절한 방법 모색

- 반응 조건과 반응 후 처리 조건이 복잡하지 않은 단순한 반응
- 잘 알려지고 검증되어 신뢰할 수 있는 반응
- 반응 선택성이 높은 반응
- 반응 기질과 반응 시약의 구입 용이성
- 반응 조건 (온도, 압력, 촉매, 용매)의 안정성
- 높은 경제성과 환경 친화성

녹색 화학

녹색 화학 (green chemistry)이란 화학 원리를 이용하여 화학 제품을 디자인, 생산 및 활용할 경우 유해 물질의 사용이나 생성을 감소 또는 제거하는 것을 목표로 하는 학문 분야로 오염의 근원적 방지와 지구 자원의 지속성 유지를 추구하고 있다. 녹색 화학을 실천하는 12가지 원리를 소개하면 다음과 같다.

- 폐기물 발생을 미리 막는다: 생성 후 처리보다는 미리 막는 것이 좋다.
- 원자 경제성을 높인다: 사용 원료 (반응물)의 구조가 생성물의 구조에 모두 포함되는 합성법을 지향한다 (부반응 생성물과 폐기물 감소).
- 저독성 물질을 사용하는 합성법을 개발한다.
- 동일한 기능성을 가진 안전한 (저독성) 제품을 개발한다.
- 용매와 합성 보조제를 사용하지 않거나 독성이 적은 용매를 사용한다: 무용매 반응 또는 인화성이 없고 제거하기 쉬운 용매 사용을 권장.
- 최소 에너지를 사용하는 합성 공정을 설계한다.
- 재생 가능성이 높은 원료를 활용한다: 화석 원료보다 식물 또는 동물로부터 얻는 생체 원료 (biomass)는 환경 독성이 적고 생태 회로를 통해 재생이 가능하다.
- 합성 과정에서 유도체 사용을 최소화한다: 불필요한 보호기, 중간체 생성과 분리 공정 등을 최소화한다.
- 당량 반응보다는 촉매 반응을 활용한다.
- 자연에서 분해되기 쉬운 반응 물질이 되도록 설계: 광분해 또는 생분해성 물질을 개발.
- 공정 과정을 실시간으로 분석하여 오염 물질의 유출을 사전 예방한다.
- 사고를 원천적으로 예방할 수 있는 화학 반응을 사용하는 합성법을 개발한다: 화학 사고는 회사뿐만 아니라 지역과 환경에 커다란 피해를 입힌다.

선형 합성과 수렴 합성

선형 합성 (linear synthesis)이란 출발 물질인 A에 B를 반응시켜 AB를 합성하고, AB에 C를 반응시켜 ABC를 합성하며, ABC로부터 ABCD, ABCD로부터 ABCDE, ABCDE로부터 목표 분자인 ABCDEF를 순차적으로 합성하는 방법을 말한다. 합성 전 단계 물질을 **합성 전구체** (precursor)라고 부른다. 위 반응에서 목표 물질 ABCDEF의 합성 전구체는 ABCDE이다. 선형 합성의 경우 각 단계의 반응 수득률이 누적하여 최종 생성물의 수득률에 영향을 주기 때문에 반응 단계가 긴 경우 효율 면에서 불리하다. A를 출발물로 사용하여 다섯 단계를 거쳐 합성 목표물인 ABCDEF를 합성하는 반응에서 각 단계의 수득률이 80%라고 가정하면 목표 물질의 전체 수득률 (overall yield)은 32.8% ($0.8^5 \times 100$)이다.

선형 합성

	1단계		2단계		3단계		4단계		5단계	
A	B → 80%	AB	C → 80%	ABC	D → 80%	ABCD	E → 80%	ABCDE	F → 80%	ABCDEF (32.8%)

한편, **수렴 합성** (convergent synthesis)이란 합성 단계를 두 개 이상의 부분으로 쪼개어 부분별로 합성한 후 부분을 다시 연결하여 목표 분자를 합성하는 방법을 말한다. 세 단계 반응으로 합성할 경우 각 단계의 반응 수득률을 80%라고 가정하면 전체 수득률은 51.2% ($0.8^3 \times 100$)이 되어 선형 합성보다 우수하다.

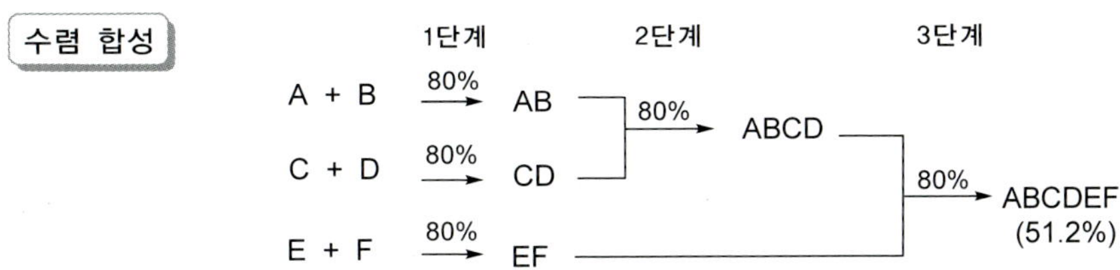

1.3 합성 도구: 유기 합성 반응

유기 화합물은 탄소 원자가 탄소 원자 또는 산소, 질소, 황, 수소 등과 같은 헤테로 원자와 σ 및 π 결합을 하고 있는 물질이다. 유기 합성 반응이란 이들 결합을 생성시키거나 변경시켜 목표 분자를 합성하는 반응으로 유기 합성의 핵심 도구이다. 따라서 유기 합성을 잘 시행하려면 많은 종류의 합성 반응을 원리적으로 잘 이해하여, 반응 특성과 유용성을 목표 분자를 합성하는 도구와 수단으로 유용하게 활용할 수 있어야 한다. 그러나 유기 합성 반응은 종류가 너무 다양하기 때문에 각개 반응으로 이해하기보다는 체계적으로 분류하여 이해하는 것이 편리하다.

1.3.1 유기 합성 반응의 분류

유기 합성 반응은 근본적으로 반응 기질에 있는 탄소 원자의 결합이 깨지고 새로운 결합이 생성되는 반응이다. 이를 염두에 두고 다음 두 가지 기준으로 분류할 수 있다. 그 중 하나는 '반응 기질에서 어떤 형태적 (구조적) 변화가 일어나 생성물이 만들어졌는가'의 기준 (기준 1)과 다른 하나는 '반응 과정에서 탄소 원자가 어떤 종류의 반응 중간체를 거쳐 생성물이 만들어 졌는가'의 기준 (기준 2)이다. 기준 1은 반응이 '어떤 과정으로 일어났느냐'와는 상관없이 외형적으로 '어떤 변화가 일어났느냐'에 초점이 맞추어져 있는 반면, 기준 2는 생성물의 외형적인 변화보다는 반응이 일어날 때 반응 기질 또는 반응 중간체의 반응 행태(behavior)에 초점이 맞추어져 있다. 기준 1에 따라 유기 합성 반응을 분류하면 **치환 반응, 제거 반응, 첨가 반응, 재배열 반응, 산화 – 환원 반응**으로 구분할 수 있으며, 기준 2에 따라 분류하면 **극성 반응** (**이온성 반응**)과 **비극성 반응**으로 분류할 수 있다. 극성 반응으로는 반응 기질의 탄소 원자가 전자쌍을 받는 화학종 (친전자체, 1.4.2절)으로 작용하여 전자쌍을 주는 반응 시약 (친핵체: 전자가 풍부한 화학종, 1.4.2절)과 반응하는 **친핵성 반응** (1.4.3절)과 반응 기질이 전자쌍을 주는 화학종 (친핵체)으로 작용하여 전자쌍을 받는 반응 시약 (친전자체: 전자가 부족한 화학종)과 반응하는 **친전자성 반응** (1.4.3절)이 있다. 비극성 반응으로는 **라디칼 반응**과 **고리형 협동 반응**이 있다. 라디칼 반응이란 반응 중간체로 라디칼이 관여하는 반응이며, 고리형 협동 반응이란 반응 중간체 생성 없이 π 결합 깨짐과 σ 결합이 동시에 일어나는 반응으로 **고리화 첨가 반응, 엔 반응, 전자 고리화 반응, 시그마 결합 재배열 반응** 등으로 재분류할 수 있다.

생성물의 형태적 변화에 의한 분류 (기준 1)

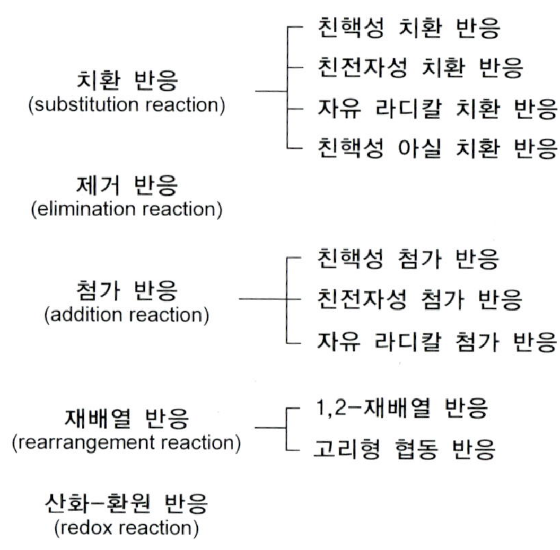

반응 기질 또는 탄소 반응종의 반응 행태에 의한 분류 (기준 2)

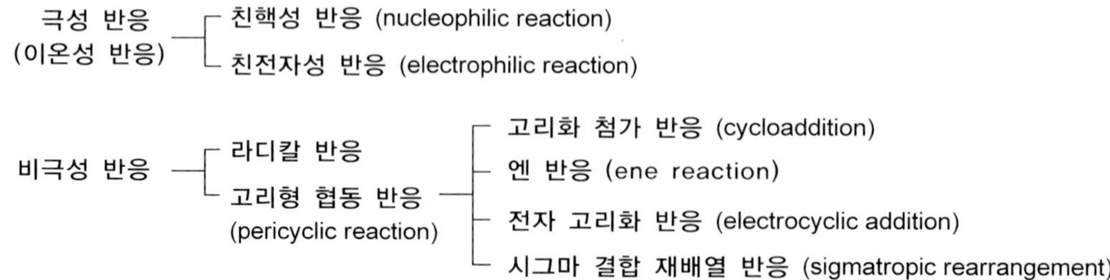

1.3.2 유기 합성 반응의 소개

- **치환 반응** (substitution reaction): 탄소 원자와 σ 결합해 있던 원자 또는 원자단이 다른 원자 또는 원자단으로 교체되어 새로운 σ 결합을 형성하는 반응을 말한다. 이 반응에 관한 자세한 내용은 2장에서 다룰 것이다.

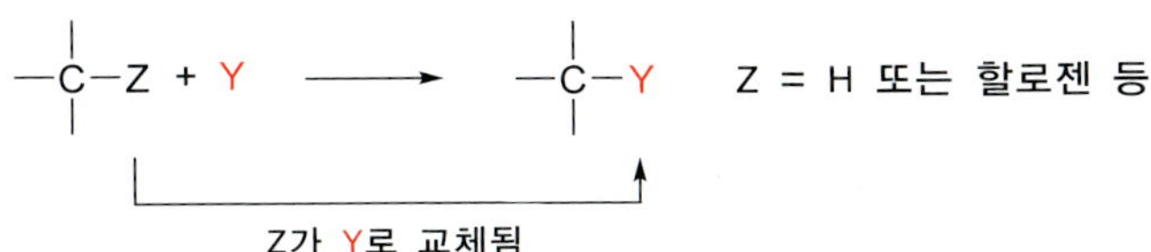

- **제거 반응** (elimination reaction): 인근 탄소 원자에 있는 σ 결합을 하고 있던 두 개의 원자단이 제거되어 새로운 π 결합이 생성되는 반응을 말하며, 이때 제거되는 원자단 중 하나는 보통 수소 원자가 양성자 형태로 제거된다. 이 반응을 통해 단일 결합에서 이중 결합 또는 삼중 결합을 만들 수 있다. 이 반응에 대한 상세한 내용은 3장에서 다룰 것이다.

염기

두 개의 σ 결합이 제거 π 결합이 새로 생성

- **첨가 반응** (addition reaction): 이 반응은 π 결합을 갖는 반응 기질에 첨가 시약이 첨가되는 반응이다. 이 반응에서는 첨가 반응 시약에 의해 π 결합이 깨지면서 한 개의 π 결합에서 두 개의 σ 결합이 생성될 뿐 기존의 치환기는 교체되거나 떨어져 나가지 않는다. **알켄** (alkene, C=C), **알카인** (alkyne, C≡C), **카보닐** (carbonyl, C=O), 또는 **나이트릴** (nitrile, C≡N) 등과 같이 π 결합을 가지고 있는 유기 화합물에서 일어난다. 첨가 반응에 대한 더 자세한 내용은 4장에서 상세히 공부하기로 한다.

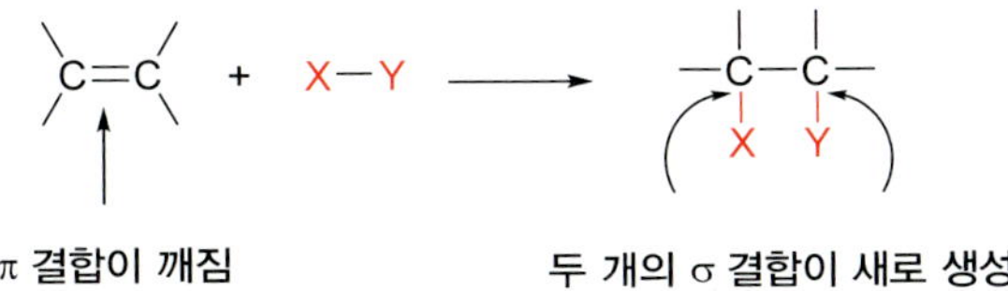

- **재배열 반응** (rearrangement reaction): 이 반응은 분자를 구성하고 있는 원자단이 분자 내의 다른 부위로 옮겨가는 반응을 말한다. 이 반응의 종류에는 친핵성, 친전자성 및 라디칼 반응이 관여하는 **1,2-재배열 반응**과, π 결합 깨짐과 σ 결합의 생성이 어떤 반응 중간체도 생성

하지 않고 고리형 전이 상태를 거쳐 한 단계로 동시에 일어나는 **고리형 협동 반응 (pericyclic reaction)**이 있다. 이 반응의 종류로는 고리화 첨가 반응 (cycloaddition, 예. Diels-Alder 반응), 엔 반응 (ene reaction), 전자 고리화 반응 (electrocyclic reaction), 시그마 결합 재배열 반응 (sigmatropic rearrangement) 등이 있다. 고리형 협동 반응에 관한 내용은 11장에서 다룰 예정이다.

1,2-재배열 반응 예

Beckmann 재배열 반응

N-OH, warm

Pinacol 재배열 반응

OH OH, Me—C—C—Me, Me Me, H_2SO_4, heat, Me O, Me—C—C—Me + H_2O, Me

Hofmann 재배열 반응

O, C, NH_2, N, Br_2, KOH/H_2O, 75 °C, NH_2, N

고리형 협동 반응 (pericyclic reaction)의 예

고리화 첨가 반응 (cycloaddition): Diels-Alder 반응

R, +, Y, Diene, Dienophile, R, Y, R, Y, 새 σ 결합 형성

엔(ene) 반응

H, △, H, 새 σ 결합 형성

전자 고리화 반응 (electrocylic reaction)

△, 새 결합 형성

시그마 결합 재배열 반응 (sigmatropic rearrangement)

R, H, R, H, 시그마 결합 이동

• **산화-환원 반응** (redox reaction): 유기 반응에서의 산화 반응이란 탄소 원자에 산소 원자를 첨가시키거나 수소 원자를 제거하는 반응 또는 산소와 같은 헤테로 원자에서 전자 한 개를 제거하는 반응을 말하며, 환원 반응은 탄소 불포화기 (예. C≡C, C=C, C=O, C≡N, C=N 등)에 수소 원자 또는 전자를 첨가시키거나 탄소 원자의 기존 결합을 끊고 수소 원자가 도입되는 반응을 말한다.

산화 반응			환원 반응		
(alkene)	[O] →	(epoxide)	(alkene)	[2H] →	H–C–C–H (alkane)
RCH_2OH	[O] →	RCHO or RCO_2H	RCHO or RCO_2R'	[H] →	RCH_2OH
PhO⁻	-e →	PhO·	R–X	[H] →	R–H + HX

유기 화합물의 산화 반응에 이용되는 반응 시약을 **산화제** (oxidizing agent), 환원 반응에 이용되는 반응 시약을 **환원제** (reducing agent)라고 한다. 유기 화합물의 산화-환원 반응은 5장과 6장에서 더 상세히 다룰 예정이다.

1.4 친핵성 반응, 친전자성 반응과 라디칼 반응

고리형 협동 반응을 제외한 모든 유기 반응에서 탄소 원자와의 결합 생성 반응은 반응성이 큰 탄소 반응종을 통해 일어난다. 탄소 반응종은 아래와 같이 전자 배열 상태에 따라 탄소 양이온, 탄소 음이온, 탄소 라디칼 및 카벤 등으로 구별되며 친핵성 반응, 친전자성 반응과 라디칼 반응 형태로 반응에 참여한다.

1.4.1 탄소 반응종

반응 기질에서 탄소 원자와 결합 반응이 일어나려면 기존 탄소 원자의 결합이 우선적으로 깨져야 한다 (고리형 협동 반응의 경우 제외). 탄소 원자의 결합이 분해되어 탄소 원자에 생성된 반응성이 큰 화학종을 **탄소 반응종** (carbon reactive species) 또는 **탄소 반응성 중간체** (carbon reactive intermediate)라고 한다. 탄소 반응종은 탄소 원자 결합이 분해되는 형태에 따라 **탄소 양이온** (carbocation), **탄소 음이온** (carbanion), **탄소 라디칼** (carbon radical), **카벤** (carbene) 등으로 구별한다 (그림 1.2와 표 1.1). 이 중 탄소 양이온과 탄소 음이온은 탄소 원자의 결합이 불균일 분해될 때 만들어지는 반응종으로 전하를 가지고 있으므로, 이를 **극성** 또는 **이온성 반응종**이라고 한다. 반면에, 탄소 원자의 결합이 균일 분해에 의해 만들어지는 탄소 라디칼과 카벤은 전하를 가지고 있지 않아 중성이다. 이러한 반응종을 **비극성** 또는 **비이온성 반응종**이라고 한다.

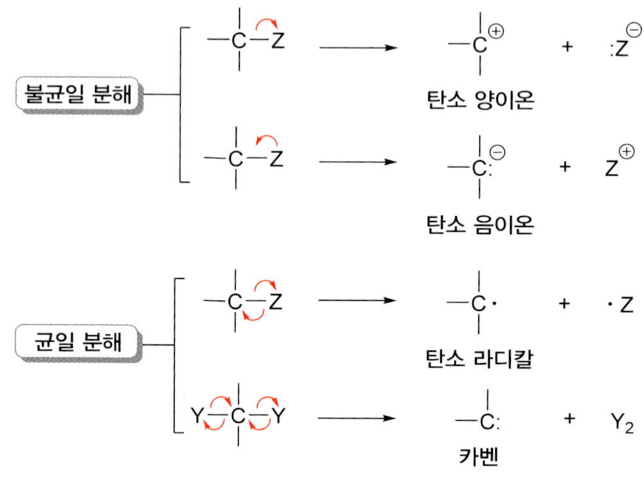

그림 1.2 탄소 반응종의 생성

표 1.1 탄소 반응종의 종류, 구조 및 특성

	탄소 양이온	탄소 음이온	탄소 라디칼	카벤
결합 수	3	3	3	2
원자가전자 수	6	8	7	6
혼성화	sp^2	sp^3	sp^2	sp^2
형태	삼각 평면형	피라미드형	삼각 평면형	굽은형
결합 각도	120°	~109°	120°	~103° (단일항) ~136° (삼중항)
전하	양전하	음전하	중성	중성
성질 (반응성)	전자 부족 (친전자체)	전자 풍부 (친핵체)	전자 부족 (친전자체)	전자 부족 (친전자체)
안정도	3° > 2° ~benzyl > 1°	3° > 2° ~benzyl > 1°	3° > 2° ~benzyl > 1°	
관여 반응	치환 반응 (친핵성 및 전자성) 첨가 반응 (친전자성) 제거 반응 재배열 반응	치환 반응 (친핵성) 첨가 반응 (친핵성) 재배열 반응	치환 반응 (라디칼) 첨가 반응 (라디칼) 재배열 반응	첨가 반응 (라디칼) 짝지음 반응 재배열 반응

탄소 양이온 (carbocation)

양전하를 가진 탄소 반응종으로 탄소 원자는 sp^2 혼성 오비탈에 여섯 개의 결합 전자가 있으며 결합각이 120°인 삼각 평면 구조 형태를 가지고 있다. 전자가 부족하여 합성 반응 (극성반응)에서 친전자체로 작용하며 치환 반응, 제거 반응, 첨가 반응, 재배열 반응 등에 관여한다.

탄소 음이온 (carbanion)

음전하를 가진 탄소 반응종으로 탄소 원자는 sp^3 혼성 오비탈에 여섯 개의 결합 전자와 한 개의 비공유 전자쌍을 가지고 있다. 이 탄소 반응종은 결합각이 약 109°인 피라미드형 구조를 가지고 있다. 전자가 풍부하여 극성 반응에서 친핵체로 작용하며 치환 반응, 첨가 반응, 재배열 반응에 관여한다.

탄소 라디칼 (carbon radical)

sp^2 혼성 오비탈에 여섯 개의 결합 전자와 한 개의 홀전자를 가진 전기적으로는 중성인 탄소 반응종 (그러나 전자 부족)으로 결합각이 120°인 삼각 평면 구조 형태를 가지고 있다. 이 반응종은 반응성이 매우 크며 치환 반응, 첨가 반응, 산화－환원 반응과 재배열 반응에 관여한다.

카벤 (carbene)

sp^2 혼성 오비탈에 네 개의 결합 전자와 한 개의 비공유 전자쌍을 가진 전기적으로는 중성인 탄소 반응종으로 비공유 전자쌍의 분광학적 성질에 따라 단일항 (singlet) (결합각 약 103°)과 삼중항 (triplet) (결합각 136°)의 두 종류가 있으며 굽은 형태를 가지고 있다. 전자가 부족한 화학종으로 반응성이 매우 크며 첨가 반응 (4.2.3절)과 복분해 반응 (11.3절)에 관여한다.

이 밖에 유기 합성 반응에 관여하는 중요한 반응성 중간체로는 일라이드, 벤자인 및 나이트렌 등이 있다.

- 일라이드 (ylide 또는 ylid)

일라이드는 탄소 음이온이 인근에 위치한 양전하를 가진 헤테로 원자에 의해 안정화되어 있는 1,2-쌍극성을 가진 중성 반응종이다. 양전하를 갖는 헤테로 원자로는 인과 황이 대표적이며 각각 **인 일라이드**와 **황 일라이드**라고 한다. 인 일라이드로는 **Wittig 시약** (triphenylphosphonium ylide)과 **Horner–Wadsworth–Emmoms (HWE) 시약**이 있으며, 황 일라이드로는 dimethylsulfonium ylide와 dimethylsulfoxonium ylide (9.4절)가 있다. 인 일라이드는 카보닐기로부터 알켄을 생성시키는 반응 (알켄화 반응, 12.1.2절)에 응용된다.

$$\overset{\ominus}{\mathrm{RCH}}-\overset{\oplus}{\mathrm{P}}\mathrm{Ph_3} \longleftrightarrow \mathrm{RCH{=}PPh_3}$$

Triphenylphosphonium ylide (Wittig 시약)

$$\overset{\ominus}{\mathrm{RCH}}-\overset{\oplus}{\mathrm{S}}(\mathrm{CH_3})_2$$

Dimethylsulfonium ylide

$$\overset{\ominus}{\mathrm{RCH}}-\overset{\oplus}{\underset{\mathrm{O}}{\underset{\|}{\mathrm{S}}}}(\mathrm{CH_3})_2$$

Dimethylsulfoxonium ylide

• 벤자인 (benzyne)

벤자인 (benzyne)은 벤젠 고리에 탄소-탄소 삼중 결합이 있는 구조를 가지고 있는 전기적으로 중성인 반응성 중간체를 말한다. 벤자인의 구조에 있는 삼중 결합의 탄소 원자는 벤젠의 육각형 고리 (결합각도 120°)를 유지하고 있기 때문에 알카인 (결합각도 180°)의 경우처럼 sp 혼성 오비탈에 의해 형성된 것이 아니라 인근의 탄소 원자의 sp^2 오비탈에 있는 전자가 서로 불완전하게 겹쳐 형성된 것이다. 이 때문에 이 결합은 매우 약하고, 높은 반응성을 나타낸다. 이 반응종은 친핵성 방향족 치환 반응 (2.1.2절)에 관여한다.

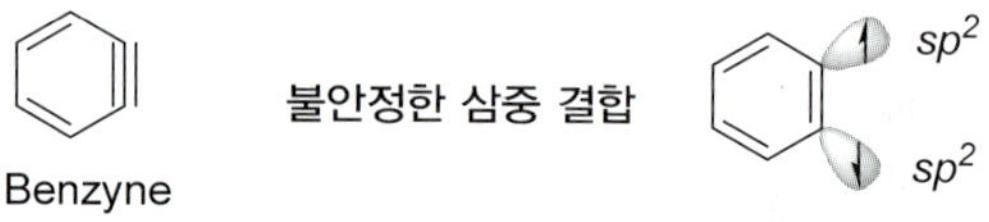

Benzyne　　불안정한 삼중 결합　　sp^2　sp^2

• 나이트렌 (nitrene)

나이트렌 (nitrene)은 주위에 여섯 개의 전자를 가진 일가 질소 원자 반응 중간체로서 전자가 부족한 반응종으로 작용하며 카벤과 비슷한 구조를 가지고 있다. 전자쌍 한 쌍은 단일항 (singlet) 또는 삼중항 (triplet) 상태로 존재한다. **Hofmann, Curtis와 Schmidt 재배열 반응** (8.2.4절)에 관여하는 반응종이다.

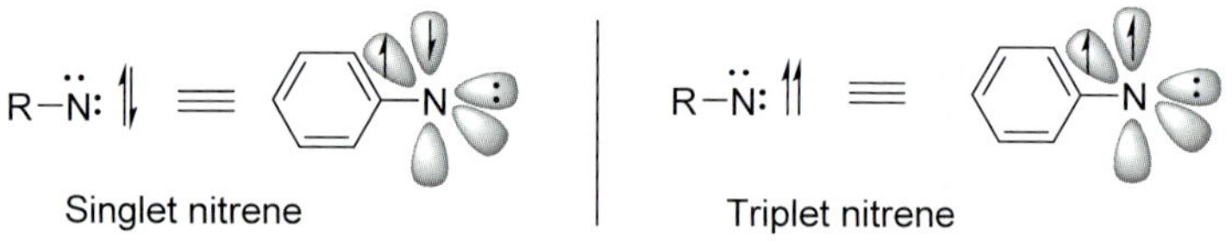

R–N: ≡ N　　Singlet nitrene

R–N: ≡ N　　Triplet nitrene

1.4.2 친핵체와 친전자체

친핵체 (nucleophile, :Nu 또는 :Nu$^{\ominus}$)

친핵체란 전자가 부족한 탄소 원자 (탄소 양성자 또는 이와 유사한 친전자성 탄소 부위)에 공유 결합 형성에 필요한 전자쌍을 제공하여 결합을 형성할 수 있는 분자, 음이온 또는 원자단을 말한다. 친핵체는 전자쌍을 제공하는 화학종이라는 의미에서 Lewis 염기와 비슷한 화학종이나 반응 대상 물질이 산 (Lewis 산)이 아닌 탄소 원자라는 점이 다르다.

유기 합성 반응에 자주 사용되는 중요 친핵체는 다음과 같이 크게 네 종류로 분류할 수 있으며 이를 표 1.2에 정리하였다.

- **산소, 황, 질소, 할로겐 친핵체:** 비공유 전자쌍을 가진 이들 원자가 포함된 중성 분자 또는 이들의 음이온으로, 유기 합성 반응에서 친핵성 반응에 참여하여 작용기 도입 및 전환 반응에 중요하게 이용된다 (8장 참조).

- **탄소 친핵체**: 탄소 원자는 전기음성도 값이 작아 생성된 음이온을 보유하기가 어렵다. 그러나 *sp* 혼성 오비탈인 탄소 원자의 음이온 (예. acetylide 음이온), 유기금속 화합물 (예. $R^{\ominus}Mg^{\oplus\oplus}X^{\ominus}$, Grignard 시약) 또는 공명에 의해 음전하를 안정화시킬 수 있는 구조를 가진 탄소 음이온 (예. 엔올 음이온)의 경우 잘 생성된다. 탄소 친핵체는 표 9.1에 별도로 나타내었으며, 이들은 극성 반응에 의한 탄소-탄소 결합 형성 반응에 중요하게 이용된다 (9장, 10장 및 12장 참조).
- **수소 친핵체 (수소 음이온 주개)**: $NaBH_4$, $LiAlH_4$ 같은 금속 수소화물로 흔히 환원제로 분류된다 (6장 참조).
- **π 전자쌍**: 알켄 또는 알카인에 있는 π 전자는 전자쌍을 제공할 수 있다.

표 1.2 유기 합성 반응에 자주 사용되는 친핵체의 종류

친핵성 원자	중성 친핵체 (:Nu)	음이온 친핵체 ($:Nu^{\ominus}$) [시약 또는 제법]
산소	H_2O	$HO^{\ominus}$ (hydroxyl ion) [NaOH]
	ROH (alcohol)	$RO^{\ominus}$ (alkoxy ion) [ROH + NaH]
		$RCO_2^{\ominus}$ (carboxylate anion) [RCO_2H + NaOH]
황		$HS^{\ominus}$ (hydrosulfide ion) [NaSH]
		$RS^{\ominus}$ (alkylsulfide ion) [RSH + NaOH]
질소	NH_3, RNH_2, R_2NH, R_3N (amine)	
	NH_2NH_2 (hydrazine)	
	NH_2OH (hydroxyl amine)	
		$N^{\ominus}$ (phthalimide ion) [NH + KOH]
		$:\overset{\ominus}{N}=\overset{\oplus}{N}=\overset{\ominus}{N}:$ (azide ion) [NaN_3]
		$:\overset{\ominus}{N}=\overset{\oplus}{C}=\overset{\ominus}{O}:$ (isocyanate ion)
할로젠		$X^{\ominus}$ (X = I, Br: halide ion) [NaI]
탄소	표 9.1 참조	
수소	$NaBH_4$ 또는 $NiAlH_4$	$\overset{\oplus}{M}\ \overset{\ominus}{H}$ (hydride ion)
π 전자쌍	Alkene 또는 alkyne 의 π 전자쌍	

친전자체 (electrophile, $E^{\oplus}$)

친전자체란 전자가 부족하여 공유 결합에 필요한 전자쌍을 반응 기질로부터 제공받아 탄소 원자와 결합을 형성시키는 양전하를 가진 반응종을 말한다. 유기 합성 반응에서 자주 사용되는 친전자체를 표 1.3에 요약하였다. 앞서 친핵성 반응에서 언급한 친핵체와 결합하는 반응 기질에 있는 친전자성 탄소 부위 (전자가 부족한 부위)를 일괄하여 친전자체라 부르는 경우도 있으나 친전자성 반응을 유발하는 친전자체와 구별하여 이해해야 한다.

표 1.3 유기 합성 반응에 자주 이용되는 친전자체

친전자성 원자	친전자체	시약 또는 제법
할로젠	$X^{\oplus}$ (X = Br, Cl: 할로늄 이온)	X_2 또는 $X_2 + FeX_3$
산소		H_2O_2, RCO_3H, O_3
황	$\overset{\oplus}{SO_3H}$ = $O{=}\overset{\oplus}{S}{=}O$ (–OH) (설포늄 이온)	$SO_3 + H_2SO_4$
질소	$\overset{\oplus}{NO_2}$ = $\ddot{O}{=}\overset{\oplus}{N}{=}\ddot{O}$ (나이트로늄 이온)	$HNO_3 + H_2SO_4$
탄소 친전자체	$R^{\oplus}$ (탄소 양이온)	$RCl + AlCl_3$ ROH 또는 alkene + $H^{\oplus}$
	$R\overset{\oplus}{C}{=}O$ (아실륨 이온)	$R{-}C({=}O){-}X + AlCl_3$ (X = Cl, OCOR)
수소	$H^{\oplus}$ (양성자)	무기 또는 카복실산 (HA)

1.4.3 극성 반응: 친핵성 반응과 친전자성 반응

대부분의 유기 분자들은 겉으로 보기에는 전기적으로 중성이지만, 분자 내부에선 탄소 원자가 어떤 원자와 결합하고 있느냐에 따라 결합 원자들 사이에는 전자 분포의 편차를 가지고 있다. 결합 전자의 비대칭적 분포를 **편재화** (localization)라고 한다. 탄소 원자가 전기음성도가 더 큰 산소, 질소, 플루오린, 염소 등과 같은 원자와 결합되어 있는 경우 탄소 원자는 부분적인 양전하를 띠게 되고, 반대로 전기음성도가 탄소 원자보다 더 작은 금속 원자와 결합되어 있을 경우 탄소 원자는 부분적으로 음전하를 띠게 된다. 탄소 양이온과 부분적 양전하 (δ^+)를 가진 탄소 부위 (이 부위를 **친전자성 탄소**라고도 함)는 전자가 부족한 상태이므로 전자쌍을 제공할 수 있는 화학종 (**친핵체** nucleophile, :Nu 또는 :$Nu^{\ominus}$)과 쉽게 반응할 수 있는 **전자쌍 받개** (electron pair acceptor)로 작용한다. 반대로, 탄소 음이온과 부분적 음전하 (δ^-)를 가진 탄소 부위 (이 부위를 **친핵성 탄소**라고도 함)는 **전자쌍 주개** (electron pair donor)로 작용하여 전자쌍을 받을 수 있는 화학종 (**친전자체** electrophile, $E^{\oplus}$)과 쉽게 반응할 수 있다 (그림 1.3).

친전자성 탄소 (부위): 전자가 풍부한 화학종 (친핵체)이 결합

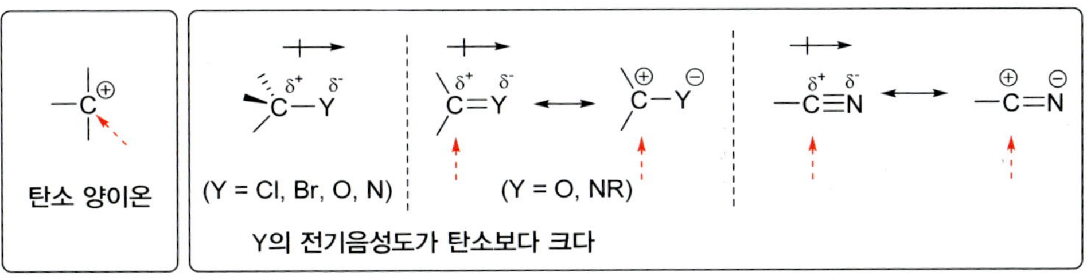

친핵성 탄소 (부위): 전자가 부족한 화학종 (친전자체)이 결합

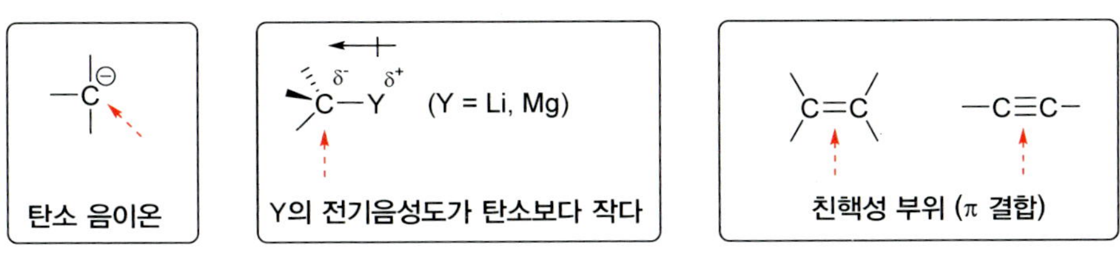

그림 1.3 친전자성 탄소와 친핵성 탄소

이와 같이 전하를 가진 반응종 또는 부분 전하를 가진 탄소 원자 (이를 극성을 가진 탄소 원자라고도 함)와 그 반대의 전하를 가진 화학종 사이에서 일어나는 반응을 **극성** (또는 **이온성) 반응**이라고 한다. 이 반응의 원리는 기본적으로 전자쌍 받개와 전자쌍 주개 사이에서 일어나는 Lewis 산-염기 반응과 비슷하다.

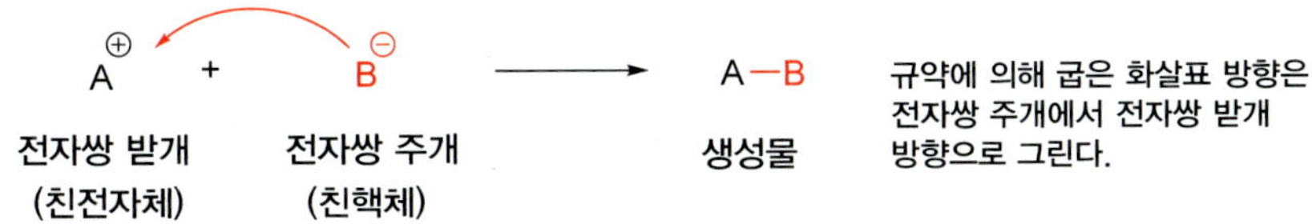

합성 반응에 자주 이용되는 치환 반응, 제거 반응 및 첨가 반응의 대부분은 극성 반응으로 진행된다. 유기 합성 반응에서 친핵체가 제공한 전자쌍에 의해 탄소 원자와 새로운 σ 결합이 생성되는 화학 반응을 **친핵성 반응** (nucleophilic reaction)이라고 하며, 반응 기질로부터 전자쌍을 제공받아 탄소 원자와 새로운 σ 결합이 형성되는 반응을 **친전자성 반응** (electrophilic reaction)이라고 한다 (그림 1.4). 이들 반응 형태는 치환 반응과 첨가 반응에서 주로 나타나며 각각 2장과 4장에서 상세히 공부하기로 한다.

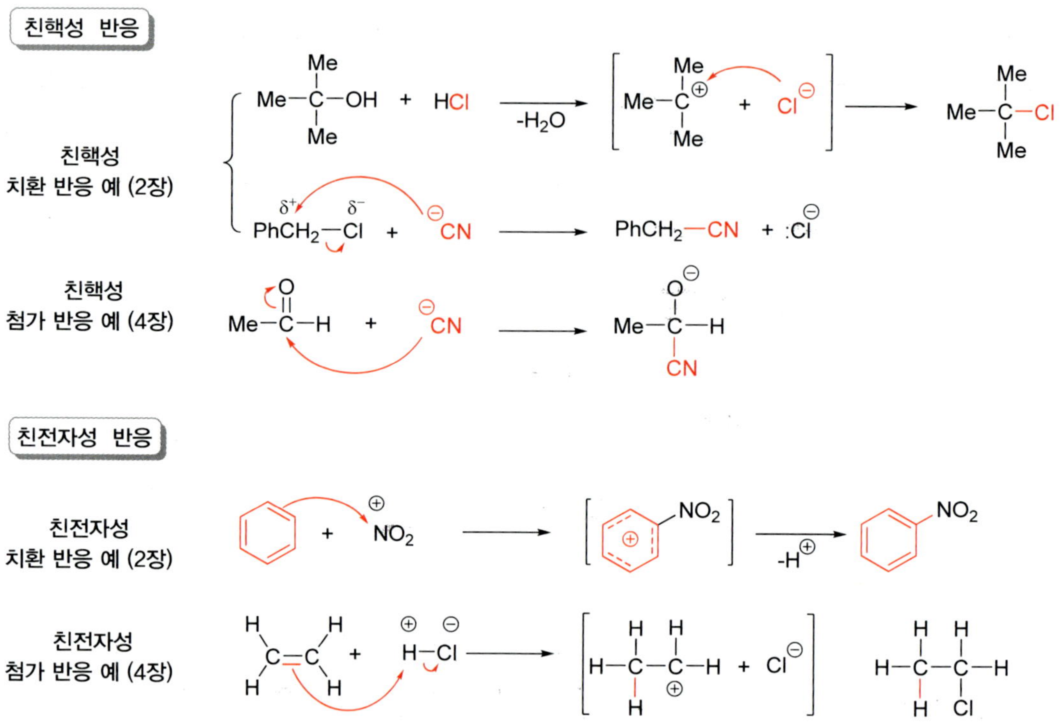

친핵성 반응

친핵성 치환 반응 예 (2장)

친핵성 첨가 반응 예 (4장)

친전자성 반응

친전자성 치환 반응 예 (2장)

친전자성 첨가 반응 예 (4장)

그림 1.4 친핵성 반응과 친전자성 반응의 예

- 탄소 원자의 결합이 불균일 분해하여 생성된 전하를 가진 탄소 반응종 (탄소 양이온 또는 탄소 음이온)을 **극성** 또는 **이온성 중간체**라고 한다.
- **극성** (또는 **이온성**) **반응**이란 전하를 가진 탄소 반응종 또는 부분 전하를 가진 탄소 부위가 반대의 전하를 가진 화학종 사이에서 일어나는 반응을 말한다.
- **친핵체**란 전자쌍 주개로 작용하는 화학종이며 **친전자체**는 전자쌍 받개로 작용하는 화학종을 말한다.
- **친핵성 반응**이란 친핵체가 제공한 전자쌍에 의해 탄소 원자와 새로운 σ 결합이 생성되는 화학 반응을 말한다.
- **친전자성 반응**이란 반응 기질로부터 전자쌍을 제공받아 탄소 원자와 새로운 σ 결합이 형성되는 반응을 말한다.

1.4.4 비극성 반응: 라디칼 반응과 카벤 반응

비극성 반응이란 전기적으로 중성인 탄소 라디칼과 카벤이 탄소 반응종으로 관여하는 반응을 말한다.

라디칼 반응

라디칼은 할로젠 원소, 과산화물 및 다이아조 화합물을 열 또는 광분해시킬 때 잘 생성되는 반응성이 매우 강한 화학종이다. 이 반응은 게시, 전파, 종결의 세 개의 반응 단계를 거쳐 연쇄 반응으로 일어난다. 이 반응은 치환 반응 (2.3.2절), 첨가 반응 (4장)과 산화–환원 반응 (5장과 6장) 등 여러 종류의 합성 반응에 이용된다. 몇 가지 반응 예를 그림 1.5에 나타내었다.

라디칼 치환 반응: *p*-Nitrotoluene (O_2N–C_6H_4–CH_3) $\xrightarrow[140\sim150\ ^{\circ}C]{Br_2}$ *p*-Nitrobenzyl bromide (O_2N–C_6H_4–CH_2Br) 59~66%

라디칼 첨가 반응: $CH_3CH{=}CH_2 + HBr \xrightarrow{h\nu} CH_3CH_2CH_2{-}Br$

탈 할로젠화 반응 (환원 반응): $R{-}Br \xrightarrow[AIBN,\ \Delta]{n\text{-}Bu_3SnH} R{-}H$

그림 1.5 라디칼 반응의 예

카벤 반응

카벤은 전기적으로 중성이고 비공유 전자쌍을 가진 반응성이 매우 강한 화학종으로 전자가 부족한 성질을 나타낸다. 이 반응종은 친전자체 또는 라디칼과 유사한 반응을 하며, σ 결합 삽입 반응, 첨가 반응 및 재배열 반응에 관여한다. 첨가 반응 시 단일항 (singlet) 카벤은 친전자체로 반응하지만, 삼중항 (triplet) 카벤의 경우 라디칼로 반응하여 서로 다른 입체 이성질체를 생성한다. 이 화학종이 관여하는 반응 예로 알켄의 π 전자와 결합하여 cyclopropane 고리를 형성하는 **Simmons–Smith 반응** (9.3.5절)과 phenol로부터 salicylaldehyde를 생성하는 **Reimer–Tiemann 반응** (8.2.6절)이 있다.

Simmons–Smith 반응: cyclohexene + CH_2I_2 $\xrightarrow[ether]{Zn,\ CuCl}$ bicyclo product 92% [$H_2C:$]

Reimer–Tiemann 반응: phenol (OH) $\xrightarrow[10\%\ NaOH\ (aq),\ 60\ ^{\circ}C,\ 35\%]{CHCl_3}$ Salicylaldehdye [$Cl_2C:$]

1.5 합성 반응의 출발점: 작용기

지금까지 유기 합성 반응의 종류와 합성 반응이 탄소 반응종에 의해 어떤 형태로 일어나는지 대하여 공부하였다. 그렇다면 합성 반응은 유기 분자의 구조 중 어디에서 일어나며, 탄소 원자와 어떻게 결합되어 작은 분자로부터 골격이 큰 분자를 생성하는지를 알아 볼 필요가 있다. 합성 반응은 **작용기** (functional group)라 부르는 유기 분자를 구성하는 특정한 부위에서 시작된다. 이 부위는 유기 화합물이 가지는 특정한 물리적, 화학적 성질과 화학 반응성을 나타내는 장소로서, 대부분의 유기 합성 반응은 이 부위에서 일어난다. 각 작용기는 작용기마다 고유한 반응 특성을 가지고 있으며 서로 다른 작용기로 전환될 수 있다. 이를 **작용기 전환 반응** (functional group interconversion, FGI)이라고 하며, 이 반응을 통하여 분자 내에 다양한 작용기를 도입할 수 있다. 또한 분자의 골격을 형성하는 핵심 반응인 탄소–탄소 결합 형성 반응도 작용기에서 일어난다. 따라서 유기 합성은 **작용기 전환 반응** (8장 참조)과 **탄소–탄소 결합 반응** (9~12장 참조)을 효율적으로 조합한 결과물이라 할 수 있다. 대표적인 작용기와 이들 작용기가 참여하는 반응 형태를 반응 표 1.4 (탄화수소 작용기: 알켄, 알카인, 아렌), 표 1.5 (탄소–헤테로 원자 단일 결합 작용기: 할로젠화 알킬, 알코올, 에터, 에폭사이드, 아민, 싸이올, 황화물)과 표 1.6 (탄소–산소 또는 질소 이중 결합을 포함하는 작용기: 알데하이드, 케톤, 카복실산, 에스터, 아마이드, 산염화물, 산무수물, 나이트릴, 이민)에 정리하여 나타내었다.

표 1.4 탄화수소 작용기

작용기	일반 구조	예	대표 반응
알켄	>C=C<	$H_2C=CH_2$	친전자성 첨가 반응 (4장)
알카인	–C≡C–	H–C≡C–H	친전자성 첨가 반응 (4장)
아렌	(벤젠 고리)–Y	(벤젠)	친전자성 치환 반응 (2장)

표 1.5 탄소-헤테로 원자의 단일 결합 작용기

작용기	일반 구조	예	대표 반응
할로젠화 알킬	R—X	CH_3—Br	친핵성 치환 반응 (2장)과 제거 반응 (3장)
알코올	R—OH	CH_3—OH	친핵성 치환 반응 (2장)과 제거 반응 (3장)
에터	R—O—R	CH_3—O—CH_3	친핵성 치환 반응 (2장)
에폭사이드	(에폭사이드 고리 구조)	(에틸렌 옥사이드 고리 구조)	친핵성 치환 반응 (고리 열림 반응) (2장)
아자이드	R—N_3	Ph—N_3	
아민	R—NH_2, R_2NH 또는 R_3N	CH_3—NH_2, $(CH_3)_2NH$, $(CH_3)_3N$	
싸이올	R—SH	CH_3—SH	
황화물	R—S—R	CH_3—S—CH_3	

표 1.6 탄소-산소 또는 질소 이중 결합을 포함하는 작용기

작용기	일반 구조	예	대표 반응
알데하이드	R—C(=O)—H	CH_3—C(=O)—H	친핵성 첨가 반응 (4장)
케톤	R—C(=O)—R	CH_3—C(=O)—CH_3	친핵성 첨가 반응 (4장)
카복실산	R—C(=O)—OH	CH_3—C(=O)—OH	친핵성 아실 치환 반응 (2장)
에스터	R—C(=O)—OR'	CH_3—C(=O)—OCH_3	친핵성 아실 치환 반응 (2장)
아마이드	R—C(=O)—NR'_2	CH_3—C(=O)—NH_2	친핵성 아실 치환 반응 (2장)
산염화물	R—C(=O)—Cl	CH_3—C(=O)—Cl	친핵성 아실 치환 반응 (2장)
산무수물	R—C(=O)—O—C(=O)—R	CH_3—C(=O)—O—C(=O)—CH_3	친핵성 아실 치환 반응 (2장)
나이트릴	R—C≡N	CH_3—C≡N	친핵성 첨가 반응 (4장)
이민	R—C(=N—R')—H(R)	CH_3—C(=N—Ph)—H(CH_3)	친핵성 첨가 반응 (4장)

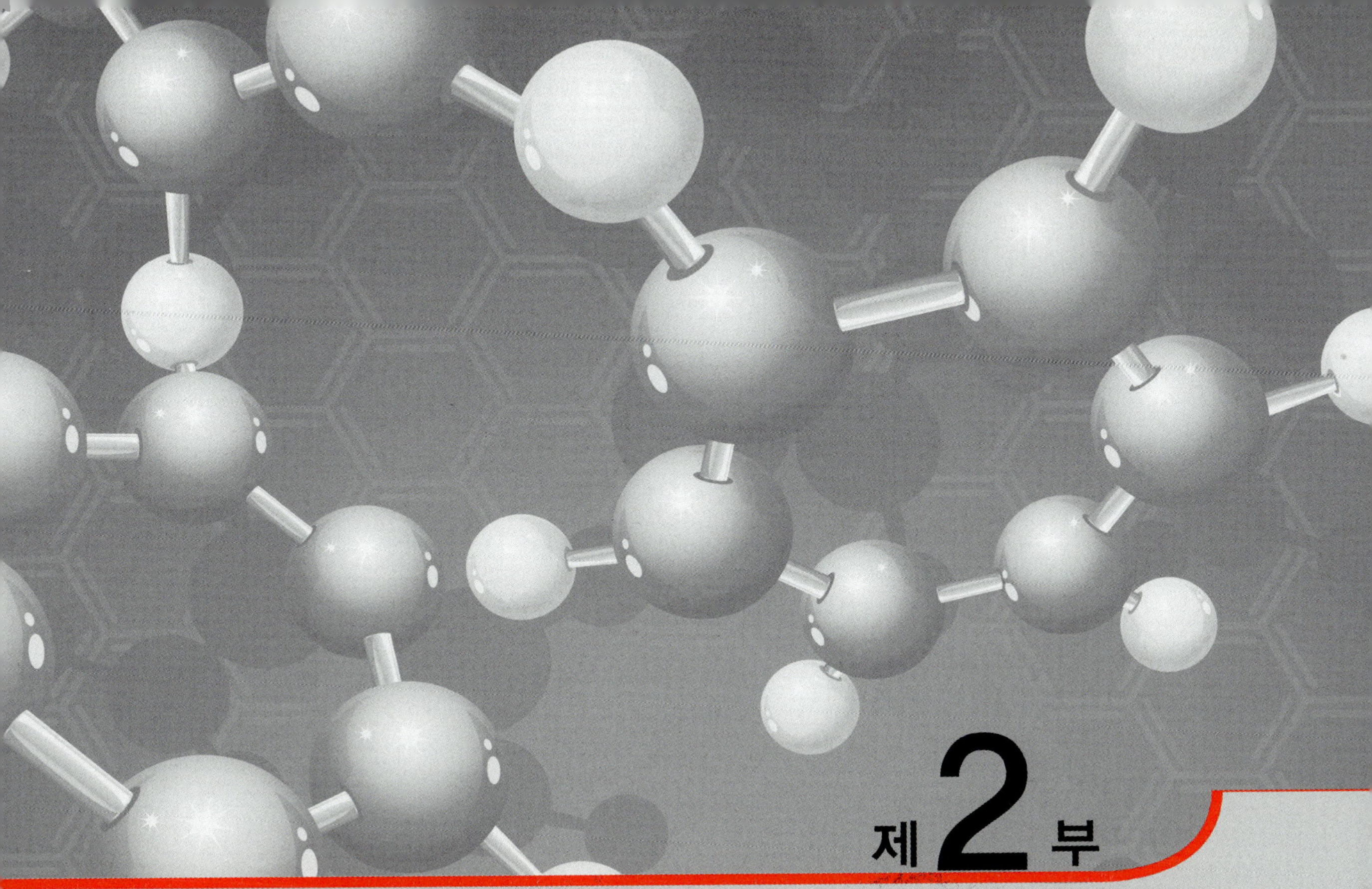

제 2 부

합성 반응의 이해

CHAPTER 02 치환 반응

유기 합성 반응에서 치환 반응이란 반응 기질의 탄소 원자에 결합되어 있는 원자 혹은 원자단이 다른 원자 또는 원자단으로 교환되는 반응을 말한다. 이 반응에서 반응 기질에 있던 기존의 σ 결합은 끊어지고 생성물에서 새로운 σ 결합이 생성된다.

$$R-X + :Nu \longrightarrow R-Nu + X:^{\ominus}$$

σ 결합이 끊어짐 / 새로운 σ 결합이 생성

$$H_3C-Cl + NaOH \longrightarrow H_3C-OH + NaCl$$

Cl이 OH로 교환됨

$$C_6H_5-H + Br_2 \xrightarrow{FeBr_3} C_6H_5-Br + HBr$$

H가 Br로 교환됨

치환 반응은 반응 중간체의 반응 행태 (behavior)에 따라 친핵성 치환 반응, 친전자성 치환 반응, 라디칼 치환 반응으로 분류되며, 반응 기질이 지방족인지 방향족인지 또는 카복실산 유도체인지에 따라 다음과 같이 더 세분화할 수 있다.

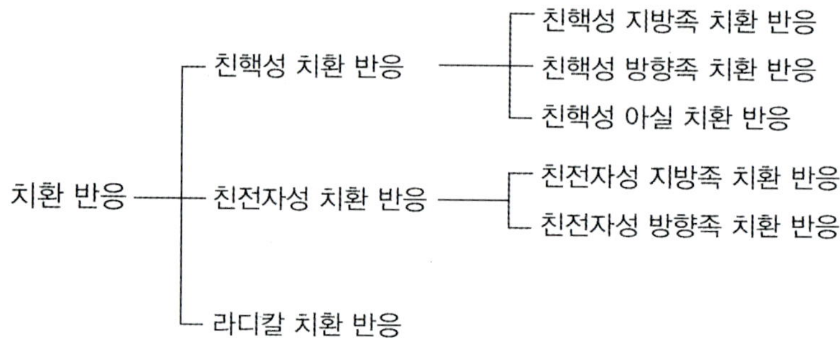

2.1 친핵성 치환 반응

친핵성 치환 반응이란 반응 기질의 전자 부족 상태에 있는 친전자성 탄소 원자 부위 (전자쌍 받개)에 친핵체가 전자쌍 주개로 작용하여 이 부위와 σ 결합을 하고 있던 원자 또는 원자단을 이탈시키고 (기존 σ 결합의 분해) 새로운 σ 결합을 생성시키는 반응이다. 이 반응에서 기존 결합으로부터 이탈되는 원자 또는 원자단을 **이탈기** (leaving group)라고 한다.

기존 σ 결합이 깨져 L기가 이탈 새로운 σ 결합이 생성

Nu⊖ —C—L (δ+ δ-) ⟶ —C—Nu + :L⊖

친전자성 탄소 부위

친핵체 반응 기질 생성물 이탈기

친핵성 치환 반응은 반응 기질에 따라 친핵성 지방족 치환 반응, 친핵성 방향족 치환 반응과 친핵성 아실 치환 반응 등 세 가지 유형으로 분류된다 (그림 2.1). 이 가운데 친핵체가 sp^3 혼성 탄소 원자와 결합하는 **친핵성 지방족 치환 반응**이 가장 전형적이고 대표적이다. 친핵성 방향족 치환 반응 (2.1.4절)과 친핵성 아실 치환 반응 (2.1.5절)은 sp^2 혼성 탄소 원자를 가진 탄소에 새로운 σ 결합이 생성되는 반응으로 생성물의 겉보기 변화는 친핵성 치환 반응처럼 보이지만 반응 중간체를 포함하여 반응 과정은 지방족 치환 반응의 경우와 전혀 다르게 진행된다.

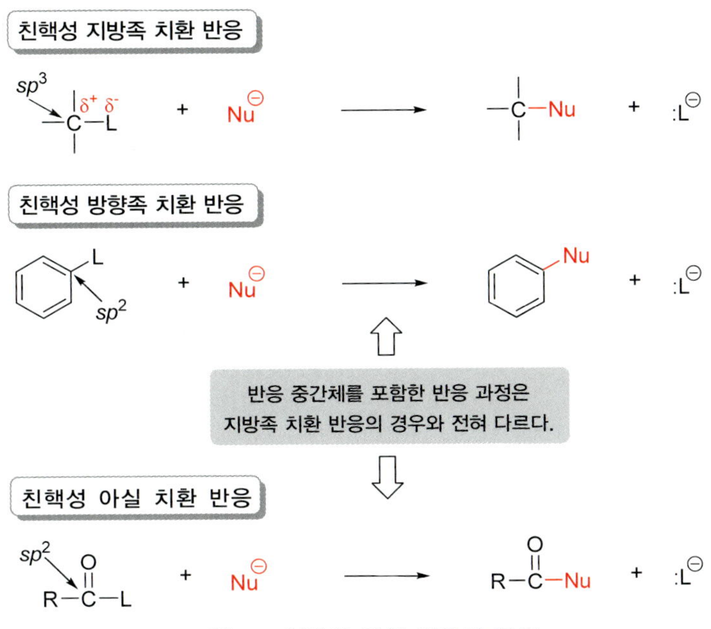

그림 2.1 친핵성 치환 반응의 분류

2.1.1 친핵성 지방족 치환 반응: 할로젠화 알킬, 알코올, 에터 (에폭사이드)의 반응

친핵성 지방족 치환 반응은 단순히 친핵성 치환 반응이라고도 하며 sp^3 혼성화 구조를 가진 친전자성 탄소 원자 부위에 친핵체가 반응하여 새로운 σ 결합을 형성하는 반응이다. 이 반응이 일어나는 대표적 반응 기질 (R−L)로 **할로젠화 알킬** (RX), **알킬 설포네이트** ($ROSO_2R'$), **알**

코올, 에터와 에폭사이드 등이 있다. 이들은 전자쌍을 제공할 수 있는 산소, 황, 질소, 할로젠을 포함한 분자 또는 그들의 음이온, 탄소 친핵체 및 수소 음이온 등의 친핵체 (표 1.2 참조)와 반응하여 다양한 화합물을 생성한다.

할로젠화 알킬의 친핵성 치환 반응

할로젠화 알킬 (RX, X = I, Br, Cl)은 친핵성 치환 반응을 거쳐 나이트릴, 할로젠화 알킬, 에터, 아자이드, 아민, 에스터 등을 합성하는 반응 기질로 이용되며, 또한 탄소 친핵체와 반응하여 탄소–탄소 결합을 형성시키는 알킬화제로 이용된다 (그림 2.2). 이 반응을 이용한 다양한 작용기 도입 반응은 8장에서, 알킬화 반응과 관련된 반응은 9장과 10장에서 상세하게 공부할 예정이다. 또한 RX의 친핵체에 대한 반응성은 R의 구조와 이탈기 ($X^{\ominus}$)의 이탈 성향에 따라 큰 영향을 받는다. 이와 관련된 내용은 2.1.2절과 2.1.3절에 있다.

$Nu^{\ominus}$ + $-\overset{|}{\underset{|}{C}}^{\delta+}-X^{\delta-}$ ⟶ $-\overset{|}{\underset{|}{C}}-Nu$ + $:X^{\ominus}$

Nu = $^{\ominus}CN$, $I^{\ominus}$, $RO^{\ominus}$, $N_3^{\ominus}$, $AcO^{\ominus}$, $R^{\ominus}$ X = 할로젠기 (I, Br, Cl)
H_2O, ROH, RSH, RNH_2

$C_6H_5CH_2Cl$ —(aq. $Na^{\oplus}\,CN^{\ominus}$ / EtOH, reflux, 4 h)→ $C_6H_5CH_2CN$ (80~90%) + NaCl [2-1]

$(CH_3)_2CHCH_2CH_2Br$ + NaI —(acetone / reflux)→ $(CH_3)_2CHCH_2CH_2I$ (66%) + NaBr↓ (침전물) [2-2]
Finkelstein 반응

$C_6H_5O^{\ominus}K^{\oplus}$ + $BrCH_2CH=CH_2$ —(acetone / reflux)→ $C_6H_5OCH_2CH=CH_2$ (85%) [2-3]
Williamson 합성법

n-$C_6H_{13}CH_2CH_2Br$ —(NaN_3 / PTC, H_2O)→ n-$C_6H_{13}CH_2CH_2N_3$ —($NaBH_4$ / PTC, H_2O)→ n-$C_6H_{13}CH_2CH_2NH_2$ [2-4]
n-Octyl bromide PTC = phase transfer catalyst *n*-Octylamine

$NO_2-C_6H_4-CH_2Cl$ —($CH_3-\overset{O}{\overset{\|}{C}}-O^{\ominus}Na^{\oplus}$ / CH_3CO_2H, reflux)→ $NO_2-C_6H_4-CH_2-O-\overset{O}{\overset{\|}{C}}-CH_3$ (78~82%) [2-5]

알킬화 반응 (C–C 결합 형성 반응)

$$CH_3COCH_2COCH_3 \xrightarrow[\text{acetone, reflux, 20 h}]{\text{MeI, } K_2CO_3} CH_3COCH(CH_3)COCH_3 \quad (75\sim77\%) \quad [2\text{-}6]$$

$\downarrow {}^{\ominus}OH$

$$\left[Me-\overset{O^{\ominus}}{C}=\underset{H}{C}-\overset{O}{\overset{\|}{C}}-Me \longleftrightarrow Me-\overset{O}{\overset{\|}{C}}-\underset{H}{\overset{\ominus}{C}}-\overset{O}{\overset{\|}{C}}-Me \quad Me-I \longrightarrow Me\overset{O}{\overset{\|}{C}}-\underset{H}{\overset{Me}{C}}-\overset{O}{\overset{\|}{C}}-Me \right]$$

$$CH_3CH_2MgBr + CH_2{=}CHCH_2Br \xrightarrow{\text{ether}} \xrightarrow{H_3O^{\oplus}} CH_3CH_2CH_2CH{=}CH_2 \quad 94\%$$

$$n\text{-}C_5H_{11}CH_2OTs \xrightarrow[\text{ether, -75 °C}]{n\text{-}Bu_2CuLi} n\text{-}C_5H_{11}CH_2(CH_2)_3CH_3 \quad 98\%$$

$$CH_3CH_2CH_2CH_2Br + H-C{\equiv}C:^{\ominus}Na^{\oplus} \xrightarrow[70\sim77\%]{NaNH_2\text{, liq. } NH_3} CH_3CH_2CH_2CH_2C{\equiv}C-H \quad [2\text{-}7]$$

1-Hexyne

그림 2.2 할로젠화 알킬의 친핵성 치환 반응

◆ 알코올의 친핵성 치환 반응

알코올 (ROH)은 친전자성 탄소 부위에 있는 OH기의 나쁜 이탈성 때문에 친핵체에 의한 직접 치환 반응은 일어나지 않으며, 나쁜 이탈성을 가진 OH기를 이탈성이 좋은 원자단으로 전환시켜야 반응이 일어난다.

$$Nu^{\ominus} \quad R-OH \xrightarrow{\times} R-Nu + HO^{\ominus}$$

안 일어남

알코올의 친핵성 치환 반응을 위해 다음과 같은 세 가지 방법이 흔히 이용된다.

방법 1 ROH에 HI, HBr, HCl 같은 양성자산을 반응시키는 방법: 할로젠화 알킬의 합성에 이용

ROH를 HX와 반응시키면 OH기에 양성자가 배위하여 **알킬 옥소늄 이온** (alkyl oxonium ion)으로 전환된다. 이 이온이 친핵체인 할로젠 음이온 ($X^{\ominus}$)과 반응하면 이탈기로 물분자가 이탈하면서 친핵체성 치환 반응이 일어나 할로젠화 알킬을 생성한다. 이 반응은 3° > 2° > 1° 알코올 순으로 잘 일어나며, 또한 HX의 산도가 강할수록 잘 일어난다 (HI >HBr >HCl 순). 이

방법을 이용한 합성 반응의 예를 그림 2.3에 나타내었다. 만약에 1° 알코올이 H_2SO_4와 H_3PO_4와 같은 친핵성이 작은 짝염기를 가진 양성자 산 속에서 반응할 경우 자체적으로 치환 반응이 일어나 에터가 생성된다. 그러나 2°와 3° 알코올의 경우 제거 반응 (3.2절)이 우선하여 일어난다.

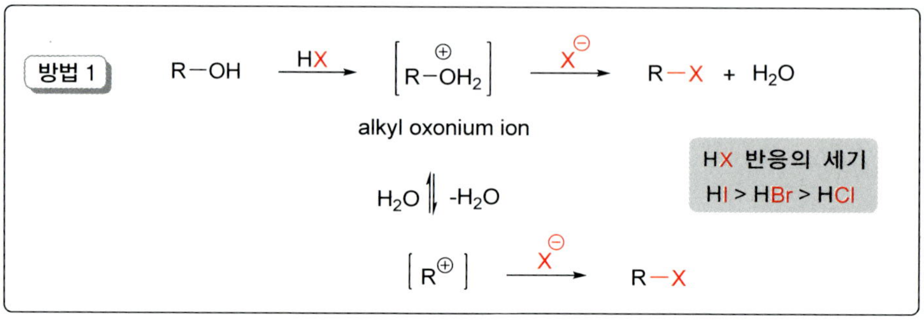

방법 1

R−OH →(HX) [$R-OH_2^{\oplus}$] →($X^{\ominus}$) R−X + H_2O

alkyl oxonium ion

H_2O ⇅ $-H_2O$

[$R^{\oplus}$] →($X^{\ominus}$) R−X

HX 반응의 세기
HI > HBr > HCl

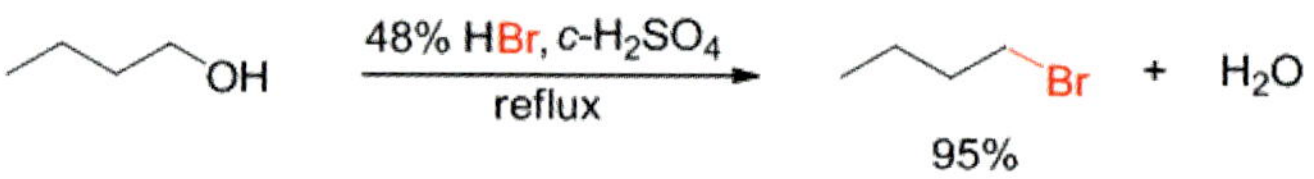

→OH →(48% HBr, c-H_2SO_4 / reflux) →Br + H_2O [2-8]
95%

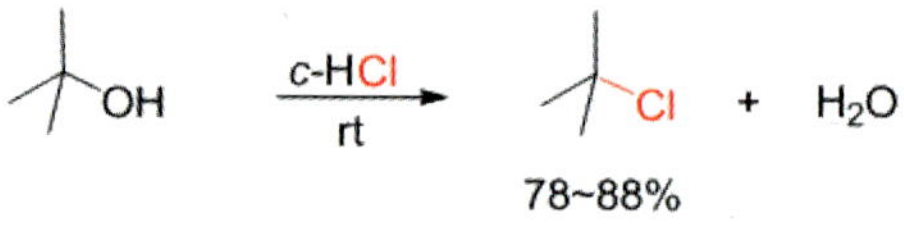

→OH →(c-HCl / rt) →Cl + H_2O [2-9]
78~88%

2 →OH →(H_2SO_4 / reflux) →O→ + H_2O
34%

⇅ $H^{\oplus}$

$OH_2^{\oplus}$

HO

자체적 치환 반응이 일어난다.

그림 2.3 알코올과 HX의 친핵성 치환 반응: 할로젠화 알킬의 합성

한편, 알코올과 HX와의 반응에서 **탄소 양이온 재배열 반응**에 의한 부산물도 동시에 생성될 수 있다. 이는 알킬 옥소늄 이온이 해리되어 생성한 탄소 양이온에 있는 수소 또는 알킬기가 음이온 형태로 재배열하여 더 안정한 탄소 양이온으로 전환된 후 반응이 일어나기 때문이다. 이와 같은 반응은 탄소 양이온의 재배열이 가능한 구조를 가진 1° 또는 2° 알코올의 반응에서 자주 관찰된다. 예를 들면 1° 알코올인 2,2−dimethylpropanol을 HBr과 반응시키면 예상되는 생성물인 1−bromo−2,2−dimethylpropane은 생성되지 않고 오직 2−bromo−2−methylbutane만 생성된다. 이는 반응 중간체로 생성된 1° 탄소 양이온에 있는 메틸기가 1,2−이동하여 더 안

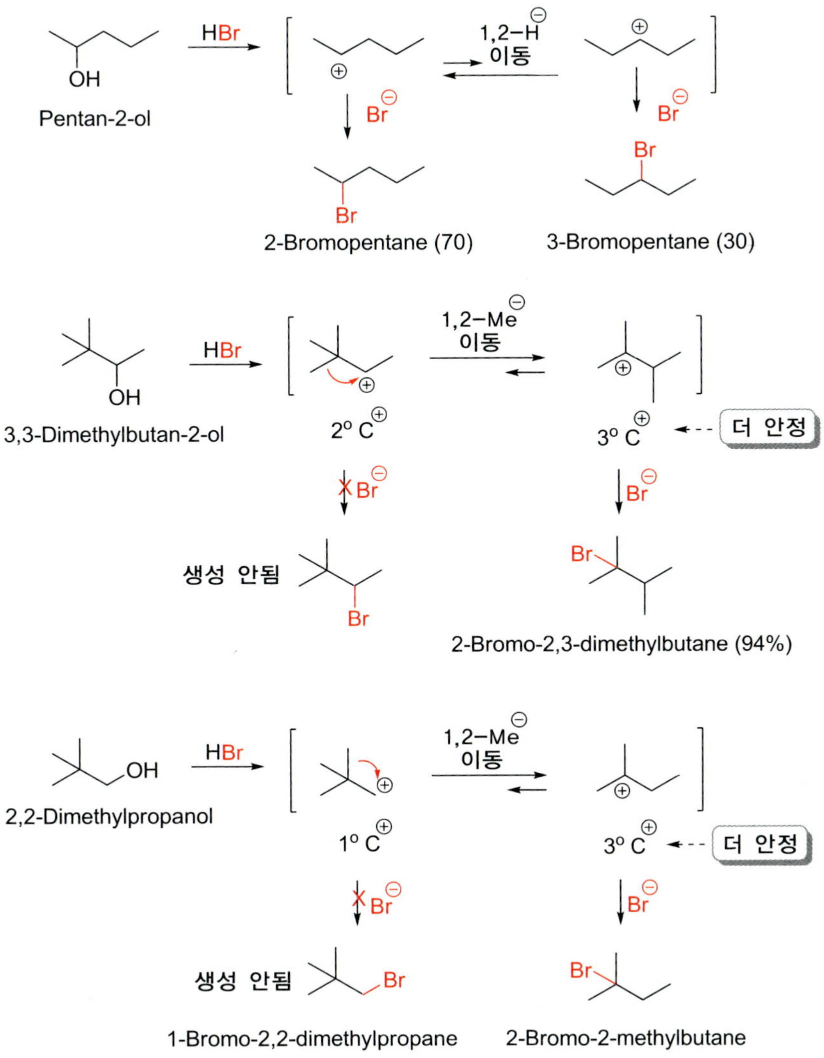

그림 2.4 탄소 양이온 재배열을 동반하는 알코올의 친핵성 치환 반응

정한 3° 탄소 양이온으로 재배열한 후에 친핵체 ($Br^{\ominus}$)가 반응한 결과이다 (그림 2.4).

방법 2 할로젠화 시약을 이용하는 방법: 할로젠화 알킬의 합성에 이용

알코올을 할로젠화 시약인 PX_3 (X = Cl, Br, I), PPh_3-CX_4 또는 $SOCl_2$과 반응시키면 좋은 이탈성을 가진 반응 중간체가 만들어지고, 여기에 할로젠 음이온에 의한 치환 반응이 일어나 할로젠화 알킬이 생성된다. 이 방법은 탄소 양이온의 재배열 반응을 최소화시킬 수 있는 장점이 있다. 이 방법을 이용한 합성 예를 그림 2.5에 나타내었다.

방법 2

- R−OH $\xrightarrow{PX_3}$ [R−OPX$_2$] $\xrightarrow{X^{\ominus}}$ R−X
- R−OH $\xrightarrow[-HX]{PPh_3\ +\ CX_4}$ [R−O$\overset{\oplus}{P}$Ph$_3$] $\xrightarrow{X^{\ominus}}$ R−X (X = Br, Cl)

alkoxyphosphonium ion

[Ph_3P + CX_4 (X = Br, Cl) ⟶ $Ph_3\overset{\oplus}{P}$−X + $^{\ominus}CX_3$ halophosphonium ion]

- R−OH $\xrightarrow[-HCl]{SOCl_2}$ [R−OSOCl] $\xrightarrow{Cl^{\ominus}}$ R−Cl

chlorosulfite

OH (isobutyl alcohol) $\xrightarrow[0\ ^{o}C\ \sim\ rt]{PBr_3}$ Br (isobutyl bromide) 55~60% [2-10]

Geraniol (OH) $\xrightarrow[reflux]{Ph_3P,\ CCl_4}$ Cl 75~81% Geranyl chloride [2-11]

OH (1-hexanol) $\xrightarrow[reflux]{SOCl_2}$ Cl 60% [2-12]

그림 2.5 할로젠화 시약을 이용한 알코올의 친핵성 치환 반응(절단 반응): 할로젠화 알킬의 합성

방법 3 알킬 설포네이트로 전환시키는 방법: 이 방법은 중성 조건에서 다양한 친핵체와 반응시킬 수 있는 장점이 있다.

ROH에 R′SO_2Cl (R′ = alkyl 또는 aryl: alkyl 또는 aryl sulfonylchloride)를 반응시켜 생성된 알킬 설포네이트 (ROSO$_2$R′)는 친핵체에 대하여 브로민화 알킬 (RBr)과 비슷한 반응성을 나타낸다. 알킬 설포네이트의 반응 기질로서의 특징은 중성 조건에서 다양한 친핵체와 치환 반응을 할 수 있다는 점이다. 가장 흔한 설폰산 에스터는 MeSO_2Cl (MsCl)로부터 얻을 수 있는 mesylate (ROMs)와 *p*−$C_6H_4SO_2Cl$ (TsCl)로부터 얻을 수 있는 tosylate (ROTs)이다. 이 방법을 이용한 치환 반응의 예들을 그림 2.6에 나타내었다.

방법 3 R−OH $\xrightarrow[\text{Pyridine}]{R'SO_2Cl}$ R−OSO_2R' $\xrightarrow{Nu^{\ominus}}$ R−Nu

NaN_3, NaI, NaSR' ⇐ 중성 친핵체

$R'SO_2Cl$ = $MeSO_2Cl$ (MsCl): Methanesulfonyl chloride (mesyl chloride)
p-$MeC_6H_4SO_2Cl$ (TsCl): *p*-Toluenesulfonyl chloride (tosyl chloride)
CF_3SO_2Cl (TfCl): Trifluoromethanesulfonyl chloride (triflyl chloride)

R−OSO_2R' : ROMs = Mesylate ROTs = Tosylate ROTf = Triflylate

1. $MeSO_2Cl$ (MsCl), Et_3N, -5~-0 °C; 2. NaI, acetone, reflux — 83~86% [2-13]

Me_3Si ... OH — 1. p-TsCl, pyridine, 0 °C; 2. *p*-$MeOC_6H_4NH_2$, 65 °C → Me_3Si ... NHC_6H_4OMe-*p* 84% [2-14]

CH_3CHCH_2OH — 1. CH_3SO_2Cl, pyridine; 2. NaCN, DMF, 40~60 °C → CH_3CHCH_2CN 85%

n-$C_5H_{11}CH_2OTs$ $\xrightarrow[\text{ether, -75 °C}]{n\text{-}Bu_2CuLi}$ *n*-$C_5H_{11}CH_2(CH_2)_3CH_3$ 98%

$CH_3CH_2CH_2CH_2OTs$ + $C_6H_5CH_2MgCl$ $\xrightarrow{\text{ether}}$ $\xrightarrow{H_3O^+}$ $C_6H_5CH_2CH_2CH_2CH_2CH_3$ 50~80%

$OSO_2C_6H_4Me$-*p* $\xrightarrow[\text{THF}]{LiHBEt_3}$ H 81% [2-15]

그림 2.6 알킬 설포네이트의 친핵성 치환 반응

◆ 에터 및 에폭사이드의 친핵성 치환 반응

비고리형 에터의 친핵성 치환 반응은 이탈기에 해당하는 알콕사이드 이온 ($RO^{\ominus}$)의 나쁜 이탈성 때문에 잘 일어나지 않는다. 그러나 HX와 같이 양성자 ($H^{\oplus}$)와 친핵성이 큰 친핵체 ($X^{\ominus}$)를 동시에 제공하는 산과 반응하면 친핵성 치환 반응 (에터 결합 절단 반응)이 일어난다. 그 이유는 양성자가 산소 원자에 배위하여 생성된 다이알킬옥소늄 이온이 생성되어 좋은 이탈기를 가진 반응 기질로 전환되기 때문이다 (그림 2.7). 이 반응은 에터 결합 (C−O−C)의 분해 반응에 이용되며, BX_3 또는 AlX_3 (X = Cl, Br)과 같은 Lewis 산에 의해서도 동일한 반응이 일어난다. HX의 경우, 산도 (HI > HBr > HCl)가 클수록 반응이 잘 일어난다.

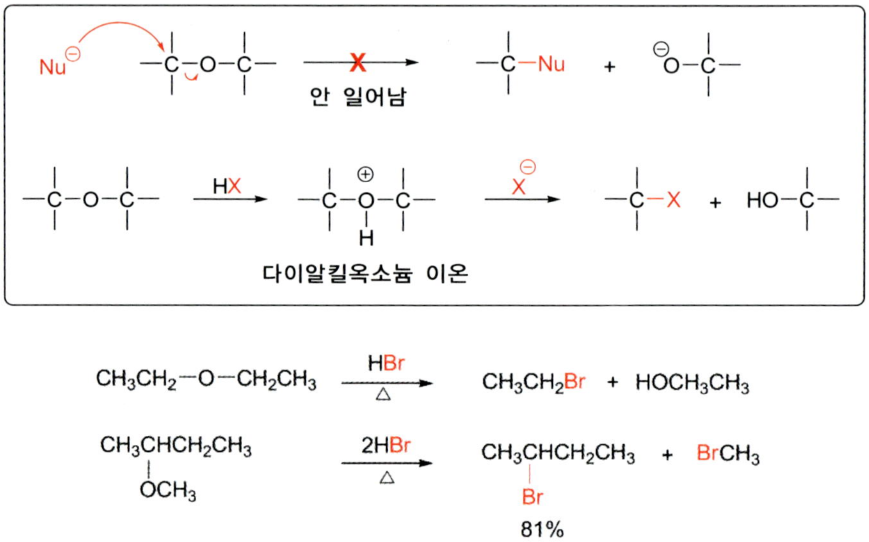

$$CH_3CH_2{-}O{-}CH_2CH_3 \xrightarrow[\Delta]{HBr} CH_3CH_2Br + HOCH_3CH_3$$

$$CH_3CH(OCH_3)CH_2CH_3 \xrightarrow[\Delta]{2HBr} CH_3CH(Br)CH_2CH_3 \ (81\%) + BrCH_3$$

그림 2.7 에터의 친핵성 치환 반응 (절단 반응): 양성자가 존재해야만 일어난다.

한편, 삼각 고리형 에터 구조를 가진 epoxide (oxirane)는 구조의 특성상 고리 무리 (ring strain) 때문에 친전자 탄소 부위의 반응성이 증대되어 HX 및 Lewis 산과의 반응뿐만 아니라 ⊖OH, ⊖OR, 아민 또는 탄소 친핵체 등과 같은 염기성 친핵체에 의해서도 고리 열림 반응이 잘 일어난다 (그림 2.8).

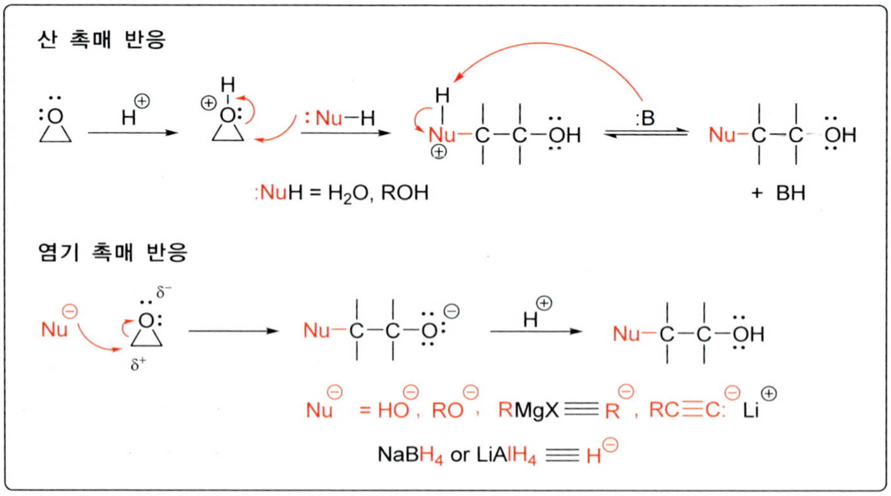

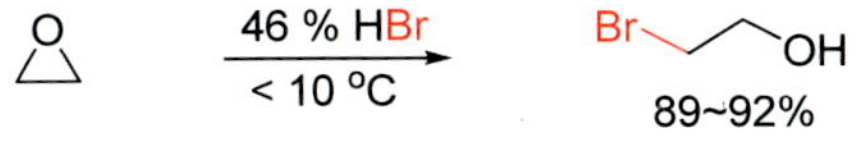

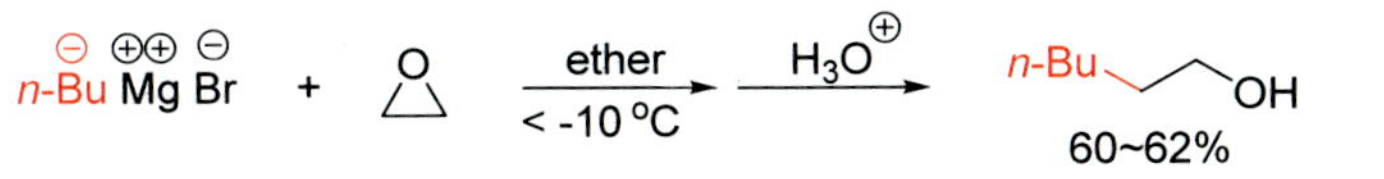

그림 2.8 에폭사이드의 친핵성 치환 반응 (고리 열림 반응)

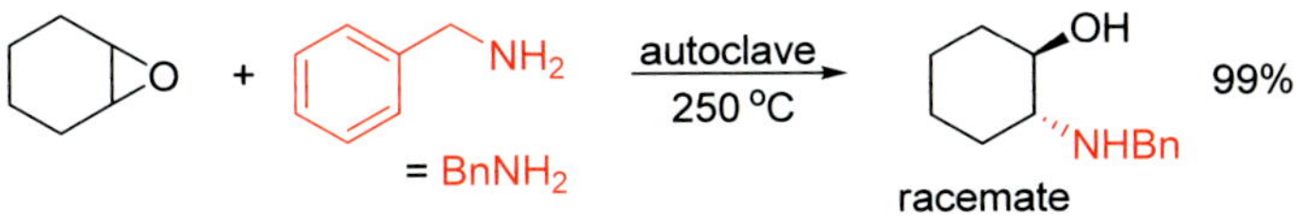

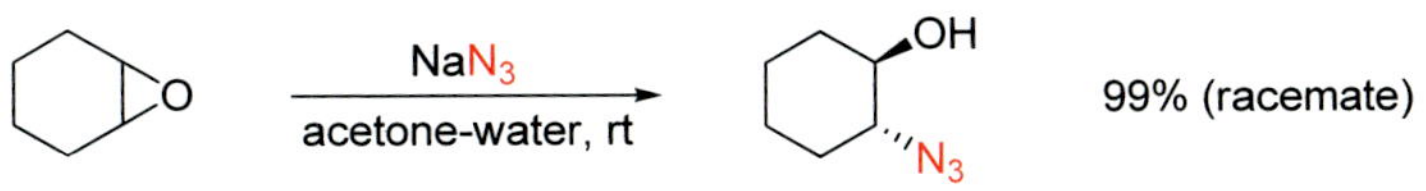

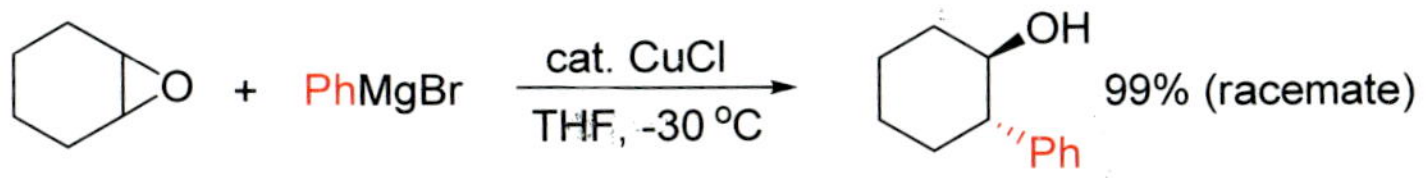

비대칭 에터와 에폭사이드에 대한 에터 결합 위치 선택적 절단 반응 (또는 고리 열림 반응)은 13.2.1절에서 다시 공부한다.

2.1.2 친핵성 지방족 치환 반응의 반응 메커니즘과 입체 화학

친핵성 지방족 치환 반응의 반응 메커니즘은 반응 형태에 따라 S_N2, S_N1, S_Ni, S_N1', S_N2' 등 다섯 가지의 유형이 있다. 할로젠화 알킬 (RX)의 반응을 기준으로 기술한다.

◆ S_N2 반응

S_N2란 친핵성 치환 반응이 일어날 때 두 개의 분자 종 (반응 기질과 친핵체)이 관여하는 **이분자 반응** (bimolecular reaction)을 의미한다. 이 반응에서 반응 속도는 반응 기질과 친핵체의 농도의 곱에 비례한다 (이차 반응). 또한, 이 반응은 기존 결합의 분해와 새 결합이 동시에 생성되는 일종의 **협동 반응** (concerted reaction)으로 반응 중간체가 생성되지 않고 **한 단계 반응**으로 일어나는 게 특징이다.

$$CH_3{-}Br + {}^{\ominus}OH \longrightarrow CH_3{-}OH + :Br^{\ominus}$$

반응 속도 = $k[CH_3Br][OH^-]$ (k = 속도 상수): 반응 차수 (반응물 농도의 지수의 합)는 2이다.

S_N2 반응의 반응 메커니즘: 협동 반응 형태로 한 단계 반응으로 일어난다.

$$H_3C{-}Br + {}^{\ominus}OH \longrightarrow H_3C{-}OH + :Br^{\ominus}$$

C−Br 결합이 끊어짐과 동시에 C−OH 결합 생성

S_N2 반응의 특징 중 하나는 생성물의 입체 화학이 출발물과 반대가 되는 것이다. 이를 **Walden 반전**이라고 한다 (그림 2.9).

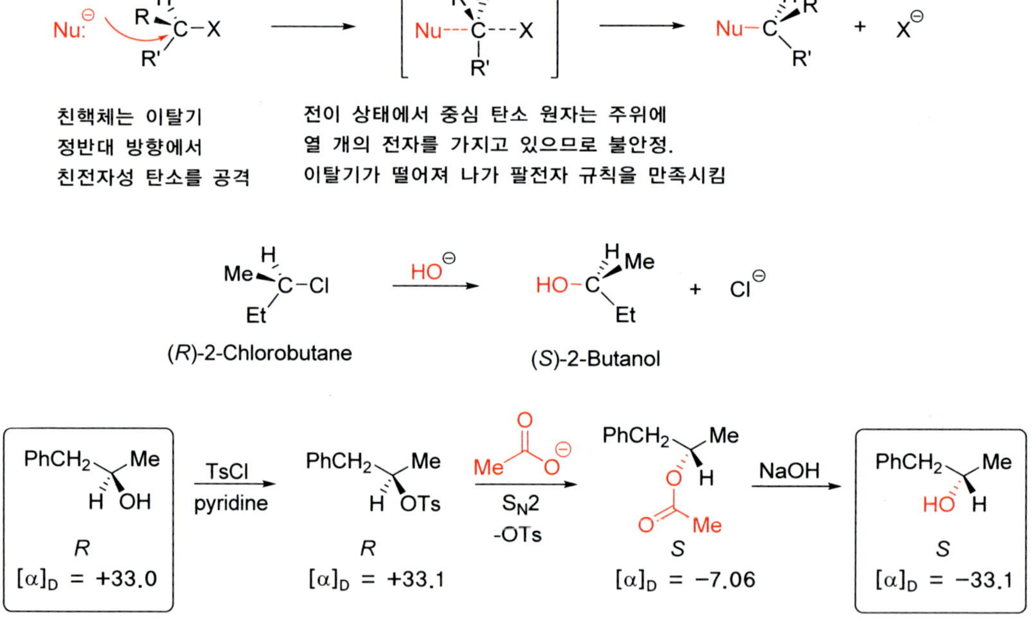

그림 2.9 S_N2 반응에서 Walden 반전 반응: 친핵체는 이탈기의 정반대 쪽에서 친전자성 탄소 부위에 접근한다.

반전 반응이 일어나는 이유는 친핵체가 반응 기질에 접근할 때 이탈기의 정 반대편에서 친전자성 탄소 부위를 공격하기 때문이다. 이 반응을 이용하여 거울상 이성질체인 (R)−이성질체를 (S)−이성질체로 전환시킬 수 있다.

S_N1 반응

S_N1 반응은 일차 반응으로 일어나는 친핵성 치환 반응을 의미하며, 이 반응에서 반응 속도는 친핵체의 농도와는 무관하며 오직 반응 기질의 농도에만 비례한다. 이러한 반응을 **일분자 반응** (unimolecular reaction)이라고 하며, 반응은 [단계 1]에서 반응 중간체로 탄소 양이온이 생성되고, [단계 2]에서 친핵체와 결합하는 **두 단계 반응**으로 일어난다.

$$(CH_3)_3C-Br + H_2O \longrightarrow (CH_3)_3C-OH + HBr$$

반응 속도 = k[$(CH_3)_3CBr$] (k = 속도 상수)

S_N1 반응 메커니즘: 두 단계 반응으로 일어난다.

[단계 1] 기질의 C−Br 결합이 끊어진다. 느리게 진행된다.

$$(CH_3)_3C-Br \underset{}{\overset{\text{느림}}{\rightleftharpoons}} (CH_3)_3C^{\oplus} + Br^{\ominus}$$

일반식 $R\text{-}X \overset{\text{느림}}{\rightleftharpoons} R^{\oplus} + X^{\ominus}$

- 기질의 C−Br 결합이 불균형적으로 끊어져 중간체인 탄소 양이온이 만들어진다.
- 이 단계가 속도 결정 단계이다.

[단계 2] C−OH 결합 형성 단계이다. 빠르게 진행된다.

$$(CH_3)_3C^{\oplus} + H_2O \overset{\text{빠름}}{\longrightarrow} (CH_3)_3C-\overset{\oplus}{O}H-H \xrightarrow[-H^{\oplus}]{\text{빠름}} (CH_3)_3C-OH$$

일반식 $R^{\oplus} + :Nu \overset{\text{빠름}}{\longrightarrow} R\text{-}Nu$

S_N1 반응에서 생성되는 생성물의 입체 화학은 **라셈 혼합물** (racemic mixture)이다 (그림 2.10). 그 이유는 S_N1 반응에서 중간체로 생성되는 탄소 양이온은 sp^2 혼성화 탄소 원자로서 삼각 평면 구조를 가지고 있어 친핵체는 평면의 양쪽에서 친전자성 탄소 원자와 결합할 수 있기 때문이다.

한편, 동일한 반응 기질에서 친핵체에 따라 S_N1 반응과 S_N2 반응의 양쪽 반응이 모두 일어날 수 있다. 예를 들면, 2-bromo-2-methylbutane을 물 (친핵체) 속에서 반응시키면 탄소 양이온 재배열을 거쳐 S_N1 반응이 일어나 2-methyl-2-butanol이 생성된다. 그러나 물 (약한 산소 친핵체)보다 친핵성이 더 강한 하이드록실 이온 ($HO^{\ominus}$)을 반응시키면 S_N2 반응이 일어나 3-methyl-2-butanol이 생성된다 (그림 2.11). S_N1 반응과 S_N2 반응의 구분은 반응 기질과 친핵체의 농도를 변화시켜 반응 속도를 측정함으로써 알 수 있다.

CH_3CH_2 / H_3C–C–Br / $CH_3CH_2CH_2$ (S)-3-Bromo-3-methylhexane

1. $-Br^{\ominus}$
2. H_2O

[H_2O → CH_3, CH_2CH_3, $C^{\oplus}$, $CH_3CH_2CH_2$ ← H_2O]

탄소 양이온 중간체는 평면 구조여서 친핵체가 양 방향에서 공격 가능

CH_3CH_2 / H_3C–C–OH / $CH_3CH_2CH_2$ S 체

\+

CH_2CH_3 / HO–C–CH_3 / $CH_2CH_2CH_3$ R 체

라셈 혼합물

그림 2.10 S_N1 반응의 입체 화학: 반응 중간체로 삼각 평면형 탄소 양이온이 생성되므로 라셈 혼합물이 생성된다.

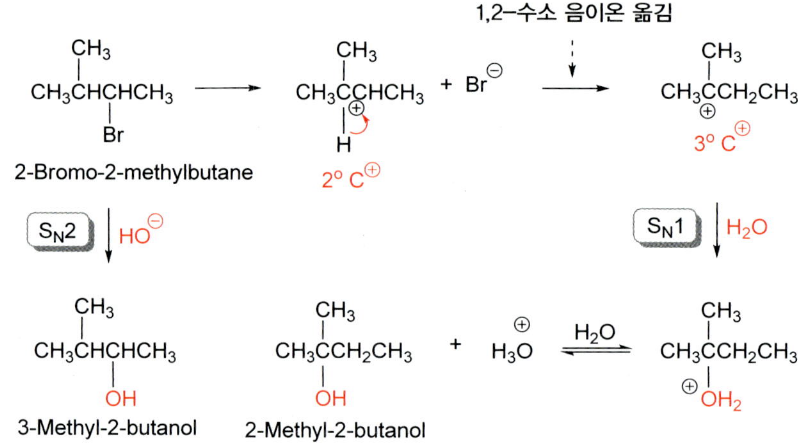

그림 2.11 S_N1과 S_N2 반응의 경쟁 반응: 친핵성이 강한 친핵체는 S_N2 반응을 선호한다.

S_N1 반응과 S_N2 반응을 지배하는 영향 인자

• 반응 기질 (RX)의 구조

S_N1 반응은 반응 기질 (RX)의 구조가 3° RX > 벤질 RX ≈ 알릴 RX ≈ 2° RX > 1° RX > CH_3X인 순서로 잘 일어나며 1° RX와 CH_3X에서는 거의 일어나지 않는다. 즉, S_N1 반응은 RX의 친전자성 탄소 부위가 하이퍼콘쥬게이션 또는 공명 구조에 의하여 안정한 탄소 양이온을 생성시킬 수 있는 구조에서 잘 일어난다. 한편, S_N2 반응의 경우 친전자성 탄소 부위가 친핵체가 쉽게 접근할 수 있게 입체 장애가 작을수록 잘 일어나며, 그 순서는 S_N1 반응의 경우 역순으로 3° RX의 경우 거의 일어나지 않는다.

S_N2 반응성 (입체 크기 작은 순)

$H-\overset{H}{\underset{H}{C}}{}^{\oplus}$	<	$CH_3-\overset{H}{\underset{H}{C}}{}^{\oplus}$	<	$H-\overset{H}{C}=\overset{H}{C}-\overset{H}{\underset{H}{C}}{}^{\oplus}$	≈	$C_6H_5-\overset{H}{\underset{H}{C}}{}^{\oplus}$	<	$CH_3-\overset{CH_3}{\underset{H}{C}}{}^{\oplus}$	<	$CH_3-\overset{CH_3}{\underset{CH_3}{C}}{}^{\oplus}$
Methyl	<	1°	<	Allyl	≈	Benzyl	<	2°	<	3°

S_N1 반응성 (탄소 양이온 안정성)

- **이탈기의 이탈성**: 이탈기의 이탈 성향은 반응 속도에 영향을 미친다. 이탈기가 잘 떨어져 나가야만 반응이 잘 일어난다. 이탈기의 이탈 성향은 다음과 같다.
  - 이탈기는 안정한 음이온 (약염기)일수록 우수한 이탈성을 가진다.
  - 중성 분자는 해당하는 음이온보다 이탈성이 더 좋다. 예. $H_2O > {}^{\ominus}OH$, $ROH > {}^{\ominus}OR$.

염기성 증가

${}^{\ominus}OH$, ${}^{\ominus}NH_2$, ${}^{\ominus}OR$ << ${}^{\ominus}F$ << ${}^{\ominus}Cl$ < ${}^{\ominus}Br$ < ${}^{\ominus}I$, H_2O < ${}^{\ominus}OTs$, NH_3

매우 불량 　　　　보통 　　　　매우 우수

이탈성 증가 (염기도가 약할수록 이탈성 증가)

- **친핵체의 친핵성**: 친핵성이 강할수록 친핵성 치환 반응이 더 잘 일어난다. 친핵성은 친핵체의 중심 원자의 전자 밀도가 크고, 전기음성도가 작으며 편극성이 클수록 증가한다. 또한, 중성 분자보다 음이온의 친핵성이 더 크다.

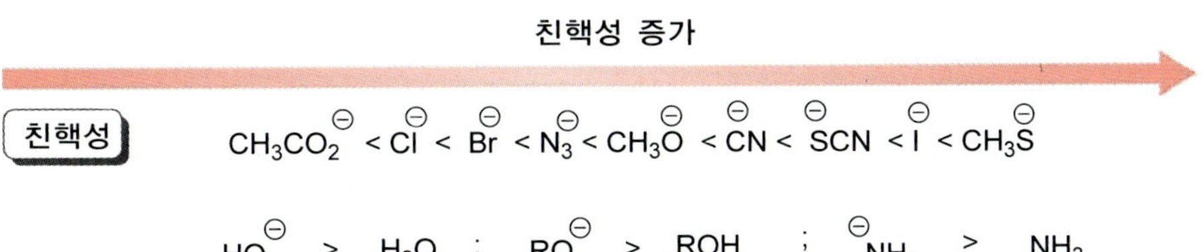

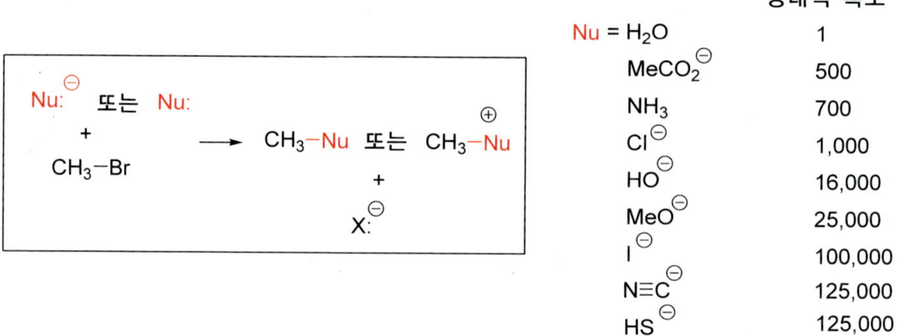

- **용매 효과:** 물 또는 알코올과 같은 양성자성 극성 용매는 S_N1 반응을 잘 일어나게 한다. 그 이유는 용매의 음전하 부위가 탄소 양이온을 안정화시킬 수 있고 동시에 이탈기의 음전하를 수소 결합에 의해 안정화시킬 수 있어 반응 기질의 해리를 촉진시킬 수 있기 때문이다. 그러나 이 용매는 수소 결합에 의하여 친핵체의 음전하를 동시에 안정화시켜 친핵성을 감소시키기 때문에 S_N2 반응을 불리하게 만든다. 따라서 S_N2 반응은 이온성 중간체 생성을 유리하게 할 수 있고, 친핵체의 친핵성에는 영향을 끼치지 않는 THF, DMF, DMSO 등과 같은 비양성자성 극성 용매에서 실행시키는 것이 바람직하다.

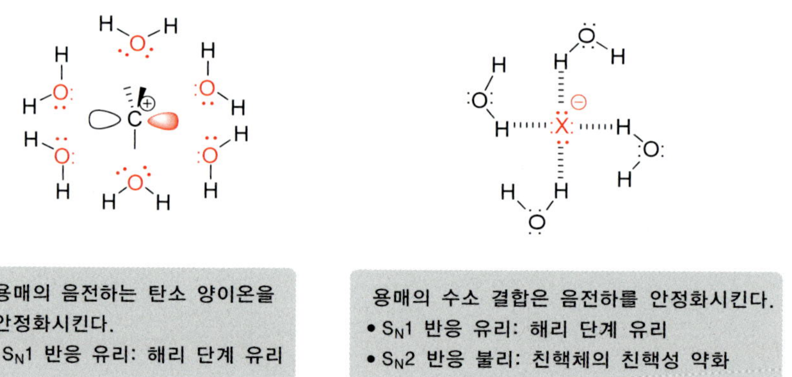

용매의 음전하는 탄소 양이온을 안정화시킨다.
- S_N1 반응 유리: 해리 단계 유리

용매의 수소 결합은 음전하를 안정화시킨다.
- S_N1 반응 유리: 해리 단계 유리
- S_N2 반응 불리: 친핵체의 친핵성 약화

위에서 기술한 S_N1 반응과 S_N2 반응의 특성을 종합하여 나타내면 표 2.1과 같다.

표 2.1 S_N1 반응과 S_N2 반응 특성 비교

RX + :Nu ⟶ RNu + $X^{\ominus}$

구분	S_N1 반응	S_N2 반응
반응 속도론	속도 = k[RX]	속도 = k[RX][Nu]
메커니즘	두 단계	한 단계
입체 화학	라셈화 (삼각 평면 탄소 양이온 중간체 생성)	입체 중심의 배열 반전 (친핵체가 이탈기 정반대 쪽에서 접근)
알킬기(R)의 구조	3°: 잘 일어남 2°, 알릴, 벤질: 일어남 1°, 메틸: 안 일어남	메틸, 1°: 잘 일어남 2°, 알릴, 벤질: 일어남 3°: 안 일어남
이탈기	I > Br > Cl ≫ F	I > Br > Cl ≫ F
친핵체	약한 친핵체 선호	강한 친핵체 선호
용매	양성자성 극성 용매 선호	비양성자성 극성 용매 선호

S_Ni 반응

분자 내에서 일어나는 친핵성 치환 반응을 **S_Ni 반응** (nucleophilic substitution internal reaction)라고 한다. 이 반응으로 생성되는 생성물의 입체화학은 변하지 않고 출발 물질과 같다(입체 화학이 보존된다). 예를 들어, (*R*)-1-phenyl-1-ethanol을 $SOCl_2$과 반응시키면 견고한 이온쌍 중간체를 생성하고 분자 내 치환 반응이 일어나 (*R*)-1-chloro-1-phenylethane이 생성된다.

(*R*)-1-Phenyl-1-ethanol —($SOCl_2$, ⊖ HCl)→ [Me, H, Ph–C–O–S(=O)–Cl] → [견고한 이온쌍] —S_Ni→ (*R*)-1-Chloro-1-phenylethane

견고한 이온쌍

입체 화학 보존

S_N1'과 S_N2' 반응

3-Chlorobut-1-ene과 NaOH 수용액을 실온에서 반응시키면 **S_N1 반응** 생성물인 but-3-en-2-ol (A)과 구조 이성질체인 but-2-en-2-ol (B)이 62:38의 비율로 생성된다. B의 생성은 중간체로 생성된 알릴 탄소 양이온이 공명에 의하여 재배열한 후 친핵체와 결합하여 생성된 물질로 이와 같은 치환 반응 형태를 **S_N1' 반응**이라고 한다. 한편, 4-chlorobut-2-ene의 경우에도 S_N2 반응 생성물인 But-2-en-2-ol 이외에 친핵체가 γ 위치의 탄소 원자와 결합한 but-3-ene-2-ol이 추가적으로 생성되며, 이와 같은 반응 형태를 **S_N2' 반응**이라고 한다. 이

반응은 반응 기질의 알릴 위치에 있는 Cl (이탈기)의 전자 끌기 유발 효과가 이중 결합의 π 전자를 이동시켜 γ 위치의 탄소가 전자 부족 상태가 되기 때문에 일어난다 (그림 2.12).

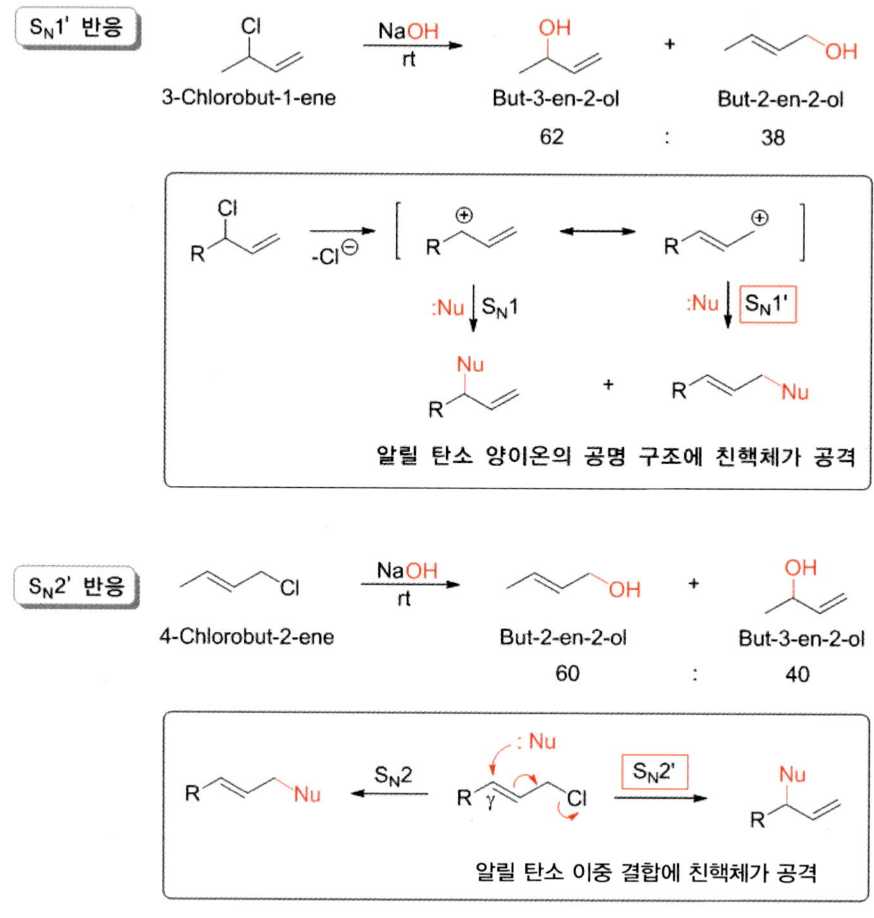

그림 2.12 S_N1' 반응과 S_N2' 반응

2.1.3 친핵성 치환 반응과 제거 반응의 경쟁 반응

앞서 언급한 대로 친핵체는 Lewis 염기의 역할도 할 수 있는 화학종이다. 이탈기 바로 옆 탄소 원자에 있는 수소 원자를 β 수소라고 하는데, 친핵체가 Lewis 염기로 작용하여 이 β 수소를 양성자로 떼어 내어 생성된 전자쌍이 인근의 친전자성 탄소 부위로 이동하여 이탈기를 이탈 (제거)시키면 π 결합이 형성되어 알켄 또는 알카인이 생성된다. 이를 **제거 반응** (elimination reaction)이라고 한다. 친핵체의 이러한 양면성은 그 성질과 반응 조건에 따라 친핵성 치환 반응과 제거 반응이 경쟁적으로 일어나게 만든다. 이에 대한 상세한 설명은 3.7절에서 다시 기술하기로 한다.

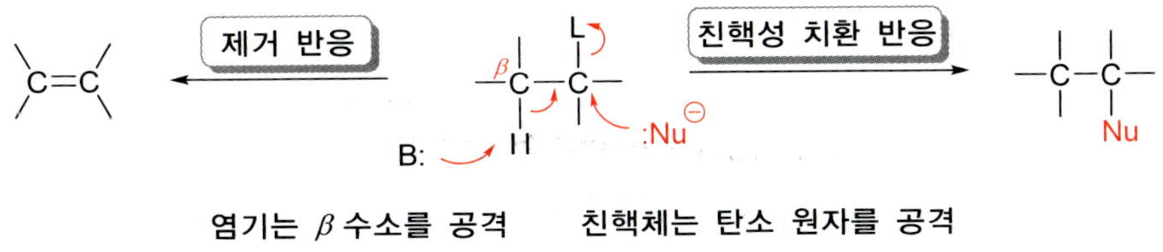

제거 반응 / 친핵성 치환 반응

염기는 β 수소를 공격　　친핵체는 탄소 원자를 공격

2.1.4 친핵성 방향족 치환 반응: Sanger 시약, 벤자인 및 Sandmeyer 반응

특별한 경우를 제외하고 할로젠화 비닐 또는 아릴 화합물에서는 친핵성 치환 반응이 일어나지 않는다. 그 이유는 이탈기가 결합한 sp^2 혼성 탄소 원자 부위의 큰 전자적 입체 장애와 약한 친전자성 때문이다. 그러나 다음 몇 가지의 유형의 할로젠화 벤젠에서는 마치 외형적으로 벤젠 고리에서 친핵성 치환 반응이 일어난 것처럼 보이는 경우가 있다. 이와 같은 반응을 **친핵성 방향족 치환 반응** (nucleophilic aromatic substitution, S_NAr)이라고 한다. 그러나 이들 반응은 위에서 언급한 친핵성 치환 반응과는 전혀 다른 반응 메커니즘으로 일어난다.

[유형 1] 할로젠화 벤젠의 *ortho*와 *para* 위치에 NO_2기와 같이 전자 끌기가 강한 치환기가 붙어 있는 경우 할로젠기가 친핵체와 치환된 반응이 일어난다.

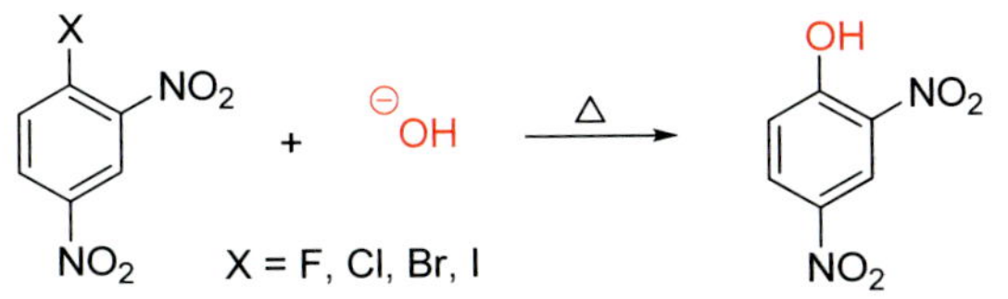

X = F, Cl, Br, I

- 이 반응은 X기가 F > Cl > Br > I 순으로 잘 일어난다.
- 이 반응은 아래와 같이 **첨가 – 제거 반응**의 두 단계로 일어난다.

[첨가 반응 단계] 이탈기가 결합된 sp^2 탄소에 친핵체가 첨가 반응하여 생성된 벤젠 고리의 탄소 음이온은 전자 끌기 치환기에 의하여 비편재화되어 안정화된다.

[제거 반응 단계] 첨가 반응 중간체에서 이탈기가 제거되어 방향족화된 벤젠 고리가 만들어진다.

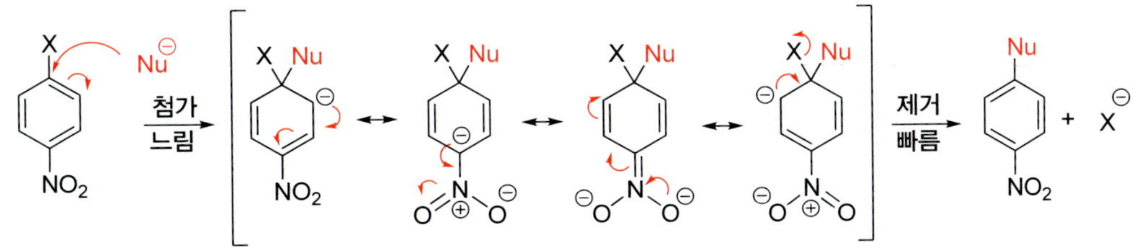

첨가 느림　　제거 빠름

이 반응은 그림 2.13에 나타낸 바와 같이 단백질 구조에서 *N*–말단 아미노산의 확인에 이용된다 (**Sanger 법**). 이 방법의 원리는 친핵성 방향족 치환 반응을 할 수 있는 **1–fluoro–2,4–dinitrobenzene** (DNFB 또는 **Sanger 시약**)을 단백질과 반응시켜 단백질 구조에 있는 *N*–말단 아미노산과 반응하게 한 다음 가수 분해한 생성물을 분석하여 *N*–말단 아미노산의 종류를 알아내는 것이다.

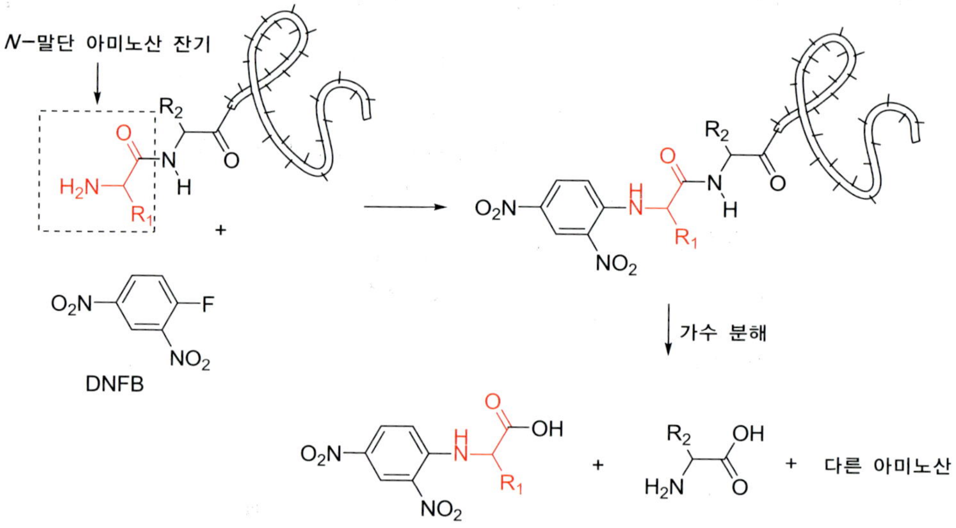

N–말단 아미노산 잔기

R_2 O H_2N N H R_1 O + O_2N F NO_2 DNFB → O_2N H N O R_2 N H O NO_2 R_1

가수 분해

O_2N H N O OH NO_2 R_1 + R_2 OH H_2N O + 다른 아미노산

그림 2.13 Sanger 시약을 이용한 친핵성 방향족 치환 반응

[유형 2] 할로젠화 아릴과 강한 염기인 $NaNH_2$와 반응시키면 할로젠기가 이탈하여 아미노기로 치환된 생성물이 생성된다. 이 반응은 강한 염기에 의해 제거 반응이 일어나 생성된 **벤자인** (benzyne, 1.4.1절)에 NH_2기가 첨가되어 일어나는 반응으로 NH_2기가 할로젠기가 붙어 있는 탄소를 직접 공격하여 일어나는 치환 반응이 아니다.

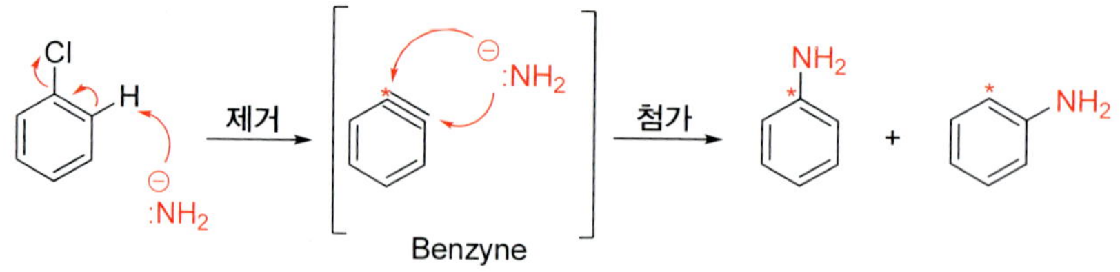

Cl H $:NH_2^{\ominus}$ 제거 → [$:NH_2^{\ominus}$ Benzyne] 첨가 → NH_2 + NH_2

[유형 3] 아닐린 같은 방향족 일차 아민은 0~−5° C에서 아질산과 반응하면 비교적 안정한 아릴 다이아조늄염을 생성한다. 이 염을 Cu[I]X (X = Cl, Br, CN) 등과 반응시키면 친핵체에 해당하는 $X^{\ominus}$가 다이아조늄기가 붙어 있는 탄소 원자를 직접 공격하여 치환 반응 생성물이 만들어진다. 이 반응은 벤젠의 친전자 치환 반응으로 얻기 힘든 할로젠화 벤젠 또는 방향족 나이트릴 등을 합성하는 데 자주 이용된다. 이와 같은 반응을 **Sandmeyer 반응**이라고 한다 (그림 2.14). 이 반응의 메커니즘은 라디칼 반응으로 설명한다 (2.3.2절 참조).

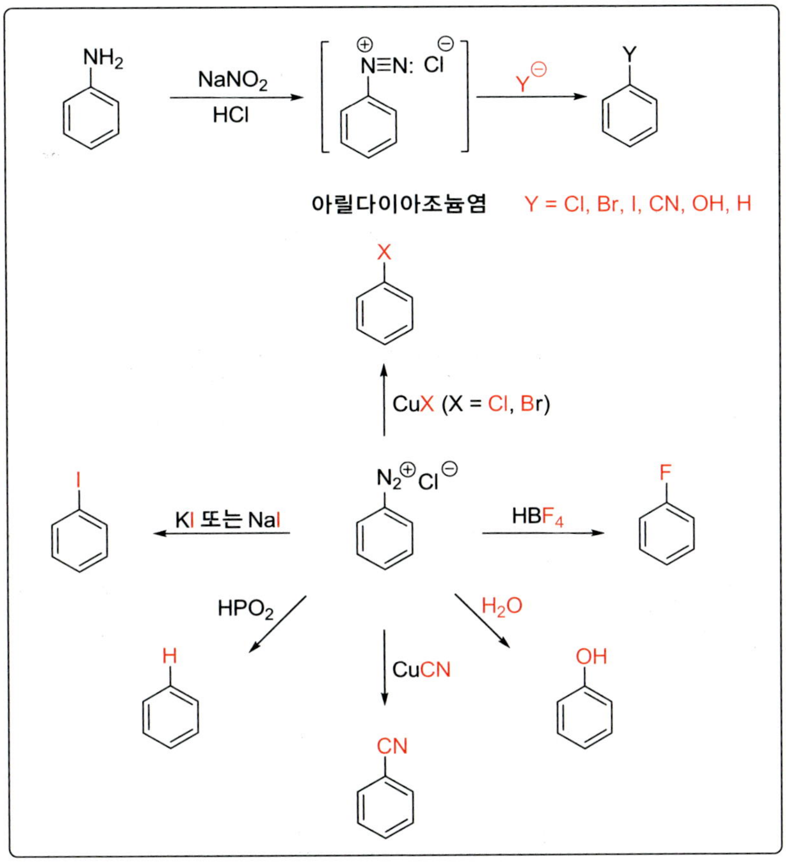

NH_2 —($NaNO_2$, HCl)→ [$N^{\oplus}{\equiv}N{:}\ Cl^{\ominus}$] —($Y^{\ominus}$)→ Y

아릴다이아조늄염 Y = Cl, Br, I, CN, OH, H

$N_2^{\oplus}Cl^{\ominus}$ —(CuX (X = Cl, Br))→ X

$N_2^{\oplus}Cl^{\ominus}$ —(KI 또는 NaI)→ I

$N_2^{\oplus}Cl^{\ominus}$ —(HBF_4)→ F

$N_2^{\oplus}Cl^{\ominus}$ —(HPO_2)→ H

$N_2^{\oplus}Cl^{\ominus}$ —(CuCN)→ CN

$N_2^{\oplus}Cl^{\ominus}$ —(H_2O)→ OH

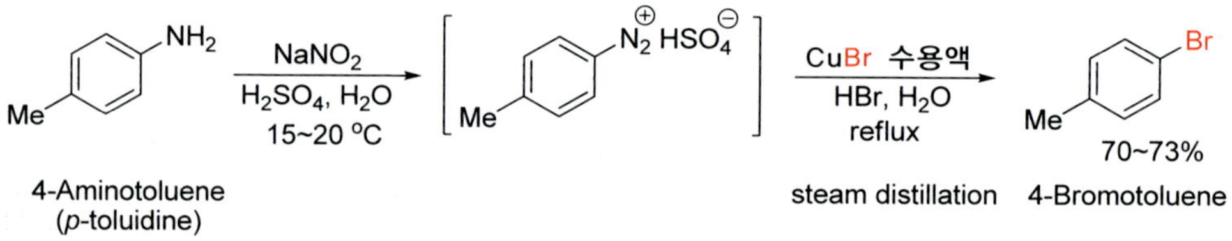

그림 2.14 Sandmeyer 반응의 예

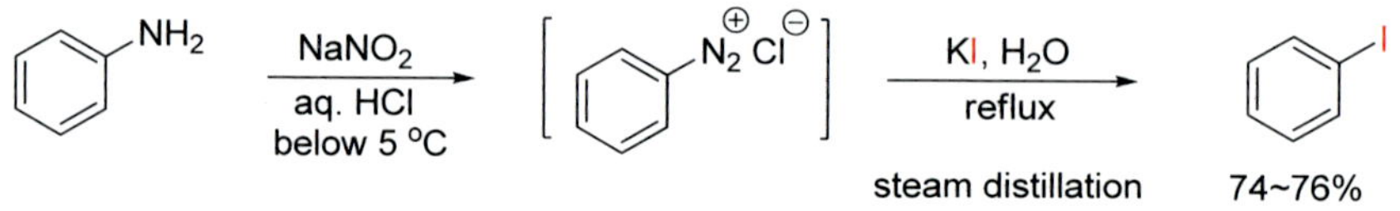

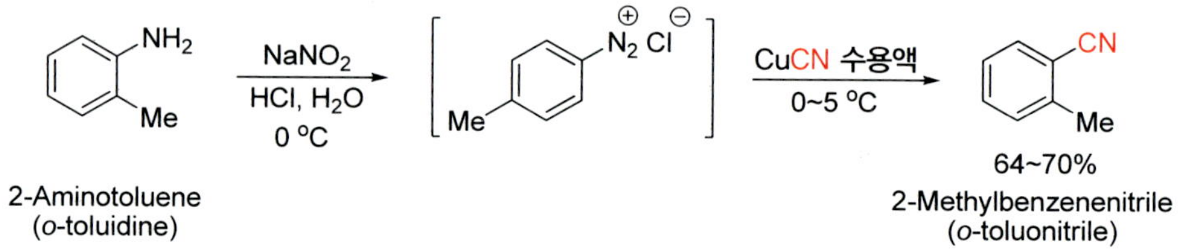

2.1.5 친핵성 아실 치환 반응: 카복실산과 그 유도체의 반응

카복실산과 산염화물, 산무수물, 에스터, 아마이드 같은 카복실산 유도체 (RCOZ, Z = Cl, OCOR, OR′, NR′R″)가 친핵체 (Nu:)와 반응하면 친핵체에 아실기 (RCO−)가 결합된 형태의 생성물 (RCONu)이 얻어진다. 이를 **친핵성 아실 치환 (nucleophilic acyl substitution) 반응**이라고 한다. 이 반응은 첨가 반응과 제거 반응의 두 단계로 일어나는 반응으로, 먼저 카보닐기 탄소에 친핵체가 첨가 반응 (친핵성 첨가 반응: 4.4.1절)하여 사면체 구조 형태를 가진 반응 중간체가 생성되고 연이어 이 중간체에서 Z기가 음이온으로 제거되어 일어난다.

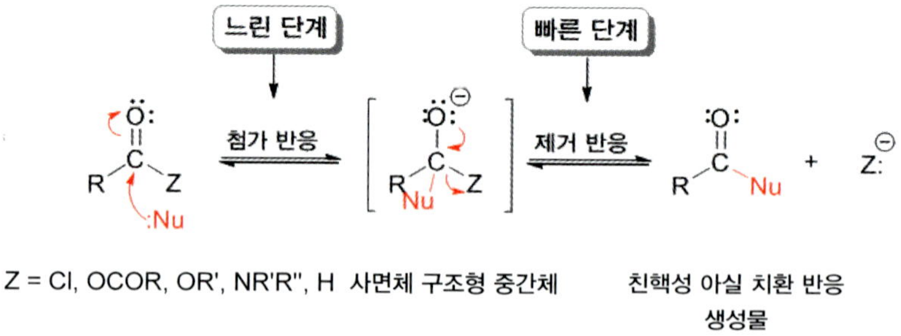

친핵성 아실 치환반응은 사면체 구조형 중간체에서 Z 음이온이 이탈기로 작용하여 생성된 반응이다. 두 단계가 연이어 일어나는 반응으로 첫 단계 (첨가반응)가 반응 속도 결정 단계이다.

카복실산 유도체 중 친핵성 아실 치환 반응을 가장 잘 일으키는 작용기는 산염화물이며 가장 낮은 반응성을 보이는 작용기는 아마이드이다 (그림 2.15). 그 이유는 다음과 같다.

- RCOZ에서 Z기의 전기음성도가 클수록 카보닐 탄소의 친전자성이 증가하므로 친핵성 첨가 반응이 잘 일어난다.
- RCOZ에서 Z기의 이탈성이 증가할수록 반응이 잘 일어난다.

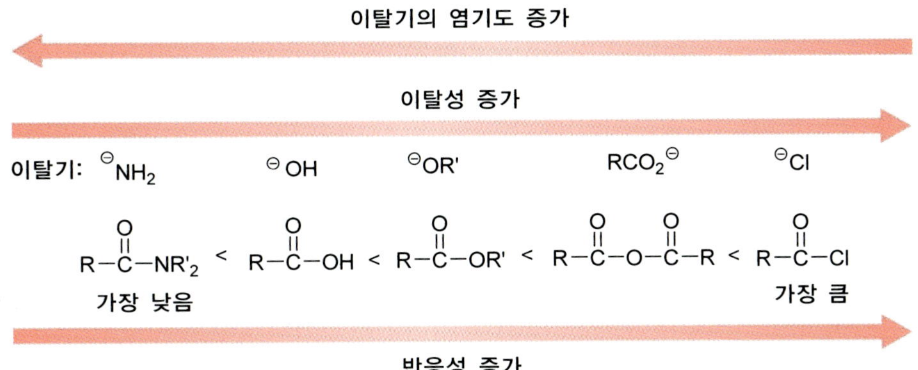

그림 2.15 카복실산 유도체의 친핵체에 대한 반응성

카복실산 유도체에 대한 친핵성 아실 치환 반응은 오직 친핵체에 대한 반응성의 크기에만 차이가 있을 뿐 반응 기질인 유도체의 종류와 관계없이 동일한 화합물 (작용기)을 생성시킨다. 예를 들어 산염화물, 산무수물, 에스터, 아마이드 등에 산소 친핵체인 물 또는 하이드록실기를 반응시키면 모두 카복실산이 생성된다. 이와 같은 반응에 흔히 사용되는 친핵체와 반응 생성물 및 반응명과 예들을 그림 2.16에 정리하였다.

Carboxylic acid
HOH Hydrolysis
Ester
R'OH
Alcoholysis
NHR'R''
Aminolysis
Amide
R'MgX, R'Li
Alkylation
$H^{\ominus}$
Reduction
R−CH2−OH 또는 RCHO
RCOR' 또는 R−C(R')2−OH
Z = Cl, OCOR, OR', NR'R'', H

$$\text{PhCOOH} \xrightarrow[\text{H}_2\text{SO}_4,\ 92\%]{\text{MeOH}} \text{PhCOOMe} \quad \text{H}_2\text{O} \qquad [2\text{-}23]$$

$$\text{Me-C(=O)-Cl} + \text{Me}_3\text{COH} \xrightarrow[\text{ether, reflux}]{\text{PhNMe}_2} \text{Me-C(=O)-OCMe}_3 \ (63\text{~}68\ \%) \qquad [2\text{-}24]$$

$$n\text{-C}_6\text{H}_{13}\text{-C(=O)-Cl} + n\text{-C}_6\text{H}_{13}\text{-C(=O)-OH} \xrightarrow[\text{benzene, -65 °C}]{\text{Pyridine}} n\text{-C}_6\text{H}_{13}\text{-C(=O)-O-C(=O)-C}_6\text{H}_{13}\text{-}n \ (78\text{~}83\%) \qquad [2\text{-}25]$$

$$\text{Me-CH(Me)-C(=O)-Cl} \xrightarrow[\text{heat}]{\text{NH}_3,\ \text{H}_2\text{O}} \text{Me-CH(Me)-C(=O)-NH}_2 \ (78\text{~}83\%) \qquad [2\text{-}26]$$

$$\text{Ph-C(=O)-OEt} + 2\ \text{PhMgBr} \longrightarrow \xrightarrow{\text{H}_3\text{O}^+} \text{Ph-C(OH)(Ph)-Ph} \ (89\text{~}93\%) \qquad [2\text{-}27]$$

그림 2.16 카복실산 유도체의 친핵성 아실 치환 반응

2.2 친전자성 치환 반응

친전자성 치환 반응 (electrophilic substitution, S_E)은 반응 기질에서 전자쌍을 제공하여 전자가 부족한 화학종인 친전자체와 σ 결합을 형성하는 반응이다. 대표적 반응으로 벤젠의 친전자성 치환 반응이 가장 잘 알려져 있으며, α 수소를 가진 카보닐 화합물의 α–할로젠화 반응, α–나이트로소화 반응과 2° 아민의 N–나이트로소화 반응 등이 있다.

2.2.1 친전자성 방향족 치환 반응: 벤젠과 그 유도체의 반응

벤젠 고리는 전자가 풍부 (6π 전자계)하지만 공명 안정화되어 있기 때문에, 알켄 또는 알카인에서 일어나는 친전자체에 의한 친전자성 첨가 반응 (4.1절)이 일어나지 않는다. 그 대신 친전자체 (표 1.3)가 벤젠 고리에 치환되는 친전자성 방향족 치환 반응이 일어난다 (그림 2.17).

H + $E^{\oplus}$ (친전자체) → E-benzene + $H^{\oplus}$

H가 E로 치환

시약	생성물	반응
X_2 + FeX_3 ($X^{\oplus}$)	Halobenzene (X = Cl, Br)	할로젠화 반응
HNO_3 + H_2SO_4 ($^{\oplus}NO_2$)	Nitrobenzene	나이트로화 반응
SO_3 + H_2SO_4 ($^{\oplus}SO_3$)	Bezenesulfonic acid	설폰화 반응
RCl + $AlCl_3$ ($R^{\oplus}$)	Alkylbenzene	Friedel-Crafts 알킬화 반응
R–C(=O)–Cl + $AlCl_3$ (R–$\overset{\oplus}{C}$=O)	Acylbenzene (ketone)	Friedel–Crafts 아실화 반응

그림 2.17 벤젠의 친전자성 치환 반응

벤젠의 친전자성 치환 반응 중 탄소 양이온이 친전자체로 작용하여 일어나는 **Friedel–Crafts 알킬화 반응**의 경우 탄소 양이온의 재배열 반응이 우선적으로 일어나 반응에 참여한다. 예를 들면 벤젠과 isobutyl chloride를 Friedel–Crafts 반응시키면 isobutylbenzene보다 *tert*–butylbenzene이 주로 생성된다. 그 이유는 일차적으로 생성된 1° 탄소 양이온이 재배열하여 더 안정한 3° 탄소 양이온으로 전환된 후 친전자체로 반응하기 때문이다.

2.2.2 친전자성 방향족 치환 반응의 반응 메커니즘

수소 첨가 시 생성되는 반응열을 비교할 때 벤젠은 가상 고리형 알켄 cyclohexa-1, 3, 5-triene보다 몰당 36 kcal만큼 안정하다. 이를 벤젠의 **공명 안정화 에너지** 또는 **방향족성 안정화 에너지**라고 한다. 따라서 벤젠과 친전자체 사이에서 생성된 반응 중간체는 벤젠 고리를 우선적으로 형성하는 방향족화 과정을 밟게 된다 (그림 2.18). 벤젠의 친전자성 치환 반응 메커니즘은 다음 두 단계로 설명한다.

1단계 친전자체가 벤젠 고리의 π 전자와 결합하여 공명 안정계화된 반응 중간체인 탄소 양이온 (벤제노늄 이온, benzenonium ion)을 형성하는 단계

2단계 반응 중간체인 벤제노늄 이온이 양성자를 잃고 방향족 고리를 재형성하는 단계 (Hückel 규칙을 만족시키는 6π 전자계를 취하는 단계)

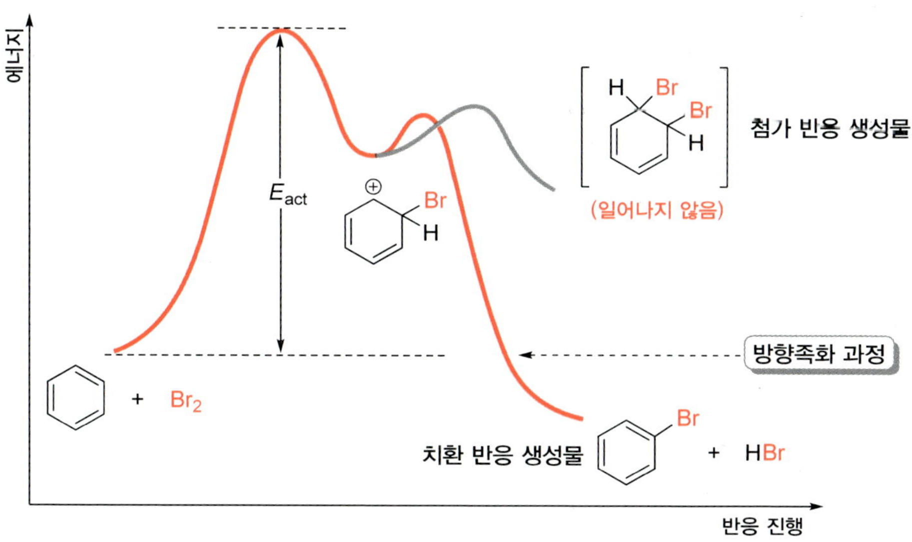

그림 2.18 벤젠의 친전자성 치환 반응을 나타내는 에너지 좌표

2.2.3 친전자성 방향족 치환 반응의 반응성과 지향성

반응성

벤젠의 친전자성 치환 반응에서 벤젠 고리는 친전자체에 전자쌍을 제공하는 역할을 하기 때문에 벤젠 고리의 전자 밀도가 증가할수록 반응성이 증가한다. 벤젠 고리는 치환기가 가지는 **전자 유발 효과** (inductive effect, **I–효과**)와 **공명 효과** (resonance 또는 mesomeric effect, **M–효과**)에 의해 전자 밀도가 증가하거나 감소한다. I–효과는 주로 벤젠 고리의 탄소 원자와 결합된 치환기 사이의 전기음성도 차이에 의해 유발되며, M–효과는 벤젠 고리와 치환기 사이의 공명 구조에 의해 유발된다. 이들 효과는 벤젠 고리에 전자를 주느냐, 아니면 빼앗느냐에 따라 양성 (+)과 음성 (–)으로 나누어 표현한다.

일반적으로 M–효과가 I–효과보다 더 크게 나타나는 경향을 보인다. 이들 두 효과가 종합하여 나타내는 결과로서 벤젠 고리의 전자 밀도를 증가시키는 치환기를 **활성화기** 또는 **전자 주는기** (electron–donating group, EDG), 그 반대의 경우를 **비활성화기** 또는 **전자 끄는기** (electron–withdrawing group, EWG)로 구분한다 (그림 2.19).

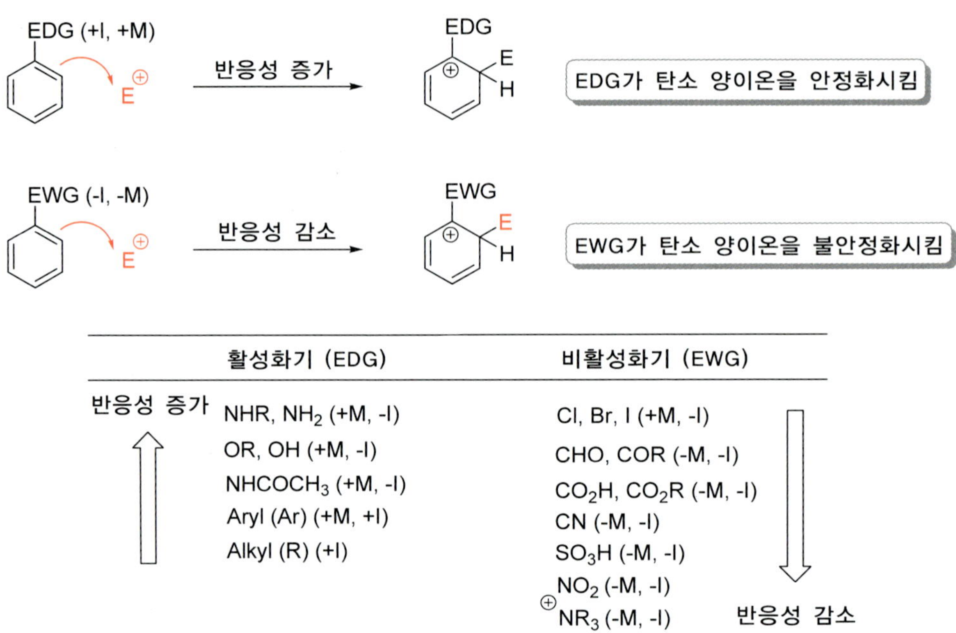

그림 2.19 벤젠 고리 활성화기와 비활성화기

벤젠 고리가 활성화된 아닐린 또는 페놀 같은 경우 FeX_3와 같은 Lewis 산 없이도 염산 또는 아세트산 속에서 Br_2와 반응하여 2,4,6-tribromoaniline (또는 2,4,6-tribromophenol)이 정량적으로 생성된다.

NH_2 또는 OH —(Br_2, HCl or AcOH, 0 °C)→ 2,4,6-tribromoaniline 또는 2,4,6-tribromophenol

지향성

치환기를 가진 벤젠 고리에 친전자체가 반응할 경우 치환기의 종류에 따라 반응 위치(*ortho, meta* 또는 *para*)가 다르다. 이와 같은 성질을 **지향성** (directing effect)이라고 한다. 지향성이 생기는 이유는 치환기의 전자적 성질과 입체 효과에 기인한다.

- 활성화 치환기는 *ortho*와 *para* 지향성을 나타내며, 비활성화 치환기는 *meta* 지향성을 나타낸다. 단, 할로젠기는 비활성화기에 해당되지만 비공유 전자쌍에 의한 (+)-M-효과도 일부 가지고 있으므로 *ortho, para* 지향성이다. 이와 같은 현상은 치환기가 반응 중간체인

벤제노늄 이온 (benzenonium ion, 벤젠 고리 탄소 양이온)의 안정성 증가에 기여하거나 불안정화시키는 데 기인한 결과이다.

EDG가 탄소 양이온을 안정화시킴
ortho, para 위치 선호

EDG (+I, +M)

ortho 위치 *para* 위치 *meta* 위치

⇦ 탄소 양이온: 덜 안정

EWG (-I, -M)

ortho 위치 *para* 위치 *meta* 위치

EWG가 탄소 양이온을 불안정화시킴

탄소 양이온의 상대적 안정
meta 위치 선호

- *ortho, para* 지향성을 나타내는 치환기라고 하더라도 치환기의 입체 크기가 크면 *ortho* 위치에 입체 장애가 생기므로 *para* 위치를 더 선호하게 된다.

벤젠의 치환기에 의한 반응성과 지향성을 종합하면 그림 2.20과 같다.

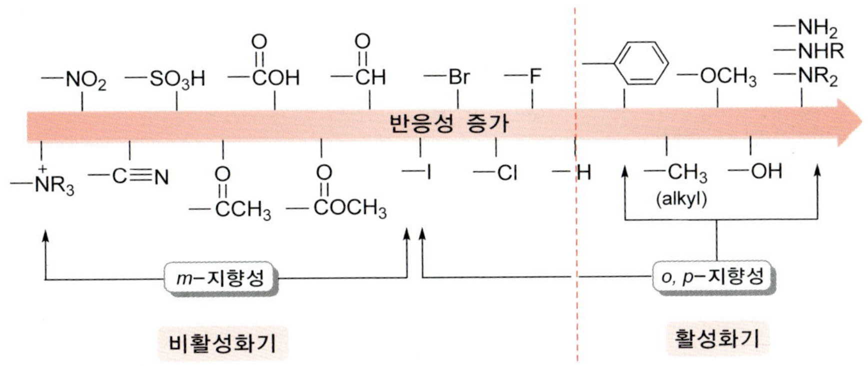

그림 2.20 벤젠 고리 치환기에 의한 반응성과 지향성

벤젠 유도체에 대한 몇 가지 친전자성 치환 반응의 예를 그림 2.21에 나타내었다.

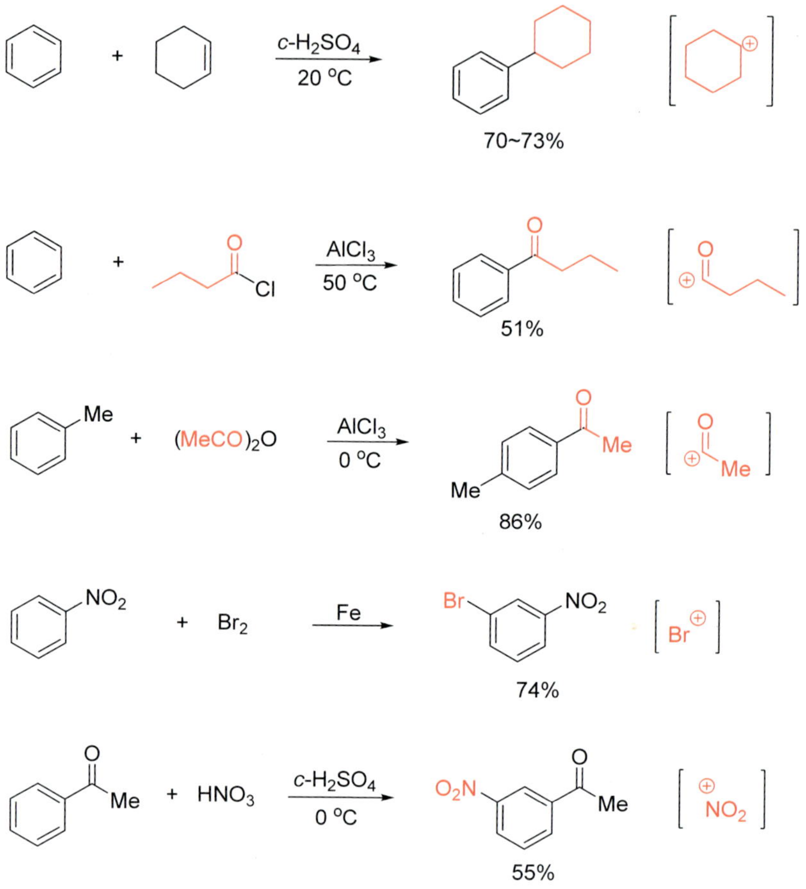

+ ; c-H_2SO_4, 20 °C ; 70~73% [2-28]

+ O Cl ; $AlCl_3$, 50 °C ; O ; 51% [2-29]

Me + $(MeCO)_2O$; $AlCl_3$, 0 °C ; O Me, Me ; 86% ; O Me [2-30]

NO_2 + Br_2 ; Fe ; Br NO_2 ; 74% ; $Br^{\oplus}$ [2-31]

O Me + HNO_3 ; c-H_2SO_4, 0 °C ; O_2N O Me ; 55% ; $\oplus NO_2$ [2-32]

그림 2.21 벤젠 유도체의 친전자성 치환 반응

2.2.4 친전자성 지방족 치환 반응: 카보닐 *α*–할로젠화 반응, *α*–나이트로소화 반응 및 *N*–나이트로소화 반응

카보닐 *α*–할로젠화 반응

α 수소를 가진 알데하이드, 케톤을 산성에서 Br_2와 반응시키면 *α* 위치에 Br이 치환된 생성물을 얻을 수 있다. 카복실산의 경우 PCl_3 또는 PBr_3에 의해 생성된 산염화물 (또는 산브로민화물)이 엔올화하여 Br_2와 반응하면 친전자성 치환 반응이 일어나 *α* 위치에 할로젠이 치환된 *α* halo 카복실산이 생성된다 (8.2.2절). 이 반응을 **Hell–Volhard–Zelenskii (HVZ) 반응**이라고 한다 (그림 2.22).

이 반응은 카보닐 유도체에서 생성된 엔올 (10.2절)이 전자쌍을 제공하는 반응 기질로 작용하고 또한 bromonium 이온 ($Br^{\oplus}$)이 친전자체로 작용하여 일어나는 친전자성 치환 반응의 일종이다.

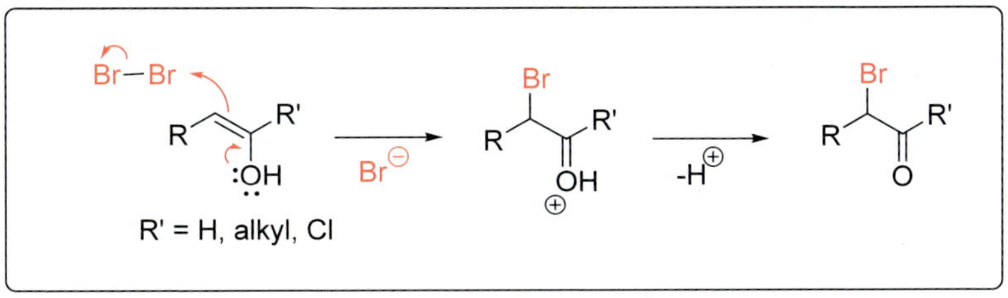

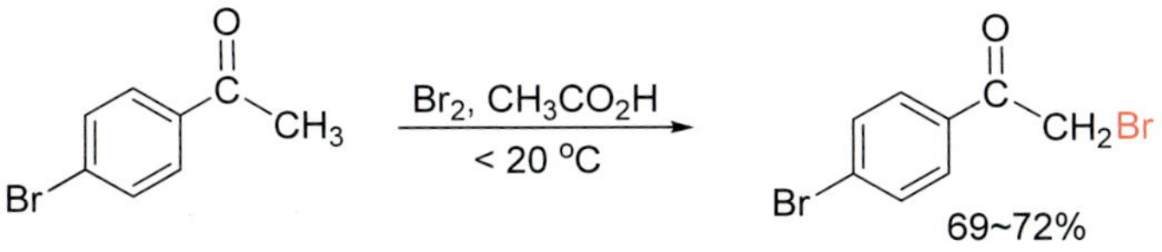

Br—Br
R
R'
:OH
R' = H, alkyl, Cl
Br⊖
Br
OH
-H⊕
O

Br
CH3
Br2, CH3CO2H
< 20 °C
CH2Br
69~72%

[2-33]

OH
Hexanoic acid
Br2, PCl3 (cat)
65~70 °C
HVZ 반응
Br
83~89%

[2-34]

그림 2.22 지방족 친전자성 치환 반응: 카보닐 유도체의 α–할로젠화 반응

카보닐 α–나이트로소화 반응

아질산 (HNO_2) 또는 알킬 나이트라이트 (RONO)는 양성자 존재 하에서 친전자체인 nitrosonium ion ($^{\oplus}N=O$)을 생성한다. α 수소를 가진 알데하이드, 케톤을 산성 조건에서 HONO 또는 RONO를 반응시키면 친전자성 치환 반응이 일어나 α–nitroso 카보닐 화합물이 생성된다. 이 생성물은 토토머화 반응에 의해 oxime 화합물로 전환된다. 한편, 엔올 대신에 아민이 반응하면 아민의 비공유 전자쌍과 반응하여 *N*–nitroso 화합물이 생성된다 (그림 2.23).

H⊕
N=O + H2O
R' = H, alkyl
-H⊕
토토머화

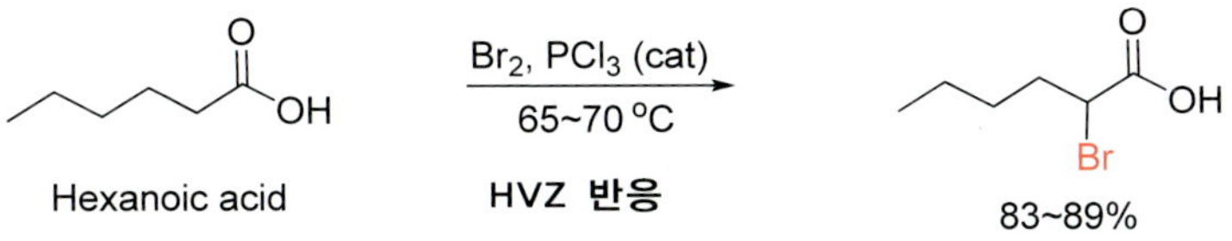

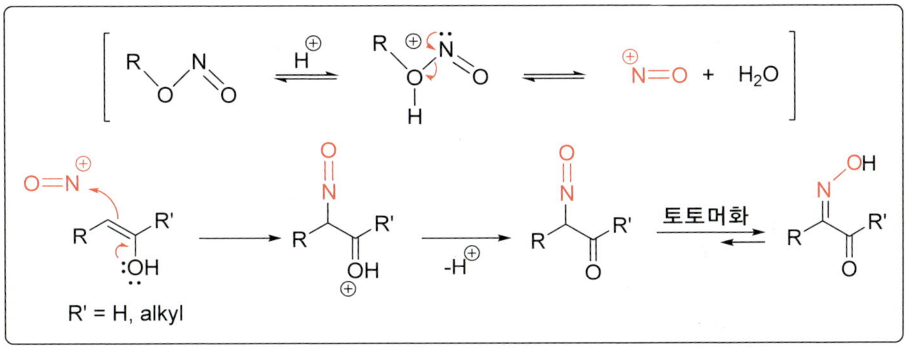

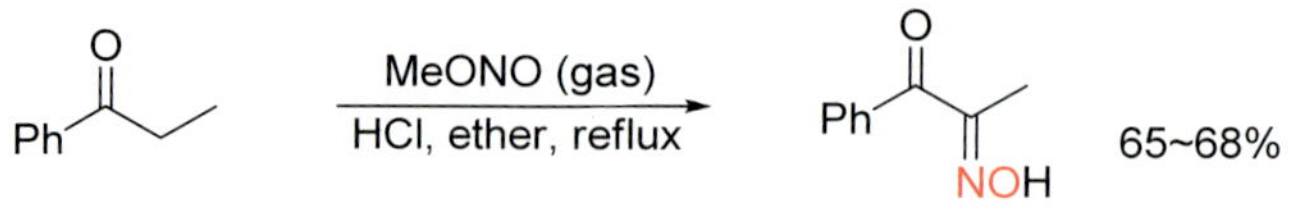

그림 2.23 지방족 친전자성 치환 반응: 엔올 탄소 및 2° 아민에 대한 나이트로소화 반응

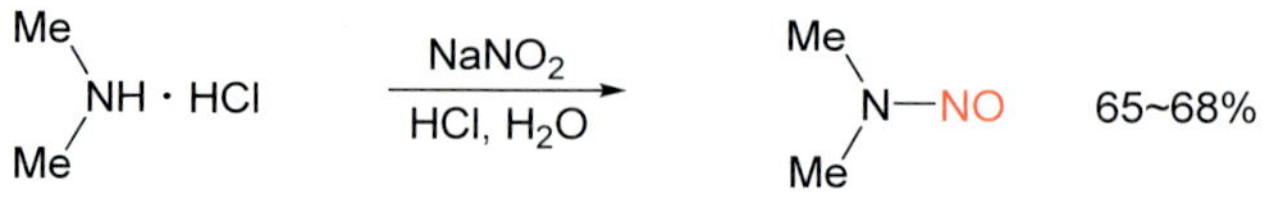

2.3 자유 라디칼 치환 반응

자유 라디칼은 공유 결합이 균일 분해하여 생성된 홀전자를 가진 반응종으로 전자가 부족한 반응성이 매우 강한 화학종이다. 이 라디칼이 중성 분자와 반응하면 중성 분자의 결합에서 전자 한 개를 빼앗아 결합을 형성한다. 이때 중성 분자는 새로운 라디칼을 형성하게 되어 다음 반응에 연쇄적으로 참여하게 된다. 이를 **연쇄 반응** (chain reaction)이라고 한다. 이 반응종은 치환 반응, 첨가 반응, 중합 반응, 짝지음 반응, 산화–환원 반응, 탄소 고리화 반응, 재배열 반응 등 다양한 반응에 관여한다.

2.3.1 라디칼의 생성 반응

공유 결합을 라디칼로 분해하는 데 필요한 에너지를 **해리 에너지**라고 하며, 이 에너지는 빛(자외선)과 열 에너지를 이용해 얻을 수 있다. 빛 에너지를 이용해 라디칼을 생성시키는 반응을 **광분해 반응** (photolysis)이라고 하고 열에너지를 이용해 라디칼을 얻는 반응을 **열분해 반응** (thermolysis)이라고 한다.

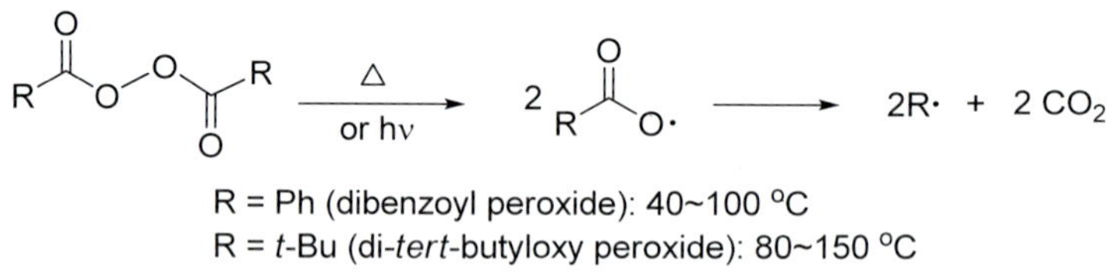

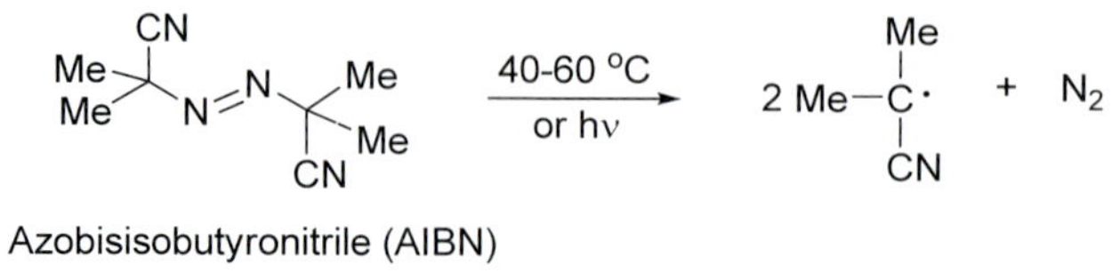

탄소 원자의 공유 결합은 매우 강하여 탄소 라디칼을 직접 형성시키기 위해서는 매우 큰 에너지(약 500℃이상)가 필요하다. 원활한 라디칼 반응을 수행하기 위하여 이보다 낮은 온도에서도 라디칼이 잘 생성되는 과산화물 (예. dibenzoyl peroxide) 또는 아조 화합물 (예. azobisisobutyronitrile, AIBN)을 **라디칼 개시제** (radical initiator)로 자주 이용한다. 이 개시제를 반응물에 넣어 함께 반응시키면 여기서 생성된 라디칼이 탄소 공유 결합과 반응하여 이차적으로 탄소 라디칼을 생성시켜 라디칼 반응이 원활히 일어난다.

2.3.2 라디칼 치환 반응

할로젠기 치환 반응: 자유 라디칼 할로젠화 반응

CH_4를 빛 또는 열 에너지를 이용하여 할로젠 원소 (Cl_2와 Br_2)와 반응시키면 CH_3X (X = Cl 또는 Br)를 생성시킨다. 이 반응은 개시 단계 [단계 1], 전파 단계 [단계 2] 및 종결 단계 [단계 3] 등 세 단계를 거쳐 연쇄 반응으로 진행된다.

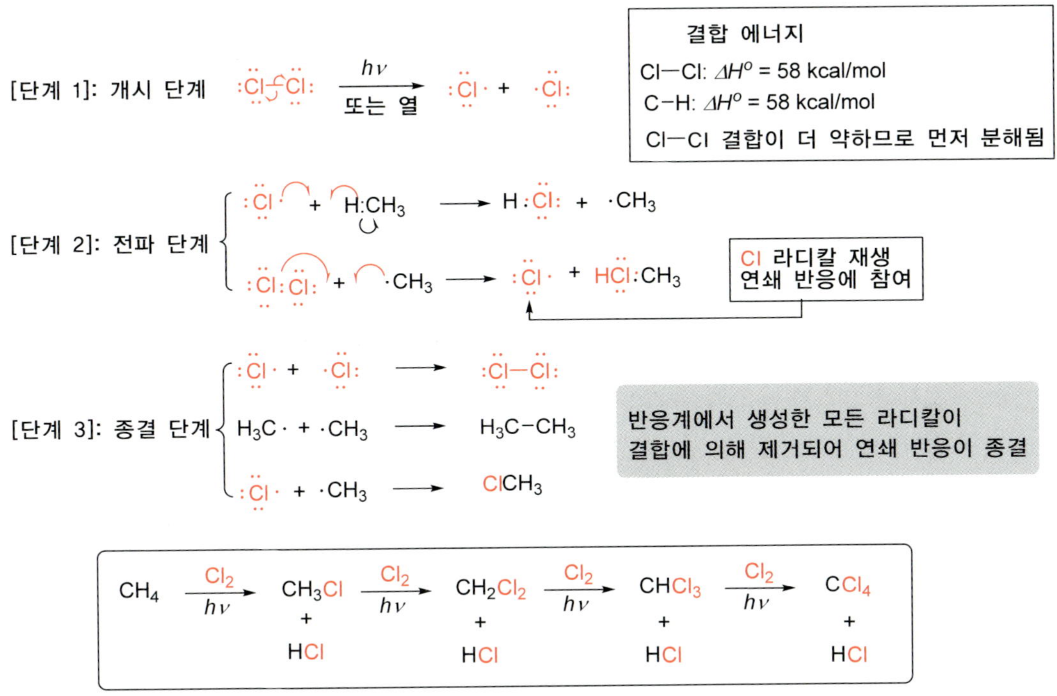

그림 2.24 CH_4의 자유 라디칼 할로젠 치환 반응 메커니즘

[단계 1]에서 Cl–Cl 결합이 C–H 결합보다 먼저 분해되는 것은 Cl–Cl 결합이 더 약하기 때문이다. [단계 2]에서 재생된 염소 라디칼이 연쇄적으로 반응한다. 이 반응에서 부산물로 CH_3CH_3이 생성될 수 있는데 이는 [단계 3]에서와 같이 생성된 메틸 라디칼 ($\cdot CH_3$)이 서로

결합하여 생성된 결과이다. 만약 이 반응에서 염소를 과량 사용하면 염소화 반응이 더 진행되어 CCl_4의 화합물까지 생성된다. 이 반응의 진행 과정을 그림 2.24에 나타내었다.

탄소 원자에 대한 라디칼 할로젠화 반응, 특히 브로민화 반응은 브로민화 벤질 또는 알릴을 합성할 목적으로 자주 사용된다. 그 이유는 벤질 또는 알릴 위치의 탄소 원자에 공명 안정화된 탄소 라디칼이 쉽게 생성될 수 있기 때문이다. 브로민화 시약으로 Br_2 또는 NBS (*N*-bromosuccinimide)를 사용한다 (그림 2.25).

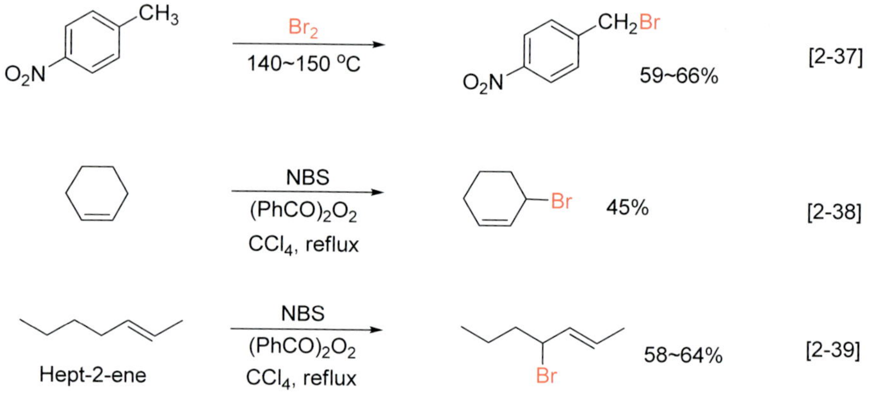

그림 2.25 라디칼 브로민화 반응에 의한 할로젠화 벤질 또는 알릴의 합성

라디칼 환원 반응

할로젠화 알킬 (또는 아릴)을 AIBN (라디칼 개시제) 존재 하에 *n*-tributyltin hydride (n-Bu_3SnH)와 가열 반응시키면 탈할로젠화 반응이 일어나 알케인으로 환원된다. 알코올의 경우 xanthate 화합물로 전환시켜 동일한 반응을 수행하면 탈산소화 반응 (deoxygenation)이 일어난다. 이를 **Barton–McCombie 라디칼 탈산소화 반응**이라고 한다. 또한, 산염화물을 thiohydroxamate ester로 전환시켜 동일한 반응을 수행하거나 광분해시키면 환원성 탈탄산 반응이 일어나 탄소 원자가 한 개 적은 알케인을 생성한다. 이를 **Barton 라디칼 탈탄산 반응**이라고 한다. 이 환원 반응은 라디칼 개시제에 의해 생성된 주석 라디칼이 순환하면서 반응에 관여하여 반응 기질로부터 알킬 라디칼을 생성시키고 이 라디칼이 Sn–H 결합에서 수소 라디칼을 떼어 내어 결합하여 일어나는 반응이다 (그림 2.26). 이 반응은 분자 내에 환원되기 쉬운 다른 작용기가 있더라도 중성 조건에서 할로젠기 또는 OH기를 선택적으로 환원시킬 수 있는 장점이 있다.

이 반응은 할로젠화 알킬, 알킬 설포네이트, 알코올 및 산염화물로부터 알케인을 생성시키는 반응에 활용할 수 있다. 이와 관련된 더 많은 예들은 6.1.2절, 6.5.3절 및 6.9절을 참조하길 바란다. 이들 반응은 할로젠기, 설폰옥시기 및 잔데이트기가 수소 원자로 치환되는 반응이므로 라디칼 치환 반응으로 분류하였다.

탈할로젠화 반응 R—Br → (n-Bu_3SnH, AIBN, △) R—H

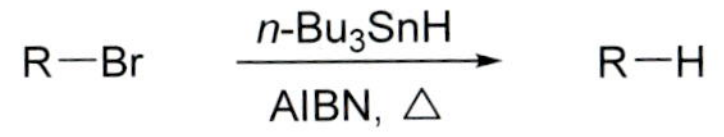

탈산소화 반응 R—OH → (CS_2, NaOH, CH_3I) R—O—C(=S)—S—CH_3 (Xanthate) → (n-Bu_3SnH, AIBN, △) R—H

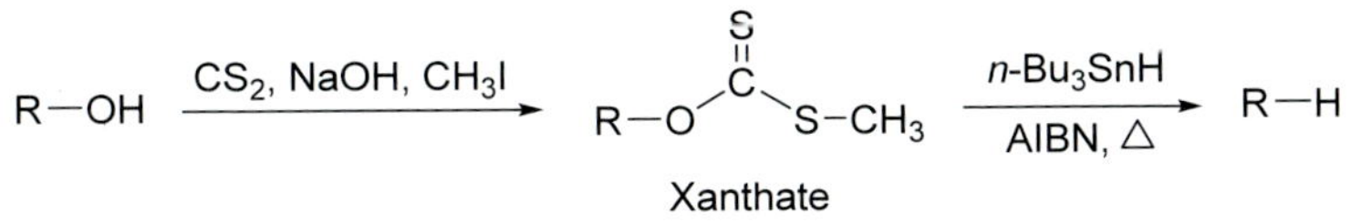

탈카복실화 반응 RC(=O)Cl + (S=C5H4N–O⊖ Na⊕) → RC(=O)—O—N (O-acyl thiohydroxamate) → (n-Bu_3SnH, AIBN, △ 또는 hν) R—H

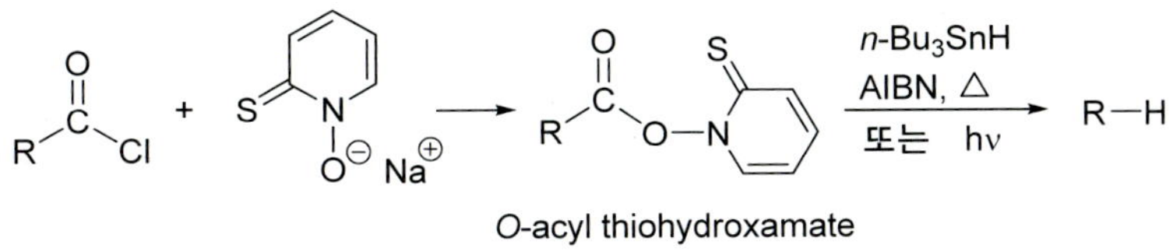

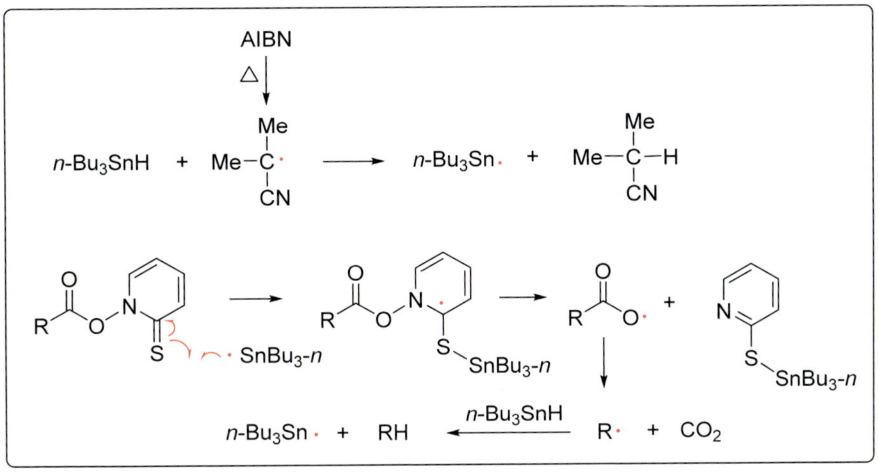

AIBN, △

n-Bu_3SnH + Me—C(Me)(CN)· → n-Bu_3Sn· + Me—C(Me)(CN)—H

RC(=O)O—N (pyridinethione) + ·$SnBu_3$-n → RC(=O)O—N(·)(S—$SnBu_3$-n) → RC(=O)O· + 2-($SnBu_3$-n)S-pyridine

R· + CO_2 → (n-Bu_3SnH) n-Bu_3Sn· + RH

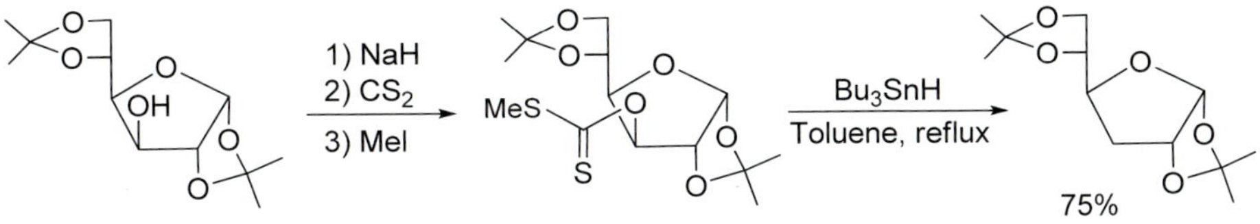

1) NaH 2) CS_2 3) MeI → MeS(C=S)O... → (Bu_3SnH, Toluene, reflux) 75% [2-40]

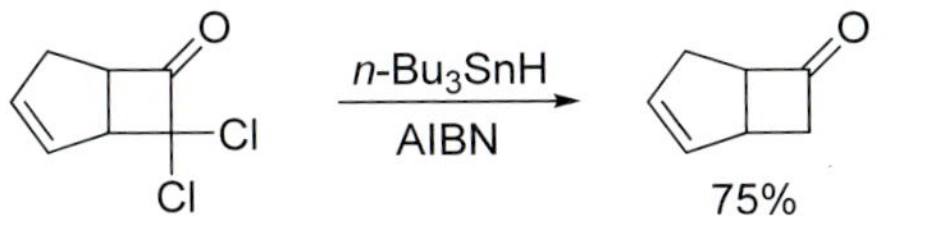

→ (n-Bu_3SnH, AIBN) 75% [2-41]

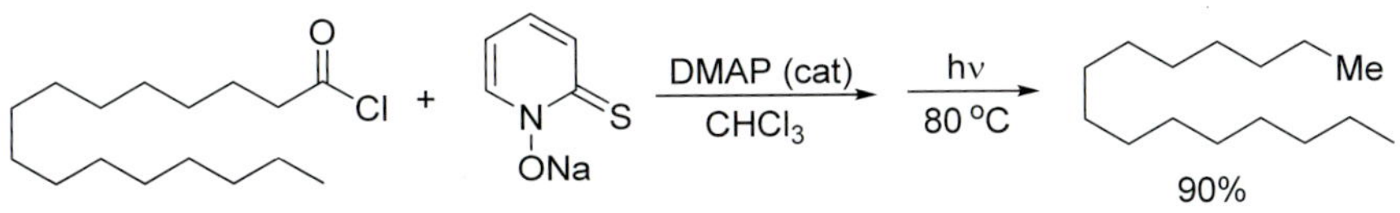

Cl + (N–ONa, S) → (DMAP (cat), $CHCl_3$) → (hν, 80 °C) Me 90% [2-42]

그림 2.26 라디칼 매개 환원성 탈할로젠화, 탈산소 및 탈탄산 반응

아릴 다이아조늄염을 이용한 라디칼 치환 반응

앞서 2.1.4절에서 언급한 바와 같이 방향족 1° 아민의 다이아조늄염은 낮은 온도에서 비교적 안정하여 할로젠, 나이트릴, 수소, 하이드록실기, 나이트로기로 치환된다. 이 반응들은 외형상으로는 친핵성 방향족 치환 반응으로 보이지만 다이아조늄염이 분해하여 생성된 아릴 라디칼에 의하여 일어나는 반응으로 알려져 있다. 이 반응을 이용하여 아릴 라디칼이 짝지음 반응을 일으켜 biphenyl 화합물도 합성할 수 있다 (그림 2.27).

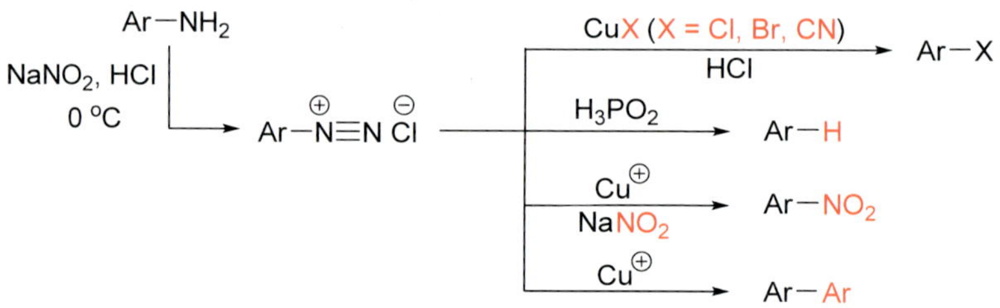

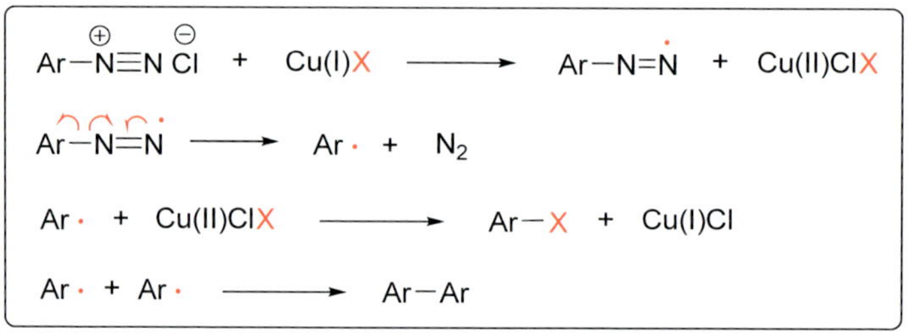

$$Ar-NH_2 \xrightarrow{NaNO_2,\ HCl,\ 0\ ^oC} Ar-\overset{\oplus}{N}\equiv N\ \overset{\ominus}{Cl}$$

$$Ar-\overset{\oplus}{N}\equiv N\ \overset{\ominus}{Cl} \xrightarrow[HCl]{CuX\ (X = Cl,\ Br,\ CN)} Ar-X$$

$$Ar-\overset{\oplus}{N}\equiv N\ \overset{\ominus}{Cl} \xrightarrow{H_3PO_2} Ar-H$$

$$Ar-\overset{\oplus}{N}\equiv N\ \overset{\ominus}{Cl} \xrightarrow[NaNO_2]{Cu^{\oplus}} Ar-NO_2$$

$$Ar-\overset{\oplus}{N}\equiv N\ \overset{\ominus}{Cl} \xrightarrow{Cu^{\oplus}} Ar-Ar$$

$$Ar-\overset{\oplus}{N}\equiv N\ \overset{\ominus}{Cl} + Cu(I)X \longrightarrow Ar-N=\dot{N} + Cu(II)ClX$$

$$Ar-N=\dot{N} \longrightarrow Ar\cdot + N_2$$

$$Ar\cdot + Cu(II)ClX \longrightarrow Ar-X + Cu(I)Cl$$

$$Ar\cdot + Ar\cdot \longrightarrow Ar-Ar$$

4-nitro-1-naphthylamine → 1. $NaNO_2$, H_2SO_4, AcOH, < 20 °C; 2. $NaNO_2$, $CuSO_4$, Na_2SO_3 (52~60%) → 1,4-dinitronaphthalene [2-43]

2-amino-3,5-dichlorobenzoic acid → 1. $NaNO_2$, HCl, 10 °C; 2. $Cu^{\oplus}$ from $CuSO_4$ + NH_4OH + NH_2OH, 80~90 °C (63~84%) → tetrachloro-biphenyl-dicarboxylic acid (CO_2H, CO_2H) [2-44]

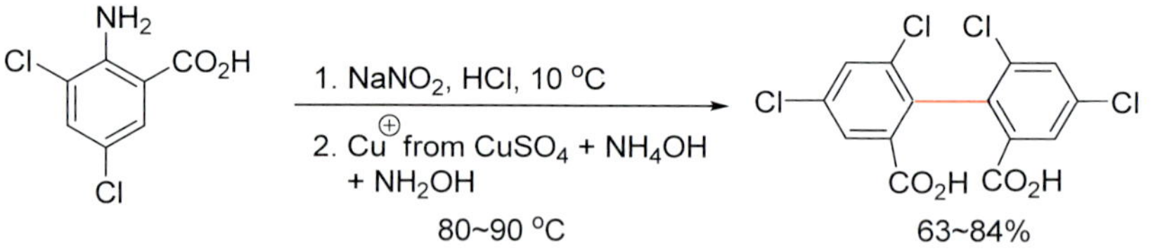

그림 2.27 아릴 다이아조늄염을 이용한 라디칼 치환 반응

CHAPTER 02 참고 문헌

[2-1] *Org. Synth. Coll.* **1941**, 1, 107.

[2-2] Vogel's Textbook 572p.

[2-3] Vogel's Textbook 986p.

[2-4] Vogel's Textbook 772p.

[2-5] *Org. Synth. Coll.* 1950, 3, 650.

[2-6] *Org. Synth. Coll.* **1973**, 5, 785.

[2-7] Vogel's Textbook 513p.

[2-8] Vogel's Textbook 561p

[2-9] *Org. Synth. Coll.* **1941**, 1, 144.

[2-10] *Org. Synth. Coll.* **1943**, 2, 358.

[2-11] *Org. Synth. Coll.* **1988**, 6, 634.

[2-12] Vogel's Textbook 558p.

[2-13] *Org. Synth. Coll.* **2009**, 11, 433.

[2-14] *Org. Synth. Coll.* **1993**, 8, 358.

[2-15] Vogel's Textbook 475p.

[2-16] *Org. Synth. Coll.* **1941**, 1, 306.

[2-17] *Org. Synth.* **2008**, 85, 106.

[2-18] *Org. Synth.* **2010**, 87, 161.

[2-19] *Org. Synth. Coll.* **1990**, 8, 516.

[2-20] *Org. Synth. Coll.* **1941**, 1, 136.

[2-21] *Org. Synth. Coll.* **1943**, 2, 351.

[2-22] *Org. Synth. Coll.* **1941**, 1, 514.

[2-23] Vogel's Textbook 1077p.

[2-24] *Org. Synth. Coll.* **1950**, 3, 142.

[2-25] *Org. Synth. Coll.* **1950**, 3, 28.

[2-26] *Org. Synth. Coll.* **1950**, 3, 490.

[2-27] *Org. Synth. Coll.* **1950**, 3, 839.

[2-28] *Org. Synth. Coll.* **1943**, 2, 88.

[2-29] *Org. Synth. Coll.* **1941**, 1, 115.

[2-30] *Org. Synth. Coll.* **1943**, 2, 363.

[2-31] *Org. Synth. Coll.* **1943**, 2, 211.

[2-32] *Org. Synth. Coll.* **1943**, 2, 151.

[2-33] Vogel's Textbook 1008p.

[2-34] Vogel's Textbook 1012p.

[2-35] Vogel's Textbook 864p.

[2-36] *Org. Synth. Coll.* **1943**, 2, 225.

[2-37] *Org. Synth. Coll.* **1943**, 2, 443.

[2-38] Vogel's Textbook 578p.

[2-39] *Org. Synth. Coll.* **1963**, 4, 108.

[2-40] *Org. Synth. Coll.* **1990**, 7, 139.

[2-41] Vogel's Textbook 1124p.

[2-42] *Org. Synth.* **2012**, 89, 471.

[2-43] *Org. Synth. Coll.* **1955**, 3, 341.

이 교재에 기술된 참고 문헌 중

* *Org. Synth.*은 「Organic Syntheses, John Wiley and Sons, Inc. 1921~현재」을 지칭 (http://www.orgsyn.org/를 참조)

* Vogel's Textbook은 「Vogel's Textbook of Practical Organic Chemistry, 5th Edition, Longman Scientific and Technical, 1989」을 지칭

CHAPTER 03

제거 반응

제거 반응 (elimination reaction)이란 분자 내에서 σ 결합을 하고 있는 두 개의 원자단 (또는 원자)이 제거되어 알켄 또는 알카인을 생성시키는 반응을 말한다. 제거 반응을 이용한 알켄의 합성에 가장 많이 사용되는 반응 기질로는 β 수소를 가진 할로젠화 알킬 (RX, X = I, Br, Cl), 알킬 설포네이트 ($ROSO_2R'$, 예. ROMs 또는 ROTs), 알코올 (ROH), 에스터 (R–OCOR′), 알킬 암모늄염 ($R^{\oplus}NR'_3{}^{\ominus}OH$), xanthate (ROCSSR′), 알킬 아민 *N*–옥사이드 ($R_3N \rightarrow O$), sulfoxide와 selenoxide 등이 있다. 한편, 할로젠화 비닐, 이웃 자리 다이할로젠화 알킬 (*vic*–dihalide) 또는 같은 자리 다이할로젠화 알킬 (*gem*–dihalide)은 알카인 합성의 반응 기질로 흔히 사용된다. 제거 반응은 이들 반응 기질에 있는 β 위치의 수소 원자와 α 위치의 이탈기가 제거되어 일어나므로 이를 **β–제거 반응** (β–elimination reaction) 또는 **1,2–제거 반응**이라고 한다.

β–제거 반응 (1,2–제거 반응)

- H–C(β)–C(α)–L → (–HL) Alkene (C=C)
  - *anti*: L = I, Br, Cl, OSO_2R', $^{\oplus}OH_2$, $^{\oplus}NR_3$
  - *syn*: L = OCOR, xanthate, *N*-oxide, sulfoxide, selenoxide
- *vic*- dihalide (H, H / X, X) → (–HX) vinyl halide (–C(X)=C(H)–) ; X = I, Br, Cl
- *gem*-dihalide (H, X / H, X) → (–HX) vinyl halide (–C(H)=C(X)–)
- vinyl halide → (–HX) –C≡C– Alkyne

3.1 할로젠화 알킬의 탈할로젠화 수소 반응

β 수소를 가진 할로젠화 알킬을 염기와 가열 조건에서 반응시키면 탈할로젠화 수소 반응 (HX 제거 반응)에 의하여 알켄 또는 알카인이 생성된다. 이 반응에 자주 사용되는 염기로 NaOH, KOH, RONa (R = Me, Et), *tert*–BuOK, $NaNH_2$ 등이 있으며, 유기 염기로는 Et_3N, pyridine, collidine, quinoline, DBU, DBN 등이 있다. 제거 반응은 치환 반응과 경쟁적으로 일어나기 때문에 (2.1.3절) 제거 반응에서 사용되는 염기는 염기성은 강하나 친핵성이 약한 염기가 선호된다.

Quinoline　Collidine　1,8-Diazabicycloundec-7ene (DBU)　1,5-Diazabicyclo[4.3.0]non-5-ene (DBN)

할로젠화 알킬의 제거 반응을 통해 알켄이 합성되는 반응 예를 그림 3.1에 나타내었다.

반응물	조건	생성물	수율	문헌
$(CH_3)_3C-Br$	NaOEt / EtOH, 70 °C	$H_2C{=}CH(CH_3)_2$	100%	
(α-bromo-γ-butyrolactone)	Et_3N / ether, reflux	(butenolide)	60%	[3-1]
Cl-CH₂CH₂CH(OEt)₂	KOH / 210~220 °C	CH₂=CH-CH(OEt)₂	75%	[3-2]
PhS-CH₂CH₂-Br	DBU / 50 °C	PhS-CH=CH₂	65~74%	[3-3]
2-Cl-2-Me-cyclohexanone	collidine / 145~150 °C	2-Me-cyclohex-2-enone	45~49%	[3-4]

그림 3.1 할로젠화 알킬의 탈할로젠화 수소 반응: 알켄의 합성 반응

할로젠화 알킬의 제거 반응은 반응 기질의 구조와 배열, 이탈기의 종류와 염기에 의해 크게 영향을 받는다. 위치가 다른 두 곳에 β 수소를 가지고 있는 경우 위치 선택적으로 제거 반응이 일어나 알킬기가 더 많이 치환된 알켄이 우선적으로 생성된다 (Zaitsev **규칙**). 제거 반응의 메커니즘과 선택성에 관한 내용은 3.8절과 3.9절에서 따로 공부할 예정이다.

3.2 알코올의 탈수 반응

알코올은 OH기의 나쁜 이탈성 때문에 염기에 의해 제거 반응이 일어나지 않는다. 알코올의 제거 반응은 OH기의 이탈성을 증가시킬 수 있는 다음 세 가지 방법을 사용하여 수행한다.

◆ 알코올의 탈수 반응

알코올을 인산 (H_3PO_4) 또는 황산 (H_2SO_4)과 같이 친핵성이 약한 짝염기를 가진 양성자산과 가열 조건에서 반응시키면 알켄이 생성된다 (그림 3.2). 이 반응은 양성자가 OH기의 산소 원자에 배위되어 옥소늄 이온을 형성한 후 이탈성이 좋은 H_2O로 제거 (탈수 반응)될 수 있기 때문에 일어나며, 반응이 잘 일어나는 순서는 3° 알코올 > 2° 알코올 > 1° 알코올 순이다 (β 수소가 많은 순서). 그러나 알코올의 탈수 반응 목적으로 할로젠화수소산 (HX, X = I, Br, Cl)을 사용하면 안 된다. 그 이유는 짝산 염기인 할로젠화 이온이 친핵체로 작용하여 치환 반응이 일어날 수 있기 때문이다 (2.1.1절).

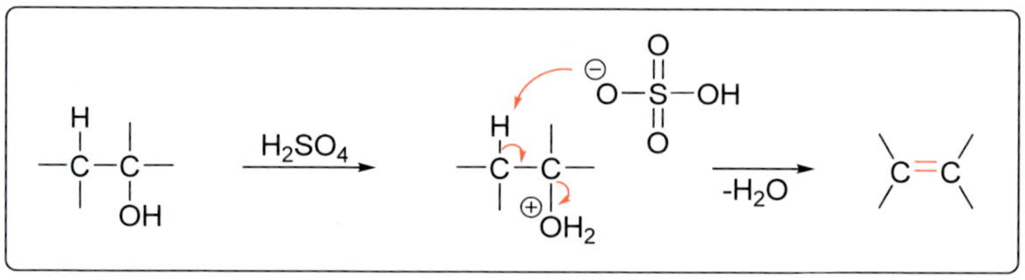

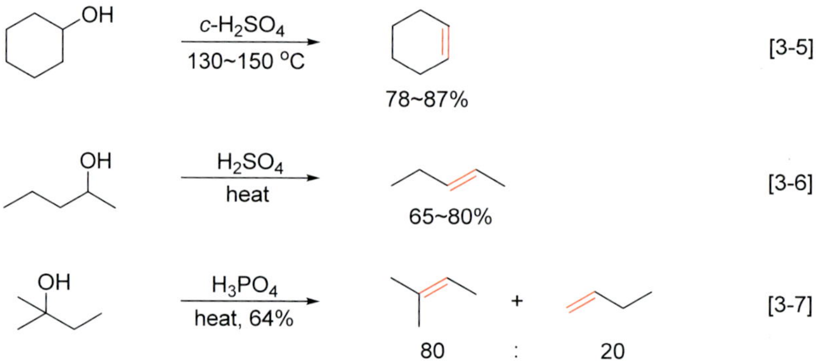

H₂SO₄ / -H₂O

c-H₂SO₄, 130~150 °C — 78~87% [3-5]

H₂SO₄, heat — 65~80% [3-6]

H₃PO₄, heat, 64% — 80 : 20 [3-7]

그림 3.2 알코올의 탈수 반응: 알켄의 생성 반응

알코올의 탈수 반응에서 반응 조건에 따라 알코올 분자가 친핵체로 작용한 친핵성 치환 반응이 일어나 에터가 생성될 수 있다. 예를 들면 에탄올 같은 1° 알코올의 경우 약 170℃의 고온에서는 탈수 반응이 일어나 에텐이 생성되지만, 그 이하의 온도 (약 130℃)에서는 S_N2 반응 생성물인 에터가 주로 생성된다 (그림 3.3과 3.7절 참조).

한편, 알코올의 탈수 반응에서 중간체로 생성되는 탄소 양이온은 분자 내 재배열이 가능하기 때문에 이에 따른 알켄 생성물의 위치 이성질체 (구조 이성질체)가 동시에 생성될 수 있다. 예를 들면 3,3-dimethylbutan-2-ol에 황산과 함께 가열하면 세 종류의 알켄 이성질체가 생성된다. 이 반응에서 이성질체의 생성 비율은 알켄의 안정도 (3.9.1절) 순에 따라 이중 결합에

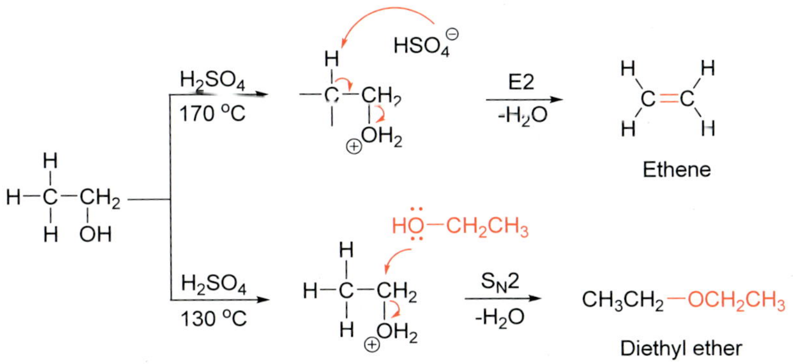

그림 3.3 알코올의 친핵성 치환 반응과 제거 반응 (탈수 반응)

알킬기가 가장 많이 치환된 알켄인 2,3-dimethylbut-2-ene이 주 생성물로 생성된다 (그림 3.4).

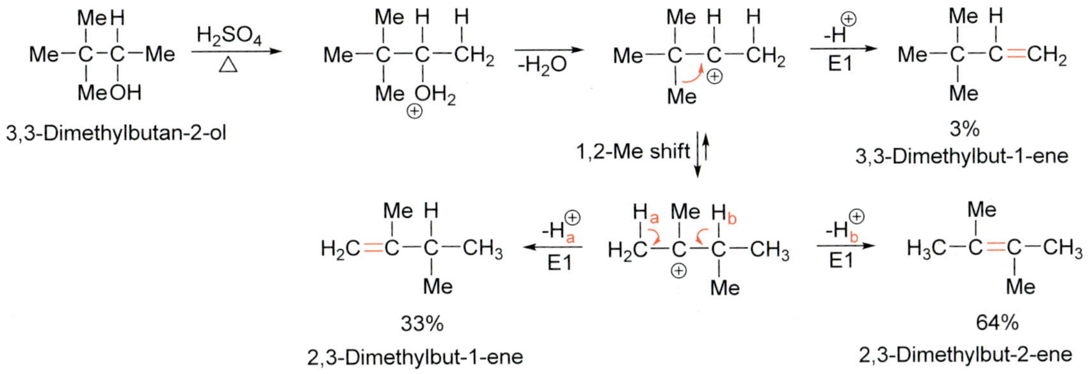

그림 3.4 탄소 양이온 재배열에 의한 E1 제거 반응

$POCl_3$-pyridine 시약을 이용한 제거 반응

알코올을 피리딘 염기 존재 하에서 $POCl_3$ (phosphorus oxychloride)와 반응시키면 OH기가 좋은 이탈성을 가진 이탈기로 전환되어 온화한 반응 조건 (낮은 온도)에서도 제거 반응이 일어나 알켄을 생성한다. 이 반응은 E2 반응 (3.8.2절)으로 알려져 있다. 따라서 이 반응을 이용하면 산성 조건 (E1 반응 조건)에서 일어날 수 있는 탄소 양이온 재배열 반응에 의한 부반응 생성물을 최소화시킬 수 있다. 예를 들면 butan-1-ol을 산성 조건에서 제거 반응시키면 but-2-ene과 but-1-ene이 70:30 비율로 생성되지만 $POCl_3$-피리딘 조건에서 제거 반응시키면 but-1-ene만 생성시킬 수 있다 (그림 3.5).

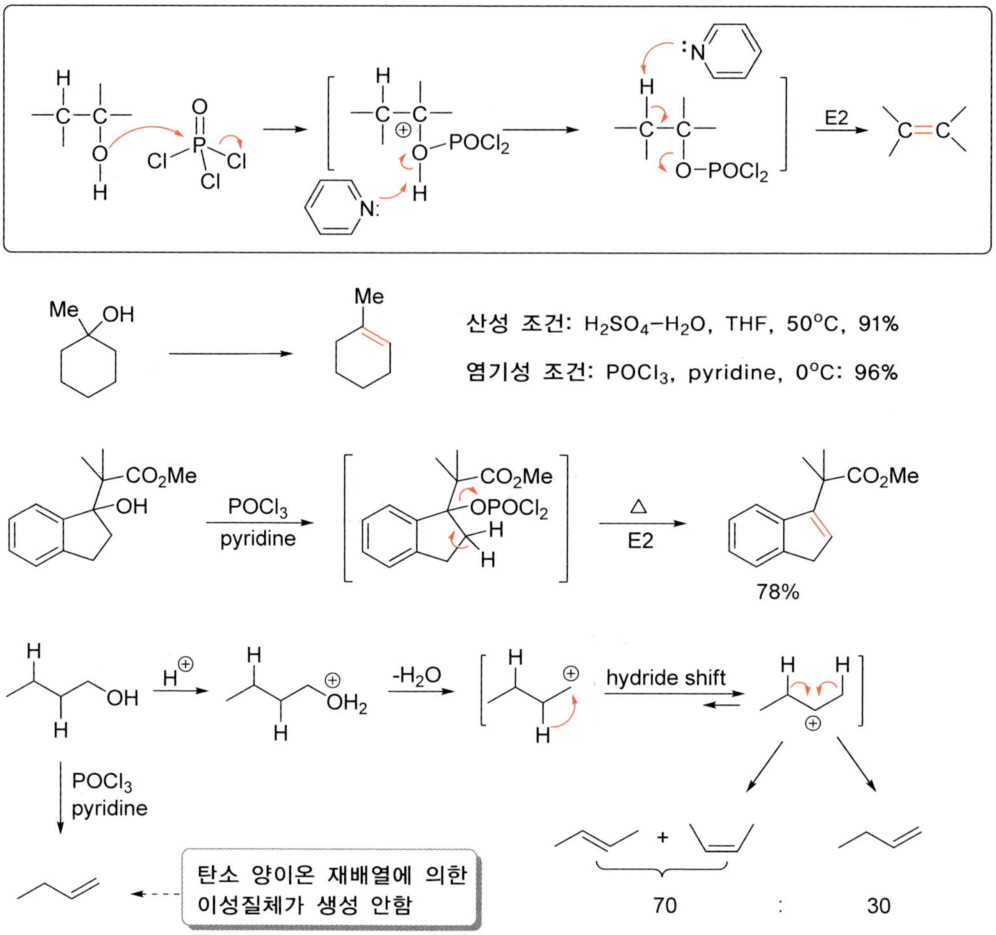

산성 조건: H_2SO_4–H_2O, THF, 50°C, 91%

염기성 조건: $POCl_3$, pyridine, 0°C: 96%

탄소 양이온 재배열에 의한 이성질체가 생성 안함

그림 3.5 $POCl_3$–pyridine 시약을 이용한 알코올의 제거 반응

알킬 설포네이트의 제거 반응

알코올 (ROH)을 *p*–toluenesulfonyl chloride (*p*–TsCl) 또는 methanesulfonyl chloride (MsCl)과 피리딘 속에서 반응시키면 각각 alkyl *p*–toluenesulfonate (alkyl *p*–tosylate, ROTs–*p*)와 alkyl methanesulfonate (alkyl mesylate, ROMs)가 생성된다. 이들 알킬 설포네이트는 브로민화 알킬 (RBr)과 비슷한 반응성을 나타내기 때문에 염기와 가열 반응시키면 제거 반응이 쉽게 일어나 알켄이 생성된다. 이 반응은 반응 기질을 약염기성에서 만들 수 있고 또한 염기 조건에서 제거 반응을 일으킬 수 있으므로 분자 내에 산성 조건에서 파괴될 수 있는 작용기 (예를 들어 그림 3.6에서 케탈기)를 가지고 있는 알코올의 제거 반응에 유용하게 사용된다.

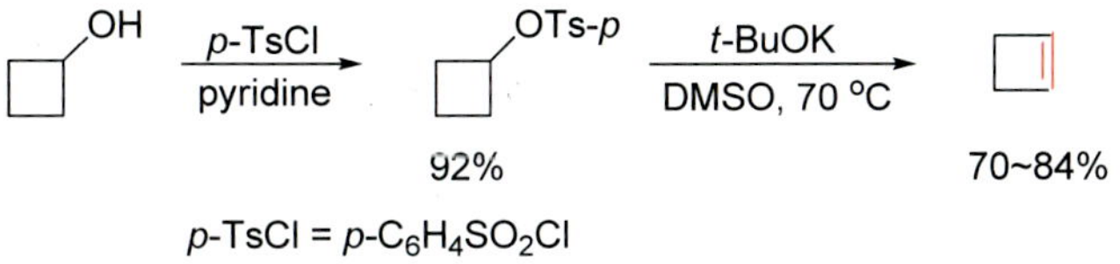

[3-8]

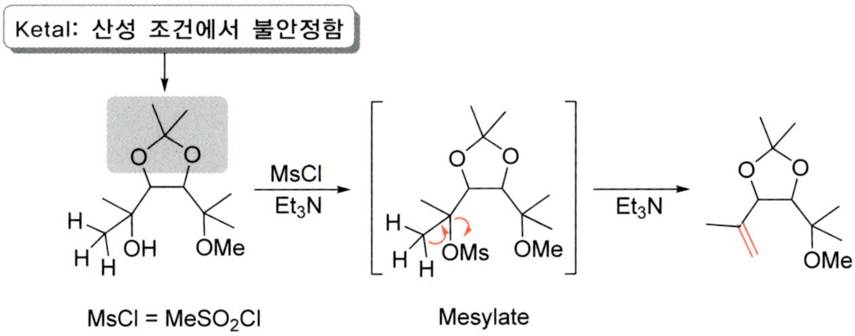

p-TsCl = p-$C_6H_4SO_2Cl$

Ketal: 산성 조건에서 불안정함

MsCl = $MeSO_2Cl$

Mesylate

그림 3.6 알킬 설포네이트의 제거 반응

3.3 탈아민화 반응

1°, 2° 및 3° 아민의 경우 이탈기에 해당되는 아마이드기 [아민 음이온기, $^{\ominus}NR_2$ (R = H 또는 알킬기)]의 나쁜 이탈성 때문에 제거 반응이 일어나지 않는다. 그러나 사차 암모늄염을 형성하면 중성 아민 (R_3N)으로서 이탈이 가능하게 되어 제거 반응이 잘 일어난다. 이를 이용한 반응을 **Hofmann 제거 반응**이라고 한다. 이 반응은 주로 1°, 2° 또는 3° 아민에 MeI를 반응시켜 얻은 사차 암모늄의 아이오딘염을 Ag_2O 또는 KOH를 반응시켜 아이오딘염을 하이드록실염으로 전환시킨 후 이를 가열하여 수행한다 (그림 3.7).

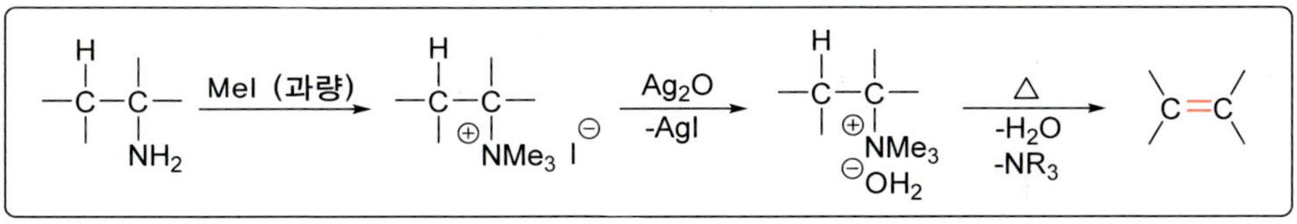

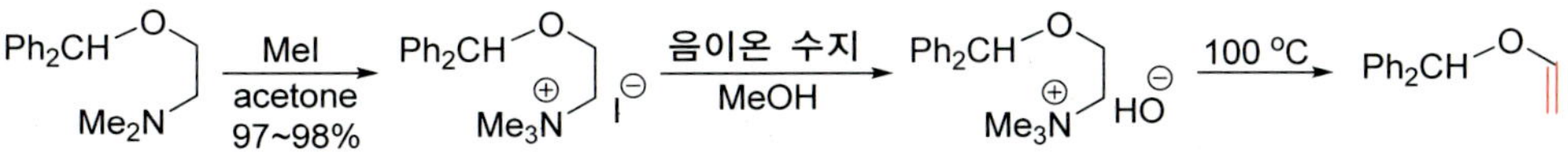

[3-9]

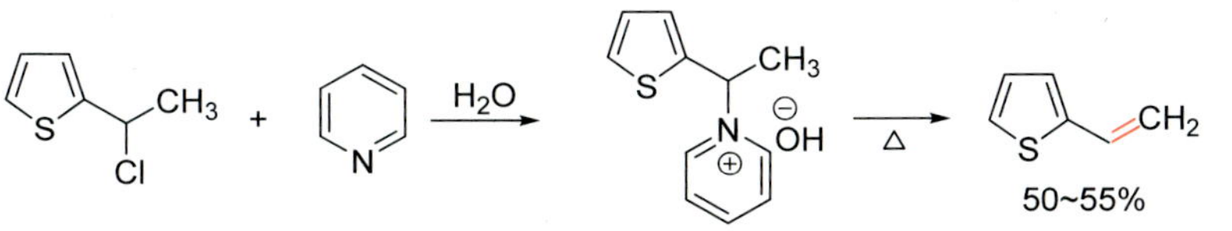

[3-10]

그림 3.7 Hofmann 제거 반응

이 반응의 특징은 할로젠화 알킬과 알코올의 제거 반응의 경우와 다르게 덜 치환된 알켄(*anti*–Zaitsev형 알켄)이 주 생성물로 생성되는 점이다 (그림 3.8). 그 이유는 3.9.2절에서 공부한다.

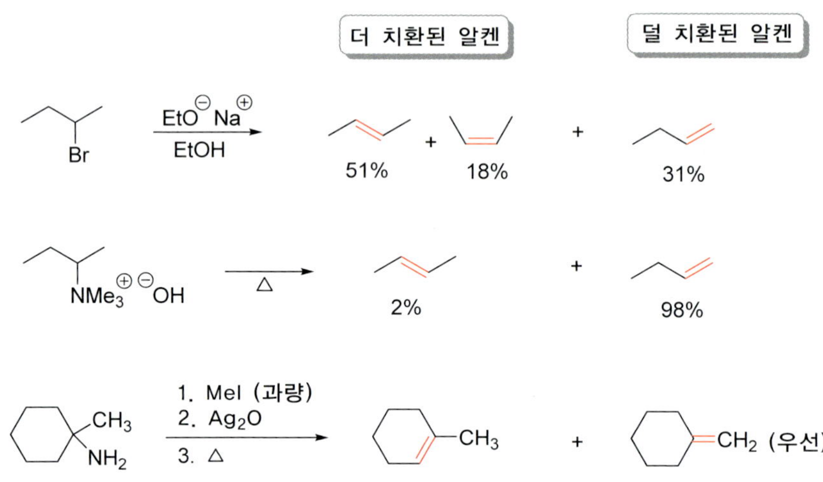

그림 3.8 Hofmann 제거 반응의 위치 선택성

3.4 열분해 제거 반응

에스터 (주로 acetate) 또는 xanthate 에스터 (**Chugaev 제거 반응**), 삼차 아민의 *N*–옥사이드 (**Cope 제거 반응**), 설폭사이드 및 셀렌옥사이드를 열분해하면 제거 반응이 일어나 알켄이 생성된다 (그림 3.9). 반응 기질로 사용되는 에스터와 xanthate는 대응하는 알코올로부터 합성하며, *N*–옥사이드는 3° 아민을 과산화물로 산화시켜 만든다. 설폭사이드는 설파이드를 과산소산 또는 $NaIO_4$로 산화시켜 합성하며, 셀렌옥사이드는 셀레나이드 화합물 (R–Se–R′)을 과산화물로 산화시켜 합성한다. 앞서 언급한 할로젠화 알킬의 탈할로젠화 수소 반응, 알코올의 $POCl_3$–피리딘에 의한 제거 반응, 알킬 설포네이트의 제거 반응 및 사차 암모늄염의 탈아민화 반응의 경우 모두 **E2–*anti* 제거 반응**으로 일어난다 (3.9.3절). 반면에, 이들 열분해 제거 반응은 **E2–*syn* 제거 반응**으로 일어난다 (3.9.4절). 열분해 제거 반응은 대부분 고온에서 반응이 일어나지만, 셀렌옥사이드의 경우 비교적 낮은 온도에서도 반응이 일어난다. 그러나 이 방법은 맹독성이 있는 셀레늄 이온을 취급해야 한다는 단점을 가지고 있다.

Acetate 열분해 반응

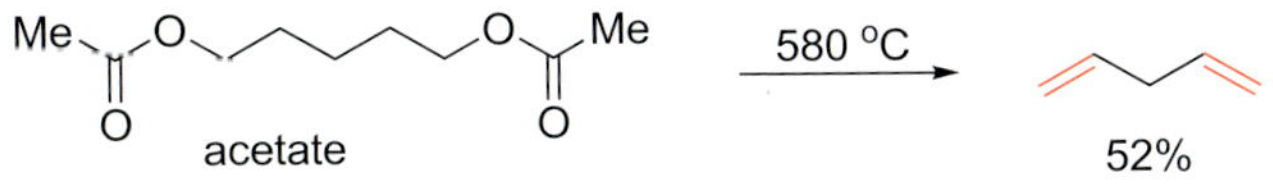

Me O O Me / O acetate O — 580 °C → 52% [3-11]

Chugaev 제거 반응: xanthate 열분해 반응

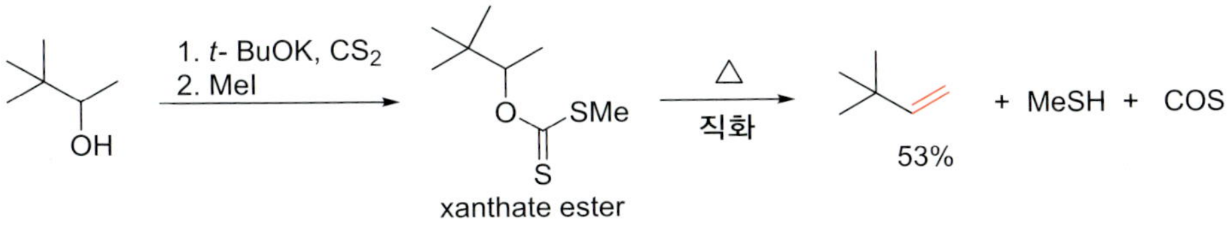

OH — 1. *t*- BuOK, CS_2 2. MeI → O SMe S xanthate ester — △ 직화 → 53% + MeSH + COS [3-12]

Cope 제거 반응: *N*-oxide 열분해 반응

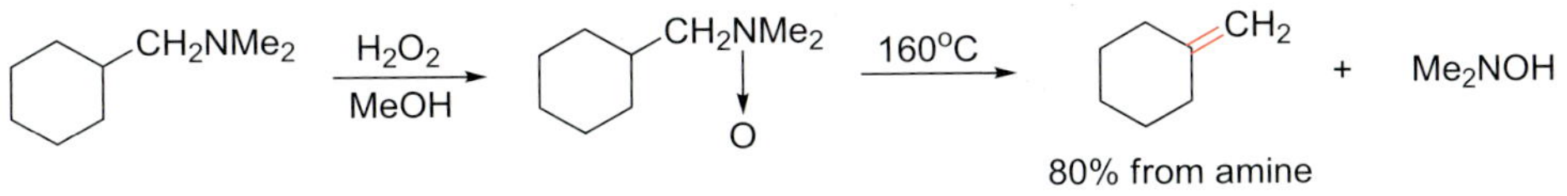

CH_2NMe_2 — H_2O_2 MeOH → CH_2NMe_2 O — 160°C → CH_2 + Me_2NOH [3-13]

80% from amine

Sulfoxide 열분해 반응

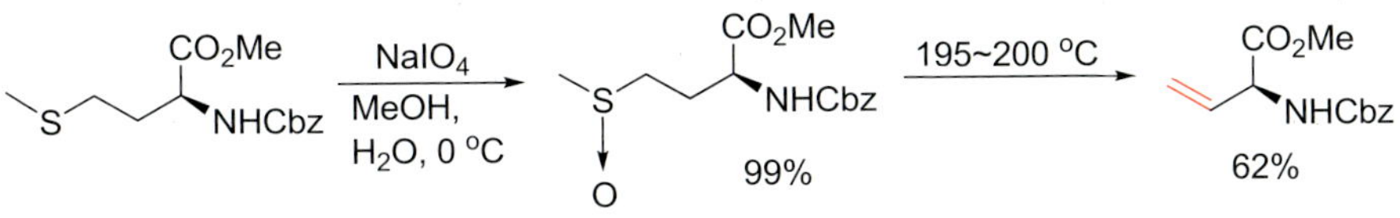

S CO_2Me NHCbz — $NaIO_4$ MeOH, H_2O, 0 °C → S O CO_2Me NHCbz 99% — 195~200 °C → CO_2Me NHCbz 62% [3-14]

Selenoxide 열분해 반응

SePh OH — H_2O_2 THF → [⊖O ⊕SePh OH] — 40 °C → OH 98% + PhSeOH

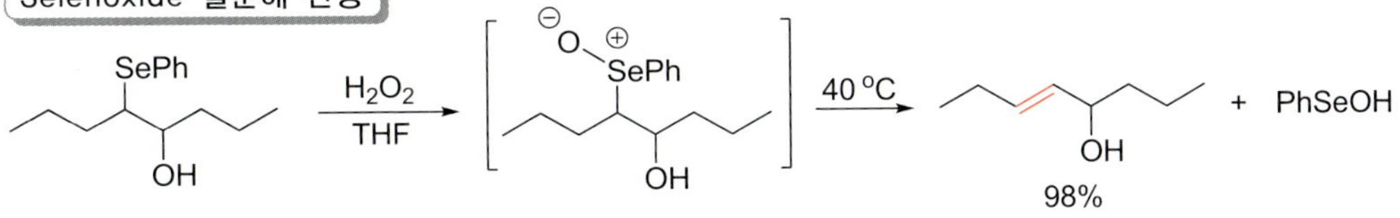

그림 3.9 열분해 제거 반응의 예

3.5 기타 제거 반응

α 수소를 가진 알데하이드 또는 케톤의 tosylhydrazone을 MeLi 또는 *n*-BuLi 같은 강한 염기로 처리하면 제거 반응이 일어나 알켄 탄소 음이온인 비닐 리튬이 생성된다. 이를 물로 가양성자 분해 (protonolysis)시키면 알켄이 생성된다. 이를 **Shapiro 반응**이라고 한다 (그림 3.10). 이 반응에서 중간체로 생성된 비닐 리튬은 친핵체로서 할로젠 알킬과 S_N2 반응 (짝지음 반응)을 할 수 있다.

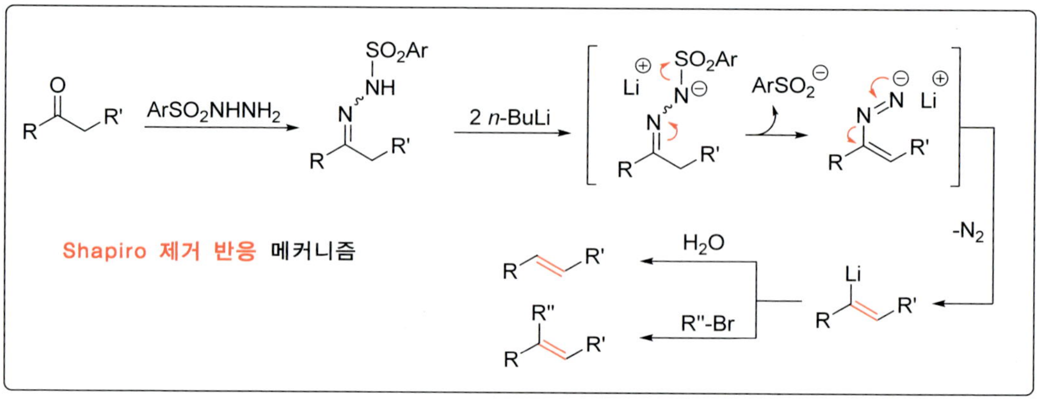

Shapiro 제거 반응 메커니즘

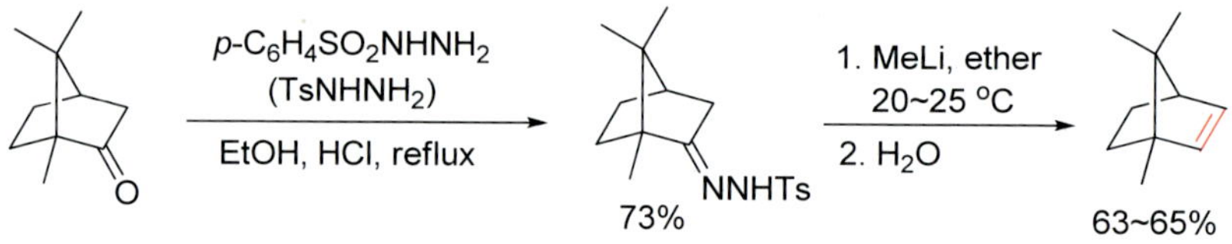

[3-15]

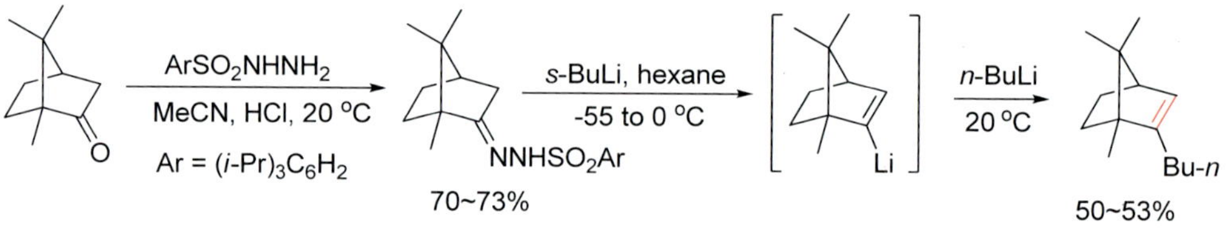

[3-16]

그림 3.10 Shapiro 제거 반응

한편, 이 반응에서 알킬 리튬 대신에 더 약한 염기인 MeONa 또는 KH를 사용해도 알켄이 생성되는데 이 반응을 **Bamford–Stevens 반응**이라고 한다. 이때 생성되는 반응 중간체는 카벤 또는 탄소 양이온으로 알려져 있다.

3.6 다이할로젠화 알킬 또는 비닐의 제거 반응: 알카인의 합성

이웃 자리 다이할로젠화 알킬 (*vic*–dihalide), 같은 자리 다이할로젠화 알킬 (*gem*–dihalide) 또는 할로젠화 비닐 (vinyl halide)을 강염기와 반응시키면 1,2–제거 반응이 일어나 알카인이 생성된다 (그림 3.11).

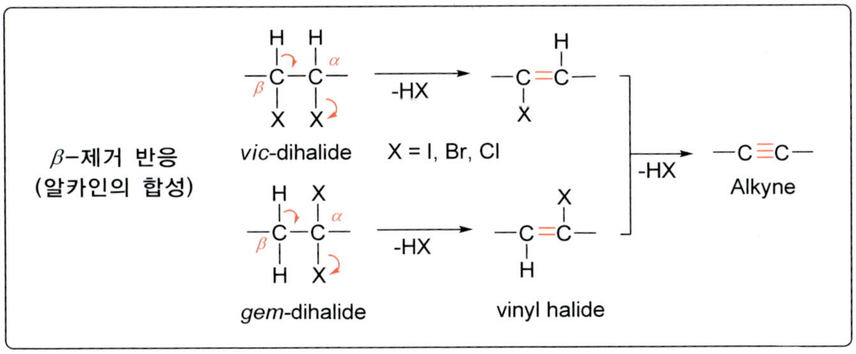

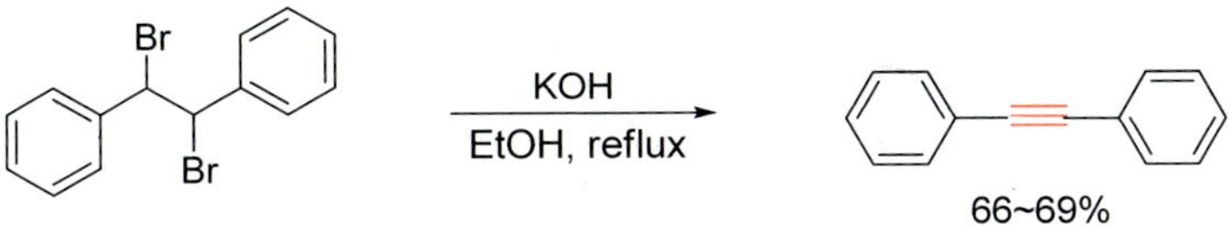

β-제거 반응
(알카인의 합성)

vic-dihalide X = I, Br, Cl
-HX
-HX
-HX
Alkyne
gem-dihalide
vinyl halide

KOH
EtOH, reflux
66~69%
[3-17]

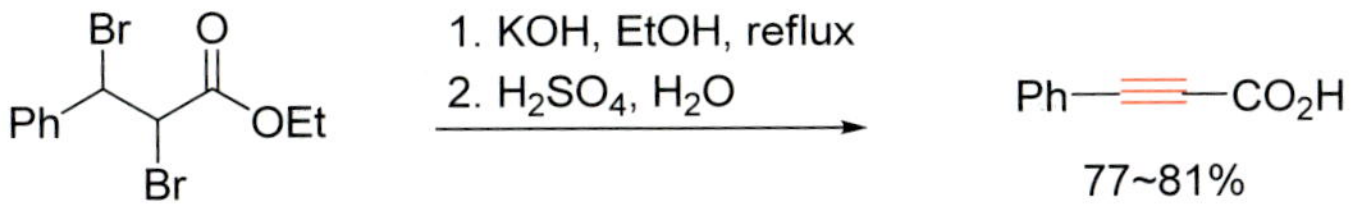

1. KOH, EtOH, reflux
2. H_2SO_4, H_2O
Ph—≡—CO_2H
77~81%
[3-18]

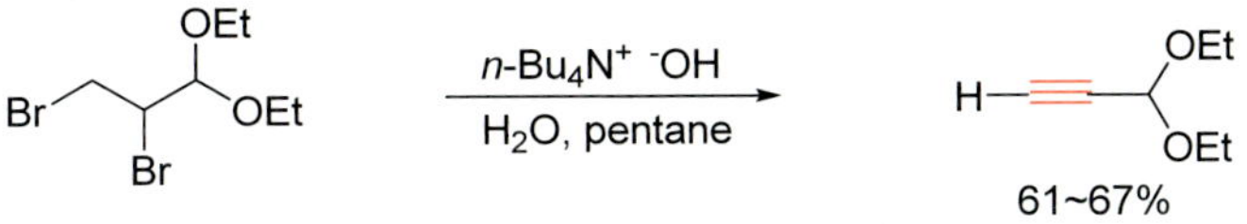

n-Bu_4N^+ ^-OH
H_2O, pentane
61~67%
[3-19]

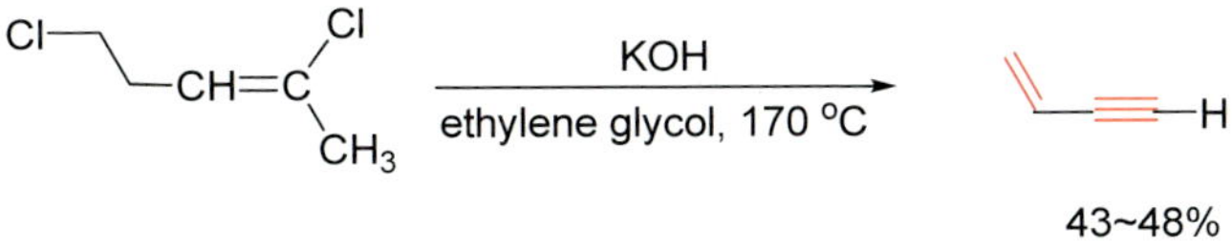

KOH
ethylene glycol, 170 °C
43~48%
[3-20]

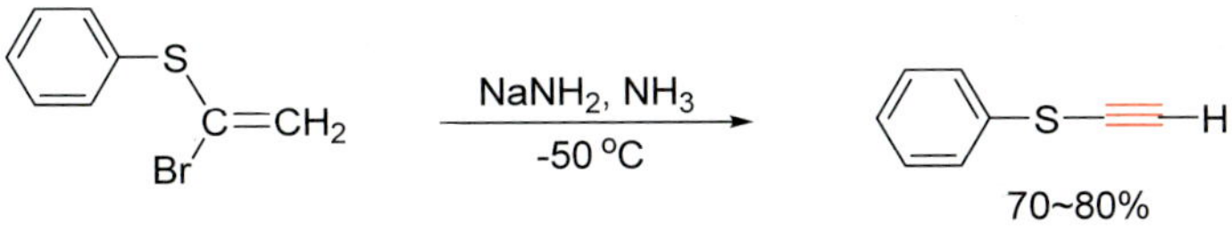

$NaNH_2$, NH_3
-50 °C
70~80%
[3-21]

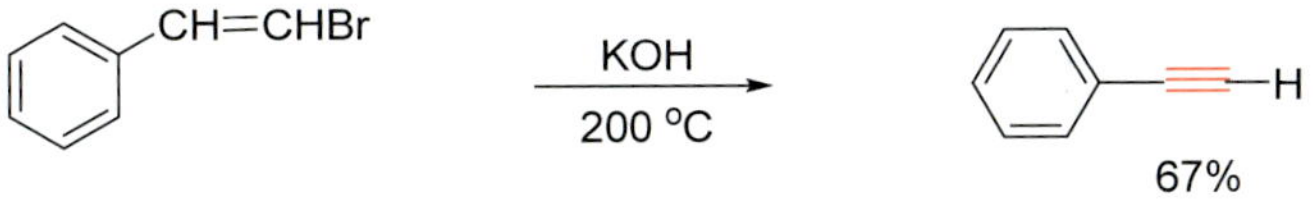

KOH
200 °C
67%
[3-22]

그림 3.11 *vic*–Dihalide 또는 *gem*–dihalide의 제거 반응: 알카인의 합성 반응

3.7 치환 반응과의 경쟁 반응

2.1.3절에서 언급한 바와 같이 제거 반응과 친핵성 치환 반응은 서로 경쟁적으로 일어난다. 그 이유는 염기는 전자쌍을 제공할 수 있는 화학종이므로 친핵체로서의 역할도 할 수 있기 때문이다. 이 경쟁 반응은 반응 기질과 염기의 구조, 염기도, 용매 및 반응 온도 등에 크게 영향을 받아 선택적으로 일어난다.

3.7.1 반응 기질의 구조에 의한 영향

반응 기질의 입체 장애가 클수록 친핵성 치환 반응보다 제거 반응이 더 잘 일어난다. 그림 3.12에 나타낸 바와 같이 입체 장애가 다른 1°, 2° 및 3° 브로민화 알킬 (R−Br)에 동일한 친핵체 (염기)를 반응시켰을 때 입체 장애가 작은 1° R−Br의 경우 치환 반응 (S_N2 반응) 생성물이 주로 생성되지만, 입체 장애가 큰 3° R−Br은 제거 반응 (E2 반응) 생성물만 생성된다.

$$CH_3CH_2Br \xrightarrow[\text{EtOH}]{\text{NaOCH}_2\text{CH}_3} \underset{90\%\ (S_N2)}{CH_3CH_2OCH_2CH_3} + \underset{10\%\ (E2)}{H_2C{=}CH_2} + NaBr$$

$$CH_3\overset{CH_3}{\overset{|}{C}}HBr \xrightarrow[\text{EtOH}]{\text{NaOCH}_2\text{CH}_3} \underset{21\%\ (S_N2)}{CH_3\overset{CH_3}{\overset{|}{C}}HOCH_2CH_3} + \underset{79\%\ (E2)}{CH_3CH_2{=}CH_2} + NaBr$$

$$H_3C-\underset{CH_3}{\underset{|}{\overset{CH_3}{\overset{|}{C}}}}-Br \xrightarrow[\text{EtOH}]{\text{NaOCH}_2\text{CH}_3} \underset{100\%\ (E2)}{H_2C{=}CH(CH_3)_2} + HOCH_2CH_3 + NaBr$$

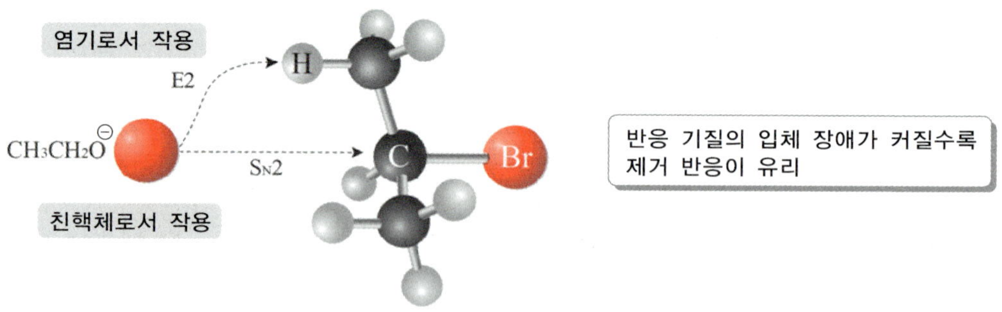

그림 3.12 친핵성 치환 반응과 제거 반응의 경쟁 반응에서 반응 기질의 입체 장애가 클수록 제거 반응이 우선하여 일어난다.

3.7.2 염기의 염기도와 입체 크기에 의한 영향

에톡사이드 이온 ($CH_3CH_2O^{\ominus}$)은 아세테이트 이온 ($CH_3CO_2^{\ominus}$)보다 염기도는 더 강하지만 친핵성은 더 약하다. 이들을 각각 2-bromobutane과 반응시키면 염기도가 더 강한 에톡사이드 이온의 경우 제거 반응 생성물이, 친핵성이 더 강한 아세테이트 이온의 경우 치환 반응 생성물이 우선적으로 생성된다. 한편, CH_3SNa와 CH_3ONa을 반응시킬 경우 친핵성이 더 큰 CH_3SNa와는 치환 반응이 더 잘 일어나지만, 염기도가 더 큰 CH_3ONa와는 제거 반응이 더 잘 일어난다. 알코올의 탈수 반응에서 HX 산보다 황산 또는 인산이 선호되는 이유도 짝염기인 $HSO_4^{\ominus}$ 또는 $HPO_4^{\ominus}$의 친핵성이 $X^{\ominus}$보다 더 작기 때문이다 (그림 3.13).

$CH_3CO_2^{\ominus}$, CH_3CO_2H, S_N2 → $(CH_3)_2CH{-}OCCH_3$ (C=O) 100%

$CH_3CH_2O^{\ominus}$, EtOH, 55 °C, S_N2 + E2 → $(CH_3)_2CH{-}OCH_2CH_3$ 21% (S_N2) + $H_3C{-}CH{=}CH_2$ 79% (E2)

염기도: ethoxide ion > acetate ion

$CH_3S^{\ominus}\,Na^{\oplus}$, methanol, S_N2 → $(CH_3)_2CH{-}SCH_3$ 100%

$CH_3O^{\ominus}\,Na^{\oplus}$, methanol, E2 → $H_3C{-}CH{=}CH_2$ + CH_3OH + NaBr

친핵성: $CH_3S^{\ominus}$ > $CH_3O^{\ominus}$

$(CH_3)_3C{-}OH$ + HCl, S_N1 → $(CH_3)_3C{-}Cl$ + H_2O

$(CH_3)_3C{-}OH$ + H_2SO_4, E1 and E2 → $(CH_3)_2C{=}CH_2$ + H_2O

친핵성: $Cl^{\ominus}$ > $^{\ominus}O{-}SO_2{-}OH$

그림 3.13 친핵성보다 염기성이 강할수록 제거 반응이 더 잘 일어난다.

한편, 염기의 입체 크기 역시 치환 반응과 제거 반응의 경쟁에 큰 영향을 주는데 1-bromoeicosane을 각각 입체 크기가 다른 염기인 CH_3ONa와 $(CH_3)_3CONa$와 반응시키면 입체 크기가 작은 CH_3ONa의 경우 치환 반응 생성물이, 입체 크기가 큰 $(CH_3)_3CONa$의 경우 제거 반응 생성물이 우선적으로 생성된다 (그림 3.14).

		제거 반응(E2) 생성물		치환 반응(S_N2) 생성물
$CH_3(CH_2)_{15}CH_2CH_2Br$	⟶	$CH_3(CH_2)_{15}CH{=}CH_2$	+	$CH_3(CH_2)_{15}CH_2CH_2OR$
CH_3ONa, CH_3OH, 65°C		1	:	99 ($R = CH_3$)
$(CH_3)_3CONa$, $(CH_3)_3COH$, 40°C		85	:	15 [$R = C(CH_3)_3$]

염기 $H_3C{-}O^{\ominus}$ 와 $(CH_3)_3C{-}O^{\ominus}$ ⟸ 덩치가 더 큰 염기

그림 3.14 염기의 입체 크기가 클수록 치환 반응보다 제거 반응이 우선하여 일어난다.

3.8 제거 반응의 메커니즘

제거 반응은 그림 3.15에 나타낸 바와 같이 E1, E2, E1cB 등 세 종류의 메커니즘으로 일어난다.

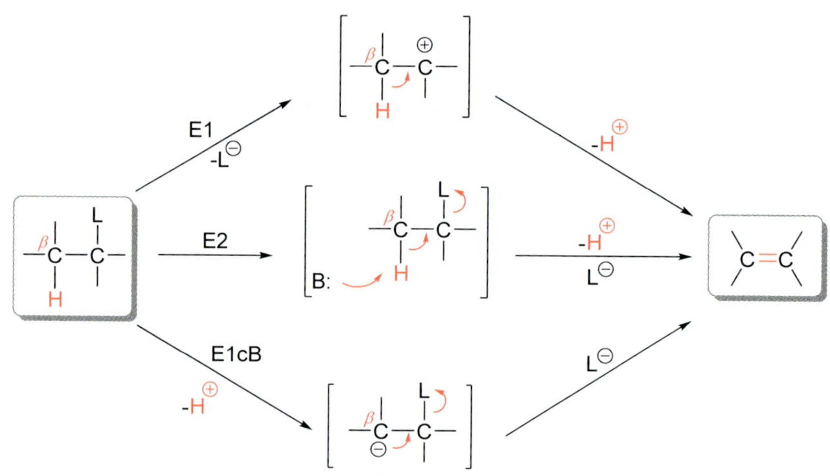

그림 3.15 제거 반응의 메커니즘

3.8.1 E1 제거 반응

$(CH_3)_3C{-}Br$를 에탄올 속에서 반응시키면 치환 반응 (S_N1) 생성물인 $(CH_3)_3C{-}OEt$와 제거 반응 생성물인 $(CH_3)_2CH{=}CH_2$가 생성된다. 이 반응의 반응 속도는 반응 기질인 $(CH_3)_3C{-}Br$ 농도에만 의존하고 염기로 작용하는 에탄올의 농도는 영향을 미치지 않는다. 이와 같은 반응을

E1 제거 반응이라고 한다. 이 반응은 **일분자 반응 unimolecular reaction**)으로 일어나고 (그림 3.16), 반응 기질이 3° 탄소 양이온이 잘 생성될 수 있는 R_3C-L (L = I, Br, Cl, OTs, OH)인 구조에서 잘 일어난다.

이 반응은 먼저 반응 기질이 해리하여 (단계 1) 생성된 탄소 양이온에 있는 β 수소가 양성자로 제거되어 (단계 2) π 결합이 생성되는 두 단계 과정을 거쳐 일어나며 S_N1 반응과 경쟁적으로 일어난다. 이 반응의 반응 속도는 반응 속도 결정 단계(느린 단계)인 [단계 1]에서 결정된다.

$$(CH_3)_3C-Br + CH_3CH_2OH \longrightarrow (CH_3)_2C=CH_2 + HBr$$

$$\text{반응 속도} = k[(CH_3)_3C-Br]$$

[단계 1] $(CH_3)_3C-Br \xrightleftharpoons{\text{느림}} (CH_3)_3C^{\oplus} + Br^{\ominus}$ 반응 속도 결정 단계

[단계 2] $(CH_3)_2C^{\oplus}-CH_2-H$ (β) $+ H\ddot{O}-CH_2CH_3 \xrightarrow{\text{빠름}} (CH_3)_2C=CH_2 + H\overset{H}{O^{\oplus}}-CH_2CH_3$

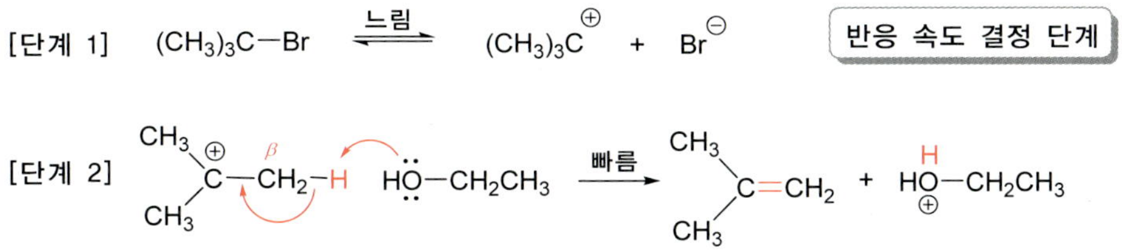

그림 3.16 E1 제거 반응 메커니즘

E1 제거 반응을 정리하면 다음과 같다.

- 반응 기질에서 이탈기가 먼저 이탈되어 탄소 양이온이 생성된 후 탄소 양이온의 β 수소가 양성자로 이탈되면서 π 결합이 형성되는 **두 단계 반응**이다.
- 반응 속도 = $k[(CH_3)_3CBr]$: 반응 속도는 반응 기질 농도에만 의존하는 **일분자 반응**이다 (반응 차수 = 1: 일차 반응). 반응 속도는 [단계 1]에 의해 결정된다.
- 탄소 양이온이 잘 생성될 수 있는 3° 할로젠화 알킬 또는 3° 알코올에서 잘 일어난다.
- 이탈기의 이탈성이 좋을수록 잘 일어난다 ($I^- > Br^- > Cl^-$ 순).

3.8.2 E2 제거 반응

1° 할로젠화 알킬을 염기와 반응시키면 제거 반응이 일어나 알켄이 생성된다. 이 반응은 협동 반응으로 일어나는 **이분자 반응** (bimolecular reaction)으로 β 수소의 탈양성자 반응과 이탈기의 이탈 반응이 동시에 한 단계로 일어나며 반응 속도는 반응 기질의 농도와 염기의 농도의 곱에 비례한다 (이차 반응).

E2 제거 반응을 정리하면 다음과 같다.

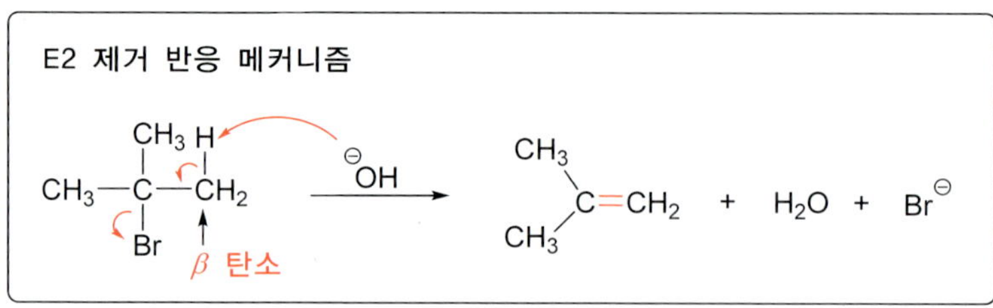

- β 수소의 탈양성자 반응과 이탈기의 이탈 반응이 협동적으로 동시에 일어나는 (협동 반응) **한 단계 반응**이다.
- 반응 속도 = $k[(CH_3)_3CBr][^-OH]$: 반응 기질과 염기 농도의 곱에 비례하는 **이분자 반응**이다 (반응 차수 = 2: 이차 반응).
- 강염기일수록 반응이 잘 일어난다.
- 이탈기의 이탈성이 좋을수록 잘 일어난다 ($I^- > Br^- > Cl^-$ 순).

E2 제거 반응은 S_N2 반응과 경쟁적으로 일어나며, E1 반응과 마찬가지로 3° R−X > 2° R−X > 1° R−X (X = 할로젠 또는 OH) 순으로 β 수소가 가장 많은 3° R−X에서 가장 잘 일어난다. 할로젠화 알킬의 경우 이탈기의 이탈성은 $I^- > Br^- > Cl^-$ 순이다.

3.8.3 E1cB 제거 반응

Acetaldehyde를 염기 촉매하에 반응시키면 알돌 반응 생성물인 3-hydroxybutanal이 생성된다 (10.5.1절). 이 반응 생성물에 염기를 작용시키면 α 수소가 제거 (탈양성자화) 되어 탄소 음이온이 생성되고 이는 인근의 카보닐기에 의해 공명 안정화된다. 이 탄소 음이온의 전자쌍이 이동하여 β 탄소의 OH기를 이탈시키면 π 결합이 형성되면서 α,β-불포화 알데하이드인 2-butenal을 생성한다.

이와 같이 안정한 탄소 음이온의 전자쌍 이동에 의하여 일어나는 제거 반응을 **E1cB (elimination conjugate base) 제거 반응**이라고 한다. 이 반응이 일어나는 추진력은 3-hydroxybutanal보다 제거 반응 (탈수 반응)에 의해 생성된 α,β-불포화 알데하이드인 2-butenal이 열역학적으로 더 안정한 데에서 나온다 (그림 3.17).

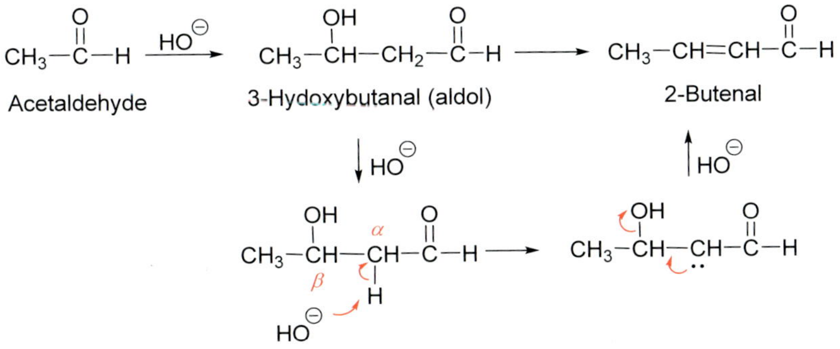

$$CH_3-\overset{O}{\overset{\|}{C}}-H \xrightarrow{HO^{\ominus}} CH_3-\overset{OH}{\overset{|}{CH}}-CH_2-\overset{O}{\overset{\|}{C}}-H \longrightarrow CH_3-CH=CH-\overset{O}{\overset{\|}{C}}-H$$

Acetaldehyde 3-Hydoxybutanal (aldol) 2-Butenal

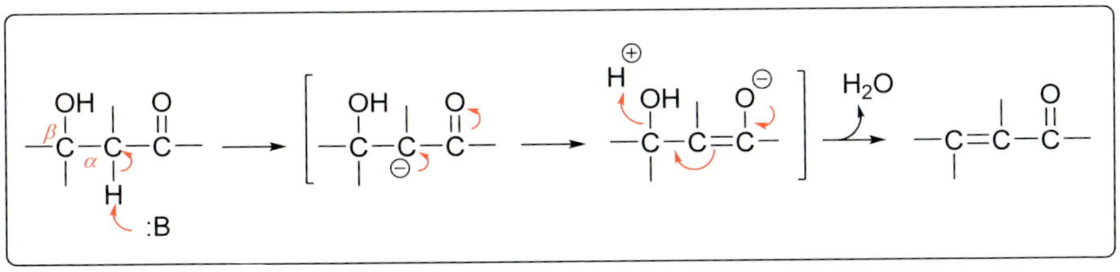

그림 3.17 E1cB 제거 반응 메커니즘

3.9 제거 반응의 위치 선택성과 입체 선택성

3.9.1 알켄의 안정도

알켄의 안정도는 이중 결합에 알킬기가 더 많이 치환될수록 (열역학적 요인), 또한 입체 장애가 작을수록 안정하다 (입체 요인).

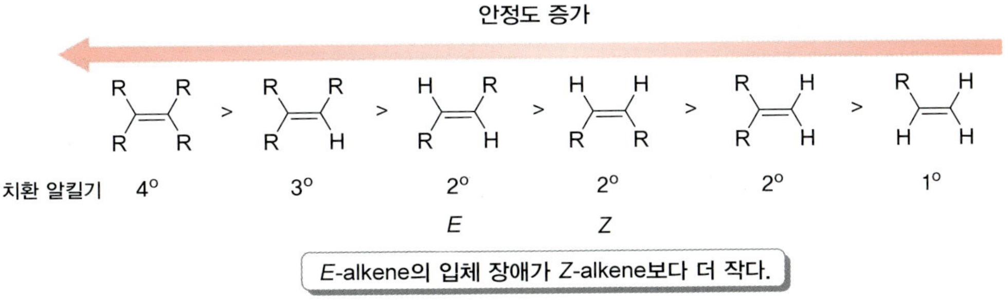

안정도 증가

	$R_2C=CR_2$	>	$R_2C=CHR$	>	$RHC=CHR$	>	$RHC=CHR$	>	$R_2C=CH_2$	>	$RHC=CH_2$
치환 알킬기	4°		3°		2°		2°		2°		1°
					E		*Z*				

E-alkene의 입체 장애가 *Z*-alkene보다 더 작다.

그림 3.18에 나타낸 바와 같이 알켄에 대한 수소 첨가 반응열을 측정하여 비교하면 이중 결합에 알킬기가 많이 치환될수록 안정하다는 것을 알 수 있다.

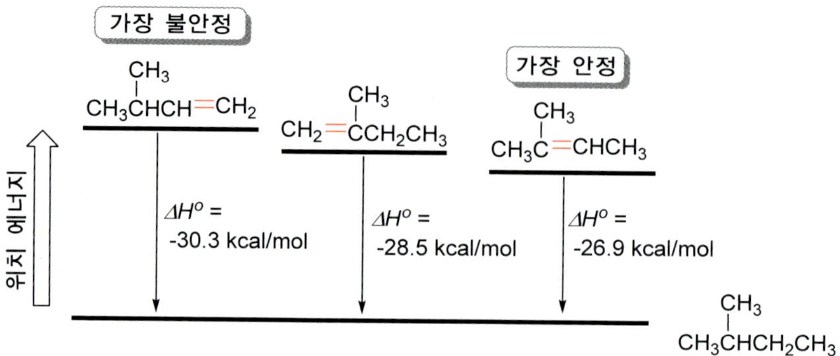

그림 3.18 알켄의 수소화 반응열 비교

3.9.2 위치 선택성 제거 반응: Zaitsev 규칙과 *anti*-Zaitsev 규칙

두 개 이상의 β 수소를 가진 할로젠화 알킬에서 제거 반응이 일어날 경우 알킬기가 더 많이 치환된 알켄이 주 생성물로 생성된다. 이를 **Zaitsev (Saytzev 또는 Saytzeff) 규칙**이라고 한다. 예를 들어 2-bromobutane을 KOH 수용액과 반응시키면 but-2-ene (이중 결합에 메틸기가 두 개 치환)이 but-1-ene (이중 결합에 에틸기 한 개 치환)보다 더 많이 생성된다. 이 규칙은 알코올의 탈수 반응에 의한 제거 반응에서도 잘 적용된다 (그림 3.19).

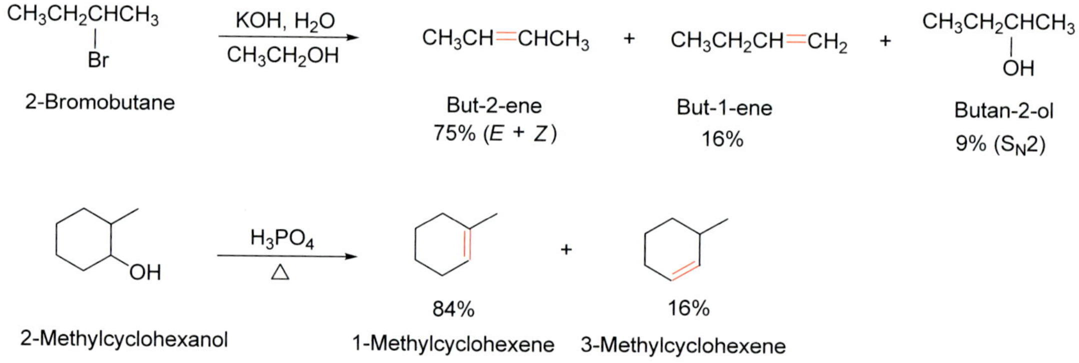

$CH_3CH_2CH(Br)CH_3$ (2-Bromobutane) $\xrightarrow[CH_3CH_2OH]{KOH,\ H_2O}$ $CH_3CH{=}CHCH_3$ (But-2-ene, 75% (E + Z)) + $CH_3CH_2CH{=}CH_2$ (But-1-ene, 16%) + $CH_3CH_2CH(OH)CH_3$ (Butan-2-ol, 9% (S_N2))

2-Methylcyclohexanol $\xrightarrow[\Delta]{H_3PO_4}$ 1-Methylcyclohexene (84%) + 3-Methylcyclohexene (16%)

그림 3.19 Zaitsev 규칙: 제거 반응에서 더 많이 치환된 알켄이 우선적으로 생성된다.

Zaitsev 규칙이 성립하는 이유는 sp^2 탄소 (이중 결합 탄소)에 알킬기가 많이 치환된 알켄이 열역학적으로 더 안정하기 때문이다 (그림 3.18). 그러나 *tert*-BuOK 또는 Et_3CONa 같이 입체 장애가 큰 염기를 사용할 경우 *anti*-Zaitsev 생성물 (덜 치환된 알켄)이 더 많이 생성된다. 그 이유는 덩치가 큰 염기는 입체 장애가 더 작은 위치에 있는 β_2 수소를 양성자로 떼어내기 더 쉽기 때문이다.

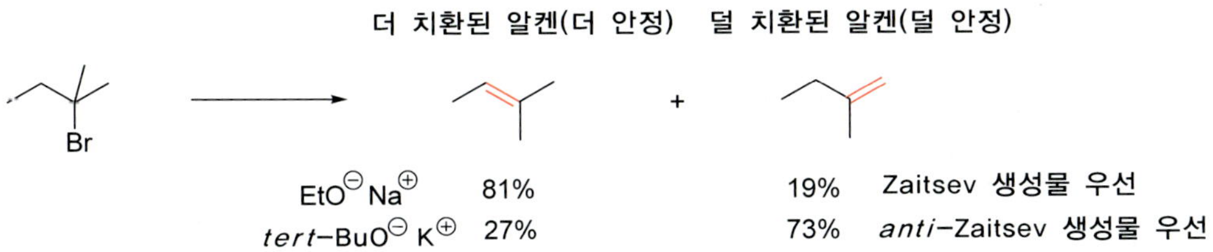

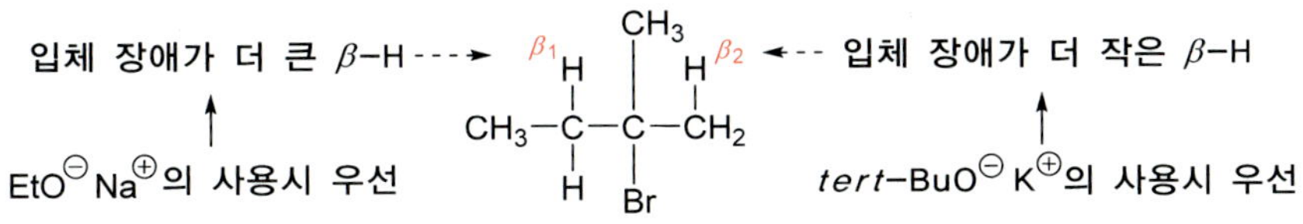

더 치환된 알켄(더 안정) 덜 치환된 알켄(덜 안정)

	더 치환된 알켄(더 안정)	덜 치환된 알켄(덜 안정)	
$EtO^{\ominus}Na^{\oplus}$	81%	19%	Zaitsev 생성물 우선
tert–$BuO^{\ominus}K^{\oplus}$	27%	73%	*anti*–Zaitsev 생성물 우선

입체 장애가 더 큰 β–H (β_1) — $EtO^{\ominus}Na^{\oplus}$의 사용시 우선

입체 장애가 더 작은 β–H (β_2) — *tert*–$BuO^{\ominus}K^{\oplus}$의 사용시 우선

한편, 알킬 암모늄염을 반응 기질로 사용한 **Hofmann 제거 반응**은 할로젠화 알킬의 제거 반응과 달리 덜 치환된 알켄 (***anti*–Zaitsev형 알켄**)을 우선적으로 생성시킨다 (그림 3.20). 그 이유는 반응 기질인 2–bromobutane과 *sec*–butylammonium 염에 있는 이탈기의 이탈성의 차이로 생기는 반응 전이 상태의 구조 차이 때문이다. 전자의 경우 이탈기 $Br^{\ominus}$은 NMe_3보다 이탈성이 더 우수하여 전이 상태의 구조가 더 안정한 알켄 구조 (더 많이 치환된 알켄)를 닮은 상태를 선호하게 됨으로써 결과적으로 Zaitsev형 알켄의 생성이 유리하게 된다. 반면에, 후자의 경우 전이 상태에서 입체 장애가 더 작은 β_2 수소의 탈양성자 반응이 더 빨리 일어나기 쉬우므로 *anti*–Zaitsev형 알켄이 우선적으로 생성된다.

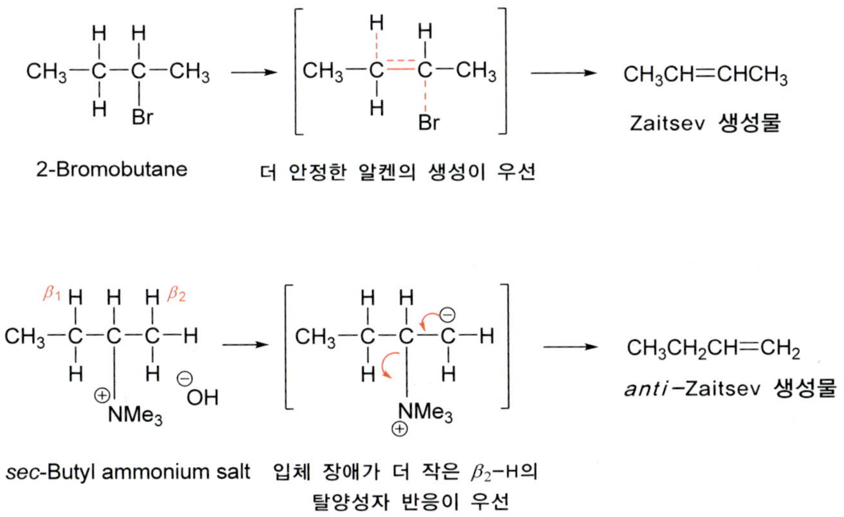

2-Bromobutane → [더 안정한 알켄의 생성이 우선] → $CH_3CH{=}CHCH_3$ Zaitsev 생성물

sec-Butyl ammonium salt → [입체 장애가 더 작은 β_2–H의 탈양성자 반응이 우선] → $CH_3CH_2CH{=}CH_2$ *anti*–Zaitsev 생성물

그림 3.20 할로젠화 알킬의 제거 반응과 Hofmann 제거 반응: *anti*–Zaitsev형 알켄의 생성

3.9.3 E2-*anti* 제거 반응

E2 제거 반응은 β 탄소에 결합되어 있는 β 수소와 α 탄소와 결합되어 있는 이탈기가 동시에 떨어져 나가 π 결합을 형성하는 반응이다. 따라서 가장 효율적인 제거 반응이 일어나기 위해서는 전이 상태의 기하구조가 매우 중요하다. 전이 상태의 구조는 두 종류의 기하구조로 나타낼 수 있는데 β 수소와 이탈기가 정반대 방향에 놓인 구조를 *anti* (또는 *trans*) 기하구조라고 하고, 같은 방향에 놓인 구조를 *syn* (또는 *cis*) 기하구조라고 한다. 염기가 β 수소에 쉽게 접근하기 위해서 엇갈린 형태 구조를 가진 *anti*-기하구조가 가려진 형태 구조를 가진 *syn*-기하구조보다 유리하다. 왜냐하면, 엇갈린 형태의 구조가 더 입체적으로 안정할 뿐 아니라 염기와 이탈기 사이의 전자 반발력도 최소화시킬 수 있기 때문이다. E2 반응에서 β 수소와 결합한 탄소 원자의 오비탈이 이탈기에 있는 탄소 오비탈과 결합하여 π 결합을 형성하기 위해서는 이들 두 오비탈은 동일 평면에 있어야 유리하다. 이 형태의 기하구조를 **준평면** (periplanar)이라고 한다. 대부분의 E2 반응은 양성자로 떨어져 나갈 β 수소와 이탈기가 정반대 방향에 놓여 있고 동시에 같은 평면에 있을 때 **입체 특이적** (stereospecific)으로 일어난다 (그림 3.21). 이러한 형태의 제거 반응을 *anti* (또는 *trans*)-**제거 반응**이라고 한다. 이 반응은 주로 1° 할로젠화 알킬, 알킬 설포네이트, 알킬 사차 암모늄염 및 일차 알코올의 제거 반응에서 일어난다. *anti*-제거 반응의 증거로서 *meso*-1,2-dibromo-1,2-diphenylethane은 오직 (*E*)-1-bromo-1,2-diphenylethene만 생성하지만, racemic 1,2-dibromo-1,2-diphenylethane

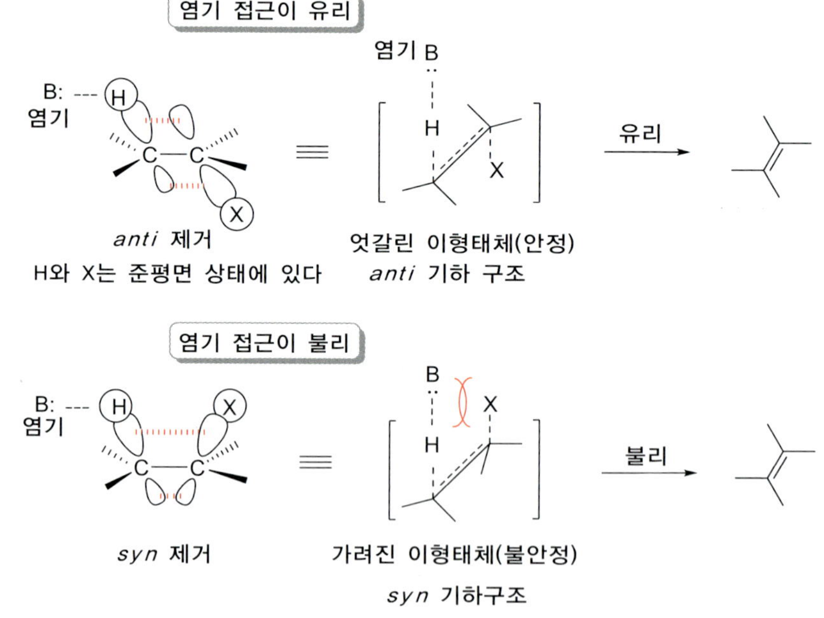

그림 3.21 E2 *anti*-제거 반응의 기하구조 형태

의 경우 오직 (Z)-1-bromo-1,2-diphenylethene만 생성된다. 그 이유는 앞서 언급한 대로 전이 상태에서 β 수소와 이탈기가 *anti* 기하구조를 가지고 준평면 형태 (이를 ***anti*–periplanar** 구조라고 함)를 거쳐 제거 반응이 일어나기 때문이다. 또 다른 *anti*–제거 반응의 증거로는 *trans*–1-chloro-2-methylcyclohexane의 E2 반응에서는 오직 3-methylcyclohexene만 생성되고 1- methylcyclohexene은 생성되지 않는다는 사실이다. 그 이유는 두 개의 이형태 구조 중 더 안정한 이형태체는 전이 상태에서 양성자로 이탈하는 β 수소와 이탈기 사이가 *anti*–제거 반응이 일어날 수 없는 *syn* 형태 구조를 가지고 있으나, 덜 안정한 이형태체의 구조는 β 수소와 이탈기 사이가 *anti* 기하구조 형태를 유지하고 있으므로 *anti* 제거 반응이 가능하기 때문이다 (그림 3.22).

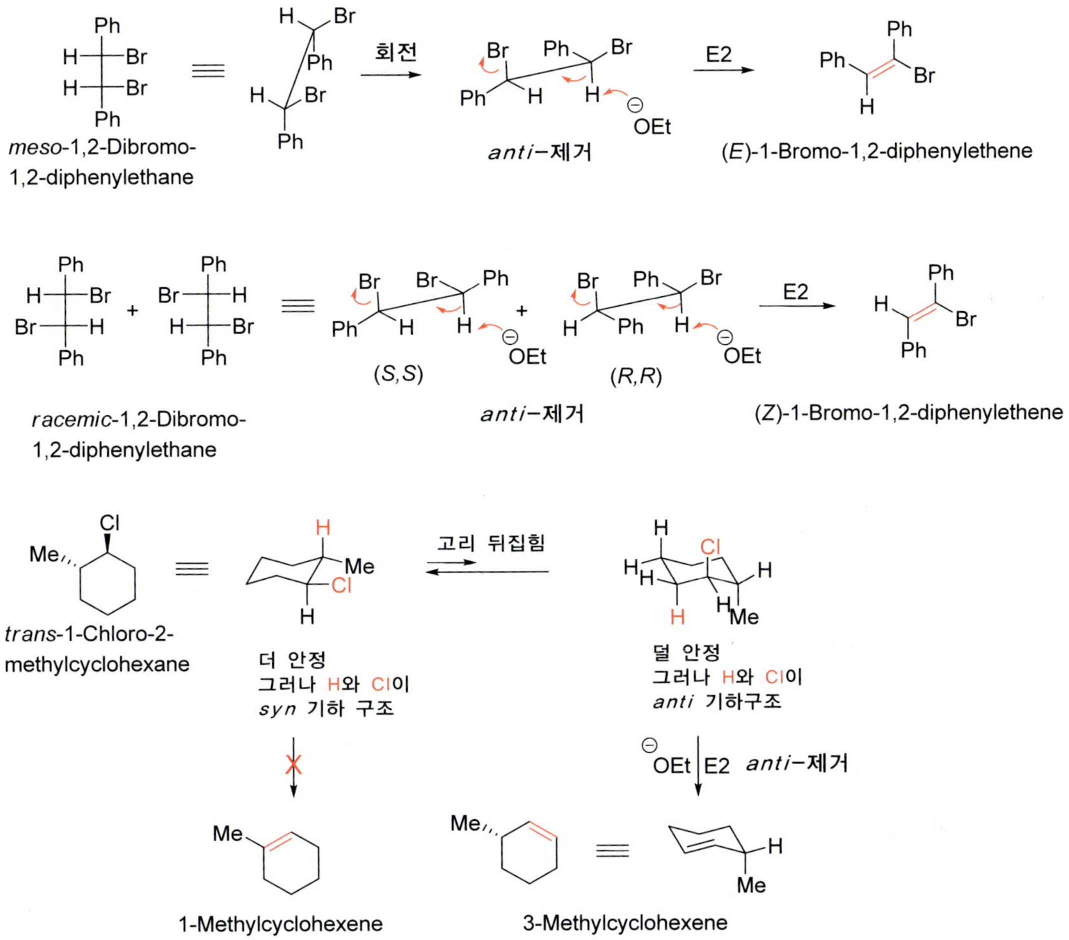

그림 3.22 E2–*anti* 제거 반응에 의한 입체 특이적 반응의 예

3.9.4 E2-*syn* 제거 반응

두 고리 화합물 같이 구조상 β 수소와 이탈기 사이에 ***anti*-준평면** (antiperiplanar) 배열을 가지기 어려운 반응 기질에서는 *syn* 제거 반응이 일어난다.

OTs
D
H
H
ROK
H
H
+
D
H
H와 OTs 사이는 준평면 형태가 불가능함
syn-E2 생성물
100%
(-TsOD)
anti-E2 생성물
0%
(-TsOH)

한편, 에스터, xanthate (**Chugaev 제거 반응**), *N*-oxide (**Cope 제거 반응**), 설폭사이드, 셀렌옥사이드 등의 열분해 제거 반응의 경우도 E2 *syn*-제거 반응으로 일어난다 (그림 3.23).

Ester 열분해 제거 반응

Me
O
O
D
이탈기와 *syn* 위치
Ph
H
H
Ph
400 °C
Ph
H
H
Ph
Me
O
O
H
이탈기와 *syn* 위치
Ph
D
H
Ph
400 °C
Ph
D
H
Ph

Xanthate 열분해 제거 반응(Chugaev 제거 반응)

OH
CH_2Ph
1. NaH
toluene
2. CS_2
3. MeI
SMe
S
H
CH_2Ph
170 °C
CH_2Ph
90%
+ MeSH
+ O=C=S

***N*-oxide 열분해 제거 반응(Cope 제거 반응)**

Me
Pr-*i*
H
H
Me_2N-OH
100~180 °C
85%
Me
Pr-*i*
+
Me
Pr-*i*
+
Me
N-OH
Me
65% : 35%

Me
Pr-*i*
H
H
NMe_2
O
90~160 °C
77%
Me
Pr-*i*
+
Me
N-OH
Me
100%

Sulfoxide 열분해 제거 반응

Selenoxide 열분해 제거 반응

Me, Ph, Ph, H, H, S−Ph, $MeCO_3H$, Me, Ph, Ph, H, H, S−Ph, O, 80°C, Ph, Ph, + PhSOH

O, O, Me, 1. NaH, THF, 0 °C, 2. PhSeCl, O, O, Me, SePh, H_2O_2, H_2O, CH_2Cl_2, 30~35 °C, O, O, Me, SePh, O, H, O, O, Me [3-23], 79~85%

그림 3.23 E2-*syn* 제거 반응의 예

CHAPTER 03 참고 문헌

[3-1] *Org. Synth. Coll.* **1973**, *5*, 255.
[3-2] *Org. Synth. Coll.* **1943**, *2*, 17.
[3-3] *Org. Synth. Coll.* **1998**, *9*, 662.
[3-4] Org. Synth. Coll. **1963**, *4*, 162.
[3-5] *Org. Synth. Coll.* **1941**, *1*, 183.
[3-6] *Org. Synth. Coll.* **1941**, *1*, 430.
[3-7] Vogel's Textbook 490p.
[3-8] *Org. Synth. Coll.* **1990**, *7*, 117.
[3-9] *Org. Synth. Coll.* **1988**, *6*, 652.
[3-10] *Org. Synth. Coll.* **1963**, *4*, 980.
[3-11] Vogel's Textbook 492p.
[3-12] Vogel's Textbook 493p.
[3-13] *Org. Synth. Coll.* **1963**, *4*, 612.
[3-14] *Org. Synth. Coll.* **1998**, *9*, 63.
[3-15] *Org. Synth. Coll.* **1988**, *6*, 172.
[3-16] *Org. Synth. Coll.* **1990**, *7*, 77.
[3-17] *Org. Synth. Coll.* **1955**, *3*, 350.
[3-18] *Org. Synth. Coll.* **1943**, *2*, 515.
[3-19] *Org. Synth. Coll.* **1988**, *6*, 954.
[3-20] *Org. Synth. Coll.* **1963**, *4*, 683.
[3-21] *Org. Synth. Coll.* **1998**, *9*, 656.
[3-22] *Org. Synth. Coll.* **1941**, *1*, 438.
[3-23] *Org. Synth. Coll.* **1988**, *6*, 23.

CHAPTER 04 첨가 반응

첨가 반응 (addition reaction)이란 C=C 결합, C≡C 결합, C=O 결합, C=N 또는 C≡N 결합과 같이 탄소 원자의 다중 결합에 있는 π 결합이 끊어지고 두 개 또는 네 개의 새로운 σ 결합이 생성되는 반응을 말한다.

4.1 첨가 반응의 분류

첨가 반응은 반응 메커니즘에 따라 친전자성 첨가 반응, 라디칼 첨가 반응, 친핵성 첨가 반응 및 콘쥬게이트 첨가 반응으로 구분된다.

친전자성 첨가 반응

이 반응은 알켄과 알카인의 π 결합에 친전자체가 첨가하여 σ 결합을 형성하는 반응을 말하며 제거 반응의 역반응에 해당된다 (4.2절).

π 결합이 끊어짐

새 σ 결합의 생성

+ X−Y

첨가 반응

C=C 또는 −C≡C−

제거 반응

-X−Y

라디칼 첨가 반응

이 반응은 알켄의 π 결합에 라디칼이 첨가되는 반응을 말한다 (4.3절).

Z + X· 또는 R· → [X(R) ... Z] —Y·→ X ... Z, Y 또는 R ... Z, Y

친핵성 첨가 반응

카보닐기 (C=O), 이민기 (C=N)와 나이트릴기 (C≡N)의 탄소 원자는 전기음성도의 차이 때문에 전자가 부족한 상태이다. 이들 작용기에 있는 전자 부족 상태의 탄소 원자에 친핵체가 첨가되어 일어나는 반응을 친핵성 첨가 반응이라고 한다 (4.4절).

$$\underset{\text{R}\quad\text{H(R')}}{\overset{\text{O}}{\overset{\|}{\text{C}}}} \text{ 또는 } \underset{\text{R}\quad\text{H(R')}}{\overset{\text{NR''}}{\overset{\|}{\text{C}}}} \xrightarrow[\text{또는 HNu:}]{\text{1. :Nu}^{\ominus}\ \text{2. }H_2O} \text{R}-\underset{\text{Nu}}{\overset{\text{OH}}{\text{C}}}-\text{H(R')} \text{ 또는 } \text{R}-\underset{\text{Nu}}{\overset{\text{R''NH}}{\text{C}}}-\text{H(R')}$$

카보닐기 또는 이민기의 탄소에 친핵체(Nu)가 첨가되었다.

◈ 콘쥬게이트 첨가 반응 (1.4-첨가 반응)

이 반응은 친핵체 (:Nu) 또는 라디칼이 α,β-불포화 카보닐 (또는 나이트릴) 화합물의 β 위치의 탄소 원자에 첨가 (각각 1,4-친핵성 첨가 반응과 1,4-라디칼 첨가 반응이라고 한다)되거나 친전자체 또는 라디칼이 콘쥬게이트 다이엔의 1,4 위치에 첨가되는 반응 (1,4-친전자성 첨가 반응)을 말한다 (4.5절).

4.2 친전자성 첨가 반응: 알켄 및 알카인의 첨가 반응

알켄과 알카인에 있는 C=C 결합과 C≡C 결합은 σ 전자 외에 π 전자를 더 가지고 있어 오직 σ 전자만으로 이루어진 C−C 단일 결합보다 전자가 풍부하다. 뿐만 아니라 탄소-탄소 π 결합은 σ 결합보다 밖으로 노출되어 있고 결합 세기도 σ 결합보다 약하기 때문에 전자가 부족한 화학종인 **친전자체** (electrophile)와 쉽게 반응하여 기존의 π 결합이 끊어지고 새로운 σ 결합 (단일 결합)을 생성하게 된다. 알켄 또는 알카인이 $X^{\delta+}-Y^{\delta-}$ 시약과 첨가 반응할 때 친전자체인 $X^{\oplus}$가 π 전자와 결합하는 단계 (느린 단계)가 전체 반응 속도를 결정하기 때문에 이와 같은 반응을 **친전자성 첨가 반응** (electrophilic addition)이라고 한다. 이 반응에서 알켄의 경우 한 개의 π 결합이 끊어져 두 개의 σ 결합이 생성되고, 알카인의 경우 두 개의 π 결합이 끊어져 네 개의 σ 결합이 생성된다 (그림 4.1).

한편, 친전자성 첨가 반응이 일어날 때 알켄의 반응성은 알켄의 안정도가 높을수록 반응성이 떨어진다 (알켄의 안정도는 3.9.1절 참조). 그 이유는 안정한 알켄일수록 반응 중간체의 활성화 에너지가 크기 때문이다. 또한, 알카인은 알켄보다 반응성이 떨어지는데, 그 이유는 s 오비탈 성질이 더 큰 알카인 탄소의 sp 혼성 탄소 원자가 이중 결합의 sp^2 혼성 탄소 원자보다 π 전자를 원자핵 쪽으로 더 끌어당겨 탄소 원자의 전자 밀도를 감소시키므로 친전자체와의 반응성이 떨어지기 때문이다.

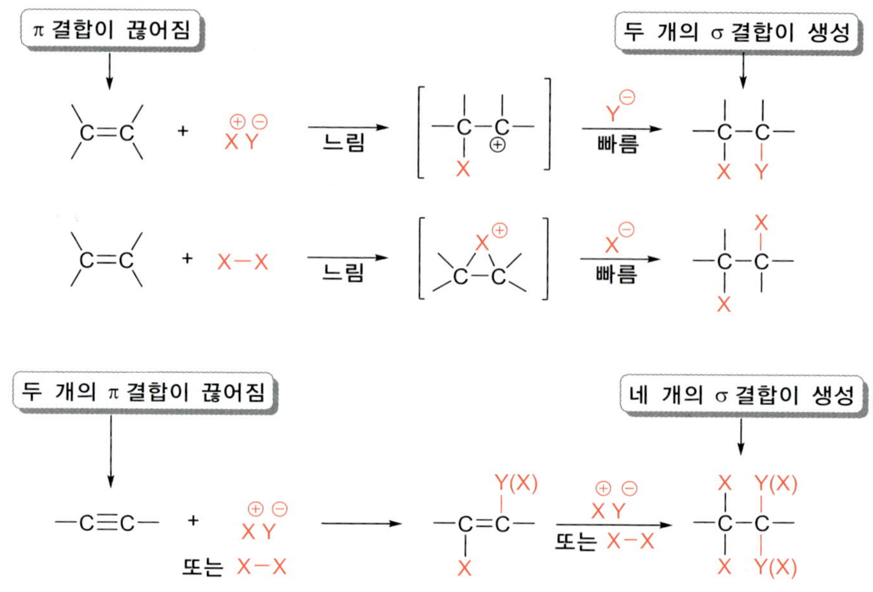

그림 4.1 알켄과 알카인의 친전자성 첨가 반응

4.2.1 친전자성 첨가 반응의 분류: 이온성 첨가 반응, *syn* 및 *anti* 첨가 반응

친전자성 첨가 반응은 **이온성** (또는 **극성**) **첨가 반응**, ***syn*** 및 ***anti*** **첨가 반응**으로 크게 분류할 수 있다.

이온성 첨가 반응

알켄 또는 알카인의 π 전자에 양성자 또는 Lewis 산과 같은 친전자체가 결합하면 탄소 양이온 또는 비닐 양이온 중간체가 생성된다. 이와 같이 이온성 중간체 (탄소 양이온)를 거쳐 일어나는 반응을 **이온성** (또는 **극성**) **첨가 반응**이라고 한다 (그림 4.2). HX 첨가 반응, 산 촉매 수화 반응, 옥시수은 첨가 반응 등이 여기에 속한다. 이 반응에 대한 구체적 반응 예와 특성은 4.2.2절과 4.2.5절에서 다룰 예정이다.

Alkene

Y = halogen, OH

탄소 양이온

할로젠화 알킬
또는 알코올

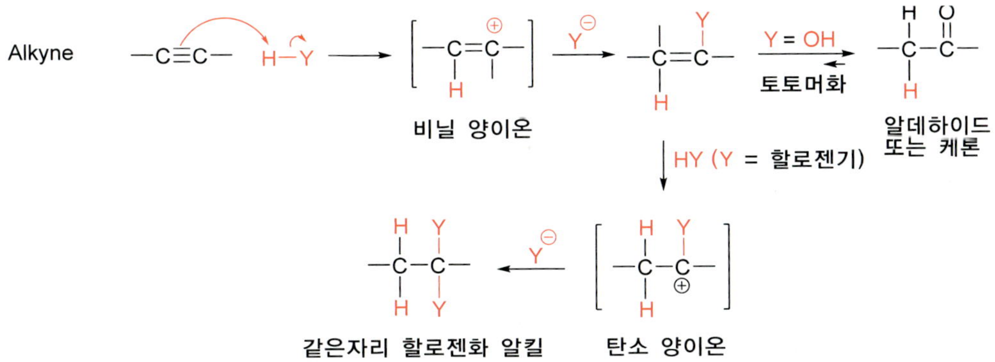

그림 4.2 알켄과 알카인의 이온성 (극성) 친전자성 첨가 반응 형태

*syn*과 *anti* 첨가 반응

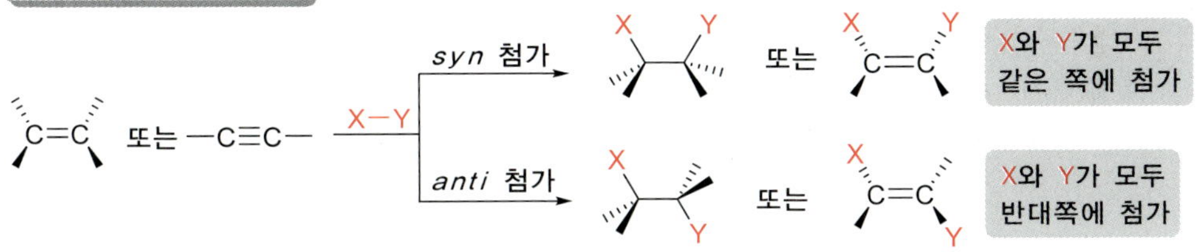

알켄의 sp^2 오비탈 탄소 원자와 결합한 원자들은 모두 동일 평면 위에 놓여 있기 때문에 X−Y가 첨가될 때 **서로 같은 면** (*syn*)과 **반대 면** (*anti*) 또는 이와는 상관없이 양면 방향 (예. 이온성 첨가 반응)에서 첨가되는 형태로 나타날 수 있다. X−Y 모두가 같은 면에 첨가되는 반응을 ***syn* 첨가 반응** (*syn* addition), 반대 면에 첨가되는 반응을 ***anti* 첨가 반응** (*anti* addition)이라고 한다. 이와 같은 반응은 알카인의 경우에도 일어난다. *syn* 첨가 반응과 *anti* 첨가 반응을 각각 ***cis* 첨가 반응** 또는 ***trans* 첨가 반응**이라고도 한다. 이 용어는 *syn–anti* 또는 *cis–trans*로 짝을 지어 사용하지 서로 섞어 사용하지는 않는다. 이들 반응에 대한 구체적 설명은 4.2.3절 ~ 4.2.5절에서 공부할 예정이다.

4.2.2 알켄의 이온성 첨가 반응의 종류와 특성: HX, 물, 옥시수은 첨가 반응과 Markovnikov 규칙

알켄에 대한 대표적인 이온성 첨가 반응은 알켄과 HX를 반응시켜 할로젠화 알킬을 합성하거나 수화 반응 (물 첨가 반응)을 통해 알코올을 합성하는 방법으로 이들은 유기 합성에서 매우 중요한 반응들이다 (그림 4.3).

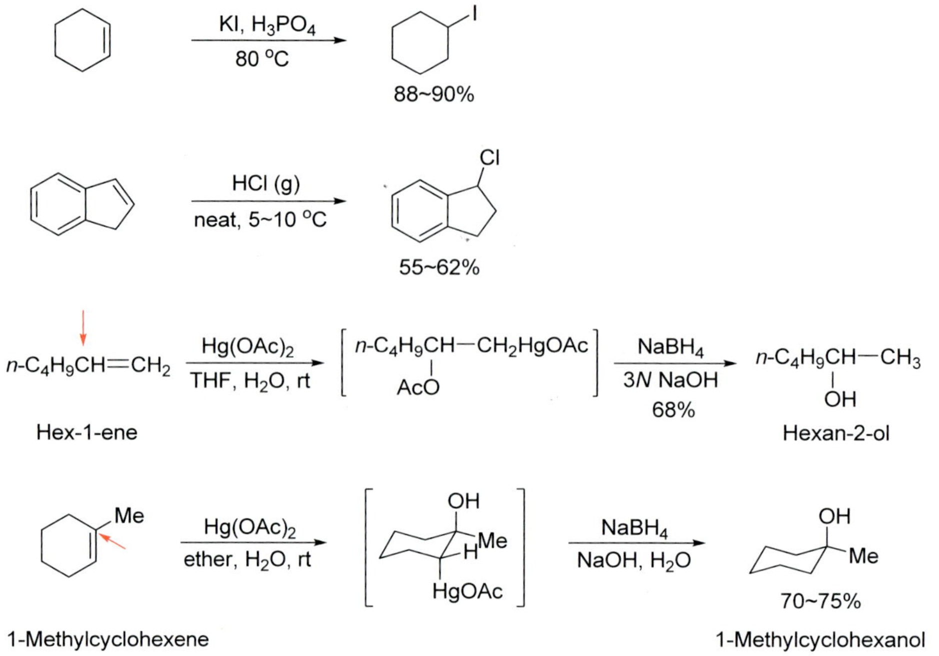

그림 4.3 알켄의 이온성 첨가 반응의 예

HX 첨가 반응: 위치 선택 반응: Markovnikov의 법칙

알켄의 이온성 첨가 반응은 다음과 같은 반응 특성을 나타낸다.

- 비대칭 알켄의 경우 더 안정한 탄소 양이온이 반응 중간체로 우선적으로 생성되어 위치 선택성 첨가 생성물이 생성된다: Markovnikov **규칙**
- 반응 중간체로 생성된 탄소 양이온은 더 안정한 탄소 양이온으로 전환되기 위해 재배열 반응이 일어난다.
- 이 반응은 반응 중간체로 생성한 삼각 평면 형태의 탄소 양이온이 관여하는 반응이므로 입체 선택성이 없다.

Propene과 같은 비대칭 알켄과 HCl을 반응시키면 2-chloropropane과 1-chloropropane인 구조 이성질체가 생성되는데 이 중에서 2-chloropropane이 우선적으로 더 많이 생성된다. 이와 같이 비대칭 알켄에 HX가 반응할 때 수소 원자는 양성자 ($H^{\oplus}$)로서 알켄의 C=C 결합 중 수소가 많은 탄소 원자에 결합되고, 할로젠화 이온 ($X^{\ominus}$)은 수소가 적은 탄소 원자와 결합되는 경향을 Markovnikov **규칙**이라고 하며 이와 반대되는 경향을 *anti* Markovnikov **규칙**이라고 한다. 이와 같이 두 개의 구조 이성질체 중 한 가지 이성질체만 우선적으로 생성되는 반응을 **위치 선택 반응** (regioselective reaction)이라고 한다 (그림 4.4).

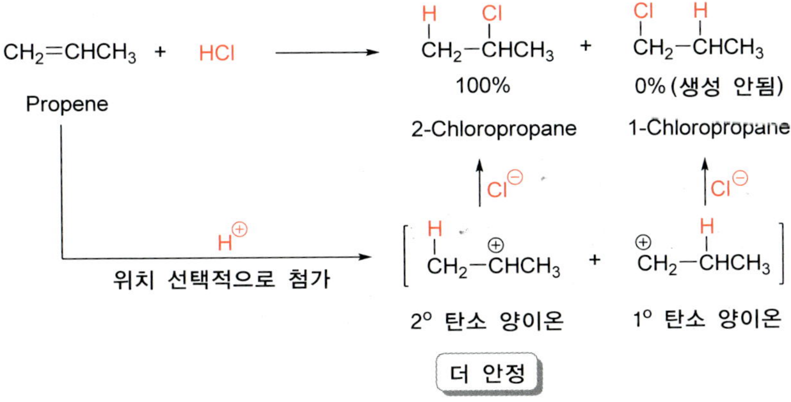

그림 4.4 Markovnikov의 규칙

Markovnikov 규칙이 성립되는 이유는 양성자가 비대칭 알켄의 π 전자와 결합할 때 더 안정한 탄소 양이온을 생성시키는 위치에 먼저 결합한 후 이 탄소 양이온에 $X^{\ominus}$가 결합하기 때문이다. 탄소 양이온의 안정성은 3° $C^{\oplus}$ > 2° $C^{\oplus}$ > 1° $C^{\oplus}$ > $^{\oplus}CH_3$ 순이며, 그 이유는 탄소 양이온의 양전하가 σ 결합을 통하여 분산 (**하이퍼콘쥬게이션**, hyperconjugation)될 수 있는 알킬기가 탄소 양이온 주변에 많을수록 안정하기 때문이다.

탄소 양이온 재배열 반응

알켄의 이온성 첨가 반응에서 중간체로 생성된 탄소 양이온은 인근에 수소 원자 또는 알킬기가 음이온 형태로 분자 내에서 빠르게 이동 (자리 옮김)하여 더 안정한 탄소 양이온이 형성되는 반응이 일어난다. 이 반응을 **탄소 양이온 재배열 반응**이라 한다 (그림 4.5).

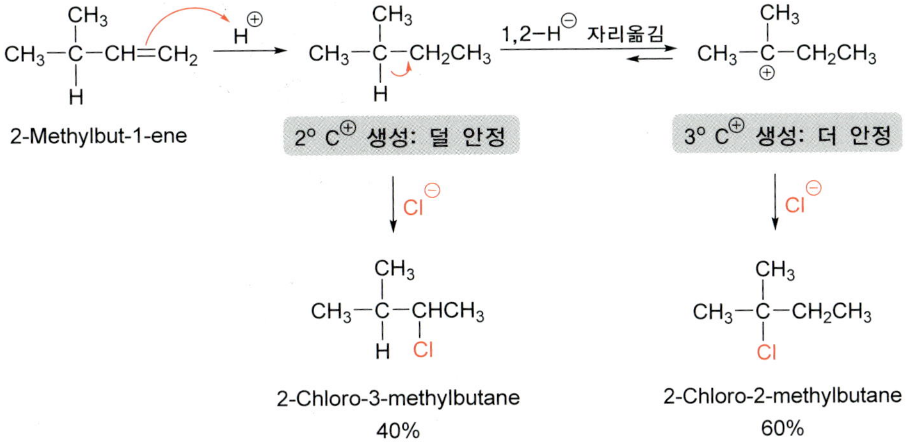

2-Methylbut-1-ene → ($H^{\oplus}$) 2° $C^{\oplus}$ 생성: 덜 안정 → (1,2-$H^{\ominus}$ 자리옮김) 3° $C^{\oplus}$ 생성: 더 안정

2° $C^{\oplus}$ → ($Cl^{\ominus}$) 2-Chloro-3-methylbutane 40%

3° $C^{\oplus}$ → ($Cl^{\ominus}$) 2-Chloro-2-methylbutane 60%

그림 4.5 탄소 양이온 재배열 반응: 더 안정한 탄소 양이온으로 재배열이 일어나 생성물이 만들어지며, 입체 선택성 없는 반응이 일어나 라셈 혼합물이 생성된다.

예를 들어 3-methylbut-1-ene에 HCl을 반응시키면 Markovnikov 규칙에 따라 예상되는 생성물인 2-chloro-3-methylbutane보다 2-chloro-2-methylbutane이 더 많이 생성된다. 그 이유는 일차적으로 생성된 2° 탄소 양이온이 1,2-수소 음이온 이동에 의하여 더 안정한 3° 탄소 양이온으로 전환되어 반응이 일어나기 때문이다. 이와 같은 탄소 양이온 재배열 반응은 앞 장에서 언급한 알코올의 친핵성 치환 반응 (2.1.1절), 벤젠의 Friedel-Crafts 알킬화 반응 (2.2.1절), 알코올의 탈수 반응 (3.2절) 및 알켄의 산 촉매 수화 반응 (그림 4.6)에서도 관찰된다.

수화 반응과 옥시수은 첨가-환원 반응: Markovnikov형 알코올의 합성 반응

알켄을 산 촉매 하에서 물과 반응시키면 물 분자가 C=C 결합에 첨가되는 **수화 반응 (hydration)** 반응이 일어나 Markovnikov형 알코올을 생성한다 (이 반응은 알코올의 탈수 반응의 역반응이다). 그러나 이 반응은 알코올 합성법으로 이용하는 데 있어 몇 가지 단점이 있다. 하나는 첨가 반응과 역반응인 제거 반응이 경쟁적으로 일어날 수 있다는 것과 반응 중간체로 생성된 탄소 양이온의 재배열에 의한 이성질체의 생성을 피할 수 없다는 것이다.

첨가 반응: 수화 반응

$$\mathrm{>C{=}C<} \underset{-H^{\oplus}}{\overset{H^{\oplus}}{\rightleftharpoons}} \left[-\overset{|}{\underset{H}{C}}-\overset{|}{\underset{\oplus}{C}}-\right] \underset{-H_2O}{\overset{H_2O}{\rightleftharpoons}} \left[-\overset{|}{\underset{H}{C}}-\overset{|}{\underset{\overset{\oplus}{O}H_2}{C}}-\right] \underset{H^{\oplus}}{\overset{-H^{\oplus}}{\rightleftharpoons}} -\overset{|}{\underset{H}{C}}-\overset{|}{\underset{OH}{C}}-$$

제거 반응: 탈수 반응

이러한 문제점들은 산 촉매 수화 반응 대신에 **옥시수은 첨가 (oxymercuration)-환원 반응**을 수행함으로써 해결할 수 있다. 이 반응은 알켄과 $Hg(OAc)_2$을 THF-수용액에서 반응시켜 얻은 옥시수은 첨가 생성물을 $NaBH_4$와 반응시켜 C-Hg 결합이 C-H로 환원되게 함으로써 (탈수은 반응) Markovnikov형 알코올을 생성시키는 반응이다. 이 반응에선 산 촉매 수화 반응과 다르게 탄소 양이온 중간체가 생성되지 않기 때문에 탄소 양이온 재배열 반응에 의한 이성질체가 생성되지 않는다. 예를 들면 3,3-dimetylbut-2-ene을 산 촉매 수화 반응을 시키면 탄소 양이온 재배열 반응이 일어나 2,3-dimethylbutan-2-ol이 주 생성물로 되는데, 옥시수은 첨가-환원 반응에서는 주 생성물로 3,3-dimethylbutan-2-ol이 생성된다 (그림 4.6). 그러나 이 방법은 탈수은 반응 (환원)에 의해 독성 물질인 금속 수은이 생성되는 단점을 가지고 있다. 이 반응의 반응 메커니즘을 그림 4.7에 나타내었다. 이 메커니즘에 의하면 수은 양이온이 일차적으로 Lewis 산으로 알켄의 π 전자와 반응하여 반응 중간체인 **고리형 수은 양이온 (mercurinium ion)**이 생성되고, 여기에 물이 친핵체로 반응하면 S_N1형 반응이 일어나

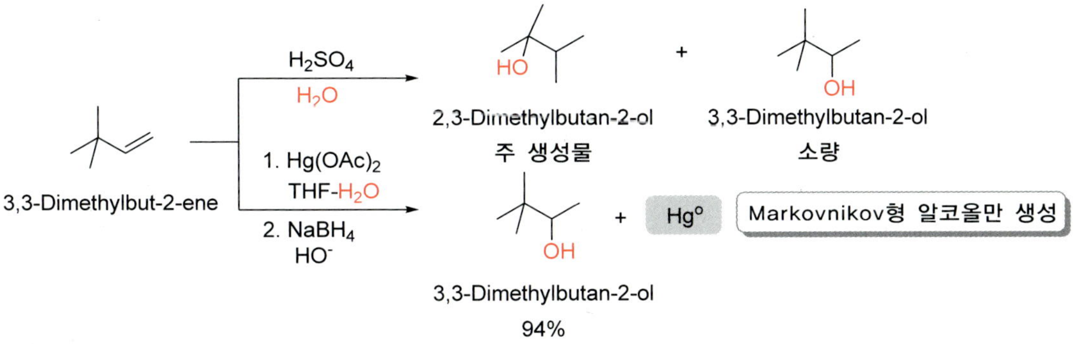

3,3-Dimethylbut-2-ene
H_2SO_4, H_2O → 2,3-Dimethylbutan-2-ol 주 생성물 + 3,3-Dimethylbutan-2-ol 소량
1. $Hg(OAc)_2$, THF-H_2O 2. $NaBH_4$, HO^- → 3,3-Dimethylbutan-2-ol 94% + Hg^o Markovnikov형 알코올만 생성

그림 4.6 알켄의 옥시수은 첨가-환원 반응: 알켄으로부터 순수한 Markovnikov형 알코올을 합성할 수 있다.

알코올의 옥시수은 첨가물이 생성된다. 이 첨가물에 있는 C-Hg 결합이 $NaBH_4$에 의해 환원되어 탈수은 반응이 일어나면 Markovnikov형 알코올이 생성된다 (그림 4.7).

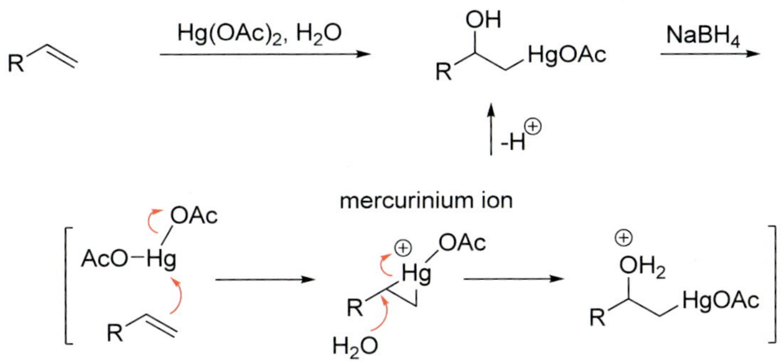

R–CH=CH_2 —$Hg(OAc)_2$, H_2O→ OH, HgOAc 첨가물 —$NaBH_4$→ OH 알코올 + Hg^o
(-$H^{\oplus}$) mercurinium ion
AcO–Hg–OAc, H_2O, $OH_2^{\oplus}$, HgOAc

그림 4.7 옥시수은 첨가-환원 반응 메커니즘

Pd-촉매를 이용한 알켄의 산화 반응: Wacker법

에텐을 $CuCl_2$와 $PdCl_2$ (촉매량) 수용액에 주입하고 공기 (또는 산소)를 불어 넣어 산화시키면 ethanal (actaldehyde)이 생성된다. 이는 공업적으로 매우 중요한 반응으로 **Wacker법**이라고 하며 이 방법은 ethanal의 공업적 합성법으로 중요하다.

$$H_2C{=}CH_2 \xrightarrow[H_2O]{PdCl_2\ (cat),\ CuCl_2\ (cat)} CH_3CHO$$

이 방법이 알려지기 전까지 ethanal의 공업적 합성법으로 에타인 (아세틸렌)을 황산 수은 촉매 하에 수화 반응시켜 얻는 방법 (4.2.5절의 그림 4.25)이 주로 사용되었으나 지금은 Wacker 법으로 대치되었다. 또한, 이 방법은 말단 알켄에서 메틸 케톤을 합성하는 방법으로도 중요하게 사용된다. 이 반응은 배위 단계, 첨가 단계, 제거 단계 및 토토머화 단계 등 네 단계를 거쳐 일어난다. 즉 알켄의 π 전자에 전이 금속인 Pd^{2+} (Lewis 산 친전자체)가 배위되어 [단계 1] 생성된 Pd 배위체에 물 분자가 첨가되면 (수화 반응) *β*–하이드록시 팔라듐 착화합물이 생성된다 [단계 2]. 이 착화합물에서 환원성 *β*제거 반응이 일어나 배위되어 있던 Pd 이온이 Pd° 로 떨어져 나가 enol이 생성되며 [단계 3], 이 enol은 토토머화 반응을 거쳐 메틸 케톤 (또는 ethanal)으로 전환된다 [단계 4]. 이 반응에서 $CuCl_2$은 환원 생성물인 Pd° 를 Pd^{2+} ($PdCl_2$ 형태)로 산화시키는 산화제 역할을 한다. 또한, 이 반응에서 $PdCl_2$는 촉매로 재생되고, $CuCl_2$의 환원 생성물인 CuCl은 공기 (산소)에 의해 산화되어 $CuCl_2$로 재생된다 (그림 4.8).

일반식 $RCH{=}CH_2 + \frac{1}{2}O_2 \xrightarrow[\text{DMF-H}_2\text{O}]{\text{PdCl}_2\text{-CuCl}_2} R{-}\overset{O}{\overset{\|}{C}}{-}CH_3$

$$n\text{-}C_8H_{17}CH{=}CH_2 \xrightarrow[\text{DMF-H}_2\text{O}]{\text{PdCl}_2\ (0.1\ \text{eq}),\ \text{CuCl}_2\ (1\ \text{eq}),\ \text{O}_2} n\text{-}C_8H_{17}\overset{O}{\overset{\|}{C}}CH_3 \qquad [4\text{-}5]$$

1-Decene → 2-Decaone (65~73%)

메커니즘

R–CH=CH₂ + $PdCl_2$ ⟶ $CH_3C(=O)R$ ⇌(토토머화) HO–C(R)=CH₂

Pd와 π 전자 배위 ↓

H_2O + R–CH=CH₂ ---$PdCl_2$ —(물 첨가, -HCl)→ [HO–CH(R)–CH₂–PdCl ⟶ HO–C(R)=CH₂ ---PdCl(H) ⟶ HO–C(R)(PdCl)–CH₂–H]

환원성 *β* 제거 ↑ (Pd^{o} + HCl)

$$Pd^{o} + CuCl_2 + Cl^{\ominus} \longrightarrow PdCl_2 + CuCl$$

$$CuCl + \frac{1}{4}O_2 + HCl \longrightarrow CuCl_2 + \frac{1}{4}H_2O$$

그림 4.8 Wacker 반응의 예와 반응 메커니즘

탄소 양이온 중합 반응: polyisoprene

알켄에 강한 양성자산 (황산 또는 인산) 또는 Lewis 산을 작용시키면 탄소 양이온이 생성된다. 이 반응종이 친전자체로 작용하여 이중 결합에 첨가 반응하면 중합 반응이 일어난다. 이를 **양이온 중합 반응**이라고 하며 이 반응을 이용하여 polyisobutylene (접착제) 또는 isobutylene과 isoprene의 공중합물 (copolymer)인 뷰틸 고무를 합성할 수 있다 (그림 4.9).

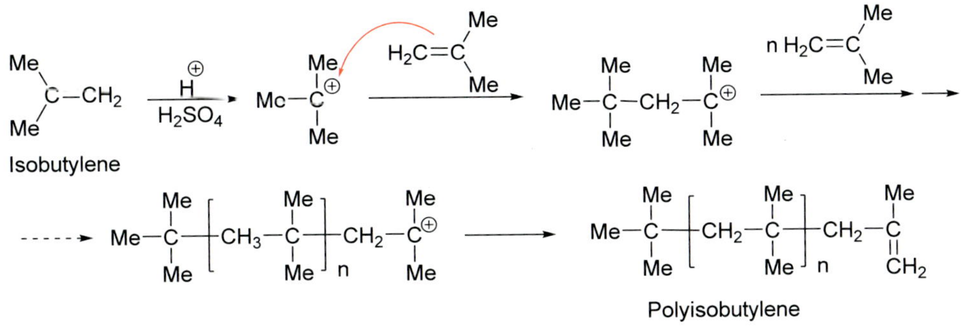

그림 4.9 탄소 양이온 중합 반응: 뷰틸 고무의 합성

4.2.3 알켄의 *syn* 첨가 반응: 수소붕소 첨가 반응, 카벤 첨가 반응, 1,2-다이하드록실화 반응, 에폭시화, 가오존 분해 반응

알켄의 ***syn* 첨가 반응**이란 첨가 반응이 고리형 전이 상태를 거쳐 **협동 반응** (concerted reaction) (13.3절 참조)의 형태를 갖추고 같은 면에서 한 단계 반응으로 입체 특이적으로 일어나는 반응을 말한다. 이 반응군에 속한 반응으로 **수소붕소 첨가 반응** (hydroboration), **수소 첨가 반응** (hydrogenation), **카벤 첨가 반응** (사이클로프로판 고리 형성 반응, cyclopropanation), **다이하이드록실화 반응** (dihydroxylation), **에폭시화 반응** (epoxidation), **가오존 분해 반응** (ozonolysis) 등과 같은 산화 반응 등이 있다 (그림 4.10).

알켄의 *syn* 첨가 반응 예

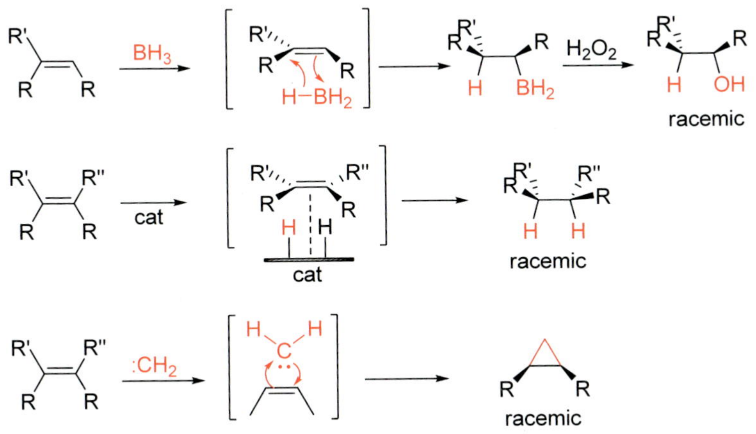

■ 수소붕소화 반응 및 산화 반응

■ 촉매 수소 첨가 반응

■ 카벤 첨가 반응

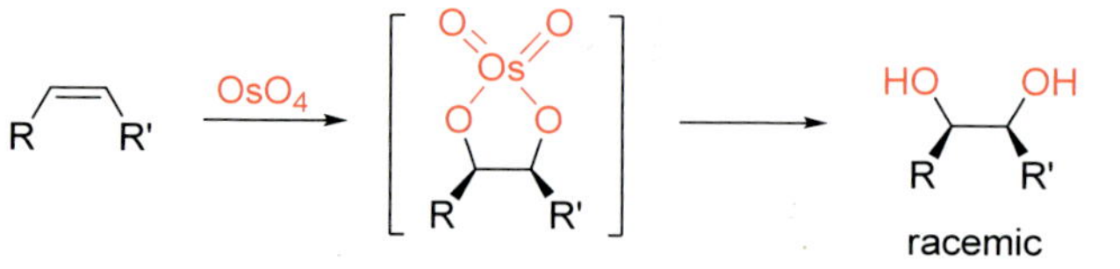

그림 4.10 알켄의 *syn* 첨가 반응

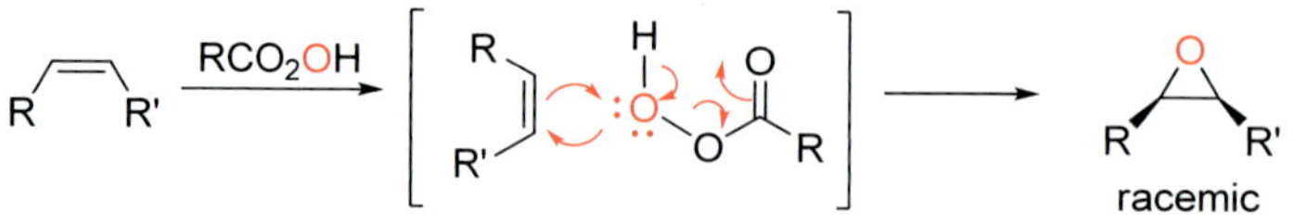

수소붕소 첨가 (hydroboration)-산화 반응: *anti*-Markovnikov형 알코올의 합성 반응

알켄과 BH_3 · THF (borane · tetrahydrofuran) 또는 BH_3 · SMe_2 (borane · dimethylsulfide, BMS)을 반응시키면 C=C의 π 결합에 붕소와 수소 원자가 첨가되어 알킬 보레인을 생성하는 반응을 **수소붕소 첨가 반응** (hydroboration) 또는 **수소붕소화 반응**이라고 한다. 알킬 보레인의 C−B 결합은 알칼리 수용액 중에서 과산화 수소 (H_2O_2)에 의해 산화되어 C−OH로 전환된다. 따라서 이 반응은 알켄으로부터 알코올을 합성하는 방법에 응용되며 다음과 같은 특징이 있다.

- 위치 선택적 반응을 한다.
- 입체 특이적 반응을 한다 (*syn* 첨가 반응).
- *anti*-Markovnikov형 알코올을 생성시킨다.

예를 들어, hex-1-ene 같은 비대칭 알켄의 수소붕소 첨가 반응은 위치 선택적으로 일어나 생성된 알킬 보레인을 H_2O_2로 산화시키면 *anti*-Markovnikov형 생성물인 hexan-1-ol과 Markovnikov형 생성물인 hexan-2-ol을 94:6의 비율로 얻는다. 수소붕소화 반응이 위치 선택적으로 일어나는 이유는 전이 상태에서 더 안정한 탄소 양이온 형태의 중간체 생성을 선호하기 때문이다 (그림 4.11).

한편, 1-methylcyclohexene에 BH_3 (borane)를 반응시킨 후 생성물을 H_2O_2로 산화시키면 오직 *trans*-2-methylcylohexanol만 생성된다. 이 결과는 borane이 위치 선택적이고 입체 특이적으로 알켄에 *syn* 첨가 반응하여 알킬 보레인을 생성시키고 이것이 H_2O_2에 의해 산화되어 C−OH 결합이 형성될 때 알킬 보레인의 C−B 결합의 입체 배열을 그대로 유지하였음을 의미한다 (그림 4.12). 이 C−B 결합의 H_2O_2에 의한 산화 반응 메커니즘은 9.3.6절을 참조하길 바란다.

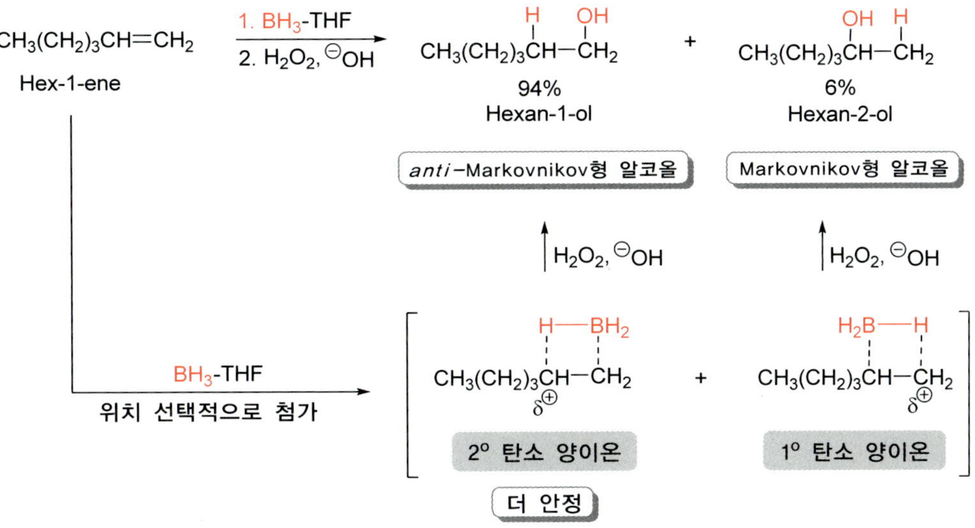

그림 4.11 알켄의 수소붕소 첨가 및 산화 반응에 의한 *anti*-Markovnikov형 알코올의 생성 반응

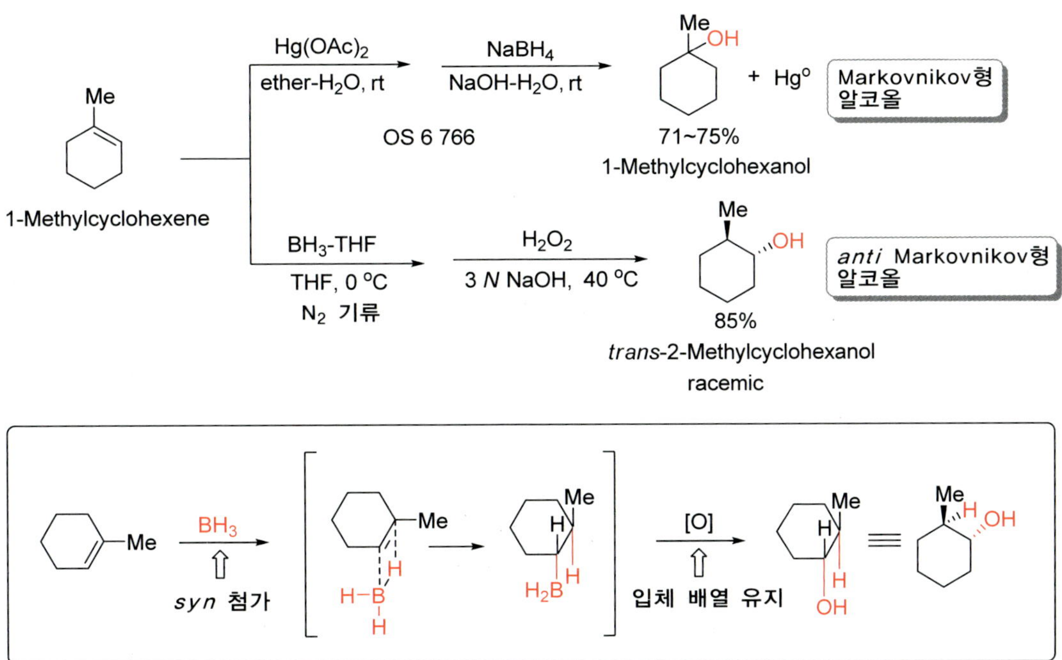

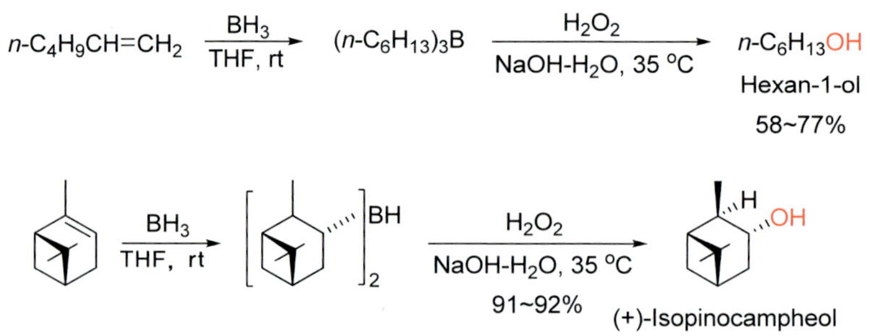

$$n\text{-}C_4H_9CH{=}CH_2 \xrightarrow[\text{THF, rt}]{BH_3} (n\text{-}C_6H_{13})_3B \xrightarrow[\text{NaOH-H}_2\text{O, 35 °C}]{H_2O_2} n\text{-}C_6H_{13}OH \quad [4\text{-}6]$$

Hexan-1-ol
58~77%

BH₃ / THF, rt → [ ]BH₂ → H₂O₂ / NaOH-H₂O, 35 °C (91~92%) → (+)-Isopinocampheol [4-7]

그림 4.12 수소붕소 첨가 반응 및 산화 반응: 위치 선택적이고 입체 특이적으로 진행된다.

카벤 첨가 반응 (carbene addition)

카벤 (carbene)은 중성인 비공유 전자쌍을 가진 탄소 반응종이다. 이 반응종은 CH_2N_2가 열 또는 광분해할 때, $CHCl_3$를 강염기로 작용할 때 또는 CH_2I_2와 같이 *gem*-dihalide를 Zn-Cu 결합 금속과 작용할 때 만들어지는 탄소 반응종이다. 카벤 반응종은 비공유 전자가 짝지은 스핀 상태인 **단일항** (singlet) 카벤과 짝을 이루지 못한 상태인 **삼중항** (triplet) 카벤 등 두 종류가 있다 (1.4.1절의 표 1.1 참조).

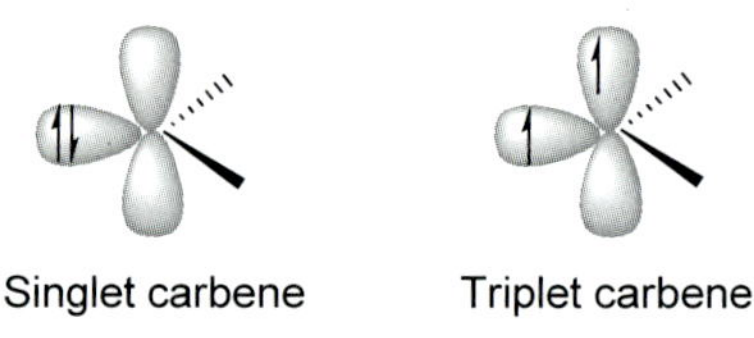

단일항 카벤은 친핵체와 친전자체인 두 가지 성질을 모두 가지고 있으나 삼중항 카벤은 다이라디칼 반응성을 나타낸다. 이들 반응종은 이중 결합에 첨가 반응하여 사이클로프로페인을 형성하며 (예. Simmons-Smith 반응) (그림 4.13), 또는 C-H 결합에 삽입되기도 한다. 또한 카벤은 Rh 또는 Mo의 유기금속에 의해 진행되는 알켄의 복분해 반응에 관여하는 반응종이기도 하다 (11.3절 참조).

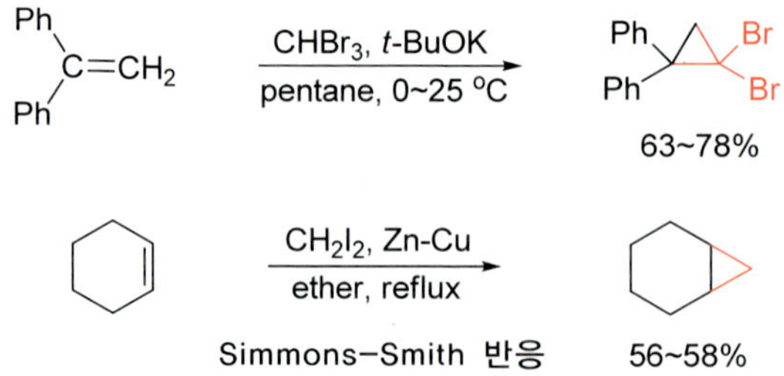

$$Ph_2C{=}CH_2 \xrightarrow[\text{pentane, 0~25 °C}]{CHBr_3,\ t\text{-BuOK}} \text{1,1-dibromo-2,2-diphenylcyclopropane (63~78\%)} \quad [4\text{-}8]$$

Cyclohexene → CH₂I₂, Zn-Cu / ether, reflux (Simmons-Smith 반응) → bicyclo[4.1.0]heptane (56~58%) [4-9]

그림 4.13 카벤의 사이클로프로페인 형성 반응

1,2-다이하이드록실화 반응 (Dihydroxylation)

사이클로헥센을 아세톤 수용액에서 OsO_4와 반응시키면 반응 중간체로 고리형 *syn*-첨가 반응 생성물인 osmate ester가 생성되고 이 중간체가 가수 분해되면 *syn* (또는 *cis*)-1,2-cyclohexanediol이 생성된다. 이를 알켄의 ***syn*-1,2-다이하이드록실화 반응**이라고 한다. 그러나 이 반응에 사용되는 OsO_4 시약은 휘발성이 있는 맹독성 물질이고 고가이다. 따라서 OsO_4를 최소량 (촉매) (0.2 mol%) 사용하고 생성된 OsO_2를 보조 산화제인 H_2O_2, *tert*-BuOOH (*tert*-butylhydrogenperoxide, TBHP), 또는 *N*-methylmorpholine *N*-oxide (NMO)으로 산화하여 OsO_4를 재생시키는 방법이 흔히 사용된다 (그림 4.14).

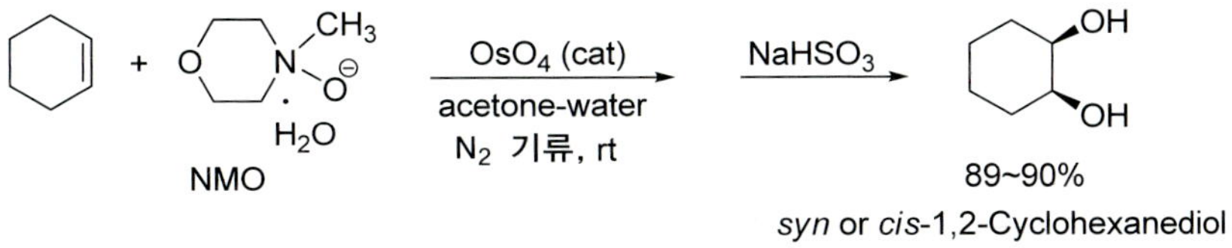

+ NMO (H_2O) — OsO_4 (cat), acetone-water, N_2 기류, rt → $NaHSO_3$ → 89~90% *syn* or *cis*-1,2-Cyclohexanediol [4-10]

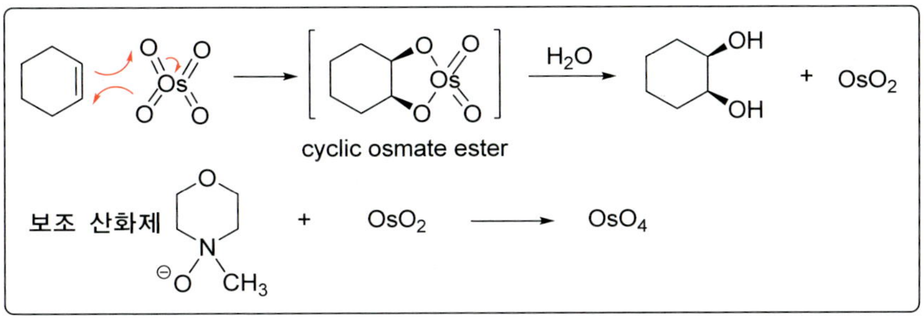

OsO_4 → [cyclic osmate ester] —H_2O→ diol + OsO_2

보조 산화제 (NMO) + OsO_2 → OsO_4

그림 4.14 알켄의 OsO_4 촉매 *syn*-1,2-다이하이드록실화 반응

한편, OsO_4 대신 알칼리성 $KMnO_4$ 수용액을 낮은 온도에서 알켄과 반응시키면 *syn* 첨가 반응으로 *cis*-1,2-diol (*cis*-glycol)을 생성시킬 수 있다. 그러나 이 반응은 물에 잘 녹지 않는 반응 기질을 $KMnO_4$ 수용액에서 반응시키는 반응이기 때문에 수득률이 일반적으로 낮다 (50% 미만). 한편, 산성 $KMnO_4$ 수용액은 강한 산화제로서 알켄의 이중 결합을 산화 (분해)시켜 카복실산을 생성시킨다. 예를 들어, 말단 알켄인 1-eicosene을 **상전이 촉매 (phase transfer catalyst, PTC)**인 androgen 464 존재 하에 산성 $KMnO_4$ 수용액과 반응시키면 *n*-nonadecanoic acid이 생성된다.

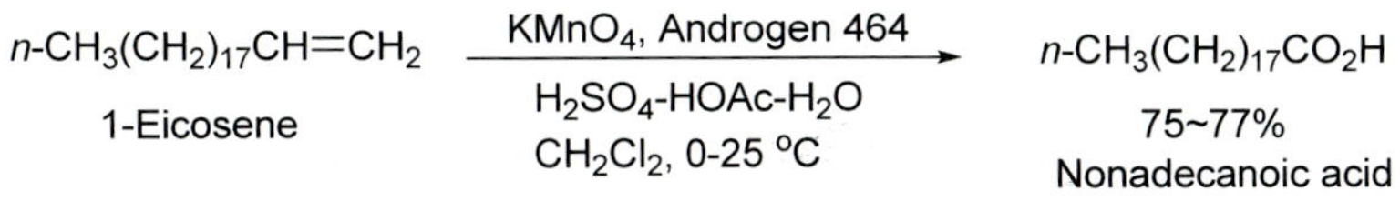

$$n\text{-}CH_3(CH_2)_{17}CH{=}CH_2 \xrightarrow[\substack{H_2SO_4\text{-}HOAc\text{-}H_2O \\ CH_2Cl_2,\ 0\text{-}25\ ^{\circ}C}]{KMnO_4,\ \text{Androgen 464}} n\text{-}CH_3(CH_2)_{17}CO_2H \qquad [4\text{-}11]$$

1-Eicosene → 75~77% Nonadecanoic acid

Androgen 464는 사차 암모늄염의 일종으로 상전이 촉매로 사용되었다.

에폭시화 반응 (Epoxidation)

알켄에 CH_3CO_3H (과아세트산, peracetic acid), $PhCO_3H$ (과벤조산, perbenzoic acid), *m*−$ClC_6H_4CO_3H$ (*m*−chloroperbenzoic acid, *m*CPBA), magnesium monoperoxyphthalate, MMPP)와 같은 **과산소산** (peracid)을 반응시키면 산소 원자가 *syn* 첨가된 에폭시화물이 생성된다. 그 밖에 에폭시화 시약으로 *tert*−butyl hydroperoxide (TBHP, *t*−BuOOH), dimethyldioxirane 등이 사용되고 있다 (그림 4.15).

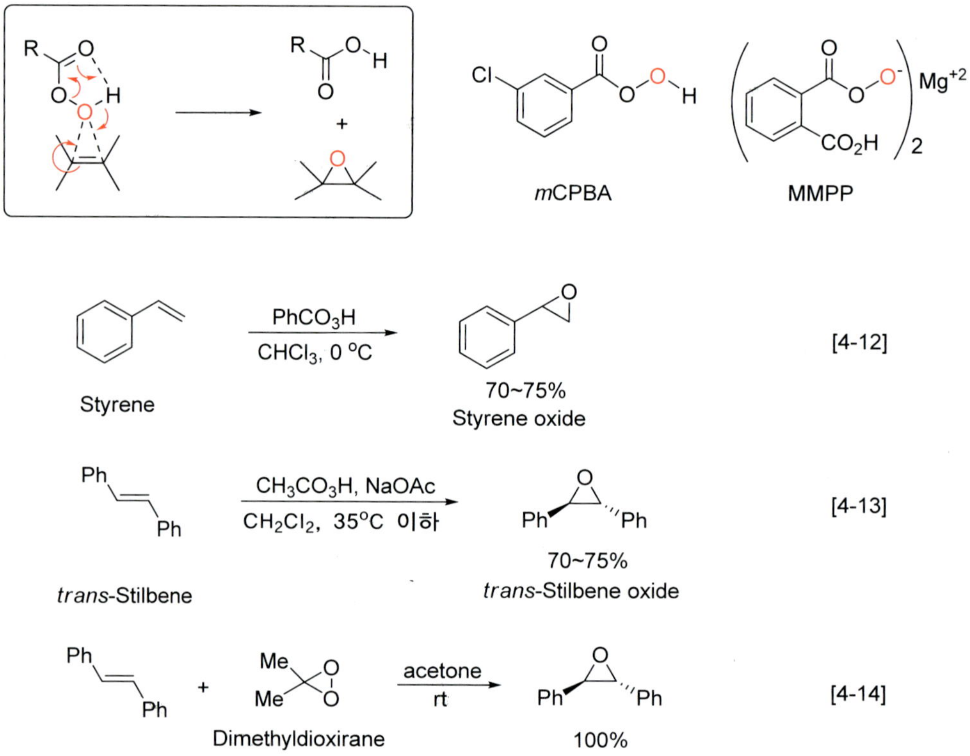

mCPBA MMPP

Styrene → ($PhCO_3H$, $CHCl_3$, 0 °C) → 70~75% Styrene oxide [4-12]

trans-Stilbene → (CH_3CO_3H, NaOAc, CH_2Cl_2, 35°C 이하) → 70~75% *trans*-Stilbene oxide [4-13]

trans-Stilbene + Dimethyldioxirane → (acetone, rt) → 100% [4-14]

그림 4.15 알켄의 에폭시화 반응: *syn* 첨가 반응으로 입체 특이적이다.

가오존 분해 반응 (Ozonolysis)

알켄은 오존과 *syn* 첨가 반응하여 오원자 고리 화합물인 molozonide를 생성하고, 이는 재배열 반응을 거쳐 ozonide로 전환된다. 이 중간 생성물은 반응 후 처리 과정에 따라 여러 형태의 작용기로 전환된다. $NaBH_4$로 환원하면 알코올로, Zn 또는 Me_2S로 환원하면 알데하이드 또는 케톤으로 전환되며, O_3가 과량으로 존재하거나 H_2O_2로 산화되면 카복실산으로 전환된다 (그림 4.16). 이 반응은 C=C 이중 결합을 분해시키는 반응이기 때문에 가오존 분해 생성물을 분석하면 분자 내 이중 결합의 위치를 파악할 수 있어 알켄의 구조 이성질체의 구조를 알아내는 방법으로도 이용된다. 예를 들면, 구조 이성질체인 but-1-ene와 but- 2-ene을 가오존 분해 반응시키면 전자의 경우 CH_3CHO와 HCHO가 생성되지만 후자의 경우 오직 CH_3CHO만 생성된다.

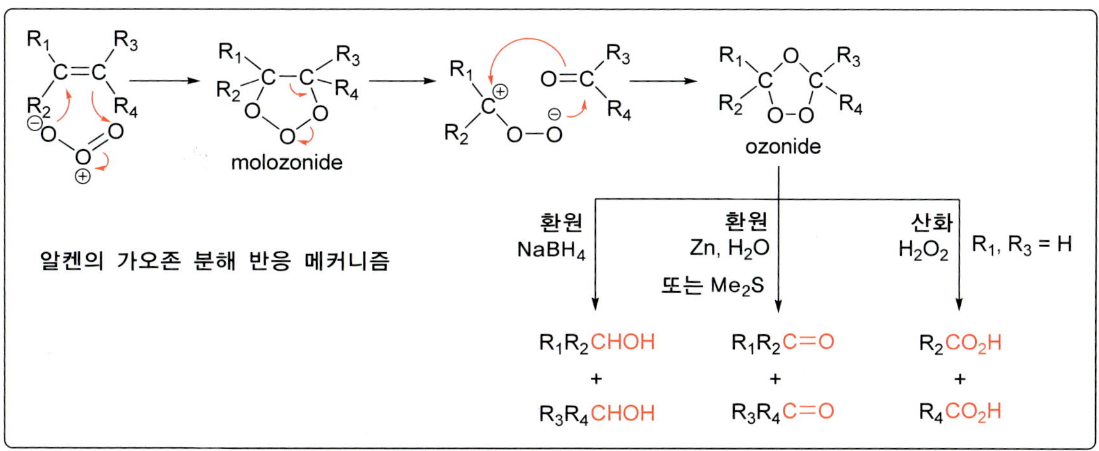

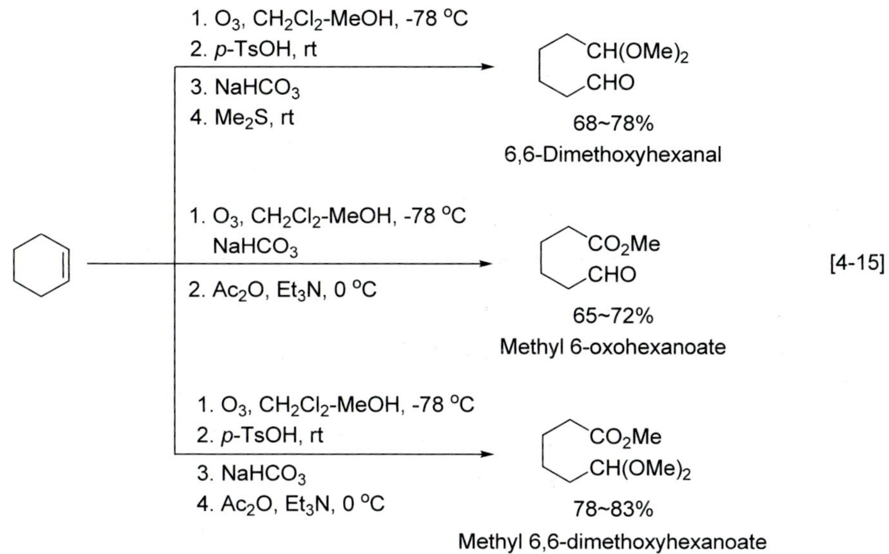

그림 4.16 알켄의 가오존 분해 반응

4.2.4 알켄의 *anti* 첨가 반응: 할로젠 첨가, 할로하이드린의 생성과 할로 락톤화 반응

알켄의 ***anti* 첨가 반응**이란 알켄이 친전자체에 의해 양이온성 고리형 중간체 (예. 할로늄 이온)가 생성된 후에 친핵체가 반대 방향에서 공격하여 첨가 반응 생성물을 형성하는 두 단계로 일어나는 반응을 말한다. 이 반응의 대표적인 예는 알켄과 할로젠 원소가 반응하여 *trans* 1,2-다이할로젠화 알킬이 생성되는 반응과 이와 관련된 *trans*-halohydrin과 *trans*-1,2 -diol의 생성 반응이다 (그림 4.17).

anti 첨가 반응

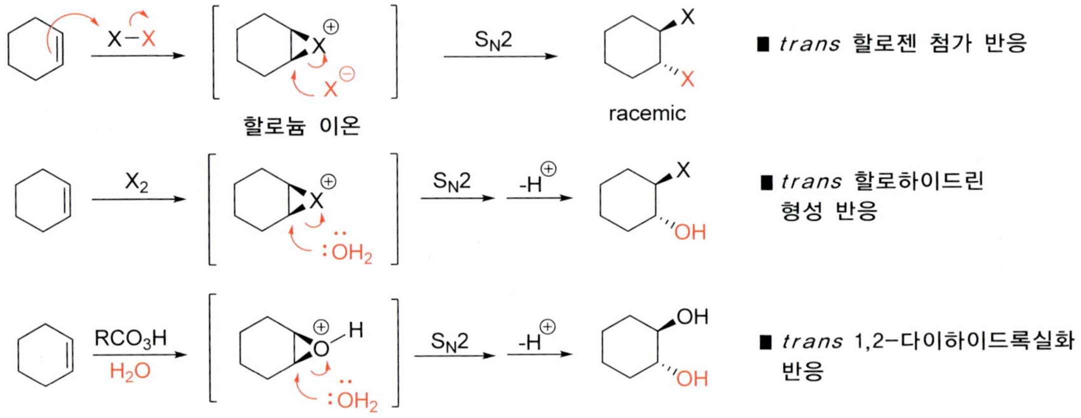

■ *trans* 할로젠 첨가 반응

■ *trans* 할로하이드린 형성 반응

■ *trans* 1,2-다이하이드록실화 반응

그림 4.17 알켄의 *anti* 첨가 반응: 두 단계 반응으로 일어나며 입체 특이적이다.

할로젠 첨가 반응: *trans*-다이할로젠화 알킬의 합성 반응

알켄과 할로젠 원소와의 반응에서 전자가 풍부한 이중 결합의 π 전자가 편극화되기 쉬운 할로젠 분자 (X_2, X = I, Br, Cl)에 접근하면 이 분자에서 $X^{\delta+}-X^{\delta-}$의 형태를 가진 이중 극자가 유도된다. 이 중 친전자체 부위인 $X^{\delta+}$가 알켄의 π 전자와 반응하여 중간체인 삼원자 고리 모양의 양전하를 가진 **고리형 할로늄 이온** (cyclic halonium ion)이 형성되며 [단계 1], 이 고리형 중간체에 있는 친전자성 부위를 입체 장애가 작은 반대 방향에서 $X^{\ominus}$가 친핵성 공격을 하면 *trans*-1,2-다이할로젠 화합물이 생성된다 [단계 2] (그림 4.18). 이 반응은 입체 특이적으로 일어나며 *syn* (또는 *cis*) 이성질체는 생성되지 않는다. 할로젠 원소 중 F_2는 반응이 너무 격렬히 일어나 사용하기 어렵고, I_2는 생성물인 다이아이오딘 화합물이 너무 불안정하여 반응 중간체로만 사용한다.

[단계 1] π 결합에 친전자체($\overset{\oplus}{X}$)의 첨가

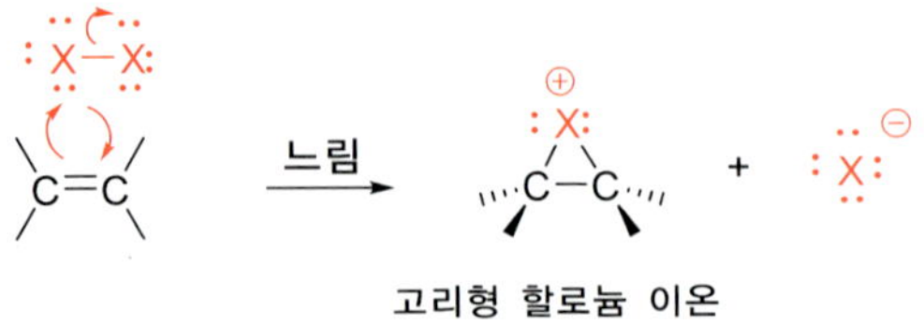

[단계 2] $X^{\ominus}$의 친핵성 공격

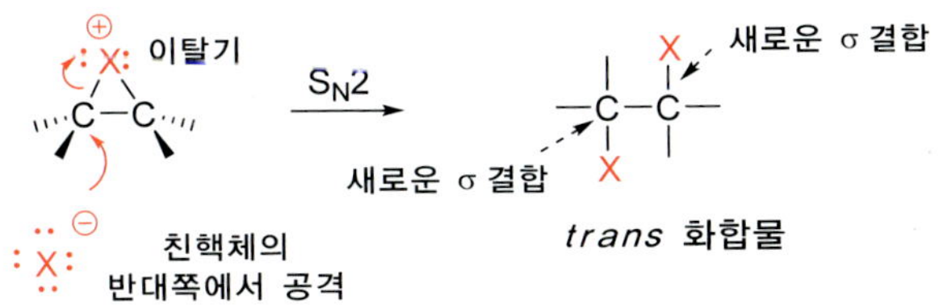

이탈기

S_N2

새로운 σ 결합

새로운 σ 결합

친핵체의 반대쪽에서 공격

trans 화합물

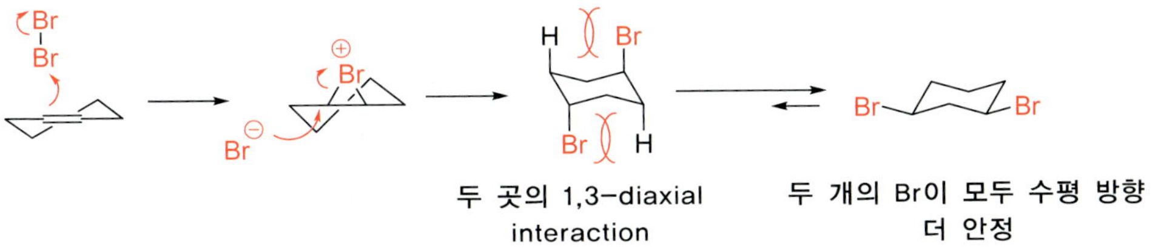

두 곳의 1,3-diaxial interaction

두 개의 Br이 모두 수평 방향 더 안정

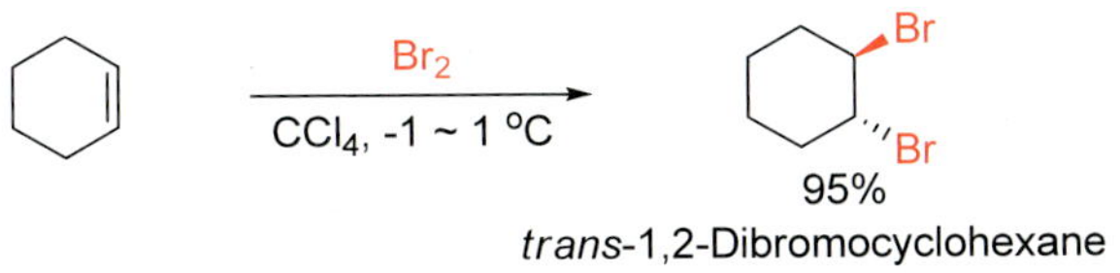

Br_2

CCl_4, -1 ~ 1 °C

95%

trans-1,2-Dibromocyclohexane

[4-16]

그림 4.18 알켄의 X_2 *anti* 첨가 반응

◆ *trans*-할로하이드린의 합성 반응

알켄과 할로젠 원소 (또는 NBS)를 물, 알코올과 같은 산소 친핵체 (황 친핵체도 가능)와 함께 반응시키면 중간체로 생성한 고리형 할로늄 이온의 친전자성 부위를 이들 산소 친핵체가 반대쪽에서 공격하여 *trans*-할로하이드린 또는 *trans*-1,2-할로 에터를 생성시킨다.

NBS

H_2O, DMSO, rt

Styrene

70%

2-Bromo-1-phenylethanol

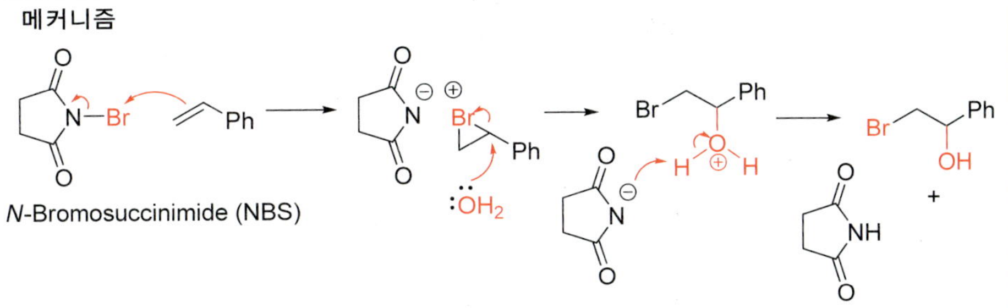

메커니즘

N-Bromosuccinimide (NBS)

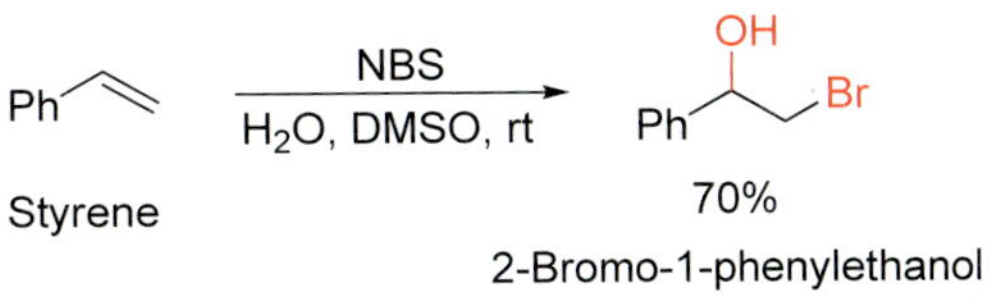

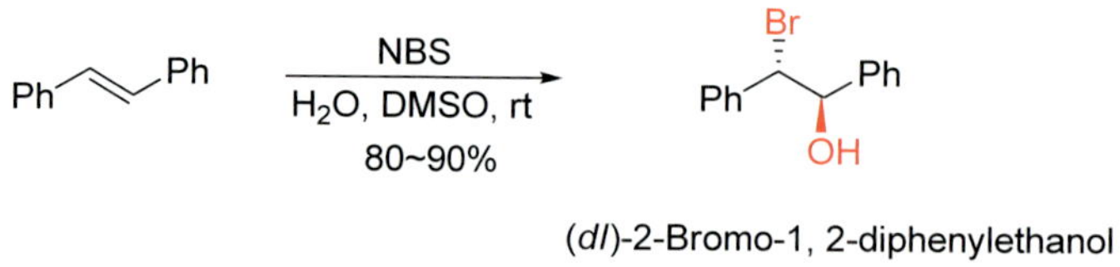

Ph-CH=CH-Ph →(NBS / H_2O, DMSO, rt / 80~90%) (*dl*)-2-Bromo-1, 2-diphenylethanol [4-17]

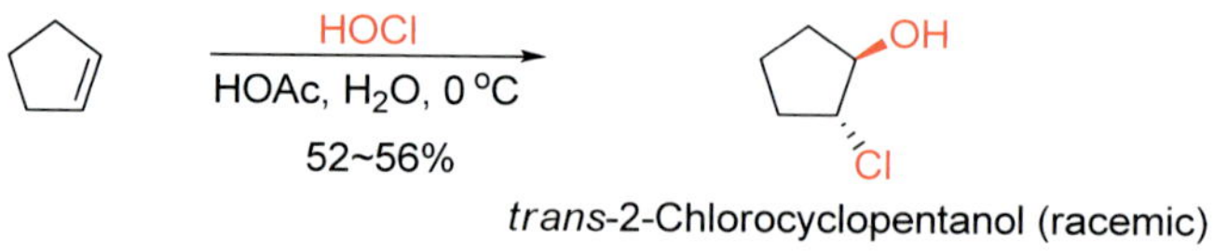

Cyclopentene →(HOCl / HOAc, H_2O, 0 °C / 52~56%) *trans*-2-Chlorocyclopentanol (racemic) [4-18]

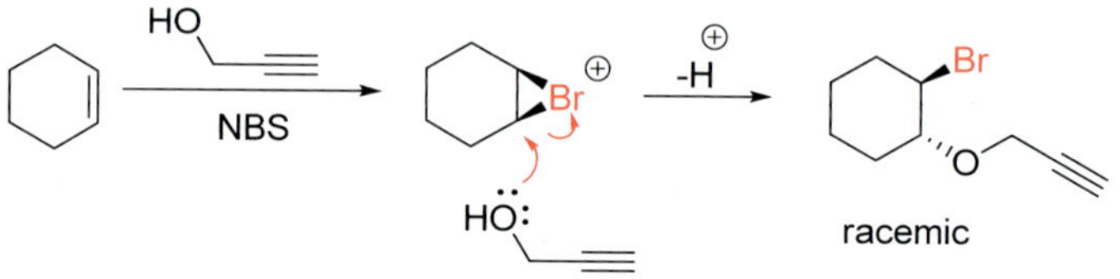

Cyclohexene →(HO-CH₂-C≡CH / NBS) bromonium ion →(-$H^{\oplus}$) racemic

그림 4.19 알켄으로부터 할로하이드린 및 할로 에터의 합성

예를 들면, styrene에 NBS (*N*–bromosuccinimide)를 H_2O–DMSO 용매 속에서 반응시키면 bromohydrin인 2–bromo–1,2–phenylethanol이 생성된다 (그림 4.19).

할로락톤화 반응 (Halolactonization)

γ, δ – 불포화 카복실산을 염기 ($NaHCO_3$) 존재 하에 I_2 또는 Br_2와 반응시키면 할로락톤이 생성된다. 이 반응을 **할로락톤화 반응** (halolactonization)이라고 한다.

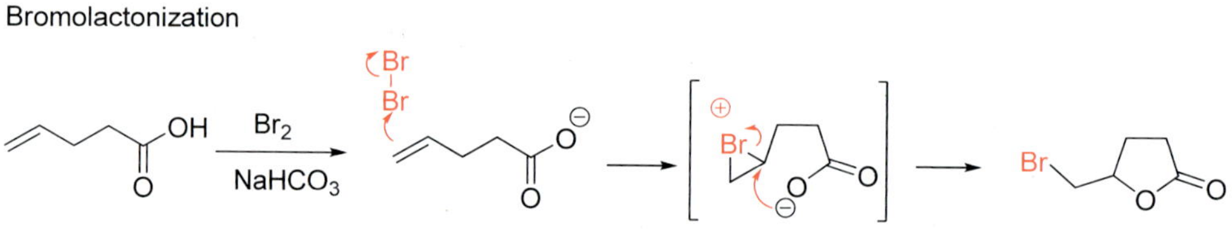

Bromolactonization

Br_2 / $NaHCO_3$

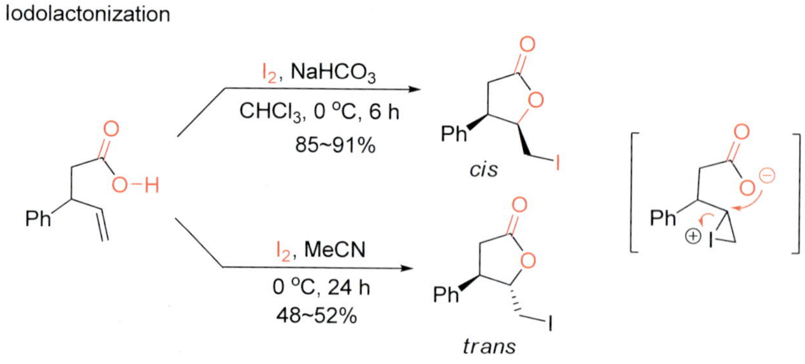

Iodolactonization

I_2, $NaHCO_3$ / $CHCl_3$, 0 °C, 6 h / 85~91% → *cis*

I_2, MeCN / 0 °C, 24 h / 48~52% → *trans*

[4-19]

그림 4.20 할로락톤화 반응

이 반응은 중간체로 생성한 할로늄 이온의 친전자성 탄소를 분자 내에 있는 카복실산 음이온이 친핵체로 작용하여 할로늄 이온 중간체의 입체 장애가 덜한 반대쪽을 공격하여 일어난 반응 결과로서, 반응 속도 지배 조건에서는 *cis* 이성질체를, 열역학적 조건 (평형 조건)에서는 *trans* 이성질체를 주 생성물로 생성시킨다 (그림 4.20).

anti-1,2-다이하이드록실화 반응

과량의 formic acid (폼산) 존재 하에 알켄과 H_2O_2를 반응시키면 *trans*-1,2-diol이 생성된다. 이 생성물은 H_2O_2에 의해 알켄에서 에폭시 화합물이 먼저 생성된 후 formate anion이 친핵체로 작용하여 에폭사이드의 친전자성 탄소 부위를 반대 방향에서 공격하면 폼산 에스터가 생성되는데 이 에스터가 가수 분해되어 만들어진 결과이다 (그림 4.21).

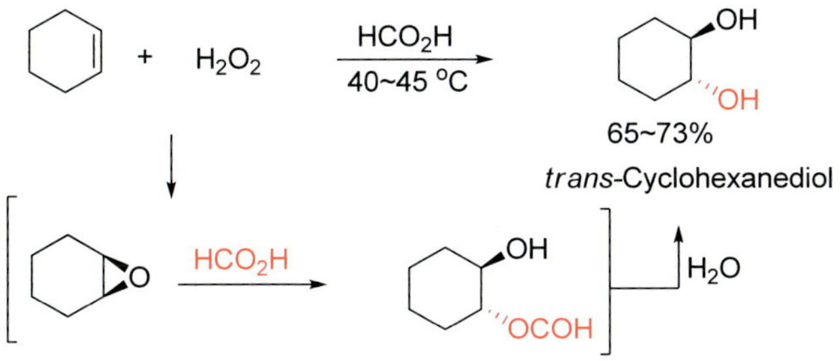

+ H_2O_2 —(HCO_2H, 40~45 °C)→ 65~73% *trans*-Cyclohexanediol [4-20]

[—(HCO_2H)→ OH, OCOH] —H_2O

그림 4.21 알켄의 *trans*-1,2-다이하이드록실화 반응

4.2.5 알카인의 친전자성 첨가 반응: HX, X_2, H_2O, O_3, $KMnO_4$, R_2BH 또는 H_2와의 반응

알카인은 다양한 친전자체와 알켄과 비슷한 유형의 첨가 반응을 하지만 반응성은 알켄보다 낮다. 예를 들어, 한 분자 내에 이중 결합과 삼중 결합을 가진 pent-1-en-4-yne에 1당량의 Br_2를 첨가 반응시키면 4,5-dibromopent-1-yne이 주 생성물로 얻어진다. 그 이유는 *s* 오비탈 성질이 더 큰 삼중 결합의 *sp* 혼성 탄소 원자가 이중 결합의 sp^2 혼성 탄소 원자보다 π 전자를 원자핵 쪽으로 더 끌어 당겨 친전자체와의 반응이 더 느리게 일어나기 때문이다.

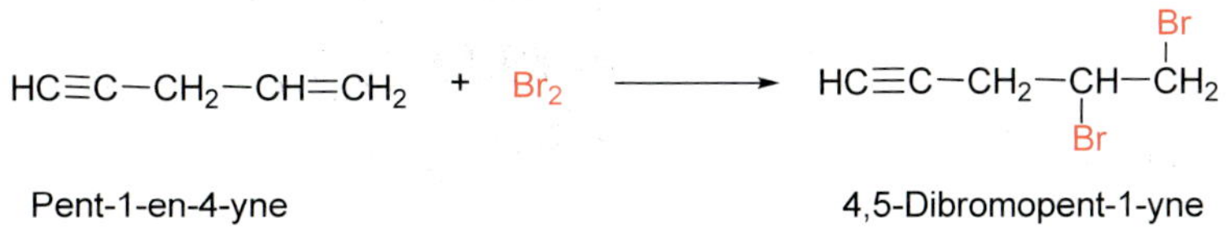

$$HC{\equiv}C{-}CH_2{-}CH{=}CH_2 + Br_2 \longrightarrow HC{\equiv}C{-}CH_2{-}CH(Br){-}CH_2Br$$

Pent-1-en-4-yne → 4,5-Dibromopent-1-yne

알카인과 HX 또는 X_2와의 반응

비대칭 알카인에 1당량의 HX를 첨가 반응시키면 할로젠화 비닐이 생성되고 1당량을 더 반응시키면 **같은 자리 다이할로젠화 알킬** (*gem*–dihalide)이 생성된다. 한편, 1당량의 X_2 (X = Cl, Br, I)와 반응시키면 *anti* 첨가 반응을 하여 *trans*–다이할로젠화 비닐 (vinyl dihalide)이 생성된다. 여기에 할로젠 원소를 1당량 더 첨가시키면 테트라할로젠화 알킬 (alkyl tetrahalide)이 생성된다 (그림 4.22).

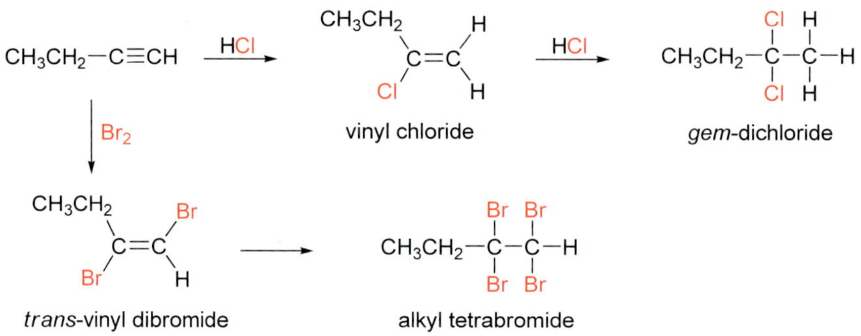

$CH_3CH_2-C\equiv CH$ —HCl→ vinyl chloride ($CH_3CH_2(Cl)C=CH_2$) —HCl→ *gem*-dichloride ($CH_3CH_2-CCl_2-CH_3$)

$CH_3CH_2-C\equiv CH$ —Br_2→ *trans*-vinyl dibromide ($CH_3CH_2(Br)C=CHBr$) → alkyl tetrabromide ($CH_3CH_2-CBr_2-CHBr_2$)

그림 4.22 알카인에 대한 HX 및 X_2의 첨가 반응

알카인의 산화 반응: 가오존 분해와 $KMnO_4$ 산화 반응

알카인을 가오존 분해 반응시키거나 가열 조건에서 $KMnO_4$와 반응시키면 삼중 결합에서 산화성 분해 반응이 일어나 카복실산이 생성된다.

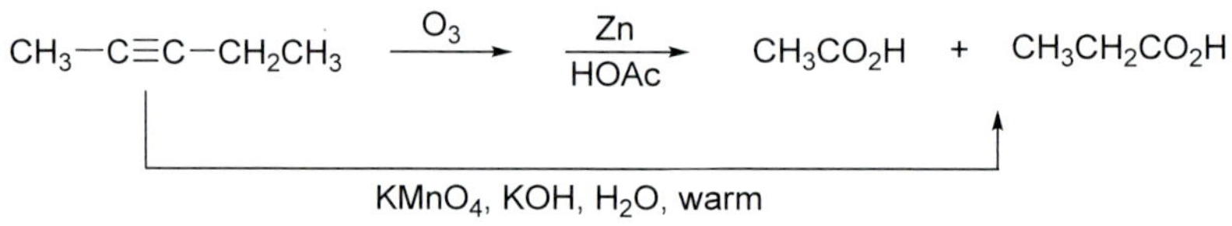

$$CH_3-C\equiv C-CH_2CH_3 \xrightarrow{O_3} \xrightarrow[HOAc]{Zn} CH_3CO_2H + CH_3CH_2CO_2H$$

($KMnO_4$, KOH, H_2O, warm)

알카인의 수화 반응

알카인을 산성 조건에서 Hg^{2+} 촉매하에 물과 반응시키면 수화 반응이 일어나 알데하이드 (아세틸렌의 경우 아세트알데하이드) 또는 케톤이 생성된다. 특히 말단 알카인의 수화 반응은 메틸 케톤을 합성하는 중요한 반응으로 이용된다. 이 반응은 수은 이온 (Hg^{2+}) 촉매에 의하여 반응이 촉진되며 반응에서 생성된 엔올이 토토머화에 의해 케톤으로 전환되어 일어난다. 이 반응은 수은 대신 금 촉매를 사용할 경우에도 잘 진행된다 (그림 4.23).

$R-C\equiv C-R \xrightarrow[H_2SO_4,\ HgSO_4]{H_2O}$ $(R)(H)C=C(OH)(R)$ 엔올 $\underset{토토머화}{\rightleftharpoons}$ $R-CH_2-C(=O)-R$ 케톤

1-Ethynylcyclohexanol $\xrightarrow[H_2O,\ 60\ ^oC]{HgO\ (cat),\ H_2SO_4}$ 1-Acetylcyclohexanol (65~67%) [4-21]

Undec-10-ynoic acid $HC\equiv C(CH_2)_8CO_2H \xrightarrow[H_2SO_4\text{-}HOAc,\ \triangle]{Hg(OAc)_2}$ $H_3C-C(=O)-(CH_2)_8CO_2H$ 10-Oxoundecanoic acid (50%) [4-22]

Nona-2,8-diyne $\xrightarrow[H_2SO_4\text{-}H_2O,\ 70\text{~}75\ ^oC]{CH_3AuPPh_3\ (cat)}$ Nonan-2,8-dione (86%) [4-23]

그림 4.23 알카인의 수화 반응

알카인의 수소붕소 첨가 반응: *syn* 첨가 반응

알카인을 disialmylborane (Sia_2BH)과 같은 입체 장애가 큰 다이알킬 보레인 (dialkyl borane)과 반응시키면 *syn* 첨가 반응 (수소붕소 첨가 반응)이 위치 선택적으로 일어나 입체 장애가 작은 *sp* 탄소 원자에 붕소 원자가 결합한 비닐 보레인 (vinyl borane)이 생성된다. 생성물을 분리하지 않고 그대로 (*in situ* 반응이라 함) 알칼리 수용액에서 H_2O_2로 산화하면 엔올이 생성된다. 이 엔올은 토토머 이성질화 반응에 의하여 케토형으로 전환되어 말단 알카인의 경우 알데하이드를, 내부 알카인의 경우 케톤을 생성하게 된다. 한편, 비닐 보레인을 아세트산과 반응시켜 가양성자 분해 반응 (protonolysis)시키면 (*Z*)-알켄이 생성된다 (그림 4.24).

Oct-1-yne $CH_3(CH_2)_5-C\equiv C-H \xrightarrow[THF,\ 0\ ^oC]{Sia_2BH}$ $[CH_3(CH_2)_6(H)C=C(H)BSia_2]$ $\xrightarrow[45\ ^oC]{H_2O_2,\ HO^\ominus}$

위치 선택 *syn* 첨가 생성물

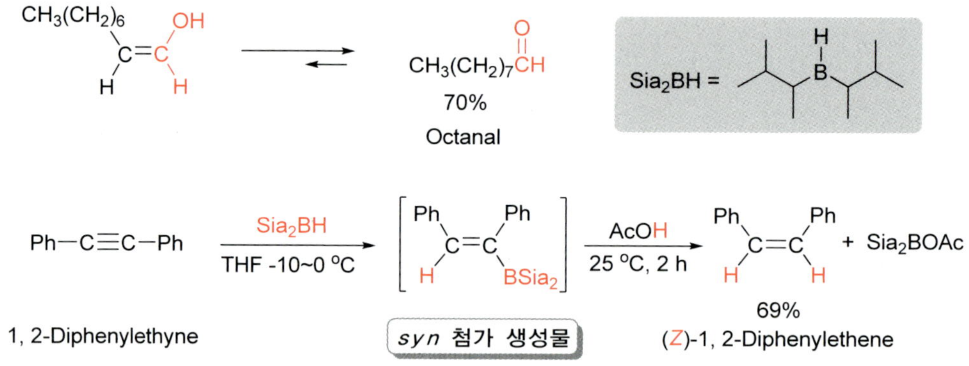

$CH_3(CH_2)_6$(H)C=C(OH)H ⇌ $CH_3(CH_2)_7CHO$ 70% Octanal

Sia_2BH =

Ph−C≡C−Ph →(Sia_2BH, THF -10~0 °C) [Ph(H)C=C(Ph)$BSia_2$] →(AcOH, 25 °C, 2 h) Ph(H)C=C(Ph)H + Sia_2BOAc

1, 2-Diphenylethyne

syn 첨가 생성물

69% (*Z*)-1, 2-Diphenylethene

그림 4.24 알카인에 대한 수소붕소 첨가 반응: 알데하이드 및 (*Z*)-알켄의 합성

알카인의 부분 수소 첨가 반응: (*Z*)-알켄과 (*E*)-알켄의 합성

알카인을 흔히 사용하는 Pd 또는 Pt 촉매를 사용하여 수소 첨가 반응을 시키면 알케인으로 전환된다. 그러나 **Lindlar 촉매** 또는 **nickel boride** 촉매 하에 수소 첨가를 시키면 입체 특이적으로 *syn* 첨가 반응이 일어나 (*Z*)-알켄이 생성된다 (그림 4.25와 6.11.1절).

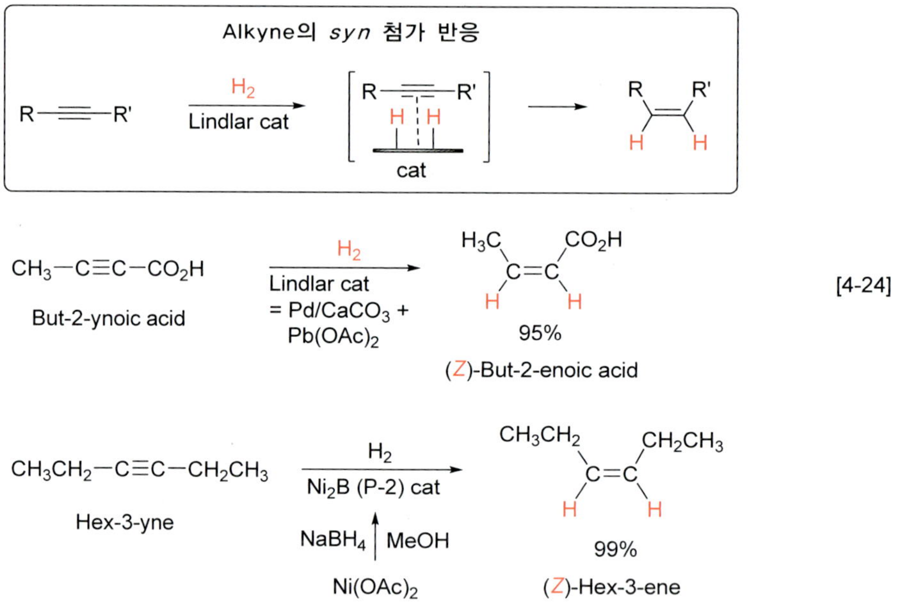

그림 4.25 알카인의 부분 수소 첨가 반응: (*Z*)-알켄의 생성 반응

한편, 알카인을 Li, Na 금속과 액체 암모니아 속에서 반응시키거나 Zn 금속과 메탄올 속에서 반응시키면 (*E*)-알켄이 생성된다. 이 반응은 금속이 녹으면서 단일 전자가 알켄에 전이되면서 일어나는 반응으로 **금속 용해 환원** (dissolving metal reduction) 방법이라고 한다. 알카인과

$LiAlH_4$와의 반응에서도 이와 비슷한 결과를 얻을 수 있다 (그림 4.26). 이 반응에 대한 좀 더 자세한 내용은 6.2절과 6.11.1절을 참조하길 바란다.

$$CH_3CH_2CH_2-C\equiv C-CH_2CH_2CH_3 \xrightarrow[\text{2. } NH_4Cl,\ H_2O]{\text{1. Li, } EtNH_2,\ -78\ ^\circ C} \text{(E)-Oct-4-ene (52\%)}$$

Oct-4-yne

(*E*)-Oct-4-ene, 52%

$$Ph-C\equiv C-CO_2Et \xrightarrow[\text{MeOH-}H_2O\text{, reflux}]{\text{Rieke Zn}} \text{(E)-Ethyl 3-phenylprop-2-enoate (100\%)}$$

Ethyl 3-phenylprop-3-ynoate

(*E*)-Ethyl 3-phenylprop-2-enoate, 100%

$$R-C\equiv C-R' \xrightarrow{LiAlH_4} [\ \ ] \longrightarrow R\text{-}CH{=}CH\text{-}R'$$

그림 4.26 알카인으로부터 (*E*)-알켄의 합성 반응

4.3 라디칼 첨가 반응

4.3.1 알켄에 대한 HBr의 라디칼 첨가 반응: *anti*-Markovnikov형 할로젠화 알킬의 합성

4.2.2절에서 언급한 바와 같이 알켄에 HBr을 반응시키면 이온성 첨가 반응이 일어나 Markovnikov형 브로민화 알킬이 주로 생성된다. 그러나 라디칼 반응 조건에서 반응시키면 *anti*-Markovnikov형 생성물이 생성된다. 예를 들면, 2-methylpropene (isobutylene)을 과산화물 또는 빛이 없는 반응 조건 (이온성 반응 조건)에서 HBr과 반응시키면 Markovnikov형 생성물인 2-bromo-2-methylpropane만 생성되지만 과산화물 존재하에 또는 다른 라디칼 생성 반응 조건에서 반응시키면 *anti*-Markovnikov형 생성물인 1-bromo-2-methylpropane만 생성된다 (그림 4.27). 그 이유는 라디칼 반응 조건에선 HBr이 균일 분해하여 먼저 생성된 Br 라디칼이 탄소-탄소 이중 결합에 라디칼 첨가 반응을 할 때 전파 단계에서 더 안정한 라디칼 생성 반응이 우선하여 일어나기 때문이다. 그러나 HCl과 HI에서는 전파 단계가 흡열 반응이기 때문에 이 반응이 일어나지 않는다.

2-Methylpropene

HBr → 2-Bromo-2-methylpropane (Markovnikov형 생성물)

HBr, $h\nu$, heat 또는 R–O–O–R → 1-Bromo-2-methylpropane (*anti*–Markovnikov형 생성물)

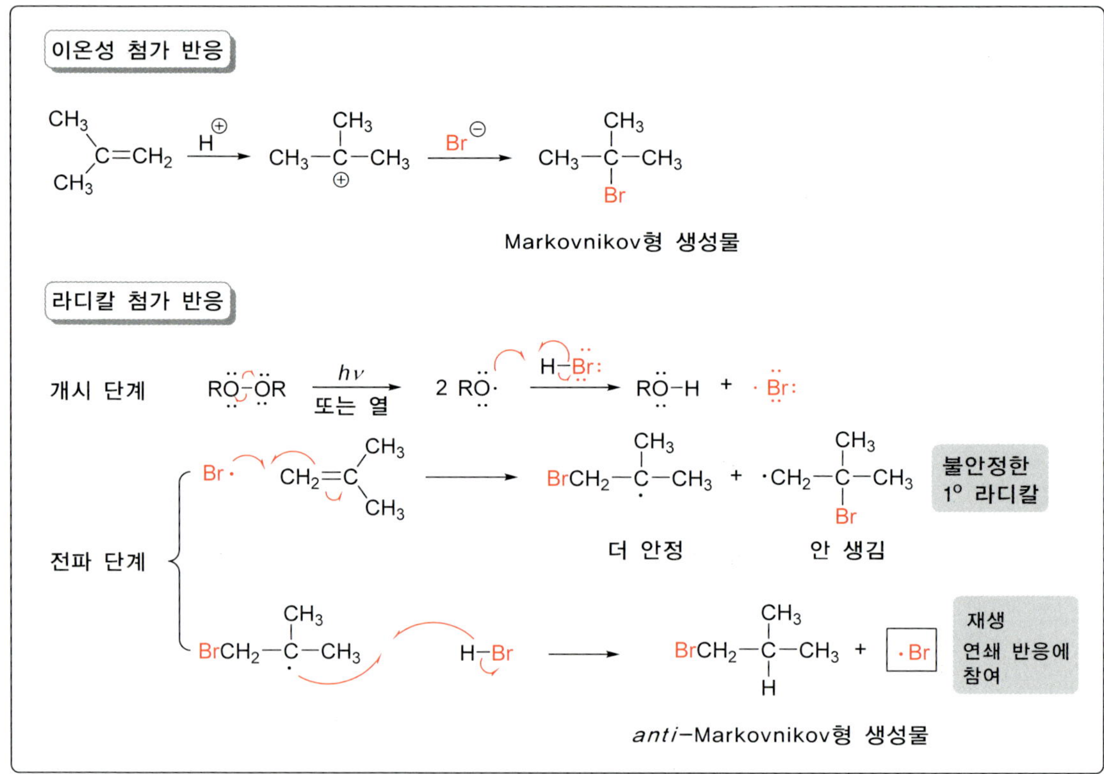

그림 4.27 알켄에 대한 HBr의 라디칼 첨가

4.3.2 알켄의 라디칼 중합 반응

알켄을 과산화물 같은 라디칼 개시제와 반응시키면 생성된 탄소 라디칼이 알켄의 이중 결합을 연쇄적으로 공격하여 중합체 (polymer, 고분자)를 만든다 (그림 4.28). 이를 알켄의 **라디칼 중합 반응**이라고 하며 이 반응을 이용하여 polyethylene, polypropylene, polyvinylchloride (PVC), polystyrene (스티로폼) 등을 합성할 수 있다. 고분자의 원료가 되는 알켄을 **단량체**(monomer)라고 한다.

[RO· $CH_2=CH(R)$ $CH_2=CH(R)$ $CH_2=CH(R)$ $CH_2=CH(R)$ ----→]

라디칼 중합 반응

단량체	$CH_2=CH_2$ Ethylene(ethene)	$CH_2=CHCH_3$ Propylene(propene)	$CH_2=CHCl$ Vinyl chloride (chloroethene)	$CH_2=CHPh$ Styrene (phenylethene)
	↓ 개시제	↓ 개시제	↓ 개시제	↓ 개시제
중합체	$\left(CH_2CH_2 \right)_n$ Polyethylene	$\left(CH_2CH(CH_3) \right)_n$ Polypropylene	$\left(CH_2CH(Cl) \right)_n$ Polyvinylchloride (PVC)	$\left(CH_2CH(Ph) \right)_n$ Polystyrene

그림 4.28 알켄의 라디칼 중합 반응

4.4 친핵성 첨가 반응

알켄과 알카인에 있는 C=C 및 C≡C의 결합은 친전자체에 전자쌍을 제공할 수 있는 π 전자를 가지고 있기 때문에 이들 결합에서는 친전자성 첨가 반응이 일어난다. 그러나 카보닐기 (C=O), 이민기 (C=N), 나이트릴기 (C≡N) 등의 경우 탄소 원자는 전기음성도가 탄소 원자보다 더 큰 산소 또는 질소 원자와 결합하고 있으므로 이 결합에 있는 π 전자는 산소 또는 질소 원자로 전자 쏠림 현상이 나타난다. 이 결과 이들 작용기의 탄소 원자는 오히려 전자가

1,2-친핵성 첨가 반응

카보닐기: $>C=\ddot{O}:$ ⟷ $[\oplus C-\ddot{O}:^{\ominus}]$ $\xrightarrow{:Nu^{\ominus}}$ $\xrightarrow{H^{\oplus}}$ Nu−C−OH

이민기: $>C=\ddot{N}-$ ⟷ $[\oplus C-\ddot{N}^{\ominus}-]$ $\xrightarrow{:Nu^{\ominus}}$ $\xrightarrow{H^{\oplus}}$ Nu−C−N(H)−

나이트릴기: $-C\equiv N$ ⟷ $[\oplus C=\ddot{N}^{\ominus}]$ $\xrightarrow{:Nu^{\ominus}}$ $\xrightarrow{H^{\oplus}}$ Nu−C=N−H

친전자성 부위 = 친핵체가 공격하는 부위

부족한 상태가 되어 친핵체의 공격을 받아 σ 결합이 생성되는 첨가 반응이 일어난다. 이를 **1,2-친핵성 첨가 반응** 또는 단순히 **친핵성 첨가 반응**이라고 한다.

4.4.1 카보닐기의 친핵성 첨가 반응

카보닐기 (C=O)를 가지고 있는 유기 화합물 (RCOZ)은 카보닐기 탄소와 결합한 치환기의 종류에 따라 알데하이드, 케톤 및 카복실산과 그 유도체로 크게 분류할 수 있다.

R–C(=O)–Z	Aldehyde와 ketone	Carboxylic acid 및 유도체	
	Z = H: aldehyde Z = alkyl: ketone	Z = Cl: acid chloride Z = OCOR: acid anhydride Z = OR': ester	Z = NR'R'': amide Z = OH: carboxylic acid

카보닐기의 친핵체에 대한 반응성

RCOZ의 화합물에서 카보닐기의 친핵체에 대한 반응성은 카보닐기에 연결된 치환기 (Z)의 전자 유발 효과 (전기음성도의 크기)와 공명 효과의 영향을 받는다. 치환기의 전자 끌기 효과가 클수록, 또한 공명 효과가 작을수록 친핵체에 대한 카보닐기의 반응성은 증가한다. 따라서 카보닐 탄소에 전기음성도가 큰 염소 원자가 치환된 산염화물의 반응성이 가장 크고, 반면에 카보닐 탄소가 공명 안정화되어 있어 카보닐기 탄소의 전자 부족 현상이 상쇄된 상태에 있는 카복실산 음이온의 반응성이 가장 낮다.

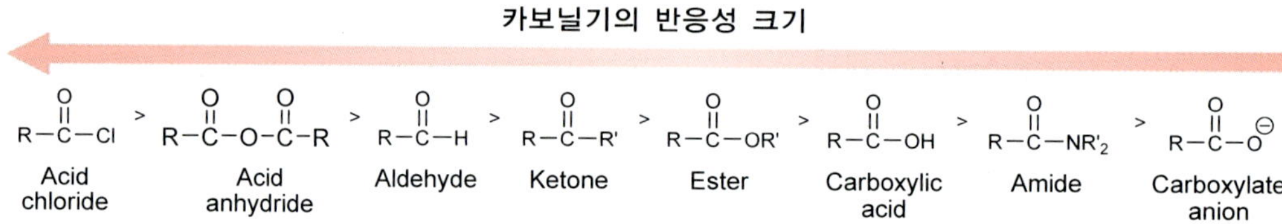

친핵성 첨가 반응과 친핵성 아실 치환 반응

RCOZ 구조를 가진 카보닐 화합물은 친핵체와 두 단계의 반응을 거쳐 생성물을 만든다. [단계 1]의 반응에서 전자가 풍부한 화학종인 친핵체가 전자가 부족한 카보닐 탄소 원자를 공격하는 첨가 반응이 일어나 그 결과 C=O의 π 결합이 끊어져 사면체 구조를 갖는 알콕사이드 이온 (alkoxide ion) 중간체를 생성시킨다. 이 알콕사이드 이온은 [단계 2]에서 두 가지 다른 형태로 반응에 참여하는데, 그 하나는 산소 음이온에 양성자가 첨가되어 사면체 구조 생성물이 형성되는 반응이며 이를 **친핵성 첨가 반응 (nucleophilic addition)**이라고 한다. 알데하이드와 케톤에서 일어나는 반응은 이 반응에 속한다. 한편, [단계 2]의 사면체 중간체에서 Z기가 이탈 (제거)되는 반응이 일어나 친핵체에 아실기가 치환된 형태의 생성물을 형성하는 반응을 **친핵성 아실 치환 반응** (nucleophilic acyl substitution)이라고 한다. 카복실산과 그 유도체들은 이 형태의 반응을 한다 (2.1.5절, 8.1.5절, 8.2.8절 및 10.6절 참조). 이 두 종류의 반응에서 [단계 1]은 느리게 일어나고 [단계 2]는 빠르게 일어나므로 전체 반응은 [단계 1]의 반응 속도에 의해 결정된다 (그림 4.29).

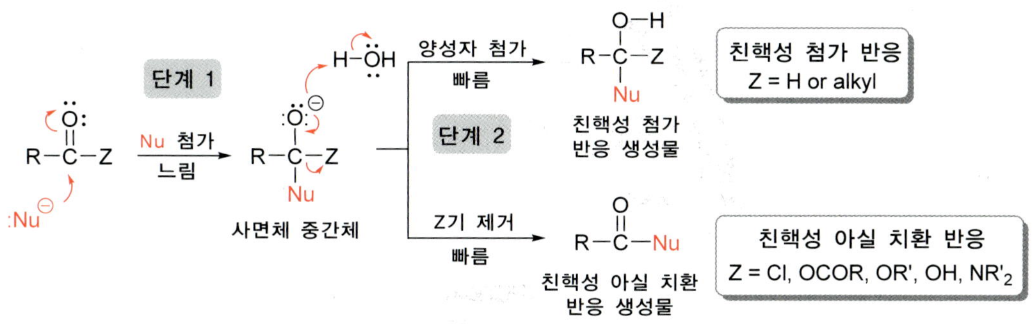

그림 4.29 카보닐 유도체의 친핵성 첨가 반응과 아실 치환 반응

- 카보닐 화합물 중 알데하이드와 케톤은 **친핵성 첨가 반응**을 하고, 카복실산과 그 유도체들은 **친핵성 아실 치환 반응**을 한다.
- 알데하이드 또는 케톤의 **친핵성 첨가 반응**은 친핵성 첨가 반응 단계 [단계 1]와 양성자 첨가 단계 [단계 2]의 두 단계로 일어난다.
- 카복실산과 그 유도체의 **친핵성 아실 치환 반응**은 친핵성 첨가 반응 단계 [단계 1]와 제거 단계 [단계 2]인 두 단계로 일어난다.
- 카보닐기의 친핵성 첨가 반응은 친핵체가 친전자성 카보닐 탄소를 공격하여 사면체 구조인 알콕사이드 이온을 생성하는 [단계 1]가 반응 속도 결정 단계이다.

4.4.2 알데하이드 및 케톤에 대한 친핵성 첨가 반응

알데하이드와 케톤의 반응성 비교

카보닐기의 친핵성 첨가 반응은 **전자 효과** (electronic effect)와 **입체 효과** (steric effect)에 의해 영향을 받는다. 알데하이드의 경우 케톤에 비해 친핵체가 카보닐 탄소를 공격하는데 이 두 가지 효과가 모두 유리하게 작용하므로 첨가 반응이 더 잘 일어난다 (그림 4.30).

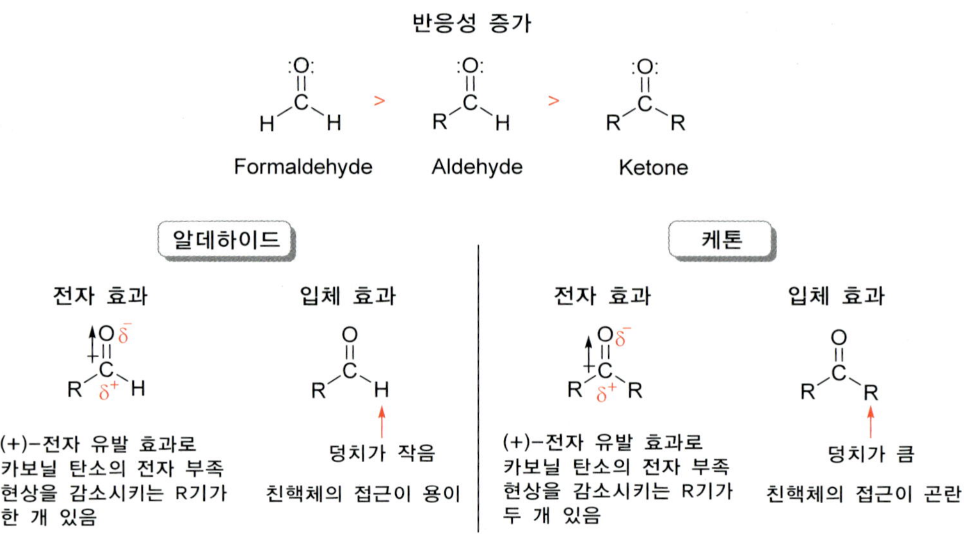

그림 4.30 알데하이드와 케톤의 반응성 비교

탄소 친핵체에 의한 첨가 반응

알데하이드와 케톤의 카보닐기는 cyanide 음이온, acetylide 음이온, 유기금속 시약 (RM, M = Mg, Li, Zn, Ti, B 등), 엔올 음이온 등과 같은 탄소 친핵체 (표 9.1 참조) 및 Wittig 시약을 비롯한 여러 종류의 올레핀화 시약 (12장)과 친핵성 첨가 반응에 의한 탄소-탄소 결합 형성 반응을 한다 (9장 및 12장).

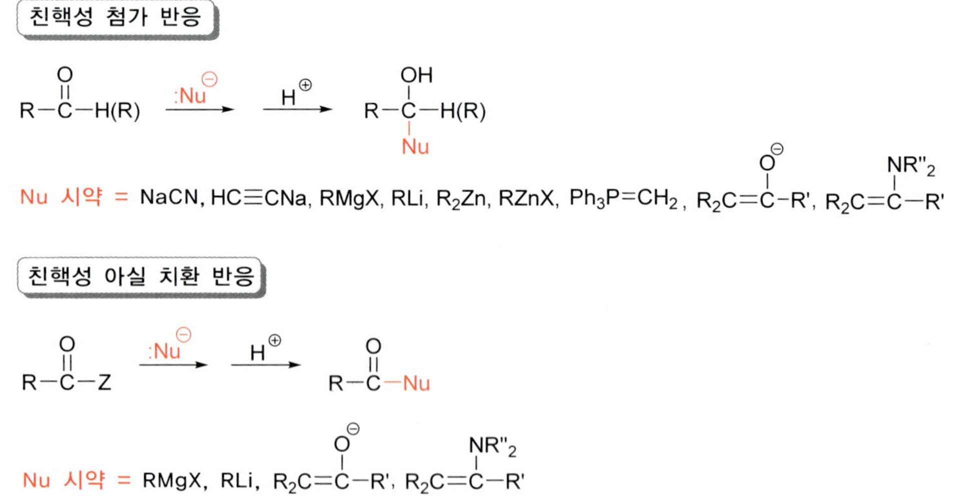

그림 4.31 탄소 친핵체에 의한 카보닐기의 친핵성 첨가 반응과 아실 치환 반응

한편, 카복실산 유도체의 카보닐기는 Grignard 시약 (RLi 시약 포함), 안정한 탄소 친핵체 (엔올 음이온 및 엔아민)와 첨가-제거 반응 (친핵성 아실 치환 반응, 2.1.6절)을 통하여 축합 반응 생성물을 생성한다 (9장 및 10장). 이와 같은 탄소 친핵체에 의한 친핵성 첨가 반응은 유기 합성에서 탄소 골격을 형성하는 데 중요한 반응으로 널리 활용된다 (그림 4.31).

질소 친핵체에 의한 첨가 반응

알데하이드와 케톤은 1° 및 2° 아민과 반응하여 일차적으로 사면체 구조를 가진 첨가 생성물인 carbinolamine을 생성하나 곧 탈수 반응을 하여 일차 아민의 경우 **C=N [이민** (imine) 또는 **Schiff 염기]**, 2° 아민의 경우 **엔아민 (enamine)**을 형성한다. 또한 하이드록실아민 (hydroxylamine, NH_2OH)과는 **옥심 (oxime)**, 하이드라진 (hydrazine, NH_2NH_2)과는 **하이드라존 (hydrazone)**, 세미카바자이드 (semicarbazide, $NH_2NHCONH_2$)와는 **세미카바존 (semicarbazone)**을 생성한다 (그림 4.32).

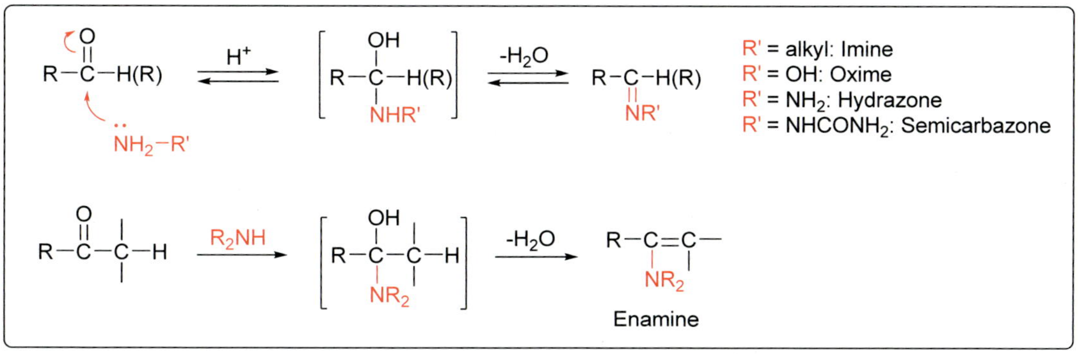

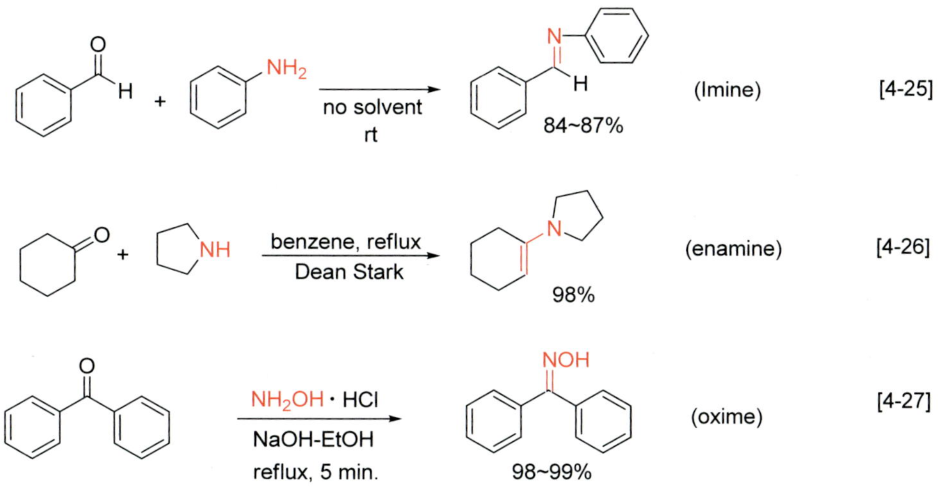

R' = alkyl: Imine
R' = OH: Oxime
R' = NH_2: Hydrazone
R' = $NHCONH_2$: Semicarbazone

(Imine) [4-25]

(enamine) [4-26]

(oxime) [4-27]

그림 4.32 질소 친핵체에 의한 알데하이드 및 케톤의 친핵성 첨가 반응

한편, 알데하이드 또는 케톤을 NH_3, 1° 또는 2° 아민과 약한 환원제 존재 하에서 반응시키면 1°, 2° 또는 3° 아민으로 전환된다. 이 반응을 **환원성 아민화 반응** (reductive amination)이라고 한다 (6.6절). 이 반응은 알데하이드 또는 케톤이 질소 친핵체와 친핵성 첨가 반응을 하여 중간체로 생성된 이민 또는 이미늄 이온 (iminium ion)이 곧바로 환원제에 의해 환원되어 일어난 결과이다. 이 반응은 카보닐기로부터 다양한 아민을 합성하는 데 편리하게 이용된다 (그림 4.33 및 8.2.4절 참조).

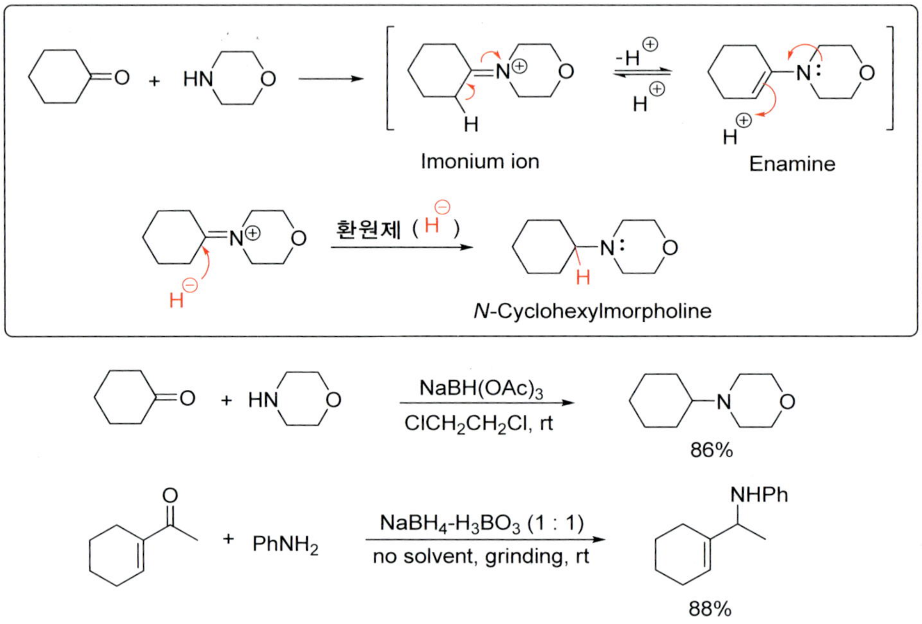

그림 4.33 알데하이드 및 케톤에 대한 환원성 아민화 반응

◆ 산소 (황)친핵체에 의한 첨가 반응

알데하이드와 케톤을 산 촉매 하에서 알코올과 반응시키면 반응이 가역적으로 일어나 **hemiacetal** (또는 **hemiketal**)을 거쳐 **acetal** (또는 **ketal**)을 형성한다 (그림 4.34). 이 작용기는 알데하이드와 케톤의 보호기로서 유기 합성에 자주 이용된다 (7.3.3절). 한편, 싸이올과 반응시키면 thioacetal (또는 thioketal)을 형성하며 이 작용기는 Raney-Ni과 반응하면 탈황 반응이 일어나 알케인으로 전환된다 (6.5.3절).

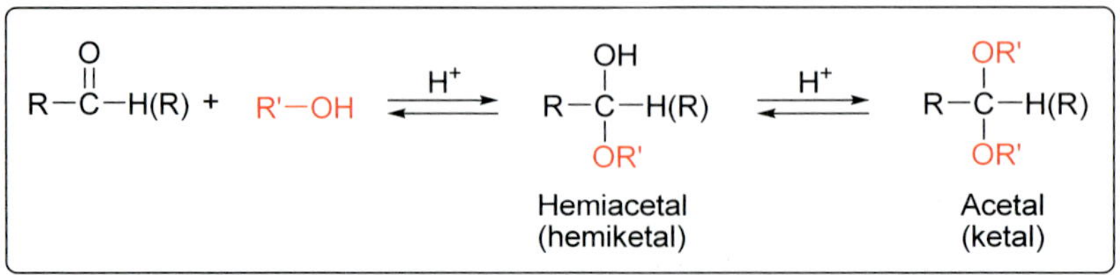

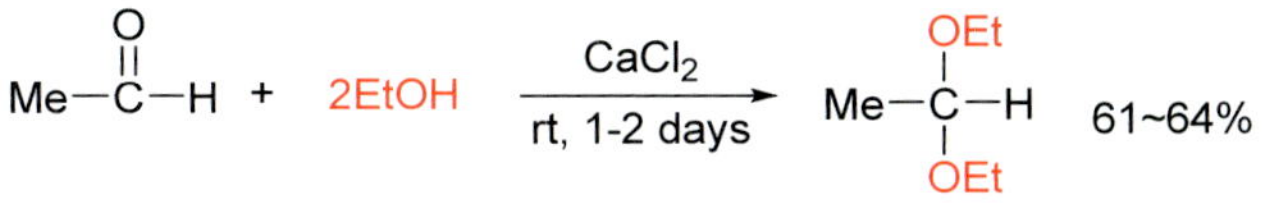

$$\text{MeCHO} + 2\text{EtOH} \xrightarrow[\text{rt, 1-2 days}]{\text{CaCl}_2} \text{MeCH(OEt)}_2 \quad 61\sim64\% \qquad [4\text{-}28]$$

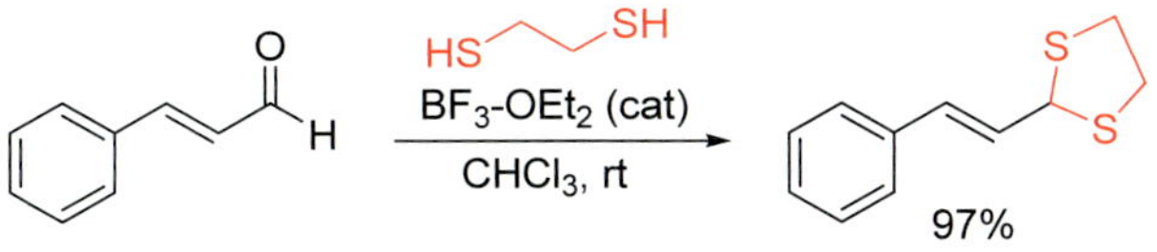

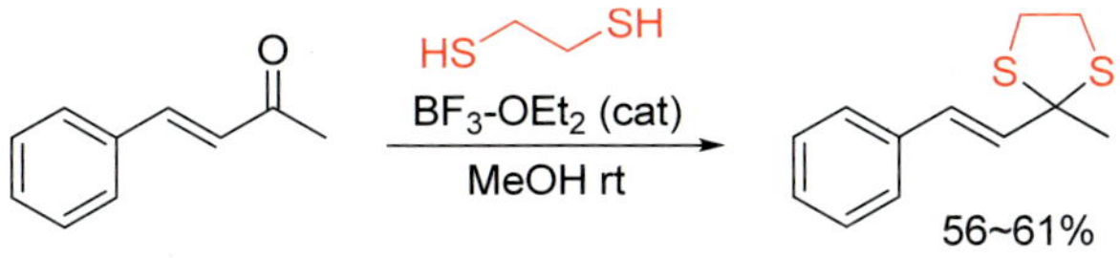

[4-29] 3,4-dimethoxybenzaldehyde, HO⁀OH, p-TsOH(cat), benzene, reflux → 1,3-dioxolane, 94%

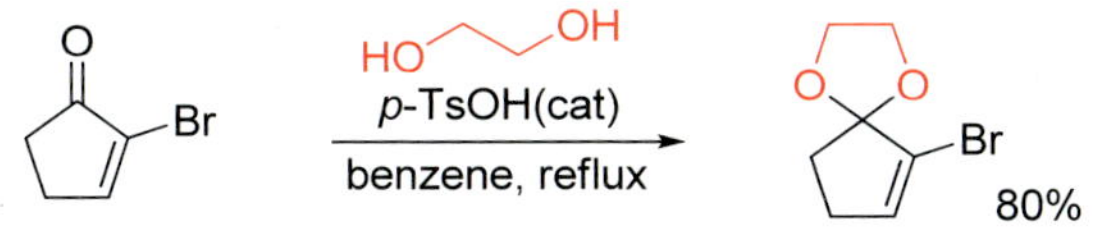

[4-30] 2-bromocyclopent-2-enone, HO⁀OH, p-TsOH(cat), benzene, reflux → ketal, 80%

[4-31] cinnamaldehyde, HS⁀SH, BF_3-OEt_2 (cat), $CHCl_3$, rt → 1,3-dithiolane, 97%

[4-32] benzalacetone, HS⁀SH, BF_3-OEt_2 (cat), MeOH rt → 1,3-dithiolane, 56~61%

그림 4.34 아세탈 (케탈)과 싸이오아세탈 (싸이오케탈)의 생성 반응

4.4.3 이민기의 친핵성 첨가 반응: Grignard 반응과 Strecker 합성 반응

이민기 (C=N)의 탄소 원자는 질소 원자의 전기음성도가 산소 원자보다 작기 때문에 카보닐기 (C=O)에 비해 탄소 원자의 친전자성이 낮다. 그러나 이민기를 산 촉매 하에 물과 반응시키면 물에 의한 친핵성 첨가 반응 (가수 분해 반응)이 일어나 카보닐기와 아민기로 전환된다. 또한 강한 탄소 친핵체인 Grignard 시약과 반응하면 이민기의 탄소 원자에 알킬화 반응이 일어나 아민 화합물이 생성된다 (그림 4.35).

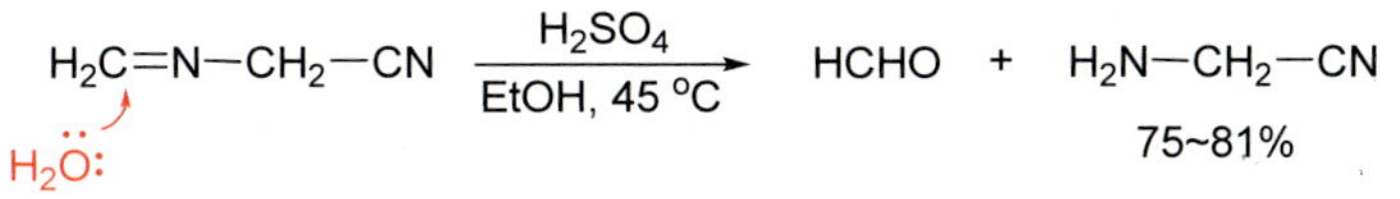

$$H_2C{=}N{-}CH_2{-}CN \xrightarrow[\text{EtOH, 45 °C}]{H_2SO_4} \text{HCHO} + H_2N{-}CH_2{-}CN \quad 75\sim81\% \qquad [4\text{-}33]$$

($H_2\ddot{O}$: attacks the imine carbon)

$$\text{PhCH{=}NMe} \xrightarrow[\text{ether}]{PhCH_2MgCl} \xrightarrow{H_2O} \text{PhCH(NHMe)}CH_2Ph \quad 91\sim96\% \qquad [4\text{-}34]$$

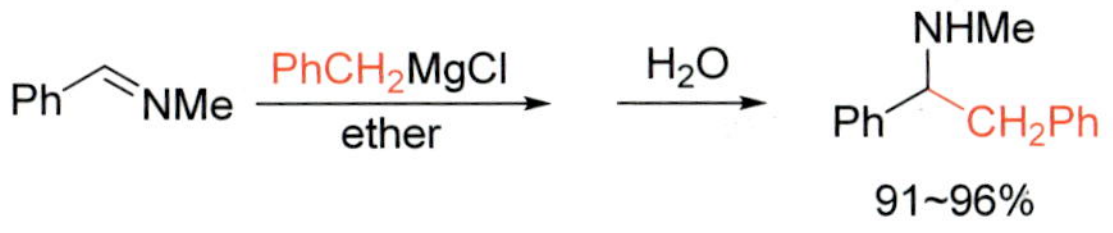

그림 4.35 이민의 친핵성 첨가 반응: 가수 분해 반응과 알킬화 반응

아미노 나이트릴의 합성: Strecker 합성 반응

알데하이드 또는 케톤과 NaCN, NH_4Cl을 물-알코올 용매에서 반응시키면 아미노 나이트릴이 생성되고 나이트릴기를 가수 분해시키면 α-아미노산이 합성된다. 이 반응을 **Strecker 합성 반응**이라고 한다. 이 반응은 α-아미노산 합성에 자주 활용되는 중요한 합성 반응 중 하나이다.

$$NaCN + NH_4Cl \longrightarrow NH_3 + HCN + NaCl$$

$$R_1C(=O)R_2 \xrightarrow[HCN]{NH_3} \left[R_1C(=N^{\oplus}H_2)R_2 \right] \xrightarrow{^{\ominus}CN} R_1R_2C(NH_2)CN \xrightarrow[H_2O]{HCl} R_1R_2C(NH_2)CO_2H$$

R_1, R_2, R', R'' = H, alkyl or aryl

$$Ph-C(=O)-H + NaCN + NH_4Cl \xrightarrow[MeOH,\ rt]{H_2O} Ph-CH(NH_2)-CN \xrightarrow[2.\ NH_4OH]{1. HCl,\ H_2O,\ reflux} Ph-CH(NH_2)-CO_2H \quad [4\text{-}35]$$

34~39%

dl-2-amino-2-phenylethanoic acid (phenylglycin)

$$Ph-C(=O)-Me + NaCN + NH_4Cl \xrightarrow[EtOH,\ 60\ ^{o}C]{H_2O} Ph-C(Me)(NH_2)-CN \xrightarrow[2.\ Pyridine]{1. HCl,\ H_2O,\ reflux} Ph-C(Me)(NH_2)-CO_2H \quad [4\text{-}36]$$

34~39%

dl-2-amino-2-phenylpropanoic acid

그림 4.36 Strecker 합성: α-아미노산의 합성

이 반응에서 생성된 아미노 나이트릴은 NaCN과 NH_4Cl의 반응에서 일차적으로 만들어진 암모니아가 카보닐기와 반응하여 생성한 이미늄 이온의 탄소 원자 부위에 CN 음이온이 친핵성 첨가 반응하여 만들어진 결과이다 (그림 4.36).

4.4.4 나이트릴기의 친핵성 첨가 반응: 가수 분해 반응과 Grignard 반응

나이트릴기 (C≡N)의 탄소 원자는 이민기 (C=N)와 같이 친전자성 부위이기 때문에 친핵체의 공격을 받아 친핵성 첨가 반응이 일어난다. 이 반응을 이용한 중요한 합성 반응은 나이트릴기의 가수 분해 반응에 의한 카복실산 또는 아마이드의 생성 반응 (8.2.8절), Grignard 반응에 의한 케톤 생성 반응 (9.3.2절)과 환원 반응에 의한 알데하이드 또는 1° 아민의 전환 반응 (6.7절) 등이다.

나이트릴기의 가수 분해 반응: 아마이드 또는 카복실산 합성 반응

나이트릴은 산 또는 염기 촉매 수화 반응이 일어날 때 친핵체인 물 분자 (또는 하이드록실기)가 첨가되면 아마이드와 토토머 관계인 imidic acid가 생성된다. 또한, 아마이드가 다시 친핵체인 물 분자 (또는 하이드록실기)와 반응 (친핵성 첨가 반응)하면 카복실산으로 전환된다. 위 두 종류의 반응은 반응 조건을 조절함으로써 가능하며, 온화한 반응 조건에서는 아마이드만 생성시킬 수 있다 (그림 4.37).

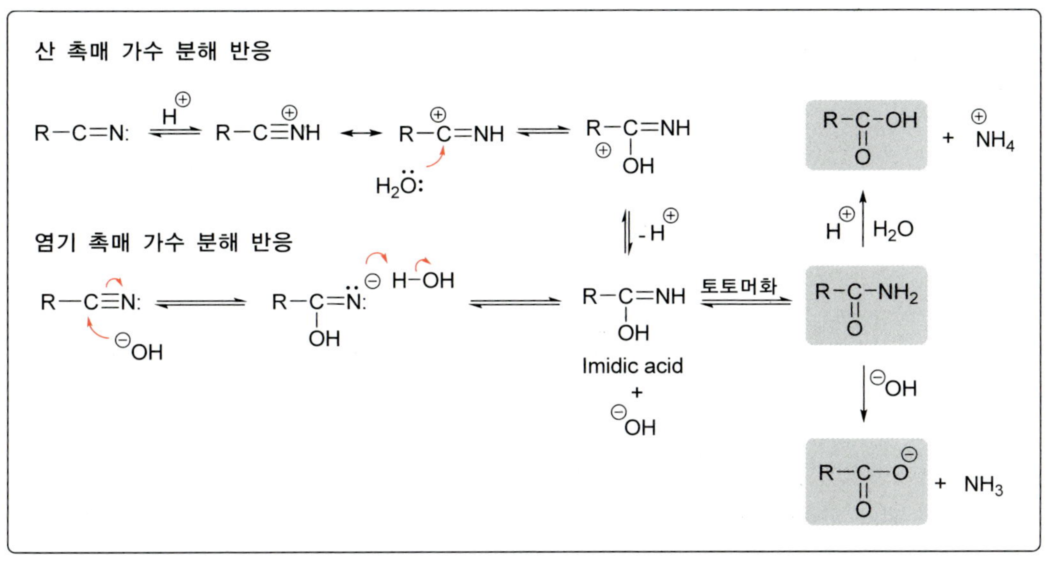

$$PhCH_2CN \xrightarrow[H_2O\ reflux]{H_2SO_4} PhCH_2CO_2H\ (77\%) \quad [4\text{-}37]$$

$$PhCH_2CN \xrightarrow[H_2O\ 40\ ^{\circ}C]{HCl} PhCH_2C(=O)NH_2\ (78\sim82\%) \quad [4\text{-}38]$$

$$H_2N{-}CH_2{-}CN \xrightarrow[2.\ H_3O^{\oplus}]{1.\ Ba(OH)_2,\ H_2O,\ reflux} H_2N{-}CH_2{-}CO_2H\ (67\sim87\%) \quad [4\text{-}33]$$

그림 4.37 나이트릴의 가수 분해 반응

나이트릴기의 Grignard 반응: 이민 또는 케톤 합성 반응

나이트릴기에 Grignard 시약을 반응시키면 친핵성 첨가 반응이 일어나 이민이 생성되며, 이를 가수 분해하면 케톤으로 전환된다 (그림 4.38).

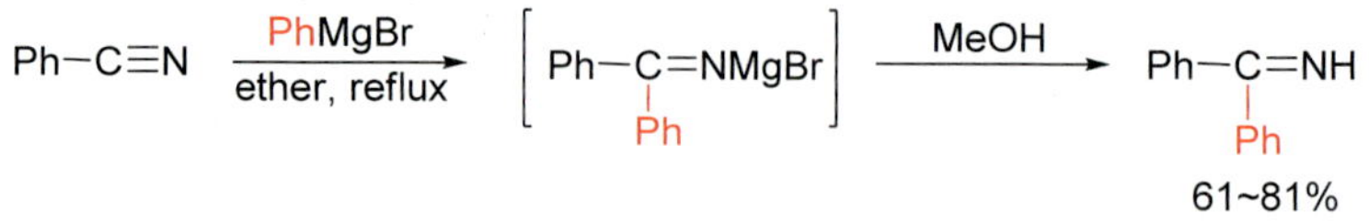

Ph−C≡N →(PhMgBr / ether, reflux) [Ph−C(Ph)=NMgBr] →(MeOH) Ph−C(Ph)=NH 61~81% [4-39]

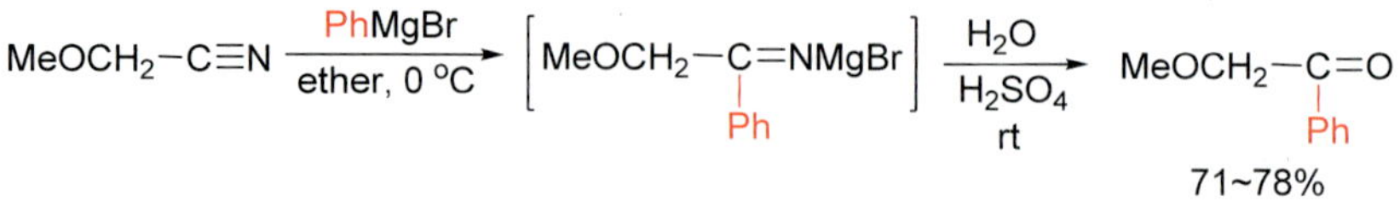

$MeOCH_2$−C≡N →(PhMgBr / ether, 0 °C) [$MeOCH_2$−C(Ph)=NMgBr] →(H_2O / H_2SO_4 / rt) $MeOCH_2$−C(Ph)=O 71~78% [4-40]

CN →(1. MeMgI, ether reflux / 2. HCl, H_2O, reflux) Me, O (61~69%) [4-41]

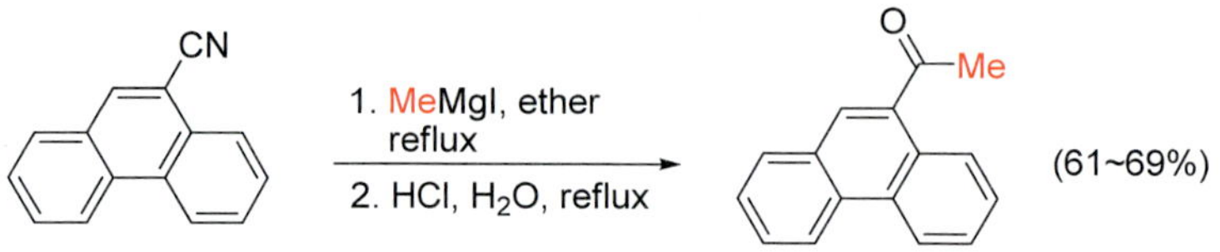

그림 4.38 나이트릴의 Grignard 반응: 이민 또는 케톤 생성 반응

4.5 콘쥬게이트 첨가 반응 (1,4-첨가 반응)

콘쥬게이트 첨가 반응이란 α,β-불포화 카보닐과 나이트릴 화합물 또는 but-1,3-diene과 같은 **콘쥬게이트** 이중 결합의 1,4-위치에서 일어나는 첨가 반응을 말한다. 이 반응은 반응이 일어나는 형태에 따라 **친핵성 콘쥬게이트 첨가 반응** (또는 **친핵성 1,4-첨가 반응**), **친전자성 콘쥬게이트 첨가 반응** (또는 **친전자성 1,4-첨가 반응**)과 **라디칼 콘쥬게이트 첨가 반응** (또는 **라디칼 1,4-첨가 반응**)으로 분류된다 (그림 4.39).

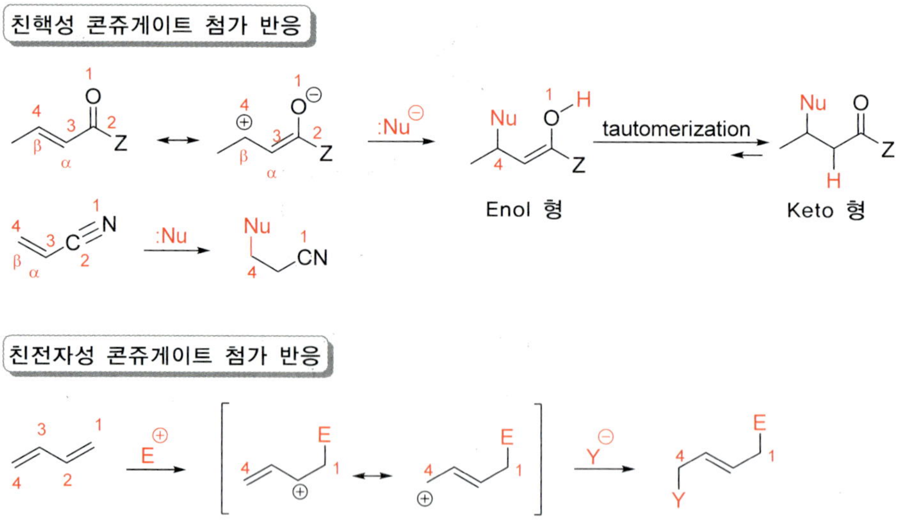

친핵성 콘쥬게이트 첨가 반응

1, O, 4, 3, 2, β, α, Z ↔ 4, ⊕, 1, O⊖, 3, 2, β, α, Z →(:Nu⊖) Nu, 4, 1, O, H, Z →(tautomerization) Nu, O, H, Z

Enol 형 Keto 형

4, 3, C≡N, 1, 2, β, α →(:Nu) Nu, 4, 1, CN

친전자성 콘쥬게이트 첨가 반응

3, 1, 4, 2 →(E⊕) [4, E, 1, ⊕ ↔ 4, E, 1, ⊕] →(Y⊖) 4, E, 1, Y

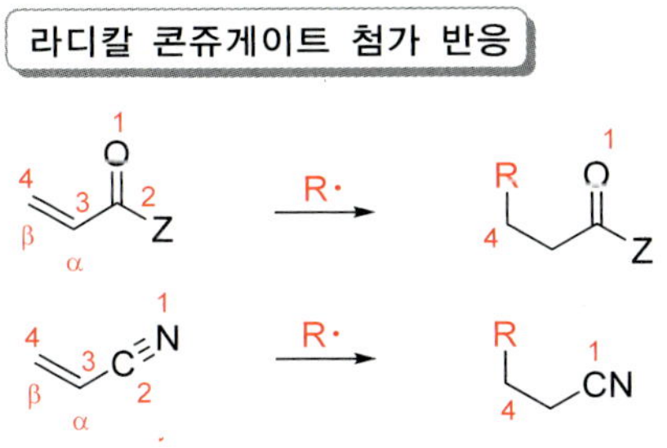

라디칼 콘쥬게이트 첨가 반응

그림 4.39 콘쥬게이트 첨가 반응 (1,4-첨가 반응)의 분류

4.5.1 친핵성 콘쥬게이트 첨가 반응: 친핵성 1,4-첨가 반응

고립된 알켄의 C=C 결합은 오직 친전자체와 친전자성 첨가 반응을 할 뿐 친핵체와 반응하지 않는다. 그러나 α,β-불포화 알데하이드, 케톤, 에스터 또는 나이트릴 화합물의 경우 β 탄소 위치는 공명에 의해 전자가 부족한 친전자성 부위가 되어 친핵체에 의해 공격을 받아 σ 결합을 형성한다. 이를 **친핵성 콘쥬게이트 첨가 반응** 또는 **친핵성 1,4-첨가 반응**이라고 한다.

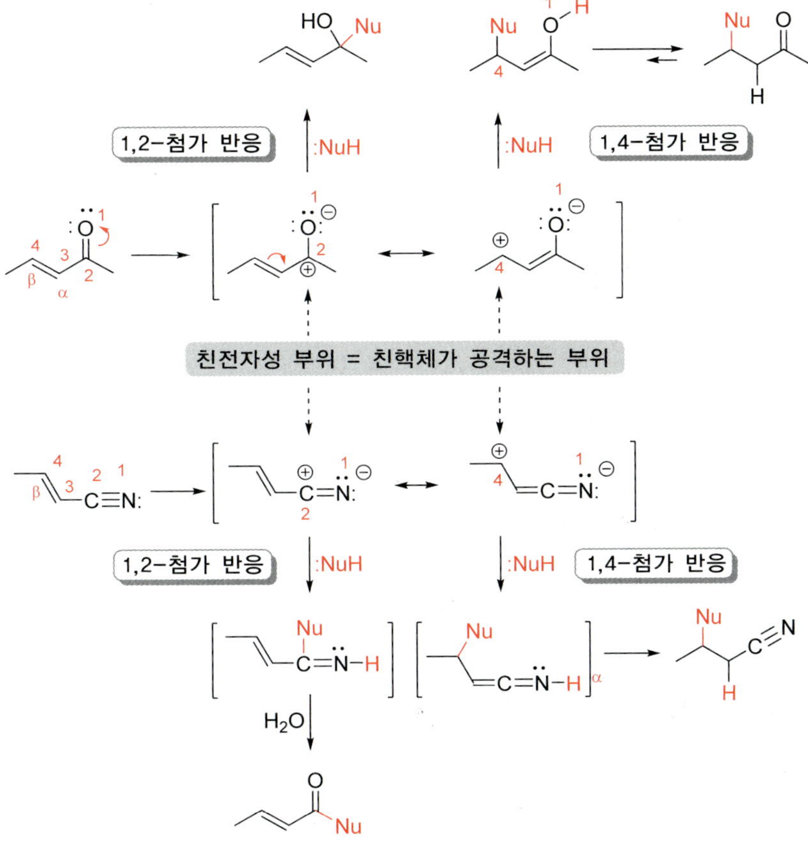

그림 4.40 친핵성 1,2-첨가 반응과 1,4-첨가 반응

이 반응은 이들 화합물의 카보닐기의 탄소 원자 또는 나이트릴기의 탄소 원자에서 일어나는 **친핵성 1,2-첨가 반응**과 경쟁적으로 일어난다 (그림 4.40). 이와 관련된 위치 반응 선택성에 관한 내용은 13.2절에서 자세히 공부할 예정이다.

친핵성 콘쥬게이트 첨가 반응에 사용되는 친핵체로는 아민, 알코올 (또는 싸이올), HX, CN 이온, 유기구리 시약 (9.3.4절), 안정한 탄소 친핵체 (예. 엔올 음이온 또는 엔아민, 10.4.1절) 등이 있으며 이들 반응은 β 탄소에 아미노기, 알콕시 (알킬 싸이오기), 할로젠기, 사이아노기가 도입된 카보닐 또는 나이트릴 화합물을 합성하는 데 이용된다 (그림 4.41~4.44). 특히 안정한 탄소 음이온을 탄소 친핵체 (예. 엔올 음이온)로 사용한 1,4-첨가 반응 **(Michael 반응)**은 C−C 결합의 형성 반응에 매우 중요한 반응으로 이에 관한 반응은 10.4.1절에서 별도로 다룰 예정이다.

질소 친핵체에 의한 친핵성 1,4-첨가 반응

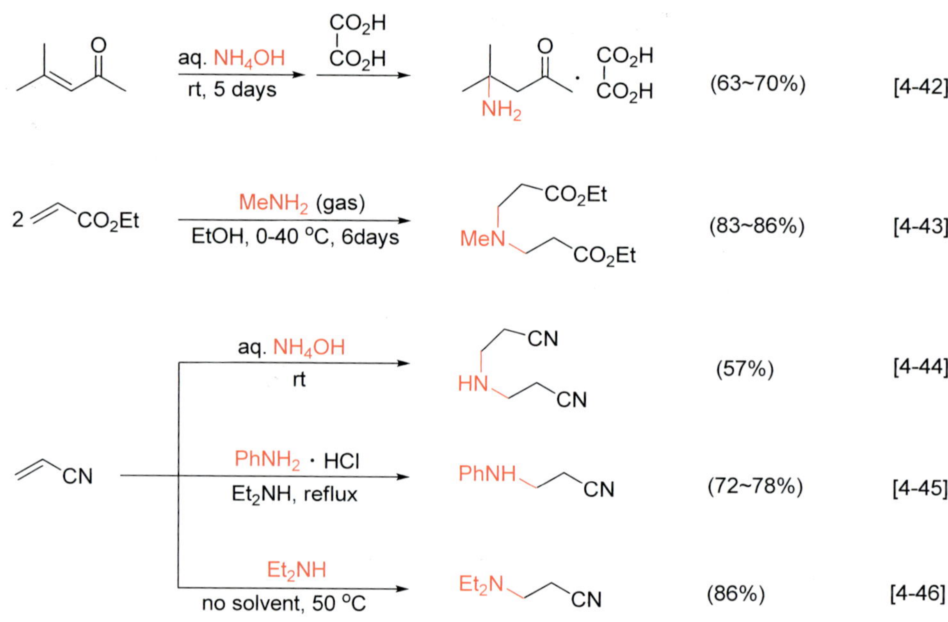

그림 4.41 질소 친핵체에 의한 친핵성 1,4-첨가 반응

산소 및 황 친핵체에 의한 친핵성 1,4-첨가 반응

CN —(EtOH / $HO^{\ominus}$ resin)→ EtO–CH2CH2–CN (90%) [4-46]

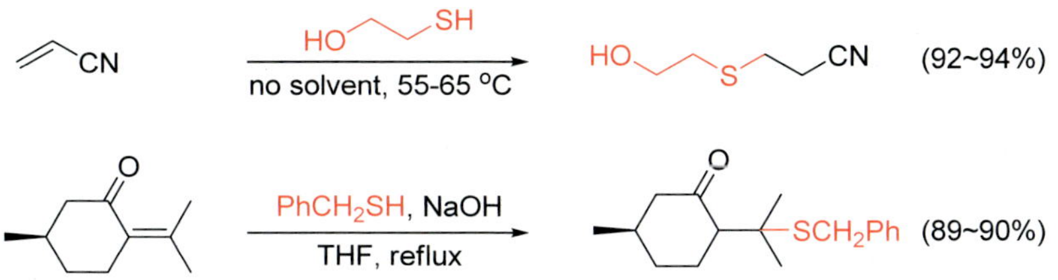

$CH_2=CHCN$ → (HOCH₂CH₂SH; no solvent, 55-65 °C) → $HOCH_2CH_2SCH_2CH_2CN$ (92~94%) [4-47]

PhCH₂SH, NaOH / THF, reflux (89~90%) [4-48]

그림 4.42 산소 및 황 친핵체에 의한 친핵성 1,4-첨가 반응

할로젠 친핵체에 의한 친핵성 1,4-첨가 반응

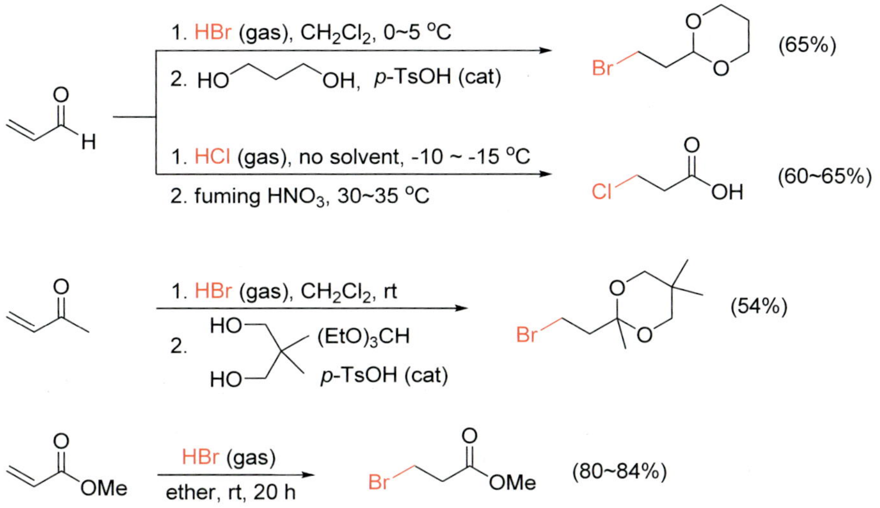

1. HBr (gas), CH_2Cl_2, 0~5 °C
2. HO(CH₂)₃OH, *p*-TsOH (cat)
(65%) [4-49]

1. HCl (gas), no solvent, -10 ~ -15 °C
2. fuming HNO_3, 30~35 °C
Cl-CH₂CH₂-COOH (60~65%) [4-50]

1. HBr (gas), CH_2Cl_2, rt
2. HOCH₂C(CH₃)₂CH₂OH, $(EtO)_3CH$, *p*-TsOH (cat)
(54%) [4-49]

HBr (gas) / ether, rt, 20 h
Br-CH₂CH₂-CO-OMe (80~84%) [4-51]

그림 4.43 할로젠 친핵체에 의한 친핵성 1,4-첨가 반응

탄소 친핵체에 의한 친핵성 1,4-첨가 반응

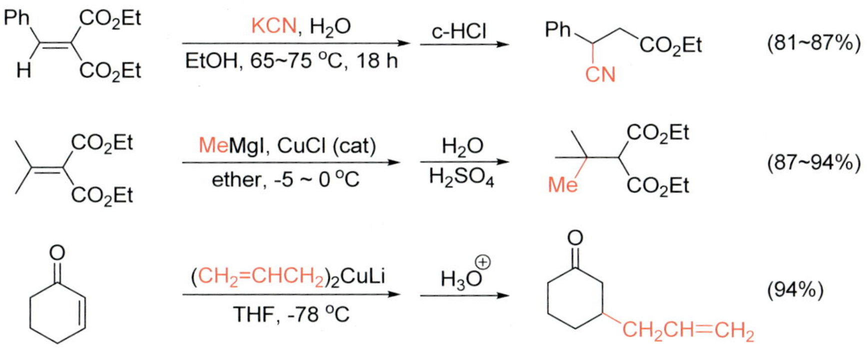

PhCH=C(CO₂Et)₂ → KCN, H_2O / EtOH, 65~75 °C, 18 h → c-HCl → PhCH(CN)CH₂CO₂Et (81~87%) [4-52]

(CH₃)₂C=C(CO₂Et)₂ → MeMgI, CuCl (cat) / ether, -5 ~ 0 °C → H_2O / H_2SO_4 → Me(CH₃)₂C-CH(CO₂Et)₂ (87~94%) [4-53]

Cyclohexenone → $(CH_2=CHCH_2)_2CuLi$ / THF, -78 °C → $H_3O^{\oplus}$ → 3-($CH_2CH=CH_2$)cyclohexanone (94%)

그림 4.44 탄소 친핵체에 의한 친핵성 1,4-첨가 반응

4.5.2 친전자성 1,4-첨가 반응

But-1,3-diene 같은 콘쥬게이트 다이엔에 HBr을 첨가 반응시키면 1,4-첨가 생성물이 얻어진다. 이와 같은 반응을 **친전자성 콘쥬게이트 첨가 반응**이라고 한다. 이 반응에서 낮은 온도에서는 1,2-첨가 생성물이, 높은 온도에서는 1,4-첨가 생성물이 더 많이 생긴다. 이 반응의 메커니즘은 중간체로 생성되는 알릴 탄소 양이온의 공명으로 설명된다. 반응 온도에 따른 생성 비율의 차이는 반응 속도론적 (낮은 온도)으로는 1,2-첨가 반응이 우선적으로 일어나지만, 열역학적 제어 반응 조건 (높은 온도)에서는 열역학적으로 더 안정한 Zaitsev형 알켄 화합물인 (알킬기가 더 많이 치환된 알켄) 1,4-첨가 생성물이 더 선호되기 때문이다. HBr 대신에 Br_2를 반응시켜도 비슷한 결과를 얻는다 (그림 4.45).

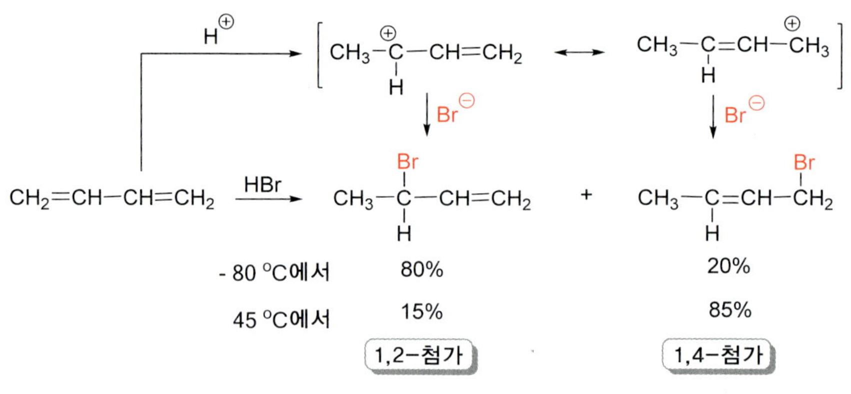

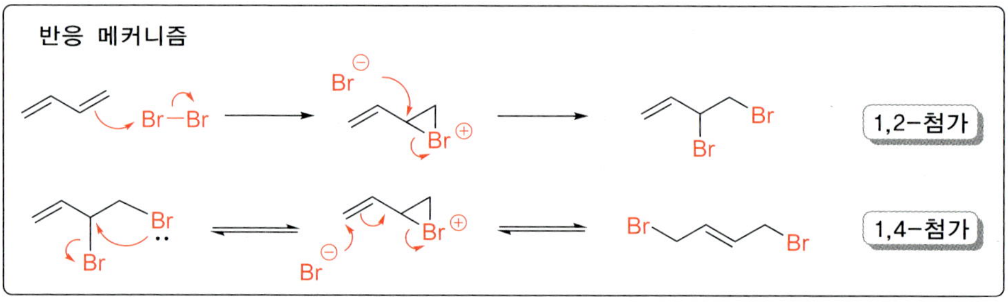

그림 4.45 But-1,3-diene의 위치 선택적 브로민화 반응

4.5.3 라디칼 1,4-첨가 반응

RI 또는 RBr 화합물은 n-Bu_3SnH과 라디칼 생성 조건 (AIBN 가열 또는 빛)에서 반응하면 쉽게 알킬 라디칼이 생성된다. 이 알킬 라디칼은 α,β-불포화 카보닐 화합물 (예. methyl acrylate) 또는 나이트릴 (예. acrylonitrile)의 β 탄소 원자에 첨가 반응하여 탄소-탄소 결합을 생성시킨다 (그림 4.46).

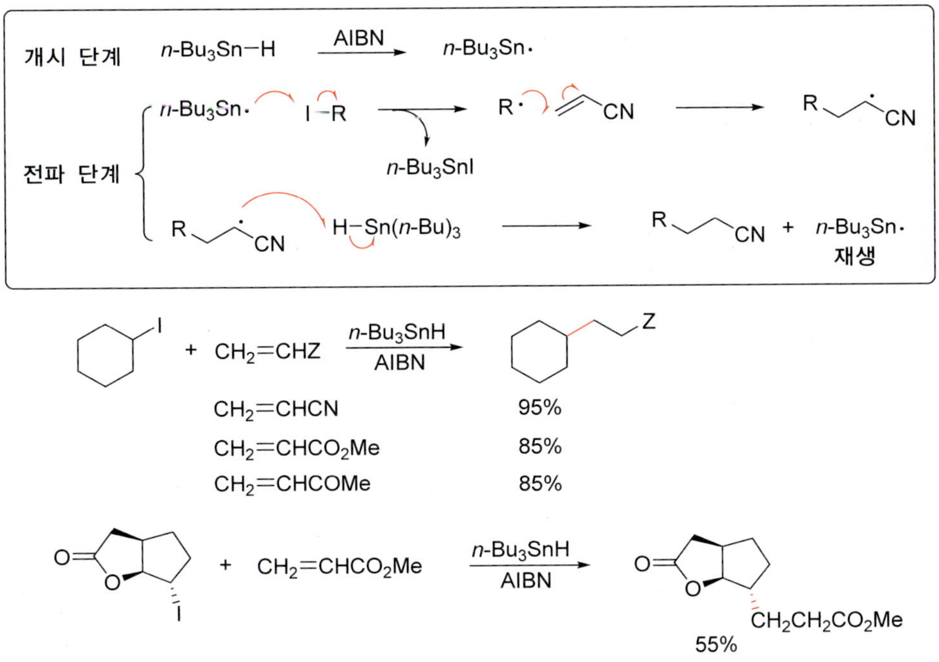

개시 단계 $n\text{-}Bu_3Sn{-}H \xrightarrow{AIBN} n\text{-}Bu_3Sn\cdot$

전파 단계 $n\text{-}Bu_3Sn\cdot$ + I−R → R· (+ $n\text{-}Bu_3SnI$); R· + $CH_2{=}CHCN$ → $RCH_2\dot{C}HCN$

$RCH_2\dot{C}HCN$ + $H{-}Sn(n\text{-}Bu)_3$ → RCH_2CH_2CN + $n\text{-}Bu_3Sn\cdot$ 재생

Cyclohexyl iodide + $CH_2{=}CHZ \xrightarrow[AIBN]{n\text{-}Bu_3SnH}$ $C_6H_{11}CH_2CH_2Z$

$CH_2{=}CHZ$	수율
$CH_2{=}CHCN$	95%
$CH_2{=}CHCO_2Me$	85%
$CH_2{=}CHCOMe$	85%

Iodo bicyclic lactone + $CH_2{=}CHCO_2Me \xrightarrow[AIBN]{n\text{-}Bu_3SnH}$ $CH_2CH_2CO_2Me$-substituted bicyclic lactone, 55%

그림 4.46 알킬 라디칼의 1,4 첨가 반응

또한, 알데하이드를 라디칼 반응 조건에서 diethyl maleate 같은 활성 알켄과 반응시킬 경우 알데하이드에서 생성한 아실 라디칼에 의한 1,4−첨가 반응이 일어나 β−케토 다이 에스터를 생성한다.

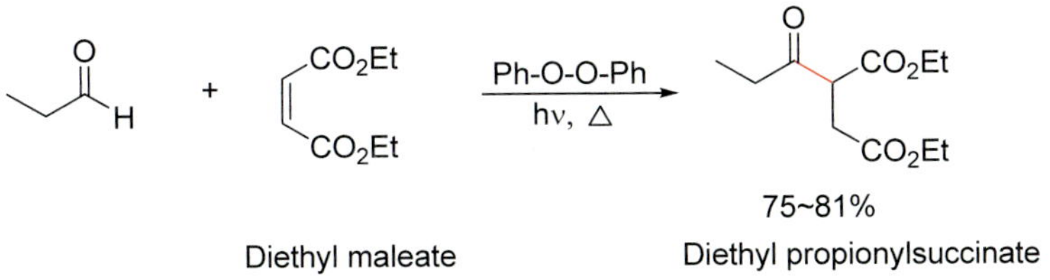

Propanal + Diethyl maleate (CO_2Et, CO_2Et) $\xrightarrow[h\nu,\ \Delta]{Ph\text{-}O\text{-}O\text{-}Ph}$ Diethyl propionylsuccinate, 75~81% [4-54]

한편, 붕소 시약의 일종인 트라이 알킬 보레인 (R_3B)을 공기 중에서 α,β−불포화 알데하이드 또는 케톤과 반응시키면 붕소에 결합한 알킬기에서 알킬 라디칼이 생성되어 1,4−첨가 반응을 한다. 이에 관련된 구체적인 반응 예는 9.3.6절을 참고하길 바란다.

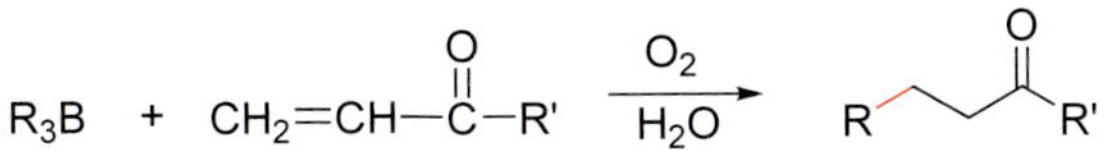

$$R_3B + CH_2{=}CH{-}\overset{O}{\overset{\|}{C}}{-}R' \xrightarrow[H_2O]{O_2} RCH_2CH_2\overset{O}{\overset{\|}{C}}R'$$

CHAPTER 04 참고 문헌

[4-1] *Org. Synth. Coll.* **1963**, *4*, 4533.
[4-2] *Org. Synth. Coll.* **1943**, 2, 336.
[4-3] Vogel's Textbook 546p.
[4-4] *Org. Synth. Coll.* **1988**, *6*, 766.
[4-5] *Org. Synth. Coll.* **1990**, *7*, 137.
[4-6] *Org. Synth. Coll.* **1988**, *6*, 919.
[4-7] *Org. Synth. Coll.* **1998**, *9*, 522.
[4-8] *Org. Synth. Coll.* **1973**, *5*, 187.
[4-9] *Org. Synth. Coll.* **1973**, *5*, 855.
[4-10] *Org. Synth. Coll.* **1988**, 6, 342.
[4-11] *Org. Synth. Coll.* **1990**, *7*, 397.
[4-12] *Org. Synth. Coll.* **1990**, *8*, 102.
[4-13] *Org. Synth. Coll.* **1963**, *4*, 860.
[4-14] *Org. Synth. Coll.* **1998**, *9*, 288.
[4-15] *Org. Synth. Coll.* **1990**, *7*, 168.
[4-16] *Org. Synth. Coll.* **1943**, *2*, 271.
[4-17] *Org. Synth. Coll.* **1988**, *6*, 184.
[4-18] *Org. Synth. Coll.* **1963**, *4*, 157.
[4-19] *Org. Synth. Coll.* **1998**, *9*, 764.
[4-20] *Org. Synth. Coll.* **1955**, *3*, 350.
[4-21] *Org. Synth. Coll.* **1963**, *4*, 13.
[4-22] Vogel's Textbook 612p.
[4-23] *Org. Synth. Coll.* **2009**, *11*, 82.
[4-24] Vogel's Textbook 494p.
[4-25] *Org. Synth. Coll.* **1941**, *1*, 180.
[4-26] *Org. Synth. Coll.* **1988**, *6*, 1014.
[4-27] *Org. Synth. Coll.* **1943**, *2*, 70.
[4-28] *Org. Synth. Coll.* **1941**, *1*, 1-2.
[4-29] *Org. Synth. Coll.* **1955**, *3*, 644.
[4-30] *Org. Synth. Coll.* **1943**, *2*, 271.
[4-31] *Org. Synth. Coll.* **1998**, *9*, 727.
[4-32] *Org. Synth. Coll.* **1998**, *9*, 649.
[4-33] *Org. Synth. Coll.* **1941**, *1*, 298.
[4-34] *Org. Synth. Coll.* **1963**, *4*, 605.
[4-35] *Org. Synth. Coll.* **1955**, *3*, 84.
[4-36] *Org. Synth. Coll.* **1955**, *3*, 88.
[4-37] *Org. Synth. Coll.* **1941**, *1*, 436.
[4-38] *Org. Synth. Coll.* **1963**, *4*, 760 and Vogel's Textbook 710p.
[4-39] *Org. Synth. Coll.* **1973**, *5*, 520.
[4-40] *Org. Synth. Coll.* **1955**, *3*, 562.
[4-41] *Org. Synth. Coll.* **1955**, *3*, 26.
[4-42] *Org. Synth. Coll.* **1941**, *1*, 196.
[4-43] *Org. Synth. Coll.* **1955**, *3*, 258.
[4-44] *Org. Synth. Coll.* **1955**, *3*, 93.
[4-45] *Org. Synth. Coll.* **1963**, *4*, 205.
[4-46] Vogel's Textbook 719p.
[4-47] *Org. Synth. Coll.* **1963**, *4*, 458.
[4-48] *Org. Synth. Coll.* **1993**, *8*, 302.
[4-49] *Org. Synth. Coll.* **1990**, *7*, 59.
[4-50] *Org. Synth. Coll.* **1941**, *1*, 166.
[4-51] *Org. Synth. Coll.* **1955**, *3*, 576.
[4-52] *Org. Synth. Coll.* **1963**, *4*, 804.
[4-53] *Org. Synth. Coll.* **1963**, *4*, 442.
[4-54] *Org. Synth. Coll.* **1988**, *6*, 615.

CHAPTER 05 산화 반응

유기 반응에서 산화 반응은 다양한 형태로 일어난다. 이 장에서는 유기 합성 반응에 유용하게 사용되는 대표적인 산화 반응들과 산화제에 대하여 공부한다.

알코올의 산화

1° 알코올은 알데하이드 또는 카복실산으로 산화되며 2° 알코올은 케톤으로 산화된다. 그러나 3° 알코올은 산화되지 않는다.

$$RCH_2OH \xrightarrow{[O]} RCH{=}O \text{ 또는 } RCO_2H$$

$$R_2CHOH \xrightarrow{[O]} R_2C{=}O$$

$$R_3COH \xrightarrow{[O]} \text{산화 반응하지 않음}$$

알데하이드 또는 케톤의 산화

알데하이드는 카복실산으로 산화되지만 케톤은 산화제에 의해 더 이상 산화되지 않는다. 그러나 케톤의 경우 과산소산과 반응하면 산화 자리 옮김 반응에 의하여 에스터로 전환된다.

$$RCH{=}O \xrightarrow{[O]} RCO_2H$$

$$R_2C{=}O \xrightarrow{[O]} \text{산화 반응하지 않음}$$

$$RR'C{=}O \xrightarrow{[O]} RCO_2R'$$

알켄 및 알카인의 산화 반응

알켄의 C=C 결합은 산화제와 반응하여 에폭사이드 및 1,2-다이올을 생성하고, 또한 C=C 결합은 오존에 의해 산화성 분해되어 (ozonolysis) 알데하이드, 케톤 또는 카복실산을 생성한다. 알카인의 C≡C 결합은 오존과 산화제에 의해 산화성 분해되어 카복실산으로 전환된다 (4.2.3절 및 4.2.5절 참조).

[O] → (에폭사이드) 또는 (OH OH 다이올) 또는 (C=O)

—C≡C— [O] → —C(=O)—OH

알릴 자리 탄소 및 벤질 자리 탄소의 산화

알릴 탄소와 벤질 탄소는 다른 sp^3 탄소보다 라디칼이 생성되기 쉬우므로 산소 라디칼이 관여하는 산화 반응에 민감하게 작용하여 알코올, 케톤 또는 카복실산으로 산화된다 (5.9절).

$$RCH{=}CH{-}CH_2R \xrightarrow{[O]} RCH{=}CH{-}CH(OH)R \text{ 또는 } RCH{=}CH{-}C(=O)R$$

$$PhCH_2R \xrightarrow{[O]} PhCH{=}O\ (R = H) \text{ 또는 } PhCO_2H\ (R = H) \text{ 또는 } PhC(=O)R\ (R = aryl)$$

케톤 또는 에스터의 α 탄소의 산화

카보닐기의 α 탄소는 특정 산화제 (예. SeO_2)에 의해 산화되어 α 탄소에 OH기가 도입되거나 케톤기가 도입된다 (5.10절).

$$R{-}\underset{\alpha}{CH_2}{-}C(=O){-}R \xrightarrow{[O]} R{-}CH(OH){-}C(=O){-}R \text{ 또는 } R{-}C(=O){-}C(=O){-}R$$

황 화합물의 산화

설파이드 같은 황 화합물은 산화제에 의해 설폭사이드 또는 설폰으로 산화된다 (5.11절).

$$R{-}S{-}R \xrightarrow{[O]} R{-}S(=O){-}R \text{ (Sulfoxide) 또는 } R{-}S(=O)_2{-}R \text{ (Sulfone)}$$

질소 화합물의 산화

산화제에 의해 3° 아민은 *N*-oxide로, 또는 이민은 nitrone으로 산화된다 (5.11절).

$$R_3N \xrightarrow{[O]} R_3N{\rightarrow}O \text{ (Amine oxide)}$$

$$R_2C{=}NR' \xrightarrow{[O]} R_2C{=}N^{\oplus}(O^{\ominus})R' \text{ (Nitrone)}$$

5.1 산화제의 종류

산화제 (oxidizing agent)란 산화 반응을 일으키는 물질 또는 시약을 말한다. 산화력과 산화 특성이 다른 다양한 종류의 산화제가 알려져 있다. 산화제는 크게 금속 산화제와 비금속 산화제로 분류할 수 있다.

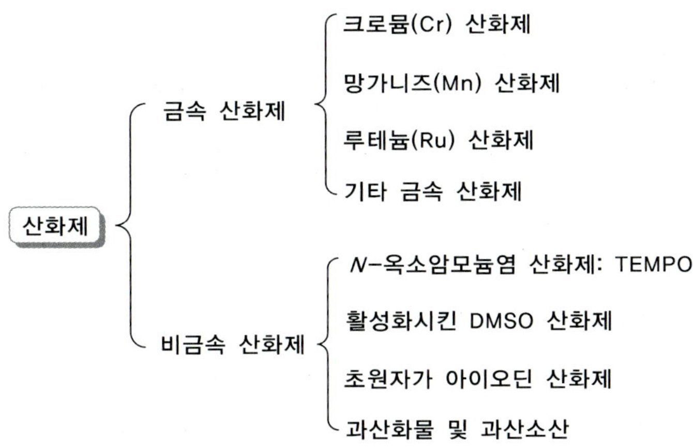

5.1.1 크로뮴 산화제

크로뮴 (Cr) 산화제는 Cr^{6+} 이온이 반응 기질로부터 전자를 받아 Cr^{3+}으로 환원되는 원리를 이용하여 반응 기질을 산화시키는 시약이다. 유기 분자의 산화 반응에서 흔히 사용되는 크로뮴 시약으로는 **$Na_2Cr_2O_7$** 또는 **$CrO_3 + H_2SO_4$** (H_2CrO_4, chromic acid), **Jones 시약**, **Collins 시약** (dipyridinium chromium oxide), **PCC** (pyridinium chlorochromate)과 **PDC** (pyridinium dichromate) 등이 있다. 이들 시약의 성상, 제법 및 산화 특성을 표 5.1에 요약하였다. 지금까지 크로뮴 산화제는 유기 물질의 산화 반응에 가장 많이 사용되어 온 산화제 중 하나이나 Cr^{6+} 이온이 발암성 물질로 알려지면서부터 점차 다른 산화제로 대체되어 가고 있는 추세이다.

5.1.2 망가니즈 산화제

대표적인 망가니즈 산화제로는 **$KMnO_4$** (potassium permanganate)와 **활성 MnO_2** (manganese dioxide)가 있다. $KMnO_4$는 $Mn^{7+} \rightarrow Mn^{4+}$로 환원되는 원리를 이용하여 산성 또는 염기성 용액에서 알코올을 카복실산 또는 케톤으로 산화시키고 C=C 결합을 1,2-diol (낮은 온도)로, 벤질 C–H 결합을 카복실산으로 산화시키는 강력한 산화제이다.

표 5.1 크로뮴 산화제

종류	조성 및 산화 반응 조건	산화 반응 특성
크로뮴산 (Chromic acid, H_2CrO_4)	• CrO_3 또는 $Na(K)_2Cr_2O_7$을 황산 수용액 (또는 아세트산)과 반응시켜 제조 • 강산성 수용액에서 반응	• $RCH_2OH \rightarrow RCHO$ 또는 RCO_2H • $R_2CHOH \rightarrow R_2C{=}O$ • $ArCHR_2 \rightarrow ArCHO$ 또는 $ArCO_2H$ • $ArCH_2Rr \rightarrow ArCOR$ • 산에 불안정한 작용기가 있을 경우 사용 불가능 • 산화력이 너무 강해 선택성 부족
Jones 시약	Chromic acid의 아세톤 용액	Chromic acid와 동일
Sarett 시약	• CrO_3의 피리딘 용액 • 반응 후 피리딘을 제거해야 하는 불편함이 있음	• $RCH_2OH \rightarrow RCHO$ • $R_2CHOH \rightarrow R_2C{=}O$
Collins 시약 $(C_5H_5N)_2 CrO_3$	• −15~−18℃로 냉각시킨 피리딘에 CrO_3을 가하여 제조 • 흡습성 고체 시약 • CH_2Cl_2 용매에 현탁시켜 사용	• $RCH_2OH \rightarrow RCHO$ • $R_2CHOH \rightarrow R_2C{=}O$
PCC $C_5H_5N^{\oplus}H\ CrO_3Cl^{\ominus}$ Pyridinium chlorochromate	• CrO_3을 당량의 6 N 염산에 녹이고 여기에 당량의 피리딘을 가하여 제조 • 약산성 고체 시약으로 선택성이 우수. 시중에서 판매됨 • CH_2Cl_2 용매에 현탁시켜 사용	• $RCH_2OH \rightarrow RCHO$ • $R_2CHOH \rightarrow R_2C{=}O$ • 알데하이드 합성에 자주 사용되는 산화제 • 약산성이어서 산에 예민한 작용기가 있는 경우 사용이 제한됨
PDC $[C_5H_5N^{\oplus}H]_2\ Cr_2O_7^{2-}$ Pyidinium dichromate	• CrO_3 수용액과 피리딘을 반응시켜 제조 • 선택성이 우수한 거의 중성인 시중에서 판매되는 시약 • CH_2Cl_2, DMF, DMSO 용매 속에서 사용	• $RCH_2OH \rightarrow RCHO$ (in CH_2Cl_2) • $RCH_2OH \rightarrow RCO_2H$ (in DMF) • $R_2CHOH \rightarrow R_2C{=}O$ • 벤질 또는 알릴 자리 알코올을 우선하여 산화 • CH_2Cl_2 용매에서는 알데하이드를, DMF 용매에서는 카복실산을 생성 • 산에 예민한 작용기와 무관

또한 $MnCl_2$ 또는 $MnSO_4$을 $KMnO_4$와 반응시켜 만든 활성 MnO_2는 알릴 또는 벤질 알코올을 알데하이드로 산화시키는 특성을 가진 산화제이다. 이 산화제는 산화 반응이 일어나면서 $Mn^{4+} \rightarrow Mn^{2+}$로 환원된다 (표 5.2).

5.1.3 루테늄 (Ru), 셀레늄 (Se), 은 (Ag), 오스뮴 (Os) 산화물과 납 산화제

크로뮴과 망가니즈 산화제 이외에 유기 합성에서 흔히 사용되는 금속 산화제로는 사산화 루테늄 (RuO_4), TPAP (n−$Pr_3N^{\oplus}RuO_4^{\ominus}$, tetra−$n$−propylammonium perruthenate), 이산화 셀레늄 (SeO_2), 산화 은 (Ag_2O), 사산화 오스뮴 (OsO_4)과 사아세트산 납 [$Pb(OAc)_4$] 등이 있다.

표 5.2 망가니즈 산화제

종류	성상 및 반응 조건	산화 특성
$KMnO_4$ (potassium permanganate)	• 자색 고체 • 산성 또는 염기성 수용액에서 반응	• $RCH_2OH \rightarrow RCO_2H$ • $R_2CHOH \rightarrow R_2C=O$ • $RCHO \rightarrow RCO_2H$ • C=C → 1,2-diol 또는 결합 분해 반응(carboxylic acid 생성)에 사용 • $ArCH_2R \rightarrow ArCO_2H$ • 산화력이 너무 강해 선택성 부족
MnO_2 (Manganese dioxide)	• $MnCl_2$ 또는 $MnSO_4$를 물속에서 $KMnO_4$와 가열 반응시켜 제조. • 아세톤, 에터, CH_2Cl_2, $CHCl_3$, EtOAc, hexane 용매 사용	• $R_2CHOH \rightarrow R_2C=O$ • $C=C-CH_2OH \rightarrow C=C-CHO$ • 알릴, 벤질, 프로파질 알코올을 우선적으로 산화하여 α,β-불포화 알데하이드 또는 케톤을 생성 • 선택성이 우수하나 과량 (5~20당량) 사용해야 한다는 것이 단점임

이 중 루테늄 산화제인 TPAP의 경우 보조 산화제로 NMO (*N*-methylmorpholine *N*-oxide)와 함께 사용하면 촉매량 사용이라도 가능하다. 이 산화제는 1° 알코올을 알데하이드 또는 카복실산으로 산화시킨다. SeO_2는 알릴 자리 C-H 결합을 알릴 알코올로 산화시킬 수 있으며 카보닐 α 탄소를 산화시켜 α 케토 알데하이드 또는 1,2-diketone을 생성시킨다. Ag_2O는 알데하이드를 카복실산으로 산화시키는 산화제로 자주 사용된다. OsO_4는 알켄을 *cis*-1,2-diol로 산화시키는 산화제이며 보조 산화제로 NMO를 사용할 경우 촉매량으로도 가능하다 (4.2.3절). $Pb(OAc)_4$의 경우 1,2-diol을 산화 분해시켜 알데하이드로 전환시키는 산화제로 사용된다 (표 5.3).

표 5.3 기타 금속 산화제

종류	성상	산화 특성
TPAP (tetra-*n*-propylammonium perruthenate) $(n\text{-}C_3H_7)_4\overset{\oplus}{N}Ru\overset{\ominus}{O_4}$	• 촉매 산화제로 활용 (보조 산화제로 NMO 이용) • 유기 용매 (CH_2Cl_2)에 상당량 녹는 시판 고체 화합물	• $RCH_2OH \rightarrow RCO_2H$ • $R_2CHOH \rightarrow R_2C=O$
RuO_4 Ruthenium (VIII) oxide	• $RuCl_3 + NaIO_4$ 또는 $RuO_2 + NaIO_4$	• $RCH_2OH \rightarrow RCO_2H$ • Hindered 2° alcohol → ketone
SeO_2 Selenium dioxide	• 백색 고체 • 물, 에탄올, 아세트산에 녹음	• $RCOCH_2R' \rightarrow RCOCOR'$ • RC=C-C → RC=C-C-OH
Ag_2O Silver (I) oxide	• 물, 에탄올에 거의 안 녹음 • NaOH 수용액에 녹음	• $RCHO \rightarrow RCO_2H$
OsO_4 Osmium tetroxide	• 유기 용매에 잘 녹음 • 고가, 맹독성	• C=C → 1,2-diol
$Pb(OAc)_4$ Lead (IV) acetate	• 아세트산, 벤젠, $CHCl_3$ 등에 녹음	• 1,2-diol → aldehyde • $RCOCH_2R' \rightarrow RCOCH(OAc)R'$

5.1.4 비금속 산화제

비금속 산화제로는 활성 DMSO 산화제 (**Swern 산화제**), **Corey–Kim 산화제**, 초원자가 아이오딘 산화제 (**DMP, IBX, $NaIO_4$**), **TEMPO** (2,2,6,6–tetramethylpiperidin–1–oxyl)–촉매 산화제, **과산소산** (peracid), **과산화물** (peroxide), **할로젠 산화제** 등이 있다. 이들 산화제는 유기 합성 반응에서 온화한 조건에서 1° 알코올을 알데하이드로 선택 산화시키는 산화제로 자주 이용된다. 이들 비금속 산화제의 산화 특성과 메커니즘은 5.2.4절~5.2.7절에서 집중적으로 다룰 예정이다. 한편, 산소 원자를 제공하는 시약으로 과산소산 (peracid, 예. CH_3CO_3H, $PhCO_3H$, *m*CPBA, MPP), 과산화물 (예. H_2O_2, NaOCl, oxone 등) 및 할로젠 분자 등이 있다 (표 5.4).

표 5.4 비금속 산화제

분류	산화제	산화 특성
활성 DMSO 산화제 (Dimethylsulfonium salt)	• Swern 산화제: DMSO + $(COCl)_2$, CH_2Cl_2, –70℃ • DMSO + DCC • Corey–Kim 산화: NCS + Me_2S, PhMe, –25℃, then Et_3N	• $RCH_2OH \rightarrow RCHO$ • $C{=}C{-}CH_2OH \rightarrow C{=}C{-}CHO$
초원자가 아이오딘 산화제	DMP (Dess–Martin Periodinane)	• $RCH_2OH \rightarrow RCHO$ • $C{=}C{-}CH_2OH \rightarrow C{=}C{-}CHO$
	IBX (2–Iodoxybenzoic acid)	• $RCH_2OH \rightarrow RCO_2H$ • $R_2CHOH \rightarrow R_2C{=}O$
	$NaIO_4$ (Sodium periodiate)	• 1,2–diol → aldehyde • $R_2S \rightarrow R_2SO$
TEMPO 산화 *N*–Oxoammonium salt	TEMPO (2,2,6,6–Tetramethylpiperidin–1–oxyl) + NaOCl	• $RCH_2OH \rightarrow RCHO$ • $RCH_2OH \rightarrow RCO_2H$
과산소산 (peracid)	• Peracetic acid (CH_3CO_3H) • Perbenzoic acid ($PhCO_3H$) • *m*–Chloroperbenzoic acid (*m*–$ClC_6H_4CO_3H$, *m*CPBA) • Monoperoxyphthalic acid (MPP)	• C=C → epoxide • RR'CO → RCO_2R' • $R_2S \rightarrow R_2SO$ • $R_3N \rightarrow R_3NO$
과산화물	• Hydrogen peroxide (H_2O_2) • *tert*–Butyl hydrogen peroxide (*tert*–BuOOH, TBHP)	• $R_2S \rightarrow R_2SO$ • $R_3N \rightarrow R_3NO$
Oxone	• $KHSO_5$	• $RCHO \rightarrow RCO_2H$ • C=C → epoxide • $R_2S \rightarrow R_2SO$
할로젠화물	• Br_2 • NaOCl • $NaBrO_3$	• $RCHOHCH_2OH \rightarrow RCOCH_2OH$ (1° 알코올보다 2° 알코올을 우선하여 산화)

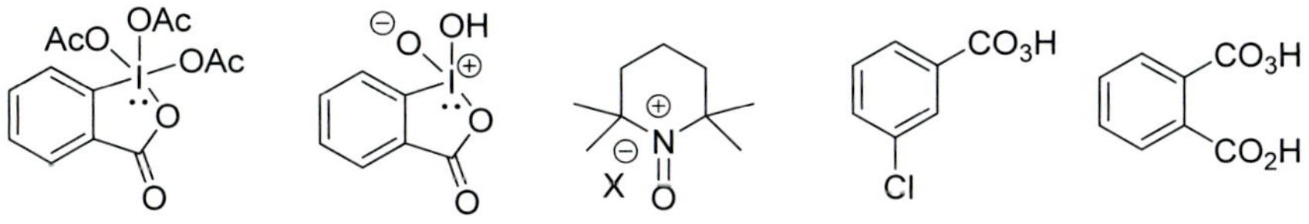

DMP IBX TEMPO *m*CPBA MPP

5.2 일차 알코올의 선택 산화 반응: 알데하이드의 생성

1° 알코올로부터 알데하이드를 합성하는 방법은 유기 합성에서 매우 중요한 반응이다. 일반적으로 1° 알코올은 산화 반응에 의해 알데하이드를 거쳐 카복실산까지 산화된다.

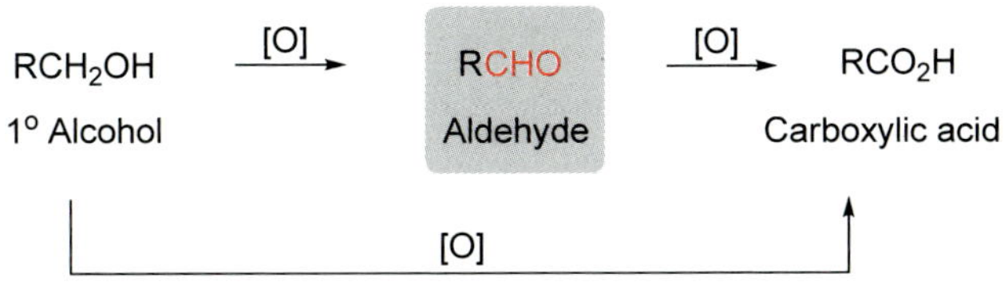

$$\underset{\text{1° Alcohol}}{RCH_2OH} \xrightarrow{[O]} \underset{\text{Aldehyde}}{RCHO} \xrightarrow{[O]} \underset{\text{Carboxylic acid}}{RCO_2H}$$

(1° Alcohol → Carboxylic acid: [O])

알데하이드는 매우 쉽게 카복실산으로 산화되기 때문에 1° 알코올의 산화 반응에서 중간 생성물인 알데하이드를 선택적으로 얻기 위해서는 산화제의 선택이 매우 중요하다. 1° 알코올로부터 알데하이드를 합성하는 데 흔히 사용되는 산화제의 종류와 산화 특성은 다음과 같다.

5.2.1 크로뮴 (Cr) 금속 산화제: Jones, Collins, PCC와 PDC 시약

- Chromic acid (H_2CrO_4)와 Jones 시약

CrO_3 또는 Na (K)$_2Cr_2O_7$을 황산 수용액 (또는 아세트산)에서 1° 알코올과 가열 조건에서 직접 반응시켜 알데하이드를 합성할 수 있다. 그러나 이 방법은 강산성에서 반응하므로 이 조건에서 손상되는 작용기가 있는 반응 기질은 사용할 수 없다. 또한, 반응계에서 생성된 알데하이드가 카복실산으로 더 산화되지 않게 하기 위해 생성된 알데하이드를 반응계로부터 증류 등의 방법으로 분리해야 한다. 따라서 이 산화제는 끓는점이 낮아 (100℃ 미만) 반응계에서 분리하기 쉽고, 강산성에도 손상되지 않는 작용기를 가진 알데하이드의 합성 목적으로만 흔히 사용된다 (그림 5.1).

$$CH_3CH_2CH_2OH \xrightarrow[H_2SO_4,\ \Delta]{K_2Cr_2O_7,\ H_2O} \underset{45\sim49\%}{CH_3CH_2CHO} \qquad [5\text{-}1]$$

$$H{-}C{\equiv}C{-}CH_2OH \xrightarrow[H_2O,\ acetone,\ 2\sim10^{\circ}C]{CrO_3\ (1.05\ eq),\ H_2SO_4} \underset{35\sim41\%}{H{-}C{\equiv}C{-}CHO} \qquad [5\text{-}2]$$

그림 5.1 Chromic acid 및 Jones 시약을 이용한 1° 알코올로부터 알데하이드의 합성

이 시약의 산화 반응은 그림 5.2에 나타낸 바와 같이 크로뮴산 (chromic acid)과 알코올이 반응하여 생성된 chromate ester에서 *α* 수소 원자와 크로뮴산기가 양성자와 H_2CrO_3 (chromous acid)로 이탈 (제거)되면서 일어나는 반응이며, 이 과정에서 Cr^{6+} 이온은 Cr^{4+}로 환원된다 (연이어 $2Cr^{4+} \rightarrow Cr^{5+} + Cr^{3+}$ 및 $Cr^{5+} + 2e^- \rightarrow Cr^{3+}$ 반응이 일어나 최종적으로는 Cr^{6+}이 Cr^{3+}으로 환원된다). 이 때문에 *α* 수소가 없는 3° 알코올의 경우 산화 반응이 일어나지 않는다. 이 시약에 의해 알데하이드가 카복실산으로 산화되는 반응의 경우에도 알데하이드 수화물을 경유하여 *α* 수소를 가진 알코올과 비슷한 메커니즘으로 반응이 일어나는 것으로 알려져 있다.

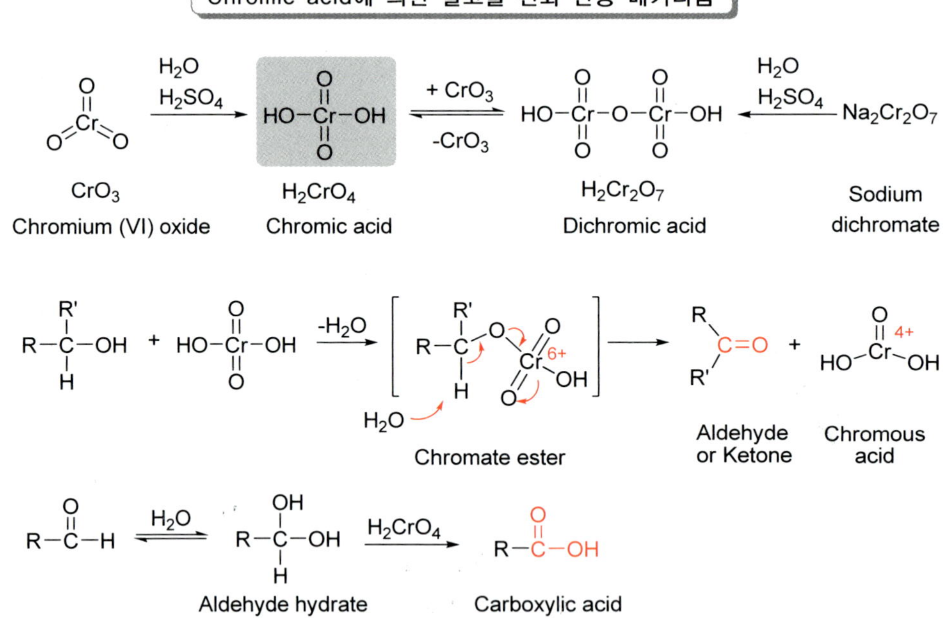

그림 5.2 크로뮴산의 생성과 알코올의 산화 반응 메커니즘: Chromate ester에서 제거 반응이 일어남. 이 과정에서 Cr^{6+}이 Cr^{4+}로 변함 (산화 반응)

- Collins, PCC 및 PDC 산화제

이 산화제들은 크로뮴산에 비해 산화력이 약한 고체 시약으로 유기 용매 (주로 CH_2Cl_2 사용)에 현탁하여 사용하다. 이 시약들은 온화한 조건 (실온)에서 비교적 좋은 수득률로 1° 알코올을 알데하이드로 산화시킨다 (그림 5.3).

$$CH_3(CH_2)_5CH_2OH \xrightarrow[CH_2Cl_2,\ 25\ ^{\circ}C]{\text{Collins 시약 (6 eq)}} CH_3(CH_2)_5CHO \quad 70\sim84\% \qquad [5\text{-}3]$$

$$CH_3(CH_2)_8CH_2OH \xrightarrow[CH_2Cl_2,\ rt]{\text{Collins 시약 (in } situ)} CH_3(CH_2)_8CHO \quad 63\sim66\% \qquad [5\text{-}4]$$

그림 5.3 Collins 산화 시약을 이용한 1° 알코올로부터 알데하이드의 합성

이 중 **Collins 산화제**는 약염기성이므로 산에 손상되기 쉬운 작용기를 가진 반응 기질에도 사용이 가능하다. 그러나 이 시약은 흡습성이 강하고 또한 산화 반응에 과량 (6당량)을 사용해야 하는 단점이 있다. 한편, **PCC 산화제**의 경우 공기 중에서 안정한 시약으로 알데하이드 합성에 가장 많이 사용되는 산화제이다. 그러나 이 산화제는 약산성이기 때문에 산에 불안정한 반응 기질 (예. 아세탈 등)에 사용할 경우 NaOAc 같은 염기와 함께 사용해야 한다 (그림 5.4). 또한, 이 산화제는 furan 고리를 산화하기 쉽고 또한 삼차 알릴 자리 알코올의 산화 반응에서 산화성 자리 옮김 반응을 동반하는 단점이 있다.

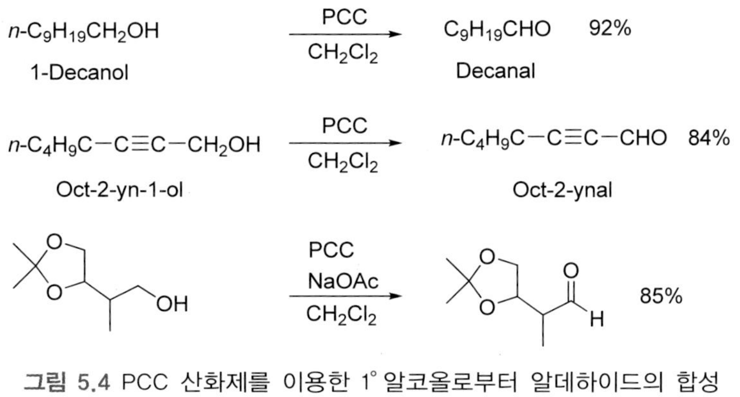

$$n\text{-}C_9H_{19}CH_2OH \text{ (1-Decanol)} \xrightarrow[CH_2Cl_2]{PCC} C_9H_{19}CHO \text{ (Decanal)} \quad 92\%$$

$$n\text{-}C_4H_9C-C\equiv C-CH_2OH \text{ (Oct-2-yn-1-ol)} \xrightarrow[CH_2Cl_2]{PCC} n\text{-}C_4H_9C-C\equiv C-CHO \text{ (Oct-2-ynal)} \quad 84\%$$

(acetonide alcohol) $\xrightarrow[CH_2Cl_2]{PCC,\ NaOAc}$ (aldehyde) 85%

그림 5.4 PCC 산화제를 이용한 1° 알코올로부터 알데하이드의 합성

한편, **PDC 산화제**는 PCC 산화제와 비슷한 산화 특성을 가지고 있으나 거의 중성이어서 산에 불안정한 enol ether 작용기를 가지고 있는 반응 기질의 경우에도 1° 알코올을 알데하이드로 산화시킬 목적으로 사용할 수 있다. 그러나 이 시약은 반응 용매에 따라 산화력이 다르게 나타나므로 사용에 유의해야 한다. 예를 들면, citronellol을 이 시약과 CH_2Cl_2 (염화 메틸렌) 용매에서 반응시키면 citronellal을 합성할 수 있지만 DMF 속에서 반응시키면 citronellic acid

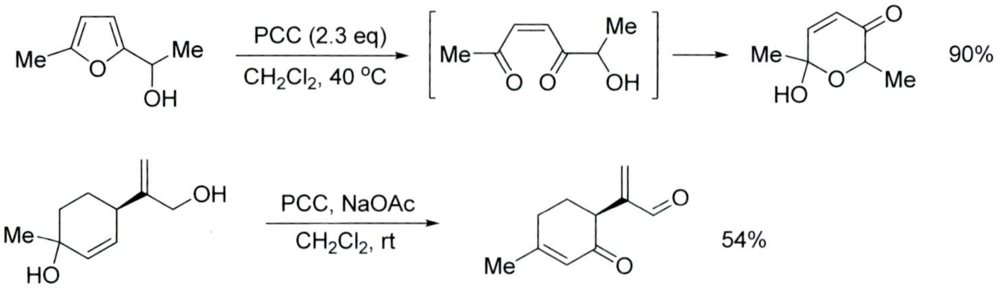

가 합성된다. 만약에 citronellol의 산화 반응에서 PDC 시약 대신 약산성 시약인 PCC 산화제로 사용할 경우 생성된 citronellal에서 산 촉매에 의한 분자 내 고리화 반응이 일어나 cyclohexanone 유도체가 생성된다 (그림 5.5).

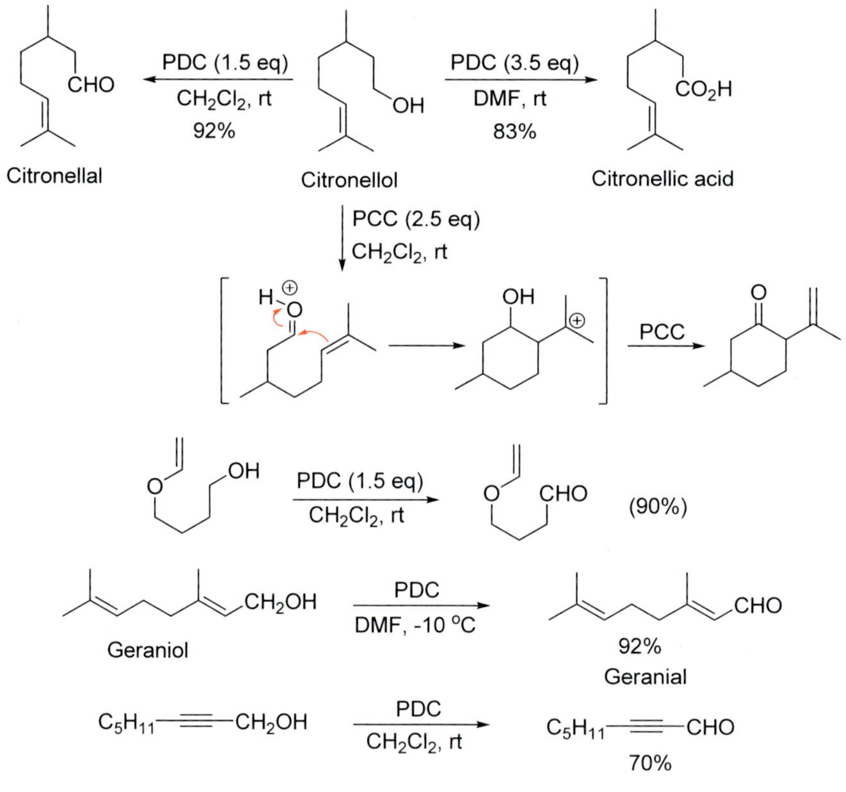

그림 5.5 PDC 산화제를 이용한 1° 알코올로부터 알데하이드의 합성

5.2.2 활성 MnO_2 산화제

활성 MnO_2 산화제는 $MnCl_2$ 또는 $MnSO_4$를 $KMnO_4$와 반응시켜 얻을 수 있는데 이 산화제는 알릴 또는 벤질 알코올을 대응하는 알데하이드로 전환시키는 반응에 매우 유용하게 사용

된다 (그림 5.6). 이 방법은 별도의 반응 후 처리 조작이 불필요하여 단순한 여과 조작에 의해 생성물을 바로 얻을 수 있는 장점을 가지고 있으나, 시약을 만드는 방법에 따라 산화력이 다르게 나타나며, 과량 (보통 5~20당량)의 시약을 사용해야 한다는 단점이 있다.

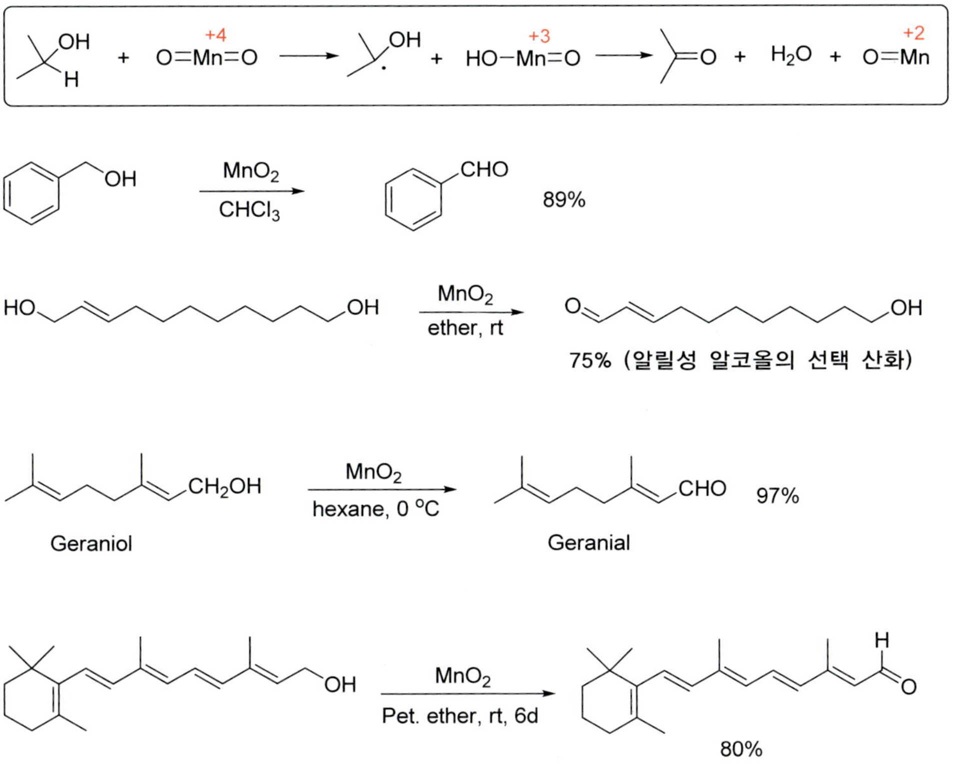

+4 +3 +2
OH H + O=Mn=O → OH + HO−Mn=O → =O + H_2O + O=Mn

OH → MnO_2 / $CHCl_3$ → CHO 89%

HO ... OH → MnO_2 / ether, rt → O ... OH
75% (알릴성 알코올의 선택 산화)

CH_2OH → MnO_2 / hexane, 0 °C → CHO 97%
Geraniol Geranial

OH → MnO_2 / Pet. ether, rt, 6d → H O
80%

그림 5.6 활성 MnO_2 산화제를 이용한 1° 알코올로부터 알데하이드의 합성

5.2.3 TPAP (*tetra*–*n*–propylammonium perruthenate) 촉매 산화

TPAP는 Ru 금속 산화제의 일종으로 CH_2Cl_2 및 CH_3CN 같은 유기 용매에 상당량 녹는다. 이 산화제는 산에 약한 작용기는 물론 산화제에 의해 쉽게 산화될 수 있는 작용기인 알켄과 설파이드와도 반응하지 않고 오직 알코올만을 알데하이드 또는 케톤으로 선택적으로 산화시킨다. 특히, 보조 산화제로 *N*–methylmorpholine *N*–oxide (NMO)를 함께 사용하면 이 산화제를 촉매량 (보통 5 mol%) 사용해도 이와 같은 산화 반응이 가능하다. 이 산화제를 사용할 때 반응계에 물이 있는 경우 카복실산까지 산화되므로 알데하이드를 합성할 목적이면 반응계에 있는 물을 제거하기 위하여 분자 체 (molecular sieve, MS)를 넣어 사용하는 것이 바람직하다 (그림 5.7).

$RCH_2OH \xrightarrow[NMO]{TPAP[Ru^{6+}] (cat)} RCHO + Ru^{4+}$

TPAP = $n\text{-}Pr_4N^{\oplus}\ RuO_4^{\ominus}$

Ru^{4+} + NMO ⟶ Ru^{6+} + N-methylmorpholine

N-Methylmorpholine oxide (NMO)

5 mol% TPAP, 1.5 eq NMO / CH_2Cl_2, MS, rt — 97%

5 mol% TPAP, 1.5 eq NMO / CH_2Cl_2, MS, rt — 65%

TPAP, NMO / CH_2Cl_2, MS, 0 °C to rt — > 50%

그림 5.7 TPAP 촉매 산화제를 이용한 1° 알코올로부터 알데하이드의 합성

5.2.4 활성 DMSO 산화제

Dimethyl sulfoxide (DMSO)를 trifluoroacetic anhydride (TFAA), oxalyl chloride [$(COCl)_2$] 또는 dicyclohexylcarbodiimide (DCC) 등과 반응시킨 용액에 1° 알코올과 염기 (예. Et_3N)를 넣어 반응시키면 알데하이드가 합성된다. 이 반응은 '활성 DMSO (activated DMSO)'의 생성 [1단계], dimethylsulfonium alkoxide의 생성 [2단계], sulfonium ylide의 생성 [3단계], 탈양성자화 반응에 의한 알데하이드 생성 [4단계] 과정을 거쳐 일어난다 (그림 5.8).

[1단계] 반응에서 $(COCl)_2$, TFAA 및 DCC는 친전자체로서 DMSO와 반응하여 dimethylsulfonium 염을 생성한다. 이 염은 DMSO에 있는 황 원자의 친전자성을 증가시켜 [2단계] 반응에서 알코올의 친핵성 부위인 산소 원자와 반응이 잘 일어날 수 있는 구조를 가지고 있으므로 **'활성 DMSO (activated DMSO)'**라고 한다. 이들 DMSO 활성화제 중 $(COCl)_2$를 사용하는 산화 방법을 **Swern 산화** (TFAA를 사용할 경우를 포함)라고 한다. 활성 DMSO를 이용한 알코올의 산화 반응에서 TFAA를 활성화제로 사용하는 경우 trifluoroacetate가, DCC의 경우 urea 화합물이 부산물로 생성된다. 반면에, 활성화제로 oxalyl chloride를 사용하는 Swern 산화인 경우 모두 가스 (CO_2와 CO) 상태의 부산물이 생성되므로 반응 후 생성물로부터 이들을 쉽게 제거할 수 있다.

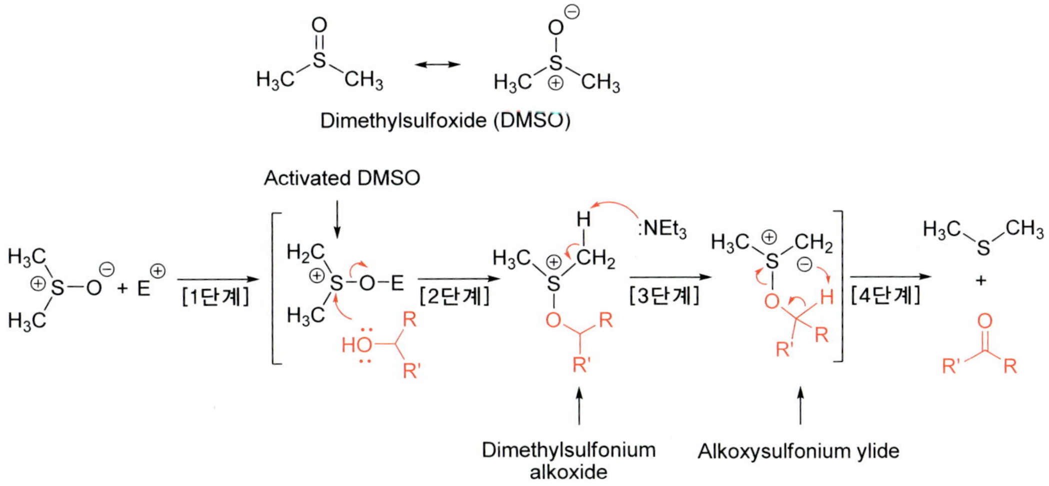

Dimethylsulfoxide (DMSO)

Activated DMSO

[1단계] [2단계] [3단계] [4단계]

Dimethylsulfonium alkoxide

Alkoxysulfonium ylide

$E^{\oplus}$ = $(CF_3CO)_2O$ (trifluoroacetic anhydride, TFAA)
$(COCl)_2$ (oxalyl chloride) } Swern 산화
$c\text{-}C_6H_{13}-N=C=N-c\text{-}C_6H_{13}$ (dicyclohexylcarbodiimide, DCC)

그림 5.8 활성 DMSO에 의한 알코올의 산화 반응 메커니즘

이 활성 DMSO 산화법은 일반 알코올은 물론 산에 불안정한 알릴 알코올 (예. geraniol) 및 아미노 알코올을 산화하여 해당 알데하이드를 합성하는 데에도 자주 이용된다. 이들 방법 중 Swern 산화의 경우는 낮은 반응 온도에서도 반응이 잘 진행된다 (그림 5.9). 그러나 이들 반응의 공통된 단점은 반응 부산물로 악취가 나는 dimethyl sulfide (Me_2S)의 생성이다.

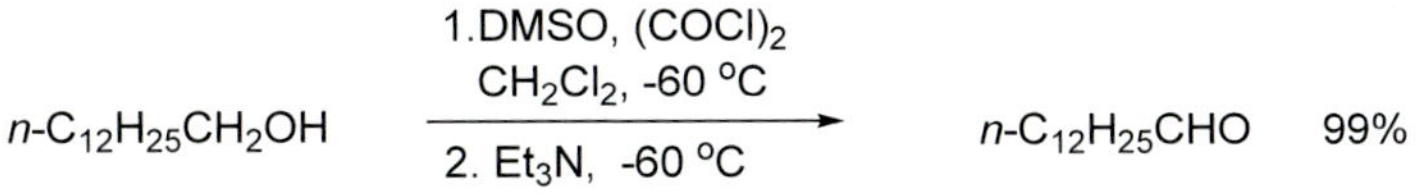

$n\text{-}C_{12}H_{25}CH_2OH$ → (1. DMSO, $(COCl)_2$, CH_2Cl_2, -60 °C; 2. Et_3N, -60 °C) → $n\text{-}C_{12}H_{25}CHO$ 99%

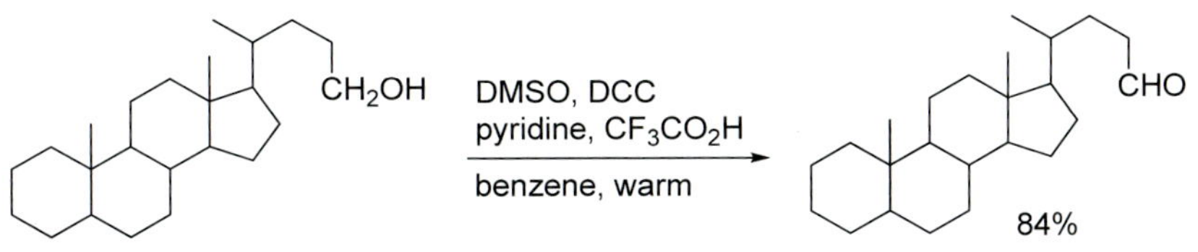

CH_2OH → (DMSO, DCC, pyridine, CF_3CO_2H, benzene, warm) → CHO 84% [5-5]

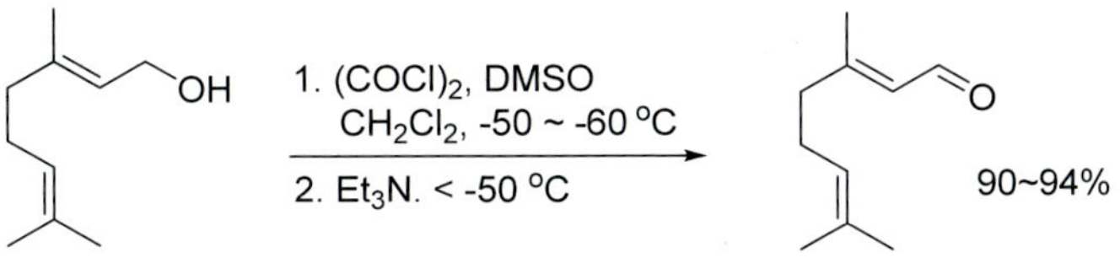

OH → (1. $(COCl)_2$, DMSO, CH_2Cl_2, -50 ~ -60 °C; 2. Et_3N. < -50 °C) → O 90~94% [5-6]

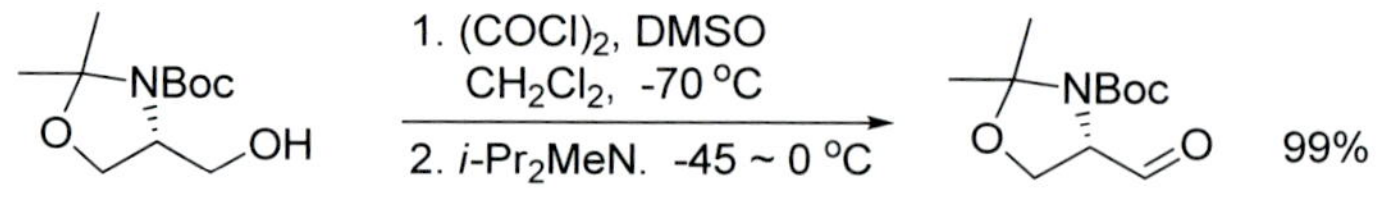

[5-7]

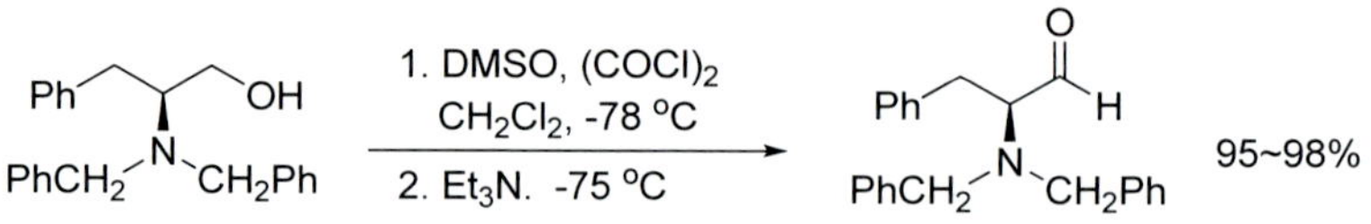

[5-8]

그림 5.9 활성 DMSO 산화 반응을 이용한 1° 알코올로부터 알데하이드의 합성

5.2.5 Corey-Kim 산화 시약

N-Chlorosuccinimide (NCS)에 dimethylsulfide (Me_2S)를 반응시키면 NCS의 dimethylsulfonium 염이 생성되는데 이것은 Swern 산화의 '활성화 DMSO' 화학종에 해당하는 작용을 하게 된다. 여기에 반응 기질인 알코올을 넣어 반응시킨 후 염기 (Et_3N)로 처리하면 알데하이드가 높은 수득률로 생성된다. 반응 메커니즘은 DMSO 산화의 경우와 매우 비슷하다 (그림 5.10).

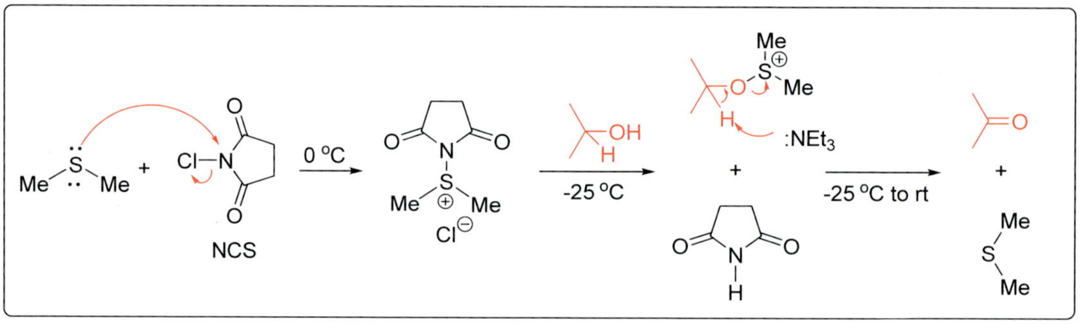

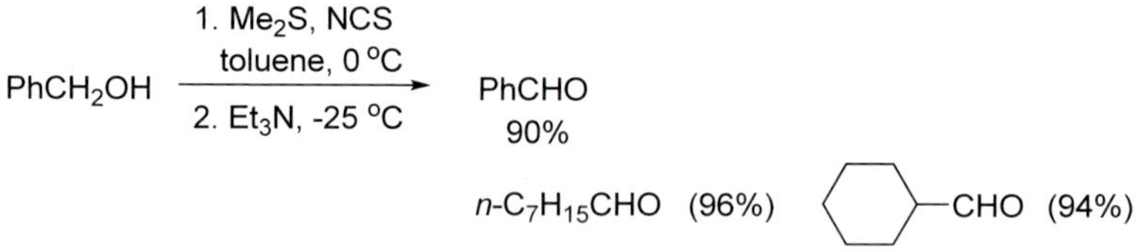

[5-9]

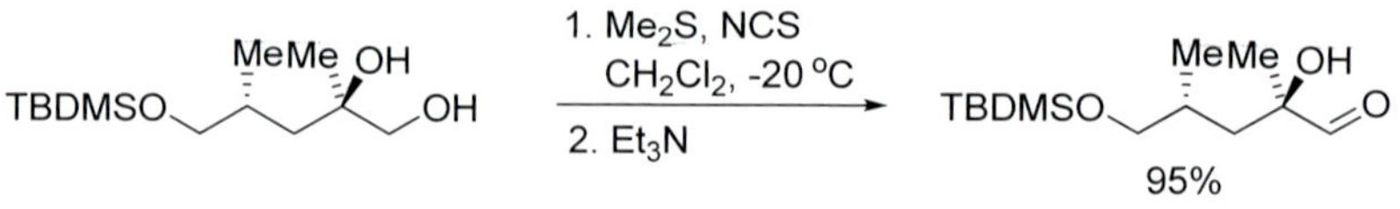

그림 5.10 Corey-Kim 산화 시약을 이용한 1° 알코올로부터 알데하이드의 합성

5.2.6 Dess-Martin periodinane (DMP) 산화제

2-Iodobenzoic acid를 묽은 황산 용액 속에서 $KBrO_3$ (potassium bromate) 또는 물속에서 oxone (potassium peroxymonosulfate, $2KHSO_5 \cdot KHSO_4 \cdot K_2SO_4$)과 가열 반응시키면 **2-iodoxybenzoic acid (IBX)**가 생성된다. IBX에 acetic anhydride를 반응시키면 1,1,1-triacetoxy-1,1-dihydro-1,2-benziodoxol-3(1H)-one (별명으로 **Dess Martin periodinane, DMP**)이 생성된다 (그림 5.11).

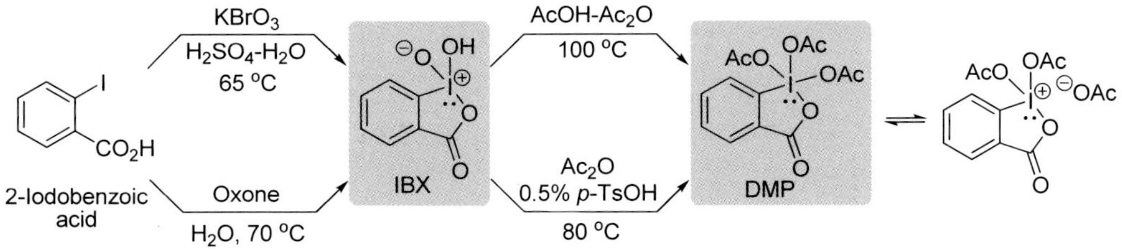

[5-10]

그림 5.11 2-iodoxybenzoic acid (IBX) 및 Dess Martin periodinane (DMP)의 합성법

DMP와 IBX은 초원자가 아이오딘 화합물의 구조를 가진 저독성 산화제로서, 중성 조건과 실온에서 짧은 반응 시간에 1° 알코올을 알데하이드로 산화시킨다. 이 산화제는 산화 선택성이 우수할 뿐 아니라 아세탈 같은 산에 예민하거나 산화되기 쉬운 작용기를 손상시키지 않는다. 이들의 알코올에 대한 선택 산화 반응 예와 반응 메커니즘을 그림 5.12에 나타내었다. 이 반응 메커니즘에 의하면 이 산화 반응은 먼저 IBX와 DMP의 분자 내에 있는 친전자성 부위인 iodonium 이온을 알코올의 산소 원자가 공격하여 생성된 diacetoxyalkoxyperiodinane에서 탈양성자 반응을 동반한 제거 반응이 일어난 결과이다.

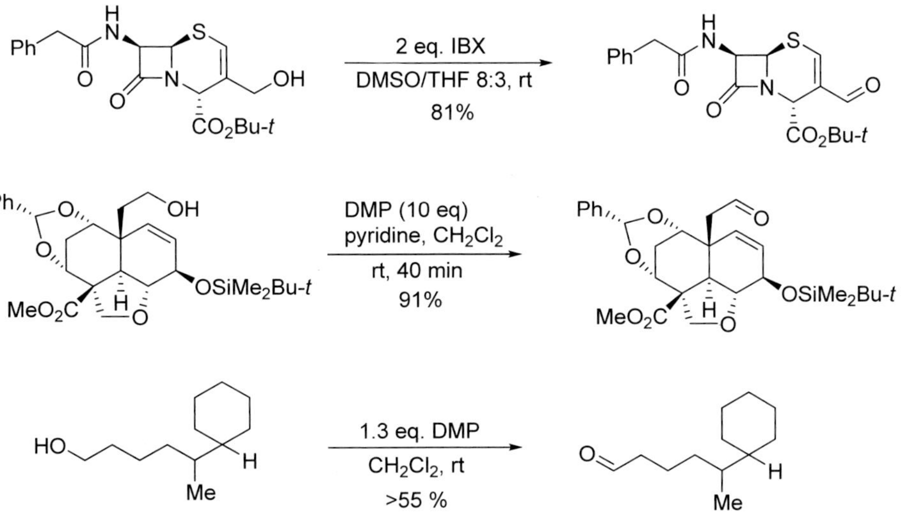

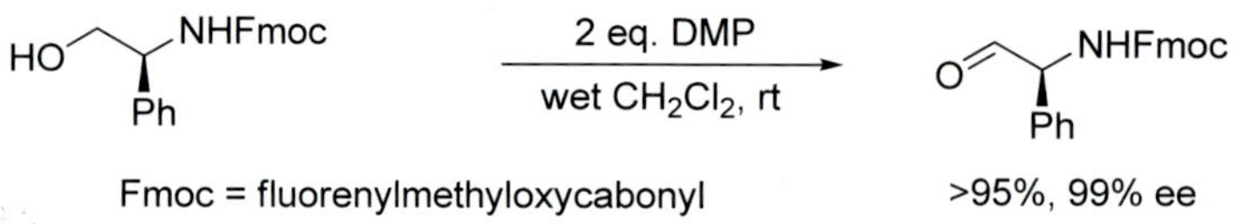

HO–CH₂–CH(Ph)–NHFmoc →(2 eq. DMP / wet CH_2Cl_2, rt)→ O=CH–CH(Ph)–NHFmoc

Fmoc = fluorenylmethyloxycabonyl

>95%, 99% ee

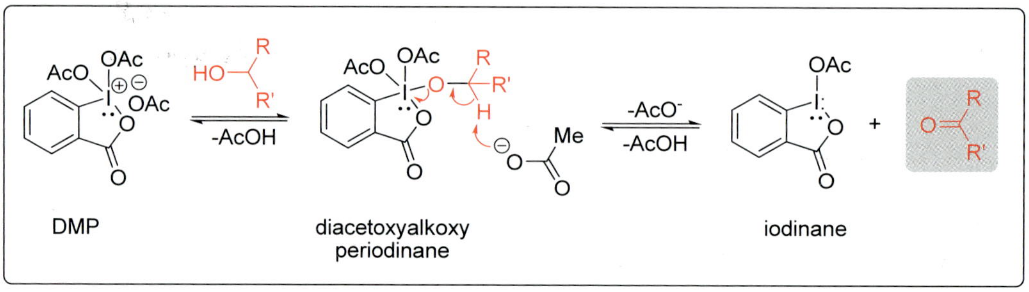

DMP ⇌(HO–CHRR' / -AcOH) diacetoxyalkoxy periodinane ⇌(-AcO⁻ / -AcOH) iodinane + O=CRR'

그림 5.12 DMP 산화제를 이용한 1° 알코올로부터 알데하이드의 합성

5.2.7 TEMPO 매개 산화: *N*-oxoammonium 염 산화제

2,2,6,6-Tetramethylpiperidin-1-oxyl (**TEMPO**)은 nitrosyl free radical의 일종으로 이와 함께 사용하는 이차 산화제인 NaOCl, HOBr, $PhI(OAc)_2$, oxone, RCO_3H 등에 의하여 일차 산화제인 *N*-oxoammonium염으로 전환된 후 1° 알코올을 알데하이드로 산화시킨다. 이 반응에서 TEMPO는 재생되므로 촉매로 사용할 수 있다. 이 반응은 1° 알코올을 2° 알코올보다 우선적으로 산화시키는 성질이 있다. 그러나 이 반응은 반응 조건을 잘 제어하지 못할 경우 과량으로 사용하는 이차 산화제에 의해 부반응 물질 (예. 알켄에 대한 HOCl의 첨가 반응 또는 벤젠 고리에 염소화 반응)이 생성될 수 있다. 이 반응의 예와 메커니즘을 그림 5.13에 나타내었다.

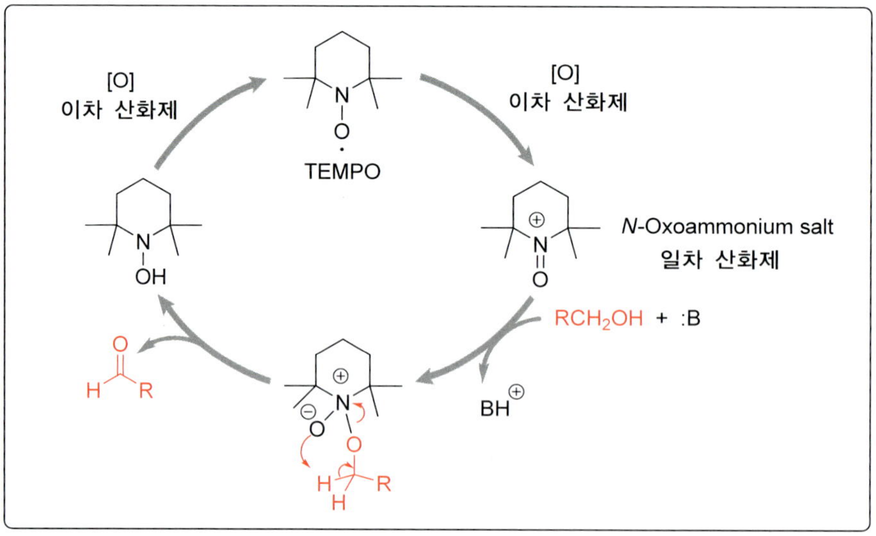

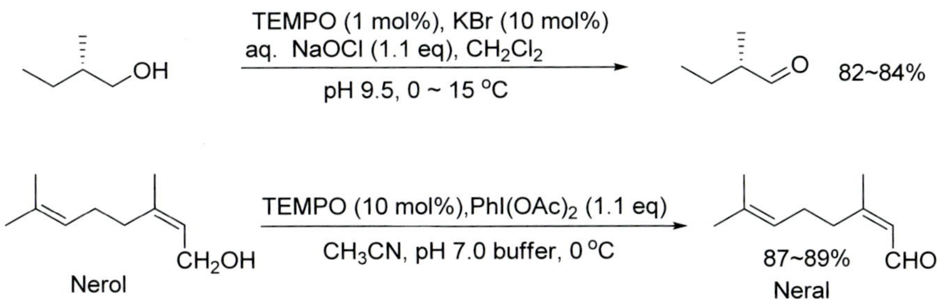

TEMPO (1 mol%), KBr (10 mol%), aq. NaOCl (1.1 eq), CH_2Cl_2, pH 9.5, 0 ~ 15 °C → 82~84% [5-11]

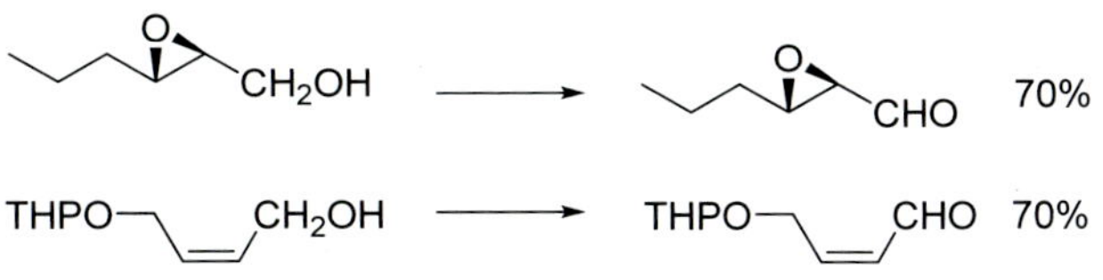

Nerol → TEMPO (10 mol%), $PhI(OAc)_2$ (1.1 eq), CH_3CN, pH 7.0 buffer, 0 °C → Neral 87~89%

CH_2OH (epoxy alcohol) → CHO 70% [5-12]

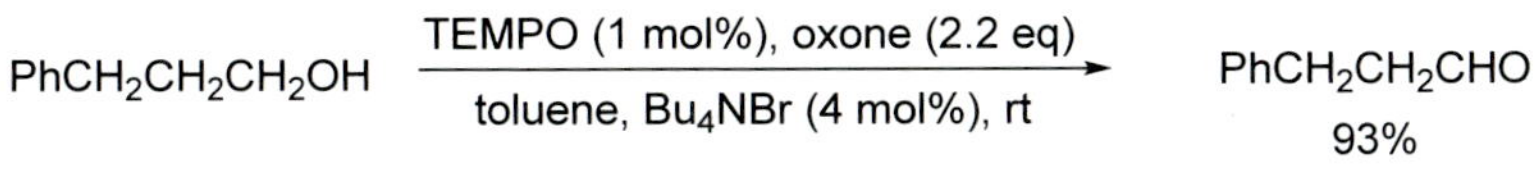

THPO–CH_2OH → THPO–CHO 70%

$PhCH_2CH_2CH_2OH$ → TEMPO (1 mol%), oxone (2.2 eq), toluene, Bu_4NBr (4 mol%), rt → $PhCH_2CH_2CHO$ 93%

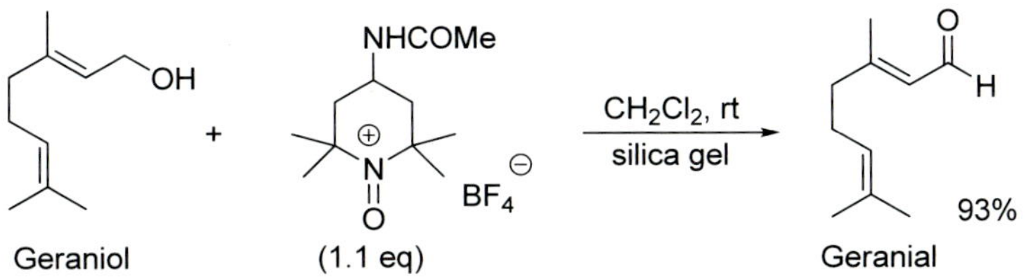

Geraniol + NHCOMe ($BF_4^{\ominus}$ oxoammonium salt, 1.1 eq) → CH_2Cl_2, rt, silica gel → Geranial 93% [5-13]

그림 5.13 TEMPO 매개 산화 반응을 이용한 1° 알코올로부터 알데하이드의 합성

5.3 일차 알코올의 산화 반응: 카복실산의 생성

1° 알코올은 산화력이 센 산화제에 의하여 카복실산으로 산화된다. 이 목적으로 사용되는 산화제는 크로뮴산 산화제, PDC (그림 5.14), $KMnO_4$ (그림 5.15), RuO_4 (그림 5.16), TEMPO 매개 산화제 (그림 5.17) 등이다.

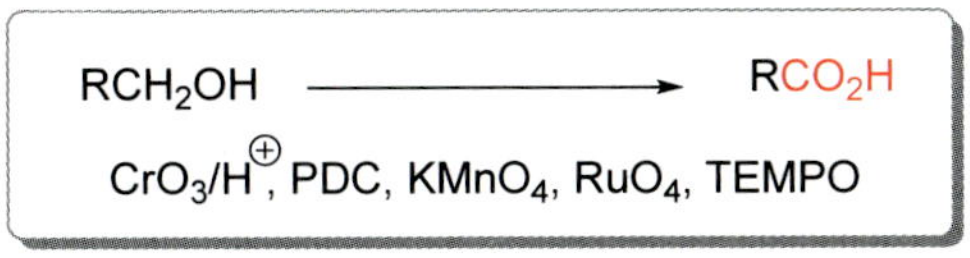

RCH_2OH → RCO_2H

$CrO_3/H^{\oplus}$, PDC, $KMnO_4$, RuO_4, TEMPO

5.3.1 크로뮴 (Cr) 금속 산화제: CrO_3/H_2SO_4와 PDC 시약

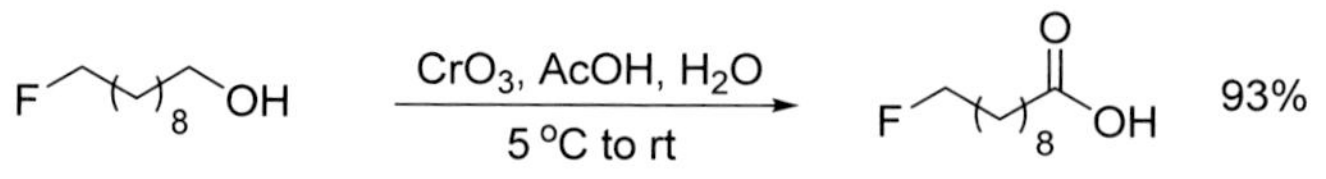

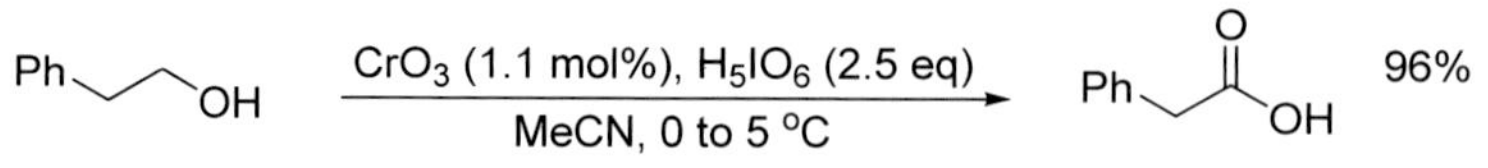

F–(CH2)8–OH → (CrO_3, AcOH, H_2O; 5 °C to rt) → F–(CH2)8–COOH 93%

Ph–CH2CH2–OH → (CrO_3 (1.1 mol%), H_5IO_6 (2.5 eq); MeCN, 0 to 5 °C) → Ph–CH2–COOH 96%

이 방법은 독성이 강한 CrO_3의 양을 최소화시키기 위하여 촉매로 사용한 방법이다. Periodic acid에 의해 촉매가 재생된다.

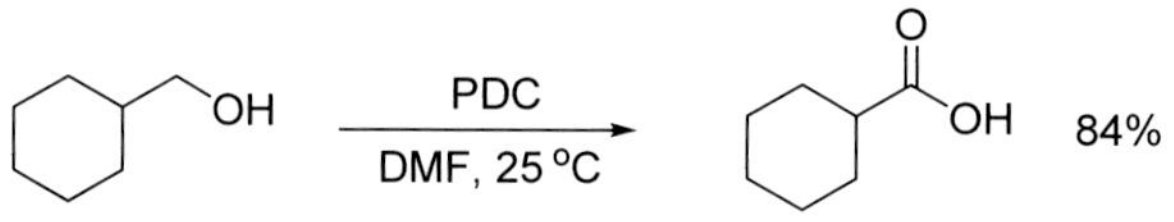

cyclohexyl–CH2–OH → (PDC; DMF, 25 °C) → cyclohexyl–COOH 84%

이 반응에서 DMF 대신 CH_2Cl_2 용매를 사용하면 알데하이드가 생성된다.

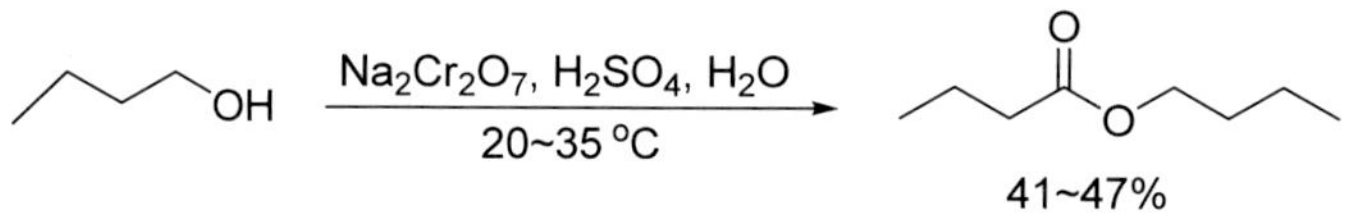

butanol → ($Na_2Cr_2O_7$, H_2SO_4, H_2O; 20~35 °C) → butyl butanoate 41~47% [5-14]

생성한 butanoic acid와 미반응 butanol이 산성 용액 중에서 에스터화 반응을 일으킨다.

그림 5.14 Cr 금속 산화제를 이용한 1° 알코올로부터 카복실산의 합성

5.3.2 $KMnO_4$ 산화제

산, 염기 또는 중성 조건 (보통 수용액) 중에서 1° 알코올과 $KMnO_4$을 반응시키면 카복실산이 생성된다 (그림 5.15).

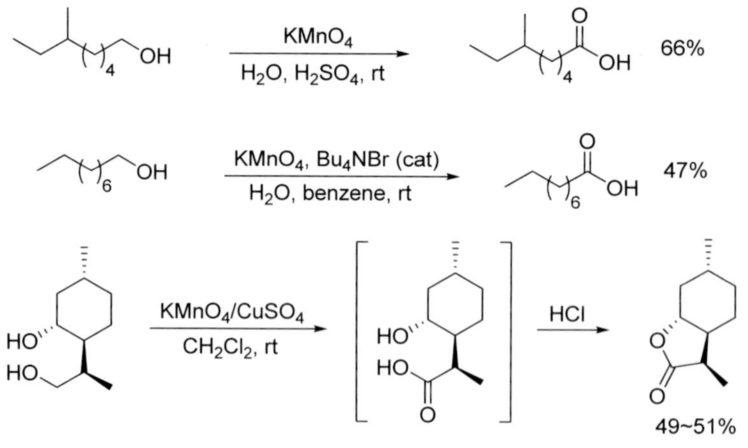

→ ($KMnO_4$; H_2O, H_2SO_4, rt) → 66%

→ ($KMnO_4$, Bu_4NBr (cat); H_2O, benzene, rt) → 47%

HO, HO → ($KMnO_4/CuSO_4$; CH_2Cl_2, rt) → [HO, HO, O] → (HCl) → O, O 49~51% [5-15]

그림 5.15 $KMnO_4$를 이용한 1° 알코올로부터 카복실산의 합성

5.3.3 RuO_4 산화제

물이 존재하는 조건에서 1° 알코올을 TPAP 촉매 산화 반응시키면 카복실산이 합성된다. 또한 $RuCl_3$와 $NaIO_4$를 반응시켜 만든 RuO_4는 에폭시 알코올을 산화시켜 에폭시 카복실산을 생성한다 (그림 5.16).

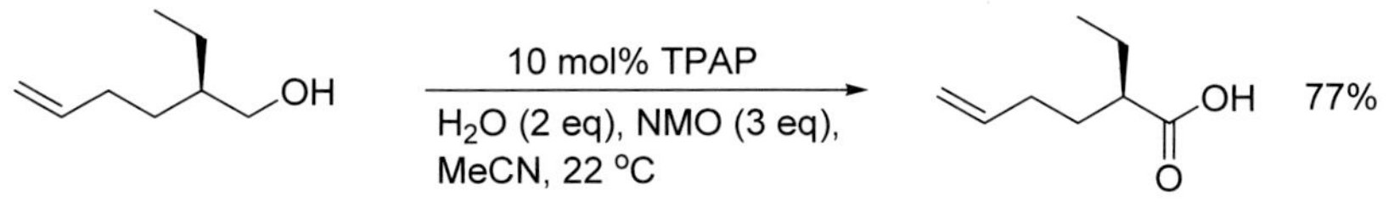

OH → 10 mol% TPAP, H_2O (2 eq), NMO (3 eq), MeCN, 22 °C → OH, O 77%

물이 없는 조건에서 반응하면 알데하이드를 얻을 수 있다.

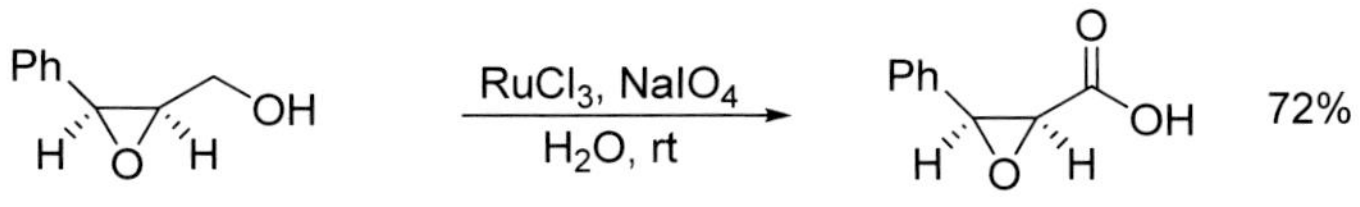

Ph, H, O, H, OH → $RuCl_3$, $NaIO_4$, H_2O, rt → Ph, H, O, H, O, OH 72%

그림 5.16 RuO_4 산화제를 이용한 1° 알코올로부터 카복실산의 합성

5.3.4 TEMPO 매개 산화: *N*-oxoammonium 염 산화제

그림 5.13에서 보였던 TEMPO 촉매 *N*-oxoammonium 염 산화 반응에서 이차 산화제로 $NaClO_2$ (sodium chlorite)를 사용하면 생성된 알데하이드가 더 산화되어 카복실산을 생성한다. $NaClO_2$ 대신에 KBr 또는 NaBr을 가해도 동일한 결과를 얻는다. 이는 반응 중 생성된 HOBr이 산화제로 작용하기 때문인 것으로 알려져 있다 (그림 5.17).

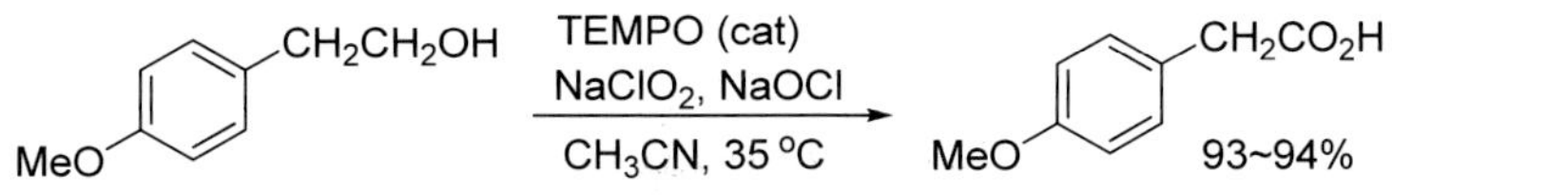

MeO, CH_2CH_2OH → TEMPO (cat), $NaClO_2$, NaOCl, CH_3CN, 35 °C → MeO, CH_2CO_2H 93~94% [5-16]

Ph, CO_2H, NHCbz (85%) ——≡—CO_2H (90%)

MeO, OH, HO, O, HO, OMe → 1 mol% TEMPO, 2.2 eq. NaOCl, NaOBr, 0.5 *N* NaOH, 0 °C → MeO, CO_2H, HO, O, HO, OMe 90%

NHCbz, OH, $PhCH_2O$ → 1.06 eq. TEMPO, 1.75 eq. NaOBr, 0.1 eq. KBr, 5% $NaHCO_3$/acetone, 0 °C → NHCbz, CO_2H, $PhCH_2O$ 86%

Cbz = Benzyloxycarbonyl

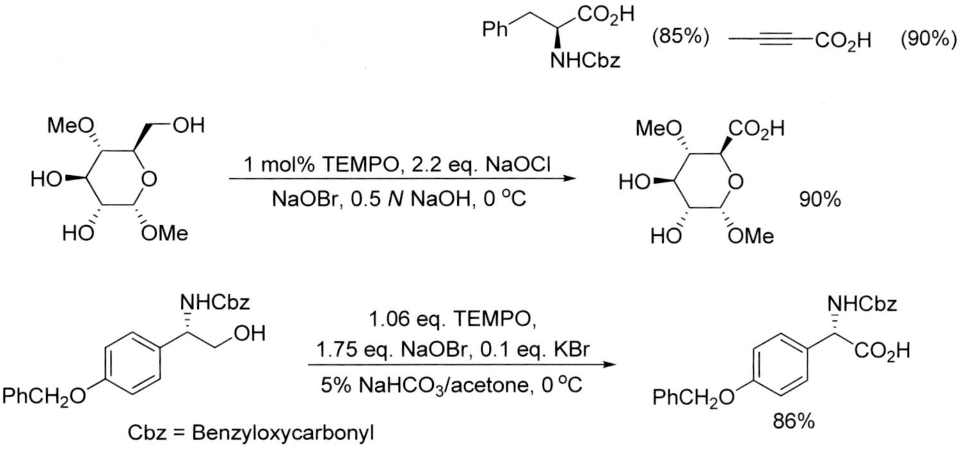

그림 5.17 TEMPO 매개 산화를 이용한 1° 알코올로부터 카복실산의 합성

5.4 이차 알코올의 산화 반응: 케톤의 생성

알코올의 산화제에 대한 반응성은 특별한 경우를 제외하고 1° 와 2° 알코올이 서로 비슷한 반응성을 나타낸다. 그러나 2° 알코올의 산화 생성물인 케톤은 더 이상 산화되지 않기 때문에 반응을 제어하기가 1° 알코올보다 더 쉽다. 산화되기 쉬운 다른 작용기가 없는 한 chromic acid, $KMnO_4$, RuO_4 등과 같은 산화력 강한 금속 산화제 (그림 5.18)는 물론 알데하이드를 생성시키는 비금속 산화제도 2° 알코올의 산화에 사용할 수 있다 (그림 5.19).

2° 알코올을 케톤으로 산화: 케톤의 합성

$R_2CHOH \longrightarrow R_2C{=}O$

Menthol → Menthone ($Na_2Cr_2O_7$, H_2O / H_2SO_4, 25 -55 °C) 83~85% [5-17]

(CrO_3, H_2SO_4 / H_2O, acetone / 0 °C) $-CH_3$ 93% [5-18]

(CrO_3, H_2SO_4 / H_2O, acetone / < 35 °C) 92~96% [5-19]

(PDC / DMF, 0 °C) 97%

(PCC, 3 Å MS / CH_2Cl_2, rt) 86~88% [5-20]

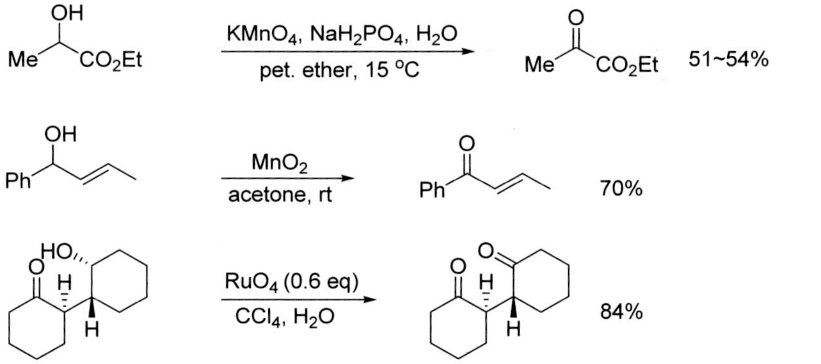

$KMnO_4$, NaH_2PO_4, H_2O / pet. ether, 15 °C — $MeCH(OH)CO_2Et$ → $MeCOCO_2Et$ 51~54% [5-21]

MnO_2 / acetone, rt — 70%

RuO_4 (0.6 eq) / CCl_4, H_2O — 84%

그림 5.18 금속 산화제에 의한 2° 알코올의 산화 반응

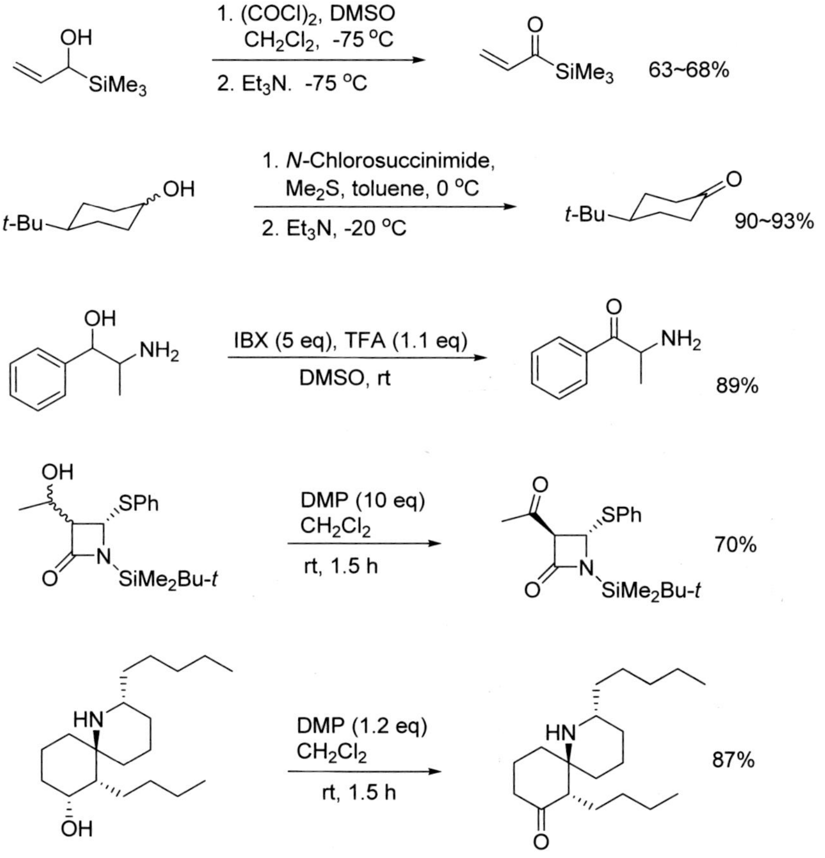

1. $(COCl)_2$, DMSO, CH_2Cl_2, -75 °C 2. Et_3N. -75 °C — $SiMe_3$ 63~68% [5-22]

1. *N*-Chlorosuccinimide, Me_2S, toluene, 0 °C 2. Et_3N, -20 °C — *t*-Bu 90~93% [5-23]

IBX (5 eq), TFA (1.1 eq) / DMSO, rt — NH_2 89%

DMP (10 eq), CH_2Cl_2 / rt, 1.5 h — SPh, $SiMe_2Bu$-*t* 70%

DMP (1.2 eq), CH_2Cl_2 / rt, 1.5 h — HN 87%

그림 5.19 비금속 산화제를 이용한 2° 알코올 산화 반응

5.5 이웃 자리 다이올의 산화성 분해 반응: 알데하이드의 생성

이웃 자리 다이올 (1,2-다이올 또는 *vic*-다이올)을 $NaIO_4$ 또는 $Pb(OAc)_4$와 반응시키면 다이올의 C-C 결합이 산화성 분해되어 알데하이드로 전환된다. 또한, 알켄을 OsO_4를 촉매로 사용하여 $NaIO_4$와 반응시키면 1,2-다이올 중간체를 거쳐 알데하이드를 생성시킨다 (그림 5.20).

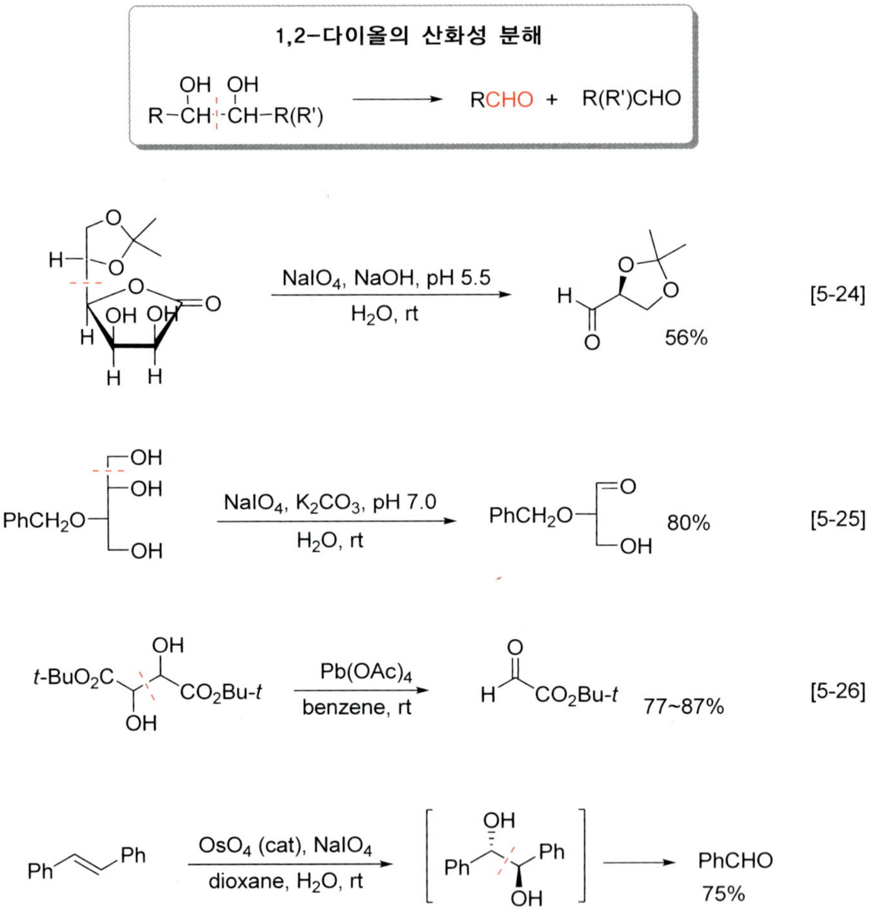

1,2-다이올의 산화성 분해

R-CH(OH)-CH(OH)-R(R') ⟶ RCHO + R(R')CHO

[5-24] $NaIO_4$, NaOH, pH 5.5 / H_2O, rt — 56%

[5-25] $PhCH_2O$- … $NaIO_4$, K_2CO_3, pH 7.0 / H_2O, rt — 80%

[5-26] t-BuO_2C-CH(OH)-CH(OH)-CO_2Bu-t — $Pb(OAc)_4$ / benzene, rt ⟶ H-CO-CO_2Bu-t 77~87%

Ph-CH=CH-Ph — OsO_4 (cat), $NaIO_4$ / dioxane, H_2O, rt ⟶ [Ph-CH(OH)-CH(OH)-Ph] ⟶ PhCHO 75%

그림 5.20 1,2-다이올의 산화성 분해 반응

5.6 알코올의 선택 산화

한 분자 내에 두 종류 이상의 알코올기가 있을 때 보호기 없이 한 종류의 알코올을 선택적(우선적)으로 산화시키는 반응을 **선택 산화 반응** (selective oxidation)이라고 하며, 이와 같은 반응을 일으키는 데 사용되는 산화제를 **선택 산화제** (selective oxidant)라고 한다. 몇 가지 선택 산화 반응의 예와 선택 산화제를 다음과 같이 소개한다.

5.6.1 알릴 자리 알코올 (allylic alcohol)의 선택 산화 반응

반응 기질에 알릴 자리 알코올기와 1° 또는 2° 알코올기를 모두 가지고 있을 경우 MnO_2, PDC, DMP와 같은 산화제는 알릴 자리 알코올을 우선적으로 산화하여 α,β–불포화 알데하이드 또는 케톤을 생성한다 (그림 5.21).

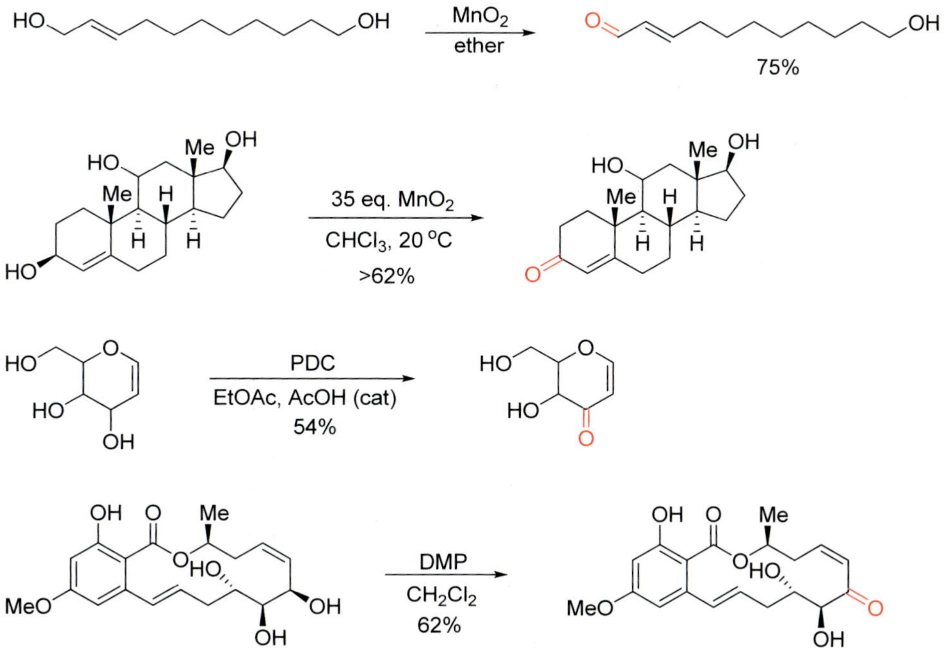

HO–(allylic diol) → MnO_2, ether → O=…–OH 75%

35 eq. MnO_2, $CHCl_3$, 20 °C, >62%

PDC, EtOAc, AcOH (cat), 54%

DMP, CH_2Cl_2, 62%

그림 5.21 알릴 자리 알코올의 선택 산화 반응

5.6.2 일차 알코올에 우선한 이차 알코올의 선택 산화 반응

1° 와 2° 알코올기를 함께 가진 diol 화합물에 할로젠 산화제 (NaOBr, NaOCl)를 반응시키면 2° 알코올기가 우선적으로 산화되어 hydroxyl ketone이 생성된다 (그림 5.22).

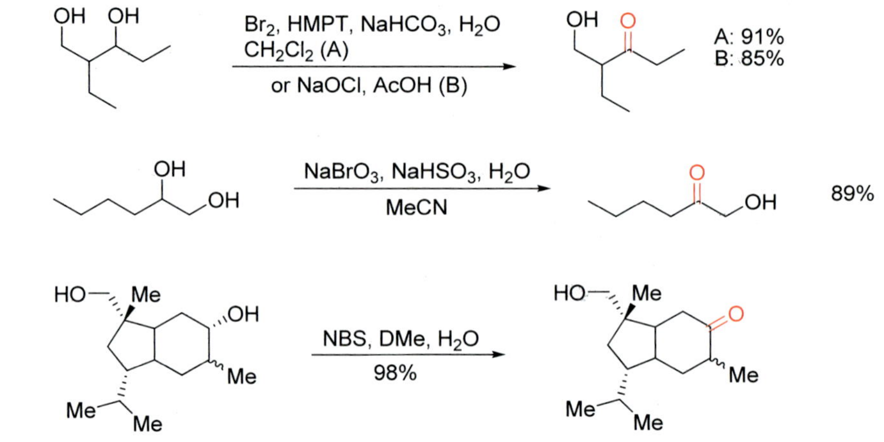

OH OH
Br$_2$, HMPT, NaHCO$_3$, H$_2$O
CH$_2$Cl$_2$ (A)
or NaOCl, AcOH (B)
OH O
A: 91%
B: 85%
OH
OH
NaBrO$_3$, NaHSO$_3$, H$_2$O
MeCN
O
OH
89%
HO Me
OH
Me
Me Me
NBS, DMe, H$_2$O
98%
HO Me
O
Me
Me Me

그림 5.22 1° 알코올에 우선한 2° 알코올의 선택 산화 반응

5.6.3 이차 알코올에 우선한 일차 알코올의 선택 산화 반응

1° 와 2° 알코올이 공존하는 diol 화합물의 산화 반응에서 $KMnO_4$와 $CuSO_4$의 혼합 분말, IBX 또는 TEMPO 매개 산화제는 1° 알코올을 2° 알코올보다 먼저 산화시켜 알데하이드 또는 카복실산을 생성시킨다 (그림 5.23).

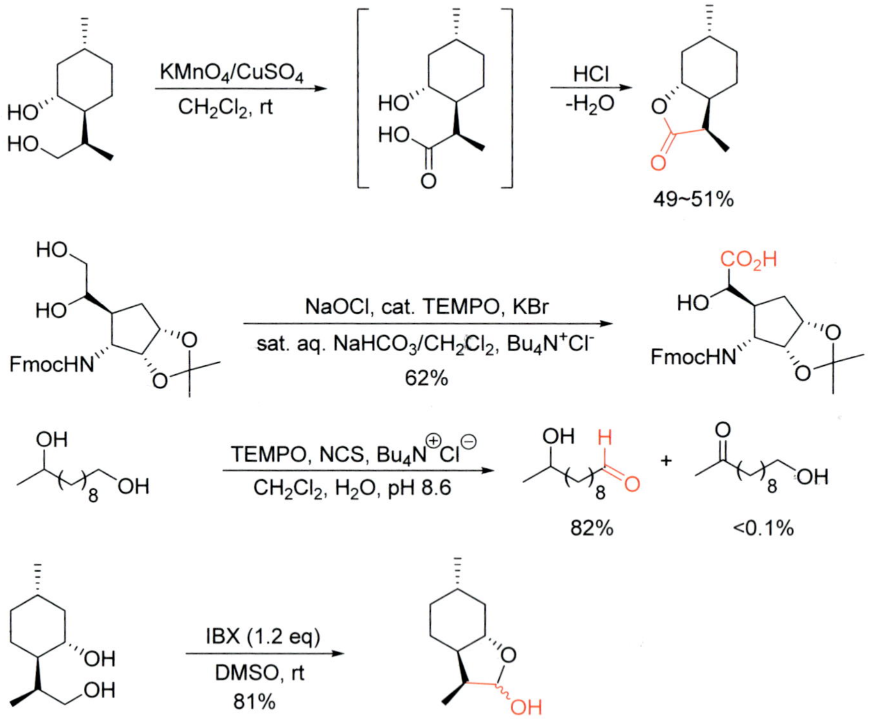

HO
HO
KMnO$_4$/CuSO$_4$
CH$_2$Cl$_2$, rt
HO
HO
O
HCl
-H$_2$O
O
O
49~51%
HO
HO
FmocHN
O
O
NaOCl, cat. TEMPO, KBr
sat. aq. NaHCO$_3$/CH$_2$Cl$_2$, Bu$_4$N$^+$Cl$^-$
62%
CO$_2$H
HO
FmocHN
O
O
OH
8
OH
TEMPO, NCS, Bu$_4$N$^\oplus$Cl$^\ominus$
CH$_2$Cl$_2$, H$_2$O, pH 8.6
OH H
8
O
+
O
8
OH
82%
<0.1%
OH
OH
IBX (1.2 eq)
DMSO, rt
81%
O
OH

[5-27]

그림 5.23 2° 알코올에 우선한 1° 알코올의 선택 산화 반응

5.7 알데하이드와 케톤의 산화 반응

5.7.1 알데하이드를 카복실산 또는 에스터로 산화

알데하이드는 Ag_2O, $KMnO_4$, oxone ($KHSO_5$) 또는 할로젠 원소에 의해 카복실산 또는 에스터로 산화된다 (그림 5.24).

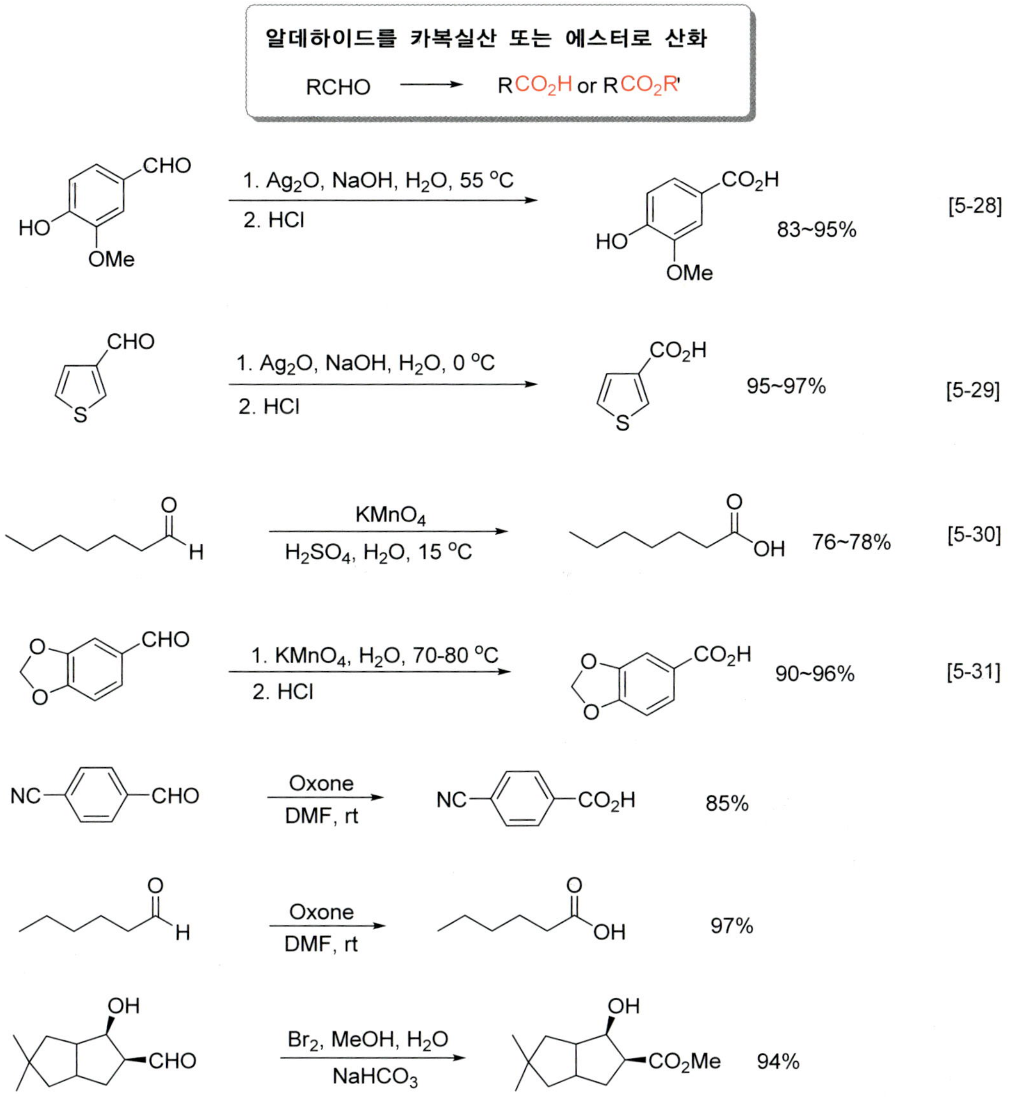

알데하이드를 카복실산 또는 에스터로 산화

RCHO ⟶ RCO_2H or RCO_2R'

CHO, HO, OMe — 1. Ag_2O, NaOH, H_2O, 55 °C; 2. HCl ⟶ CO_2H, HO, OMe 83~95% [5-28]

CHO, S — 1. Ag_2O, NaOH, H_2O, 0 °C; 2. HCl ⟶ CO_2H, S 95~97% [5-29]

O, H — $KMnO_4$; H_2SO_4, H_2O, 15 °C ⟶ O, OH 76~78% [5-30]

O, O, CHO — 1. $KMnO_4$, H_2O, 70-80 °C; 2. HCl ⟶ O, O, CO_2H 90~96% [5-31]

NC—CHO — Oxone; DMF, rt ⟶ NC—CO_2H 85%

O, H — Oxone; DMF, rt ⟶ O, OH 97%

OH, CHO — Br_2, MeOH, H_2O; $NaHCO_3$ ⟶ OH, CO_2Me 94%

그림 5.24 알데하이드의 산화 반응

5.7.2 케톤을 에스터로 산화

케톤은 과산소산 (예. CF_3CO_3H, m-$ClC_6H_4CO_3H$, $PhCO_3H$) 또는 과산화물 (예. H_2O_2, t-BuOOH)과 반응하여 에스터로 전환된다. 이 반응을 **Baeyer-Villiger 산화 반응**이라고 한다. 이 반응은 반응 중간체에서 케톤의 알킬기의 분자 내 재배열 반응에 의해 일어나며, 알킬기 중에서는 3° 알킬기가 가장 자리 이동하기 쉽고 메틸기는 자리 이동하지 않는다. 또한 이 반응에 사용되는 산화제 중 CF_3CO_3H (TFA)의 반응성이 가장 강하다 (그림 5.25).

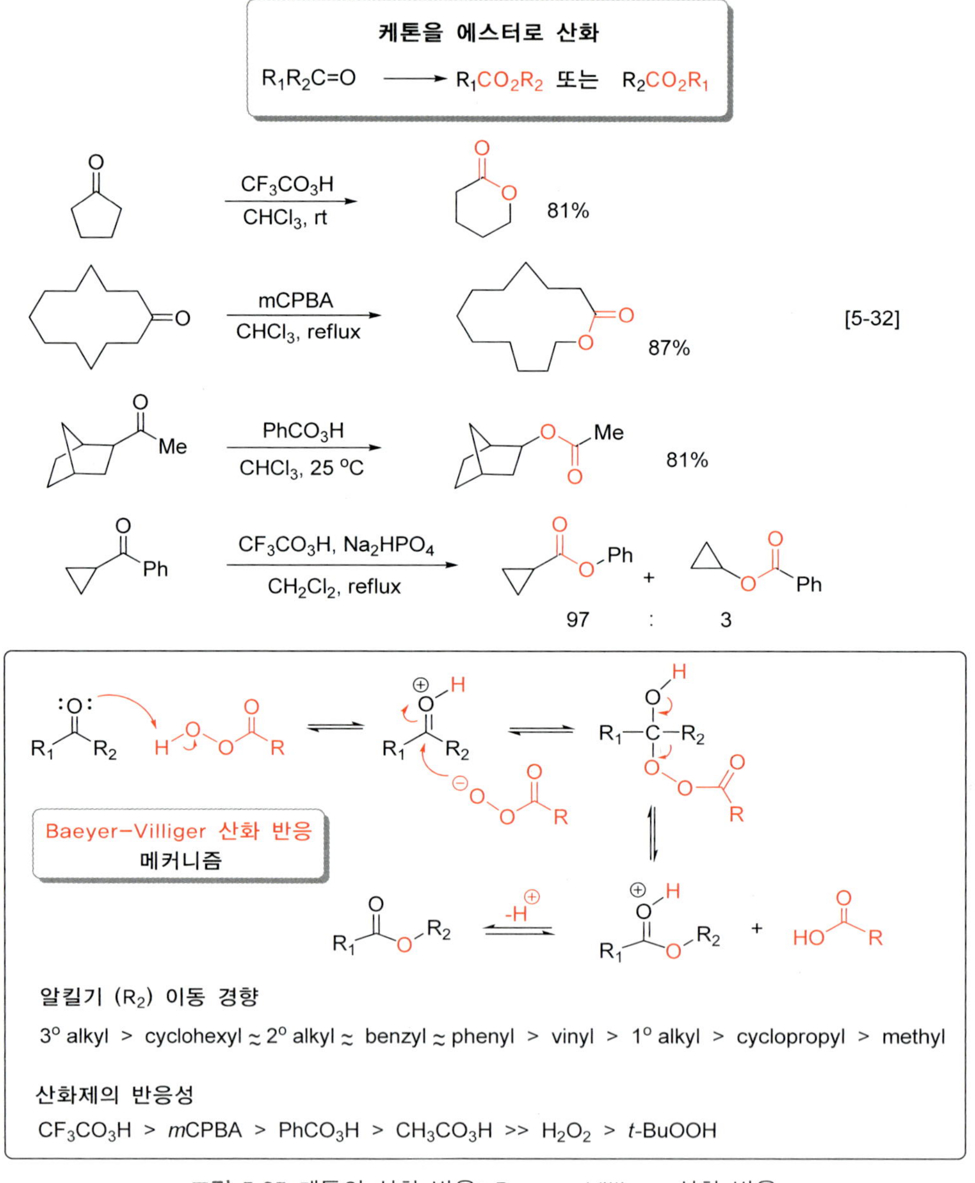

그림 5.25 케톤의 산화 반응: Baeyer-Villiger 산화 반응

5.8 알켄의 산화 반응: 에폭시화 반응, 1,2-다이하이드록실화 반응과 가오존 분해 반응

알켄은 CH_3CO_3H, $PhCO_3H$, m−$ClC_6H_4CO_3H$ (*m*CPBA), $HO_2CC_6H_4CO_3H$ (monoperoxyphthalic acid, MPP) 등과 같은 과산소산(peracid)에 의해 산화되어 에폭사이드를 생성하고 (4.2.3절 그림 4.15 참조), OsO_4 또는 차가운 알칼리성 $KMnO_4$에 의해 산화되어 1,2−diol을 형성한다 (4.2.3절의 그림 4.14 참조). 또한 오존에 의해 C=C 결합이 산화성 분해하여 알데하이드, 케톤, 카복실산 또는 에스터를 생성한다 (4.2.3절의 그림 4.16 참조). OsO_4의 촉매 하에 oxone ($KHSO_5$)를 산화제로 사용하면 가오존 분해 반응과 비슷한 결과를 얻을 수 있다.

epoxidation ← (alkene) → dihydroxylation (OHOH)

↓ ozonolysis

(ketone/aldehyde) 또는 (carboxylic acid, HO)

1-methylcyclohexene —[O_3, pyridine / CH_2Cl_2, - 78 °C]→ 6-oxoheptanal 93%

1-methylcyclohexene —[OsO_4 (cat), Oxone / DMF, rt]→ 6-oxoheptanoic acid (CO_2H) 80%

한편, 알카인의 경우 가오존 분해 반응 또는 $KMnO_4$에 의해 C≡C 결합이 산화성 분해되어 카복실산을 생성한다 (4.2.5절).

5.9 벤질 자리 및 알릴 자리 C-H 결합의 산화 반응

벤질 자리 C−H 결합은 chromic acid 또는 $KMnO_4$에 의해 CHO, CO_2H 또는 C=O기로 산화된다 (그림 5.26).

벤질 자리 C−H 결합의 산화 반응

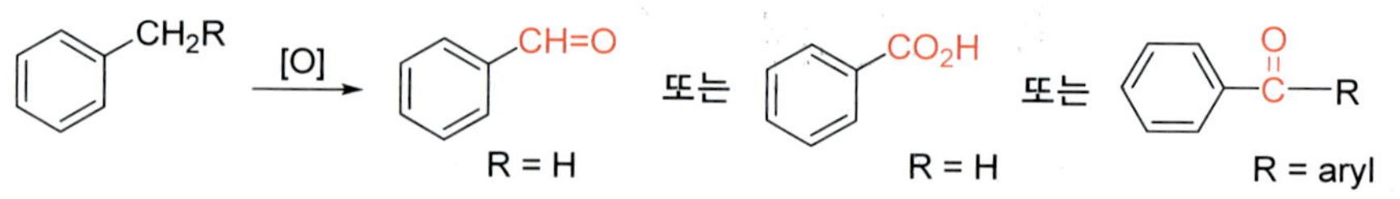

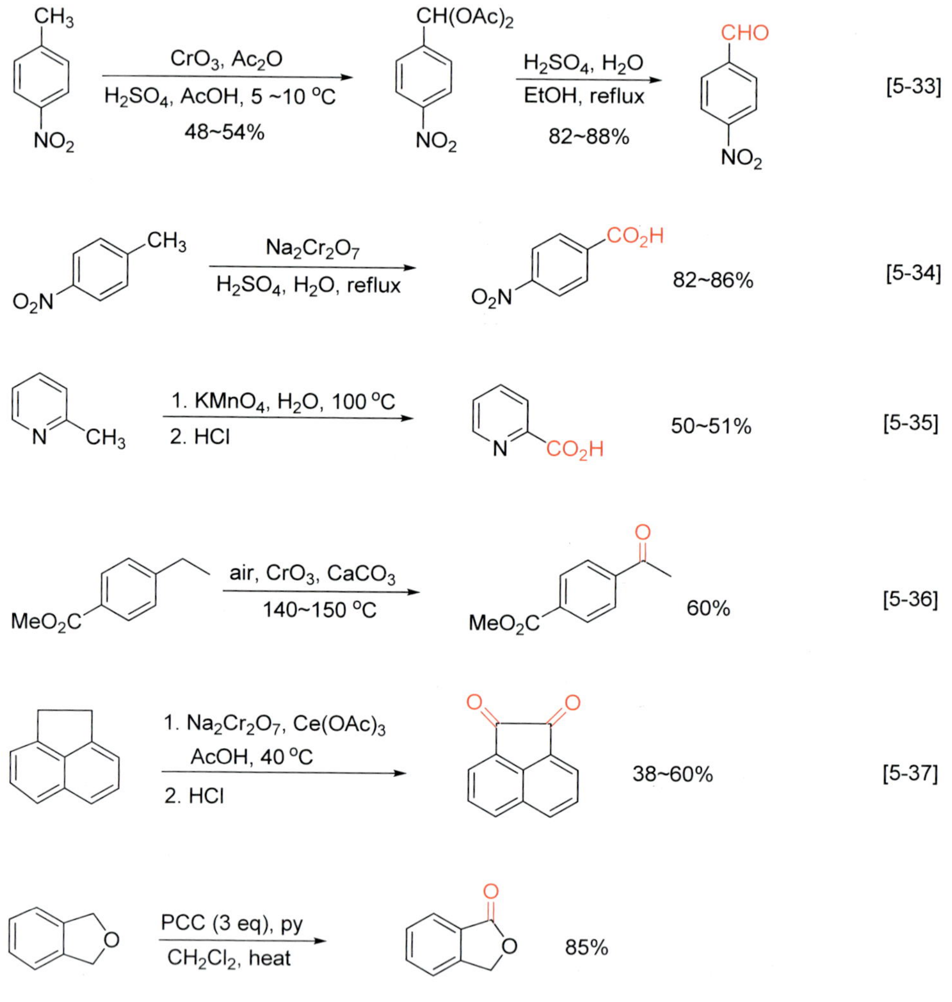

$$PhCH_2R \xrightarrow{[O]} PhCH{=}O\ (R = H)\ \text{또는}\ PhCO_2H\ (R = H)\ \text{또는}\ PhC(=O)R\ (R = \text{aryl})$$

$$p\text{-}O_2NC_6H_4CH_3 \xrightarrow[\text{H}_2\text{SO}_4,\ \text{AcOH},\ 5\sim10\ ^\circ\text{C};\ 48\sim54\%]{\text{CrO}_3,\ \text{Ac}_2\text{O}} p\text{-}O_2NC_6H_4CH(OAc)_2 \xrightarrow[\text{EtOH, reflux};\ 82\sim88\%]{\text{H}_2\text{SO}_4,\ \text{H}_2\text{O}} p\text{-}O_2NC_6H_4CHO \quad [5\text{-}33]$$

$$p\text{-}O_2NC_6H_4CH_3 \xrightarrow[\text{H}_2\text{SO}_4,\ \text{H}_2\text{O, reflux}]{\text{Na}_2\text{Cr}_2\text{O}_7} p\text{-}O_2NC_6H_4CO_2H \quad 82\sim86\% \quad [5\text{-}34]$$

$$\text{2-methylpyridine} \xrightarrow[\text{2. HCl}]{\text{1. KMnO}_4,\ \text{H}_2\text{O},\ 100\ ^\circ\text{C}} \text{pyridine-2-}CO_2H \quad 50\sim51\% \quad [5\text{-}35]$$

$$p\text{-}MeO_2CC_6H_4CH_2CH_3 \xrightarrow[140\sim150\ ^\circ\text{C}]{\text{air, CrO}_3,\ \text{CaCO}_3} p\text{-}MeO_2CC_6H_4COCH_3 \quad 60\% \quad [5\text{-}36]$$

$$\text{acenaphthene} \xrightarrow[\text{2. HCl}]{\text{1. Na}_2\text{Cr}_2\text{O}_7,\ \text{Ce(OAc)}_3,\ \text{AcOH},\ 40\ ^\circ\text{C}} \text{acenaphthenequinone} \quad 38\sim60\% \quad [5\text{-}37]$$

$$\text{phthalan} \xrightarrow[\text{CH}_2\text{Cl}_2,\ \text{heat}]{\text{PCC (3 eq), py}} \text{phthalide} \quad 85\%$$

그림 5.26 벤질 자리 C−H 결합의 산화 반응

한편, 알릴 자리 C−H는 과산소산 에스터, SeO_2, PCC 및 MnO_2와 같은 산화제에 의해 산화되어 C−OH 또는 C=O기로 산화된다 (그림 5.27).

알릴 자리 C-H 결합의 산화 반응

RCH=CH−CH₂R →[O]→ RCH=CH−CH(OH)R 또는 RCH=CH−C(=O)−H

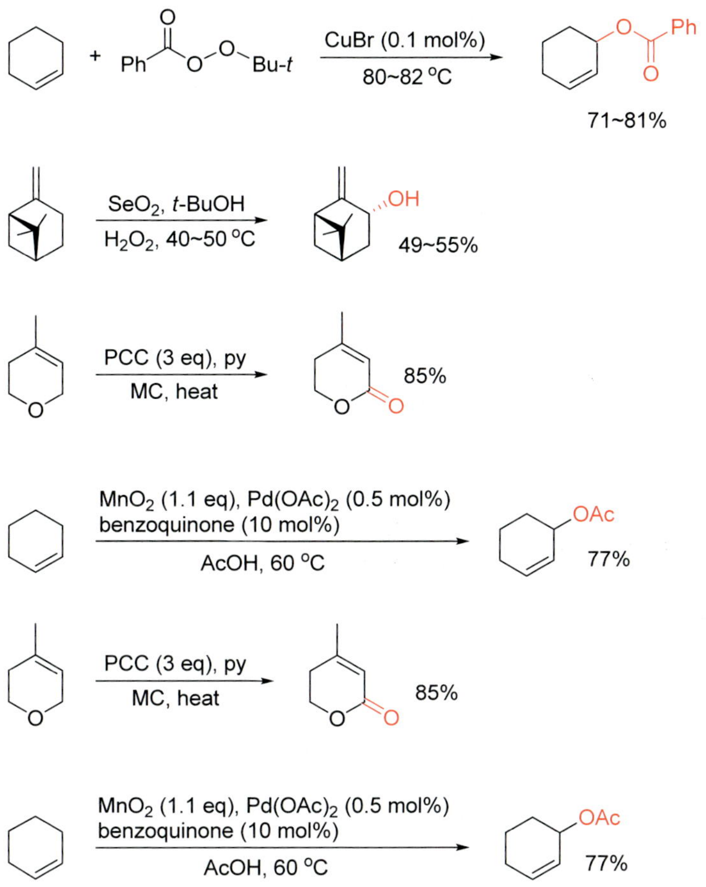

[5-38] cyclohexene + PhC(=O)OO-Bu-*t* → (CuBr (0.1 mol%), 80~82 °C) cyclohex-2-enyl benzoate, 71~81%

[5-39] SeO₂, *t*-BuOH / H₂O₂, 40~50 °C → 49~55%

PCC (3 eq), py / MC, heat → 85%

[5-40] MnO₂ (1.1 eq), Pd(OAc)₂ (0.5 mol%), benzoquinone (10 mol%) / AcOH, 60 °C → OAc, 77%

PCC (3 eq), py / MC, heat → 85%

[5-41] MnO₂ (1.1 eq), Pd(OAc)₂ (0.5 mol%), benzoquinone (10 mol%) / AcOH, 60 °C → OAc, 77%

그림 5.27 알릴 자리 C-H 결합의 산화 반응

5.10 카보닐기의 α 위치 C-H 결합의 산화 반응

카보닐기의 α 위치의 C-H 결합은 SeO_2에 의해 1,2-diketone 또는 α-keto aldehyde로 산화된다. Iodosobenzoic acid는 α-hydroxy ketone을 생성시킨다 (그림 5.28).

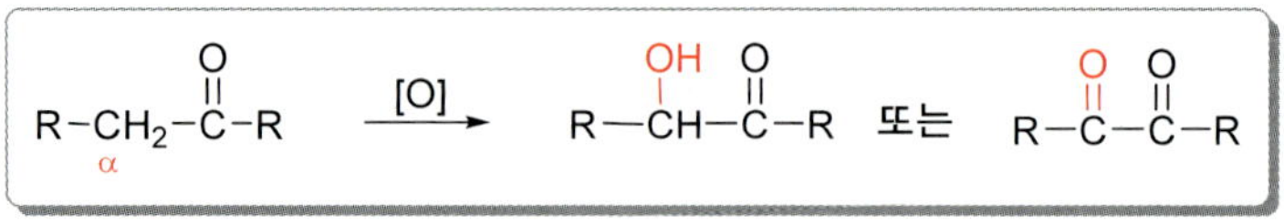

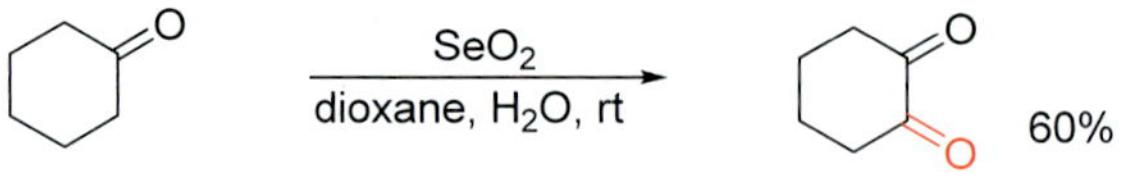

$$R-CH_2-C(=O)-R \xrightarrow{[O]} R-CH(OH)-C(=O)-R \text{ 또는 } R-C(=O)-C(=O)-R$$

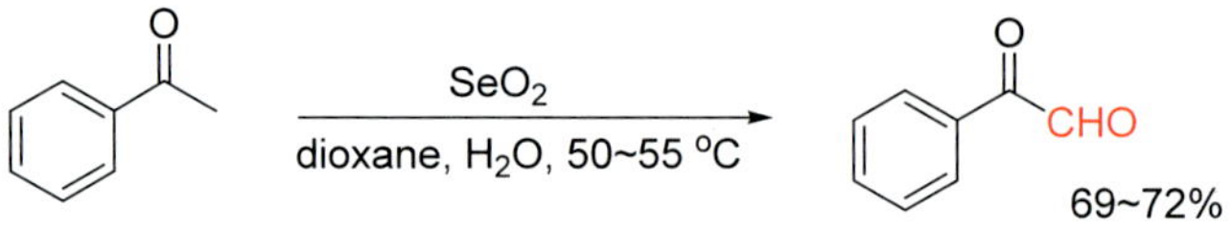

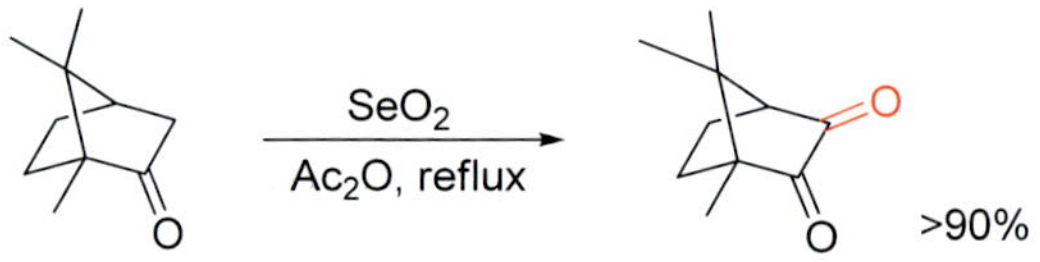

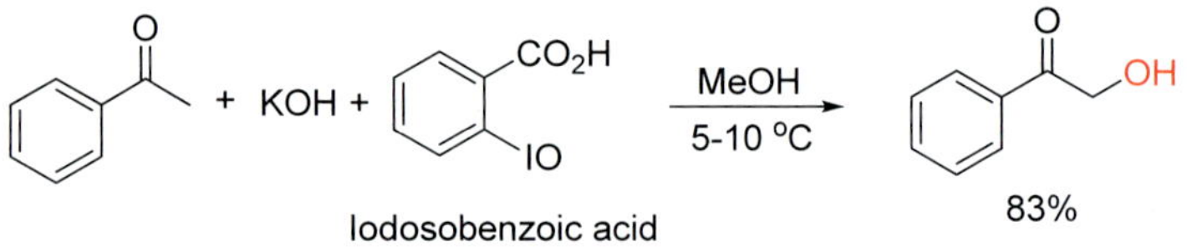

α

SeO_2 / dioxane, H_2O, rt — 60% [5-41]

SeO_2 / dioxane, H_2O, 50~55 °C — CHO, 69~72% [5-42]

SeO_2 / Ac_2O, reflux — >90% [5-43]

+ KOH + (CO_2H, IO) Iodosobenzoic acid — MeOH, 5-10 °C — OH, 83% [5-44]

+ Ph–C(=O)–O–NMe · HCl — DMSO — O–C(=O)–Ph, 77% [5-45]

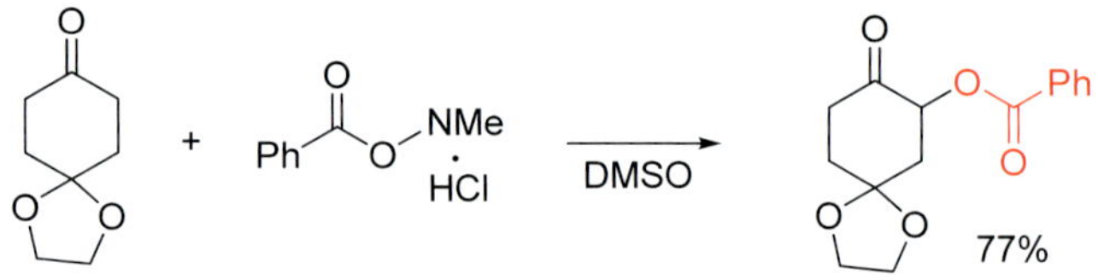

그림 5.28 카보닐기의 α C-H 결합의 산화 반응

5.11 헤테로 원자의 산화 반응

싸이올 (RSH)은 과산화 수소에 의해 다이설파이드 (RSSR)로 산화되며 설파이드 (RSR′)는 설폭사이드 (RSOR′, 낮은 온도) 또는 설폰 (RSO_2R', 높은 온도)으로 산화된다. 설파이드는 $NaIO_4$ 또는 *m*CPBA에 의해서도 설폭사이드로 산화된다 (그림 5.29).

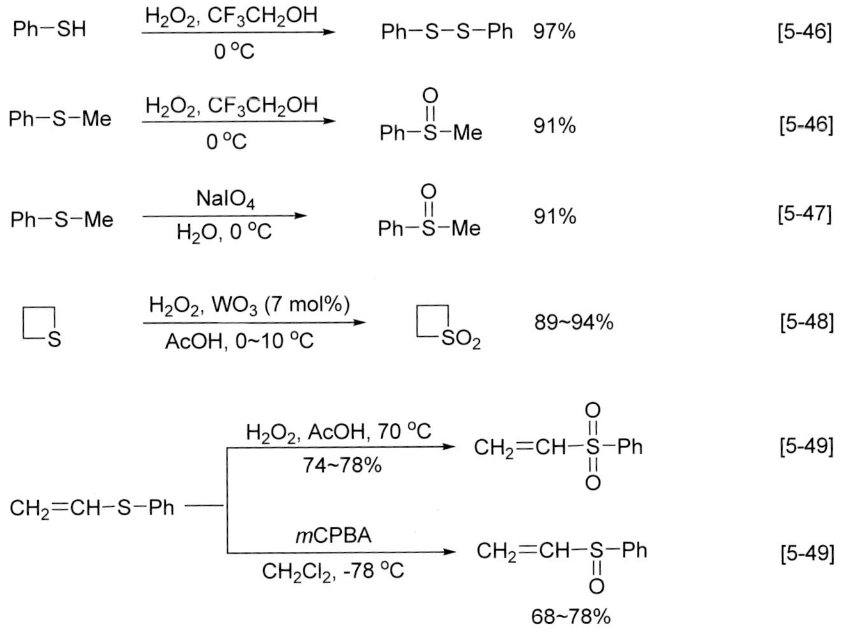

$$Ph{-}SH \xrightarrow[0\ ^{\circ}C]{H_2O_2,\ CF_3CH_2OH} Ph{-}S{-}S{-}Ph \quad 97\% \qquad [5\text{-}46]$$

$$Ph{-}S{-}Me \xrightarrow[0\ ^{\circ}C]{H_2O_2,\ CF_3CH_2OH} Ph{-}S(=O){-}Me \quad 91\% \qquad [5\text{-}46]$$

$$Ph{-}S{-}Me \xrightarrow[H_2O,\ 0\ ^{\circ}C]{NaIO_4} Ph{-}S(=O){-}Me \quad 91\% \qquad [5\text{-}47]$$

$$\text{thietane} \xrightarrow[AcOH,\ 0\sim10\ ^{\circ}C]{H_2O_2,\ WO_3\ (7\ mol\%)} \text{thietane-}SO_2 \quad 89\sim94\% \qquad [5\text{-}48]$$

$$CH_2{=}CH{-}S{-}Ph \xrightarrow[74\sim78\%]{H_2O_2,\ AcOH,\ 70\ ^{\circ}C} CH_2{=}CH{-}S(=O)_2{-}Ph \qquad [5\text{-}49]$$

$$CH_2{=}CH{-}S{-}Ph \xrightarrow[CH_2Cl_2,\ -78\ ^{\circ}C]{mCPBA} CH_2{=}CH{-}S(=O){-}Ph \quad 68\sim78\% \qquad [5\text{-}49]$$

그림 5.29 싸이올과 설파이드의 산화 반응

한편, 피리딘 또는 3° 아민은 과산화물에 의해 *N*-oxide로 산화된다 (그림 5.30).

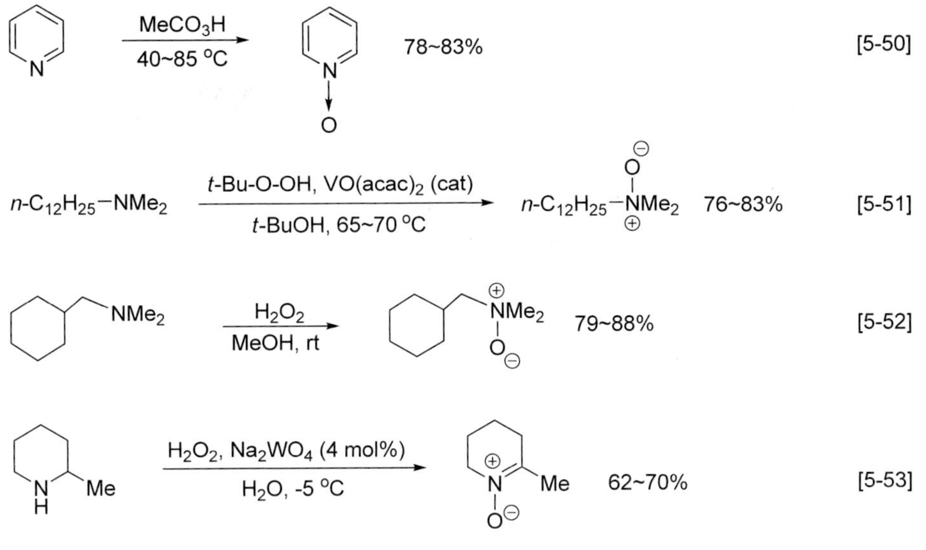

$$\text{pyridine} \xrightarrow[40\sim85\ ^{\circ}C]{MeCO_3H} \text{pyridine } N{\rightarrow}O \quad 78\sim83\% \qquad [5\text{-}50]$$

$$n\text{-}C_{12}H_{25}{-}NMe_2 \xrightarrow[t\text{-}BuOH,\ 65\sim70\ ^{\circ}C]{t\text{-}Bu\text{-}O\text{-}OH,\ VO(acac)_2\ (cat)} n\text{-}C_{12}H_{25}{-}\overset{\oplus}{N}Me_2{-}O^{\ominus} \quad 76\sim83\% \qquad [5\text{-}51]$$

$$\text{cyclohexyl-}CH_2{-}NMe_2 \xrightarrow[MeOH,\ rt]{H_2O_2} \text{cyclohexyl-}CH_2{-}\overset{\oplus}{N}Me_2{-}O^{\ominus} \quad 79\sim88\% \qquad [5\text{-}52]$$

$$\text{2-methylpiperidine} \xrightarrow[H_2O,\ -5\ ^{\circ}C]{H_2O_2,\ Na_2WO_4\ (4\ mol\%)} \text{2-methyl-tetrahydropyridine } \overset{\oplus}{N}{-}O^{\ominus} \quad 62\sim70\% \qquad [5\text{-}53]$$

그림 5.30 피리딘과 3° 아민의 산화 반응

CHAPTER 05 참고 문헌

[5-1] *Org. Synth. Coll.* **1943**, 2, 541.
[5-2] *Org. Synth. Coll.* **1963**, 4, 813.
[5-3] *Org. Synth. Coll.* **1988**, 6, 644.
[5-4] *Org. Synth. Coll.* **1988**, 6, 373.
[5-5] *Org. Synth. Coll.* **1973**, 5, 242.
[5-6] *Org. Synth. Coll.* **1990**, 7, 258.
[5-7] *Org. Synth. Coll.* **2004**, 10, 320.
[5-8] *Org. Synth. Coll.* **2004**, 10, 256.
[5-9] *Org. Synth. Coll.* **1988**, 6, 220.
[5-10] *Org. Synth. Coll.* **2004**, 10, 696.
[5-11] *Org. Synth. Coll.* **1993**, 8, 367.
[5-12] *Org. Synth. Coll.* **2009**, 11, 77.
[5-13] *Org. Synth. Coll.* **2009**, 11, 93.
[5-14] *Org. Synth. Coll.* **1941**, 1, 138.
[5-15] *Org. Synth. Coll.* **1998**, 9, 462.
[5-16] *Org. Synth. Coll.* **2009**, 11, 107.
[5-17] *Org. Synth. Coll.* **1941**, 1, 340.
[5-18] *Org. Synth. Coll.* **2009**, 11, 794.
[5-19] *Org. Synth. Coll.* **1973**, 5, 310.
[5-20] *Org. Synth. Coll.* **2009**, 11, 177.
[5-21] *Org. Synth. Coll.* **1963**, 4, 467.
[5-22] *Org. Synth. Coll.* **1993**, 8, 501.
[5-23] *Org. Synth. Coll.* **1988**, 6, 220
[5-24] *Org. Synth. Coll.* **1998**, 9, 454.
[5-25] *Org. Synth. Coll.* **1998**, 9, 39.
[5-26] *Org. Synth. Coll.* **1963**, 4, 124.
[5-27] *Org. Synth. Coll.* **1998**, 9, 462
[5-28] *Org. Synth. Coll.* **1963**, 4, 972.
[5-29] *Org. Synth. Coll.* **1963**, 4, 919.
[5-30] *Org. Synth. Coll.* **1943**, 2, 315.
[5-31] *Org. Synth. Coll.* **1943**, 2, 538.
[5-32] Vogel's Textbook 733p.
[5-33] *Org. Synth. Coll.* **1943**, 2, 441 and *Org. Synth. Coll.* **1963**, 4, 713.
[5-34] *Org. Synth. Coll.* **1941**, 1, 392.
[5-35] *Org. Synth. Coll.* **1955**, 3, 740.
[5-36] *Org. Synth. Coll.* **1963**, 4, 579.
[5-37] *Org. Synth. Coll.* **1955**, 3, 1.
[5-38] *Org. Synth. Coll.* **1973**, 5, 70.
[5-39] *Org. Synth. Coll.* **1988**, 6, 946.
[5-40] *Org. Synth. Coll.* **1993**, 8, 137.
[5-41] *Org. Synth. Coll.* **1963**, 4, 229.
[5-42] *Org. Synth. Coll.* **1943**, 2, 509.
[5-43] *Org. Synth. Coll.* **2004**, 10, 204.
[5-44] *Org. Synth. Coll.* **1990**, 7, 263.
[5-45] *Org. Synth. Coll.* **2009**, 11, 70.
[5-46] *Org. Synth. Coll.* **2009**, 11, 135.
[5-47] *Org. Synth. Coll.* **1973**, 5, 791.
[5-48] *Org. Synth. Coll.* **1990**, 7, 491.
[5-49] *Org. Synth. Coll.* **1990**, 7, 453.
[5-50] *Org. Synth. Coll.* **1963**, 4, 828.
[5-51] *Org. Synth. Coll.* **1963**, 4, 501.
[5-52] *Org. Synth. Coll.* **1963**, 4, 612.
[5-53] *Org. Synth. Coll.* **1998**, 9, 632.

CHAPTER 06

환원 반응

환원 반응 (reduction)이란 알켄, 알카인, 카보닐기, 나이트릴기 및 이민기 등과 같이 탄소 다중 결합에 있는 π 결합에 수소 원자 또는 전자가 첨가되거나, 반응 기질에 있는 산소 원자 또는 전기음성도가 큰 치환기 (예. 할로젠기)가 수소 원자로 대치되는 반응을 말한다. 유기 합성에서 중요한 환원 반응 형태를 그림 6.1에 나타내었다.

카보닐기의 환원 반응

- R–C(=O)–H ⟶ R–CH(H)OH 또는 R–CH_2(H)
- R–C(=O)–R' ⟶ R–CHOH(R') 또는 R–CH_2–R'
- R–C(=O)–Z ⟶ R–C(=O)–H 또는 R–CH_2OH
  Z = OH, Cl, OR'
- R–C(=O)–NR'R'' ⟶ R–C(=O)–H 또는 R–CH_2NR'R''

이민기의 환원

- R–C(=NR''')–R' ⟶ R–CH(NHR''')–R'

나이트릴기의 환원

- R–C≡N ⟶ R–C(=O)–H 또는 R–CH_2NH_2

아자이드기, 나이트로기, 할로젠기, 하이드록실기, 토실기 및 에폭사이드의 환원

- R–N_3 ⟶ R–NH_2
- (Ar)R–NO_2 ⟶ Ar–N=N–Ar, Ar–NHOH 또는 (Ar)R–NH_2
- R–X ⟶ R–H (X = halogene , OH, OTs)
- (R)(R')C(–O–)CH_2 ⟶ R'–C(OH)(R')–CH_2(H) 또는 R'–C(R')(H)–CH_2(OH)

알켔, 아렌 및 알카인의 환원

- C=C ⟶ H–C–C–H
- (Y-benzene) ⟶ (Y-cyclohexadiene) 또는 (Y-cyclohexadiene)
- R–C≡C–R' ⟶ (R)(H)C=C(R')(H), (R)(H)C=C(H)(R') 또는 H–C(R)(H)–C(R')(H)–H

그림 6.1 유기 합성에서 중요한 환원 반응

한편, 환원 반응은 환원을 유발시키는 방법에 따라 **금속 수소화물을 이용한 환원** (metal hydride reduction), **금속 용해 환원** (dissolving metal reduction), **촉매 수소 첨가 반응** (catalytic hydrogenation) (**가수소 분해 반응**, hydrogenolysis 포함), **이동 수소 환원** (transfer hydrogen reduction) 및 **비금속 환원 반응** (nonmetal reduction) 등으로 분류할 수 있다 (표 6.1).

표 6.1 환원 방법의 분류

환원 방법	환원 시약 (환원제)
금속 수소화물 환원	$LiAlH_4$, $NaBH_4$, BH_3 등
금속 용해 환원	Na/ROH, Li/NH_3, Fe/HCl 등
촉매 수소 환원	촉매: PtO_2, Pd/C, Raney Ni 등
이동 수소 환원	MPV 반응, Ru–*i*–PrOH 등
비금속 환원	HN=NH, HCO_2H, Ph_3P 등

6.1 금속 수소화물에 의한 환원 반응

6.1.1 알루미늄 및 붕소 수소화물

금속 수소화물 (metal hydride)은 금속–수소 (M–H) 결합의 수소 원자가 **수소 음이온** (hydride, $H^{\ominus}$)으로 떨어져 나와 반응 기질과 결합하여 환원 반응을 일으키는 물질로 **알루미늄 수소화물** (aluminum hydride, Al–H)과 **붕소 수소화물** (boron hydride, B–H)이 대표적으로 알려져 있다. 이들은 수소화물의 성질에 따라 **친핵성 수소화물** (nucleophilic hydride)과 **친전자성 수소화물** (electrophilic hydride)로 분류할 수 있다.

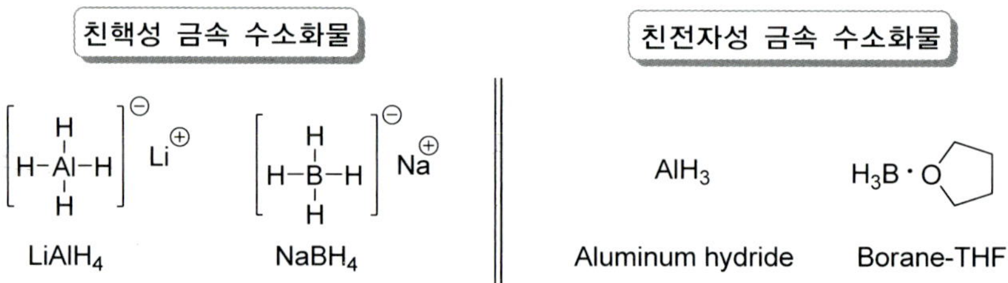

친핵성 수소화물이란 $LiAlH_4$와 $NaBH_4$와 같이 중심 금속인 Al과 B가 수소 원자와 4배위 결합한 'ate' 착물 구조를 가진 화합물을 말하며, AlH_3와 BH_3처럼 수소 원자가 중심 금속과 3배위 결합하여 Lewis 산 구조와 성질을 가진 금속 수소화물을 **친전자성 수소화물**이라고 한다. 이들의 금속 수소화물 중 몇 가지를 표 6.2에 나타내었다. 이들 대부분은 시중에서 쉽게 구입할 수 있다.

표 6.2 알루미늄 및 붕소 수소화물 환원제

Aluminum hydride		Boron hydride	
친핵성	친전자성	친핵성	친전자성
$LiAlH_4$ (LAH) (Lithium aluminum hydride)	AlH_3 (alane) (Aluminum hydride)	$NaBH_4$ (SBH) (Sodium borohydride)	$BH_3 \cdot THF$ (Borane–tetrahydrofuran)
$LiAlH(OEt)_3$ (LTEA) (Lithium triethoxyaluminum hydride)	*i*–Bu_2AlH (DIBALH) (Diisobutylaluminum hydride)	$LiBH_4$ (Lithium borohydride)	$BH_3 \cdot SMe_2$ (BMS) (Borane–dimethyl sulfide)
$LiAlH(OBu\text{-}t)_3$ (LTBA) (Lithium *tri*–*t*–butoxy–aluminum hydride)		$NaBH_3CN$ (Sodium cyanoborohydride)	$BH_3 \cdot NR_2$ (Amine–borane)
$NaAlH_2(OCH_2CH_2OMe)_2$ (Red–al, Vitride 또는 SMEAH) Sodium bis–(2–methoxyethoxy)–aluminum hydride		$NaBH(OAc)_3$ (Sodium triacetoxy–borohydride)	(Catecholborane, CB)

◆ 친핵성과 친전자성 금속 수소화물의 카보닐기 환원 반응 메커니즘

$LiAlH_4$와 $NaBH_4$ 같은 친핵성 금속 수소화물과 AlH_3와 $BH_3 \cdot THF$ 같은 친전자성 금속 수소화물은 알데하이드, 케톤, 카복실산, 에스터, 아마이드 등의 카보닐기 유도체를 환원할 목적으로 가장 많이 선호되는 환원제들이다. 그러나 이들 환원제는 서로 다른 환원 반응 메커니즘으로 환원 반응에 참여한다. 예를 들어 $LiAlH_4$와 $NaBH_4$에 의한 케톤의 환원 반응은 환원제의 수소 음이온 ($H^{\ominus}$)이 친핵체로 작용하여 케톤의 카보닐 탄소를 공격하여 일어나는 두 분자 사이에서 일어나는 반응이다 (그림 6.2).

$$4\,R_2C{=}O + LiAlH_4 \longrightarrow LiAl(OCHR_2)_4 \xrightarrow{4H_2O} 4\,R_2CHOH + LiOH + Al(OH)_3$$

그림 6.2 $LiAlH_4$에 의한 케톤 환원 반응 메커니즘. Al-H의 수소 음이온이 카보닐 탄소를 직접 공격하여 환원 반응이 일어난다. $LiAlH_4$ 1몰당 4몰의 케톤이 환원될 수 있다.

반면에, 친전자성 수소화물인 AlH_3와 $BH_3 \cdot THF$의 환원 반응은 중심 금속이 카보닐기의 산소 원자의 비공유 전자쌍에 배위한 후 수소 음이온이 분자 내에서 전자가 부족한 카보닐 탄소를 공격하여 일어난다 (그림 6.3).

$$3\ R_2C{=}O + BH_3 \longrightarrow B(OCHR_2)_3 \xrightarrow{3H_2O} 3\ R_2CHOH + B(OH)_3$$

그림 6.3 BH_3를 이용한 케톤의 환원 반응 메커니즘: BH_3가 카보닐 산소와 Lewis 산으로서 배위한 뒤 B-H의 수소 음이온이 카보닐 탄소를 공격한다.

알루미늄 및 붕소 수소화물 환원제의 환원력과 특성

$LiAlH_4$는 알켄을 제외한 알데하이드, 케톤, 산염화물, 에스터, 에폭사이드, 아마이드, 나이트릴, 할로젠화 알킬, 나이트로기 등과 같이 거의 모든 작용기를 환원할 수 있는 강력한 환원제이다. 반면에, $NaBH_4$는 오직 알데하이드, 케톤과 산염화물만 환원시킬 수 있는 약한 환원제이다. $LiAlH_4$가 $NaBH_4$보다 환원력이 훨씬 센 것은 중심 금속인 Al와 B의 전기음성도 (electronegativity, EN) 차이 때문이다. Al (EN = 1.6)이 B (EN = 2.0)보다 작아 Al–H에서 수소 원자 쪽으로의 전자 쏠림 현상이 B–H보다 더 커서 $H^{\ominus}$를 제공하는 능력이 더 강력하다.

실질적으로 $LiAlH_4$는 물, 알코올 및 아민과 같이 활성 수소를 가진 화합물과 반응하여 수소를 발생시키지만 $NaBH_4$는 이들과 거의 반응하지 않아 반응 용매로 사용할 수 있다.

$$\overset{\delta\oplus}{-Al}-\overset{\delta\ominus}{H} \; > \; \overset{\delta\oplus}{-B}-\overset{\delta\ominus}{H}$$

EN (Al) = 1.6
EN (B) = 2.0
EN (H) = 2.1

전자 쏠림 현상이 더 크다

$$LiAlH_4 + 4H_2O \longrightarrow LiOH + Al(OH)_3 + 4H_2$$

$NaBH_4$ + H_2O —✕→ 반응 안함

- $LiAlH_4$는 알켄을 제외한 거의 모든 작용기를 환원할 수 있는 강력한 환원제이다.
- $NaBH_4$는 오직 알데하이드, 케톤 및 산염화물만 환원할 수 있는 약한 환원제이다.

한편, $LiAlH_4$와 3당량의 EtOH 또는 *tert*-BuOH를 반응시키면 각각 lithium triethoxyaluminum hydride **[$LiAlH(OEt)_3$, LTEA]**와 lithium tri-*tert*-butoxyaluminum hydride **[$LiAlH(OBu\text{-}t)_3$, LTBA]**가 생성되는데 이들 환원제의 환원력은 $LiAlH_4$에 비해 낮다.

특히 LTBA의 경우 오직 알데하이드, 케톤과 산염화물 (생성물: 알데하이드)만 환원할 수 있다. $NaBH_4$를 ether 또는 THF 용매에서 LiX (X = Cl, Br, I)와 반응시키면 양이온인 Na이 Li으로 교환되어 $LiBH_4$가 생성된다. 이 환원제는 환원력이 $NaBH_4$보다 더 강해져 에스터를 알코올로 환원시킬 수 있다. 또한, $LiBH_4$에서 수소 원자 세 개가 에틸기로 치환된 **$LiBHEt_3$** (lithium triethylborohydride, Super hydride)의 경우 환원력이 $LiAlH_4$와 비슷하게 증가된다. 반면에 붕소 수소화물인 **$NaBH_3CN$** (sodium cyanoborohydride)와 **$NaBH(OAc)_3$** (sodium triacetoxtborohydride)의 경우 환원력이 $NaBH_4$보다 떨어진다.

일반적으로 알루미늄 및 붕소 수소화물의 환원력은 다음과 같은 인자에 의해 영향을 받는다.

- 중심 금속의 전기음성도 (EN): EN 값이 작을수록 환원력이 더 크다.
  예. $LiAlH_4$가 $NaBH_4$보다 환원력이 더 크다.
- 중심 금속의 치환기: 전자를 밀어주는 치환기는 환원력을 증강시킨다.
  예. $LiBHEt_3$가 $LiBH_4$보다 환원력이 더 크다.
- 양이온의 Lewis 산도: Lewis 산성도가 클수록 환원력이 강해진다.
  예. $LiBH_4$가 $NaBH_4$보다 환원력이 더 세다
- 환원제의 입체 장애: 입체 장애가 커지면 환원력이 떨어진다.
  예. LTBA가 LTEA보다 환원력이 더 약하다.

위에서 언급한 알루미늄 수소화물과 붕소 수소화물의 종류와 사용 용매 및 작용기에 대한 환원 특성을 표 6.3에 요약하여 나타내었다. 이들 금속 수소화물들이 나타내는 작용기에 대한 환원 특성과 이에 관련된 구체적인 반응 예는 6.5절~6.12절에서 다룰 예정이다.

표 6.3 알루미늄 수소화물과 붕소 수소화물의 종류와 환원 반응 특성

Aluminum hydride (Al–H)		
금속 수소화물	사용 용매	반응 작용기 및 생성물
$LiAlH_4$ (LAH)	Ether, THF, DME 또는 diglyme	RCHO, R_2CO, RCO_2H, RCOCl, RCO_2R' → RCH_2OH, R_2CHOH $RCONR_2$, RCN → RCH_2NR_2, RCH_2NH_2 RX → RH $R-NO_2$ → RNH_2 (ArN = NAr) Alkyne → (*E*)-alkene
$LiAlH(OEt)_3$ (LTEA)	THF 또는 diglyme	RCHO, R_2CO, RCO_2H, RCOCl → RCH_2OH, R_2CHOH $RCONR'_2$ → RCHO
$LiAlH(OBu-t)_3$ (LTBA)	THF 또는 diglyme	RCHO, R_2CO → RCH_2OH, R_2CHOH RCOCl → RCHO
$NaAlH_2(OCH_2CH_2OMe)_2$ [Red-al 또는 Vitride]	Toluene, benzene 또는 THF	RCHO, R_2CO, RCO_2H, RCOCl, RCO_2R' → RCH_2OH, R_2CHOH RCN → RCHO
AlH_3 (alane)	Ether 또는 THF	RCHO, R_2CO, RCO_2H, RCOCl, RCO_2R' → RCH_2OH, R_2CHOH $RCONR_2$, RCN → RCH_2NR_2, RCH_2NH_2
i-Bu_2AlH (DIBALH)	Hexane, ether, benzene 또는 toluene	RCHO, R_2CO → RCH_2OH, R_2CHOH RCO_2R', RCN → RCHO
Boron hydride (B–H)		
금속 수소화물	사용 용매	반응 작용기 및 생성물
$NaBH_4$ [SBH]	물, MeOH, EtOH, diglyme 또는 HMPT	RCHO, R_2CO, RCOCl → RCH_2OH, R_2CHOH RX → RH (HMPT) $R_2C=NNHAr$ → R_2CH_2
$NaBH_3CN$	물 (pH 3~4), MeOH, $ClCH_2CH_2Cl$ 또는 DMSO	RX → RH (중성). 이민, 엔아민 → 아민
$NaBH(OAc)_3$	$AcOH/ClCH_2CH_2Cl$ 또는 THF	RCHO → RCH_2OH; 이민, 엔아민 → 아민
$LiBH_4$	Ether 또는 THF	SBH보다 강함 RCHO, R_2CO, RCOCl, RCO_2R' → RCH_2OH, R_2CHOH
$LiEt_3BH$ (Super hydride)	THF	환원 특성은 LAH와 비슷. 특히 RX → RH
$BH_3 \cdot L$ (borane) (L = THF, SMe_2, NR_2)	THF	RCO_2H → RCH_2OH $RCONR_2$, RCN → RCH_2NR_2, RCH_2NH_2

표 6.3에서 보듯 금속 수소화물 중 $LiAlLH_4$와 $LiEt_3BH$은 환원력이 강하여 여러 종류의 작용기를 모두 환원할 수 있는데 비해 $NaBH(OAc)_3$는 오직 알데하이드만 환원할 수 있다. 유기

합성 과정에서 환원 반응이 필요할 때 용도에 맞는 환원제를 어떻게 선택해야 할지 고민하는 경우가 많다. 표 6.4에 몇 가지 대표적인 작용기에 대한 금속 수소화물의 환원력을 비교한 것을 종합하여 나타내었다.

표 6.4 금속 수소화물 환원제의 환원력 비교

	산염화물 (RCOCl)	Aldehyde	Ketone	Carboxylic acid	Ester	Amide	Nitrile	Epoxide	Alkyl halide	환원력의 강도
$LiAlH_4$	알코올	알코올	알코올	알코올	알코올	아민 또는 알데하이드	아민	알코올	알케인	↑
$LiEt_3BH$	알코올	알코올	NR	알코올	알코올	아민 또는 알데하이드	아민	알코올	알케인	강
SMEAH (Red-al)	알코올	알코올	알코올	알코올	알코올 또는 알데하이드	아민 또는 알데하이드	알데하이드	알코올	알케인	
LTEA	알코올	알코올	알코올	알코올	알코올	아민 또는 알데하이드	알데하이드	알코올	–	
i-Bu_2AlH	–	알코올	알코올	–	알코올 또는 알데하이드	아민 또는 알데하이드	아민 또는 알데하이드	알코올	알케인 또는 알켄	
BH_3	–	알코올	알코올	알코올	NR	아민	아민	slow	NR	
$LiBH_4$	알코올	알코올	알코올	NR	알코올	–	–	–	–	
LTBA	알데하이드	알코올	알코올	NR	NR	NR	NR	very slow	–	약
$NaBH_4$	알코올	알코올	알코올	NR	NR	NR	NR	NR	–	↓
$NaBH_3CN$	–	알코올	NR	NR	NR	NR	NR	NR	알케인	
$NaBH(OAc)_3$	–	알코올	NR	–	NR	NR	NR	NR		

NR = no reaction

6.1.2 주석 수소화물

n–Tributyltin hydride (n–Bu_3SnH)는 라디칼 반응 조건에서 수소 원자를 반응 기질에 제공하는 환원제이다. 라디칼 생성 개시제로 흔히 AIBN (azoisobutyronitrile)를 주로 사용한다. 이 시약을 사용하여 할로젠화 알킬 (또는 아릴)과 알코올 (알킬 xanthate 경유)을 알케인 (또는 아레인)으로 환원할 수 있으며 지방족 카복실산 또는 산염화물은 O–acyl thiohydroxamate를 경유하여 환원성 탈카복실화 반응에 의해 알케인으로 전환시킬 수 있다 (그림 6.4). 구체적인 반응 예는 6.5.3절 그림 6.28에 나타내었다.

R(Ar)−X $\xrightarrow[\text{AIBN, }\Delta]{n\text{-}Bu_3SnH}$ R(Ar)−H

R−OH $\xrightarrow{CS_2\text{, NaOH, }CH_3I}$ R−O−C(=S)−S−CH_3 (Xanthate) $\xrightarrow[\text{AIBN, }\Delta]{n\text{-}Bu_3SnH}$ R−H

R−C(=O)−Cl + (2-thioxopyridin-1-yl)ONa ⟶ R−C(=O)−O−N (*O*-acyl thiohydroxamate) $\xrightarrow[\text{AIBN, }\Delta]{n\text{-}Bu_3SnH}$ R−H

메커니즘

Azoisobutyronitrile (AIBN) $\xrightarrow{\Delta}$ Me−C·(Me)(CN)

Me−C·(Me)(CN) + n-Bu_3Sn−H ⟶ Me−C(Me)(CN)−H + n-Bu_3Sn·

R−OH ⟶ R−O−C(=S)−R'

R−O−C(=S)−R' + n-Bu_3Sn· ⟶ n-Bu_3Sn−S−C(=O)−R' + R·

R· + n-Bu_3Sn−H ⟶ R−H + n-Bu_3Sn·

그림 6.4 *n*-Tributyltin hydride (*n*-Bu_3SnH)의 라디칼 환원 반응

6.2 금속 용해 환원 반응: 전자 첨가 반응

금속이 용매에 녹으면 전자를 방출하고 금속 스스로는 양이온이 된다. 이 방출된 전자를 출발물 (반응 기질)이 받아들여 일어나는 환원 반응을 **금속 용해 환원 반응 (dissolving metal reduction)**이라고 한다. 이 반응은 전자 첨가 반응의 일종으로 금속 수소화물이 발견되기 전까지 촉매 수소 첨가 반응과 더불어 유기 환원 반응에 대표적으로 이용되었던 반응이다. 지금도 이 방법은 벤젠과 알카인의 부분 환원 반응, 알데하이드, 케톤 및 에스터의 환원, 짝지음 또는 축합 반응, 나이트릴, 옥심 및 나이트로기의 환원 반응, 할로젠화 알킬의 탈할로젠화 반응 등에 사용된다 (표 6.5). 이 반응에 자주 이용되는 금속은 알칼리 금속 (Li, Na, K)과 Zn, Mg, Fe, Sn 등이다.

표 6.5 금속 용해 환원에 의한 작용기 환원 반응

반응 조건	작용기 및 생성물	비고
Na 또는 Li/NH_3/EtOH	Arene → Cyclohexadiene	Birch 환원
Li/NH_3	Alkyne → (E)-Alkene	
Na/EtOH 또는 Zn/NaOH	RCOR′ → RCHOHR′	
Mg (Hg)/benzene	2RCOR′ → RCHOHCHOHR′	Pinacol (또는 Mcmurry) 짝지음 반응
Zn(Hg)/HCl	RCOR′ → $RCH_2R′$	Clemmensen 환원
Na/EtOH	$RCO_2R′$ → RCH_2OH	Bouveault-Blanc 반응
Na/ether 또는 xylene	$2RCO_2R′$ → RCHOHCOR′	Acyloin 축합 반응
Na/EtOH	RCN → RCH_2NH_2 Oxime → Amine RX → RH	
$SnCl_2$/HCl	RCN → RCHO	Stephen 반응
Fe/HCl, $SnCl_2$/HCl 또는 Zn/NaOH	$ArNO_2$ → $ArNH_2$	
Zn 또는 Mg/AcOH	R_2C=NOH → R_2CHNH_2	

6.2.1 Birch 환원: 벤젠 고리의 부분 환원 반응

벤젠을 낮은 온도에서 에탄올과 액체 암모니아와 속에서 금속 Na와 반응시키면 벤젠 고리의 π 결합에서 환원 반응이 일어나 cyclohexa-1,4-diene이 생성된다. 이와 같은 반응을 **Birch 환원**이라고 한다 (그림 6.5).

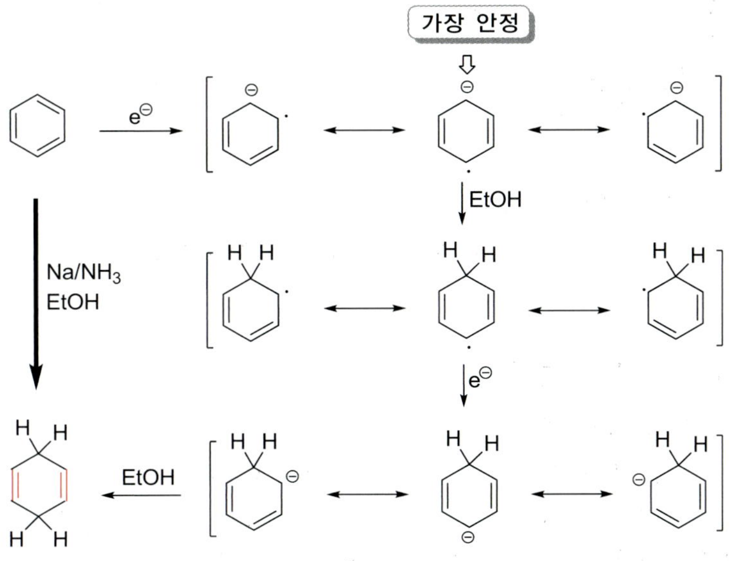

그림 6.5 Birch 환원 반응 메커니즘

이 환원 반응은 금속 Na에서 떨어져 나온 전자 한 개를 반응 기질인 벤젠 고리가 받아 생성된 **라디칼 음이온** (radical anion)이 에탄올에 의해 양성자화되어 일어난 결과이다.

치환기를 가진 벤젠의 경우 Birch 환원 반응이 일어날 때 치환기가 전자 주는기 (EDG)인지, 전자 끄는기 (EWG)인지에 따라 벤젠 고리의 환원 위치가 달라진다 (그림 6.6). 그 이유는 반응 중간체가 생성될 때 상대적으로 안정한 형태의 라디칼 음이온이 우선적으로 생성되어 환원 반응에 참여하기 때문이다. 이와 관련된 구체적인 반응 예들은 6.11.2절 (벤젠 고리의 환원)의 그림 6.40에 나타내었다.

G
Na, NH_3 (liq)
ROH
G = electron-donating group (EDG)
R, OR, NR_2

W
Na, NH_3 (liq)
ROH
W = electron-withdrawing group (EWG)
CO_2H, CO_2R, COR, $CONR_2$, CN, Ar

OMe, $e^{\ominus}$, or, or, 더 선호, $H^{\oplus}$, $e^{\ominus}$, $H^{\oplus}$

MeO기가 탄소 음이온을 불안정화

$CO_2^{\ominus}$, $e^{\ominus}$, or, or, 더 불안정, $H^{\oplus}$, $e^{\ominus}$, $H^{\oplus}$, CO_2H

더 선호: 카복실산 음이온기가 탄소 음이온을 안정화

그림 6.6 Birch 환원 반응에서의 위치 선택성

6.2.2 알카인의 부분 환원 반응

Birch 환원 반응과 비슷한 형태의 반응이 alkyne에서도 일어난다. Alkyne을 금속 Li 또는 Na와 액체 암모니아 속에서 반응시키면 (*E*)–alkene이 생성된다 (그림 6.7). 이 반응은 중간체로 생성되는 라디칼 비닐 음이온이 전자 반발력으로 (*E*) 배열의 생성을 선호하기 때문이다. 이에 관한 구체적 반응 예는 6.11.1절 (알카인의 부분 환원)의 그림 6.39에 예시하였다.

전자 반발력으로 (*E*) 배열 선호

(*E*)-alkene

그림 6.7 금속 용해 환원에 의한 알카인의 환원 반응: (*E*)-알켄의 생성 반응

6.2.3 카보닐기의 환원 반응

알데하이드 또는 케톤을 양성자성 용매에서 알칼리 금속, Zn, Fe 등과 반응시키면 환원 반응이 일어나 알코올로 전환된다. 그러나 이 반응을 benzene, dimethoxyethane (DME), THF 등과 같은 비양성자성 용매에서 수행하면 중간체로 생성된 라디칼 음이온의 짝지음 반응이 일어나 1,2-다이올이 생성된다 (그림 6.8). 이 반응을 **Pinacol 짝지음 반응** (**Mcmurry 짝지음 반응**)이라고 한다. 이 반응에서 생성된 반응 중간체인 라디칼 음이온을 **케타일** (**ketyl**)이라고 하는데 benzophenone의 케타일은 짙은 보라색을 나타내므로 에터 또는 THF 같은 용매에 있는 소량의 수분을 Na 금속으로 건조시킬 때 이 물질을 넣어 수분이 완전히 제거되었는지를 나타내는 지표로 활용하기도 한다 (수분이 제거되었을 경우 짙은 보라색을 유지한다).

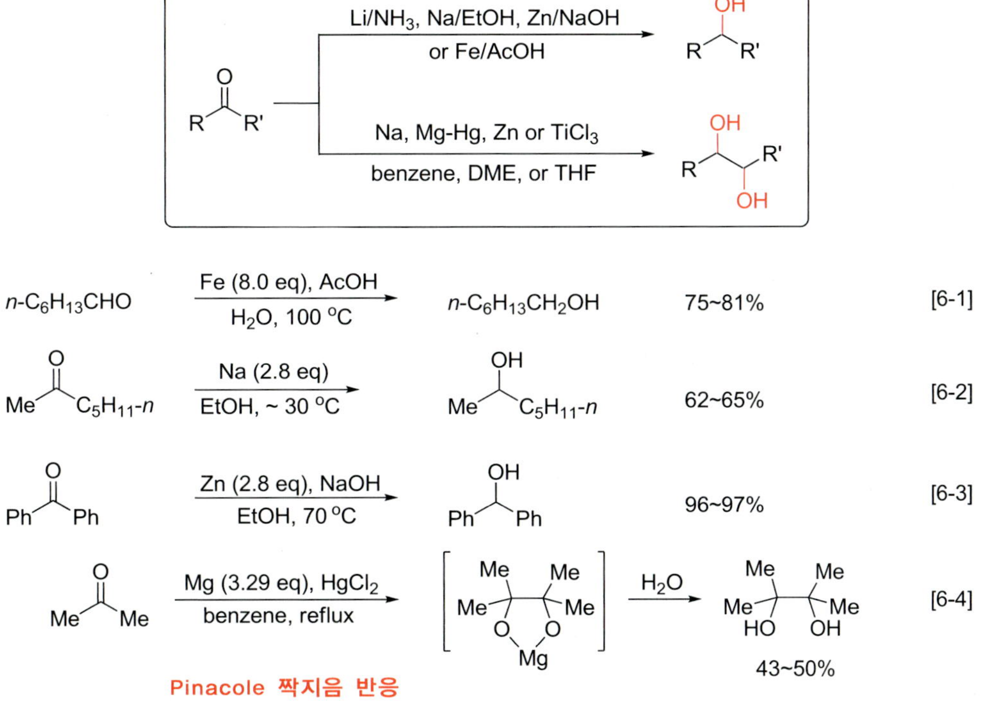

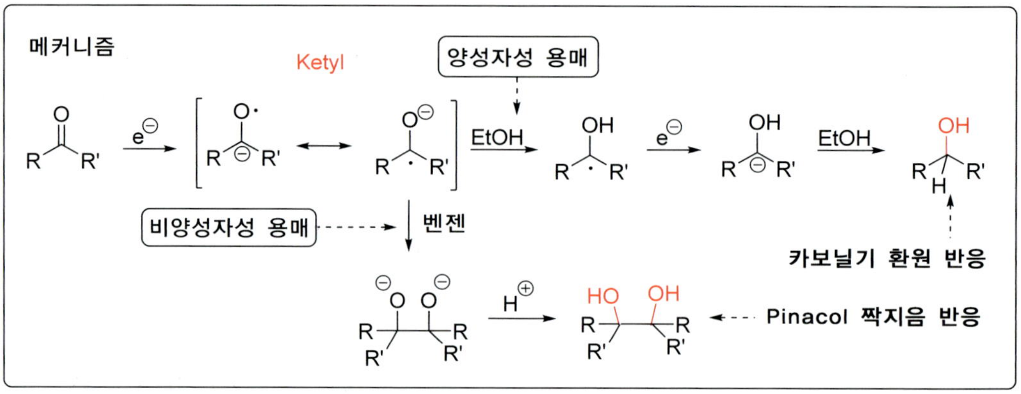

그림 6.8 금속 용해 환원에 의한 케톤의 환원 반응: 양성자성 용매에서는 알코올이, 비양성자성 용매에서는 짝지음 반응에 의한 다이올이 생성된다.

한편, 금속 Na를 에탄올 속에서 에스터와 반응시키면 1° 알코올이 생성되는데 이 반응을 **Bouveault–Blanc 반응**이라고 한다. 이 반응을 에터와 같은 비양성자성 용매에서 반응시키면 α–hydroxy ketone 구조를 가진 **아실로인 (acyloin)**이 생성된다 (그림 6.9). 이들 환원 및 짝지음 반응은 케톤의 경우와 비슷하게 전자 첨가 반응에 의해 라디칼 음이온이 중간체로 생성되어 일어나는 것으로 알려져 있다.

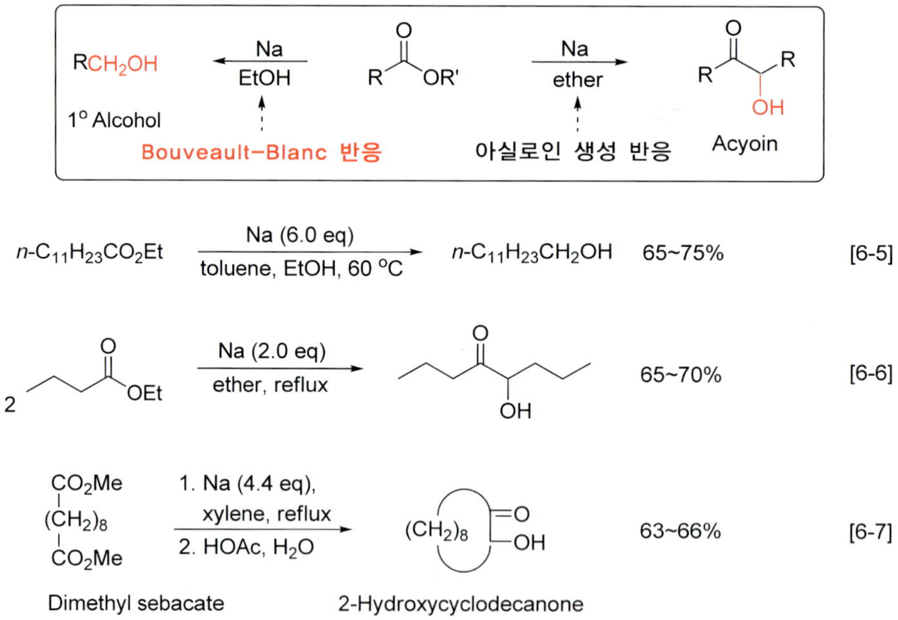

그림 6.9 금속 용해 환원에 의한 에스터의 환원 반응

6.2.4 나이트릴, 이민, 옥심, 할로젠화 알킬 및 나이트로기의 환원 반응

금속 Na의 알코올 용해 환원 반응은 nitrile, imine과 oxime을 아민으로, 할로젠화 알킬을 알케인으로 환원시킨다. 한편, 나이트릴을 $SnCl_2$로 환원하면 중간체인 이민을 거쳐 알데하이드로 전환시킬 수 있다 (**Stephen 반응**). 또한, 나이트로기의 경우, 염산 속에서 Fe 또는 Sn과 반응시키거나 Zn을 NaOH 수용액 속에서 반응시키면 아민으로 환원된다 (그림 6.10). 이들 반응에 대한 구체적 반응 예들은 6.6절~6.9절에 기술하였다.

$$RCN \xrightarrow[ROH]{Na} RCH_2NH_2 \qquad R_2C{=}NOH \xrightarrow[ROH]{Na} R_2CHNH_2$$

$$R_2C{=}NR' \xrightarrow[ROH]{Na} R_2CHNHR' \qquad RX \xrightarrow[ROH]{Na} RH$$

$$R{-}C{\equiv}N \xrightarrow[\text{ether, HCl (gas)}]{SnCl_2} \left[RCH{=}\overset{\oplus}{N}H_2 \ \ Cl^{\ominus} \right] \xrightarrow{H_2O} RCHO \quad \text{Stephen 반응}$$

$$ArNO_2 \xrightarrow[\text{or Zn/NaOH}]{\text{Fe or Sn/HCl}} ArNH_2$$

그림 6.10 금속 용해 환원에 의한 나이트릴, 이민, 옥심과 할로젠화 알킬, 나이트로 화합물의 환원 반응

6.2.5 탈산소화 반응: Clemensen 환원

알데하이드와 케톤을 과잉의 Zn 분말과 $HgCl_2$과 함께 진한 염산 속에서 가열 반응시키면 카보닐기에서 **탈산소화 반응** (deoxygenation)이 일어나 알케인으로 전환된다. 이 반응을 **Clemmensen 환원**이라고 한다. 이 방법은 강산성에서 반응시켜야 하기 때문에 산에 불안정한 작용기가 있는 반응 기질에서는 사용할 수 없다. 다른 탈산소화 방법으로, 알데하이드 및 케톤에 싸이올 (RSH)을 반응시켜 얻은 thioacetal 또는 thioketal을 Raney Ni과 반응시키는 방법이 있다. 이 방법은 중성에서 반응시킬 수 있는 장점이 있다. 이 밖에 알데하이드 또는 케톤의 hydrozone을 강염기로 분해시키는 방법 (**Wolff–Kishner 환원**)이 있다. 카보닐기의 탈산소화 반응과 관련된 구체적 반응 예들은 6.5.3절에 종합하여 기술하였다.

$$RC(=O)R' \xrightarrow[HCl]{Zn\text{-}Hg} \underset{\text{Alkane}}{RCH_2R'} \xleftarrow{\text{Raney Ni}} \underset{\text{Thioketal (thioacetal)}}{R(R')C(SR'')_2} \xleftarrow{R''SH} RC(=O)R'$$

Clemmensen 환원

6.3 촉매 수소 첨가 환원 반응과 가수소 분해 반응

촉매 수소 첨가 반응 (catalytic hydrogenation)이란 촉매를 사용하여 알켄, 알카인, 카보닐기, 이민기, 나이트릴기, 나이트로기, 아릴기와 같이 π 결합을 가진 불포화 작용기에 수소 원자가 첨가되는 반응을 말하며, **가수소 분해 반응** (hydrogenolysis)이란 수소 원자에 의하여 C–C 결합, C–O 결합, C–N 결합 및 C–X 결합이 끊어져 C–H 결합이 형성되는 반응을 말한다. 이를 통틀어 **촉매 수소 환원 반응**이라고 한다. 이 반응을 통해 거의 모든 작용기를 환원할 수 있다. 그러나 이 방법으로 케톤, 에스터, 아마이드, 나이트릴기를 환원할 경우 대부분 고압 또는 고온의 반응 조건이 필요하므로 실험실에서는 이들 작용기의 환원법으로 잘 사용되지 않는다. 유기 합성에서 흔히 이용되는 촉매 수소 환원법은 다음과 같은 반응들이다 (그림 6.11).

$$R-C\equiv C-R \xrightarrow{H_2/\text{촉매}} \text{(cis) RCH=CHR}$$

$$R-CH=CH-R \xrightarrow{H_2/\text{촉매}} RCH_2CH_2R$$

$$RCOCl \xrightarrow{H_2/\text{촉매}} RCHO$$

$$R-C_6H_5 \xrightarrow{H_2/\text{촉매}} R-C_6H_{11}$$

$$PhCH_2-XR\ (X = O, N) \xrightarrow[\text{가수소 분해}]{H_2/\text{촉매}} PhCH_3 + HXR$$

$$ArNO_2 \xrightarrow{H_2/\text{촉매}} ArNH_2$$

그림 6.11 촉매 수소 환원 반응을 이용한 각종 작용기의 환원 반응

6.3.1 불균일 촉매와 균일 촉매

수소 분자는 보통 화학 반응 조건에서 그 자체로는 반응하지 않고 촉매가 필요하다. 수소 첨가 반응에 사용되는 촉매 중 반응 용액에 녹지 않은 상태에서 반응에 참여하는 촉매를 **불균일 촉매** (heterogeneous catalyst), 반응 용액에 녹아 반응하는 촉매를 **균일 촉매** (homogeneous catalyst)라고 한다. 비균일 촉매는 대부분 **Pt, Pd, Rh, Ru, Ir, Raney Ni**과 같은 전이 금속들로서 이들을 활성화시켜 그대로 사용하거나 수소 첨가 반응에 안정한 지지체 (예. 활성탄, $CaCO_3$, $BaSO_4$, Al_2O_3)의 표면에 입힌 상태로 사용되며 대부분 시판되고 있다. 이 중 활성화된 Raney Ni은 공기 중에서 스스로 발화하며 다른 촉매 금속도 사용 후 수소가 흡착된 상태에서는 자연 발화한다. Raney Ni은 Al–Ni (50:50)의 합금인데 NaOH 수용액으로 이 중 Al을 녹여내는 방법에 따라 **W–1~W–8**로 분류된다. **Nickel boride** (**Ni_2B**)는 $Ni(OAc)_2$를 $NaBH_4$와 물속에서 반응시켜 만든 촉매로 **Raney Ni P–1** 또는 **P–2 촉매**라고도 한다. 한편, 균일 촉매로는 Rh, Ir, Ru 착물이 있으며 그 중 $(Ph_3P)_3RhCl$은 **Wilkinson 촉매**로 유명하다.

이 촉매는 주로 C=C 이중 결합의 수소 첨가 반응에 이용된다. Ph_3P 대신에 카이랄 포스핀을 리간드로 사용하면 비대칭 수소 첨가 반응에 응용할 수 있다 (13.4.2절 참조).

6.3.2 촉매 수소 첨가 반응의 환원 특성

수소 첨가 반응은 환원제로 수소 기체를 사용하므로 반응 후 환원제 자체에 의해 생성되는 부산물이 없다. 그러나 수소 자체가 가연성과 폭발성이 높아 취급하기 불편하고 상압 (1기압, atm)에서 반응시킬 경우 고무 풍선 등을 이용할 수 있지만 그 이상의 압력에서 반응시키려면 별도로 고압 반응 장치가 필요하다. 앞서 언급한 바와 같이 촉매 수소 첨가 반응은 거의 모든 작용기에서 일어난다. 그러나 보통 실험실에서 이 반응은 상압 또는 저압의 조건에서 환원 반응이 가능한 산염화물, 나이트로기, 알카인 및 알켄, 벤젠 고리의 환원 및 벤질기의 가수소 분해 반응에 주로 이용된다. 알데하이드의 환원에도 이용이 가능하지만 $NaBH_4$ 같이 손쉽게 다룰 수 있는 환원제가 있으므로 실험실에서는 잘 사용하지 않는다.

수소 첨가 반응은 사용하는 촉매의 활성 (특성), 반응 조건 (압력, 온도), 반응 용액의 pH 등 여러 조건에 따라 작용기에 대한 환원 특성이 달라진다. Propene에 대한 수소 첨가 반응에서 촉매 금속의 활성은 다음과 같은 경향을 보인다.

Propene의 수소 반응 속도: Rh > Ir > Ru > Pt > Pd > Ni > Co

한편, 이 반응은 기체 상태의 수소를 환원제로 사용하기 때문에 화학량론적으로 정확한 양을 계산하여 반응시키기 어렵다. 따라서 부분 환원을 목적으로 한다면 촉매의 활성을 조절하여 사용한다. 예를 들면 alkyne을 PtO_2 또는 Pd/C 촉매를 사용하여 수소 첨가 반응을 시키면 부분 환원 생성물인 alkene을 얻지 못하고 alkane으로 환원된다. 그 이유는 alkene → alkane의 반응 속도가 alkyne → alkene의 반응 속도보다 더 빠르기 때문이다. 대신에, 촉매 활성도를 떨어뜨린 **Lindlar 촉매** (Pd/$CaCO_3$에 quinoline S와 $Pb(OAc)_2$를 첨가하여 만든 촉매), quinoline S를 첨가한 **Pd/$BaSO_4$ 촉매** 또는 **Nickel boride**를 촉매로 사용하면 부분 환원 생성물인 alkene을 합성할 수 있다. 이들 촉매는 입체 특이적으로 *syn*-첨가 반응을 하여 오직 (*Z*)-alkene만을 생성한다. Pd/$BaSO_4$ 촉매는 산염화물을 알데하이드까지만 부분 환원시키는 촉매 (**Rosenmund 환원**)로도 사용된다. 촉매 수소 첨가 반응에 자주 사용되는 촉매와 환원 특성을 표 6.6에 정리하였다.

표 6.6 수소 첨가 환원 반응에 사용되는 촉매 및 환원 특성

불균일 촉매 (heterogeneous catalyst)	반응 작용기 및 생성물
PtO_2 (Adams catalyst)	Alkene, alkyne → alkane Azide → amine Nitro → amine
Pd/C	Alkene, alkyne → alkane Azide → amine Nitro → amine Hydrogenolysis of benzyl ether or amine
$Pd/CaCO_3$ + quinoline + $Pb(OAc)_2$ (Lindlar catalyst)	Alkyne → (*Z*)–alkene
$Pd/BaSO_4$ + quinoline (Rosenmund reduction)	Alkyne → (*Z*)–alkene Acyl halide → aldehyde
Raney Ni (W–1~W–8)	Alkene, alkyne → alkane Nitro → amine
Nickel boride (Ni_2B, Raney Ni P–1~P–2)	Alkyne → (*Z*)–alkene (P–2) Azide → amine Nitro → amine Enone → ketone
Rh/Al_2O_3	Benzene → 사이클로헥세인
균일 촉매 (homogeneous catalyst)	**반응 작용기 및 생성물**
$(Ph_3P)_3RhCl$ (Wilkinson 촉매)	Alkene → alkane

알켄의 촉매 수소 첨가 반응에서 반응 속도는 입체 장애에 의해 큰 영향을 받는데 입체 장애가 작을수록 반응 속도가 빠르며 그 경향은 다음과 같다.

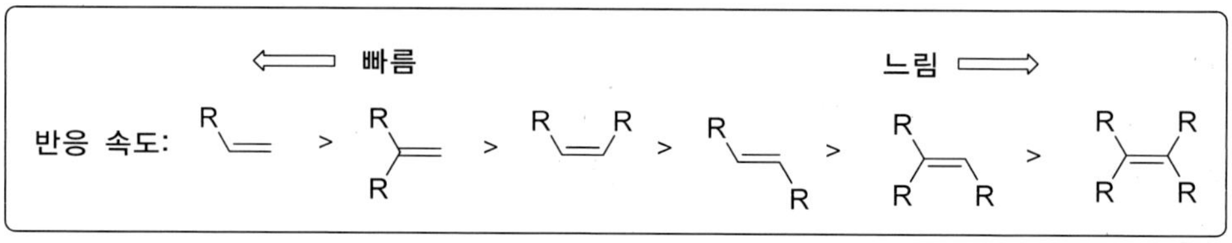

⟸ 빠름 느림 ⟹

반응 속도:

촉매 수소 첨가 반응에서 불균일 촉매와 균일 촉매를 사용할 때의 장단점을 살펴보면, 불균일 촉매는 고체이기 때문에 반응 후 여과하여 제거하기 쉬워 촉매 금속이 생성물에 잔류할 염려가 없다. 그러나 촉매가 반응 물질과 불균일한 상태로 관여하기 때문에 일반적으로 선택성이 결여되고 반응 조건이 균일 촉매에 비해 고온과 고압이 필요하다. 균일 촉매의 경우 불균일 촉매의 단점을 해소할 수 있으나, 가장 큰 단점은 사용한 촉매가 생성물에 혼합될 수 있기 때문에 의약품처럼 생성물의 순도가 중요한 반응인 경우 촉매 금속을 제거하기 위한 별도의 공정이 필요하다는 점이다.

6.3.3 촉매 수소 첨가 반응 메커니즘

불균일 촉매의 경우 금속 표면에 수소 분자와 알켄의 π 전자가 흡착된 후 수소가 알켄으로 이동한다. 이 과정에서 수소 원자는 일반적으로 *syn*-첨가 반응을 한다 (그림 6.12).

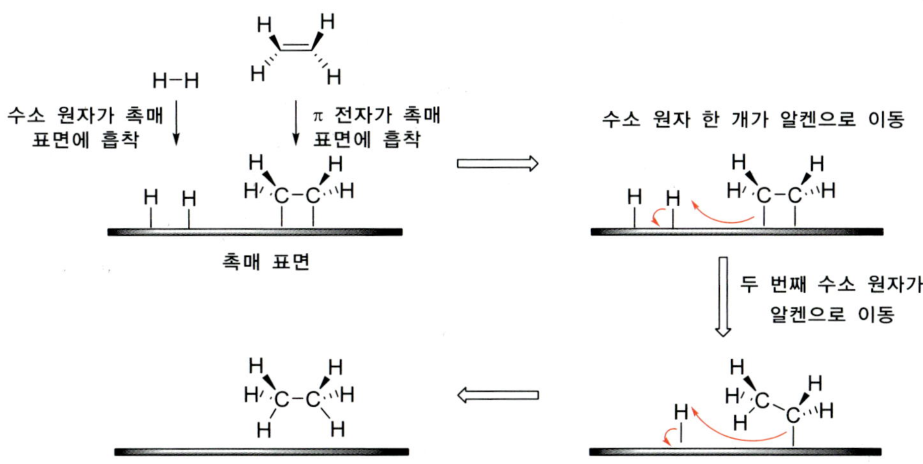

그림 6.12 알켄에 대한 불균일 촉매 수소 첨가 반응 모식도

그러나 촉매와 알켄의 종류에 따라 알켄의 이중 결합이 인근 탄소로 옮겨지는 이성질화 현상도 가끔 일어난다. 한편, 균일 촉매 수소 첨가 반응은 촉매에 수소 분자의 산화성 첨가 반응이 일어난 후 여기에 알켄이 첨가되어 수소 원자 이동 반응을 거쳐 일어난다 (그림 6.13).

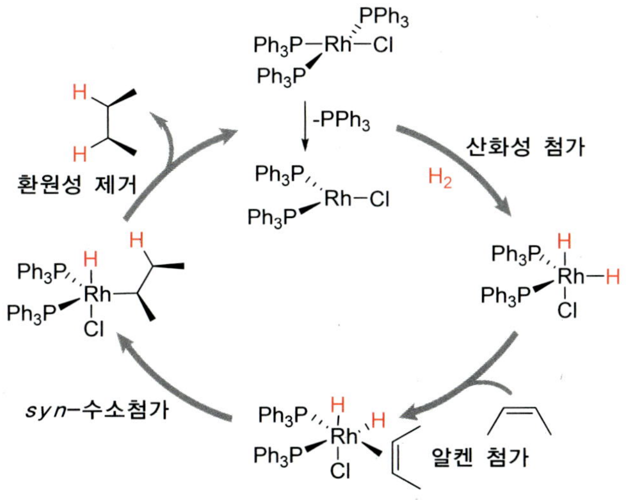

그림 6.13 알켄에 대한 균일 촉매 (Wilkinson 촉매) 수소 첨가 반응 메커니즘

6.4 이동 수소 환원과 비금속 화합물을 이용한 환원 반응

6.4.1 이동 수소 환원 반응

앞서 언급한 $LiAlH_4$와 $NaBH_4$와 같은 금속 수소화물은 수소 음이온을 직접 제공하고, 금속 용해 환원법은 전자를 제공하며, 촉매 수소 첨가 반응은 수소 분자가 촉매에 의해 활성화되어 환원 반응을 일으킨다. 이와 다르게, **이동 수소 환원 반응 (transfer−hydrogen reduction)**이란 반응 매질에서 수소 원자를 제공받아 환원에 이용하는 반응을 말하며 대표적인 예로 **Meerwein−Ponndorf−Verley (MPV) 반응**이 있다. 이 반응을 이용하여 알데하이드, 케톤 및 알디민을 isopropyl alcohol 속에서 $Al(OPr^i)_3$ (aluminum isopropoxide)와 가열 반응시켜 알코올 또는 아민으로 환원시킬 수 있다. 이 반응은 $Al(OPr-i)_3$이 Lewis 산으로 카보닐기의 산소 원자에 배위한 후 고리형 전이 상태를 거쳐 알콕사이드의 methine 수소 [$(Me_2CHO)_3Al$의 C−H]가 수소 음이온으로 카보닐 탄소에 이동하여 일어난다 (그림 6.14). 이 반응에서 $Al(OPr-i)_3$는 촉매로도 사용할 수 있다.

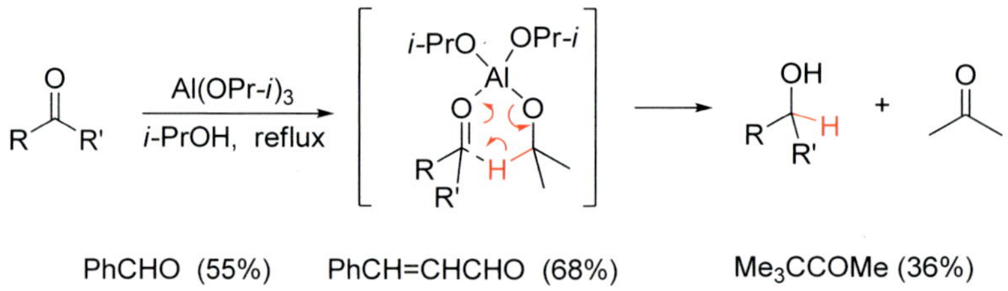

그림 6.14 알데하이드 및 케톤의 MPV 환원 반응

다른 이동 수소 환원법으로 Ru 촉매하에 강염기 속에서 i−PrOH를 수소 제공원으로 이용한 알데하이드와 케톤의 환원 반응이 알려져 있다. 이 반응은 i−PrOH의 methine 수소 원자가

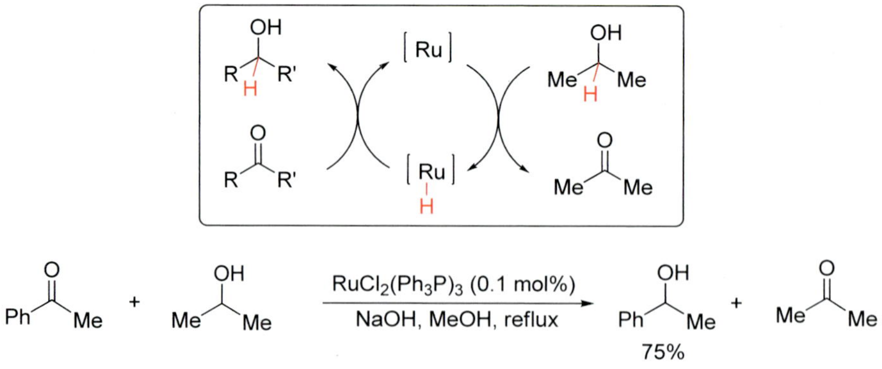

그림 6.15 알데하이드 및 케톤에 대한 Ru−촉매 이동 수소 환원 반응

수소 음이온으로 Ru 금속으로 이동하여 Ru–H의 화학종을 생성시키고, 이 화학종이 환원제로 작용한 결과이다. 그러나 이 반응은 강염기가 있어야 반응이 진행되므로 염기에 불안정한 반응 기질에는 사용하기 어렵다 (그림 6.15).

6.4.2 비금속 화합물에 의한 환원 반응

Formic acid 환원제

1° 아민을 HCHO와 formic acid (HCO_2H)와 반응시키면 아민의 질소 원자에 메틸기 두 개가 도입되는 반응이 일어난다. 이 반응을 **Eschweiler–Clark 반응**이라고 한다. 이 반응은 산성 조건에서 HCHO와 1° 아민의 반응에 의해 일차적으로 생성한 iminium 염이 formic acid (HCO_2H)에 의해 환원되어 일어난 결과이다. 케톤에 HCO_2NH_4를 반응시켜 1° 아민을 합성하는 **Leuckart 반응**도 이와 비슷한 메커니즘으로 일어난다 (그림 6.16). 이들 반응은 HCO_2H가 환원제로 사용된 알데하이드와 케톤에 대한 환원성 아민화 반응 (6.6절)의 일종이라고 볼 수 있다.

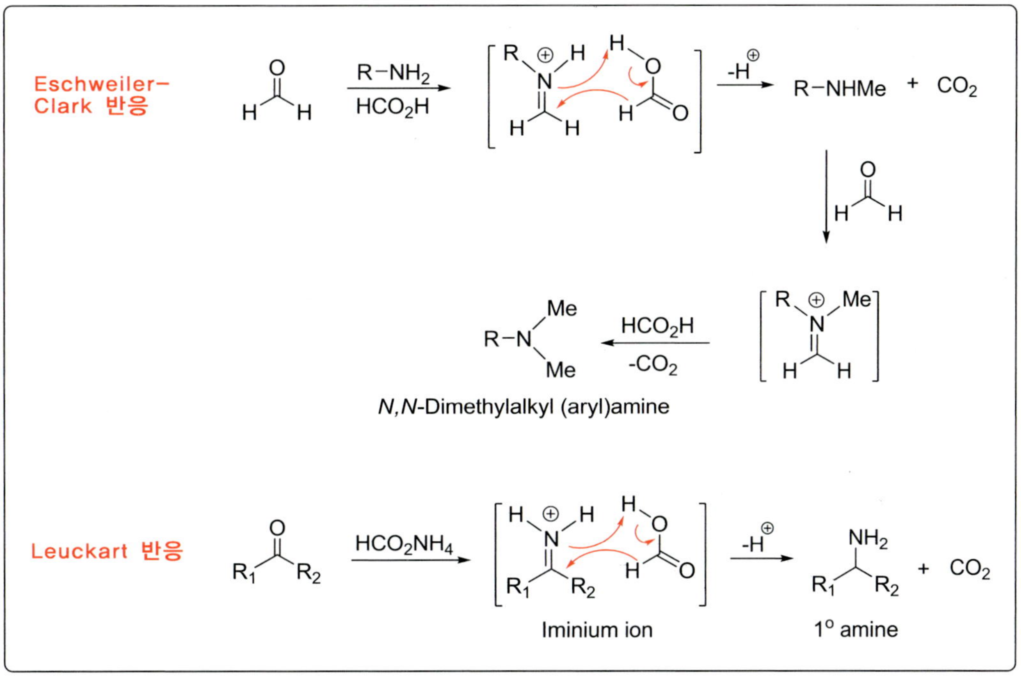

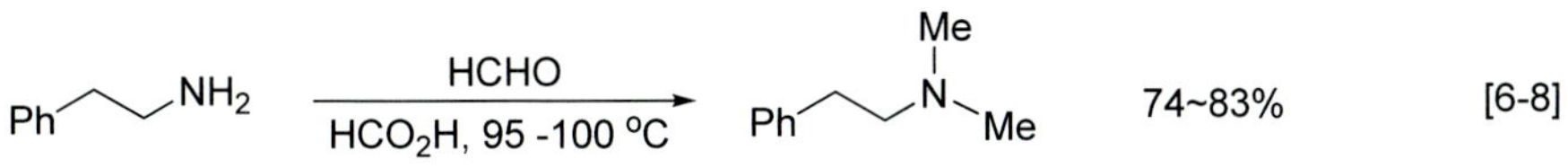

Eschweiler–Clark 반응

Leuckart 반응

Iminium ion

1° amine

N,N-Dimethylalkyl (aryl)amine

Ph–CH₂CH₂–NH₂ → (HCHO / HCO_2H, 95 -100 °C) → Ph–CH₂CH₂–N(Me)Me 74~83% [6-8]

그림 6.16 Formic acid에 의한 이미늄염의 환원 반응: Eschweiler–Clark 반응

Diimide 환원제

Diimide (HN=NH)는 hydrazine의 산화, azodicarboxylate 또는 sulfonamide의 분해 반응을 통해 만들어지는 물질로서 C=C 결합과 협동 (concerted) 반응에 의하여 수소를 *syn*-첨가시키는 데 주로 이용되는 환원제이다. 이 물질은 불안정하기 때문에 반응 용액에서 만들어 분리하지 않고 직접 (*in situ*) 사용한다. 이 환원제는 에스터, 나이트로기, 에터 (에폭사이드) 등과 같은 다른 작용기와는 반응하지 않기 때문에 여러 작용기를 가진 알켄의 C=C 결합만을 선택 수소 첨가 반응시킬 수 있다. 또한 이 시약은 (1*Z*,5*E*,9*E*)-cyclododecatriene와 같은 고리형 알켄의 환원에서 각 무리가 더 있는 (*E*)-형 C=C 결합을 각 무리가 더 작은 (*Z*)-형에 우선하여 환원시키는 특징이 있다 (그림 6.17).

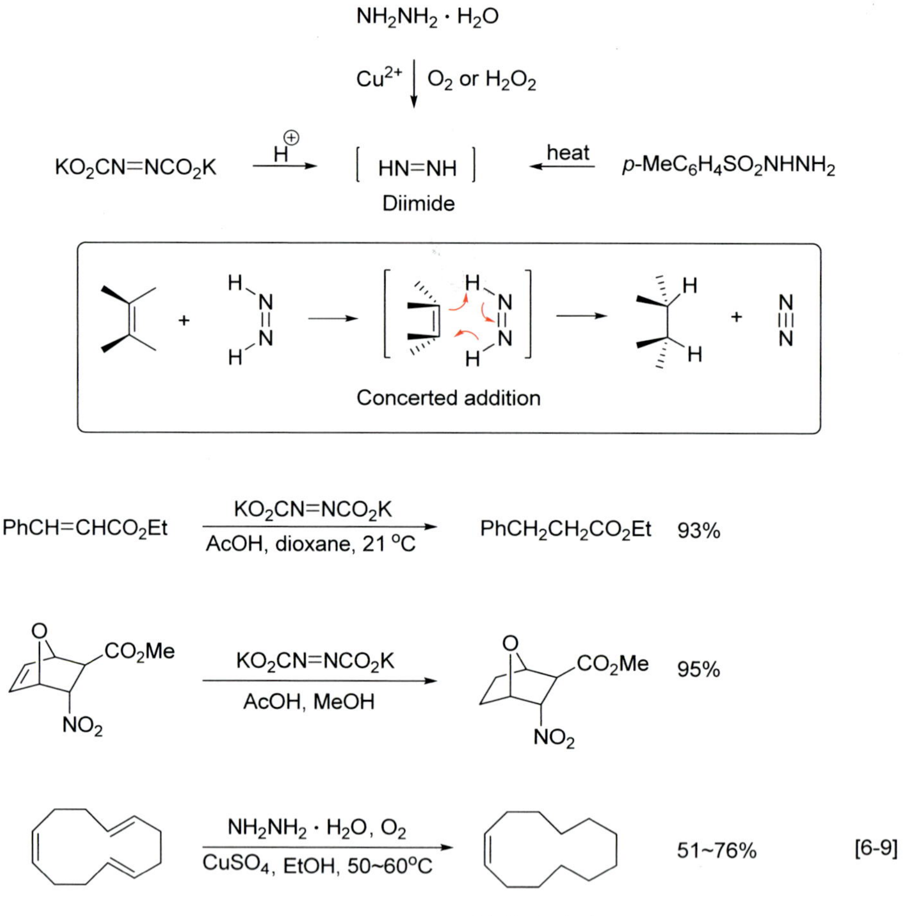

$NH_2NH_2 \cdot H_2O$

Cu^{2+} ↓ O_2 or H_2O_2

$KO_2CN=NCO_2K$ —$H^{\oplus}$→ [HN=NH] ←heat— p-$MeC_6H_4SO_2NHNH_2$

Diimide

Concerted addition

$PhCH=CHCO_2Et$ —$KO_2CN=NCO_2K$, AcOH, dioxane, 21 °C→ $PhCH_2CH_2CO_2Et$ 93%

CO_2Me, NO_2 —$KO_2CN=NCO_2K$, AcOH, MeOH→ CO_2Me, NO_2 95%

—$NH_2NH_2 \cdot H_2O$, O_2, $CuSO_4$, EtOH, 50~60°C→ 51~76% [6-9]

(1*Z*,5*E*,9*E*)-Cycolododecatriene (*Z*)-Cyclododecene

그림 6.17 Diimide에 의한 환원 반응

Hydrazone 환원: Wolff-Kishner 환원

알데하이드 또는 케톤에 hydrazine을 반응시켜 얻는 hydrazone을 KOH 또는 t-BuO$^-$K$^+$와 같은 강염기와 높은 온도에서 가열 반응시키면 탈산소 반응이 일어나 알케인이 생성된다. 이 반응을 **Wolff-Kishner 환원**이라고 한다. 이 반응을 보다 실용적으로 변형한 방법을 **Hwang-Minlon 변형법**이라고 하는데, 이 방법은 hydrazone을 분리하지 않고 KOH 염기를 넣고 diethylene glycol (bp 245℃) 같은 끓는점이 높은 용매에서 가열 반응시키는 방법이다 (그림 6.18). 그러나 이 반응은 강염기 속에서 수행되므로 염기에 불안정한 작용기가 있는 경우에는 사용이 제한된다. 카보닐기의 탈산소화 반응과 관련된 다른 반응 예들은 6.5.3절을 참조하길 바란다.

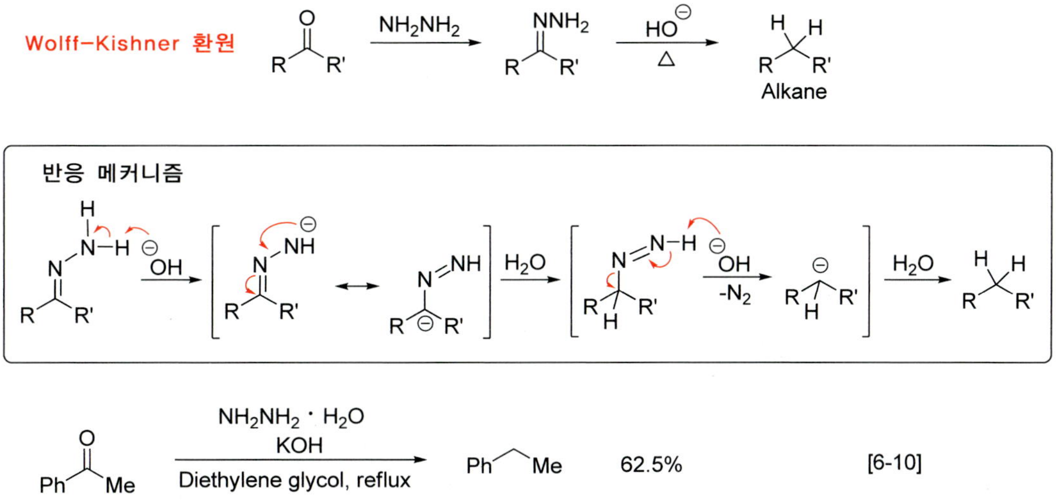

Wolff-Kishner 환원

NH$_2$NH$_2$ → NNH$_2$ → HO$^\ominus$, Δ → Alkane

반응 메커니즘

$^\ominus$OH, H$_2$O, -N$_2$, H$_2$O

NH$_2$NH$_2$ · H$_2$O, KOH, Diethylene glycol, reflux → Ph‿Me 62.5% [6-10]

그림 6.18 Wolff-Kishner 환원 반응

Triphenylphosphine에 의한 아자이드의 환원 반응: Staudinger 반응

아자이드를 Ph$_3$P와 반응시키면 첨가-제거 반응에 의하여 반응 중간체인 iminophosphorane이 생성되고, 이 중간체가 가수 분해되면 1° 아민이 생성된다. 이 반응을 **Staudinger 반응**이라고 한다. 이 방법을 사용하면 에폭사이드, C=C 결합, 케톤 등 환원되기 쉬운 다른 작용기와는 반응하지 않고 오직 아자이드기만 선택적으로 환원시킬 수 있다 (그림 6.19).

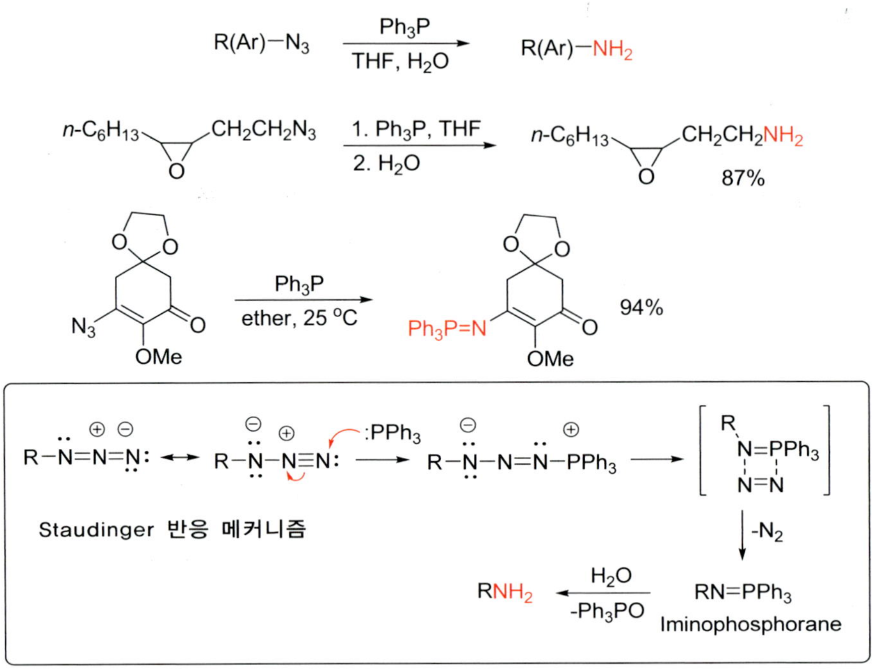

$R(Ar)-N_3 \xrightarrow[\text{THF, } H_2O]{Ph_3P} R(Ar)-NH_2$

$n\text{-}C_6H_{13}$-(epoxide)-$CH_2CH_2N_3 \xrightarrow[\text{2. } H_2O]{\text{1. } Ph_3P\text{, THF}} n\text{-}C_6H_{13}$-(epoxide)-$CH_2CH_2NH_2$ 87%

N_3 (OMe ketone dioxolane) $\xrightarrow[\text{ether, 25 °C}]{Ph_3P}$ $Ph_3P{=}N$ (OMe ketone dioxolane) 94%

Staudinger 반응 메커니즘

$R-\ddot{N}=\overset{\oplus}{N}=\overset{\ominus}{\ddot{N}}: \longleftrightarrow R-\overset{\ominus}{\ddot{N}}-\overset{\oplus}{N}\equiv N: \xrightarrow{:PPh_3} R-\overset{\ominus}{\ddot{N}}-N=\ddot{N}-\overset{\oplus}{P}Ph_3 \longrightarrow$ [R-N=PPh₃ / N=N 고리] $\xrightarrow{-N_2}$ $RN{=}PPh_3$ (Iminophosphorane) $\xrightarrow[-Ph_3PO]{H_2O} RNH_2$

그림 6.19 Triphenylphosphine에 의한 아자이드의 환원: Staudinger 반응

6.5 카보닐 유도체의 환원 반응

카복실산, 산염화물, 에스터와 3° 아마이드가 부분 환원되면 알데하이드로 전환되고, 이들이 완전 환원되면 1° 알코올 (아마이드의 경우 아민)을 얻는다. 알데하이드와 케톤의 경우 각각 1° 와 2° 알코올로 환원되며, 탈산소 반응에 의해 알케인으로 전환된다 (그림 6.20).

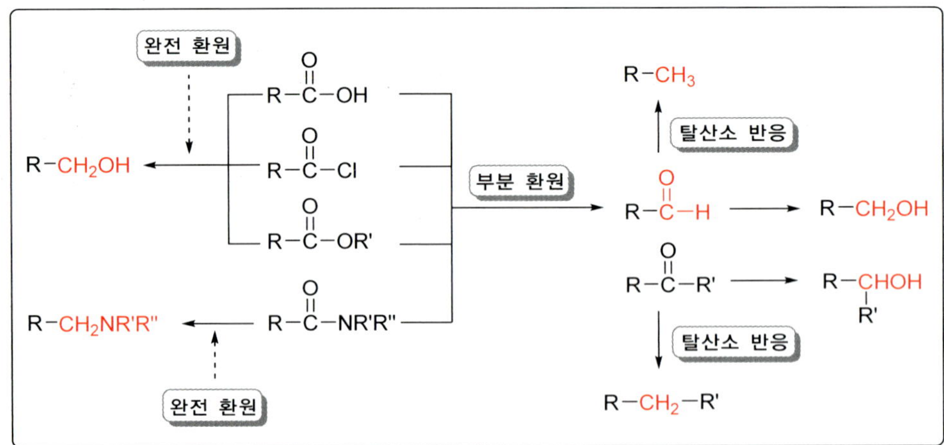

그림 6.20 카보닐기의 환원 및 생성물

6.5.1 산염화물, 에스터와 아마이드의 부분 환원 반응: 알데하이드의 합성 반응

산염화물을 -78℃에서 LiAlH(OBu-*t*)$_3$ (**LTBA**)를 당량 사용하여 환원하거나 Pd/$BaSO_4$ 촉매를 사용하여 수소 환원 (**Rosenmund 환원**)하면 알데하이드가 생성된다 (그림 6.21).

R–C(=O)–Cl —(LTBA, -78 °C, diglyme 또는 H_2, Pd/C, quinoline S)→ R–C(=O)–H

3,5-dinitrobenzoyl chloride —(LiAlH(OBu-*t*)$_3$ (1.1 eq), diglyme, -78 °C)→ 3,5-dinitrobenzaldehyde 60~63% [6-11]

3,4,5-trimethoxybenzoyl chloride —(H_2 (50 psi), 10% Pd/C, AcONa, quinoline S, toluene, rt)→ 3,4,5-trimethoxybenzaldehyde 64~83% [6-12]

2-naphthoyl chloride —(H_2 (1 atm), Pd/$BaSO_4$, Xylene, 140 ~ 150 °C)→ 2-naphthaldehyde 81% [6-13]

그림 6.21 산염화물의 부분 환원: 알데하이드의 합성

한편, 에스터를 낮은 온도 (-78℃)에서 *i*-Bu_2AlH (**DIBALH**)으로 환원하거나 카복실산의 *N*-methoxy-*N*-methyl amide (이를 **Weinreb amide**라고 함) 또는 *N*-아실피롤을 $LiAlH_4$으로 환원시키거나 또는 3° 아마이드를 Li(EtO)$_3$AlH (**LTEA**)으로 환원시키면 알데하이드가 생성된다 (그림 6.22).

위 반응에서 알데하이드는 카복실산 유도체의 부분 환원 생성물이므로 사용하는 환원제의 당량과 반응 온도를 엄격히 제어하는 조건에서 반응을 수행해야 한다. 예를 들면 3° 아마이드인 *N*-benzoylpyrrole을 $LiAlH_4$로 환원할 경우 환원제를 0.25당량 (수소 음이온 당량으로는 1당량에 해당: 알데하이드로 환원에 필요한 수소 음이온의 이론 당량 수)을 사용하여 낮은 온도에서 반응하면 알데하이드가 생성되지만, 환원제를 과량 (1.15당량: 수소 음이온 당량으로는 4.6당량에 해당)을 사용하고 반응 온도도 높으면 알코올이 주 생성물로 얻어진다.

PhCHO 54% ←($LiAlH_4$ (0.25 eq), ether, -10 to 25 °C)— Ph–C(=O)–N(pyrrole) (*N*-Benzoylpyrrole) —($LiAlH_4$ (1.15 eq), ether, reflux)→ $PhCH_2OH$ 80%

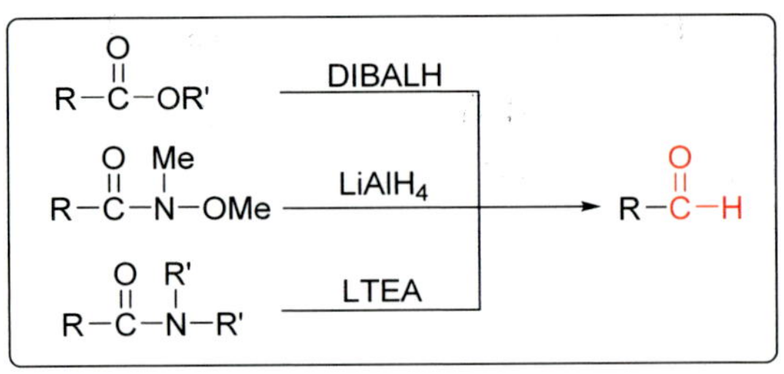

Me, CO_2Et, OCH_2Ph → DIBALH (1.5 eq) / hexane-ether, -78 °C → Me, CHO, OCH_2Ph 98% [6-14]

CO_2Me, O, N, Boc → DIBALH (1.75 eq) / toluene, -78 °C → CHO, O, N, Boc 76% [6-15]

i-Bu, O, N(Me)OMe, NHBoc → $LiAlH_4$ (1.2 eq) / ether, -45 ~ -35 °C → *i*-Bu, O, H, NHBoc 87~88% [6-16]

Me, O, Ph, N, Me, OH, Me, CH_2Ph → $LiAlH(OEt)_3$ (2.3 eq) / THF, -78 to 0 °C → O, H, Me, CH_2Ph 76% [6-17]

O, NMe_2 → $LiAlH(OEt)_3$ (1.0 eq) / ether, 0 °C → O, H 89%

그림 6.22 에스터와 아마이드의 부분 환원 반응: 알데하이드의 합성

6.5.2 알데하이드, 케톤, 카보실산, 산염화물과 에스터의 환원 반응: 1° 알코올의 합성 반응

알데하이드와 케톤의 환원 반응

알데하이드와 케톤은 약한 환원제로 분류되는 $NaBH_4$는 물론 대부분의 환원제에 의하여 각각 1°와 2° 알코올로 환원된다 (그림 6.23).

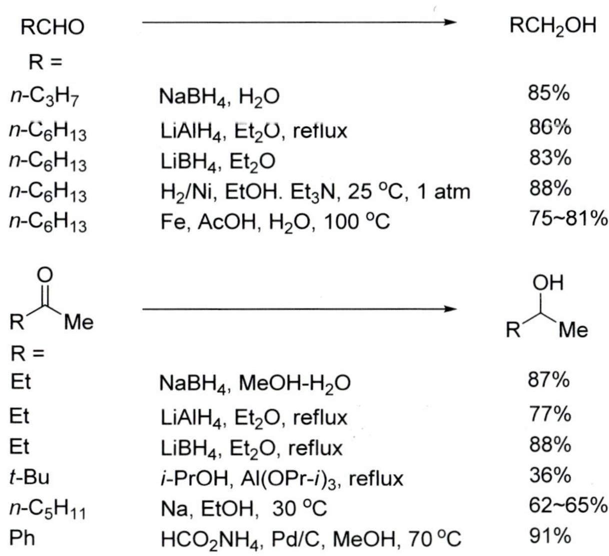

그림 6.23 알데하이드와 케톤의 환원 반응: 1° 및 2° 알코올 생성 반응

산염화물의 환원 반응

산염화물은 카복실산 유도체 중 가장 환원되기 쉬운 화합물이다. 이 화합물은 LTBA 또는 Rosenmud 환원에 의해 알데하이드로 환원되며 (그림 6.21), 약한 환원제인 $NaBH_4$은 물론 대부분의 환원제에 의해서도 1° 알코올로 환원된다 (그림 6.24).

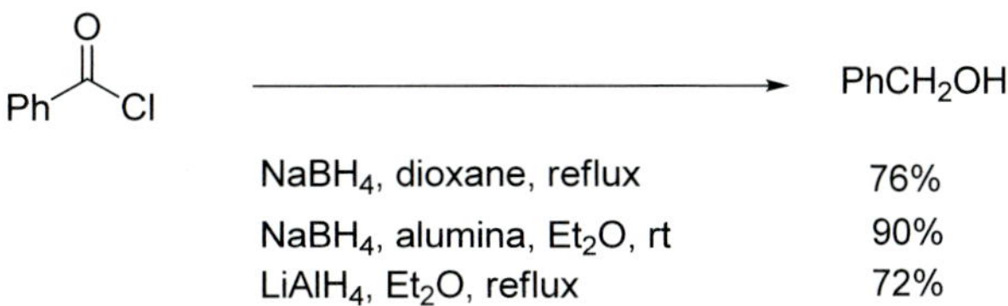

그림 6.24 산염화물의 환원 반응: 일차 알코올 생성 반응

카복실산의 환원 반응

카복실산은 $NaBH_4$나 $LiBH_4$에 의해서는 환원되지 않는다. 그러나 $BH_3 \cdot THF$ 또는 $BH_3 \cdot SMe_2$ (borane dimethylsulfide, **BMS**), $LiAlH_4$ 및 $NaAlH_2(OCH_2CH_2OCH_3)_2$ (**Red−al**)에 의해서는 1° 알코올로 환원된다. BH_3 환원 반응에서 실용성을 높이기 위하여 반응 용액 중에서 $NaBH_4$에 $BF_3 \cdot OEt_2$ 또는 I_2를 반응시켜 BH_3를 직접 생성시켜 (*in situ*) 사용하기도 한다. 이 방법을 이용하여 광학 활성 아미노산으로부터 광학 순도를 그대로 유지한 아미노 알코올을 생성시킬 수 있다 (그림 6.25).

$$PhCO_2H \longrightarrow PhCH_2OH$$

조건	수율
BH_3-THF, THF, 0-25 °C	80%
$NaBH_4$, BF_3-OEt_2, THF, 0-25 °C	89%
$NaBH_4$, I_2, THF, rt	93%
$LiAlH_4$, Et_2O, reflux	81%
Red-al, PhH, 80 °C	97%

1,2-cyclohexanedicarboxylic acid (CO₂H, CO₂H) → BH_3-THF (2.6 eq), THF, 0 °C to rt → 1,2-bis(hydroxymethyl)cyclohexane (CH₂OH, CH₂OH), 100%

$PhCH_2CH(NH_2)CO_2H$ (S)-Phenylalanine → 1. $BF_3 \cdot OEt_2$ (1.0 eq), THF, reflux; 2. $BH_3 \cdot SMe_2$ (1.15 eq), THF, reflux; 73~75% → $PhCH_2CH(NH_2)CH_2OH$ (S)-Phenylalaninol [6-18]

$PhCH(NH_2)CO_2H$ (S)-Phenylglycin → 1. $NaBH_4$ (2.4 eq), I_2 (1.0 eq), THF, 0 °C to rt; 2. $(Boc)_2O$, Et_3N, THF, rt; 91% → $PhCH(NHBoc)CH_2OH$ (S)-Phenylglycinol [6-19]

(S)-Valine (CO_2H, NH_2) → $LiAlH_4$ (1.48 eq), THF, reflux; 73~75% → (S)-Valinol (CH_2OH, NH_2) [6-20]

그림 6.25 카복실산의 환원 반응: 1° 알코올의 생성 반응

에스터의 환원 반응

에스터는 $BH_3 \cdot SMe_2$, $LiBH_4$, $LiAlH_4$ 또는 Red-al에 의해 1° 알코올로 환원된다 (그림 6.26). 그러나 $NaBH_4$에 의해서는 환원되지 않는다.

$$RCO_2Et \longrightarrow RCH_2OH$$

R =	조건	수율
n-C_5H_{11}	BH_3-Me_2S, THF, reflux	89%
Ph	BH_3-Me_2S, THF, reflux	90%
Ph	$LiBH_4$, THF, PhMe, 100 °C	87%
Ph	$LiAlH_4$, Et_2O, reflux	90%
Ph	Red-al, PhH, 80 °C	91%

Diethyl phthalate (CO_2Et, CO_2Et) → $LiAlH_4$ (1.25 eq), ether-THF, reflux → 1,2-benzenedimethanol (CH_2OH, CH_2OH) 93% [6-21]

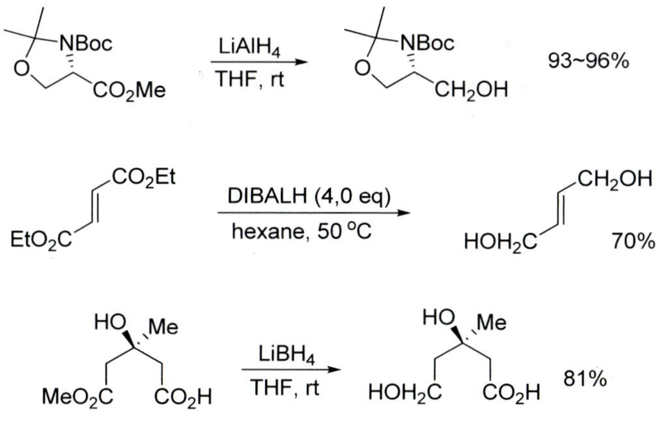

NBoc, CO_2Me —$LiAlH_4$, THF, rt→ NBoc, CH_2OH 93~96% [6-22]

EtO_2C, CO_2Et —DIBALH (4,0 eq), hexane, 50 °C→ HOH_2C, CH_2OH 70%

HO, Me, MeO_2C, CO_2H —$LiBH_4$, THF, rt→ HO, Me, HOH_2C, CO_2H 81%

그림 6.26 에스터의 환원 반응: 1° 알코올의 생성 반응

6.5.3 알데하이드와 케톤의 탈산소화 반응과 산염화물의 환원성 탈카복실화 반응: 알케인의 합성 반응

알데하이드와 케톤의 카보닐기가 알케인으로 환원되는 반응을 탈산소화 반응이라고 한다. 이 반응은 그림 6.27에 나타낸 것과 같이 네 가지 방법으로 수행할 수 있다. 이 중 카보닐기를 염산 속에서 Zn−Hg (Zn 분말을 $HgCl_2$와 반응)와 반응시키는 **Clemensen 환원** (6.2.5절)은 강산에서 안정한 화합물에 이용하고, 강염기에서 hydrazone을 분해시키는 **Wolff−Kishner 환원 (Hwang− Minlon 변형법**, 6.4.2절)은 염기에 강하고 산에 불안정한 작용기가 있는 경우에 사용된다. 카보닐기의 thioketal (또는 thioacetal)을 Raney−Ni 또는 *n*−Bu_3SnH로 처리하거나 tosylhydrazone을 $NaBH_4$로 환원시킬 경우 중성 조건에서 알데하이드 또는 케톤으로부터 알케인을 합성할 수 있다.

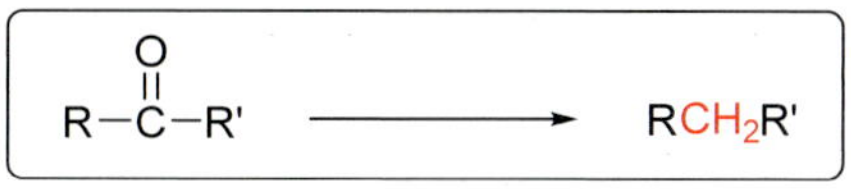

R−C(=O)−R' ⟶ RCH_2R'

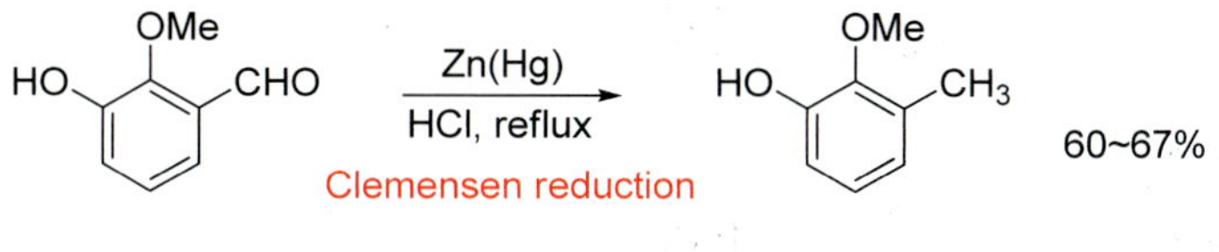

HO, OMe, CHO —Zn(Hg), HCl, reflux (Clemensen reduction)→ HO, OMe, CH_3 60~67% [6-23]

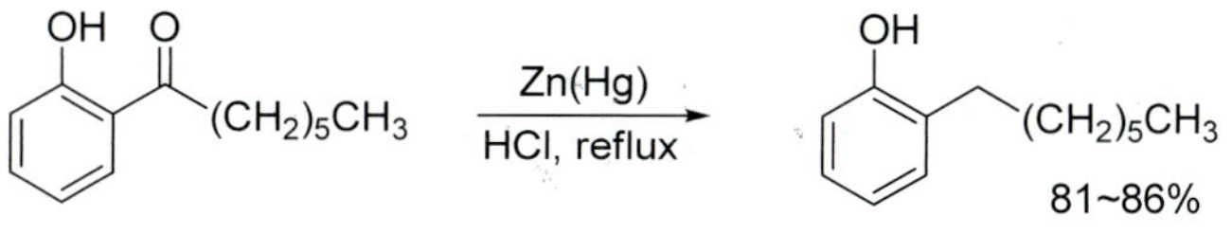

OH, O, $(CH_2)_5CH_3$ —Zn(Hg), HCl, reflux→ OH, $(CH_2)_5CH_3$ 81~86% [6-24]

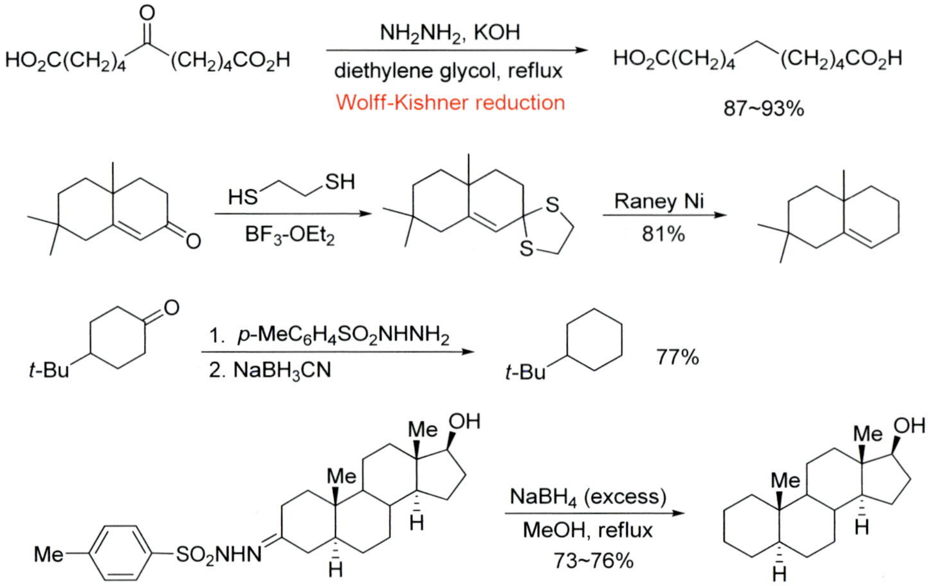

그림 6.27 카보닐기의 탈산소화 반응: 알데하이드 및 케톤으로부터 알케인의 생성 반응

한편, 지방족 카복실산 또는 산염화물과 *N*-hydroxypyridine-2-thione 또는 이 시약의 Na 염을 반응시켜 얻는 thiohydroxamate ester를 광분해시키거나 *n*-Bu_3SnH으로 라디칼 환원 반응시키면 환원성 라디칼 탈카복실화 반응 (reductive radical decarboxylation)이 일어나 탄소 사슬이 하나 적은 알케인을 생성한다. 이를 **Barton radical decarboxylation 반응**이라고 한다 (2.3.2절의 그림 2.26 및 그림 6.28).

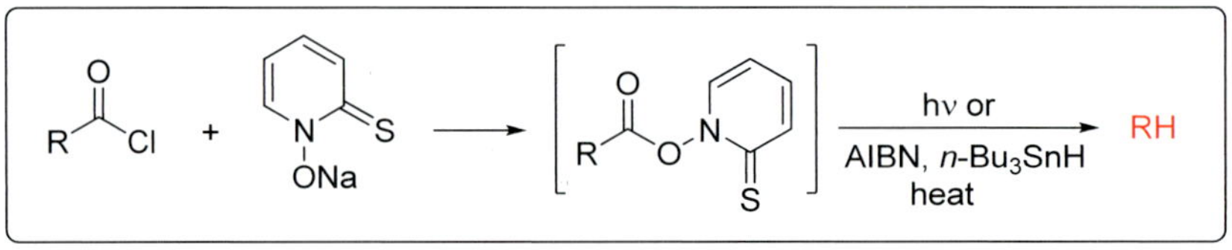

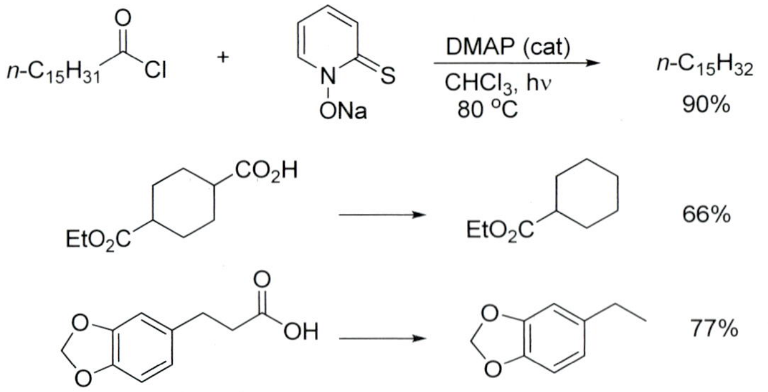

그림 6.28 Barton 라디칼 탈카복실화 반응

6.5.4 아마이드의 환원 반응: 아민의 합성 반응

아마이드는 BMS (THF reflux 조건), Red-al, $LiAlH_4$ 등과 같은 환원제에 의해 아민으로 선환된다 (ㅗ림 6.29).

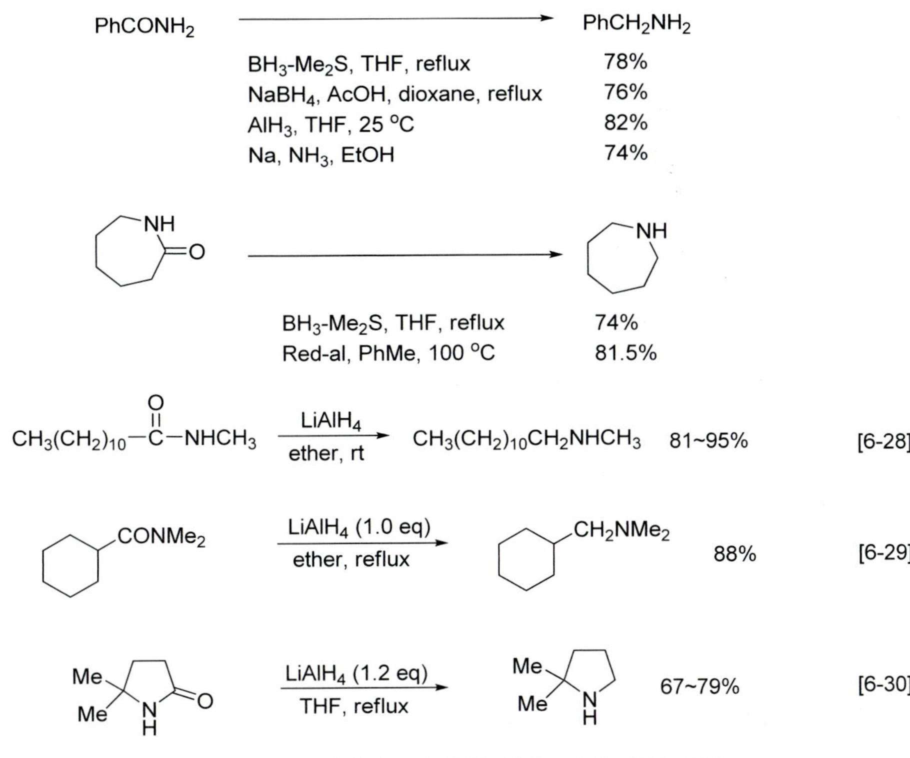

그림 6.29 아마이드의 환원 반응: 아민 생성 반응

그러나 3° 아마이드의 경우 질소 치환기와 환원제의 종류에 따라 알데하이드 또는 알코올로 전환된다. 예를 들면 *N*-메톡시-*N*-메틸 아마이드 (weinreb amide) 또는 *N*-아실피롤의 경우 $LiAlH_4$에 의해 알데하이드로 환원되고, LTEA는 *N,N*-dimethylamide를 알데하이드로 환원시킨다 (그림 6.22 참조). 한편, *N,N*-dimethylbenzamide를 BMS로 환원시키면 아민을 생성시키지만 강한 환원제인 $LiBHEt_3$ (super hydride)로 환원시키면 benzyl alcohol이 주 생성물로 얻어진다.

$PhCH_2OH$ (90%) ← [$LiBHEt_3$ (2.2 eq), THF, 25 °C] — Ph—C(=O)—N(Me)Me — [BMS (0.7 eq), BF_3-OEt_2 (1.0 eq), THF, reflux] → $PhCH_2NMe_2$ (82%)

6.6 이민의 환원과 환원성 아민화 반응

이민 또는 엔아민 화합물은 약한 환원제인 $NaBH_4$에 의해서도 쉽게 아민으로 환원된다. 그러나 촉매 수소 첨가 환원 (촉매: Raney Ni)의 경우 고압의 반응 조건이 필요하다 (그림 6.30).

R−C(=NR''')−R' —(이민기의 환원 / 환원제)→ R−CH(NHR''')−R' ←(환원성 아민화 반응)— R−C(=O)−R' + R'''−NH_2

이민 또는 엔아민의 환원 반응

PhN=CH−(cyclohexyl) → PhNHCH_2−(cyclohexyl)
- $NaBH_4$, MeOH, rt, 95%
- $NaBH_4$-$PhCO_2H$, no solvent, grinding, 97%

(3-methylphenyl)NH=CHPh —(H_2 (1000 psi), Raney-Ni, ether)→ (3-methylphenyl)NHCH_2Ph 89-94% [6-31]

PhCH=NHPh —($NaBH_4$-H_3BO_3 (1 : 1), no solvent, grinding, rt)→ PhCH_2NHPh 99%

6,7-dimethoxy-1-methyl-3,4-dihydroisoquinoline (MeO, MeO, N, Me) —($NaBH_4$-*p*-$C_6H_4SO_3H$ (1 : 1), no solvent, grinding, rt)→ 6,7-dimethoxy-1-methyl-1,2,3,4-tetrahydroisoquinoline (MeO, MeO, NH, Me) 99%

(cyclohexenyl)−N(morpholine)O → (cyclohexyl)−N(morpholine)O
- $NaBH_4$-H_3BO_3 (1 : 1), no solvent, grinding, rt, 99%
- $NaBH(OAc)_3$, AcOH, rt, 91%

그림 6.30 이민 또는 엔아민의 환원

한편, 알데하이드 또는 케톤을 환원제 존재 하에 1° 또는 2° 아민과 반응 (환원성 아민화 반응: 4.4.3절 참조)시키면 아민 화합물을 얻을 수 있다. 이를 **환원성 아민화 반응 (reductive amination)**이라고 한다. 이 반응은 반응 중간체로 빠르게 생성된 이민 또는 이미늄 이온이 환원제에 의해 알데하이드 또는 케톤의 카보닐기보다 먼저 환원됨을 이용한 것이다. 이 반응에서 흔히 사용되는 환원제는 $NaBH_4$, $NaBH_4-H_3BO_3$, $NaBH_3CN$, $NaBH(OAc)_3$ 등과 같은 약한 환원제이며, HCO_2H 환원법과 촉매 수소 환원법을 이용하기도 한다 (그림 6.31).

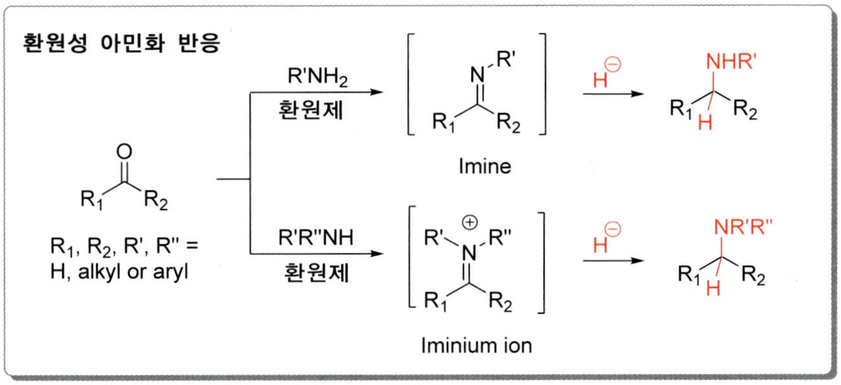

환성성 아민화 반응

R₁, R₂, R', R'' = H, alkyl or aryl

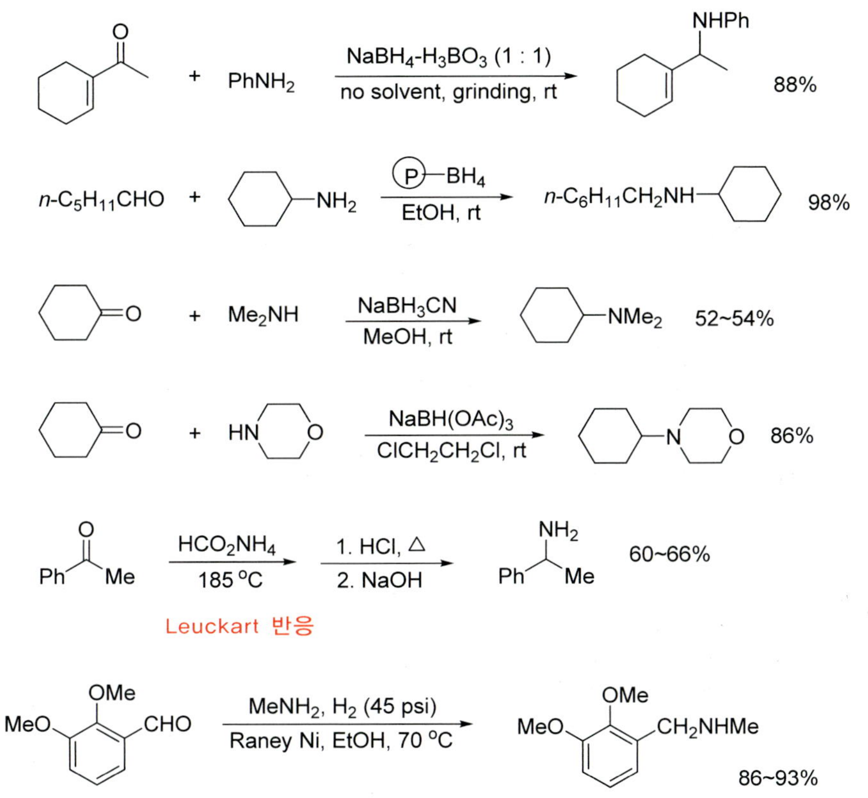

[6-32]

[6-33]

Leuckart 반응

[6-34]

그림 6.31 알데하이드와 케톤의 환원성 아민화 반응

한편, 옥심 유도체는 금속 용해 환원 반응 (Na + EtOH)과 $LiAlH_4$에 의해 1° 아민으로 환원되며, $NaBH_3CN$에 의해 *N*-hydroxylamine으로 전환된다.

$n\text{-}C_6H_{13}CH=NOH$ —(Na (11 eq), EtOH, reflux)→ $n\text{-}C_6H_{13}CH_2NH_2$ 60~73%

—($NaBH_3CN$, MeOH-HCl, pH 3)→ $n\text{-}C_6H_{13}CH_2NHOH$ 53% [6-35]

Camphorquinone monoxime —($LiAlH_4$ (2.97eq), ether, 0 °C)→ (2*S*)-(-)-3-*exo*-Aminoborneol 100% [6-36]

6.7 나이트릴기의 환원 반응

나이트릴기가 부분 환원되면 이민 유도체로 전환되고 이를 가수 분해하면 알데하이드가 생성되며, 완전 환원되면서 1° 아민을 생성한다.

$R-CH_2NH_2$ ←(완전 환원)— $R-C\equiv N$ —(부분 환원)→ $R-CH=N-M$ —($H_3O^{\oplus}$)→ $R-CHO$

나이트릴기의 부분 환원 목적으로 흔히 사용되는 환원제는 DIBALH와 LTEA이다. 금속 수소화물이 아닌 환원제로는 $SnCl_2$ (Stephen 반응)이 이용된다 (그림 6.32).

나이트릴기의 부분 환원: 알데하이드의 생성 반응

RCN ⟶ RCHO [6-37]

R =		
$n\text{-}C_5H_{11}$	DIBALH, Et_2O, 18-20 °C	87%
Ph	DIBALH, Et_2O, 40-45 °C	86%
$n\text{-}C_5H_{11}$	$LiAlH(OEt)_3$, Et_2O, 3-7 °C	55%
Ph	$LiAlH(OEt)_3$, Et_2O, 3-7 °C	76%

$H_2NO_2S\text{-}C_6H_4\text{-}CN$ —(HCO_2H, Raney Ni)→ $H_2NO_2S\text{-}C_6H_4\text{-}CHO$ 63~68% [6-38]

$CH_3CH=CH(CH_2)_3CN$ —(1. *i*-Bu_2AlH, hexane, -78 °C; 2. $H_3O^{\oplus}$)→ $CH_3CH=CH(CH_2)_3CHO$ 64%

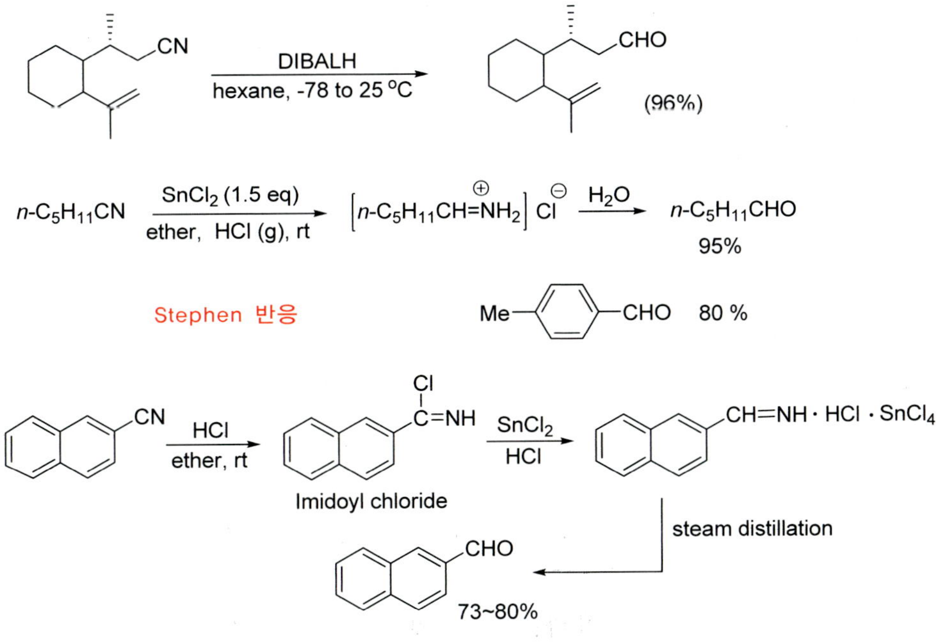

(cyclohexyl nitrile)–CN $\xrightarrow[\text{hexane, -78 to 25 °C}]{\text{DIBALH}}$ (cyclohexyl aldehyde)–CHO (96%)

$n\text{-}C_5H_{11}CN \xrightarrow[\text{ether, HCl (g), rt}]{SnCl_2\ (1.5\ eq)} [n\text{-}C_5H_{11}CH{=}\overset{\oplus}{N}H_2]\ Cl^{\ominus} \xrightarrow{H_2O} n\text{-}C_5H_{11}CHO$ 95% [6-37]

Stephen 반응

Me–C₆H₄–CHO 80 %

(2-naphthyl)–CN $\xrightarrow[\text{ether, rt}]{\text{HCl}}$ (2-naphthyl)–C(Cl)=NH (Imidoyl chloride) $\xrightarrow[\text{HCl}]{SnCl_2}$ (2-naphthyl)–CH=NH · HCl · $SnCl_4$ $\xrightarrow{\text{steam distillation}}$ (2-naphthyl)–CHO 73~80% [6-39]

그림 6.32 나이트릴의 부분 환원 반응: 알데하이드의 합성

한편, 나이트릴기는 BMS, AlH_3과 $LiAlH_4$에 의해 완전 환원 반응이 일어나 1° 아민이 생성된다. 이 반응은 촉매 수소 환원 반응으로도 가능하나 고압의 반응 조건이 필요하다 (그림 6.33).

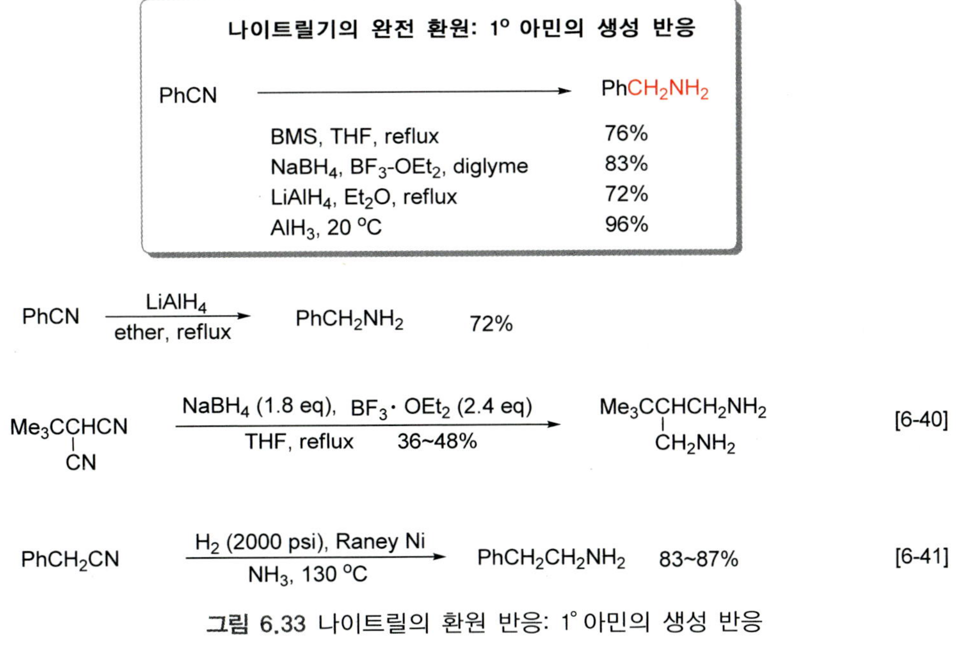

그림 6.33 나이트릴의 환원 반응: 1° 아민의 생성 반응

6.8 아자이드와 나이트로기의 환원 반응

아자이드기는 $NaBH_4$ 또는 촉매 수소 환원에 의하여 쉽게 1° 아민으로 환원된다 (그림 6.34).

n-$C_8H_{17}N_3$ ⟶ n-$C_8H_{17}NH_2$

조건	수율
$NaBH_4$, i-PrOH, heat	90%
$NaBH_4$, PTC, PhMe, H_2O, 80 °C	92%
H_2, Pd/C, EtOH	95%

$N_3CH_2CO_2Bu$-t —[H_2 (1 atm), 5% Pd/C / MeOH, rt]→ $H_2NCH_2CO_2Bu$-t 50~55% [6-42]

그림 6.34 아자이드의 환원 반응: 일차 아민 형성 반응

또한, 아자이드를 Ph_3P와 반응시키면 iminophosphorane을 거쳐 1° 아민으로 환원된다 (**Staudinger 반응**, 그림 6.19 참조).

한편, 나이트로기의 환원 반응은 사용하는 환원제에 따라 완전 환원 생성물인 1° 아민을 생성하거나 hydroxylamine 또는 아조 화합물 같은 부분 환원 생성물을 생성시킬 수 있다. 나이트로벤젠의 경우 Pd/C 촉매 수소 환원시키거나, 주석 또는 철 분말을 염산과 함께 반응시키면 아닐린으로 환원된다. 그러나 아연 분말을 염화 암모늄 수용액과 NaOH 수용액 속에서 반응시키면 각각 phenylhydroxylamine과 azobenzene으로 환원된다 (그림 6.35).

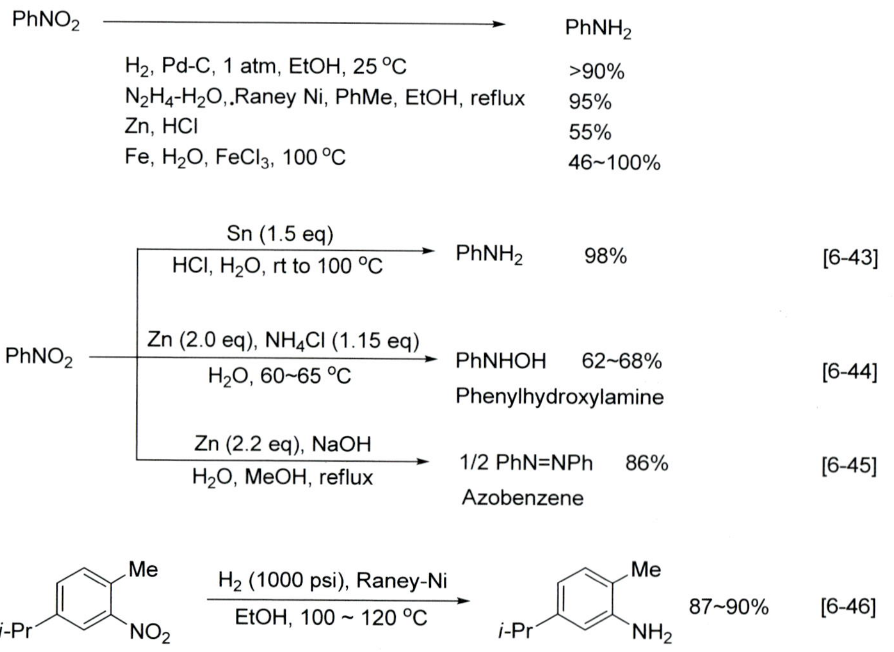

[6-47] 2,4-dinitrotoluene → Fe (8 eq), HCl / EtOH, reflux → 2,4-diaminotoluene (74%)

[6-48] 2-nitroaniline → $NaBH_4$ (2.0 eq), Pd/C (cat) / H_2O, rt → benzene-1,2-diamine (75%)

[6-49] 1,3-dinitrobenzene → NaSH (1.9 eq) / MeOH, reflux → 3-nitroaniline (69%)

그림 6.35 나이트로기의 환원

6.9 할로젠화 알킬, 알킬 설포네이트 및 잔데이트의 환원 반응: 알케인의 생성 반응

할로젠화 알킬 (R−X)과 알킬 설포네이트 ($ROSO_2R'$)는 $NaBH_4$ (DMSO 용매), $NaBH_3CN$ (HMPA 용매), $LiBHEt_3$, 또는 $LiAlH_4$에 의해 알케인으로 환원된다. 그러나 이들은 THF 용매 속에서 BH_3 또는 $LiBH_4$와는 반응하지 않는다. 한편, 알코올을 잔데이트 (xanthate)로 전환시킨 후 n−Bu_3SnH와 가열 조건에서 반응시키면 탈산소화 반응 (6.1.2절의 그림 6.4 참조)이 일어난다 (그림 6.36).

n-$C_8H_{17}Cl$ → n-C_8H_{18}

조건	수율
$NaBH_4$, DMSO, 85 °C	67%
$LiBHEt_3$, THF, 25 °C	73%
$LiAlH_4$, THF, 25 °C	93%
n-Bu_3SnH, hν	70%
BMS or $LiBH_4$	0%

$$n\text{-}C_{15}H_{31}CH_2I \xrightarrow[\text{AcOH, 100 °C}]{\text{Zn (5.0 eq), HCl (gas)}} n\text{-}C_{15}H_{31}CH_3 \quad 85\% \qquad [6\text{-}50]$$

$$CH_3(CH_2)_8CH_2I \xrightarrow[\text{HMPA, 70 °C}]{NaBH_3CN\text{ (1.57 eq)}} CH_3(CH_2)_8CH_3 \quad 88\sim90\% \qquad [6\text{-}51]$$

HMPA = hexamethylphosphoric triamide

$CH_3(CH_2)_{10}CH_2OTs \xrightarrow[\text{HMPA, 80 °C}]{\text{NaBH}_3\text{CN (4.0 eq)}} CH_3(CH_2)_{10}CH_3$ 73~78% [6-51]

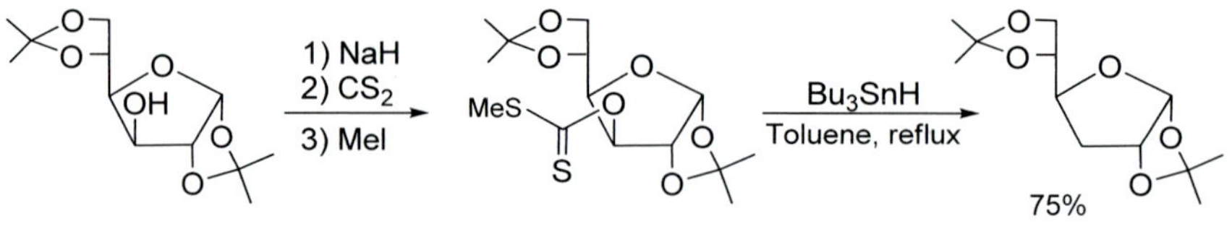

1) NaH, 2) CS_2, 3) MeI; Bu_3SnH, Toluene, reflux; 75% [6-52]

그림 6.36 할로젠화 알킬, 토실레이트 및 잔데이트의 환원 반응

6.10 가수소 분해 반응

산소, 황 및 질소 같은 헤테로 원자에 결합한 벤질기는 Pd 촉매 수소 환원에 의하여 **가수소 분해 반응** (hydrogenolysis)을 일으켜 톨루엔으로 전환된다. 이 반응은 알코올, 싸이올 아미노기의 보호기 (7.3절)로 사용된 벤질기를 제거하는 (탈보호기) 반응에 사용된다 (그림 6.37). 펩타이드 합성에서 아미노산의 아미노기의 보호기로 많이 사용하는 **벤질옥시카보닐** (benzyloxycarbonyl, $PhCH_2OCO-$) (이를 carboxybenzyl기라고도 하고 약어로 Cbz 또는 Z라고 함)기도 벤질기와 비슷하게 가수소 분해 반응에 의해 톨루엔 (PhMe)과 CO_2로 제거된다.

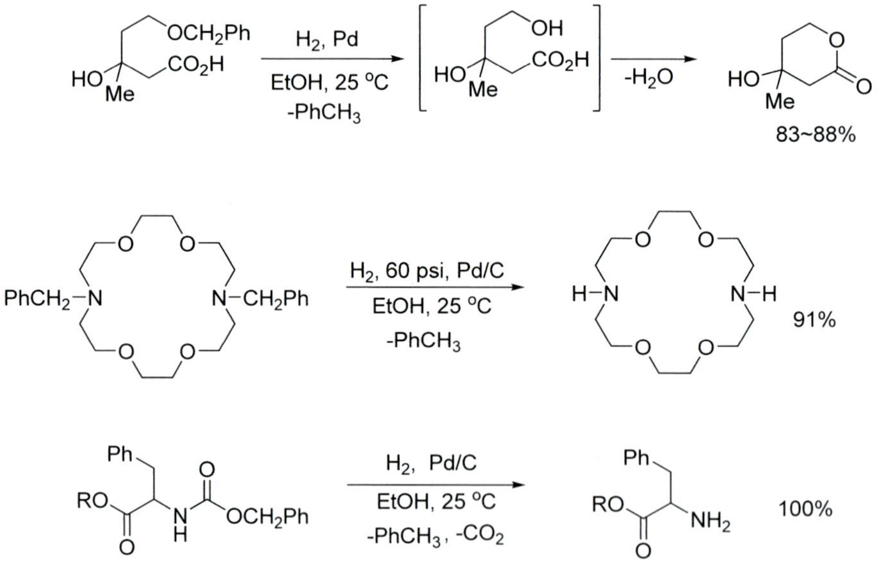

H_2, Pd; EtOH, 25 °C; $-PhCH_3$; $-H_2O$; 83~88% [6-53]

H_2, 60 psi, Pd/C; EtOH, 25 °C; $-PhCH_3$; 91% [6-54]

H_2, Pd/C; EtOH, 25 °C; $-PhCH_3$, $-CO_2$; 100%

그림 6.37 벤질기 및 벤질옥시 카보닐기의 가수소 분해 반응

6.11 알켄, 알카인과 아렌의 환원 반응

일켄은 Pd, Pt, Raney Ni 같은 헤테로 촉매는 물론 $Rh(PPh_3)_3Cl$ (**Wilkinson 촉매**) 같은 균일 촉매에 의해서 쉽게 수소 첨가 반응이 일어나 알케인으로 환원된다. 수소 첨가 반응의 형태는 주로 *syn* 첨가 반응으로 일어나지만 반응 기질의 구조 및 촉매의 성질에 따라 *anti* 첨가 반응이 일어나는 경우도 있다 (그림 6.38).

$MeCH{=}CMe_2 \xrightarrow[0\,^\circ C]{H_2\,(1\,atm),\ PtO_2} MeCH_2CHMe_2$ 70% [6-55]

(E)-Ph(Me)C=C(Me)Ph → H₂, Pd / EtOH, 25 °C → (*dl*) 98%

(Z)-Ph(Me)C=C(Me)Ph → H₂, Pd / EtOH, 25 °C → (*meso*) 98%

그림 6.38 알켄의 촉매 수소 첨가 반응

6.11.1 알카인의 부분 환원 반응

알카인의 촉매 수소 첨가 반응은 알켄을 거쳐 알케인으로 전환되는 반응이 단계별로 일어난다. 그러나 대부분의 촉매는 반응 속도가 $-CH{=}CH- \rightarrow -CH_2{-}CH_2-$ 반응이 $-C{\equiv}C- \rightarrow -CH{=}CH-$ 반응보다 더 빠르다. 따라서 알카인의 수소 첨가 반응에서 당량의 수소를 사용하더라도 보통 알켄과 알케인의 혼합 생성물을 얻게 된다.

알카인의 부분 환원 반응: (*Z*)-알켄 생성 반응

$Me{-}C{\equiv}C{-}CO_2H \xrightarrow[EtOH,\ rt]{H_2\,(1\,atm),\ Pd/CaCO_3 + Pb(OAc)_2\ (Lindlar\ cat)}$ (*Z*)-MeCH=CHCO₂H 95% [6-56]

$Me{-}C{\equiv}C{-}CO_2Et \xrightarrow[quinoline,\ ether,\ rt]{H_2\,(1\,atm),\ 5\%\ Pd/BaSO_4}$ (*Z*)-MeCH=CHCO₂Et 93~98% [6-57]

$Me_3Si{-}C{\equiv}C{-}CH_2CH_2OH \xrightarrow[quinoline,\ MeOH,\ rt]{H_2\,(1\,atm),\ 5\%\ Pd/BaSO_4}$ (*Z*)-Me₃SiCH=CHCH₂CH₂OH 85% [6-58]

알카인의 부분 환원 반응: (*E*)-알켄 생성 반응

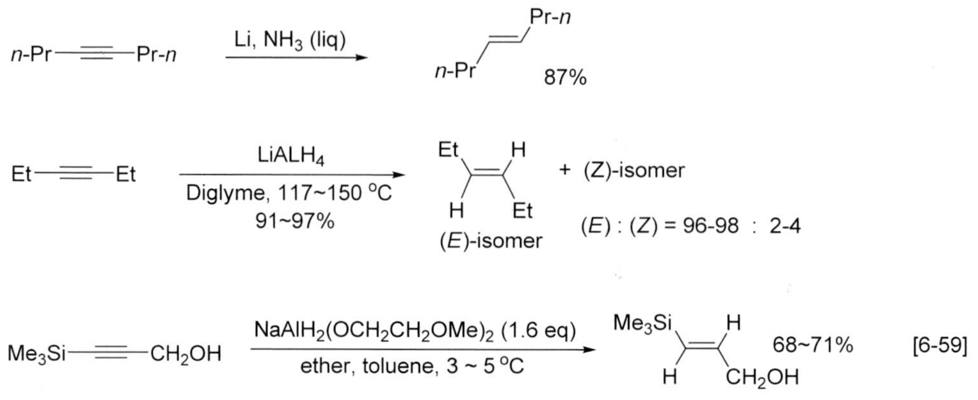

n-Pr—≡—Pr-n → (Li, NH_3 (liq)) → (*E*)-n-Pr–CH=CH–Pr-n 87%

Et—≡—Et → ($LiALH_4$; Diglyme, 117~150 °C; 91~97%) → (*E*)-isomer + (Z)-isomer; (*E*) : (Z) = 96-98 : 2-4

Me_3Si—≡—CH_2OH → ($NaAlH_2(OCH_2CH_2OMe)_2$ (1.6 eq); ether, toluene, 3 ~ 5 °C) → Me_3Si(H)C=C(H)CH_2OH 68~71% [6-59]

그림 6.39 알카인의 입체 선택 부분 환원 반응

알카인을 알켄으로 부분 환원시키려면 활성을 감소시킨 촉매를 사용해야 한다. 알카인이 부분 환원되면 (*Z*) 또는 (*E*) 알켄이 생성되는데, **Lindlar 촉매** [$Pd/CaCO_3 + Pb(OAc)_2$] 또는 **Rosenmund 촉매** ($Pd/BaSO_4$ + quinoline)를 사용하면 알카인으로부터 (*Z*)-알켄만 생성시킬 수 있다. 반면에, 알카인을 Li-액체 암모니아 환원 (금속 용해 환원 반응), $LiAlH_4$ 또는 Red-al과 반응시키면 (*E*)-알켄으로 환원된다 (그림 6.39).

6.11.2 벤젠 고리의 환원 반응

수소 첨가 반응에 의하여 벤젠 고리를 사이클로헥세인 고리로 환원시키는 반응은 일반적으로 고온 고압 조건이 필요하다. 이 반응에 사용되는 촉매는 Rh/Al_2O_3가 가장 대표적이다. 한편, 벤젠 고리를 **Birch 환원**시키면 부분 환원 생성물인 cyclohexadiene 화합물을 얻을 수 있는데 6.2.1절에서 언급한 대로 벤젠 고리에 치환된 치환기의 전자적 성질에 따라 위치 선택적 환원 반응이 일어난다 (그림 6.40).

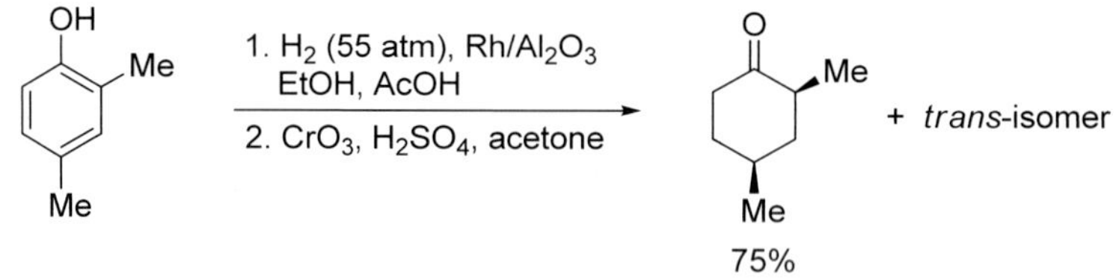

2,4-dimethylphenol (OH, Me, Me) → (1. H_2 (55 atm), Rh/Al_2O_3, EtOH, AcOH; 2. CrO_3, H_2SO_4, acetone) → 2,4-dimethylcyclohexanone (O, Me, Me) 75% + *trans*-isomer

Birch 환원 반응

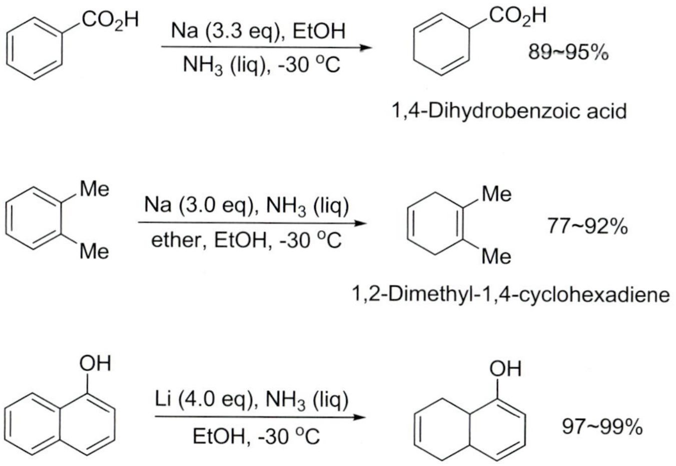

(benzoic acid) → Na (3.3 eq), EtOH / NH_3 (liq), -30 °C → (1,4-Dihydrobenzoic acid, CO_2H) 89~95% [6-60]

1,4-Dihydrobenzoic acid

(o-xylene, Me, Me) → Na (3.0 eq), NH_3 (liq) / ether, EtOH, -30 °C → (Me, Me) 77~92% [6-61]

1,2-Dimethyl-1,4-cyclohexadiene

(1-naphthol, OH) → Li (4.0 eq), NH_3 (liq) / EtOH, -30 °C → (OH) 97~99% [6-62]

그림 6.40 벤젠 고리의 환원 반응

6.12 화학 선택 환원 반응

한 분자 내에 두 개 이상의 작용기를 가진 화합물에서 어떤 특정한 작용기만 환원하는 반응을 화학 선택 환원 반응 (chemoselective reduction)이라고 한다. 이 반응 목적으로 사용되는 환원제를 **화학 선택 환원제** (chemoselective reducing agents)라고 한다.

6.12.1 알켄의 선택 환원 반응

탄소-탄소 이중 결합은 촉매 수소 첨가 반응에 의하여 케톤, 카복실산, 에스터보다 우선하여 환원된다. 또한 carvone이 dihydrocarvone으로 환원되는 결과에서 보듯이 입체 장애가 더 적은 위치의 C=C 결합에 대한 수소 첨가 반응이 우선적으로 일어난다 (그림 6.41).

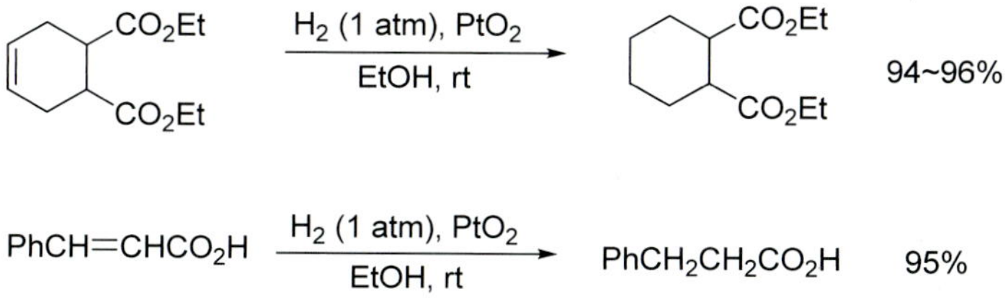

(CO_2Et, CO_2Et) → H_2 (1 atm), PtO_2 / EtOH, rt → (CO_2Et, CO_2Et) 94~96% [6-63]

$PhCH{=}CHCO_2H$ → H_2 (1 atm), PtO_2 / EtOH, rt → $PhCH_2CH_2CO_2H$ 95% [6-64]

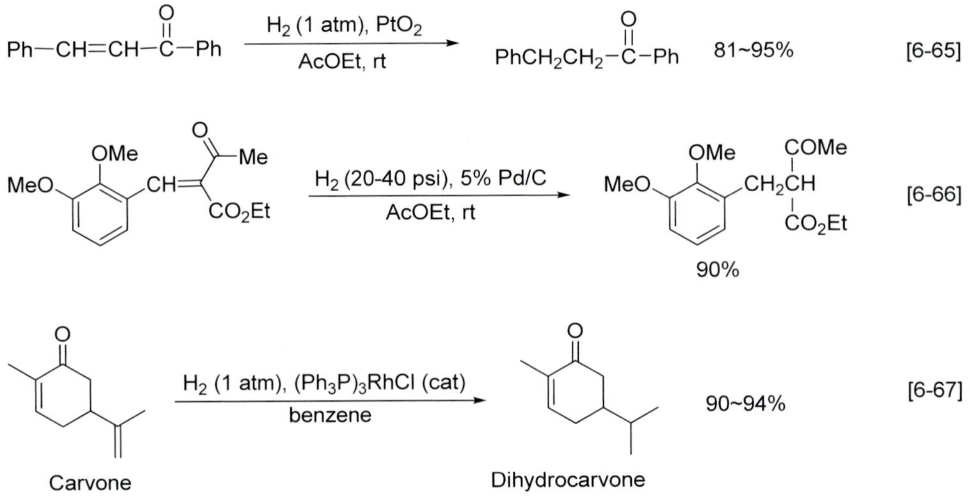

Ph—CH=CH—C(=O)—Ph —[H_2 (1 atm), PtO_2 / AcOEt, rt]→ $PhCH_2CH_2$—C(=O)—Ph 81~95% [6-65]

MeO, OMe 치환 벤젠—CH=C(COMe)(CO_2Et) —[H_2 (20-40 psi), 5% Pd/C / AcOEt, rt]→ MeO, OMe 치환 벤젠—CH_2CH(COMe)(CO_2Et) 90% [6-66]

Carvone —[H_2 (1 atm), $(Ph_3P)_3RhCl$ (cat) / benzene]→ Dihydrocarvone 90~94% [6-67]

그림 6.41 알켄의 선택 환원 반응

6.12.2 카복실산 또는 에스터의 선택 환원 반응

BH_3 • THF (또는 BMS)는 나이트릴과 에스터에 우선하여 카복실산을 1° 알코올로 환원시킨다. 그러나 $LiBH_4$는 카복실산, 나이트릴 및 아마이드에 우선하여 에스터를 1° 알코올로 환원시킨다 (그림 6.42).

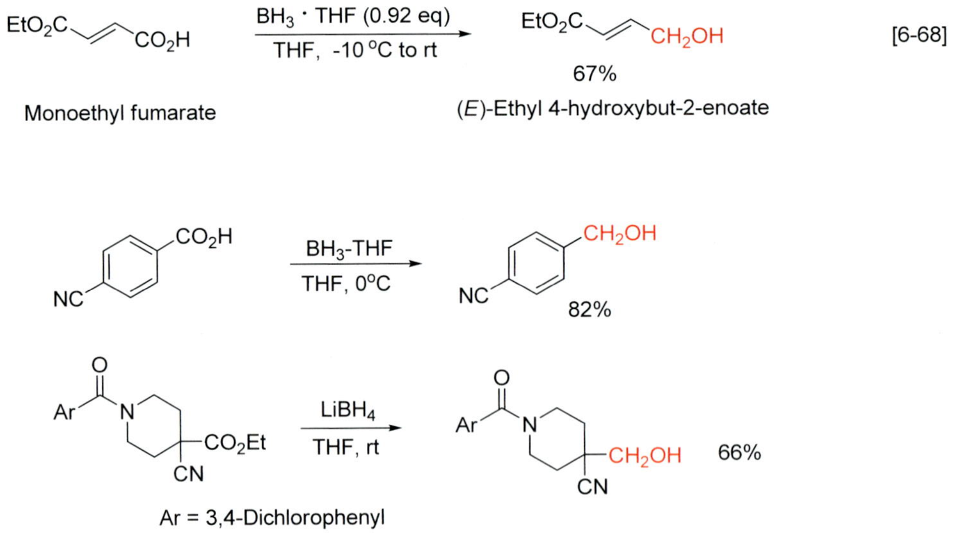

EtO_2C—CH=CH—CO_2H (Monoethyl fumarate) —[BH_3 · THF (0.92 eq) / THF, -10 °C to rt]→ EtO_2C—CH=CH—CH_2OH ((*E*)-Ethyl 4-hydroxybut-2-enoate) 67% [6-68]

NC—C_6H_4—CO_2H —[BH_3-THF / THF, 0°C]→ NC—C_6H_4—CH_2OH 82%

Ar—C(=O)—N(piperidine)—C(CN)—CO_2Et —[$LiBH_4$ / THF, rt]→ Ar—C(=O)—N(piperidine)—C(CN)—CH_2OH 66%

Ar = 3,4-Dichlorophenyl

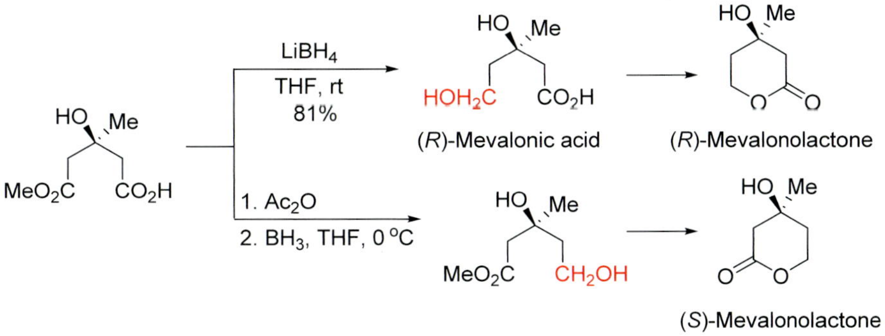

그림 6.42 에스터의 선택 환원 반응

6.12.3 나이트로기의 선택 환원 반응

나이트로기는 Sn (또는 Fe) + HCl 및 촉매 수소 환원에 의해 알데하이드, 카복실산과 에스터에 우선하여 NH_2기로 환원된다 (그림 6.43).

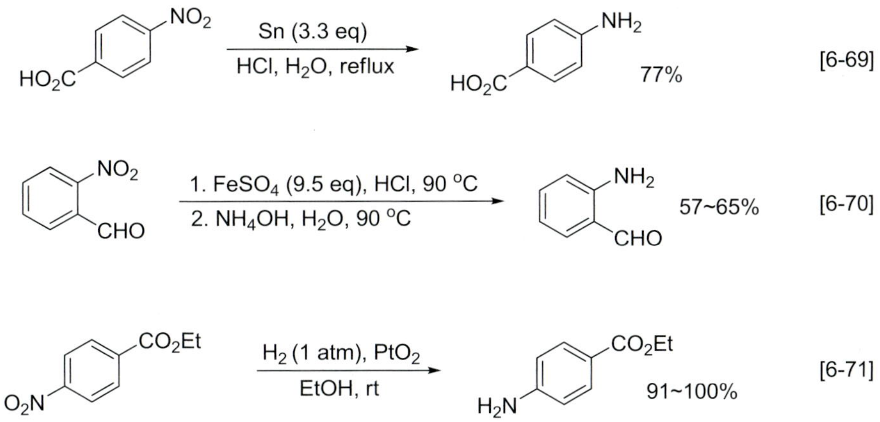

[6-69]

[6-70]

[6-71]

그림 6.43 나이트로기의 선택 환원 반응

CHAPTER 06 참고 문헌

[6-1] *Org. Synth. Coll.* **1941**, *1*, 304.

[6-2] *Org. Synth. Coll.* **1943**, *2*, 317.

[6-3] *Org. Synth. Coll.* **1941**, *1*, 90.

[6-4] *Org. Synth. Coll.* **1941**, *1*, 458.

[6-5] *Org. Synth. Coll.* **1943**, *2*, 372.

[6-6] *Org. Synth. Coll.* **1943**, *2*, 114.

[6-7] *Org. Synth. Coll.* **1963**, *4*, 840.

[6-8] *Org. Synth. Coll.* **1955**, *3*, 723.

[6-9] *Org. Synth. Coll.* **1955**, *3*, 281.
[6-10] Vogel's Textbook 831p.
[6-11] *Org. Synth. Coll.* **1988**, *6*, 529.
[6-12] *Org. Synth. Coll.* **1988**, *6*, 1007.
[6-13] Vogel's Textbook 1004p.
[6-14] *Org. Synth. Coll.* **2004**, *10*, 66.
[6-15] *Org. Synth. Coll.* **1998**, *9*, 300.
[6-16] *Org. Synth. Coll.* **1993**, *8*, 68.
[6-17] *Org. Synth. Coll.* **2004**, *10*, 509.
[6-18] *Org. Synth. Coll.* **1993**, *8*, 528.
[6-19] *Org. Synth.* **2008**, *85*, 219.
[6-20] *Org. Synth. Coll.* **1990**, *7*, 530.
[6-21] *Org. Synth. Coll.* **1998**, *9*, 351.
[6-22] *Org. Synth. Coll.* **2004**, *10*, 320.
[6-23] *Org. Synth. Coll.* **1963**, *4*, 203.
[6-24] O*rg. Synth. Coll.* **1955**, *3*, 444.
[6-25] *Org. Synth. Coll.* **1963**, *4*, 510.
[6-26] *Org. Synth. Coll.* **1988**, *6*, 62.
[6-27] *Org. Synth.* **2012**, *89*, 471.
[6-28] *Org. Synth. Coll.* **1963**, *4*, 564.
[6-29] *Org. Synth. Coll.* **1963**, *4*, 339.
[6-30] *Org. Synth. Coll.* **1963**, *4*, 354.
[6-31] *Org. Synth. Coll.* **1955**, *3*, 827.
[6-32] *Org. Synth. Coll.* **1988**, *6*, 499.
[6-33] *Org. Synth. Coll.* **1943**, *2*, 403 and Vogel's Textbook 777p.
[6-34] *Org. Synth. Coll.* **1963**, *4*, 603.
[6-35] *Org. Synth. Coll.* **1943**, *2*, 318.
[6-36] *Org. Synth. Coll.* **2004**, *10*, 305.
[6-37] Vogel's Textbook 595p.
[6-38] *Org. Synth. Coll.* **1988**, *6*, 631.
[6-39] *Org. Synth. Coll.* **1955**, *3*, 626.
[6-40] *Org. Synth. Coll.* **1988**, *6*, 223.
[6-41] *Org. Synth. Coll.* **1955**, *3*, 720.
[6-42] *Org. Synth. Coll.* **1973**, *5*, 586.
[6-43] Vogel's Textbook 892p.
[6-44] *Org. Synth. Coll.* **1941**, *1*, 445.
[6-45] Vogel's Textbook 958p.
[6-46] *Org. Synth. Coll.* **1955**, *3*, 63.
[6-47] *Org. Synth. Coll.* **1943**, *2*, 160.
[6-48] Vogel's Textbook 893p.
[6-49] Vogel's Textbook 895p.
[6-50] *Org. Synth. Coll.* **1943**, *2*, 320.
[6-51] *Org. Synth. Coll.* **1988**, *6*, 376.
[6-52] *Org. Synth. Coll.* **1990**, *7*, 139.
[6-53] *Org. Synth. Coll.* **1990**, *7*, 386.
[6-54] *Org. Synth. Coll.* **1993**, *8*, 152.
[6-55] Vogel's Textbook 472p.
[6-56] Vogel's Textbook 494p.
[6-57] *Org. Synth. Coll.* **1990**, *7*, 226.
[6-58] *Org. Synth. Coll.* **1993**, *8*, 609.
[6-59] *Org. Synth. Coll.* **1990**, *7*, 524.
[6-60] *Org. Synth. Coll.* **1973**, *5*, 400.
[6-61] *Org. Synth. Coll.* **1973**, *5*, 467.
[6-62] *Org. Synth. Coll.* **1963**, *4*, 887.
[6-63] *Org. Synth. Coll.* **1963**, *4*, 304.
[6-64] Vogel's Textbook 1038p.
[6-65] *Org. Synth. Coll.* **1941**, *1*, 101.
[6-66] *Org. Synth. Coll.* **1963**, *4*, 408.
[6-67] *Org. Synth. Coll.* **1988**, *6*, 459.
[6-68] *Org. Synth. Coll.* **1990**, *7*, 221.
[6-69] Vogel's Textbook 896p.
[6-70] *Org. Synth. Coll.* **1955**, *3*, 56.
[6-71] *Org. Synth. Coll.* **1941**, *1*, 240.

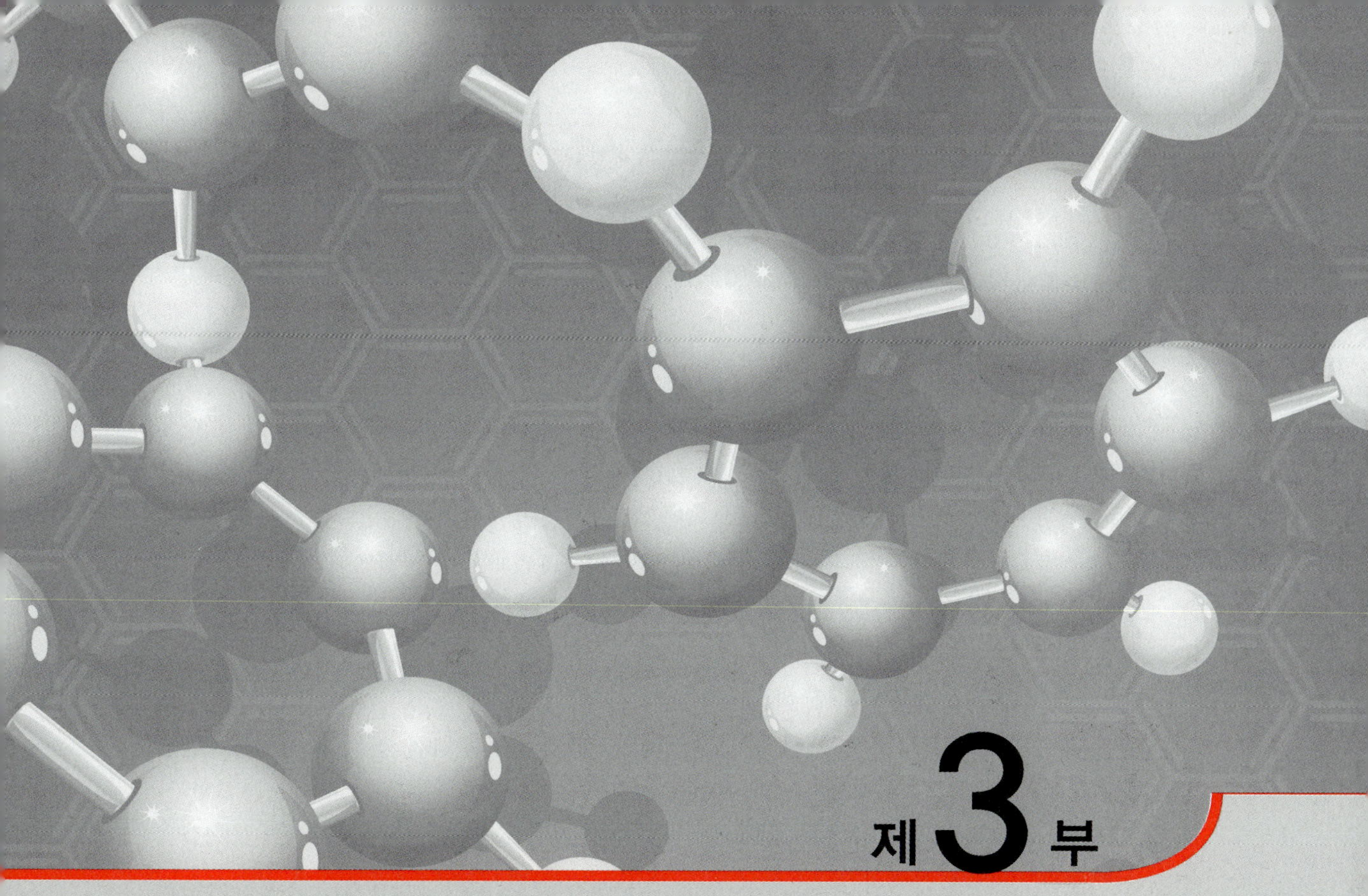

제 3 부

유기 합성의 수단과 방법

- Chapter 07 역합성 분석, 보호기 및 선택 반응
- Chapter 08 작용기 전환과 생성 반응
- Chapter 09 유기금속 화합물을 이용한 탄소-탄소 단일 결합 형성 반응
- Chapter 10 엔올 음이온, 엔아민 및 엔올 유도체를 이용한 탄소-탄소 단일 결합 형성 반응
- Chapter 11 고리형 협동 반응, 짝지음 반응 및 복분해 반응에 의한 탄소-탄소 결합의 생성
- Chapter 12 탄소-탄소 다중 결합 형성 반응: 알켄과 알카인의 생성 반응
- Chapter 13 반응 선택성

CHAPTER 07

역합성 분석, 보호기 및 선택 반응

유기 합성은 합성 반응을 이용하여 작은 분자 (출발물)로부터 큰 분자인 목표 분자를 만드는 과정이다. 목표 분자(합성 목표물)가 정해지면 이를 합성하기 위하여 합성화학자들은 '(1) 어디서부터 시작할 것인가, (2) 실행 가능한 합성 전략을 어떻게 세울 것인가, (3) 어떻게 효율적으로 합성할 것인가'의 세 가지 문제에 대하여 고민하게 된다. 목표 분자를 조립된 완성품으로 가정한다면 합성은 이것을 분해하여 재조립하는 과정과 비슷하다. 어떻게 분해하느냐가 재조립의 효율성을 지배하듯이 목표 분자를 더 작은 분자로 분해하는 방법에 따라 출발물과 합성법이 달라진다. 따라서 목표 분자를 어떻게 분해하고, 어디서부터 합성을 시작할 것인가는 합성의 효율성과 실용성을 높이는 데 매우 중요하다.

유기 합성에서의 목표 분자의 분해 과정은 **역합성 분석**이란 수단을 통해 구체적으로 이루어진다. 그러나 이 분석은 항상 재조립 (결합)을 어떻게 할 것인가를 생각하면서 계획되어야 하며, 이 과정에서 합성의 효율성을 높이기 위한 반응 기질의 반응 특성은 물론 반응 시약의 반응 선택성과 반응의 신뢰성 등을 무엇보다 먼저 고려해야 한다.

이 장에서는 역합성 분석의 원리, 효율적 합성을 위해 필요한 작용기 보호기와 반응 선택성에 관한 내용을 중점적으로 공부하고자 한다.

7.1 역합성 분석

역합성 분석 (retrosynthetic analysis)이란 목표 분자를 합리적인 유기 합성 반응에 근거를 둔 추론 방법을 통하여 작용기를 변화시키거나 또는 단계적으로 작은 분자 (단순한 구조를 가진 분자)로 분해하여 합성법을 설계하는 수단을 의미한다. 다단계 합성 반응의 경우 반응 단계마다 사용되는 출발물을 그 반응의 합성 **전구체** (precursor)라고 한다.

역합성 단계는 합성 전구체로부터 역합성 화살표 (⟹)로 표시하고 이에 근거하여 합성 반응식을 설계하고 합성을 실행한다 (그림 7.1). 역합성 분석을 효율적으로 수행하기 위하여 가장 많이 사용되는 수단은 **작용기 전환** (functional group interconversion, FGI)과 **결합 분해** (bond disconnection)이다.

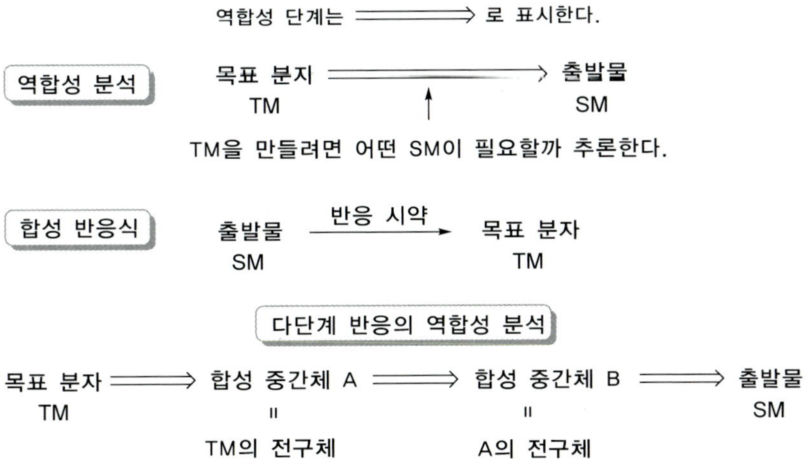

역합성 단계는 ⟹ 로 표시한다.

역합성 분석 목표 분자 TM ⟹ 출발물 SM

TM을 만들려면 어떤 SM이 필요할까 추론한다.

합성 반응식 출발물 SM —반응 시약→ 목표 분자 TM

다단계 반응의 역합성 분석

목표 분자 TM ⟹ 합성 중간체 A (= TM의 전구체) ⟹ 합성 중간체 B (= A의 전구체) ⟹ 출발물 SM

그림 7.1 역합성 분석을 나타내는 모식도

7.1.1 작용기 전환 반응을 이용한 역합성 분석

유기 분자에서 합성 반응은 대부분 작용기에서 일어난다. 어떤 작용기를 치환, 첨가, 제거, 산화 및 환원 등의 반응을 이용하여 다른 작용기로 전환시키는 방법을 **작용기 전환** (functional group interconversion, FGI) 반응이라고 말한다 (이에 대한 자세한 내용은 8장에서 종합적으로 다룬다). FGI 반응은 목표 분자를 다양한 방법으로 합성할 수 있게 만드는 수단과 방법으로서 매우 중요하다. 예를 들어, 알코올은 알켄 (첨가 반응), 할로젠화 알킬 (치환 반응), 알데하이드, 케톤, 카복실산, 에스터 및 산염화물 (환원 반응)로부터 작용기 전환 반응을 이용하여 합성할 수 있다. 1-phenylethanol을 합성 목표물로 정하여 FGI 반응을 이용한 역합성 분석을 생각해 보자. 목표 분자는 2° 알코올 작용기를 가지고 있으므로 다음 세 가지 합성법을 추론할 수 있다. 이 단계에서는 이 중 어느 방법이 가장 효율적이고 경제적인 것인가는 고려하지 않는다.

- **[방법 1]** 케톤의 환원 반응: acetophenone의 환원
- **[방법 2]** 알켄의 Markovnikov형 수화 반응: styrene의 수화 반응 (친전자성 첨가 반응)
- **[방법 3]** 할로젠화 알킬의 친핵성 치환 반응: 1-chloro-1-phenylethane의 친핵성 치환 반응

위 세 가지 방법을 역합성 분석법으로 나타내면 그림 7.2와 같다. 이 방법들은 모두 다른 작용기를 가진 출발물을 이용한다. 이 중 어느 방법을 선택할 것인가는 출발물, 반응 시약의 합성 또는 구입 용이성, 가격, 합성 반응의 수율, 반응 단계의 수, 안전성과 단순성 등을 고려하여 결정하게 된다.

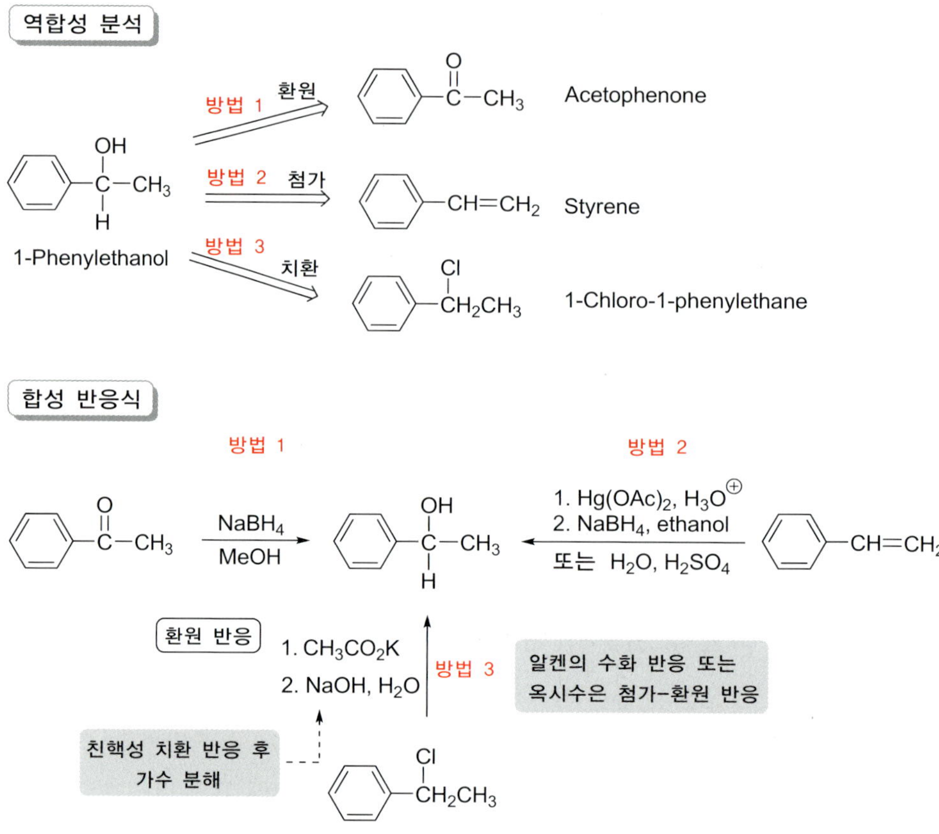

그림 7.2 FGI 방법을 이용한 1-phenylethanol의 합성에 대한 역합성 분석과 합성 반응식

7.1.2 결합 분해를 이용한 역합성 분석

유기 화합물은 탄소 원자가 수소, 탄소 또는 산소, 질소, 황 등과 같은 헤테로 원자와 σ 결합이나 π 결합을 통해 이루어진 분자이다. **결합 분해 (끊음) (bond disconnection)**를 이용한 역합성 분석이란 목표 분자에 있는 탄소 원자의 결합을 작은 분자 조각으로 분해시키는 조작을 말한다. 목표 분자에 있는 탄소 결합을 인위적으로 분해하여 만든 '이온성 분자 조각'을 **합성 단위체** (synthon)라고 한다. 이 분자 조각은 탄소 원자의 결합을 단순하게 불균일 분해시킬 때 생성되는 양이온 (친전자체)과 음이온 (친핵체) 형태의 가상적인 조각이다. 합성 단위체의 기능을 하는 실체적 분자 또는 반응 시약을 **합성 대등체** (synthetic equivalent, SE)라고 한다. 예를 들어, 합성 단위체인 탄소 양이온 ($R^{\oplus}$)에 해당하는 합성 대등체는 R–X 또는 R–OSO_2R' 이며, 탄소 음이온 ($R^{\ominus}$)에 해당하는 합성 대등체는 RMgX (Grignard 시약) 또는 RLi 이다.

합성 단위체			합성 대등체	
$R^{\oplus}$	$^{\ominus}OH$	≡	R−X	NaOH
$R^{\ominus}$	$[MgX]^{\ominus}$	≡	R−X	Mg

친핵성 탄소와 친전자성 탄소에 해당하는 합성 단위체와 합성 대등체에 대한 보다 자세한 내용은 7.1.3절에서 다루기로 하고, 다시 1-phenylethanol (목표 분자) 합성으로 되돌아가서 결합 분해를 통한 역합성 분석을 검토해 보자. 이 분석의 첫 단계는 목표 분자의 결합을 그림 7.3에서와 같이 인위적으로 분해하는 것이다. 세 군데 [분해 1, 2, 및 3] 결합의 분해가 가능한데 그 중 [분해 1]과 [분해 2]는 C−C 결합 분해이고, [분해 3]은 C−O 결합 분해이다 (이 분해는 그림 7.2의 방법 3에 해당한다). 이온성 분자 조각 (합성 단위체)을 만들기 위해 결합을 불균일 분해시킬 경우 각 분해마다 a와 b 경로 형태의 결합 분해가 가능하므로 모두 여섯 개의 합성 단위체 조합의 생성이 가능하다. 그러나 이들 결합 분해 생성물은 인위적으로 분해시켜 얻은 단지 가상적인 '분자 조각'에 불과하다. 따라서 둘째 단계는 분해된 '이온성 분자 조각'이 가지고 있는 반응성에 대응하는 실체적 분자 (합성 대등체)가 가능한지 검토해야 한다. 왜냐하면 결합 분해는 결합 반응을 전제로 이루어져야 하기 때문이다 (조립 장난감 완성품을 분해한 후 재조립하는 경우를 상상해 보라). 그림 7.3에 나타낸 것과 같이 [분해 1−3]의 a 경로를 거쳐 두 개의 합성 단위체 중 생성된 친전자성 합성 단위체 (아실 양이온과 벤질자리 양이온)의 경우 모두 실체적 합성 대등체 (알데하이드와 할로젠화 벤질)가 가능하며, 친핵성 합성 단위체 역시 실체적 합성 대응체 (Grignard 시약과 산소 친핵체)가 가능하다. 한편, b 경로에 의해서 생겨난 합성 단위체 중 [분해 2b]에서 생성된 친핵성 합성 단위체인 아실 음이온은 **극성 반전 (umpolung**, 9.2.2절 및 10.3.3절 참조) 반응을 이용한 합성 대등체가 가능하다. 그러나 [분해 1b]와 [분해 3b]의 경우 친전자성 합성 단위체인 '$Ph^{\oplus}$'와 '$^{\oplus}OH$'에 해당하는 합리적인 합성 대등체가 논리적으로 가능하지 않기 때문에 이 경로의 분해는 효용성이 없는 결합 분해에 해당한다.

역합성 분석에서 결합을 분해할 때 전자를 배분하여 이온성 조각 (합성 단위체)을 만드는 조작이 얼마나 중요한지 다른 예를 하나 더 들어 보자. R−O−R인 목표 분자를 합성하고자 결합 분해를 할 경우, 합성 단위체로서 친전자체 조각인 $R^{\oplus}$와 친핵체 조각인 $^{\ominus}OR$를 생성시키는 분해 a와 친핵체 조각으로 $R^{\ominus}$와 친전자체 조각으로 $^{\oplus}OR$을 생성시키는 분해 b를 생각할 수 있다. 이 중에서 분해 a의 경우 해당하는 합성 단위체에 상응하는 합성 대등체인 브로민화 알킬 (RBr)과 sodium alkoxide (RONa)를 출발물과 반응 시약으로 사용할 수 있다. 그러나 분해 b의 경우 생성된 합성 단위체인 $^{\oplus}OR$에 상응하는 합성 대등체는 논리적으로 추론할 수 없다.

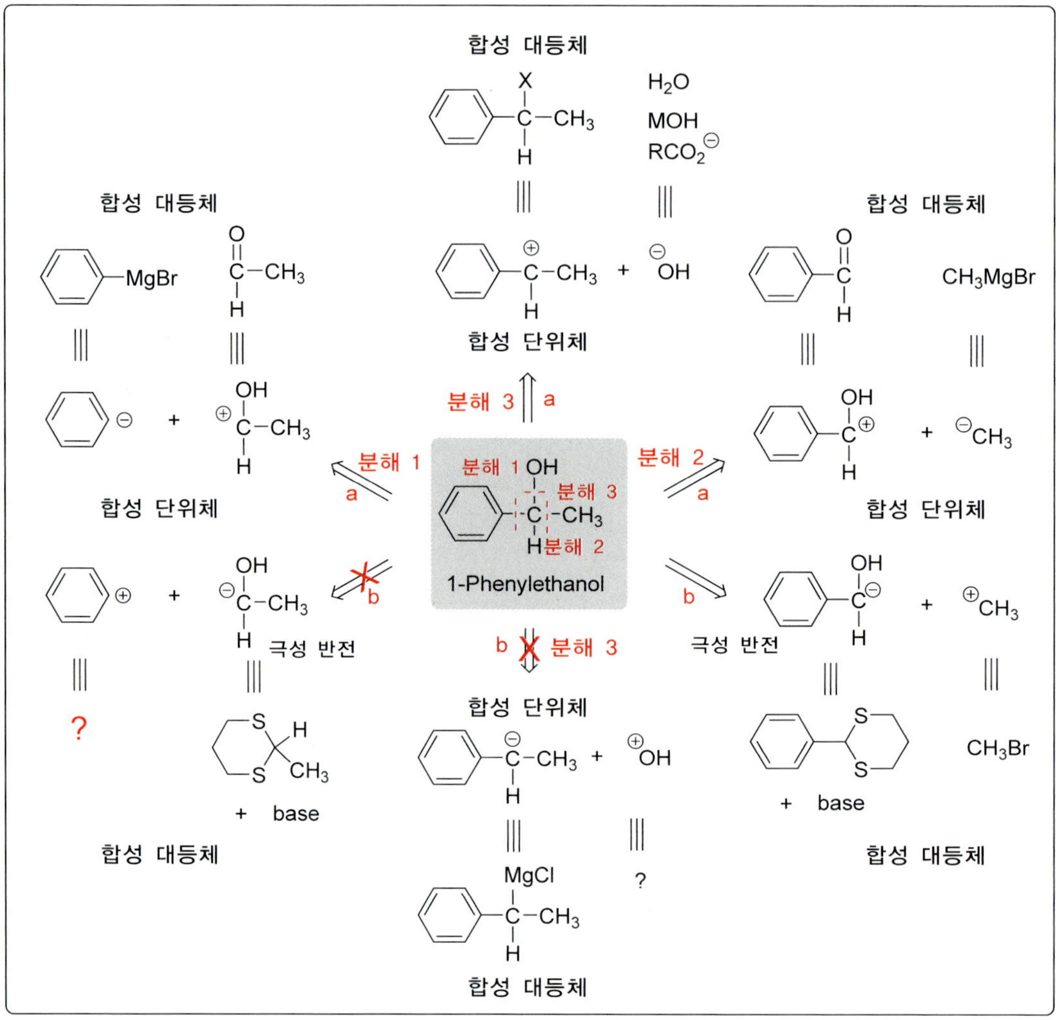

합성 대등체

분해 3 a / 분해 1 a / 분해 2 a / b 분해 3 / b

합성 단위체

극성 반전

1-Phenylethanol

H_2O, MOH, $RCO_2^{\ominus}$

MgBr, CH_3MgBr, CH_3Br, MgCl

+ base

?

합리적인 합성 반응식

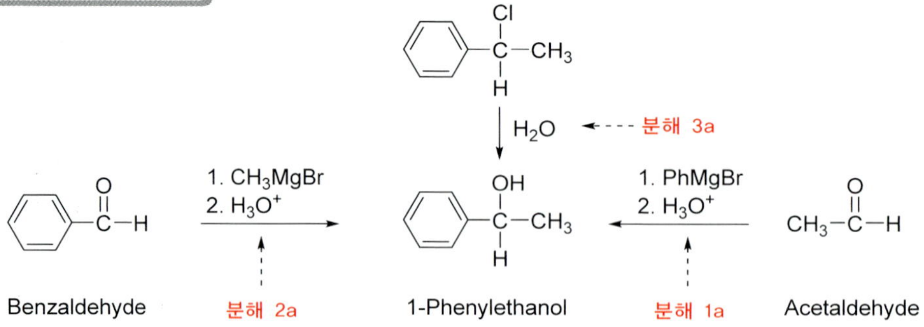

H_2O ← 분해 3a

1. CH_3MgBr
2. H_3O^+

분해 2a

1. PhMgBr
2. H_3O^+

분해 1a

Benzaldehyde | 1-Phenylethanol | Acetaldehyde

그림 7.3 결합 분해를 통한 1-phenylethanol의 역합성 분석과 이를 근거로 한 합리적인 합성 반응식

그 이유는 산소 원자는 전기음성도 값이 탄소와 수소보다 크고 또한 비공유 전자쌍을 가지고 있어 ⊕OR 또는 ⊕OH 형태로 존재할 수 없기 때문이다. 따라서 결합 분해를 통한 역합성 분석은 분해 a의 경우가 합리적이고 분해 b는 비합리적인 것이 된다 (그림 7.4).

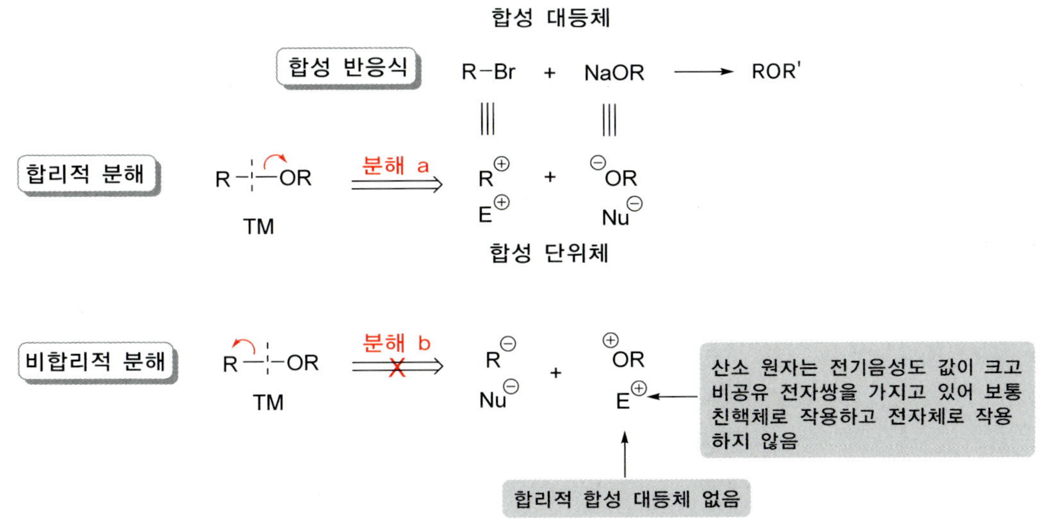

그림 7.4 합리적 결합 분해와 비합리적 결합 분해

7.1.3 합성 단위체와 합성 대등체

대부분의 유기 합성 반응은 친핵체와 친전자체가 관여하는 극성 반응 (친핵성 반응과 친전자성 반응)을 주로 이용한다. 탄소−탄소 결합 분해를 이용한 역합성 분석에서 어느 결합을 분해하는 것이 합성 반응을 설계하는 데 가장 유리할지를 판단할 때 친핵체와 친전자체로 작용하는 합성 단위체와 이에 해당하는 합성 대등체가 어떤 종류가 있는지 알고 있으면 편리하다. 탄소 친전자체로 작용하는 친전자성 탄소 합성 단위체와 이에 해당하는 합성 대등체를 표 7.1에, 탄소 친핵체로 작용하는 친핵성 탄소 합성 단위체와 이에 해당하는 합성 대등체를 표 7.2에 종합하여 나타내었다. 또한, 역합성 분석에서 자주 사용하는 탄소−탄소 결합 분해 반응 예를 표 7.3에 나타내었다.

탄소−탄소 결합 형성 반응은 탄소 골격을 생성시켜 작은 분자 (출발물)로부터 큰 분자인 목표 분자 (생성물)를 합성하는 데 사용되는 핵심 반응이다. 이 주제를 다룰 9장 및 10장을 공부할 때 표 7.1~7.3에 나타낸 합성 단위체와 합성 동등체 및 결합 분해를 활용하길 바란다.

표 7.1 친전자성 탄소 합성 단위체와 대응하는 합성 대등체

양이온(친전자체)성 합성 단위체		합성 대등체
$R^{\oplus}$	≡	RX (R = Cl, Br, I), $ROSO_2R'$ (R' = CH_3, $C_6H_4CH_3$–*p*) ROH 또는 alkene + H^+
$\overset{\oplus}{H}C{=}O$	≡	$H{-}C({=}O){-}X$ (X = NR_2, OR)
$\overset{\oplus}{R}C{=}O$	≡	$R{-}C({=}O){-}X$ (X = Cl, NR'_2, OR')
$OH{-}\overset{\oplus}{C}{=}O$	≡	CO_2
$\overset{\oplus}{C}H_2CH_2C({=}O){-}R$	≡	$CH_2{=}CHC({=}O){-}R$ (R = alkyl, OR')
$\overset{\oplus}{C}H_2CH_2C{\equiv}N$	≡	$CH_2{=}CHC{\equiv}N$
$\overset{\oplus}{C}H_2OH$	≡	HCHO
$R\overset{\oplus}{C}HOH$	≡	RCHO
$R_2\overset{\oplus}{C}OH$	≡	$R_2C{=}O$
$\overset{\oplus}{C}H_2CH_2OH$	≡	(epoxide, ethylene oxide)
$\overset{\oplus}{C}H_2C({=}O)CH_2R$	≡	$XCH_2C({=}O)CH_2R$ (X = Cl, Br, I)

표 7.2 친핵성 탄소 합성 단위체와 대응하는 합성 대등체

음이온(친핵체)성 합성 단위체	반응 시약	합성 대등체
$R^{\ominus}$	RMgX, RLi, R_2CuLi	RX (R = Cl, Br, I)
$Ar^{\ominus}$	ArMgX, ArLi, Ar_2CuLi	ArX (R = Cl, Br, I)
$^{\ominus}C{\equiv}N$	NaCN, KCN	HCN
$^{\ominus}C{\equiv}CR$	$XMgC{\equiv}CR$, $LiC{\equiv}CR$	$HC{\equiv}CR$
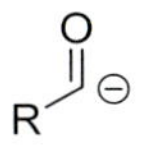 $R{-}C(=O)^{\ominus}$	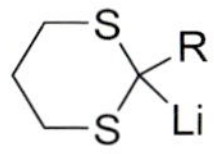 2-R-2-Li-1,3-dithiane (S, S, R, Li)	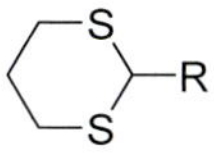 2-R-1,3-dithiane (S, S, R)
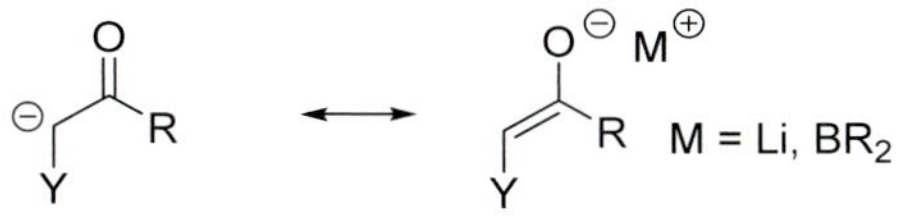 $^{\ominus}CH(Y){-}C(=O)R$ ⟷	$O^{\ominus}$ $M^{\oplus}$, Y, R; M = Li, BR_2	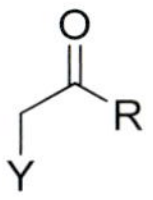 $Y{-}CH_2{-}C(=O)R$
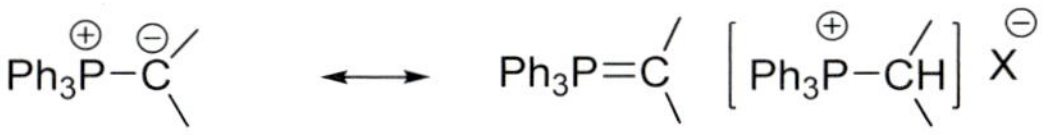 $Ph_3\overset{\oplus}{P}{-}\overset{\ominus}{C}$ ⟷	$Ph_3P{=}C$ $[Ph_3\overset{\oplus}{P}{-}CH]\ X^{\ominus}$	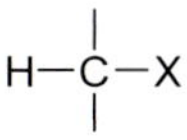 $H{-}C{-}X$

표 7.3 몇 가지 결합 분해 예

목표 분자		합성 단위체	반응 기질과 시약	반응 형태
~~CN	⟹	⊕ $^{\ominus}CN$	~~Br + NaCN	친핵성 치환 (S_N2) 반응
O, NH_2	⟹	O, ⊕ NH_3	O, Cl + NH_3	친핵성 아실 치환 반응
~~OH	⟹	⊖ ⊕ OH	MgX + HCHO	친핵성 첨가 반응
~~OH	⟹	⊖ ⊕ OH	MgX + O (에폭사이드)	친핵성 치환 반응
OH O, H	⟹	OH ⊕ ⊖ O H	O, H + O	알돌 반응
NC~~ O	⟹	$NC^{\ominus}$ ⊕ O	O + NaCN	콘쥬게이트 첨가 반응
~~≡	⟹	⊕ ⊖≡	Cl + $Na^{\oplus}\ ^{\ominus}{\equiv}$	친핵성 치환 (S_N2) 반응

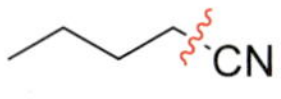

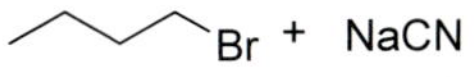

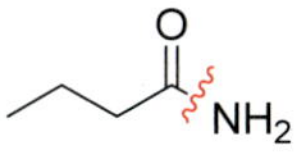

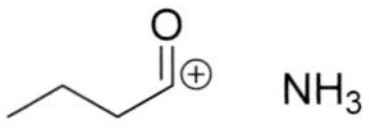

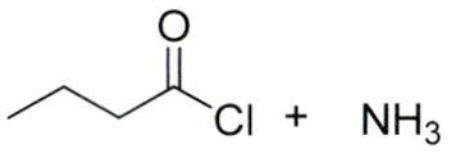

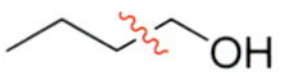

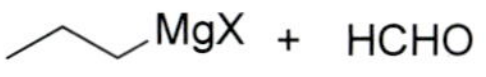

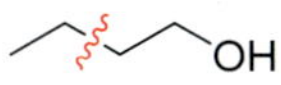

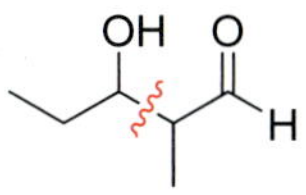

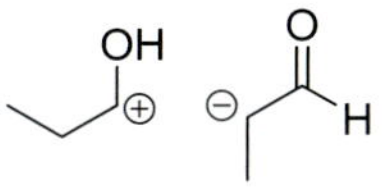

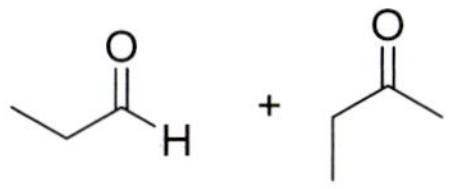

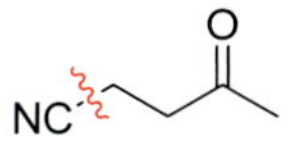

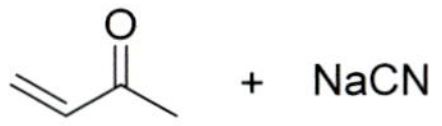

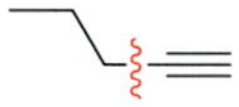

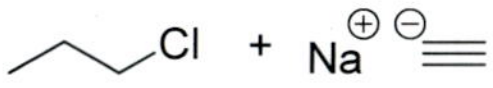

7.1.4 역합성 분석 예

meso–Octan–4,5–diol의 역합성 분석

FGI
cis-Dihydroxylation
meso-Octan-4,5-diol
FGI
cis-Partial hydrogenation
C–C 결합 분해
합성 단위체
C–C 결합 분해
합성 단위체
+ $NaNH_2$
합성 단위체
합성 단위체
H—≡—H + $NaNH_2$

• *meso*–Octan–4,5–diol의 합성 반응식

$NaNH_2$, NH_3 (*l*)
$NaNH_2$, NH_3 (*l*)
Lindlar 촉매, H_2
OsO_4 (촉매), NMO 또는 찬 $KMnO_4$ 수용액
meso-Octan-4,5-diol

Propanolol의 역합성 분석

Propanolol은 β–수용체 차단제의 일종으로 고혈압 치료제로 사용되는 의약품이다.

Propanolol

• Propanolol의 합성 반응식

1. NaOH, H_2O
2. Cl

H_2N

Benzocaine의 역합성 분석

Benzocaine은 국소 마취제로 사용되는 물질이다.

Benzocaine의 역합성 분석

H_2N + base $I-CH_2CH_3$

$^{\oplus}CH_2CH_3$

분해 a

분해 b

Benzocaine

$HOCH_2CH_3$

$^{\ominus}OCH_2CH_3$

환원 FGI

FGI Nitration

FGI 산화

O_2N CH_3

• Benzocaine의 합성 반응식

Toluene (HNO_3, H_2SO_4) → p-nitrotoluene ($KMnO_4$, NaOH, H_2O 또는 $Na_2Cr_2O_7$, H_2SO_4) → p-nitrobenzoic acid (Fe, HCl) → p-aminobenzoic acid (CH_3CH_2OH, H_2SO_4 또는 1. K_2CO_3 2. CH_3CH_2I) → Benzocaine (H_2N–C_6H_4–$COOCH_2CH_3$)

Ibuprofen의 역합성 분석

Ibuprofen은 비스테로이드성 소염제 (non-steroidal anti-inflammatory drug, NSAID)로 사용되는 의약품이다.

Ibuprofen ⇒ (C−C 결합 분해) carbanion + $\oplus$C(=O)−OH
≡ ArCH(CH_3)MgCl + O=C=O ⇐ (Grignard 시약) ArCH(CH_3)Cl, Mg°
⇓ FGI 치환
ArCH(CH_3)OH ⇒ (FGI 환원) ArC(=O)CH_3 ⇒ (C−C 결합 분해, Friedel-Crafts acylation) isobutylbenzene + $CH_3C^{\oplus}$=O (≡ CH_3COCl + $AlCl_3$)
⇓ 환원 Clemensen reduction FGI
isobutyrophenone ⇒ (C−C 결합 분해, Friedel Crafts acylation) benzene + $(CH_3)_2CHC^{\oplus}$=O ≡ $(CH_3)_2CHCOCl$ + $AlCl_3$

• Ibuprofen의 합성 반응식

Benzene + isobutyryl chloride —($AlCl_3$)→ Isobutyrophenone —(Zn-Hg, HCl)→ Isobutylbenzene —(acetyl chloride, $AlCl_3$)→ 4-isobutylacetophenone —($NaBH_4$, MeOH)→ 1-(4-isobutylphenyl)ethanol (OH) —(HCl)→ 1-(4-isobutylphenyl)ethyl chloride (Cl) —(Mg, ether)→ Grignard reagent (MgCl) —(1. CO_2, 2. $H_3O^{\oplus}$)→ Ibuprofen (CO_2H)

7.2 합성 계획

역합성 분석을 통해 목표 분자를 합성하는 방법은 여러 가지가 가능하다는 것을 알았다. 다음 단계는 가능한 합성법 가운데 어느 방법을 선택할 것인가를 결정해야 한다. 이 단계에서 우리가 1.2절에서 배운 합성 설계에 갖추어야 할 기본 사항이 반영되어야 한다. 합성법의 기본 가치는 '효율성 (경제성)과 안전성 (친환경성)'에 있다. 따라서 '어디에서 출발할 것인가'를 선택하는 것이 중요하다. 그러나 목표 분자가 어느 '제품군'에 속하는지에 따라 선택해야 할 출발물이 다르다. 유기 공업 제품은 **기초 유기 공업 제품** (basic organic chemicals)과 **정밀 유기 화학 제품** (fine organic chemicals)으로 크게 분류할 수 있다. 전자에 속한 제품은 대량 생산되는 화공 약품 (에틸렌, 벤젠, 아세톤, 알코올 등), 고분자 화합물 (플라스틱, 합성 섬유 등), 비료 등의 제품군에 해당되는 품목이고 이들은 원유, 천연가스, 석탄, 동식물을 합성 원료 (출발물)로 사용한다. 후자의 경우, 의약, 농약, 화장품 (향료), 염료, 도료, 감광재료 등과 같이 부가가치가 높은 유기 화학 제품 또는 이들을 합성하기 위한 합성 중간체들을 말한다. 이들 제품은 소규모 다품종인 것이 특징이고 기초 유기 공업 제품을 원료로 사용한다. 절대적 기준은 아니지만 탄소 원자의 수를 기준으로 합성 원료 (출발물)로 사용되는 기초 공업 제품을 안내하면 다음과 같다.

• 탄소 사슬이 1~6개인 지방족 알켄, 알카인, 할로젠화 알킬, 알코올, 알데하이드, 케톤, 카복실산, 에스터, 아마이드, 아민류
• 벤젠, 톨루엔, 아닐린, 페놀 등

어떤 합성법을 선택할 것인가에 대한 예로 2-chloro-4-aminobenzoic acid (TM)의 합성법을 검토해 보자. 역합성 분석에서 경로 a는 톨루엔을 출발물로 하여 네 단계를 거쳐 TM을 합성하는 방법이고, 경로 b는 아닐린을 출발물로 하여 여섯 단계를 거쳐 TM을 합성하는 방법이다. 벤젠 고리에 치환기를 도입시키는 반응을 이용한 두 합성법은 모두 무리가 없어 보이나 경제적인 측면에서는 경로 a의 방법이 더 양호해 보인다. 경로 a의 출발물인 톨루엔은 아닐린보다 더 싸게 구할 수 있고 반응 단계도 더 짧기 때문이다.

2-Chloro-4-aminobenzoic acid (TM)

FGI

경로 a

경로 b

• 추천되는 합성 반응식

HNO_3, H_2SO_4

Cl_2, $FeCl_3$

$KMnO_4$, NaOH, H_2O 또는 $Na_2Cr_2O_7$, H_2SO_4

Fe, HCl

7.3 보호기

합성 반응을 수행할 때 반응 기질에 반응 시약과 원하지 않은 반응을 하거나 또는 방해하는 작용기가 있을 경우 시약의 낭비는 물론 이에 따른 부산물이 생성될 수 있으므로 원하는 목표 물질을 효율적으로 얻기 힘들다. 반응 시약과 반응하는 두 개 이상의 작용기를 가지고 있는 반응 기질에서 특정 작용기와 반응하여 그 작용기의 화학 반응성을 일시적으로 차단 (보호)하여 원하는 작용기만 선택적으로 반응하게 하는 원자단을 **보호기** (protecting group)라고 한다. 보호기는 보호되지 않은 작용기에서 원하는 반응만 일어나게 하고 보호된 작용기는 반응 후 원래 상태로 되돌려 놓아야 하므로 다음과 같은 조건을 갖추고 있어야 한다.

- 보호할 작용기와 선택적으로 반응하고 높은 수득률을 제공해야 한다.
- 보호기는 주어진 반응에 안정해야 한다.
- 다른 작용기에 영향을 끼치지 않으며 온화한 조건에서 쉽게 제거되어야 한다.

합성 반응에서 자주 사용되는 알코올, 아민, 카보닐기와 카복실기의 보호기를 표 7.4에 요약하였다.

표 7.4 알코올, 아민, 카보닐기와 카복실기의 보호기 형태

작용기	보호기 형태	예
Alcohol ROH	Alkyl ether	ROMe, ROBu-*t*, $ROCH_2Ph$ = ROBn, $ROCPh_3$ = ROTr
	Silyl ether	$ROSiMe_3$ = ROTMS, $ROSiMe_2Bu$-*t* = ROTBDMS or ROTBS, ROSi(Pr-*i*)$_3$ = ROTIPS
	Acetal	ROTHP (THP = 2-tetrahydropyranyl), $ROCH_2OMe$ = ROMOM, $ROCH_2OCH_2Ph$ = ROBOM,
	Ester	ROCOMe = ROAc, ROCOPh = ROBz, $ROCOCF_3$, $ROCOCCl_3$
Amine RNH_2	*N*-Benzyl	RNHBn
	Carbamate	$RNHCO_2CH_2Ph$ = RNHCbz, $RNHCO_2Bu$-*t* = RNHBoc RNHFmoc (Fmoc = 9-fluorenylmethoxycarbonyl)
	Amide	RNHCHO, $RNHCOCF_3$, $RNHCOCH_3$ = RNHAc
Carbonyl RCHO or RR'C=O	Acetal or ketal	RCH(OR')$_2$, RR'C(OR")$_2$
Carboxylic acid RCO_2H	Alkyl ester	RCO_2Bu-*t*, RCO_2Bn, RCO_2MOM, RCO_2CCl_3
	Silyl ester	RCO_2TMS
	Phenacyl ester	RCO_2CH_2COPh

7.3.1 알코올의 하이드록실기 보호기

알코올의 하이드록실기에 있는 수소 원자는 활성 수소로서 강염기 또는 수소 음이온에 대하여 산 (양성자)으로 반응한다 (중화 반응). 또한, 1° 또는 2° 알코올의 경우 산화제에 의해 산화 반응을 일으킨다. 따라서 하이드록실기가 원치 않는 반응을 일으킬 수 있는 다음과 같은 반응을 수행할 때 반응 기질에 있는 하이드록실기를 보호할 필요가 있다.

- RMgX 또는 RLi 같은 유기금속 화합물을 반응 시약으로 사용하는 반응
- LDA [lithium diisopropylamide, $Li^{\oplus\ominus}N(Pr-i)_2$] 또는 $NaNH_2$ 등 강염기를 사용하는 반응
- BH_3 또는 $LiAlH_4$ 등과 같은 물 또는 알코올과 반응하는 금속 수소화물을 사용하는 반응
- CrO_3, PCC, PDC, MnO_2 등 OH기를 산화시킬 수 있는 산화제를 사용하는 반응
- OH기가 분자 내의 친전자성 부위 또는 반응 시약에 친핵체로 작용할 우려가 있는 반응

흔히 사용되는 하이드록실기 보호기의 종류 및 생성법과 보호기 제거 방법 (탈보호기 반응)은 다음과 같다.

알킬 에터류

- Methyl ether (RO−Me)

생성법과 특성 알코올을 NaH와 같은 염기와 반응시켜 알콕사이드로 전환시킨 후 MeI와 반응시켜 합성 (Williamson 합성법)한다.

탈보호기 반응 Me_3SiI (또는 Me_3SiCl + NaI) 또는 BBr_3 (특히 ArOMe의 경우)를 사용하여 제거한다.

$$\text{ROH} \xrightarrow[\text{THF}]{\text{NaH}} \left[\text{RO}^{\ominus}\ \text{Na}^{\oplus}\right] \xrightarrow{\text{MeI}} \text{ROMe} \xrightarrow[\text{CH}_2\text{Cl}_2]{\text{Me}_3\text{SiI}} \text{ROH}$$

- *tert*−Butyl ether (RO−Bu−*t*)

생성법과 특성 알코올 (주로 1° 알코올)과 *tert*−BuOH 또는 2−methylpropene (isobutylene)을 진한 황산 또는 $BF_3 \cdot OEt_2$와 함께 반응시켜 얻는다. 염기성 조건에서의 반응, 금속 수소화물, 유기금속 화합물 등의 시약에는 안정하지만 산성 시약에는 불안정하다.

탈보호기 반응 묽은 염산으로 처리하여 제거한다.

$$\text{ROH} \xrightarrow[c\text{-H}_2\text{SO}_4\ \text{또는}\ \text{BF}_3\text{-OEt}_2]{t\text{-BuOH 또는 Me}_2\text{CH=CH}_2} \text{ROBu-}t \xrightarrow{4N\ \text{HCl}} \text{ROH}$$

- Benzyl ether (RO–Bn) 또는 *p*–methoxybenzyl ether (RO–PMB 또는 RO–MPM)

  생성법과 특성 알코올에 NaH를 작용하여 얻은 알콕사이드를 할로젠화 벤질과 반응시켜 얻는다. 산성 및 염기성 조건에서 안정하고 대부분의 산화제와 환원제에도 안정하다.

  탈보호기 반응 벤질기는 촉매 가수소 분해 반응을 사용하여 제거하고 **PMB**기는 약한 산화제인 **DDQ** (2,3–dichloro–5,6–dicyano–1,4–benzoquinone) 또는 **CAN** [ceric ammonium nitrate, $(NH_4)_2Ce(NO_3)_6$]과 반응시켜 제거한다.

ROH —(1. NaH, THF; 2. $PhCH_2Br$ (BnBr))→ RO-CH_2Ph = RO-Bn —(H_2, Pd/C, EtOH)→ ROH

ROH —(1. NaH, THF; 2. *p*-$MeOC_6H_4CH_2Br$ = PMBBr)→ RO-PMB —(DDQ 또는 CAN)→ ROH

- Triphenylmethyl (trityl, Tr) ether ($RO–CPh_3$ = RO–Tr)

  생성법과 특성 알코올을 염기 존재 하에 trityl chloride (Ph_3CCl, **TrCl**)과 반응시켜 얻는다. 분자 내에 2° 알코올의 존재 시 1° 알코올의 하이드록실기를 선택적으로 보호하는 데 사용한다. 이 보호기는 염기에 안정하다.

  탈보호기 반응 산 또는 촉매 가수소 분해 반응에 의해 제거된다.

(OH, OH diol) —(Ph_3Cl (TrCl); Et_3N, DMAP, CH_2Cl_2)→ (OH, OTr) —(HCO_2H,H_2O 또는 H_2, Pd/C, EtOH)→ (OH, OH diol)

Silyl ether류

알코올을 염기 존재 하에 trialkylsilyl chloride(R_3SiCl)와 반응시키면 silyl ether가 생성된다. 이 물질은 온화한 조건에서 쉽게 도입되고, 또한 제거될 수 있기 때문에 OH기 보호기로 자주 사용된다. R기의 입체 장애가 클수록 안정도가 증가하는 경향이 있다. *n*–tetrabutylammonium fluoride (TBAF, *n*–Bu_4NF)을 사용하여 보호기를 제거할 수 있다.

- Trimethyl silyl ether ($RO–SiMe_3$ = RO–TMS)

  생성법과 특성 알코올을 Me_3SiCl (trimethylsilyl chloride, **TMS–Cl**)과 Et_3N 염기 하에서 반응시켜 만든다. TMS–Cl 대신에 $(Me_3Si)_2NH$ (hexamethyldisilazane, **HMDS**)을 사용할 수 있다. 이 보호기는 산 또는 염기에 불안정하다.

ROH $\xrightarrow[\text{Et}_3\text{N, THF}]{\text{Me}_3\text{SiCl (= TMSCl)}}$ RO-SiMe$_3$ = RO-TMS $\xrightarrow[\text{THF}]{n\text{-Bu}_4\text{NF}}$ ROH

- *tert*–Butyldimethylsilyl ether (RO–SiMe$_2$Bu–*t* = RO–TBDS 또는 RO–TBS)와 triisopropylsilyl ether (RO–Si(*i*–Pr)$_3$ = RO–TIPS)

  생성법과 특성 알코올을 DMF 용액에서 *tert*–Butyldimethylsilyl chloride (*t*–BuMe$_2$SiCl, TBDS–Cl 또는 TBS–Cl) 또는 triisopropylsily chloride, [(*i*–Pr)$_3$SiCl, TIPS–Cl]을 imidazole과 촉매량의 4,4–dimethylaminopyridine (DMAP) 존재 하에 반응시켜 합성한다. 이들은 산성 용액에 비교적 안정하며 1° ROH > 2° ROH > 3° ROH 순으로 반응이 잘 일어나 선택적으로 보호기를 도입할 수 있다. TBDS–Cl 와 TIPS–Cl 대신에 TBDS–OT$_f$ 와 TIPS–OT$_f$를 사용해도 된다.

ROH → RO-SiMe$_2$Bu-*t* = RO-TBDS 또는 RO-SiPr$_3$-*i* = RO-TIPS → ROH

(Reagents, step 1: *t*–BuMe$_2$SiCl (TBDSCl) 또는 *t*–BuMe$_2$SiOTf, imidazole, DMAP (cat) 또는 *i*–Pr$_3$SiCl (TIPSCl) 또는 *i*–Pr$_3$SiOTf, imidazole, DMAP (cat); step 2: *n*-Bu$_4$NF, THF)

Acetal 유도체

- Tetrahydropyranyl ether (RO–THP)

  생성법과 특성 알코올을 약산 (예. pyridinium *p*–toluenesulfonate, PPTS) 촉매 하에 dihydropyran (DHP)와 반응시켜 얻는다. 알코올의 하이드록실기 보호기로 광범위하게 사용되며 이 보호기는 특히 염기성 반응 조건에서 안정하다.

  탈보호기 반응 AcOH–THF, *p*–toluenesulfonic acid (*p*–TsOH) 또는 양이온 교환 수지 등과 같은 산성 용액에서 쉽게 제거된다.

DHP + $H^{\oplus}$ $\underset{\text{CH}_2\text{Cl}_2}{\overset{\text{PPTS}}{\rightleftharpoons}}$ (oxocarbenium ion) $\xrightarrow{\text{HOR}}$ (2-OR tetrahydropyran) = RO-THP $\xrightarrow{\text{AcOH}}$ HOR

- Methoxymethyl ether (RO–CH$_2$OCH$_3$ = RO–MOM)와 benzyloxymethyl ether (RO–CH$_2$OCH$_2$Ph = RO–BOM)

  생성법과 특성 알코올을 염기 존재 하에 (또는 알콕사이드)에 MOM–Cl 또는 BOM–Cl을 반응시켜 얻는다.

탈보호기 반응 MOM기는 묽은 산에 의해 쉽게 분해되며 BOM기는 촉매 가수소 분해 반응에 의해 제거된다 (산 분해 수득률이 낮다).

ROH —(1. NaH, THF; 2. $MeOCH_2Cl$ (MOM-Cl))→ $RO-CH_2OMe$ = RO—MOM —(6 *N* HCl, MeOH)→ ROH

ROH —($PhCH_2OCH_2Cl$ (BOM-Cl), $(i\text{-}Pr)_2NEt$, CH_2Cl_2)→ $RO-CH_2OCH_2Ph$ = RO—BOM —(H_2, $Pd(OH)_2$ (cat), EtOH)→ ROH

- Acetal (ketal)

생성법과 특성 1,2- 또는 1,3-다이올을 산 (Lewis 산 포함) 촉매 하에 알데하이드 또는 케톤과 반응시키면 아세탈 또는 케탈이 생성된다. 이들 아세탈 또는 케탈기는 수용성 강염기, 친핵성 금속 수소화물 (예. $LiAlH_4$ 및 $NaBH_4$), 유기금속 시약 (예. RMgX, RLi), 염기성 산화제 등에 안정하므로 1,2- 또는 1,3-다이올의 보호기로 사용할 수 있다.

MeCHO, HCl (gas), 4 Å

$PhCH(OMe)_2$, *p*-TsOH, $CHCl_3$

D-Glucose —(acetone, H_2SO_4)→ Diacetone-D-glucose

D-Mannitol —($Me_2C(OMe)_2$, $SnCl_2$, DME)→ Diacetone-D-mannitol

이들 보호기는 1,2-다이올이나 1,3-다이올을 다이메톡시 아세탈이나 케탈 같은 저분자 알코올의 아세탈 또는 케탈과 산 촉매에서 반응시켜 아세탈 (케탈) 교환 반응에 의해서도 합성할 수 있다. 아세탈이나 케탈의 생성 반응에서 반응 중 생성된 물 또는 저분자 알코올을 제거하기 위하여 분자 체를 넣고 반응시키거나 이를 제거하기 위한 장치 (예. Dean–Stark 냉각기)를 사용한다. 고리형 1,2–다이올인 경우 고리 무리 (ring strain) 때문에 *cis*형만 반응하지만 1,3–다이올인 경우 *cis*와 *trans*형 모두 반응한다.

탈보호기 반응 산 촉매에 의해 알코올이 재생된다.

에스터류

생성법과 특성 알코올을 산염화물 또는 산무수물과 반응시켜 합성한다. 그러나 에스터기는 Grignard 시약과 $LiAlH_4$에 의해 반응하므로 이와 같은 시약을 사용하는 반응에서는 보호기 역할을 할 수 없다. 염기성 용액에서 가수 분해에 의해 알코올이 재생되며 경우에 따라 $LiAlH_4$로 환원하여 재생시킬 수 있다.

$$\text{ROH} \xrightarrow[\text{염기}]{\text{R'COCl 또는 (R'CO)}_2\text{O}} \text{ROC(=O)R'} \xrightarrow[\text{또는 LiAlH}_4]{\text{K}_2\text{CO}_3\text{ 또는 NaOH, H}_2\text{O, MeOH}} \text{ROH}$$

R' = Me, Ph, CF_3, CCl_3

7.3.2 아미노기 (NH) 보호기

1° 아민과 2° 아민의 수소 원자는 RMgX 및 RLi 같은 유기 금속 화합물과 양성자로서의 반응을 한다. 따라서 N–H기의 수소 원자를 보호함으로써 이와 같은 부반응을 없앨 수 있다. 또한 아미노기는 비공유 전자쌍을 가지고 있어 친핵체로서 양성자가 첨가되거나 R–X와 반응하여 2° 와 3° 아민, 그리고 4° 암모늄염을 동시에 형성한다. 질소 원자에 적당한 보호기를 도입함으로써 친핵성을 감소시킬 수 있다. 한편, zwitter ion 상태에 있는 아미노산의 경우 아미노기를 보호함으로써 카복실기의 기능을 회복시켜 펩타이드 합성이 잘 되도록 하는 역할을 한다.

N–Benzyl amine

생성법과 특성 1° 또는 2° 아민을 염기 또는 NaH 존재하에 할로젠화 벤질과 반응시키면 N–H의 수소 원자가 벤질기로 치환된다.

탈보호기 반응 산 조건에서 Pd 촉매 가수소 분해 반응을 시키면 톨루엔으로서 제거된다.

$$\text{R–NH}_2 \xrightarrow[\text{Et}_3\text{N, MeCN}]{\text{PhCH}_2\text{Cl}} \text{R–NH(CH}_2\text{Ph)} + \text{R–N(CH}_2\text{Ph)}_2$$

$$\text{R}_2\text{N–H} \xrightarrow[\text{NaH, THF}]{\text{PhCH}_2\text{Cl}} \text{R}_2\text{N–CH}_2\text{Ph}$$

$$\xrightarrow[\text{AcOH}]{\text{H}_2\text{, Pd/C}} \text{R–NH}_2,\ \text{R}_2\text{N–H}$$

Carbamate

Carbamate형 보호기는 일반적으로 pH 1~12인 수용액에서 안정 (Boc기는 pH 1에서 분해)하고 LDA 및 *t*-BuOK 같은 염기와 $KMnO_4$, OsO_4와 같은 산화제에도 안정하다. 또한 산염하물 및 알데하이드와 같은 친전자체와도 반응하지 않는다.

- Benzyl carbamate ($PhCH_2OCO-NR_2$, $Cbz-NR_2$)

  생성법과 특성 아민 특히 아미노산의 아미노기 보호에 흔히 사용되는데 Et_3N 존재 하에 benzyloxycarbonyl chloride (Cbz–Cl)을 작용시켜 얻는다. Benzyloxycarbonyl기를 Cbz 또는 Z라는 약어로 표현한다.

  탈보호기 반응 Pd/C 촉매 하에 가수소 분해 반응, HBr 가수 분해 또는 용해 금속 환원법 (Li 금속 + 액체 암모니아)을 이용하여 제거한다.

$PhCH_2OCOCl$ (Cbz-Cl); Na_2CO_3, H_2O, 0 °C; Cbz (or Z); H_2, Pd/C, MeOH 또는 HBr; CO_2H; OCH_2Ph

- 9-Fluorenylmethyl carbamate (Fmoc–NHR)

  생성법과 특성 아민 또는 아미노산을 염기성 수용액에서 9-fluorenylmethoxycarbonyl chloride (Fmoc–Cl)과 반응시켜 합성한다. 이 보호기는 특히 산에 대해 매우 안정하며, 촉매 가수소 분해 반응에도 안정하다.

  탈보호기 반응 DMF 용매에서 아민 또는 n-$Bu_4NF^{\ominus}$을 반응시켜 제거한다.

RNH_2; Fmoc-Cl; $NaHCO_3$, H_2O, dioxane; $RNHCOCH_2$– = RNH–Fmoc; DMF; RNH_2; Fmoc-Cl = CH_2OCCl

- *tert*-Butyl carbamate (*tert*-BuOCO–NR_2, Boc–NR_2)

  생성법과 특성 아민 또는 아미노산을 염기성 수용액 또는 Et_3N 존재 하에 di-*tert*-butyl-di-carbonate (Boc-anhydride, Boc_2O)와 반응시켜 합성한다. 이 보호기는 가장 많이 사용되는 아미노기 보호기로서 염기성 용액에 안정하며 가수소 분해 반응에도 안정하다.

  탈보호기 반응 염산, 황산과 CF_3CO_2H 같은 양성자산을 사용하여 보호기를 제거한다.

Boc_2O = tert-BuO−C(=O)−OBu-tert

(Valine) CO_2H, NH_2 → (Boc_2O, Et_3N, MeOH) → NHCOBu-tert (Boc) → (3 N HCl, EtOAc, 25 °C) → CO_2H, NH_2

Amide

생성법과 특성 아민 또는 아미노산에 산염화물, 산무수물을 작용시켜 생성시킨다. 폼아마이드 (RNHCHO), 아세트아마이드 (RNHCOMe), 트라이플루오로아세트아마이드 ($RNHCOCF_3$) 등이 흔히 이용된다.

탈보호기 반응 염산 또는 NaOH 수용액으로 처리하여 제거한다.

RNH_2 → ($HCO_2H + Ac_2O$; Ac_2O; $(CF_3CO)_2O$) → RNHCOR' (RNHCHO; RNHAc (= RNHCOMe); $RNHCOCF_3$) → (1 N HCl 또는 Na_2CO_3, H_2O) → RNH_2

7.3.3 알데하이드와 케톤의 카보닐기 보호기

알데하이드와 케톤의 카보닐기는 산 (Lewis 산 포함) 촉매 존재 하에 알코올, 1,2-다이올 또는 1,3-다이올과 반응하여 아세탈 또는 케탈을 생성한다. 이들은 염기는 물론 $LiAlH_4$, $NaBH_4$과 같은 친핵성 환원제, $KMnO_4$, OsO_4, MnO_2 같은 산화제, RMgX, RLi 같은 금속 수소화물과 반응하지 않는다. 아세탈 및 케탈 형성 반응성의 순서는 알데하이드 >비고리형 케톤 >고리형 케톤의 순이다. 이들 보호기는 산 촉매 가수 분해에 의해 탈보호기 반응이 일어난다.

- 비고리형 아세탈 (케탈)화 반응: 알코올 또는 orthoester [예. $HC(OEt)_3$]를 알데하이드 또는 케톤과 반응시키면 비고리형 아세탈 또는 케탈이 생성된다.

RCHO → (MeOH, dry HCl 또는 $LaCl_3$, $HC(OMe)_3$) → R−CH(OMe)(OMe) → (CF_3CO_2H, H_2O, $CHCl_3$) → RCHO

Tetrahydropyran-4-one → (MeOH, $TiCl_4$ (cat), Et_3N) → 4,4-dimethoxy (OMe, OMe) → (p-TsOH, Acetone) → tetrahydropyran-4-one

- 고리형 아세탈 (케탈)화 반응: 알데하이드 또는 케톤을 산 (Lewis 산 포함) 존재 하에서

1,2-다이올 또는 1,3-다이올과 반응시켜 합성한다. 1,2-다이올 (예. ethane-1,2-diol)과 합성시켜 얻은 1,3-dioxolane이 1,3-다이올 (예. propane-1,3-diol)의 1,3-dioxane보다 더 인정하다.

$HO(CH_2)_2OH$
p-TsOH, PhH, reflux
1,3-Dioxolane
$HO(CH_2)_3OH$
p-TsOH, PhH, reflux
1,3-Dioxane
HCl
THF, H_2O

7.3.4 카복실산기 보호기

카복실산기는 해리할 수 있는 양성자를 가지고 있기 때문에 카복실산기를 보호해야만 양성자에 의해 방해받는 염기 매개 반응과 유기금속 화합물과의 반응을 할 수 있다. 또한 아미노기나 카복실산기가 분자 내 염을 형성하여 zwitter ion 형태로 존재하는 아미노산을 반응 기질로 사용하는 펩타이드 합성에서 카복실산기 보호는 아미노산의 분자 내 염 구조를 파괴하여 아미노기를 노출시키기 위해서도 필요하다. 보호기로 가장 많이 사용하는 방법은 카복실기를 에스터형으로 전환시키는 일이다. 그러나 에스터는 친핵체와 반응할 수 있으므로 이와 같은 반응을 최소화하고 또한 온화한 조건에서 쉽게 카복실산으로 전환될 수 있는 에스터를 선택할 필요가 있다. 이 목적에 자주 이용되는 에스터로 *tert*-butyl, benzyl (Bn), methoxymethyl (MOM), trichloromethyl, trimethylsilyl (TMS)과 phenacyl ester 등이 있다.

- Alkyl ester

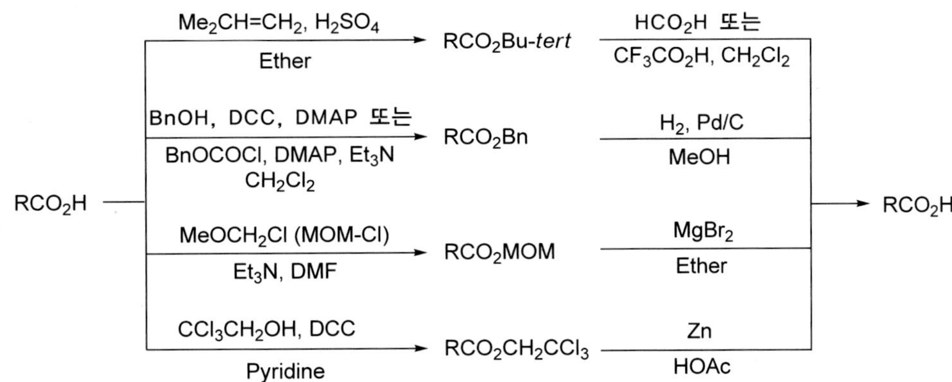

- Silyl ester

RCO_2H —[Me_3SiCl, Et_3N, DMAP / CH_2Cl_2]→ RCO_2SiMe_3 —[n-Bu_3NF, DMF 또는 K_2CO_3, H_2O, MeOH]→ RCO_2H

- Phenacyl ester

RCO_2H —[$PhCOCH_2Br$, Et_3N / AcOEt]→ RCO_2CH_2COPh (Phenacyl ester) —[Zn / HOAc]→ RCO_2H

7.3.5 보호기를 사용한 합성 반응 예

〈예 1〉 Grignard 반응을 이용한 1,2-다이올의 합성

TMS-Cl, 염기 → OTMS; 1. MeMgBr 2. $H_3O^{\oplus}$ → OH, OH

〈예 2〉 2,3-*O*-Isopropylidene-D-glyceraldehyde의 합성

D-Mannitol (HO, OH, OH, OH, OH, OH) —[MeO OMe / $SnCl_2$, DME]→ (O, O, OH, OH, O, O) 50~56% —[$NaIO_4$ / $NaHCO_3$, H_2O, CH_2Cl_2]→ (O, O, H, O) 34~45% from mannitol [7-1]

〈예 3〉 Grignard 반응을 이용한 1,4-Diketone 화합물의 합성

(O, Cl) —[$HOCH_2CH_2OH$ / p-TsOH]→ (O, O, Cl) —[1. Mg, ether 2. $CH_2{=}CHCHO$]→ (O, O, OH) —[MnO_2]→ (O, O, O) —[p-TsOH / MeOH]→ (O, O)

〈예 4〉 Peptide 합성

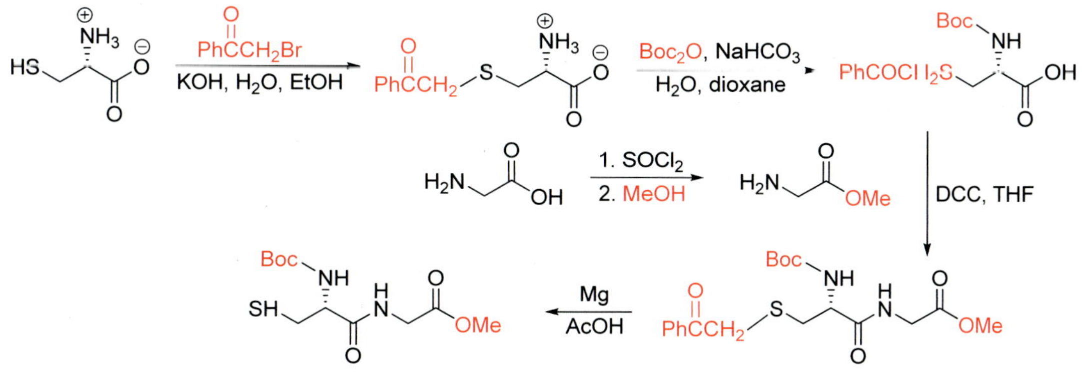

〈예 5〉 Aspartame (인공 감미료)의 합성

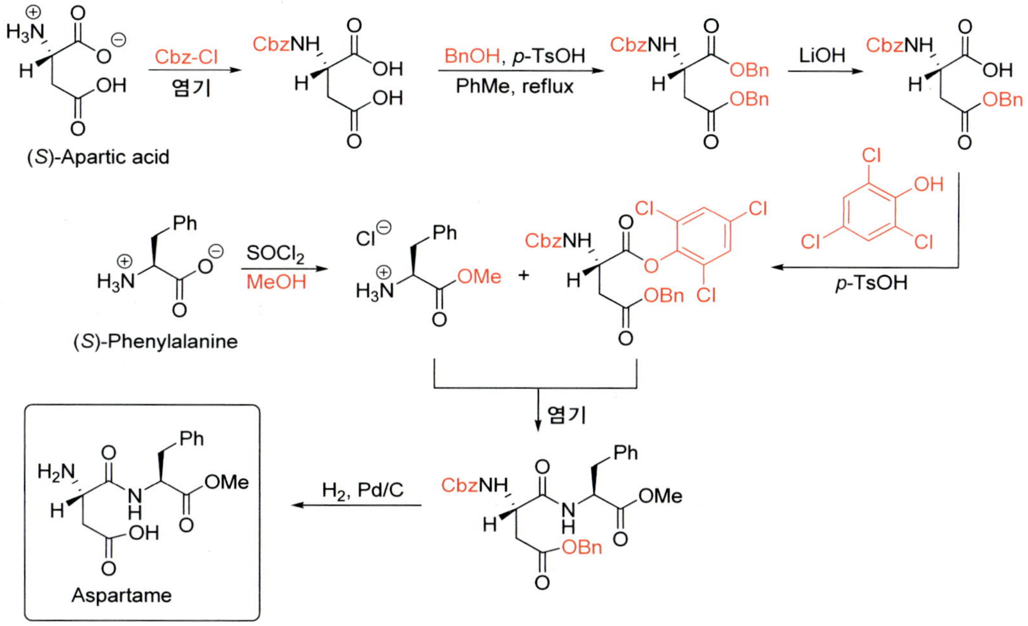

(S)-Apartic acid

(S)-Phenylalanine

Aspartame

7.4 화학, 위치 및 입체 선택 반응의 소개

선택 반응

여러 가지의 이성질체가 존재할 가능성이 있는 분자를 합성하는 반응에서 어느 한 이성질체 (단일 이성질체)의 구조를 가진 분자를 우선하여 생성시킬 수 있는 합성 반응을 **선택 반응**

(selective reaction)이라고 한다. 특별한 경우를 제외하고 일반적인 유기 합성 반응은 선택적으로 일어나지 않기 때문에 이성질체의 혼합물을 생성시킨다. 만약 합성하고자 하는 목표 분자에 이성질체가 혼재되어 있다면 이를 제거해야 하는 별도의 조작이 필요하게 되고, 이 과정은 결과적으로 합성 효율성을 크게 떨어뜨리는 원인이 된다. 이 때문에 합성 계획을 세울 때 반응 선택성은 매우 중요한 고려 사항이 된다. 이에 관한 사항은 13장에서 다시 공부할 예정이다.

선택 반응에는 **화학 선택 반응** (chemoselective reaction), **위치 선택 반응** (regioselective reaction)과 **입체 선택 반응** (stereoselective reaction)의 세 종류가 있다 (그림 7.5).

화학 선택 반응 (chemoselective reaction)이란 분자 내에 두 개 이상의 작용기가 있을 때 어느 한 작용기만 선택적으로 반응하는 반응을 말한다. 예: 선택 산화 반응 (5.5절)과 선택 환원 반응 (6.12절).

위치 선택 반응 (regioselective reaction)이란 반응이 일어날 수 있는 부위가 두 군데 이상 있을 때 어느 한 부위에서만 우선적으로 반응이 일어나 선택적으로 어느 한쪽의 구조 이성질체를 많이 생성시키는 반응을 말한다. 예: 벤젠의 친전자성 치환 반응 (2.2.3절), 제거 반응 (3.9절), 비대칭 알켄의 친전자성 첨가 반응 (4.2절), 콘쥬게이트 첨가 반응 (4.5절).

입체 선택 반응 (stereoselective reaction)이란 입체 이성질체 중 어느 한쪽 이성질체만 우선하여 생성시키는 합성 반응을 말한다. 예: 알켄과 알카인의 *syn* 또는 *anti* 첨가 반응 (4.2.3절~4.2.5절)

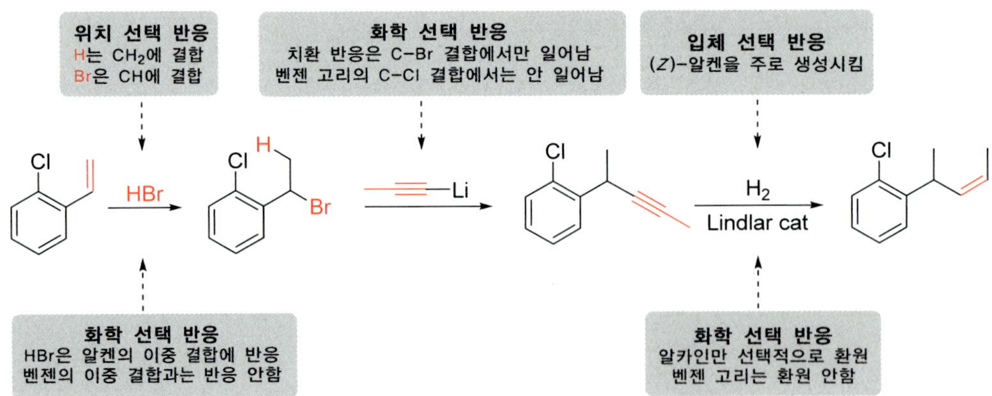

그림 7.5 선택 반응의 예

이성질체

분자식은 같으나 동일하지 않은 화합물을 **이성질체** (isomer)라고 한다. 탄소 원자를 네 개 이상 가지고 있는 모든 유기 화합물은 적어도 한 가지 이상의 이성질체를 가지고 있다. 이성질체는 그림 7.6에 나타낸 **구조 이성질체** (constitutional isomer)와 **입체 이성질체** (stereoisomer)로 크게 분류할 수 있고, 입체 이성질체는 **거울상 이성질체** (enantiomer)와 **부분 입체 이성질체** (diastereomer)로 다시 분류한다. **구조 이성질체**란 분자식은 같으나 결합 원자들의 연결 방식 (구조식)이 다른 화합물이고, **입체 이성질체**란 결합 원자들의 공간 배열이 다른 화합물을 말한다. 부분 입체 이성질체 중 알켄의 *cis-trans* **이성질체**를 **기하 이성질체** (geometric isomer) 또는 E/Z **이성질체**라고도 한다.

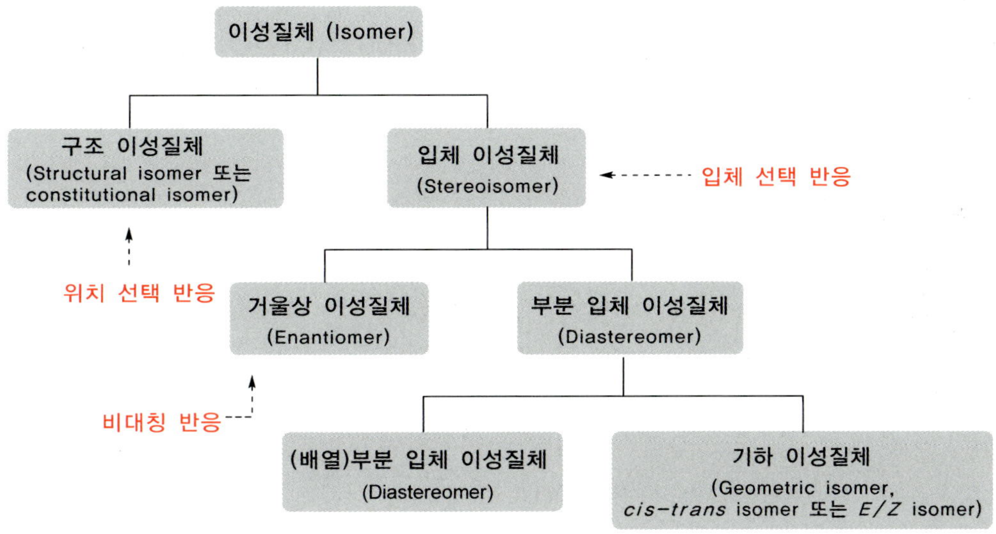

그림 7.6 이성질체의 분류

CHAPTER 07 참고 문헌

[7-1] *Org. Synth. Coll.* 1998, *9*, 450.

CHAPTER 08

작용기 전환과 생성 반응

1장에서 언급한 대로 유기 **작용기** (functional group)란 어떤 유기 화합물이 가지는 특정한 물리적, 화학적 성질과 반응 특성을 나타내는 유기 분자 구조 중 한 부위를 말한다. 이 부위는 대부분의 유기 반응이 일어나는 장소이기도 하다. 분자 내에서 어떤 작용기가 다른 작용기로 전환되는 반응을 **작용기 전환** (functional group interconversion, FGI) **반응**이라고 한다. 알코올이 친핵성 치환 반응에 의하여 할로젠화 알킬로 전환 (ROH → RX)되는 반응, 알데하이드가 환원되어 알코올로 전환되는 반응 (RCHO → RCH_2OH), 또는 알카인을 수화 반응시키면 케톤으로 전환되는 반응 등이 그 예이다. 위 예에서 보듯이 FGI 반응은 작용기를 생성시키는 방법으로도 활용할 수 있다. 이 반응은 원칙적으로 반응 과정에서 탄소-탄소 결합 반응을 동반하지 않고 단순히 작용기가 전환되는 반응만을 지칭하나 알데하이드가 Grignard 반응에 의해 알코올을 생성시키는 반응과 같이 간단한 탄소-탄소 결합을 동반하는 반응을 포함시키기도 한다.

작용기 전환 (생성) 반응 예

RCH_2OH —(HBr, △)→ RCH_2Br 1° 알코올 ⟶ 할로젠화 알킬

RC(=O)H/R —($NaBH_4$, MeOH)→ RCH(OH)H/R 알데하이드/케톤 ⟶ 1° 또는 2° 알코올

R—≡—H —($HgSO_4$, H_2O, H_2SO_4)→ RC(=O)Me 알카인 ⟶ 케톤

탄소-탄소 결합 반응을 동반하는 작용기 전환 (생성) 반응 예

RC(=O)H —(1. MeMgCl, ether; 2. $H_3O^{\oplus}$)→ RCH(OH)Me

8.1 작용기 전환 반응

유기 분자의 작용기는 치환 (2장), 제거 (3장), 첨가 (4장), 산화 (5장) 및 환원 (6장) 반응 등과 같은 유기 합성 반응에 의하여 서로 전환된다. 이를 그림 8.1에 모식도로 나타내었다.

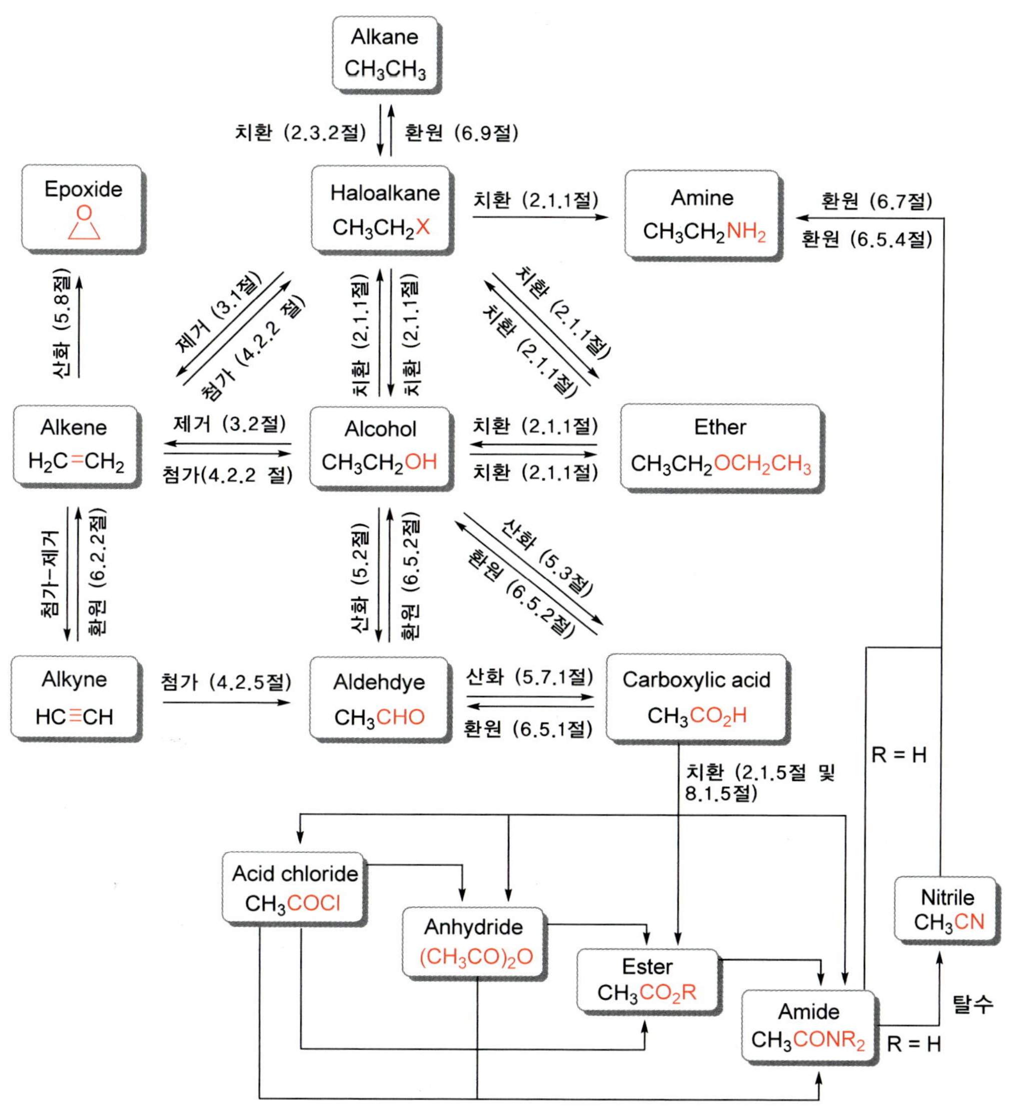

그림 8.1 작용기 전환 반응의 모식도

8.1.1 알코올의 작용기 전환 반응

알코올은 친핵성 치환 반응 (2.1.1절)에 의해 할로젠화 알킬로, 제거 반응 (탈수 반응, 3.2절)에 의해 알켄으로, 산화 반응 (5.2 ~ 5.7절)에 의해 1° 알코올은 알데하이드 또는 카복실산으로, 2° 알코올은 케톤으로 전환된다. 또한 알코올은 카복실산과 그 유도체와 반응하여 에스터를 생성하며 (에스터화 반응), 금속 Na, K 또는 NaH (KH)에 의해 알콕사이드로 전환되고 할로젠화 알킬과 반응하면 에터를 생성시킨다 (**Williamson 반응**, 2.1.1절). 1°, 2° 와 3° 알코올의 중요 작용기 전환 반응을 그림 8.2에 종합하여 나타내었다.

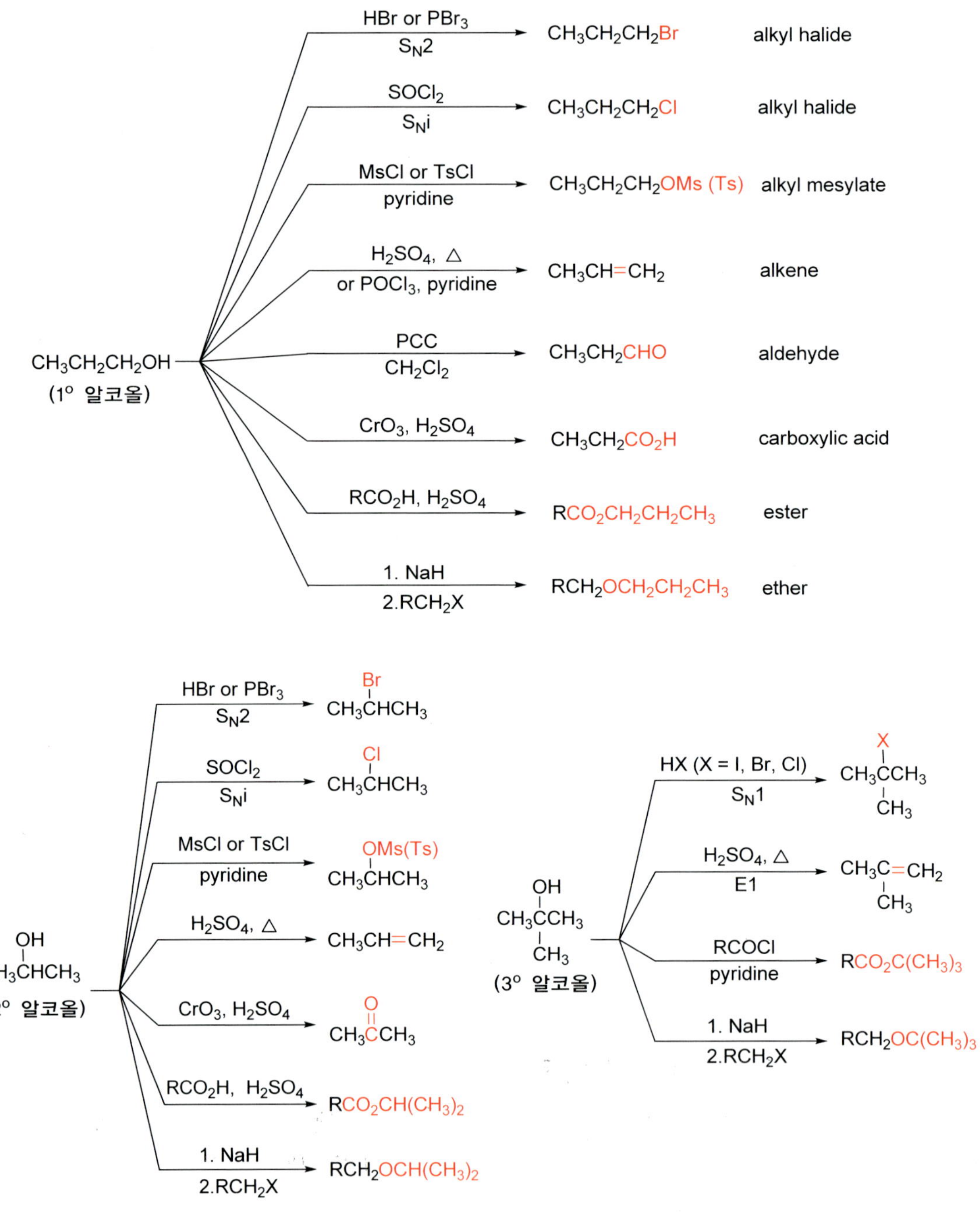

그림 8.2 알코올의 작용기 전환 반응

8.1.2 할로젠화 알킬의 작용기 전환 반응

할로젠화 알킬 (R−X)과 알킬 설폰산에스터 ($R-OSO_2R'$)는 친핵성 치환 반응 (2.1절)에 의해 알코올, 나이트릴, 에스터, 에터, 싸이올, 설파이드, 아민, 아자이드 등과 같은 다양한 작용기로 전환되며, 염기와 반응하면 제거 반응 (3.1절)에 의해 알켄으로 전환된다 (그림 8.3).

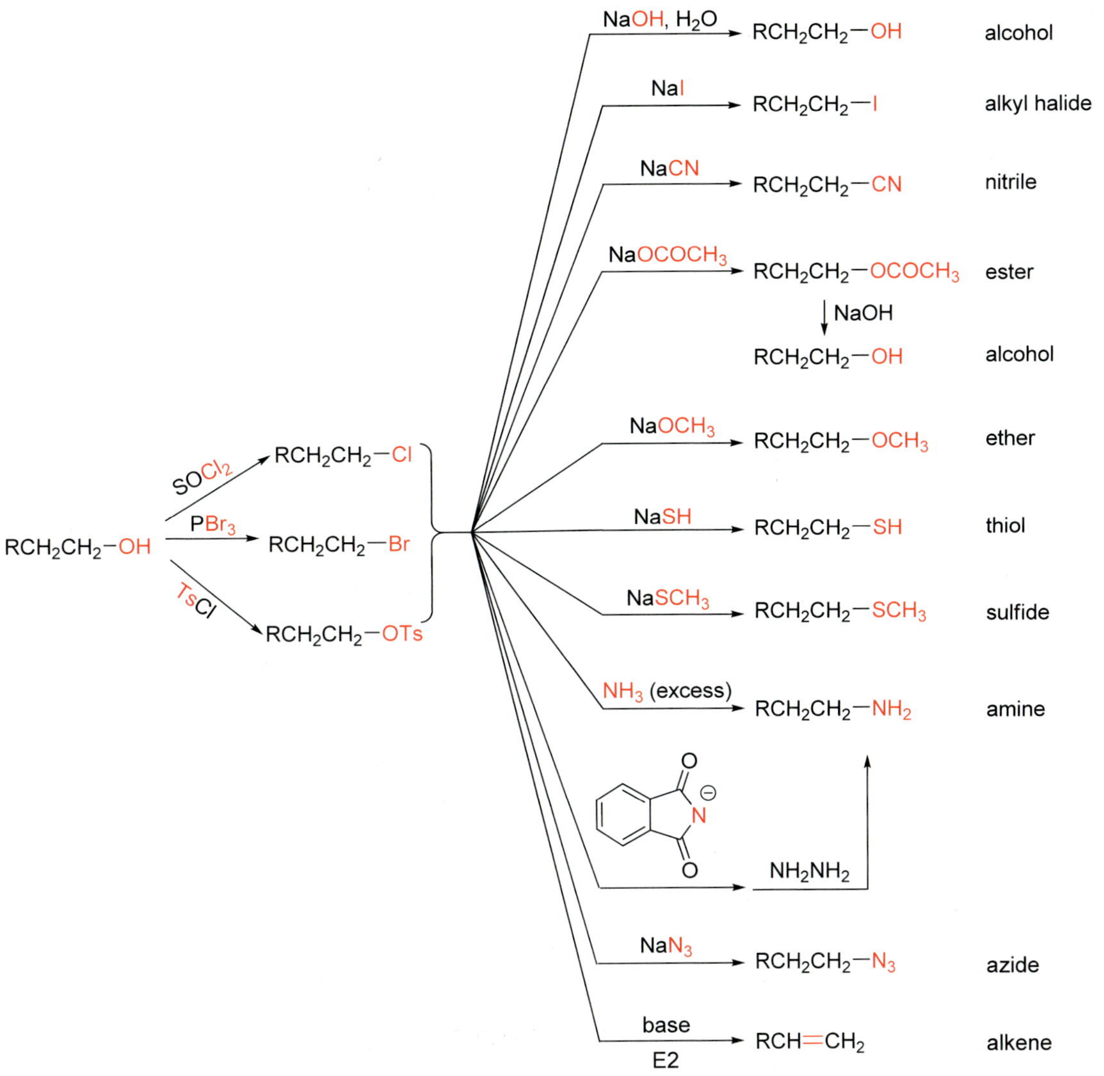

그림 8.3 할로젠화 알킬의 작용기 전환 반응

8.1.3 알켄과 알카인의 작용기 전환 반응

알켄은 다양한 친전자체와 친전자성 첨가 반응을 하여 그 결과 알코올, 할로젠화 알킬, 할로하이드린 (4.2절)으로 전환되고, 산화 반응에 의하여 에폭사이드, 다이올, 알데하이드, 케톤 또는 카복실산 (4.2.3절과 5.8절)으로 전환된다 (그림 8.4).

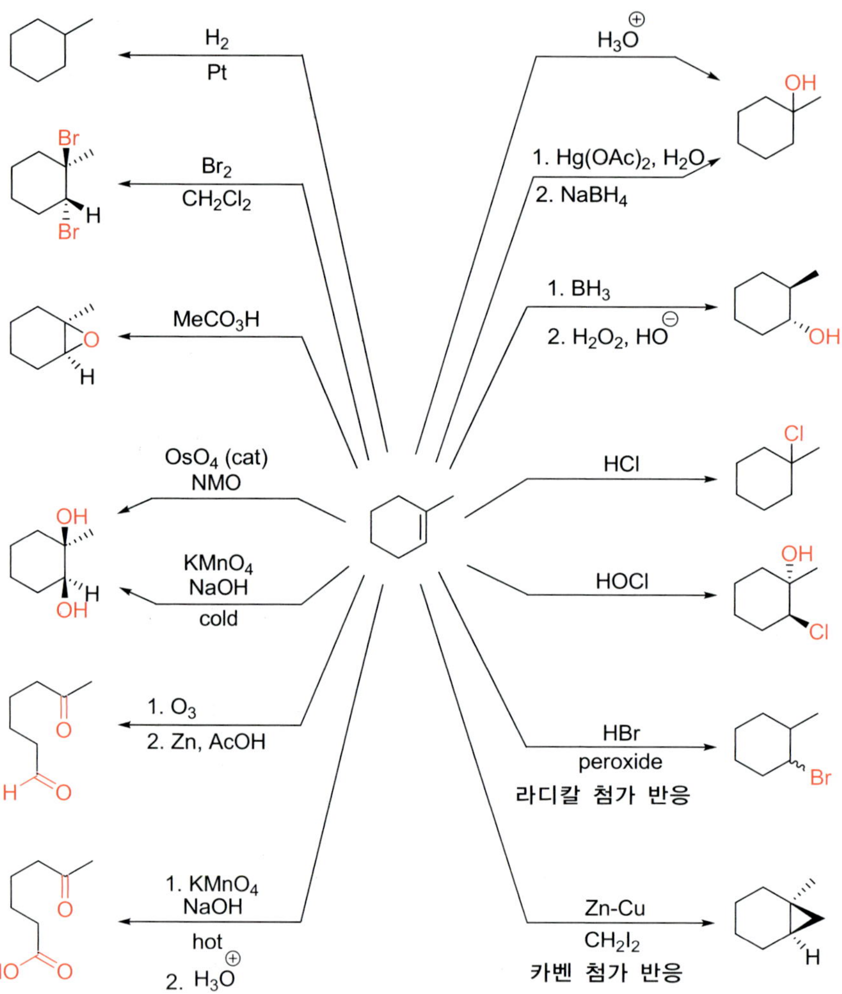

그림 8.4 알켄의 작용기 전환 반응

한편, 알카인은 알켄과 비슷하게 친전자성 첨가 반응 (4.2.5절)에 의해 케톤, 알데하이드 (수화 반응) 또는 할로젠화 알킬로 전환되고, 산화 반응에 의해 카복실산으로, 환원 반응 (6.2.2절 및 6.11절)에 의해 알케인, *cis*-알켄 또는 *trans*-알켄으로 전환된다 (그림 8.5).

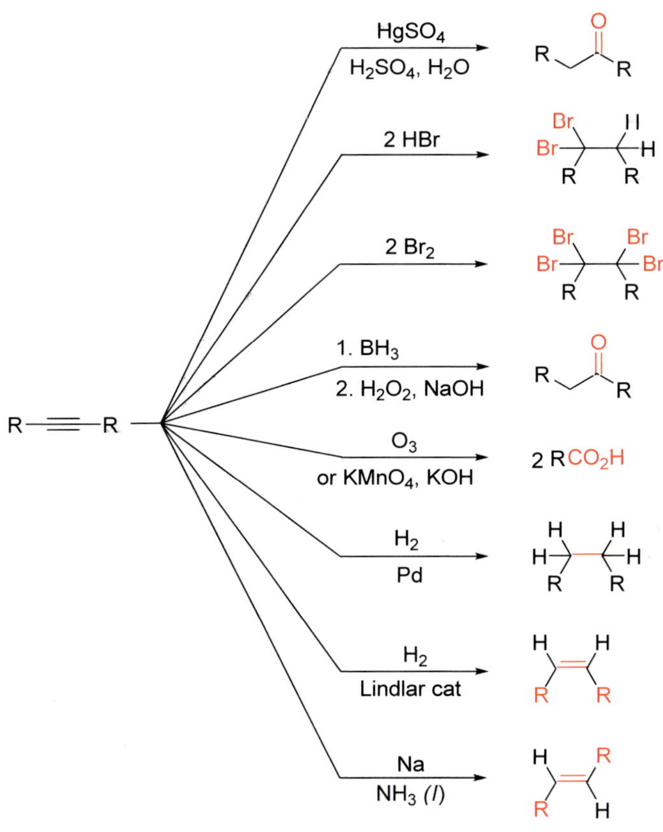

그림 8.5 알카인의 작용기 전환 반응

8.1.4 알데하이드와 케톤의 작용기 전환 반응

알데하이드와 케톤의 카보닐기는 환원 반응 (6.5.2절)에 의하여 1° 알코올 (알데하이드) 또는 2° 알코올 (케톤)로 전환되며, 탈산소 반응 (**Clemmesen과 Wolff–Kishner 반응**) (6.2.5절, 6.4.2절과 6.5.3절)에 의해 알케인 (RH)으로 전환된다. 알데하이드는 카복실산으로 산화되나 케톤은 산화되지 않는다. 그러나 케톤은 과산소산에 의해 산화 (자리 옮김 반응 동반)되어 에스터로 전환된다 (**Baeyer–Villiger 산화**, 5.7.2절). 한편, 알데하이드와 케톤의 카보닐기는 친핵성 첨가 반응(4.4절)에 의하여 아세탈 (케탈), 싸이오아세탈 (케탈), 사이아노하이드린, 이민, 옥심 등으로 전환되고, 환원성 아민화 반응 (6.6절)에 의하여 아민으로 전환된다. 또한 탄소 친핵체에 의해 알코올 (**Grignard 반응**, 9.3.2절과 9.3.3절), β–hydroxy ester (**Reformatsky 반응**, 9.3.5절), 알켄 (**Wittig 및 HWE 반응**, 12.1.2절), 에폭사이드 (황 일라이드, 9.4절) 및 알돌 (10.5절)로 전환된다 (그림 8.6).

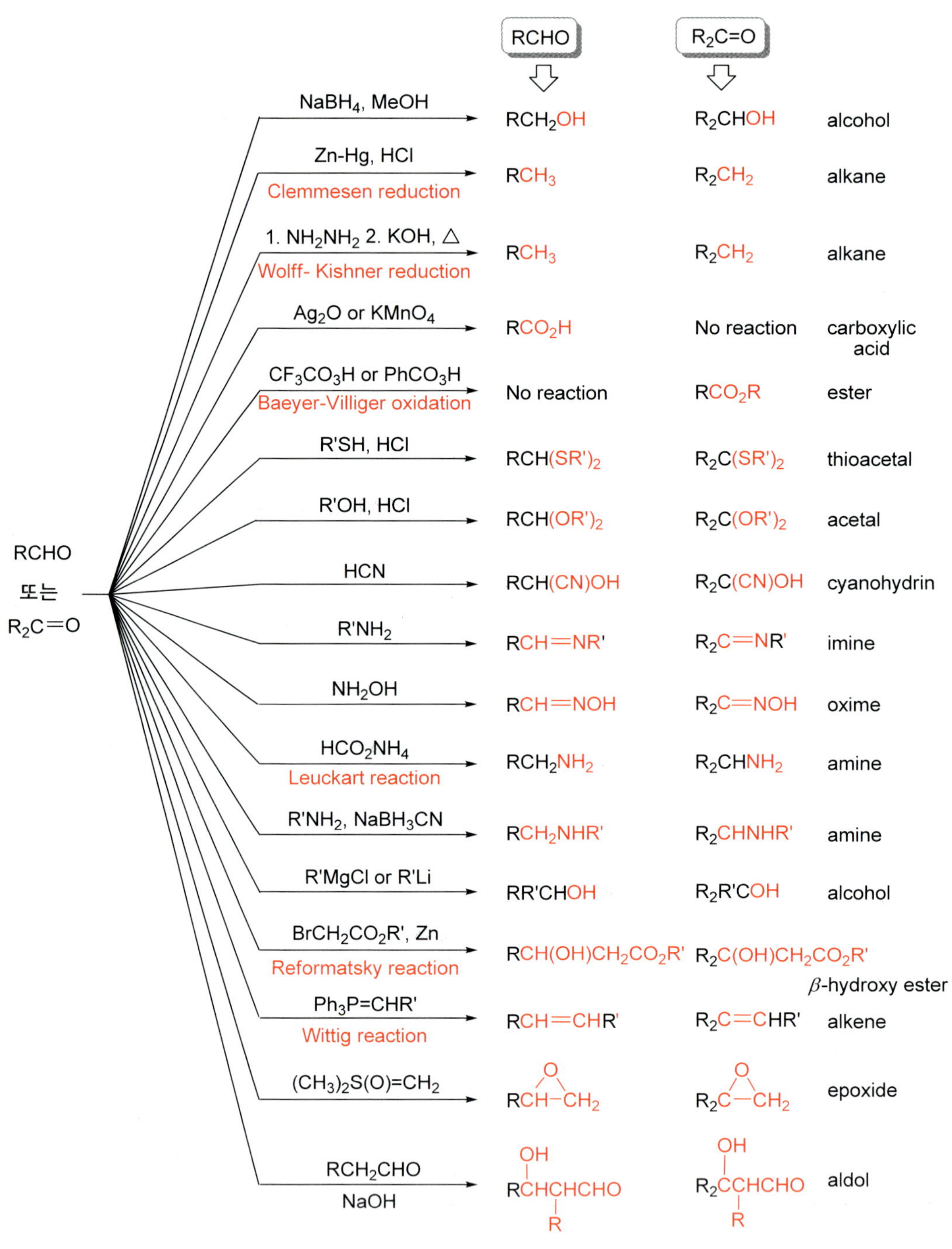

그림 8.6 알데하이드 및 케톤의 작용기 전환 반응

8.1.5 카복실산과 그 유도체의 작용기 전환 반응

카복실산은 염기와 중화 반응하여 카복실산 염으로 전환된다. 또한 카복실산은 아실 치환 반응 (2.1.5절)을 거쳐 에스터, 산염화물, 산무수물과 아마이드와 같은 카복실산 유도체로 전환되며, 환원 반응에 의해 1° 알코올로 전환된다 (6.5.2절). 한편, 카복실산은 알킬 리튬에 의해 케톤으로 전환되며 (9.3.3절), 아자이드산 (HN_3)과의 반응에 의해 생성한 아실 아자이드 ($RCON_3$)는 자리 옮김 반응을 통해 탄소 원자가 한 개 감소한 1° 아민으로 전환 (8.2.4절, **Schmidt 반응**)되고, 다이아조메테인 (CH_2N_2)과 반응하면 메틸 에스터 (8.2.8절)로 전환된다 (그림 8.7).

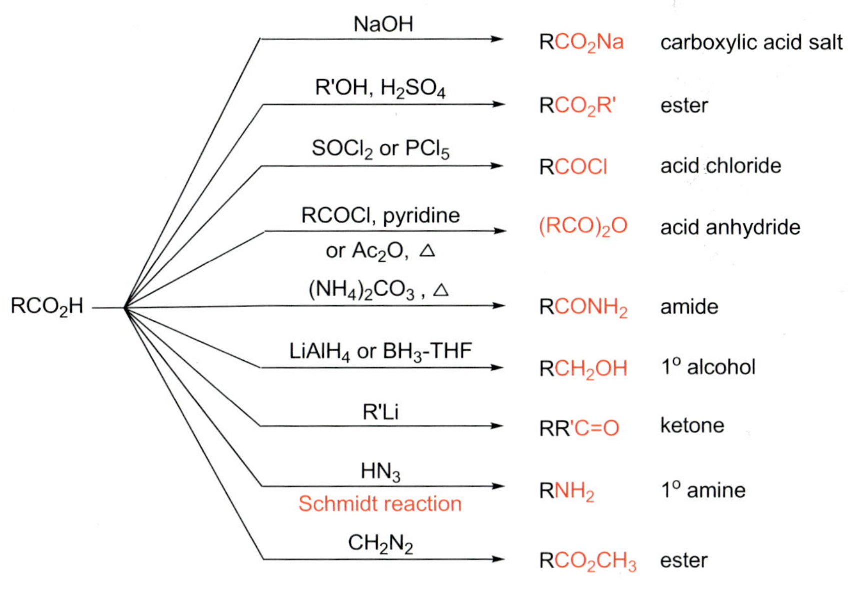

그림 8.7 카복실산의 작용기 전환 반응

한편, 카복실산 유도체는 친핵체와 친핵성 아실 치환 반응 (2.1.5절 및 4.4.1절)을 한다. 이 반응에서 카보닐기의 친핵체에 대한 반응성의 크기 순위는 산염화물 >산무수물 >에스터 >아마이드 순이다. 이 가운데 산염화물은 물, 알코올, 카복실산 같은 산소 친핵체에 의해 각각 카복실산, 에스터, 산무수물로 전환되며, 질소 친핵체인 아민과 반응하면 아마이드로 전환된다. 또한, 산염화물은 Pd–$BaSO_4$ 촉매 하에 수소 첨가 반응 (**Rosenmund 환원**)을 시키거나 LiAlH(O–Bu–*t*)$_3$ (LTBA)로 환원 반응시키면 알데하이드로 전환된다 (6.5.1절). 이 화합물은 $NaBH_4$와 같은 약한 환원제에 의해서도 1° 알코올로 전환되고 (6.5.2절), Grignard 시약에 의해 3° 알코올로 전환되며, 구리 시약 (**Gilman 시약**)에 의해서는 케톤으로 전환된다 (9.3.4절). 소듐 아자이드 (NaN_3)와 반응하여 생성된 아실 아자이드는 재배열 반응에 의하여 탄소 원자가 한 개 감소한 1° 아민으로 전환 (**Curtius 반응**)된다 (8.2.4절). 또한 산염화물을 $AlCl_3$ 존재 하에 벤젠 고리와 반응시키면 친전자성 치환 반응이 일어나 방향족 케톤으로 전환

(**Friedel-Crafts 아실화 반응**)된다 (2.2절). 산무수물은 산염화물보다 반응성은 다소 떨어지나 이와 비슷한 작용기 전환 반응 결과를 제공한다 (그림 8.8).

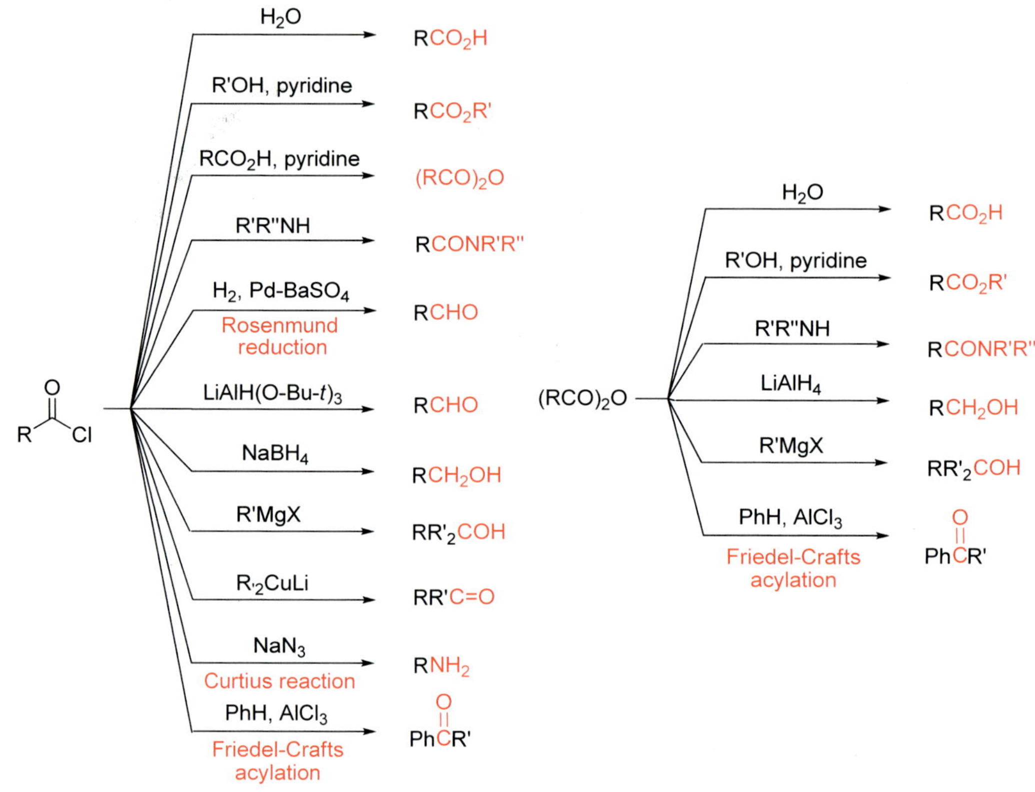

그림 8.8 산염화물과 산무수물의 작용기 전환 반응

에스터의 경우 가수 분해에 의해 카복실산으로, 에스터 교환 반응에 의해 알콕시기의 알킬기가 다른 알킬기로 교환된다. 또한, 아민과 반응하면 아마이드로 전환된다 (8.2.8절). 에스터는 $LiAlH_4$와 $LiBH_4$ 같은 환원제에 의해 1° 알코올로 환원되나 낮은 온도에서 i-Bu_2AlH에 의해 부분 환원되어 알데하이드로 전환된다 (6.5.1절). 에스터를 알코올 용매 속에서 금속 Na와 반응시키면 금속 용해 환원 반응이 일어나 1° 알코올로 환원되나, 비양성자성 용매인 에터 속에서 반응시키면 α-hydroxy ketone (acyloin)으로 전환된다 (6.2.3절). 또한, α 수소를 가진 에스터를 RONa 같은 염기와 반응시키면 엔올 음이온에 의한 축합 반응이 일어나 β-keto ester (**Claisen 축합 반응**, 10.6.1절)가 생성된다.

한편, 아마이드의 친핵체에 대한 반응성은 카보닐 유도체 가운데 가장 낮다. 1°, 2°, 3° 아마이드는 모두 공통적으로 가수 분해에 의해 카복실산으로 전환되며, 강한 환원제에 의해 각각 해당하는 1°, 2°, 3° 아민으로 환원된다. 이 중 1° 아마이드는 탈수 반응에 의해 나이트릴로 전환되고, NaOBr에 의해 재배열 반응이 일어나 탄소 원자가 한 개 감소한 1° 아민으로 전환된다(**Hofmann 재배열 반응**, 8.2.4절). 활성 수소가 없는 3° 아민의 경우 Grignard 반응에 의하여 케톤으로 전환되고 (9.3.2절), $LiAlH(OEt)_3$에 의해 환원되면 알데하이드 (6.5.1절)로 전환된다.

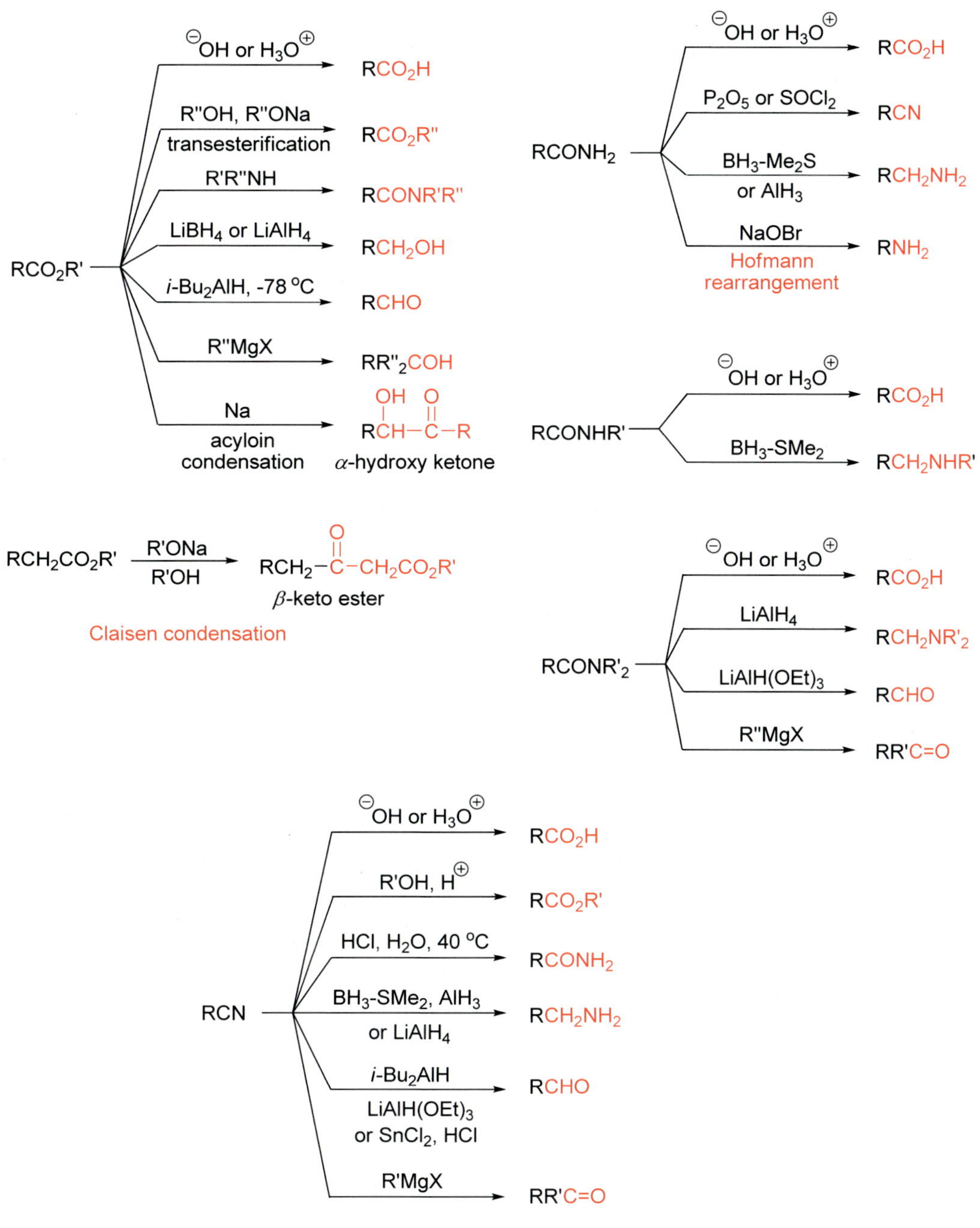

그림 8.9 에스터, 아마이드 및 나이트릴의 작용기 전환 반응

나이트릴의 경우 산 또는 염기성 조건에서 가수 분해하면 카복실산으로 전환된다. 이 반응을 낮은 온도에서 수행하면 부분 가수 분해 반응이 일어나 1° 아마이드를 생성한다. 또한, 나이트릴은 산성 조건에서 알코올과 반응하면 (가알코올 분해 반응) 에스터로 전환되며, Grignard 반응에 의해 케톤으로 전환된다 (9.3.2절). 나이트릴을 $BH_3 \cdot SMe_2$, AlH_3, $LiAlH_4$ 등으로 환원하면 1° 아민으로 전환되나 i-Bu_2AlH, $LiAlH(OEt)_3$ 또는 $SnCl_2$-HCl (**Stephen 반응**)로 환원시키면 알데하이드로 전환된다 (6.7절). 이와 같은 나이트릴기의 반응은 친핵성 첨가 반응 메커니즘으로 일어난다. 나이트릴 화합물은 카복실산 유도체로 취급되는데 그 이유는 반응 메커니즘은 다르지만 많은 반응 예에서 첨가-제거 반응 메커니즘 (친핵성 아실 치환 반응)으로 일어나는 카복실산 유도체와 비슷한 반응 생성물을 형성하기 때문이다.

위에서 설명한 에스터, 아마이드와 나이트릴의 작용기 전환 반응을 그림 8.9에, 카복실산 유도체 상호 간의 작용기 전환 반응을 그림 8.10에 나타내었다.

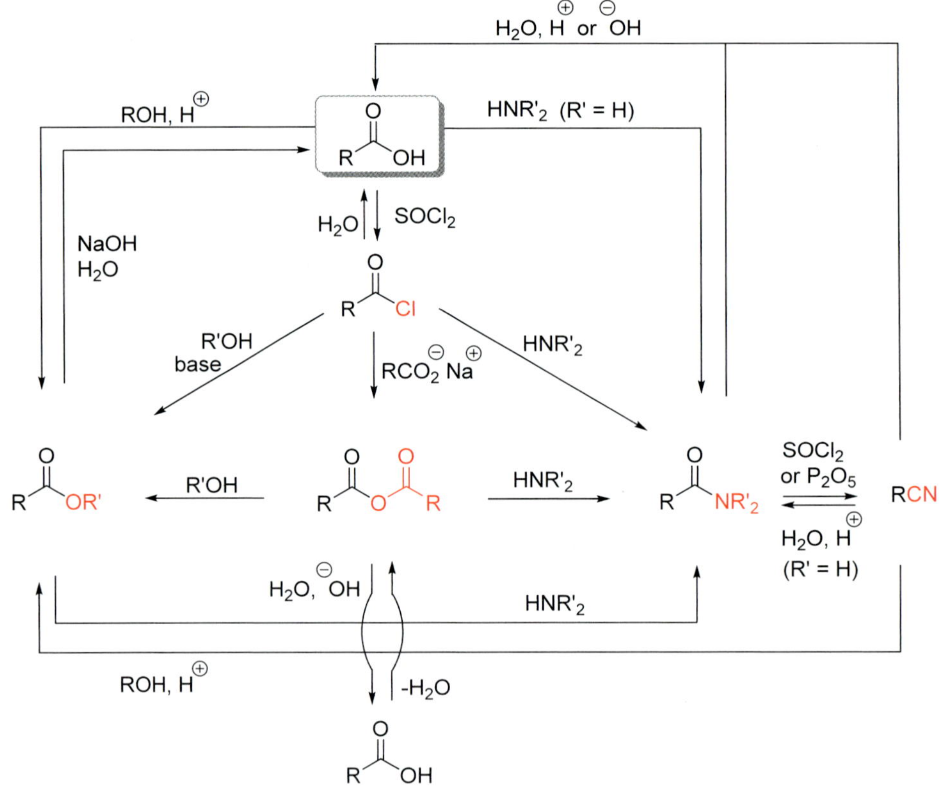

그림 8.10 카복실산 유도체 상호 간의 작용기 전환 반응

8.2 작용기의 생성 반응 (제법)

8.1절에서는 주어진 작용기가 어떤 작용기로 전환될 수 있는지에 대해 공부하였다. 이 절에서는 각 작용기가 어떻게 합성되는지에 초점을 맞춰 공부하고자 한다. 여러 종류의 작용기 중 알코올, 할로젠화 알킬 (아릴), 에터, 에폭사이드, 아민, 알데하이드, 케톤, 카복실산, 카복실산 유도체의 제법을 선택하여 구체적인 합성 예들을 역합성 분석을 통해 소개할 예정이며, 알켄과 알카인의 제법은 12장 (탄소–탄소 다중 결합 생성 반응)에서 별도로 다룰 예정이다.

8.2.1 알코올의 제법: 하이드록실화 반응

◆ 작용기 전환 반응을 이용한 1° 알코올의 제법

작용기 전환 반응을 이용한 1° 알코올의 제법 (역합성 분석)

R–CH₂CH₂–X (X = I, Br, Cl, OTs, OMs) + $HO^{\ominus}$ or $AcO^{\ominus}$ — S_N2 ⟸(가)— R–CH₂CH₂–OH (1° Alcohol) —(나)⟹ 환원: R–CH₂–CHO, R–CH₂–COOH 또는 R–CH₂–COZ (Z = Cl, OCOR', OR')

R = alkyl or aryl

⇓(다) R–CH=CH₂ Hydroboration-oxidation

가. 할로젠화 알킬의 S_N2 치환 반응

1° 할로젠화 알킬을 하이드록실 이온 ($HO^{\ominus}$) 또는 물과 반응시키면 S_N2 반응이 일어나 1° 알코올이 생성된다 (2.1.1절). 그러나 이 반응은 β 수소가 없기 때문에 제거 반응이 경쟁적으로 일어나지 않는 벤질 또는 알릴 알코올 제법에 주로 이용된다. 생성물의 수득률을 높이기 위하여 $HO^{\ominus}$ 또는 물 대신에 친핵성이 더 크고 염기성은 더 낮은 카복실산 음이온 (예. 아세테이트 음이온)을 반응시킨 후 생성된 에스터를 가수 분해하는 방법을 이용하기도 한다 (그림 8.11).

$$C_6H_5CH_2Cl \xrightarrow[\text{reflux}]{H_2O} C_6H_5CH_2OH \quad (91\%)$$

$$O_2N\text{-}C_6H_4\text{-}CH_2Cl \xrightarrow[\text{AcOH, reflux}]{\text{AcONa}} O_2N\text{-}C_6H_4\text{-}CH_2OAc\ (78\sim82\%) \xrightarrow[\text{MeOH, reflux}]{\text{NaOH, } H_2O} O_2N\text{-}C_6H_4\text{-}CH_2OH\ (64\sim71\%) \quad [8\text{-}1]$$

그림 8.11 하이드록실화 반응에 의한 1° 알코올의 제법

나. 환원 반응

알데하이드, 카복실산, 산염화물, 에스터를 환원하면 1° 알코올이 생성된다. 이들 작용기의 환원에 합당한 환원제와 구체적인 반응 예들은 6.5.2절의 예시를 참고하길 바란다.

$$RCHO,\ RCOOH,\ RCOCl\ \text{or}\ RCOOR' \xrightarrow[\text{6.5.2절}]{\text{환원제}} RCH_2OH$$

다. 알켄의 첨가 반응: 수소화 붕소 첨가-산화 반응

말단 알켄에 수소화 붕소 첨가-산화 반응을 시키면 *anti*-Markovnikov형 알코올인 1° 알코올이 생성된다. 이 반응에 대한 상세한 설명은 4.2.3절을 참고하길 바란다.

$$RCH{=}CH_2 \xrightarrow[\text{THF, rt}]{BH_3} \left[RCH(H){-}CH_2(BH_2) \right] \xrightarrow[\text{NaOH-}H_2O,\ 35\ ^{\circ}C]{H_2O_2} RCH_2{-}CH_2OH$$

Grignard 반응을 이용한 1° 알코올의 제법

Grignard 반응을 이용한 1° 알코올의 제법 (역합성 분석)

R = alkyl, alkenyl, alkynyl or aryl

RMgX 또는 RLi ≡ $R^{\ominus}$; ethylene oxide ≡ $^{\oplus}H_2C{-}CH_2OH$ ⟸ (a 결합 끊기) $R{-}CH_2{-}CH_2OH$ (b 결합 끊기) ⟹ $RCH_2^{\ominus}$ ≡ RCH_2MgX 또는 RCH_2Li ; $H_2C^{\oplus}{-}OH$ ≡ $H_2C{=}O$

Grignard 시약을 formaldehyde 또는 ethylene oxide와 반응시키면 1° 알코올이 생성된다. 이 반응에 대한 자세한 내용은 9.3.2절을 참고하길 바란다.

$$RMgX + HCHO \longrightarrow \xrightarrow{H_3O^{\oplus}} RCH_2OH$$

$$RMgX + \text{ethylene oxide} \longrightarrow \xrightarrow{H_3O^{\oplus}} RCH_2CH_2OH$$

작용기 전환 반응을 이용한 2° 및 3° 알코올의 제법

작용기 전환 반응을 이용한 2° 및 3° 알코올의 제법 (역합성 분석)

2° Alcohol: (가) X = I, Br, Cl + $AcO^{\ominus}$ S_N2; (나) 환원; (다) 수화 반응

3° Alcohol: (가) X = I, Br, Cl, OTs, OMs + H_2O S_N1; (다) 수화 반응

가. 2° 및 3° 할로젠화 알킬의 치환 반응

2° RX 또는 ROTs (또는 ROMs)에 소듐 아세테이트 (AcONa) 같은 염기성은 낮으나 친핵성이 좋은 산소 친핵체를 반응시켜 얻은 에스터를 가수 분해하면 2° 알코올을 얻을 수 있다. 3° 알코올인 경우 3° 할로젠화 알킬을 물과 반응시켜 얻을 수 있다 (제법으로 사용되지는 않는다). 이들 반응에서 친핵체로 염기성이 강한 NaOH 또는 KOH를 사용하면 제거 반응이 일어나 알켄이 주생성물로 생성된다.

$$CH_3CH(Br)CH_3 \xrightarrow[\text{AcOH, reflux}]{\text{AcONa}} CH_3CH(OAc)CH_3\ (100\%) \xrightarrow[\text{MeOH}]{\text{KOH}} CH_3CH(OH)CH_3$$

나. 환원 반응

케톤은 다양한 환원제에 의해 환원되어 2° 알코올로 전환된다. 구체적인 반응 예들은 6.5.2절을 참고하길 바란다.

$$RC(=O)R' \xrightarrow[i\text{-PrOH–Al(OPr-}i)_3 \text{ 또는 Na–EtOH}]{NaBH_4,\ LiBH_4,\ BH_3\text{-THF},\ LiAlH_4,\ i\text{-}Bu_2AlH,\ \text{Red-al}} RCH(OH)R'$$

다. 알켄의 옥시수은 첨가–환원 및 수소붕소화–산화 반응

말단 알켄에 $Hg(OAc)_2$를 첨가 반응 (옥시수은 첨가 반응)시킨 후 $NaBH_4$로 탈수은화 반응을 (C–Hg 결합의 환원)시키면 Markovnikov형 알코올이 생성한다 (4.2.2절). 한편, 내부 알켄을 BH_3로 수소붕소화 반응시키고 생성된 C–B 결합을 H_2O_2로 산화시키면 *anti*–Markovnikov형 알코올이 생성된다. 이 반응은 *syn* 첨가 반응 형태로 입체 특이적으로 일어난다. 이들 반응에 관한 구체적인 반응 예는 그림 4.3 및 그림 4.12를 참고하길 바란다.

$R_2C{=}CHR' \xrightarrow[\text{THF, } H_2O\text{, rt}]{Hg(OAc)_2} [R_2C(OAc){-}CHR'(HgOAc)] \xrightarrow{NaBH_4} R_2C(OH){-}CH_2R'$

Markovnikov형 알코올

$R_2C{=}CHR' \xrightarrow[\text{THF, rt}]{BH_3} [R_2C(H){-}CHR'(BH_2)] \xrightarrow[\text{NaOH-}H_2O\text{, 35 °C}]{H_2O_2} R_2CH{-}CHR'(OH)$

anti–Markovnikov형 알코올

Grignard 반응을 이용한 2° 알코올의 제법

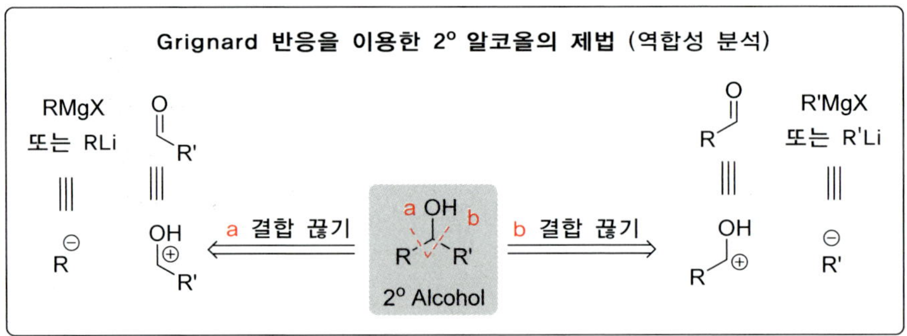

알데하이드, 폼산 에스터 (formate) 또는 에폭사이드와 Grignard 시약을 반응시키면 탄소–탄소 결합 형성 반응을 통하여 2° 알코올이 생성한다. 이에 관한 반응에 대한 자세한 설명은 9.3.2절의 Grignard 반응을 참고하길 바란다.

Grignard 반응을 이용한 2° 알코올의 합성

$RMgX + R'CHO \longrightarrow \xrightarrow{H_3O^+} RCH(OH)R'$

$RMgX + HCOOEt \longrightarrow \xrightarrow{H_3O^+} RCH(OH)R$

$RMgX + \text{(R'-epoxide)} \longrightarrow \xrightarrow{H_3O^+} RCH_2CH(OH)R'$

Grignard 반응을 이용한 3° 알코올의 제법

Grignard 반응을 이용한 3° 알코올의 제법
(역합성 분석)

3° Alcohol: a / b 결합 끊기 / c

a ⟹ $R^{\ominus}$ ≡ RMgX 또는 RLi; $R'(\oplus)C(OH)R''$ ≡ $R'C(=O)R''$

b ⟹ $R'^{\ominus}$ ≡ R'MgX 또는 R'Li; $R(\oplus)C(OH)R''$ ≡ $RC(=O)R''$

c ⟹ $R''^{\ominus}$ ≡ R''MgX 또는 R''Li; $R(\oplus)C(OH)R'$ ≡ $RC(=O)R'$

3° Alcohol (a, a) ⟹ $R(\oplus)C(OH)(\oplus)$ ≡ $RC(=O)OR''$; $2R'^{\ominus}$ ≡ 2R'MgX 또는 2R'Li

케톤, 에스터 (폼산 에스터 제외), 산염화물, 산무수물 또는 카보네이트와 Grignard 시약을 반응시키면 3° 알코올이 생성된다. 이 반응에 관한 상세한 설명과 구체적인 반응 예는 9.3.2 절을 참고하라.

Grignard 반응을 이용한 3° 알코올의 합성

RMgX + $R'C(=O)R''$ → $H_3O^{\oplus}$ → $RC(OH)R'R''$

2 RMgX + $R'C(=O)Z$ (Z = OR, Cl, OCOR) →
2 RMgX + $ROC(=O)OR$ →
→ $H_3O^{\oplus}$ → $RC(OH)RR'$

8.2.2 할로젠화 알킬 (또는 아릴)의 제법: 할로젠화 반응

작용기 전환 반응을 이용한 할로젠화 알킬의 제법

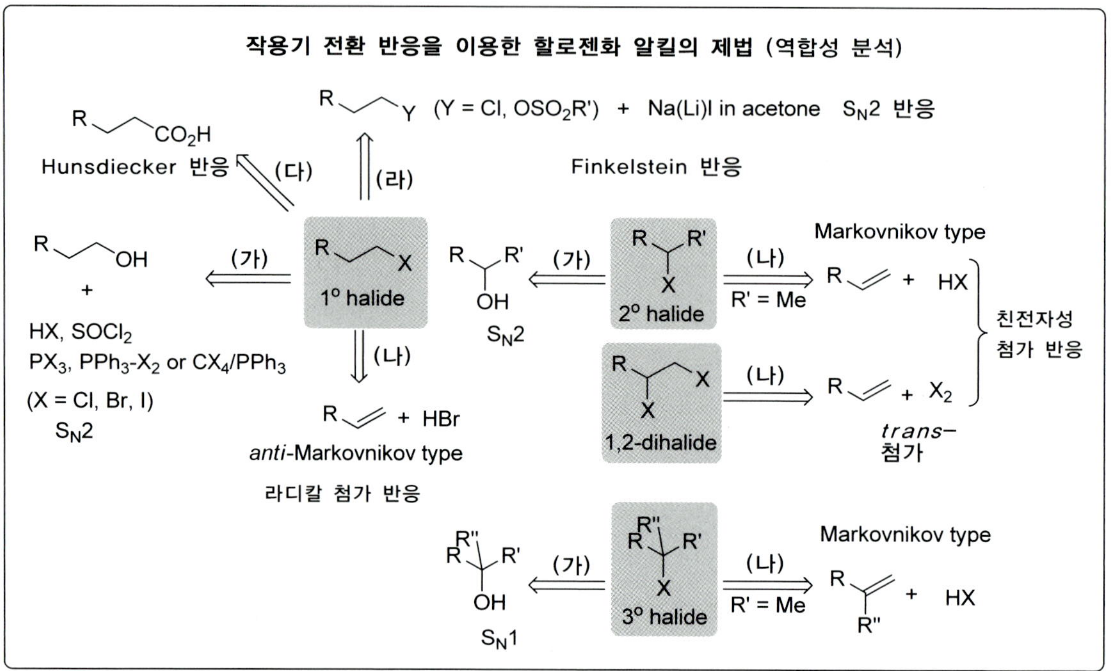

가. 알코올의 할로젠화 반응

알코올을 할로젠화 시약인 HX, $SOCl_2$, PX_3 (또는 P + X_2, X = Cl, Br, I), $POCl_3$–DMF, Ph_3P–CX_4, Ph_3P–X_2과 반응 (친핵성 치환 반응)시키면 할로젠화 알킬이 생성된다. 이들 반응은 1°, 2° 및 3° 할로젠화 알킬 제법으로 가장 많이 이용되는 방법이다. 그러나 HX를 사용하는 경우 중간체로 생성되는 탄소 양이온 재배열 반응을 주의해야 한다. 이 반응에 관한 구체적 설명과 반응 예들은 2.1.1절과 그림 2.4와 그림 2.5를 참조하길 바란다.

$$\text{R–OH} \xrightarrow{\text{HX, SOCl}_2\text{, PX}_3\text{, POCl}_3\text{/DMF, Ph}_3\text{P/CX}_4 \text{ or Ph}_3\text{P/X}_2} \text{R–X}$$

R = 1°, 2°, 3° alkyl, allyl, benzyl X = Cl, Br, I

나. 알켄의 첨가 반응

알켄을 HX로 이온성 친전자성 첨가 반응을 시키면 Markovnikov형 할로젠화 알킬이 생성되고 (4.2.2절), 라디칼 첨가 반응시키면 *anti*–Markovnikov형 생성물을 얻는다 (HBr에만 해당. 4.3.1절). 할로젠 원소와 반응시키면 *trans* (*anti*) 첨가에 의한 1,2–다이할로젠화 알킬이 생성된다 (4.2.4절). 이들 반응 예를 그림 8.12에 나타내었다.

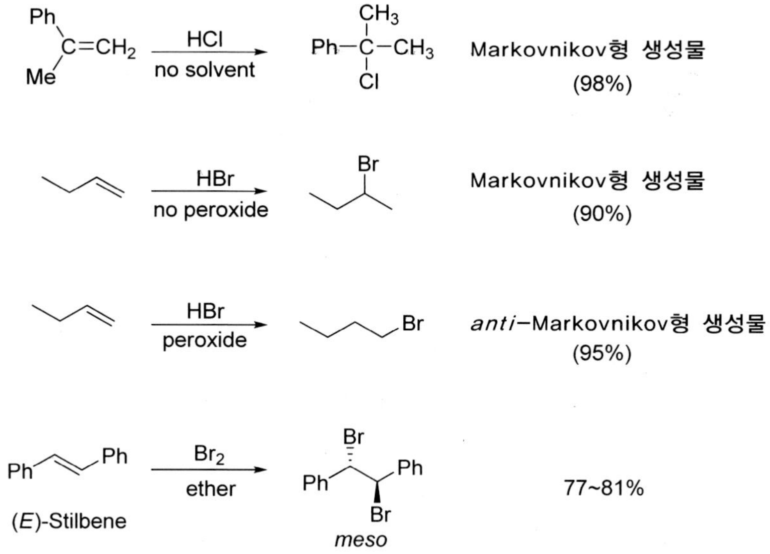

Ph(Me)C=CH_2 —HCl, no solvent→ Ph–C(CH_3)(Cl)–CH_3 Markovnikov형 생성물 (98%)

—HBr, no peroxide→ (Br) Markovnikov형 생성물 (90%)

—HBr, peroxide→ Br *anti*–Markovnikov형 생성물 (95%)

Ph–CH=CH–Ph (*E*)-Stilbene —Br_2, ether→ Ph–CH(Br)–CH(Br)–Ph *meso* 77~81% [8-2]

그림 8.12 알켄으로부터 할로젠화 알킬의 합성

다. 지방산의 탈카복실 할로젠화 반응

카복실산의 은 (Ag)염을 할로젠 원소와 가열 반응시키면 탈카복실화 반응을 동반하는 할로젠화 반응이 일어나 탄소 원자가 하나 줄어든 할로젠화 알킬이 생성된다. 이를 **Hunsdiecker 반응**이라고 한다. 은염을 사용하는 대신 카복실산을 HgO 존재 하에 할로젠 원소와 직접 가열 반응시켜도 비슷한 결과를 얻을 수 있다 (그림 8.13).

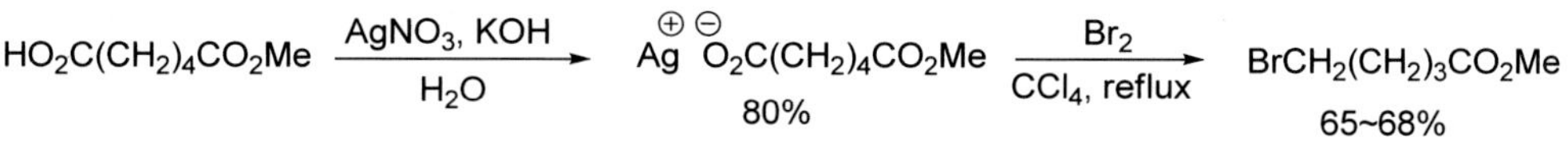

$HO_2C(CH_2)_4CO_2Me$ —$AgNO_3$, KOH, H_2O→ $Ag^{\oplus}\ {}^{\ominus}O_2C(CH_2)_4CO_2Me$ 80% —Br_2, CCl_4, reflux→ $BrCH_2(CH_2)_3CO_2Me$ 65~68% [8-3]

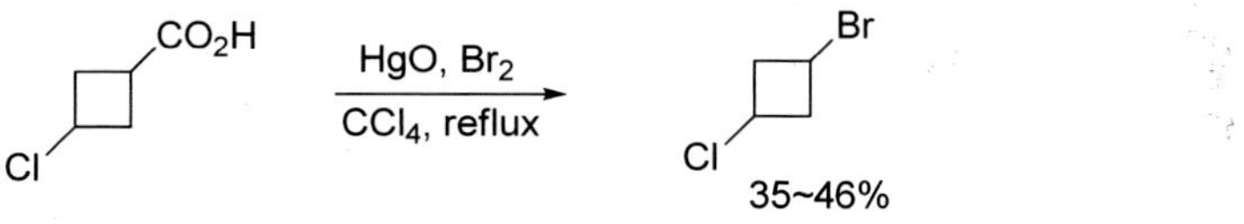

Cl–(cyclobutane)–CO_2H —HgO, Br_2, CCl_4, reflux→ Cl–(cyclobutane)–Br 35~46% [8-4]

그림 8.13 지방산의 탈카복실 할로젠화 반응: Hunsdiecker 반응

한편, 카복실산을 *N*–hydroxypyridine–2–thione과 축합시켜 얻은 *O*–acyl thiohydroxamate (**Barton ester**)을 $BrCCl_3$을 광화학 조건에서 반응시킬 경우에도 탈카복실화 반응과 동시에 브로민기가 도입되어 브로민화 알킬이 생성된다.

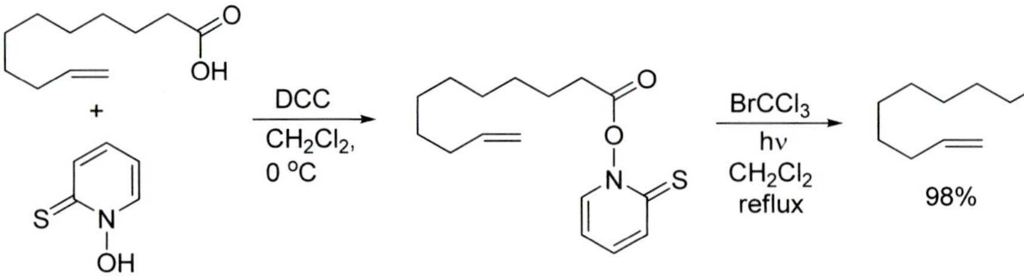

O, OH + S, N, OH — DCC, CH_2Cl_2, 0 °C → O, O, N, S — $BrCCl_3$, hν, CH_2Cl_2, reflux → Br, 98% [8-5]

라. 할로젠기 교환 반응

염화 알킬 또는 브로민화 알킬을 아세톤 속에서 NaI와 가열 반응시키면 Cl 또는 Br기가 I기로 교환된다. 이 반응을 **Finkelstein 반응**이라고 하며, 이 반응은 평형 반응 (가역 반응)의 원리를 이용한 것으로서 반응 시약인 NaI은 아세톤에 잘 녹지만 생성물인 NaCl 또는 NaBr은 아세톤에 잘 녹지 않기 때문에 반응의 평형이 깨어져 정반응이 유리해져 일어난다. 할로젠화 알킬 대신 알킬 설포네이트를 사용해도 비슷한 결과를 얻을 수 있다. 이 반응은 중성 조건에서 할로젠화 알킬을 합성할 수 있으므로 산 또는 염기에 민감한 작용기가 있는 반응 기질의 할로젠화 반응에 유용하다 (그림 8.14).

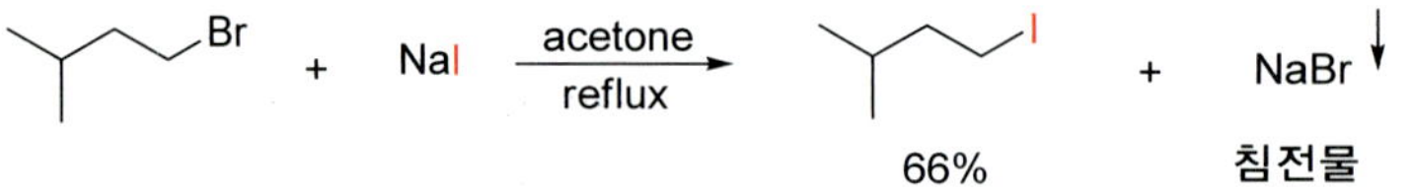

Br + NaI — acetone, reflux → I (66%) + NaBr↓ (침전물) [8-6]

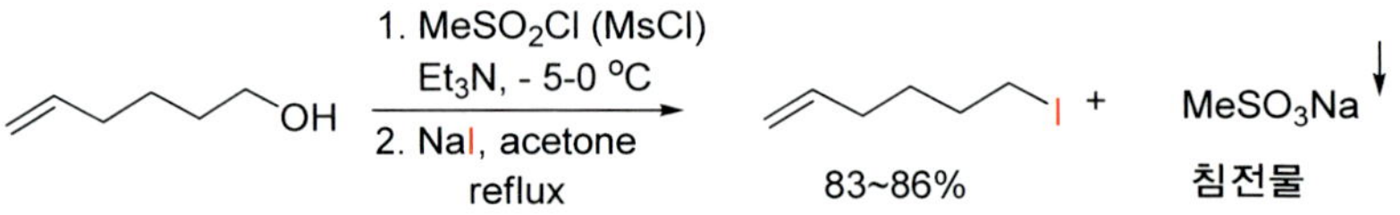

OH — 1. $MeSO_2Cl$ (MsCl), Et_3N, - 5-0 °C; 2. NaI, acetone, reflux → I (83~86%) + $MeSO_3Na$↓ (침전물) [8-7]

그림 8.14 할로젠기 교환 반응: Finkelstein 반응

◈ 라디칼 할로젠화 반응을 이용한 할로젠화 알릴 또는 벤질의 제법

NBS (*N*–Bromosuccinimide) 또는 Br_2를 라디칼 생성 조건 (광분해 또는 열분해)에서 알릴 탄소 또는 벤질 탄소 화합물과 반응시키면 알릴과 벤질 자리의 수소 원자가 Br로 치환되어 할로젠화 아릴 또는 벤질이 생성된다. 이 반응이 일어나는 이유는 알릴과 벤질 자리 탄소 원자에 생성되는 라디칼은 공명 안정화될 수 있어 라디칼이 쉽게 생성될 수 있기 때문이다. 구체적 반응 예는 2.3.2절의 그림 2.25를 참고하길 바란다.

—C=C—C—H + (O, N—Br, O) ≡ NBS 또는 Br_2 — hν 또는 $(PhCO_2)_2O$ → —C=C—C—Br

카보닐 화합물의 α 할로젠화 반응

양성자 또는 Lewis 산 조건에서 알데하이드 또는 케톤과 할로젠 원소 (주로 브로민)를 반응시키면 엔올 중간체 (10.2절)를 기쳐 α 수소 한 개가 할로젠기로 치환되는 반응이 일어나 α 할로 케톤 또는 알데하이드가 생성된다 [만약에 염기 조건에서 동일 반응을 수행하면 할로폼(haloform) 반응이 일어난다]. 한편, α 수소를 가진 카복실산을 P/Br_2 또는 $SOCl_2$ (또는 PCl_3/Br_2 시약과 반응시키면 α 할로 카복실산이 생성된다. 이를 **Hell-Volhard-Zelinskii (HVZ) 반응**이라고 한다. 이 반응의 구체적 반응 예들은 2.2.4절의 그림 2.22에 나타내었다.

H⊕ 또는 $AlCl_3$; :OH($AlCl_3$) ; X−X ; $-H^{\oplus}$; X

Y = H, alkyl, Cl

벤젠 고리의 할로젠화 반응

벤젠 고리에 할로젠기를 도입시키는 방법은 친전자성 방향족 치환 반응과 친핵성 방향족 치환 반응 등 두 가지 방법이 있다.

$X^{\oplus}$ Ar-H ⟸(가) **Ar−X** (나)⟹ $Ar-N_2^{\oplus}\ X^{\ominus}$ + Cu(I)X

X_2 + Fe (X = Cl, Br)

친전자성 치환 반응 / 친핵성 방향족 치환 반응

가. 친전자성 할로젠 치환 반응

벤젠 고리의 할로젠화 반응은 할로젠 친전자체인 할로늄 이온 ($X^{\oplus}$)이 벤젠 고리에 친전자성 치환을 일으키는 반응이다. 활성화된 벤젠 고리인 경우 할로젠 원소만으로도 치환 반응이 가능하지만 비활성화되어 있을 경우 Lewis 산의 도움을 받아야 한다. 또한 치환기의 성질에 따라 *o*−, *p*−, *m*− 지향성이 생긴다 (2.2.1절 및 그림 8.15).

Br_2, AcOH, 0 °C — 100% [8-8]

I_2, $NaHCO_3$, H_2O, 12~15 °C — 82% [8-8]

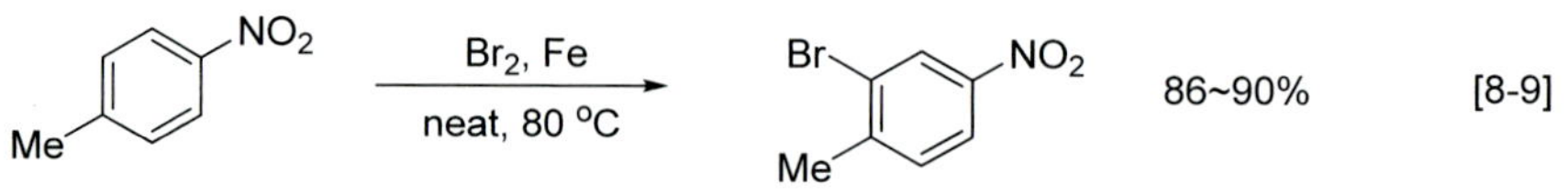

$$\text{Me-C}_6\text{H}_4\text{-NO}_2 \xrightarrow[\text{neat, 80 °C}]{\text{Br}_2\text{, Fe}} \text{Br(Me)C}_6\text{H}_3\text{-NO}_2 \quad 86\text{~}90\% \quad [8\text{-}9]$$

그림 8.15 벤젠 고리의 친전자성 할로젠화 반응

나. 친핵성 방향족 치환 반응: Sandmeyer 반응

아닐린 유도체를 낮은 온도에서 아질산과 반응시키면 다이아조늄염이 생성되는데 여기에 할로젠 친핵체 (예. CuCl, CuBr, KI)를 반응시키면 할로젠기가 다이아조늄기 자리에 치환된다. 이 반응에 관한 구체적 설명과 반응 예들은 2.1.4절과 그림 2.14를 참조하길 바란다.

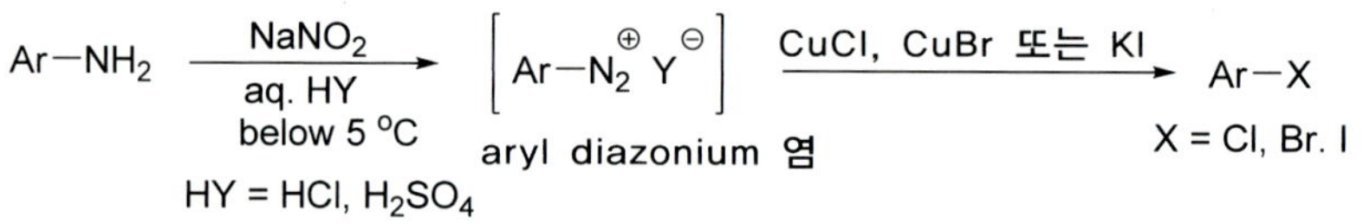

$$Ar{-}NH_2 \xrightarrow[\text{aq. HY, below 5 °C}]{NaNO_2} \left[Ar{-}\overset{\oplus}{N_2}\ \overset{\ominus}{Y}\right] \xrightarrow{\text{CuCl, CuBr 또는 KI}} Ar{-}X$$

HY = HCl, H_2SO_4 aryl diazonium 염   X = Cl, Br. I

8.2.3 에터와 에폭사이드의 제법: 에터화 반응

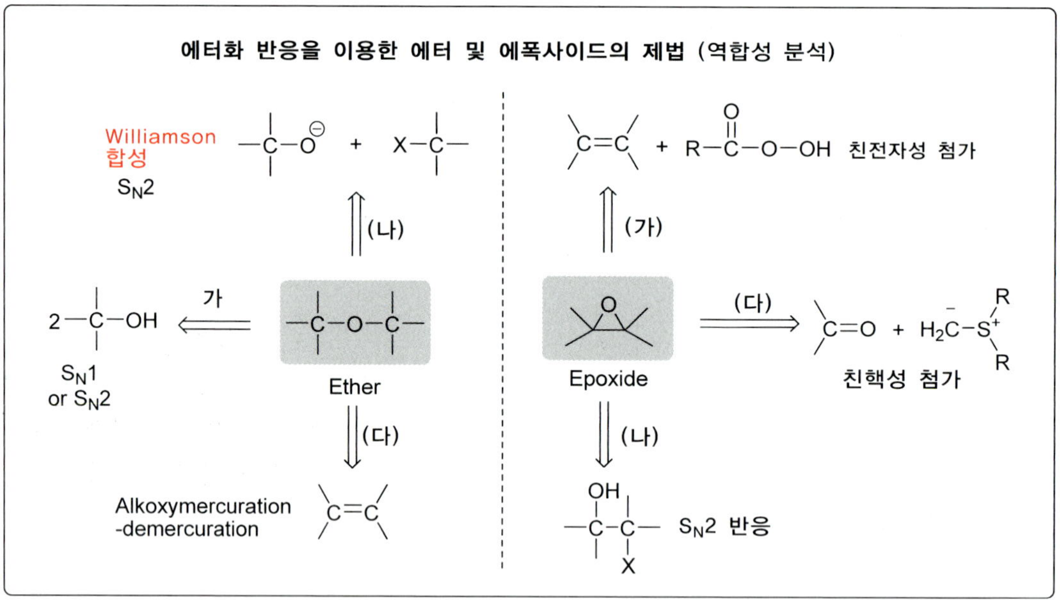

에터화 반응을 이용한 에터 및 에폭사이드의 제법 (역합성 분석)

Ether:
- (가) ⟸ 2 —C—OH (S_N1 or S_N2)
- (나) ⇑ Williamson 합성 S_N2: —C—O⁻ + X—C—
- (다) ⇓ Alkoxymercuration -demercuration: C=C

Epoxide:
- (가) ⇑ C=C + R—C(=O)—O—OH 친전자성 첨가
- (나) ⇓ HO—C—C—X S_N2 반응
- (다) ⟹ C=O + $H_2\bar{C}$—S^+R_2 친핵성 첨가

◆ 에터의 제법

가. 산성 조건에서 알코올의 친핵성 치환 반응

알코올을 황산과 함께 가열 반응시키면 자체적인 친핵성 치환 반응이 일어나 대칭 에터 (1°

알코올인 경우)가 생성되고 다른 알코올 사이에서는 비대칭 에터가 생성된다. 이 경우 너무 고온에서 반응시키면 제거 반응이 일어난다. 1° 알코올과 *tert*–BuOH 또는 2–methylpropene이 산성 조건에서 반응하면 *tert*–뷰틸 에터가 생성된다. 이 반응은 *tert*–BuOH과 2–methylpropene에서 $Me_3C^{\oplus}$ 이온이 중간체로 생성되어 알코올과 반응이 일어난 결과이다 (그림 8.16).

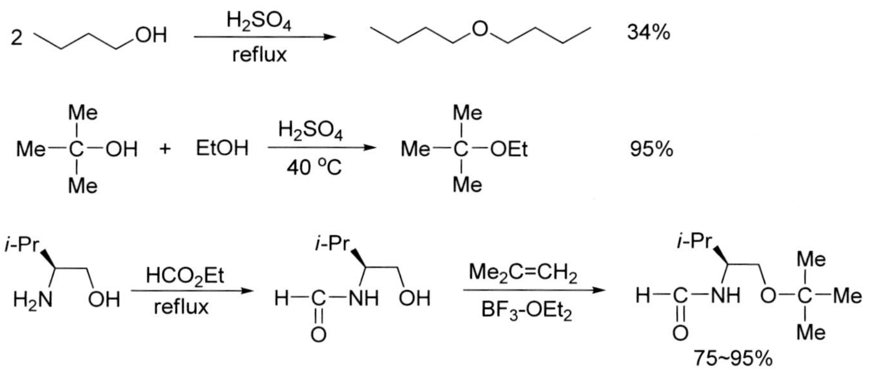

2 butanol (OH) —H_2SO_4, reflux→ dibutyl ether 34% [8-10]

Me_3C–OH + EtOH —H_2SO_4, 40 °C→ Me_3C–OEt 95%

i-Pr amino alcohol (H_2N, OH) —HCO_2Et, reflux→ H–C(=O)–NH … OH —$Me_2C{=}CH_2$, BF_3-OEt_2→ H–C(=O)–NH … O–C(Me)₂–Me 75~95% [8-11]

그림 8.16 알코올의 에터화 반응

나. 알콕사이드 음이온과 할로젠화 알킬의 반응

알콕사이드 음이온을 1° 할로젠화 알킬 또는 알킬 설포네이트와 반응시키면 S_N2 반응이 일어나 대칭 또는 비대칭 에터가 생성된다. 이를 **Williamson 반응**이라고 한다. 이 방법을 이용하여 비대칭 에터를 합성할 경우 S_N2 반응이 잘 일어날 수 있도록 반응 기질로서 1° 할로젠화 알킬을 선택하는 것이 중요하다 (그림 8.17). 그 반대의 경우, 예를 들면 2° 또는 3° 할로젠화 알킬에 알콕사이드 음이온을 반응시킬 경우 제거 반응이 우선적으로 일어난다.

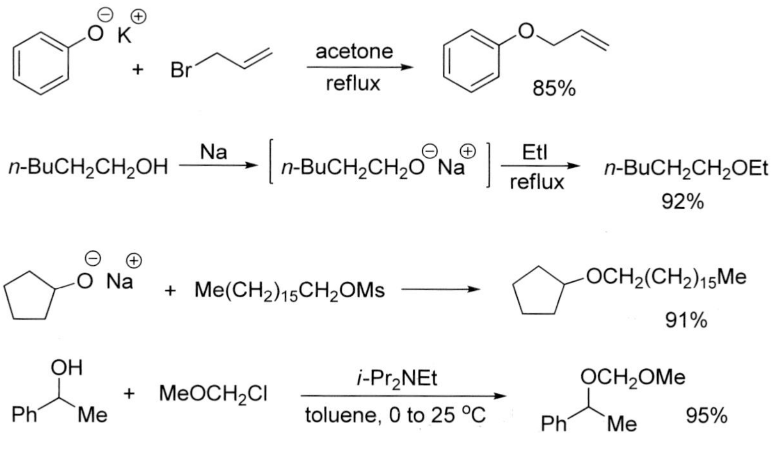

PhO⁻ K⁺ + Br(allyl) —acetone, reflux→ PhO-allyl 85% [8-12]

n-$BuCH_2CH_2OH$ —Na→ [*n*-$BuCH_2CH_2O^{\ominus}$ $Na^{\oplus}$] —EtI, reflux→ *n*-$BuCH_2CH_2OEt$ 92% [8-13]

cyclopentyl-O⁻ Na⁺ + $Me(CH_2)_{15}CH_2OMs$ → cyclopentyl-$OCH_2(CH_2)_{15}Me$ 91%

PhCH(OH)Me + $MeOCH_2Cl$ —*i*-Pr_2NEt, toluene, 0 to 25 °C→ PhCH(OCH_2OMe)Me 95% [8-14]

그림 8.17 친핵성 치환 반응에 의한 에터의 합성: Williamson 반응

다. 알켄의 알콕시 수은 첨가 반응–환원 반응

알켄을 Hg^{2+} 존재 하에 알코올과 반응시킨 후 $NaBH_4$로 환원 (탈수은 반응)시키면 에터가 생성된다. 이 반응이 일어나는 원리는 옥시수은 첨가 반응을 이용한 알켄의 수화 반응 (4.2.2절)과 비슷하다.

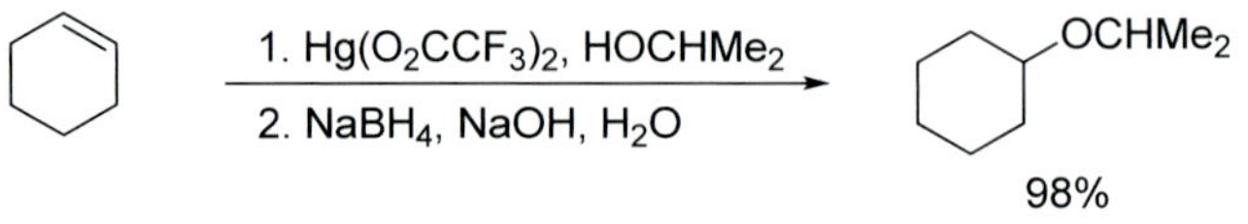

1. $Hg(O_2CCF_3)_2$, $HOCHMe_2$
2. $NaBH_4$, NaOH, H_2O

$OCHMe_2$

98%

에폭사이드의 제법

가. 알켄과 과산소산의 반응 (에폭시화 반응)

알켄을 peracetic acid ($MeCO_3H$), perbenzoic acid ($PhCO_3H$), *m*–chloroperbenzoic acid (*m*–$ClC_6H_4CO_3H$, mCPBA)과 같은 과산소산과 반응시키면 *syn*–첨가에 의한 에폭사이드가 생성된다. 구체적인 반응 예들은 4.2.3절과 그림 4.15 및 5.8절을 참조하길 바란다.

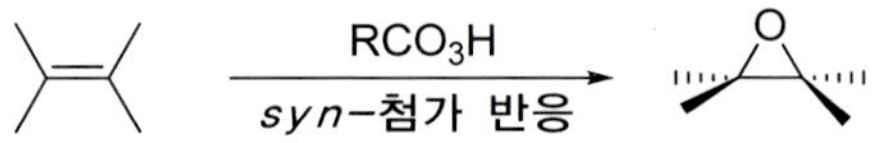

RCO_3H

syn–첨가 반응

O

나. 할로하이드린의 분자 내 친핵성 치환 반응

할로하이드린을 염기와 반응시키면 분자 내 친핵성 치환 반응 (S_N2 반응)이 일어나 에폭사이드가 생성된다 (그림 8.18).

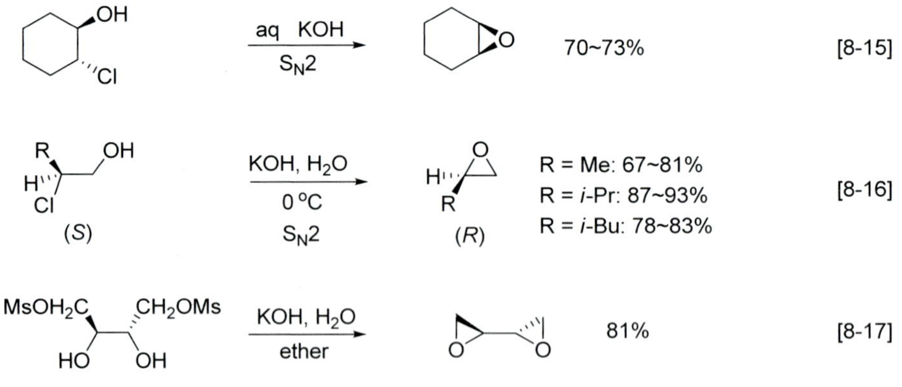

OH Cl — aq KOH, S_N2 → O — 70~73% [8-15]

R, OH, H, Cl (*S*) — KOH, H_2O, 0 °C, S_N2 → O, H, R (*R*) — R = Me: 67~81%, R = *i*-Pr: 87~93%, R = *i*-Bu: 78~83% [8-16]

$MsOH_2C$, CH_2OMs, HO, OH — KOH, H_2O, ether → O, O — 81% [8-17]

그림 8.18 할로하이드린의 에폭시화 반응

다. 카보닐기에 황 일라이드의 친핵성 첨가 반응

케톤과 dimethylsulfonium ylide 또는 dimethylsufoxonium ylide를 반응시키면 카보닐기에 친핵성 첨가-제거 반응이 일어나 탄소-탄소 결합을 동반한 에폭사이드가 생성된다. 이 반응에 관한 상세한 설명은 9.4절에서 공부할 예정이다.

$$\text{cyclohexanone} \xrightarrow[\text{DMSO, 60 °C}]{H_2C^{\ominus}-S^{\oplus}(=O)(CH_3)-CH_3} \text{spiro epoxide} \quad 67\text{~}76\% \qquad [8\text{-}18]$$

8.2.4 아민의 제법: 아민화 반응

작용기 전환 반응을 이용한 지방족 1° 아민의 제법

작용기 전환 반응을 이용한 지방족 1° 아민의 제법(역합성 분석)

- 중심: $R-C(NH_2)(R')-R''$, R = alkyl, R',R'' = H or alkyl
- (가): NH_3, hexamine or phthalimide anion + RR'CHX — 치환 반응: S_N2 — Delepine과 Gabriel 반응
- (나): 환원 — $R-CH(N_3)-R'$; $R-C(=O)-NH_2$ or RCN; $R-C(=NOH)-R'$
- (다): $R-C(=O)-R'$ + NH_3 or HCO_2NH_4 — 환원성 아민화 반응 — Leuckart 반응
- (라): $R-C\equiv N:$ + $R-C^{\oplus}(R')-R''$ — Ritter 반응
- (마): $O=C(Y)-C(R')(R)-R''$, Y = NH_2 (Hofmann), Y = N_3 (Curtius) — 재배열 반응

가. 질소 친핵체에 의한 할로젠화 알킬의 친핵성 치환 반응

할로젠화 알킬과 NH_3, hexamine (hexamethylenetetramine) 또는 K phthalimide를 반응시키면 1° 아민이 합성된다. NH_3를 질소 친핵체로 반응시킬 경우 보통 과량 (10당량)을 사용한다. 그 이유는 생성된 아민이 다시 친핵체로 작용하여 2°, 3° 및 사차 암모늄염까지 생성할 수

있고 또한 생성된 HBr의 중화에도 소모되기 때문이다. Hexamine의 경우 생성된 사차 암모늄염을 염산으로 가수 분해하여 아민을 얻는다 (**Délepine 반응**). 한편, phthalimide 음이온을 질소 친핵체로 사용하여 얻은 *N*-알킬 프탈이마이드를 NaOH 수용액으로 가수 분해 또는 hydrazine으로 분해시키면 1° 아민이 합성된다. 이 방법을 **Gabriel 반응**이라고 한다 (그림 8.19).

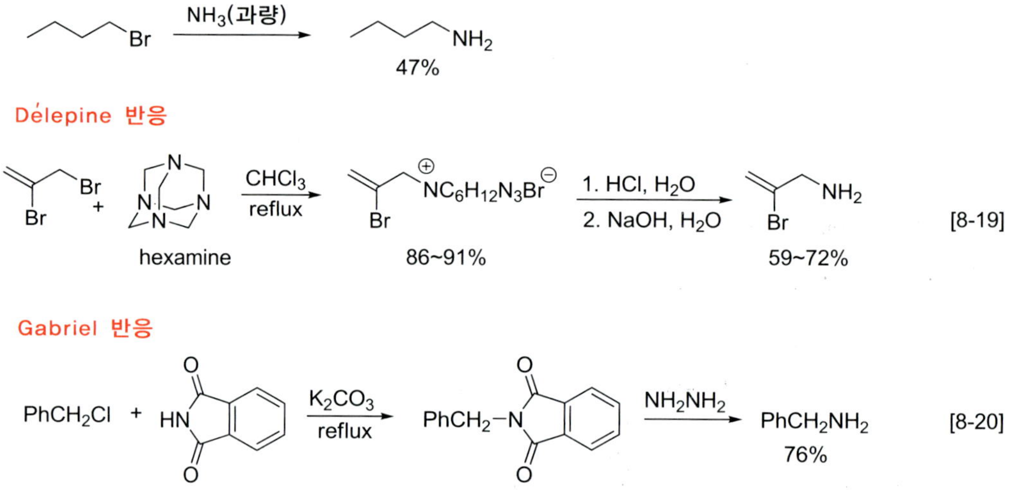

Br (n-butyl bromide) —NH_3(과량)→ NH_2 (n-butylamine) 47%

Délepine 반응

(2,3-dibromopropene) + hexamine —$CHCl_3$, reflux→ $NC_6H_{12}N_3Br^{\ominus}$ (86~91%) —1. HCl, H_2O 2. NaOH, H_2O→ (2-bromoallylamine, NH_2) 59~72% [8-19]

Gabriel 반응

$PhCH_2Cl$ + phthalimide (HN) —K_2CO_3, reflux→ $PhCH_2$–N(phthalimide) —NH_2NH_2→ $PhCH_2NH_2$ 76% [8-20]

그림 8.19 Délepine 반응과 Gabriel 반응에 의한 1° 아민의 제법

나. 아자이드, 아마이드, 나이트릴 및 옥심의 환원 반응

아자이드는 촉매 수소 환원, $NaBH_4$ 또는 Ph_3P (**Staudinger 반응**)에 의해 1° 아민으로 환원된다 (6.8절). 또한, 1° 아마이드 (6.5.4절), 나이트릴 (6.7절)과 옥심 (6.6절)의 경우 각종 환원제에 의해 환원되어 1° 아민이 생성된다. 이들 반응에 대한 구체적인 예는 해당 절을 참조하길 바란다.

아자이드, 아마이드, 나이트릴 및 옥심의 환원 반응

$R-N_3$ —H_2/Pd-C, $NaBH_4$ 또는 Ph_3P (Staudinger 반응)→ $R-NH_2$

$R-C(=O)-NH_2$ —Na/NH_3, BMS, $NaBH_4$/AcOH 또는 AlH_3→ $R-CH_2NH_2$

$R-CN$ —BMS, $LiAlH_4$ 또는 AlH_3→ $R-CH_2NH_2$

$R-C(=NOH)-R'$ —Na/EtOH 또는 $LiAlH_4$→ $R-CH(NH_2)-R'$

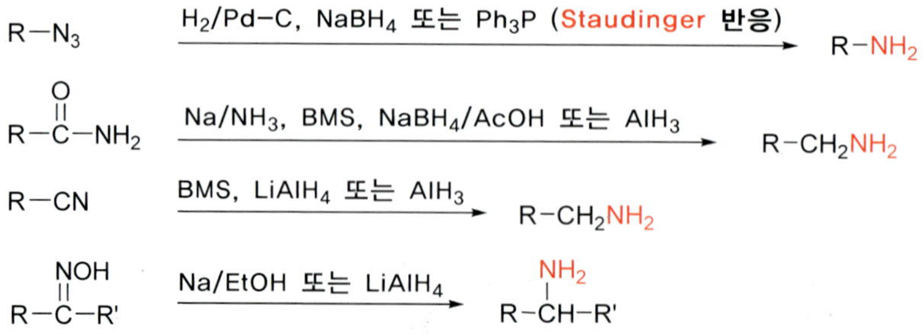

다. 알데하이드 또는 케톤의 환원성 아민화 반응

알데하이드 또는 케톤을 HCO_2NH_4와 함께 가열 반응시킨 후 생성된 formamide를 염산으로 가수 분해하면 1° 아민이 생성된다 (**Leuckart 반응**). 이 반응은 환원제로 폼산이 관여한 환원성 아민화 반응의 일종이다 (6.6절).

Leuckart 반응

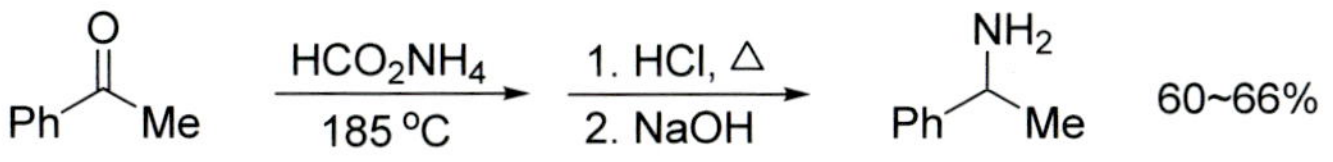

PhC(=O)Me —(HCO_2NH_4, 185 °C)→ —(1. HCl, △; 2. NaOH)→ PhCH(NH_2)Me 60~66% [8-21]

라. Ritter 반응의 이용

안정한 탄소 양이온을 형성할 수 있는 알코올 (예. 3° 알코올과 벤질알코올) 또는 알켄 (예. isobutylene)을 강산성 속에서 나이트릴과 반응시켜 얻은 아마이드를 가수 분해하면 1° 아민이 생성된다. 이를 **Ritter 반응**이라고 한다 (그림 8.20).

Ritter 반응

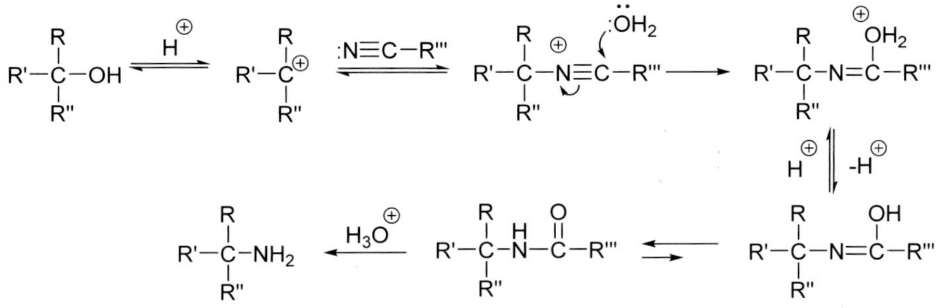

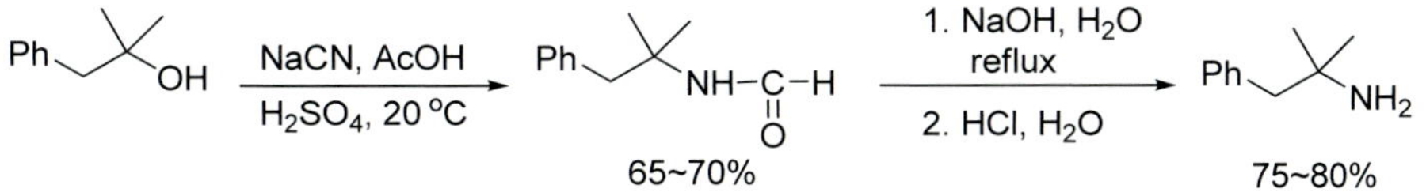

R'–C(R)(R'')–OH ⇌($H^{\oplus}$) R'–C(R)(R'')$^{\oplus}$ ⇌(:N≡C–R''') R'–C(R)(R'')–$N^{\oplus}$≡C–R''' (:$\ddot{O}H_2$) → R'–C(R)(R'')–N=C($\overset{\oplus}{O}H_2$)–R''' ⇌($H^{\oplus}$ / $-H^{\oplus}$) R'–C(R)(R'')–N=C(OH)–R''' ⇌ R'–C(R)(R'')–NH–C(=O)–R''' —($H_3O^{\oplus}$)→ R'–C(R)(R'')–NH_2

$PhCH_2C(CH_3)_2OH$ —(NaCN, AcOH; H_2SO_4, 20 °C)→ $PhCH_2C(CH_3)_2NH–C(=O)–H$ 65~70% —(1. NaOH, H_2O reflux; 2. HCl, H_2O)→ $PhCH_2C(CH_3)_2NH_2$ 75~80% [8-22]

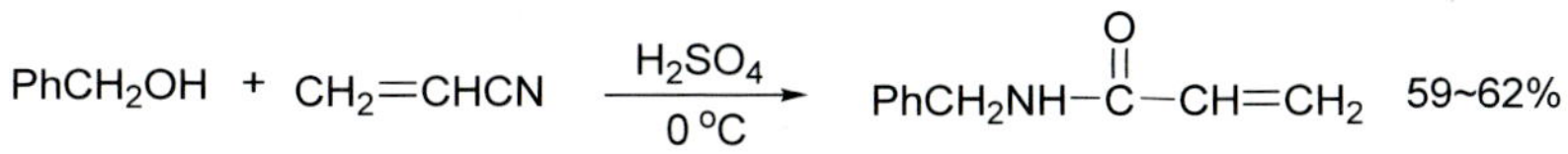

$PhCH_2OH$ + $CH_2{=}CHCN$ —(H_2SO_4, 0 °C)→ $PhCH_2NH–C(=O)–CH{=}CH_2$ 59~62% [8-23]

그림 8.20 Ritter 반응에 의한 1° 아민의 제법

마. 1° 아마이드 또는 아실 아자이드의 재배열 반응

1° 아마이드를 염기 조건에서 NaOCl (NaOH 수용액 + Cl_2) 또는 NaOBr (NaOH 수용액 + Br_2)과 반응시키면 1° 아민이 생성된다. 이 반응을 **Hofmann 재배열 반응**이라고 한다. 이 반응은 다음과 같은 과정을 거쳐 일어난다. 일차적으로 생성된 nitrene 중간체에서 알킬기 재배열 반응이 일어나 isocyanate가 만들어지고 여기에 물 분자가 첨가 반응하여 생성된 카밤산 (carbamic acid, $RNHCO_2H$)에서 탈카복실화 반응이 일어나면 1° 아민이 생성된다. 이 반응은 카복실산과 HN_3의 반응으로부터 합성되는 아실 아자이드에서도 동일한 경로를 거쳐 일어난다 (**Schmidt 재배열 반응**). 동일한 반응에서 아실 아자이드를 합성할 때 산염화물에 NaN_3를 반응시켜 얻는 방법을 **Curtius 재배열 반응**이라고 한다. 이 방법들은 카복실산으로부터 탄소 원자가 한 개 감소한 1° 아민을 합성하는 데 유용하게 사용된다. 이 반응은 지방족은 물론 방향족 1° 아민의 합성에도 이용할 수 있다 (그림 8.21).

Hofmann 재배열 반응

$$R-C(=O)-NH_2 \xrightarrow[NaOH]{Br_2} \left[R-C(=O)-NH-Br \xrightarrow{NaOH} R-C(=O)-\overset{\ominus}{N}-Br \xrightarrow{-Br^{\ominus}} R-N=C=O \right] \xrightarrow{H_2O} R-NH-C(=O)-OH \text{ (carbamic acid)} \xrightarrow{-CO_2} R-NH_2$$

$$CH_3(CH_2)_8-C(=O)-NH_2 \xrightarrow[45\text{-}65\ ^{\circ}C]{NaOCl} \left[CH_3(CH_2)_8-N=C=O \right] \xrightarrow{H_2O} CH_3(CH_2)_7CH_2NH_2 \quad 66\%$$

$$\text{3,4-(MeO)}_2C_6H_3-C(=O)NH_2 \xrightarrow[NaOH,\ H_2O,\ 70\ ^{\circ}C]{NaOCl} \text{3,4-(MeO)}_2C_6H_3-NH_2 \quad 80\text{-}82\% \qquad [8\text{-}24]$$

Schmidt 및 Curtius 재배열 반응

$$\text{cyclobutyl}-C(=O)-OH \xrightarrow[CHCl_3,\ 50\ ^{\circ}C]{NaN_3,\ H_2SO_4} \left[\text{cyclobutyl}-C(=O)-N_3 \rightarrow \text{cyclobutyl}-N=C=O \right] \xrightarrow[H_2O]{NaOH} \text{cyclobutyl}-NH_2 \quad 60\sim80\% \qquad [8\text{-}25]$$

그림 8.21 Hofmann, Schmidt 및 Curtius 재배열 반응에 의한 1° 아민의 제법

작용기 전환 반응을 이용한 2° 와 3° 아민의 제법

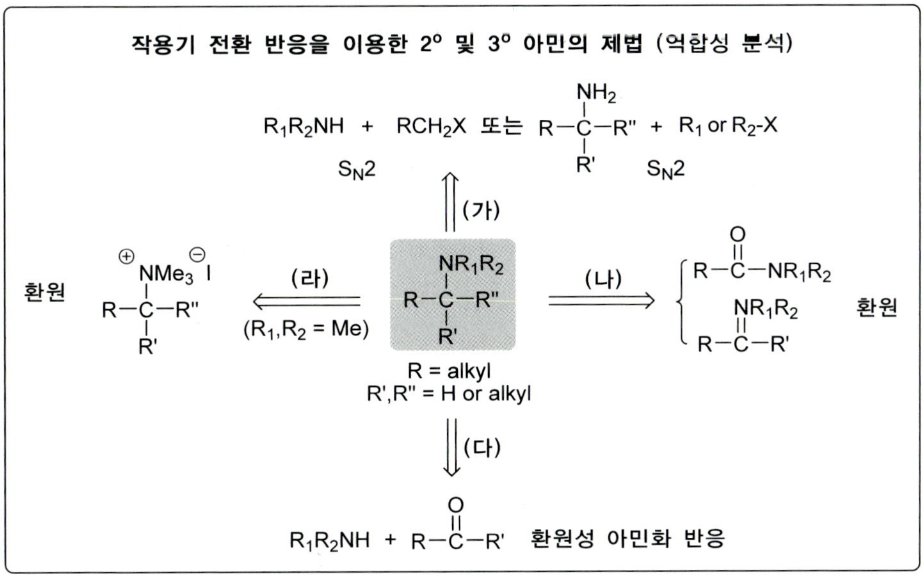

작용기 전환 반응을 이용한 2° 및 3° 아민의 제법 (역합성 분석)

(가) R_1R_2NH + RCH_2X (S_N2) 또는 $R-C(NH_2)(R')-R''$ + R_1 or R_2-X (S_N2)

(나) $R-C(=O)-NR_1R_2$ / $R-C(=NR_1R_2)-R'$ 환원

(다) R_1R_2NH + $R-C(=O)-R'$ 환원성 아민화 반응

(라) (R_1,R_2 = Me) 환원 $R-C(NMe_3^{\oplus} I^{\ominus})(R')-R''$

$R-C(NR_1R_2)(R')-R''$

R = alkyl

R',R'' = H or alkyl

가. 1° 또는 2° 아민에 의한 할로젠화 알킬 (또는 다이메틸 설페이트)의 친핵성 치환 반응

할로젠화 알킬과 과량의 1° 아민2 또는 2° 아민이 반응하면 각각 2° 아민과 3° 아민이 생성된다 (그림 8.22).

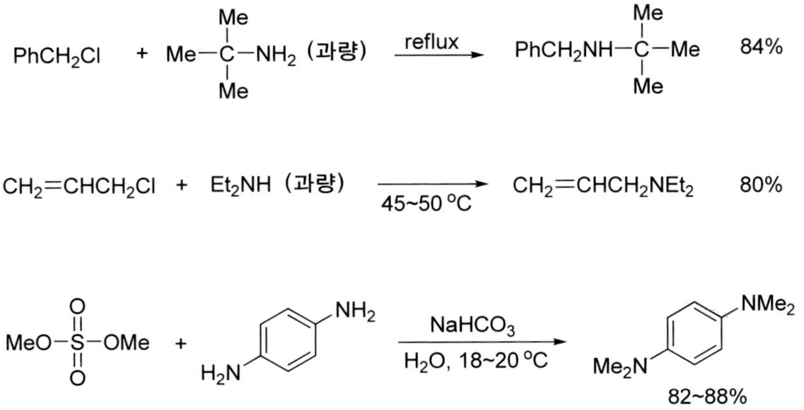

$PhCH_2Cl$ + $Me-C(Me)_2-NH_2$ (과량) —reflux→ $PhCH_2NH-C(Me)_2-Me$ 84%

$CH_2{=}CHCH_2Cl$ + Et_2NH (과량) —45~50 °C→ $CH_2{=}CHCH_2NEt_2$ 80%

$MeO-S(=O)_2-OMe$ + $H_2N-C_6H_4-NH_2$ —$NaHCO_3$, H_2O, 18~20 °C→ $Me_2N-C_6H_4-NMe_2$ 82~88% [8-26]

그림 8.22 아민의 알킬화 반응에 의한 2° 및 3° 아민의 제법

나. 2° 와 3° 아마이드의 환원

2° 와 3° 아미이드는 $LiAlH_4$, Red al [$NaAlH_2(OCH_2CH_2OMe)_2$] 또는 $BH_3 \cdot THF$ (또는 $BH_3 \cdot SMe_2$)에 의해 각각 2° 아민과 3° 아민으로 환원된다. 구체적 반응 예는 6.5.4절과 그림 6.29를 참조한다.

$$R-C(=O)-NHR' \xrightarrow{LiAlH_4,\ Red\ al\ or\ BH_3\text{-}THF} RCH_2NHR'$$
$$R-C(=O)-NR'R'' \xrightarrow{LiAlH_4,\ Red\ al\ or\ BH_3\text{-}THF} RCH_2NR'R''$$

다. 이민 또는 엔아민의 환원 반응과 알데하이드 또는 케톤의 환원성 아민화 반응

이민과 엔아민은 $NaBH_3CN$, $NaBH(OAc)_3$, $NaBH_4-H_3BO_3$ 같은 약한 환원제에 의해 아민으로 환원된다. 한편, 알데하이드 또는 케톤을 약한 환원제 존재 하에 1° 또는 2° 아민과 반응시키면 중간체 이민을 경유하여 아민으로 환원된다. 이를 **환원성 아민화 반응**이라고 한다. 이들 반응에 관한 구체적 예들은 6.6절의 그림 6.30과 그림 6.31 및 6.4.2절의 그림 6.16을 참조한다.

이민 또는 엔아민의 환원:
$$R-C(=NR'')-R' \xrightarrow{NaBH_4\ or\ NaBH_3CN} R-CH(NHR'')-R'$$
$$RCH=C(NR''_2)-R' \xrightarrow{NaBH_4\ or\ NaBH_3CN} RCH_2-CH(NR''_2)-R'$$

환원성 아민화 반응:
$$R-C(=O)-R' + R''-NH_2 \xrightarrow{NaBH_3CN\ or\ NaBH_4\text{-}H_3BO_3} R-CH(NHR'')-R'$$
$$RH_2C-C(=O)-R' + R''_2NH \xrightarrow{NaBH_3CN\ or\ NaBH_4\text{-}H_3BO_3} RCH_2-CH(NR''_2)-R'$$

라. 4° 암모늄염의 환원: 3° 아민의 제법

1° 아민에 과량의 MeI를 반응시켜 4° 암모늄염을 만들고 $LiAlH_4$를 작용시키면 메틸기 두 개가 치환된 3° 아민이 생성된다.

$$\text{(menthyl)}-NH_2 \xrightarrow[MeOH]{MeI} \text{(menthyl)}-\overset{\oplus}{N}Me_3\ \overset{\ominus}{I} \xrightarrow[90\%]{LiAlH_4} \text{(menthyl)}-NMe_2$$

방향족 아민의 제법

방향족 고리에 치환된 나이트로기는 촉매 수소 환원시키던가 주석, 아연 또는 철 분말을 염산과 함께 반응시키면 아민기로 환원된다. 구체적인 반응 예들은 6.8절을 참조하길 바란다.

$$Ar{-}NO_2 \xrightarrow[\text{또는 } N_2H_4/\text{Raney Ni}]{H_2/Pd{-}C,\ Sn,\ Zn\ \text{또는}\ Fe/HCl} Ar{-}NH_2$$

한편, Pd(0) 촉매를 사용하여 할로젠화 아릴과 1° 또는 2° 아민을 강염기와 함께 가열 반응시키면 할로젠화 아릴과 아민 사이에 교차 짝지음 반응 (11.2.5절 참조)이 일어나 2° 또는 3° 아릴 아민을 생성시킨다. 이 반응을 **Buchwald–Hartwig (아민화) 반응**이라고 한다 (그림 8.23).

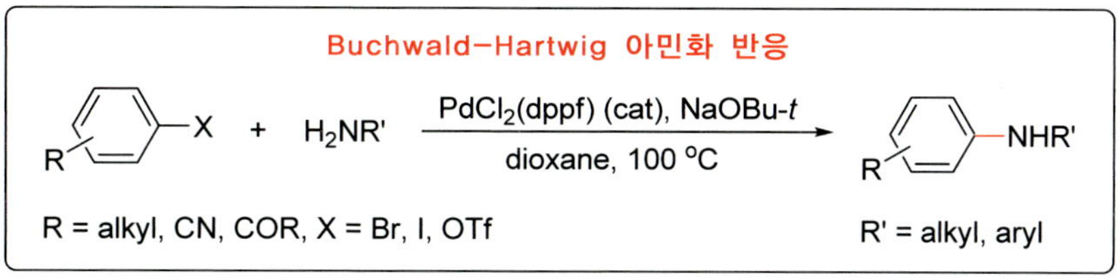

Buchwald–Hartwig 아민화 반응

$$R{-}C_6H_4{-}X + H_2NR' \xrightarrow[\text{dioxane, 100 °C}]{PdCl_2(dppf)\ (cat),\ NaOBu\text{-}t} R{-}C_6H_4{-}NHR'$$

R = alkyl, CN, COR, X = Br, I, OTf

R' = alkyl, aryl

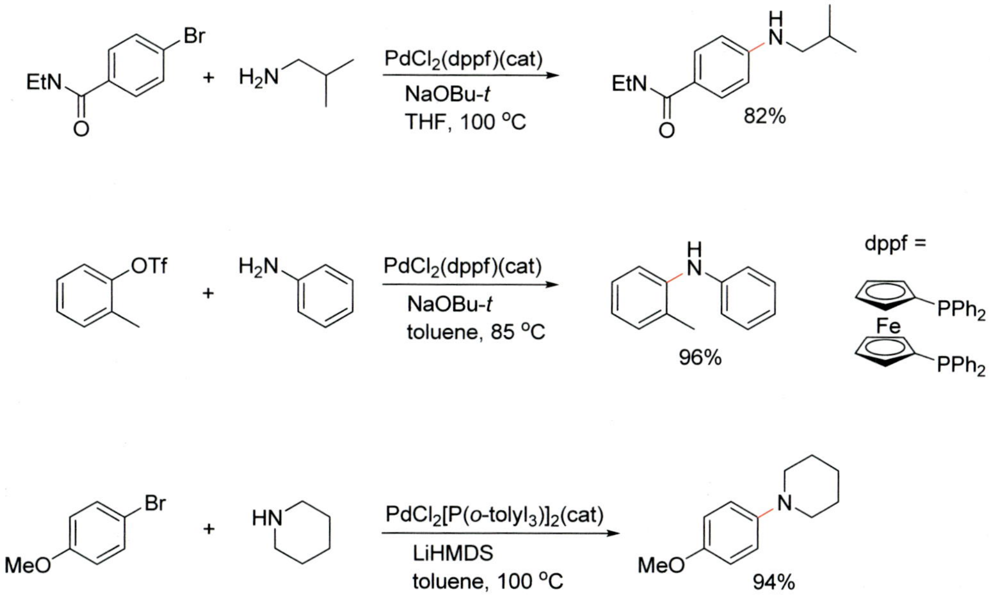

EtN(C=O)–C₆H₄–Br (para) + H₂N–CH₂CH(CH₃)₂ → PdCl₂(dppf)(cat), NaOBu-*t*, THF, 100 °C → EtN(C=O)–C₆H₄–NH–CH₂CH(CH₃)₂, 82%

2-methylphenyl–OTf + H₂N–Ph → PdCl₂(dppf)(cat), NaOBu-*t*, toluene, 85 °C → 2-methylphenyl–NH–Ph, 96%

dppf = Fe, PPh₂, PPh₂

MeO–C₆H₄–Br (para) + HN(piperidine) → PdCl₂[P(*o*-tolyl₃)]₂(cat), LiHMDS, toluene, 100 °C → MeO–C₆H₄–N(piperidine), 94%

그림 8.23 Pd 촉매 교차 짝지음 반응에 의한 2° 및 3° 아민의 제법: Buchwald–Hartwig 반응

8.2.5 알데하이드의 제법

작용기 전환 반응을 이용한 알데하이드의 제법

작용기 전환 반응을 이용한 알데하이드의 제법 (역합성 분석)

R⌒OH (가) ⇐ RCHO

(나) ⇒ RC(O)Z (Z = Cl, OEt, NR_2) 또는 RCN

(다) ⇒ R'—≡—H (R = R'CH_2)

(라) ⇐ RC(O)$NHNHSO_2Ar$, R =aryl, *t*-alkyl

(마) ⇒ R–CH(OH)–CH(OH)–R

(바) ⇒ RCH=CHR

가. 1° 알코올 및 벤질 탄소의 부분 산화 반응

1° 알코올은 Cr 금속 산화제 (CrO_3–H_2SO_4, PCC, PDC), 활성 MnO_2, Ru 금속 산화제, 활성 DMSO 산화제 (**Swern 산화**, Corey–Kim 산화제), 초원자 아이오딘 산화제 (DMP, IBX) 및 TEMPO 산화제 등과 같이 다양한 산화제에 의해 알데하이드로 부분 산화된다. 이들에 대한 구체적 반응 예들은 5.2절을 참조한다.

$$RCH_2OH \xrightarrow[\text{활성 DMSO, DMP, IBX 등 비금속 산화제}]{\text{PCC, PDC, MnO}_2\text{, Ru 산화제}} RCHO$$

나. 산염화물, 에스터, 아마이드 및 나이트릴의 부분 환원 반응

산염화물을 촉매 수소 환원 (**Rosenmund 환원**)시키거나 낮은 온도에서 LiAlH(OBu–*t*)$_3$ (LTBA)로 환원시키면 알데하이드가 생성된다. 에스터는 낮은 온도에서 *i*–Bu_2AlH (DIBALH)에 의해, 아마이드는 $LiAlH(OEt)_3$ (LTEA) (*N*–메톡시 아마이드의 경우는 $LiAlH_4$)에 의해 알데하이드로 전환된다. 한편, 나이트릴의 경우 *i*–Bu_2AlH, LTEA, $SnCl_2$/HCl (**Stephen 반응**) 및 HCO_2H/Raney Ni에 의해 알데하이드로 환원된다. 이들 반응에 대한 구체적 반응 예들은 6.5.1절의 그림 6.21 및 6.22와 6.7절의 그림 6.32를 참조하길 바란다.

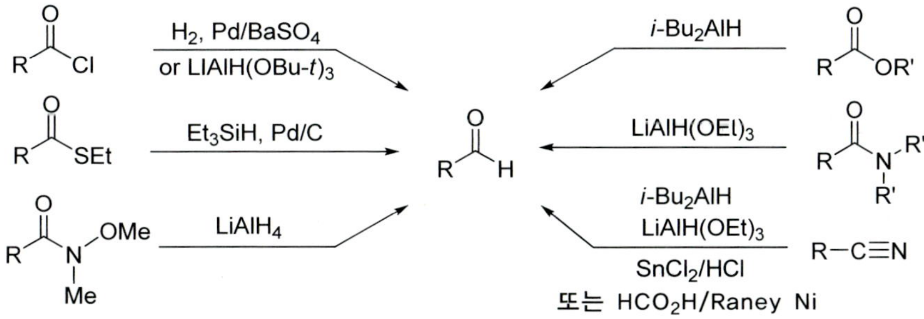

한편, 나이트릴을 1,3-다이올과 반응시켜 얻은 dihydro-1,3-oxazine 유도체를 $NaBH_4$로 환원하면 hemi aminoacetal이 생성되며, 이를 산 촉매하에 가수 분해시키면 알데하이드가 생성된다. 예를 들면 $PhCH_2CN$을 진한 황산 속에서 2-methyl-2,4-penanediol과 반응시키면 dihydro-1,3-oxazine 유도체가 생성된다. 여기에 n-BuLi을 작용시켜 생성된 벤질 자리 탄소 음이온에 알킬화 반응 (10.3.6절 참조)을 시킨 후 생성물을 $NaBH_4$로 환원하면 hemi aminoacetal유도체를 얻는다. 이를 가수 분해하면 알킬화된 알데하이드를 합성할 수 있다. 이 방법은 나이트릴기를 알데하이드기로 전환시키는 방법 중 하나이다 (그림 8.24).

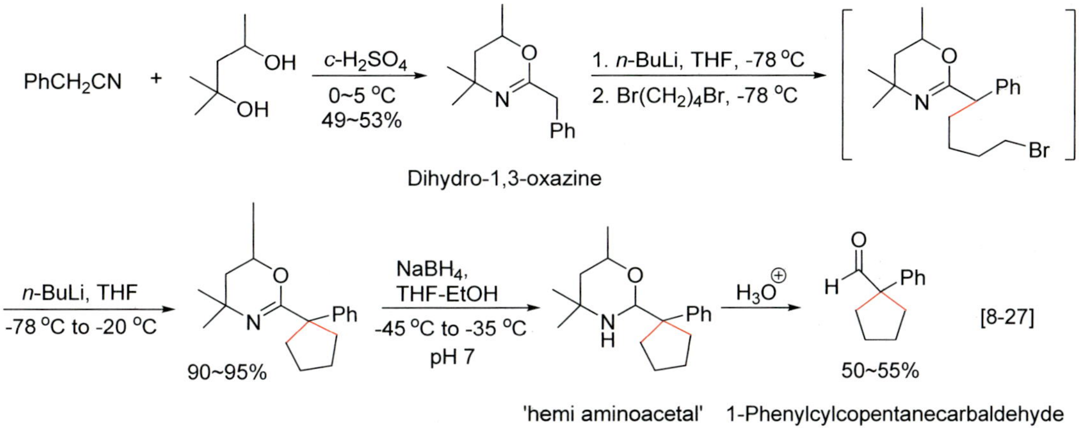

[8-27]

그림 8.24 카보닐기의 극성 반전과 Grignard 반응을 이용한 알데하이드의 제법

다. 알카인의 수소붕소화 반응-산화 반응

말단 알카인을 dicyclohexylborane (Chx_2BH) 또는 disiamylborane (Sia_2BH) 같은 입체 장애를 가진 다이알킬보레인으로 수소붕소 첨가 반응을 시킨 후 과산화 수소로 산화 반응시키면 엔올 생성물을 거쳐 알데하이드가 생성된다.

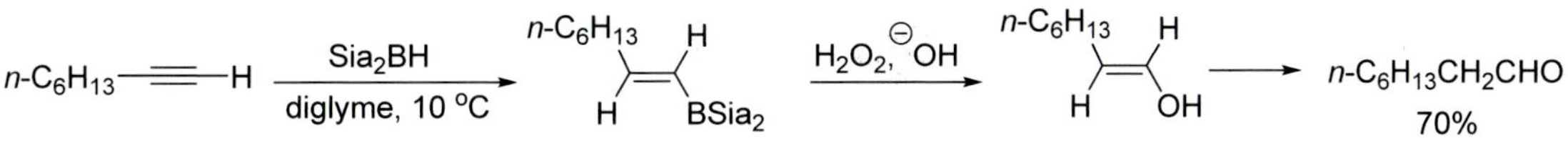

라. 하이드라자이드의 환원성 분해 제거 반응: Mcfadyen-Stevens 반응

카복실산 유도체인 sulfonylhydrazide를 ethylene glycol 용매에서 Na_2CO_3와 함께 고온으로 가열하면 환원성 분해 반응이 일어나 알데하이드가 생성된다. 이 반응을 **Mcfadyen-Stevens 반응**이라고 한다. 이 반응은 방향족 알데하이드 또는 α 수소가 없는 지방족 알데하이드의 제법에 유용하며 환원제를 사용하지 않고 카복실산에서 알데하이드로 환원할 수 있다는 점이 특징이다.

NHNH$_2$ —($PhSO_2Cl$, pyridine)→ NHNHSO$_2$Ph —(Na_2CO_3, $HOCH_2CH_2OH$, 160 °C)→ H (73%)

마. 1,2-다이올의 산화성 분해

1,2-다이올을 $Pb(OAc)_4$, $NaIO_4$, HIO_4와 반응시키면 산화성 분해 반응이 일어나 알데하이드가 생성된다 (5.5절). 한편, 알켄을 OsO_4 촉매 하에 $NaIO_4$와 반응시켜도 알데하이드가 생성된다. 이 반응은 1,2-다이올을 경유하여 산화성 분해 반응이 일어난 결과로 여겨진다. 이와 관련된 구체적 반응 예는 5.5절의 그림 5.20을 참조하길 바란다.

R−CH(OH)−CH(OH)−R —($Pb(OAc)_4$, $NaIO_4$ 또는 HIO_4)→ R−C(=O)−H

R−CH=CH−R —(OsO_4 (cat), $NaIO_4$)→ R−C(=O)−H

바. 알켄의 가오존 분해 반응

말단 알켄 또는 이중 결합 탄소 원자에 알킬기가 한 개만 있는 알켄을 가오존 분해 반응시키면 알데하이드가 생성된다. 이 반응에 대한 구체적 반응 예는 4.2.3절의 그림 4.16을 참조하길 바란다.

탄소-탄소 결합 형성 반응을 이용한 알데하이드기 도입 반응

탄소-탄소 결합 형성 반응을 이용한 알데하이드기 도입 반응 (역합성 분석)

RCH$_2$−X + ⊖(1,3-dithiane) ≡ ⊕CH$_2$R + ⊖CHO ⟸ RCH$_2$CHO ⟹ ⊖CH$_2$R + ⊕CHO ≡ RCH$_2$MgX + HC(OEt)$_3$

Dithiane 또는 trithiane을 n-BuLi과 반응시켜 얻은 안정한 탄소 음이온을 1° 할로젠화 알킬과 반응시키면 S_N2 반응 생성물인 2-alkyl dithiane (또는 trithiane)이 생성된다. 이를 탈황 반응시키면 dithiane 또는 trithiane 부위가 알데하이드기로 전환된다. 이와 같은 반응을 **극성 반전 반응**이라고 한다 (10.3.3절의 그림 10.11). 또한, Grignard 시약과 3° formamide 또는 orthoester를 반응시켜 얻은 생성물을 가수 분해하면 탄소 사슬이 하나 늘어난 알데하이드를 합성할 수 있다 (9.3.2절의 그림 9.14).

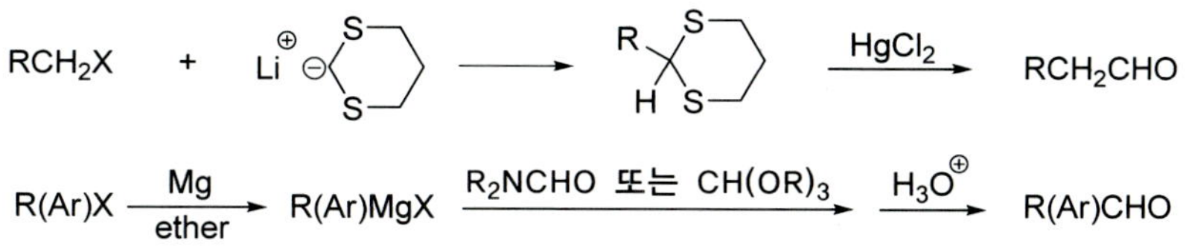

$$RCH_2X + Li^{\oplus}\,{}^{\ominus}(\text{1,3-dithiane}) \longrightarrow \text{2-R-1,3-dithiane} \xrightarrow{HgCl_2} RCH_2CHO$$

$$R(Ar)X \xrightarrow[\text{ether}]{Mg} R(Ar)MgX \xrightarrow{R_2NCHO \text{ 또는 } CH(OR)_3} \xrightarrow{H_3O^{\oplus}} R(Ar)CHO$$

방향족 알데하이드의 합성

가. Reimer-Tiemann 반응

페놀 유도체를 $CHCl_3$와 NaOH와 가열 반응시키면 OH기 인근 위치에 알데하이드기가 도입된다. 이를 **Reimer-Tiemann 반응**이라고 한다. 이 반응은 반응 중 생성된 카벤 반응종인 $:CCl_2$가 친전자체로 작용하여 일어나는 친전자성 치환 반응의 일종이다 (그림 8.25).

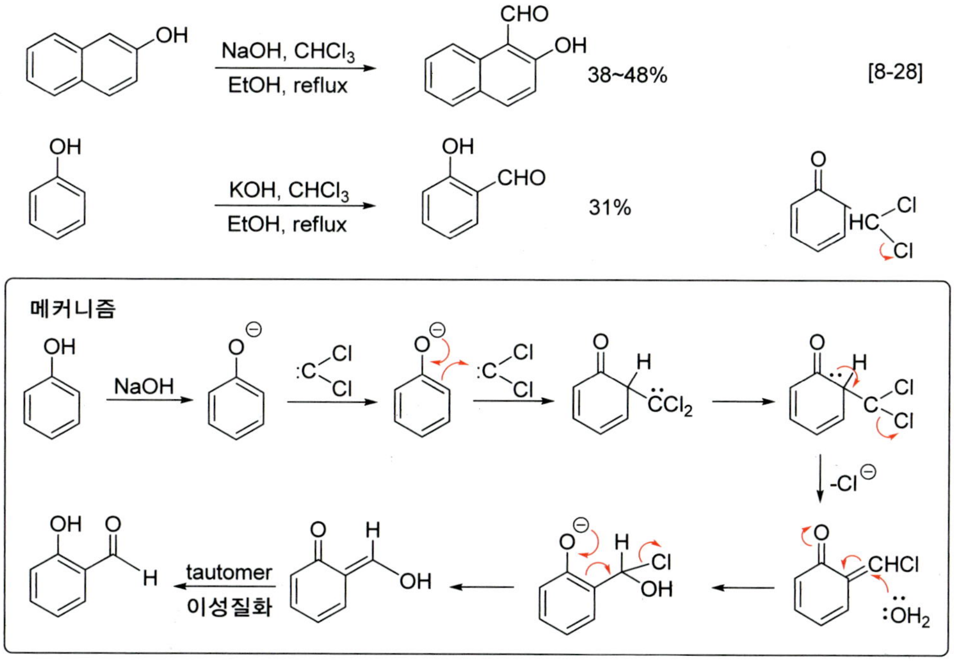

그림 8.25 Reimer-Tiemann 반응에 의한 방향족 알데하이드의 제법

나. Vilsmeyer 반응

이 반응은 DMF와 $POCl_3$의 혼합액에 활성 치환기를 가진 벤젠 유도체를 넣고 가열 반응시키면 벤젠 고리에 알데하이드기가 도입되는 반응으로 **Vilsmeyer 반응**이라고 한다.

$$Me_2N\text{-}CHO + POCl_3 \xrightarrow[\text{heat}]{Me_2N\text{-}C_6H_5} \xrightarrow[\text{AcONa}]{H_2O} Me_2N\text{-}C_6H_4\text{-}CHO \quad 80\sim84\% \qquad [8\text{-}29]$$

다. Gatterman-Koch 반응

일산화 탄소와 염산 가스 혼합물을 $AlCl_3$ 존재 하에서 벤젠 고리와 반응시켜 벤젠 고리에 알데하이드기를 도입시키는 반응이다. 이 반응은 Friedel-Crafts 아실화 반응의 일종으로 **Gatterman-Koch 반응**이라고 한다.

$$Me\text{-}C_6H_5 \xrightarrow[AlCl_3,\ CuCl]{CO,\ HCl} Me\text{-}C_6H_4\text{-}CHO \quad 46\sim51\% \qquad [8\text{-}30]$$

라. Sommelet 반응

할로젠화 벤질을 hexamethylenetetramine과 반응시켜 4° 암모늄염을 합성한 후 이를 산 가수 분해하면 알데하이드로 전환한다. 이를 **Sommelet 반응**이라고 하며, 이 반응은 헤테로 고리에 연결된 할로젠화 메틸기에서도 동일하게 일어나 헤테로 고리 알데하이드 합성에 이용할 수 있다.

$$C_{10}H_7CH_2Cl + \text{hexamethylenetetramine} \xrightarrow[\text{reflux}]{AcOH} C_{10}H_7CH_2\cdot C_6H_{12}\overset{\oplus}{N}_4\ Cl^{\ominus} \xrightarrow[\text{reflux}]{HCl} C_{10}H_7CHO \quad 75\sim82\% \qquad [8\text{-}31]$$

hexamethylenetetramine

마. 벤질 자리 탄소의 산화

벤질 위치에 있는 메틸기는 무수 아세트산 존재 하에 낮은 온도에서 Cr 금속 산화제로 반응하면 diacetate가 생성되고 이를 가수 분해하면 알데하이드기로 전환된다.

$$CH_3\text{-}C_6H_4\text{-}NO_2 \xrightarrow[H_2SO_4,\ AcOH,\ 5\sim10\ ^oC]{CrO_3,\ Ac_2O} CH(OAc)_2\text{-}C_6H_4\text{-}NO_2\ (48\sim54\%) \xrightarrow[EtOH,\ reflux]{H_2SO_4,\ H_2O} CHO\text{-}C_6H_4\text{-}NO_2\ (82\sim88\%) \qquad [8\text{-}32]$$

바. Imidoyl chloride의 환원

카복실산 anilide를 PCl_5와 반응시켜 imidoyl chloride로 전환시킨 후 $SnCl_2$로 환원하여 생성한 *N*-phenylimine을 가수 분해하면 알데하이드가 생성된다.

NHPh, Me, PCl_5, benzene, 50 to 70 °C, Cl, NPh, Me, $SnCl_2$, HCl (g), ether

H, HCl, NPh, Me, H_2O, O, H, Me, 62-70%

[8-33]

8.2.6 케톤의 제법

작용기 전환 반응을 이용한 케톤의 제법 (역합성 분석)

OH, R, R', (가), (다) 또는 (라), (나), O, R, R', R—≡—R (R' = RCH_2)

가. 2° 알코올의 산화

2° 알코올의 산화 반응은 케톤의 합성에 가장 자주 사용되는 방법이다. 케톤은 탄소 결합이 끊어지지 않는 한 더 이상 산화되지 않으므로 이 반응 목적으로 금속과 비금속 산화제를 포함하여 거의 모든 산화제를 사용할 수 있다. 구체적인 반응 예들은 5.4절을 참조하길 바란다.

OH, R, R', Cr, Mn, Ru 등 금속 산화제, 활성 DMSO, DMP, IBX 등 비금속 산화제, O, R, R'

나. 알카인의 수화 반응

알카인 (ethyne 제외)을 수은 이온 촉매 하에 산성 조건에서 수화 반응을 시키면 케톤이 생성된다 (4.2.5절). 구체적인 반응 예는 그림 4.23을 참조하길 바란다.

$$R-C\equiv C-R \xrightarrow[H_2SO_4,\ HgSO_4]{H_2O} \underset{\text{엔올}}{(R)(H)C=C(OH)(R)} \xrightleftharpoons{\text{토토머화}} \underset{\text{케톤}}{R-CH_2-C(=O)-R}$$

다. 알켄의 산화성 분해 반응

이중 결합의 한쪽 탄소에 두 개의 알킬기가 치환된 알켄을 오존과 반응시킨 후 생성된 ozonide를 아세트산 속에서 아연 분말을 가하여 환원시키면 C=C 결합의 산화성 분해가 일어나 케톤이 생성된다 (4.2.3절). OsO_4를 촉매로 사용한 oxone 산화에 의해서도 비슷한 결과를 얻을 수 있다.

$$(Et)(Me)C=CH(Me) \xrightarrow[2.\ Zn,\ AcOH]{1.\ O_3,\ CH_2Cl_2,\ -78\ ^\circ C} Et-C(=O)-Me \quad 90\%$$

$$(Ph)(Me)C=C(Me)(Ph) \xrightarrow[DMF,\ rt]{OsO_4\ (cat),\ Oxone} (Ph)(Me)C=O \quad 85\%$$

라. Wacker 산화 반응

말단 알켄을 $PdCl_2$ 촉매 하에 물속에서 산소와 반응시키면 메틸 케톤을 생성한다 (에텐의 경우 아세트알데하이드를 생성). 이 반응을 **Wacker 산화 반응**이라고 하며, 알켄으로부터 알데하이드 또는 케톤을 합성하는 공업적인 방법으로 널리 사용된다 (4.2.2절의 그림 4.8 참조).

$$\underset{\text{1-Decene}}{n\text{-}C_8H_{17}CH=CH_2} \xrightarrow[DMF\text{-}H_2O]{PdCl_2\ (0.1\ eq),\ CuCl_2\ (1\ eq),\ O_2} \underset{\text{65~73\%, 2-Decaone}}{n\text{-}C_8H_{17}C(=O)CH_3} \qquad [8\text{-}34]$$

탄소-탄소 결합 반응을 이용한 케톤의 제법

탄소-탄소 결합 반응을 이용한 케톤의 제법 (역합성 분석)

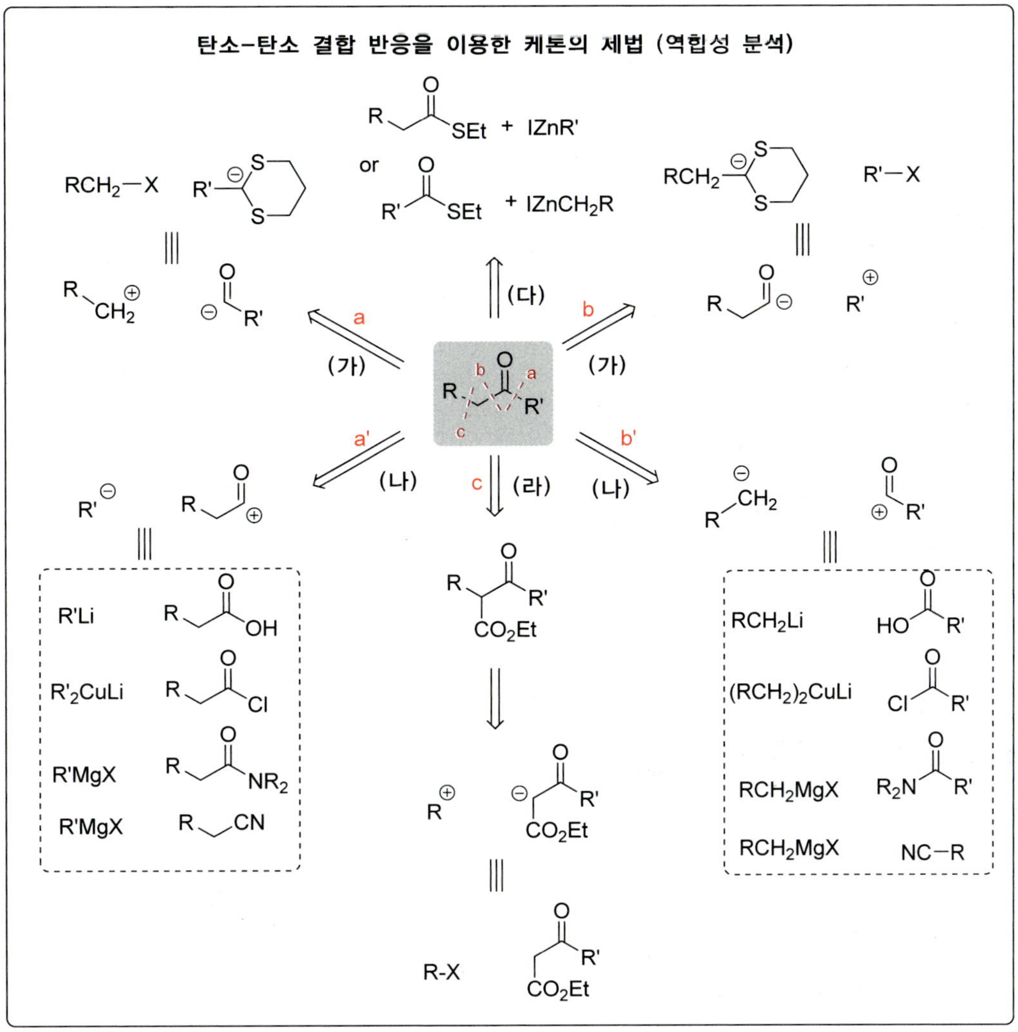

가. 극성 반전 반응 (a 또는 b 끊기 이용)

Dithiane 음이온을 1° 할로젠화 알킬과 S_N2 반응시켜 두 개의 알킬기를 도입한 후 탈황 반응시키면 케톤이 생성된다 (10.3.3절의 그림 10.11). 또한, 알데하이드 사이아노하이드린 음이온을 할로젠화 알킬과 반응시킨 후 생성된 케톤 사이아노하이드린을 염기로 처리하면 사이노하이드린 생성의 역반응이 일어나 케톤이 생성된다 (9.2.2절 및 10.3.3절의 그림 10.12). 이들은 모두 카보닐기의 극성 반전 반응을 이용한 합성법이다.

$$RCH_2X + Li^{\oplus}\ {}^{\ominus}\text{(1,3-dithiane)} \longrightarrow RCH_2(H)\text{-dithiane} \xrightarrow[\text{2. }R'CH_2X]{\text{1. }n\text{-BuLi}} RCH_2(R'CH_2)\text{-dithiane} \xrightarrow{HgCl_2} RCH_2C(=O)CH_2R'$$

$$RX + R'-\overset{OP}{\underset{\ominus}{C}}-CN \longrightarrow R'-\overset{OP}{\underset{R}{C}}-CN \xrightarrow[\text{탈보호기}]{} R'-\overset{OH}{\underset{R}{C}}-CN \xrightarrow{NaOH} R'-\overset{O}{\underset{R}{C}}$$

P = 보호기

나. 유기금속 시약의 반응 (a′ 또는 b′ 끊기 이용)

카복실산과 알킬 리튬의 반응 (9.3.3절), 산염화물과 구리 시약의 반응 (9.3.4절의 그림 9.21) 및 나이트릴의 Grignard 반응 (4.4.4.절의 그림 4.38 및 9.3.2절의 그림 9.16)을 이용하면 케톤을 합성할 수 있다.

$$RCO_2H \xrightarrow{R'Li} R-\overset{O}{C}-R' \xleftarrow{R'_2CuLi} R-\overset{O}{C}-Cl$$

$$RCN \xrightarrow{R'MgX} R-\overset{O}{C}-R'$$

다. 짝지음 반응: Fukuyama 짝지음 반응

알킬 또는 아릴 싸이오 에스터를 Pd 촉매 하에서 유기아연 화합물과 반응시키면 짝지음 반응이 일어나 케톤이 생성된다. 이를 **Fukuyama 짝지음 반응**이라고 한다.

$$n\text{-}C_7H_{15}C(=O)SEt + IZn(CH_2)_4CO_2Et \xrightarrow[\text{DMF, THF, toluene}]{Pd(OH)_2/C\ (cat)} n\text{-}C_7H_{15}C(=O)(CH_2)_4C(=O)Et \quad 78\% \qquad [8\text{-}35]$$

라. Acetoacetic ester 합성

Ethyl acetoacetate는 염기에 의해 안정한 탄소 음이온이 생성된다. 이 탄소 음이온이 친핵체로 작용하여 할로젠화 알킬과 S_N2 반응을 하면 알킬화된 생성물이 만들어지는데 이 생성물을 염기로 가수 분해한 후 산성 조건에서 가열하면 탈카복실화 반응이 일어나 메틸 알킬 케톤이 생성된다. 이 반응을 **Acetoacetic ester 합성 반응**이라고 한다. 이 반응에 관한 상세한 설명과 구체적 반응 예는 10.3.5절과 그림 10.17을 참조하길 바란다.

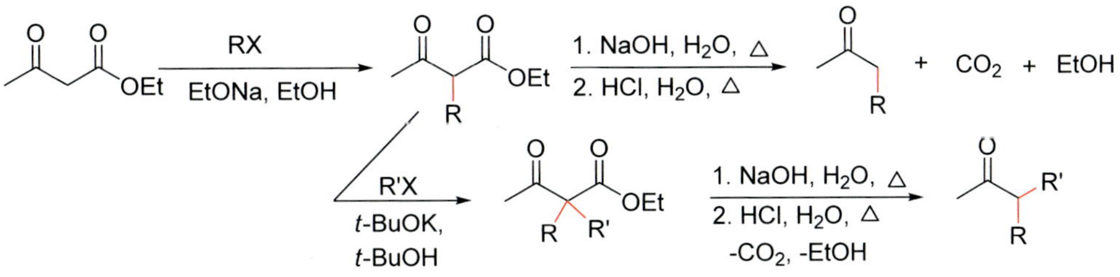

RX / EtONa, EtOH; 1. NaOH, H_2O, △ 2. HCl, H_2O, △; + CO_2 + EtOH

R'X / t-BuOK, t-BuOH; 1. NaOH, H_2O, △ 2. HCl, H_2O, △ -CO_2, -EtOH

방향족 케톤의 합성

산염화물 또는 산무수물을 $AlCl_3$과 함께 반응시키면 벤젠 고리에 친전자성 치환 반응이 일어나 아실기가 도입되어 (**Friedel–Crafts 아실화 반응**, 2.2.2절) 방향족 케톤이 합성된다 (그림 8.26).

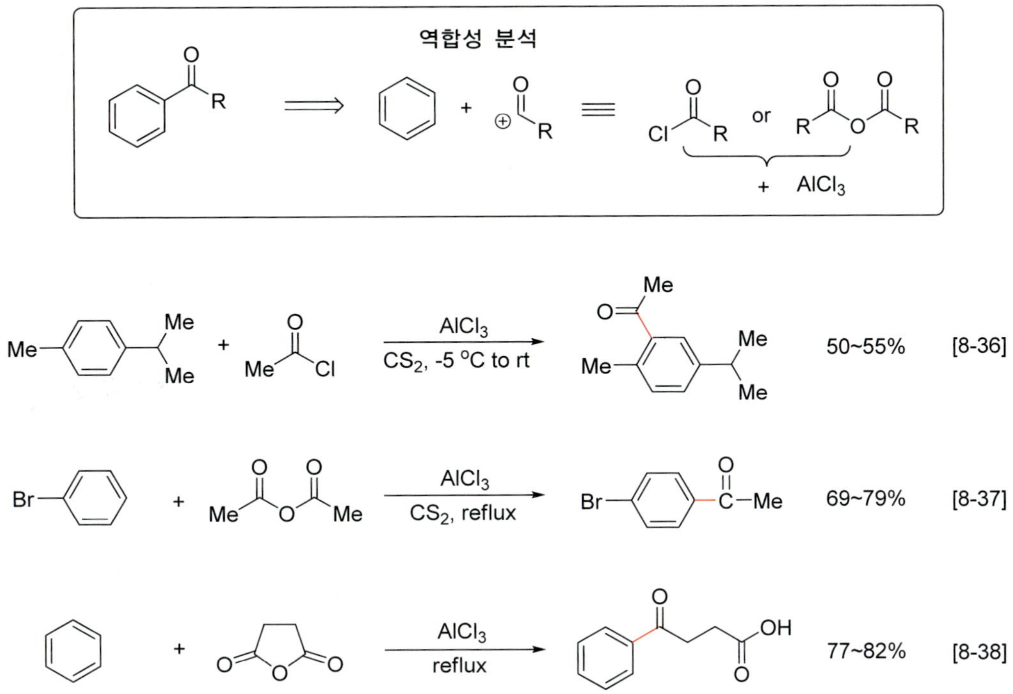

역합성 분석

+ $AlCl_3$

$AlCl_3$ / CS_2, -5 °C to rt — 50~55% [8-36]

$AlCl_3$ / CS_2, reflux — 69~79% [8-37]

$AlCl_3$ / reflux — 77~82% [8-38]

그림 8.26 Friedel–Crafts 아실화 반응을 이용한 방향족 케톤의 제법

8.2.7 카복실산의 제법

작용기 전환 반응을 이용한 카복실산의 제법 (역합성 분석)

$Ar-CH_3$　$R-CH_2OH$　$R-C(=O)-H$

(가) ⇑

$R-C(=O)-Z$, Z = Cl, OCOR, OR, NR'$_2$; $R-CN$ ⇐(라)⇐ $R-C(=O)-OH$ (R = alkyl, aryl) ⇒(나)⇒ $RCH=CHR$, $R-C\equiv C-R$

(다) ⇓

$R-C(=O)-CH_3$

가. 1° 알코올, 알데하이드 및 벤질 탄소의 산화 반응

1° 알코올은 강한 산화제에 의해 카복실산으로 산화된다 (5.3절). 한편, 알데하이드는 Ag_2O, $KMnO_4$ 또는 oxone 등에 의해 카복실산으로 산화된다. 이 반응들의 구체적 예는 각각 5.3절과 5.7.1절을 참고한다.

$$RCH_2OH \xrightarrow[\text{TEMPO 등 비금속 산화제}]{Na_2Cr_2O_7,\ CrO_3,\ PDC,\ KMnO_4,\ RuO_4} RCO_2H \xleftarrow[\text{Oxone }(KHSO_5)]{Ag_2O,\ KMnO_4} RCHO$$

한편, 벤질 자리 메틸기는 CrO_3 또는 $KMnO_4$ 산화제에 의해 카복실산으로 산화된다 (5.9절).

$$p\text{-}O_2N\text{-}C_6H_4\text{-}CH_3 \xrightarrow[H_2SO_4,\ H_2O,\ \text{reflux}]{Na_2Cr_2O_7} p\text{-}O_2N\text{-}C_6H_4\text{-}CO_2H \quad 82\sim86\% \qquad [8\text{-}39]$$

나. 알켄 및 알카인의 산화성 분해 반응

알켄을 상전이 촉매 하에 산성에서 $KMnO_4$와 반응시키면 C=C 결합이 산화성 분해를 하여 카복실산을 생성한다. 이와 같은 알켄의 산화성 분해 반응은 OsO_4 촉매 하에 상온에서 oxone ($KHSO_5$)와 반응시켜도 일어난다. 한편, 알카인의 경우 오존 반응시킨 후 생성된 ozonide를 가수 분해시키면 C≡C 결합의 산화성 분해가 일어나 카복실산이 생성되며, RuO_2 촉매를 사용하여 oxone으로 산화시켜도 비슷한 결과를 얻는다 (그림 8.27).

$$RCH{=}CHR \xrightarrow[\text{OsO}_4\text{ (cat) oxone}]{\text{KMnO}_4\text{ or}} RCO_2H \xleftarrow[\text{RuO}_2\text{ (cat) oxone}]{\text{O}_3,\ \text{H}_2\text{O or}} R{-}C{\equiv}C{-}R$$

$$n\text{-}CH_3(CH_2)_{17}CH{=}CH_2 \xrightarrow[\text{H}_2\text{SO}_4\text{-HOAc-H}_2\text{O, CH}_2\text{Cl}_2,\ 0\sim25\ ^\circ\text{C}]{\text{KMnO}_4,\ \text{Androgen 464 (PTC)}} n\text{-}CH_3(CH_2)_{17}CO_2H \quad [8\text{-}40]$$

1-Eicosene → 75~77%

$$PhCH{=}CHPh\ (cis)\ \text{or}\ PhCH{=}CHPh\ (trans) \xrightarrow[\text{DMF, rt}]{\text{OsO}_4\text{ (cat), Oxone}} PhCO_2H\ (99\%)$$

$$n\text{-}C_8H_{17}CH{=}CH_2 \longrightarrow n\text{-}C_8H_{17}CO_2H\ (93\%)$$

$$n\text{-}Bu{-}C{\equiv}C{-}H \xrightarrow[\text{2. H}_2\text{O}]{\text{1. O}_3,\ \text{CH}_2\text{Cl}_2,\ -78\ ^\circ\text{C}} n\text{-}BuCO_2H\ \ 51\%$$

$$n\text{-}C_6H_{13}{-}C{\equiv}C{-}n\text{-}C_6H_{13} \xrightarrow[\text{MeCN, H}_2\text{O, AcOEt, rt}]{\text{RuO}_2\text{ (cat), Oxone, NaHCO}_3} n\text{-}C_6H_{13}CO_2H\ \ 99\%$$

$$Ph{-}C{\equiv}C{-}Me \longrightarrow PhCO_2H\ (99\%)$$

그림 8.27 알켄 및 알카인의 산화성 분해 반응을 이용한 케톤의 제법

다. 할로폼 반응

메틸 케톤을 염기 속에서 할로젠 원소와 반응시키면 메틸기의 수소가 모두 할로젠기로 치환된 후 가수 분해되어 할로폼 (CHX_3)과 카복실산이 생성된다.

$$(CH_3)_3C{-}CO{-}CH_3 \xrightarrow[\text{H}_2\text{O, 0 to 10 }^\circ\text{C}]{\text{NaOH, Br}_2} \xrightarrow{\text{H}_2\text{SO}_4} (CH_3)_3C{-}CO{-}OH \quad 71\sim74\% \quad [8\text{-}41]$$

라. 카복실산 유도체의 가수 분해 반응

산염화물, 산무수물, 에스터, 아마이드 및 나이트릴을 염기 또는 산성에서 가수 분해하면 카복실산으로 전환된다. 이 반응은 외형상 친핵성 아실 치환 반응으로 분류되지만 (2.1.6절), 실제 반응은 친핵성 첨가 반응과 연이은 제거 반응으로 일어난다 (그림 8.28).

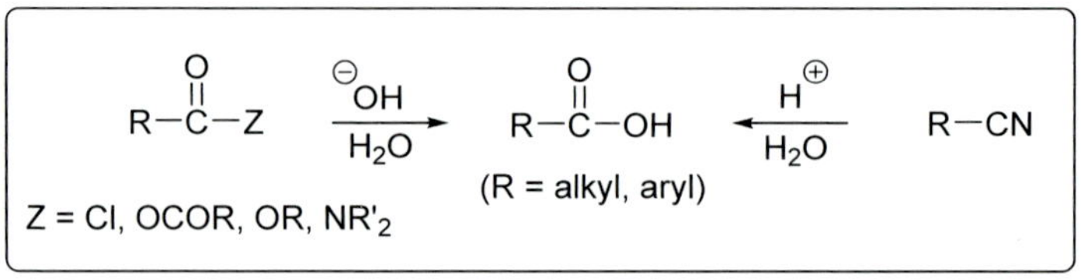

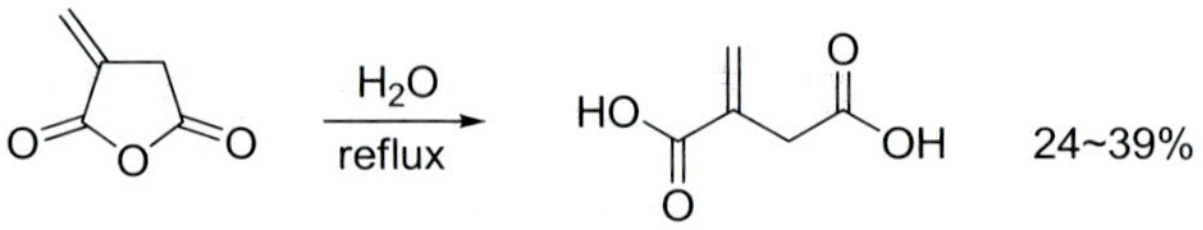

$$R-\overset{O}{\overset{\|}{C}}-Z \xrightarrow[H_2O]{^{\ominus}OH} R-\overset{O}{\overset{\|}{C}}-OH \xleftarrow[H_2O]{H^{\oplus}} R-CN$$

Z = Cl, OCOR, OR, NR'$_2$ (R = alkyl, aryl)

$\xrightarrow[\text{reflux}]{H_2O}$ 24~39% [8-42]

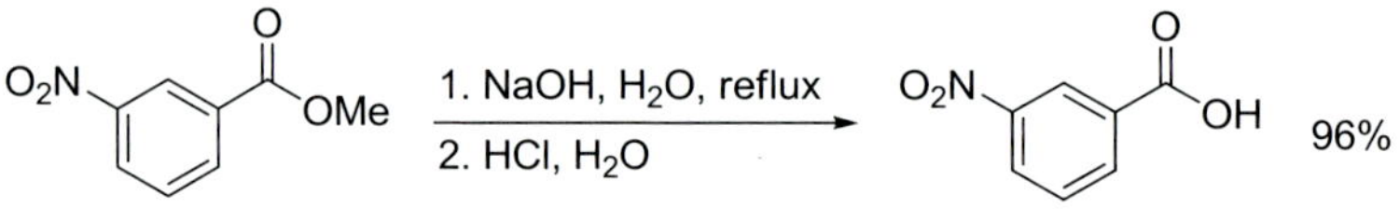

$\xrightarrow[\text{2. HCl, } H_2O]{\text{1. NaOH, } H_2O\text{, reflux}}$ 96% [8-43]

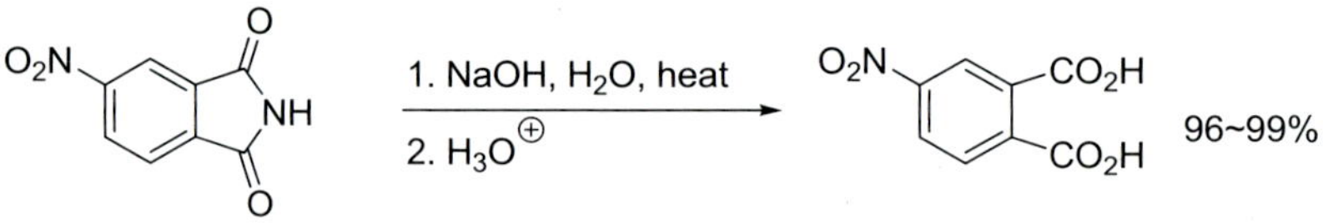

$\xrightarrow[\text{2. } H_3O^{\oplus}]{\text{1. NaOH, } H_2O\text{, heat}}$ 96~99% [8-44]

$$PhCH_2CN \xrightarrow[\text{reflux}]{H_2SO_4,\ H_2O} PhCH_2CO_2H \quad 77\%$$ [8-45]

그림 8.28 가수 분해 반응을 이용한 카복실산의 제법

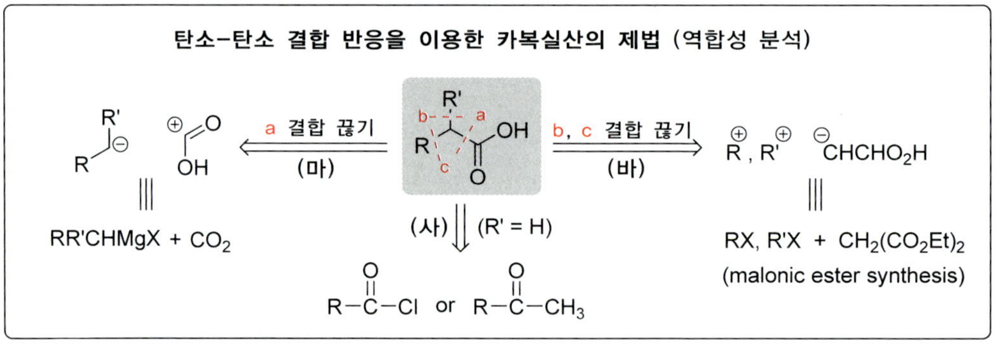

탄소-탄소 결합 반응을 이용한 카복실산의 제법 (역합성 분석)

a 결합 끊기 (마): $RR'CHMgX + CO_2$

b, c 결합 끊기 (바): $\overset{\oplus}{R}$, $\overset{\oplus}{R'}$ $^{\ominus}CHCHO_2H$ ≡ RX, R'X + $CH_2(CO_2Et)_2$ (malonic ester synthesis)

(사) (R' = H): $R-\overset{O}{\overset{\|}{C}}-Cl$ or $R-\overset{O}{\overset{\|}{C}}-CH_3$

마. Grignard 반응

Grignard 시약에 탄산 가스를 불어 넣던가 또는 드라이아이스를 넣고 반응시킨 후 가수 분해하면 카복실산이 생성된다 (9.3.2절의 그림 9.15 참조).

$$RMgX + CO_2 \longrightarrow [RCO_2MgX] \xrightarrow{H_3O^{\oplus}} RCO_2H$$

바. Malonic ester 합성

Diethyl malonate와 할로젠화 알킬 (주로 1° RX)을 염기 존재 하에 반응시켜 얻은 알킬 말론산 에스터를 가수 분해시기고 산성에서 가열하여 탈카복실화 반응시키면 탄소 사슬이 두 개 늘어난 카복실산이 합성된다 (10.3.5절의 그림 10.16 참조).

Malonic ester 합성법을 이용한 카복실산의 제법

EtO(C=O)CH₂(C=O)OEt —[RX / EtONa, EtOH]→ EtO(C=O)CH(R)(C=O)OEt —[1. NaOH, H_2O, △ 2. HCl, H_2O, △]→ RCH₂COOH + CO_2 + EtOH

EtO(C=O)CH(R)(C=O)OEt —[R'X / *t*-BuOK, *t*-BuOH]→ EtO(C=O)C(R)(R')(C=O)OEt —[1. NaOH, H_2O, △ 2. HCl, H_2O, △ -CO_2, -EtOH]→ R'CH(R)COOH

사. 재배열 반응을 이용한 합성: Arndt-Eistert와 Wilgerodt 반응

산염화물에 CH_2N_2를 반응시키면 다이아조 케톤을 거쳐 알킬 또는 아릴기의 재배열 반응이 일어나 탄소 사슬이 한 개 늘어난 카복실산이 생성된다. 이를 **Arndt-Eistert 반응**이라고 한다 (그림 8.29).

Arndt-Eistert 반응

RCOOH —[$SOCl_2$]→ RCOCl —[CH_2N_2(2 eq) / -CH_3Cl, -N_2]→ RCOCHN_2 —[Ag_2O / H_2O]→ RCH₂COOH

α-Diazoketone　　탄소 사슬이 한 개 늘어남

메커니즘

α-Diazoketone —[-HCl; CH_2N_2 → CH_3Cl + N_2]→ [공명 구조]

—[Ag_2O / -N_2]→ [carbene ⇌ oxirene ⇌ carbene] —[[1,2] 재배열]→ ketene —[H_2O (NuH)]→ RCH₂C(=O)OH (Nu)

carbene　　ketene

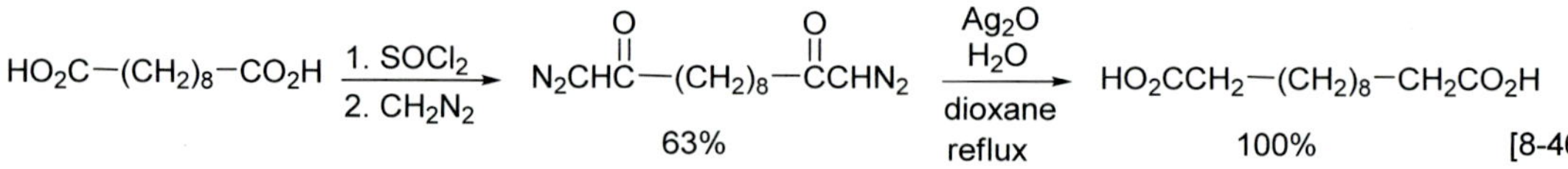

$$HO_2C{-}(CH_2)_8{-}CO_2H \xrightarrow[2.\ CH_2N_2]{1.\ SOCl_2} N_2CHC(=O){-}(CH_2)_8{-}C(=O)CHN_2 \ (63\%) \xrightarrow[\text{dioxane, reflux}]{Ag_2O,\ H_2O} HO_2CCH_2{-}(CH_2)_8{-}CH_2CO_2H \ (100\%) \qquad [8\text{-}46]$$

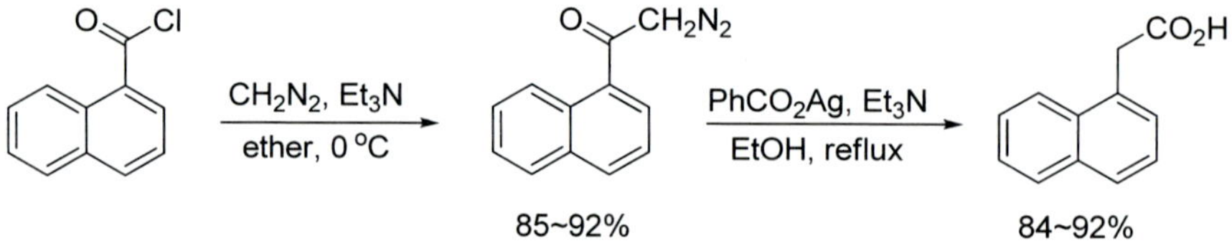

1-Naphthoyl chloride $\xrightarrow[\text{ether, 0 °C}]{CH_2N_2,\ Et_3N}$ 1-naphthyl–$COCH_2N_2$ (85~92%) $\xrightarrow[\text{EtOH, reflux}]{PhCO_2Ag,\ Et_3N}$ 1-naphthyl–CH_2CO_2H (84~92%) [8-47]

그림 8.29 Arndt–Eistert 반응을 이용한 카복실산의 제법

한편, 아릴 알킬 케톤을 황과 morpholine으로 가열 반응시키면 아릴기의 재배열 반응을 거쳐 말단 알킬기에 thiomorpholide가 생성되며 이를 가수 분해하면 카복실산이 생성된다. 이 반응을 **Wilgerodt–Kindler 반응**이라고 한다 (그림 8.30).

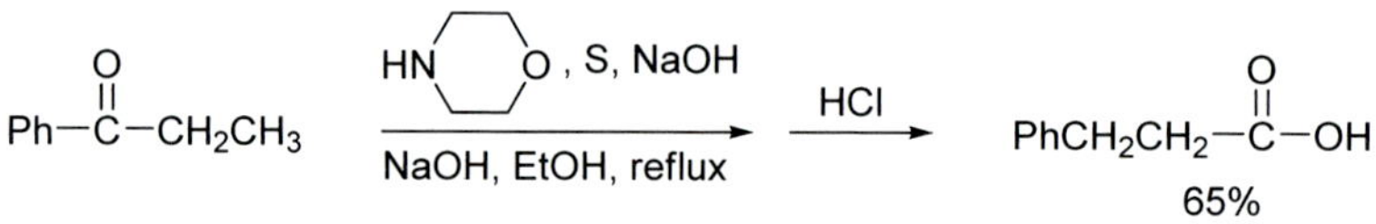

$$Ph{-}C(=O){-}CH_2CH_3 \xrightarrow[\text{NaOH, EtOH, reflux}]{\text{morpholine, S, NaOH}} \xrightarrow{HCl} PhCH_2CH_2{-}C(=O){-}OH \ (65\%) \qquad [8\text{-}48]$$

Wilgerodt–Kindler 반응 메커니즘

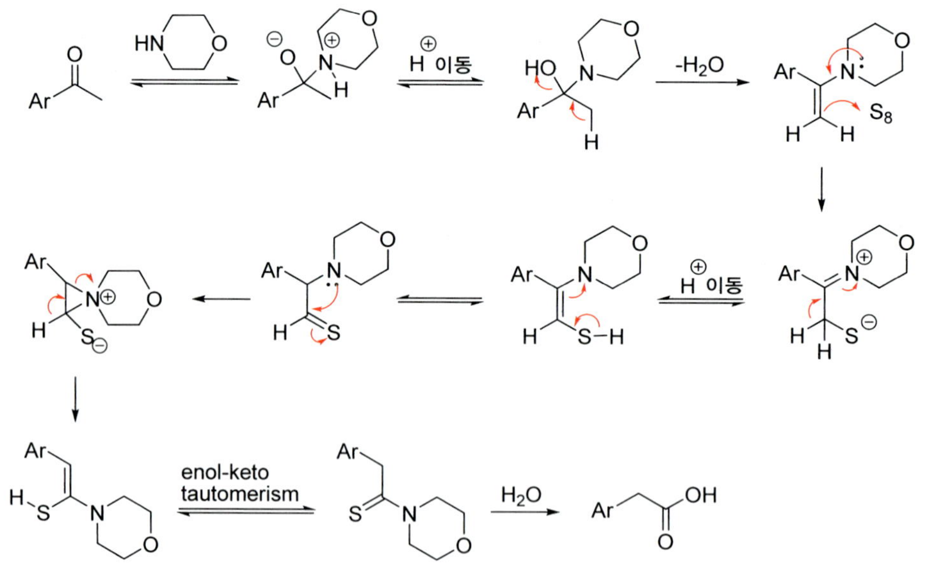

그림 8.30 Wilgerodt–Kindler 반응을 이용한 카복실산의 제법

8.2.8 카복실산 유도체의 제법

◆ 산염화물의 제법

카복실산을 $SOCl_2$, oxalyl chloride [$(COCl)_2$] 또는 PCl_5과 반응시키면 산염화물이 생성된다. 이 중 $SOCl_2$와 oxalyl chloride의 경우 반응 부산물이 모두 기체로 제거될 수 있으므로 생성된 산염화물을 분리하기 쉬운 장점이 있다. 또한 산염화물은 산무수물을 PCl_5와 고온에서 반응시켜도 합성할 수 있다 (그림 8.31).

$$RCOOH \xrightarrow{SOCl_2,\ (COCl)_2\ \text{or}\ PCl_5} RCOCl \xleftarrow{PCl_5} RCOOCOR$$

$$CH_3CH_2CH_2-\overset{O}{\overset{\|}{C}}-OH \xrightarrow[\text{reflux}]{SOCl_2} CH_3CH_2CH_2-\overset{O}{\overset{\|}{C}}-Cl + SO_2\uparrow + HCl\uparrow \quad \text{[8-49]}$$
85%

$$C_6H_{11}-\overset{O}{\overset{\|}{C}}-OH + Cl-\overset{O}{\overset{\|}{C}}-\overset{O}{\overset{\|}{C}}-Cl \xrightarrow[0\,^{\circ}C]{\text{ether}} C_6H_{11}-\overset{O}{\overset{\|}{C}}-Cl + CO\uparrow + CO_2\uparrow + HCl\uparrow \quad \text{[8-50]}$$
92%

$$CH_2=C(COOH)CH_2COOH \xrightarrow[\text{reflux}]{PCl_5} CH_2=C(COCl)CH_2COCl + POCl_3 + HCl\uparrow \quad \text{[8-51]}$$
60~66%

$$\text{phthalic anhydride} \xrightarrow[\text{reflux to 250 °C}]{PCl_5} C_6H_4(COCl)_2 + POCl_3 + HCl\uparrow \quad \text{[8-52]}$$
92%

그림 8.31 카복실산으로부터 산염화물의 제법

◆ 산무수물의 제법

산염화물과 카복실산을 염기와 함께 반응시키거나 다이카복실산을 무수 아세트산으로 탈수 반응시키면 산무수물이 생성된다 (그림 8.32).

$$n\text{-}C_6H_{13}\text{-}C(=O)\text{-}Cl + n\text{-}C_6H_{13}\text{-}C(=O)\text{-}OH \xrightarrow[\text{benzene, -65 °C}]{\text{Pyridine}} n\text{-}C_6H_{13}\text{-}C(=O)\text{-}O\text{-}C(=O)\text{-}C_6H_{13}\text{-}n \quad \text{78~83\%} \qquad [8\text{-}53]$$

$$HO_2C\text{-}CH_2CH_2\text{-}CO_2H \xrightarrow[\text{reflux}]{Ac_2O} \text{(succinic anhydride)} \quad 90\% \qquad [8\text{-}54]$$

$$\text{(2-carboxyphenyl)}CH_2CO_2H \xrightarrow[\text{reflux}]{Ac_2O} \text{(homophthalic anhydride)} \quad \text{85~88\%} \qquad [8\text{-}55]$$

그림 8.32 산무수물의 제법

◆ 에스터의 제법

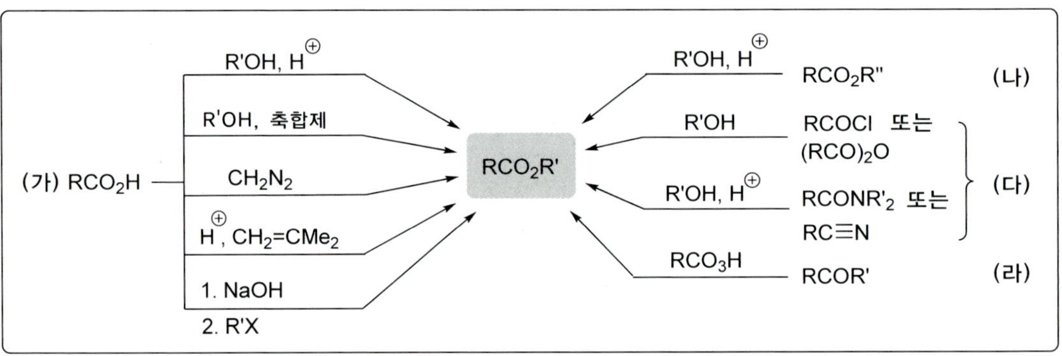

가. 카복실산의 에스터화 반응

Fisher 에스터화 반응: 카복실산을 산 촉매 하에서 알코올과 반응시키면 에스터가 생성된다. 이 반응을 Fisher 에스터화 반응이라고 하며 가장 대표적인 에스터 생성 반응이다. 이 반응은 평형 반응으로 진행되므로 에스터의 생성 수득률을 높이기 위해서 보통 과량의 알코올을 사용한다.

$$PhCO_2H \xrightarrow[H_2SO_4]{MeOH} PhCO_2Me + H_2O \quad 92\% \qquad [8\text{-}56]$$

활성화 시약 (축합제)에 의한 에스터화 반응: 에스터화 반응을 촉진하는 활성화 시약은 carbonyldiimidazole (CDI)과 DCC–DMAP 시약과 같이 카복실산의 카보닐기를 활성화시켜 (카보닐기의 친전자성 증대) 알코올의 친핵성 아실 치환 반응을 용이하게 하는 역할을 하는 시약 (그림 8.33)과 DEAD−PPh_3 시약 같이 알코올과 반응하여 알코올의 하이드록실기의 이탈성을 증대시켜 카복실기가 친핵체로서 S_N2 반응성을 증대시키는 역할을 하는 시약 등이 있다. 이 중 후자의 방법은 Mitsunobu **반응**으로 잘 알려져 있다 (그림 8.34).

Carbonyldiimidazole (CDI)법

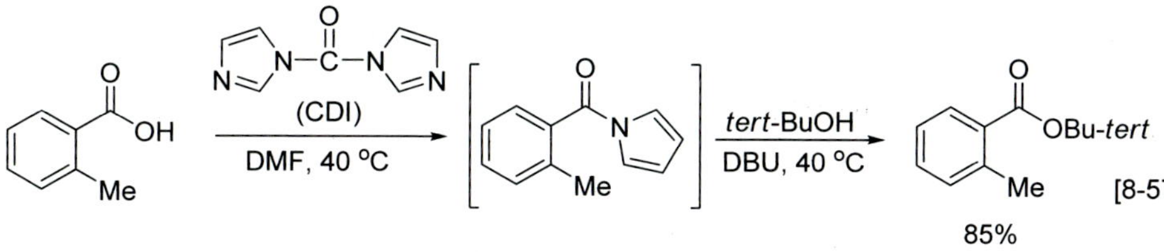

(CDI), DMF, 40 °C → [intermediate] → *tert*-BuOH, DBU, 40 °C → OBu-*tert*, Me, 85% [8-57]

1,3-Dicylohexylcarbodiimide (DCC) + *N,N*-Dimethylaminopyridine (DMAP)법

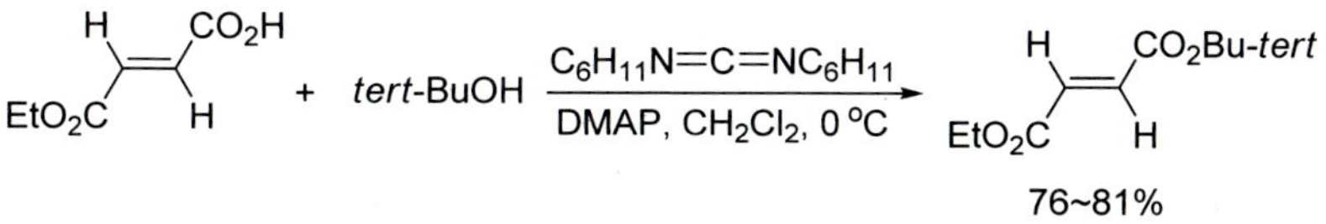

H, CO_2H, EtO_2C, H + *tert*-BuOH $\xrightarrow[\text{DMAP, } CH_2Cl_2\text{, 0 °C}]{C_6H_{11}N{=}C{=}NC_6H_{11}}$ H, CO_2Bu-*tert*, EtO_2C, H 76~81% [8-58]

메커니즘

NMe_2, :N, R, O, H, Cy, N, C, N, Cy, DCC, NCy, NHCy, active ester, R'OH, R'NH_2, OR', NHR', + O=C(NHCy)NHCy

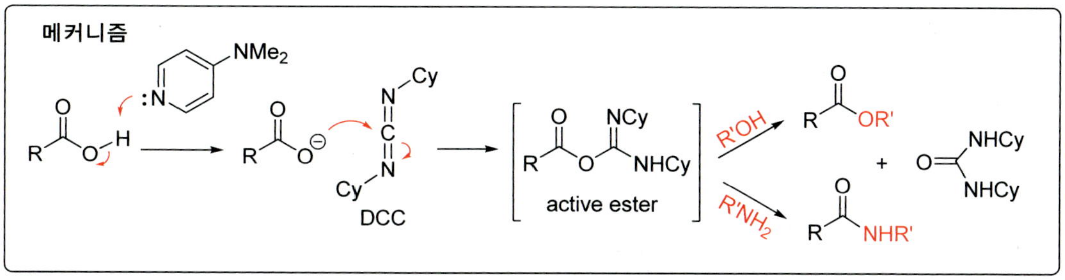

그림 8.33 카복실산 활성화제를 이용한 에스터의 제법

Diethyl azodicarboxylate (DEAD)-PPh_3법 (Mitsunobu 반응)

이 반응은 DEAD에 의해 활성화된 알코올에 카복실기가 친핵체로 반응하여 알코올의 OH기가 $Ph_3P{=}O$로서 이탈되어 일어나는 반응이다. 이 반응은 S_N2 반응으로 진행되므로 OH기가 결합되어 있는 탄소 원자의 입체 중심에서 반전이 일어난다.

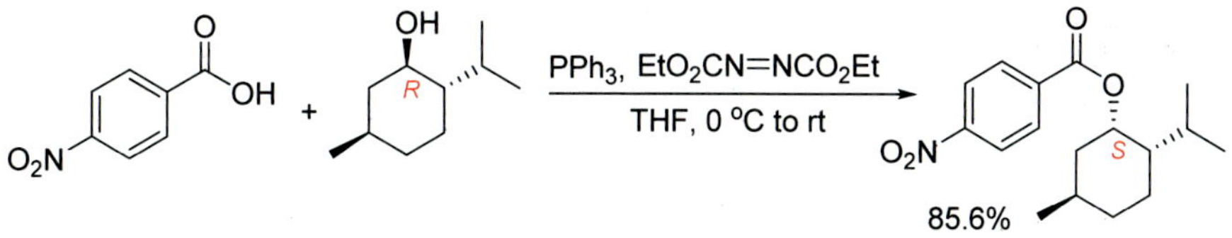

O_2N, OH + OH, *R* $\xrightarrow[\text{THF, 0 °C to rt}]{PPh_3\text{, } EtO_2CN{=}NCO_2Et}$ O_2N, O, *S* 85.6% [8-59]

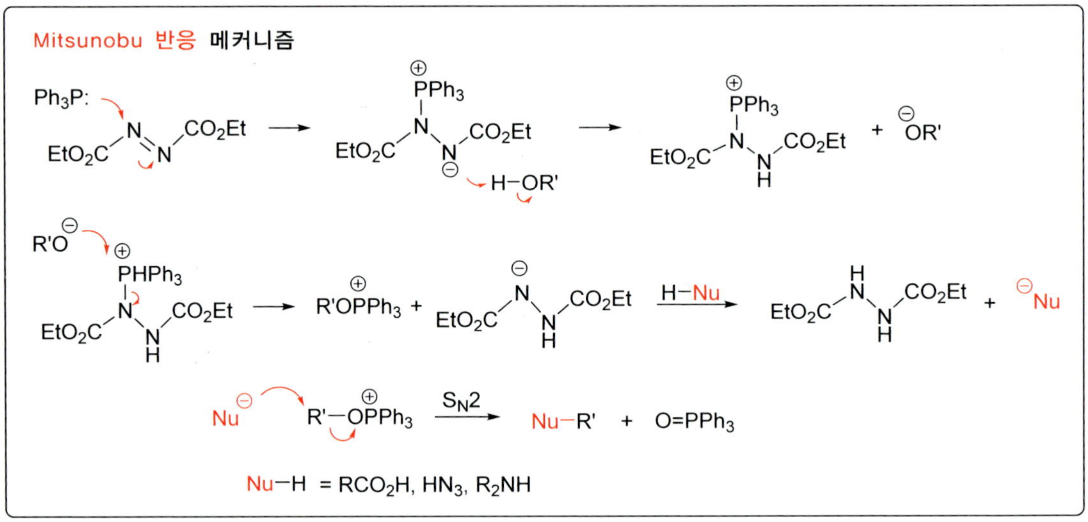

Mitsunobu 반응 메커니즘

Ph_3P: + $EtO_2C-N=N-CO_2Et$ → $EtO_2C-N(\overset{\oplus}{P}Ph_3)-\overset{\ominus}{N}-CO_2Et$ + H–OR' → $EtO_2C-N(\overset{\oplus}{P}Ph_3)-NH-CO_2Et$ + $^{\ominus}OR'$

$R'O^{\ominus}$ + $EtO_2C-N(\overset{\oplus}{P}HPh_3)-NH-CO_2Et$ → $R'O\overset{\oplus}{P}Ph_3$ + $EtO_2C-\overset{\ominus}{N}-NH-CO_2Et$ —H–Nu→ $EtO_2C-NH-NH-CO_2Et$ + $^{\ominus}Nu$

$Nu^{\ominus}$ + $R'-O\overset{\oplus}{P}Ph_3$ —S_N2→ Nu–R' + O=PPh_3

Nu–H = RCO_2H, HN_3, R_2NH

그림 8.34 Mitsunobu 반응을 이용한 에스터의 제법

메틸 (또는 에틸) 에스터의 합성: Diazomethane (CH_2N_2)과 카복실산이 반응하면 메틸 에스터가 생성된다. 이 반응은 중성과 온화한 조건에서 반응이 진행된다. Trialkyloxonium tetrafluoroborate ($R_3O^{\oplus}BF_4^{\ominus}$, R = Me, Et) 시약 역시 온화한 조건에서 카복실산과 반응하여 메틸 또는 에틸 에스터를 생성한다 (그림 8.35).

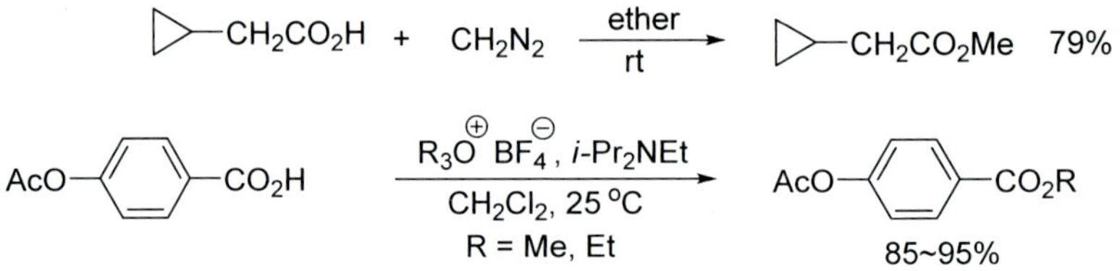

$$\text{cyclopropyl}-CH_2CO_2H + CH_2N_2 \xrightarrow[\text{rt}]{\text{ether}} \text{cyclopropyl}-CH_2CO_2Me \quad 79\%$$

$$AcO-C_6H_4-CO_2H \xrightarrow[\substack{CH_2Cl_2,\ 25\,^{\circ}C \\ R\,=\,Me,\ Et}]{R_3\overset{\oplus}{O}\ \overset{\ominus}{B}F_4,\ i\text{-}Pr_2NEt} AcO-C_6H_4-CO_2R \quad 85\text{~}95\% \qquad [8\text{-}60]$$

메커니즘

$RCO_2H + CH_2N_2 \rightarrow [R-C(=O)-O^{\ominus}\ \ CH_3-\overset{\oplus}{N}\equiv N] \rightarrow RCO_2CH_3 + N_2$

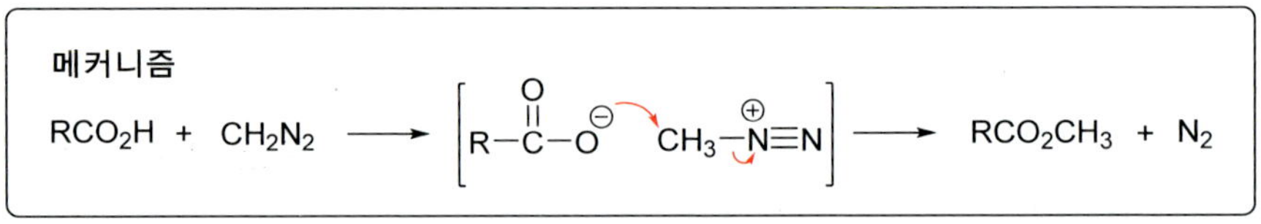

그림 8.35 다이아조메테인을 이용한 메틸 에스터의 합성

***tert*-Butyl ester의 합성**: 산성 조건에서 카복실산의 용액에 isobutylene (2-methylpropene) 가스를 통과시키면 *tert*-butyl 에스터가 합성된다.

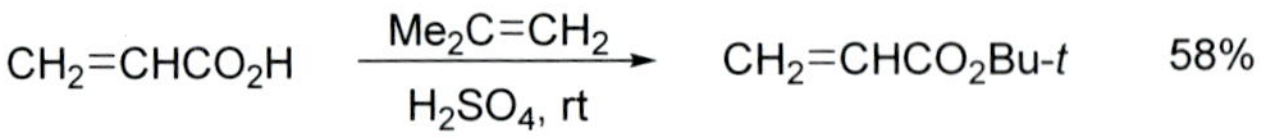

$$CH_2{=}CHCO_2H \xrightarrow[H_2SO_4,\ rt]{Me_2C{=}CH_2} CH_2{=}CHCO_2Bu\text{-}t \quad 58\%$$

카복실산 음이온과 할로젠화 알킬의 S_N2 반응: 할로젠화 알킬과 카복실산염 (카복실산 음이온)을 반응시키면 S_N2 반응에 의해 에스터가 생성된다 (그림 8.36).

$$MeCO_2Na + O_2N\text{-}C_6H_4\text{-}CH_2Cl \xrightarrow[160\sim170\ ^\circ C]{AcOH} MeCO_2CH_2\text{-}C_6H_4\text{-}NO_2 \quad 78\sim82\% \qquad [8\text{-}61]$$

$$2,4,6\text{-}Me_3C_6H_2\text{-}CO_2^{\ominus} + MeCH(I)(CH_2)_5Me \xrightarrow[reflux]{acetone} 2,4,6\text{-}Me_3C_6H_2\text{-}C(=O)\text{-}O\text{-}CH(Me)(CH_2)_5Me \quad 100\%$$

그림 8.36 카복실산염의 알킬화 반응을 이용한 에스터의 제법

나. 에스터 교환 반응

에스터 (RCO_2R')를 $R''OH$와 산 또는 염기 촉매 하에서 반응시키면 에스터의 R' 기가 R''기로 교환되는 반응이 일어난다. 이를 **에스터 교환 반응** (transesterification)이라고 한다. 이 반응은 탄소 사슬이 짧은 저급 알코올의 에스터 (RCO_2Me 또는 RCO_2Et)로부터 탄소 사슬이 긴 고급 알코올의 에스터를 합성하는 데 이용된다 (그림 8.37).

$$\text{(diethyl ester, CO}_2\text{Et} \times 2) \xrightarrow[i\text{-PrOH, reflux}]{Ti(OPr\text{-}i)_4\ (cat)} \text{(CO}_2\text{Pr-}i \times 2) \quad 91\sim95\% \qquad [8\text{-}62]$$

$$(CH_3)_2CHCH_2CO_2Et + PhCH_2OH \xrightarrow[\text{toluene, Dean-Stark reflux}]{TiCl_4\ (cat)} (CH_3)_2CHCH_2CO_2CH_2Ph \quad 98\%$$

$$\text{3-pyridyl-}CO_2Me + \text{LiO-menthyl} \xrightarrow[0\ to\ 20\ ^\circ C]{THF,\ hexane} \text{3-pyridyl-}CO_2\text{-menthyl} \quad 77\sim83\% \qquad [8\text{-}63]$$

그림 8.37 에스터 교환 반응

다. 카복실산 유도체의 가알코올 분해 반응

산염화물, 산무수물 및 나이트릴이 알코올과 반응하면 친핵성 아실 치환 반응이 일어나 가알코올 분해 생성물인 에스터가 합성된다 (그림 8.38).

$$MeCOCl + Me_3COH \xrightarrow[\text{ether, reflux}]{PhNMe_2} MeCO_2CMe_3 \quad 63\sim68\ \%$$ [8-64]

phthalic anhydride $\xrightarrow[\text{reflux}]{MeOH}$ $C_6H_4(CO_2Me)(CO_2H)$ 83% [8-65]

$$CH_3(CH_2)_3CN + EtOH \xrightarrow[\text{reflux}]{H_2SO_4} CH_3(CH_2)_3CO_2Et \quad 85\%$$ [8-66]

그림 8.38 카복실산 유도체의 가알코올 분해 반응을 이용한 에스터의 제법

라. 케톤의 산화 반응: Baeyer-Villiger 산화 반응

케톤을 과산소산 (peracid)과 반응시키면 재배열 반응이 일어나 에스터가 생성된다. 이를 **Baeyer-Villiger 반응**이라고 한다. 이 반응에 관한 상세한 설명과 구체적 반응 예는 5.7.2절과 그림 5.25를 참조하길 바란다.

$$R{-}CO{-}R' \xrightarrow{RCO_3H} R{-}CO{-}OR' \text{ 또는 } RO{-}CO{-}R'$$

아마이드의 제법

(가) RCO_2H —HNR'_2→ $RCONR'_2$ (R' =H, alkyl)

(나) $RCOCl, (RCO)_2O$ or RCO_2R' —HNR'_2→ $RCONR'_2$

(다) $RC{\equiv}N$ —H_2O, $H^{\oplus}$ or $HO^{\ominus}$ or H_2O_2, $HO^{\ominus}$→ $RCONR'_2$

(라) $R'C(=NOH)R$ —H_2SO_4→ $RCONR'_2$ (Beckmann 재배열 반응)

가. 카복실산과 아민의 축합 반응

카복실산을 1° 아민과 직접 높은 온도로 가열 반응시키면 축합 반응에 의해 아마이드가 생성된다. 그러나 이 반응을 분자 체 (molecular sieve, MS) 또는 Ti, Zr, B 촉매를 사용하여 수행할 경우 온화한 조건에서도 쉽게 일어나게 할 수 있다 (그림 8.39).

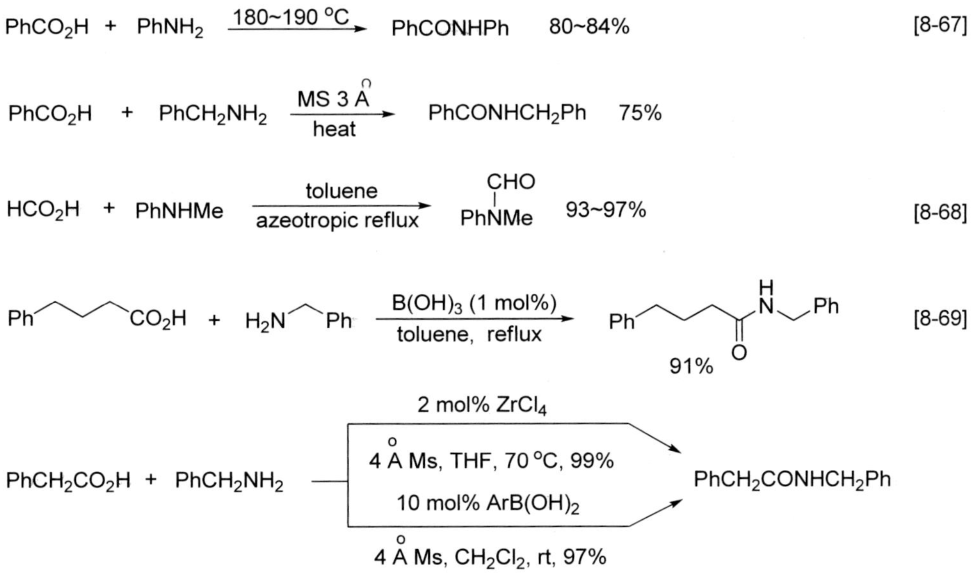

$$PhCO_2H + PhNH_2 \xrightarrow{180\sim190\ ^{\circ}C} PhCONHPh \quad 80\sim84\%$$ [8-67]

$$PhCO_2H + PhCH_2NH_2 \xrightarrow[heat]{MS\ 3\ \mathring{A}} PhCONHCH_2Ph \quad 75\%$$

$$HCO_2H + PhNHMe \xrightarrow[azeotropic\ reflux]{toluene} PhN(CHO)Me \quad 93\sim97\%$$ [8-68]

$$Ph(CH_2)_3CO_2H + H_2NCH_2Ph \xrightarrow[toluene,\ reflux]{B(OH)_3\ (1\ mol\%)} Ph(CH_2)_3C(=O)NHCH_2Ph \quad 91\%$$ [8-69]

$$PhCH_2CO_2H + PhCH_2NH_2 \longrightarrow PhCH_2CONHCH_2Ph$$

- 2 mol% $ZrCl_4$, 4 Å Ms, THF, 70 °C, 99%
- 10 mol% $ArB(OH)_2$, 4 Å Ms, CH_2Cl_2, rt, 97%

그림 8.39 축합 반응을 이용한 아마이드의 제법

나. 카복실산 유도체의 가아민 분해 반응

산염화물, 산무수물 또는 에스터를 아민과 반응 (가아민 분해 반응)시키면 아마이드가 생성된다 (그림 8.40).

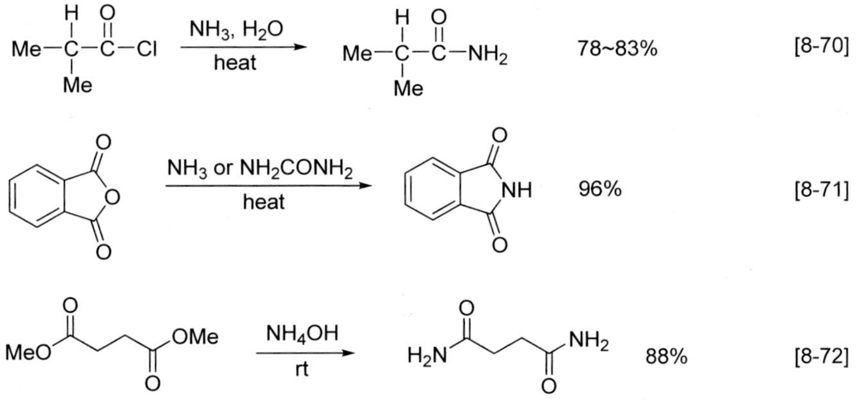

$$Me_2CH\text{-}C(=O)\text{-}Cl \xrightarrow[heat]{NH_3,\ H_2O} Me_2CH\text{-}C(=O)\text{-}NH_2 \quad 78\sim83\%$$ [8-70]

$$\text{phthalic anhydride} \xrightarrow[heat]{NH_3\ or\ NH_2CONH_2} \text{phthalimide (NH)} \quad 96\%$$ [8-71]

$$MeO_2C(CH_2)_2CO_2Me \xrightarrow[rt]{NH_4OH} H_2NC(=O)(CH_2)_2C(=O)NH_2 \quad 88\%$$ [8-72]

그림 8.40 카복실산의 가아민 분해 반응을 이용한 아마이드의 제법

다. 나이트릴의 부분 가수 분해 반응

나이트릴을 온화한 조건에서 산 또는 염기 조건에서 부분 가수 분해 (또는 염기 조건에서 H_2O_2로 산화)시키면 1° 아마이드가 생성된다.

2-methylbenzonitrile (CN, Me) + H_2O_2 —(NaOH, H_2O / 40~50 °C)→ 2-methylbenzamide (O, NH_2, Me) 90% [8-73]

라. 옥심의 재배열 반응 (Beckmann 재배열 반응)

산 촉매에서 케톡심을 물과 함께 반응시키면 재배열 반응 (Beckmann 재배열 반응)이 일어나 2° 아마이드가 생성된다 (그림 8.41).

Beckmann 재배열 반응: cyclohexanone oxime (N–OH) —(H_2SO_4, H_2O / reflux)→ caprolactam (H, N, O) 59~65% [8-74]

메커니즘

R(R')C=N–OH —($H^{\oplus}$)→ R(R')C=N–$OH_2^{\oplus}$ —($-H_2O$)→ [R'–C≡$N^{\oplus}$–R ⟷ R'–$C^{\oplus}$=N–R] (+ $H_2\ddot{O}$:) → R'($H_2O^{\oplus}$)C=N–R —($-H^{\oplus}$)→ R'(HO)C=N–R ⇌ R'(O=)C–NH–R

그림 8.41 Bekmann 재배열 반응을 이용한 2° 아마이드의 제법

8.2.9 나이트릴의 제법

나이트릴은 할로젠화 알킬을 NaCN과 S_N2 반응 (2.1.1절과 9.2.1절 참조)시키는 방법, 1° 아마이드 또는 알독심을 탈수 반응시키는 방법과 아릴 다이아조늄염을 CuCN과 친핵성 방향족 치환 반응 (**Sandmeyer 반응**, 2.1.4절)시키는 방법을 사용하여 합성한다.

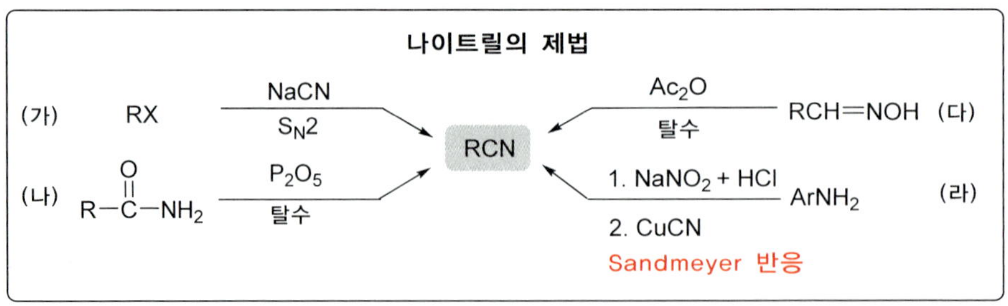

가. 사이아나이드 이온에 의한 할로젠화 알킬의 S_N2 반응

구체적인 반응 예는 9.2.1절의 그림 9.3을 참조한다.

나. 1° 아마이드의 탈수 반응

$$R-C(=O)-NH_2 \xrightarrow[\text{heat}]{P_2O_5} R-C\equiv N$$

R = *i*-Pr: 73% [8-76]

Ph: 74% [8-75]

다. 알독심의 탈수 반응

$$\text{3,4-(MeO)}_2C_6H_3-CH{=}NOH \xrightarrow[\text{relux, 70\sim76\%}]{Ac_2O} \text{3,4-(MeO)}_2C_6H_3-CN$$

[8-77]

라. 아릴 다이아조늄염의 친핵성 치환 반응 (Sandmeyer 반응)

이 반응에 관한 구체적 설명과 반응 예는 2.1.4절의 그림 2.14를 참조한다.

CHAPTER 08 참고 문헌

[8-1] *Org. Synth. Coll.* **1955**, 3, 650 and 652.

[8-2] *Org. Synth. Coll.* **1955**, *3*, 350.

[8-3] *Org. Synth. Coll.* **1955**, *3*, 578.

[8-4] *Org. Synth. Coll.* **1988**, *6*, 179.

[8-5] *Org. Synth. Coll.* **2004**, *10*, 237.

[8-6] Vogel's Textbook 572p.

[8-7] *Org. Synth. Coll.* **2009**, *11*, 433.

[8-8] Vogel's Textbook 909p.

[8-9] *Org. Synth. Coll.* **1963**, *4*, 114.

[8-10] Vogel's Textbook 581p.

[8-11] *Org. Synth. Coll.* **1993**, *8*, 204.

[8-12] Vogel's Textbook 986p.

[8-13] Vogel's Textbook 584p.

[8-14] *Org. Synth. Coll.* **2009**, *11*, 934.

[8-15] *Org. Synth. Coll.* **1941**, *1*, 185.

[8-16] *Org. Synth. Coll.* **1993**, *8*, 434.

[8-17] *Org. Synth. Coll.* **2004**, *10*, 297.

[8-18] *Org. Synth. Coll.* **1973**, *5*, 755.

[8-19] *Org. Synth. Coll.* **1973**, *5*, 121.

[8-20] Vogel's Textbook 780p.

[8-21] *Org. Synth. Coll.* **1943**, *2*, 503 and Vogel's Textbook 777p.

[8-22] *Org. Synth. Coll.* **1973**, *5*, 471.

[8-23] *Org. Synth. Coll.* **1973**, *5*, 73.

[8-24] *Org. Synth. Coll.* **1943**, *2*, 44.

[8-25] *Org. Synth. Coll.* **1973**, *5*, 273.

[8-26] *Org. Synth. Coll.* **1973**, *5*, 1018.

[8-27] *Org. Synth. Coll.* **1988**, *6*, 905.

[8-28] *Org. Synth. Coll.* **1955**, *3*, 463 and Vogel's Textbook 997p.

[8-29] *Org. Synth. Coll.* **1963**, *4*, 331.

[8-30] *Org. Synth. Coll.* **1943**, *2*, 583.

[8-31] *Org. Synth. Coll.* **1963**, *4*, 690.
[8-32] *Org. Synth. Coll.* **1943**, *2*, 441 and Org. Synth. Coll. 1963, 4, 713.
[8-33] *Org. Synth. Coll.* **1955**, *3*, 818.
[8-34] *Org. Synth. Coll.* **1990**, *7*, 137.
[8-35] *Org. Synth. Coll.* **2009**, *11*, 281.
[8-36] *Org. Synth. Coll.* **1943**, *2*, 3.
[8-37] *Org. Synth. Coll.* **1941**, *1*, 109.
[8-38] *Org. Synth. Coll.* **1943**, *2*, 81.
[8-39] *Org. Synth. Coll.* **1941**, *1*, 392.
[8-40] *Org. Synth. Coll.* **1990**, *7*, 397.
[8-41] Org. Synth. Coll. **1941**, *1*, 524.
[8-42] *Org. Synth. Coll.* **1943**, *2*, 368.
[8-43] Vogel's Textbook 1071p.
[8-44] *Org. Synth. Coll.* **1943**, *2*, 457.
[8-45] *Org. Synth. Coll.* **1941**, *1*, 436.
[8-46] Vogel's Textbook 676p.
[8-47] *Org. Synth. Coll.* **1988**, *6*, 613.
[8-48] Vogel's Textbook 1055p.
[8-49] *Org. Synth. Coll.* **1941**, *1*, 147.
[8-50] *Org. Synth. Coll.* **1990**, *7*, 397.
[8-51] *Org. Synth. Coll.* **1963**, *4*, 554.
[8-52] *Org. Synth. Coll.* **1943**, *2*, 528.
[8-53] *Org. Synth. Coll.* **1955**, *3*, 28.
[8-54] Vogel's Textbook 695p.
[8-55] *Org. Synth. Coll.* **1955**, *3*, 449.
[8-56] Vogel's Textbook 1077p.
[8-57] Vogel's Textbook 1079p.
[8-58] *Org. Synth. Coll.* **1990**, *7*, 93.
[8-59] *Org. Synth. Coll.* **1998**, *9*, 607.
[8-60] *Org. Synth. Coll.* **1988**, *6*, 576.
[8-61] *Org. Synth. Coll.* **1955**, *3*, 650.
[8-62] *Org. Synth. Coll.* **1993**, *8*, 201.
[8-63] *Org. Synth. Coll.* **1993**, *8*, 350.
[8-64] *Org. Synth. Coll.* **1955**, *3*, 142.
[8-65] *Org. Synth. Coll.* **1941**, *1*, 428.
[8-66] Vogel's Textbook 706p.
[8-67] *Org. Synth. Coll.* **1941**, *1*, 83.
[8-68] *Org. Synth. Coll.* **1955**, *3*, 590.
[8-69] *Org. Synth. Coll.* **2009**, *11*, 733.
[8-70] *Org. Synth. Coll.* **1955**, *3*, 490.
[8-71] Vogel's Textbook 1065p.
[8-72] Vogel's Textbook 709p.
[8-73] Vogel's Textbook 1080p.
[8-74] *Org. Synth. Coll.* **1943**, *2*, 371.
[8-75] Vogel's Textbook 1083p.
[8-76] *Org. Synth. Coll.* **1955**, *3*, 493 and Vogel's Textbook 716p.
[8-77] *Org. Synth. Coll.* **1943**, *2*, 622 and Vogel's Textbook 1085p.

CHAPTER 09

유기금속 화합물을 이용한 탄소-탄소 단일 결합 형성 반응

9.1 탄소-탄소 결합 반응 소개

탄소-탄소 단일 결합과 다중 결합 형성 반응은 유기 합성에서 탄소 골격을 만드는 핵심 반응으로 매우 중요하다. 이 중 탄소-탄소 단일 결합 형성 반응은 결합 생성에 참여하는 탄소 원자의 반응 행태에 따라 극성 반응 (이온성 반응)과 비극성 반응으로 구분할 수 있다. 극성 반응은 탄소 친핵체 (탄소 음이온)와 탄소 친전자체 (탄소 양이온)처럼 극성 탄소 반응종이 관여하는 반응이고, 비극성 반응이란 동시 고리 형성 반응, 복분해 반응, 라디칼 반응 등과 같이 특정한 탄소 반응종이 관여하지 않거나 라디칼 또는 카벤 비극성 반응종이 관여하는 반응이다.

표 9.1 탄소-탄소 단일 결합 형성 반응에서 탄소 친핵체로서 작용하는 반응 시약 또는 탄소 반응종

종류	구조
사이아나이드 이온	$:\overset{\ominus}{C}\equiv N:$ (NaCN, KCN, $Zn(CN)_2$, Me_3SiCN, Et_2AlCN)
유기금속 화합물	RC≡CNa (Li), RMgX (Grignard 시약), RLi (유기리튬 시약), R_2CuLi (Gilman 시약), R_2Zn (유기아연 시약), RZnX (Reformatsky 시약), $RTi(OR')_3$ (유기타이타늄 시약), R_3B 또는 RBY_2 (유기붕소 시약)
엔올 음이온	$R_2C{=}C(O^{\ominus}){-}Y \longleftrightarrow R_2\overset{\ominus}{C}{-}C({=}O){-}Y$
아자-엔올 음이온 (금속 엔아민)	$R_2\overset{\ominus}{C}{-}C({=}NR''_2){-}R' \longleftrightarrow R_2C{=}C(\overset{\ominus}{:}NR''_2){-}R'$
엔아민	$R_2C{=}C(NR''_2){-}R'$
엔올	$R_2C{=}C(OH){-}Y$
엔올 에터	$R_2C{=}C(OR'){-}Y$ (R' = $SiMe_3$, BR_2)
황 일라이드	$R_2S{=}CHR \longleftrightarrow R_2\overset{\oplus}{S}{-}\overset{\ominus}{C}HR$

탄소-탄소 단일 결합 형성 반응을 9장~11장에 나누어 소개하고자 한다. 구체적으로 9장에서는 사이아나이드 이온, 유기금속 화합물 (R-M: R = alkyl, alkenyl, alkynyl 또는 aryl, M = Na, Li, Mg, Li, Zn 또는 Ti)과 황 일라이드를 탄소 친핵체로 이용하는 방법, 10장에서는 엔올 음이온 (enolate anion), 아자 엔올 음이온 [aza-enolate anion 또는 금속 엔아민 (metalloenamine)이라고도 함], 엔아민 (enamine), 엔올 (enol)과 엔올 에터 (enol ether) 등과 같은 안정한 탄소 음이온과 중성 탄소 친핵체를 이용하는 방법, 11장에서는 동시 고리 협동 반응 (예. Diels-Alder 반응), 이온성 짝지음 반응 및 Pd 촉매 짝지음 반응과 올레핀 복분해 반응을 이용하는 방법을 소개할 예정이다. 한편, 탄소-탄소 이중 결합 (알켄)과 삼중 결합 (알카인)의 생성 반응은 12장에서 별도로 기술할 예정이다.

탄소-탄소 단일 결합 형성 반응에서 탄소 친핵체로서 사용되는 반응 시약 또는 탄소 반응종을 정리하여 표 9.1에 나타내었다. 이 표에 나타낸 반응 시약 중 유기붕소 시약을 제외하면 모두 극성 반응에 관여하는 탄소 친핵체로서 이 탄소 반응종들은 친핵성 치환 반응과 첨가 반응을 통하여 탄소-탄소 단일 결합을 형성하는 다양한 반응에 관여한다 (그림 9.1).

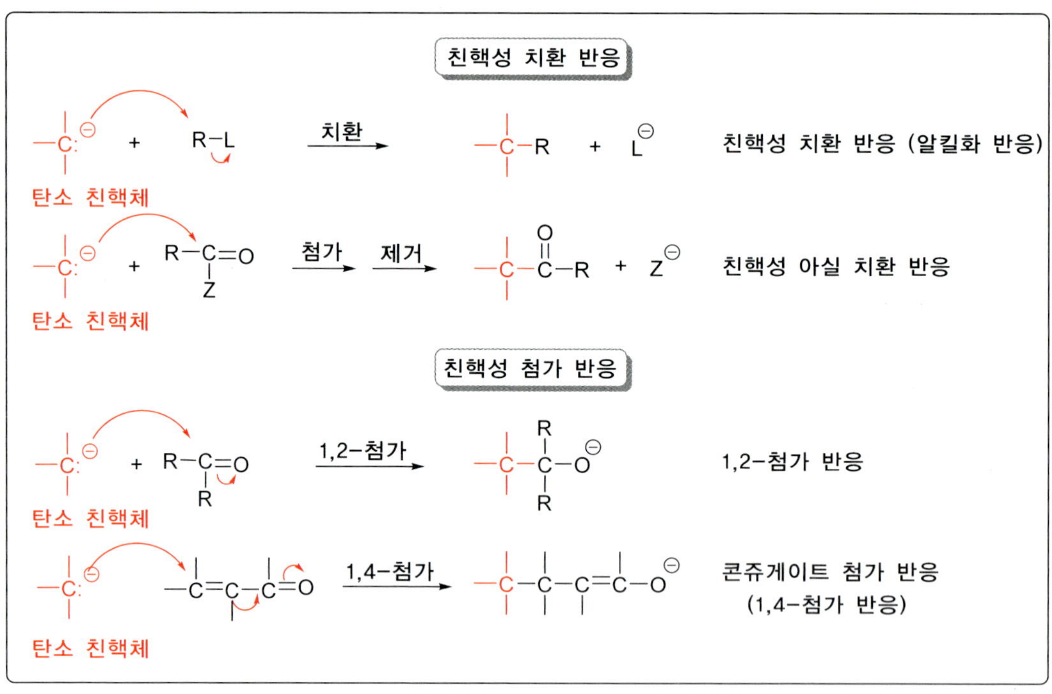

그림 9.1 탄소 친핵체를 이용한 극성 탄소-탄소 단일 결합 형성 반응의 형태

한편, 탄소 친전자체인 탄소 양이온 (아실륨 이온 포함)이 관여하는 탄소–탄소 단일 결합 반응은 탄소 친핵체와 비교할 때 그리 다양하지 않으며, 대표적인 반응 예로 Friedel–Crafts 알킬화 반응과 아실화 반응 (벤젠의 친전자성 치환 반응, 2.2.1절), 알카이닐 또는 알케닐 규소 화합물의 아실화 반응 등을 들 수 있다 (그림 9.2).

Friedel–Crafts 알킬화 반응	Y–벤젠	+ RCl	$AlCl_3$ →	Y–벤젠–R	[$R^{\oplus}$]
Friedel–Crafts 아실화 반응	Y–벤젠	+ R–C(=O)–Cl	$AlCl_3$ →	Y–벤젠–C(=O)–R	[R–C(=O)$^{\oplus}$]
Alkynyl 또는 alkenylsilane의 아실화 반응	R–C≡C–$SiMe_3$ RCH=CH$SiMe_3$	+ R–C(=O)–Cl	$AlCl_3$ →	R–C≡C–C(=O)–R RCH=CH–C(=O)–R	[R–C(=O)$^{\oplus}$]

그림 9.2 탄소 양이온이 친전자체로 관여하는 탄소—탄소 단일 결합 반응

9.2 사이아나이드 이온에 의한 탄소-탄소 결합 반응

탄소–탄소 단일 결합을 형성시키는 가장 간단한 방법 중 하나는 반응 기질에 CN기를 도입시키는 반응이다. 이 반응은 할로젠화 알킬 또는 알킬 설포네이트로부터 친핵성 치환 반응 (S_N2 반응)을 이용한 나이트릴 화합물의 생성 반응 (9.2.1절), 카보닐기로부터 친핵성 첨가 반응을 이용한 사이아노하이드린 화합물의 생성 반응 (9.2.2절) 및 α,β–불포화 카보닐기의 콘쥬게이트 첨가 (또는 1,4–첨가) 반응 (13.2.3절) 등 세 가지 반응 형태로 진행된다.

기질	$^{\ominus}$C≡N	생성물	반응
R–X	→	R–C≡N	친핵성 치환 반응
R–C(=O)–H/R	→	R–C(OH)(H/R)–C≡N	친핵성 첨가 반응
R–CH=CH–C(=O)–Z	→	N≡C–CH(R)–CH_2–C(=O)–Z	콘쥬게이트 첨가 반응

나이트릴기의 도입 반응은 유기 합성 반응에서 매우 중요한 반응이다. 그 이유는 반응 기질의 탄소 골격을 한 개 늘릴 수 있을 뿐 아니라 나이트릴기는 아마이드, 카복실산, 아민 또는 알데하이드 등과 같은 다양한 작용기로 전환될 수 있기 때문이다.

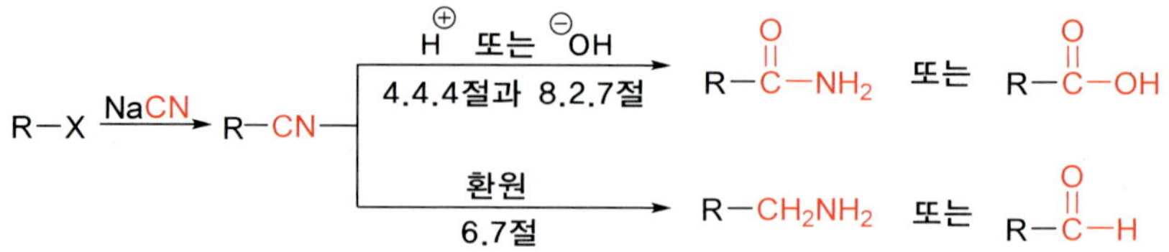

$R-X \xrightarrow{NaCN} R-CN$

$H^{\oplus}$ 또는 $^{\ominus}OH$ (4.4.4절과 8.2.7절): $R-C(=O)-NH_2$ 또는 $R-C(=O)-OH$

환원 (6.7절): $R-CH_2NH_2$ 또는 $R-C(=O)-H$

9.2.1 사이아나이드 이온을 이용한 치환 반응: 나이트릴의 생성 반응

Benzyl chloride와 NaCN을 에탄올 용매에서 반응시키면 benzyl cyanide를 좋은 수득률로 얻을 수 있다. 그러나 다른 할로젠화 알킬의 경우 DMSO 같은 극성이 큰 비양성자성 용매에서 반응시켜야 수득률이 크게 향상된다 (S_N2 반응은 비양성자성 극성 용매에서 더 잘 일어난다. 2.1.2절과 8.2.9절 참조). 또한, 이 반응을 hexadecyltributylphosphonium bromide 같은 상전이 촉매 (phase transfer catalyst, PTC)의 존재하에 시행하면 반응이 촉진되어 수득률이 향상된다 (그림 9.3).

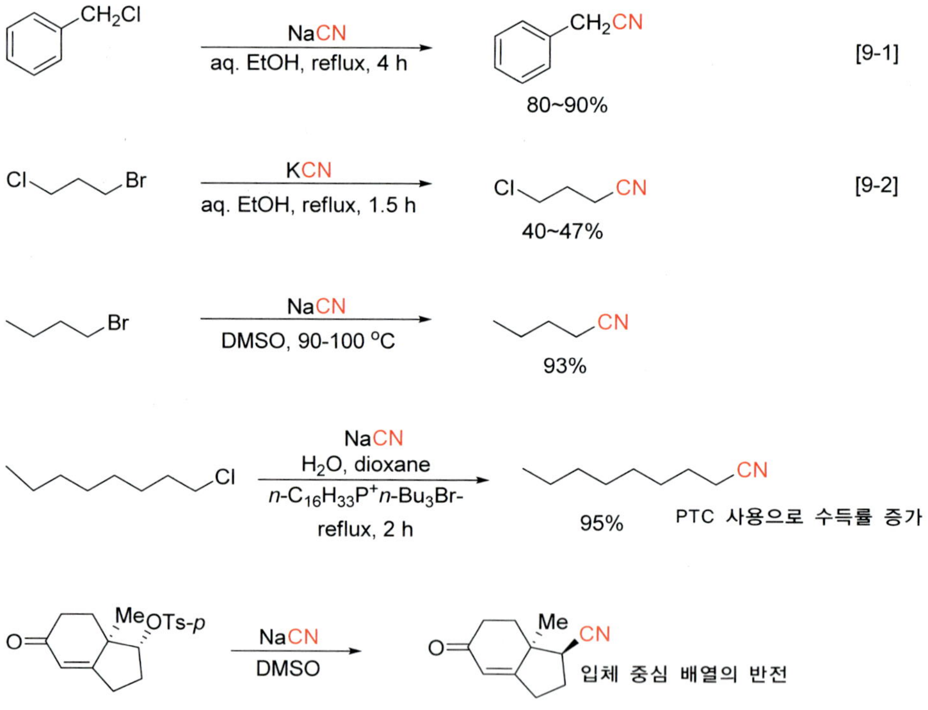

$C_6H_5CH_2Cl \xrightarrow[\text{aq. EtOH, reflux, 4 h}]{NaCN} C_6H_5CH_2CN$ (80~90%) [9-1]

$Cl(CH_2)_3Br \xrightarrow[\text{aq. EtOH, reflux, 1.5 h}]{KCN} Cl(CH_2)_3CN$ (40~47%) [9-2]

$CH_3(CH_2)_3Br \xrightarrow[\text{DMSO, 90-100 °C}]{NaCN} CH_3(CH_2)_3CN$ (93%)

$CH_3(CH_2)_7Cl \xrightarrow[n\text{-}C_{16}H_{33}P^{+}n\text{-}Bu_3Br^{-}\text{, reflux, 2 h}]{NaCN,\ H_2O,\ dioxane} CH_3(CH_2)_7CN$ (95%) PTC 사용으로 수득률 증가

Me, OTs-p $\xrightarrow[\text{DMSO}]{NaCN}$ Me, CN 입체 중심 배열의 반전

그림 9.3 사이아나이드 이온의 친핵성 치환 반응

9.2.2 사이아나이드 이온을 이용한 첨가 반응: 사이아노하이드린의 생성 반응

알데하이드와 케톤의 카보닐기는 NaCN, KCN, $Zn(CN)_2$, Me_3SiCN, Et_2AlCN과 같은 사이아나이드 이온을 제공할 수 있는 시약과 반응하여 친핵성 첨가 반응 생성물인 **cyanohydrin 화합물**을 생성한다 (그림 9.4). 그러나 평형 반응으로 진행되는 이 반응은 반응 중간체의 사면체형 구조 (2.1.5절 및 4.4.1절 참조)에 있는 CN기의 좋은 이탈성 때문에 알칼리 용액에서는 역반응이 일어나 출발물로 되돌아가기 쉽다. 따라서 이 반응은 반드시 산성 조건에서 수행해야 한다. 이 반응은 보통 알데하이드의 경우가 케톤보다 더 빨리 일어난다. Diisopropyl ketone 또는 benzophenone과 같이 입체 장애가 있는 케톤의 경우 반응이 느리거나 일어나지 않는다.

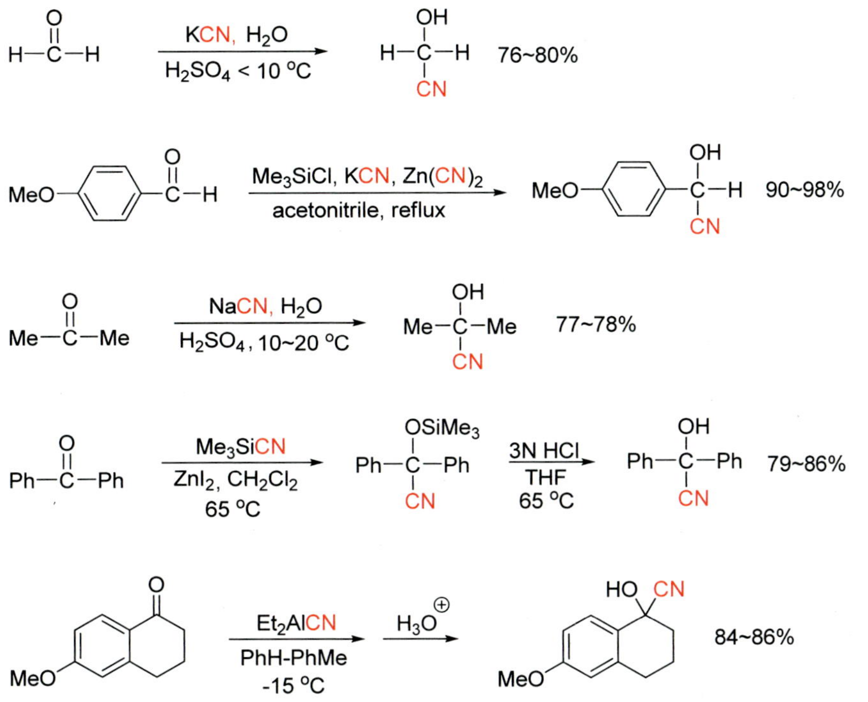

H–C(=O)–H —(KCN, H_2O / H_2SO_4 < 10 °C)→ H–C(OH)(CN)–H 76~80% [9-3]

MeO–C_6H_4–C(=O)–H —(Me_3SiCl, KCN, $Zn(CN)_2$ / acetonitrile, reflux)→ MeO–C_6H_4–C(OH)(CN)–H 90~98% [9-4]

Me–C(=O)–Me —(NaCN, H_2O / H_2SO_4, 10~20 °C)→ Me–C(OH)(CN)–Me 77~78% [9-5]

Ph–C(=O)–Ph —(Me_3SiCN / ZnI_2, CH_2Cl_2, 65 °C)→ Ph–C($OSiMe_3$)(CN)–Ph —(3N HCl / THF, 65 °C)→ Ph–C(OH)(CN)–Ph 79~86% [9-6]

MeO-tetralone —(Et_2AlCN / PhH-PhMe, -15 °C)→ —($H_3O^{\oplus}$)→ HO, CN product (MeO) 84~86% [9-7]

그림 9.4 사이아나이드 이온의 카보닐 첨가 반응: cyanohydrin 형성 반응

이 반응은 mandelic acid 같은 α–hydroxy carboxylic acid의 합성과 α–amino acid의 합성에 응용된다. 이 중 알데하이드 또는 케톤을 NaCN과 NH_4Cl의 수용액과 반응시켜 얻어지는

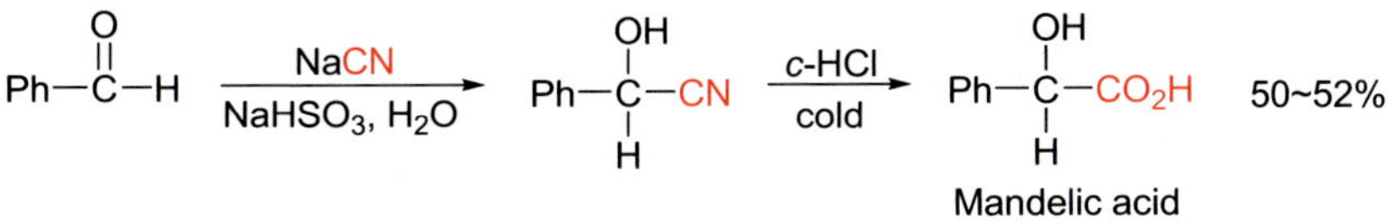

Ph–C(=O)–H —(NaCN / $NaHSO_3$, H_2O)→ Ph–C(OH)(H)–CN —(c-HCl / cold)→ Ph–C(OH)(H)–CO_2H 50~52% [9-8]

Mandelic acid

$MeCHO \xrightarrow[NH_4Cl,\ H_2O,\ 0\ ^\circ C \sim rt]{NaCN} [MeCH(NH_2)CN] \xrightarrow[2.\ PbO,\ H_2O]{1.\ c\text{-}HCl,\ \Delta} MeCH(NH_2)CO_2H$ (*dl*-Alanine) 52~60% [9-9]

$PhCHO \xrightarrow[NH_4Cl,\ MeOH\text{-}H_2O,\ 45\ ^\circ C]{NaCN} [PhCH(NH_2)CN] \xrightarrow[2.\ NH_4OH]{1.\ c\text{-}HCl,\ \Delta} PhCH(NH_2)CO_2H$ (*dl*-Phenylglycine) 52~60% [9-10]

$EtCOEt \xrightarrow[NH_4Cl,\ NH_4OH,\ MeOH,\ 60\ ^\circ C]{NaCN} [Et_2C(NH_2)CN] \xrightarrow[2.\ PbO,\ H_2O]{1.\ c\text{-}HCl,\ \Delta} Et_2C(NH_2)CO_2H$ (2-Amino-2-ethylbutanoic acid) 39~43% [9-11]

$PhCOMe \xrightarrow[NH_4Cl,\ NH_4OH,\ MeOH,\ 60\ ^\circ C]{NaCN} [PhC(Me)(NH_2)CN] \xrightarrow[2.\ Pyridine]{1.\ c\text{-}HCl,\ \Delta} PhC(Me)(NH_2)CO_2H$ (*dl*-2-Amino-2-phenylethanoic acid) 28% [9-12]

그림 9.5 α-아미노산의 합성 (Strecker 합성법)

α-amino nitrile을 가수 분해하여 다양한 α-amino acid을 합성하는 방법을 **Strecker 합성법** (4.4.3절)이라고 한다 (그림 9.5).

또한, CN 이온은 α,β-불포화 에스터 또는 케톤과 콘쥬게이트 첨가 (1,4-첨가) 반응을 하여 β-cyano ester (또는 케톤)를 좋은 수득률로 생성한다 (4.5절과 그림 9.6).

$PhCH{=}C(CO_2Et)_2 \xrightarrow[aq.\ EtOH,\ 65\text{-}75\ ^\circ C]{KCN} \xrightarrow{H_3O^\oplus} PhCH(CN)CH_2CO_2Et$ 81~87% [9-13]

$PhCH{=}CHCOPh \xrightarrow[aq.\ EtOH]{KCN,\ HOAc} PhCH(CN)CH_2COPh$ 93-96% [9-14]

3β-AcO-17β-C_8H_7-steroidal Δ^5-7-one $\xrightarrow[THF,\ 25\ ^\circ C]{HCN\text{-}AlEt_3} \xrightarrow{c\text{-}HCl}$ 5α-CN-7-one 92~93% [9-15]

그림 9.6 사이아나이드 이온의 1,4-첨가 반응

한편, benzaldehyde를 NaCN과 에탄올 속에서 가열 반응시키면 benzoin이 생성된다. 이 반응을 **benzoin 축합 반응**이라고 한다. 이 반응은 반응 중간체인 cyanohydrin의 α 수소가 염기에 의해 양성자로 제거되어 생성된 benzoyl 음이온 (benzoyl cyanohydrin 음이온)이 benzaldehyde의 카보닐기에 친핵성 첨가 반응하여 일어난 결과이다 (그림 9.7). 이와 같은 **cyanohydrin 음이온**은 아실 음이온 (카보닐기 탄소가 음전하를 띤 합성 동등체)으로서 카보닐기의 **극성 반전 반응** (10.3.3절)에 참여하여 탄소−탄소 단일 결합 형성 반응에 중요한 반응 중간체로 활용된다.

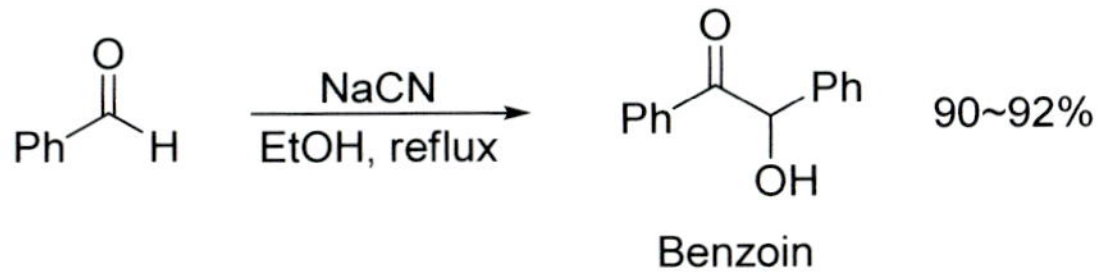

PhCHO —(NaCN, EtOH, reflux)→ PhCOCH(OH)Ph (Benzoin) 90~92% [9-16]

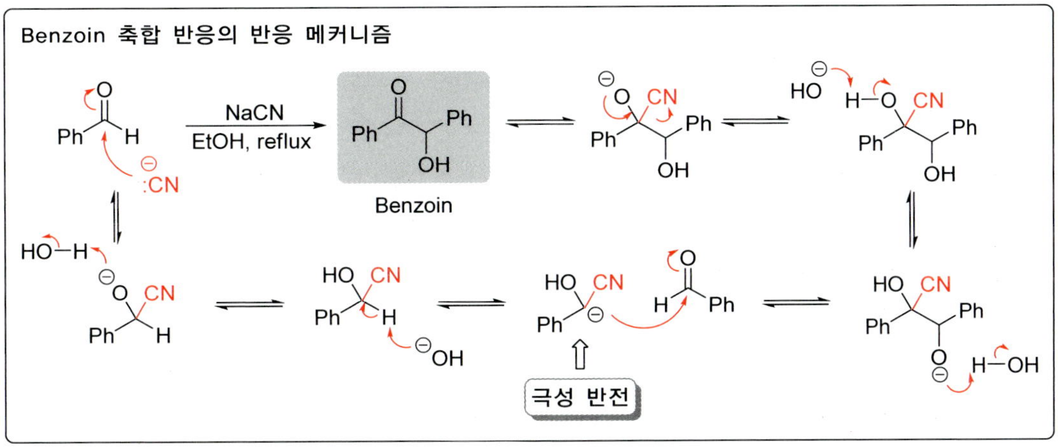

Benzoin 축합 반응의 반응 메커니즘

그림 9.7 Benzoin 축합 반응

9.3 유기금속 화합물을 이용한 탄소-탄소 결합 반응

유기금속 시약 (organometallic reagents)이란 탄소 원자와 금속 원자가 결합하고 있는 화합물을 통틀어 말한다. 그 중 $R^{\ominus}M^{\oplus}$ (M = MgX, Li, Na, K, Cu, ZnX, $RTiL_3$)과 같이 탄소 원자와 금속 원자가 이온성 결합을 하고 있는 화합물은 탄소 원자와 금속 원자의 전기음성도 차이 때문에 전기음성도가 더 큰 탄소 원자로 전자 쏠림 현상이 일어나 탄소 원자는 탄소 음이온 성질을 나타내게 되어 탄소 친핵체로 작용하게 된다.

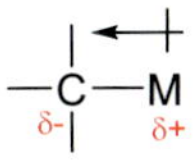

$$-\overset{|}{\underset{\delta-}{C}}-\underset{\delta+}{M}$$ M = MgX, Li, Na, K, Cu, Zn, Ti..

유기금속 화합물 (RM)에서 R의 반응성은 금속 (M)의 전기음성도 값이 작을수록 크다. 그 이유는 금속과 결합한 탄소 음이온의 **이온 특성 백분율** (percent ionic character)이 증가하기 때문이다 (표 9.2).

표 9.2 유기금속 화합물의 이온성 백분율

원소	K	Na	Li	Mg	Ti	Al	Zn	Cu	Si	Sn	B	C
전기음성도[a]	0.8	0.9	1.0	1.3	1.5	1.6	1.7	2.0	1.9	2.0	2.0	2.5
이온성 백분율 (%)[b]	51	47	43	31	25	22	19	11	14	11	11	0
RM	← R의 음이온성 (반응성) 증가											

[a] Pauling 척도 기준 [b] 탄소 원자-금속 결합 사이의 전기음성도 차이 백분율을 의미: [C−M/C+M] × 100

유기 합성 반응에 친핵성 탄소로 가장 많이 사용되는 유기금속 화합물은 유기마그네슘 시약 (RMgX, **Grignard 시약**), 유기리튬 시약(RLi), 유기구리 시약 (R^2CuLi, **Gilman 시약**) 유기아연 시약 (RZnBr,**Reformatsky 시약**) 등이다. 유기소듐 또는 포타슘 화합물 (RNa 또는 RK)의 경우 R이 alkynylide 이온 ($R'C{\equiv}C^{\ominus}$)인 경우를 제외하고 실제 반응에는 잘 이용되지 않는다. 그 이유는 C−K와 C−Na 결합은 C−Li와 C−Mg 결합보다 이온 특성 백분율이 더 커서 불안정하기 때문이다.

9.3.1 아세틸라이드 및 알카이닐라이드 음이온

sp 혼성화 탄소 원자와 결합한 수소 원자는 pK_a 25인 탄소산 (표 10.1 참조)으로 MNH_2 (M = Na, K, Li), *n*−BuLi, RMgX 같은 센 염기에 의해 탈양성자화되어 아세틸라이드 또는 알카닐라이드 음이온을 생성한다. 이 중 금속 아마이드 (MNH_2)의 경우는 낮은 온도에서 액체 암모니아와 Na, K, Li 금속을 직접 반응시켜 합성하여 분리하지 않고 그대로 반응 기질과 직접 반응시켜 사용한다.

$$R{-}C{\equiv}C{-}H \xrightarrow[\text{liq. } NH_3]{\text{금속 Na, K, Li}} R{-}C{\equiv}C{:}^{\ominus}\ M^{\oplus} \xleftarrow[n\text{-BuLi}]{\text{RMgX 또는}} R{-}C{\equiv}C{-}H$$

M = Na, K, Li, MgX

◆ 친핵성 치환 반응 (S_N2 반응): 일카인 유도체의 합성 반응

아세틸라이드 또는 알카이닐라이드 음이온은 탄소 친핵체로 작용하여 할로젠화 알킬과 친핵성 치환 반응 (S_N2 반응)을 하여 탄소−탄소 결합을 형성시킨다 (그림 9.8). 이 반응에 사용되는 반응 기질은 할로젠화 알릴, 할로젠화 벤질, 할로젠화 메틸, 1° 할로젠화 알킬 등과 같이

S_N2 반응성이 크고 입체 장애가 작은 친전자성 탄소 부위를 가진 분자이다. 이 반응에서 2° 와 3° 할로젠화 알킬의 경우 제거 반응이 우선하여 일어나기 때문에 사용할 수 없다.

$$R-C\equiv C:^{\ominus}\ M^{\oplus} + 1^{\circ}\ R'\text{-}X \xrightarrow{S_N2} R-C\equiv C-R'$$

M = Na, K, Li, MgX

$$H-C\equiv C-H \xrightarrow[2.\ n\text{-}C_4H_9Br,\ -78\ ^{\circ}C]{1.\ NaNH_2,\ liq.\ NH_3,\ -78\ ^{\circ}C} H-C\equiv C-C_4H_9\text{-}n \quad 70\sim77\% \qquad [9\text{-}17]$$

$$Me-C\equiv C-H \xrightarrow[2.\ Br(CH_2)_3Cl,\ ether]{1.\ NaNH_2,\ liq.\ NH_3,\ -70\ ^{\circ}C} Me-C\equiv C-(CH_2)_3Cl \quad 29\sim31\% \qquad [9\text{-}18]$$

$$HOCH_2-C\equiv C-H \xrightarrow[2.\ Br(CH_2)_3CH(OMe)_3]{1.\ LiNH_2\ (2\ eq),\ NH_3,\ -33\ ^{\circ}C,\ ether} HOCH_2-C\equiv C-(CH_2)_3CO_2Me \quad 67\% \qquad [9\text{-}19]$$

그림 9.8 아세틸라이드 음이온의 S_N2 반응

친핵성 첨가 반응

아세틸라이드 또는 알카이닐라이드 음이온은 알데하이드 및 케톤의 카보닐기 탄소와 친핵성 첨가 반응 (alkynylation)을 하여 첨가 생성물을 생성한다. 경구용 피임제로 널리 사용하는 여성호르몬 성분인 ethinylestradiol과 황체호르몬 성분인 norethindrone은 이 방법을 응용하여 합성한 의약품이다 (그림 9.9).

$$R-C\equiv C:^{\ominus}\ M^{\oplus} + R'-\overset{O}{\overset{\|}{C}}-R'' \longrightarrow R-C\equiv C-\underset{R''}{\overset{R'}{C}}-OH$$

M = Na, K, Li, MgX

$$\text{cyclohexanone} \xrightarrow[liq.\ NH_3]{HC\equiv C^{\ominus}\ Na^{\oplus}} \xrightarrow[H_2O]{H_2SO_4} \text{1-ethynylcyclohexanol (HO, C}\equiv\text{CH)} \quad 65\sim75\% \qquad [9\text{-}20]$$

$$\text{Estrone} \xrightarrow[dioxane\text{-}ether,\ rt]{H-C\equiv C^{\ominus}\ K^{\oplus}} \text{Ethinylestradiol}$$

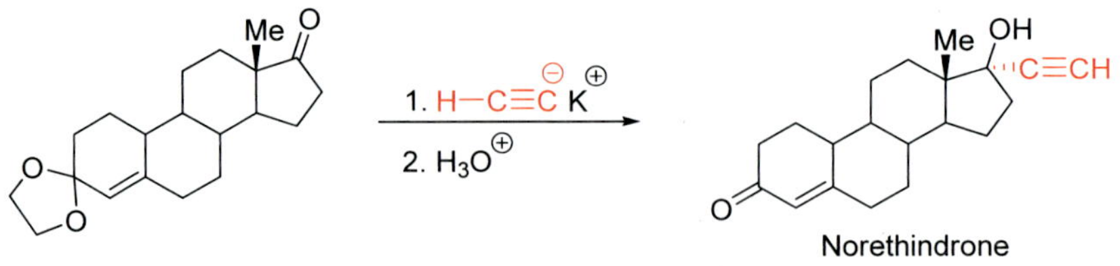

1. $H-C\equiv C^{\ominus} K^{\oplus}$
2. $H_3O^{\oplus}$

Norethindrone

그림 9.9 아세틸라이드 음이온의 카보닐기 첨가 반응

9.3.2 Grignard 시약

Grignard 시약의 제법

이 시약은 분말 또는 대패 밥 (turnings) 형태의 고순도의 마그네슘 금속을 무수 에터 또는 THF 용매에 잠기게 하고 동일 용매에 녹인 약간 과량의 할로젠화 알킬 (RX, R = 1°, 2°, 3°, allyl, benzyl), 할로젠화 알릴 (ArX) 및 할로젠화 비닐을 서서히 가하여 반응시켜 합성한다. 할로젠기 (X)는 I, Br, Cl이 사용되고, 이들의 반응성 크기는 I > Br > Cl 순이다.

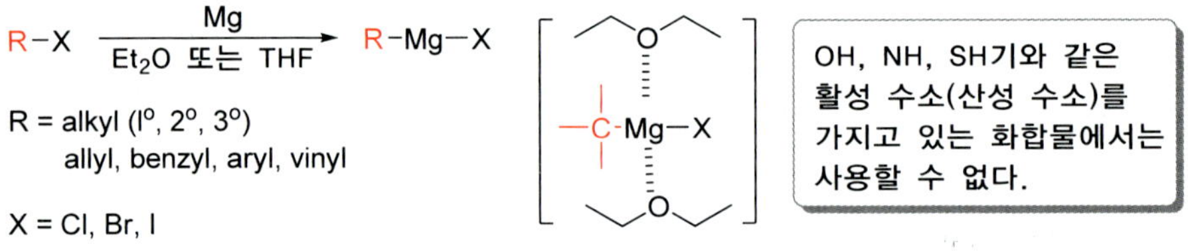

$$R-X \xrightarrow[\text{Et}_2\text{O 또는 THF}]{\text{Mg}} R-Mg-X$$

R = alkyl (1°, 2°, 3°)
allyl, benzyl, aryl, vinyl

X = Cl, Br, I

OH, NH, SH기와 같은 활성 수소(산성 수소)를 가지고 있는 화합물에서는 사용할 수 없다.

이 반응은 발열 반응으로 일어나 외부 가열 없이도 에터가 반응열에 의해 환류된다. 반응이 잘 일어나지 않을 경우 반응을 개시하기 위하여 극소량의 아이오딘 (I_2) 결정을 넣고 가열할 경우가 있다. RF에 해당하는 Grignard 시약은 만들어지지 않는다. 이 시약은 필요할 때마다 만들어 사용할 수 있으나 현재 많은 종류의 Grignard 시약이 시판되고 있다. 그러나 이 시약은 OH, NH, SH기와 같은 활성 수소 (산성 수소)를 가지고 있는 화합물에서는 시약이 파괴되므로 사용할 수 없다. 그 이유는 Grignard 시약은 이들 작용기보다 강염기로 작용하기 때문이다.

Grignard 반응

가. 친핵성 치환 반응: 알킬화 반응 (이온성 짝지음 반응)

Grignard 시약은 할로젠화 알릴과 벤질 또는 다이메틸 설페이트 (Me_2SO_4)와 1° 알코올 토실레이트 (ROT_s) 등과 같이 S_N2 반응이 잘 일어날 수 있는 반응 기질과 탄소-탄소 결합 반응 (알킬화 반응 또는 이온성 짝지음 반응이라 함)을 한다. 이 시약은 에폭사이드와도 반응하여 탄소-탄소 결합을 형성시킨다 (그림 9.10). 그러나 이와 같은 알킬화 반응은 위에서 언급한 반응 기질을 제외한 일반 할로젠화 알킬과는 매우 느리게 일어난다.

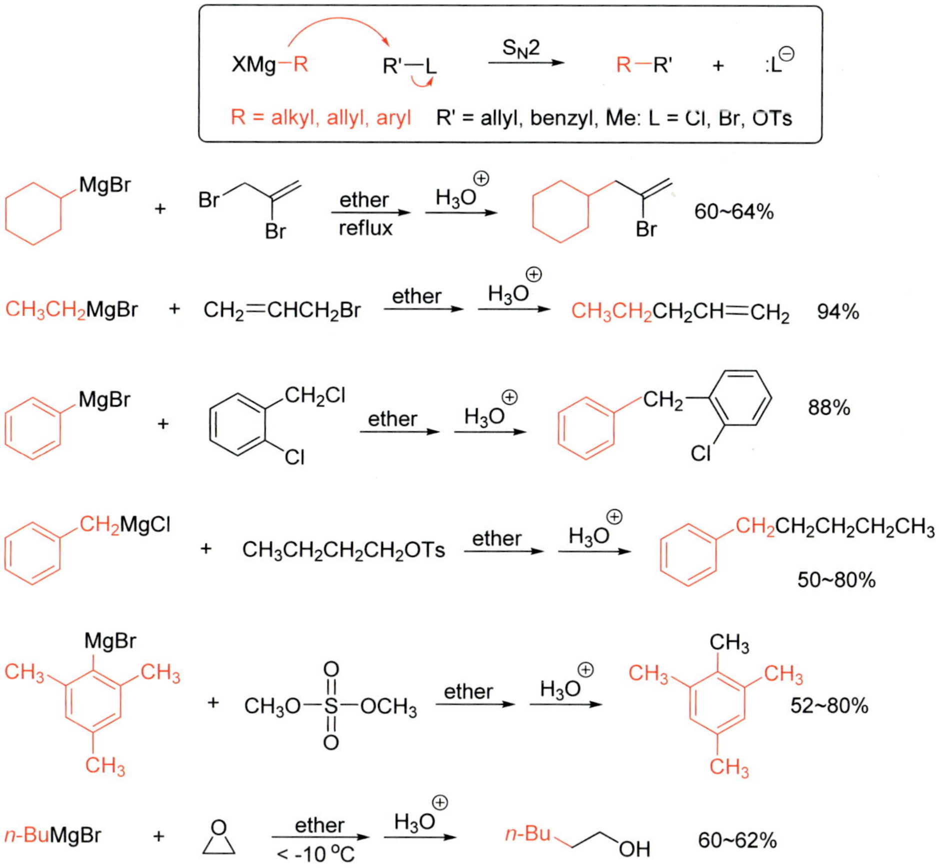

그림 9.10 Grignard 시약의 친핵성 치환 반응

나. 친핵성 첨가 반응

• 알데하이드 및 케톤과의 반응

Grignard 시약은 알데하이드와 반응하여 2° 알코올 (폼알데하이드의 경우 1° 알코올)을 생성하고, 케톤과 반응하면 3° 알코올을 생성한다 (그림 9.11).

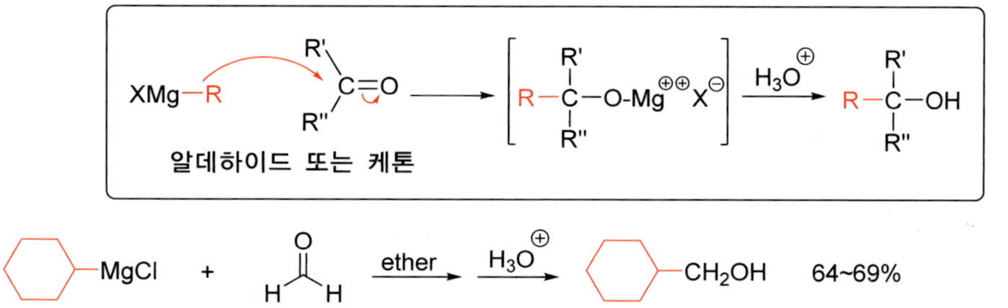

$$(CH_3)_2CHMgBr + CH_3CHO \xrightarrow{ether} \xrightarrow{H_3O^{\oplus}} (CH_3)_2CHCH(OH)CH_3 \quad 53\text{~}54\% \qquad [9\text{-}25]$$

$$CH_3(CH_2)_2CH_2MgBr + CH_3COCH_3 \xrightarrow{ether} \xrightarrow{H_3O^{\oplus}} CH_3(CH_2)_2CH_2C(OH)(CH_3)_2 \quad 90\% \qquad [9\text{-}26]$$

$$m\text{-}ClC_6H_4MgBr + CH_3CHO \xrightarrow{ether} \xrightarrow{H_3O^{\oplus}} m\text{-}ClC_6H_4CH(OH)CH_3 \quad 82\text{~}85\% \qquad [9\text{-}27]$$

$$CH_2{=}CHMgBr + \text{cyclobutanone} \xrightarrow{ether} \xrightarrow{H_3O^{\oplus}} 1\text{-}(CH{=}CH_2)\text{cyclobutanol} \quad 66\% \qquad [9\text{-}28]$$

그림 9.11 알데하이드 및 케톤의 Grignard 반응

이들 반응의 반응 메커니즘은 다음과 같이 고리형 전이 상태를 거쳐 일어나는 것으로 알려져 있다.

$$R'R''C{=}O\cdots Mg(R)X \longrightarrow [\text{고리형 전이 상태}] \longrightarrow R'R''RC{-}O{-}Mg{-}X + RMgX$$

카보닐기에 대한 Grignard 첨가 반응은 반응 기질과 시약의 입체 크기에 매우 민감하게 작용한다. 예를 들어 입체 장애가 크고 α 수소를 가진 diisopropyl ketone (2,4-dimethylpent-2-one)에 EtMgBr 같이 β 수소를 가진 Grignard 시약을 반응시킬 경우 첨가 반응 생성물 이외에 부반응 물질로 엔올 음이온과 환원 생성물이 생성된다. 그러나 동일 케톤에 EtMgBr보다 덩치가 더 크고 β 수소를 가진 *i*-PrMgX를 반응시킬 경우 첨가 반응 생성물을 얻지 못하고 오로지 엔올 음이온과 환원 생성물만 얻을 수 있다. 생성된 엔올 음이온은 반응 후 처리 과정에서 출발물인 케톤으로 회수된다. 엔올 음이온이 생성되는 이유는 Grignard 시약의 탄소 음이온이 친핵체가 아닌 염기로 작용하여 케톤의 α 수소 원자를 탈양성자화시키기 때문이고 (10.1.2절), 환원 반응이 일어나는 이유는 Grignard 시약의 β 수소가 육원자 고리형 전이 상태를 거쳐 β 제거 반응이 일어나면서 수소 음이온의 형태로 케톤의 카보닐 탄소 원자로 이동하기 때문이다 (그림 9.12).

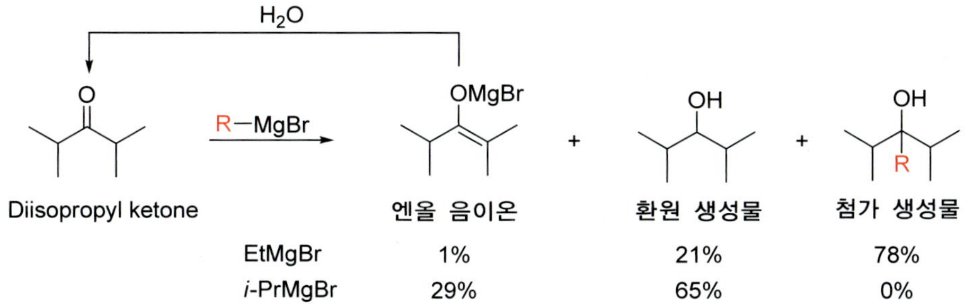

	엔올 음이온	환원 생성물	첨가 생성물
EtMgBr	1%	21%	78%
i-PrMgBr	29%	65%	0%

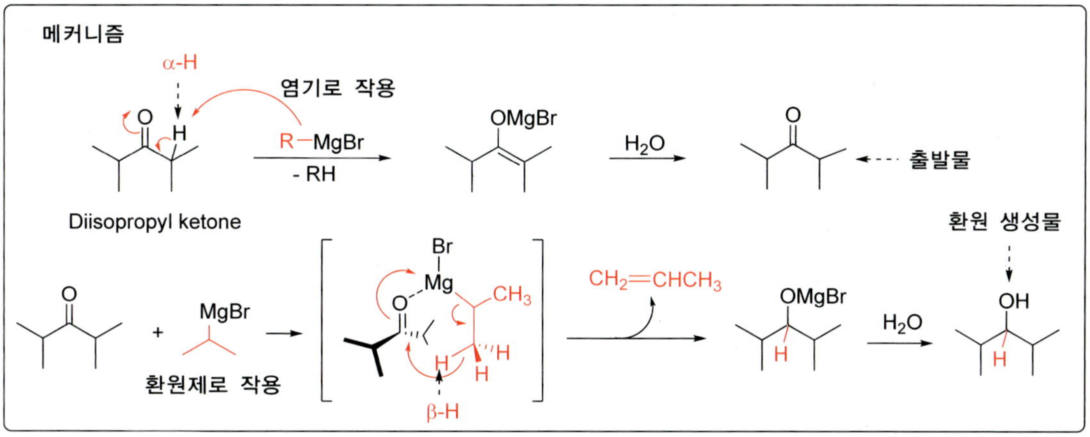

그림 9.12 Grignard 반응에서 입체 장애 효과

• 산염화물, 산무수물, 에스터 및 카보네이트와의 반응

Grignard 시약이 산염화물, 산무수물, 에스터 (폼산 에스터 제외) 및 카보네이트와 반응하면 3° 알코올이 생성된다. 이는 친핵성 아실 치환 반응에 의해서 일차적으로 생긴 케톤이 다시 Grignard 시약과 빠르게 첨가 반응한 결과이다 (케톤에 대한 첨가 반응 속도가 카복실산 유도체에 대한 첨가 반응 속도보다 더 빠르다). 그러나 산무수물인 경우 반응 온도를 낮추고 반응 기질을 과량 사용하면 반응을 케톤에서 멈추게 할 수 있다 (그림 9.13).

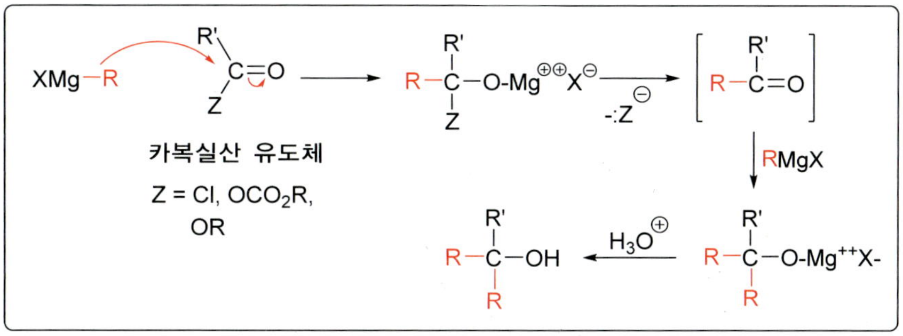

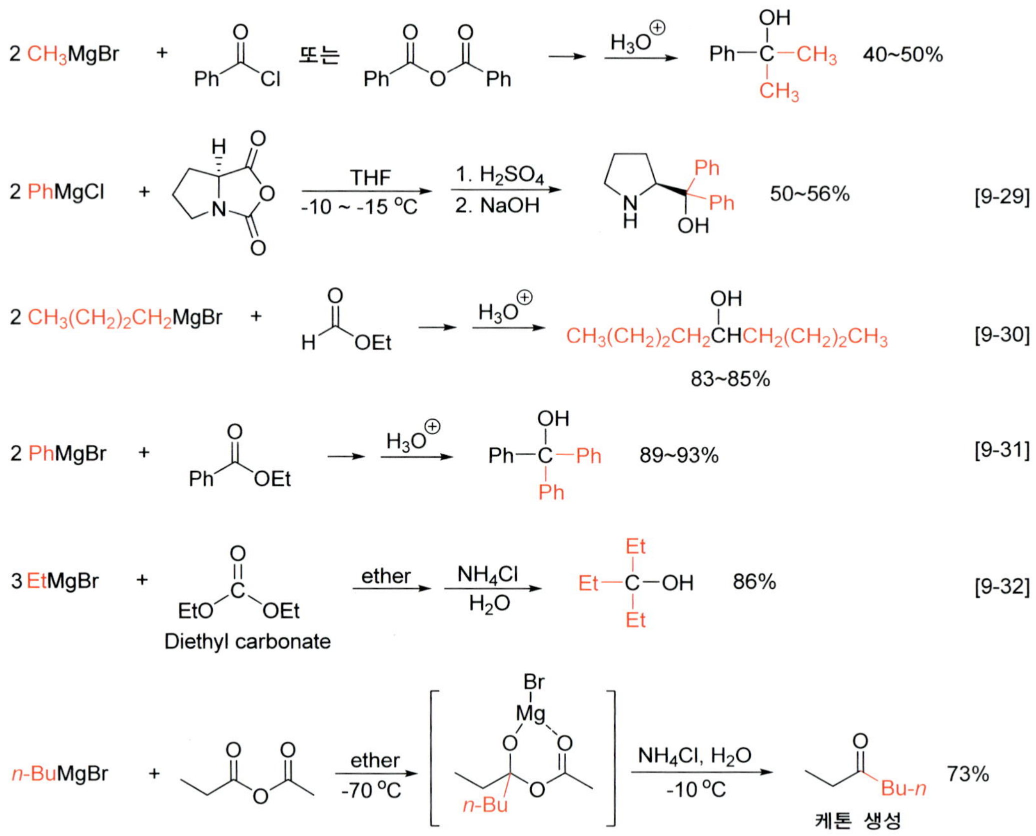

2 CH_3MgBr + PhCOCl 또는 PhCO-O-COPh → $H_3O^{\oplus}$ → Ph-C(OH)(CH_3)-CH_3 40~50%

2 PhMgCl + (bicyclic oxazolidinedione) → THF, -10 ~ -15 °C → 1. H_2SO_4 2. NaOH → (pyrrolidine)-C(OH)(Ph)Ph 50~56% [9-29]

2 $CH_3(CH_2)_2CH_2MgBr$ + HCOOEt → $H_3O^{\oplus}$ → $CH_3(CH_2)_2CH_2CH(OH)CH_2(CH_2)_2CH_3$ 83~85% [9-30]

2 PhMgBr + PhCOOEt → $H_3O^{\oplus}$ → Ph-C(OH)(Ph)-Ph 89~93% [9-31]

3 EtMgBr + EtO-C(=O)-OEt (Diethyl carbonate) → ether → NH_4Cl, H_2O → Et-C(Et)(Et)-OH 86% [9-32]

n-BuMgBr + (propanoic acetic anhydride) → ether, -70 °C → [Br-Mg chelate intermediate, n-Bu] → NH_4Cl, H_2O, -10 °C → CH_3CH_2CO-Bu-n 73%

케톤 생성

그림 9.13 산염화물, 산무수물 및 에스터의 Grignard 반응

- 3° 폼산 아마이드 또는 orthoformate와의 반응: 알데하이드기 도입 반응

Grignard 시약을 *N,N*-dimethylformamide, *N*-formylpiperidine, *N*-methylformanilide 등과 같은 3° formamide 또는 orthoformate와 반응시킨 후 가수 분해하면 카보닐화 반응이 일어나 알데하이드기가 도입된다. 이 반응은 유기 합성에서 탄소 사슬을 한 개 늘이는 반응으로도 사용된다 (그림 9.14).

3° Formamide와의 반응

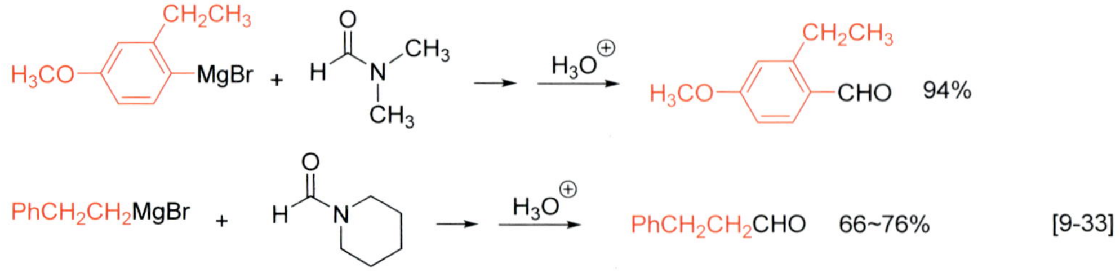

H_3CO-(4-methoxy-2-ethylphenyl)MgBr (CH_2CH_3) + HCON(CH_3)$_2$ → $H_3O^{\oplus}$ → H_3CO-(2-ethyl-4-methoxyphenyl)CHO 94%

$PhCH_2CH_2MgBr$ + H-CO-N(piperidine) → $H_3O^{\oplus}$ → $PhCH_2CH_2CHO$ 66~76% [9-33]

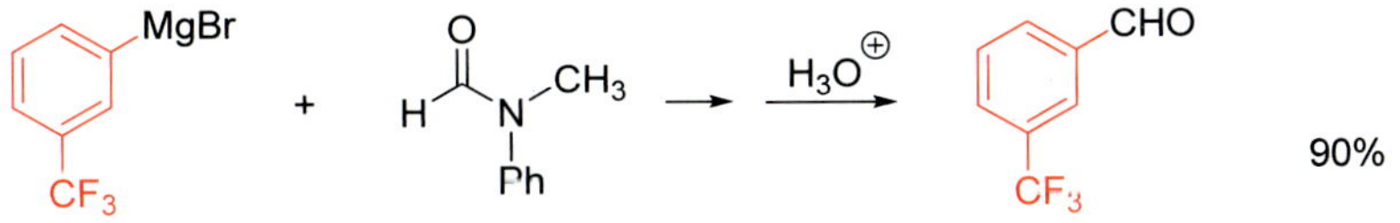

Orthoester와의 반응

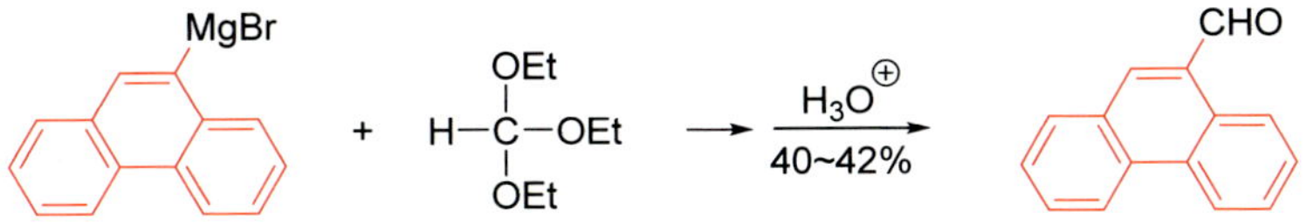

[9-34]

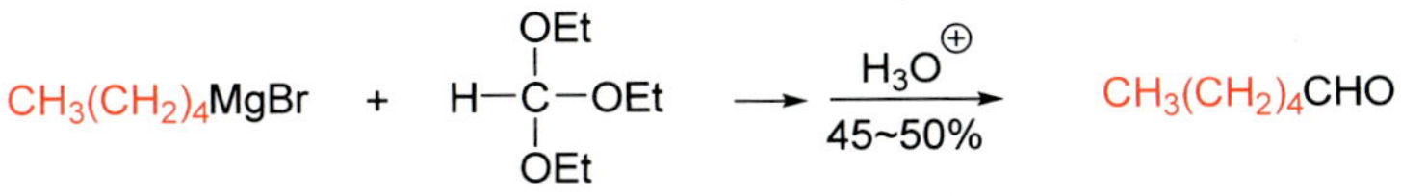

[9-35]

그림 9.14 3° Formamide와 orthoformate와의 Grignard 반응: 알데하이드기의 도입 반응

• CO_2와의 반응: 카복실기 도입 반응

Grignard 시약을 과량의 CO_2 (보통 dry ice를 사용)와 반응시키면 CO_2가 R−Mg 결합 사이에 삽입되는 반응이 일어나고, 삽입 생성물을 가수 분해시키면 카복실산이 생성된다. 이 방법은 할로젠화 알킬로부터 탄소 원자가 한 개 추가된 카복실산을 합성할 목적으로 자주 이용된다 (그림 9.15).

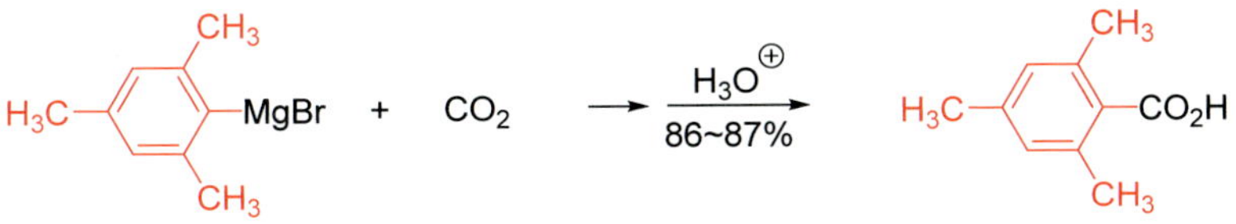

[9-36]

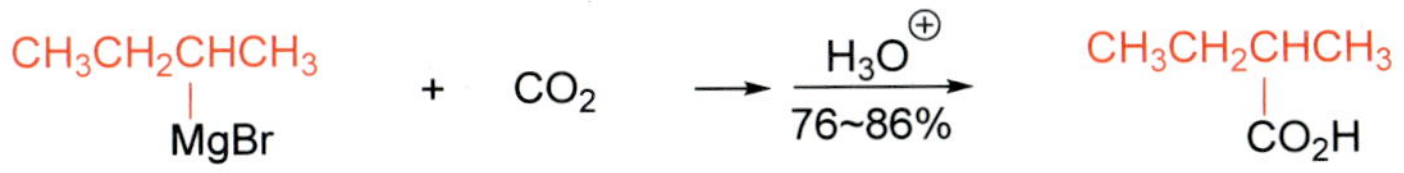

[9-37]

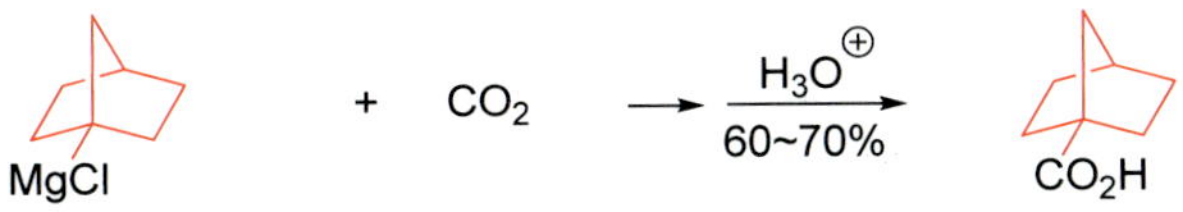

[9-38]

그림 9.15 Grignard 시약의 CO_2 삽입 반응: 카복실산기가 도입됨

• 이민 또는 나이트릴과의 반응

Grignard 시약은 이민 (C=N)기에 첨가 반응하여 아민 화합물을 생성시키고, 나이트릴

(C≡N)기와 반응 후 가수 분해되면 케톤을 생성시킨다 (4.4.3절 및 4.4.4절). 후자는 케톤의 합성법으로도 유용하게 사용된다 (그림 9.16).

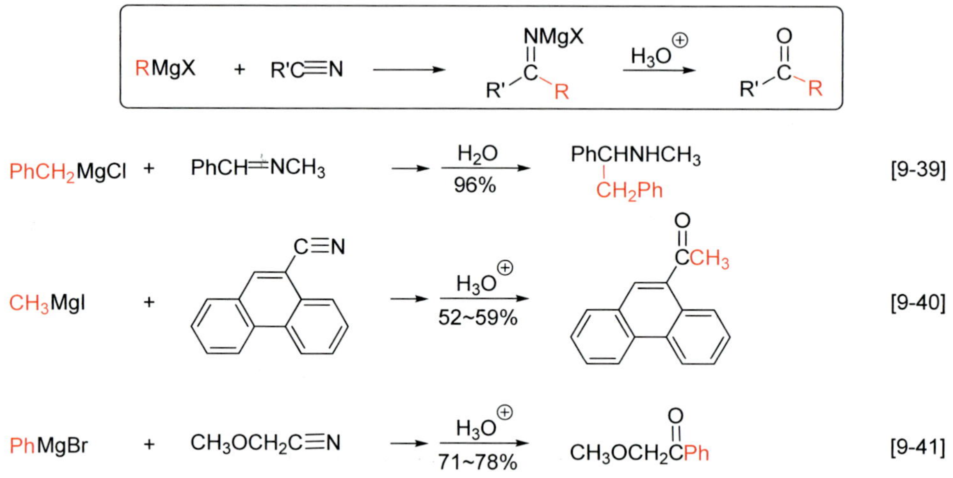

$$RMgX + R'C{\equiv}N \longrightarrow R'C(=NMgX)R \xrightarrow{H_3O^{\oplus}} R'C(=O)R$$

$$PhCH_2MgCl + PhCH{=}NCH_3 \longrightarrow \xrightarrow[96\%]{H_2O} PhCH(CH_2Ph)NHCH_3 \qquad [9\text{-}39]$$

$$CH_3MgI + \text{(phenanthrene)}C{\equiv}N \longrightarrow \xrightarrow[52\sim59\%]{H_3O^{\oplus}} \text{(phenanthrene)}C(=O)CH_3 \qquad [9\text{-}40]$$

$$PhMgBr + CH_3OCH_2C{\equiv}N \longrightarrow \xrightarrow[71\sim78\%]{H_3O^{\oplus}} CH_3OCH_2C(=O)Ph \qquad [9\text{-}41]$$

그림 9.16 이민 또는 나이트릴기에 대한 Grignard 반응

위에서 소개한 중요 Grignard 반응을 종합하여 그림 9.17에 나타내었다.

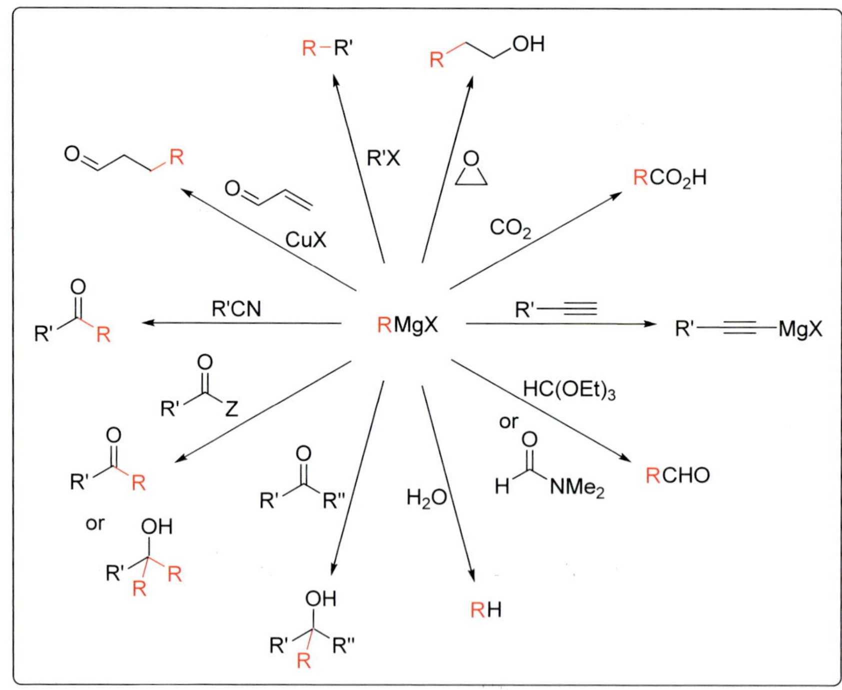

그림 9.17 Grignard 반응

9.3.3 유기리튬 시약

유기리튬 (RLi) 시약의 제법

- 알킬 리튬 (RLi)

Li 금속과 할로젠화 알킬 (RX) (X = Cl 또는 Br)을 펜테인, 헥세인, 사이클로헥세인 등과 같은 포화 탄화수소 또는 에터 용매 속에서 반응시켜 만든다. 이때 금속 Li은 Li 선 (wire) 또는 리본을 사용한다. 광유 (mineral oil)에 분산된 Li 금속을 사용할 경우 금속 표면에 묻어 있는 광유를 반응 용매로 깨끗이 씻어낸 후 사용해야 한다.

$$R-X + 2Li \xrightarrow{\text{용매}} R-Li + LiX$$

X = Cl. Br

MeLi (ether 용매)

n-BuLi, *sec*-BuLi, *tert*-BuLi (hydrocarbon 용매)

이 반응에서 생성된 RLi은 출발물인 RX와 이온성 짝지음 반응 (S_N2 반응)이 잘 일어나기 때문에 이를 방지하기 위하여 2당량의 리튬 금속을 사용한다. 그러나 할로젠화 벤질, 할로젠화 알릴과 할로젠화 프로파질의 경우 빠른 짝지음 반응 때문에 이 방법으로는 해당하는 리튬 화합물을 합성하기 어렵다.

$$R-Li + R-X \longrightarrow R-R + LiX$$

R,R = benzyl, allyl, propargyl

n–BuLi, *sec*–BuLi과 *tert*–BuLi은 에터 또는 THF 같은 에터성 용매에서 불안정하므로 앞서 언급한 탄화수소 용매에서 제조된다. 그러나 MeLi와 PhLi은 탄화수소 용매에 녹지 않고 에터 용매에서 안정하므로 에터 용매에서 제조된다. 이들 모두는 현재 상업적으로 시판되고 있다.

- 알케닐 리튬

알케닐 리튬 화합물은 할로젠화 비닐에 2당량의 *n*–BuLi 또는 *tert*–BuLi을 반응시켜 리튬–할로젠 교환 반응을 통해 합성한다. 이 시약은 시약 제조 시 생성된 알케닐 리튬과 할로젠화 알킬 (예. *n*–BuX)이 짝지음 반응하여 부산물을 생성시킬 수 있으므로 낮은 온도에서 사용 직전에 만들어 분리하지 않고 즉시 사용해야 한다.

$$\text{RCH=CHBr} + n\text{-BuLi} \xrightarrow[\text{-78 °C}]{\text{pentane -THF}} [\text{RCH=CHLi}] + n\text{-BuBr}$$

• 아릴 리튬, 비닐 리튬, 헤테로 방향족 리튬

아릴 리튬의 제조 방법에는 할로젠화 아릴에 금속 리튬을 직접 반응시키는 방법 (방법 1), 할로젠화 아릴에 *n*–BuLi을 작용시켜 할로젠–리튬 교환 반응을 시키는 방법 (방법 2), 수소–리튬 교환 방법 (리튬 금속화 반응) (방법 3)이 있다. 방법 2와 3은 모두 사용하기 직전 제조하여 분리하지 않고 그대로 사용한다.

방법 3으로 합성할 수 있는 유기리튬 화합물은 다음 조건을 갖춘 화합물이 대상이 된다.

- 산도가 높은 알카인 수소, 벤질 수소 및 아릴성 수소를 가진 화합물
- O, S, N과 같은 헤테로 원자가 치환된 비닐성 수소
- *Ortho* 위치에 O, S, N과 같은 원자가 포함된 치환기를 가진 벤젠 또는 헤테로 방향족 화합물

방법 1 Ph—Br + 2Li $\xrightarrow{\text{ether}}$ Ph—Li + LiBr [9-42]

방법 2 (3-bromobenzonitrile: Br, CN) + *n*-BuLi $\xrightarrow[\text{-100 °C}]{\text{THF-ether}}$ (Li, CN)

(2-bromopyridine: N, Br) + *n*-BuLi $\xrightarrow[\text{-70 °C}]{\text{ether}}$ (N, Li)

방법 3 (O, O, CH_3) + *n*-BuLi $\xrightarrow[\text{25 °C}]{\text{ether}}$ (Li, O, O, CH_3)

방법 3의 조건을 충족시키는 화합물의 예를 아래에 나타내었다.

R—≡—H   (toluene: CH_3) CH_2=$CHCH_3$ (OCH_3, H)   (SPh, H)   (O, H)

(OCH_3, H)   (CH_2NMe_2, H)   (O, H)   (S, H)

유기리튬 시약의 반응

유기리튬 화합물은 탄소 Grignard 시약과 비슷하게 탄소 친핵체로서 친핵성 첨가 반응과 치환 반응에 참여한다 (그림 9.18).

치환 반응

2,3-dihydrofuran $\xrightarrow[\text{2. } CH_3(CH_2)_6I]{\text{1. } n\text{-BuLi, -78 to 0 °C}}$ $\xrightarrow[100\%]{H_2O}$ 5-C_7H_{15}-2,3-dihydrofuran [9-43]

R_3SiO-C₆H₃(OMe)₂ $\xrightarrow[\text{2. } BrCH_2CH_3{=}C(CH_3)_2]{\text{1. } n\text{-BuLi}}$ $\xrightarrow{H_2O}$ R_3SiO-C₆H₂(OMe)₂-$CH_2CH{=}C(CH_3)_2$ 60%

첨가 반응

$CH_2{=}CHCH_2Li + CH_3{-}C(=O){-}CH_2CH(CH_3)_2 \xrightarrow[\text{reflux}]{\text{ether}} \xrightarrow[70\sim75\%]{H_2O} CH_3{-}C(OH)(CH_2CH(CH_3)_2){-}CH_2CH{=}CH_2$ [9-44]

2-methylpyridine (CH_3) $\xrightarrow[\text{ether, rt}]{\text{PhLi}}$ 2-pyridyl-CH_2Li $\xrightarrow[\text{2. } c\text{-HCl}]{\text{1. } CH_3CHO\text{, ether, 0 °C}}$ 2-pyridyl-$CH_2CH(OH)CH_3$ 44~50% [9-45]

2-pyridyl-CH_2Li $\xrightarrow{CO_2}$ 2-pyridyl-CH_2CO_2Li

Ph-CH₂-CH(OMe)-CH₂CH₂-C(=O)-N(Me)(OMe) + MeC≡CLi ⟶ $\xrightarrow{H_2O}$ Ph-CH₂-CH(OMe)-CH₂CH₂-C(=O)-C≡CMe 89% [9-46]

그림 9.18 유기리튬 화합물의 반응

그러나 이 시약의 친핵성은 Grignard 시약보다 더 크기 때문에 입체 장애가 큰 케톤과도 친핵성 첨가 반응을 할 수 있다. 예를 들어 입체 장애가 큰 케톤인 2-adamantanone을 EtMgBr와 EtLi과 반응시키면 전자의 경우 환원 생성물이 생성되지만, 후자의 경우 에틸기가 친핵체로 첨가된 반응 생성물을 얻게 된다.

2-Adamantanone $\xrightarrow[\text{환원}]{C_2H_5MgBr}$ 2-adamantanol (H, OH) + $H_2C{=}CH_2$

2-Adamantanone $\xrightarrow[\text{첨가}]{C_2H_5Li}$ 2-ethyl-2-adamantanol (C_2H_5, OH) 97%

한편, 카복실산을 Grignard 시약과 반응시키면 카복실산의 양성자에 의해 시약이 파괴되어 반응이 일어나지 않지만 유기리튬 시약의 경우 케톤을 생성시킨다. 이 반응은 카복실산에서 케톤을 직접 합성하는 방법으로 활용된다.

$$\text{C}_6\text{H}_{11}\text{-CO}_2\text{H} \xrightarrow[\text{2. CH}_3\text{Li, 10 °C} \sim \text{rt}]{\text{1. LiH, dimethoxyethane, }\Delta} \xrightarrow{\text{H}_3\text{O}^{\oplus}} \text{C}_6\text{H}_{11}\text{-C(=O)-CH}_3 \quad (91\sim94\%) \qquad [9\text{-}47]$$

9.3.4 유기구리 시약

유기구리 화합물이란 탄소–구리 (C–Cu) 결합을 하고 있는 화합물을 말한다. C–Cu 결합은 탄소 원자와 구리의 전기음성도의 차이가 C–Mg와 C–Li의 경우보다 작아서 편극 (분극) 현상 (polarization)이 작게 나타난다. 이 때문에 유기구리 시약의 반응성은 Grignard 시약 (C–Mg 결합)과 유기리튬 (C–Li 결합) 시약과는 다른 반응 특성을 나타낸다. 이 시약의 반응 메커니즘은 아직 명확하지 않다.

전기음성도

Li	Mg	C	Cu	Zn
1.0	1.3	2.5	2.0	1.7

◆ 유기구리 시약의 종류 및 제법

유기구리 시약은 다음과 같이 네 가지 형태로 만들어 사용한다.

- 동종구리 (homocuprate) 시약 (Gilman 시약): R_2CuLi 또는 R_2CuMgX

이 시약은 에터 혹은 THF 용액 속에서 2당량의 알킬 (또는 아릴) 리튬 또는 Griganrd 시약과 할로젠화 구리 [Cu(I)X (X = Br, I)]를 낮은 온도에서 반응시켜 합성한다. 이 시약을 **Gilman 시약**이라고 하며, 보통 사용하기 직전에 만들어 그대로 사용한다.

$$2\,\text{RM} + \text{Cu(I)X} \xrightarrow[\text{또는 THF}]{\text{ether}} \text{R}_2\text{CuLi}$$
M = Li, MgX　　　Gilman 시약

$$2\,n\text{-BuLi} + \text{Cu(I)Br} \cdot \text{SHMe}_2 \xrightarrow[\text{-5- to -20 °C}]{\text{ether}} (n\text{-Bu})_2\text{CuLi} \qquad [9\text{-}48]$$

- 이종구리(heterocuprate) 시약: RR′CuLi

Gilman 시약의 경우 알킬기 두 개 중 실제로 반응에 참여하는 알킬 (또는 아릴)기는 오직 한 개이다. 두 개의 알킬기 중 한 개를 반응에 참여하지 않는 RC≡C, 2–thienyl, PhS, *t*–BuO, R_2N, R_2P, Me_3SiCH_2기로 치환시킨 시약을 **이종구리 시약**이라고 한다. 이들은 동종 구리 시약에 비해 열에 더 안정하고 경제적이다.

RLi + [2-thienyl–Li] + Cu(I)I —THF→ R(2-thienyl)CuLi

RLi + Me_3SiCH_2Li + Cu(I)I —THF→ R(Me_3SiCH_2)CuLi

RLi + PhSLi + Cu(I)I —THF→ R(PhS)CuLi

PhSLi + Cu(I)I —THF, 25 °C→ PhSCu —*t*-BuLi, -60 °C→ (*t*-Bu)PhSCuLi [9-49]

- 사이안화 구리 (cyanocuprate) 시약 (Lipshutz 시약): R_2Cu (CN)Li_2

이 시약은 2당량의 알킬 (아릴) 리튬과 Cu(I)CN을 에터 또는 THF 용매에서 반응시켜 합성한다. 이 시약은 열에 안정하고 반응성이 크기 때문에 에폭사이드와 2° 할로젠화 알킬과의 알킬화 반응에 유용하게 사용된다 (그림 9.19).

2 RLi + Cu(I)CN —ether 또는 THF→ $R_2CuCNLi_2$ (Lipshutz 시약)

n-BuLi + thiophene —THF, -60 °C→ 2-thienyl–Li —CuCN, -20 °C→ —CH_2=CHLi, -78 °C→ (CH_2=CH)(2-thienyl)$CuCNLi_2$ [9-50]

- Cu (I) 촉매 Grignard 시약

Grignard 시약에 할로젠화 구리 (CuX, X = Cl, Br, I) 또는 lithium tetrachlorocuprate (Li_2CuCl_4)를 촉매량 넣고 반응시킬 경우 Gilman 시약과 비슷한 반응 결과를 얻을 수 있어 합성 반응에 유용하게 사용된다 (그림 9.22).

유기구리 시약의 반응 특성

유기구리 시약은 Grignard 시약과 유기리튬 시약과는 차별화된 반응 특성을 나타낸다. 알데하이드와는 친핵성 첨가 반응을 하지만 케톤과의 반응은 매우 느리며 에스터와 나이트릴과는 반응하지 않는다. 유기구리 시약의 반응성을 정리하여 나타내면 다음과 같다.

- 할로젠화 알킬 (또는 알킬 토실레이트), 할로젠화 비닐, 할로젠화 아릴과 알킬화 반응을 하며 에폭사이드에 대해 S_N2형 고리 열림 반응을 한다 (그림 9.19).

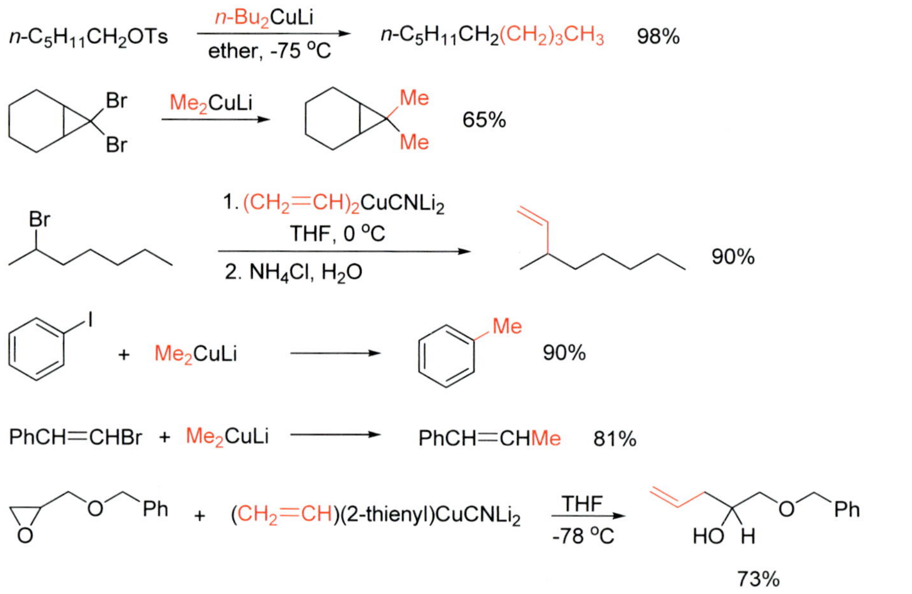

n-$C_5H_{11}CH_2OTs$ —(n-Bu_2CuLi, ether, -75 °C)→ n-$C_5H_{11}CH_2(CH_2)_3CH_3$ 98%

Me_2CuLi 65%

1. $(CH_2{=}CH)_2CuCNLi_2$, THF, 0 °C 2. NH_4Cl, H_2O 90%

\+ Me_2CuLi 90%

$PhCH{=}CHBr$ + Me_2CuLi → $PhCH{=}CHMe$ 81%

\+ $(CH_2{=}CH)(2\text{-thienyl})CuCNLi_2$ —(THF, -78 °C)→ 73% [9-50]

그림 9.19 유기구리 시약의 치환 반응: 알킬화 반응과 에폭사이드의 고리 열림 반응

- α,β-불포화 카보닐 화합물에 연성 친핵체 (13.2.3절 참조)로서 작용 콘쥬게이트 첨가 반응 (1,4-첨가 반응)을 한다 (그림 9.20).

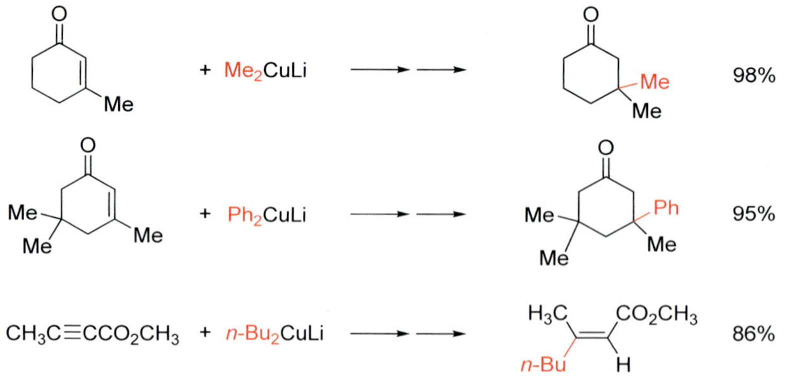

\+ Me_2CuLi → 98%

\+ Ph_2CuLi → 95%

$CH_3C{\equiv}CCO_2CH_3$ + n-Bu_2CuLi → 86%

그림 9.20 유기구리 시약의 콘쥬게이트 첨가 반응

- 산염화물 (RCOCl)과 반응하여 케톤을 생성한다 (그림 9.21)

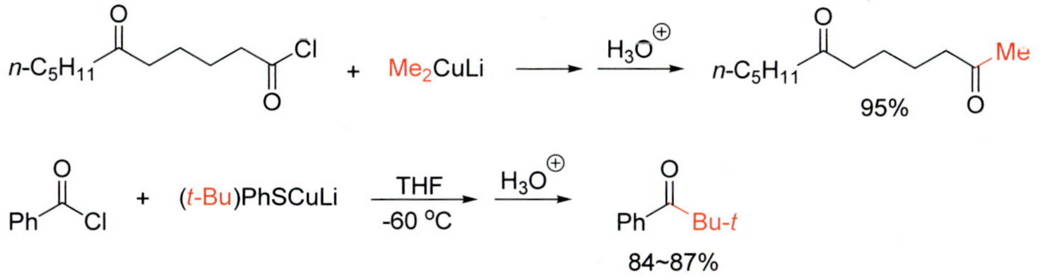

그림 9.21 유기구리 시약의 산염화물에 대한 첨가 반응: 케톤 생성 반응

Cu(I)X (X = Cl, Br, I) 또는 Li_2CuCl_4와 같은 Cu(I)X 화합물을 촉매량 사용하여 Grignard 시약과 반응시킬 경우 유기구리 시약의 반응과 비슷한 결과를 얻을 수 있다 (그림 9.22).

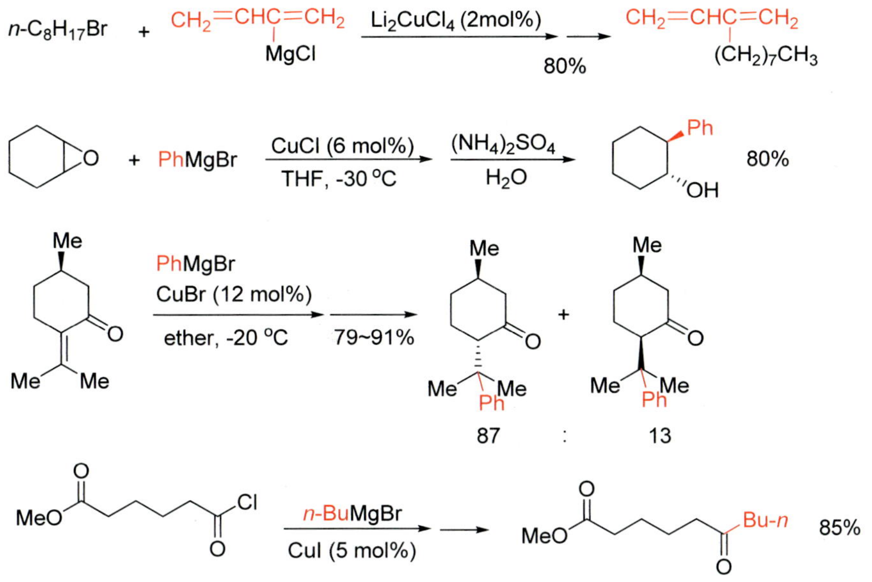

그림 9.22 구리 (Cu^{I}) 촉매 Grignard 시약의 반응

9.3.5 유기아연 시약

유기아연 시약은 C–Zn 또는 C–Zn–X 결합을 가지고 있는 화합물을 말한다. 이 화합물에서 C–Zn 결합은 C–Mg와 C–Li 결합의 극성 성질 (이온성)과는 다르게 공유 결합 성질을 더 나타낸다. 이 때문에 C–Zn 결합의 탄소 원자는 낮은 편극성 (분극성)을 갖게 되어 친핵성과 염기성이 낮다. 따라서 이 시약은 Grignard 시약, 유기리튬 시약, 유기구리 시약에 비해 반응

성 (친핵성)이 낮아 에스터기와 나이트릴기와는 반응하지 않는다. 그러나 알데하이드나 케톤의 카보닐 탄소와는 느린 반응을 할 수 있다. 유기아연 시약을 이용한 잘 알려진 반응으로 알데하이드나 케톤과 반응하여 β-hydroxy ester를 합성하는 **Reformatsky 반응**, 알켄에 첨가 반응하여 사이클로프로페인 고리를 형성하는 **Simons-Smith 반응** 등이 있다.

유기아연 시약의 종류 및 제법

• R_2Zn의 합성 및 반응

Dialkyl zinc (R_2Zn)는 RMgX이나 RLi를 $ZnCl_2$과 금속 교환 반응을 시키거나, 할로젠화 알킬을 Zn-Cu나 다이에틸 아연과 반응시켜 합성한다. 이 시약의 C-Zn 결합은 C-Mg 또는 C-Li 결합에 비해 분극성이 낮고 공유 결합성이 강하기 때문에 알데하이드와도 반응하지 않을 정도로 탄소 친핵체로서 반응성이 낮다. 그러나 이 반응에서 1,2-amino alcohol을 촉매량 넣어 알데하이드와 반응시키면 2° 알코올이 생성된다. 그 이유는 아연 시약과 촉매와의 반응에서 생성한 Zn-alkoxide가 Lewis 산 촉매로 작용하여 아연 시약과 알데하이드의 카보닐기를 활성화시키기 때문이다. 만약에 카이랄 아미노 알코올을 촉매 (예. DAIB)로 사용하면 비대칭 알킬 첨가 반응이 일어나 카이랄 알코올을 얻을 수 있다.

한편, 촉매량의 Cu(I) 이온이 존재하면 구리 시약의 반응처럼 α,β-불포화 케톤에 콘쥬게이트 첨가 반응이 일어난다 (그림 9.23). 이 반응은 반응 중에 유기아연 화합물이 Cu(I) 이온과

CH_3CH_2I + CH_3CH3I + Zn-Cu $\xrightarrow{\text{neat}}$ $(CH_3CH_2)_2Zn$ [9-53]

2 *i*-BuMgBr + $ZnCl_2$ ⟶ $(i\text{-Bu})_2Zn$ + 2 MgClBr

2 FG-RCH_2I + $(CH_3CH_2)_2Zn$ ⟶ $(FG\text{-}RCH_2)_2Zn$

FG = ester, Cl, nitrile

PhCHO + Et_2Zn $\xrightarrow[\text{toluene, -78 to 0 °C}]{\text{DAIB (2 mol\%)}}$ PhCH(OH)Et; 97%, 95.4% ee; DAIB = (NMe₂, OH) [9-54]

Cyclohexenone + $(CH_2CH_2CO_2Et)_2Zn$ $\xrightarrow[\text{Me}_3\text{SiCl, HMPA, 0 °c to rt}]{\text{CuBr·SMe}_2\text{ (2 mol\%)}}$ OSiMe₃ silyl enol ether with $CH_2CH_2CO_2Et$; 70~76% [9-55]

그림 9.23 유기아연 화합물을 이용한 탄소-탄소 단일 결합 형성 반응

금속 교환 반응으로 유기구리 시약이 생성된 결과라고 짐작된다. 유기아연 시약은 나이트릴, 에스터, 할로젠화 알킬 등의 작용기와는 반응하지 않으므로 이들 작용기를 포함한 유기아연 시약을 일킬화 시약으로 이용하면 알데하이드의 카보닐기 탄소에 다양한 작용기를 가진 알킬기를 도입시킬 수 있다.

- RZnX (X = I, Br)

이 시약은 Zn−Cu (zinc−copper couple) 또는 $ZnCl_2$를 lithium naphthalenide와 반응시켜 만든 Rieke 아연과 할로젠화 알킬 (RX)을 반응시켜 합성한다. 이 시약은 알데하이드 또는 케톤의 카보닐기에 친핵체로 반응하여 알코올을 생성시킨다. 가장 잘 알려진 반응으로 **Reformatsky 반응**이 있다. 이 반응은 할로젠화 알킬 대신 α−bromo (또는 iodo) ester (흔히 acetate)를 아연 분말 (또는 Rieke 아연)과 벤젠 (또는 에터) 속에서 반응시켜 만든 유기아연 시약 (**Reformatsky 시약**이라고 한다)을 직접 알데하이드나 케톤과 반응시켜 첨가 반응 생성물인 β−hydroxy ester를 합성하는 반응을 말한다 (그림 9.24).

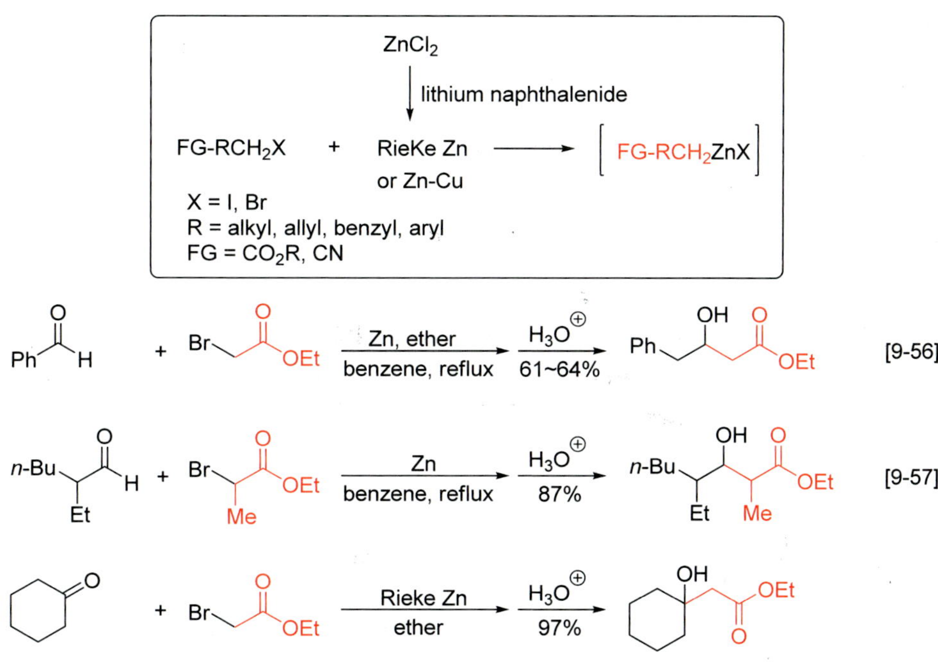

그림 9.24 Reformatsky 반응

- Simmons−Smith 반응

Diiodomethane (CH_2I_2)을 Zn−Cu 또는 diethylzinc (Et_2Zn)과 반응시켜 얻는 유기아연 화합물을 C=C 결합과 반응시키면 삽입 반응을 통하여 사이클로프로페인 고리가 형성된다. 이 반응을 **Simmons−Smith 반응**이라고 한다. 이 반응은 입체 특이적으로 일어난다 (그림 9.25).

$$\text{cyclohexene} + CH_2I_2 \xrightarrow[\text{ether, reflux}]{\text{Zn-Cu}} \xrightarrow[56\sim58\%]{H_3O^{\oplus}} \text{bicyclo[4.1.0]heptane} \quad [9\text{-}58]$$

$$\text{1-OSiMe}_3\text{-cyclohexene} + CH_2I_2 + Et_2Zn \xrightarrow[\text{ether}]{\text{reflux}} \xrightarrow[77\sim83\%]{H_3O^{\oplus}} \text{OSiMe}_3\text{-bicyclo[4.1.0]heptane} \quad [9\text{-}59]$$

그림 9.25 Simmons-Smith 반응

9.3.6 유기붕소 시약

유기붕소 시약이란 탄소-붕소 (C-B) 결합을 가진 화합물로 BH_3에서 수소 원자의 일부 또는 전부가 알킬기, 아릴기 또는 알콕시기로 치환된 화합물로서 3가 붕소 화합물인 **보레인** (borane) 유도체와 4가 붕소 화합물인 borohydride 유도체로 분류할 수 있다.

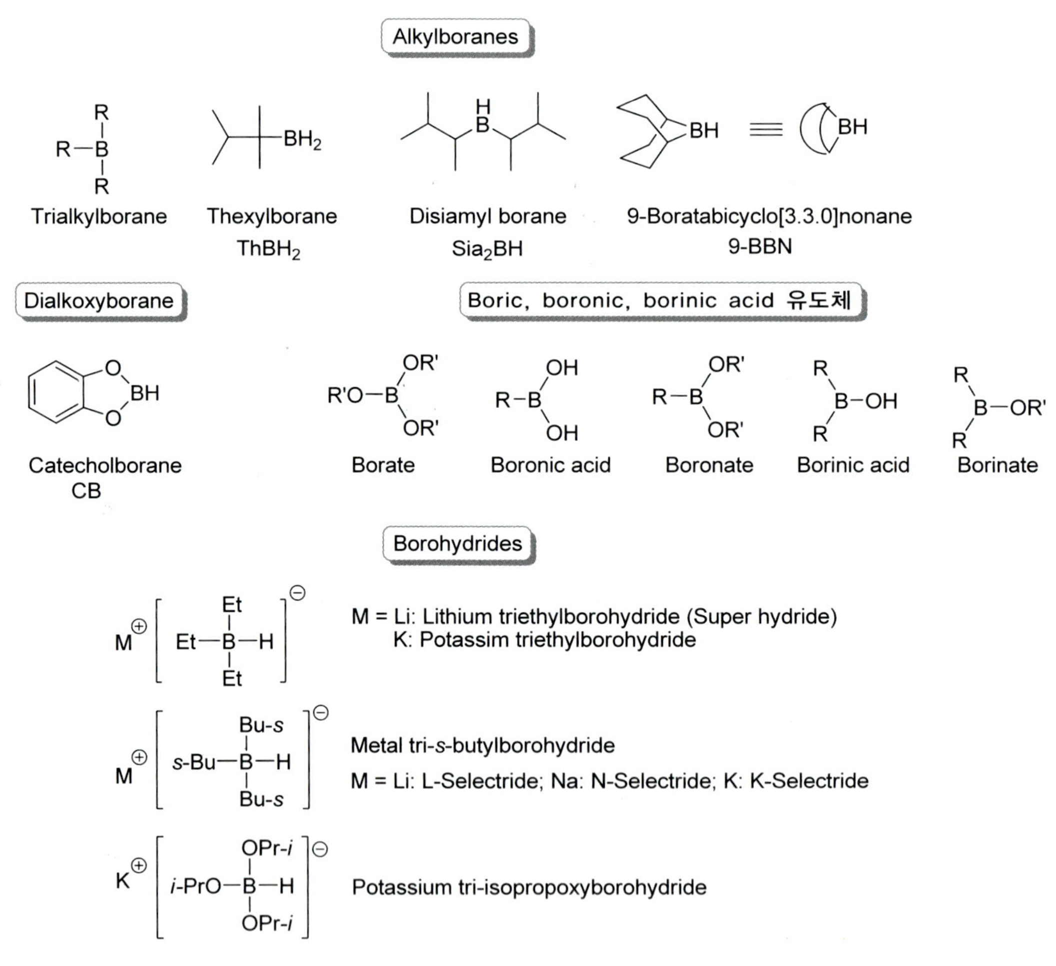

그림 9.26 유기붕소 시약

보레인 유도체 중 B–H 결합을 가지고 있는 알킬 보레인 (예. $ThBH_2$, Sia_2BH, 9–BBN) 또는 알콕시 보레인 (예. catecholborane, CB) 등은 환원제와 알켄과 알카인에 반응하는 수소붕소화 시약으로 사용되며, borohydride 시약은 대부분 환원제로 사용된다. BH_3에서 수소 원자의 전부가 OH기로 치환된 화합물은 붕산 (boric acid)이며 그 에스터를 borate라고 한다. Monoalkylborane (RBH_2)의 H 대신에 OH기가 치환된 화합물을 **보론산 [boronic acid, $RB(OH)_2$]**, dialkylborane의 유도체인 **R_2BOH**를 **보린산 (borinic acid)**이라고 하고 이들의 에스터를 각각 **보론산 에스터(boronate)**와 **보린산 에스터 (borinate)**라고 한다. 이들의 대부분은 시판되고 있다 (그림 9.26).

유기붕소 시약의 작용기화 반응과 탄소–탄소 결합 반응

탄소–붕소 결합은 탄소 원자와 붕소 사이의 전기음성도의 차이가 작아 공유 결합에 가깝다. 따라서 붕소와 결합한 탄소 원자는 이온성 반응을 하지 않는다. 알킬 보레인 (R_3B)의 붕소 원자는 3가 원소로 $2p$ 오비탈이 비어 있기 때문에 Lewis 산으로 작용한다. 따라서 전자가 풍부한 친핵체와 반응하여 4가 배위 화합물인 **'ate' 착물**을 형성하며, 이 착물의 중심 금속인 붕소 원자는 음전하를 가지게 된다. 그 결과 C–B 결합의 탄소 원자는 전자가 풍부해져 인근에 있는 전자가 부족한 부위로 자리 이동할 수 있게 된다. 이 결과 카보닐화 반응과 같은 탄소–탄소 결합을 포함하여 여러 작용기가 도입되는 반응이 일어난다. 예를 들면, 과산화 수소의 음이온이 R_3B의 붕소 원자와 결합하여 'ate' 착물을 형성한 후 알킬기가 인근의 산소 원자로 이동하여 가수 분해되면 알코올 (ROH)이 생성된다.

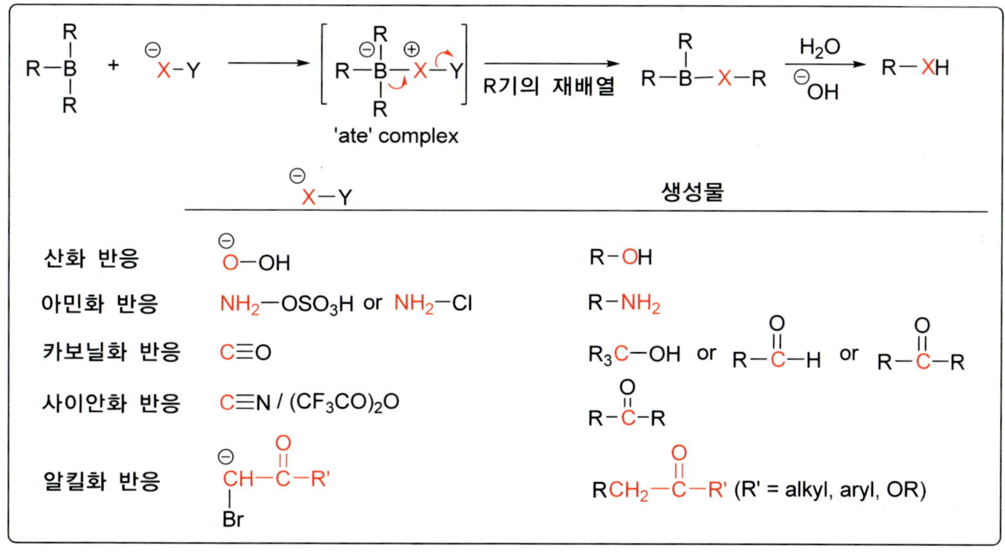

그림 9.27 R_3B의 작용기화 반응과 탄소–탄소 결합 반응

알켄의 수소붕소화 반응에서 생성된 알킬 보레인을 NaOH 수용액에서 H_2O_2로 산화시켜 알코올이 생성되는 반응도 이와 같은 반응 과정을 거쳐 일어난다 (4.2.3절). 비슷한 반응 메커니즘으로 R_3B로부터 RNH_2를 합성할 수 있다 (그림 9.27).

카보닐화 반응

알켄의 수소붕소화 반응으로 합성할 수 있는 trialkylborane (R_3B)과 일산화 탄소 가스 (CO)를 가압 하에서 가열 반응 (100~120℃)시키면 Lewis 산-염기 반응에 의해 'ate' 착물 (A)이 생성된다. 이 착물의 붕소에 결합한 알킬기는 인근의 전자가 부족한 아실륨 탄소로 이동하여 탄소-탄소 결합을 형성하면 중간체인 B가 생성하게 된다. 이 중간체 B는 그림 9.28에 나타낸 바와 같이 여러 반응 경로 (방법 1~3)를 거쳐 3° 알코올 (R_3COH), 알데하이드 (RCHO), 케톤 ($R_2C{=}O$) 또는 1° 알코올 (RCH_2OH)로 전환하게 된다. 이와 같이 일산화 탄소가 첨가되는 일련의 반응을 **트라이알킬 보레인 화합물 (R_3B)의 카보닐화 반응**이라고 한다.

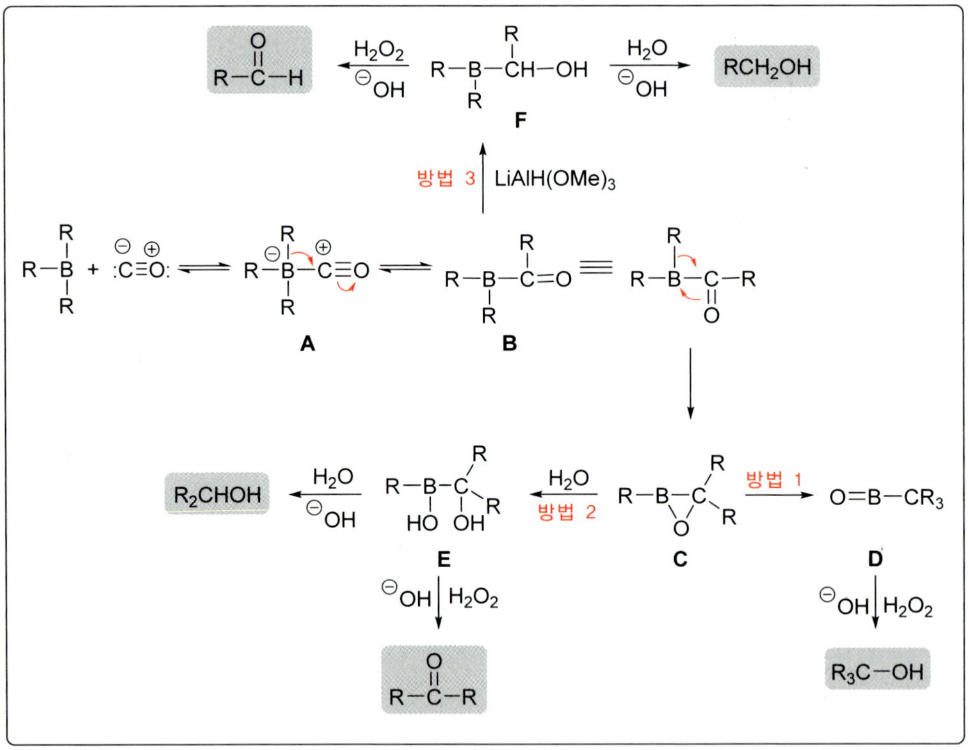

그림 9.28 R_3B의 카보닐화 반응: 3° 알코올 (R_3COH), 알데하이드 (RCHO), 케톤 ($R_2C{=}O$) 또는 1° 알코올 (RCH_2OH)의 합성

방법 1 3° 알코올 (trialkyl carbinol, R_3COH)의 생성

R_3B를 일산화탄소와 가압 하에서 가열 반응시키면 A → B → C의 반응 경로를 거쳐 붕소와 결합한 세 개의 알킬기 모두가 일산화탄소의 탄소 원자로 이동하여 재배열한 D가 형성되고 이를 과산화 수소로 산화시키면 3° 알코올 (trialkyl carbinol, R_3COH)이 생성된다.

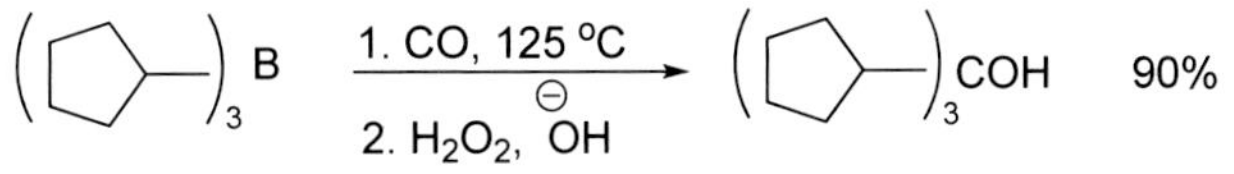

$$(C_5H_9)_3B \xrightarrow[2.\ H_2O_2,\ ^{\ominus}OH]{1.\ CO,\ 125\ ^{\circ}C} (C_5H_9)_3COH \quad 90\%$$

방법 2 케톤 ($R_2C=O$)의 생성

물이 있는 상태에서 위 반응을 수행하면 케톤 ($R_2C=O$)이 생성된다. 이 반응은 중간체 C에 물이 첨가되어 생성된 중간체 E가 과산화 수소에 의해 산화되어 일어난다. 이 반응에서 동종 알킬기를 가진 R_3B에서는 대칭 케톤이 생성되며, 이종 알킬기를 가진 trialkyl borane (RR′R′′B 또는 R′R_2B)의 경우 비대칭 케톤 (RR′C=O)이 생성된다. 이종 trialkylborane으로는 흔히 thexylborane 또는 9−BBN을 알켄과 수소붕소화 반응시켜 얻은 붕소 시약을 사용한다. 그 이유는 thexyl기와 9−BBN에 있는 알킬기는 덩치가 너무 커서 인근의 친전자체로 이동이 일어나지 않기 때문이다 (그림 9.29).

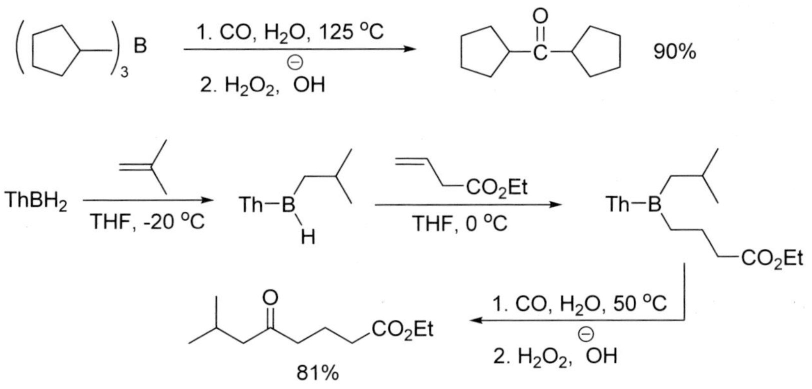

$$(C_5H_9)_3B \xrightarrow[2.\ H_2O_2,\ ^{\ominus}OH]{1.\ CO,\ H_2O,\ 125\ ^{\circ}C} C_5H_9\text{-}C(=O)\text{-}C_5H_9 \quad 90\%$$

ThBH$_2$ → (isobutylene, THF, -20 °C) → Th−B(H)(CH$_2$CH(CH$_3$)$_2$) → (CH$_2$=CHCH$_2$CO$_2$Et, THF, 0 °C) → Th−B(CH$_2$CH(CH$_3$)$_2$)(CH$_2$CH$_2$CH$_2$CH$_2$CO$_2$Et) → (1. CO, H$_2$O, 50 °C; 2. H$_2$O$_2$, $^{\ominus}$OH) → (CH$_3$)$_2$CHCH$_2$C(=O)CH$_2$CH$_2$CH$_2$CH$_2$CO$_2$Et 81%

그림 9.29 R_3B의 카보닐화 반응에 의한 케톤의 합성

방법 3 알데하이드 (RCHO)의 생성

R_3B에 일산화 탄소를 반응시킬 때 LiAlH$(OR)_3$ (R = Me, *t*−Bu) 또는 KBH(OPr−*i*)$_3$와 같은 약한 환원제를 넣고 반응시키면 중간체 B의 카보닐기가 환원되어 중간체 F가 생성된다. 이 물질을 과산화 수소로 산화시키면 알데하이드가 생성하고, 물로 가수 분해시키면 1° 알코올이 생성된다. 이 반응에서 R_3B를 합성할 때 수소붕소화 반응 시약으로 9−BBN을 사용하면 9−BBN

을 구성하는 알킬기는 이동하지 않으므로 R_3B 중 오직 한 개의 알킬기만 이동시킨 알데하이드를 합성할 수 있다. 이 반응의 특징은 수소붕소화 반응에서 생긴 입체 화학을 그대로 유지한 알데하이드를 생성시킬 수 있다는 점이다 (그림 9.30).

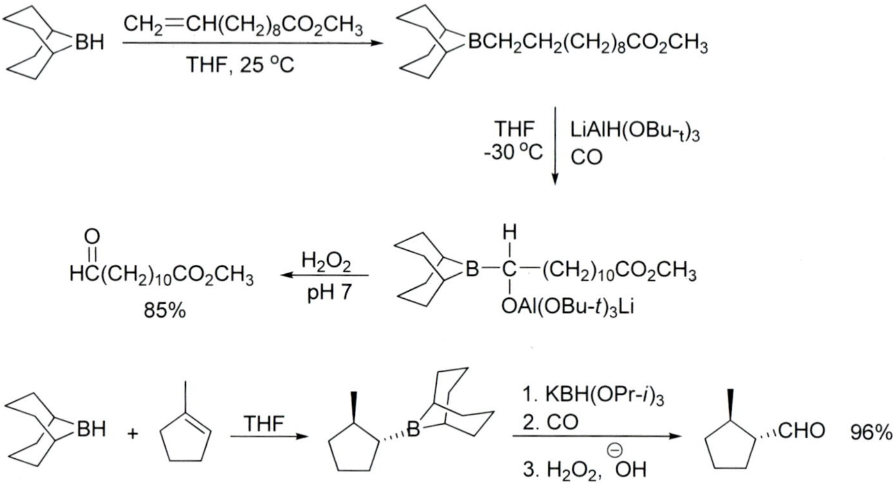

그림 9.30 R_3B의 카보닐화 반응에 의한 알데하이드의 합성

사이안화 반응

R_3B은 CO와 비슷한 전자 구조를 가진 CN 이온과도 산-염기 착물을 형성한다. 이 반응에서 trifluoroacetic anhydride [$(CF_3CO)_2O$]을 넣어 함께 반응시키면 분자 내에서 알킬기 이동 반응이 일어나 케톤 또는 3° 알코올이 생성된다. 일산화 탄소에 의한 카보닐화 반응과 다르게 낮은 온도에서도 반응이 잘 일어난다 (그림 9.31).

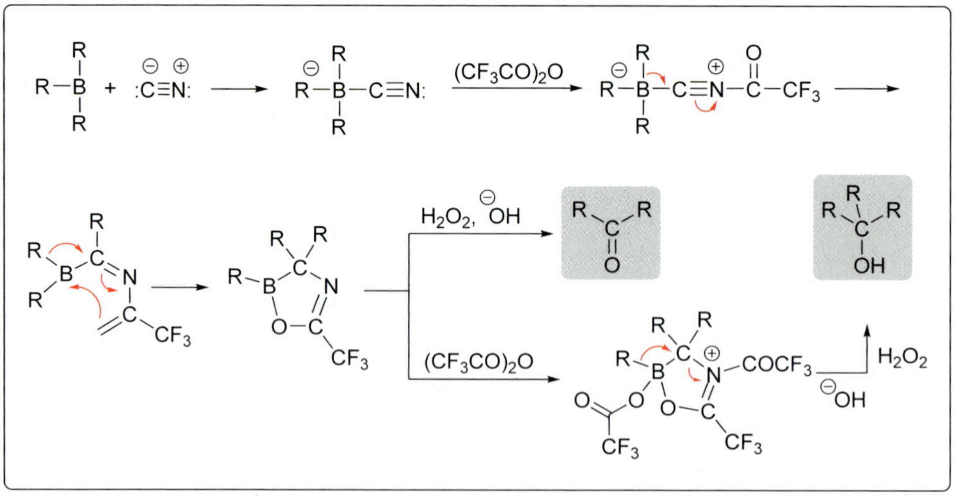

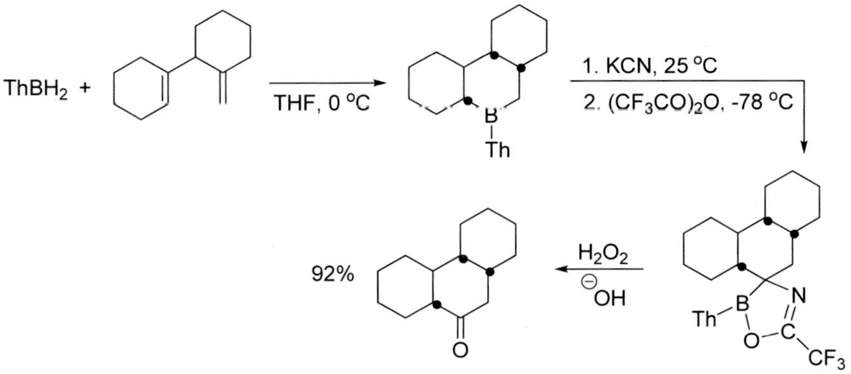

그림 9.31 R_3B의 사이안화 반응: 케톤 또는 3° 알코올의 합성

알킬화 반응

R_3B 시약을 *t*–BuOK 같은 강염기 존재 하에 α 할로 케톤, α 할로 에스터 또는 α 할로 나이트릴과 반응시키면 R_3B 중 R기 하나가 반응 기질의 α 위치의 할로젠 원자와 치환되어 알킬기가 도입된 생성물을 얻을 수 있다. 이 반응은 다음과 같은 과정을 거쳐 일어난다. 먼저 반응 기질의 α 수소가 강염기에 의해 탈양성자화되어 탄소 음이온이 생성되고 이 음이온은 R_3B와 산–염기 반응하여 착물염 A (ate complex)를 생성한다. 이 착물염의 붕소 원자에 결합한 알킬기가 탄소 음이온 형태 (탄소 친핵체)로 분자 내에서 친전자성 부위인 α 탄소를 공격하면 친핵성 치환 반응이 일어나 중간체 B가 생성된다. 이 생성물 B가 토토머 이성질화 (tautomerism)로 붕소 엔올염 (C, boron enolate)으로 전환된 후 알코올에 의해 양성자화되고 토토머 이성질화 반응이 일어나면 반응 기질의 α 위치에 있던 할로젠 원자에 알킬기가 치환된 형태의 생성물이 생성된다 (그림 9.32).

이 반응에서 알킬기가 이동하는 과정에서 이동하는 알킬기의 입체 화학은 그대로 유지된다.

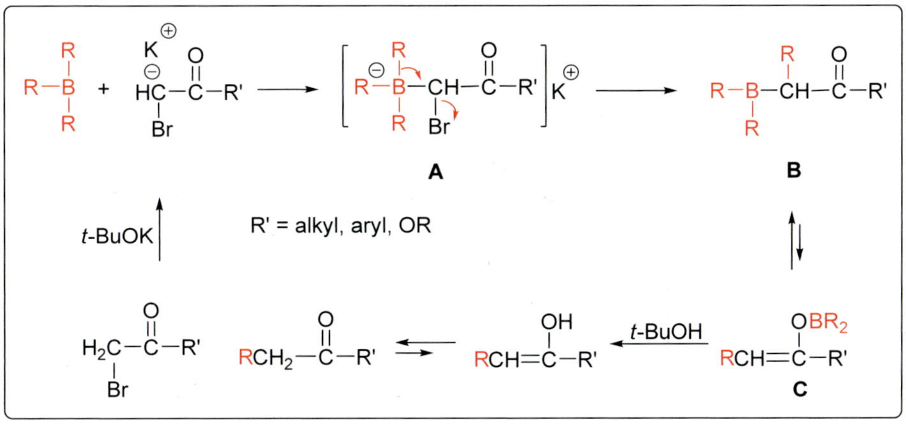

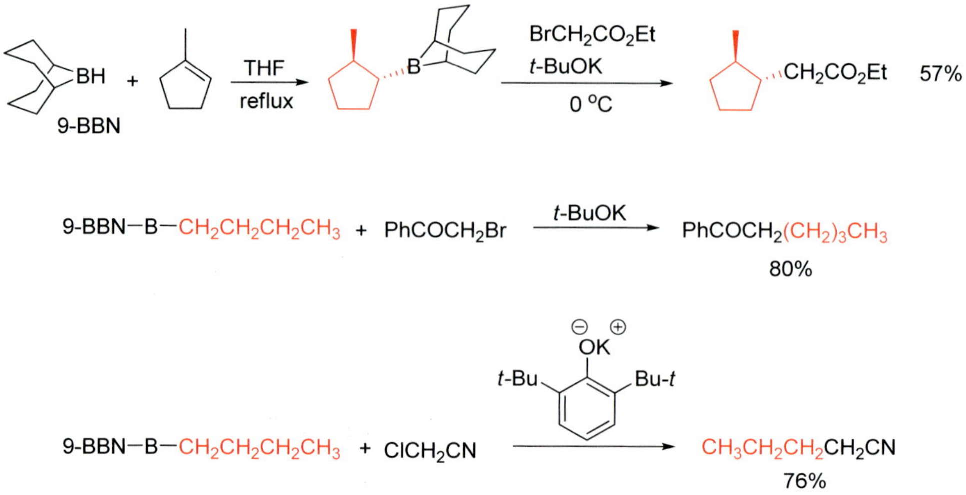

그림 9.32 붕소 시약을 이용한 알킬화 반응

카보닐기 첨가 반응: 알릴 또는 크로틸 붕소화 반응

알릴 (allyl)과 크로틸 (crotyl) 보레인 또는 이들의 보론산 에스터 (boronate)가 알데하이드와 케톤의 카보닐기에 친핵성 첨가 반응하면 알릴기 또는 크로틸기가 카보닐기에 도입되어 **호모 알릴 알코올 (homoallyl alcohol)**이 생성된다. 이 반응을 각각 **알릴 붕소화 반응 (allylboration)**과 **크로틸 붕소화 반응 (crotylboration)**이라고 한다. 이 반응들은 중심 금속인 붕소 부위가 Lewis 산으로 작용하여 카보닐기 산소와 배위하여 만들어진 육원자 고리형의 전이 상태를 거쳐 일어나는 것으로 알려져 있다 (그림 9.33). 이 반응에서 붕소에 결합한 리간드가 카이랄성 (chirality)을 가지고 있으면 비대칭 반응이 유발되어 카이랄 생성물을 얻을 수 있다 (13.4.1절의 그림 13.30 참조).

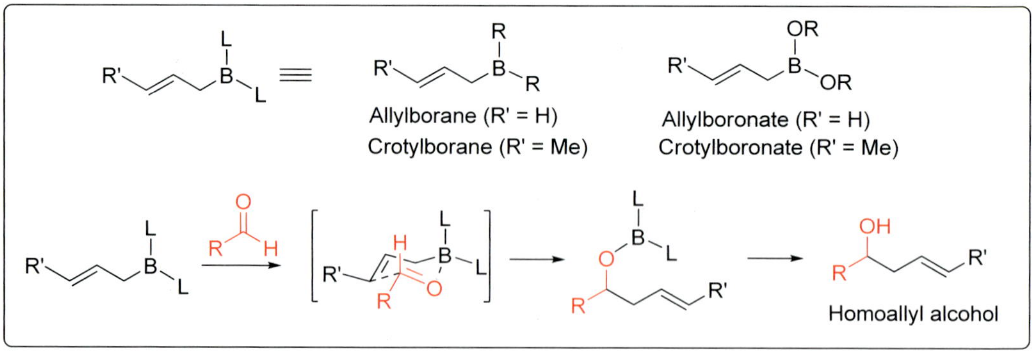

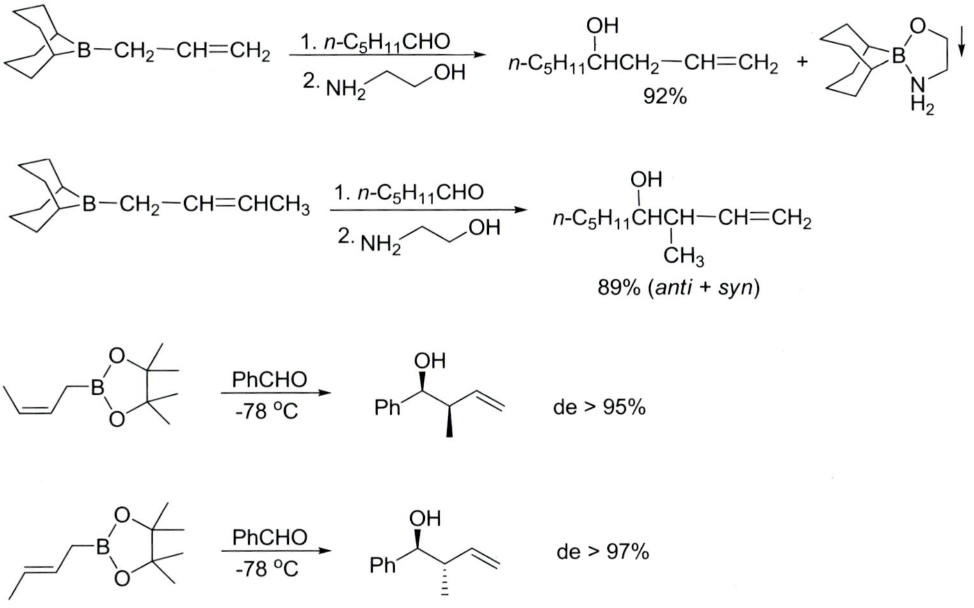

그림 9.33 알데하이드에 대한 알릴 또는 크로틸 붕소화 반응

라디칼 1,4-첨가 반응

트라이 알킬 보레인 (R_3B) 또는 알킬 보론산 에스터 [$RB(OR')_2$]을 공기 중에서 α,β-불포화 알데하이드 또는 케톤과 반응시키면 붕소에 결합한 알킬기가 1,4-첨가 반응을 한다. 이 반응은 공기 중에 산소가 라디칼 개시제로 작용하여 알킬 라디칼이 형성되어 반응에 참여하는 것으로 알려져 있다 (그림 9.34).

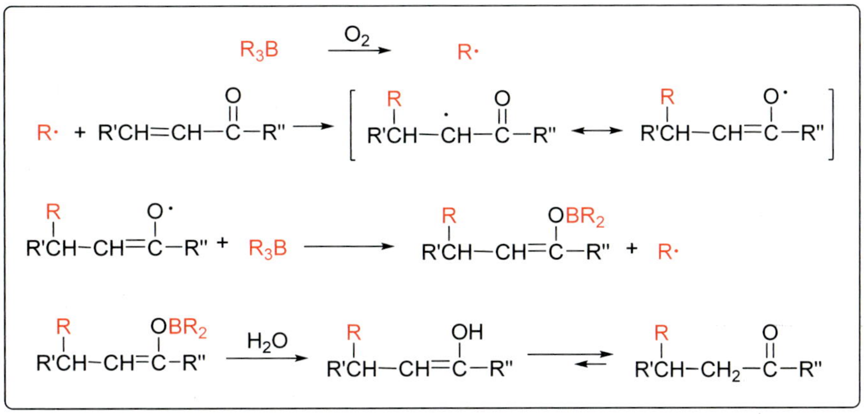

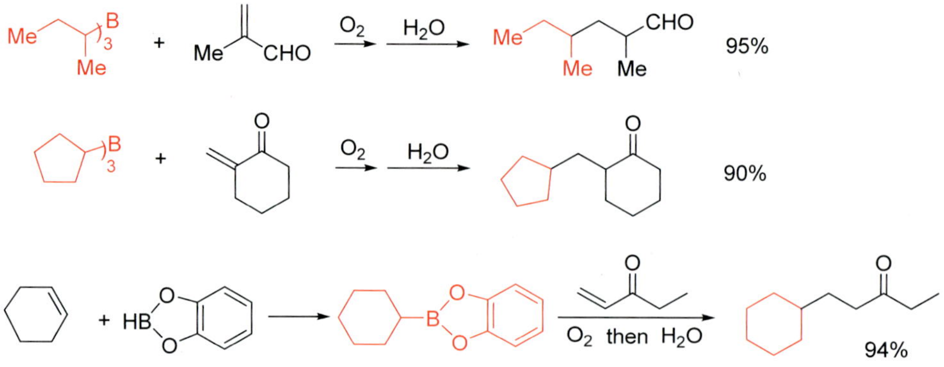

그림 9.34 알킬 보레인의 1,4-첨가 반응

위 반응과 비슷한 알킬 라디칼의 1,4-첨가 반응은 n-Bu_3SnH의 촉매량 존재 하에 라디칼 생성 조건에서 R-X (X = I, Br)와 α,β-불포화 카보닐 화합물 (예. methyl acrylate)이나 나이트릴 (예. acrylonitrile)을 반응시킬 경우에도 일어난다 (4.5.3절의 그림 4.46 참조).

9.4 황 일라이드를 이용한 탄소-탄소 단일 결합 형성 반응

일라이드 (ylide 또는 ylid)란 탄소-헤테로 원자 결합 (헤테로 원자는 주로 인 또는 황)이 편극(분극)에 의하여 탄소 원자는 음전하, 헤테로 원자는 양전하를 가지고 있고 전기적으로 중성인 1,2-쌍극자 반응종을 말하며, 이 중 인 일라이드 (예. Wittig 시약)와 황 일라이드가 가장 잘 알려져 있다. 이 반응종은 전기적으로 중성이나 탄소 원자 부위가 음전하를 가지고 있으므로 탄소 친핵체로 작용한다. 일라이드는 탄소 음이온의 음전하가 인근의 인과 황 원자의 텅 빈 d 오비탈에 분산될 수 있는 공명 구조를 가질 수 있으므로 안정한 화학종으로 존재한다. 인 일라이드는 알데하이드 또는 케톤의 카보닐기와 반응하여 알켄을 형성하지만 [12.1.2절의 **Wittig** 및 **Horner-Wadsworth-Emmons (HWE) 반응** 참조], 황 일라이드는 에폭사이드를 생성한다.

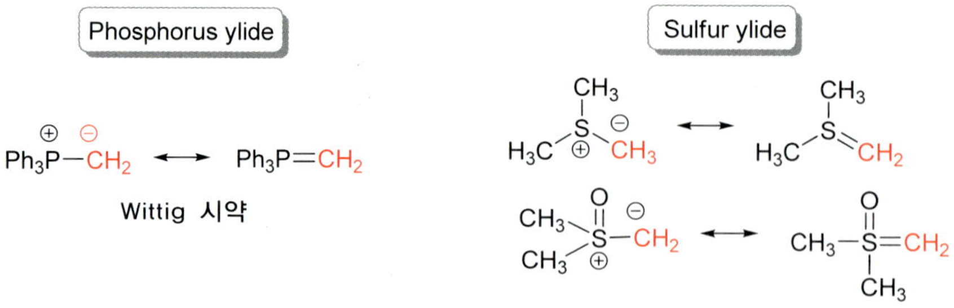

황 일라이드의 제법

황 일라이드는 dimethylsulfonium methylide (**A**, $Me_2S{=}CH_2$)와 dimethyloxosulfonium methylide (**B**, $Me_2S(O){-}CH_2$)인 두 종류가 있다. 황 일라이드 **A**와 **B**는 각각 dimethyl sulfide (Me_2S) 또는 dimethyl sulfoxide (DMSO, Me_2SO)와 methyl iodide (MeI)를 반응시켜 생성한 trimethylsulfonium iodide와 trimethylsulfoxonium iodide에 NaH를 작용시켜 제조한다 (그림 9.35). 일라이드 **A**와 **B** 중 탄소 원자의 음전하를 비편재화시킬 수 있는 산소 원자를 가지고 있는 **B**가 **A**보다 더 안정하다.

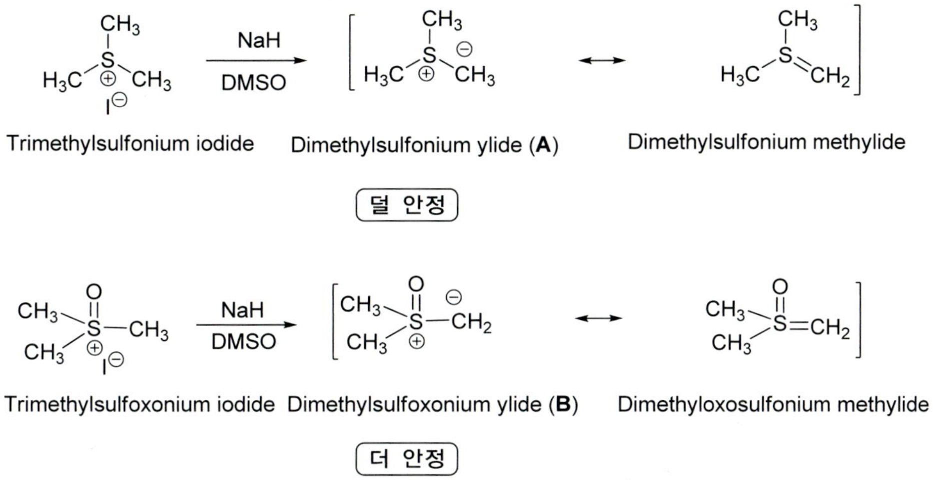

Trimethylsulfonium iodide —NaH, DMSO→ [Dimethylsulfonium ylide (**A**) ↔ Dimethylsulfonium methylide]

덜 안정

Trimethylsulfoxonium iodide —NaH, DMSO→ [Dimethylsulfoxonium ylide (**B**) ↔ Dimethyloxosulfonium methylide]

더 안정

그림 9.35 황 일라이드의 제법

황 일라이드의 반응

황 일라이드는 알데하이드 또는 케톤의 카보닐기와 반응하여 에폭사이드를, 이민과 반응하면 아지리딘 (aziridine)을 생성한다. α,β-불포화 카보닐 화합물의 경우 **A**와 **B** 사이의 반응 선택성이 다르게 나타난다. 반응성이 더 강한 **A**는 카보닐기를 우선적으로 공격하여 (1,2-첨가) 에폭사이드를 생성하지만, 더 안정한 일라이드 **B**는 1,4-첨가 반응을 하여 사이클로프로페인을 우선적으로 생성한다 (그림 9.36). 이들 반응을 통틀어 **Johnson–Corey–Chaykovsky** 또는 **Corey–Chaykovsky 반응**이라고 한다.

또는 A, B

Betaine

Y = O (aldehdye or ketone), NR_2 (imine),

CH–C(=O)–Z (α,β-unsaturated aldehyde, ketone, ester, or nitrile)

B, DMSO, 60 °C; H_2O — 67-76% [9-60]

A, DMSO — 1,2–첨가

B, DMSO — 1,4–첨가

B, DMSO

그림 9.36 황 일라이드의 반응 (Johnson–Corey–Chaykovsky 반응)

CHAPTER 09 참고 문헌

[9–1] *Org. Synth. Coll.* **1941**, *1*, 107. [8–120]

[9–2] *Org. Synth. Coll.* **1941**, *1*, 156.

[9–3] *Org. Synth. Coll.* **1955**, *3*, 436.

[9–4] *Org. Synth. Coll.* **1990**, *7*, 521.

[9–5] *Org. Synth. Coll.* **1943**, *2*, 7–8.

[9–6] *Org. Synth. Coll.* **1990**, *7*, 20.

[9–7] *Org. Synth. Coll.* **1988**, *6*, 307.

[9–8] *Org. Synth. Coll.* **1941**, *1*, 336.

[9–9] *Org. Synth. Coll.* **1941**, *1*, 21.

[9–10] *Org. Synth. Coll.* **1955**, *3*, 84.

[9–11] *Org. Synth. Coll.* **1955**, *3*, 66.

[9–12] *Org. Synth. Coll.* **1955**, *3*, 88.

[9–13] *Org. Synth. Coll.* **1963**, *4*, 804.

[9–14] *Org. Synth. Coll.* **1943**, *2*, 498.

[9–15] *Org. Synth. Coll.* **1988**, *6*, 14.

[9–16] *Org. Synth. Coll.* **1941**, *1*, 94.

[9–17] *Org. Synth. Coll.* **1963**, *4*, 117.

[9–18] *Org. Synth. Coll.* **1988**, *6*, 273.

[9–19] *Org. Synth. Coll.* **1993**, *8*, 415.
[9–20] *Org. Synth. Coll.* **1955**, *3*, 416.
[9–21] *Org. Synth. Coll.* **1941**, *1*, 186.
[9–22] *Org. Synth. Coll.* **1943**, *2*, 230.
[9–23] *Org. Synth. Coll.* **1941**, *1*, 306.
[9–24] *Org. Synth. Coll.* **1941**, *1*, 182.
[9–25] *Org. Synth. Coll.* **1943**, *2*, 406.
[9–26] Vogel's Textbook 538p.
[9–27] *Org. Synth. Coll.* **1955**, *3*, 200.
[9–28] Vogel's Textbook 538p.
[9–29] *Org. Synth. Coll.* **1998**, *9*, 676.
[9–30] *Org. Synth. Coll.* **1943**, *2*, 179.
[9–31] *Org. Synth. Coll.* **1955**, *3*, 839.
[9–32] *Org. Synth. Coll.* **1943**, *2*, 602.
[9–33] *Org. Synth. Coll.* **1990**, *7*, 451.
[9–34] *Org. Synth. Coll.* **1955**, *3*, 701.
[9–35] *Org. Synth. Coll.* **1943**, *2*, 323.
[9–36] *Org. Synth. Coll.* **1955**, *3*, 553.
[9–37] *Org. Synth. Coll.* **1941**, *1*, 353.
[9–38] *Org. Synth. Coll.* **1988**, *6*, 845.
[9–39] *Org. Synth. Coll.* **1963**, *4*, 605.
[9–40] *Org. Synth. Coll.* **1955**, *3*, 26.
[9–41] *Org. Synth. Coll.* **1955**, *3*, 562.
[9–42] *Org. Synth. Coll.* **1943**, *2*, 517.
[9–43] *Org. Synth. Coll.* **1998**, *9*, 530.
[9–44] *Org. Synth. Coll.* **1973**, *5*, 452.
[9–45] *Org. Synth. Coll.* **1955**, *3*, 757.
[9–46] *Org. Synth. Coll.* **1955**, *3*, 431.
[9–47] *Org. Synth. Coll.* **1973**, *5*, 775.
[9–48] *Org. Synth. Coll.* **1990**, *7*, 290.
[9–49] *Org. Synth. Coll.* **1988**, *6*, 248.
[9–50] *Org. Synth. Coll.* **1993**, *8*, 33.
[9–51] *Org. Synth. Coll.* **1993**, *8*, 516.
[9–52] *Org. Synth. Coll.* **1993**, *8*, 522.
[9–53] *Org. Synth. Coll.* **1943**, *2*, 184.
[9–54] *Org. Synth. Coll.* **2004**, *10*, 635.
[9–55] *Org. Synth. Coll.* **1993**, *8*, 277.
[9–56] *Org. Synth. Coll.* **1955**, *3*, 408.
[9–57] *Org. Synth. Coll.* **1963**, *4*, 444.
[9–58] *Org. Synth. Coll.* **1988**, *6*, 855.
[9–59] *Org. Synth. Coll.* **1988**, *6*, 327.
[9–60] *Org. Synth. Coll.* **1973**, *5*, 755.

CHAPTER 10 엔올 음이온, 엔아민 및 엔올 유도체를 이용한 탄소-탄소 단일 결합 형성 반응

10장에서는 α 수소를 가진 카보닐 화합물로부터 만들어진 탄소 친핵체인 **엔올 음이온** (enolate anion), **아자-엔올 음이온** (aza-enolate anion 또는 metalloenamine), **엔아민** (enamine), **엔올** (enol) 및 **실릴 엔올 에터** (silyl enol ether) 등을 이용한 탄소-탄소 단일 결합 반응을 중점적으로 공부하고자 한다. 이 중 엔올 음이온과 아자-엔올 음이온을 **안정한 탄소 음이온** (stabilized carbanion)이라고 한다. 그 이유는 탄소 음이온의 음전하가 인근에 있는 카보닐기에 의해 비편재화 (delocalization)될 수 있기 때문이다. 나머지 엔아민, 엔올과 엔올 에터는 약산성 또는 Lewis 산 존재하에 반응하는 중성 탄소 친핵체이다.

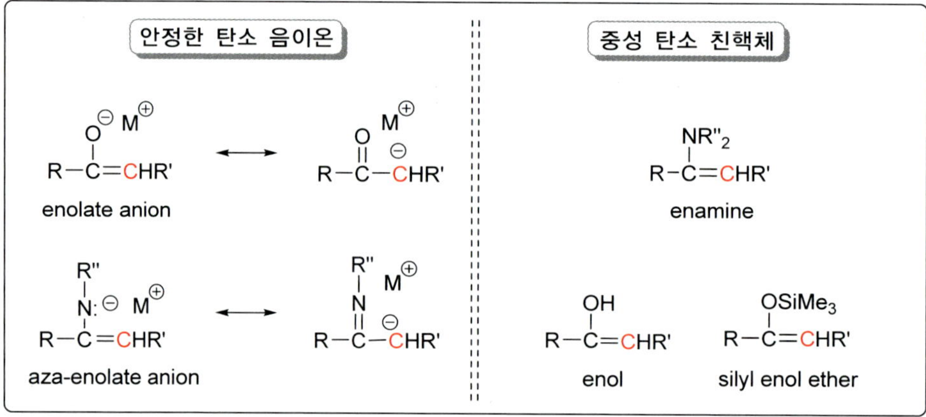

이 탄소 친핵체들은 다음과 같이 치환 반응 (알킬화 반응), 콘쥬게이트 첨가 반응과 축합 반응 형태로 탄소-탄소 단일 결합 형성 반응에 참여한다.

치환 반응 [알킬화 반응 (alkylation)]

엔올 음이온, 엔아민 및 엔올 유도체의 알킬화 반응이란 이들 구조를 가진 탄소 친핵체가 친전자성 부위를 가진 알킬화 시약 (예. 할로젠화 알킬)과 반응하여 탄소-탄소 단일 결합 형성 반응이 일어나 알킬기가 도입되는 반응을 말한다 (10.3절).

콘쥬게이트 첨가 반응 (1,4-첨가 반응)

이 반응은 위에서 언급한 탄소 친핵체가 NO_2, CN, 카보닐기와 같이 전자 끌기 작용기를 가진 α,β-불포화 화합물의 β 위치 탄소 원자에 첨가 반응하여 탄소-탄소 단일 결합이 생성되는 반응을 말한다 (10.4절). 예. Michael 첨가 반응

알돌 및 에스터 축합 반응

이 반응은 엔올 음이온 형태의 탄소 친핵체가 알데하이드, 케톤, 에스터의 카보닐 탄소와 친핵성 첨가 반응을 일으켜 β-hydroxy aldehyde, β-hydroxy ketone (aldol 반응) 또는 β-keto ester (Claisen 축합 반응)를 생성시키는 반응을 말한다. 이 반응에서 자체 축합 반응은 물론 혼합 축합 반응도 일어난다 (10.5절).

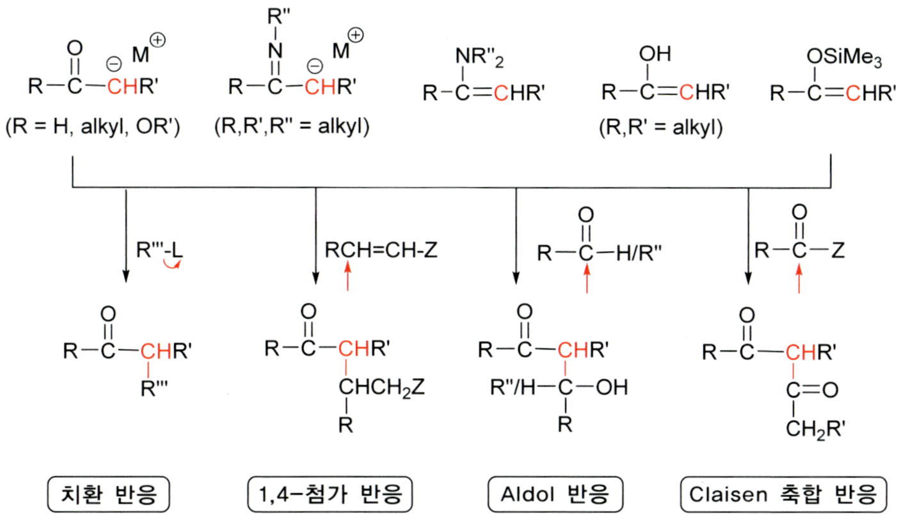

10.1 탄소산과 안정한 탄소 음이온의 생성

C–H 결합에 있는 수소 원자가 염기에 의해 양성자로 이탈 (탈양성자)되어 짝염기인 탄소 음이온 (carbanion)이 형성될 때 그 짝산에 해당하는 C–H를 **탄소산** (carbon acid)이라고 한다. 몇 가지 탄소산의 산도를 표 10.1에 나타내었다.

$$-\overset{|}{\underset{|}{C}}-H + :B \longrightarrow -\overset{|}{\underset{|}{C}}:^{\ominus} + HB$$

탄소산 (짝산)　　　　탄소 음이온 (짝염기)

표 10.1 몇 가지 탄소산의 물속에서 측정한 pK_a 값 (괄호 안의 값은 DMSO 용매 속에서 측정)

화합물 일반명	예	pK_a	산도
Nitroalkane	$CH_3CH_2NO_2$	8.6 (16.7)	증가 ↑
1,3-Diketone	$CH_3-C(=O)-CH_2-C(=O)-CH_3$	9.0 (13.3)	
β-Keto ester	$CH_3-C(=O)-CH_2-C(=O)-OCH_2CH_3$	11 (14.2)	
1,3-Dinitrile	$N{\equiv}C-CH_2-C{\equiv}N$	11 (11)	
β-Keto sulfone	$PhSO_2CH_2-C(=O)-CH_3$	(12.5)	
1,3-Disulfone	$CH_3CH_3SO_2-CH_2-SO_2CH_2CH_3$	12 (14.4)	
1,3-Diester	$CH_3CH_2O-C(=O)-CH_2-C(=O)-OCH_2CH_3$	13 (16.4)	
β-Keto sulfide	$PhSCH_2-C(=O)-CH_3$	(18.7)	
Benzyl ketone	$PhCH_2-C(=O)-CH_3$	15 (19.9)	
Benzyl cyanide	$PhCH_2-C{\equiv}N$	15 (21.9)	
Aromatic ketone	$Ph-C(=O)-CH_3$	16 (24.7)	
Aldehyde	$CH_3-C(=O)-H$	17	
Ketone	$CH_3-C(=O)-CH_3$	19 (26.5)	
Ester	$CH_3-C(=O)-OCH_2CH_3$	25	
Nitrile	$CH_3-C{\equiv}N$	25 (31.3)	
Alkyne	$HC{\equiv}CH$	25	
Amide	$CH_3-C(=O)-N(CH_3)_2$	30	
1,3-Dithiane	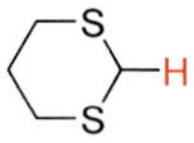 (S, S 고리)–H	39	
톨루엔	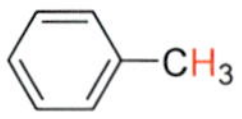 (벤젠 고리)–CH_3	41 (43)	
벤젠	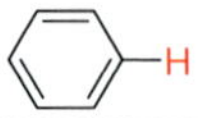 (벤젠 고리)–H	43	
알릴	$CH_2{=}CHCH_3$	43 (44)	
알켄	$CH_2{=}CH_2$	44	
알케인	CH_3CH_3	50	

10.1.1 탄소산의 산도에 영향을 주는 인자

탄소산의 산도는 짝염기의 음전하가 안정화되어 있거나 비편재화될수록 증가한다. 산도에 영향을 줄 수 있는 중요한 인자로 다음과 같은 것들이 알려져 있다.

탄소 원자의 혼성화

알카인 탄소 (sp 혼성화 탄소)에 결합한 수소 원자는 pK_a 값이 25로서 알켄 탄소 (sp^2 탄소)의 수소 (pK_a = 44)와 알케인 탄소 (sp^3 탄소)의 수소 (pK_a = 50) 원자보다 산도가 더 강하다. 그 이유는 s 오비탈 성질을 sp 혼성화 탄소는 50%, sp^2 혼성화 탄소는 33%, sp^3 혼성화 탄소는 25%씩 가지고 있기 때문이다. s 오비탈 성질이 클수록 전자가 핵에 가깝게 위치할 수 있어 음전하를 안정화시킬 수 있다.

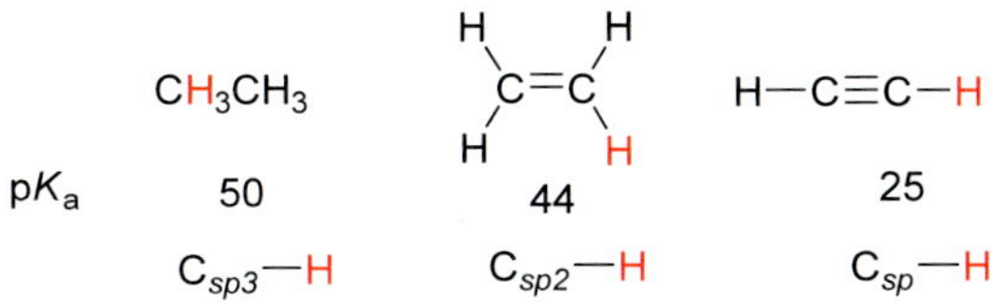

	CH_3CH_3	$H_2C{=}CH_2$	H−C≡C−H
pK_a	50	44	25
	C_{sp3}−H	C_{sp2}−H	C_{sp}−H

짝염기의 공명 효과 (콘쥬게이트 효과)

알케인의 탄소산 (C−H)의 pK_a 값은 약 50으로 매우 낮은 산도를 나타낸다. 그러나 이 탄소산의 인근에 나이트로기, 카보닐기, 나이트릴기와 같은 작용기를 가지고 있는 경우 pK_a 값은 이보다 훨씬 작은 값을 가진다 (더 강산이다). 그 이유는 이들 작용기가 공명에 참여하여 짝염기인 탄소 음이온의 음전하를 분산 (비편재화)시켜 안정화시킬 수 있기 때문이다. 이를 **탄소 음이온의 공명 안정화 효과**라고 한다 (그림 10.1). 이와 같이 음전하를 안정화시키는 작용기를 가진 탄소 음이온을 **안정한** 또는 **안정화된 탄소 음이온** (stable 또는 stabilized carbanion)이라고 하며, 그 대표적인 예로 **엔올 음이온** (enolate anion)을 들 수 있다.

짝염기의 음전하가 편재화된 탄소산(짝산의 산도가 낮다)

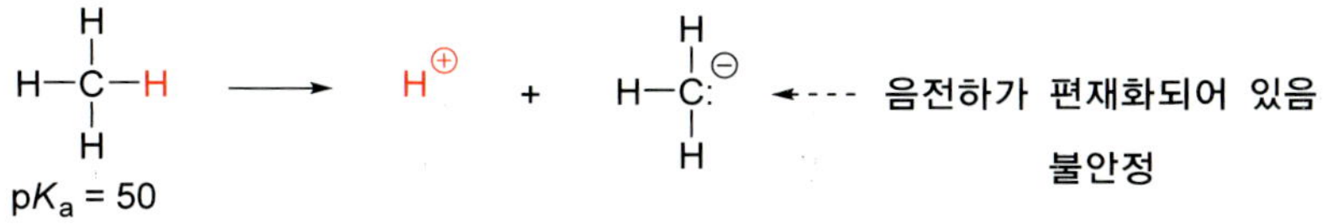

$$CH_4 \longrightarrow H^{\oplus} + H_3C^{\ominus}$$

pK_a = 50

$H_3C^{\ominus}$ ← 음전하가 편재화되어 있음, 불안정

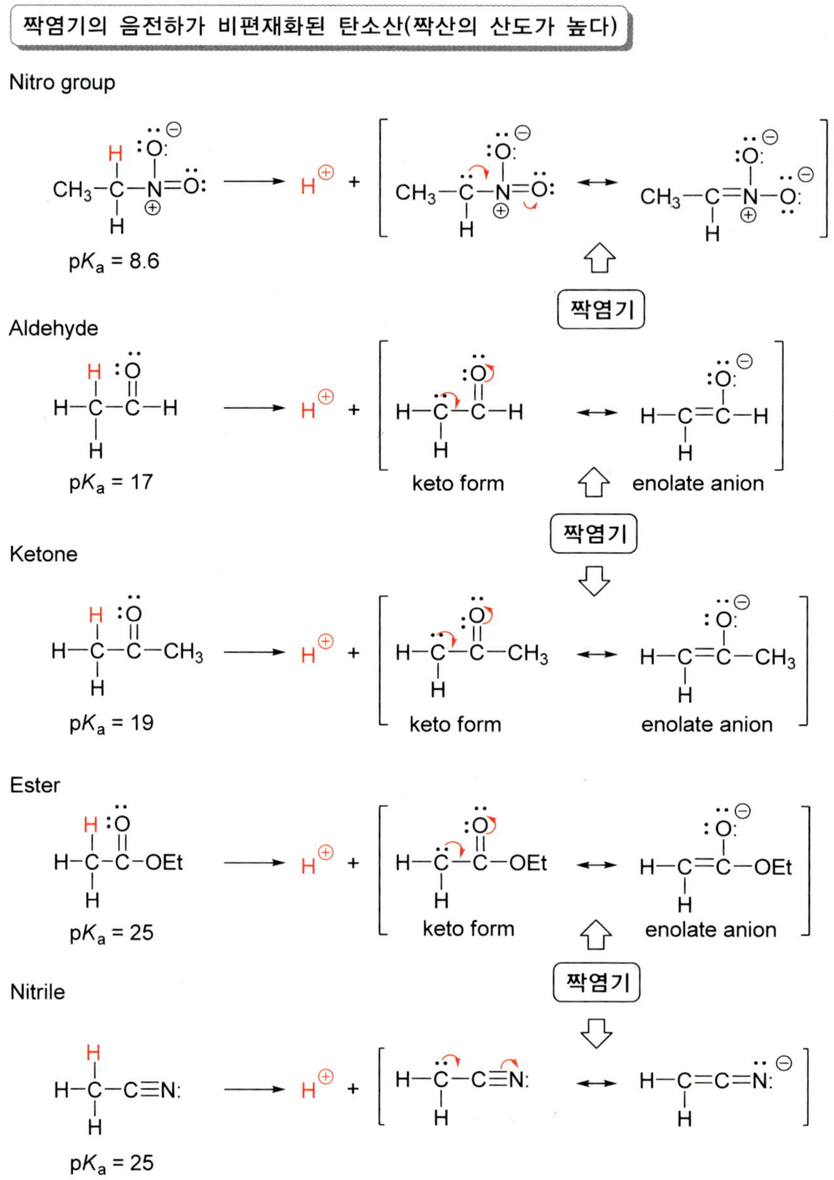

짝염기의 음전하가 비편재화된 탄소산(짝산의 산도가 높다)

Nitro group

pK_a = 8.6

짝염기

Aldehyde

pK_a = 17

keto form

enolate anion

짝염기

Ketone

pK_a = 19

keto form

enolate anion

Ester

pK_a = 25

keto form

enolate anion

짝염기

Nitrile

pK_a = 25

그림 10.1 탄소 음이온의 공명 안정화: 짝염기의 음전하가 비편재화되면 안정도가 증가하므로 해당하는 짝산 (탄소산)의 산도는 증가한다.

짝염기의 음전하를 분산 (비편재화)시킬 수 있는 공명 기여 구조가 많을수록 음전하의 비편재화를 더 증가시켜 짝염기의 안정화가 증가하므로 해당하는 탄소산의 산도는 더 높아진다. 예를 들면, 아세톤 α 수소의 pK_a 값은 19 (두 개의 공명 기여 구조를 가짐)인데 비하여 1,3-다이케톤인 pent-2,4-dione에 있는 메틸렌기 (CH_2)의 pK_a 값은 11 (세 개의 공명 기여 구조를 가짐)이다. 비슷한 현상은 β 케토 에스터인 ethyl acetoacetate (pK_a = 11)와 다이에스터인

diethyl malonate (pK_a = 13)에서도 나타난다 (그림 10.2). 이와 같이 1,3-위치에 두 개의 카보닐기를 가지고 있는 화합물을 **1,3-다이카보닐 화합물**이라고 하고, 이 화합물의 두 개의 카보닐기 가운데 위치한 메틸렌기 (CH_2)를 **활성 메틸렌기** (active mcthylene group)라고 한다. 활성 메틸렌기가 높은 산도 (낮은 pK_a 값)를 나타내는 이유는 짝염기인 탄소 음이온의 음전하를 양쪽에 있는 카보닐기가 쌍끌이하여 안정화시킬 수 있기 때문이다. 이들 탄소산으로부터 얻어진 안정화된 탄소 음이온은 친핵성이 우수한 탄소 친핵체로서 알킬화 반응 (치환 반응)과 카보닐 및 콘쥬게이트 축합 반응을 통하여 탄소-탄소 단일 결합 형성 반응에 중요하게 사용되고 있다. 활성 메틸렌기가 탄소 친핵체로 관여하는 대표적인 반응 예들로 **ethyl acetoacetate 합성법** (10.3.5절), **malonic ester 합성법** (10.3.5절)과 **Michael 첨가 반응** (10.4절) 등이 있다.

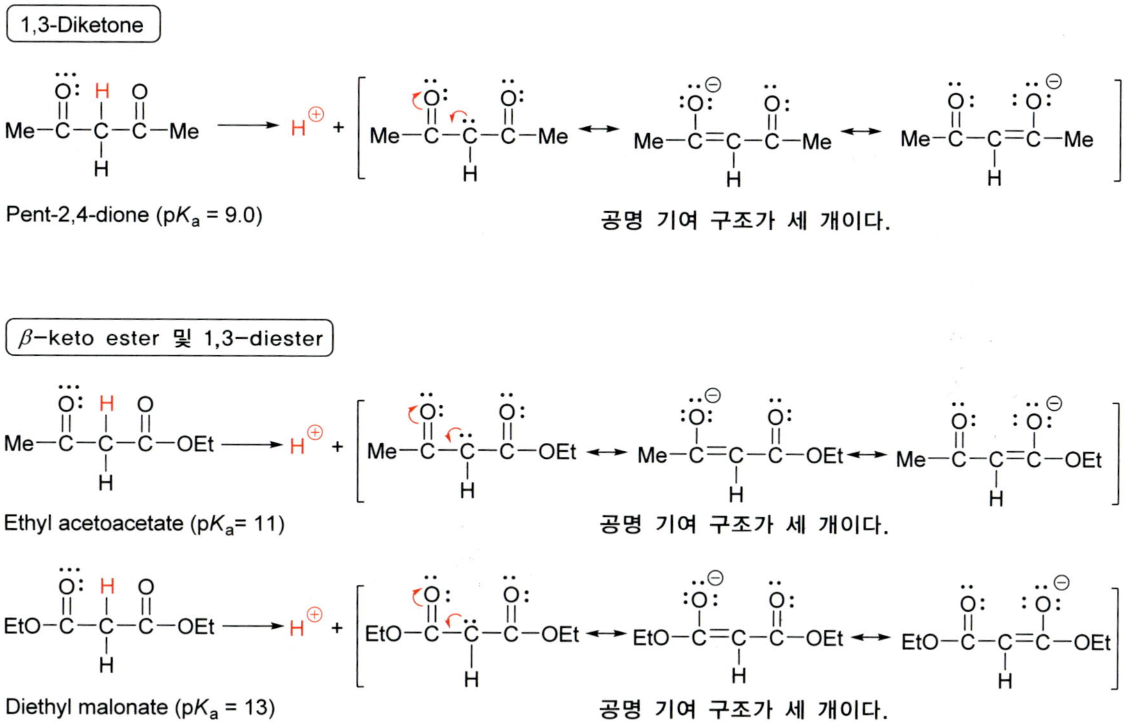

1,3-Diketone

Pent-2,4-dione (pK_a = 9.0)

공명 기여 구조가 세 개이다.

β-keto ester 및 1,3-diester

Ethyl acetoacetate (pK_a= 11)

공명 기여 구조가 세 개이다.

Diethyl malonate (pK_a = 13)

공명 기여 구조가 세 개이다.

그림 10.2 활성 메틸렌기를 가진 탄소산과 안정화된 탄소 음이온의 생성

한편, 벤질 자리 탄소산 (pK_a = 41)이나 알릴 자리 탄소산 (pK_a = 43)들은 알케인의 경우 (pK_a = 50)보다 더 강한 산도를 나타내는데 그 이유도 짝염기에 있는 음전하가 공명에 의해 비편재화되어 짝염기를 안정화시킬 수 있기 때문이다.

d-오비탈 효과

탄소 원자 인근에 황 원자가 있는 1,3-dithiane의 pK_a 값은 39로서 알케인 탄소산 (pK_a = 45)보다 산도가 높다. 그 이유는 3주기 원소인 황 원자의 전자가 없는 *d* 오비탈에 짝염기인 탄소 음이온의 2*p* 오비탈 전자가 흘러들어가 (2*p*–3*d* 오비탈 겹침) 음이온의 전하가 분산됨으로써 안정화될 수 있기 때문이다. 이와 같은 현상을 이용한 합성 반응 예로 9.4절의 황 일라이드, 10.3.3절의 dithiane 음이온 및 12.1.2절의 인 일라이드 생성 반응 등이 있다.

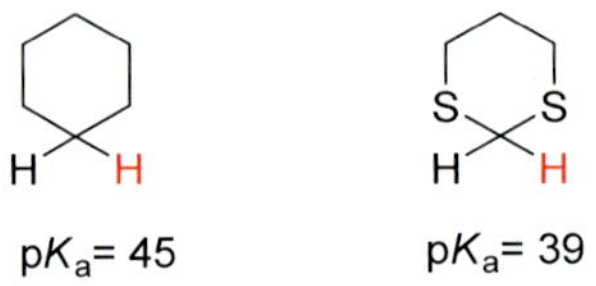

pK_a= 45　　pK_a= 39

전자 유발과 편극성 효과

2-Methylpropane (pK_a = 53)는 methane (pK_a = 50)보다 더 약한 산이다. 그 이유는 2-Methylpropane은 짝염기 탄소 원자에 전하를 줄 수 있는 [(+)-I-효과] 메틸기가 있어 탄소 음이온의 전하를 증가시키는 (짝염기의 염기도를 증가) 효과를 나타내 탄소산에서 양성자가 떨어져 나오는 것을 방해하기 때문이다. 반대로, trifluoromethane의 산도는 pK_a = 26으로 강한 이유는 F의 전기음성도가 수소 원자보다 커서 짝염기의 음전하를 안정화시킬 수 있기 때문이며, tribromo 또는 trichloromethane의 산도가 trifluoromethane보다 더 센 이유는 Br의 전기음성도 (2.8)가 F (4.0) 및 Cl (3.0)보다 더 작지만 원자 반경이 더 커서 음전하를 더 넓게 분산 (편극성)시킬 수 있기 때문이다.

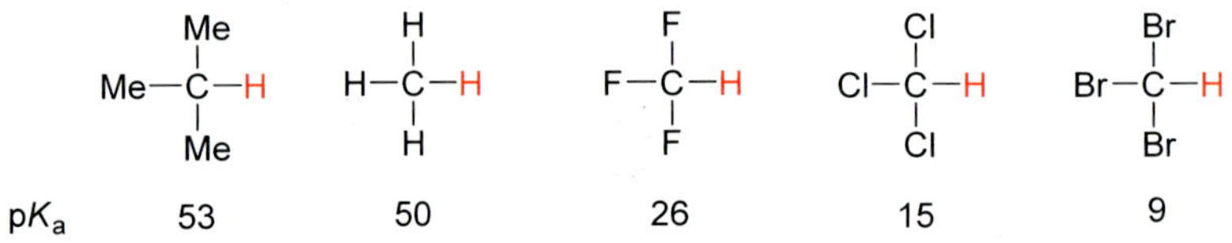

	Me_3C–H	H_3C–H	F_3C–H	Cl_3C–H	Br_3C–H
pK_a	53	50	26	15	9

방향족성 효과

sp^3 혼성화 탄소 원자를 가진 알케인 수소의 pK_a 값은 대략 50인데 비하여 1,3-cyclopentadiene에 있는 sp^3 혼성화 탄소에 있는 수소의 pK_a 값은 15로 산도가 매우 높다. 그 이유는 짝염기인 탄소 음이온이 6π 전자계를 가지고 Hückel 규칙 [(4n + 2)π 규칙]을 만족시켜 방향족성을 갖게 되어 안정화되기 때문이다.

H H H H H + $H^{\oplus}$

pK_a = ~ 50 pK_a = 15 6π (Hückel 규칙 만족)

10.1.2 탄소산의 산-염기 반응: 엔올 음이온과 아자-엔올 음이온의 생성

α 수소를 가진 알데하이드, 케톤, 카복실산, 에스터, 산무수물, 아마이드에 염기를 작용시켜 α 수소가 탈양성자화되면 짝염기로 공명 안정화된 **안정화 (된) 탄소 음이온** (stabilized cabanion)이 생성된다. 한편, α 수소를 가진 알데하이드와 케톤의 이민은 강염기에 의해 α 수소가 탈양성자화되면 공명 안정화된 탄소 음이온 형태의 **아자-엔올 음이온** (aza-enolate 또는 metalloenamine 또는 **이민 음이온**이라 함)이 생성된다.

R−C(=O)−CH_2R' —LDA→ R−C(=O)−$\overset{\ominus}{C}$HR' $Li^{\oplus}$ ⟷ R−C($O^{\ominus}$ $Li^{\oplus}$)=CHR'

enolate anion

R−C(=N-R'')−CH_2R' —n-BuLi 또는 EtMgBr→ R−C(=N−R'')−$\overset{\ominus}{C}$HR' $Li^{\oplus}$ ⟷ R−C(N(R'')$^{\ominus}$ $Li^{\oplus}$)=CHR'

(metalloenamine)
aza-enolate anion

탄소산으로부터 탄소 음이온을 생성시키기 위해선 염기의 선택이 중요하다. 이 목적으로 사용하는 염기는 탄소산의 산도보다 더 센 염기도를 가져야 한다. 이는 염기에 해당하는 짝산의 산도가 탄소산의 산도보다 더 작아야 함을 의미한다. 예를 들면, acetylacetone (α 수소의 pK_a 9)은 KOH 또는 NaOH (짝산인 H_2O의 pK_a 16)에 의해 탈양성자 반응이 일어나 탄소 음이온을 생성시킬 수 있지만 ethyl acetate (α 수소의 pK_a 25)의 경우 이보다 더 센 염기도를 가진 n−BuLi (짝산인 butane의 pK_a 50) 또는 lithium diisopropylamide (LDA, 짝산인 diisopropylamine의 pK_a 40)를 사용해야 해당하는 탄소 음이온을 생성시킬 수 있다. 한편, 단순 케톤 (pK_a = 19)은 짝산의 pK_a 값이 15.7인 CH_3ONa에 의해 탈양성자 반응이 일어나지 않고 대부분 탄소산으로 존재한다. 그 이유는 생성된 케톤의 음이온 (짝염기)의 염기도가 CH_3ONa보다 크므로 산-염기의 반응이 역반응으로 진행되기 때문이다. 탄소산의 탈양성자 반응을 위해 사용하는 염기는 적어도 탄소산보다 짝산의 pK_a 값이 약 3~4 정도 더 큰 염기를 선택하는 것이 좋다 (그림 10.3). 이는 산-염기 반응에서 평형 상수 (K_{eq})값이 10^3~10^4가 되는 조건을 의미한다.

$$\mathrm{R{-}C({=}O){-}CH_3} + \mathrm{CH_3ONa} \rightleftharpoons \mathrm{R{-}C(O^{\ominus}Na^{\oplus}){=}CH_2} + \mathrm{CH_3OH}$$

pK_a 19 15.7

염기의 짝산 산도가 반응 기질보다 더 강하다
(염기의 염기도가 탄소산의 짝염기보다 더 약하다: 탄소산으로 더 많이 존재)

$$\mathrm{R{-}C({=}O){-}CH_3} + \mathrm{(CH_3)_3COK} \rightleftharpoons \mathrm{R{-}C(O^{\ominus}K^{\oplus}){=}CH_2} + \mathrm{(CH_3)_3COH}$$

pK_a 19 19

$$\mathrm{R{-}C({=}O){-}CH_3} + \mathrm{LDA} \rightleftharpoons \mathrm{R{-}C(O^{\ominus}Li^{\oplus}){=}CH_2} + \mathrm{[(CH_3)_2CH]_2NH}$$

pK_a 19 40

염기의 짝산 산도가 탄소산보다 더 약하다.
(염기의 염기도가 탄소산의 짝염기보다 더 강하다: 엔올 음이온으로 더 많이 존재)

그림 10.3 탄소산의 산-염기 반응: 짝산의 pK_a 값이 약 3~4 정도 차이가 나는 염기를 선택하는 것이 좋다.

산-염기 반응에 의해 탄소산에서 탄소 음이온을 생성시키기 위해 자주 사용하는 염기를 표 10.2에 정리하였다.

표 10.2 탄소산의 탈양성자 반응에 사용하는 염기

짝염기	염기 세기	짝산 (pK_a)	짝염기 제법 (사용 용매)
RLi (R = Me, *n*-Bu, *t*-Bu, Ph_3C)	증가 ↑	RH (~50)	2Li + R (hexane, pentane, ether)
RMgX		RH (~50)	Mg + RX (ether, THF)
i-Pr_2NLi (LDA)		*i*-Pr_2NH (40)	*i*-Pr_2NH + *n*-BuLi (THF)
$NaNH_2$, (Li, K)NH_2		NH_3 (38)	Na + NH_3 (액체)
NaH, KH		H_2 (35)	Na (액체) 또는 K (액체) + H_2 (THF)
$CH_3SOCH_2^{\ominus}$ $Na^{\oplus}$		CH_3SOCH_3	CH_3SOCH_3 + NaH (CH_3SOCH_3)
$(Me_3Si)_2NLi$ (LDA)		$(Me_3Si)_2NH$ (26)	$(Me_3Si)_2NH$ + *n*-BuLi (THF)
t-BuOK		*t*-BuOH (19)	*t*-BuOH + K (*t*-BuOH)
EtONa		EtOH (15.9)	EtOH + Na (EtOH)
MeONa		MeOH (15.7)	MeOH + Na (MeOH)
NaOH, KOH		H_2O (15.7)	(H_2O, MeOH 또는 EtOH)
Et_2NH		$Et_2N^{\oplus}H_2$ (11)	
Et_3N		$Et_3N^{\oplus}H$ (11)	
PhONa		PhOH (10)	
$MeCO_2Na$		$MeCO_2H$ (4.2)	

표 10.2에 나타낸 *n*−BuLi는 LDA보다 강염기이다. 그 이유는 짝산인 *n*−butane과 *i*−Pr_2NH의 pK_a 값이 각각 50과 40으로서 *n*−butane이 더 약산이기 때문이다. 실제로 LDA는 *i*−Pr_2NH와 *n*−BuLi을 반응시켜 만든다. 짝산의 산도와 이에 해당하는 짝염기의 염기도는 서로 반비례하므로 짝산의 산도가 증가할수록 이에 해당하는 짝염기의 염기도는 감소한다.

10.2 엔올, 엔올 에터 및 엔아민의 생성: 중성 탄소 친핵체

α 수소를 가지고 있는 알데하이드와 케톤은 토토머 이성질화 반응에 의해 엔올과 케토형의 평형 상태로 존재한다. 엔올의 생성은 산 또는 염기 촉매에 의해 촉진된다 (그림 10.4). 그러나 대부분의 경우 케토형의 C=O 결합 세기가 엔올형의 C=C 결합보다 더 강하기 때문에 평형 상태는 케토형으로 기울어져 있다. 그러나 α 수소를 가진 카보닐 화합물과 trimethylsilyl chloride (Me_3SiCl)을 염기 존재 하에 반응시키면 안정한 **silyl enol ether** (에스터의 경우 **silyl ketene acetal**)를 생성시킬 수 있다. 또한, α 수소를 가지고 있는 알데하이드 및 케톤에 이차 아민을 산 촉매 하에 반응시키면 **엔아민** (enamine)이 형성된다 (그림 10.4). 이들 엔올, 엔올 에터 및 엔아민은 모두 중성 탄소 친핵체이다.

산 촉매 엔올화 반응

산소 원자에 양성자 첨가

탄소 원자에서 양성자 제거

양성자 재생

$H_2O^{\oplus}$−H, $H-OH_2^{\oplus}$, $\ddot{O}H_2$

케토형

엔올형

염기 촉매 엔올화 반응

HO−H, $^{\ominus}OH$

탄소 원자에서 양성자 제거

산소 원자에 양성자 첨가

염기 재생

산 촉매 엔아민화 반응

산소 원자에 양성자 첨가

$H^{\oplus}$ 이동

$-H_2O$

탄소 원자에서 양성자 제거

그림 10.4 카보닐기의 엔올과 엔아민의 형성 반응

$$\mathrm{R{-}C({=}O){-}CH_2R'} \xrightarrow[\text{염기}]{\mathrm{Me_3SiCl}} \mathrm{R{-}C(OSiMe_3){=}CHR'}$$

silyl enol ether

(R = OR': silyl ketene acetal)

이들 엔올 음이온, 엔아민과 엔올 유도체가 친전자성 탄소 부위 (친전자체)와 반응하는 친핵성의 세기는 다음과 같이 엔올 음이온이 가장 강하고 엔올이 가장 약하다.

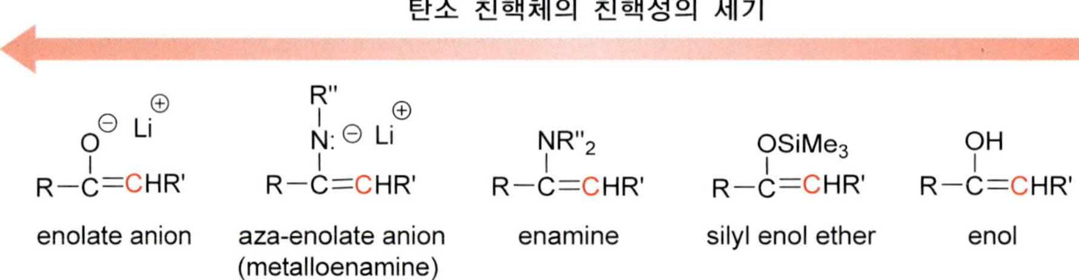

10.3 치환 반응: 알킬화 반응

엔올 음이온, 아자-엔올 음이온, 엔아민, 엔올 및 엔올 에터는 탄소 친핵체로서 할로젠화 알킬 (RX), 다이알킬 설페이트 또는 알킬 설포네이트 ($ROSO_2R'$)와 친핵성 치환 반응을 하여 알킬기가 도입 (탄소-탄소 단일 결합 형성)된 생성물을 생성시킨다. 이와 같은 반응을 **알킬화 반응**이라고 한다. 이 반응은 주로 S_N2 반응으로 진행 (예외적으로 S_N1 반응으로 진행되는 경우도 있음)되므로 탄소 친핵체를 생성시키는데 필요한 염기의 성질, 알킬화 시약의 구조와 반응 용매 등에 영향을 받는다.

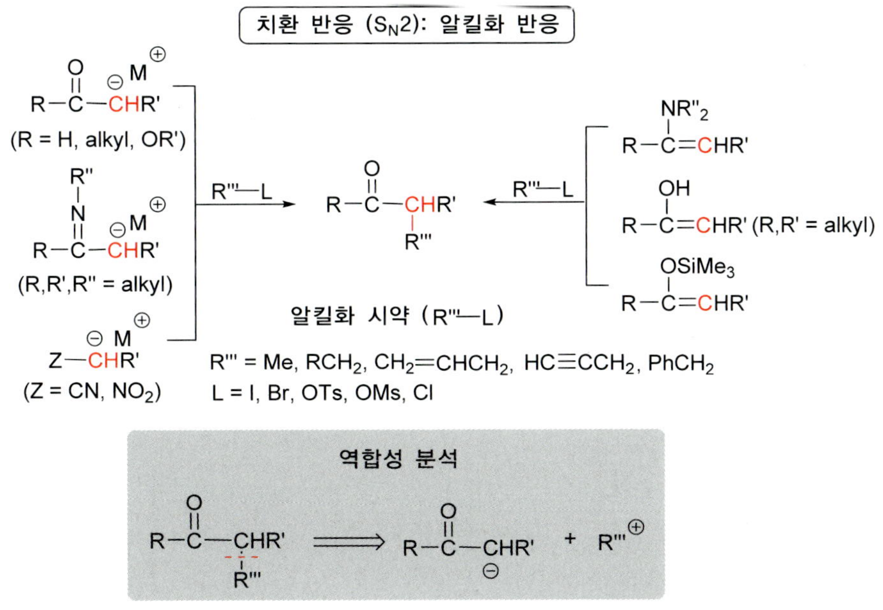

염기

S_N2 반응은 반응물의 농도가 높아야 잘 일어날 수 있다. 따라서 친핵체인 탄소 음이온의 농도를 높이려면 반응 기질에서 탈양성자 반응이 완벽하게 일어날 수 있도록 합당한 염기의 선택이 중요하다. 특히 엔올 음이온의 알킬화 반응의 경우 엔올 음이온이 100% 생성되지 않고 출발물인 카보닐 화합물이 남아 있는 경우 생성된 엔올 음이온이 출발물의 카보닐기에 첨가되어 일어나는 자체 축합 반응 (알돌 반응, 10.5절)이 부반응으로 일어날 수 있다. 알킬화 반응에서 자주 사용되는 염기는 염기성은 강하나 친핵성이 작은 Ph_3CLi, LDA, LICA, LHMDS, LTMP 같은 입체 장애가 큰 것들이다. 이 중 리튬 아마이드류는 해당하는 아민에 n–BuLi을 반응시켜 만든다.

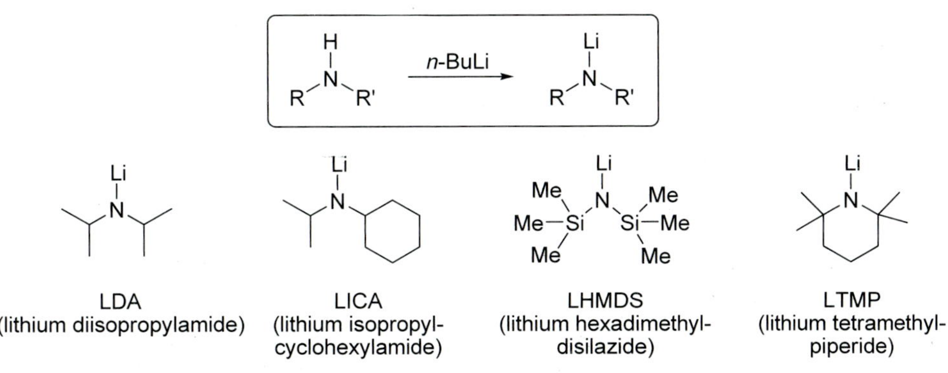

알킬화 시약

이 반응에 흔히 사용되는 알킬화 시약은 S_N2 반응이 잘 일어날 수 있는 구조를 가진 입체 장애가 작고, 반응성이 큰 할로젠화 알킬 (RX, R = Me, 1° 알킬, allyl, benzyl) 또는 알킬 설포네이트이다 (ROTs, R = Me, 1° 알킬). 2° 할로젠화 알킬인 경우에도 가끔 일어나지만 3° 할로젠화 알킬기인 경우에는 일어나지 않는다. 그 이유는 2°, 3° 알킬기의 경우 강염기이기도 한 탄소 친핵체 (탄소 음이온 또는 엔올 음이온)에 의해 제거 반응이 경쟁적으로 일어나기 쉽기 때문이다. 그러나 silyl enol ether와 같은 중성 탄소 친핵체를 사용할 경우 Lewis 산 촉매하에서 3° 할로젠화 알킬과도 알킬화 반응이 가능하다 (10.3.2절 참조).

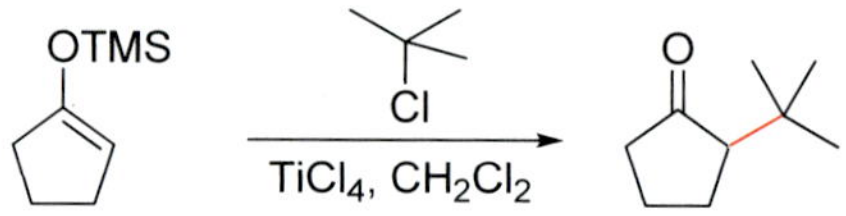

OTMS / Cl / $TiCl_4$, CH_2Cl_2 / O

용매

탄소 친핵체 (특히 탄소 음이온)에 의한 알킬화 반응은 DMF, DMSO, NMP, HMPA, THF, DME 등과 같은 극성이 큰 비양성자성 극성 용매에서 잘 일어난다. 그 이유는 극성 용매에 있는 음전하로 하전된 산소 원자가 이온쌍 응집체 형태로 있는 엔올 음이온의 금속 짝 양이온과 배위함으로써 (용매화) 엔올 음이온의 해리도를 높혀 친핵성을 증대시킬 수 있기 때문이다. 그러나 DMSO, HMPA처럼 용매의 극성이 너무 클 경우 해리된 엔올 음이온에서 *O*-알킬화 반응이 우선적으로 일어날 수 있기 때문에 (13.2절 참조) 실제 반응에서는 극성은 크지 않으나 산소 원자의 비공유 전자쌍이 양이온과 배위하는 데 효과적으로 작용하여 이온쌍을 해리시킬 수 있는 THF, DME, diglyme 같은 용매가 자주 사용된다.

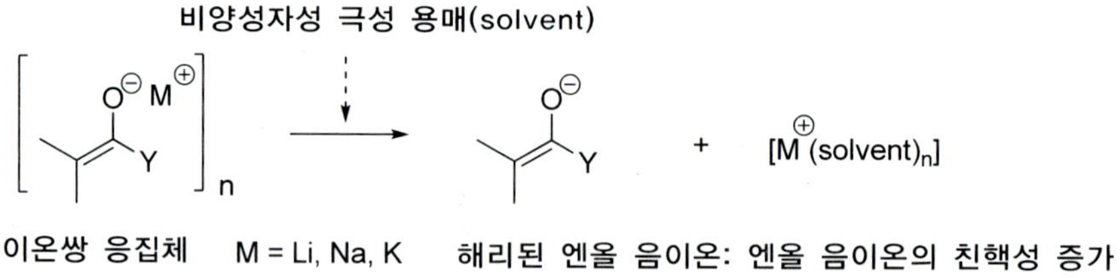

비양성자성 극성 용매(solvent)

$[O^{\ominus} M^{\oplus}$ ... Y$]_n$ → $O^{\ominus}$ ... Y + $[\overset{\oplus}{M}(solvent)_n]$

이온쌍 응집체 M = Li, Na, K 해리된 엔올 음이온: 엔올 음이온의 친핵성 증가

$CH_3-\overset{\oplus}{S}(-O^{\ominus})-CH_3$ DMSO (ε = 47) (dimethyl sulfoxide)

$H-C(=O)-N(CH_3)_2$ DMF (ε = 38) (*N,N*-dimethylformamide)

NMP (ε = 32) (*N*-methylpyrrolidone)

$O=P[N(CH_3)_2]_3$ HMPA (ε = 30) (hexamethylphosphramide)

THF (ε = 7.5)
(tetrahydrofuran)

$CH_3OCH_2CH_2OCH_3$
DME (ε = 7.2)
(1,2-dimethoxyethane)

$CH_3O\text{–}CH_2CH_2\text{–}O\text{–}CH_2CH_2\text{–}O\text{–}CH_3$
Diglyme (ε = 7.0)
(diethylene glycol dimethyl ether)

ε = 유전 상수: 용매의 극성을 나타내는 척도. 큰 수치일수록 극성이 크다.

10.3.1 알데하이드의 α 위치 알킬화 반응

엔올 음이온에 의한 알데하이드의 α 위치 알킬화 반응은 매우 제한된 조건에서만 일어난다. 그 이유는 알데하이드에 있는 카보닐기의 반응성이 너무 커서 사용된 염기가 친핵체로 작용하여 친핵성 첨가 반응이 일어날 수 있을 뿐 아니라 엔올 음이온에 의한 알킬화 반응보다 알데하이드의 자체 축합 반응 (알돌 형성 반응, 10.5절)이 더 빨리 일어날 수 있기 때문이다.

THF, -78 °C
i-Pr (LDA)

LDA가 친핵체로 작용하여 카보닐기와 첨가 반응함

LDA
aldol

LDA에 의해 생성된 엔올 음이온이 알데하이드의 카보닐기에 첨가 반응하여
자체 축합 반응이 일어나 aldol이 생성됨

1. KH, THF
2. (prenyl bromide)
88%

1. Ph_3CK, DMF
2. MeI, 25 °C
91%

그림 10.5 알데하이드 엔올 음이온의 알킬화 반응

예를 들면, LDA는 양성자 이탈 반응에 흔히 사용하는 염기이지만 이 염기가 α 수소를 가진 알데하이드와 반응하면 탈양성자 반응뿐 아니라 질소 친핵체로서 작용한 첨가 반응 생성물이 동시에 생성된다. 특히 두 개 이상의 α 수소를 가지고 있으며 입체 장애가 작고, 낮은 분자량의 알데하이드 (예: acetaldehyde)의 경우, 알돌 반응 (10.5.1절)과 같은 자체 축합 반응이 잘 일어난다. 일반적으로 알데하이드의 엔올 음이온에 의한 직접 알킬화 반응은 오직 α 수소가 한 개이고 α 위치의 입체 장애가 큰 알데하이드에 친핵성이 작은 염기 (예. KH, Ph_3CK)를 사용할 경우에서만 가능하다 (그림 10.5). 그러나 알데하이드의 이민에 염기를 작용시켜 얻은 아자-엔올 음이온 (aza-enolate anion)이나 엔아민을 탄소 친핵체로 사용할 경우 입체 장애가 작은 알데하이드의 경우라 할지라도 α탄소에 알킬기를 쉽게 도입시킬 수 있다 (그림 10.6).

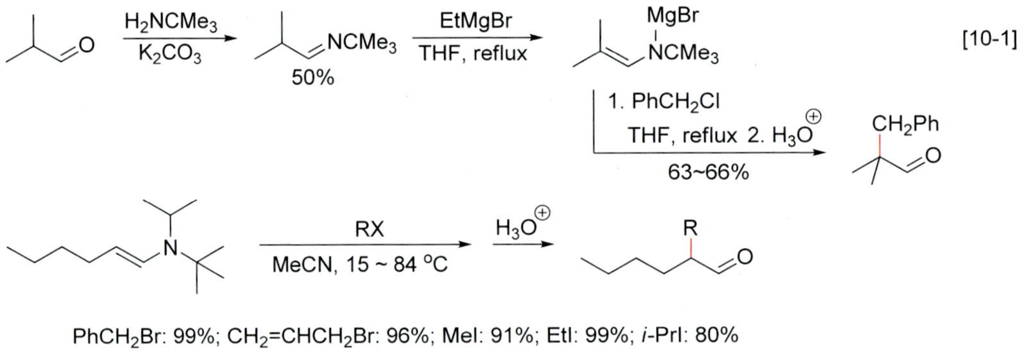

H_2NCMe_3, K_2CO_3 → NCMe₃ imine 50%; EtMgBr, THF, reflux → MgBr / NCMe₃; 1. $PhCH_2Cl$, THF, reflux 2. $H_3O^{\oplus}$ → CH_2Ph aldehyde 63~66% [10-1]

RX, MeCN, 15 ~ 84 °C; $H_3O^{\oplus}$ → R aldehyde

$PhCH_2Br$: 99%; $CH_2{=}CHCH_2Br$: 96%; MeI: 91%; EtI: 99%; *i*-PrI: 80%

그림 10.6 알데하이드의 아자-엔올 음이온과 엔아민의 알킬화 반응

10.3.2 케톤의 α 위치 알킬화 반응

엔올 음이온 알킬화 반응

α 수소를 두 개 이상 가진 케톤의 엔올 음이온에 알킬화 반응을 수행하면 보통 두 개 이상의 알킬기가 도입되는 다중 알킬화 반응이 일어난다. 따라서 이와 같은 반응을 최소화시키기 위하여 보통 과량의 엔올 음이온을 사용한다 (그림 10.7).

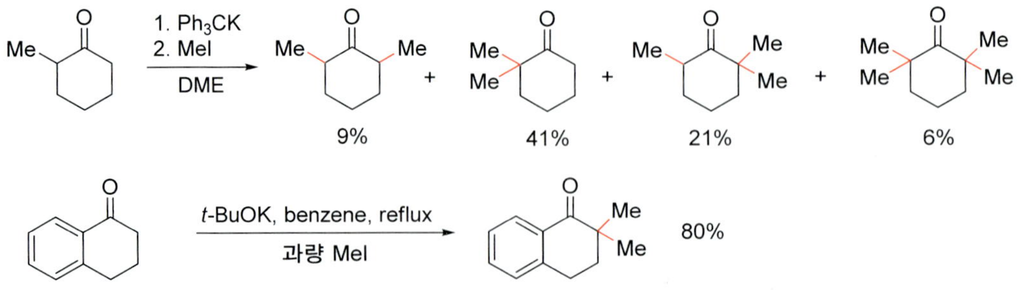

1. Ph_3CK 2. MeI, DME: 9% + 41% + 21% + 6%

t-BuOK, benzene, reflux, 과량 MeI: 80%

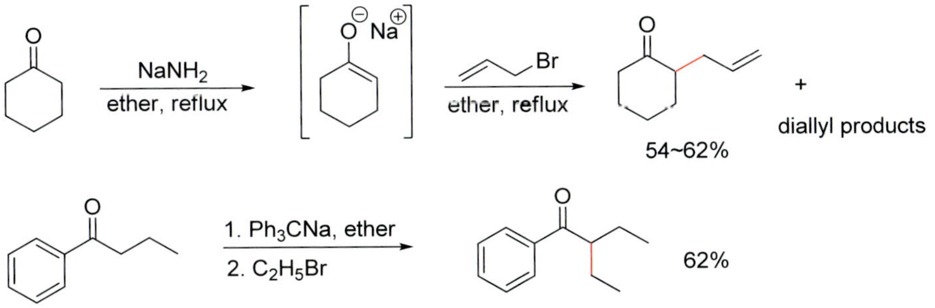

그림 10.7 케톤의 엔올 음이온의 알킬화 반응

α 수소를 두 개 이상 가진 케톤에서 알킬기가 한 개만 치환된 단일 알킬화 반응 생성물을 얻으려면 엔올 음이온을 이용한 직접 알킬화 반응보다 β 케토 에스터를 이용한 간접적인 방법을 사용하던가 (10.3.5절 참조), 이민 화합물에 강염기 (예. BuLi, EtMgBr)를 반응시켜 만든 아자 엔올 음이온 (또는 이민 음이온)을 탄소 친핵체로 사용하여 알킬화 반응을 수행하는 것이 더 바람직하다.

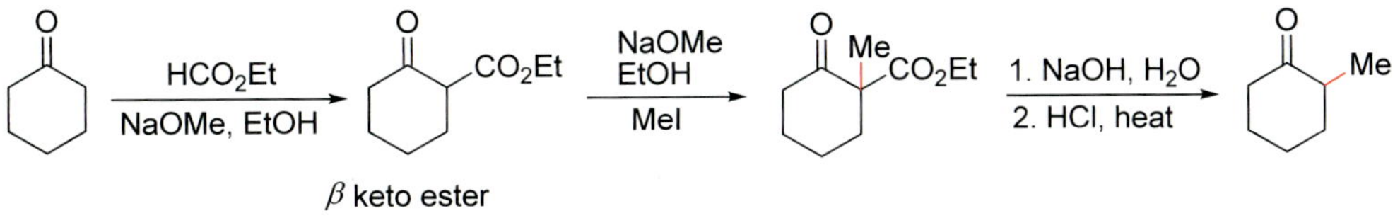

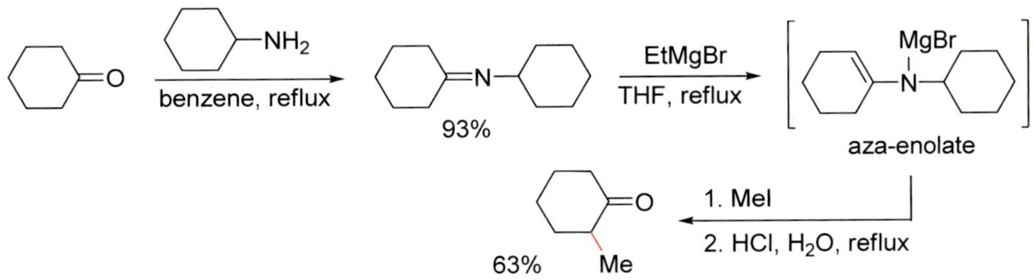

엔아민 알킬화 반응

알데하이드나 케톤에 2° 아민을 산 촉매 하에서 반응시키면 첨가 반응과 탈수 반응이 일어나 엔아민이 생성된다 (그림 10.4와 그림 10.8). 이 반응에서 자주 사용되는 2° 아민은 pyrrolidine, piperidine, morpholine 등과 같은 고리형 아민이다.

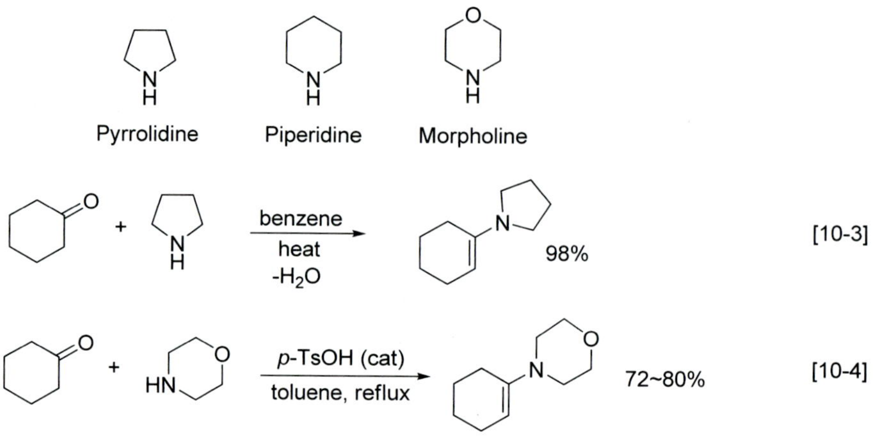

Pyrrolidine Piperidine Morpholine

benzene, heat, $-H_2O$ 98% [10-3]

p-TsOH (cat), toluene, reflux 72~80% [10-4]

그림 10.8 엔아민의 합성

엔아민이 할로젠화 알킬과 반응하면 반응 중간체로 α 탄소에 알킬기가 도입된 이미늄염(iminium salt)을 형성하는데 이를 산 가수 분해하면 α 알킬화된 알데하이드 또는 케톤으로 전환된다.

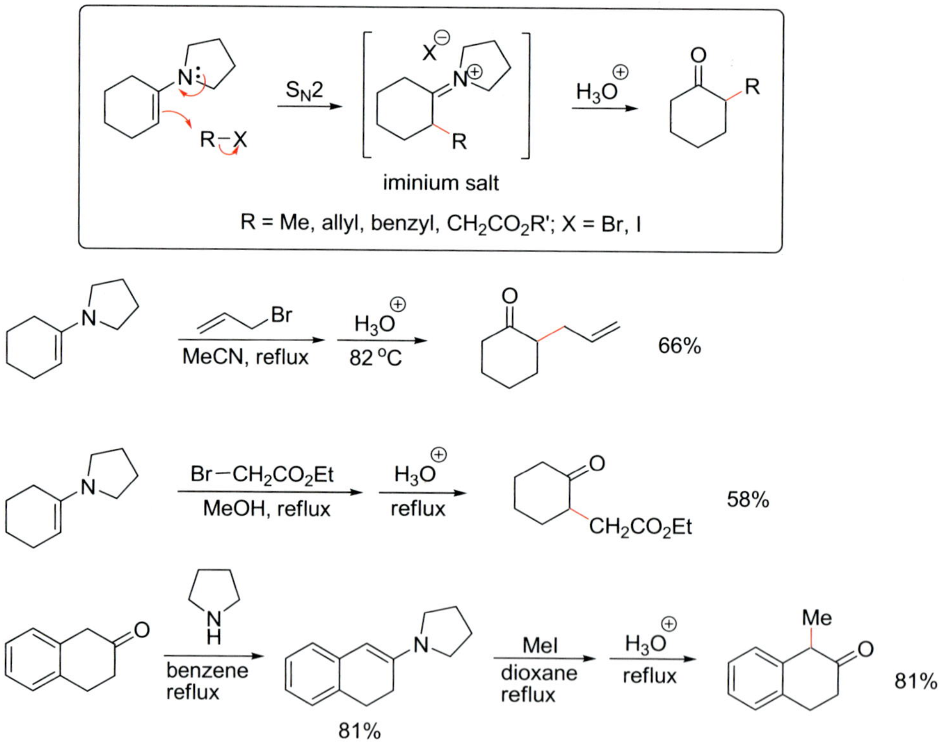

S_N2 iminium salt $H_3O^{\oplus}$

R = Me, allyl, benzyl, CH_2CO_2R'; X = Br, I

Br, MeCN, reflux; $H_3O^{\oplus}$, 82 °C 66%

$Br-CH_2CO_2Et$, MeOH, reflux; $H_3O^{\oplus}$, reflux CH_2CO_2Et 58%

benzene, reflux 81%; MeI, dioxane, reflux; $H_3O^{\oplus}$, reflux Me 81%

그림 10.9 케톤의 엔아민 알킬화 반응

엔아민 알킬화 반응의 특징은 알킬화 반응을 중성 조건과 온화한 반응 조건에서 수행시킬 수 있다는 점이다. 또한 엔올 음이온의 경우와 다르게 다중 알킬화 반응이 일어나지 않는다. 그러나 이 반응은 오직 할로젠화 메틸, 할로젠화 알릴, 할로젠화 벤질 또는 α 할로 카보닐 화합물과 같이 반응성이 큰 알킬화 시약에서만 반응이 원활하게 일어난다 (그림 10.9).

엔올 에터 알킬화 반응

앞에서 언급한 대로 엔올 음이온, 아자-엔올 음이온과 엔아민의 알킬화 반응에 사용되는 알킬화 시약은 할로젠화 메틸, 1° 할로젠화 알킬, 할로젠화 알릴, 할로젠화 벤질 및 할로젠화 프로파질 등과 같이 S_N2 반응에 적합한 입체 장애가 작고 반응성이 큰 구조를 가지고 있어야 한다. 그러나 엔올 에터를 사용하면 Lewis 산 존재 하에서 3° 할로젠화 알킬과도 알킬화 반응이 일어난다. 이 반응이 일어나는 이유는 3° 할로젠화 알킬이 Lewis 산과 반응하여 친전자성이 강하고 안정한 3° 탄소 양이온을 생성시키고 이 친전자체가 엔올 에터와 S_N1 형태의 반응이 일어나기 때문이다.

O; TMSCl; Et_3N, DMF; reflux; OTMS; 60~62%; Cl; $TiCl_4$,CH_2Cl_2; -50 °C; O; 60~62%

[10-5]

비대칭 케톤의 알킬화 반응: 위치 선택적 알킬화 반응

카보닐기 양쪽에 α 수소가 있는 비대칭 케톤의 경우 탈양성자화 반응 조건을 제어함으로써 두 군데 중 한 곳에 엔올 음이온을 위치 선택적으로 생성시켜 알킬과 반응을 수행할 수 있다. 이 반응을 **위치 선택적 알킬화 반응** (regioselective alkylation)이라고 한다. 이 반응이 일어나는 조건 등 자세한 내용은 13.2.1절에서 공부할 예정이다.

10.3.3 카보닐기의 극성 반전 알킬화 반응

알데하이드의 카보닐기 탄소는 전자 밀도가 부족하여 아실 양이온 (acyl cation) 상태로 친핵체와 반응하는 친전자성 부위이다. 그러나 알데하이드의 카보닐기가 dithiane anion과 cyanohydrin anion (9.2.2절) 형태로 전환되면 카보닐 탄소는 아실 음이온 (acyl anion) 형태인 탄소 친핵체로 작용한다. 이와 같이 카보닐기의 탄소의 극성이 친전자성에서 친핵성으로 반전되는 현상을 카보닐기의 **극성 반전** (umpolung)이라고 한다.

Dithiane 음이온의 알킬화 반응

Formaldehyde 또는 methylal (formaldehyde의 메틸아세탈)을 1,3-propanedithiol과 $BF_3 \cdot OEt_2$ 존재 하에서 반응시키면 1,3-dithiane이 합성된다. 이 물질의 C-2 위치의 수소 원자는 pK_a 39인 탄소산이다 (10.1.1절). 이 물질에 n-BuLi을 작용시켜 얻은 탄소 음이온 (dithiane 음이온)에 알킬화 시약을 반응시키면 2-alkyl-1,3-dithiane 화합물을 얻을 수 있다 (그림 10.10). 싸이오아세탈 구조를 가진 dithiane기는 $HgCl_2$-HgO에 의해 탈황 반응이 일어나 카보닐기로 전환된다. Dithiane 음이온의 알킬화 반응을 이용한 카보닐기의 극성 반전 반응으로 케톤 또는 알데하이드를 합성하는 반응 예를 그림 10.11에 나타내었다.

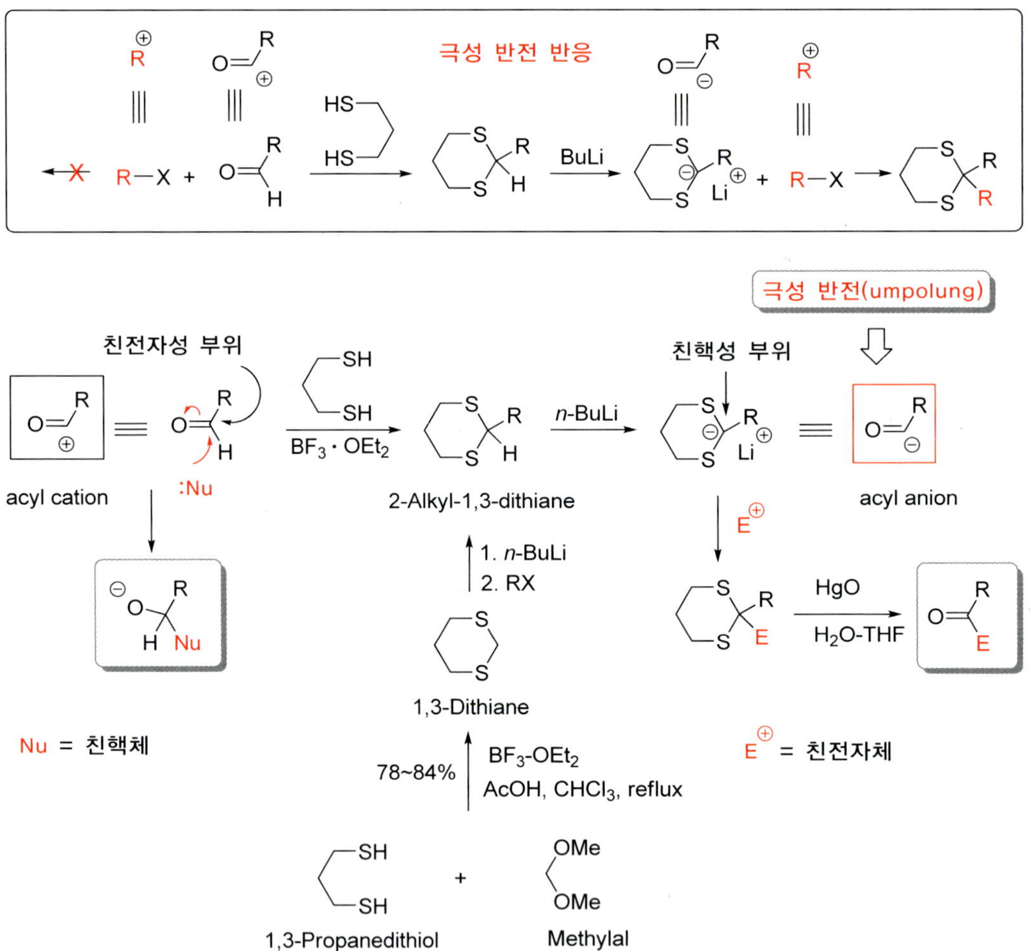

그림 10.10 1,3-Dithiane 음이온을 이용한 카보닐 탄소의 극성 반전 반응: 카보닐기의 탄소의 극성이 친전자성에서 친핵성으로 반전되는 반응

1. n-BuLi, THF, -20 °C
2. $ClCH_2CH_2CH_2Br$, -75 °C to rt
3. n-BuLi, -75°C to rt
$HgCl_2$
$CdCO_3$
triethyleneglycol-H_2O, 90 °C
60~81% [10-6]

1. n-BuLi, hexane, -30 °C
2. n-$C_{14}H_{29}Br$, 0 °C to rt
$C_{14}H_{29}$-n
$HgCl_2$
HgO
MeOH
MeO H
MeO $C_{14}H_{29}$-n [10-7]

H_3O^+ → $nC_{14}H_{29}CHO$ (47~55%)

그림 10.11 1,3-Dithiane 음이온의 극성 반전 반응을 이용한 알데하이드와 케톤의 합성

Cyanohydrin 음이온의 알킬화 반응

알데하이드를 NaCN 또는 Me_3SiCN과 반응시켜 생성된 cyanohydrin의 OH기를 보호기로 보호한 후 LDA로 탈양성자 반응을 시키면 **cyanohydrin 음이온**이 생성된다. 이 음이온을 할로젠화 알킬과 반응시키면 알킬화 반응이 일어나 ketone cyanohydrin 구조 형태를 가진 생성물이 생성된다. 이 생성물에 있는 보호기를 제거하고 약염기로 처리하면 cyanohydrin의 사면체형 구조에서 약염기인 CN 이온이 이탈하여 케톤이 얻어진다 (그림 10.12). 이 반응은 생성한 cyanohydrin 구조가 불안정하여 약알칼리 용액 중에서 cyanohydrin 생성 반응의 역반응이 일어난 결과 (9.2.2절 참조)이다. 이 반응에서 알데하이드의 cyanohydrin 음이온은 아실 음이온의 합성 대등체로 작용하였으며, 이 반응은 카보닐기의 극성 반전을 이용하여 알데하이드로부터 케톤을 합성하는 다른 예에 해당된다.

Me H + NaCN
$NaHSO_3$
H_2O, 35 °C
OH
Me CN
OEt
c-HCl
Me CN
LDA
THF, -78 °C
Me ⊖ CN

Br
80%
Me NC
1. H⊕, MeOH
2. NaOH, H_2O
Me
~ 100%

Ph H
Me_3SiCN
cat. ZnI_2
$OSiMe_3$
Ph CN
1. LDA, THF, -78 to -25 °C
2. i-PrI
$OSiMe_3$
Ph CN
i-Pr
1. H⊕, MeOH
2. NaOH, H_2O
Ph Pr-i
95%

그림 10.12 Cyanohydrin 음이온의 극성 반전 반응을 이용한 케톤의 합성

10.3.4 카복실산, 에스터와 아마이드의 α 위치 알킬화 반응

카복실산의 α 위치 알킬화 반응

α 수소를 가진 카복실산에 2당량의 $NaNH_2$를 반응시켜 생성한 dianion을 할로젠화 알킬과 반응시키면 α 탄소에 알킬화된 카복실산이 생성된다. 이 반응에서 카복실산염을 출발물로 사용하면 α 수소를 탈양성자화시킬 1당량의 강염기 (LDA)를 사용해도 된다 (그림 10.13).

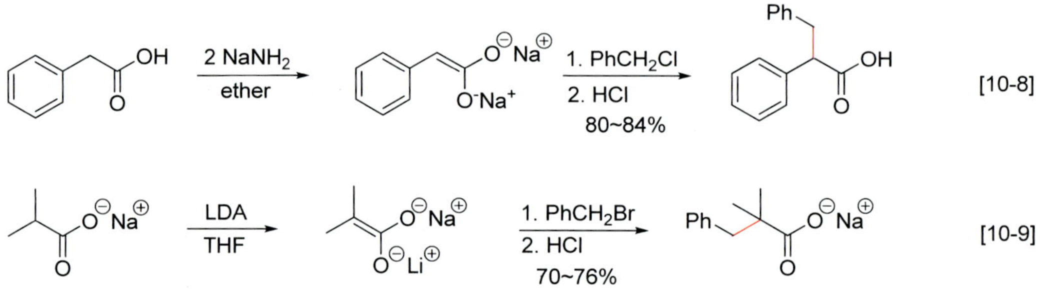

2 $NaNH_2$, ether; 1. $PhCH_2Cl$ 2. HCl 80~84% [10-8]

LDA, THF; 1. $PhCH_2Br$ 2. HCl 70~76% [10-9]

그림 10.13 카복실산 또는 카복실산 염의 α 탄소 알킬화 반응

에스터의 α 위치 알킬화 반응

에스터의 α 수소는 pK_a 값이 25인 산도를 가지고 있다. 보통 ether, THF 또는 DME 용매를 사용하여 LDA와 낮은 온도에서 에스터가 남아 있지 않도록 충분히 반응시킨 후 할로젠화 알킬과 반응을 수행하면 α 위치에 알킬기가 도입된 에스터가 생성된다. 이 반응은 분자 내에서도 일어나 고리 화합물 생성 반응에도 이용될 수 있다 (그림 10.14).

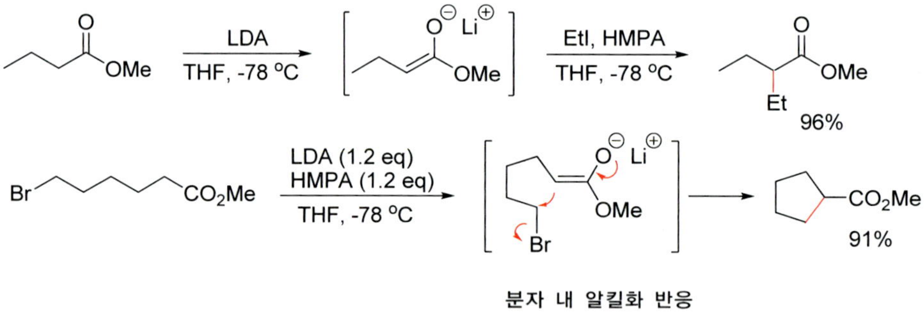

LDA, THF, -78 °C; EtI, HMPA, THF, -78 °C; 96%

LDA (1.2 eq), HMPA (1.2 eq), THF, -78 °C; 91%

분자 내 알킬화 반응

그림 10.14 에스터 엔올 음이온의 알킬화 반응

이 반응에서 염기와 반응하지 않고 남아 있는 에스터가 존재하면 생성된 에스터의 엔올 음이온과 자체 축합 반응 (Claisen 축합 반응, 10.6.1절)을 일으켜 β-keto ester를 생성시킬 수 있다. 이 때문에 에스터의 엔올 음이온의 알킬화 반응은 낮은 온도 (−78 ℃)에서 LDA (pK_a 40)와 같은 강염기 용액에 에스터를 떨어뜨리는 (염기가 항상 과량 존재하는 조건 유지) 조건

에서 반응을 수행해야 좋은 수득률을 얻을 수 있다. 필요에 따라 입체 장애가 큰 *t*-Bu 에스터기를 도입하여 에스터의 카보닐기의 친핵체에 대한 반응성을 감소시킴으로써 부반응 (자체 에스터 축합 반응)을 최소화시킬 수 있다. 또한, 염기의 친핵성을 감소시키기 위해 LDA 대신 LICA 같은 입체 장애가 더 큰 염기로 대치시키는 방법을 사용하기도 한다.

O, OR', R, Li—N, *i*-Pr, *i*-Pr, (LDA) —첨가, THF, -78 °C→ [OLi, OR', N, R, *i*-Pr *i*-Pr] —제거→ O, N, Pr-*i*, Pr-*i*, R

친핵성 아실 치환 반응: 염기가 친핵체로 작용

H, O, OR', R —LDA→ OLi, OR', R —RCH$_2$C(O)OR', 첨가→ [RCH$_2$, OLi, O, R'O, OR', R] —제거→ RCH$_2$, O, O, OR', R

β-Keto ester

부분적으로 생성된 에스터 엔올 음이온이 남아 있는 에스터와 축합 반응을 일으켜 Claisen 축합 반응이 일어난다.

아마이드의 *α* 위치 알킬화 반응

아마이드 화합물 중 3° 아마이드는 강염기에 의해 엔올 음이온이 생성되어 알킬화 반응이 일어난다. 에스터의 경우와는 다르게 자체 축합 반응이 일어나지 않는다.

O, NMe$_2$ —1. LDA, THF, -78 °C; 2. *i*-PrBr; 3. H_3O^+→ O, NMe$_2$, Pr-*i*, 75%

10.3.5 활성 메틸렌기의 알킬화 반응: 1,3-다이카보닐 화합물의 알킬화 반응: 말론산 에스터 합성법과 아세토아세트산 에스터 합성법

10.1.1절에서 언급한 바와 같이 acetylacetone (pent-2,4-dione, pK_a 9), diethyl malonate (pK_a 13) 및 ethyl acetoacetate (pK_a 11) 등과 같이 1,3-다이카보닐 화합물의 활성 메틸렌기에 있는 수소의 산도는 카보닐기 한 개를 가진 케톤 (pK_a 19)과 에스터 (pK_a 25)에 비해 산도가 높다. 따라서 이 경우 NaOH 또는 알콕사이드와 같은 염기에 의해서도 엔올 음이온을 형성할 수 있다. 예를 들면, acetylacetone의 경우 물, 알코올 또는 아세톤 용매 속에서 NaOH, KOH, K_2CO_3에 의해서도 엔올 음이온의 생성이 가능하다. 실제로 acetylacetone을 아세톤

속에서 K_2CO_3와 MeI를 반응시키면 75~77%의 수득률로 메틸화된 생성물을 얻을 수 있다. 그러나 K_2CO_3보다 더 강한 염기인 $NaNH_2$를 사용하면 두 위치에 있는 α 수소에서 탈양성자 반응이 일어나 dianion이 생성된다. 여기에 알킬화 시약을 반응시키면 두 개의 탄소 음이온 중 입체 장애가 작은 α_1 위치의 탄소 부위가 탄소 친핵체로 우선적으로 반응하게 된다. 이 반응을 이용하여 acetylacetone으로부터 nonan-2,4-dione을 합성할 수 있다 (그림 10.15).

Acetylacetone + CH_3I →(K_2CO_3, acetone, reflux) 3-methyl product (CH_3) 75~77% [10-10]

Acetylacetone →($2NaNH_2$, ether) [Dianion: α_2 위치, α_1 위치, Na] →(1. *n*-BuBr, ether; 2. HCl, H_2O) *n*-Bu- … Nonan-2,4-dione 81~82% [10-11]

입체 장애가 작은 α_1 위치에서 알킬화 반응이 우선적으로 일어난다.

그림 10.15 아세틸 아세톤의 알킬화 반응

Diketone에 대한 알킬화 반응은 Triton B (benzyltrimethylammonium hydroxide, $PhCH_2\overset{\oplus}{N}Me_3\ \overset{\ominus}{O}H$)와 같은 약염기를 사용할 경우에도 잘 일어난다.

2-methylcyclohexane-1,3-dione →(1. MeI, MeOH, Triton B, reflux; 2. HCl, H_2O) 2,2-dimethyl product (Me, Me) 54~57% [10-12]

Malonic ester 합성법

Diethyl malonate에 있는 α 수소는 pK_a 13의 값을 가지고 있다. 이 탄소산은 sodium alkoxide에 의해 엔올 음이온이 생성되며 탄소 할로젠화 알킬과 반응 (S_N2 반응)하여 알킬화된 생성물을 생성시킨다. 1,3-Dibromopropane과 같은 1° 다이할로젠화 알킬과 반응하면 알킬화 반응이 연속으로 두 번 일어나 고리 화합물이 생성된다. 알킬화된 생성물인 2-alkylpropane-1,3-dioate을 가수 분해한 후 산성 조건에서 생성된 다이카복실산 유도체를 가열하면 카복실기 한 개에서 CO_2가 제거 (**탈카복실화 반응, decarboxylation**)되어 카복실산이 생성된다. 이 반응을 **malonic ester 합성법**이라고 하며, 이 반응은 할로젠화 알킬로부터 탄소 원자가 두 개 늘어난 카복실산을 합성하는 방법으로 유용하게 사용된다 (그림 10.16).

Malonic ester 합성법

$EtO_2CCH_2CO_2Et \xrightarrow[EtONa,\ EtOH]{RX} EtO_2CCH(R)CO_2Et \xrightarrow[2.\ HCl,\ H_2O,\ \Delta]{1.\ NaOH,\ H_2O,\ \Delta} RCH_2COOH + CO_2 + EtOH$

$EtO_2CCH(R)CO_2Et \xrightarrow[t\text{-}BuOK,\ t\text{-}BuOH]{R'X} EtO_2CC(R)(R')CO_2Et \xrightarrow[2.\ HCl,\ H_2O,\ \Delta,\ -CO_2,\ -EtOH]{1.\ NaOH,\ H_2O,\ \Delta} R'CH(R)COOH$

역합성 분석

$RCH_2COOH \Longrightarrow R^{\oplus} \equiv [R-X] \quad {}^{\ominus}CH_2COOH \equiv [EtO_2C\overset{\ominus}{C}HCO_2Et]$

$EtO_2CCH_2CO_2Et + n\text{-}BuBr \xrightarrow[EtOH,\ reflux]{Na} EtO_2CCH(Bu\text{-}n)CO_2Et$ (80~90%) [10-13]

$EtO_2CCH_2CO_2Et$ + 3-chlorocyclopentene $\xrightarrow[EtOH,\ reflux]{Na}$ 3-cyclopentenyl$-CH(CO_2Et)_2$ (61%) [10-14]

$EtO_2CCH_2CO_2Et + (CH_3)_2C{=}CHCH_2Br \xrightarrow[2.\ HCl,H_2O]{1.\ Na,\ MeOH,\ 0\ ^oC} (CH_3)_2C{=}CHCH_2-CH(CO_2Et)_2$ (78~79%) [10-15]

$EtO_2CCH_2CO_2Et + n\text{-}C_7H_{15}Br \xrightarrow[n\text{-}BuOH,\ 70\text{\textasciitilde}80\ ^oC]{Na} EtO_2CCH(n\text{-}C_7H_{15})CO_2Et$ [10-16]

1. KOH, H_2O, reflux
2. HCl, reflux
(−EtOH, $-CO_2$)

$[HO_2CCH(n\text{-}C_7H_{15})COOH \xrightarrow{-CO_2} HO(HO)C{=}CH(n\text{-}C_7H_{15})] \longrightarrow HOOCCH_2C_7H_{15}\text{-}n$ (66~55%)

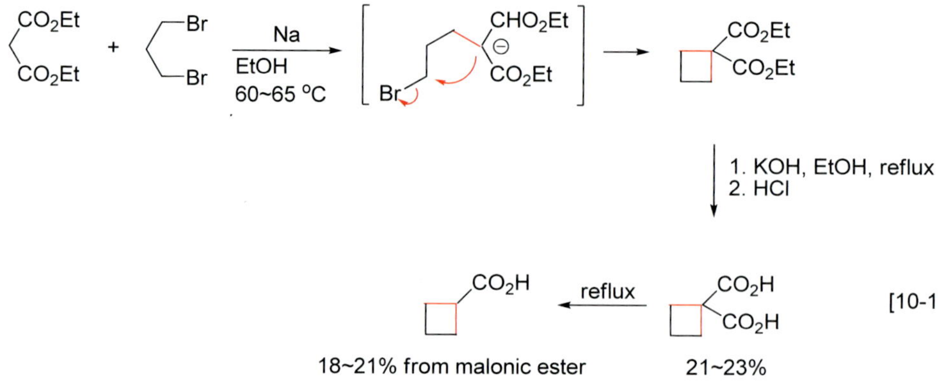

[10-17]

18~21% from malonic ester 21~23%

그림 10.16 Malonic ester 합성법을 이용한 카복실산 유도체의 합성

말론산 에스터의 알킬화 반응은 상전이 촉매로 benzyltriethylammonium chloride를 사용하면 상온에서 50% NaOH 수용액 중에서도 일어난다.

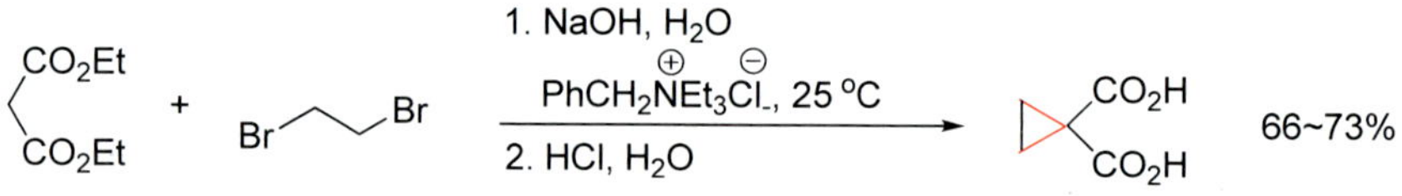

1. NaOH, H_2O, $PhCH_2\overset{\oplus}{N}Et_3\overset{\ominus}{Cl}$, 25 °C; 2. HCl, H_2O 66~73% [10-18]

한편, 높은 산도를 나타내는 메틸렌기 (이를 광의로 활성 메틸렌기라 함)를 가지고 있는 ethyl nitroacetate와 ethyl cyanoacetate에서도 메틸렌 탄소 (α 탄소)에 말론산 에스터와 비슷한 형태의 알킬화 반응이 일어난다.

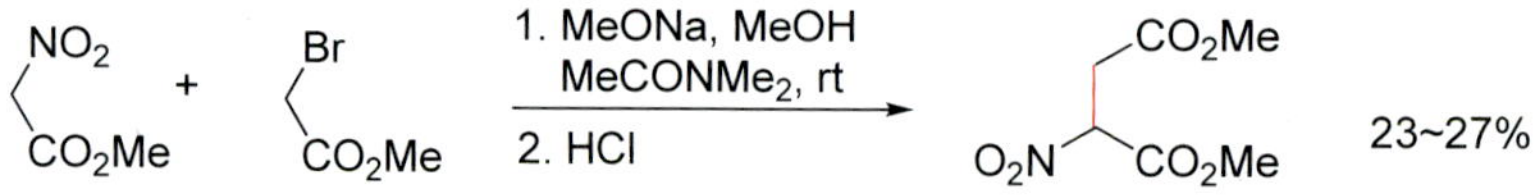

1. MeONa, MeOH, $MeCONMe_2$, rt; 2. HCl 23~27% [10-19]

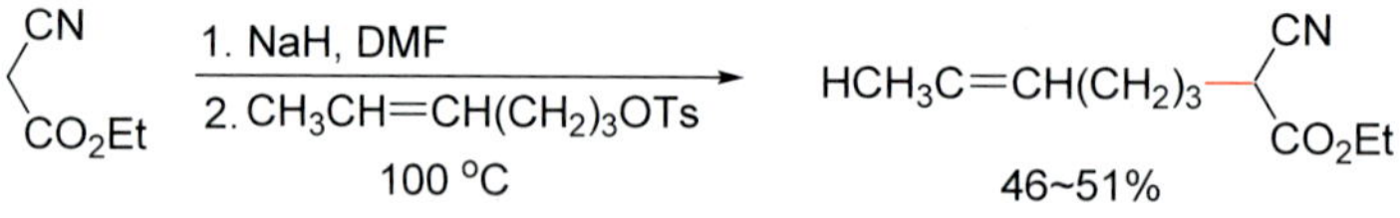

1. NaH, DMF; 2. $CH_3CH{=}CH(CH_2)_3OTs$, 100 °C → $HCH_3C{=}CH(CH_2)_3$–CH(CN)CO_2Et 46~51% [10-20]

Acetoacetic ester 합성법

Ethyl acetoacetate의 메틸렌 수소는 pK_a 11인 산도를 나타내며, diethyl malonate의 경우와 비슷한 조건에서 메틸렌 탄소에 알킬화 반응이 일어난다. 생성물인 알킬 치환 β-keto ester는 가수 분해한 후 산성 조건에서 가열하면 탈카복실화 반응이 일어나 α 위치에 알킬기가 치환된 메틸 알킬 케톤이 생성된다. 이 반응을 **acetoacetic ester 합성법**이라고 한다 (그림 10.17).

Acetoacetic ester 합성법

RX / EtONa, EtOH; 1. NaOH, H_2O, △ 2. HCl, H_2O, △; + CO_2 + EtOH

R'X / t-BuOK, t-BuOH; 1. NaOH, H_2O, △ 2. HCl, H_2O, △ -CO_2, -EtOH

역합성 분석

[10-21] + n-BuBr, Na, EtOH, reflux; 69~72%

[10-23] 1. Na, EtOH 2. $ClCH_2CO_2Et$, reflux; CH_2CO_2Et; 56~62%

1. NaOH, H_2O 2. H_2SO_4, boiling; -CO_2; Bu-n; 52~61% [10-22]

그림 10.17 Acetoacetic ester 합성법을 이용한 메틸 알킬 케톤의 합성

한편, 고리형 β-keto ester의 경우, 엔올 음이온 알킬화 반응을 수행하면 α 위치의 methine (C–H) 탄소에 오직 한 개의 알킬기만 치환된 케톤을 합성할 수 있다. 이와 반대로 10.3.2절에서 언급한 바와 같이 α 수소를 가진 고리형 케톤을 직접 엔올 음이온 알킬화 반응을 시킬 경우 다중 알킬화 반응이 일어난다.

methine C−H
1. Na, PhMe, reflux
2. $PhCH_2Cl$, PhH, reflux
81~86%
1. $LiI \cdot 2H_2O$
2. 2,4,6-collidine, reflux
H^+
CH_2Ph + CO_2 + MeI
72~76%
[10-24]

카보닐기 양쪽에 α 수소를 가진 케톤에서 위치 선택적으로 모노알킬화된 생성물이 합성됨

10.3.6 나이트릴의 α 위치 알킬화 반응

나이트릴의 α 수소는 pK_a 25의 산도를 가지고 있기 때문에 NaH, KH, $NaNH_2$ 같은 강염기에 의해서 탈양성자 반응을 일으켜 탄소 음이온을 생성하며 할로젠화 알킬과 치환 반응을 한다. 이 반응은 상전이 촉매인 benzyltriethylammonium chloride를 사용하면 물속에서 상대적으로 약염기인 NaOH를 사용해도 일어난다. α 수소를 두 개 가진 나이트릴의 경우 과량의 염기에 의해 다이알킬화 반응이 일어난다. 이 반응을 이용하여 합성 마약성 진통제의 일종인 demerol (meperidine)을 합성할 수 있다 (그림 10.18).

KNH_2 → ether, reflux → $H_3O^{\oplus}$ → 95~97% [10-25]

Na/NH_3, -78 °C → ether, reflux → $H_3O^{\oplus}$ → 65~77% [10-26]

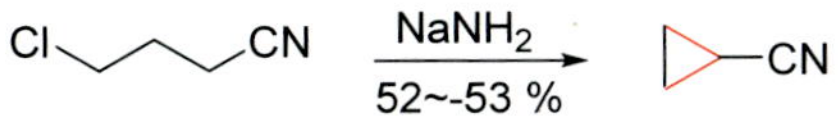

$Cl\text{-}CH_2CH_2CH_2\text{-}CN \xrightarrow[52\sim53\ \%]{NaNH_2}$ cyclopropyl–CN [10-27]

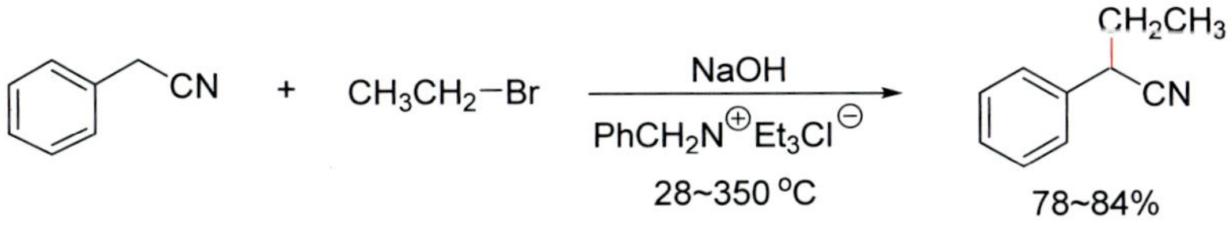

PhCH₂CN + $CH_3CH_2\text{-}Br \xrightarrow[PhCH_2N^{\oplus}Et_3Cl^{\ominus},\ 28\sim350\ ^{\circ}C]{NaOH}$ PhCH(CH_2CH_3)CN 78~84% [10-28]

Ph–CH_2CN + $(ClCH_2CH_2)_2N\text{-}CH_3$ $\xrightarrow[\text{toluene, reflux}]{NaNH_2}$ 4-phenyl-4-cyano-1-methylpiperidine (NC, N–CH_3) → 1. KOH, MeOH 2. EtOH, H_2SO_4 → EtO_2C, N–CH_3

Demerol
마약성 진통제

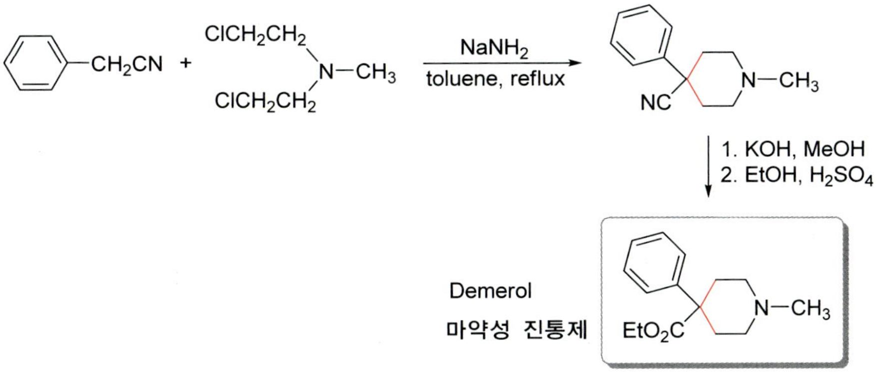

그림 10.18 나이트릴의 α 위치 알킬화 반응과 demerol의 합성법

10.3.7 나이트로 알케인의 α 위치 알킬화 반응

나이트로 알케인의 α 수소 원자는 NO_2기의 전자 끌기 효과 때문에 낮은 pK_a 값 (nitroethane의 경우 8.6)을 가진다. 따라서 약한 염기에 의해서도 탈양성자 반응이 쉽게 일어나 생성된 탄소 음이온이 할로젠화 알킬과 치환 반응하여 α 위치에 알킬기가 도입된다 (그림 10.19).

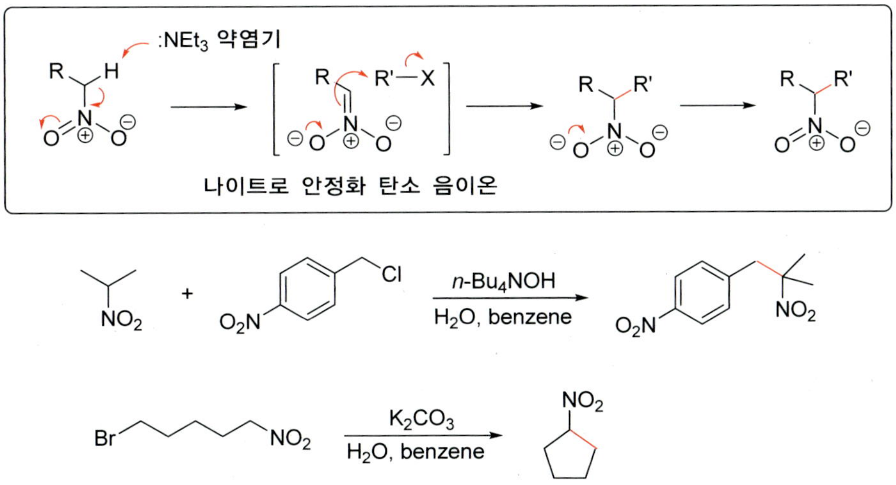

:NEt_3 약염기

R, H, N, O, ⊕, O⊖ → [R, R'—X, ⊖O, N⊕, O⊖] → R, R', ⊖O, N⊕, O⊖ → R, R', O, N⊕, O⊖

나이트로 안정화 탄소 음이온

$(CH_3)_2CHNO_2$ + $O_2N\text{-}C_6H_4\text{-}CH_2Cl$ $\xrightarrow[H_2O,\ \text{benzene}]{n\text{-}Bu_4NOH}$ $O_2N\text{-}C_6H_4\text{-}CH_2C(CH_3)_2NO_2$

$Br\text{-}(CH_2)_4\text{-}CH_2NO_2 \xrightarrow[H_2O,\ \text{benzene}]{K_2CO_3}$ NO_2-cyclopentane

그림 10.19 나이트로 알케인의 알킬화 반응

10.4 콘쥬게이트 첨가 반응 (1,4-첨가 반응): Michael 첨가 반응

앞서 우리는 4.5.1절과 9.3.4절에서 탄소 친핵체로 사용된 사이아나이드 이온과 구리 시약에 의한 α,β-불포화 카보닐 화합물과의 콘쥬게이트 첨가 반응 (1,4-첨가 반응)을 공부하였다. α,β-위치에 탄소-탄소 이중 결합을 가진 지방족 알데하이드, 케톤, 에스터, 아마이드, 나이트릴, 나이트로, 설포닐 화합물 등의 β 위치 탄소는 이웃한 위치에 있는 이들 작용기의 전자 끌기 효과 때문에 전자가 부족한 상태로 되어 친핵체의 공격을 받기 쉽다.

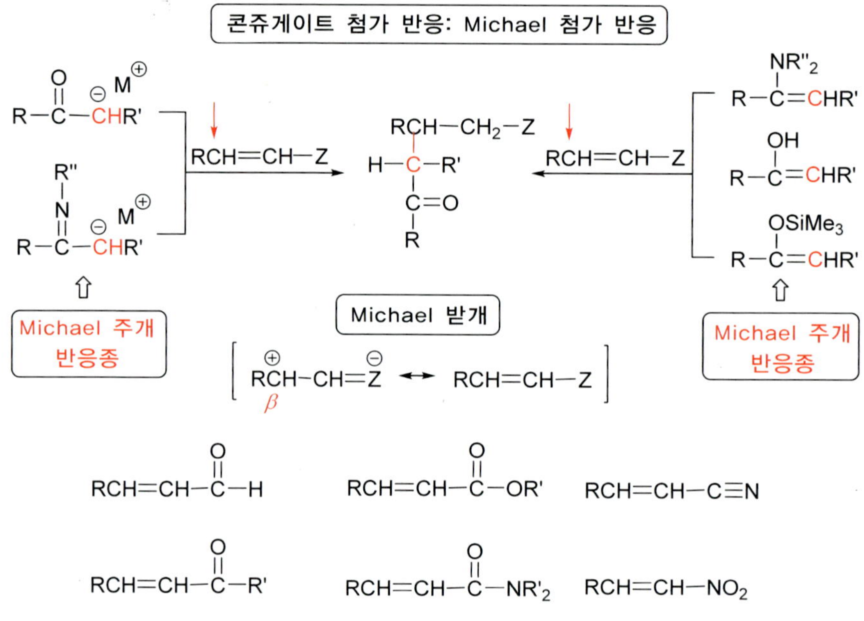

그림 10.20 콘쥬게이트 첨가 반응: Michael 첨가 반응

엔올 음이온, 아자-엔올 음이온, 엔아민, 엔올, 엔올 에터 같은 탄소 음이온이나 중성 탄소 친핵체가 이와 같은 전자 끌기 작용기를 가진 α,β-불포화 화합물과 콘쥬게이트 친핵성 첨가 반응을 하여 탄소-탄소 결합을 형성하는 반응을 **Michael 반응** 또는 **Michael 첨가 반응**이라고 한다. 이 반응에서 안정한 탄소 음이온 (탄소 친핵체)을 생성시킬 수 있는 화합물을 **Michael 주개** (Michael donor)라고 하고, 친핵체와 반응하는 친전자성 화합물 (α,β-불포화 화합물)을 **Michael 받개** (Michael acceptor)라고 한다 (그림 10.20). 이 반응은 반응물의 구조가 생성물에 모두 포함되어 있는 원자 경제성 (atom economy)이 높은 반응이기 때문에 녹색 화학을 지향하는 합성 반응으로서 각광을 받고 있는 반응 중 하나이다.

10.4.1 엔올 음이온의 Michael 첨가 반응

Michael 주개로 주로 사용되는 화합물은 안정한 탄소 음이온을 생성시킬 수 있는 β-케토 에스터, 말론산 에스터, 나이트로 알케인 등과 같은 탄소산들이다. 이들은 KOH나 알콕사이드와 같이 비교적 약한 염기에 의해서도 안정한 탄소 음이온을 생성시켜 Michael 받개와 첨가 반응을 할 수 있다 (그림 10.21).

Michael 첨가 반응에서 엔올 음이온 형성에 사용하는 염기의 양은 알킬화 반응과는 다르게 반드시 촉매량을 사용해야 한다. 그 이유는 Michael 첨가 반응은 평형 반응 (열역학적 지배 조건)으로 진행되므로 염기가 많을 경우 Michael 생성물에서 다시 탈양성자 반응이 일어나는

2-(ethoxycarbonyl)cyclohexanone + $CH_2{=}CHCOPh$ $\xrightarrow[\text{EtOH, ether, 0~25 °C}]{\text{KOH}}$ 2-(CO_2Et)-2-(CH_2CH_2COPh)cyclohexanone 68%

$PhCH(CN)CO_2Et$ + $CH_2{=}CH{-}C{\equiv}N$ $\xrightarrow[\text{KOH/MeOH, 40~45 °C}]{t\text{-BuOH}}$ $PhC(CN)(CO_2Et){-}CH_2CH_2CN$ 69~83% [10-29]

$Me_2CH(NO_2)$ + $CH_2{=}CH{-}CO_2Me$ $\xrightarrow[\text{dioxane, } H_2O\text{, 100 °C}]{PhCH_2N^+Me_3\ ^-OH}$ $Me_2C(NO_2){-}CH_2CH_2CO_2Me$ 80~86% [10-30]

$CH_2(CO_2Et)_2$ + $EtO_2C{-}CH{=}CH{-}CO_2Et$ $\xrightarrow[\text{EtOH, reflux}]{\text{Na}}$ $(EtO_2C)_2CH{-}CH(CO_2Et){-}CH_2CO_2Et$ 93~94% [10-31]

$CH_2(CO_2Et)_2$ + $Me{-}CH{=}CH{-}CO_2Et$ $\xrightarrow[\text{EtOH, reflux}]{\text{Na}}$ $(EtO_2C)_2CH{-}CH(Me){-}CH_2CO_2Et$ [10-32]

$CH_2(CO_2Et)_2$ + 3-methylcyclohex-2-enone $\xrightarrow[\text{EtOH, 0 °C}]{\text{Na}}$ 3-methyl-3-[$CH(CO_2Et)_2$]cyclohexanone 74~76% [10-33]

그림 10.21 엔올 음이온의 Michael 첨가 반응

평형 반응이 증진되고 이것이 Michael 주개 (A)와 추가적인 첨가 반응이 일어날 수 있기 때문이다 (그림 10.22).

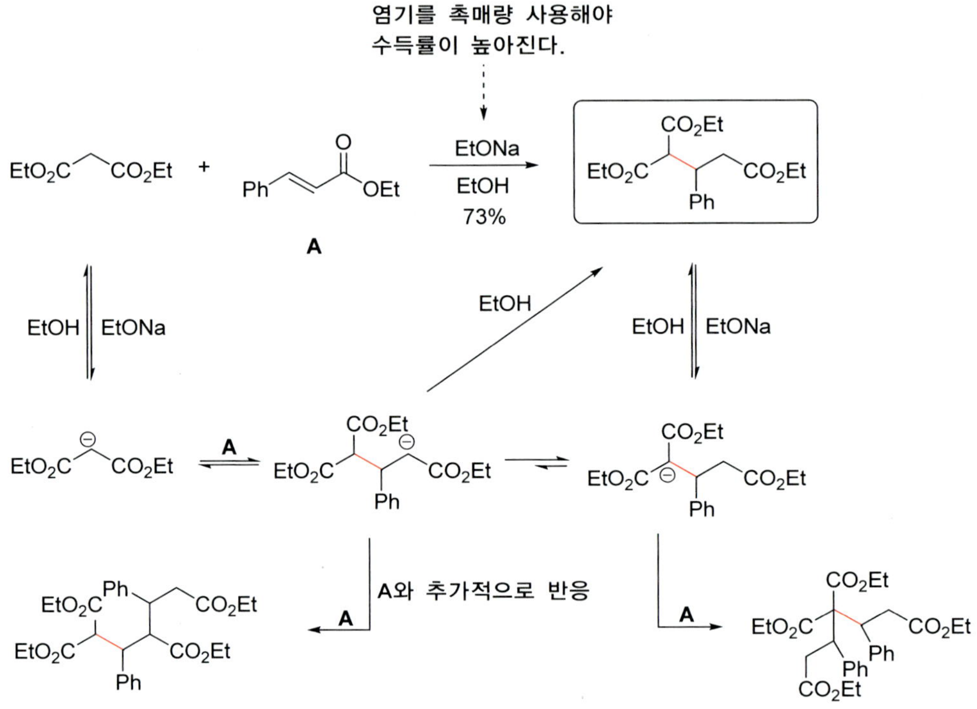

그림 10.22 엔올 음이온의 Michael 첨가 반응 메커니즘

10.4.2 엔아민, 엔올과 엔올 에터의 Michael 첨가 반응

엔아민을 탄소 친핵체 (Michael 주개)로 사용한 반응 예를 그림 10.23에 나타내었다.

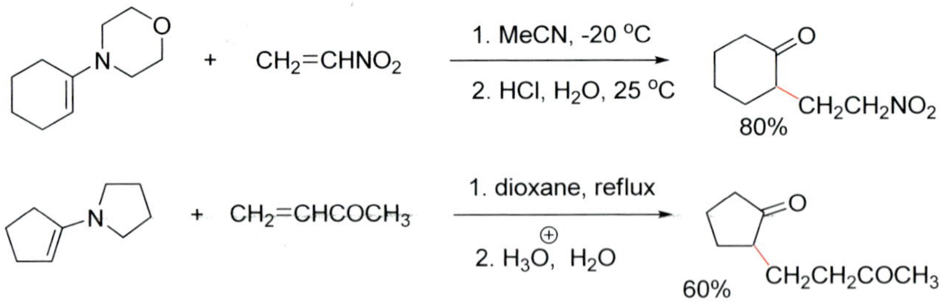

+ $CH_2{=}CHNO_2$ — 1. MeCN, -20 °C; 2. HCl, H_2O, 25 °C → $CH_2CH_2NO_2$ 80%

+ $CH_2{=}CHCOCH_3$ — 1. dioxane, reflux; 2. H_3O^+, H_2O → $CH_2CH_2COCH_3$ 60%

그림 10.23 엔아민의 Michael 첨가 반응

이 방법은 cyclohexanone과 같이 탄소 음이온을 안정화시킬 수 있는 작용기가 없는 α 수소를 가진 케톤을 친핵체 (Michael 주개)로 사용하여 Michael 첨가 반응을 수행할 때 주로 이용한다. 또한, 산 촉매에 의해 생성되는 엔올 역시 Michael 주개로 사용이 가능한데 이 경우 엔올 형성이 잘 될 수 있는 1,3-다이카보닐 화합물의 Michael 첨가 반응에 주로 이용된다. 한편, 안정한 엔올 형태인 실릴 엔올 에터 (silyl enol ether) 역시 Lewis 산인 $TiCl_4$ 존재 하에서 탄소 친핵체 (Michael 주개)로 Michael 첨가 반응에 이용할 수 있다. 이와 같은 반응 중에서 α 수소를 가진 에스터에서 만들어진 엔올 에터의 일종인 silyl ketene acetal을 Michael 주개로 사용한 반응을 **Mukaiyama–Michael 첨가 반응**이라고 한다 (그림 10.24).

[10-34] Me, HO-cyclopentenone + methyl vinyl ketone —(AcOH, H_2O, 70 °C)→ product 100 %

[10-35] 2-methylcyclohexane-1,3-dione + $CH_2{=}CH{-}C(=O){-}CH_3$ —($AcOH/H_2O$, 75 °C)→ 2-methyl-2-($CH_2CH_2COCH_3$)cyclohexane-1,3-dione

[10-36] Ph(OTMS)C=CH₂ + Ph enone —($TiCl_4$, CH_2Cl_2, -78 °C)→ Ph ... Ph diketone 72~78%

OTMS, t-BuO (Silyl ketene acetal) + cycloheptadienone —($TiCl_4$, CH_2Cl_2, -78 °C)→ OBu-t ester product 93%

Mukaiyama–Michael 첨가 반응

그림 10.24 엔올과 엔올 에터의 Michael 첨가 반응

엔아민, 엔올 및 엔올 에터와 같은 중성 탄소 친핵체를 이용한 Michael 첨가 반응은 염기 촉매에 의해 수행되는 반응에서 일어날 수 있는 부반응 (예. 알돌 반응)을 최소화시킬 수 있는 장점이 있다.

한편, 분자 내에 Michael 주개와 받개가 동시에 존재하는 경우 분자 내 Michael 반응이 쉽게 일어난다.

CO_2Et substrate —(K_2CO_3, EtOH)→ [enolate intermediate, CO_2Et] —89%→ bicyclic product (H, CO_2Et, H)

또한, 2-methylcyclohxanone과 같은 비대칭 케톤에서 만들어진 엔올 음이온의 Michael 첨가 반응은 열역학적으로 안정한 엔올 음이온 (알킬기가 더 많이 치환된 엔올 음이온)이 우선적으로 생성되어 케톤의 C-2 위치에 선택적 첨가 반응이 일어난다. 그 이유는 Michael 첨가 반응은 열역학적 지배 조건에서 일어나는 반응이기 때문이다. 그러나 동일 케톤의 엔아민을 Michael 주개로 이용하면 입체 장애가 덜한 케톤의 C-6 위치에서 Michael 첨가 반응이 일어난다 (13.2.1절 참조).

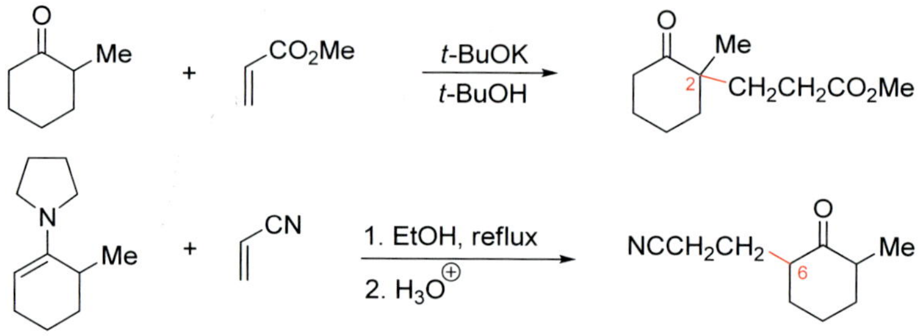

10.4.3 아실 음이온의 콘쥬게이트 첨가 반응: Stetter 반응

9.2.2절과 10.3.3절에서 cyanohydrin 음이온이 아실 음이온 친핵체로서 작용한 치환 반응 (알킬화 반응)과 첨가 반응 (benzoin 축합 반응)을 공부하였다. 이 아실 음이온이 Michael 주개로 작용하여 Michael 첨가 반응을 하면 1,4-다이케톤 화합물을 합성할 수 있다. 이 반응을 **Stetter 반응**이라고 한다 (그림 10.25). 한편, 3-benzyl-5-(hydroxylethyl)-4-methyl-1,3-thizolium chloride (**A**)를 염기로 처리하여 생성된 thiazoium 일라이드가 알데하이드와 반응하여 생성

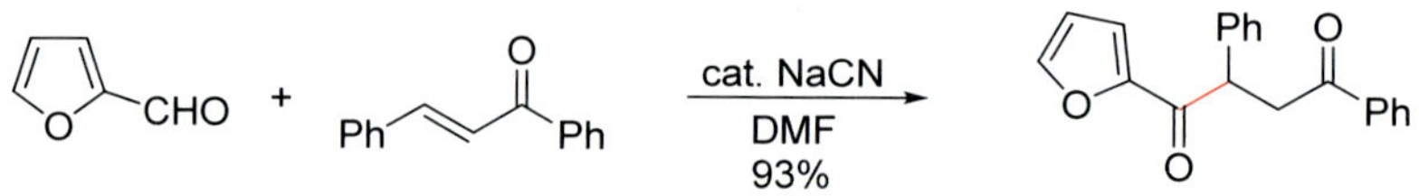

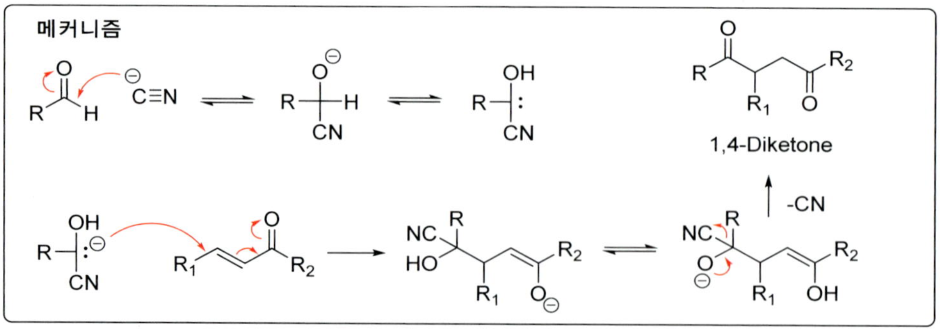

메커니즘

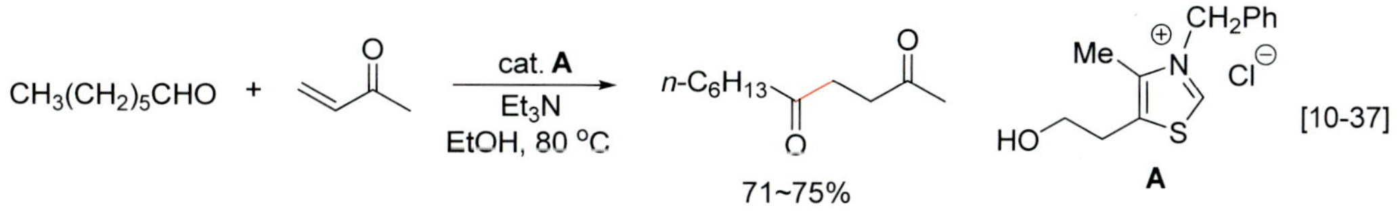

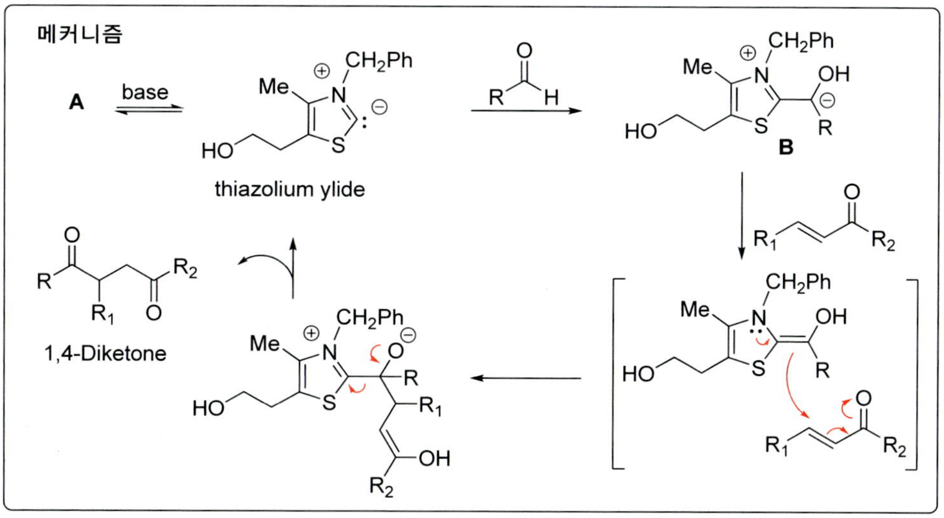

$$CH_3(CH_2)_5CHO + \text{(methyl vinyl ketone)} \xrightarrow[\text{EtOH, 80 °C}]{\text{cat. A, } Et_3N} n\text{-}C_6H_{13}COCH_2CH_2COCH_3 \quad (71\sim75\%)$$ [10-37]

메커니즘

A ⇌ (base) thiazolium ylide → (RCHO) B → (R1CH=CHCOR2) → ... → 1,4-Diketone

그림 10.25 Stetter 반응: 아실 음이온의 1,4-다이카보닐 화합물의 합성

되는 중간체 (B)도 cyanohydrin 음이온과 비슷하게 아실 음이온으로 작용하여 Stetter 반응을 일으킨다. 이들 반응의 특징은 반응이 비평형적으로 진행되기 때문에 촉매량의 사이아나이드 이온 또는 thiazolium 일라이드를 사용해도 된다는 점이다.

10.5 카보닐 첨가 반응

엔올 음이온, 엔아민, 엔올 및 실릴 에놀 에터 등의 탄소 친핵체는 알데하이드 또는 케톤의 카보닐기와 친핵성 첨가 반응하여 **알돌** (aldol, β-hydroxy aldehyde) 또는 **케톨** (ketol, β-hydroxy ketone)을 생성시키며, 이들 친핵체들이 에스터, 산염화물, 산무수물 등과 반응하면 첨가-제거 반응에 의한 **친핵성 아실 치환 반응** (2.1.6절)이 일어나 친핵체에 아실기가 도입 (아실화 반응)된 형태의 생성물이 생성된다 (예. Claisen 축합 반응, 10.6절).

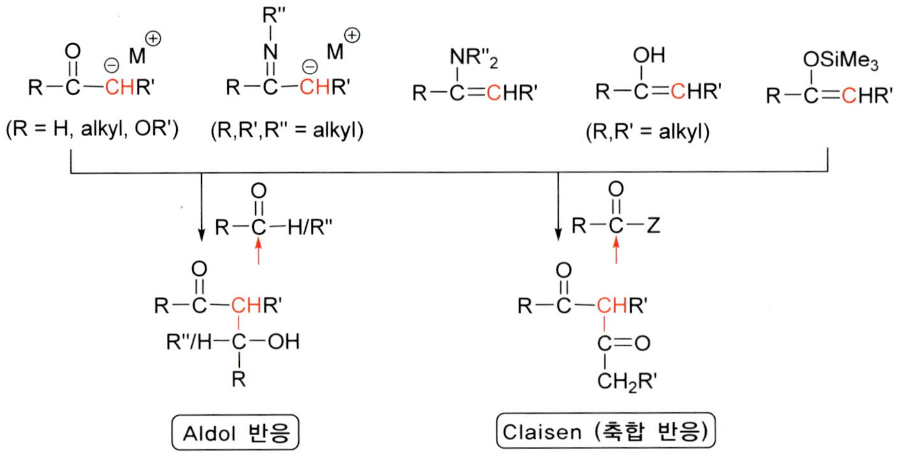

(R = H, alkyl, OR') (R,R',R'' = alkyl) (R,R' = alkyl)

Aldol 반응

Claisen (축합 반응)

10.5.1 알돌 (첨가) 반응

알돌 (aldol) 반응이란 산 또는 염기 촉매 조건에서 α 수소를 가진 알데하이드 (또는 케톤)에서 생성된 엔올 또는 엔올 음이온이 탄소 친핵체로서 자체 분자 또는 다른 분자의 카보닐기를 공격하여 알돌 화합물을 생성시키는 친핵성 첨가 반응을 말한다. 엔올 음이온이 엔올보다 친핵성이 더 강하기 때문에 염기 촉매에 의한 알돌 반응이 더 잘 일어난다 (그림 10.26).

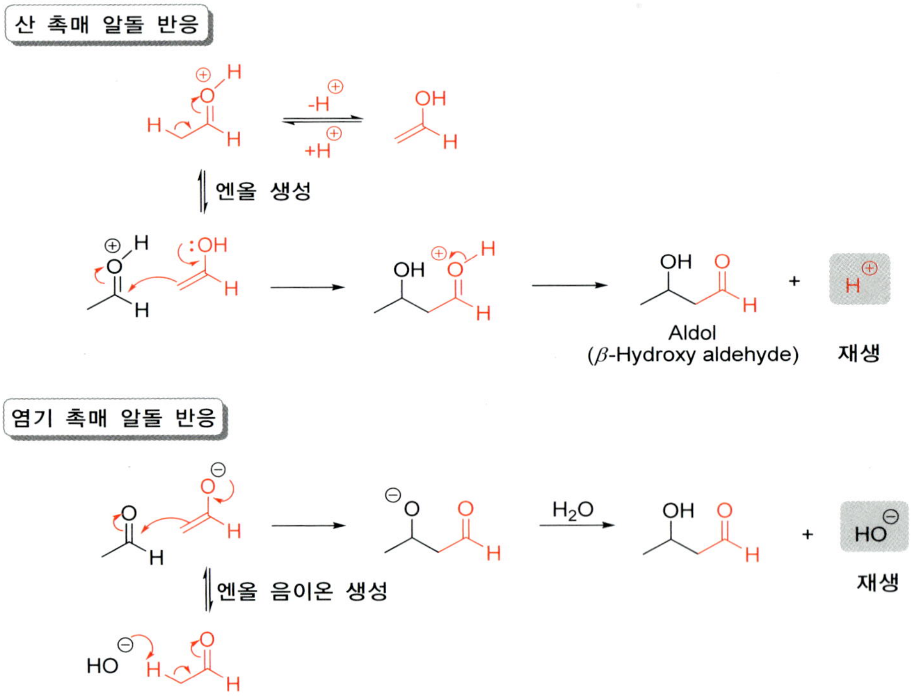

산 촉매 알돌 반응

엔올 생성

Aldol
(β-Hydroxy aldehyde)

재생

염기 촉매 알돌 반응

엔올 음이온 생성

재생

그림 10.26 산 또는 염기 촉매 하에서 알돌 생성 반응

알돌은 β-hydroxy aldehyde (또는 β-hydroxy ketone) 구조를 가진 물질로서 산 또는 염기 촉매 하에서 E2 반응과 E1cB 반응으로 제거 반응 (탈수 반응)이 일어나 더 안정한 화합물인 α,β-불포화 알데하이드나 케톤으로 전환된다. 이를 **알돌 축합 반응** (aldol condensation)이라고 한다 (그림 10.27).

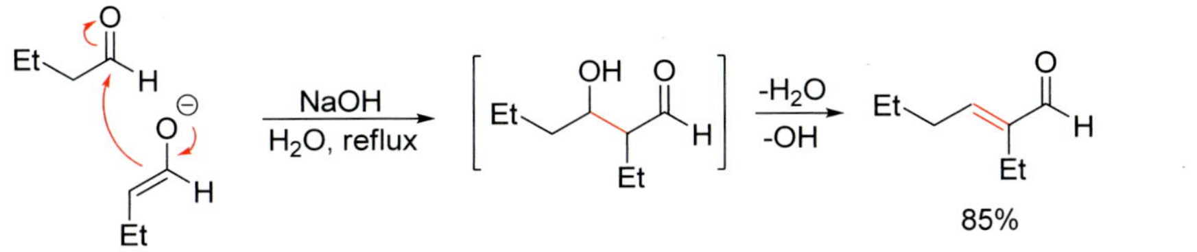

NaOH, H_2O, reflux → [Et, OH, O, H, Et] → $-H_2O$, -OH → Et, O, H, Et 85% [10-38]

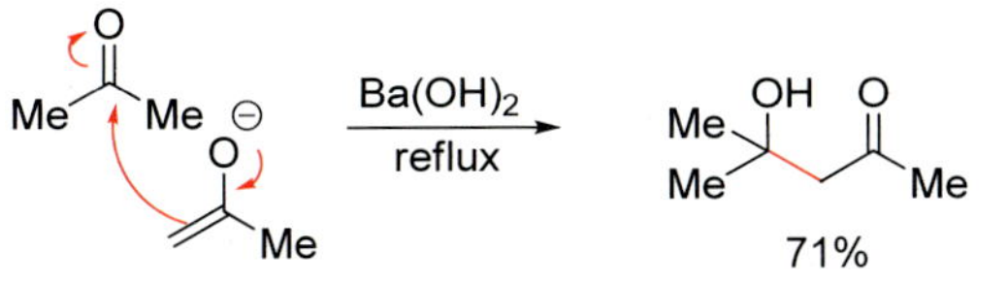

$Ba(OH)_2$, reflux → Me, Me, OH, O, Me 71% [10-39]

⊕ H-resin → [Me, Me, OH, O, Me] → $-H_2O$ → Me, O, Me, Me 79%

3-Hydroxybutanal → $H^{\oplus}$ → E2, $-H_2O$ / $^{\ominus}OH$ → E1cB, $^{\ominus}$- OH → 2-Butenal

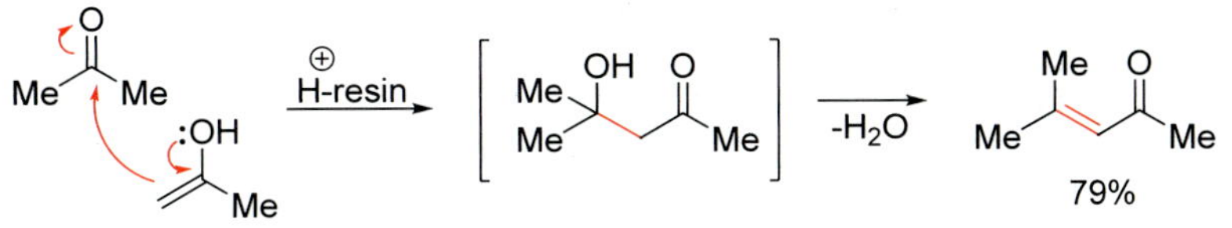

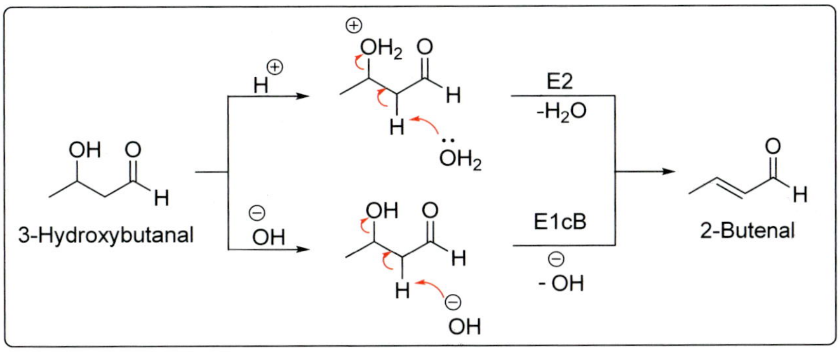

그림 10.27 산 또는 염기 촉매 알돌 첨가와 축합 반응

분자 내 알돌 축합 반응

Hex-2,5-dione을 NaOH 수용액 속에서 가열하면 분자 내에서 알돌 첨가 반응과 축합 반응이 일어나 3-methylcyclopent-2-enone이 생성된다 (그림 10.28). 이와 같은 반응은 고리 형성 반응에 자주 이용된다.

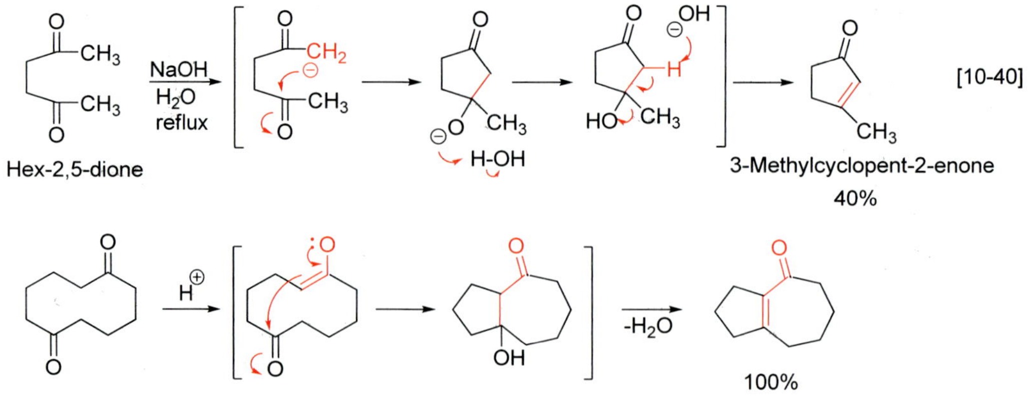

[10-40]

그림 10.28 분자 내 알돌 축합 반응

Robinson 고리 만듦 반응 (annulation)

Cyclohexanone을 α,β-불포화 케톤과 산 또는 염기 촉매 하에서 반응시키면 Michael 첨가 반응이 일어나 생성된 반응 중간체에서 분자 내 알돌 축합 반응이 연이어 일어나 cyclohexenone 고리를 형성하는 반응이 일어난다. 이 반응을 **Robinson annulation 반응**이라고 한다 (그림 10.29).

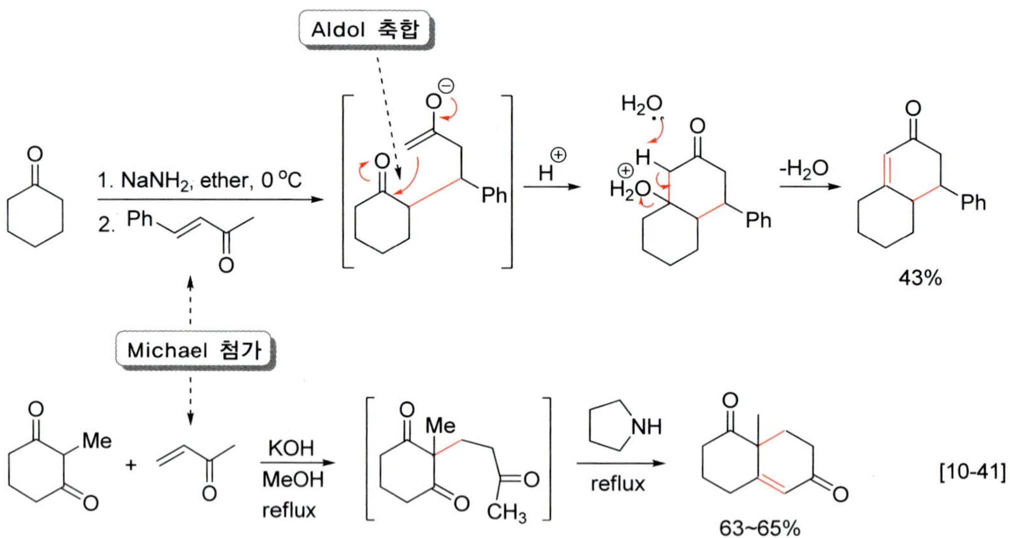

그림 10.29 Robinson annulation (고리 만듦) 반응

10.5.2 혼합 알돌 첨가 반응

원래 알돌 반응은 α 수소를 가진 동일한 알데하이드나 케톤 사이에서 일어나는 분자 간 자체 첨가 반응을 말한다. 그러나 α 수소를 가진 알데하이드나 케톤은 물론 1,3-다이카보닐 화합물, 카복실산, 에스터, 아마이드, 나이트릴과 나이트로 화합물로부터 만들어진 탄소 음이온의 경우도 탄소 친핵체로 작용하여 다른 분자 구조를 가진 알데하이드나 케톤의 카보닐기에 친핵성 첨가 반응을 할 수 있다. 이와 같은 종류의 반응을 **혼합 알돌 축합 반응** (mixed 또는 cross aldol condensation) 또는 **알돌형 축합 반응** (aldol type condensation)이라고 한다. 예를 들어, 다른 분자 구조를 가진 ethanal (acetaldehyde)과 propanal (propionaldehyde)를 염기 촉매 조건에서 알돌 반응을 수행시킬 경우 네 종류 (두 종류의 자체 알돌 생성물과 두 종류의 혼합 알돌 생성물)의 알돌 생성물이 생성된다. 그러나 동일 조건에서 ethanal과 α 수소가 없는 benzaldehyde를 반응시키면 두 종류 (한 종류의 자체 알돌 생성물과 한 종류의 혼합 알돌 생성물)의 알돌 생성물이 생성된다 (그림 10.30).

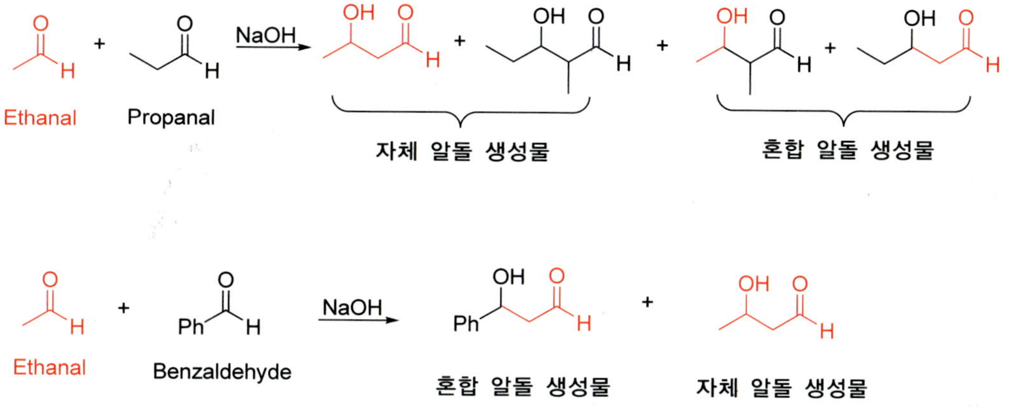

Ethanal + Propanal —NaOH→ 자체 알돌 생성물 + 혼합 알돌 생성물

Ethanal + Benzaldehyde —NaOH→ 혼합 알돌 생성물 + 자체 알돌 생성물

그림 10.30 혼합 알돌 첨가 반응

한편, α 수소를 가지고 있는 두 개의 반응물 (알데하이드 또는 케톤) 중 하나를 아자-엔올 음이온 또는 실릴 엔올 에터의 형태로 전환시켜 알돌 반응을 수행하면 자체 축합 반응 (특히 알데하이드의 경우) 없이 혼합 알돌 반응 생성물을 좋은 수득률로 얻을 수 있다. 이 중 $TiCl_4$와 같은 Lewis 산 존재 하에 실릴 엔올 에터를 탄소 친핵체로 사용한 알돌 첨가 반응을 **Mukaiyama-aldol 반응**이라고 한다 (그림 10.31).

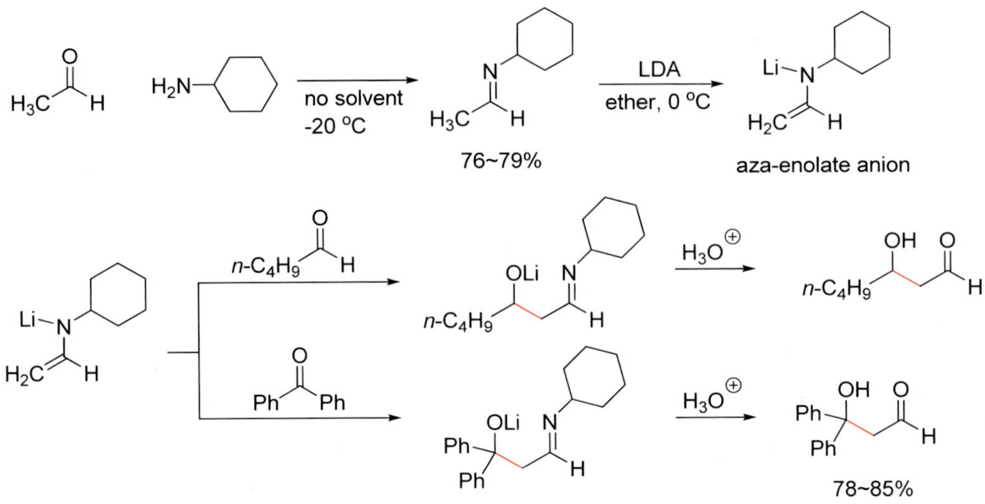

no solvent -20 °C
76~79%
LDA
ether, 0 °C
aza-enolate anion
$H_3O^{\oplus}$
78~85%
[10-42]

Mukaiyama aldol 반응

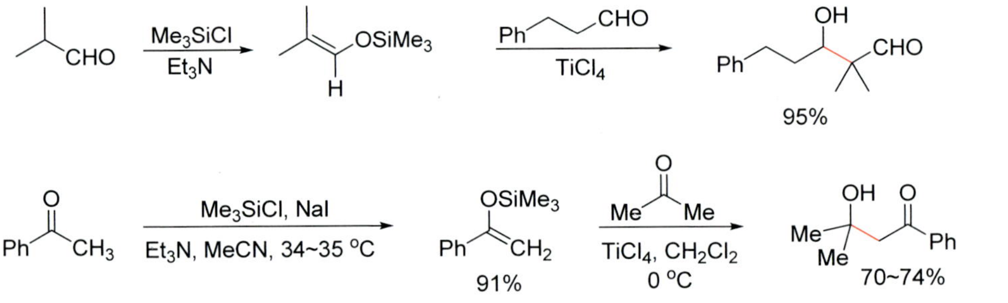

Me_3SiCl
Et_3N
$TiCl_4$
95%

Me_3SiCl, NaI
Et_3N, MeCN, 34~35 °C
91%
$TiCl_4$, CH_2Cl_2
0 °C
70~74%
[10-43]

그림 10.31 아자-엔올 음이온과 실릴 엔올 에터의 혼합 알돌 반응

알데하이드와 케톤 사이의 혼합 알돌 축합 반응

α 수소 (C_{sp3}–H)가 없는 알데하이드 (예. 방향족 알데하이드, 헤테로고리 알데하이드 또는 α,β-불포화 알데하이드)와 α 수소를 가진 케톤 사이에서 혼합 알돌 축합 반응이 일어나면 α,β-불포화 케톤이 생성된다 (그림 10.32). 이 반응을 **Claisen–Schmidt 반응**이라고 한다.

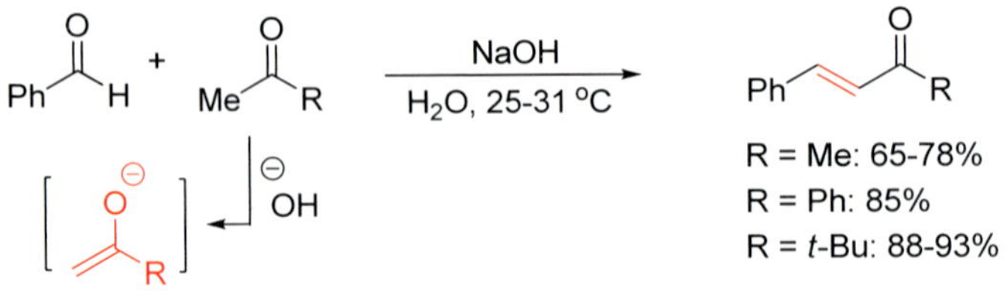

NaOH
H_2O, 25-31 °C

R = Me: 65-78% [10-44]
R = Ph: 85% [10-45]
R = *t*-Bu: 88-93% [10-46]

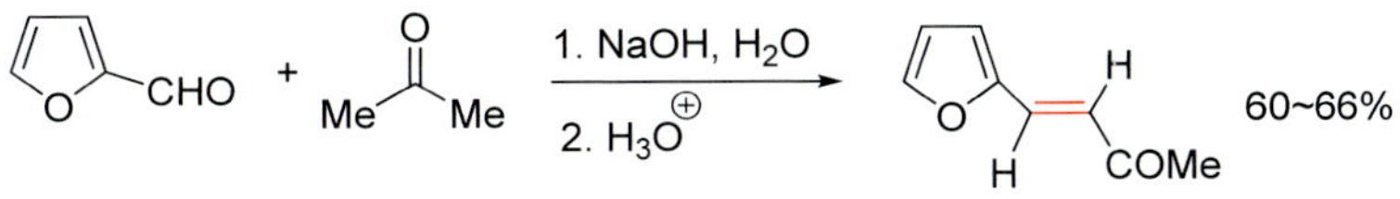

[10-47]

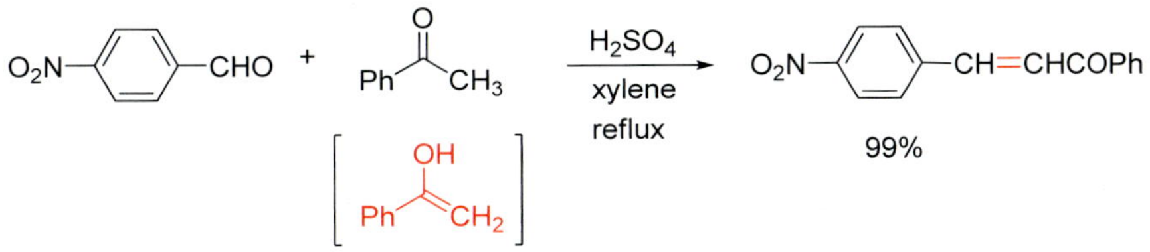

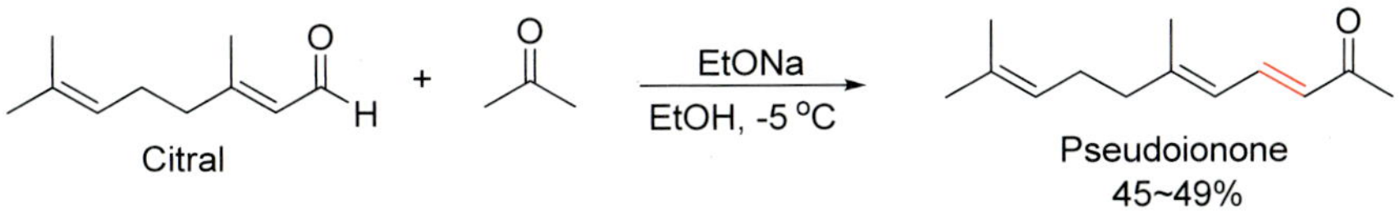

[10-48]

그림 10.32 알데하이드와 케톤 사이의 혼합 알돌 축합 반응

1,3-다이카보닐 탄소 음이온 친핵체를 이용한 알돌 축합 반응

알데하이드 (주로 α 수소가 없는 방향족 알데하이드)나 케톤을 piperidine 또는 pyridine 같은 약한 염기 존재 하에서도 안정화된 탄소 음이온을 생성시킬 수 있는 '활성 메틸렌기'를 가진 malonic acid (또는 malonic ester), ethyl acetoacetate, nitroethane 같은 화합물과 반응시키면 이들 사이에서 혼합 알돌 축합 반응이 일어나 α,β-불포화 화합물이 생성된다. 이와 같은 반응을 **Knoevenagel 축합 반응**이라고 한다 (그림 10.33).

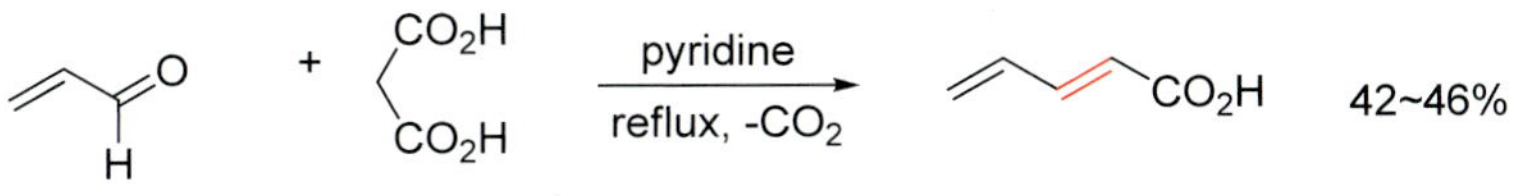

[10-49]

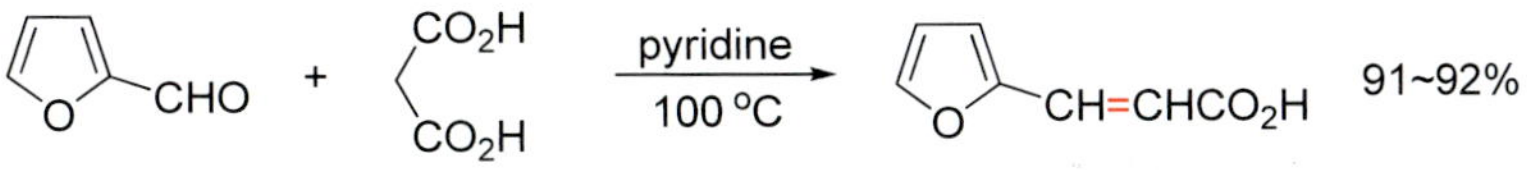

[10-50]

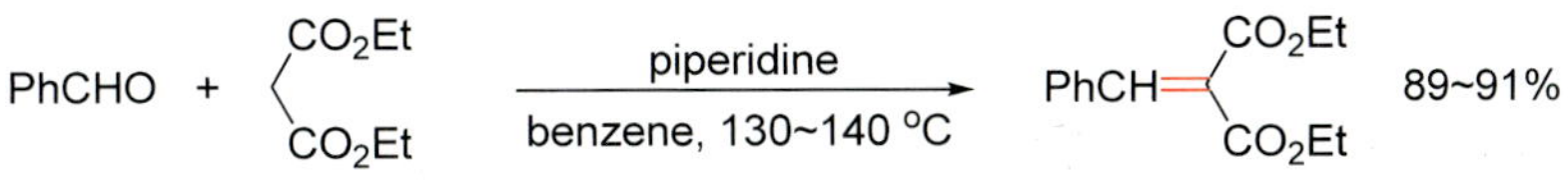

[10-51]

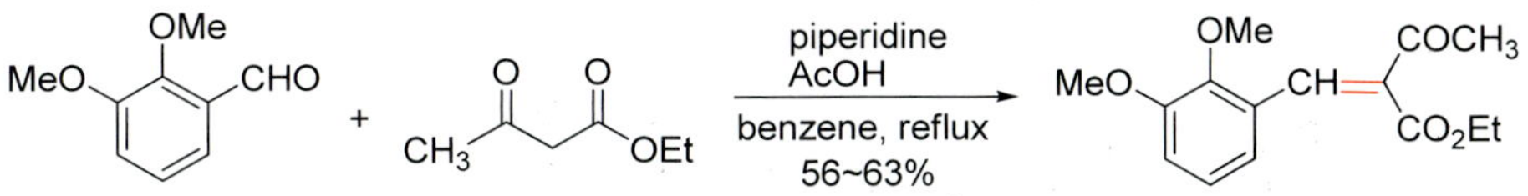

[10-52]

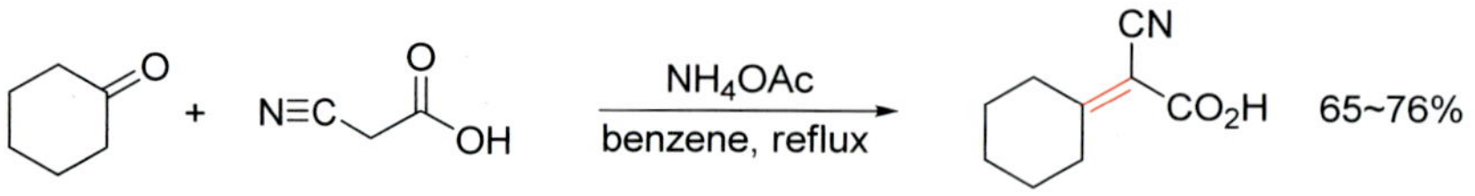

[10-53]

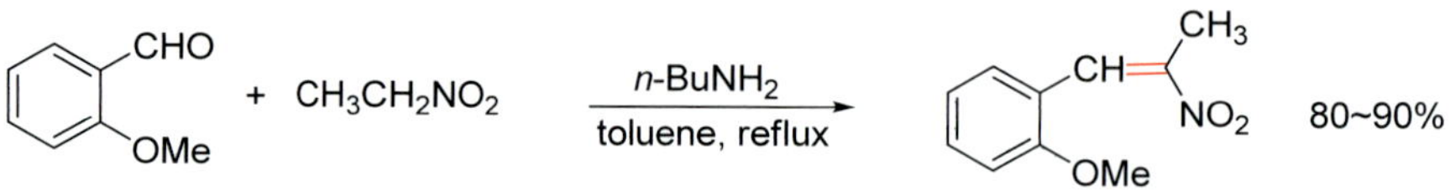

[10-54]

그림 10.33 활성 메틸렌기를 가진 화합물과 알데하이드 또는 케톤의 알돌 축합 반응: Knoevenagel 축합 반응

산무수물, 카복실산, 에스터, 아마이드, 나이트로, 나이트릴의 탄소 음이온과 알데하이드와의 알돌 축합 반응

방향족 알데하이드 또는 케톤을 염기 촉매 하에 α 수소를 가진 산무수물, 카복실산, 에스터, 아마이드, 나이트로 또는 나이트릴과 반응시키면 이들 사이에서 혼합 알돌 축합 반응이 일어난다 (그림 10.34). 이들 반응 중 방향족 알데하이드와 아세트산 무수물이 반응하여 α,β-불포화 카복실산이 생성되는 반응을 **Perkin 반응**이라고 한다.

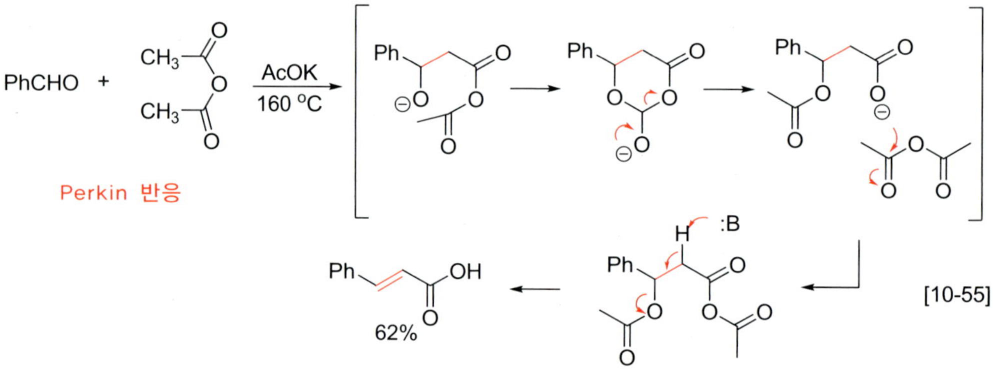

Perkin 반응

[10-55]

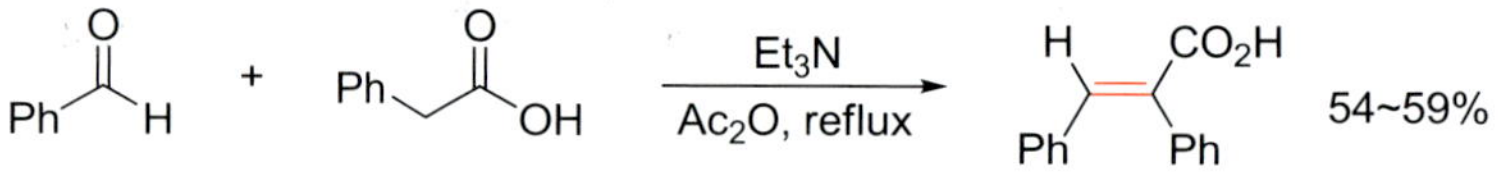

[10-56]

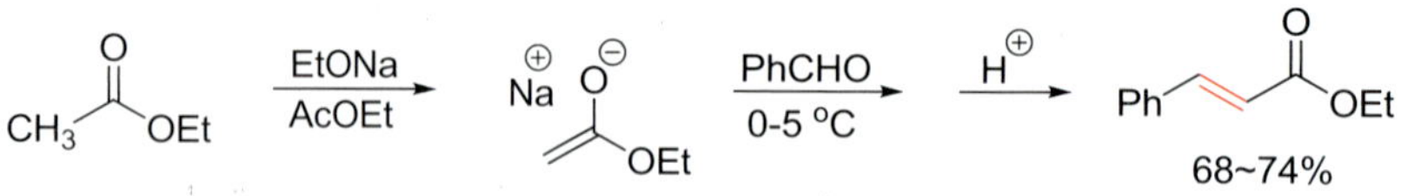

[10-57]

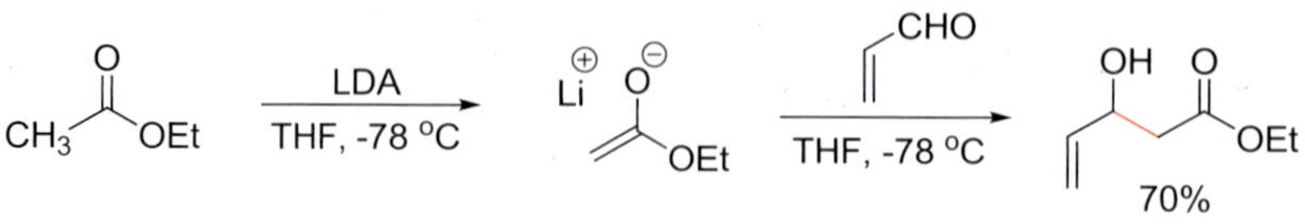

[10-58]

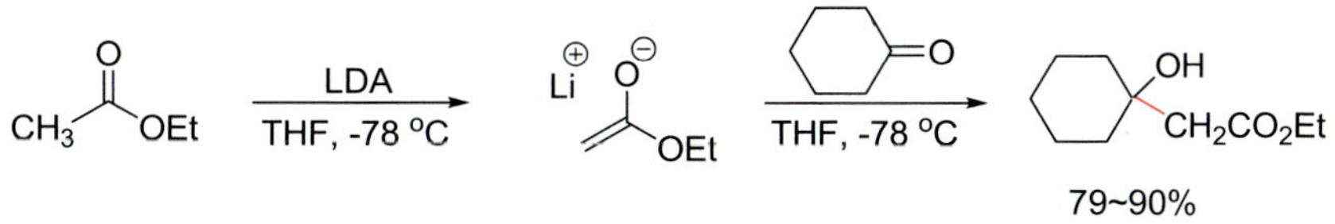

$CH_3C(O)OEt$ —LDA, THF, -78 °C→ $Li^{\oplus}$ $^{\ominus}O$–C(=CH₂)OEt —cyclohexanone, THF, -78 °C→ 1-hydroxy-1-(CH_2CO_2Et)cyclohexane 79~90% [10-59]

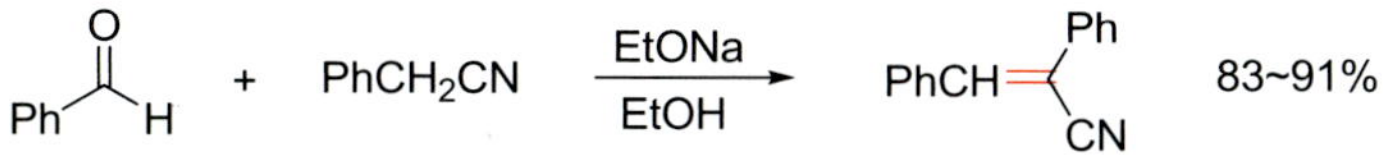

PhCHO + $PhCH_2CN$ —EtONa, EtOH→ PhCH=C(Ph)CN 83~91% [10-60]

그림 10.34 산무수물, 카복실산, 에스터, 아마이드, 나이트릴의 탄소 음이온과 알데하이드와의 알돌 축합 반응

한편, ethyl α–chloroacetate의 엔올 음이온이 케톤의 카보닐기에 첨가 반응하여 생성한 클로로하이드린이 분자 내 치환 반응을 하면 α,β–epoxyacetate 화합물이 생성된다. 이 반응을 **Darzens 반응**이라고 한다. 또한, diethyl succinate의 엔올 음이온의 경우 케톤과 축합 반응하면 α,β–불포화 에스터 화합물을 생성한다 (**Stobbe 반응**) (그림 10.35).

Darzens 반응

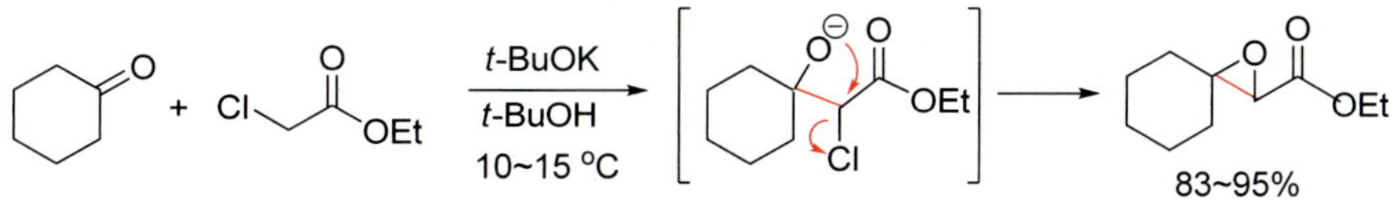

cyclohexanone + $ClCH_2CO_2Et$ —*t*-BuOK, *t*-BuOH, 10~15 °C→ [alkoxide chlorohydrin intermediate] → spiro-epoxy ester (OEt) 83~95% [10-61]

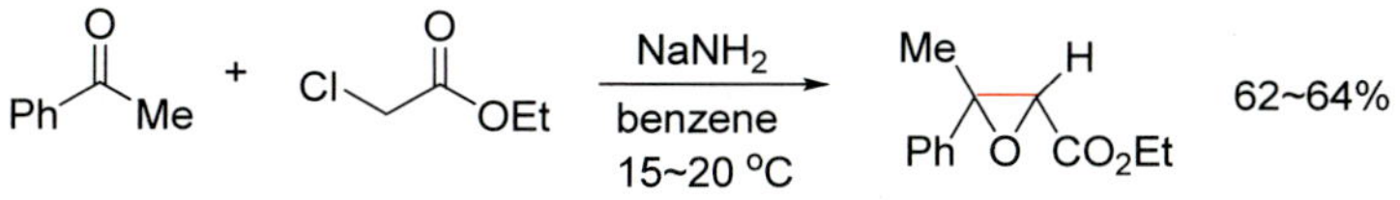

PhC(O)Me + $ClCH_2CO_2Et$ —$NaNH_2$, benzene, 15~20 °C→ epoxide (Me, Ph, H, CO_2Et) 62~64% [10-62]

Stobbe 반응

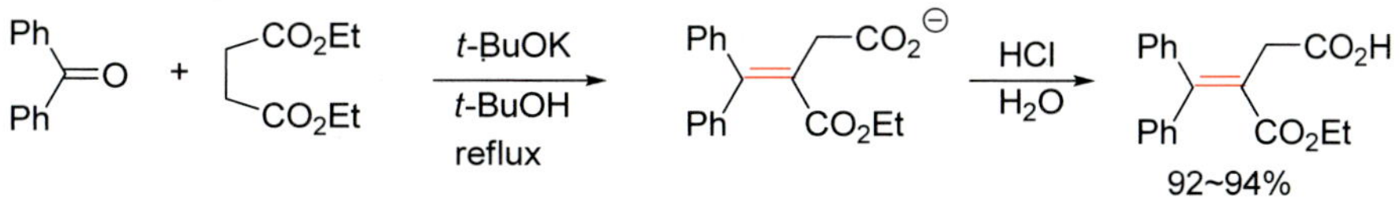

$Ph_2C=O$ + $EtO_2CCH_2CH_2CO_2Et$ —*t*-BuOK, *t*-BuOH, reflux→ $Ph_2C=C(CO_2Et)CH_2CO_2^{\ominus}$ —HCl, H_2O→ $Ph_2C=C(CO_2Et)CH_2CO_2H$ 92~94% [10-63]

[mechanism: alkoxide (Ph, Ph, $O^{\ominus}$, EtO, CO_2Et) → cyclic tetrahedral intermediate (Ph, EtO_2C, OEt, $O^{\ominus}$) → lactone (Ph, EtO_2C, H, $^{\ominus}$OBu-*t*)]

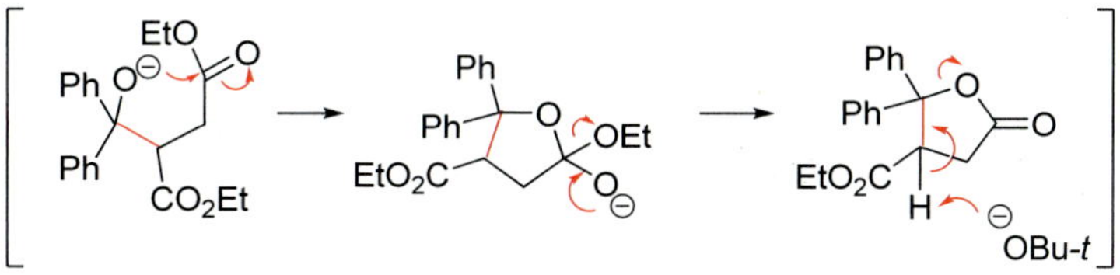

그림 10.35 Darzens 반응과 Stobbe 반응

Mannich 반응

α 수소를 가진 알데하이드나 케톤을 산 촉매 하에서 HCHO와 NH_3, RNH_2 또는 R_2NH와 반응시키면 알데하이드 또는 케톤의 α 탄소에 아미노메틸기가 도입되는 반응이 일어난다. 이 반응을 **Mannich 반응**이라고 한다. 이 반응은 HCHO와 아민이 반응하여 생성된 폼알데하이드의 이미늄염 (formaldehyde iminium salt)에 엔올화된 알데하이드나 케톤이 탄소 친핵체로 작용하여 일어난 친핵성 첨가 반응이다 (그림 10.36). Mannich 반응 생성물인 아미노메틸 케톤을 가열하면 Hoffman 제거 반응과 비슷한 반응이 일어나 비닐 케톤이 생성된다. 이 반응에서 사용하는 폼알데하이드 이미늄염 중 다이메틸아미노메틸화 반응에 사용하는 dimethylmethylideneammonium iodide (CH_2=$N^{\oplus}Me_2I^{\ominus}$)를 **Eschenmoser 염**이라고 한다.

Mannich 반응

$$R-\overset{O}{\overset{\|}{C}}-CH_3 + HCHO + Me_2NH \xrightarrow{HCl} \left[\text{enol} + H_2C{=}N^{\oplus}Me_2\ Cl^{\ominus}\right] \xrightarrow{-H^{\oplus}} R-\overset{O}{\overset{\|}{C}}-CH_2CH_2NMe_2$$

Eschenmoser 염

$$PhCOCH_3 + HCHO + Me_2NH \xrightarrow[\text{reflux}]{HCl} PhCOCH_2CH_2NMe_2 \quad (68\sim72\%) \qquad [10\text{-}64]$$

$$(CH_3)_2CHCOCH_3 + H_2C{=}N^{\oplus}Me_2\ CF_3CO_2^{\ominus} \xrightarrow[-10 \text{ to } 145\,^{\circ}C]{CF_3CO_2H} (CH_3)_2CHCOCH_2CH_2NMe_2 \quad (49\sim57\%) \qquad [10\text{-}65]$$

$$CH_3CH_2CH_2CHO + HCHO + Me_2\overset{\oplus}{N}H_2\ \overset{\ominus}{Cl} \xrightarrow{\Delta} \left[CH_3CH_2CH(CH_2NMe_2)CHO\right] \xrightarrow{\Delta} CH_3CH_2C(=CH_2)CHO \quad (73\%)$$

그림 10.36 Mannich 반응

10.6 아실화 반응: 에스터 축합 반응

앞서 언급한대로 엔올 음이온, 아자-엔올 음이온, 엔아민, 엔올과 같은 탄소 친핵체가 에스터, 산염화물, 산무수물의 카보닐 탄소와 반응하면 친핵성 첨가 반응과 제거 반응을 거쳐 친핵체에 아실기가 도입된 형태를 갖춘 **친핵성 아실 치환 반응**이 일어난다.

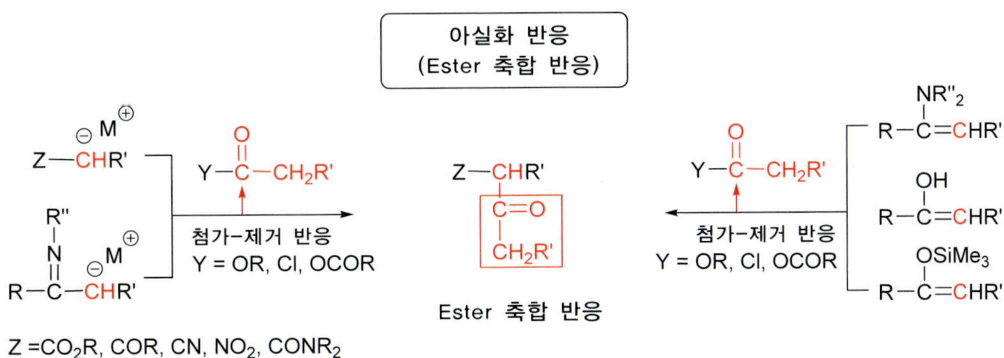

10.6.1 에스터 엔올 음이온의 자체 축합 반응: Claisen 축합 반응

α 수소를 가진 지방족 에스터를 에탄올 속에서 EtONa 염기와 당량 반응시키면 자체 축합 반응이 일어나 **β-케토 에스터**를 생성한다. 이 반응을 **Claisen 축합 반응**이라고 한다. 이 반응은 그림 10.37에 나타낸 바와 같이 5단계 반응을 거쳐 일어난다. 에스터의 α 수소는 pK_a 25인 탄소산이므로 pK_a 15인 EtONa로 모두 엔올 음이온을 생성시킬 수 없지만 일부 생성된 엔올 음이온 [1단계]이 엔올화되지 않은 에스터의 카보닐기에 첨가 [2단계], 제거 반응 [3단계]이 연이어 일어나 β-케토 에스터를 생성한다. [3단계]까지의 반응은 역반응이 더 우세하다. 그러나 생성물인 β-케토 에스터의 α 수소는 EtONa에 의해서도 탈양성자 반응 [4단계]이 충분할 정도로 출발물보다 더 산성이 강하다 (pK_a 11). 따라서 [4단계] 반응이 비가역적으로 일어나기 때문에 전체 반응에서 생성물이 생성되는 추진력으로 작용된다. 이런 반응 메커니즘 때문에 에스터의 축합 반응은 알돌 반응과는 다르게 염기 촉매 반응으로 일어나는 반응이 아니다.

2 RCH$_2$CO$_2$Et —(1. EtONa, EtOH; 2. H_3O^+)→ RCH$_2$COCH(R)CO$_2$Et

메커니즘

1단계 · 2단계 첨가 · 3단계 제거 · 4단계 비가역 · 5단계 H^+

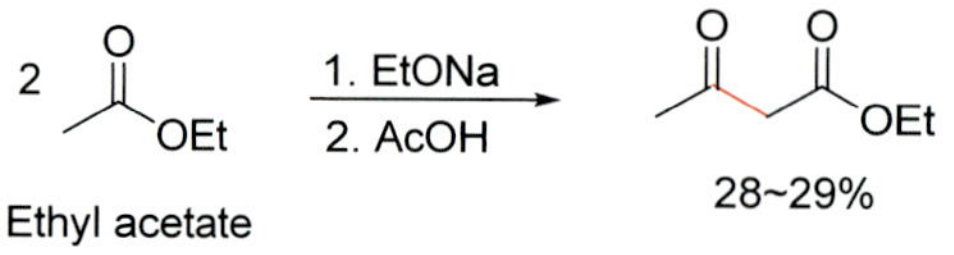

[10-66]

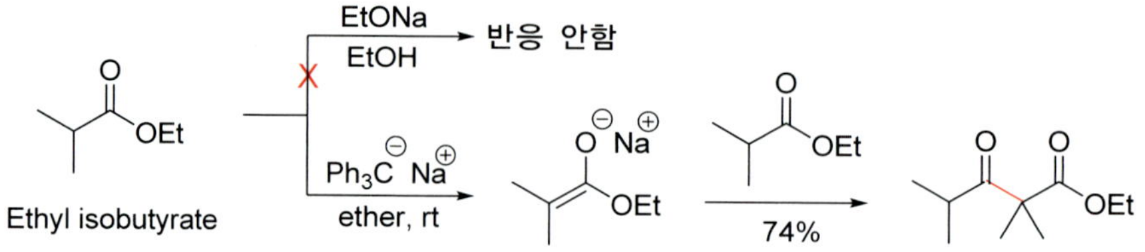

[10-67]

그림 10.37 에스터의 자체 축합 반응 (Claisen 축합 반응)과 메커니즘

이 메커니즘의 증거로 ethyl acetate와 ethyl isobutyrate의 자체 축합 반응을 들 수 있다. Ethyl acetate의 경우 EtONa에 의해 Claisen 축합 반응이 잘 일어나지만, ethyl isobutyrate는 같은 조건에서 반응이 일어나지 않는다. 그 이유는 후자의 경우 [3단계] 생성물인 반응 중간체는 α 수소를 가지고 있지 않아 β-케토 에스터의 생성 추진력이 생길 수 없기 때문에 역반응이 우세하게 일어난 결과이다. 이 축합 반응은 에스터를 완전히 엔올 음이온으로 만들 수 있는 강염기를 사용할 경우에만 가능하다.

Dieckmann 축합 반응: 분자 내 에스터 축합 반응

Diethyl 1,6-hexanedioate (diethyl adipate) 또는 diethyl 1,7-heptanedioate 같은 α 수소를 가진 지방족 diester를 EtONa와 반응시키면 분자 내 Claisen 축합 반응이 일어나 오원자 또는 육원자 고리형 β-케토 에스터가 합성된다. 이를 **Dieckmann 축합 반응**이라고 한다. 이 반응에서 Diethyl 1,4-butanedioate (diethyl sucinnate) 같이 오원자 또는 육원자 고리형 화합물을 만들 수 없는 경우에는 이합체가 만들어진다 (그림 10.38).

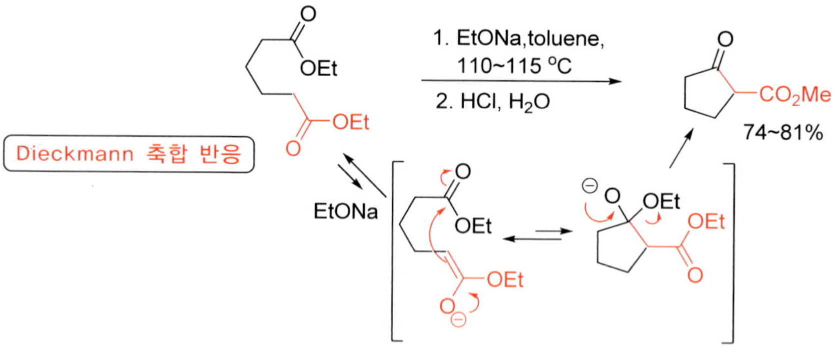

[10-68]

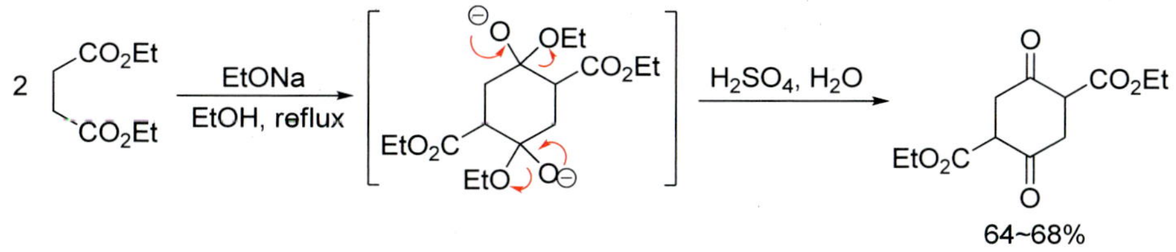

[10-69]

그림 10.38 분자 내 에스터 축합 반응: Dieckmann 축합 반응

10.6.2 혼합 에스터 Claisen형 축합 반응

α 수소를 가진 구조가 다른 두 종류의 에스터 사이에서 축합 반응이 일어날 경우 알돌 반응의 경우처럼 네 종류의 β-keto ester (에스터 축합 생성물)의 혼합물이 생성된다. 따라서 이 반응에서 혼합물 생성을 최소화하려면 축합 반응물 중 하나는 엔올 음이온이 생성될 수 없는 에스터 (α 수소가 없는 에스터)를 선택해야 한다. α 수소가 없는 에스터로 방향족 에스터, ethyl formate, diethyl oxalate와 diethyl carbonate 등이 자주 사용된다 (그림 10.39).

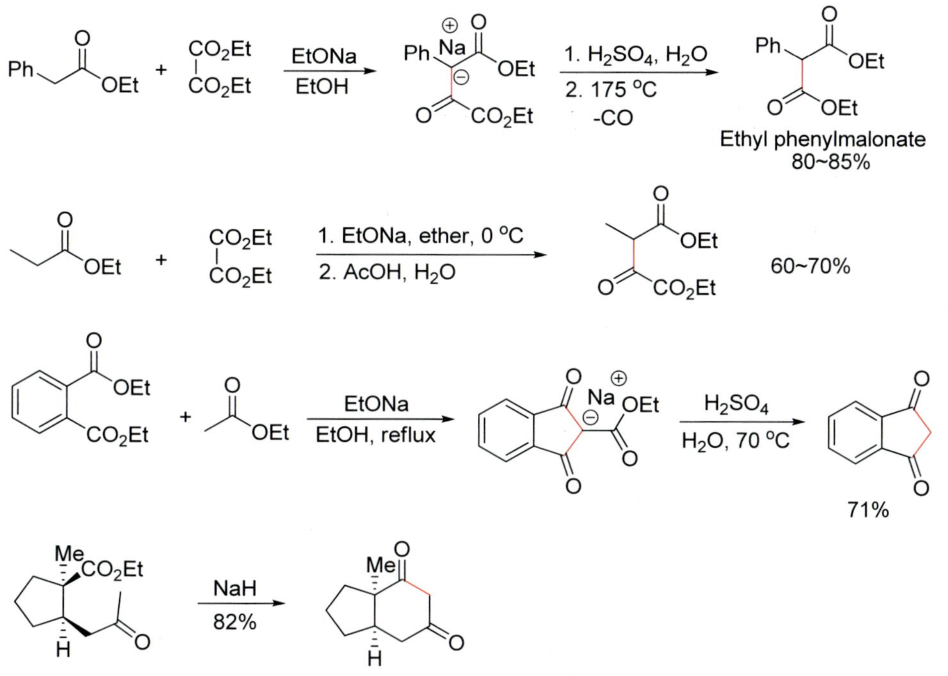

[10-70]

[10-71]

[10-72]

그림 10.39 혼합 에스터 축합 반응

10.6.3 나이트릴 및 아마이드의 엔올 음이온과 에스터의 축합 반응

α 수소를 가진 나이트릴이나 아마이드를 염기 속에서 α 수소가 없는 에스터와 반응시키면 나이트릴과 아마이드에서 생성한 탄소 음이온이 에스터의 카보닐기에 첨가-제거 반응을 하면 축합 반응 생성물이 생성된다 (그림 10.40).

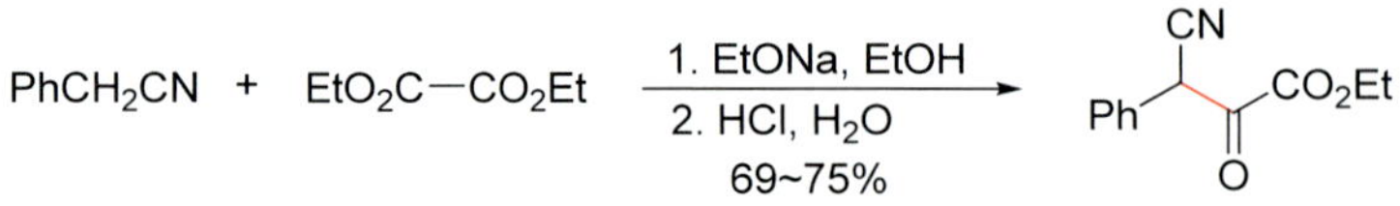

PhCH$_2$CN + EtO$_2$C—CO$_2$Et → (1. EtONa, EtOH; 2. HCl, H$_2$O; 69~75%) [10-73]

PhCH$_2$CN + O=C(OEt)$_2$ → (1. EtONa, EtOH, toluene, reflux; 70~78%) → (AcOH, H$_2$O) [10-74]

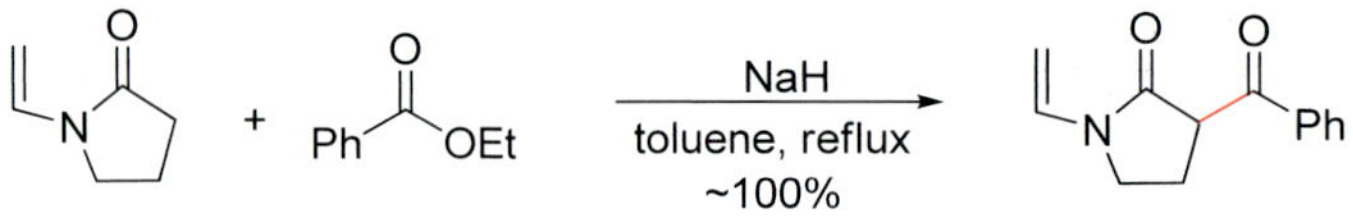

+ Ph–C(=O)–OEt → (NaH, toluene, reflux; ~100%) [10-75]

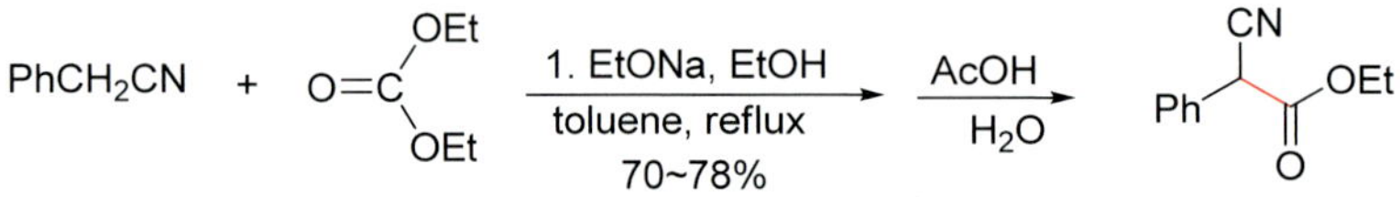

그림 10.40 나이트릴과 아마이드의 탄소 음이온과 에스터의 축합 반응

10.6.4 케톤 엔올 음이온과 에스터의 축합 반응

케톤의 엔올 음이온이 탄소 친핵체로서 α 수소가 없는 에스터와 친핵성 아실 치환 반응을 하면 1,3-다이케톤이나 β-케토 에스터가 합성된다 (그림 10.41).

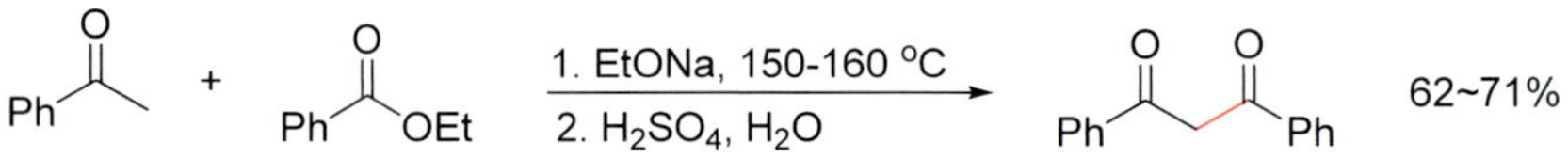

+ Ph–C(=O)–OEt → (1. EtONa, 150-160 °C; 2. H$_2$SO$_4$, H$_2$O) 62~71% [10-76]

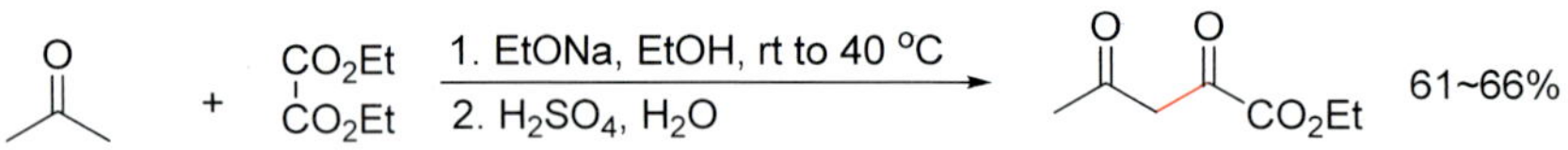

+ CO$_2$Et–CO$_2$Et → (1. EtONa, EtOH, rt to 40 °C; 2. H$_2$SO$_4$, H$_2$O) 61~66% [10-77]

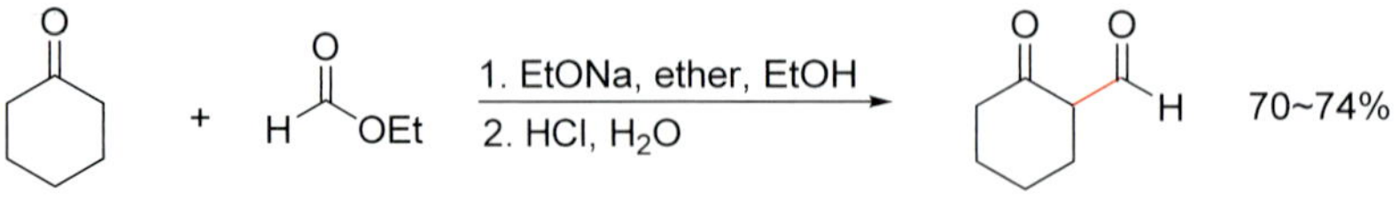

+ H–C(=O)–OEt → (1. EtONa, ether, EtOH; 2. HCl, H$_2$O) 70~74% [10-78]

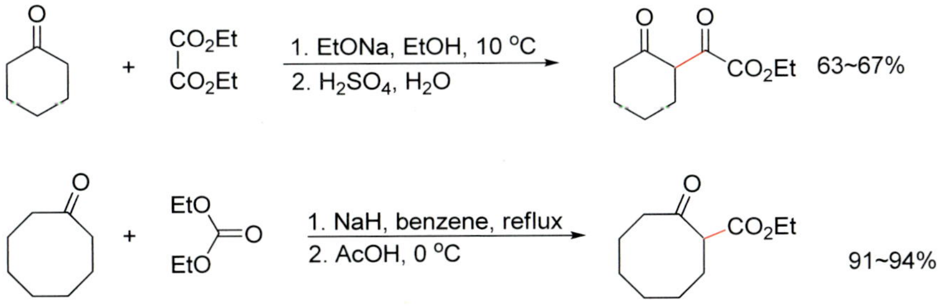

1. EtONa, EtOH, 10 °C
2. H_2SO_4, H_2O
63~67% [10-79]

1. NaH, benzene, reflux
2. AcOH, 0 °C
91~94% [10-80]

그림 10.41 케톤 엔올 음이온과 에스터의 축합 반응

10.6.5 케톤 및 에스터의 엔올 음이온과 산염화물 또는 산무수물과의 축합 반응

케톤과 에스터의 엔올 음이온은 산염화물이나 산무수물과 반응하여 아실화 생성물인 1,3-diketone 화합물을 생성한다 (그림 10.42). 그러나 이들 반응에서는 에스터 축합 반응에서 흔히 사용하는 염기인 EtONa-EtOH는 사용할 수 없다. 그 이유는 산염화물과 산무수물은 에스터보다 카보닐 탄소의 친전자성이 훨씬 강하여 이 염기와 반응하기 때문이다. 대신에 에터 용매 속에서 $NaNH_2$ 또는 Ph_3CNa 같은 강염기를 사용하여 축합 반응을 수행할 수 있다.

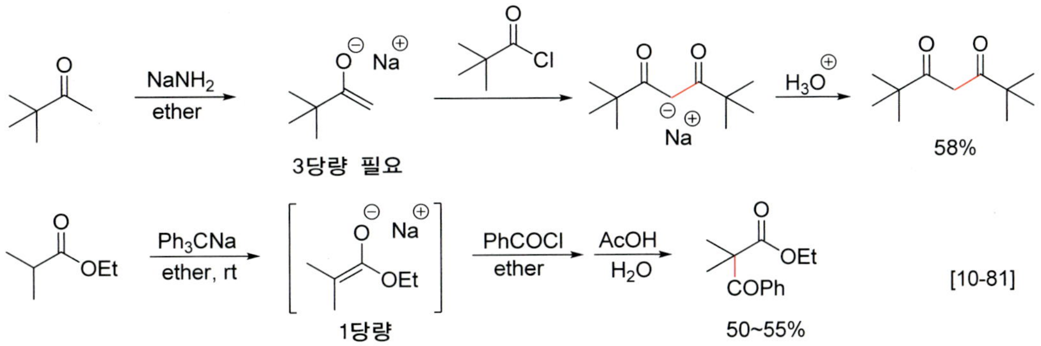

$NaNH_2$, ether
3당량 필요
H_3O^+
58%

Ph_3CNa, ether, rt
1당량
PhCOCl, ether
AcOH, H_2O
COPh
50~55% [10-81]

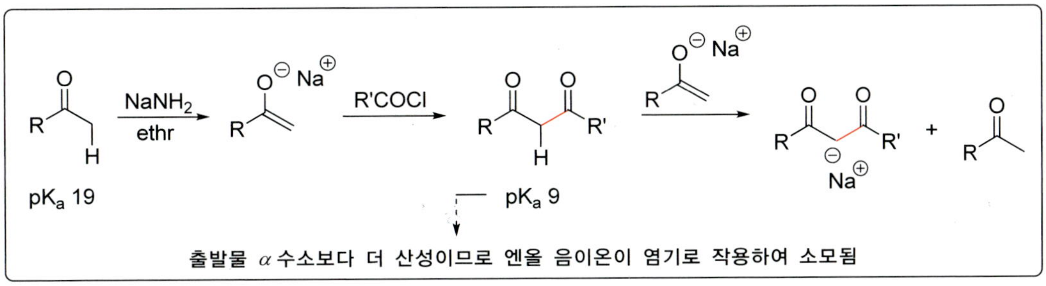

$NaNH_2$, ethr
R'COCl
pK$_a$ 19
pK$_a$ 9
출발물 α 수소보다 더 산성이므로 엔올 음이온이 염기로 작용하여 소모됨

그림 10.42 케톤 또는 에스터의 엔올 음이온과 산염화물 또는 산무수물과의 축합 반응

이 반응에서 반응 생성물에 α 수소가 있는 경우 반응을 원활히 진행시키려면 과량 (2~3당량)의 엔올 음이온을 사용해야 한다. 그 이유는 반응 생성물의 α 수소의 산도가 출발물보다

더 높아 (더 산성) 출발물의 엔올 음이온을 중화하여 소모시키기 때문이다.

또한, 이들 반응에서 엔올 음이온의 상대 양이온 금속이 알칼리 금속 ($Li^{\oplus}$, $Na^{\oplus}$, $K^{\oplus}$)의 경우 엔올 음이온의 산소 원자 부위의 강한 이온성 (음전하) 때문에 부반응으로 *O*-아실화 반응이 일어나는 경향이 크다 (13.2.1절). 대신에 약한 염기인 에톡시 마그네슘을 사용하면 Mg 이온이 산소 원자의 음전하를 감소시켜 *O*-아실화 반응을 억제시킴으로써 상대적으로 *C*-아실화 반응을 증진시킬 수 있다. 이 반응은 주로 malonic ester와 acetoacetic ester 같은 1,3-다이카보닐 화합물의 아실화 반응에 흔히 이용된다 (그림 10.43).

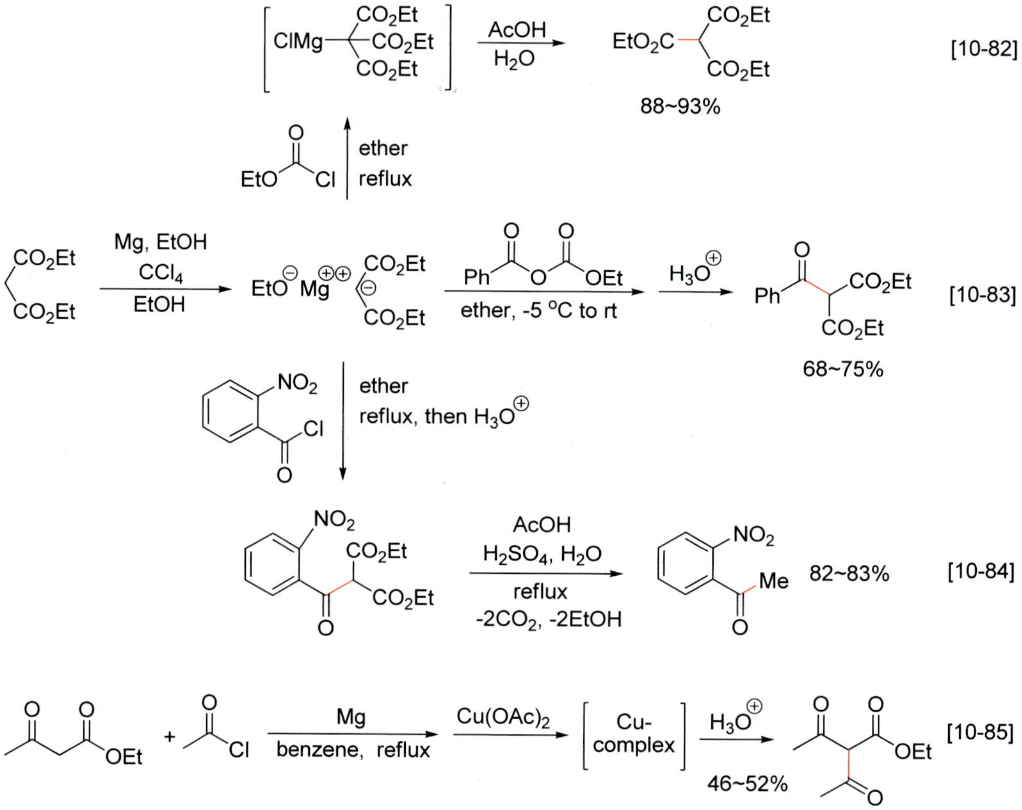

그림 10.43 활성 메틸렌기의 아실화 반응

10.6.6 엔아민 및 아자-엔올 음이온의 아실화 반응

알데하이드나 케톤의 엔아민을 중성 조건에서 산염화물이나 산무수물과 반응시키면 α 위치에 아실화 반응이 일어난다. 이 경우 엔아민의 질소 원자에도 아실화 반응이 일어나 *N*-아실륨염이 형성되므로 2당량의 엔아민이 필요하다. 비슷한 원리로 hydrazone에 *n*-BuLi 또는 LDA를 반응시켜 얻은 아자-엔올 음이온 (aza-enolate)의 경우도 산염화물과 아실화 반응이 일어난다 (그림 10.44).

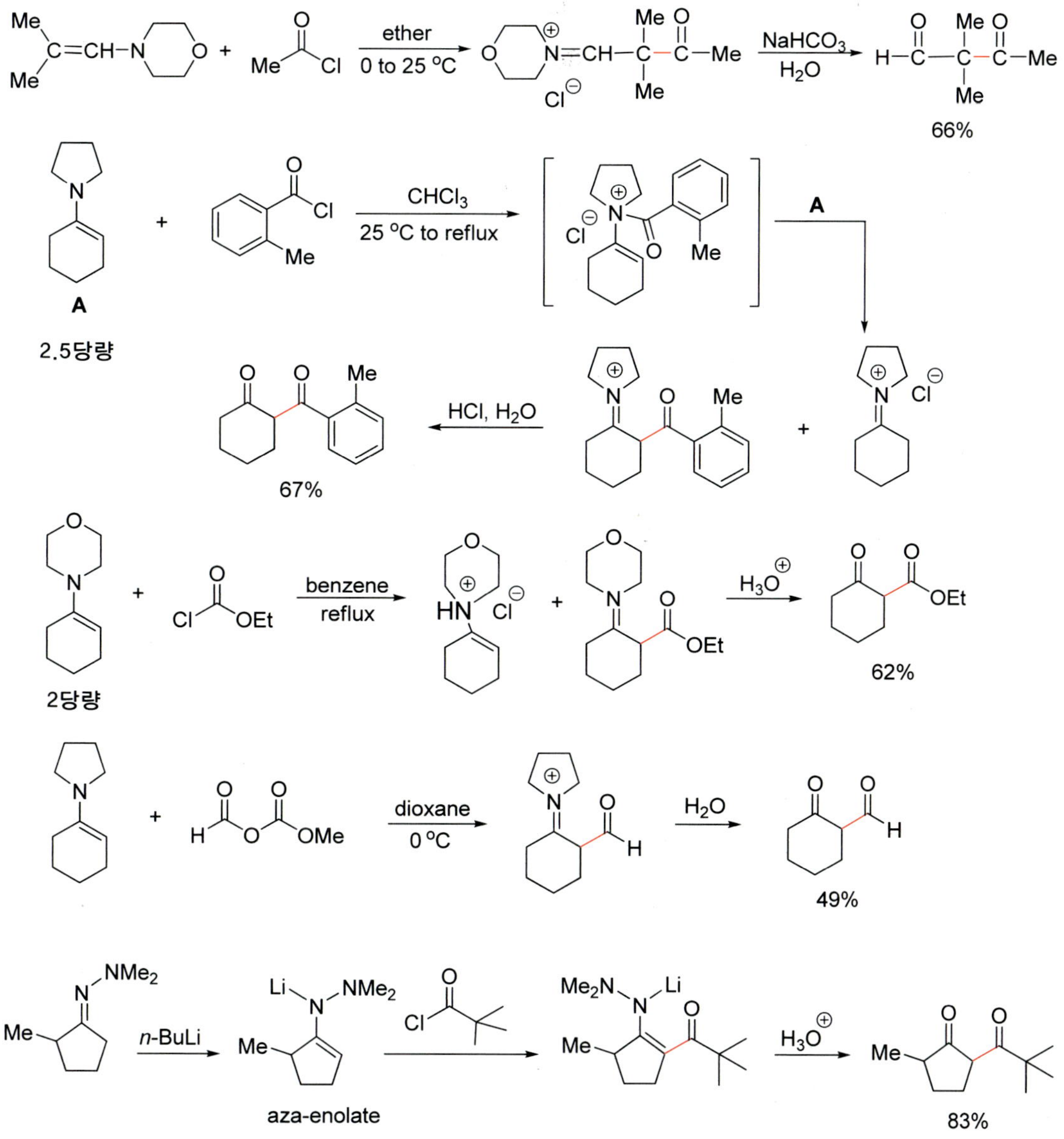

그림 10.44 엔아민 및 아자-엔올 음이온의 아실화 반응

10.6.7 엔올의 아실화 반응

Lewis 산 촉매 조건에서 생성된 엔올과 엔올 에스터를 산무수물과 반응시키면 아실화 반응이 일어난다. 예를 들어 아세톤을 아세트산 무수물 (Ac_2O)과 BF_3 가스에 통과시키면서 반응시키면 아실화 생성물인 아세틸아세톤을 좋은 수득률로 얻을 수 있다. 이 반응은 산성 조건에

서 α 수소를 가진 케톤의 α 위치에 아실기를 도입시킬 수 있기 때문에 활성화 메틸렌기를 가진 1,3-다이케톤 화합물의 합성에 유용하게 사용되는 방법이다 (그림 10.45).

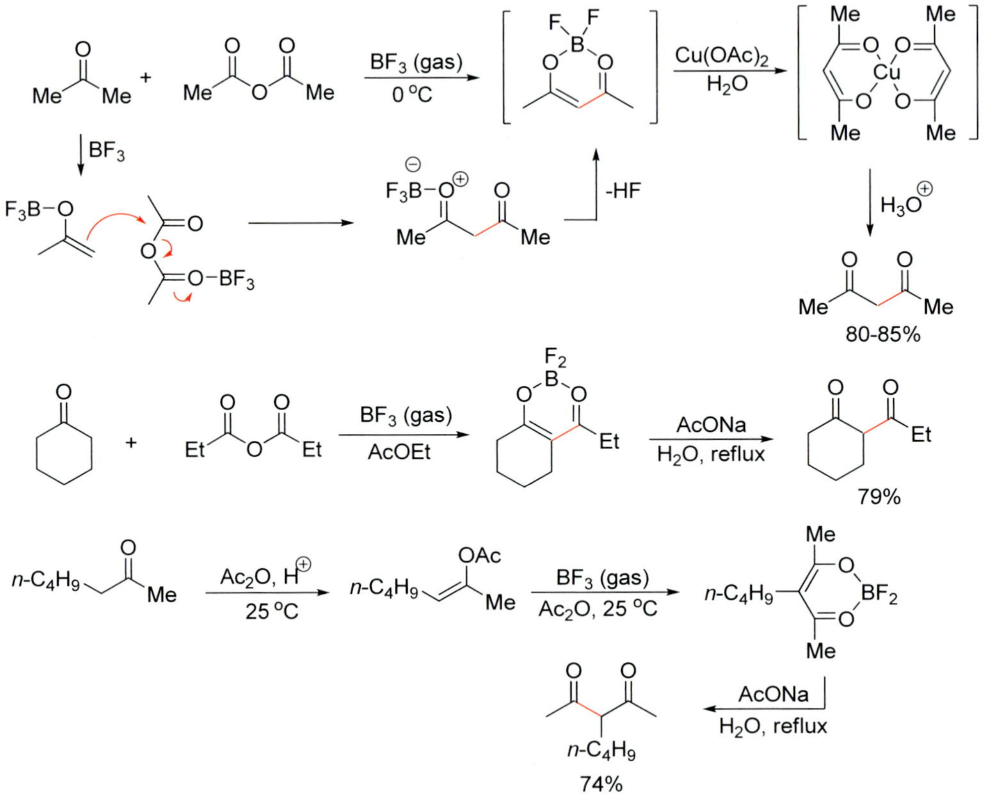

[10-86]

그림 10.45 엔올의 아실화 반응

CHAPTER 10 참고 문헌

[10-1] *Org. Synth. Coll.* **1988**, *6*, 526.
[10-2] *Org. Synth. Coll.* **1955**, *3*, 44.
[10-3] *Org. Synth. Coll.* **1988**, *6*, 1014.
[10-4] *Org. Synth. Coll.* **1973**, *5*, 808.
[10-5] *Org. Synth. Coll.* **1990**, *7*, 424.
[10-6] *Org. Synth. Coll.* **1988**, *6*, 316.
[10-7] *Org. Synth. Coll.* **1988**, *6*, 869.
[10-8] *Org. Synth. Coll.* **1973**, *5*, 526.
[10-9] *Org. Synth. Coll.* **1988**, *6*, 517.
[10-10] *Org. Synth. Coll.* **1973**, *5*, 785.
[10-11] *Org. Synth. Coll.* **1973**, *5*, 848.
[10-12] *Org. Synth. Coll.* **1993**, *8*, 312.
[10-13] *Org. Synth. Coll.* **1941**, *1*, 250.
[10-14] *Org. Synth. Coll.* **1963**, *4*, 291.
[10-15] *Org. Synth. Coll.* **1993**, *8*, 381.
[10-16] *Org. Synth. Coll.* **1943**, *2*, 474.

[10-17] *Org. Synth. Coll.* **1955**, *3*, 313.
[10-18] *Org. Synth. Coll.* **1990**, *7*, 411.
[10-19] *Org. Synth. Coll.* **1988**, *6*, 503.
[10-20] *Org. Synth. Coll.* **1988**, *6*, 586.
[10-21] *Org. Synth. Coll.* **1941**, *1*, 248.
[10-22] *Org. Synth. Coll.* **1941**, *1*, 351.
[10-23] *Org. Synth. Coll.* **1943**, *2*, 262.
[10-24] *Org. Synth. Coll.* **1973**, *5*, 76.
[10-25] *Org. Synth. Coll.* **1963**, *4*, 962.
[10-26] *Org. Synth. Coll.* **1955**, *3*, 219.
[10-27] *Org. Synth. Coll.* **1955**, *3*, 223.
[10-28] *Org. Synth. Coll.* **1988**, *6*, 897.
[10-29] *Org. Synth. Coll.* **1963**, *4*, 776.
[10-30] *Org. Synth. Coll.* **1963**, *4*, 652.
[10-31] *Org. Synth. Coll.* **1941**, *1*, 272.
[10-32] *Org. Synth. Coll.* **1963**, *4*, 630.
[10-33] *Org. Synth. Coll.* **1993**, *8*, 467.
[10-34] *Org. Synth. Coll.* **1990**, *7*, 363.
[10-35] *Org. Synth. Coll.* **1990**, *7*, 368.
[10-36] *Org. Synth. Coll.* **1993**, *8*, 210.
[10-37] *Org. Synth. Coll.* **1993**, *8*, 620.
[10-38] Vogel's Textbook 802p.
[10-39] *Org. Synth. Coll.* **1941**, *1*, 199.
[10-40] Vogel's Textbook 1098p.
[10-41] *Org. Synth. Coll.* **1973**, *5*, 486.
[10-42] *Org. Synth. Coll.* **1988**, *6*, 901.
[10-43] *Org. Synth. Coll.* **1993**, *8*, 323.
[10-44] *Org. Synth. Coll.* **1941**, *1*, 77.
[10-45] *Org. Synth. Coll.* **1941**, *1*, 78.
[10-46] *Org. Synth. Coll.* **1941**, *1*, 81.
[10-47] *Org. Synth. Coll.* **1941**, *1*, 283.
[10-48] *Org. Synth. Coll.* **1955**, *3*, 747.
[10-49] *Org. Synth. Coll.* **1988**, *6*, 95.
[10-50] *Org. Synth. Coll.* **1955**, *3*, 425.
[10-51] *Org. Synth. Coll.* **1955**, *3*, 377.
[10-52] *Org. Synth. Coll.* **1963**, *4*, 408.
[10-53] *Org. Synth. Coll.* **1963**, *4*, 234.
[10-54] *Org. Synth. Coll.* **1963**, *4*, 573.
[10-55] Vogel's Textbook 1038p.
[10-56] *Org. Synth. Coll.* **1963**, *4*, 777.
[10-57] *Org. Synth. Coll.* **1941**, *1*, 252.
[10-58] *Org. Synth. Coll.* **1998**, *9*, 432.
[10-59] *Org. Synth. Coll.* **1988**, *6*, 598.
[10-60] *Org. Synth. Coll.* **1955**, *3*, 715.
[10-61] *Org. Synth. Coll.* **1963**, *4*, 459.
[10-62] *Org. Synth. Coll.* **1955**, *3*, 727.
[10-63] *Org. Synth. Coll.* **1963**, *4*, 132.
[10-64] *Org. Synth. Coll.* **1955**, *3*, 715 and Vogel's Textbook 1053p.
[10-65] *Org. Synth. Coll.* **1988**, *6*, 474.
[10-66] *Org. Synth. Coll.* **1941**, *1*, 252.
[10-67] Vogel's Textbook 1053p
[10-68] *Org. Synth. Coll.* **1943**, 2, 116.
[10-69] *Org. Synth. Coll.* **1973**, 5, 288.
[10-70] *Org. Synth. Coll.* **1943**, 2, 288.
[10-71] *Org. Synth. Coll.* **1943**, *2*, 272.
[10-72] Vogel's Textbook 1102p.
[10-73] *Org. Synth. Coll.* **1943**, *2*, 287.
[10-74] *Org. Synth. Coll.* **1963**, *4*, 461.
[10-75] *Org. Synth. Coll.* **2004**, *10*, 437.
[10-76] *Org. Synth. Coll.* **1955**, *3*, 251.
[10-77] *Org. Synth. Coll.* **1941**, *1*, 238.
[10-78] *Org. Synth. Coll.* **1963**, *4*, 536.
[10-79] *Org. Synth. Coll.* **1943**, *2*, 531.
[10-80] *Org. Synth. Coll.* **1973**, *5*, 196.
[10-81] *Org. Synth. Coll.* **1943**, *2*, 268.
[10-82] *Org. Synth. Coll.* **1943**, *2*, 594.
[10-83] *Org. Synth. Coll.* **1963**, *4*, 285.
[10-84] *Org. Synth. Coll.* **1963**, *4*, 708.
[10-85] *Org. Synth. Coll.* **1955**, *3*, 390.
[10-86] *Org. Synth. Coll.* **1955**, *3*, 16.

CHAPTER 11

고리형 협동 반응, 짝지음 반응 및 복분해 반응에 의한 탄소-탄소 결합의 생성

11.1 고리형 협동 반응

고리형 협동 반응 (pericyclic reaction)이란 어떤 반응 중간체도 생성하지 않고 반응물의 오비탈 전자가 서로 협동하여 고리형 전이 상태를 거쳐 π 결합 깨짐과 σ 결합의 생성이 한 단계로 동시에 일어나는 반응을 말한다. 대표적인 반응으로 **고리화 첨가 반응** (cycloaddition), **엔 반응** (ene reaction), **전자 고리화 반응** (electrocyclic reaction), **시그마 결합 재배열 반응** (sigmatropic rearrangement) 등이 있다. 이 반응들의 공통된 특징은 다음과 같다.

- 전이 상태에서 어떤 종류의 중간체 (라디칼 또는 이온성 반응종)도 관여하지 않는다.
- 반응은 한 단계로 동시 협동적으로 일어난다.
- 이 반응은 열 또는 빛을 쪼일 때 일어나며 입체 특이적으로 반응한다.
- 반응 속도는 용매와 촉매의 변화에 크게 영향을 받지 않는다.

11.1.1 고리화 첨가 반응: Diels-Alder 반응

고리화 첨가 반응 (cycloaddition)이란 π 전자를 가진 두 개의 분자 (또는 분자 내에 두 개 이상의 π 전자를 가진 분자)에 있는 π 전자들이 서로 협동하여 고리형 전이 상태를 거쳐 한 단계 반응으로 두 개의 새로운 σ 결합을 생성하여 고리 화합물을 만드는 반응을 말한다. 이 반응은 상호 작용하는 반응물 (참여 분자)의 π 전자의 개수에 따라 [2+2] 또는 [4+2] 고리화 첨가 반응 등으로 분류된다. 예를 들면 두 분자의 에텐이 광화학 조건 (햇빛 또는 자외선)에서 반응하면 사이클로뷰테인이 생성되는데 이 경우 2π 전자계의 반응물이 협동하여 일어난 반응이므로 [2+2] 첨가 반응이다. 또한 콘쥬게이트 4π 전자계인 1,3-butadiene과 2π 전자계인 에텐이 열화학 조건 (가열 조건)에서 반응하면 사이클로헥센이 생성되는데 이 반응을 [4+2] 고리화 첨가 반응이라고 하며, 이 반응의 대표적인 반응이 **Diels-Alder 반응**이다.

[2+2] 고리화 첨가 반응 — hν → 두 개의 π 결합이 협동하여 두 개의 σ 결합이 생성

[4+2] 고리화 첨가 반응 — △ → 4π계와 2π계의 π 전자가 서로 협동하여 두 개의 σ 결합이 생성되고 4π계의 π 결합은 재배열

고리화 첨가 반응에 관한 이론: 경계 분자 오비탈(FMO) 이론

[2+2] 고리화 첨가 반응은 오로지 광화학 조건에서만 일어나고 열화학 조건에서는 일어나지 않는다. 반대로, [4+2] 고리화 첨가 반응은 오로지 열화학 조건에서만 일어난다. 그 이유는 고리형 협동 반응은 반응물의 **HOMO**(highest occupied molecular orbital, **최고 점유 오비탈**)와 **LUMO** (lowest unoccupied molecular orbital, **최저 비점유 오비탈**)가 상호 작용하여 일어나기 때문이다. 이를 **경계 분자 오비탈 이론** (frontier molecular orbital theory, FMO)이라고 한다. 이 이론을 발전시켜 고리형 협동 반응이 일어나는 조건과 생성물의 입체 배열을 설명하기 위하여 제안한 이론을 Woodward–Hoffmann의 **오비탈 대칭 보존 규칙** (conservation of orbital symmetry)이라고 한다. 이 이론에 의하면 오비탈의 겹침 (결합 오비탈, bonding orbital)은 오직 동일상 (또는 동일면, suprafacial)에서만 일어날 수 있으며, 이를 결합의 **허용된 대칭** (symmetry allowed)이라고 한다. 반대상 (또는 반대면, antarafacial)의 오비탈끼리는 겹침 (반결합성 오비탈, *anti*–bonding orbital)이 일어날 수 없는데 이를 결합의 **금지된 대칭** (symmetry forbidden)이라고 한다.

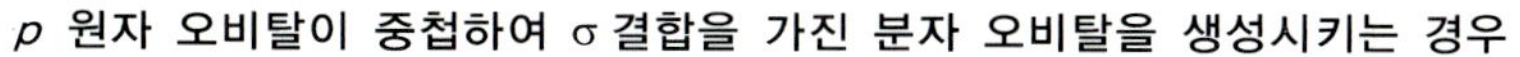
p 원자 오비탈이 중첩하여 σ 결합을 가진 분자 오비탈을 생성시키는 경우

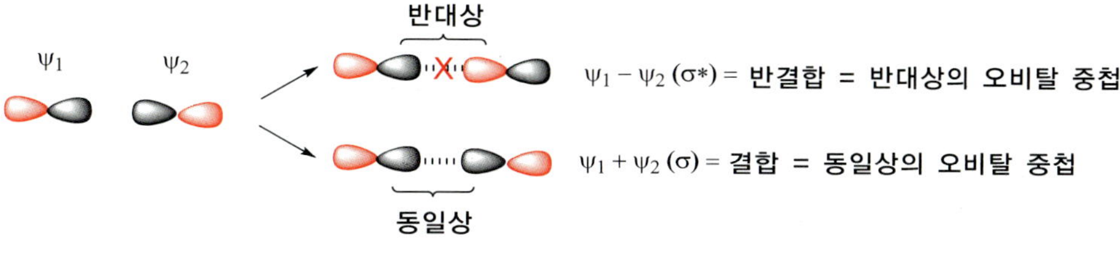

p 원자 오비탈이 중첩하여 π 결합을 가진 분자 오비탈을 생성시키는 경우

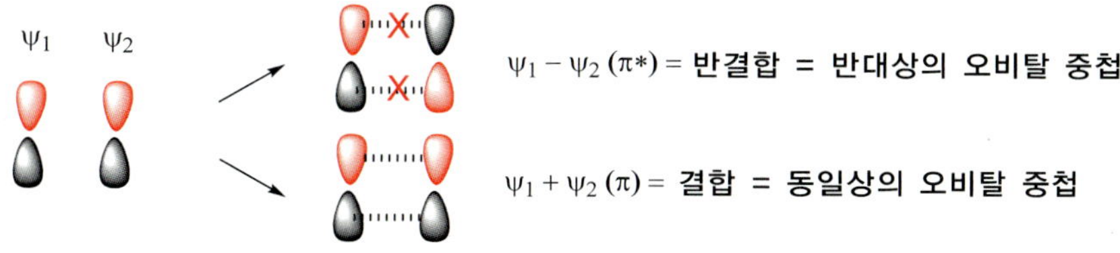

[2+2]와 [4+2] 고리화 첨가 반응을 FMO를 이용하여 설명해 보자. 그림 11.1에 보인 바와 같이 열화학 조건에서는 에텐끼리의 [2+2] 고리화 첨가 반응은 HOMO와 LUMO 사이가 서로 반대상이기 때문에 오비탈 상호 작용 (겹침)이 일어날 수 없다. 그러나 광화학 조건에서는 바닥 상태의 HOMO가 들뜬 상태인 HOMO (π^*)로 전환되기 때문에 LUMO (Ψ_2) 오비탈과의 동일상 상호 겹침이 가능하다.

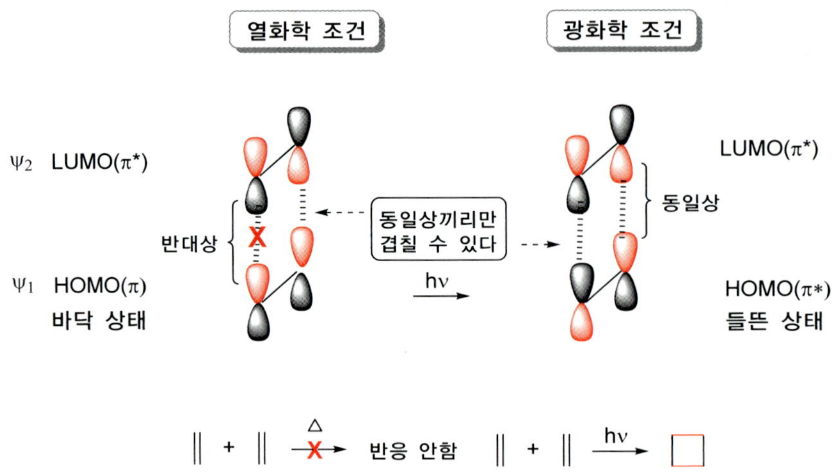

그림 11.1 [2+2] 고리화 첨가 반응: 광화학 조건에서만 가능하다.

한편, 열화학 조건에서 일어나는 [4+2] 고리화 첨가 반응인 1,3-butadiene과 에텐의 반응을 살펴보자. 1,3-Butadiene의 바닥 상태에서 분자 오비탈의 전자 배열은 에너지 준위가 가장 낮은 상태의 분자 오비탈인 Ψ_1로부터 에너지 준위가 가장 높은 Ψ_4 순으로 배열된다. 이때 HOMO에 해당하는 오비탈은 전자 두 개가 배열된 (파울리 법칙에 의해 최고 점유된) 오비탈 중 가장 에너지 준위가 높은 상태인 Ψ_2이고, LUMO에 해당하는 오비탈은 전자가 배열되지 않은 오비탈 중 가장 낮은 에너지 준위에 있는 Ψ_3 오비탈이다. 한편, 1,3-butadiene과 반응하는 에텐의 경우 HOMO와 LUMO인 단 두 개의 오비탈만 가지고 있다. 이 두 반응물 사이의 반응은 diene의 HOMO (Ψ_2)와 ene의 LUMO (Ψ_2) 또는 diene의 LUMO (Ψ_3)와 ene의 HOMO (Ψ_1) 사이의 오비탈 겹침이 가능하다. 그러나 이 중 반응은 diene의 HOMO와 ene의 LUMO 사이의 상호 작용이 선호되어 일어난다. 그 이유는 반응하는 오비탈 사이의 에너지 차이가 그 반대의 경우보다 더 작기 때문이다 (그림 11.2).

FMO 이론을 근거로 고리화 첨가 반응이 일어나는 조건을 다음과 같이 일반화하여 예측할 수 있다.

반응물의 π 결합 수	허용 반응 조건	예 (괄호 안은 π 결합 수)
짝수	광화학 (가시광선 또는 자외선)	[2+2] 고리화 첨가 반응 (4/2 = 2)
홀수	열화학 (가열)	[4+2] 고리화 첨가 반응 (6/2 = 3)

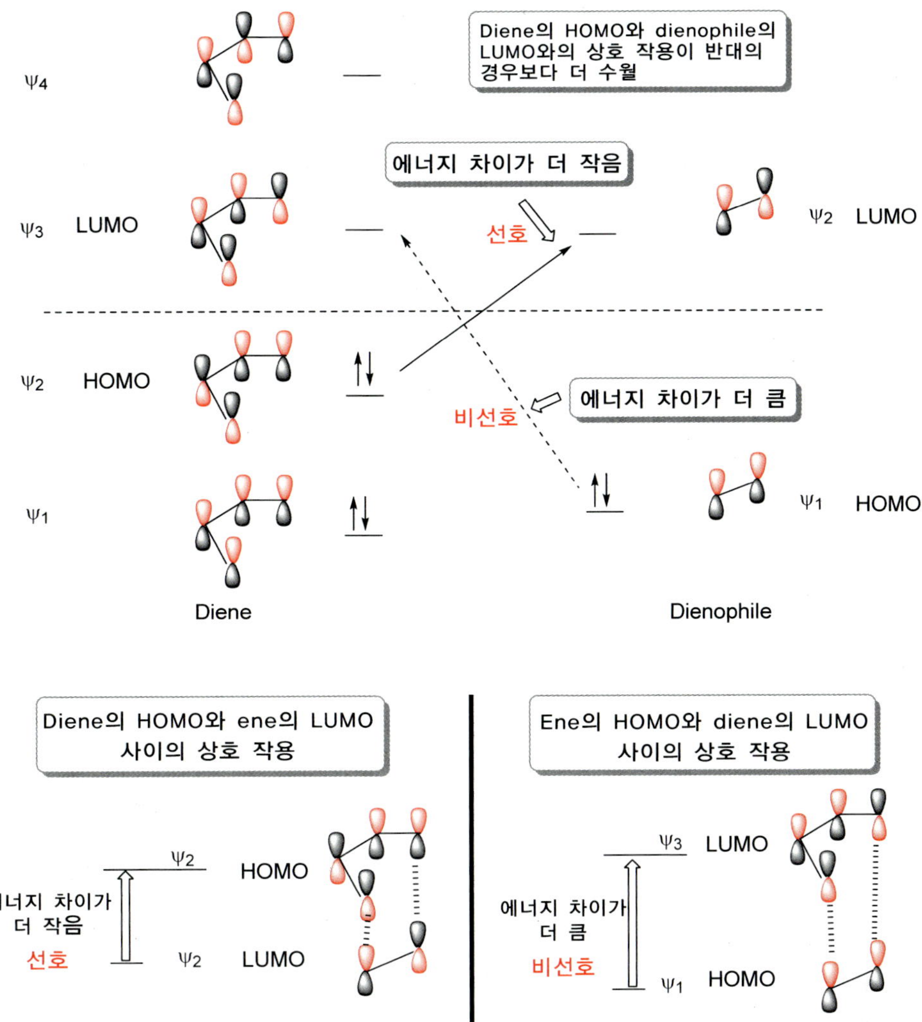

그림 11.2 [4+2] 고리화 첨가 반응: diene의 HOMO와 ene의 LUMO가 상호 작용한다.

그러나 위의 일반 예측을 벗어나는 경우도 있다. 예를 들면, 알켄이 케텐 (ketene) 또는 isocyanate (R−N=C=O)와 반응하여 cyclobutanone 또는 β-lactam을 형성하는 반응은 [2+2] 고리화 첨가 반응임에도 불구하고 열화학적 조건에서 가능하다.

ketene　　isocyanate　　β-lactam

Diels−Alder 반응: [4+2] 고리화 첨가 반응

앞서 언급한 바와 같이 Diels−Alder 반응은 [4+2] 고리화 첨가 반응의 일종으로 이 반응은 diene의 양쪽 끝의 탄소 원자의 HOMO (Ψ_2)에 있는 전자가 ene의 LUMO (Ψ_2)로 흘러들어가 두 개의 σ 결합을 생성하면서 육원자 고리를 형성하는 반응이다 (그림 11.3).

이때 diene과 반응하는 ene을 **친다이엔체** (dienophile)라고 한다.

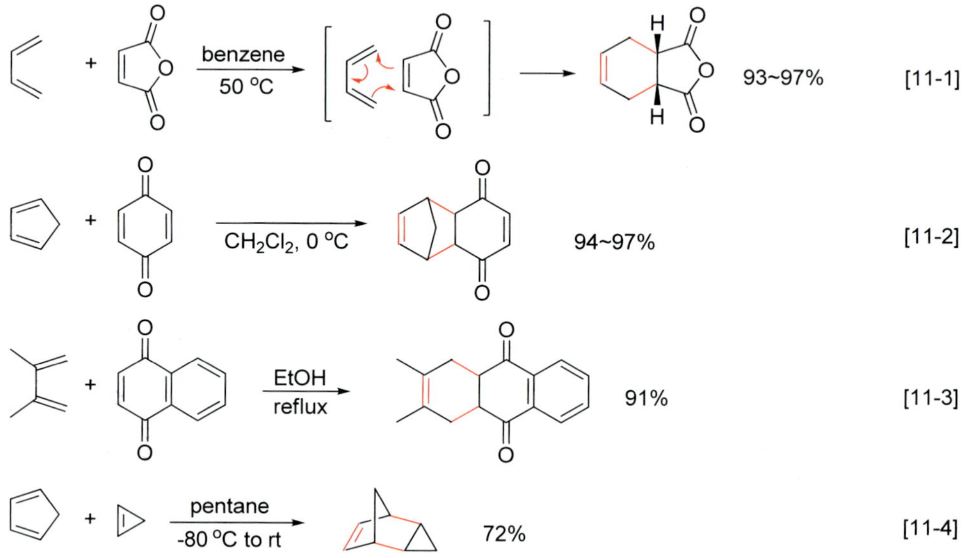

benzene, 50 °C — 93~97% [11-1]

CH_2Cl_2, 0 °C — 94~97% [11-2]

EtOH, reflux — 91% [11-3]

pentane, -80 °C to rt — 72% [11-4]

그림 11.3 Diels−Alder 반응

콘쥬게이트 triene 구조를 가진 화합물은 가열 (열화학 조건)하면 **분자 내 Diels−Alder 반응**이 일어난다. 이 반응은 다중 고리 화합물을 합성하는 데 이용된다. 한편, 전자가 부족한 다이아조 (N=N), 이민 (C=N) 및 카보닐 (C=O)기를 친다이엔체로 사용한 Diels−Alder 반응을 **hetero−Diels−Alder 반응**이라 하며, 이 반응은 헤테로고리 화합물 합성에 자주 이용된다 (그림 11.4).

분자 내 Diels−Alder 반응

Me, Pr-*i* — 0 °C → Me, H, H, Pr-*i* — 7%

Me — 160 °C → H, H, Me — 97%

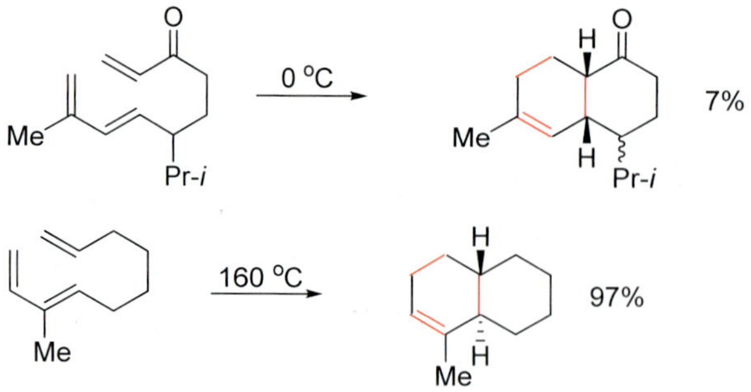

헤테로 Diels Alder 반응

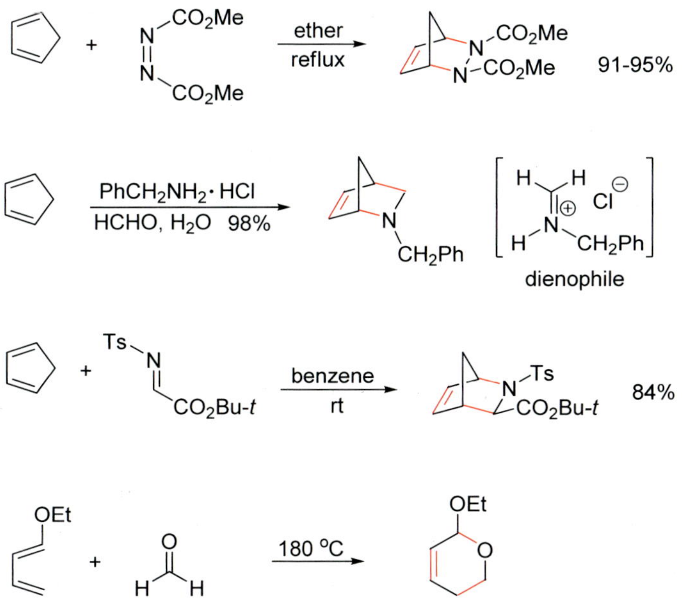

ether, reflux — 91-95% [11-5]

$PhCH_2NH_2 \cdot HCl$, HCHO, H_2O 98% — dienophile [11-6]

benzene, rt — 84%

180 °C

그림 11.4 분자 내 Diels–Alder 반응과 hetero Diels–Alder 반응

Diels–Alder 반응의 반응 조건과 특징

• 다이엔과 친다이엔체의 반응성

Diels–Alder 반응은 diene의 HOMO에 있는 π 전자가 dienophile의 LUMO로 흘러들어가 일어나는 반응이므로 diene의 구조에 전자 공여기가 많이 치환될수록 또한 dienophile의 구조에 전자끌기 치환기가 많이 치환될수록 반응이 잘 일어난다 (그림 11.5).

Diene과 dienophile의 치환기에 따른 반응성 효과

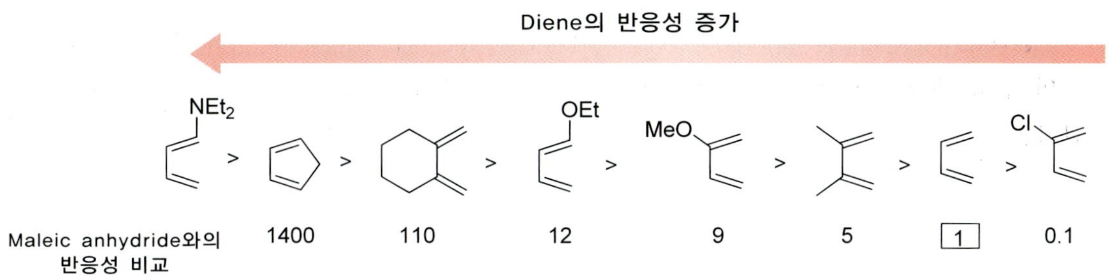

Diene의 반응성 증가

Maleic anhydride와의 반응성 비교	1400	110	12	9	5	1	0.1

Dienophile의 반응성 증가

	NC(CN)C=C(CN)CN	$CH_2=C(CN)_2$	Maleic anhydride	Benzoquinone	MeO₂C–CH=CH–CO₂Me	CH₂=CH–CHO	CH₂=CH–CN
Cyclopentadiene과의 반응성 비교	4×10^7	4×10^4	6,000	900	70	10	1

그림 11.5 Diene과 dienophile의 반응성의 성향

• Diene의 *s-cis* (*cisoid*) 형태 구조

Diels–Alder 반응에 참여하는 diene은 반드시 콘쥬게이트형이고 *s-cis* (*cisoid*) 형태 구조를 가지고 있어야 한다. 이에 해당하는 diene으로 구조상 영구 *s-cis* (*cisoid*) 형태 구조를 가진 고리형 diene인 cyclopentadiene, furan, cyclohexa–1,3–diene, *exo*–methylene diene 등이 있으며, 비고리형 diene의 경우 *s-cis* (*cisoid*) 형태로 전환된 후 반응에 참여한다. 그 이유는 *s-cis* (*cisoid*) 형태의 오비탈 (HOMO)이 dienophile의 LUMO와 겹침에 더 유리하기 때문이다.

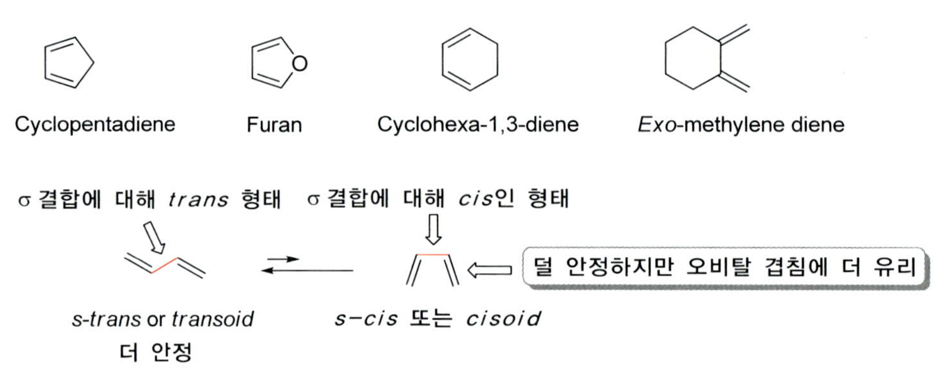

• Diels–Alder 반응의 입체 화학: *syn* 첨가와 *endo* 첨가

Diene은 dienophile과 *syn* 첨가 반응을 한다. 따라서 diene과 dienophile의 치환기의 치환 위치와 입체 배열이 생성물의 구조에 그대로 유지되는 입체 특이적인 반응을 하게 된다 (그림 11.6).

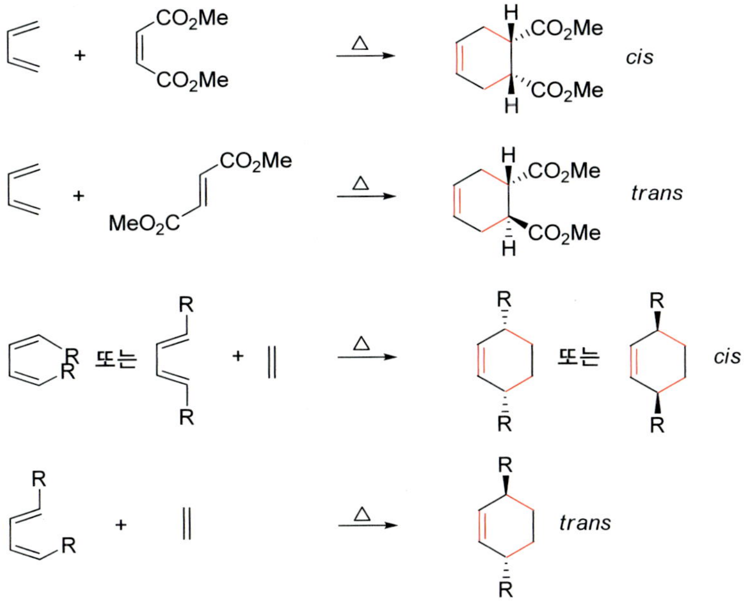

그림 11.6 Diels-Alder 반응의 *syn* 첨가 반응

한편, Diels-Alder 반응에서 고리형 다이엔을 다이엔으로 사용할 경우 생성된 두 고리 (bicyclic) 화합물의 입체 화학은 *endo*체가 우선하여 생성된다. 입체 장애가 덜하여 열역학적으로 더 안정한 *exo* 생성물보다 그 반대인 *endo* 생성물을 선호하는 이유는 전이 상태에서 반응물의 최대 오비탈 겹침이 가능하려면 π 전자들이 최대한 집적된 상태를 갖는 전이 상태의 구조가 유리한데 *endo*체가 이 구조를 가지고 있기 때문이다. 예를 들면 1,3-cyclopentadiene과 maleic anhydride의 반응 생성물은 주로 *endo* 화합물이 생성되는데 전이 상태의 구조에서 *endo*체는 두 쌍의 동일상 오비탈 겹침이 가능하지만 *exo*의 경우 한 쌍만 가능하기 때문이다. 이와 관련된 반응 예를 그림 11.7과 11.8에 나타내었다.

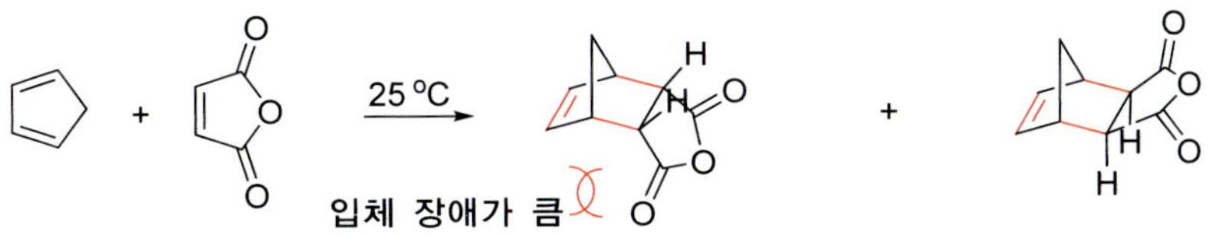

입체 장애가 큼

endo 생성물
더 불안정 그러나 생성 선호

exo 생성물
더 안정 그러나 생성 비선호

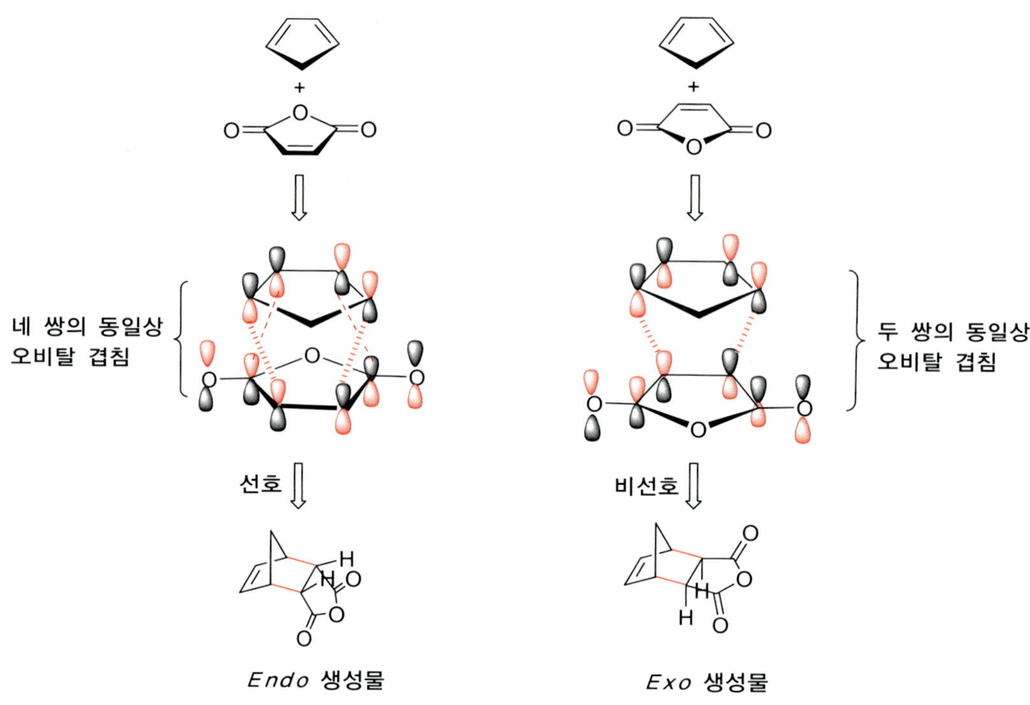

그림 11.7 Diels–Alder 반응의 *endo* 첨가 반응

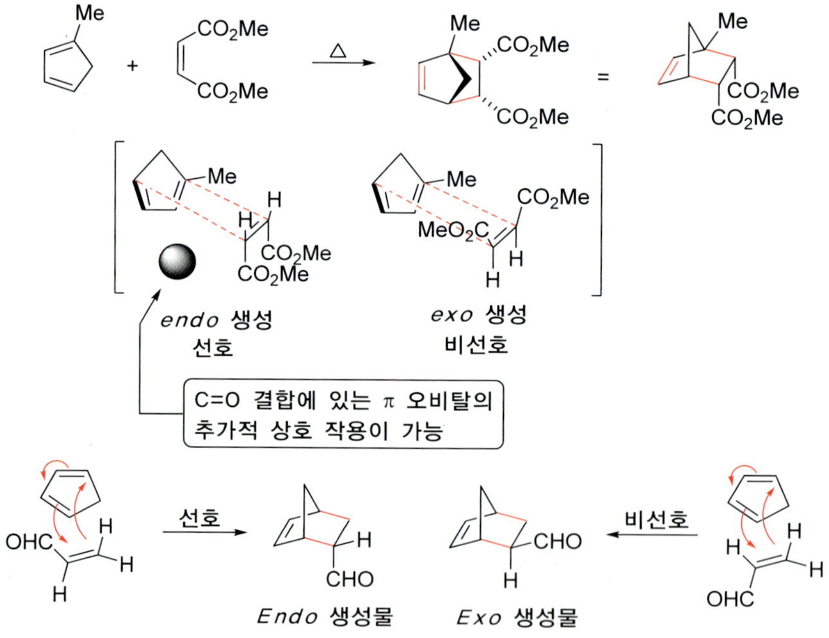

C=O 결합에 있는 π 오비탈의 추가적 상호 작용이 가능

그림 11.8 Diels–Alder 반응의 *endo* 생성물 선호 반응

- **Diels–Alder 반응의 위치 선택성**

비대칭 diene이 비대칭 dienophile과 반응하여 일어나는 Diels–Alder 반응에서 1–치환 다이엔의 경우 1,2–위치 첨가 생성물 (유사 *ortho* 첨가 생성물)이, 2–치환 다이엔의 경우 1,4–위치 첨가 생성물 (유사 *para*–첨가 생성물)이 우선적으로 생성된다 (그림 11.9).

Y = 전자 주는기 (alkyl, RO, R_2N) — Diels-Alder 반응 → 1,2–첨가 생성물

Z = 전자 끄는기 (CHO, COR, CO_2R, CN, NO_2, halogene, alkenyl) — Diels-Alder 반응 → 1,4–첨가 생성물

1–치환 diene

Y =	Z =	온도 (°C)	비율 1,2-위치		1,3–위치
NEt_2	CO_2Et	20	100	:	0
Me	CO_2Me	20	95	:	5

2–치환 diene (CO_2Me)

Y =	온도 (°C)	비율 1,4–위치		1,3–위치
OEt	160	100	:	0
Ph	150	85	:	15
CN	95	100	:	0

그림 11.9 Diels–Alder 반응의 위치 선택성

이와 같은 위치 선택성이 생기는 이유는 1–치환 다이엔의 경우 공명에 의해 C–4 위치에서 전자 밀도가 가장 높고, 2–치환 다이엔의 경우 C–1 위치가 치환기 Y의 영향을 가장 크게 받아 전자 주개 역할을 하는 데 유리하기 때문이다. 한편, 친다이엔체의 경우 알켄의 말단 부위가 전자 부족 상태가 되어 전자가 풍부한 다이엔과 고리화 첨가 반응을 일으키는 데 유리하기 때문에 이 위치에서 결합이 우선적으로 일어난다 (그림 11.10).

다이엔의 구조 중 전자가 가장 풍부한 부위가 우선적으로 전자가 부족한 친다이엔체와 고리화 첨가 반응을 일으킨다.

그림 11.10 Diels-Alder 반응에서 위치 선택성이 생기는 이유

11.1.2 엔 반응

엔 반응이란 열화학 또는 Lewis 산 조건에서 알릴알켄과 같이 α 수소를 가진 불포화 화합물 (이를 ene이라 함)을 전자 끄는기 치환기를 가지고 있는 α,β-불포화 화합물 (이를 **친엔체, enophile**이라 함)과 반응시킬 때 이들 사이에서 σ 결합과 π 결합의 재배열이 일어나 새로운 C-H 결합과 C-C 결합이 동시에 생성되는 반응을 말한다. 이 반응을 **Alder 'ene' 반응**이라고도 한다. 이 반응은 고리형 전이 상태를 거쳐 ene의 말단 부위 π 전자가 enophile (X=Y)의 친전자성 부위 (전자 부족 부위, X 부위)와 σ 결합 (C-X 결합)을 형성하는 동시에 ene에

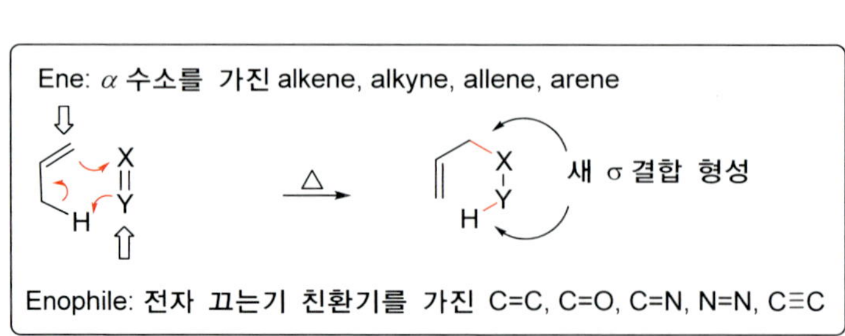

[11-7]

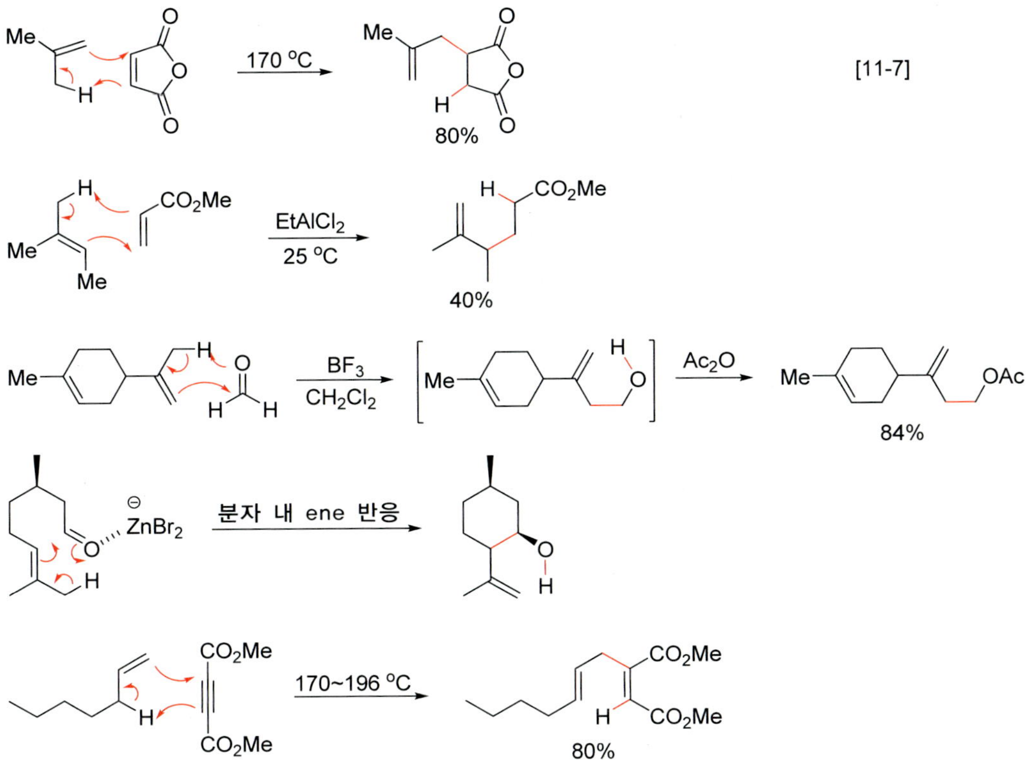

그림 11.11 Ene 반응

있던 α 수소의 C−H 결합이 깨지고 수소 원자는 enophile의 다른 부위 (Y 부위)로 이동하여 σ 결합 (H−Y 결합)을 형성하여 일어난다. 이 반응이 일어나는 ene에 해당하는 분자는 α 수소를 가진 알켄, 알카인, 알렌, 아렌 및 아자−엔 (aza−ene) 등이며, enophile에 해당하는 분자는 전자 끄는기가 치환된 알켄, 알카인, 카보닐 및 이민 등이다. 이 반응은 분자 내 반응으로도 일어난다 (그림 11.11).

Diels−Alder 반응이 diene과 dienophile 사이의 반응이라면 ene 반응은 ene과 enophile 사이의 반응이다. Ene 반응 메커니즘은 Diels−Alder 반응과 비슷하게 FMO 이론으로 설명할 수 있다. 이 반응은 전자쌍을 제공할 수 있는 ene의 HOMO의 말단 p 오비탈 한 개와 이와 동일 평면 위치에 있는 α 위치의 $C_{sp3}-H_s$의 σ 결합 오비탈이 enophile (X=Y)의 LUMO 오비탈과 두 곳에서 동일상 중첩을 하여 두 개의 σ 결합을 만들어 일어난 반응이다. 이 반응에서 enophile의 전자 부족 위치 (X 부위)에는 전자가 풍부한 ene의 말단 탄소 원자 부위가 첨가하여 σ (C−X) 결합이 생성되고, enophile의 다른 한쪽 부위 (Y 부위)에는 ene의 α 수소 원자가 이동하여 σ (H−Y) 결합이 생성되며, 이 과정에서 ene과 enophile에서 π 전자의 재배열이 일어나 새로운 π 결합이 생성된다.

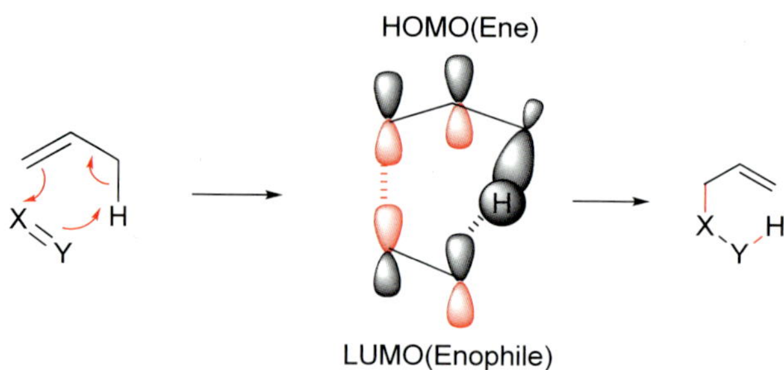

11.1.3 전자 고리화 반응

1,3-다이엔처럼 콘쥬게이트 π 전자계를 가진 반응물에서 양쪽 끝에 위치한 (1,4-위치) π 전자들이 상호 작용하여 탄소-탄소 단일 결합 (σ 결합)을 생성시켜 불포화 탄소 고리가 만들어지는 반응 (또는 그 역반응)을 **전자 고리화 반응** (electrocyclic reaction)이라고 한다. 고리 닫힘 (고리 형성) 반응의 경우 반응물보다 하나 적은 π 결합을 가진 탄소 고리 화합물이 만들어진다. 이 반응은 입체 특이적으로 일어나며, 반응을 일으키는 조건이 열화학 또는 광화학 조건인지에 따라 생성물의 입체 화학이 달라진다.

예를 들면, (2*E*,4*E*)-hexadiene을 가열 조건에서 반응 (열화학 반응, thermal reaction)시키면 오직 *trans*-3,4-dimethylcyclobutene이 생성되지만, 자외선-가시광선을 쪼이면서 반응 (광화학 반응, photochemical reaction)시키면 오직 *cis*-3,4-dimethylcyclobutene만 생성된다.

CH_3 H H CH_3 — *hν* — Δ

cis-3,4-Dimethylcyclobutene　(2*E*,4*E*)-Hexadiene　*trans*-3,4-Dimethylcyclobutene

그 이유를 분자 오비탈의 배열을 사용하여 알아보자. 먼저 반응물인 (2*E*,4*E*)-hexadiene은 네 개의 *p* 원자 오비탈이 선형 결합에 참여하여 네 개의 분자 오비탈 (Ψ_1~Ψ_4)을 생성한다 (그림 11.12). 열화학적 조건에서의 전자 고리화 반응이 일어나려면 HOMO에 해당하는 Ψ_2 오비탈의 양쪽 끝 부분에 있는 두 개의 오비탈이 머리-머리 겹침 (중첩, overlap)을 하여 σ 결합이 생성되어야만 가능하다. 그런데 Ψ_2 오비탈의 양쪽 끝 오비탈은 서로 반대상이기 때문에 이 두 오비탈이 **오비탈 대칭 보존 규칙**에 의해 동일상 오비탈 겹침이 가능해지려면 Ψ_2 오비탈의 양쪽 끝의 오비탈은 **동일 방향 회전** (conrotation)을 해야만 된다. 이 결과 (2*E*, 4*E*)-hexadiene을 열화학 조건에서 반응시키면 오직 (*E*)-3,4-dimethylcyclobutene만 생성된다 (그림 11.13).

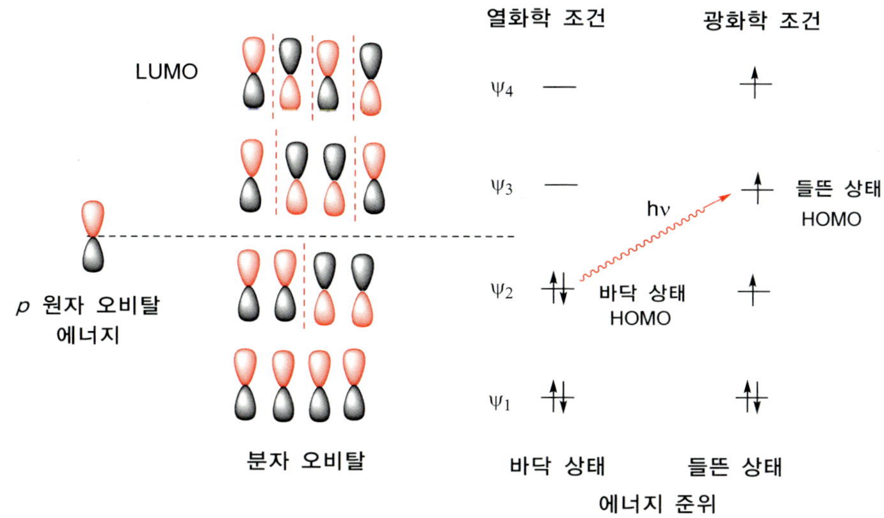

그림 11.12 2,4-Hexadiene의 분자 오비탈

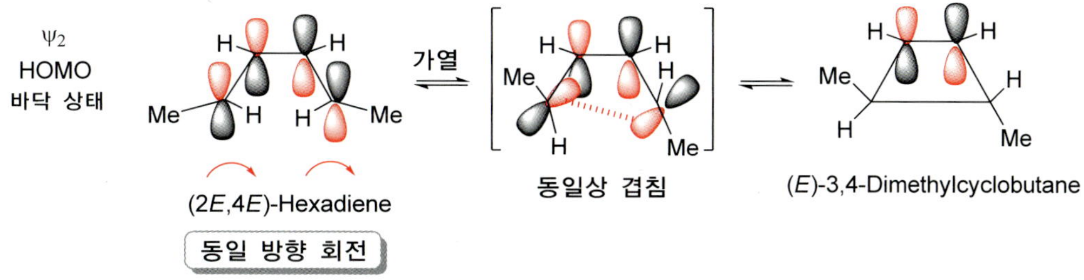

그림 11.13 열화학 조건에서 (2*E*,4*E*)-hexadiene의 전자 고리화 반응: HOMO 오비탈의 동일 방향 회전에 의해 고리 닫힘 반응이 일어난다.

반면에, 광화학 조건에서는 Ψ$_2$ 오비탈의 전자 하나가 들뜬 상태가 되어 Ψ$_3$ 오비탈로 이동하게 됨으로 Ψ$_3$ 오비탈이 HOMO가 된다. 그런데 Ψ$_3$ 오비탈의 양쪽 끝 오비탈의 모양은 동일상이기 때문에 이들이 동일상 겹침을 이루려면 **반대 방향 회전** (disrotation)이 일어나야 한다. 이 결과 광화학 조건에서 오직 (*Z*)-3,4-dimethylcyclobutene만 생성된다 (그림 11.14).

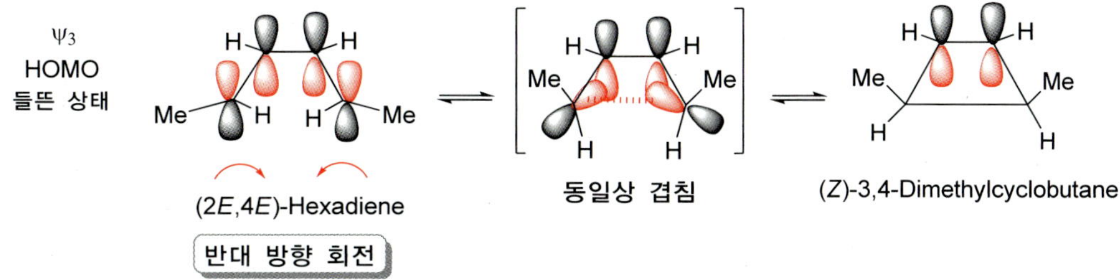

그림 11.14 광화학 조건에서 (2*E*,4*E*)-hexadiene의 전자 고리화 반응: HOMO 오비탈의 반대 방향 회전에 의해 고리화가 일어난다.

이와 유사하게 6π 전자계인 (2*E*,4*Z*,6*E*)-octatriene의 경우 열화학 조건에서 전자 고리화 반응이 일어나면 *cis*-5,6-dimethyl-1,3-cyclohexadiene이 생성되나 광화학 조건에서 반응이 일어나면 *trans*-5,6-dimethyl-1,3-cyclohexadiene이 생성된다. 전자의 경우 HOMO인 Ψ_3 오비탈의 양쪽 끝 오비탈이 반대 방향 회전에 의해 고리 닫힘 (고리화) 반응이 일어난 결과이고, 후자는 Ψ_4 오비탈이 들뜬 상태의 HOMO로 작용하여, 양쪽 끝 오비탈이 동일 방향 회전하여 고리 닫힘 반응이 일어난 결과이다 (그림 11.15).

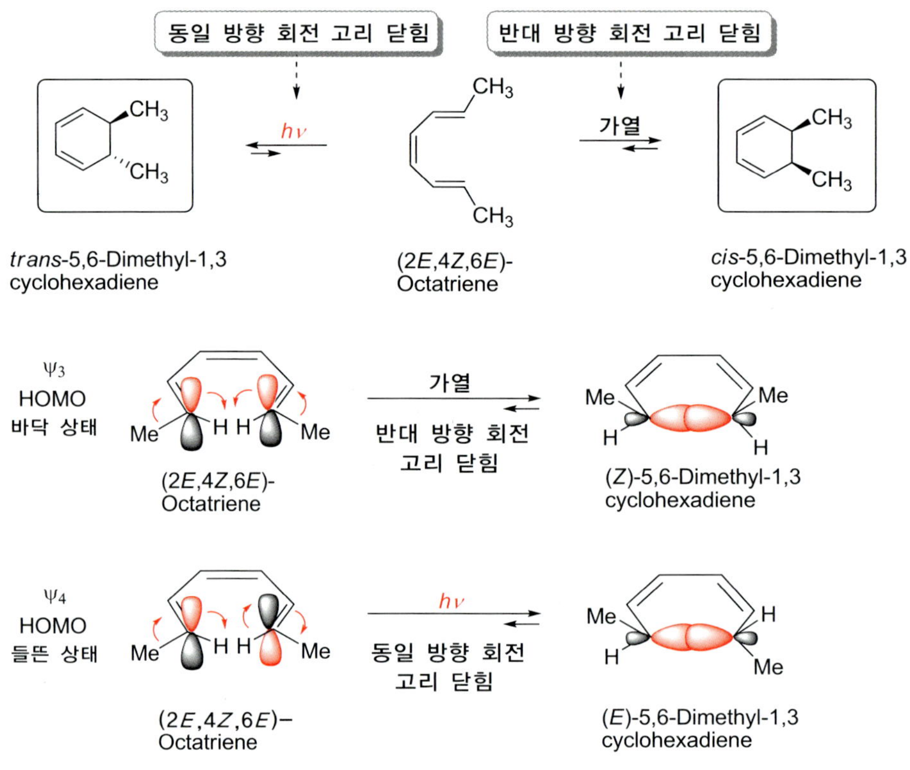

그림 11.15 열화학 또는 광화학 조건에서 (2*E*,4*Z*,6*E*)-octatriene의 전자 고리화 반응

위의 예에서 살펴본 바와 같이 전자 고리화 반응에서 생성물의 입체 화학은 반응물에 있는 콘쥬게이트 π 결합의 수와 반응 조건 (열화학 반응 혹은 광화학 반응)에 의해 결정된다. 즉, 콘쥬게이트 π 결합의 수가 홀수 (예. 에텐 또는 및 1,3,5-hexatriene)인 경우, 열화학 조건에서 반응하면 반대 방향 회전 고리 닫힘 생성물이 생성되고, 광화학 조건에서는 동일 방향 회전 고리 닫힘 생성물이 생성되며, 반대로 짝수 (예. 1,3-butadiene)인 경우 열화학 조건에서는 동일 방향 회전 고리 닫힘 생성물이, 광화학 조건에서는 반대 방향 고리 닫힘 생성물이 생성된다. 이를 **Woodward-Hoffmann 선택 법칙**이라고 한다.

콘쥬게이트 π 결합 수	열화학 조건	광화학 조건
짝수	동일 방향 회전 고리 닫힘	반대 방향 회전 고리 닫힘
홀수	반대 방향 회전 고리 닫힘	동일 방향 회전 고리 닫힘

11.1.4 시그마 결합 재배열 반응

알릴 자리에 σ 결합을 하고 있는 수소 또는 알킬기가 π 결합을 가로 질러 분자 내 다른 자리로 이동하여 새로운 σ 결합을 생성하는 반응을 **시그마 결합 재배열 반응** (sigmatropic rearrangement)이라고 한다. 이 과정에서 기존 σ 결합의 깨짐, π 결합의 이동, 새 σ 결합의 생성이 분자 내에서 동시에 이루어진다. 이 반응은 고리화 첨가 반응과 전자 고리화 반응과 마찬가지로 오비탈 대칭성 (결합은 HOMO와 LUMO 사이의 동일상 겹침에 의해서만 일어난다)에 의해 지배된다 (이와 관련된 상세한 내용은 다른 교재를 참고하기 바란다). 한편, 이 반응은 [1,3]-, [1,5]- 또는 [3,3]-자리 이동 (또는 재배열) 등으로 분류하여 나타내는데 이와 같은 표기는 분자 내의 결합 중 σ 결합이 깨지는 양쪽 부분 위치에 각각 1번의 기호를 부여하고 일련의 번호를 매겨 양쪽 부분의 어느 위치에서 새로운 σ 결합이 생성되는가를 나타낸다. 예를 들어 출발물인 oct-2,6-diene을 가열하면 3,4-dimethylhex-1,5-diene이 생성되는데 이를 [3,3]-시그마 결합 재배열 반응이라고 한다. 이 표기는 출발물의 σ 결합이 깨져 생성되는 두 개의 조각 중 한 조각 부위의 C-3 부위와 다른 조각의 C-3 부위에서 새로운 σ 결합이 생성된 반응임을 의미한다.

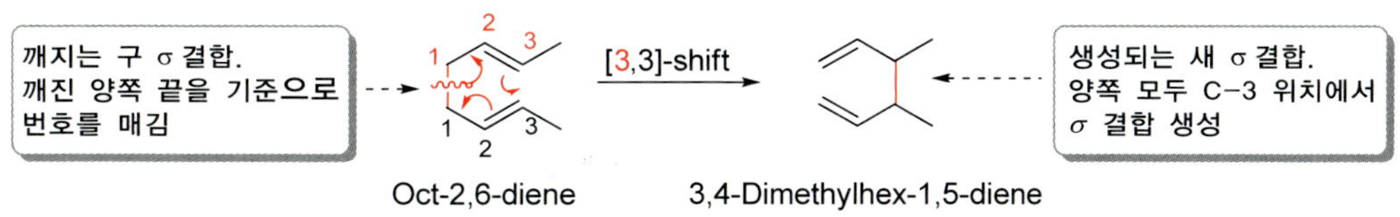

시그마 재배열이 일어나는 반응물의 형태에 따라 1,5-diene에서 일어나는 재배열 반응을 **Cope 재배열 반응**, 알릴 에터에서 일어나는 재배열 반응을 **Claisen 재배열 반응**이라고 한다. 이들 재배열 반응의 예들을 그림 11.16에 요약하여 나타내었다.

Cope 재배열 반응

Δ [3,3]-shift CH_2 CH_2 → CH_2—CH_2

Me Me CO_2Et Δ [3,3]-shift → Me Me CO_2Et

Oxy-Cope 재배열 반응

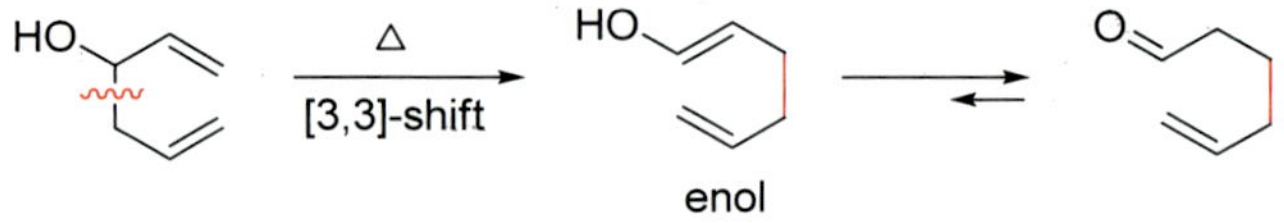

지방족 Claisen 재배열 반응

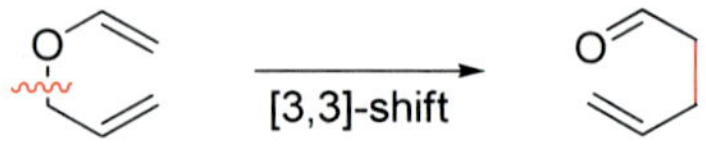

방향족 Claisen 재배열 반응

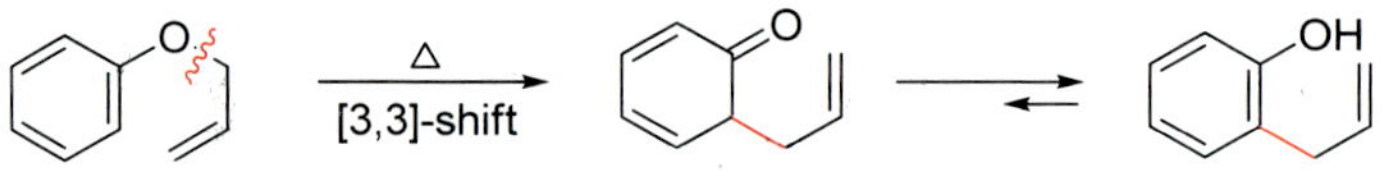

[2,3]-시그마 결합 재배열 반응

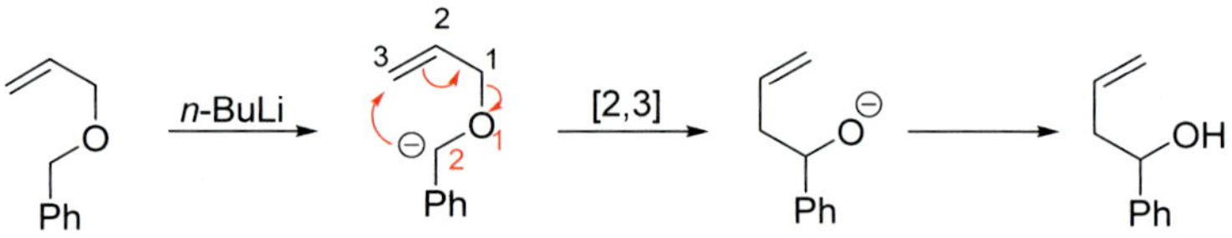

[1,5]-시그마 결합 재배열 반응

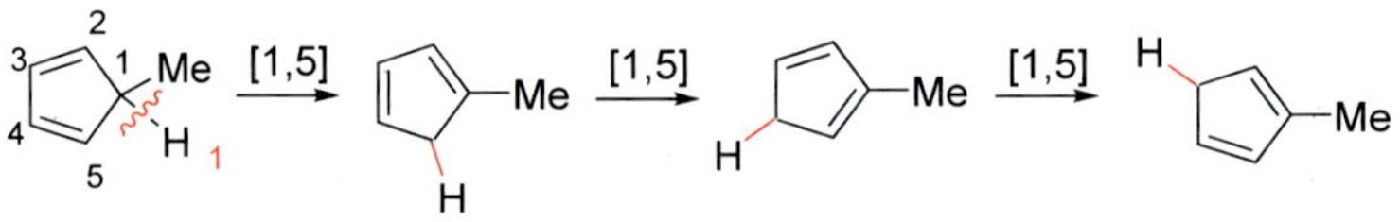

그림 11.16 시그마 결합 재배열 반응 예

11.2 짝지음 반응

짝지음 반응 (coupling reaction)이란 할로젠화 알킬 또는 아릴 분자가 유기금속 시약 (예. RNa, RMgX, R_2CuLi)과 반응하던가 또는 금속 촉매 (Pd°)의 도움을 받아 두 개의 탄화수소 조각이 서로 짝지어 결합 (탄소-탄소 결합 형성)하는 반응을 말한다. 짝을 이루는 탄화수소 조각이 서로 다른 경우 **교차 짝지음** (cross coupling) 또는 **비대칭 짝지음** (unsymmetrical coupling)이라고 하고 같은 경우 **동종 짝지음** (homo coupling) 또는 **대칭 짝지음** (symmetrical coupling)이라고 한다. 예를 들어 bromobenzene과 염화 비닐이 짝지음 반응으로 결합하여 styrene이 생성되는 반응을 교차 짝지음이라고 하고, 두 분자의 iodobenzene이 결합하여 biphenyl을 형성하는 반응을 동종 짝지음이라고 한다.

교차 짝지음: Bromobenzene + Vinyl chloride →(촉매) Styrene

동종 짝지음: Iodobenzene + Iodobenzene →(촉매) Biphenyl

짝지음 반응의 종류로 유기 금속 시약을 비촉매적으로 사용하는 **Wurtz 반응** (RNa 시약 이용), Grignard 시약의 짝지음 반응, **Ullmann 반응** (Cu 금속 사용)과 구리 시약 (Gilman 시약의 이용) 등의 **이온성 짝지음 반응**과 Pd° 금속을 촉매로 사용한 **Heck 반응, Stille 반응, Negishi 반응, Suzuki 반응**과 **Sonogashira 반응** 등이 잘 알려져 있다.

11.2.1 Wurtz 반응

1° 할로젠화 알킬을 금속 소듐과 반응시킬 때 일어나는 알킬기 사이의 짝지음 반응을 **Wurtz 반응**이라고 한다 (그림 11.17). 이 반응은 동종 $C_{sp3}-C_{sp3}$ 짝지음 반응에 흔히 이용되나 2° 및 3° 할로젠화 알킬에서는 부반응 (제거 반응) 때문에 잘 사용되지 않는다. 또한 교차 짝지음 반응에서도 좋은 결과를 얻을 수 없다. 이 반응의 메커니즘은 라디칼 또는 탄소 음이온이 관여하는 반응으로 알려져 있으나 확실하지는 않다.

$$2\ n\text{-}C_4H_9Br + 2\ Na \xrightarrow{\text{ether}} n\text{-}C_4H_9-C_4H_9\text{-}n + 2\ NaBr \quad (58\%) \qquad [11\text{-}8]$$

$$2\ CH_2{=}CHCH_2I + 2\ Na \xrightarrow[\text{reflux}]{\text{no solvent}} CH_2{=}CHCH_2CH_2CH{=}CH_2 + 2\ NaI \quad (79\%) \qquad [11\text{-}9]$$

$$\text{Cl–(cyclobutane)–Br} + 2\ Na \xrightarrow[\text{reflux}]{\text{dioxane}} \text{bicyclobutane} + NaBr + NaCl \quad (78\sim94\%) \qquad [11\text{-}10]$$

그림 11.17 Wurtz 반응

11.2.2 Grignard 시약의 짝지음 반응

Grignard 시약을 할로젠화 알릴 또는 벤질, 다이메틸 설페이트 (Me_2SO_4) 및 1° 알코올의 토실레이트 (ROTs) 등과 같이 S_N2 반응이 잘 일어날 수 있는 반응 기질 (친전자성 탄소를 가진 화합물)과 반응시키면 이온성 짝지음 반응이 일어나 (S_N2 반응) 알케인을 생성한다. 구체적 반응 예들은 9.3.2절의 그림 9.10을 참고하길 바란다.

XMg—R R'—L $\xrightarrow{S_N2}$ R—R' + :L⊖

R = alkyl, allyl, aryl R' = allyl, benzyl, Me: L = Cl, Br, OTs

11.2.3 Ullmann 반응

할로젠화 아릴을 금속 Cu와 함께 가열할 경우 짝지음 반응이 일어나 바이아릴 (biaryl) 화합물이 생성되는 반응을 **Ullmann 반응**이라고 한다.

2 (Cl, NO_2-benzene) $\xrightarrow[\text{no solvent, 220 °C; 52~-61\%}]{Cu}$ (NO_2, NO_2-biphenyl) [11-11]

11.2.4 Gilman 시약의 짝지음 반응

9.3.4절에서 언급한 바와 같이 **Gilman 시약** (R_2CuLi, 유기구리 시약)을 알킬 토실레이트, 할로젠화 알킬 (아릴)과 반응시키면 교차 짝지음 반응 생성물을 얻을 수 있다. 구체적인 반응 예들은 9.3.4절의 그림 9.19를 참고하길 바란다.

$LiCuR_2$ R'—L ⟶ R—R' + :L⊖

Gilman 시약

R = alkyl, alkenyl, aryl

R' = alkyl, aryl, alkenyl; L = Cl, Br, OTs

11.2.5 Pd 촉매를 이용한 짝지음 반응

앞서 언급한 Na, Mg와 Cu 금속을 이용한 짝지음 반응은 비촉매적 반응으로 일어난다. 이와 다르게 Pd 금속을 촉매로 사용한 다양한 짝지음 반응이 알려져 있다. 이 반응에 관한 대표적인 반응은 할로젠화 알켄 (또는 아릴) (R–X; R = alkenyl, aryl; X = I, Br, OTf, Cl)과 알켄 ($R'CH=CH_2$)과의 짝지음 반응, R–X와 알케닐 또는 아릴 금속 화합물 ($R'CH = CHMR''_n$)과의 짝지음 반응 및 R–X와 알카이닐 금속 화합물 ($R'C \equiv CM$)과의 짝지음 반응이다. 이 반응을 통하여 다양한 알켄 화합물 ($R'CH = CHR$)을 합성할 수 있다 (그림 11.18). 이 가운데 할로

Heck 반응

R'CH=CH₂ + R−X →[L₂Pd° (촉매) / 염기] R'CH=CH−R

Stille, Negishi 또는 Suzuki 반응

R'CH=CH−MR''ₙ + R−X →[L₂Pd° (촉매) / 염기] R'CH=CH−R

M = Sn (Stille), Zn, Zr (Negishi), B (Suzuki)

R = alkenyl, aryl, allyl, alkynyl, benzyl
R' = alkyl, alkenyl, aryl, CO_2R, OR
X = I > Br ~ OTf > Cl

Sonogashira 반응

R'−C≡C−H + R−X →[L₂Pd°, MX (촉매) / Cu cat, 염기] R'−C≡C−R

R = alkenyl, aryl
R' = H, alkyl, alkenyl, aryl, $SiMe_3$
X = I > Br ~ OTf > Cl

그림 11.18 Pd 촉매를 이용한 짝지음 반응

젠화 알켄 (또는 아릴) (R−X)과 알켄과의 짝지음 반응은 **Heck 반응**으로 알려져 있고, 알케닐 금속 화합물과의 짝지음 반응은 금속 종류에 따라 **Stille** (M = Sn), **Negishi** (M = Zn, Zr, Al) 및 **Suzuki** (M = B) **반응** 등으로 알려져 있다. 이 방법들은 특히 교차 짝지음 반응을 통하여 다양한 종류의 알켄 합성에 활용되고 있다. 한편, 할로젠화 알켄 또는 아릴 (R−X)과 알카이닐 금속과의 짝지음 반응을 **Sonogashira 반응**이라고 하며, 이 반응을 이용하여 다양한 종류의 알카인 또는 엔아인 (enyne) 화합물을 합성할 수 있다. Pd 촉매를 이용한 짝지음 합성법을 발명하고 발전시키는 데 기여한 **Richard, F. Heck 교수, Ei-ichi Negishi 교수**와 **Akira Suzuki 교수** 등은 그 공적으로 2010년 노벨 화학상을 공동 수상하였다.

11.2.6 Pd 촉매에 의한 RX와 알켄과의 짝지음 반응: Heck 반응

Heck 반응은 Pd(0) 촉매와 염기 존재 하에 R−X (R = 비닐, 아릴, 알릴, 벤질 또는 3° 뷰틸; X = I, Br, OTf 또는 Cl)와 알켄 사이에서 일어나는 교차 짝지음 반응을 말한다. 이 반응은 화학 선택성이 높아 $-C\equiv N$, $-CO_2R$, −CHO, $-NMe_2$ 등과 같은 작용기와는 반응하지 않는다 (그림 11.19).

1 mol% $Pd(OAc)_2$, 1 mol% PPh_3, Et_3N, 100 °C — CO_2Me + $Et_3\overset{\oplus}{N}HBr^{\ominus}$ 75%

$Pd(PPh_3)_2Cl_2$ (0.02 eq), Et_3N (3 eq), DMF — t-BuO, OTf, CHO, + $Et_3\overset{\oplus}{N}HOTf^{\ominus}$ 86%

0.1 eq. $Pd(OAc)_2$, 1 eq. n-Bu_3N, no solvent, 100 °C — 75%

3 % $Pd[P(t\text{-}Bu)_3]_2$, c-Hex_2NMe (1.1 eq), toluene, 100 °C — CO_2Bu-n 95-96% [11-12]

0.75% Pd_2(dba)3, 1.5 % $Pd[P(t\text{-}Bu)_3]_2$, c-Hex_2NMe (1.1 eq), toluene, rt — NC, Cl, Ph 83-84% [11-12]

그림 11.19 Heck 반응에 의한 교차 짝지음 반응

Heck 반응의 특징 중 하나는 생성물의 높은 입체 선택성이다. 말단 알켄과의 짝지음 반응에서 열역학적으로 더 안정한 (*E*)-이성질체가 우선적으로 생성된다. 이 반응은 Heck 반응 메커니즘 (11.2.7절 참조)의 첫 단계 반응 생성물인 아릴 팔라듐 복합체가 삽입 단계에서 알켄의 π 전자와 *syn* 첨가 반응하여 새로운 복합체를 생성시키고 이 복합체가 안정한 이형태체로 전환된 후 β 수소가 *syn* 제거되어 일어난 결과이다. 내부 알켄과의 짝지음 반응의 경우도 비슷한 반응 과정을 거쳐 입체 장애가 작은 위치의 탄소 원자에서 입체 선택적으로 반응이 일어난다.

Ph−Br + $CH_2=CHCO_2Me$ — *syn*-첨가, $Pd(OAc)_2$, PPh_3, Et_3N → [Pd(II) 복합체 ⇌ Pd(II) 복합체] — β-수소의 *syn*-제거 반응 → (*E*)-PhCH=CHCO_2Me

Ph−Br + Me(H)C=C(H)Ph — *syn*-첨가, $Pd(OAc)_2$, PPh_3, Et_3N → [Pd(II) 복합체 ⇌ Pd(II) 복합체] — β-수소의 *syn*-제거 반응 → Ph(Me)C=C(H)Ph 79%

11.2.7 Heck 반응 메커니즘

Pd(0) 촉매

Pd는 d 오비탈을 가지고 있는 전이 금속으로 여분의 전자를 반응 기질 또는 리간드에 제공하거나 리간드로부터 받아들임으로써 산화수나 배위수를 바꿔 **복합체 (complex)**를 형성한다. 복합체가 만들어질 때 리간드가 중심 금속인 Pd에 전자쌍만 제공할 경우 Pd의 산화 상태를 0이라 정해 Pd(0) 또는 Pd° 라 표기한다. 또한 Pd(0)는 최외각 전자 배치가 $4d^8 5s^2$인 금속이지만 모두 d 오비탈 전자라 가정하여 d^{10} 금속으로 취급한다. 짝지음 반응에서 촉매로 가장 많이 사용되는 **$Pd(Ph_3P)_4$** [tetrakis(triphenylphosphine)palladium]는 중심 금속인 Pd의 산화 상태가 0이고 d^{10}의 전자 배치를 가지고 있는 Pd 복합체로서 리간드인 Ph_3P로부터 각각 두 개의 전자를 받아 Pd 금속 주변에 총 18개 ($d^{10} + 2 \times 4 = 18$)의 전자를 가지고 있다. 이 복합체는 18전자 규칙 (비활성 기체의 전자 구조)을 만족시키므로 매우 안정하다. 이 물질은 유기 용매에 잘 녹아 균일 촉매로 사용할 수 있을 뿐 아니라 Pd 금속 주변의 높은 전자 밀도 때문에 친핵성이 증가되어 친전자체에 해당하는 반응 기질 (R−X)과 반응하여 첨가 생성물을 잘 생성시킬 수 있다. 이 촉매는 시판되는 시약이지만 반응 용액 중에 $Pd(OAc)_2$ 또는 $PdCl_2$와 Ph_3P을 함께 넣어 반응 (환원)시켜 반응 중에 직접 만들어 사용할 수 있다. 또한 Ph_3P 대신 다른 아릴 또는 알킬 포스핀 (Ar_3P 또는 R_3P)이 사용되기도 한다.

촉매 반응

Heck 반응은 R−X와 촉매 사이의 산화성 첨가 반응 [1단계], 알켄의 *syn* 삽입 반응 [2단계], β 수소 제거 반응 [3단계] 및 환원성 제거 반응 (촉매 재생 단계) [4단계] 등 네 단계를 거쳐 일어난다.

- 촉매 반응의 시작: 산화성 첨가 반응: [1단계] 반응

Heck 반응에서 R−X와 알켄 또는 알카인 사이의 Pd 촉매 짝지음 반응은 촉매와 R−X와의 산화성 첨가 반응으로부터 출발한다. **산화성 첨가 반응**이란 반응 기질이 촉매와 배위하여 첨가 반응이 일어날 때 촉매 중심 금속의 산화 상태를 증가시키는 반응을 말한다. 이 반응에서 촉매로 사용되는 $Pd(PPh_3)_4$은 18전자계이고 Pd(0)인 화합물이다. 이 촉매가 먼저 해리되면 두 분자의 리간드를 잃고 14전자계 Pd(0)인 $Pd(PPh_3)_2$가 된다. 이 해리되어 생성한 착물은 R−X와 반응하여 중심 금속인 Pd와 두 개의 σ 결합을 형성하여 16전자계 Pd(II) 화합물인 **복합체 A** $[RPd(PPh_3)_2X]$를 생성시킨다. 이 복합체가 형성될 때 R과 X가 14전자계의 Pd(0)$(PPh_3)_2$와 공유 결합을 하기 위하여 Pd 최외각 전자를 두 개 사용하면서 Pd의 전자 상태는 Pd(0)에서 Pd(II)로 변하기 때문에 이를 산화성 첨가 반응이라고 한다 (그림 11.20). 이 복합체의 Pd 주변의 전자 수는 16개 [10 (Pd) + 4 (2×2 PPh_3) + 2 ($R^{\ominus} + X^{\ominus}$)]로 18전자 규칙을

만족시키지 못하므로 복합체는 친전자체로서의 반응성을 나타내게 되어 [2단계] 반응인 알켄의 π 전자와 *syn* 첨가 반응 (**삽입 반응: 탄소팔라듐화 반응**)을 일으키게 된다.

산화성 첨가 반응 (1단계 반응)

L–Pd(L)(L)–L (Pd⁰, 18 전자) ⇌(-L) L–Pd(L)(L) ⇌(-L) L–Pd–L (Pd⁰, 14 전자) —(R–X, 산화성 첨가 반응)→ L–Pd(R)(L)–X (Pd^{II}, 16 전자) **복합체 A**

리간드 해리, L = PPh_3

18전자 규칙을 만족시키지 못하므로 친전자성이 높아진다

그림 11.20 R–X와 Pd(0) 촉매의 산화성 첨가 반응

한편, 그림 11.20에서 R–X와 14전자계인 L_2Pd 착물과의 산화성 첨가 반응은 R의 구조와 X의 종류에 따라 반응성에 차이가 생긴다. 할로젠화 비닐 및 할로젠화 아릴과 같이 sp^2 탄소에 할로젠기가 붙어 있는 화합물에서 반응이 쉽게 일어나며, X의 경우 I > Br~OTf > Cl 순으로 반응이 잘 일어난다. 반대로, 할로젠화 알킬의 경우 반응이 매우 느리게 일어나며, β 수소 원자가 없는 할로젠화 알릴, 벤질 또는 3° 뷰틸에서만 반응이 일어난다. 만약에 할로젠화 알킬의 구조에 β 수소가 있는 경우 산화성 첨가 반응 대신 **수소이탈 팔라듐 반응** (dehydropalladation)에 의한 제거 반응이 먼저 일어나 알켄 화합물로 전환되어 짝지음 반응에 사용할 수 없다.

수소이탈 팔라듐 반응 RCH(H)(β)–CH_2(PdL_2) ⟶ $RCH{=}CH_2$ + H–PdL_2

• 삽입 반응: 탄소팔라듐화 반응: [2단계] 반응

[1단계] 반응에서 생성한 산화성 첨가 반응 생성물인 **복합체 A** ($RPdL_2X$)는 Pd 주변에 16개의 전자를 가진 친전자성 Pd(II) 물질이다. 따라서, 위에서 언급한 대로 이 복합체는 전자쌍을 제공할 수 있는 반응 기질인 알켄의 π 전자에 배위하여 *syn* **첨가 생성물**을 형성한 후, 연이어 R기가 알켄의 입체 장애가 작은 말단 부위로 이동하여 새로운 C–C 결합이 형성되는 동시에 나머지 탄소 이중 결합의 다른 쪽 탄소 원자 부위는 Pd와 새 σ 결합 (Pd–C)을 생성하는 반응이 일어난다. 이 반응 과정을 **삽입 반응** 또는 **탄소팔라듐화 반응** (carbopalladation)이라고 한다.

삽입 반응 (2단계 반응)

L–Pd(R)(L)–X + $CH_2=CHR_1$ →(-L) [R_1CH=CH₂ ··· Pd(R)(L)–X] → R_1CH(Pd(L)X)–CH₂R →(+L) R_1CH(Pd(L)₂X)–CH₂R

Pd (II) 16 e

복합체 A

L = PPh_3

- *Syn* β–수소 제거 반응: [3단계] 반응과 환원성 제거 반응: [4단계] 반응

삽입 반응에서 생성한 Pd–C 복합체는 안정한 이형태체로 전환된 후 이로부터 *syn* **β** 제거 반응이 일어나 짝지음 반응 생성물과 **$HPdL_2X$ 복합체** (hydridopalladium complex)가 생성된다. 연이어 이 복합체로부터 염기에 의한 **환원성 제거 반응** (reductive elimination) (HX 제거)이 일어나게 되면 촉매인 $L_2Pd(0)$가 재생된다.

syn β 수소 제거 반응 (3단계 반응)

X–PdL_2 (H, H, R, R') →(-$HPdL_2X$) RCH=CHR' + L–Pd(H)(L)–X

hydridopalladium complex

환원성 제거 반응 (4단계 반응)

L–Pd(H)(L)–X →(염기) L–Pd–L + 염기·HX

Pd(II) 16 e

Pd(0) 14e

촉매 재생

위에서 설명한 Heck 반응의 메커니즘을 종합하여 촉매 회로로 나타내면 그림 11.21과 같다.

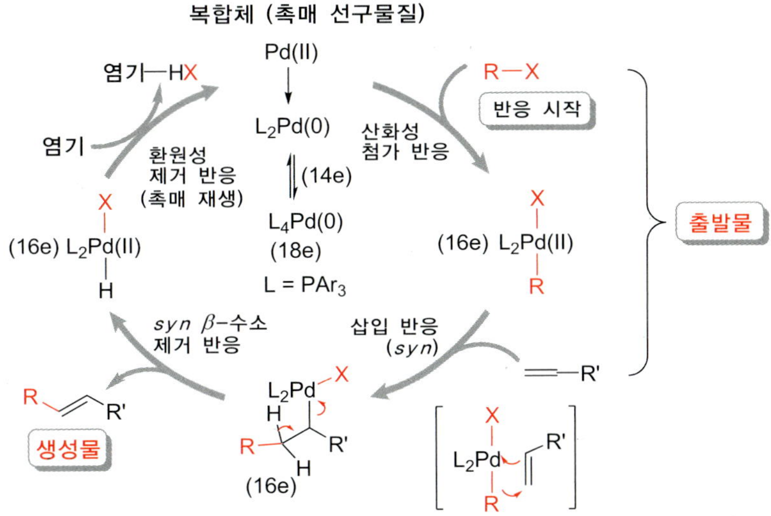

그림 11.21 Heck 반응의 촉매 회로

11.2.8 Pd 촉매에 의한 RX와 유기주석 화합물과의 짝지음 반응: Stille 반응

Stille 반응은 산염화물, 할로젠화 알릴 (또는 아릴, 알케닐, 벤질) (R−X) 또는 triflate (R−OSO_2CF_3, R−OTf)와 유기주석 아릴 또는 알케닐 화합물 (R′SnR_3: R′ = aryl 또는 alkenyl)을 Pd(0) 촉매 하에서 반응시켜 교차 짝지음 생성물인 R−R′를 합성하는 반응이다. 또한 이 반응은 카복실산, 에스터, 아마이드, 아민, 나이트로, 하이드록실기 등과 같은 작용기와는 반응을 하지 않아 화학 선택성이 높다 (그림 11.22).

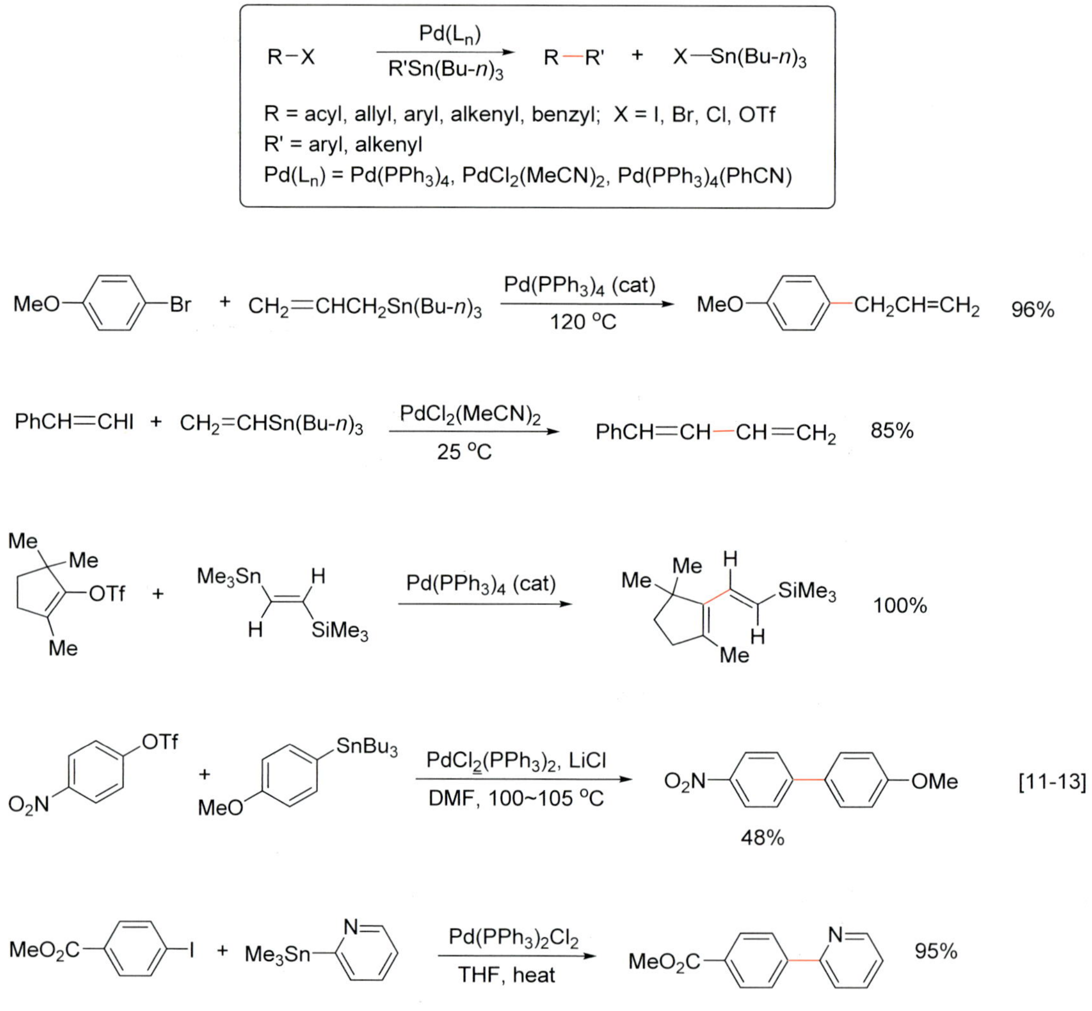

$$\text{R−X} \xrightarrow[\text{R'Sn(Bu-}n)_3]{\text{Pd(L}_n)} \text{R−R'} + \text{X−Sn(Bu-}n)_3$$

R = acyl, allyl, aryl, alkenyl, benzyl; X = I, Br, Cl, OTf
R' = aryl, alkenyl
Pd(L_n) = Pd(PPh_3)$_4$, $PdCl_2$(MeCN)$_2$, Pd(PPh_3)$_4$(PhCN)

$$\text{MeO−C}_6\text{H}_4\text{−Br} + \text{CH}_2\text{=CHCH}_2\text{Sn(Bu-}n)_3 \xrightarrow[120\ ^\circ\text{C}]{\text{Pd(PPh}_3)_4\text{ (cat)}} \text{MeO−C}_6\text{H}_4\text{−CH}_2\text{CH=CH}_2 \quad 96\%$$

$$\text{PhCH=CHI} + \text{CH}_2\text{=CHSn(Bu-}n)_3 \xrightarrow[25\ ^\circ\text{C}]{\text{PdCl}_2\text{(MeCN)}_2} \text{PhCH=CH−CH=CH}_2 \quad 85\%$$

Me, Me, OTf, Me (cyclopentenyl triflate) + Me_3Sn, H, H, $SiMe_3$ (vinylstannane) —Pd(PPh_3)$_4$ (cat)→ Me, Me, H, $SiMe_3$, H, Me 100%

O_2N−C₆H₄−OTf + MeO−C₆H₄−$SnBu_3$ —$PdCl_2(PPh_3)_2$, LiCl / DMF, 100~105 °C→ O_2N−C₆H₄−C₆H₄−OMe 48% [11-13]

$$\text{MeO}_2\text{C−C}_6\text{H}_4\text{−I} + \text{Me}_3\text{Sn−(2-pyridyl)} \xrightarrow[\text{THF, heat}]{\text{Pd(PPh}_3)_2\text{Cl}_2} \text{MeO}_2\text{C−C}_6\text{H}_4\text{−(2-pyridyl)} \quad 95\%$$

그림 11.22 Stille 반응을 이용한 교차 짝지음 반응

이 반응은 입체 특이적이며 위치 선택적으로 일어나므로 반응 중 반응물의 입체 배열이 변하지 않고 생성물에 그대로 유지된다.

n-Bu(H)C=C(H)I + (n-Bu)$_3$Sn(H)C=C(H)CO_2Et —[$PdCl_2(MeCN)_2$, DMF, 25° C]→ n-Bu(H)C=C(H)–(H)C=C(H)CO_2Et 65%

(geranyl)–Cl + PhSn(Bu-n)$_3$ —[Pd(dba)$_2$, PPh$_3$, THF, 50° C]→ (geranyl)–Ph 90%

그러나 Stille 반응은 교차 짝지음 반응에 의하여 다양한 알켄 화합물을 합성할 수 있는 편리한 합성 방법 중 하나이지만 유기주석 시약의 인체에 대한 맹독성 (신경 독, 간 독성, 생식기관 장애, 면역력 결핍 등) 때문에 사용에 제한을 받는다.

11.2.9 Pd 촉매에 의한 RX와 유기아연, 알루미늄 또는 지르코늄 화합물과의 짝지음 반응: Negishi 반응

이 반응은 알케닐 금속 시약 (금속: Zn, Al, Zr)을 Pd(0) 촉매 하에서 할로젠화 비닐 (RCH = CHX), 할로젠화 아릴 (Ar–X), 할로젠화 알릴 (RCH = CHCH$_2$X), 할로젠화 알카인 (RC≡CX), 할로젠화 프로파질 (RC≡CCH$_2$X)과 교차 짝지음 반응시켜 다이엔, 폴리엔, 다이아릴, 엔아인 화합물을 합성하는 데 이용하는 반응이다. 이 반응에서 NO_2, CN, CO_2R와 같은 작용기는 반응에 어떤 영향도 끼치지 않으며 반응이 입체 특이적으로 일어난다.

R–X + R'–MLn —[Pd(PPh$_3$)$_4$]→ R–R'

RX: R = alkenyl, aryl, allyl, alkynyl, propargyl; X = I, Br, Cl, OTf, OAc
R' = alkenyl, aryl, allyl; MLn = ZnX, AlR$_2$, ZrCpX

(2-Me-C$_6$H$_4$)ZnCl + Br–C$_6$H$_4$–NO_2 —[Pd(PPh$_3$)$_4$ (cat)]→ 2-Me-C$_6$H$_4$–C$_6$H$_4$–NO_2 78%

BocNH–CH(CO_2Me)–CH$_2$I —[Zn, DMF, rt]→ [BocNH–CH(CO_2Me)–CH$_2$ZnI] —[I–C$_6$H$_4$–CO_2Me, Pd$_2$dba$_3$+ P(o-tolyl)$_3$ (cat), DMF, 60 °C]→ BocNH–CH(CO_2Me)–CH$_2$–C$_6$H$_4$–CO_2Me 35~39% [11-14]

CH$_2$=CH(CH$_2$)$_2$ZnCl + (I)(H)C=C(Me)(CH$_2$)$_3$Me —[Pd(PPh$_3$)$_4$ (cat)]→ (CH$_2$=CHCH$_2$CH$_2$)(H)C=C(Me)(CH$_2$)$_3$Me 81%

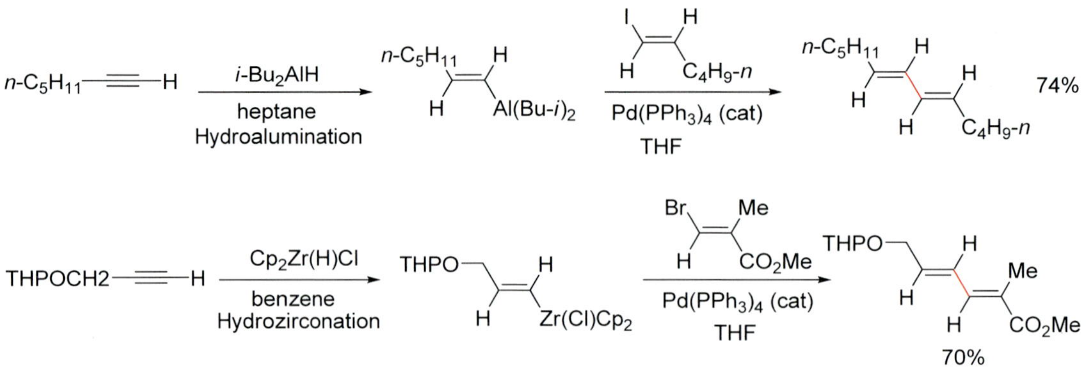

그림 11.23 Negishi 반응을 이용한 알켄의 짝지음 반응

유기아연 시약은 R−X에 아연 분말을 반응시켜 만들 수 있고 (9.3.5절), 알케닐 알루미늄 시약과 알케닐 지르코늄 시약은 각각 alkyne으로부터 수소알루미늄화 첨가 반응 (hydroalumination) 또는 탄소알루미늄 첨가 반응 (carboalumination)과 수소지르코늄화 반응 (hydrozirconation)으로 만들 수 있다.

Negishi 반응을 이용한 알켄의 짝지음 반응을 그림 11.23에 나타내었다.

11.2.10 Pd 촉매에 의한 RX와 유기붕소 화합물과의 짝지음 반응: Suzuki 반응

Suzuki 반응이란 R−X (R = alkenyl, aryl, alkyl)와 붕소 시약을 염기와 Pd(0) 촉매 하에서 반응시켜 붕소와 결합되어 있는 R′ 기 (R′ = alkyl, alkenyl, aryl, benzyl, allyl, alkynyl)를 R−X의 R기와 교차 짝지음 반응시켜 R−R′ 결합을 생성시키는 반응을 말한다.

$$R{-}X \quad + \quad R'{-}BY_2 \xrightarrow[\text{염기}]{Pd(PPh_3)_4} R{-}R' \quad + \quad X{-}BY_2$$

RX: R = alkenyl, aryl, alkyl; X = I, Br, Cl, OTf
R' = alkyl, alkenyl, aryl, allyl, alkynyl; Y = alkyl, OH, *O*-alkyl
염기 = Me(Et)ONa, NaOH, $Na(K)_2CO_3$, K_3PO_4, KF, Bu_4F

이 반응에서 사용하는 붕소 시약 (9.3.6절의 그림 9.26 참조)의 종류로 보론산 [boronic acid, $R_1B(OH)_2$], 보론산 에스터 [boronate, $R_1B(OR')_2$], B−R_1−9−BBN 또는 R_1BSia_2와 같은 트라이알킬 보레인 및 'ate' 착물의 일종인 potassium organotrifluoroborate [$K^{\oplus}$ $(BF_3R_1)^{\ominus}$] 등이 있다. 이 반응은 Stille 및 Negishi 반응과 다르게 알콕사이드, NaOH 등과 같은 염기가 존재 해야만 일어난다 (그 이유는 11.2.11절의 메커니즘 항 참조). Suzuki 반응에서 사용한 붕소 시약에 있는 알켄의 입체 화학은 짝지음 반응 생성물에 그대로 유지된다 (그림 11.24).

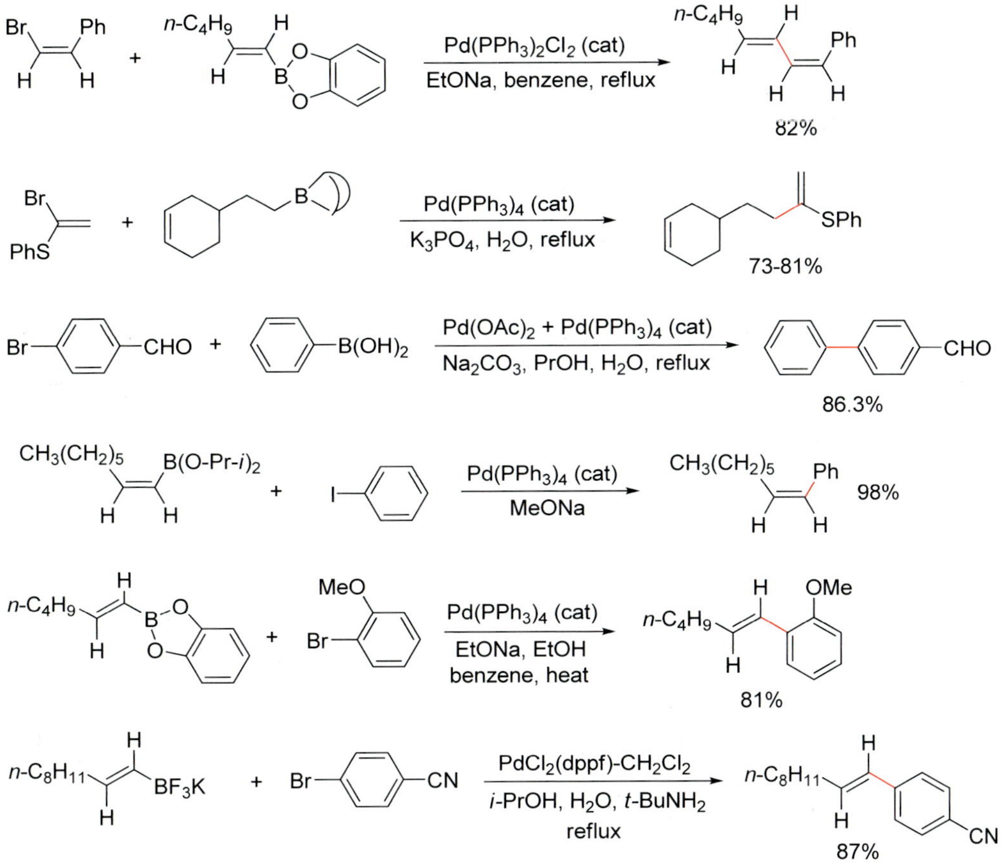

[11-15]

[11-16]

[11-17]

그림 11.24 Suzuki 반응을 이용한 알켄의 짝지음 반응

한편, Heck 반응, Stille 반응, Negishi 반응의 경우 일반적으로 β 수소를 가진 할로젠화 알킬과 짝지음 반응을 할 때 산화성 첨가 반응의 단계에서 원치 않은 β 수소 제거 반응이 일어나 Pd 촉매 반응이 성공적으로 일어나기 힘들다. 그러나 Suzuki 반응의 경우 B-알킬-9-BBN 시약을 낮은 온도 (상온)에서 사용하면 β 수소를 가진 1° 할로젠화 알킬이라도 알킬-알킬 (sp^3C-Csp^3 결합) 짝지음 반응이 가능하다 (그림 11.25).

Suzuki 반응을 이용한 짝지음 반응은 다른 방법에 비해 다음과 같은 장점을 가지고 있다.

- 다양한 유기붕소 시약을 합성할 수 있다.
- 알킬-아릴, 알킬-알켄, 알킬-알킬의 교차 짝지음 반응을 할 수 있다.
- β 수소를 가진 할로젠화 알킬과도 제거 반응 없이 짝지음 반응을 시킬 수 있다.
- 온화한 조건에서 반응이 잘 진행된다.
- 붕소 시약은 다른 유기금속 화합물에 비해 취급하기가 쉽고 독성이 낮다 (환경 친화적이다).

- 반응 후 생성된 무기물을 생성물과 분리하기 쉽다 (대부분 물에 잘 녹는다).
- 대부분의 유기 작용기와 반응하지 않으며 입체 특이적이고 위치 선택적이다.

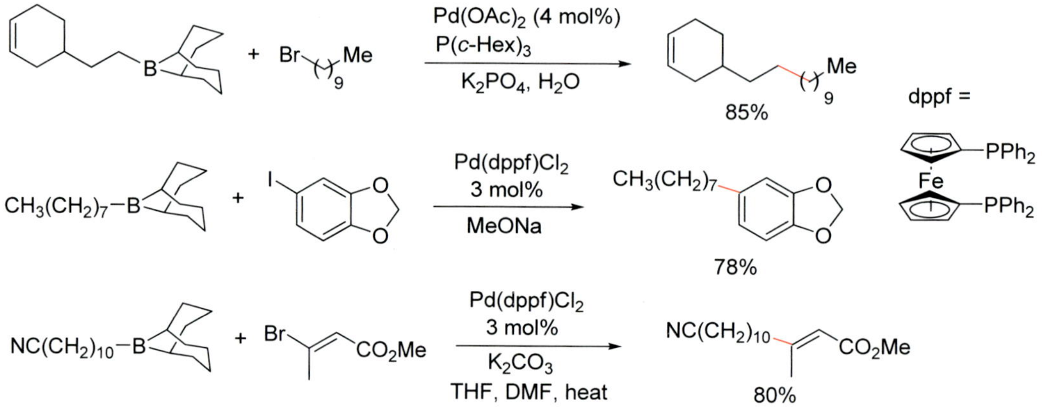

그림 11.25 Suzuki 반응을 이용한 알킬–알킬과 알킬–알케닐기 짝지음 반응

11.2.11 Stille, Negishi, Suzuki 반응 메커니즘

◆ 금속 교환 반응과 환원성 제거 반응

Stille, Negishi와 Suzuki 반응은 R–X와 알케닐 (아릴 또는 알킬) 금속 시약과의 짝지음 반응이므로 R–X와 알켄 자체를 짝지음 반응시키는 Heck 반응과는 메커니즘에 약간의 차이가 있다. 앞서 11.2.7절에서 언급한 대로 Heck 반응은 네 단계를 거쳐 일어나지만 이들 반응의 경우 R–X와 촉매 사이의 산화성 첨가 반응 [1단계], 금속 교환 반응 [2단계]과 환원성 제거 반응 (촉매 재생 단계) [3단계] 등의 세 단계를 거쳐 반응이 일어난다. [1단계] 반응은 Heck 반응의 경우와 동일하며, [2단계] 반응은 [1단계] 반응에서 생성된 **복합체 A**가 알케닐 금속과 금속 교환 반응을 일으켜 Pd에 알케닐기가 결합된 **복합체 B** ($RPdL_2CH=CHR'$)를 생성하는 반응 과정이다. Suzuki 반응에서 염기가 필요한 이유는 붕소 시약이 염기와 반응 (배위 결합)하여 착염 (ate complex)이 형성되면 붕소 시약에서 Pd로 이동하는 이동기의 친핵성이 증가하여 금속 교환 반응 (복합체 A → 복합체 B)이 촉진될 수 있기 때문이다. [3단계] 반응은 복합체 B의 R기가 복합체 내에서 알케닐기로 이동하여 짝지음 반응이 일어나면서 동시에 촉매가 재생 [Pd(II)가 Pd(0)로 환원]되는 반응 과정이다. 이 반응 과정을 **환원성 제거 반응**이라고 한다.

금속 교환 반응

R, L–Pd–X, L → (R'–CH=CH–ML_n, -M-X) → R, L–Pd–CH=CH–R', L

Pd (II) 16 e 복합체 A → Pd(II), 16e 복합체 B

환원성 제거 반응

R, L–Pd–CH=CH–R', L → (짝지음) → R–CH=CH–R' + L-Pd–L Pd(0), 14e ← 촉매 재생

Pd(II), 16e 복합체 B

앞에서 설명한 **R–X**와 **알케닐 금속**과의 **Pd 촉매 짝지음 반응** (Stille, Negishi와 Suzuki 반응)에 대한 촉매 회로를 그림 11.26에 나타내었다.

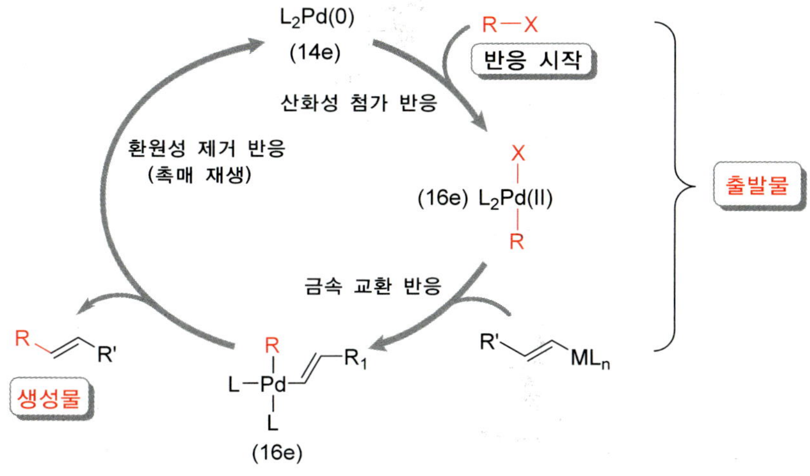

그림 11.26 Stille, Negishi 및 Suzuki 반응의 촉매 회로

11.2.12 Pd 촉매에 의한 RX와 구리 알카이닐라이드와의 짝지음 반응: Sonogashira 반응

Pd(0) 또는 Pd(II) 촉매와 Cu(I) 보조 촉매의 존재 하에 말단 알카인 (terminal alkyne)과 할로젠화 아릴 또는 할로젠화 비닐 (알켄)을 반응시키면 알카인의 말단 탄소 원자와 아릴 또는 비닐 탄소 원자 사이에서 짝지음 반응이 일어난다. 이와 같은 sp 탄소와 sp^2 탄소 사이의 짝지음 반응을 **Sonogashira 짝지음 반응**이라고 한다. 이 반응을 이용하여 내부 알카인 (internal alkyne) 또는 콘쥬게이트 enyne과 enediyne을 합성할 수 있다 (그림 11.27).

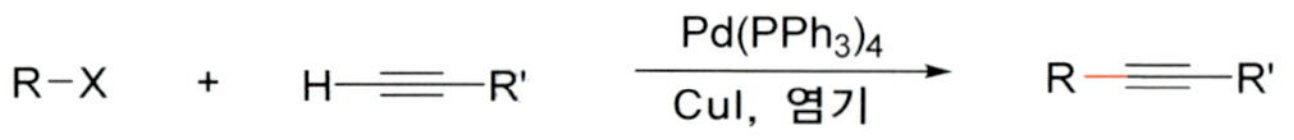

R−X + H−≡−R' → (Pd(PPh$_3$)$_4$ / CuI, 염기) R−≡−R'

RX: R = alkenyl, aryl, heteroaryl; X = I, Br, Cl, OTf
R' = H, alkyl, alkenyl, aryl, Me$_3$Si; 염기 = Et$_2$NH, Et$_3$N, (*i*−Pr)$_2$NEt, (Chx)$_2$NH

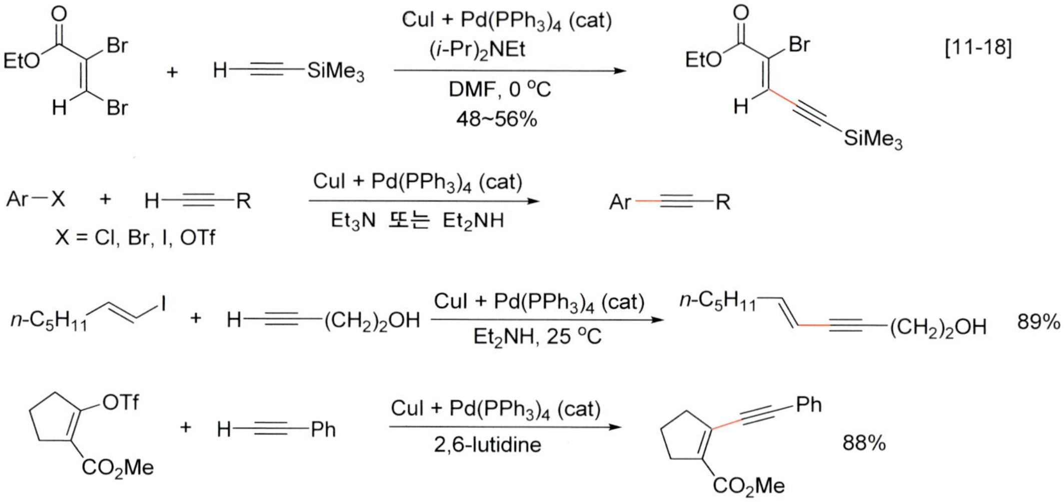

EtO(C=O)C(Br)=CH(Br) + H−≡−SiMe$_3$ → (CuI + Pd(PPh$_3$)$_4$ (cat), (*i*-Pr)$_2$NEt / DMF, 0 °C, 48~56%) EtO(C=O)C(Br)=CH−≡−SiMe$_3$ [11-18]

Ar−X + H−≡−R → (CuI + Pd(PPh$_3$)$_4$ (cat) / Et$_3$N 또는 Et$_2$NH) Ar−≡−R
X = Cl, Br, I, OTf

n-C$_5$H$_{11}$CH=CH−I + H−≡−(CH$_2$)$_2$OH → (CuI + Pd(PPh$_3$)$_4$ (cat) / Et$_2$NH, 25 °C) *n*-C$_5$H$_{11}$CH=CH−≡−(CH$_2$)$_2$OH 89%

(2-OTf-cyclopentene-1-CO$_2$Me) + H−≡−Ph → (CuI + Pd(PPh$_3$)$_4$ (cat) / 2,6-lutidine) (2-(Ph−≡)-cyclopentene-1-CO$_2$Me) 88%

그림 11.27 Sonogashira 반응을 이용한 알카인의 짝지음 반응

Sonogashira 반응은 앞서 언급한 Stille, Negishi, Suzuki 반응과 기본적으로 동일한 산화성 첨가 반응–금속 교환 반응–환원성 제거 반응 과정을 거쳐 일어난다. 단지, 금속 교환 반응에서 사용되는 유기금속 화합물이 구리 알카이닐라이드 (alkynylide)인 것이 다르다. 이 구리 금속 화합물은 말단 알카인이 염기 존재 하에 Cu(I)X와 반응하여 만들어진다 (그림 11.28).

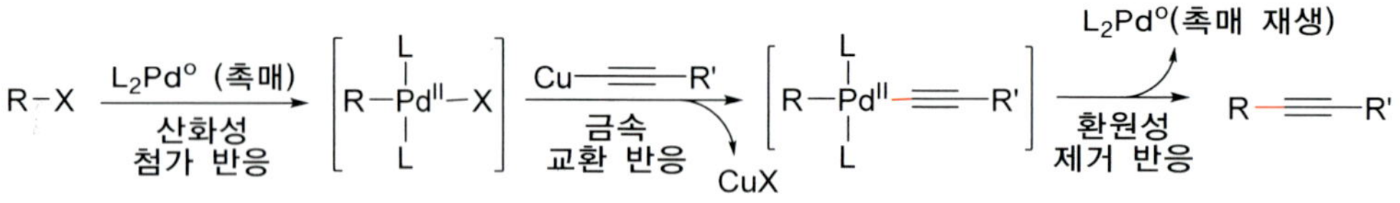

R−X → (L$_2$Pd^0 (촉매) / 산화성 첨가 반응) [R−Pd^{II}(L)$_2$−X] → (Cu−≡−R' / 금속 교환 반응, −CuX) [R−Pd^{II}(L)$_2$−≡−R'] → (환원성 제거 반응, L$_2$Pd^0(촉매 재생)) R−≡−R'

그림 11.28 Sonogashira 반응 메커니즘

11.3 알켄 복분해 반응

올레핀 (또는 **알켄**) **복분해 반응** (olefin metathesis, OM)이란 두 개의 말단 알켄 분자가 금속 카벤 촉매에 의하여 서로 결합하여 새로운 알켄을 생성시키는 반응으로 이 과정에서 출발물의 알켄에 있는 치환기 일부가 생성물 알켄에 이동하여 재배치되는 C=C 결합의 재분포 반응을 말한다. 이 반응에 사용되는 대표적 촉매는 중심 금속이 Mo (**Schrock 촉매, 1**) 또는 Ru (**Grubb 촉매, 2 및 3**)인 유기금속 화합물로 이들 금속의 카벤 (carbene 또는 알킬리덴, alkylidene) 형태의 구조를 가지고 있다.

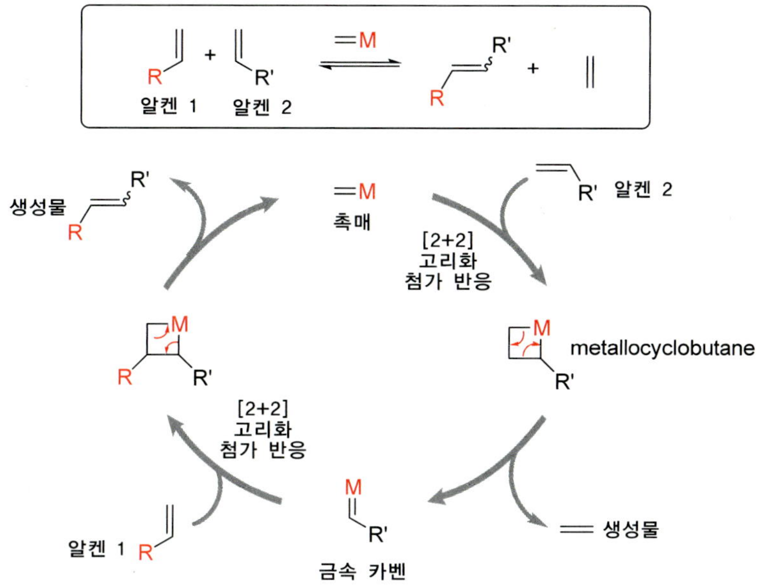

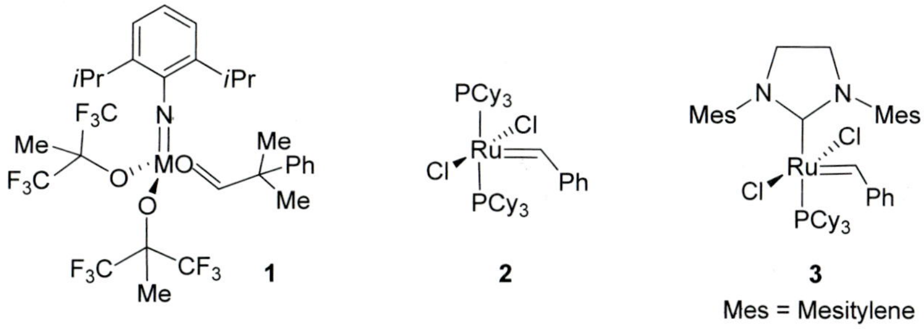

그림 11.29 금속 카벤 촉매를 이용한 올레핀 복분해 반응의 촉매 회로

이들 금속의 촉매 작용을 간단히 설명하면 다음과 같다. 촉매에 있는 카벤 형태의 리간드가 반응물의 알켄 분자 하나와 [2+2] 고리화 첨가 반응하여 중간체인 금속 고리형 뷰테인

(metallocylcobutane)을 생성시킨다. 이 중간체가 분해하면 에텐과 반응물의 알켄이 카벤 형태 (alkylidene)로 촉매 중심 금속에 부착된 새로운 금속 카벤이 생성된다. 새 금속 카벤은 나머지 알켄 분자와 다시 [2+2] 고리화 첨가 반응하여 고리형 금속 중간체가 만들어지고 이것이 다시 분해되면 복분해 생성물인 새 알켄을 생성함과 동시에 촉매를 재생한다.

그림 11.29에 나타낸 촉매 회로를 쉽게 이해하려면 마치 무도회에서 댄스 강사 (촉매)가 한 명의 파트너를 택해 댄스를 훈련시키고 훈련된 파트너는 새 파트너를 만나 훈련시키는 과정이 반복되어 커플 (새 알켄 생성)이 연속적으로 맺어지는 모습을 연상하면 된다.

한편, 올레핀 복분해 반응은 복분해되는 형태에 따라 **교차 복분해 반응** (cross metathesis, CM), **고리 열림 복분해 반응** (ring-open metathesis, ROM) 및 **고리 닫힘 복분해 반응** (ring-closed metathesis, RCM) 등 세 가지로 분류할 수 있으며 이들 반응이 중합 반응에 참여할 경우 **비고리 다이엔 복분해 중합 반응** (acyclic diene metathesis polymerization, ADMET)과 **고리 열림 중합 반응** (ring-open metathesis polymerization, ROMP)을 추가할 수 있다 (그림 11.30). 이들 반응은 작은 분자량을 가진 올레핀으로부터 분자량이 큰 올레핀의 합성, 탄소 고리 생성 반응, 기능성 고분자 합성에 유용하게 응용되고 있다. 특히 이 반응은 합성 단계를 단축시키고 합성 부산물을 적게 배출시킨다는 점에서 녹색 화학 합성 기술로도 각광을 받고 있다.

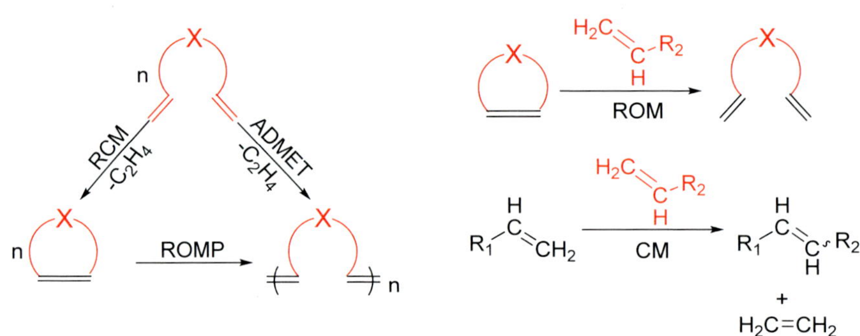

RCM = Ring closing metathesis (고리 닫힘 복분해 반응)
ROM = Ring opening metathesis (고리 열림 복분해 반응)
ADMET = Acyclic diene metathesis polymerization
(비고리 다이엔 복분해 중합 반응)
ROMP = Ring opening metathesis polymerization
(고리 열림 복분해 중합 반응)
CM = Cross metathesis
(교차 복분해 반응)

그림 11.30 올레핀 (또는 알켄)의 복분해 반응 형태

이 반응을 발전시킨 공로로 **Y. Chauvin 박사** (프랑스 석유연구소), **R. R. Grubbs 교수** (Caltec), **R. R. Schrock 교수** (MIT) 등이 2005년도 노벨 화학상을 수상하였다.

이 교재에서는 복분해 반응 중 교차 복분해 반응 (CM)과 고리 닫힘 복분해 반응 (RCM)에 관한 개념만 간단히 소개한다.

11.3.1 교차 복분해 반응

이 반응은 서로 다른 구조를 가진 두 종류의 알켄 사이에서 복분해 반응이 일어나 새로운 알켄이 형성되는 반응을 말한다. 그러나 합성 반응으로서 이 반응의 이용은 매우 제한적이다. 왜냐하면 이 반응에서 동종 복분해 생성물이 동시에 생성되기 때문이다. 실제적으로, 말단 알켄의 경우 동량의 알켄을 반응시킬 경우 CM 생성물의 비율은 50%에 불과하여, CM 생성 비율을 높이기 위하여는 두 개의 반응물 (A와 B) 중 어느 한쪽 알켄의 양을 과잉 사용해야 한다. 이 방법은 이합체 생성 반응이 잘 일어나지 않는 알켄 (예. isobutylene 같이 입체 장애를 가진 말단 알켄 또는 ethyl acrylate)과 말단 알켄과의 교차 복분해 반응에만 제한적으로 사용될 수 있다 (그림 11.31).

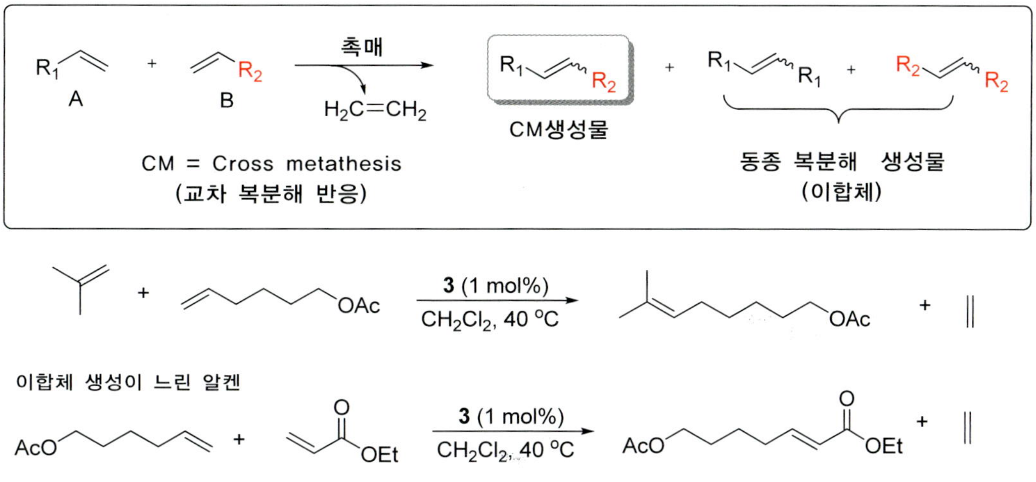

그림 11.31 올레핀의 교차 복분해 반응

11.3.2 고리 닫힘 올레핀 복분해 반응

고리 닫힘 올레핀 복분해 반응 (RCM)이란 한 분자에 두 개의 말단 알켄을 가진 α,ω-diene 화합물에서 분자 내 복분해 반응이 일어나 에텐이 제거되고 탄소 고리 화합물이 생성되는 반응을 말한다. 이 반응은 5~7 원자 탄소 고리 생성 반응에 매우 효율적이다. 이 반응은 분자 내에 에스터, 케톤, 아민, 에폭사이드 등과 같은 작용기가 있어도 방해받지 않으며 입체 화학도 그대로 유지된다 (그림 11.32).

EtO_2C CO_2Et → **2** (5 mol%), CH_2Cl_2, 23 °C → EtO_2C CO_2Et (100%) + LnRu=

[2+2] 고리화 첨가 반응

촉매(**2**)

2 (10 mol%), $ClCH_2CH_2Cl$, rt → 89%

1. **2** (5 mol%), CH_2Cl_2, 45 °C
2. H_2, Pd/C, EtOH

76%

3 (5 mol%), CH_2Cl_2, reflux → 100% (*E*/*Z* = 12/1)

그림 11.32 고리 닫힘 올레핀 복분해 반응

CHAPTER 11 참고 문헌

[11–1] *Org. Synth. Coll.* **1963**, *4*, 890.

[11–2] *Org. Synth. Coll.* **1998**, *9*, 186.

[11–3] Vogel's Textbook 1120p.

[11–4] *Org. Synth. Coll.* **2004**, *10*, 231.

[11–5] *Org. Synth. Coll.* **1973**, *5*, 96.

[11–6] *Org. Synth. Coll.* **1993**, *8*, 31.

[11–7] *Org. Synth. Coll.* **963**, *4*, 766.

[11–8] Vogel's Textbook 479p.

[11–9] Vogel's Textbook 480p.

[11–10] *Org. Synth. Coll.* **988**, *6*, 133.

[11–11] *Org. Synth. Coll.* **1955**, *3*, 339.

[11–12] *Org. Synth. Coll.* **2009**, *11*, 372.

[11–13] *Org. Synth. Coll.* **1998**, *9*, 553.

[11–14] *Org. Synth. Coll.* **2009**, *11*, 384.

[11–15] *Org. Synth. Coll.* **1993**, *8*, 532.

[11–16] *Org. Synth. Coll.* **1998**, *9*, 107.

[11–17] *Org. Synth. Coll.* **2004**, *10*, 102.

[11–18] Org. *Synth. Coll.* **1998**, *9*, 117.

CHAPTER 12

탄소–탄소 다중 결합 형성 반응: 알켄과 알카인의 생성 반응

알켄과 알카인은 친전자성 첨가 반응과 산화 반응 (4장, 5장 및 8장)에 의해 할로젠화 알킬, 알코올, 에폭사이드, 알데하이드, 케톤, 카복실산 등으로 전환될 수 있는 유기 합성에서 중요한 작용기이다. 이 장에서는 제거 반응 (3장)과 환원 반응 (6장) 등을 이용한 작용기 전환 반응과 탄소–탄소 다중 결합 반응을 이용한 알켄과 알카인의 합성 반응을 종합하여 소개하고자 한다.

12.1 탄소-탄소 이중 결합 형성 반응: 알켄의 제법

알켄의 생성 반응은 작용기 전환 반응 (제거 반응과 환원 반응)을 이용하는 방법과 알켄화 반응 (카보닐 축합 반응, 짝지음 반응 및 복분해 반응)을 이용하는 방법으로 크게 구별할 수 있다.

12.1.1 작용기 전환 반응을 이용한 제법: *anti*–와 *syn*–제거 반응, 부분 환원, 알카인의 수소붕소화 반응

작용기 전환 반응을 이용한 알켄의 제법

anti E2 또는 E1 제거 반응

H–C–C–X + 염기

X = I, Br, Cl, OSO_2R

H–C–C–OH + $H^{\oplus}$

H–C–C–$\overset{\oplus}{N}R_3$ $HO^{\ominus}$

Hofmann 제거 반응

$C{=}NNHSO_2Ar$ + 염기

(다) Shapiro 반응

(가) ⇐ C=C ⇒ (나)

(라) (마)

≡ 또는 R–(벤젠 고리)

환원 및 환원성 첨가 반응

syn 열분해 E2 제거 반응

ester ($O{=}C(CH_3)$–O–C–C–H)

Chugaev ($S{=}C(SCH_3)$–O–C–C–H)

Cope (H–C–C–$\overset{\oplus}{N}R_2$–$O^{\ominus}$)

sulfoxide (H–C–C–$\overset{\oplus}{S}Ph$–$O^{\ominus}$)

selenoxide (H–C–C–$\overset{\oplus}{Se}Ph$–$O^{\ominus}$)

(가) 할로젠화 알킬, 알킬 설포네이트, 알코올 및 4° 암모늄염의 제거 반응

β 수소를 가지고 있는 할로젠화 알킬과 알킬 설포네이트를 염기와 반응시키면 β-제거 반응이 E1 또는 E2-*anti* 반응 메커니즘을 경유하여 일어나 Zaitsev형 알켄이 우선하여 생성된다. 이때 사용되는 염기는 친핵성보다 염기성이 강한 것을 선택하는 것이 바람직하다. 또한, 아민의 트라이메틸암모늄 하이드록사이드염 ($RN^{\oplus}Me_3{}^{\ominus}OH$)을 가열하면 *anti*-Zaitsev형 알켄이 우선적으로 생성된다 (**Hofmann 제거 반응**) (그림 12.1). 이 반응들에 대한 자세한 설명과 구체적인 반응 예들은 3.1절과 3.3절 (반응 메커니즘) 및 3.8~3.9절을 참고하길 바란다.

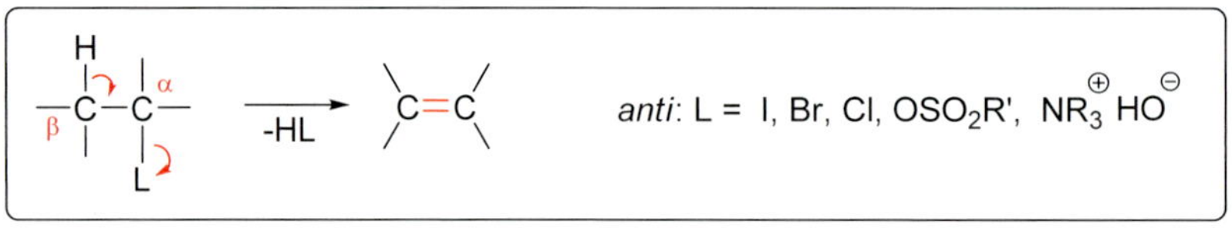

-HL

anti: L = I, Br, Cl, OSO_2R', $NR_3^{\oplus}$ $HO^{\ominus}$

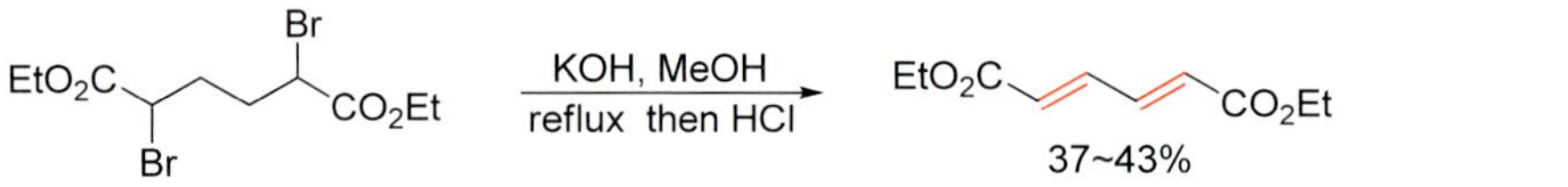

KOH, MeOH / reflux then HCl — 37~43% [12-1]

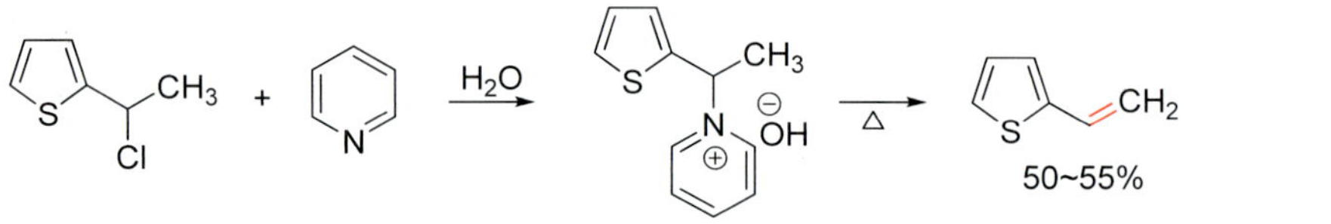

H_2O — △ — 50~55% [12-2]

$MeCH_2CHCH_3$ (Br) — EtONa / EtOH → $MeCH{=}CHCH_3$ 69% (18% *cis* + 51% *trans*) Zaitsev형 알켄 + $MeCH_2CH{=}CH_2$ 31% *anti*–Zaitsev형 알켄

$EtCH_2CHCH_3$ ($\oplus NMe_3$ $I^{\ominus}$) — KOH / 130 °C → [$EtCH_2CCH_3$ ($\oplus NMe_3$ $^{\ominus}OH$)] → $HCEt{=}CHCH_3$ 2% + $EtCH_2CH{=}CH_2$ 98%

Hofmann 제거 반응　　Zaitsev형 알켄　*anti*–Zaitsev형 알켄

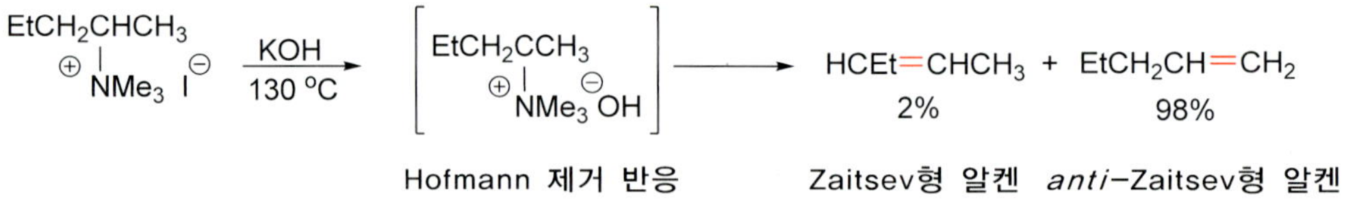

그림 12.1 할로젠화 알킬, 알킬 설포네이트 및 4° 암모늄염의 β-제거 반응을 이용한 알켄의 합성

한편, 알코올을 산성 조건 (황산 또는 인산)에서 가열하거나 또는 $POCl_3$/pyridine 조건에서 반응시키면 제거 반응이 일어나 알켄이 생성된다. 그러나 산성 조건에서 알코올을 탈수 반응시켜 알켄을 합성할 경우 탄소 양이온의 재배열 반응에 의해 이성질체가 생성될 수 있다 (3.2절). 이 반응들에 대한 구체적 반응 예는 3.2절의 그림 3.2~3.5를 참조한다.

$$\mathrm{H{-}\overset{|}{\underset{|}{C}}{-}\overset{|}{\underset{|}{C}}{-}OH} \xrightarrow[\mathrm{POCl_3/pyridine}]{\mathrm{H_2SO_4}\ \text{또는}} \mathrm{C{=}C}$$

(나) 열분해 반응에 의한 *syn* 제거 반응

에스터, 잔데이트 (Cugaev **반응**), 아민 *N*–옥사이드 (Cope **반응**), 설폭사이드 및 셀렌옥사이드를 가열하면 열분해 반응에 의하여 알케인이 생성된다. 이 반응은 **E2–*syn* 반응**으로 일어난다. 이들 반응에 관한 구체적인 반응 예는 3.4절 및 3.9.4절을 참고하길 바란다.

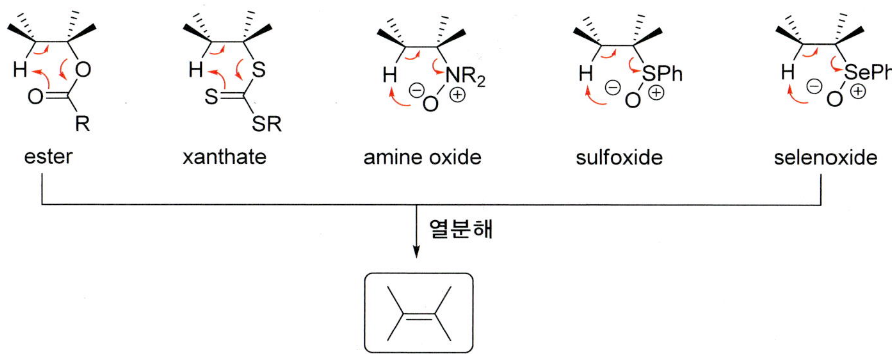

(다) 하이드라존의 염기 분해 제거 반응

α 수소를 가진 알데하이드 또는 케톤의 토실하이드라존을 MeLi 또는 *n*–BuLi 같은 강염기로 처리한 후 가양성자 분해 (protonolysis)시키면 알켄이 생성된다. 이를 **Shapiro 반응**이라고 한다. 이 반응에 관한 구체적 예는 3.5절을 참고하길 바란다.

(라) 알카인 또는 벤젠 고리의 부분 환원

알카인을 Lindlar 촉매 또는 Ni_2B 하에 수소 첨가 반응 (4.2.5절 및 6.11.1절)을 시키면 *syn* 첨가 반응이 일어나 (*Z*)–알켄이 생성된다. 그러나 알카인을 금속 Na와 액체 암모니아 속에서 금속 용해 환원 반응 (6.2.2절)을 시키거나 $LiAlH_4$로 환원 (4.2.5절 및 6.11.1절)하면 (*E*)–알켄으로 전환된다. 한편, 벤젠 화합물을 에탄올과 액체 암모니아 속에서 금속 Na과 반응시키면 전자 이동에 의한 부분 환원 반응 (**Birch 환원**, 6.2절 및 6.11.2절)이 일어나 cyclohexadiene 유도체가 생성된다. 구체적인 반응 예는 그림 4.25와 그림 4.26 및 그림 6.39와 그림 6.40을 참고하길 바란다.

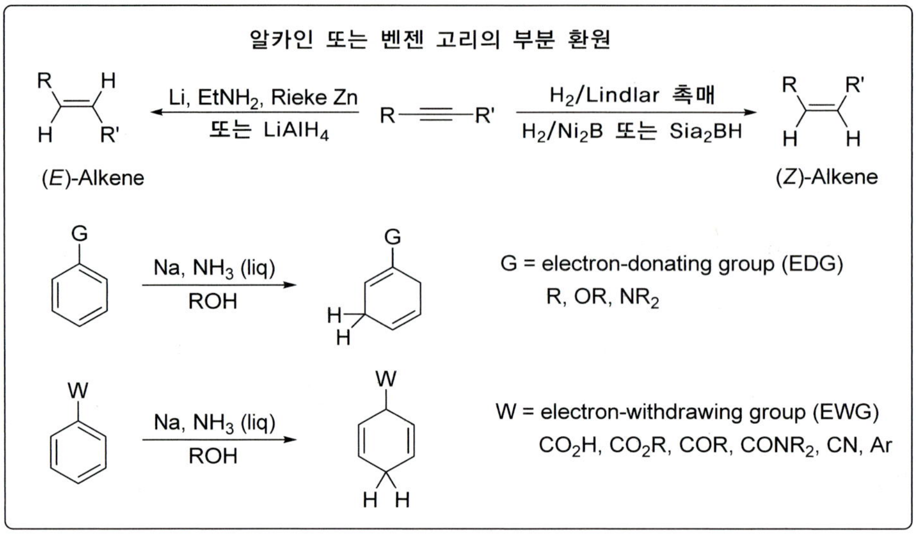

알카인 또는 벤젠 고리의 부분 환원

R—≡—R' → (Li, $EtNH_2$, Rieke Zn 또는 $LiAlH_4$) (E)-Alkene

R—≡—R' → (H_2/Lindlar 촉매, H_2/Ni_2B 또는 Sia_2BH) (Z)-Alkene

Na, NH_3 (liq), ROH

G = electron-donating group (EDG)
R, OR, NR_2

Na, NH_3 (liq), ROH

W = electron-withdrawing group (EWG)
CO_2H, CO_2R, COR, $CONR_2$, CN, Ar

(마) 다이알킬 알케닐 보레인의 분자 내 알킬기 자리 이동 반응

말단 알카인과 다이알킬 보레인 (R'_2BH)을 반응(수소붕소화 반응)시키면 *syn* 첨가 반응에 의해 다이알킬알케닐 보레인이 생성된다. 이 생성물에 I_2와 NaOH를 반응시키면 첨가, 붕소 알킬기 (R′) 자리 이동 및 제거 반응이 연달아 일어나 (Z)-알켄이 생성된다 (그림 12.2).

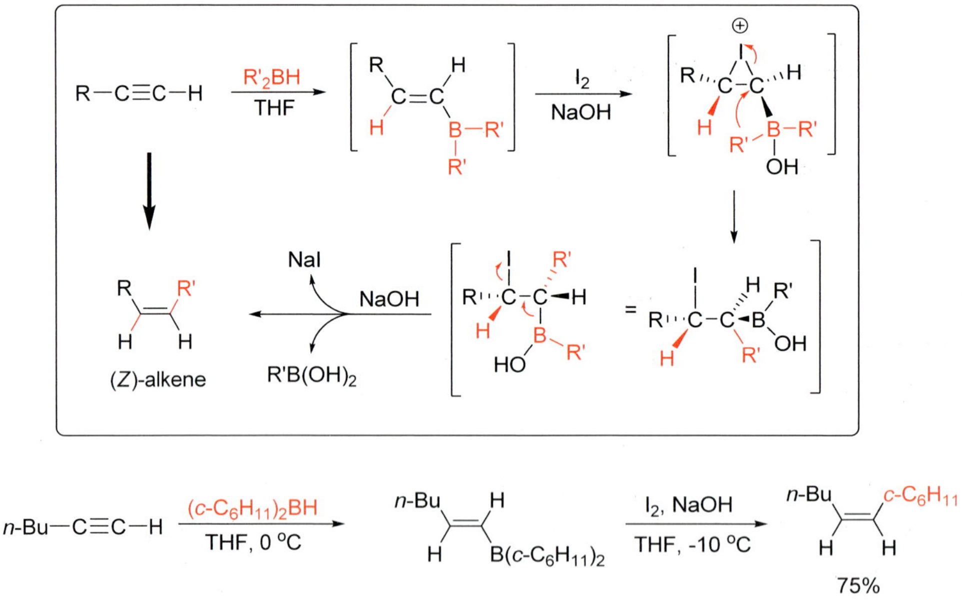

R−C≡C−H → (R'_2BH, THF) → (I_2, NaOH) → ... → NaOH (NaI, $R'B(OH)_2$) → (Z)-alkene

n-Bu−C≡C−H → ($(c\text{-}C_6H_{11})_2BH$, THF, 0 °C) → n-Bu(H)C=C(H)B$(c\text{-}C_6H_{11})_2$ → (I_2, NaOH, THF, -10 °C) → n-Bu(H)C=C(H)c-C_6H_{11} 75%

그림 12.2 다이알킬알케닐 보레인의 알킬기 이동 반응

12.1.2 탄소-탄소 결합 반응을 이용한 제법: 카보닐 축합 반응, 콘쥬게이트 첨가 반응, 짝지음 반응 및 복분해 반응

◆ 카보닐 축합 반응

카보닐 축합 반응은 알데하이드 또는 케톤의 카보닐기에 탄소 친핵체가 반응하여 탄소-탄소 이중 결합이 생성되는 반응으로, 이 반응은 **알돌형 축합 반응**과 **알켄화 반응** (또는 **올레핀화 반응**)으로 구분할 수 있다.

알돌형 축합 반응

R—C(=O)—H(R') + ⊖H—C(Y)—Z → R(R')H—C(OH)—C(H)(Y)—Z —[$H^{\oplus}$ 또는 $HO^{\ominus}$, $-H_2O$, E2 또는 E1cB]→ R—C(H(R'))=C(Y)—Z

Y = H, alkyl, aryl, CO_2R', CN, NO_2

Z = CHO, RCO, CO_2H, CO_2R', OCO_2R', CN, NO_2

알데하이드 또는 케톤의 카보닐기에 엔올 음이온, 엔아민 및 엔올 에터 등과 같은 안정한 탄소 음이온 형태의 탄소 친핵체가 첨가 반응하면 일차적으로 첨가 반응 생성물인 β 하이드록시 카보닐, 나이트릴 또는 나이트로 화합물이 생성되는데 이 생성물에서 E2 (산 촉매) 또는 E1cB (염기 촉매) 제거 반응이 일어나면 α,β-불포화 카보닐 화합물 (알데하이드, 케톤, 카복실산, 에스터), 나이트릴 또는 나이트로 화합물이 생성된다. 이 반응들은 **알돌 축합 반응, Knoevenegel 반응, Perkin 반응, Stobbe 반응**과 **Robinson annulation** 반응 등으로 이미 10.5절에 소개하였다. 한편, α 수소를 가진 알데하이드를 촉매량의 pyrrolidine과 *N,N*-dimethylaminobenzoic acid 존재 하에 HCHO와 반응시키면 알데하이드의 α 위치에 메틸렌기 (CH_2)가 도입된 생성물 (acrolein 유도체)이 생성된다. 이를 **알데하이드의 α 메틸렌화 반응**이라고 한다. 이 반응은 혼합 알돌 축합 (10.5.1절) 또는 **Mannich 반응** (10.5.2절)과 비슷한 반응 메커니즘으로 일어난다.

+ HCHO —[pyrrolidine (NH) (10 mol%), Me_2N–C_6H_4–CO_2H (10 mol%), CH_2Cl_2]→ 82~89% [12-3]

$(CH_3)_3CHO$: 85% $PhCH_2CH_2CHO$: 99% $PhCH_2OCH_2CHO$: 99%

카보닐기의 알켄화 반응

알데하이드 또는 케톤의 카보닐기에 직접 탄소 알케닐기를 도입시키는 방법으로 인 일라이드 [Wittig **반응**과 Horner–Wadsworth–Emmons (HWE) **반응**], 설포닐 탄소 음이온 (Julia **반응**), α–실릴 탄소 음이온 (Peterson **반응**)을 이용한 축합 방법이 잘 알려져 있다. 한편, Ti–금속 시약인 Tebbe **시약**, Petasis **시약** 또는 Takai **시약**은 알데하이드와 케톤의 카보닐기는 물론 에스터 (락톤), 아마이드의 카보닐기를 메틸렌기로 전환시킬 수 있다.

카보닐기의 알켄화 (올레핀화) 반응

$R_1R_2C{=}CR_3R_4 \Longrightarrow R_1R_2C{=}O + {}^{\ominus}CR_3R_4{-}LG$

LG = PPh_3: Wittig 반응
$P(EtO)_3$: Horner-Wadsworth-Emmons 반응
SO_2R: Julia 반응
SiR_3: Peterson 반응

가. Wittig 시약과 Horner–Wadsworth–Emmons (HWE) 시약: 인 일라이드

일라이드 (ylide 또는 ylid)란 탄소–헤테로 원자 결합(헤테로 원자는 주로 인 또는 황)이 분극에 의하여 형식적으로 탄소 원자는 음전하, 헤테로 원자는 양전하를 띤 전기적으로 중성인 1,2–쌍극자 반응종을 말하며 이 반응종은 전기적으로 중성이나 탄소 원자 부위가 음전하를 가지고 있으므로 탄소 친핵체로서 작용한다. 대표적인 인 일라이드로 phosphonium ylide (Wittig **시약**)와 phosphonate ylide (HWE **시약**)가 있다. 이들 일라이드는 공명 구조를 가질 수 있어 안정하나 공명 기여 구조가 더 많은 HWE 시약이 더 안정하다.

Wittig 시약: $Ph_3\overset{\oplus}{P}{-}\overset{\ominus}{C}H_2 \longleftrightarrow Ph_3P{=}CH_2$

Phsphonium ylide

Horner–Wadsworth–Emmons (HWE) 시약: $(EtO)_2P(O^{\ominus}){=}CH{-}C(=O)OEt \longleftrightarrow (EtO)_2P(=O){-}\overset{\ominus}{C}H{-}C(=O)OEt \longleftrightarrow (EtO)_2P(=O){-}CH{=}C(O^{\ominus})OEt$

Phosphonate ylide

Wittig 시약의 제법과 반응

Wittig 시약은 Ph_3P (triphenylphosphine)와 할로젠화 알킬, α 할로 케톤, α 할로 에스터 또는 α 할로 나이드릴을 반응시켜 얻은 phosphonium염을 NaH, n-BuLi, t-BuOK 및 MeONa 같은 염기와 작용시켜 만든다.

Wittig 시약의 제법

Ph_3P —(RCH_2X; ether, THF, benzene, alcohol 또는 H_2O)→ $Ph_3\overset{\oplus}{P}-CH_2R\ \overset{\ominus}{X}$ (Phosphonium salt) —(염기)→ [$Ph_3\overset{\oplus}{P}-\overset{\ominus}{C}HR$ (Phosphonium ylide) ⟷ $Ph_3P=CHR$ (Phosophorane)]

R = alkyl, acyl, ester 또는 nitrile　염기: NaH, n-BuLi, t-BuOK 또는 Na_2CO_3

이 시약은 알데하이드와 케톤의 카보닐기와 직접 축합 반응하여 C=C 결합을 형성한다. 이 반응에서 일라이드의 탄소 음이온은 카보닐 탄소를 공격하여 betaine 구조를 거쳐 생성된 4원자 고리 화합물인 oxaphosphetane이 분해되면서 알켄을 생성한다 (그림 12.3).

Wittig 반응

$RC(=O)R'$ + $Ph_3\overset{\oplus}{P}-CH_2R\ \overset{\ominus}{X}$ —(염기)→ $(R)(H)C=C(R')(R)$ + $Ph_3P=O$

Mechanism

$Ph_3\overset{\oplus}{P}-\overset{\ominus}{C}HR$ + $R(R')C=O$ → [betaine ⇌ oxaphosphetane] → $R'(R)C=CH(R)$ + $Ph_3P=O$

betaine　oxaphosphetane

$$Ph_3P + CH_3Br \longrightarrow [Ph_3P-CH_3]^{\oplus}\ Br^{\ominus} \xrightarrow{n\text{-BuLi}} Ph_3P=CH_2$$

triphenylmethylphosphonium bromide

cyclohexanone —($Ph_3P=CH_2$; Et_2O, heat)→ methylenecyclohexane ($=CH_2$)　35~40%　[12-4]

그림 12.3 Wittig 반응에 의한 알켄의 합성

Wittig 반응에서 생성된 알켄의 입체 화학은 일라이드의 안정성과 사용하는 용매의 극성에 영향을 받는다. 비극성 용매 속에서 '안정한 일라이드'는 (*E*)-알켄의 생성을 선호하고 '불안정한 일라이드'는 (*Z*)-알켄을 우선적으로 생성한다 (그림 12.4). '안정한 일라이드'란 일라이드의 구조에서 탄소 음이온의 음전하를 분산시켜 안정화시킬 수 있는 전자 끄는기 (예. 카보닐기, 나이트릴기, 나이트로기)를 가지고 있거나 또는 공명 안정화될 수 있는 구조를 가지고 있는 경우를 말한다.

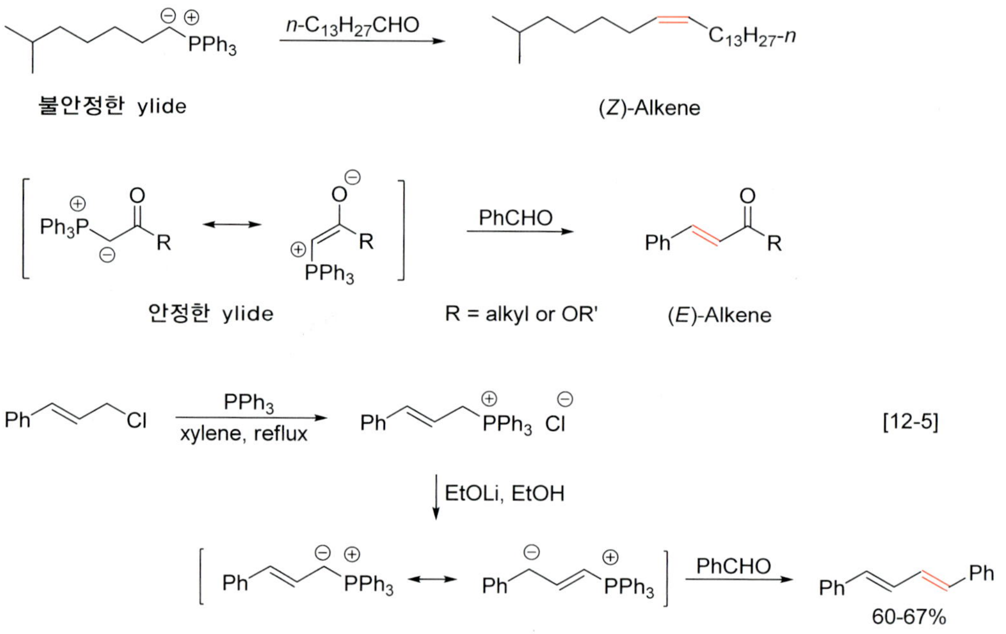

불안정한 ylide — n-$C_{13}H_{27}CHO$ → (*Z*)-Alkene

안정한 ylide — PhCHO → (*E*)-Alkene; R = alkyl or OR'

Ph–CH=CH–CH$_2$Cl —(PPh_3, xylene, reflux)→ Ph–CH=CH–CH$_2$–$\overset{\oplus}{P}Ph_3$ $Cl^{\ominus}$ —(EtOLi, EtOH)→ ylide —(PhCHO)→ Ph–CH=CH–CH=CH–Ph 60-67% [12-5]

그림 12.4 Wittig 반응에 의해 생성된 알켄의 입체 화학

일라이드의 안정도에 따른 알켄의 입체 선택성이 차이나는 이유는 '안정한 일라이드'는 알켄의 입체 화학을 결정하는 중간체인 betaine과 oxaphosphetane 사이의 평형이 가역적으로 진행되어 입체 장애가 작아 더 안정한 중간체인 oxaphosphetane **B**가 우선적으로 생성되어 (*E*)-알켄의 생성을 선호하지만 '불안정한 일라이드'의 경우 반응이 비가역적으로 진행되어 속도론적 생성물이 만들어지기 때문이라고 설명한다 (그림 12.5). 그러나 생성되는 알켄의 *E*/*Z* 비율은 일라이드의 구조뿐만 아니라 반응하는 알데하이드 또는 케톤의 구조 및 반응 매체 (용매 및 염기)에 의한 영향을 많이 받는다.

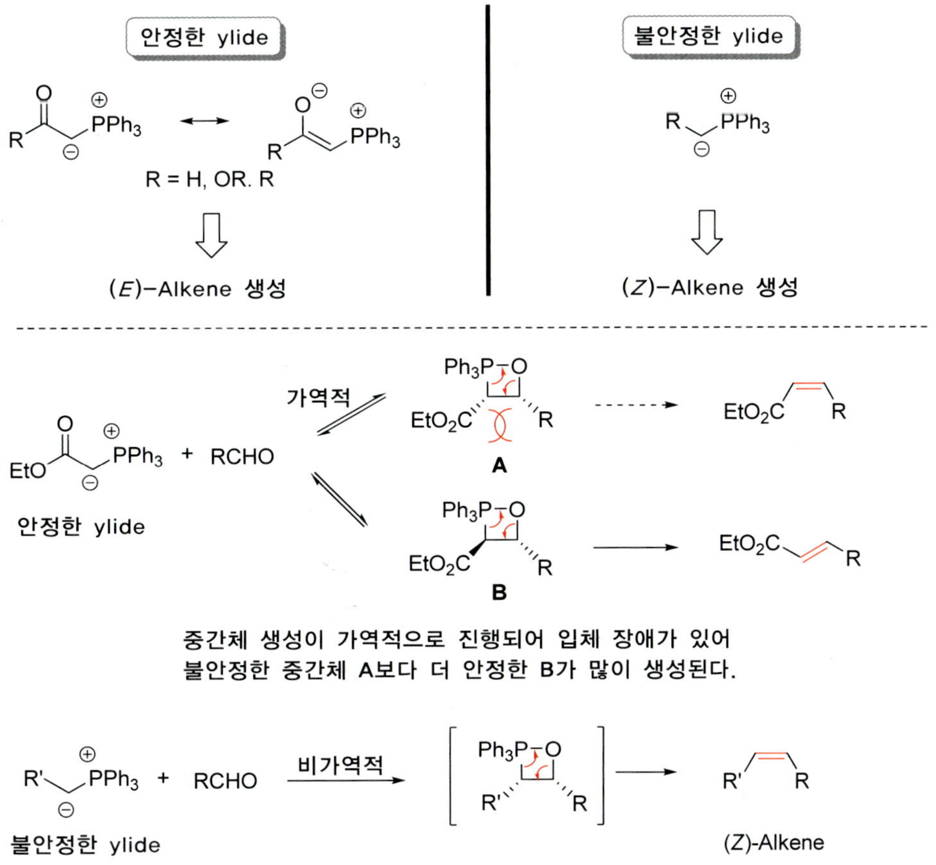

안정한 ylide

R = H, OR. R

(*E*)-Alkene 생성

불안정한 ylide

(*Z*)-Alkene 생성

중간체 생성이 가역적으로 진행되어 입체 장애가 있어
불안정한 중간체 A보다 더 안정한 B가 많이 생성된다.

그림 12.5 Wittig 반응에서 알켄의 입체 선택성이 생성되는 메커니즘

Horner–Wadsworth–Emmons (HWE) 시약의 제법과 반응

Wittig 시약의 triphenylphosphonium 염 대신에 phosphonate ester을 사용하면 안정한 일라이드를 쉽게 만들 수 있다. Phosphonate ester는 trialkyl phosphite [$P(OR)_3$]에 할로젠화 알킬 또는 α–halo acetate를 반응시켜 얻는데 여기에 NaH 또는 RONa 염기를 작용시키면 phosphonate ylide가 생성된다. 이 일라이드는 공명 기여 구조를 여러 개 가질 수 있으므로 음전하가 안정화될 수 있다. Phosphonate ylide 중 가장 잘 알려진 것이 triethyl phsophonoacetate를 이용하는 반응인데 이를 **Horner–Wadsworth–Emmons (HWE) 반응**이라고 한다 (그림 12.6). 올레핀화 반응에서 HWE 반응은 Wittig 반응에 비해 다음과 같은 몇 가지 장점을 가지고 있다.

- Phosphonate ylide는 Wittig 시약의 phosphonium ylide에 비해 친핵성이 더 크다. 따라서 HWE 반응은 Wittig 반응보다 더 온화한 조건에서 반응이 일어난다.

- HWE 반응에서 생성되는 phosphate ester는 수용성이기 때문에 Wittig 반응에서 생성되는 $Ph_3P=O$에 비해 제거가 용이하다.
- (*E*)-알켄을 우선적으로 생성한다.

Horner–Wadsworth–Emmons (HWE) 반응

Triethyl phosphonoacetate

NaH

stable phosphonate ylide

RCHO

(*E*)-alkene + phosphate ester

$P(OEt)_3$ + $BrCH_2CO_2Et$

$$\text{cyclohexanone} + (EtO)_2P(O)CH_2CO_2Et \xrightarrow[\text{benzene, 30~35 °C}]{\text{NaH}} \text{cyclohexylidene-}CHCO_2Et \quad (67\text{~}77\%) \qquad [12\text{-}6]$$

Wittig 시약($Ph_3P=CHCO_2Et$: 25%)보다 수율이 더 높다

$$PhCHO + (EtO)_2P(O)CH_2Ph \xrightarrow[\text{DME}]{\text{NaH}} Ph\text{–}CH=CH\text{–}Ph \quad 63\%$$

$(MeO)_2P(O)CH_2C(O)\text{-}n\text{-}C_5H_{11}$, NaH, DME, 25 °C — 70%

$$\text{2,2-dimethylcyclopentanone} + (EtO)_2P(O)CH_2CO_2Et \xrightarrow{\text{NaH}} \text{alkene-}CO_2Et \quad 75\%$$

그림 12.6 HWE 반응에 의한 알켄의 합성

나. Julia 반응

알킬 페닐 설폰 음이온을 알데하이드 또는 케톤과 반응시켜 얻은 β 알콕시 설폰에서 탈황 반응을 동반한 환원성 제거 반응을 수행하면 알켄이 생성된다. 이 반응을 **Julia 반응**이라고 한다

(그림 12.7). 출발 물질인 알킬 페닐 설폰은 할로젠화 알킬과 sodium benzenethiolate (PhSNa)를 반응시켜 얻은 설파이드를 과산소산으로 산화시켜 합성하던가 할로젠화 알킬과 sodium benzenesulfinate ($PhSO_2Na$)를 반응시켜 합성한다. 알킬 페닐 설폰의 α 수소는 pK_a 27 정도의 탄소산으로 n-BuLi 같은 염기에 의해 탈양성자화되어 탄소 음이온을 생성한다. 이 음이온은 이웃해 있는 전자 끄는기인 설폰기 (SO_2)에 의해 전하가 분산될 수 있으므로 공명 안정화되어 있다. 올레핀 형성 반응은 세 단계 반응으로 일어난다. [1단계] 반응은 탄소 음이온의 카보닐 첨가 반응, [2단계] 반응은 생성된 알콕사이드의 아실화 또는 설포네이트화 반응, [3단계] 반응은 Na-아말감에 의한 탈황 반응을 동반한 환원성 제거 반응이다. Julia 반응은 일반적으로 (E)-알켄을 우선적으로 생성시킨다. 이 반응에서 페닐 설포닐기 대신에 benzothiazole 또는 tetrazole기를 가진 헤테로 아릴 설포닐기를 사용할 경우에는 [2단계]와 [3단계] 반응을 거치지 않고도 한 단계 반응으로 직접 알켄을 생성시킬 수 있다.

$$RCH_2Br \xrightarrow{PhSNa} PhSCH_2R \xrightarrow{mCPBA} PhSO_2CH_2R$$

$$RCH_2Br \xrightarrow{PhSO_2Na,\ DMF} PhSO_2CH_2R$$

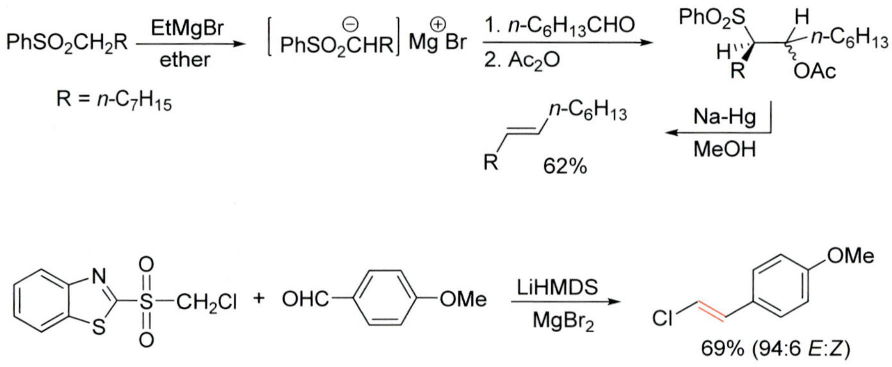

그림 12.7 Julia 반응에 의한 알켄의 합성

다. Peterson 반응

안정한 탄소 음이온인 α–silyl carbanion이 알데하이드 또는 케톤의 카보닐 탄소에 첨가 반응하여 생성된 β–hydroxy silane (**A**)이 산 또는 염기에 의해 β 제거 반응이 일어나 알켄을 생성하는 반응을 **Peterson 반응**이라고 한다 (그림 12.8).

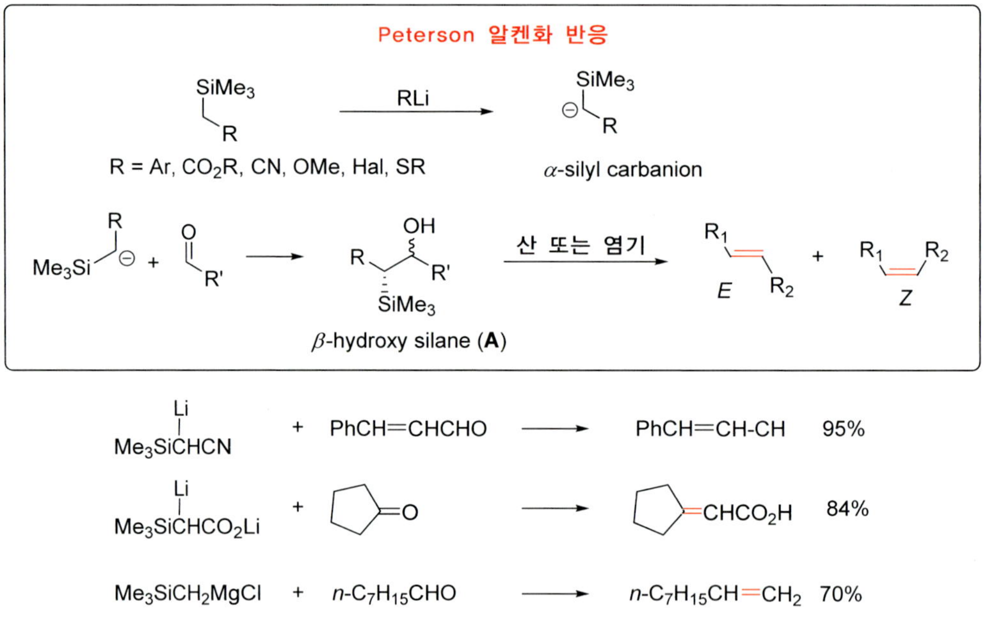

그림 12.8 Peterson 반응에 의한 알켄의 합성

이 반응의 특징은 반응에서 생성되는 β–hydroxy silane (**A**)의 *syn* 이성질체와 *anti* 이성질체에서 silanol (Me_3SiOH)이 제거될 때 산성 조건에서는 *anti* 제거 반응이, 염기 조건에서는 *syn* 제거 반응이 일어나 알켄을 생성한다는 점이다. 그림 12.9에 나타낸 바와 같이 4–octene

이 생성되는 과정에서 중간체 *syn*-A를 황산 또는 $BF_3 \cdot OEt_2$와 반응시키면 *anti* 제거 반응 (E2 반응)이 일어나 (*Z*)-4-octene을 우선적으로 생성하지만 KH와 반응시키면 *syn* 제거 반응이 일어나 (*E*)-4-octene이 우선적으로 생성된다. 반대로 *anti*-A의 경우 염기에 의해 (*Z*) 이성질체가, 산에 의해 (*E*) 이성질체가 우선적으로 생성된다 (그림 12.9).

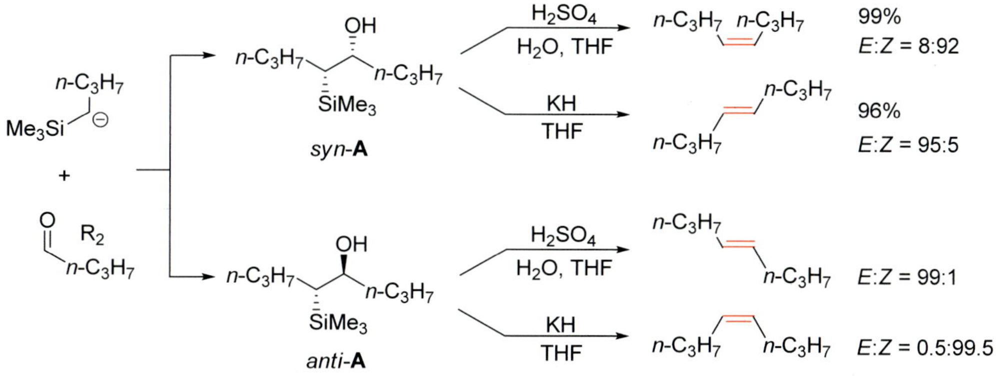

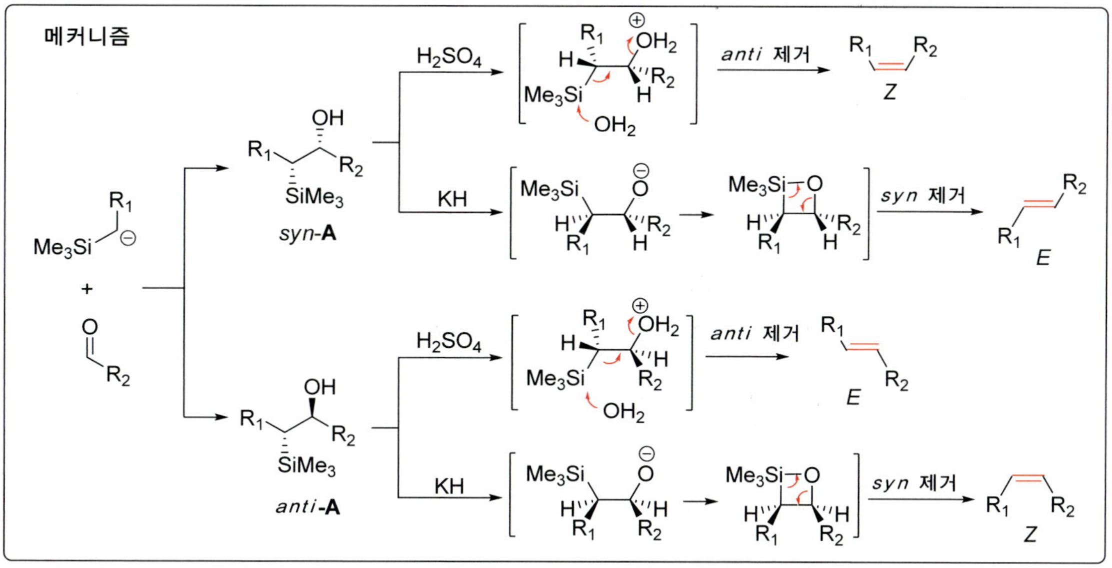

그림 12.9 Peterson 반응의 특징 및 메커니즘

라. Tebbe 시약과 Petasis 시약을 이용한 카보닐기의 메틸렌화 반응

1당량의 titanocene dichloride (Cp_2TiCl_2)와 2당량의 $AlMe_3$을 톨루엔 속에서 반응시켜 만든 시약을 **Tebbe 시약**이라고 한다. 이 시약은 알데하이드, 케톤, 에스터 (락톤 포함), 아마이드, 3° 아마드의 카보닐기를 메틸렌기로 전환시킨다. 이를 카보닐기의 **메틸렌화 반응 (methylenation)** 이라고 한다. 한편, titanocene dichloride (Cp_2TiCl_2)를 MeMgCl과 반응시키면 dimethyltitanocene

(Cp_2TiMe_2)가 생성되는데 이를 **Petasis 시약**이라고 한다. 이 시약은 Tebbe 시약과 비슷하게 카보닐기를 메틸렌기로 전환시킬 수 있다 (그림 12.10). 이 반응은 이들 시약이 분해하여 생성된 반응종인 타이타늄-카벤류 (Ti-carbenoid)가 카보닐기와 [2+2] 고리 첨가 반응을 경유하여 생성된 결과라고 여겨진다. 이와 유사한 결과를 생성시키는 반응으로 아연 분말, CH_2Br_2와 $TiCl_4$에 의해 만들어진 금속 시약 (이를 **Takai 시약**이라고 함)이 있다.

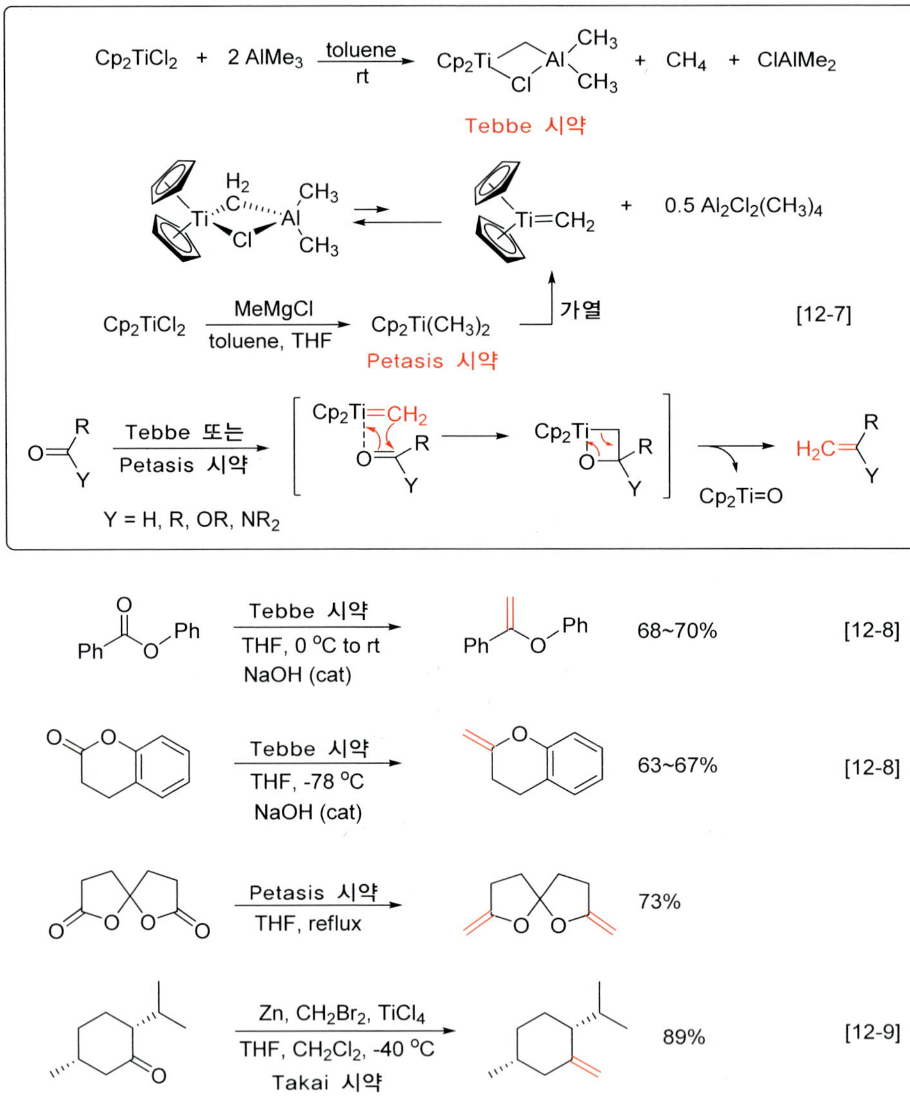

Cp_2TiCl_2 + 2 $AlMe_3$ —(toluene, rt)→ $Cp_2Ti(\mu\text{-}CH_2)(\mu\text{-}Cl)Al(CH_3)_2$ + CH_4 + $ClAlMe_2$

Tebbe 시약

Tebbe 시약 ⇌ $Cp_2Ti{=}CH_2$ + 0.5 $Al_2Cl_2(CH_3)_4$

Cp_2TiCl_2 —(MeMgCl, toluene, THF)→ $Cp_2Ti(CH_3)_2$ —(가열)→ $Cp_2Ti{=}CH_2$ [12-7]

Petasis 시약

$O{=}C(R)Y$ —(Tebbe 또는 Petasis 시약)→ [$Cp_2Ti{=}CH_2$ + $O{=}C(R)Y$ → 옥사타이타나사이클로뷰테인] → $H_2C{=}C(R)Y$ + $Cp_2Ti{=}O$

Y = H, R, OR, NR_2

반응물	조건	수율	
PhC(=O)OPh	Tebbe 시약, THF, 0 °C to rt, NaOH (cat)	68~70%	[12-8]
다이하이드로쿠마린	Tebbe 시약, THF, -78 °C, NaOH (cat)	63~67%	[12-8]
스피로 비스락톤	Petasis 시약, THF, reflux	73%	
멘톤	Zn, CH_2Br_2, $TiCl_4$, THF, CH_2Cl_2, -40 °C, Takai 시약	89%	[12-9]

그림 12.10 Ti-시약에 의한 카보닐기의 알켄화 반응

이 밖의 알켄을 생성시키는 반응 (알켄화 반응)으로서 다음과 같은 방법이 알려져 있다.

알케닐 구리 시약의 콘쥬게이트 첨가 반응

Grignard 시약을 $CuBr \cdot SMe_2$와 반응시키면 유기구리 ('R−Cu' organocuprate) 시약이 생긴다. 이 시약은 알카인과 *syn* 첨가 반응 (이를 **탄소구리화 반응, carbocupration**이라고 한다)을 하여 알케닐 구리 화합물이 만들어진다. 이 중간체를 α,β−불포화 카보닐 화합물과 반응시키면 콘쥬게이트 첨가 반응이 일어나 알켄 유도체가 합성된다 (그림 12.11).

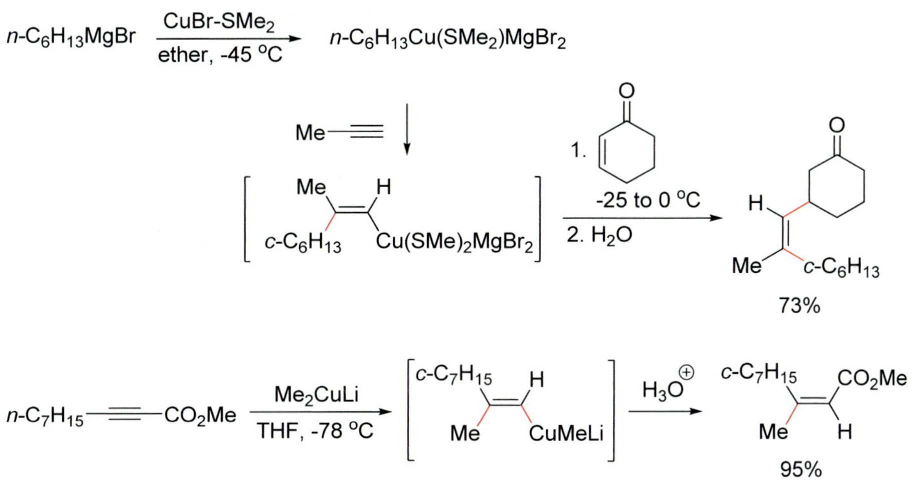

$$n\text{-}C_6H_{13}MgBr \xrightarrow[\text{ether, -45 °C}]{CuBr\text{-}SMe_2} n\text{-}C_6H_{13}Cu(SMe_2)MgBr_2$$

Me−≡ ↓ [Me(H)C=C(c-C_6H_{13})(Cu(SMe)$_2$MgBr$_2$)] → 1. (cyclohexenone), −25 to 0 °C 2. H_2O → product 73%

n-C_7H_{15}−≡−CO_2Me → Me_2CuLi, THF, −78 °C → [c-C_7H_{15}, H, Me, CuMeLi] → $H_3O^{\oplus}$ → c-C_7H_{15}, CO_2Me, Me, H 95%

그림 12.11 알케닐 구리 시약의 콘쥬게이트 첨가 반응을 이용한 알켄의 합성

짝지음 반응

말단 알카인과 구리 시약이 반응 (탄소구리화 반응)하여 생성한 알케닐 구리 화합물을 할로젠화 알릴과 반응시키면 짝지음 반응이 일어나 다이엔 화합물이 생성되며, 이와 유사한 짝지음 반응은 **Lipshutz 시약** [$R_2Cu(CN)Li_2$, 9.3.4절]과 할로젠화 비닐의 반응 및 할로젠화 알킬과 **Gilman 시약** (9.3.4절)의 반응에서도 일어나 알켄 제법에 응용되고 있다 (그림 12.12).

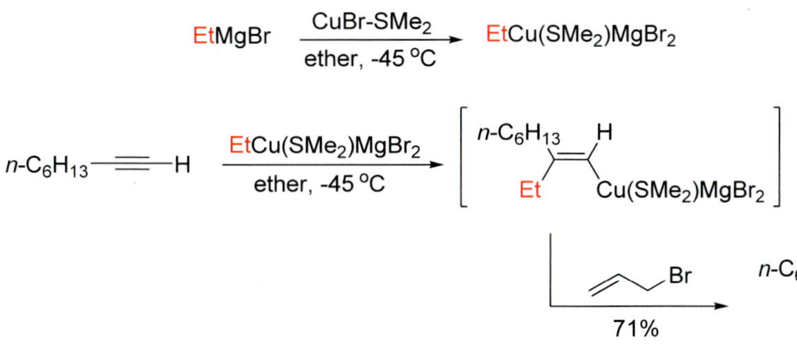

$$EtMgBr \xrightarrow[\text{ether, -45 °C}]{CuBr\text{-}SMe_2} EtCu(SMe_2)MgBr_2$$

n-C_6H_{13}−≡−H → $EtCu(SMe_2)MgBr_2$, ether, −45 °C → [n-C_6H_{13}, H, Et, $Cu(SMe_2)MgBr_2$] [12-10]

→ (allyl bromide, Br), 71% → n-C_6H_{13}, H, Et (diene)

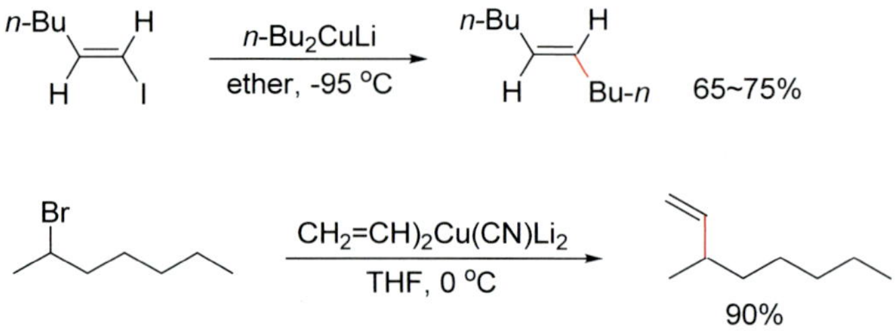

n-Bu, H / H, I —(n-Bu_2CuLi, ether, -95 °C)→ n-Bu, H / H, Bu-n 65~75% [12-11]

Br —(CH_2=$CH)_2Cu(CN)Li_2$, THF, 0 °C)→ 90%

그림 12.12 알케닐 구리 시약과 할로젠화 알킬의 짝지음 반응을 이용한 알켄의 합성

한편, 11장에서 설명한 **Heck 반응, Stille 반응, Negishi 반응** 및 **Suzuki 반응**에 의한 짝지음 반응을 이용하여 알켄을 합성할 수 있다. 이들 반응은 Pd° 촉매에 의해 말단 알켄 또는 알케닐 금속 (RCH=CHMLn, M=Sn, Al, Zn, Zr 또는 B)이 할로젠화 비닐 또는 β 수소 원자가 없는 할로젠화 알킬과 교차 짝지음 반응하여 알켄이 생성되는 반응이다. 이 반응에 관한 상세한 내용과 구체적 반응 예들은 11.2.5~11.2.11절을 참조하길 바란다.

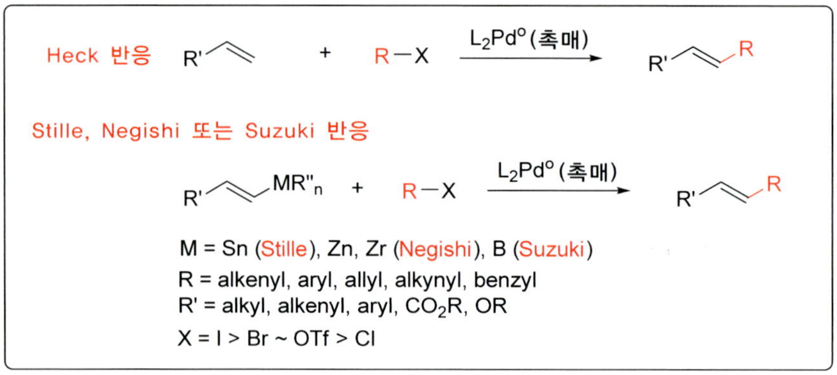

Heck 반응: R' (alkene) + R—X —(L_2Pd^o (촉매))→ R'CH=CHR

Stille, Negishi 또는 Suzuki 반응: R'CH=CH–MR''$_n$ + R—X —(L_2Pd^o (촉매))→ R'CH=CHR

M = Sn (Stille), Zn, Zr (Negishi), B (Suzuki)
R = alkenyl, aryl, allyl, alkynyl, benzyl
R' = alkyl, alkenyl, aryl, CO_2R, OR
X = I > Br ~ OTf > Cl

알켄의 복분해 반응

Mo **(Schrock 촉매)** 또는 Ru **(Grubb 촉매)** 금속 카벤 촉매를 이용하면 알켄의 **복분해 반응 (metathesis)**을 통하여 다양한 종류의 알켄을 합성할 수 있다 (11.3절 참조). 이 반응은 두 개의 말단 알켄이 촉매에 의하여 서로 결합하여 새로운 알켄을 생성시키는 반응으로 반응 결과 출발물의 알켄에 있는 치환기 일부가 생성물 알켄에 이동하여 재배치된다.

12.2 탄소-탄소 삼중 결합 형성 반응: 알카인의 제법

알카인은 작용기 전환 반응 (제거 반응과 산화 반응)과 탄소-탄소 결합 반응 (치환 반응 및 짝지음 반응)에 의해 합성된다.

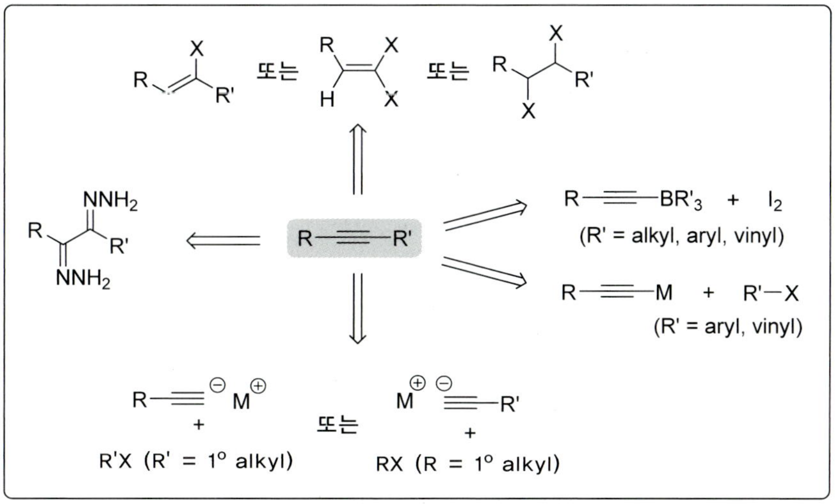

다이할로젠화 알킬 또는 할로젠화 비닐의 제거 반응

알카인은 다이할로젠화 알킬 또는 할로젠화 비닐을 강염기와 반응시켜 제거 반응을 통해 합성할 수 있다. 이에 관련된 구체적인 반응 예들은 3.6절을 참조하길 바란다.

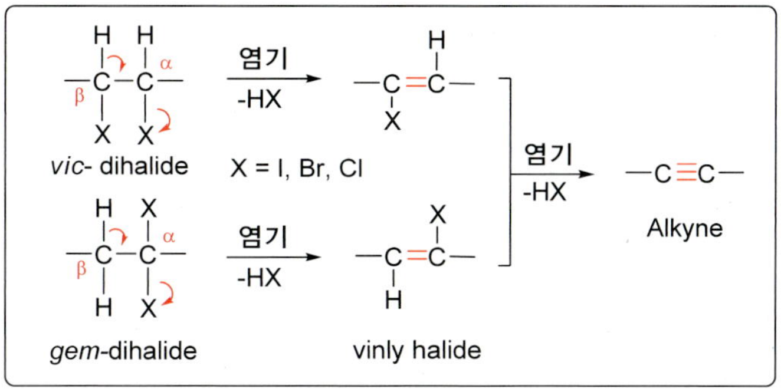

한편, 제거 반응을 핵심 반응으로 이용한 알카인의 제법 (알카인화 반응)으로 다음과 같은 반응이 알려져 있다.

- 메틸 케톤의 아세틸렌화 반응

Acetophenone 같이 카보닐기 양쪽 치환기 중 한쪽은 α 수소가 없는 치환기이고 다른 한쪽은 메틸기인 메틸 케톤 화합물 (예. RCOMe, R = Ph, *t*–Bu, vinyl)을 LDA와 반응시켜 생성한 엔올 음이온을 diethyl cholophosphate와 반응시키면 enol phosphate가 생성된다. 이것을 강염기로 처리하면 제거 반응이 일어나 메틸 케톤 부위의 아세틸기가 아세틸렌기로 전환된다. 이 방법에서 diethyl chlorophosphate 대신 $POCl_3$/DMF를 반응시켜도 같은 결과를 얻을 수 있다. 이들 방법은 말단 알카인을 합성하는 방법으로 활용될 수 있다 (그림 12.13).

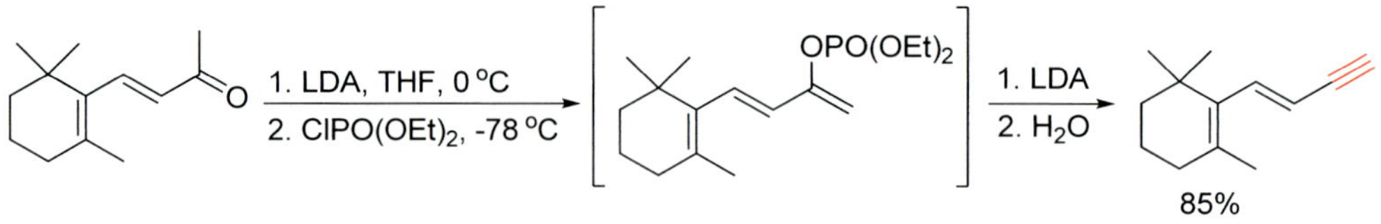

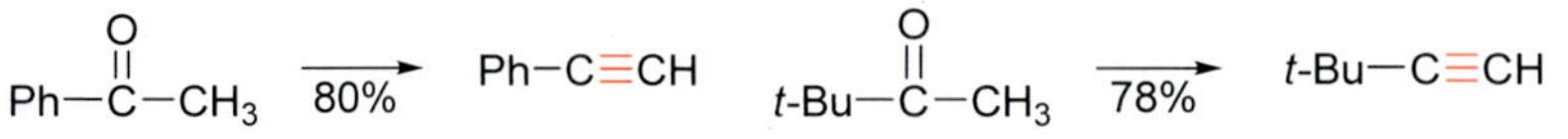

1. LDA, THF, 0 °C
2. $ClPO(OEt)_2$, -78 °C
$OPO(OEt)_2$
1. LDA
2. H_2O
85%

Ph—C(=O)—CH_3 → 80% → Ph—C≡CH *t*-Bu—C(=O)—CH_3 → 78% → *t*-Bu—C≡CH [12-12]

1. $POCl_3$, DMF
2. AcONa, H_2O
Fe, C(Cl)=CH_2
85~93%
NaOH, dioxane
Fe, C≡CH
74~75% [12-13]

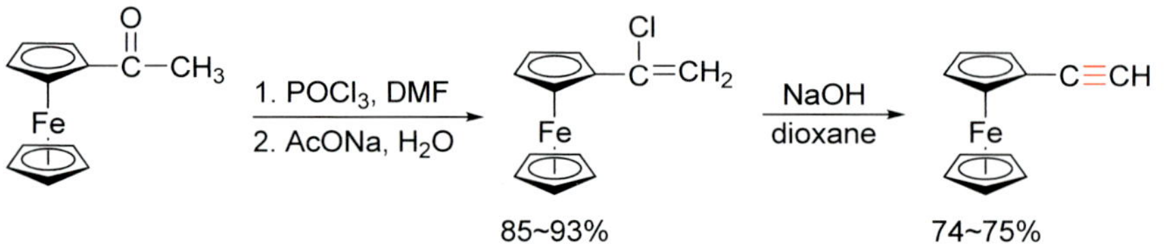

그림 12.13 메틸 케톤의 아세틸렌화 반응

• 알데하이드의 아세틸렌화 반응

CBr_4 (2당량)과 Ph_3P (4당량) (아연 분말을 사용하면 당량만 소요)을 반응시키면 Wittig 시약 형태인 dibromomethylphosphorane (A)이 생성된다. 여기에 알데하이드 (1당량)를 반응시키면 Wittig 반응이 일어나 1,1-dibromoalkene (B)이 생성된다. 이 생성물은 강염기인 *n*-BuLi에 의해 제거 반응이 일어나 말단 알카인으로 전환된다.

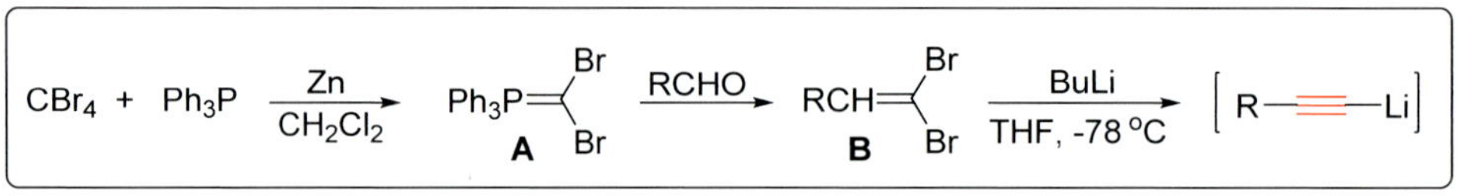

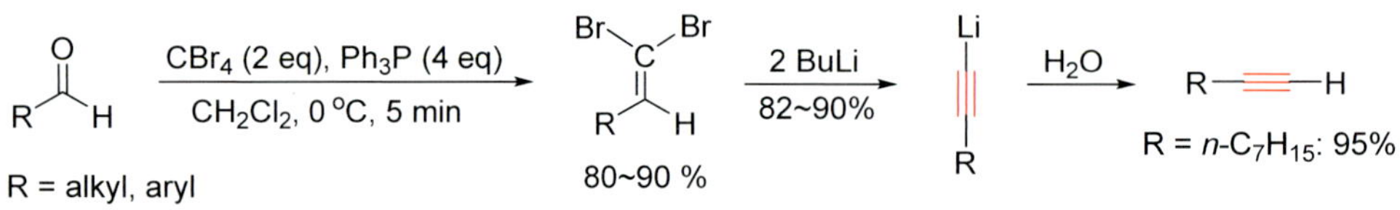

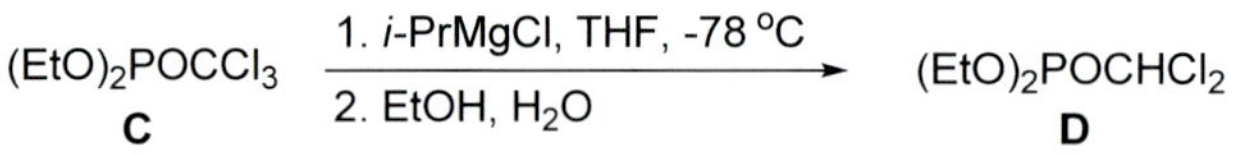

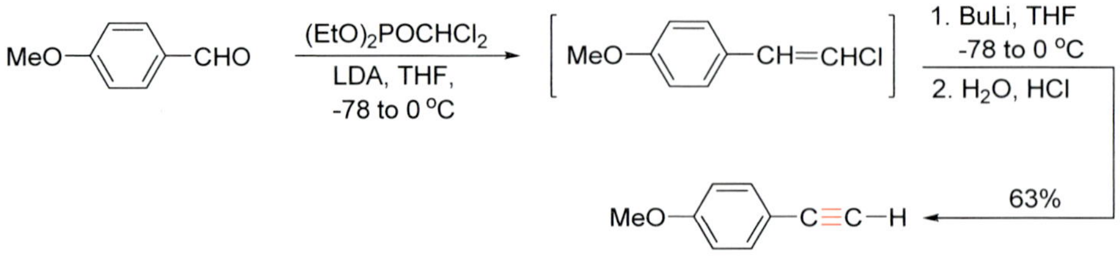

CBr_4 + Ph_3P → (Zn, CH_2Cl_2) → Ph_3P=CBr_2 (A) → (RCHO) → RCH=CBr_2 (B) → (BuLi, THF, -78 °C) → [R—≡—Li]

RCHO → (CBr_4 (2 eq), Ph_3P (4 eq), CH_2Cl_2, 0 °C, 5 min) → Br_2C=CHR (80~90 %) → (2 BuLi, 82~90%) → R—C≡C—Li → (H_2O) → R—≡—H

R = alkyl, aryl

R = *n*-C_7H_{15}: 95%

$(EtO)_2POCCl_3$ (C) → (1. *i*-PrMgCl, THF, -78 °C; 2. EtOH, H_2O) → $(EtO)_2POCHCl_2$ (D)

MeO—C_6H_4—CHO → ($(EtO)_2POCHCl_2$, LDA, THF, -78 to 0 °C) → [MeO—C_6H_4—CH=CHCl] → (1. BuLi, THF, -78 to 0 °C; 2. H_2O, HCl; 63%) → MeO—C_6H_4—C≡C—H [12-14]

그림 12.14 알데하이드의 아세틸화 반응

한편, diethyl(trichloromethyl)phosphate (C)를 *i*–PrMgCl로 환원하면 Wittig 시약의 일종인 diethyl(dichloromethyl)phosphate (D)가 생성된다. 이를 LDA와 반응시킨 후 알데하이드와 반응시키면 Wittig 반응이 일어나 염소화 비닐 유도체가 생성된다. 이를 분리하지 않고 *n*–BuLi와 반응시키면 제거 반응이 일어나 말단 알카인이 생성된다 (그림 12.14).

Benzil dihydrazone의 산화 반응

Benzil dihydrazone을 산소로 산화 반응시키면 산화 반응에 의한 diphenylacetylene이 합성된다.

Benzil —(NH_2NH_2)→ Benzil dihydrazone —(CuCl, O_2, 97%)→ Ph—≡—Ph [12-15]

아세틸라이드 음이온의 치환 반응과 첨가 반응

말단 알카인의 수소는 pK_a 25인 탄소산으로 $NaNH_2$, Grignard 시약과 LDA (또는 *n*–BuLi)와 같은 염기에 의해 탈양성자화되어 아세틸라이드 (acetylide, $HC\equiv C^{\ominus}M^{\oplus}$) 또는 알카이닐라이드 (alkynylide, $RC\equiv C^{\ominus}M^{\oplus}$) 음이온을 형성한다. 이들을 1° 할로젠화 알킬과 S_N2 반응시키면 탄소 사슬이 늘어난 알카인 화합물이 생성된다. 또한 이들을 알데하이드 또는 케톤과 반응시키면 카보닐 탄소에 친핵성 첨가 반응이 일어나 아세틸렌성 알코올 (acetylenic alcohol)이 생성된다. 이들 반응에 관한 구체적 반응 예는 9.3.1절의 그림 9.8과 9.9를 참조하길 바란다.

알카이닐 붕소 착물의 분자 내 알킬기 자리 이동 반응

아세틸렌 또는 말단 알카인에 *n*–BuLi을 반응시켜 생성된 리튬 아세틸라이드 또는 알카닐라이드를 R_3B 또는 Ar_3B와 반응시키면 알카이닐 붕소 'ate' 착물이 생성된다. 이 착물에 I_2를 반응시키면 착물의 R_3B 또는 Ar_3B 부위에서 알킬기 또는 아릴기 한 개가 분자 내 자리 이동하여 전자가 부족한 탄소 원자와 결합한 뒤 제거 반응이 일어나 R 또는 Ar기가 말단 알카인 탄소로 이동한 새로운 알카인 화합물이 생성된다 (그림 12.15). 이 반응에서 알킬기가 자리 이동을 할 때 알킬기의 입체 화학은 변하지 않고 그대로 유지된다.

$[R-C\equiv C-\overset{\ominus}{B}R'_3]\,Li^{\oplus}$ —(I_2)→ [iodonium intermediate] → [$R(I)C=C(R')-B^{\ominus}R'_2$, $I^{\ominus}$] → R—≡—R'

t-Bu—≡—H →(n-BuLi, THF, 0 °C) t-Bu—≡—Li →(Ph_3B) [t-Bu—≡—$B^{\ominus}Ph_3$] $Li^{\oplus}$ →(I_2) t-Bu—≡—Ph 83%

1-methylcyclopentene →(BH_3-THF, THF, rt) (2-methylcyclopentyl)$_3$B →(H—≡—Li, THF, rt) [(2-methylcyclopentyl)$_3B^{\ominus}$—≡—H] $Li^{\oplus}$ →(I_2, THF, -78 °C) 2-methylcyclopentyl-C≡CH 66%

그림 12.15 알카이닐 붕소 착물의 분자 내 자리 이동 반응을 이용한 알카인의 합성

짝지음 반응

할로젠화 비닐 또는 아릴을 Pd^0 및 Cu^{1+} 촉매를 사용하여 염기 존재 하에서 말단 알카인 화합물과 반응시키면 알카인의 말단 위치의 sp 탄소와 할로젠화 비닐 또는 아릴의 할로젠기의 sp^2 탄소가 서로 결합한 (짝지음 반응) enyne 화합물이 합성된다 (**Sonogashira 반응**). 이 반응에 관한 구체적 반응 예는 11.2.12절의 그림 11.27을 참조하길 바란다.

R−X + H—≡—R' →($Pd(PPh_3)_4$, CuI, 염기) R—≡—R'

RX: R = alkenyl, aryl, heteroaryl; X = I, Br, Cl, OTf
R' = H, alkyl, alkenyl, aryl, Me_3Si; 염기 = Et_2NH, Et_3N, $(i-Pr)_2NEt$, $(Chx)_2NH$

CHAPTER 12 참고 문헌

[12-1] *Org. Synth. Coll.* **1955**, *3*, 623.
[12-2] *Org. Synth. Coll.* **1963**, *4*, 480.
[12-3] *Org. Synth.* **2010**, *87*, 201.
[12-4] *Org. Synth. Coll.* **1973**, *5*, 751.
[12-5] *Org. Synth. Coll.* **1973**, *5*, 499.
[12-6] *Org. Synth. Coll.* **1973**, *5*, 547.
[12-7] *Org. Synth. Coll.* **2004**, *10*, 355.
[12-8] *Org. Synth. Coll.* **1993**, *8*, 512.
[12-9] *Org. Synth. Coll.* **1993**, *8*, 386.
[12-10] *Org. Synth. Coll.* **1990**, *7*, 236.
[12-11] *Org. Synth. Coll.* **1990**, *7*, 290.
[12-12] *Org. Synth. Coll.* **1990**, *7*, 63.
[12-13] *Org. Synth. Coll.* **1998**, 9, 411.
[12-14] *Org. Synth. Coll.* **1998**, *9*, 230.
[12-15] *Org. Synth. Coll.* **1963**, *4*, 377 and Vogel's Textbook 514p.

CHAPTER 13

반응 선택성

반응 선택성 (selectivity of reaction)이란 이성질체가 존재할 수 있는 목표 분자를 합성할 때 어느 한쪽 이성질체 (단일 이성질체)만을 생성시키던가 또는 어느 한쪽을 우선하여 선택적으로 생성시키는 반응의 특성을 말하며 **화학 선택성** (chemeoselectivity), **위치 선택성** (regioselectivity)과 **입체 선택성** (stereoselectivity) 등 크게 세 가지로 분류한다. 이들 반응 특성을 나타내는 반응을 **선택 반응** (selective reaction)이라고 하며, 선택 반응 중 오직 단일 이성질체만을 생성시키는 반응을 **특이적 반응** (specific reaction) [예. 위치 특이적 (regiospecific), 입체 특이적 (stereospecific)]이라고 한다. 이 장에서는 치환 반응 (2장), 제거 반응 (3장), 첨가 반응 (4장), 산화 반응 (5장), 환원 반응 (6장)에서 이미 공부한 반응 선택성에 추가하여 탄소-탄소 결합 생성 반응 (9장 및 10장)에서 관찰되는 위치 선택성 반응과 입체 선택성 반응을 종합적으로 정리하고 **비대칭 합성 반응** (asymmetric synthesis)에 관해서도 간단히 소개하고자 한다.

13.1 화학 선택성과 화학 선택 반응

두 개 이상의 작용기를 가지고 있는 반응 기질이 반응 시약과 반응할 때 그 중 어느 한 작용기가 다른 작용기보다 먼저 반응하는 특성을 **화학 선택성** (chemoselectivity)이라고 하며 이와 관련된 반응을 **화학 선택 반응** (chemoselective reaction)이라고 한다. 화학 선택성은 주로 작용기의 반응성과 반응 시약의 반응 특성의 차이 때문에 일어난다. 예를 들면 *p*-aminophenol과 acetic anhydride를 반응시키면 해열 진통제인 *p*-acetamidophenol (tylenol)이 생성되는데 이것은 반응 기질인 *p*-aminophenol에 있는 'OH기'와 'NH_2기'의 친핵성 차이 때문이다 ('NH_2기'가 'OH기'보다 친핵성이 더 크다). 한편, 환원제인 $LiAlH_4$는 거의 모든 작용기를 환원시킬 수 있는 강력한 환원제이나 $NaBH_4$는 산염화물, 알데하이드 및 케톤과 같은 환원되기 쉬운 작용기만 환원할 수 있는 약한 환원제이다 (6.1절). 따라서 ethyl acetoacetate와 같이 한 분자 내에 케톤기와 에스터기를 동시에 가지고 있는 화합물을 $NaBH_4$와 반응시키면 에스터기는 환원되지 않고 케톤기만 선택적으로 환원되지만 $LiAlH_4$는 두 작용기 모두를 알코올로 환원시킨다. 이 경우 $NaBH_4$의 환원 선택성이 $LiAlH_4$보다 높다고 말한다.

NH_2 / HO — $(CH_3CO)_2O$ → $NHCOCH_3$ / HO

NH_2기가 OH기보다 친핵성이 더 크다

$NaBH_4$는 약한 환원제이기 때문에 케톤기만 환원시키고 에스터기는 환원시키지 못한다

유기 합성에서 중요하게 사용되는 화학 선택 반응으로 선택 산화 반응 (5.6절)과 선택 환원 반응 (6.12절) 등이 있으며 이에 관한 구체적인 반응 예들은 해당 항목 (절)을 참조하길 바란다.

13.2 위치 선택성과 위치 선택 반응

위치 선택성 (regioselectivity)이란 한 분자 내에 반응이 일어날 수 있는 부위 (위치)가 두 군데 이상 있을 때 어느 한 곳에서 반응이 우선하여 일어나는 반응 특성을 말하며 이와 관련된 반응을 **위치 선택 반응** (regioselective reaction)이라고 한다. 위치 선택성은 구조 이성질체의 생성과 밀접한 관계를 가지고 있다. 위치 선택 반응 중 반응이 오직 어느 한 곳에서만 일어날 경우 이를 **위치 특이적 반응** (regiospecific reaction)이라고 한다. 유기 합성 반응에서 위치 선택 반응이 일어나는 예들을 그림 13.1에 나타내었다.

치환 벤젠의 친전자성 치환 반응 (2.2.2절) (*o*−, *m*−, *p*− 지향성)

비대칭 에폭사이드의 고리 열림 반응

엔올 음이온의 *C*−알킬화 반응과 *O*−알킬화 반응

비대칭 케톤의 알킬화 반응

제거 반응 (3장) (Zaitsev 규칙)

알켄의 친전자성 첨가 반응 (Markovnikov 규칙)	$R_1R_2C{=}CR_3R_4$	X−Y →	$R_1R_2CX{-}CYR_3R_4$	and/or	$R_1R_2CY{-}CXR_3R_4$
콘쥬게이트 카보닐 화합물의 친핵성 첨가 반응		$:Nu^{\ominus}$ →	Nu, 1,4−첨가	and/or	Nu, OH, 1,2−첨가

그림 13.1 위치 선택 반응의 형태

13.2.1 위치 선택 치환 반응

친전자성 방향족 치환 반응

치환기를 가진 벤젠 고리의 친전자성 방향족 치환 반응에서 친전자체가 치환되는 위치는 벤젠 고리에 치환된 치환기의 성질에 따라 결정되며 이 결과 *ortho, meta*와 *para* 이성질체가 생성한다 (2.2.3절, 그림 2.20과 2.21 참조). 따라서 방향족 화합물을 합성할 경우 이 지향성을 잘 이용해야만 벤젠 고리의 불필요한 위치 이성질체의 생성을 최소화시킬 수 있다. 예를 들어 벤젠 고리에 치환기가 세 개 있는 2-chloro-4-nitrotoluene을 한 개의 치환기를 가진 벤젠 유도체로부터 합성하는 계획을 세운다고 가정하자. 출발물은 toluene, chlorobenzene과 nitrobenzene 중 하나가 선택될 것이다. 이 중 어느 것을 선택할 것인가에 대한 가장 먼저 고려할 사항은 이들 출발물에 있는 치환기의 지향성이다. 출발물 중 toluene과 chlorobenzene은 친전자체에 대해 *o*−, *p*−지향성이고 nitrobenzene은 *m*−지향성이다. 따라서 이들의 지향성을 고려할 때 목표 분자를 합성하는 데 가장 적합한 출발물은 톨루엔임을 알 수 있다.

Toluene (Me)

Nitrobenzene (NO_2) ⇍ 2-Chloro-4-nitrotoluene (Me, O_2N, Cl) ⇏ Chlorobenzene (Cl)

2-Chloro-4-nitrotoluene

$$\text{Toluene } (CH_3) \xrightarrow[H_2SO_4]{HNO_3} O_2N\text{-}C_6H_4\text{-}CH_3 \xrightarrow[FeCl_3]{Cl_2} \text{2-chloro-4-nitrotoluene } (CH_3, O_2N, Cl)$$

또 다른 예로 벤젠에서 *m*-dibormobenzene을 합성하는 방법을 생각해 보자. 이 물질의 합성법으로 벤젠 고리에 직접 브로민화시키는 반응은 일차적으로 생성된 브로모벤젠이 *o*-, *p*-지향성을 나타내기 때문에 사용할 수 없다. 따라서 다음 반응식과 같이 nitrobenzene을 먼저 합성한 후 브로민화 반응시켜 얻은 *m*-bromonitrobenzene을 환원하여 얻은 *m*-bromoaniline을 다이아조화 반응을 거쳐 CuBr과 반응시켜 NH_2기를 Br기로 치환시켜 (**Sandmeyer 반응**) 이 물질을 합성하는 것이 가장 합리적 합성법으로 추천된다 (그림 13.2).

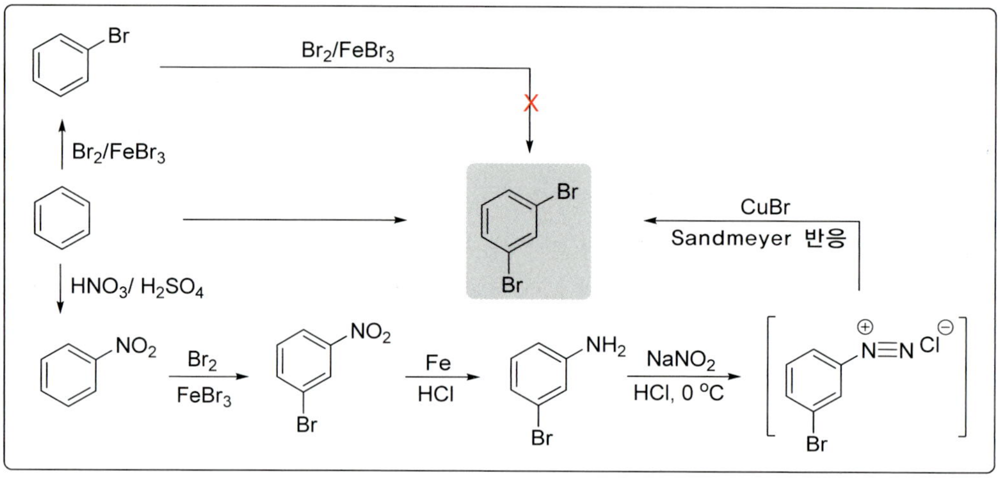

그림 13.2 벤젠으로부터 *m*-Dibromobenzene의 합성법

비대칭 에터의 절단 반응 및 비대칭 에폭사이드의 고리 열림 반응

에터 결합 (C-O-C)은 강산, 할로젠화수소산 (HX), 또는 R_2AlCl, BCl_3 등과 같은 Lewis 산에 의해 결합이 끊어진다. 이 절단 반응은 비대칭 에터인 경우 위치 선택적으로 일어나게 되는데 R-O-R′ 에서 R 또는 R′ 기가 *tert*-butyl기인 경우 이 알킬기가 연결된 부위가 우선적으로 끊어진다 (위치 선택 반응). 그 이유는 이 부위에서 S_N1 또는 E1 반응이 잘 일어날 수 있기 때문이다. 한편, 비대칭 에폭사이드인 2,2-dimethyloxirane는 양성자 존재 하에 MeOH과 반응할 경우 (반응 조건 A) 2-methoxy-2-methylpropan-1-ol이, MeOH 용매 속에서 MeONa과 반응할 경우 (반응 조건 B) 2-methoxy-2-methylpropan-2-ol이 주 생성물로 생성된다. 반응 조건 A의 경우 친핵체인 MeOH가 에폭사이드 고리를 구성하고 있는 두 개의 탄소 원자 중 더 많이 치환된 탄소 원자 부위 (α 위치)를 우선적으로 공격하여 고리 열림 반응이 일어난 결과이며, 이와 같은 형태의 반응을 **S_N1형 고리 열림 반응**이라고 한다. 이 반응이 우선적으로 일어나는 이유는 에폭사이드의 산소 원자에 양성자가 배위하면 전이 상태에서 안정한 3° 탄소 양이온 형태의 친전자성 탄소 부위가 더 많이 생성될 수 있기 때문이

다. 반면에, 염기성 조건인 경우 (반응 조건 B) 친핵체인 MeO^- 이온이 에폭사이드 구조 중 입체 장애가 더 작은 부위인 탄소 원자 (β 위치)를 우선적으로 공격하여 일어나는 고리 열림 반응이 유리하게 일어난다. 이와 같은 반응 형태를 **S_N2형 고리 열림 반응**이라고 한다 (그림 13.3).

H_2SO_4, E1
OH +

HBr, S_N1
Br + CH_3OH (not OH + CH_3Br)

CH_3 HBr, S_N2
OH + CH_3Br (not Br + CH_3OH)

HO OMe ← $MeO^{\ominus}Na^{\oplus}$, S_N2 type — O, α, β, MeOH, $MeO^{\ominus}$ — MeOH, $H^{\oplus}$, S_N1 type → MeO OH

2-Methoxy-2-methylpropan-2-ol　　2-Methoxy-2-methylpropan-1-ol

β 입체 장애가 작은 부위를 공격
$MeO^{\ominus}$ S_N2 type

H O α + MeOH S_N1 type

그림 13.3 비대칭 에터의 선택 깨짐 반응과 에폭사이드의 선택 고리 열림 반응

엔올 음이온의 *C*-알킬화 반응과 *O*-알킬화 반응

엔올 음이온은 산소 원자 부위와 탄소 원자 부위에 음전하를 가지고 있기 때문에 양쪽성 (ambident) 친핵체로 작용할 수 있다. 따라서 엔올 음이온은 친전자성 반응 기질인 할로젠화 알킬과 반응하여 *C*-알킬화 또는 *O*-알킬화 반응 생성물을 생성시킬 수 있다.

산소 친핵체로 작용

O-알킬화 반응　$R-C(O^{\ominus})=CH_2$ + $R'-X$ ⟶ $R-C(O-R')=CH_2$　X = OMs, OTs

C-알킬화 반응　$R-C(O^{\ominus})=CH_2$　$R'-X$ ⟶ $R-C(=O)-CH_2-R'$　X = I, Br, Cl

탄소 친핵체로 작용

이 중 *C*-알킬화 반응은 일반적으로 해리되지 않은 엔올 음이온의 반응에서 잘 일어나고, *O*-알킬화 반응은 그 반대이다. 즉, *C*-알킬화 반응은 덩치가 작은 양이온 (예. $Li^{\oplus}$)이 짝이온으로 결합한 엔올 음이온이 해리되지 않은 상태에서 극성 또는 양성자성 용매 속에서 친핵체와 반응할 때 잘 일어난다. $Li^{\oplus}$-엔올 음이온의 산소 원자는 덩치가 작고 강한 Lewis 산인 $Li^{\oplus}$ 양이온과 이온성 공유 결합을 하고 있고 또한 이 음이온과 짝을 이룬 양이온은 THF와 DME (1,2-dimethoxyethane)와 같은 극성 용매에 의해 용매화되어 안정화될 수 있다. 양성자 용매에서는 엔올 음이온의 산소 음이온이 용매의 양성자와 수소 결합에 의한 안정화를 통해 엔올 음이온이 안정화될 수 있다. 그 결과 엔올 음이온의 해리를 최소화시켜 *C*-알킬화 반응이 유리해진다. 반대로, *O*-알킬화 반응은 덩치가 큰 양이온과 결합한 $K^{\oplus}$ 또는 $Na^{\oplus}$-엔올 음이온이 DMSO와 DMF 같은 강한 극성을 가진 비양성자성 용매에서 반응할 때 잘 일어난다. 그 이유는 $Na^{\oplus}$ 또는 $K^{\oplus}$처럼 양이온의 덩치가 커지면 엔올 음이온의 산소 원자와 결합력이 떨어져 이온성 공유 결합의 성질이 약해지고 또한 강한 비양성자성 극성 용매는 양이온을 용매화시키는 데 유리하게 작용하여 엔올 음이온의 해리를 촉진시킬 수 있으므로 엔올 음이온의 산소 원자는 친핵성이 증가되어 *O*-알킬화 반응을 선호하게 만든다. 알킬화제로 사용되는 R-I의 경우 *C*-알킬화 반응을 선호하고, R-OTs는 *O*-알킬화 반응을 선호하는데 그 이유는 '강한 친핵체 (경성 친핵체, 산소 친핵체)는 강한 친전자체 (R-OTs)와 반응하기 쉽고 약한 친핵체 (연성 친핵체, 탄소 친핵체)는 약한 친전자체 (R-I)와 반응하기 쉬운 경향을 가진다'는 **HSAB 원리** (13.2.3절)로 설명한다 (그림 13.4).

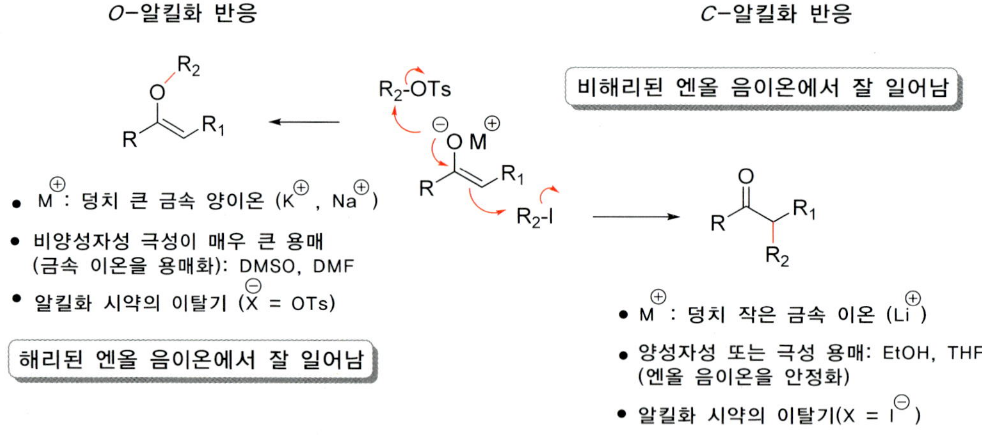

그림 13.4 엔올 음이온의 *C*-알킬화 반응과 *O*-알킬화 반응: 양이온, 용매와 이탈기 효과

비대칭 케톤의 알킬화 반응: 위치 선택적 알킬화 반응

2-Methylcyclohexanone과 같이 카보닐기 양쪽에 산도가 비슷한 α 수소가 두 곳 (α와 α')에 있는 비대칭 케톤에서 엔올 음이온의 알킬화 반응이 일어날 때 알킬기가 어느 한쪽 위치를

선호하여 선택적으로 도입되는 반응을 **위치 선택적 알킬화 반응** (regioselective alkylation)이라고 한다. 이 결과는 두 개의 생성 가능한 엔올 음이온 A와 B 중 어느 음이온이 친핵체로 더 많이 관여하느냐에 달려 있다. 위에서 예로 든 비대칭 케톤에서 입체 장애가 작은 위치에 있는 α' 수소가 탈양성자화되어 생성된 삼중 치환 알켄 구조를 가진 A 형태의 엔올 음이온을 **속도 지배 엔올 음이온**이라고 하고, 입체 장애가 더 큰 위치에 있는 α 수소가 탈양성자화되어 생성된 사중 치환 알켄 구조를 가진 B 형태의 엔올 음이온을 **열역학적 지배 엔올 음이온**이라고 한다. 엔올 음이온 B가 A보다 알킬기가 더 많이 치환된 알켄 구조를 가지고 있으므로 열역학적으로 더 안정하다 (3.9.1절).

LDA, THF, -78 °C → 속도 지배 엔올 음이온, A → (allyl bromide) → 속도 지배 생성물

2-Methyl-cyclohexanone

t-BuOK, t-BuOH, 25 °C → 열역학적 지배 엔올 음이온, B → (allyl bromide) → 열역학적 지배 생성물

속도 지배 음이온 (A)이 우선적으로 생성되는 반응 조건을 **속도 지배 조건** (kinetic control)이라고 하고 열역학적 지배 음이온 (B)이 우선적으로 생성되는 반응 조건을 **열역학적 지배 조건** (thermodynamic control)이라고 한다. 일반적으로 과량의 강염기 (LDA 선호) 존재 하에 미반응 케톤이 없이 낮은 반응 온도 (−78℃)에서 알킬화 반응이 일어나면 속도 지배 생성물이 우선적으로 생성되고, 약한 염기 (예. RONa)를 사용하거나 미반응 케톤이 존재하는 상태에서 상대적으로 높은 온도 (실온)에서 반응이 일어나면 열역학적 생성물이 우선하여 생성된다 (그림 13.5 및 표 13.1).

2-methylcyclohexanone (1.0 eq) + LDA (1.05 eq) —THF, -78 °C→ A (99%) + B (1%)

염기가 과량

속도 지배 엔올 음이온

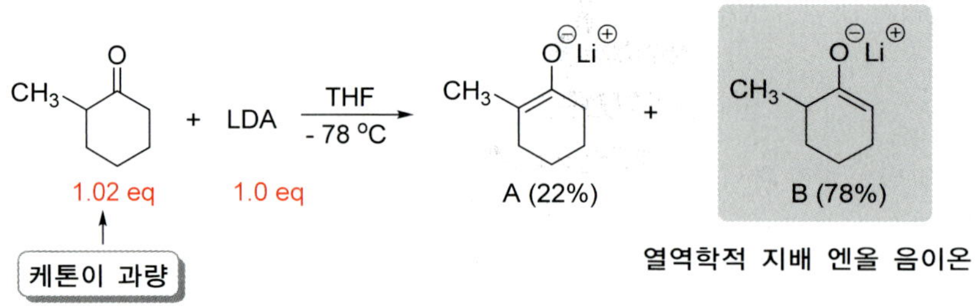

CH₃-cyclohexanone + LDA —THF, -78 °C→ A (22%) + B (78%)

1.02 eq　1.0 eq

케톤이 과량

열역학적 지배 엔올 음이온

과잉으로 존재하는 케톤에 의해 속도 지배 엔올 음이온 (A)이 평형 반응에 의해 더 안정한 열역학적 지배 엔올 음이온 (B)으로 전환된다.

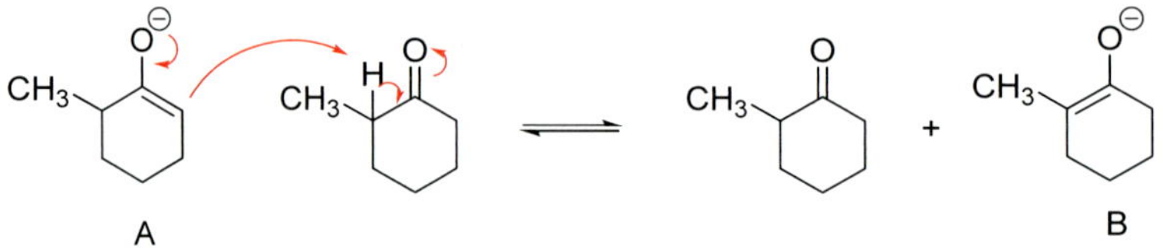

A　B

그림 13.5 속도 지배 엔올 음이온과 열역학적 지배 음이온 생성 반응 조건

표 13.1 비대칭 케톤의 속도 지배 엔올 음이온과 열역학적 지배 엔올 음이온이 생성되는 조건

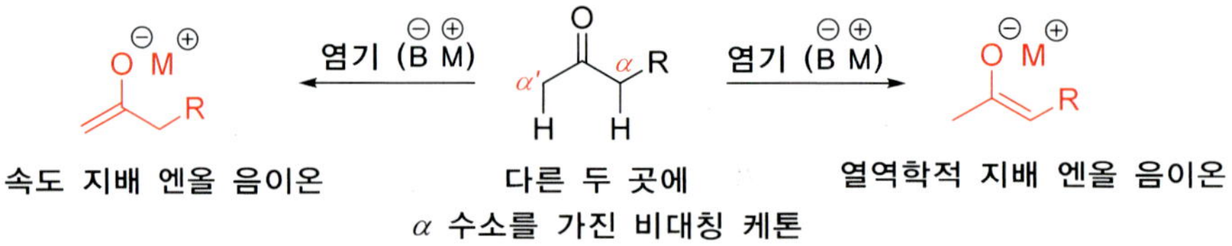

염기 (B M)　염기 (B M)

속도 지배 엔올 음이온　다른 두 곳에 α 수소를 가진 비대칭 케톤　열역학적 지배 엔올 음이온

		속도 지배 엔올 음이온	열역학적 지배 엔올 음이온
구조		덜 치환 알켄	더 치환 알켄
안정도		덜 안정	더 안정
사용 염기		입체 장애가 큰 강염기 선호 (예: LDA)	알콕사이드 또는 금속 수화물 선호 (예: RONa, KH)
짝 양이온 금속		$Li^{\oplus}$ 선호	$K^{\oplus}$, $Na^{\oplus}$ 선호
생성 조건	전체	비가역적	가역적
	염기의 당량	당량보다 과량 사용	당량 사용
	반응 조작	염기에 케톤 첨가	케톤에 염기 첨가
	잉여 (미반응) 케톤	존재하지 않도록 함	존재 허용 (평형에 유리)
	잉여 (미반응) 케톤	낮은 온도 선호 (흔히 −78℃)	상온 선호
	반응 시간	짧은 시간 선호	장시간 (평형 도달 시간) 선호

비대칭 케톤인 2-methylcyclohexanone의 알킬화 반응에서 열역학적 지배 생성물만 얻으려면 그림 13.6에 나타낸 예와 같이 열역학적으로 안정한 구조를 가진 silyl enol ether 또는 enol acetate를 먼저 합성하고 MeLi로 처리하여 열역학적 엔올 음이온으로 전환시켜 알킬화 반응을 수행하면 된다.

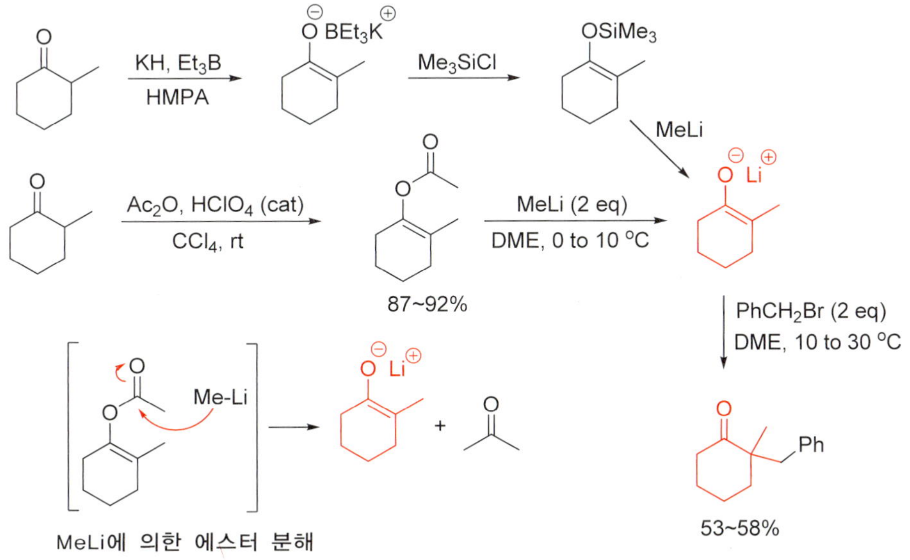

KH, Et_3B / HMPA → Me_3SiCl → MeLi

Ac_2O, $HClO_4$ (cat) / CCl_4, rt → 87~92% → MeLi (2 eq) / DME, 0 to 10 °C → $PhCH_2Br$ (2 eq) / DME, 10 to 30 °C → 53~58% [13-1]

MeLi에 의한 에스터 분해

그림 13.6 비대칭 케톤의 알킬화 반응에서 열역학적 지배 생성물만 얻는 방법

비대칭 케톤에 대한 위치 선택성 알킬화 반응은 엔아민 알킬화 반응 (10.3.2절)으로도 가능하다. 2-Methylcyclohexanone과 pyrolidine을 반응시키면 입체 장애 (1,3-allylic strain) 때문에 덜 치환된 알켄 형태의 엔아민 A가 더 치환된 형태의 엔아민 B보다 우선적으로 생성된다. 따라서 이 방법을 이용하면 입체 장애가 더 작은 α 탄소에 알킬기가 치환된 생성물을 주 생성물로 얻게 된다.

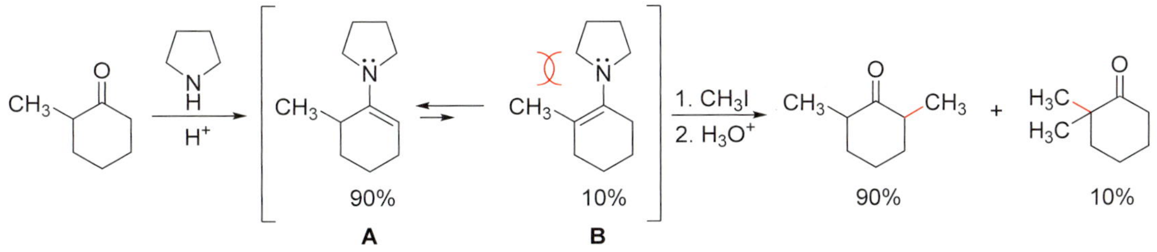

H^+ → A 90% ⇌ B 10% → 1. CH_3I 2. H_3O^+ → 90% + 10%

13.2.2 위치 선택 제거 반응

3.9절에서 이미 공부한 바와 같이 두 개 이상의 β 수소를 가진 할로젠화 알킬을 염기와 반응시켜 E2 제거 반응을 수행하면 **Zaitsev 규칙**에 의해 알킬기가 더 많이 치환된 알켄이 주

생성물로 생성된다. 이 법칙이 성립하는 이유는 제거 반응은 전이 상태가 *anti*–**준평면 형태** (*anti*–periplanar conformation)를 거쳐 일어나고 더 치환된 알켄이 열역학적으로 더 안정하기 때문이다. 그러나 할로젠기보다 이탈성이 나쁘고 덩치가 큰 트라이알킬암모늄염 ($R_3N^{\oplus\ominus}OH$)인 경우 알킬기가 덜 치환된 알켄이 우선적으로 생성된다 (Hofmann **제거 반응**).

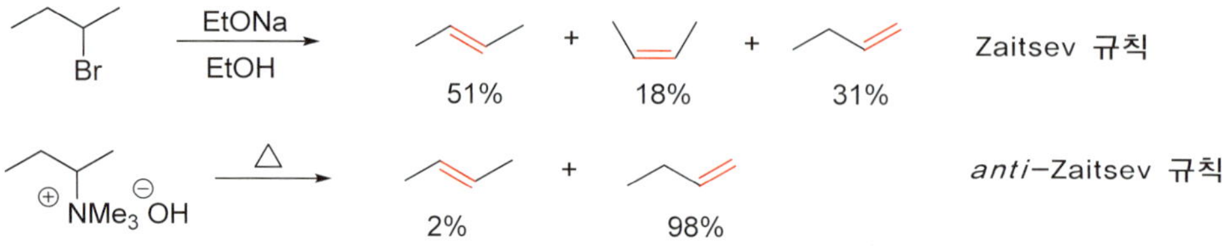

EtONa / EtOH: 51% + 18% + 31% — Zaitsev 규칙

△: 2% + 98% — *anti*–Zaitsev 규칙

한편, 1–methylcyclohexanol (A)을 산 촉매 하에서 가열하면 E1 제거 반응이 일어나 치환기가 더 많이 치환된 1–methylcylcohexene이 우선적으로 생성되지만, 반대로 1–chloro–1–methylcyclohexane (B)을 덩치 큰 염기 (Et_3COK)와 E2 제거 반응을 시키면 알킬기가 덜 치환된 *exo* 알켄이 생성된다. 이는 입체 장애로 인하여 고리 탄소에 있는 β 탄소의 수소 원자를 양성자로 떼어 내기보다는 입체 장애가 덜한 고리 밖의 β 위치의 메틸기의 수소 원자를 양성자로 떼어내기 쉽기 때문이다 (그림 13.7). 이 반응에서 반응 기질 B는 A를 염산과 반응 (S_N1 반응)시켜 쉽게 얻을 수 있다. 따라서 이 반응은 동일 출발물로부터 위치 선택 반응을 이용하여 이중 결합의 위치가 다른 알켄의 구조 이성질체를 얻는 반응 예이다.

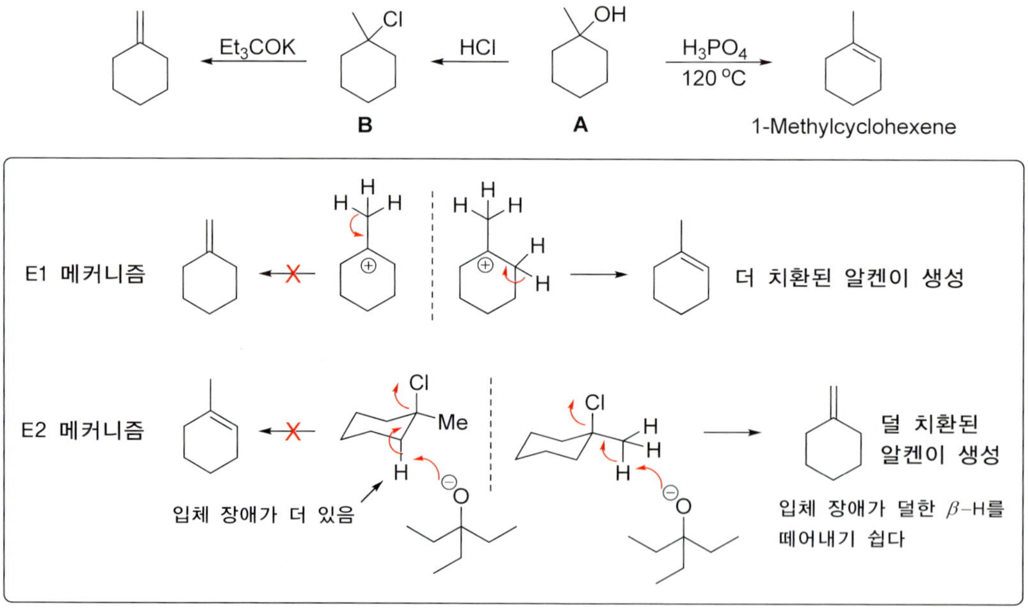

Et_3COK ← B ← HCl ← A → H_3PO_4, 120 °C → 1-Methylcyclohexene

E1 메커니즘 — 더 치환된 알켄이 생성

E2 메커니즘 — 입체 장애가 더 있음 — 덜 치환된 알켄이 생성 — 입체 장애가 덜한 β–H를 떼어내기 쉽다

그림 13.7 위치 선택 제거 반응

13.2.3 위치 선택 (특이적) 첨가 반응

비대칭 알켄의 수화 반응, 옥시수은 첨가-환원 반응, HX 첨가 반응 및 수소붕소화 첨가 반응

비대칭 알켄의 친전자성 첨가 반응에서 양성자 촉매 수화 반응 및 옥시수은 첨가-환원 반응 등과 같은 이온성 반응이 일어나면 Markovnikov형 알코올이 우선하여 생성되고, HX가 반응하면 Markovnikov형 할로젠화 알킬이 주 생성물로 생성된다 (4.2.2절). 반면에, 수소붕소화 첨가-산화 반응 (4.2.3절)을 시키거나 라디칼 조건에서 HBr의 첨가 반응 (4.3.1절)을 수행할 경우 각각 *anti*-Markovnikov형 알코올과 할로젠화 알킬이 주 생성물로 위치 선택적 또는 위치 특이적으로 생성된다 (그림 13.8).

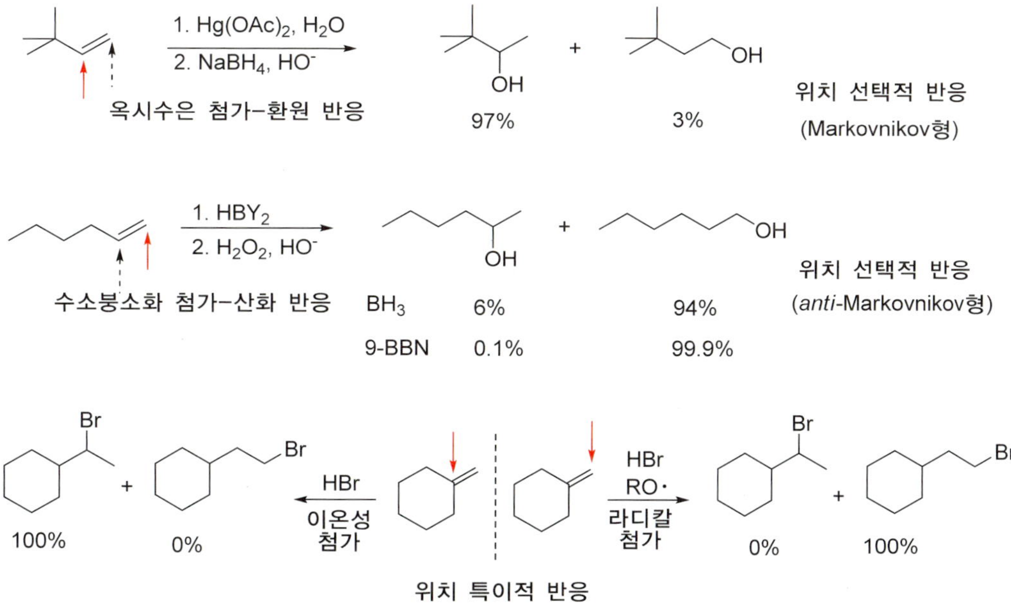

1. $Hg(OAc)_2$, H_2O
2. $NaBH_4$, HO^-
옥시수은 첨가-환원 반응
OH 97% + OH 3%
위치 선택적 반응 (Markovnikov형)

1. HBY_2
2. H_2O_2, HO^-
수소붕소화 첨가-산화 반응
BH_3 6% 94%
9-BBN 0.1% 99.9%
위치 선택적 반응 (*anti*-Markovnikov형)

Br 100% + Br 0% ← HBr 이온성 첨가
HBr RO· 라디칼 첨가 → Br 0% + Br 100%
위치 특이적 반응

그림 13.8 알켄의 위치 선택 또는 위치 특이적 반응 예

1,2-첨가 반응과 1,4-첨가 반응 (콘쥬게이트 첨가 반응)

α,β-불포화 카보닐 화합물에서 친핵성 첨가 반응이 일어나는 경우 1,4-첨가 반응 (1,4-addition)과 1,2-첨가 반응 (1,2-addition)이 경쟁적으로 일어난다 (4.5.1절). 이 반응의 위치 선택성은 반응 기질의 구조, 친핵체의 친핵성 및 반응 온도에 의해 지배를 받는다.

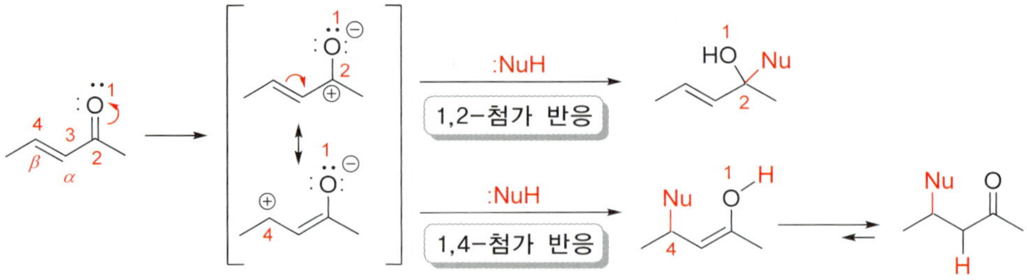

- 반응 기질의 구조: 카보닐기의 입체 장애가 작으면 1,2-첨가 반응을 선호한다.

카보닐기 인근에 입체 장애가 있으면 1,4-첨가 반응을 선호한다. 따라서 비슷한 구조에서 알데하이드는 케톤보다 1,2-첨가 반응을 선호한다. 또한 카보닐기의 반응성이 클수록 1,2-첨가 반응을 선호한다 (그림 13.9).

카보닐기의 입체 장애가 작을수록 1,2-첨가 반응을 선호한다.

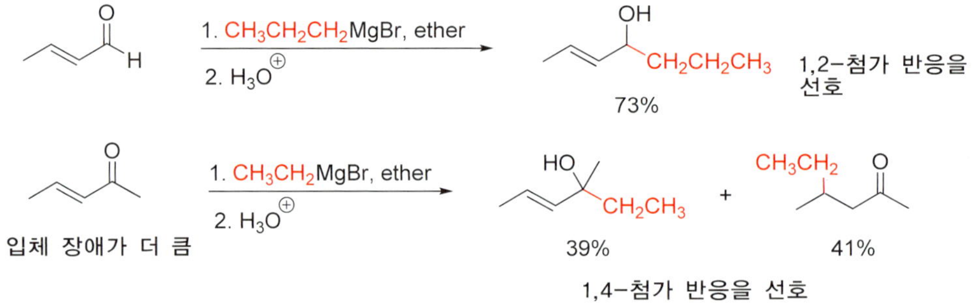

1. $CH_3CH_2CH_2MgBr$, ether
2. $H_3O^{\oplus}$

$CH_2CH_2CH_3$ 73% 1,2-첨가 반응을 선호

1. CH_3CH_2MgBr, ether
2. $H_3O^{\oplus}$

입체 장애가 더 큼

CH_2CH_3 39% + CH_3CH_2 41%

1,4-첨가 반응을 선호

카보닐기의 반응성이 클수록 1,2-첨가 반응을 선호한다.

NH_3 → NH_2 1,2-첨가 반응을 선호

NH_3 → H_2N OMe 1,4-첨가 반응을 선호

카보닐기의 반응성 크기

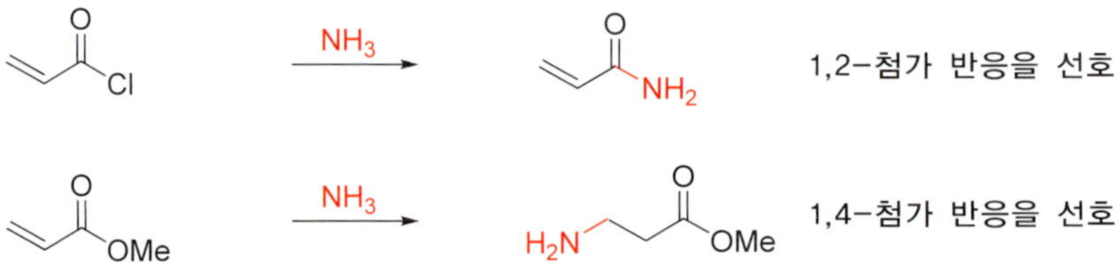

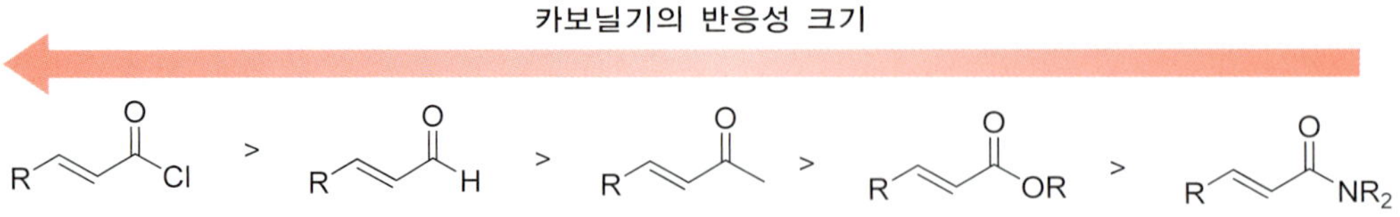

그림 13.9 반응 기질의 구조에 따른 친핵성 1,2- 및 1,4-첨가 반응의 선택 반응

- 친핵체의 친핵성이 클수록 1,2-첨가 반응을 선호한다.

친핵체는 크기 및 전자적 성질에 따라 **경성 친핵체** (hard nucleophile)와 **연성 친핵체** (soft nucleophile)로 나눌 수 있다. O, F, Cl 등과 같이 상대적으로 원자 크기가 작고 전기음성도 값이 커서 높은 전하 상태를 가진 친핵체를 경성 친핵체라고 하고, C, N, S, P, I 등 상대적으로 원자 크기가 크고 전기음성도 값이 작아 높은 편극성을 가진 친핵체를 연성 친핵체라고 한다. 한편, α,β-불포화 카보닐 유도체에서 친핵체의 공격을 받는 부위인 C-2 위치 (1,2-첨가)와 C-4 위치 (1,4-첨가)의 친전자성은 C-2 위치가 C-4 위치보다 더 크다. 일반적으로 강한 친핵체 (경성 친핵체)는 강한 친전자체와 반응하기 쉽고 약한 친핵체 (연성 친핵체)는 약한 친전자체와 반응하기 쉬운 경향을 가진다. 이를 **HSAB (hard soft acid base) 원리**라고 한다. 따라서 경성 친핵체는 1,2-첨가 반응, 연성 친핵체는 1,4-첨가 반응에 주로 참여한다. 예를 들어, 'C-Mg'의 전기음성도 값의 차이가 'C-Cu'보다 더 크기 때문에 (더 극성) Grignard 시약 (RMgX)이 구리 시약 (Gilmann 시약, R_2CuLi, 9.3.4절 참조)보다 더 강한 친핵성을 나타낸다. 따라서 Grignard 시약은 1,2-첨가 반응에 유리하고 구리 시약은 1,4-첨가 반응에 유리하다. HSAB 원리에 따른 1,2-첨가 반응과 1,4-첨가 반응의 선호 경향을 표 13.2에 나타내었다.

표 13.2 HSAB에 의한 1,2-첨가와 1,4-첨가 반응의 성향

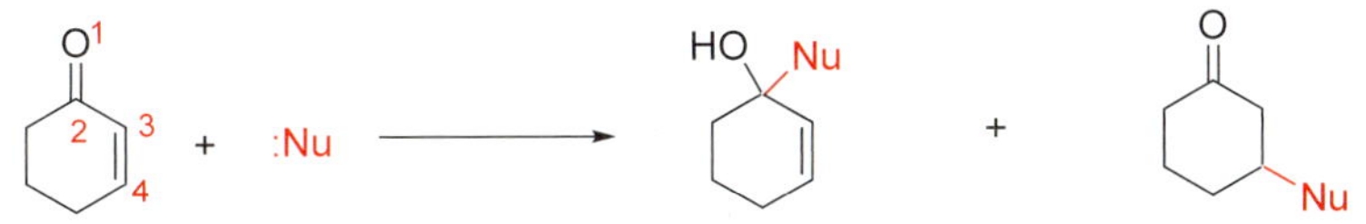

1,2-반응 첨가 생성물 1,4-반응 첨가 생성물

친핵성 원자	친핵체 (특성)	1,2-반응 첨가 생성물	1,4-반응 첨가 생성물
탄소 친핵체	$^{\ominus}C\equiv N$ (연성)		O
	RLi (경성)	O	
	R_2CuLi (연성)		O
	RMgX (경성)	O	
	RMgX/CuI (연성)		O
	$NaCH(CO_2Et)_2$ (연성)		O
수소 친핵체	$LiAlH_4$ (경성)	O	
	$NaBH_4$/CuI (연성)		O
헤테로 원자 친핵체	RNH_2 (연성)		O
	RSNa (연성)		O

- 반응 조건: 반응 온도가 낮으면 1,2-첨가 반응, 높으면 1,4-첨가 반응이 우선한다.

Methyl vinyl ketone에 NaCN을 첨가 반응시키면 낮은 온도 (5~10℃)에서는 1,2-첨가 생성물인 cyanohydrin이, 높은 온도 (80℃)에서는 1,4-첨가 생성물이 생성된다. 이와 같이 반응 조건에 따라 다른 생성물이 생성되는 현상에 대하여 다음과 같이 설명한다. 이 반응은 1,2-첨가 반응이 우선적으로 일어나 **속도론적 생성물** (kinetic product)인 cyanohydrin이 생성되지만 $CN^{\ominus}$은 반응 중간체인 사면체 구조에서 쉽게 이탈될 수 있으므로 ($CN^{\ominus}$은 약염기로 이탈성이 좋다) 반응이 가역적이다. 따라서 이 반응은 낮은 온도에서 잘 일어난다. 반면에, 1,4-첨가 반응은 느린 반응이지만 비가역적으로 일어나므로 상대적으로 높은 온도에서는 **열역학적 생성물** (thermodynamic product)이 주로 생성된다 (그림 13.10).

NaCN, HCN
5~10°C
HO CN
NaCN, HCN
80°C
CN
느림
비가역적
빠름
가역적
NC
OH CN

그림 13.10 반응 조건에 따른 위치 선택적 사이안화 반응

한편, 이와 비슷한 콘쥬게이트 첨가 반응은 but-1,3-diene 같은 콘쥬게이트 다이엔과 HBr의 반응 (친전자성 콘쥬게이트 첨가 반응)에서도 관찰된다. 이 반응에 관한 구체적인 내용은 4.5.2절을 참조하길 바란다.

13.3 입체 특이 반응과 입체 선택 반응

입체 이성질체 (stereoisomer)란 분자 구조에서 원자의 연결 순서는 같으나 공간 배열이 다른 이성질체를 말하며 **거울상 이성질체** (enantiomer)와 **부분 입체 이성질체** (diastereomer)로 분류된다. 부분 입체 이성질체 중 알켄의 *cis–trans* **이성질체**를 **기하 이성질체** (geometric isomer) 또는 **E/Z 이성질체**라고도 한다. 입체 이성질체를 선택적으로 생성시키는 반응을 **입체 선택 반응** (stereoselective reaction)이라고 하며 입체 선택 반응 중 오직 어떤 한 가지 종류의 입체 이성질체만 생성시키는 반응을 **입체 특이 반응** (stereospecific reaction)이라고 한다.

13.3.1 입체 특이 반응

유기 합성 반응 중 S_N2 반응 (2.1.1절), E2-*anti* 또는 *syn* 제거 반응 (3.9절), 알켄과 알카인의 *anti* 또는 *syn* 첨가 반응 (4.2절 및 4.5절) 등이 대표적인 입체 특이 반응의 예에 해당한다 (그림 13.11). 이 반응의 특징은 생성물의 입체 배열이 출발물의 입체 배열에 의해 지배된다는 사실이다. 예를 들면 *cis*-2-butene과 *trans*-2-butene을 Br_2와 반응시키면 친전자성 *anti* 첨가 반응이 일어나 *cis*-2-butene의 경우 거울상 이성질체인 (2*S*,3*S*)-dibromobutane과 (2*R*,3*R*)-dibromobutane 이 1:1 혼합된 **라셈 혼합물** (racemic mixture)이 생성되나, *trans*-2-butene의 경우 **메조** (*meso*)**체**인 (2*S*,3*R*)-dibromobutane 또는 (2*R*,3*S*)-dibromobutane이 생성된다.

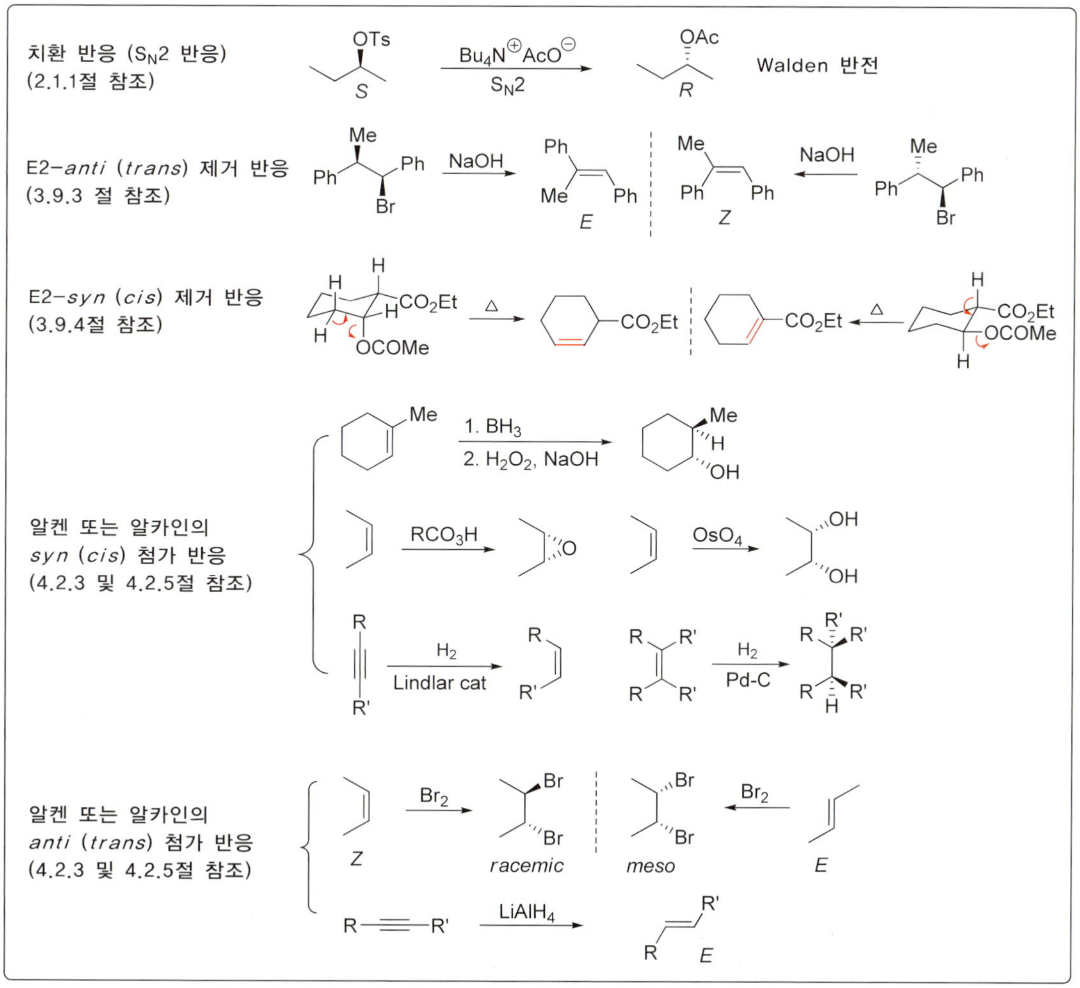

치환 반응 (S_N2 반응)
(2.1.1절 참조)
OTs, *S* — $Bu_4N^{\oplus}AcO^{\ominus}$, S_N2 → OAc, *R* — Walden 반전

E2-*anti* (*trans*) 제거 반응
(3.9.3 절 참조)
Me, Ph, Ph, Br — NaOH → Ph, Me, Ph, *E* | Me, Ph, Ph, *Z* ← NaOH — Me, Ph, Ph, Br

E2-*syn* (*cis*) 제거 반응
(3.9.4절 참조)
H, H, H, CO_2Et, H, OCOMe — △ → CO_2Et | CO_2Et ← △ — H, CO_2Et, OCOMe, H

알켄 또는 알카인의
syn (*cis*) 첨가 반응
(4.2.3 및 4.2.5절 참조)
Me — 1. BH_3 2. H_2O_2, NaOH → Me, H, OH
RCO_3H → O; OsO_4 → OH, OH
R, R' — H_2, Lindlar cat → R, R'; R, R', R, R' — H_2, Pd-C → R', R, R', R, R', H

알켄 또는 알카인의
anti (*trans*) 첨가 반응
(4.2.3 및 4.2.5절 참조)
Z — Br_2 → Br, Br, *racemic* | Br, Br, *meso* ← Br_2 — *E*
R—≡—R' — $LiAlH_4$ → R', R, *E*

그림 13.11 입체 특이 반응의 예

반대로, 이들 알켄에 과산소산(RCO_3H)을 반응시키면 *syn* 첨가 반응이 일어나 *cis*-2-butene의 경우 *meso*체 생성물이, *trans*-2-butene의 경우 생성물이 라셈 혼합물로서 생성된다. 한편, (1*R*,2*R* 또는 1*S*,2*S*)-1-bromo-1,2-diphenylpropane과 (1*S*,2*R* 또는 1*R*,2*S*)-1-bromo-1,2-diphenylpropane을 NaOH와 반응시키면 E2-*anti* 제거 반응이 일어나 전자의 경우 (*E*)-알켄이, 후자의 경우 (*Z*)-알켄이 생성된다 (그림 13.12).

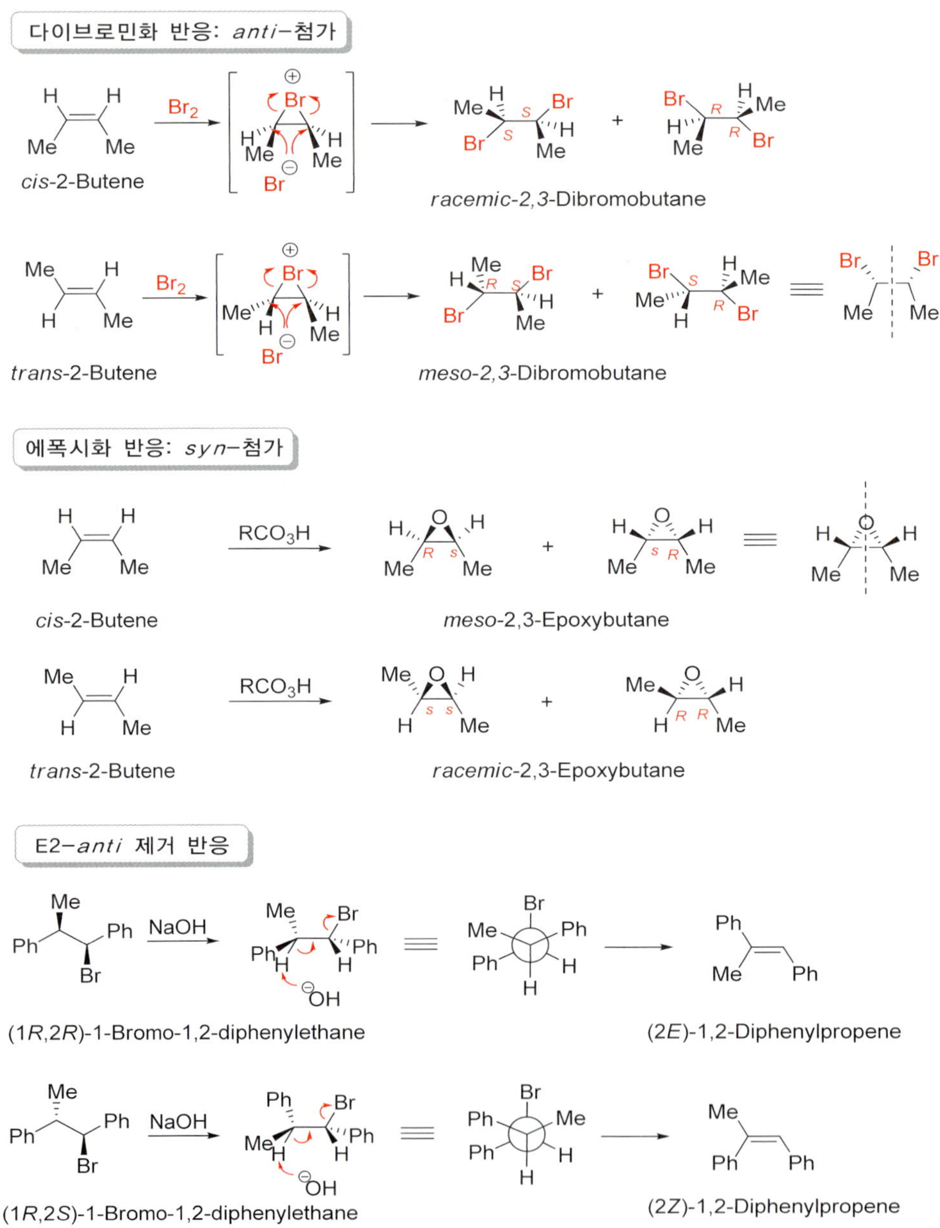

그림 13.12 입체 특이 첨가 및 제거 반응 예

알켄의 입체 특이 반응은 동일한 출발물에서 합성법을 달리 함으로써 반대의 입체 배열을 가진 입체 이성질체를 합성하는 데 이용할 수 있다. 예를 들면, 5-alkylcyclopentene에 NaOBr 수용액 (Br_2 + NaOH)을 반응시키면 중간체로 할로하이드린이 생성 (*anti* 첨가)되고 이어서 분자 내 S_N2 반응이 일어나 *cis*-epoxy 화합물이 생성된다. 그러나 동일 출발물을 과산소산으로 직접 에폭시화 반응시키면 알킬기의 반대 방향에서 입체 장애를 피해 *syn* 첨가 반응이 일어나 *trans*-epoxy 화합물이 생성된다 (그림 13.13).

Br_2 / NaOH
anti 첨가
S_N2
5-Alkylcyclopentene
RCO_3H / *syn* 첨가
동일한 반응 기질을 이용하여
다른 입체 이성질체를 합성할 수 있다
cis-Epoxy 화합물
trans-Epoxy 화합물

그림 13.13 입체 특이적 반응을 이용한 *cis*와 *trans*-에폭시 화합물의 합성

13.3.2 입체 선택 반응

입체 선택 반응 (stereoselective reaction) 중 선구 카이랄 반응 기질 (chiral precursor, 13.4절)로부터 거울상 이성질체를 생성시키는 반응을 **거울상 선택 반응** (enantoselective reaction) 또는 **비대칭 합성 반응** (asymmetric reaction)이라고 하며, 비대칭 중심이 있는 반응 기질로부터 새로운 비대칭 중심을 선택적으로 도입시키는 반응을 **부분 입체 선택 반응** (diastereoselective reaction)이라고 한다. 부분 입체 선택 반응은 광의적 개념으로 알켄의 *E/Z* 이성질체를 포함하여 *cis/trans* 이성질체와 같은 입체 이성질체 중 어느 한쪽을 선택적으로 생성하는 반응을 포괄적으로 나타내는 용어로 사용하기도 한다. 그림 13.14에 몇 가지 입체 선택 반응의 예들을 소개하였다.

입체 이성질체를 생성시키는 반응 (입체 선택 반응)에서 입체 선택성을 지배하는 중요한 인자는 반응 기질 또는 반응 중간체의 입체 구조, 형태 구조, 반응 시약과 촉매의 입체 구조 및 반응 특성, 전이 상태를 안정화시키는 반응 조건 등이다. 이들 조건 중 반응 기질과 시약의 **입체 효과** (steric effect)와 **입체 전자성 효과** (stereoelectronic effect)가 가장 크다. **입체 효과**란 입체 이성질체를 생성시키는 작용기 주변에 있는 치환기의 입체 크기 (덩치)가 공간적으로 작용하는 효과를 말하며 이에 해당되는 사항으로 알켄의 *E/Z* 이성질체, 비고리형 알케인의 이형태체에서 나타나는 **비틀림 무리** (torsional strain)와 **입체 무리** (steric strain), 고리형 알케인에서의 **각무리** (angle strain)와 **1,3-이축 상호작용** (1,3-diaxial interaction) 및 알릴계에서 나타나는 **1,3-알릴성 무리** (1,3-allylic strain) 등을 예로 들 수 있다.

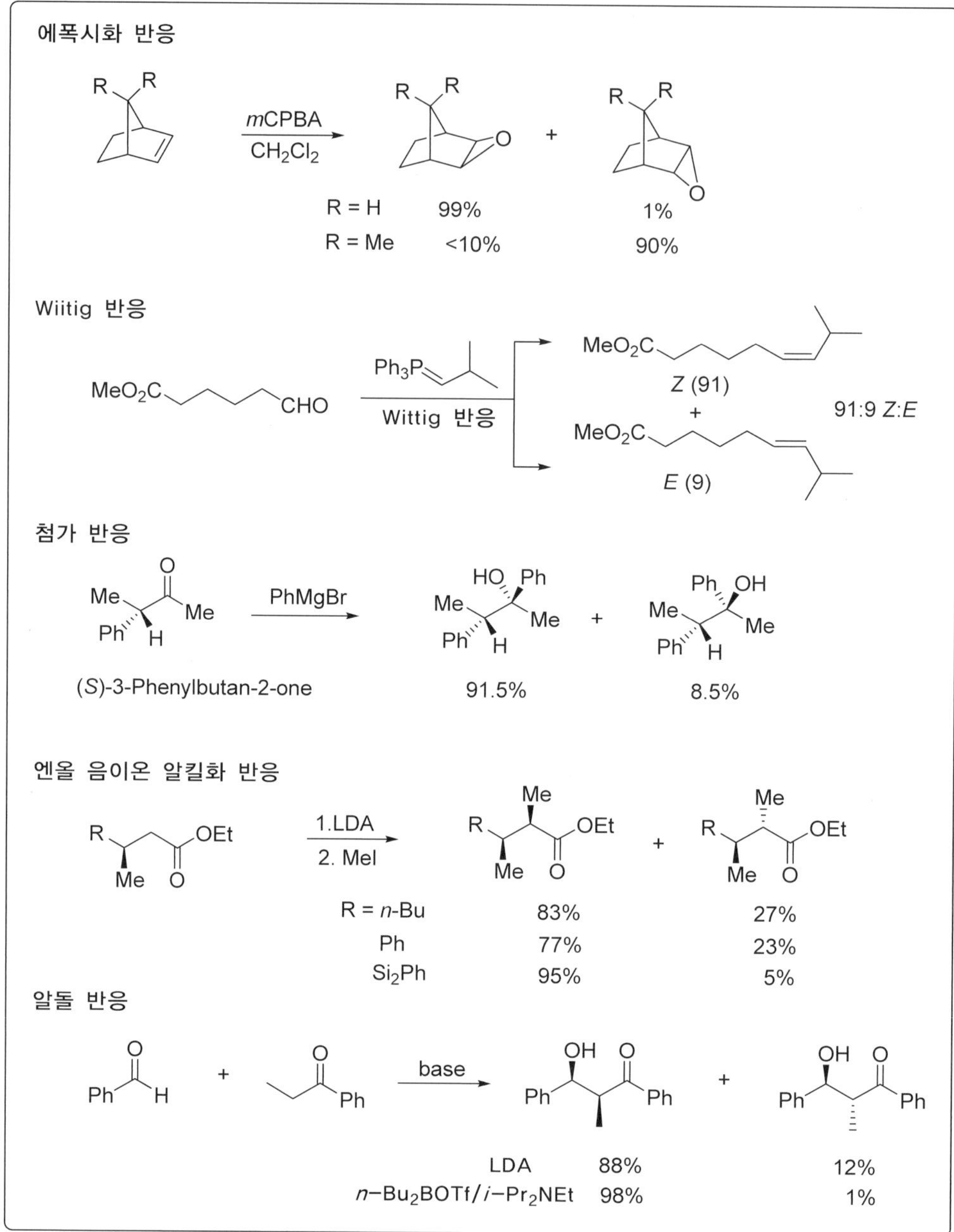

그림 13.14 몇 가지 입체 선택 반응의 예

입체 전자성 효과란 생성물의 입체 화학을 결정하는 데 영향을 끼치는 반응 기질과 반응 시약의 공간적 배향 효과와 전자적 상호 작용을 통틀어 일컫는 말이다. 그러나 입체 선택성은 어느 한 가지 요인에 의해 지배되는 것이 아니라 위에서 열거한 여러 가지 요인이 복합적으로 작용하여 일어난 결과로 나타난다. 일반적으로 비고리형 화합물에 비해 고리형 화합물의 입체 선택성을 제어하기가 더 쉽다. 그 이유는 고리형 화합물의 경우 C–C 결합의 자유 회전이 비고리형에 비해 자유스럽지 못해 전이 상태의 구조가 더 견고하고 단순해질 수 있기 때문이다.

13.3.3 알켄의 입체 선택 에폭시화 반응

두 고리형 알켄 (bicyclic alkene) 구조를 가진 norbornene을 formic acid와 가열 반응시키면 2–*exo*–norbornyl formate가 주로 생성한다. *endo*–이성질체가 생성되지 않는 이유는 *exo* 위치가 *endo* 위치보다 입체 장애가 작아 *exo* 위치에서 반응이 더 잘 일어날 수 있기 때문이다. 과산소산 (*m*CPBA)을 이용한 에폭시화 반응에서도 대부분 2,3–*exo*–epoxy 화합물이 우선적으로 생성된다. 그러나 C–7 위치에 메틸기가 치환되어 있는 camphor의 경우 *exo* 위치가 *endo* 위치보다 입체 장애가 더 커지기 때문에 입체 장애가 더 작은 *endo*–이성질체가 입체 선택적으로 생성된다. 비슷한 이유로 *cis*–3,4–dimethylcyclohexene의 에폭

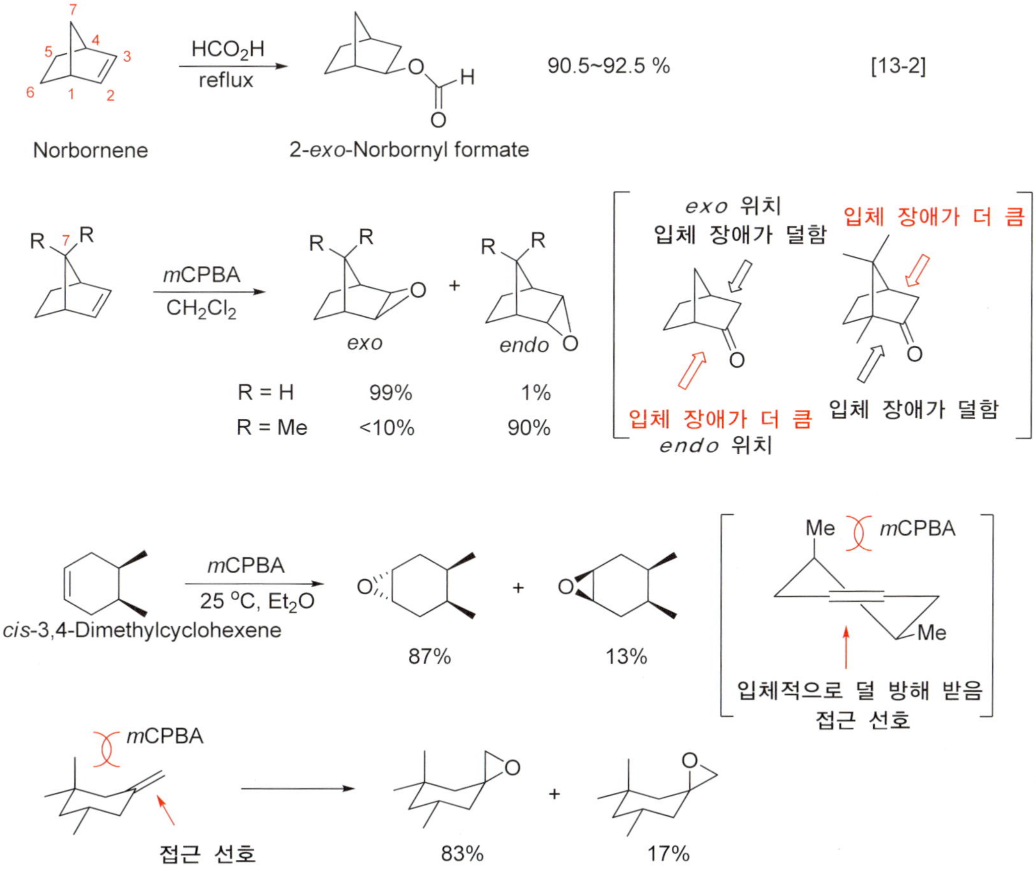

그림 13.15 고리형 알켄의 입체 선택 에폭시화 반응

시화 반응을 시키면 *trans*-epoxide가 주 생성물로 얻어지며, *exo* 메틸렌 고리 화합물에 대한 에폭시화 반응에서도 입체 장애가 더 작은 수평방향 에폭시 생성물이 축방향 에폭시 생성물보다 입체 선택적으로 더 많이 생성된다 (그림 13.15).

한편, 비고리형 알릴 구조를 가진 화합물의 반응에서 입체 선택성을 제어하는 중요한 인자 중 하나는 **1,3-알릴성 무리 (1,3-allylic strain)**이다. 이것은 알릴 위치 (1,3-위치)에 있는 치환기들 사이의 공간적 상호 작용으로 일어나는 내부 에너지의 크기를 의미한다. 이 알릴성 무리는 알릴 자리 탄소 (C-3 위치)에 있는 입체 장애가 가장 작은 치환기 (수소 원자)가 이중 결합과 가려진 (eclipsed) 위치에 놓여 있는 이형태체 (conformer)의 구조를 가질 때 가장 작다. 입체 선택성이 일어나는 이유는 알릴성 무리에 의해 생기는 이형태체들 사이의 평형 비율의 차이 때문이다.

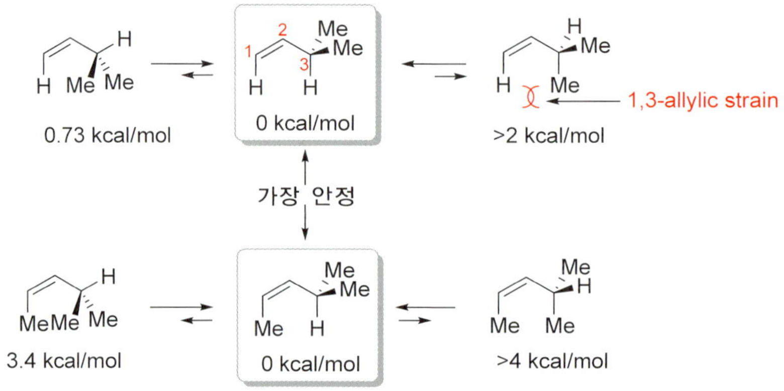

0.73 kcal/mol ⇌ 0 kcal/mol ⇌ >2 kcal/mol (1,3-allylic strain)

가장 안정

3.4 kcal/mol ⇌ 0 kcal/mol ⇌ >4 kcal/mol

예를 들어, 그림 13.16에 나타낸 바와 같이 (*Z*)-silyl 알켄은 1,3-알릴성 무리가 작아 오직 한 종류의 이형태체 구조에서 *m*CPBA과 *syn* 첨가 반응이 일어나 입체 선택성이 매우 높은 에폭사이드 (>95%)를 생성한다. 그러나 (*E*)-silyl 알켄의 경우 전이 상태에서 1,3-알릴성 무리가 서로 다른 이형태체가 평형을 이루어 반응하기 때문에 낮은 입체 선택성 (61:39)을 나타낸다.

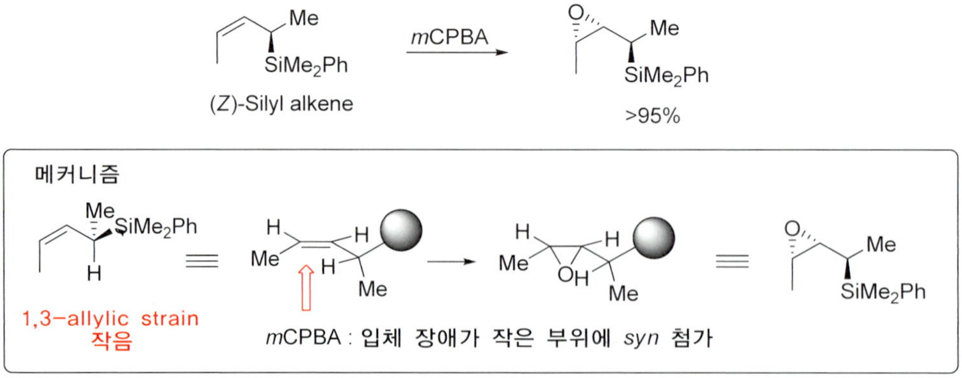

(*Z*)-Silyl alkene ($SiMe_2Ph$, Me) —*m*CPBA→ >95%

메커니즘

1,3-allylic strain 작음

*m*CPBA : 입체 장애가 작은 부위에 *syn* 첨가

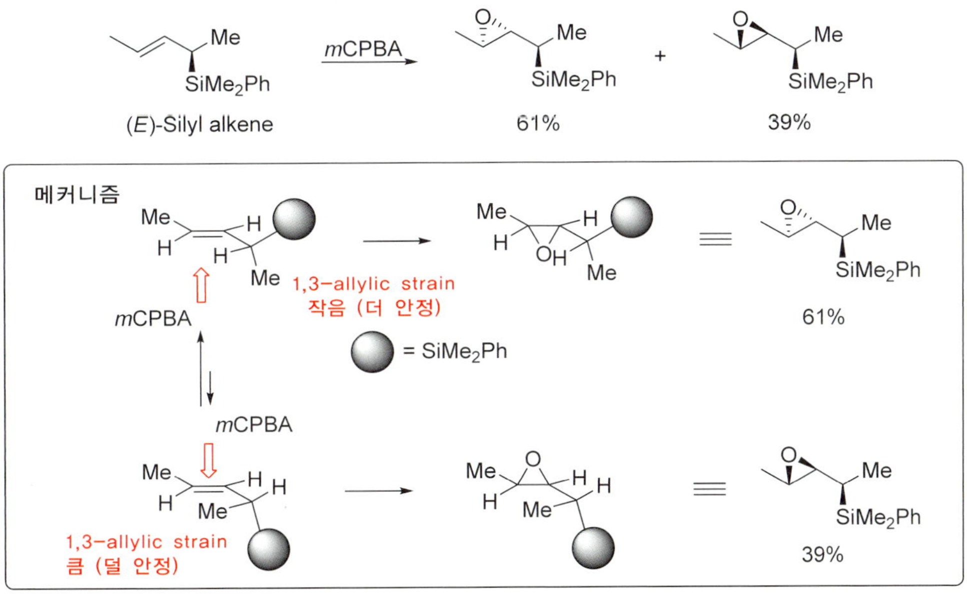

그림 13.16 1,3-Allylic strain에 의해 지배되는 입체 선택성

13.3.4 입체 선택 올레핀화 반응: Wittig 반응

케톤 또는 알데하이드의 카보닐기의 알켄화 반응에 사용되는 일라이드 시약 중 **Wittig 시약** ($Ph_3P=CHR$)은 (*Z*)-알켄을 우선하여 생성시키나 **HWE 시약** [$(EtO)_2P(O)=CHCO_2Et$]은 (*E*)-알켄을 우선하여 생성시킨다. 구체적인 반응 예들은 12.1.2절을 참고하길 바란다.

13.3.5 고리형 케톤의 입체 선택 첨가 및 환원 반응

4-*tert*-Butylcylohexanone을 환원제 또는 Grignard 시약과 반응시키면 입체 이성질체인 *cis*-알코올과 *trans*-알코올이 생성된다. 이 중 *cis*-알코올은 1,3-diaxial 상호 작용 때문에 열역학적으로 *trans*-알코올에 비해 덜 안정하다. 이 알코올은 친핵체가 반응 기질의 카보닐기를 공격할 때 의자형 고리 형태 (chair form) 구조에서 입체 장애가 덜한 수평 방향 (equatorial position)에서 공격하여 생성된 물질이며, 더 안정한 알코올인 *trans*-알코올은 친핵체가 축 방향 (axial position)에서 공격하여 생성된 물질이다. 출발물의 의자형 고리 형태에서 축 방향은 1,3-이축 상호 작용 (1,3-diaxial interaction) 때문에 입체 장애가 수평 방향보다 더 큰 위치이므로 친핵체의 입체 크기가 클수록 입체 장애가 덜한 수평 방향에서의 공격이 유리하게 일어나 *cis*-알코올이 더 많이 생성하게 되고, 입체 크기가 작으면 열역학적으로 더 안정한 *trans*-알코올을 생성하게끔 축 방향 공격이 우선적으로 일어나게 된다 (그림 13.17).

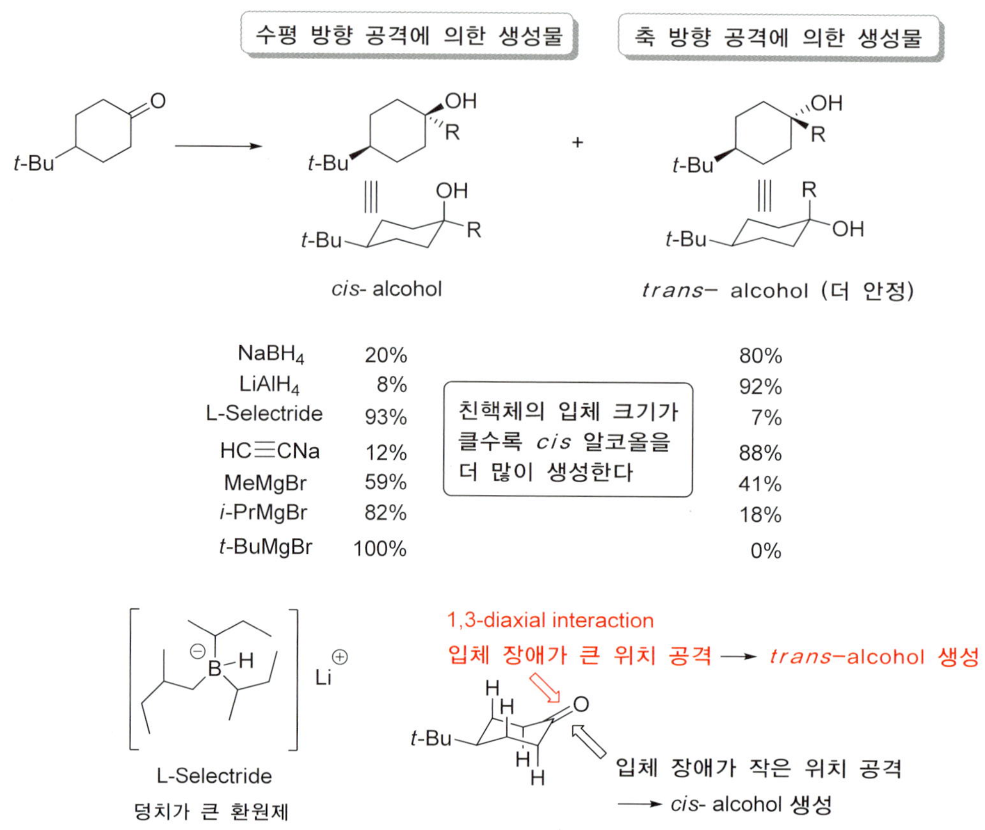

그림 13.17 4–*tert*–Butylcyclohexanone의 입체 선택 환원 및 첨가 반응

이와 같은 입체 효과는 두 고리형 케톤 (bicyclic ketone)인 norcamphor와 camphor의 경우에서도 동일하게 나타난다. 이들을 $LiAlH_4$ 및 Grignard 시약과 반응시키면 norcamphor의 경우 *endo*–알코올이, camphor의 경우 *exo*–알코올이 우선적으로 생성된다. 그 이유는 친핵체가 반응 기질의 카보닐 탄소를 공격할 때 norcamphor의 경우 입체 장애가 더 작은 *exo* 위치를 선호하나, camphor의 경우 C–7 위치에 있는 메틸기 때문에 *exo* 위치가 *endo* 위치보다 입체 장애가 더 크므로 *endo* 위치 공격을 더 선호하기 때문이다 (그림 13.18).

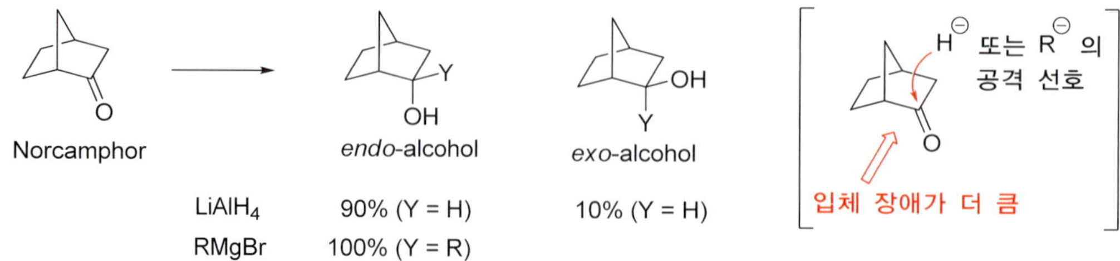

Camphor → *endo*-alcohol + *exo*-alcohol

	endo-alcohol	*exo*-alcohol
$LiAlH_4$	5% (Y = H)	95% (Y = H)
RMgBr		100% (Y = R)

입체 장애가 더 큼

$H^{\ominus}$ 또는 $R^{\ominus}$의 공격 선호

그림 13.18 Norcamphor와 camphor의 입체 선택 환원 및 첨가 반응

13.3.6 비고리형 카보닐기의 부분 입체 선택 첨가 반응: Cram 모델과 Felkin-Ahn 모델

α 위치에 비대칭 중심이 있는 카이랄 케톤을 환원시키거나 카이랄 알데하이드를 유기금속 화합물 ($R^{\oplus}M^{\ominus}$)과 친핵성 첨가 반응을 시켰을 때 생성된 부분 입체 이성질체의 생성 비율 (부분 입체 선택성)은 반응 시약의 특성에 따라 크게 차이가 난다 (그림 13.19). 이 결과는 반응 기질에 있는 α 위치의 치환기와 반응 시약의 공간적 상호 작용이 입체 선택성에 영향을 끼친다는 것을 의미한다. 이 결과를 설명하고 또한 유사 반응을 예측하기 위하여 **Cram 모델**과 **Felkin-Ahn 모델**의 두 가지가 제시되어 있다.

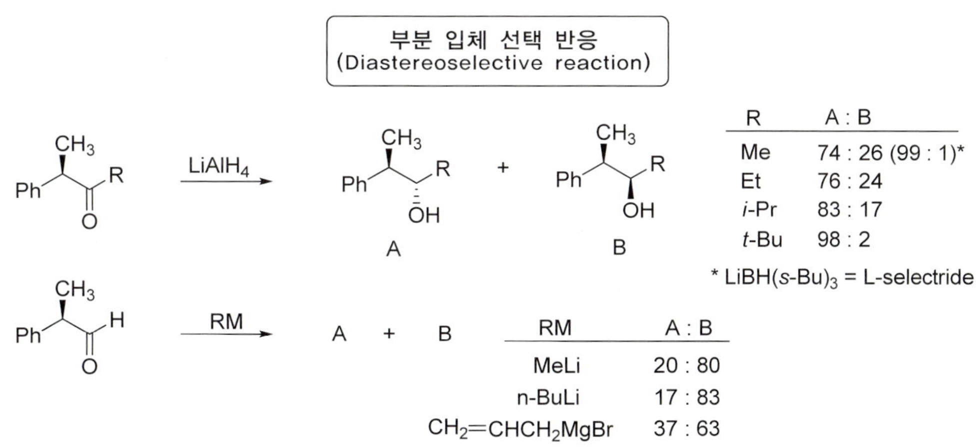

그림 13.19 비고리형 카보닐기의 부분 입체 선택 첨가 반응의 예

Cram 모델과 Felkin-Ahn 모델

Cram 모델 (또는 규칙)은 **Donlad J. Cram 교수** (1987년 노벨 화학상 수상)가 비고리계 화합물의 입체 화학, 특히 카보닐기의 입체 선택 반응을 설명하기 위하여 제시한 모델로서

전이 상태에서 입체 화학이 결정되는 과정을 나타내는데 사용된다. 카이랄 케톤 (알데하이드)의 친핵성 첨가 반응을 예로 들어 이 모델을 설명하면 다음과 같다. 먼저 Newman 투영법으로 카보닐기의 산소와 정반대 위치에 α 탄소에 있는 입체 크기가 가장 큰 치환기 (L기라 표기)를 배열시킨 이형태체 (conformer)를 그린다. 이 모델에 의하면 반응 생성물은 친핵체가 α 탄소의 입체 장애가 가장 작은 치환기 (S기라 표기)가 있는 방향에서 카보닐 탄소를 공격(접근)하여 만들어진다. 이 모델은 다양한 실험 결과를 일반화시킨 모델로서 α 탄소의 입체 배열이 새로 생성되는 입체 중심의 입체 배열에 어떤 영향을 줄 것인가 (비대칭 유발)를 예측하고 또한 설명하는 데 편리하다 (그림 13.20). 그러나 이 모델에 의한 설명은 전이 상태에서 카보닐 탄소의 R기와 인근 α 탄소에 위치한 덩치가 가장 큰 치환기 (L기)가 가려진 형태 (eclipsed form)인 불안정한 이형태 구조에 근거를 두고 있으므로 논리상 불합리한 점이 있다.

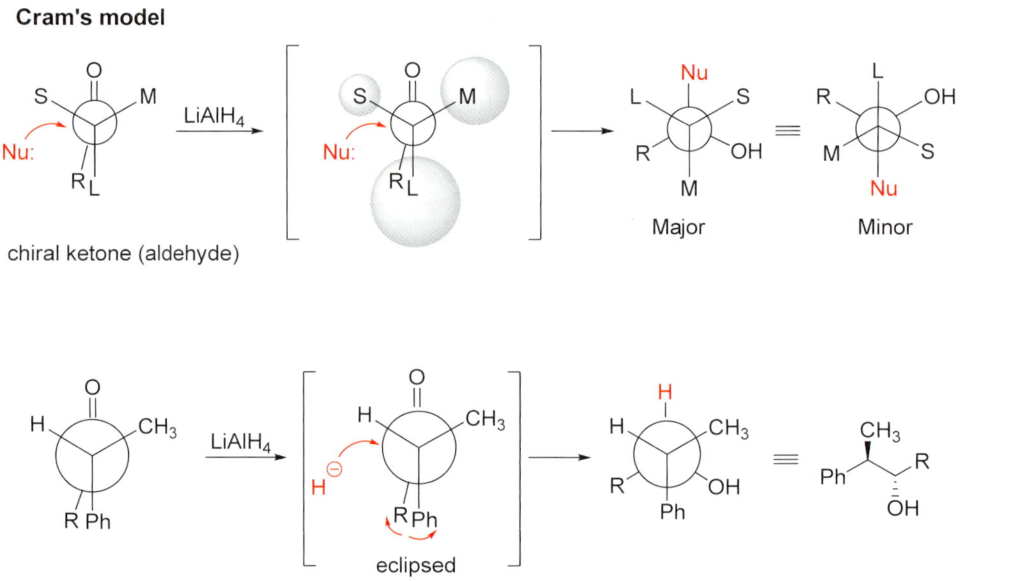

그림 13.20 Cram 모델과 입체 선택성 유발

한편, 오비탈 이론에 의하면 친핵체와 카보닐 탄소 원자와의 반응을 친핵체의 HOMO 오비탈과 친전자성 부위인 카보닐 탄소의 LUMO 오비탈의 중첩 현상으로 설명한다. 이 경우 친핵체의 오비탈과 카보닐기의 산소 오비탈 사이의 반발력 때문에 카보닐기의 π 평면과 직교하는 방향에서 중첩이 일어나지 못하고 약 107° 의 탄도에서 일어난다. 이 중첩되는 각도를 **Bürgi–Dunitz 탄도**라고 하며, 이를 근거로 Felkin–Ahn 모델이 제시되었다.

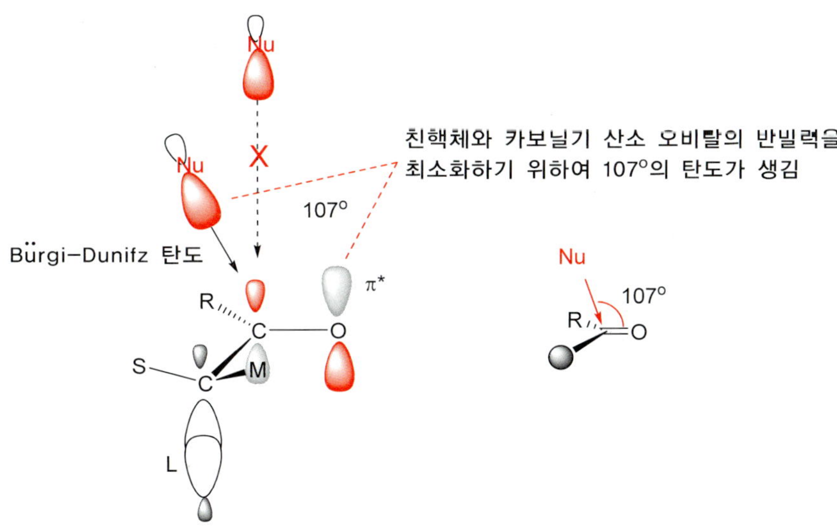

이 모델은 전이 상태의 이형태체를 Newman 투영식으로 나타낼 때 Cram 모델과는 다르게 카보닐 평면과 수직된 위치 (90° 방향)에 α 탄소의 입체 크기가 가장 큰 치환기 (L기)를 배열하고, 카보닐기 탄소의 R기와 가까운 위치에 입체 크기가 가장 작은 α 탄소의 치환기 (S기)가 배치되도록 그린다. 이 모델에 의하면 친핵체는 S기가 위치한 방향을 기준으로 Bürgi–Dunitz 탄도 위치 (107° 각 방향)에서 카보닐 탄소를 공격 (접근)하여 생성물을 생성시킨다 (그림 13.21). 생성물의 입체 선택성을 예측할 때 이 모델은 Cram 모델과 동일한 결과를 제공하지만, 전이 상태에서 Cram 모델이 가지고 있는 논리의 모호성을 개선한 점이 다르다.

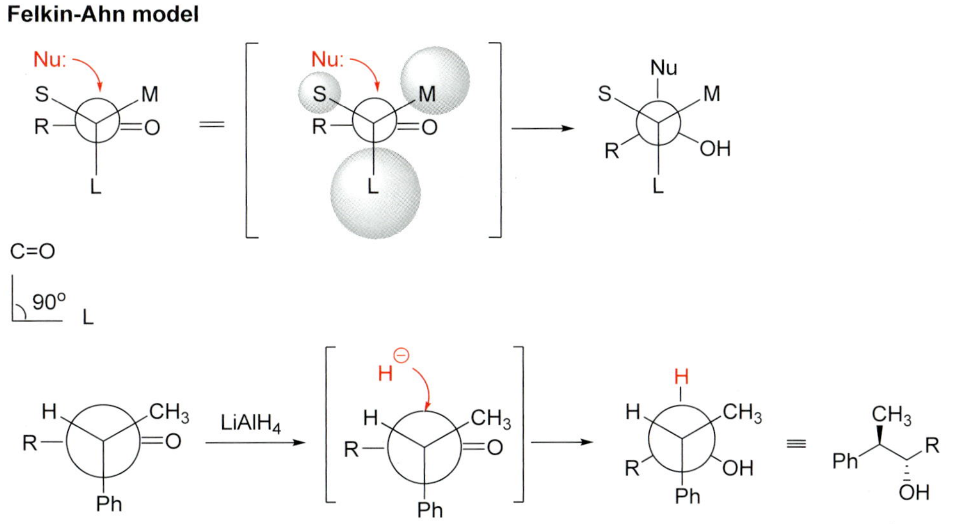

Felkin-Ahn model

그림 13.21 Felkin–Ahn 모델과 입체 선택성 유발

13.3.7 엔올 음이온의 입체 선택 치환 반응: 입체 선택 알킬화 반응

케톤, 에스터 및 아마이드에서 만들어진 엔올 음이온의 알킬화 반응에서 α 위치에 생성되는 입체 이성질체의 생성 비율 (입체 선택성)을 지배하는 핵심 요인 중 하나는 엔올 음이온의 기하 이성질체 구조인 *E*/*Z*의 비율이다. 엔올 음이온의 알킬화 반응은 삼각 평면 위에 놓인 엔올 음이온의 친핵성 탄소 (α 탄소) 원자의 HOMO 오비탈과 R–X의 친전자성 탄소 원자의 LUMO 오비탈이 중첩되어 일어나는 반응 (그림 13.22)으로써 이 오비탈들이 평면의 상·하 (또는 좌·우) 어느 방향에서 중첩되느냐에 따라 생성물의 입체 선택성이 다르게 나타난다.

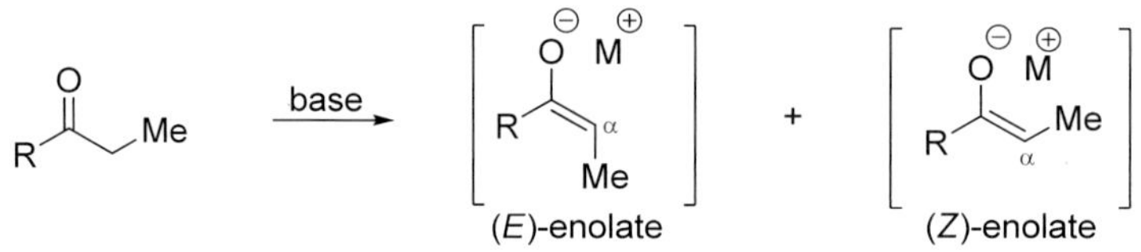

O
R Me
base
O M
R α
Me
(*E*)-enolate
+
O M
R Me
α
(*Z*)-enolate

*E*와 *Z*의 표기는 알켄 구조에서 OM을 기준으로 결정

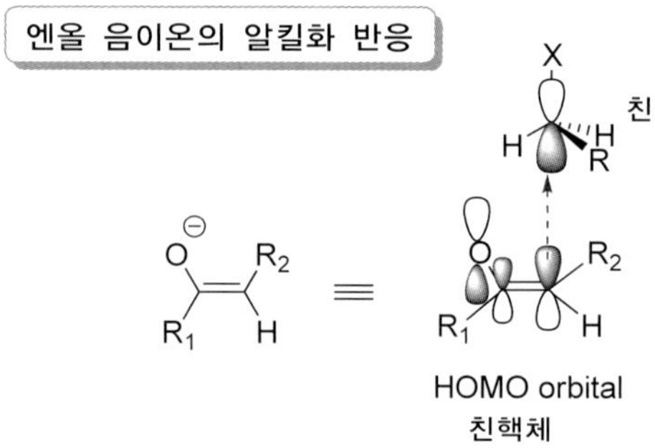

엔올 음이온의 알킬화 반응

X
친전자체
H H
R
O
R_2
R_1 H
≡
R_2
R_1 H
HOMO orbital
친핵체

친핵체의 HOMO orbital과
친전자체의 LUMO orbital이 중첩된다

그림 13.22 (*E*)–와 (*Z*)–엔올 음이온과 엔올 음이온의 알킬화 반응

(*E*)–엔올 음이온의 상단 면 위치를 ***si* 면** (α 탄소와 결합한 치환기의 우선 순위가 시계 반대 방향으로 배열되어 있는 면)이라 하고, 하단 면 위치를 ***re* 면** (α 탄소의 치환기 우선 순위가 시계 방향으로 배열되어 있는 면)이라고 한다. 반대로, (*Z*)–엔올 음이온의 경우 상단이 *re* 면이고 하단이 *si* 면이 된다. *Re* 면과 *si* 면 중 어느 면에서 오비탈 중첩이 일어나느냐에 따라서 반대의 입체 이성질체가 생성된다. 그림 13.23에서 (*E*)–엔올 음이온이 EtI와 반응하여 α 탄소 부위에서 알킬화 반응 (에틸화 반응)이 일어날 때 *si* 면 (상단 면)에서 반응이 일어나면 (*R*)–배열을 가진 생성물이 생성하며, *re* 면 (하단 면)에서 반응이 일어나면 (*S*)–배열을 가진 생성물이 생성된다. (*Z*)–엔올 음이온의 경우 상단 면이 *re* 면이 되고, 하단 면이 *si* 면이 된다. 이와 같이 엔올 음이온의 알킬화 반응에서 입체 선택성은 엔올 음이온의 *E*/*Z* 생성 비율과 *re*/*si* 면 선택성에 따라 결정된다. 이러한 입체 선택성을 조절하는 반응은 비대칭 합성 반응에 활용된다.

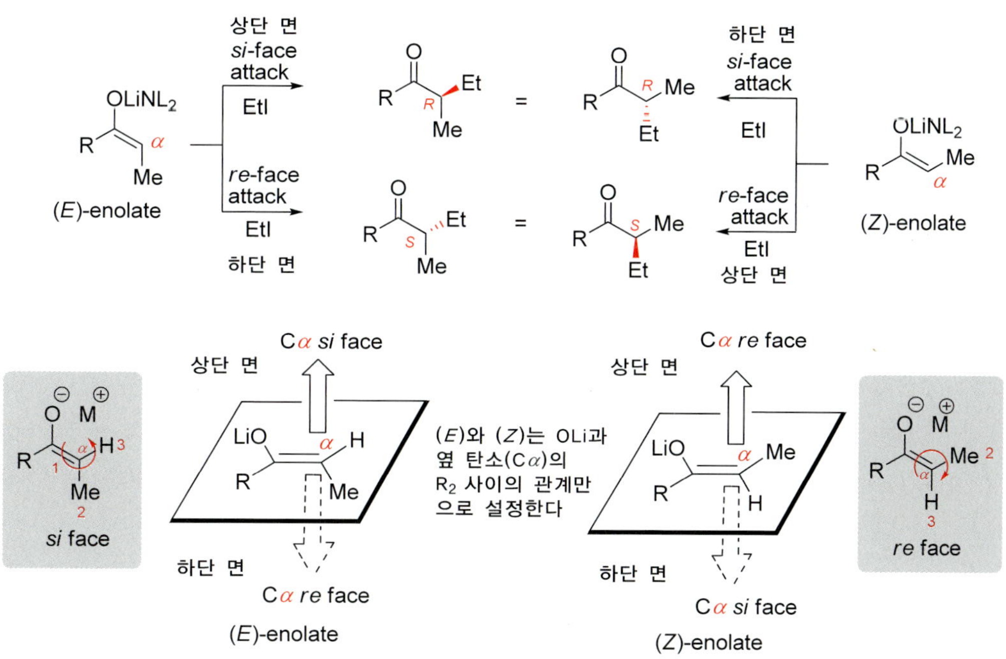

그림 13.23 엔올 음이온의 입체 선택 알킬화 반응

(Z)-와 (E)-엔올 음이온의 생성

α 수소를 가진 비고리계 카보닐 화합물로부터 엔올 음이온이 생성될 때 (Z)와 (E) 이성질체의 생성 비율은 반응 기질과 사용되는 염기의 구조, 사용 용매, 반응 온도 등 여러 가지 요인에 의해 결정된다. 그림 13.24에 나타낸 바와 같이 $RCOCH_2CH_3$를 LDA로 탈양성자 반응을 시킬 경우 R의 입체 장애가 클수록 (Z)-엔올 음이온의 생성 비율이 높아진다 [R = t-Bu (98%), i-Pr (60%), Et (23%)]. 또한, 사용하는 염기의 입체 크기가 클수록 (Z)-엔올 음이온의 생성 비율이 높다. 특이한 것은 아마이드 (R = NEt_2)의 경우 (Z)-이성질체가 우선이나 에스터 (R = OMe)의 경우 (E)-이성질체가 우선적으로 생성한다. α 수소를 가진 비고리 카보닐 화합물로부터 (E)-와 (Z)-엔올 음이온이 입체 선택적으로 생성되는 이유를 설명하는 모델을 Ireland model이라고 한다.

이 모델에 의하면 엔올 음이온이 생성될 때 육원자 고리 전이 상태의 구조에서 주변의 치환기 (예를 들어 반응 기질의 R기와 Me기 또는 염기의 리간드) 사이의 공간적 입체 장애 (1,3-diaxial interaction)가 가장 작은 형태 구조를 선호하여 탈양성자 반응이 일어난다 (그림 13.25). 따라서 사용하는 염기와 카보닐기 탄소와 결합한 치환기의 입체 크기에 따라 생성되는 엔올 음이온의 입체 선택성도 달라진다.

R–C(=O)–CH$_2$–Me —Base→ (Z)-enolate + (E)-enolate

R	Base	Z (%)	E (%)
Et	LDA	23	77
Et	$(Me_3Si)_2N^{\ominus}\ Li^{\oplus}$	66	34
Et	$Me_2SiPhN^{\ominus}\ Li^{\oplus}$	100	0
i-Pr	LDA	60	40
i-Pr	$(Me_3Si)_2N^{\ominus}\ Li^{\oplus}$	98	2
t-Bu	LDA	98	2
Ph	LDA	98	2
OMe	LDA	5	95
NEt_2	LDA	97	3

그림 13.24 반응 기질과 사용 염기에 따른 (*Z*)–와 (*E*)–엔올 음이온의 생성 비율

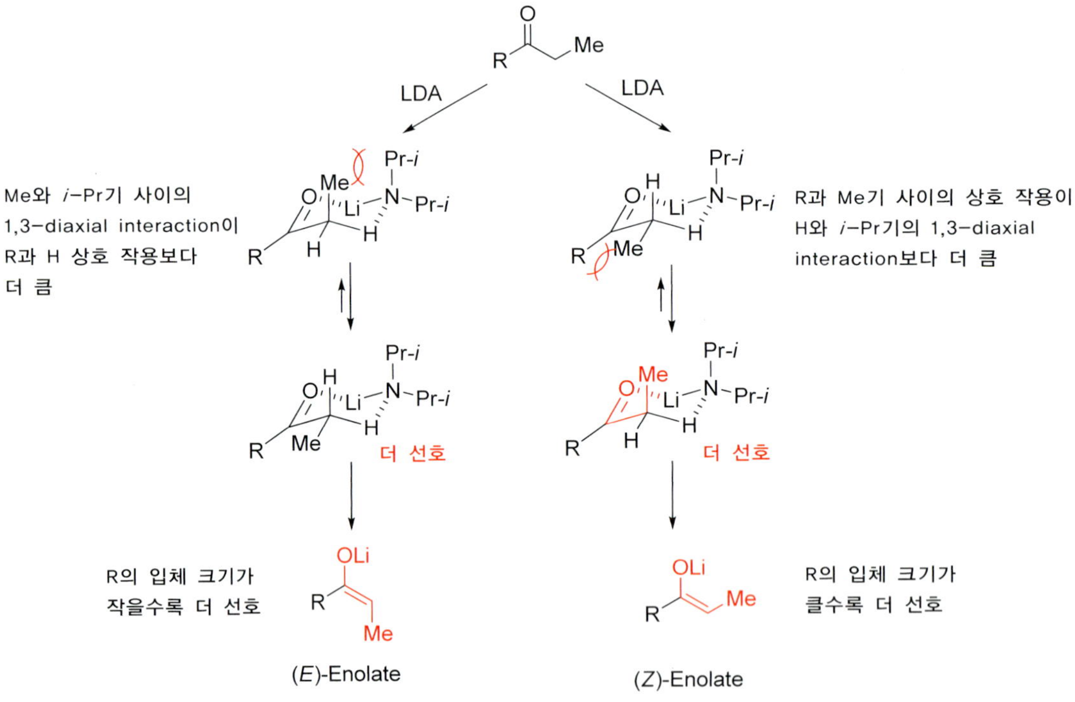

그림 13.25 비고리 카보닐 화합물로부터 (*E*)–와 (*Z*)–엔올 음이온의 생성 모델 (Ireland model)

한편, 고리형 카보닐 화합물인 경우 구조상 영구적인 (E)−엔올 음이온만 생성될 수 있으므로 입체 선택성을 제어하거나 예측하기가 비고리형 화합물보다 수월하다. 예를 들어, (R)−3−alkylcyclohexanone의 엔올 음이온의 알킬화 반응은 예측대로 C−3의 알킬기 (R기)와 입체적인 상호 작용이 덜한 방향에서 선택적으로 일어나 *trans* 이성질체가 우선적으로 생성된다 (그림 13.26).

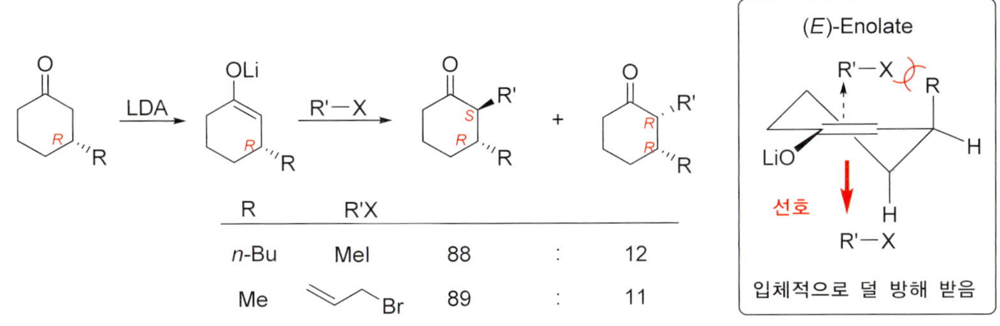

그림 13.26 카이랄 엔올 음이온의 부분 입체 선택 반응

13.3.8 입체 선택 알돌 반응

엔올 음이온이 탄소 친핵체로 작용하여 알데하이드와 케톤의 카보닐에 친핵성 첨가 반응을 하면 알돌 생성물이 생성된다 (10.5절). 이 반응에서 혼합 알돌 반응이 일어날 경우 2,3−*syn*형과 2,3−*anti*형인 두 종류의 **부분 입체 이성질체** (diastereomer)가 생성되며, 이 입체 이성질체의 생성 비율 (**부분 입체 선택성, diastereomeric selectivity**)은 주로 엔올 음이온의 E/Z 생성 비율에 의해 결정된다. (Z)−엔올 음이온은 *syn*−알돌 생성물의 생성을 선호하고, (E)−엔올 음이온은 *anti*−알돌 생성물의 생성을 선호한다. 그 이유를 합리적으로 설명하는 모델을 **Zimmerman−Traxler (ZT) 모델**이라고 한다 (그림 13.27).

이 모델에 의하면 생성물의 입체 선택성이 생기는 이유는 반응물의 육원자 고리형 전이 상태의 구조에서 1,3−diaxial interaction이 가장 작은 전이 상태를 선호하여 반응이 우선적으로 일어나기 때문이다. 그러나 이 반응에서 엔올 음이온의 E/Z 생성 비율은 알돌 생성물의 입체 선택성을 결정하는 필요 조건이지 충분 조건은 아니다. 입체 선택성은 반응물의 치환기의 입체 크기와 엔올 음이온의 상대 양이온의 특성에 따라 크게 영향을 받는다. 그림 13.28에 나타낸 바와 같이 $RCOCH_2CH_3$의 Li−엔올 음이온과 PhCHO와의 혼합 알돌 반응의 경우 생성물의 입체 선택성은 R기의 입체 크기가 작은 경우 엔올 음이온의 Z/E 비율이 생성물의 *syn/anti*의 비율과 일치하지 않는다. 예를 들면 R = Et의 경우 Z/E (30/70)인 엔올 음이온은 *syn/anti* (64/36)인 알돌 생성물을 생성시켜 (Z)−enolate → *syn*−aldol 생성과 (E)−enolate → *anti*−aldol 생성의 관계를 벗어난다. 특히, R = *i*−Pr인 (E)−엔올 음이온의 경우 *syn/anti*

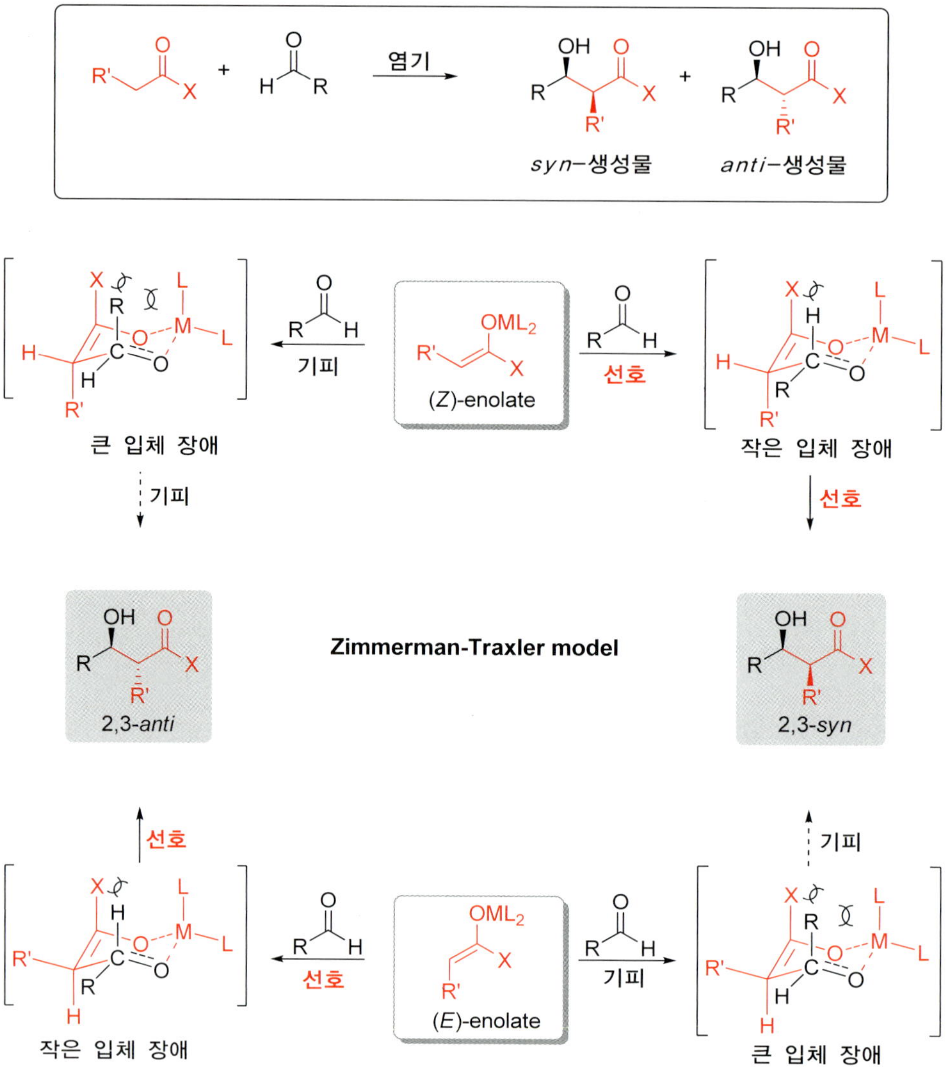

그림 13.27 입체 선택 알돌 반응과 Zimmerman-Traxler 모델

(45/55) 알돌이 생성되어 예측을 크게 벗어난다. 그러나 R = *i*-Pr과 *t*-Bu과 같이 입체 크기가 큰 (*Z*)-엔올 음이온의 경우 ZT 모델에 의한 (*Z*)-enolate → *syn*-aldol 생성에 잘 부합한 입체 이성질체를 우선적으로 생성시킨다. 이 결과는 (*Z*)-엔올 음이온이 (*E*)-엔올 음이온보다 알돌 생성물의 입체 선택성을 더 효과적으로 유발시킴을 의미한다.

한편, 알돌 생성물의 입체 선택성은 엔올 음이온의 짝 양이온에 의해서도 크게 영향을 받는다. LDA의 탈양성자 반응에 의해 생성된 propiophenone의 Li-엔올 음이온 (*Z*/*E* = 98/2)인을 PhCHO와 반응시키면 *syn*/*anti* (88/12)인 알돌 생성물이 생성된다. 반면에, 동일한 케톤을 염기 (R_3N)와 함께 9–BBN–Cl (*B*–chloro–9–BBN)과 반응시켜 얻은 *Z*/*E* (99/1)인 B–엔올 음이온을 PhCHO와 반응시키면 *syn/anti* (98/2)인 알돌 생성물을 얻게 된다. 또한, 동일 케톤에 $(c\text{–}C_6H_{11})_2BCl$ (*B*–chlorodicyclohexylborane)을 반응시켜 얻은 B–엔올 음이온 (*Z*/*E* = 1/99)과 PhCHO와 알돌 반응시킬 경우에도 *syn/anti* (5/95)인 알돌이 생성된다. 이와 같은 결과는 알돌 생성물의 입체 선택성을 결정하는 데 B–엔올 음이온이 Li–엔올 음이온보다 훨씬 우수하다는 것을 나타낸다 (그림 13.28). 그 이유는 O–B의 결합 길이가 O–Li보다 더 짧아 Zimmerman–Traxler 모델의 육원자 고리 전이 상태의 구조를 더 단단하게 자리 잡게 하고 또한 붕소에 붙어 있는 입체 크기가 큰 리간드가 더 안정한 전이 상태의 입체 배열을 갖도록 확고하게 하는 작용을 하기 때문이라고 알려져 있다.

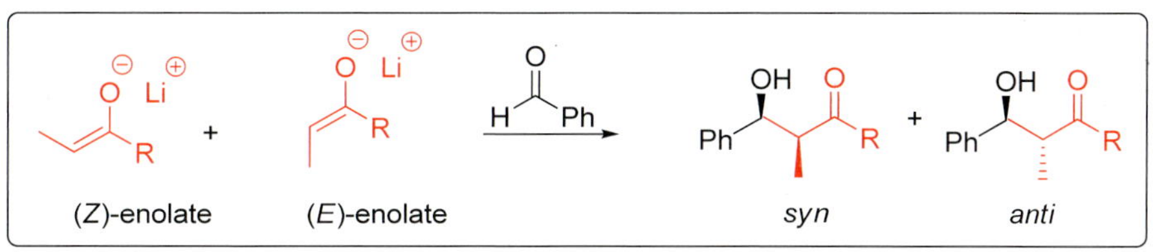

R	Enolate *Z* : *E*	Aldol *syn* : *anti*	
Et	30 : 70	64 : 36	예측 벗어남
i-Pr	0 : 100	45 : 55	예측 벗어남
i-Pr	98 : 2	90 : 10	예측과 일치
t-Bu	98 : 2	98 : 2	예측과 일치

	(*Z*)-enolate	(*E*)-enolate	*syn*	*anti*
M = Li	98	2	88	12
M = 9-BBN	99	1	98	2
M = $(Chx)_2B$	1	99	5	95

B— = 9-BBN $c\text{-}C_6H_{11}$ / $c\text{-}C_6H_{11}$ >B— = $(Chx)_2B$

그림 13.28 알돌 반응에서 입체 선택성에 미치는 입체 크기 효과와 양이온 효과

13.4 비대칭 합성 반응의 소개

비대칭 합성 반응 (asymmetric synthetic reaction) 또는 **거울상 선택 반응** (enantioselective reaction)이란 **선구 카이랄 물질** (prochiral substance)에 새로운 카이랄 중심을 비대칭적으로 도입시켜 어느 한쪽 거울상 이성질체를 선택적으로 생성시키는 반응을 말한다. **선구 카이랄 물질** (prochiral substance)이란 스스로는 카이랄성은 가지고 있지 않으나 거울상 면 (enantiotopic face)을 가지고 있어 카이랄 중심을 생성시킬 수 있는 물질을 말한다. 잘 알려진 비대칭 합성 반응을 소개하면 다음과 같다.

- 비대칭 탄소–탄소 결합 반응
  카보닐 유도체의 비대칭 α–알킬화 반응
  비대칭 알돌 반응
  비대칭 1,4 첨가 반응: 비대칭 Michael 첨가 반응
  알데하이드 또는 이민의 비대칭 첨가 반응
  비대칭 Diels–Alder 반응
- 알켄의 비대칭 전환 반응
  비대칭 에폭시화 반응
  비대칭 다이하드록실화 반응
  비대칭 수소붕소화 반응
  비대칭 수소 첨가 반응
- 케톤 또는 케티민의 비대칭 환원 반응

효율적인 비대칭 합성법은 1970년대 이후부터 알려지기 시작하였고 현재는 많은 산업 분야 (특히 제약 분야)에 응용되어 카이랄 약을 비롯하여 많은 종류의 카이랄 물질이 인공적으로 합성되고 있다. 비대칭 합성법 개발의 공로를 인정받아 **K. B. Sharpless 교수, R. Noyori 교수**와 **W. S. Knowles 박사**가 2001년도 노벨 화학상을 수상하였다. 그러나 비대칭 합성법은 너무 광범위하고 전문적인 영역이므로 이 교재에서는 기초적인 내용만 간략히 소개하고자 한다.

13.4.1 비대칭 유발 반응

비대칭 합성 반응에 흔히 사용되는 **선구 카이랄 물질**로는 거울상 면을 가진 sp^2 탄소 원자를 가진 분자로 알데하이드 (알디민), 비대칭 케톤 (케티민), 알켄, 엔올, 엔아민 또는 엔올 음이온을 생성시킬 수 있는 α 수소를 가진 카보닐 화합물 등이다. 이들 분자 또는 중간체는 삼각 평면 구조를 가지고 있기 때문에 평면 위에 있는 선구 카이랄 탄소 원자 부위를 *re* 면

혹은 *si* 면 (이를 거울상 면이라고 한다) 중 어느 면을 선택하여 일어나느냐에 따라 (*R*) 또는 (*S*)의 입체 중심을 가진 광학 이성질체를 생성시키게 된다. 이와 같은 거울상 면 선택을 **비대칭 유발** (asymmetric induction)이라고도 한다. 몇 가지 종류의 비대칭 유발 반응의 형태를 그림 13.29에 나타내었다.

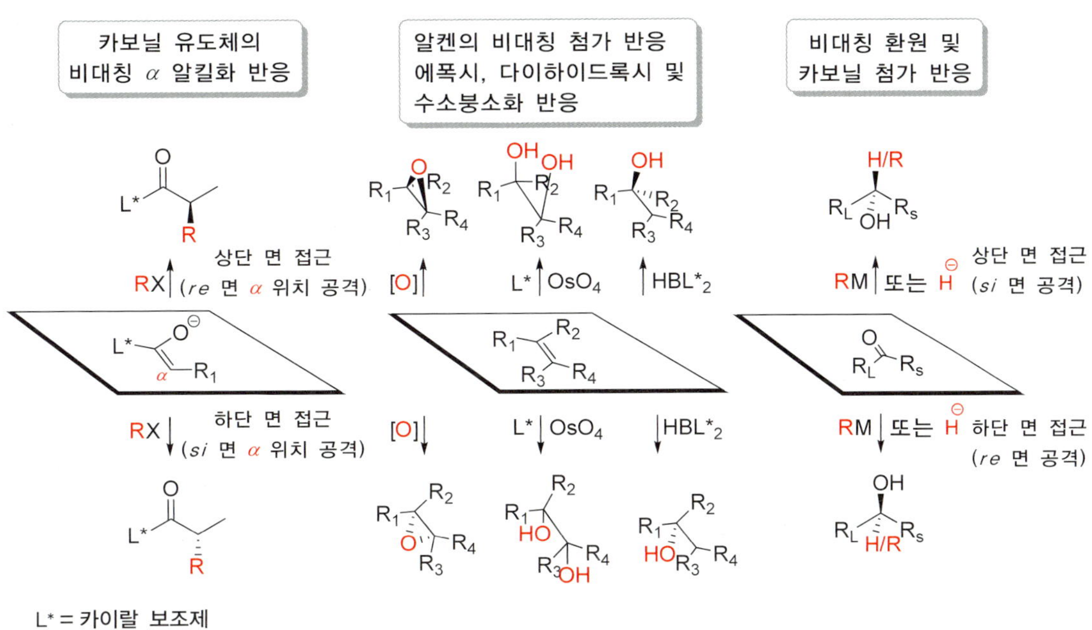

그림 13.29 몇 가지 비대칭 유발 반응의 예

비대칭 합성 반응에서 비대칭이 유발되는 원리와 영향 인자들에 대하여 밝혀진 것은 다음과 같다.

- 전이 상태 이론: (*R*)과 (*S*)-이성질체가 생성되는 반응에서 두 이성질체 사이의 활성화 에너지의 차이가 존재하고 이 때문에 반응 속도 차이에 의해 보다 낮은 활성화 에너지를 가진 이성질체가 우선하여 생성한다.
- 입체 및 전자 효과: 새로운 결합이 형성되기 위해서는 전자쌍 주개인 HOMO와 전자쌍 받개인 LUMO 사이의 상호 작용이 쉽게 일어나야 한다. 이 상호 작용은 반응 기질과 반응 시약의 전자들이 서로 잘 끌리느냐 배척하느냐에 달려 있으며 이것은 두 반응물의 형태 구조와 입체 구조에 의해 영향을 받는다.
- 반응 조건 및 리간드 효과: 비대칭 유발은 전이 상태의 구조가 견고한 형태를 가질 때 잘 일어난다. 따라서 반응 용매, 온도, 킬레이트 형성에 참여하는 양이온의 종류 등의 인자들에 의해 영향을 받는다.

비대칭 반응을 유발시키는 방법은 카이랄 시약을 이용하는 방법, 광학 보조제와 결합한 반응 기질을 이용하는 방법과 카이랄 촉매를 이용하는 방법으로 구분할 수 있다. 이 가운데 앞의 두 방법은 비촉매적인 당량 반응 (stoichiometric method)으로 진행된다.

카이랄 시약에 의한 비대칭 유발 반응

카이랄 리간드와 결합한 반응 시약 (카이랄 시약)이 반응 기질과 비대칭적으로 반응하여 카이랄 생성물을 생성하는 반응을 말한다. 보통 당량 반응으로 수행하며 반응 후 카이랄 시약은 그 자체로서의 기능을 잃어버리는 것이 보통이다 (그림 13.30).

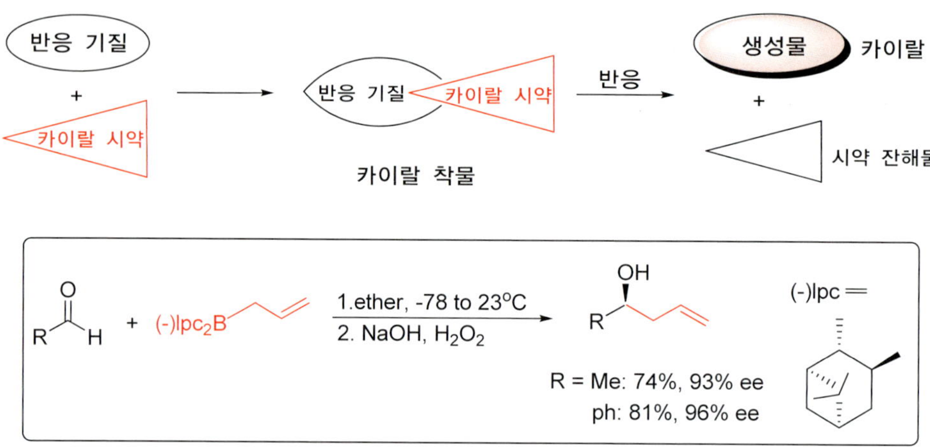

그림 13.30 카이랄 시약을 이용한 알데하이드에 대한 비대칭 호모 알릴화 반응

카이랄 보조제가 도입된 반응 기질을 사용한 비대칭 유발 반응

반응 기질에 비대칭 반응을 유발할 수 있는 **카이랄 보조제** (chiral auxiliary)를 결합시킨 후 반응 시약과 반응시켜 카이랄 생성물을 생성시키는 방법으로 주로 당량 반응으로 시행하며, 이 반응을 이용할 경우 반응 후 회수 가능한 광학 보조제를 사용하는 것이 바람직하다 (그림 13.31).

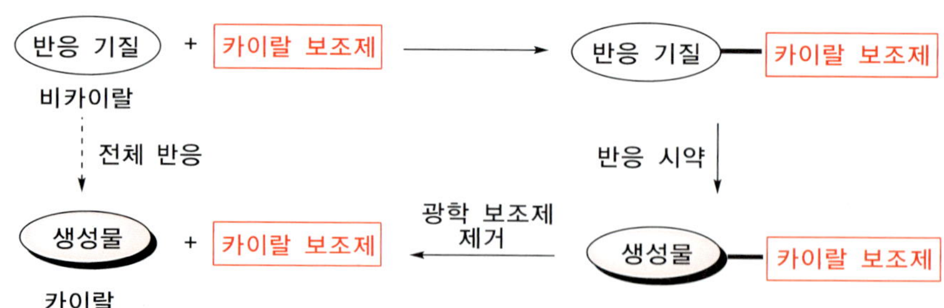

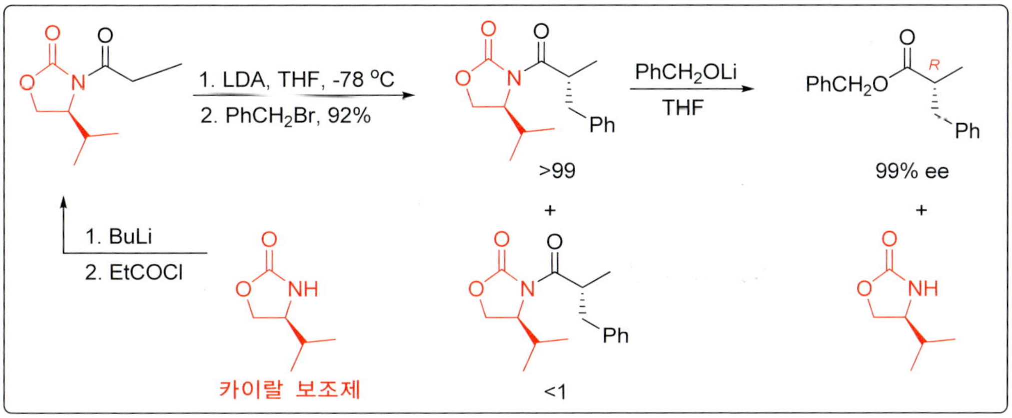

1. LDA, THF, -78 °C
2. $PhCH_2Br$, 92%

>99

<1

$PhCH_2OLi$

THF

99% ee

1. BuLi
2. EtCOCl

카이랄 보조제

그림 13.31 카이랄 보조제를 사용한 엔올 음이온의 비대칭 알킬화 반응

그림 13.31에서 비대칭 유발 반응이 일어나는 이유는 카이랄 아마이드에서 생성된 (*Z*)-엔올 음이온이 친핵체로서 할로젠화 알킬과 반응할 때 알킬화 반응이 광학 보조제인 isopropyl 기의 입체 장애로 인해 불리한 종이 앞면 (*re* 면)보다 유리한 뒷면 (*si* 면)에서 일어나는 반응을 선호하기 때문이다.

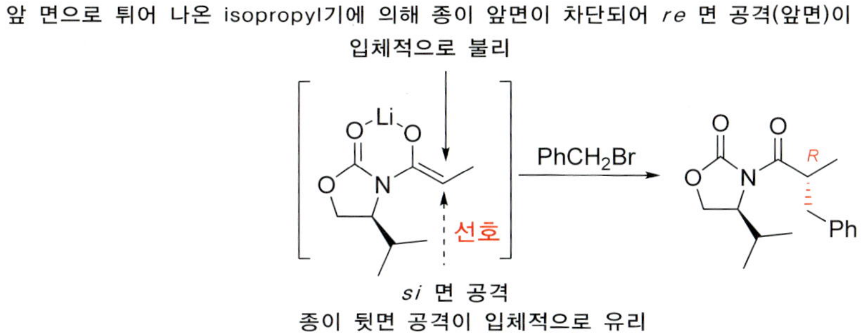

앞 면으로 튀어 나온 isopropyl기에 의해 종이 앞면이 차단되어 *re* 면 공격(앞면)이 입체적으로 불리

$PhCH_2Br$

선호

si 면 공격
종이 뒷면 공격이 입체적으로 유리

카이랄 촉매를 이용한 비대칭 유발 반응

반응 기질 또는 반응 시약과 결합 또는 배위하여 카이랄 착물을 형성한 후 비대칭 반응을 유발시켜 카이랄 생성물을 생성시킨 후, 반응 착물로부터 떨어져 나와 또 다시 순환적으로 카이랄 착물을 형성하여 비대칭 반응에 참여하는 물질을 **카이랄 촉매** (chiral catalyst)라고 한다. 그 종류로는 카이랄 리간드와 결합한 금속, 카이랄 유기 화합물 (카이랄 상전이 촉매 포함)과 생체 화합물 (효소, 효모, 미생물 등 포함) 등이 있다 (그림 13.32).

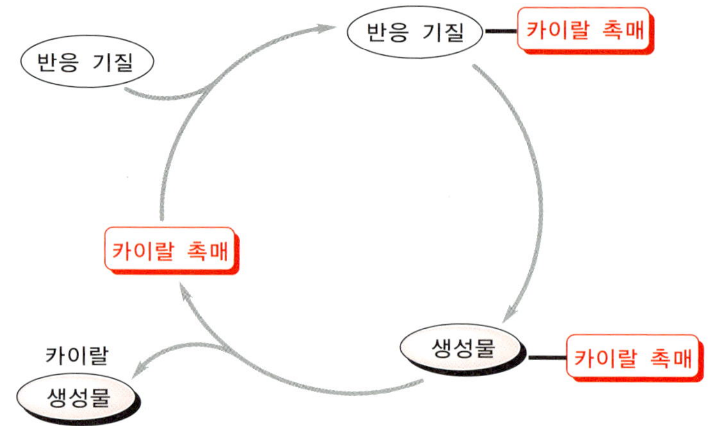

MeO, AcO, CO_2H, NHAc → MeO, AcO, CO_2H, NHAc

H_2
(*R, R*)−DIPAMP-Rh cpmplex(cat)
20,000/1 = substrate/catalyst

95% ee

(*R, R*)−DIPAMP = OMe, MeO, ph ph, P, P

그림 13.32 카이랄 촉매를 이용한 비대칭 합성

한편, 비대칭 합성 반응에서 비대칭 유발이 어느 정도 되었는지를 가늠하는 잣대는 생성물(광학 활성 물질 = 거울상 이성질체)의 **광학 순도** (optical purity)와 **거울상 초과량** (enantiomeric excess, ee)의 백분율로 나타낸다. 이를 **광학 활성 물질의 광학 순도 표기법**이라고 한다. 광학 순도는 표준 물질과 샘플의 고유 광회전도 값 {$[\alpha]_D$}을 비교하여 백분율로 나타낸 값이고, 거울상 초과량은 각 거울상 이성질체의 함량을 기준으로 어느 거울상 이성질체가 더 많이 존재하는가를 백분율로 나타낸 값이다.

$$\text{광학 순도(optical purity) (표시 단위: \%)} = \frac{\text{Sample의 고유 광회전도, } [\alpha]_D}{\text{표준 물질의 고유 광회전도, } [\alpha]_D} \times 100$$

$$\text{거울상 초과량(enantiomeric excess) (표시 단위: \% ee)} = \frac{\text{(R − S)의 절댓값}}{\text{(R + S)의 절댓값}} \times 100$$

예를 들어 절대 배열이 (*S*)인 100% 순수한 단일 거울상 이성질체의 $[\alpha]_D$ 값이 + 50이라고 가정하고, 동일한 물질인 샘플을 편광계로 측정한 값이 $[\alpha]_D$ = + 25라면 광학 순도는 50%이다 [이 결과는 (S)-이성질체 75%와 (R)-이성질체 25%의 혼합물임을 의미한다]. 한편, 샘플을 카이랄 컬럼을 사용하여 HPLC 또는 GC로 분석한 결과 (S) : (R)가 10 : 40의 비율로 측정된 경우 이 샘플의 거울상 초과량 백분율 (% ee)는 60% ee, R이라 표시한다 {ee % = [(40−10)/40+10]×100}.

13.4.2 비대칭 합성 반응의 실시 예

비대칭 반응 (또는 거울상 선택 반응)의 예는 수없이 많다. 이 절에서는 검증된 반응 예들을 중심으로 몇 가지만을 소개한다.

카이랄 보조제를 이용한 비대칭 알킬화 반응

$(CH_3CH_2CO)_2O$, THF, 23 °C → 95%

1. LDA, LiCl, -78 °C
2. $PhCH_2Br$, -78 to 0 °C

90%, >99% ee

OLi (solvent), OLi, R, R'−X

[13-3]

카이랄 PTC 촉매를 이용한 비대칭 알킬화 반응

RX (X = Br, I), **A** (10 mol%), CsOH·H_2O, CH_2Cl_2, -78 °C

R = $PhCH_2$: 87%, 94% ee
CH_2=$CHCH_2$: 89%, 97% ee

A =

카이랄 PTC 촉매를 이용한 비대칭 1,4-첨가 반응

A (10 mol%), CsOH·H_2O, CH_2Cl_2, -78 °C

90%, 95.2% ee

[13-4]

카이랄 활성 보조제를 이용한 비대칭 알돌 반응

1. Bu_2OTf, Et_3N, CH_2Cl_2, 0 °C
2. PhCHO, -65 °C
3. H_2O_2, MeOH, -30 °C

CH_2Ph → Me, OH, Ph, CH_2Ph 84%

H_2O_2 / LiOH → HO, OH, Ph, Me 89%, 100% ee + NH, CH_2Ph [13-5]

비대칭 촉매를 이용한 알데하이드의 알킬기 첨가 반응

H + Et_2Zn —(2*S*)-DAIB (2 mol%), toluene, -78 to 0 °C→ $H_3O^{\oplus}$ → Et, OH, H 97%, 95.4% ee, *S*

(2*S*)-DAIB = NMe_2, OH [13-6]

카이랄 촉매를 이용한 비대칭 환원 반응

(*S*)-MeCBS (2 mol%), BMS / CH_2Cl_2, -20 to rt → OH 90~94%, 98.9% ee, *R*

(*S*)-MeCBS = Ph, Ph, N, O, B, Me [13-7]

카이랄 촉매를 이용한 비대칭 수소 환원 반응

1/2 $[RuCl_2(benzene)]_2$ + (*R*)-BINAP —DMF, 100 °C→ (*R*)-BINAP-Ru(II)

OCH_3 —H_2 (3 atm), (*R*)-BINAP-Ru(II)(cat), MeOH, 100 °C→ OH, OCH_3 92~96%, 97~98% ee, R

PPh_2, PPh_2 (*R*)-BINAP [13-8]

카이랄 촉매를 이용한 비대칭 에폭시화 반응 (Sharpless epoxidation)

HO —Ti(O-Pr-*i*)$_4$ (0.54 eq), Ligand (0.64 eq), *t*-BuOOH (2.0 eq), toluene-CH_2Cl_2, -70 to 0 °C→ HO, H, O, H 63~69%, 96.4~97.5% ee

Ligand = EtO_2C, OH, OH, CO_2Et [13-9]

카이랄 촉매를 이용한 비대칭 다이하이드록실화 반응

OSO$_4$, (N-methylmorpholine N-oxide: O, N, O, Me)
cat (5 mol%)
acetone-H_2O, 0 °C

Ph–CH=CH–Ph → Ph–CH(OH)–CH(OH)–Ph

72~75%, 100% ee, 2*R*, 3*R*

cat = (ArO, H, N, H, OMe, N) Ar = 4-ClC_6H_4CO [13-10]

K_2OsO_4-$2H_2O$ (cat),$(DHQD)_2$PHAL (cat)
$K_3Fe(CN)_6$, $MeSO_2NH_2$, K_2CO_3
t-BuOH, H_2O
99%

OH, OH

99.5% ee [13-11]

$(DHQD)_2$-PHAL = (N, H, H, O, N–N, O, H, H, N, MeO, OMe, N, N)

카이랄 촉매를 이용한 비대칭 수소 첨가 반응

1/2 $[RuCl_2(benzene)]_2$ → (*R*)-BINAP, DMF, 100 °C → AcONa, DMF-MeOH → $Ru(OAc)_2$[(*R*)-BINAP]

OH → H_2 (100 atm), $Ru(OAc)_2$[(*R*)-BINAP] (cat), MeOH-H_2O, 20 °C, 93~97% → OH

98% ee [13-12]

비대칭 수소붕소화 반응 (asymmetric hydroboration)

BH$_3$-THF, THF, 0 °C → [BH]$_2$ (-)-Ipc$_2$BH

1. (cyclopentadiene with CH_2CO_2Me) -78 to 0 °C
2. H_2O_2, NaOH

→ HO, CH_2CO_2He

27~31% [13-13]

CHAPTER 13 참고 문헌

[13-1] *Org. Synth. Coll.* **1988**, *6*, 121.
[13-2] *Org. Synth. Coll.* **1973**, *5*, 852.
[13-3] *Org. Synth. Coll.* **2004**, *10*, 12.
[13-4] *Org. Synth. Coll.* **2009**, *11*, 404.
[13-5] *Org. Synth. Coll.* **1993**, *8*, 339.
[13-6] *Org. Synth. Coll.* **2004**, *10*, 635.
[13-7] *Org. Synth. Coll.* **1998**, *9*, 676.
[13-8] *Org. Synth. Coll.* **1998**, *9*, 589.
[13-9] *Org. Synth. Coll.* **1990**, *7*, 461.
[13-10] *Org. Synth. Coll.* **1998**, *9*, 383.
[13-11] *Org. Synth. Coll.* **2004**, *10*, 603.
[13-12] *Org. Synth. Coll.* **1998**, *9*, 169
[13-13] *Org. Synth. Coll.* **1990**, *7*, 339.

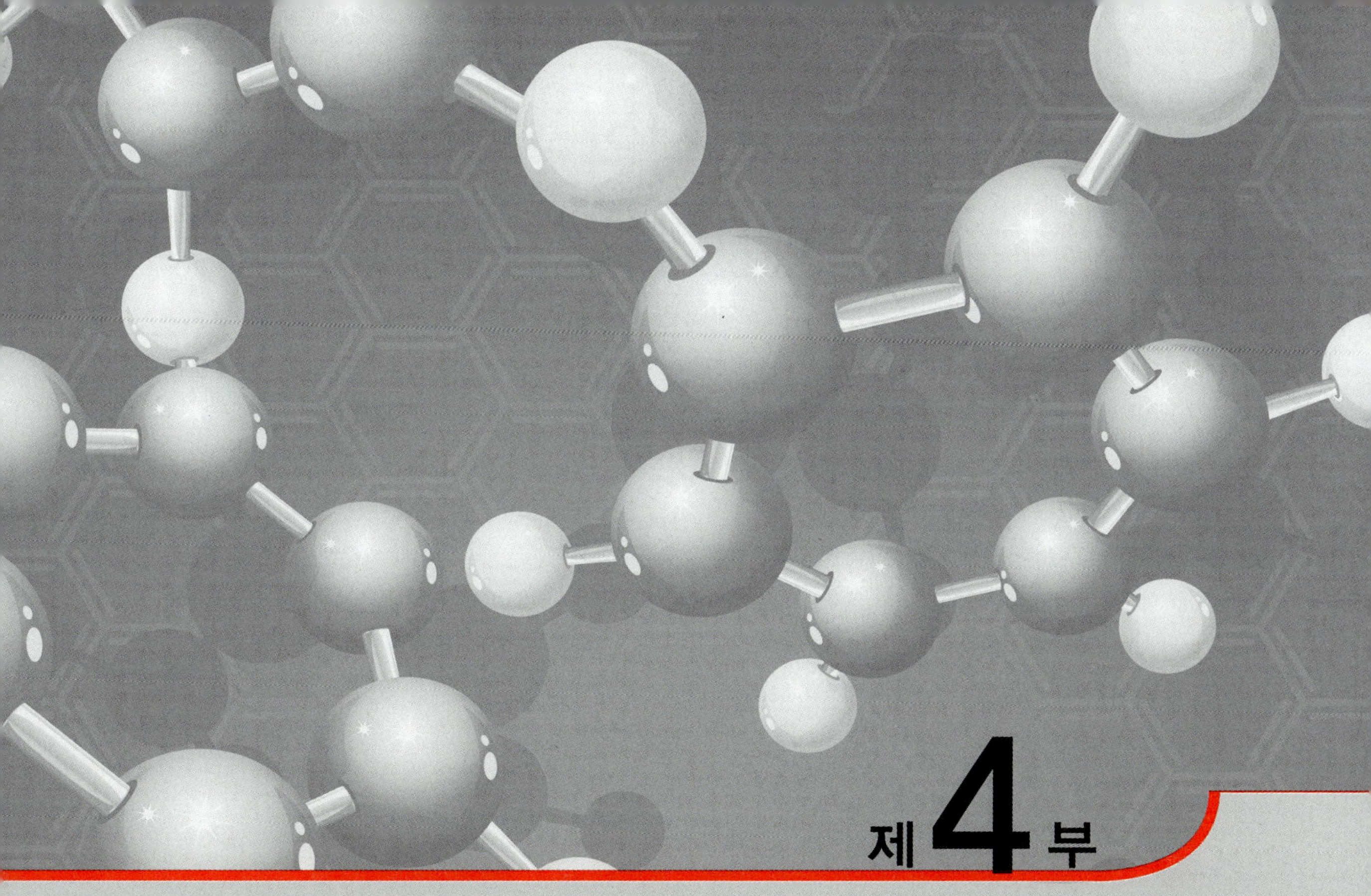

제 4 부

유기 합성의 실제

CHAPTER **14**

유기 합성의 응용: 천연물 및 의약품의 합성

지금까지 우리는 유기 작용기 도입 및 전환 반응과 탄소–탄소 결합 형성 반응을 통하여 다양한 유기 합성 반응의 기초와 원리를 공부하였다. 이 장에서는 유기 합성 반응이 실제로 유기 합성에 어떻게 응용되는지를 소개하고자 한다. 소개할 합성 대상 물질로 동물성 천연 물질로서 체내에서 다양한 생리 활성을 나타내는 **prostaglandin $F_{2\alpha}$**와 느릅나무 좀벌레가 분비하는 페로몬의 일종인 **multistriatin**의 전합성을 선택하였고 또한 전 세계적으로 가장 많이 판매되는 5종의 합성 의약품인 **atorvastatin** (상품명: Lipitor, 고지혈증 치료제), **esomeprazole** (역류성 식도염 치료제), **clopidogrel** (상품명: Plavix, 항혈액 응고제), **imatinib** (상품명: Gleevec, 골수성 백혈병 치료제)와 **oseltamivir** (상품명: Tamiflu, 신종플루 및 조류 독감 치료제) 등의 합성을 선택하였다.

14.1 Prostaglandin $F_{2\alpha}$ ($PGF_{2\alpha}$)의 합성

Prostaglandin (PG)은 인체는 물론 젖먹이 동물의 거의 모든 조직에서 발견되는 사이클로펜테인 고리를 가진 C–20의 불포화 지방산인 화학 구조를 가지고 있는 물질이다. 이 물질은 필수 불포화 지방산인 arachidonic acid로부터 생합성되며, 호르몬과 비슷한 형태로 통증, 발열, 염증, 자궁 수축, 혈관 수축 및 혈액 응고 등과 같은 광범위한 생리 작용에 관여한다. PG 유도체 중 하나인 prostaglandin $F_{2\alpha}$ ($PGF_{2\alpha}$)은 그 구조에서 사이클로펜테인 고리의 C–9 및 C–11 위치에 두 개의 하이드록실기와 C–8과 C–9 위치에 서로가 트랜스 관계인 두 개의 곁사슬을 가지고 있으며, 곁사슬 중 하나에는 탄소–탄소 이중 결합이 있고, 다른 곁사슬에는 광학 활성 알릴 알코올 구조를 가지고 있다. 이 물질이 가지고 있는 입체 배열을 살펴보면 전체적으로 다섯 개의 비대칭 탄소 (입체 중심)를 가지고 있으며 그 중 네 개는 사이클로펜테인 고리에 결합되어 있다. 각 입체 중심에서의 입체 배열은 8R, 9S, 11R, 12R, 15S이며, C–5와 C–6 사이의 입체 배열은 Z, C–13과 C–14 사이의 입체 배열은 E이다.

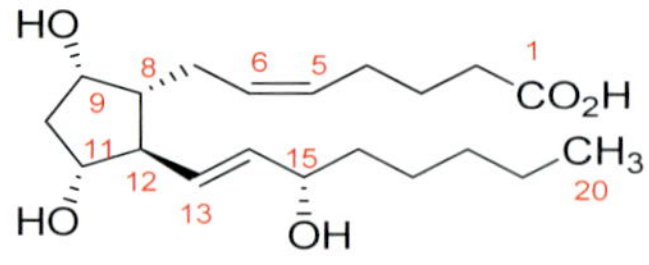

$PGF_{2\alpha}$

8R, 9S, 11R, 12R, 15S (Z)- $\Delta^{5,6}$ (E)- $\Delta^{13,14}$

이 물질의 라셈 혼합물은 1969년 하버드대학교의 **E. J. Corey** (1990년 노벨 화학상 수상) 그룹에 의해 처음으로 전합성되었다. 이후 여러 연구 그룹에 의해 다양한 합성법이 보고되었다. 최근에 Bristol 대학교 (영국)의 V. K. Aggarwal 그룹은 (*S*)−proline 유기 촉매를 사용하여 이 합성법의 핵심 합성 중간체를 카이랄 버전으로 합성하고 반응 단계를 획기적으로 단축시킨 합성법을 발표하였다. 이 절에서는 Corey 그룹에 의해 발표된 첫 합성법과 최근 V. K. Aggarwal 그룹에서 발표한 합성법을 소개하고자 한다.

14.1.1 Corey 그룹의 합성법

역합성 분석 (그림 14.1)

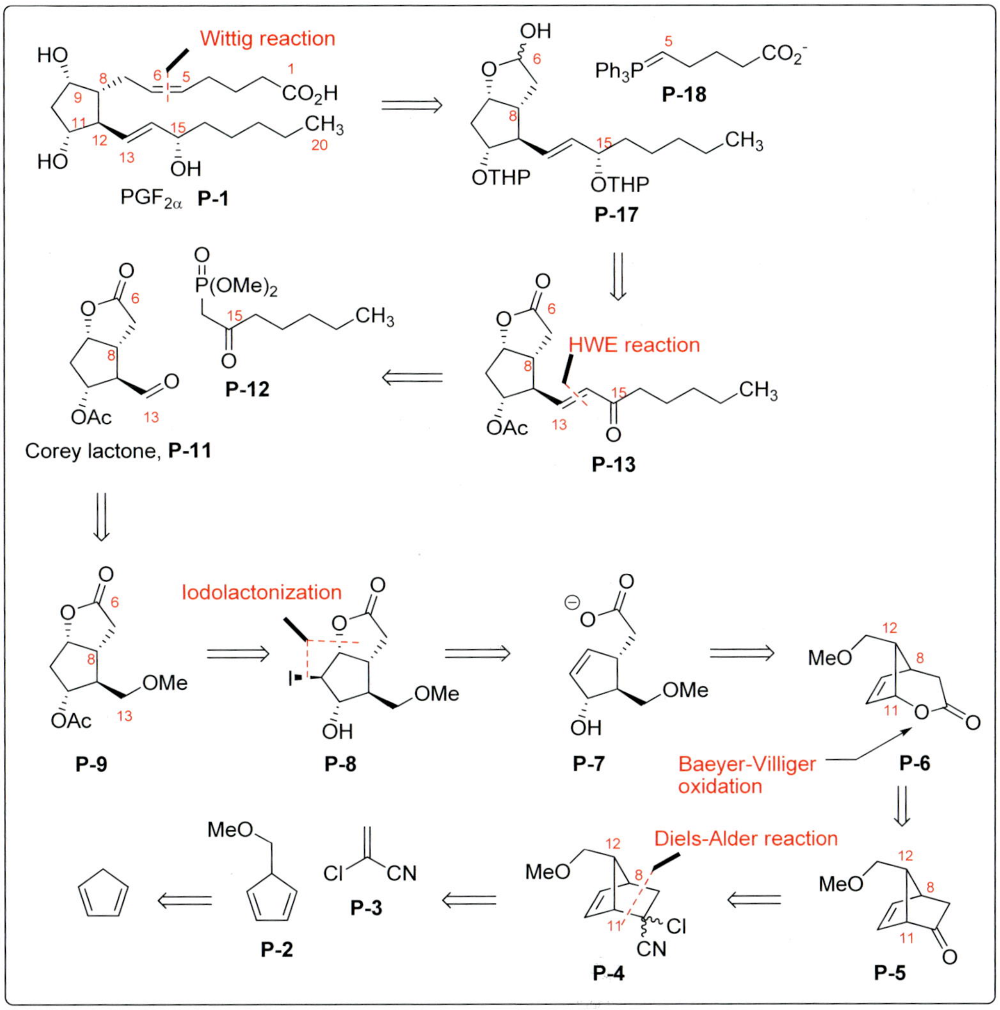

Wittig reaction
HWE reaction
Iodolactonization
Baeyer-Villiger oxidation
Diels-Alder reaction
$PGF_{2\alpha}$ **P-1**
P-17
P-18
P-12
Corey lactone, **P-11**
P-13
P-9
P-8
P-7
P-6
P-5
P-4
P-3
P-2

그림 14.1 *rac*–Prostaglandin $F_{2\alpha}$ ($PGF_{2\alpha}$, P–1)의 역합성 분석 (Corey 합성법)

합성 설계 (역합성 분석)의 핵심

- 사이클로프로페인 고리의 C-8, C-9, C-11 및 C-12의 입체 배열을 동시에 조절하기 위하여 **Diels-Alder 반응**으로 쉽게 합성할 수 있는 bicyclo[2.2.1]heptene 유도체인 **P-4**를 반응 초기 단계 출발물로 선택함.

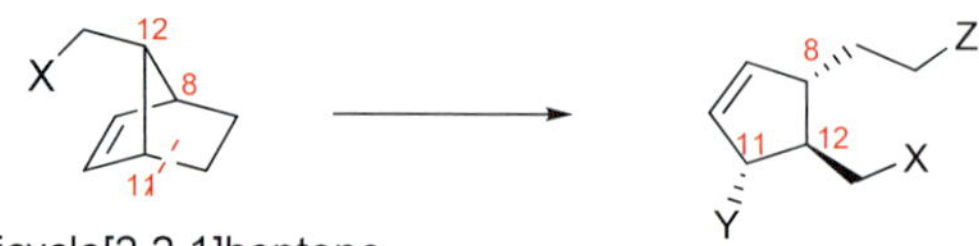

- **P-4**를 가수 분해하여 bicyclic ketone (**P-5**)을 생성시키고 이로부터 **Baeyer-Villiger 산화 반응**, Iodolactonization 및 선택 산화 반응을 거쳐 Corey 합성법의 핵심 반응 중간체인 Corey lactone (**P-11**)을 합성함.
- **P-11**로부터 C-13과 C-14 사이의 (*E*)-알켄 형성은 **Horner-Wardworth-Emmons (HWE) 반응** (12.1.2절)을 이용함.
- C-5와 C-6 사이의 (*Z*)-알켄 형성은 **P-16**을 부분 환원하여 얻은 lactol (**P-17**)에 대한 Wittig 반응을 이용함.

라셈 $PGF_{2\alpha}$의 합성 (그림 14.2)

- **P-4 및 P-5의 합성**

1,3-Cyclopentadiene를 NaH로 탈양성자화 반응시켜 얻은 cyclopentadienyl sodium을 chloromethyl methyl ether와 친핵 치환 반응시켜 5-methoxymethyl-1,3-cyclopentadiene (**P-2**)을 합성하고, 이를 2-chloroacrylonitrile (**P-3**)과 [4+2] 고리화 첨가 반응 (Diels-Alder 반응, 11.1.1절)시켜 **P-4**를 합성하고 이를 가수 분해하면 bicyclic ketone 화합물인 **P-5**가 합성된다.

- **P-7의 합성**

P-5를 *m*CPBA와 Baeyer-Villiger 산화 반응 (5.7.2절)시켜 bicyclic ester (**P-6**)를 합성한 후 가수 분해하면 cyclopentenoyl acetic acid 유도체 (**P-7**)가 생성된다. **P-7**은 목표물의 구조 중 C-8, C-9 및 C-12의 입체 배열을 갖춘 핵심 중간체인 Corey lactone (**P-11**)을 합성하는 합성 전구체로 사용된다.

- **Corey lactone (P-11)의 합성**

P-7을 KI와 I_2와 아이오도락톤화 반응 (iodolactonization) (4.2.4절)을 시켜 **P-8**을 합성한 후, 이를 *n*-Bu_3SnH을 이용한 라디칼 환원 반응 (6.9절)시키면 탈아이오딘화 반응이 일어나 **P-9**가 생성된다. 이를 BBr_3와 반응시키면 에터 결합의 절단 반응이 일어나 락톤 알코올 화합물 (**P-10**)이 생성한다. 이를 PDC로 선택 산화 (Collins 산화, 5.2.1절)시키면 Corey lactone (**P-11**)이 생성된다.

1. NaH, THF
2. $MeOCH_2Cl$
THF, -55 °C

MeO
P-2

Cl CN
P-3
$Cu(BF_4)_2$, 0 °C
>90%
Diels-Alder reaction

MeO
Cl
CN
P-4

KOH
H_2O/DMSO
25~30 °C
80%

MeO 12 8 9 10 11 O
P-5

Baeyer-Villiger oxidation
*m*CPBA
$NaHCO_3$
CH_2Cl_2
>95%

MeO 12 8 9 10 11 O O
P-6

1. NaOH
H_2O, 0 °C
2. CO_2
90%

HO O OMe HO
P-7

KI_3, $NaHCO_3$
H_2O, 0 °C
80%

O O I OMe HO
P-8

1. Ac_2O
pyridine
2. *n*-Bu_3SnH
AIBN, benzene, heat
99%

O O OMe AcO
P-9

BBr_3, CH_2Cl_2
0 °C
>90%

O O OH AcO
P-10

PDC, CH_2Cl_2
0 °C
Collins oxidation

O O O AcO
P-11

Horner-Wadsworth-Emmons reaction

O P(OMe)$_2$ 14 15 20 Me O
P-12

NaH, DME
25 °C
70% from **P-10**

O O AcO 15 Me O
P-13

$Zn(BH_4)_2$
DME, rt
49%

O O AcO 15 Me OH
P-14
+ C15 β-OH (49%)

K_2CO_3
MeOH
100%

O O HO 15 Me OH
P-15

(DHP)
p-TsOH, THF

O O 6 THPO 15 Me OTHP
P-16

DIBALH
toluene
-60 °C

OH O 6 THPO Me OTHP
P-17

Br⊖ ⊕ Ph_3P 5 $CO_2^{\ominus}$
P-18
NaH, DMSO
80% from **P-15**
Wittig reaction

OH 6 5 CO_2H THPO Me OTHP
P-19

AcOH
H_2O
90%

dl-$PGF_{2\alpha}$
(±)-**P-1**

J. Am. Chem. Soc. **1969**, *91*, 5675

그림 14.2 라셈 $PGF_{2\alpha}$의 합성 (Corey 합성법)

• **P–14의 합성**

P–11을 안정한 ylide인 ketophosphonate 화합물 (**P–12**)과 HWE 반응시키면 **P–11**의 알데하이드기에서 알켄화 반응 (12.1.2절)이 일어나 (*E*)–enone 구조를 가진 **P–13**을 생성한다. 이를 $Zn(BH_4)_2$으로 환원하면 C–15 위치의 케톤 (enone)이 선택 환원되어 **P–14**와 이것의 C–15 에피머인 화합물이 1:1의 비율로 생성하는데 이로부터 **P–14**를 분리한다.

• **라셈 $PGF_{2\alpha}$ (*rac*–P–1)의 합성**

P–14를 가수 분해하여 얻은 **P–15**의 OH기를 THP (tetrahydropyranyl)기로 보호 (7.3.1절) 한 뒤 락톤기를 DIBALH로 선택 환원하면 락톨 화합물인 **P–17**이 생성되는데 이 물질은 hydroxyl aldehyde와 평형 상태에 있으므로 Wiitig 시약인 **P–18**과 반응 (12.1.2절)하면 OH기가 보호된 $PGF_{2\alpha}$ (**P–19**)가 생성되고, 여기서 보호기를 제거하면 목표물인 라셈 $PGF_{2\alpha}$이 합성된다. 이 합성법의 전체 합성 단계는 17단계이고, 누적 수득률은 약 11%이다 (그림 14.2).

광학 활성 $PGF_{2\alpha}$의 합성 (그림 14.3).

Corey 합성법에 의한 광학 활성 $PGF_{2\alpha}$의 합성을 개괄적으로 소개하면 다음과 같다.

[1단계] 광학 활성 **P–7**의 합성: 라셈 **P–7**을 카이랄 분할 (chiral resolution)하거나 또는 비대칭 Diels–Alder 반응에 의하여 합성된 광학 활성 bicyclic ketone으로부터 합성한다.

[2단계] 광학 활성 **P–7**로부터 카이랄 Corey lactone (**P′–11**)을 합성하고 라셈 **P–11**과 동일한 방법을 사용하여 카이랄 enone [**(+)–P′–13**]을 합성한다. 이 물질의 C–15 위치에 있는 enone의 카보닐기를 비대칭 환원하여 (*S*)–배열을 가진 **(+)–P′–15**를 합성한 후 환원과 Wittig 반응 등 라셈 **P–1**의 합성법을 준용하여 합성 목표물인 광학 활성 **P–1**을 합성한다.

그림 14.3 광학 활성 $PGF_{2\alpha}$의 합성 (Corey 합성법)

14.1.2 Aggarwal 그룹의 합성법: 광학 활성 $PGF_{2\alpha}$의 합성

역합성 분석 (그림 14.4)

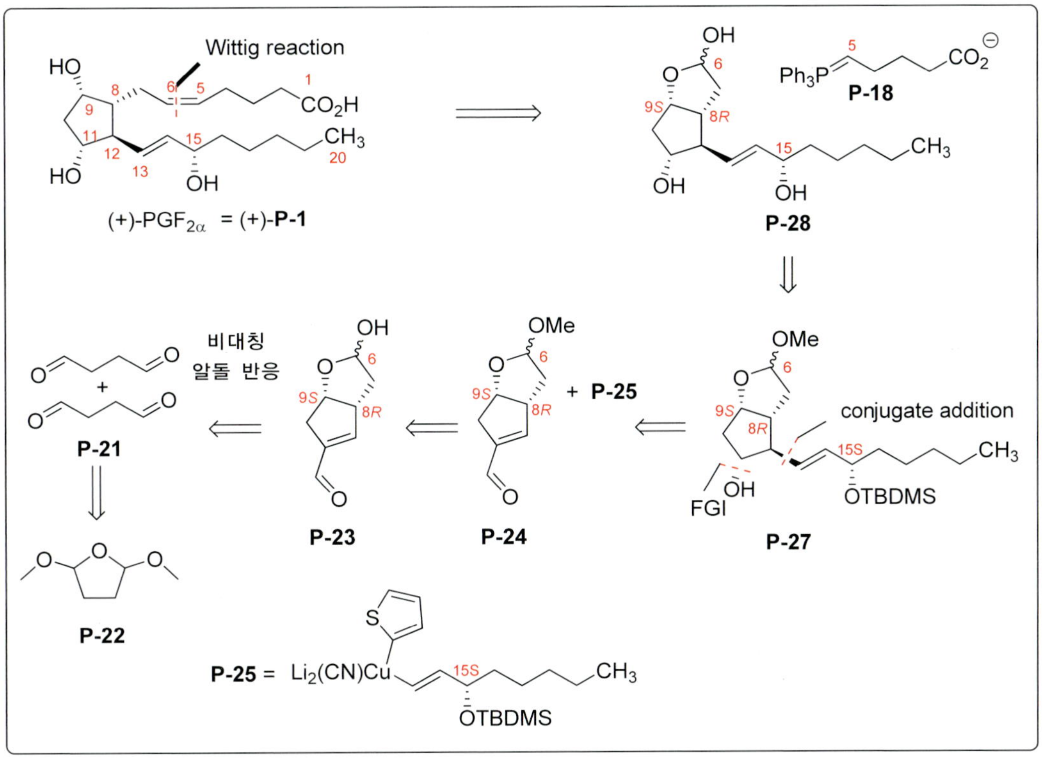

그림 14.4 광학 활성 $PGF_{2\alpha}$의 역합성 분석 (Aggawar 합성법)

합성 설계 (역합성 분석)의 핵심

- 값싼 원료인 succinaldehyde (**P–21**)를 비대칭 알돌 반응시켜 C–8과 C–9의 위치가 각각 *S*와 *R* 배열인 bicyclic enal lactol (**P–23**)을 합성하고 출발물로 이용.

- C–15 위치가 *S* 배열인 광학 활성 (*E*)–알릴 알코올의 구리 시약 (**P–25**)을 사용하여 광학 활성 bicyclic enal acetal 유도체 (**P–24**)와 Michael 반응 형태의 입체 선택 1,4–콘쥬게이트 첨가 반응을 수행하여 C–12의 입체 배열이 *R*인 중간체 **P–26**을 합성함.

- 반응 단계를 기존 방법보다 축소 (**P–25**의 합성 단계 제외)된 방법으로 광학 활성 $PGF_{2\alpha}$을 합성함.

광학 활성 $PGF_{2\alpha}$의 합성 (그림 14.5)

• P–23의 합성

2,5–Dimethoxyfuran (P–20)을 가수 분해하여 얻는 succinaldehyde (P–21)를 카이랄 유기 촉매인 (*S*)–proline (P–22)을 사용하여 비대칭 알돌 반응시키면 P–21 두 분자 사이에서 자체 알돌 반응이 일어나 광학 순도가 98% ee인 bicyclic enal lactol (P–23)이 20%의 수득률로 생성된다.

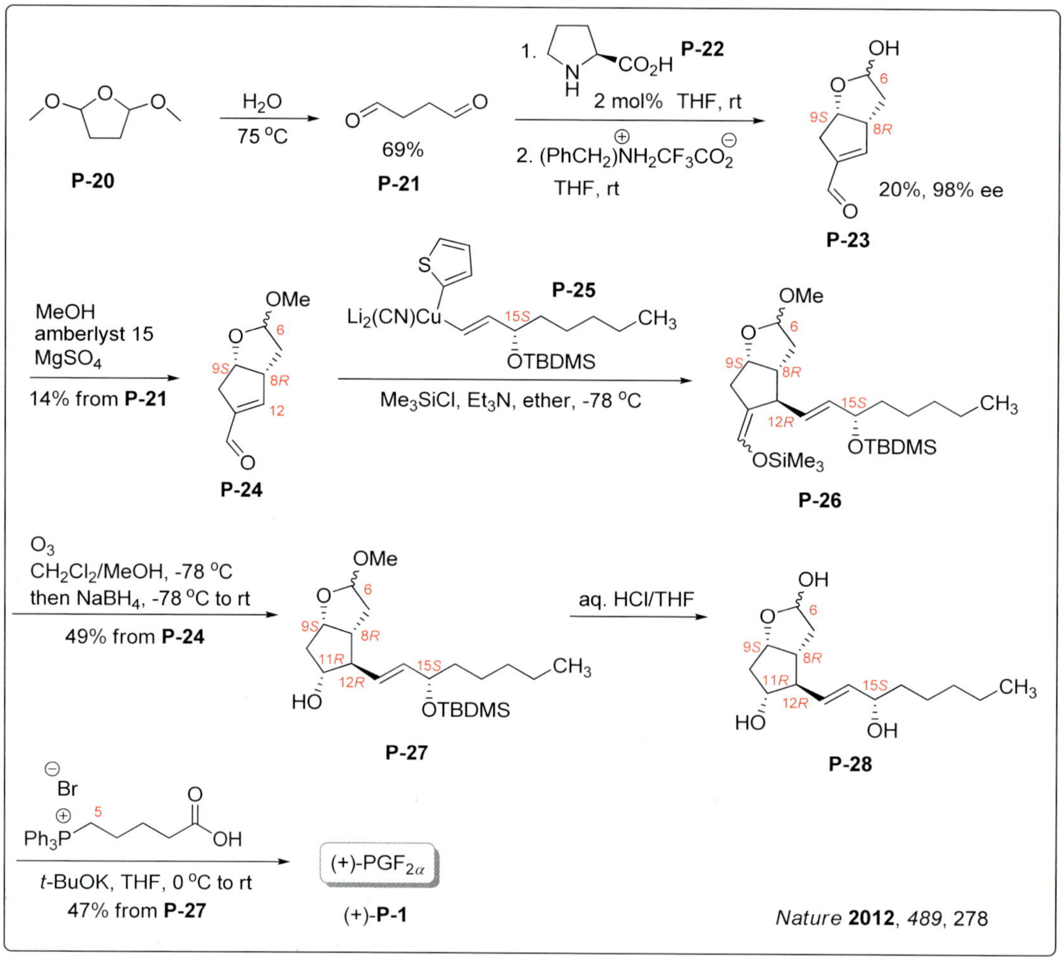

그림 14.5 광학 활성 $PGF_{2\alpha}$의 합성 (Aggarwal의 합성법)

• 광학 활성 구리 시약 (P–25)의 합성

광학 활성 1–iodovinyl alcohol의 OH기를 *t*–Butyldimethylsilyl (TBDMS)기로 보호시킨 후 (7.3.1절) *t*–BuLi과 반응시켜 얻는 비닐 리튬 시약 (A)을 thiophene 구리 시약 (B)과 반응시켜 합성한다.

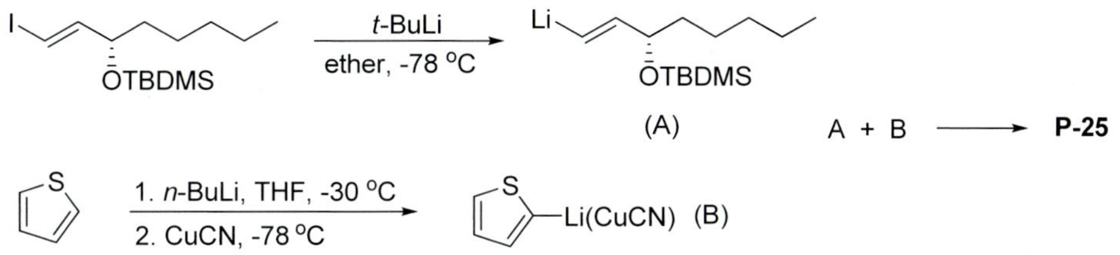

• P-28의 합성

Hemiacetal 구조를 가진 **P-23**에 MeOH을 작용시켜 acetal (**P-24**)로 전환시킨 후 광학 활성 구리 시약인 **P-25**로 입체 선택 1,4-첨가 반응시켜 **P-26**을 합성하고, 연이어 가오존 분해 반응시킨 후 $NaBH_4$로 환원하면 **P-27**이 합성된다. 이를 산으로 가수 분해시키면 헤미아세탈 구조인 락톨 (**P-28**)로 전환되고 여기에 Wittig 반응을 수행하면 목표물인 광학 활성 $PGF_{2\alpha}$가 합성된다. 이 방법은 값싼 원료를 사용하고 전체 반응 단계는 7단계로 Corey 합성법에 비해 크게 단축시켰으나 반응 단계별 수득률이 낮아 누적 수득률은 3%에 불과하다.

14.2 α-Multistriatin의 합성

α-Multistriatin (M-1)은 bicyclic ketal 구조를 가진 화합물로서 느릅나무 좀벌레 (*Scolytus multistiatus*)의 집합 페로몬 성분 중 하나이다.

14.2.1 라셈 α-Multistriatin (M-1)의 합성

역합성 분석 (그림 14.6)

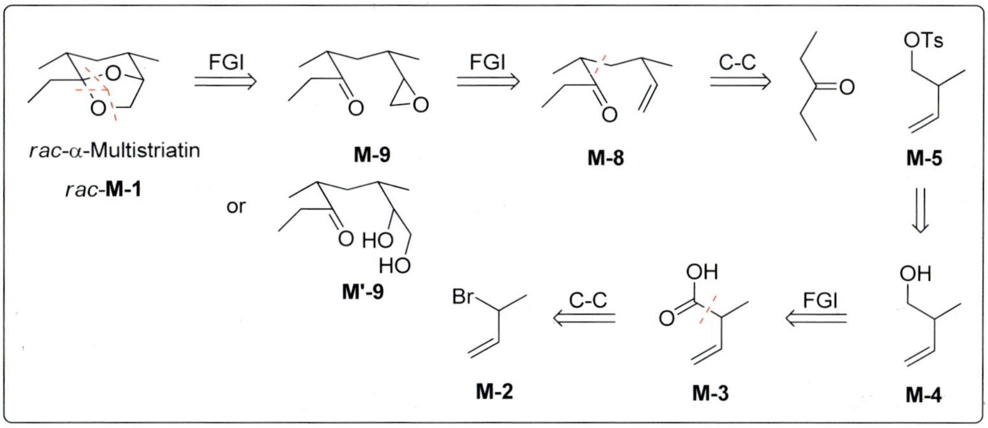

그림 14.6 라셈 α-Multistriatin의 역합성 분석

합성 설계 (역합성 분석)의 핵심

- 목표물인 M–1의 bicyclic ketal은 epoxy ketone (M–9) 또는 keto diol (M′–9)로부터 분자 내 케탈화 반응으로 합성한다.
- M–9 또는 M′–9은 FGI 반응으로 keto alkene (M–8)의 산화 반응 (에폭시화 또는 다이하드록실화 반응)으로 합성한다.
- M–8은 알킬화제로 M–5를 이용한 3–pentanone의 α–알킬화 반응을 통해 합성한다.
- M–5는 할로 알켄 (M–2)으로부터 Grignard 반응 (카복실화 반응)과 FGI (환원 및 토실화 반응) 반응으로 합성한다.

라셈 α–Multistriatin (*rac*–M–1)의 합성 (그림 14.7)

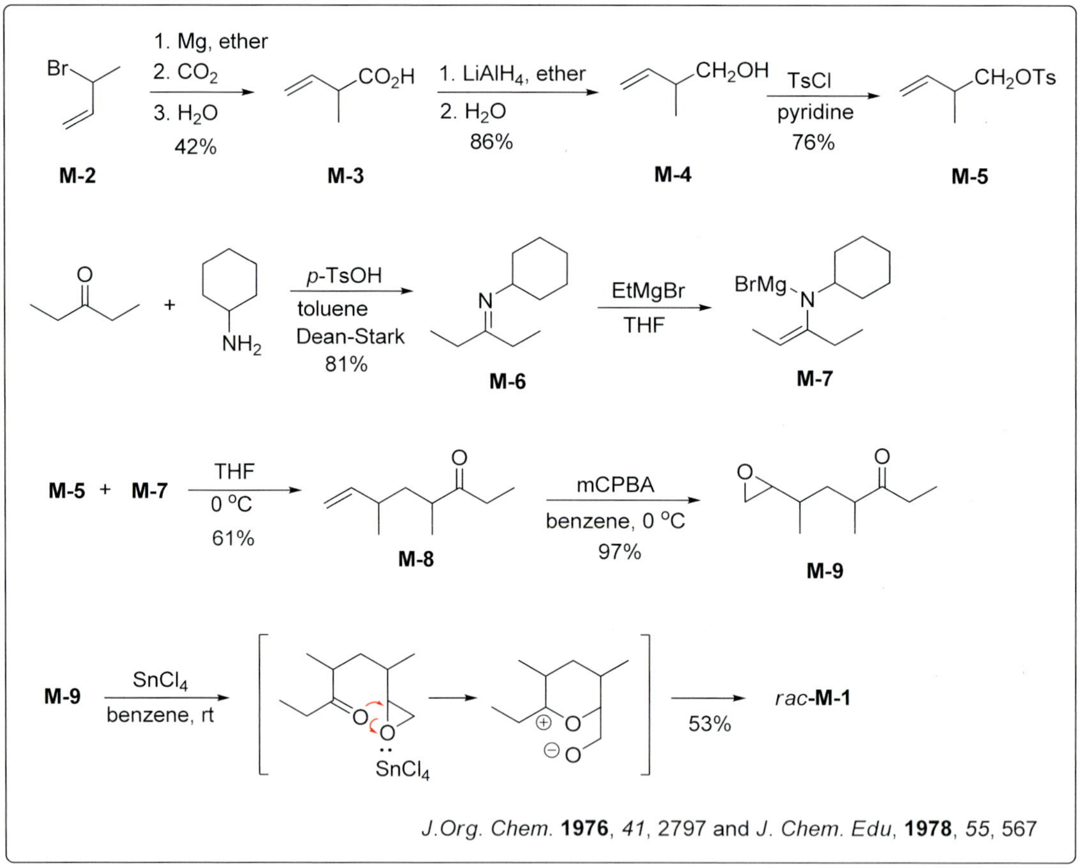

M-2 → (1. Mg, ether; 2. CO_2; 3. H_2O; 42%) → M-3 → (1. $LiAlH_4$, ether; 2. H_2O; 86%) → M-4 → (TsCl, pyridine; 76%) → M-5

M-6: (p-TsOH, toluene, Dean-Stark, 81%) → M-6 → (EtMgBr, THF) → M-7

M-5 + M-7 → (THF, 0 °C, 61%) → M-8 → (mCPBA, benzene, 0 °C, 97%) → M-9

M-9 → ($SnCl_4$, benzene, rt) → [... $SnCl_4$ ...] → (53%) → *rac*-**M-1**

J.Org. Chem. **1976**, *41*, 2797 and *J. Chem. Edu*, **1978**, *55*, 567

그림 14.7 라셈 α–Multistriatin의 합성

- M-5의 합성

3-Bromobut-1-ene (M-2)으로부터 만든 Grignard 시약에 카복실화 반응을 시켜 2-methylbut-3-enoic acid (M-3)를 합성하고 $LiAlH_4$로 환원시키면 M-4가 생성된다. M-4의 OH기에 토실화 반응을 시키면 M-5가 생성된다.

- M-8의 합성

3-Pentanone과 cyclohexyamine을 반응시켜 얻은 이민 화합물 (M-6)에 EtMgBr을 반응시켜 얻은 금속 엔아민 화합물 (아자 엔올 음이온)인 M-7을 친핵체로 사용하여 M-5와 S_N2 반응 (짝지음 반응, 11.2.2절)을 시키면 케토 알켄 화합물인 M-8이 생성된다.

- *rac*-M-1의 합성

M-8에 과산소산인 *m*CPBA를 반응시켜 얻은 에폭시 케톤 (M-9)에 Lewis 산인 $SnCl_4$을 반응시키면 분자 내 아세탈화 반응이 일어나 목표물인 라셈 M-1이 생성된다.

14.2.2 광학 활성 α-Multistriatin의 합성

역합성 분석 (그림 14.8)

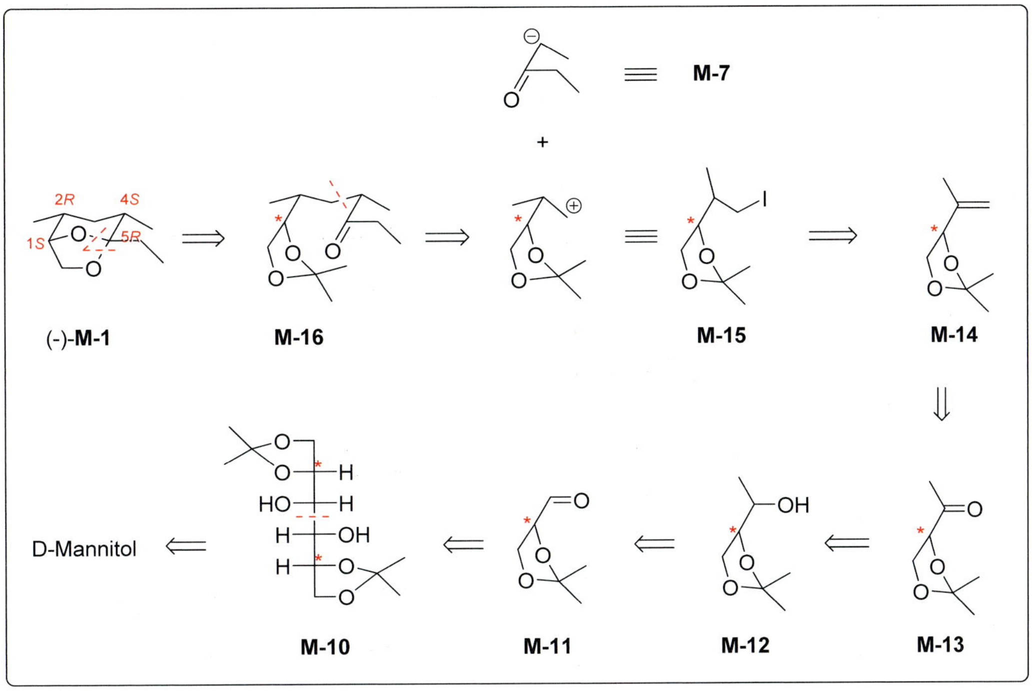

그림 14.8 광학 활성 α-multistriatin의 역합성 분석

합성 설계 (역합성 분석)의 핵심

출발물로 사용한 D-Mannitol에 있는 입체 배열을 목표물에 있는 C-1 위치에 (*S*) 배열을 도입시키는 데 이용한다. 이와 같이 입체 배열을 인공적으로 제어하지 않고 출발물의 것을 그대로 활용할 수 있게 활용되는 광학 활성 물질을 'chiral pool 또는 chiron'이라고 한다.

광학 활성 *α*-Multistriatin의 합성 (그림 14.9)

- 2,3-*O*-Isopropylidene-D-glyceraldehyde (M-11)의 합성

D-Mannitol을 2,2-dimethoyacetone과 $SnCl_2$ 존재 하에서 반응시키면 D-mannitol의 C-1, C-2와 C-5, C-6의 다이올에 케탈화 반응이 일어나 diacetone-D-mannitol (**M-10**)이 생성된다. 이것을 $NaIO_4$로 산화성 분해 반응 (8.2.5절)을 시키면 C-4와 C-5 사이의 C-C 결합이 끊어져 2,3-*O*-isopropylidene-D-glyceraldehyde (**M-11**)가 생성된다.

- Isopropylidene ketone (M-13)의 합성

M-11과 MeMgBr을 반응시켜 알코올 (**M-12**)을 합성하고 Jone's 시약으로 산화시키면 케톤 화합물인 **M-13**을 얻는다 (5.4절).

- M-15의 합성

M-13에 Wittig 반응을 시켜 얻은 알켄 화합물 (**M-14**)에 수소붕소화 반응을 시킨 후 산화하면 *anti*-Markovnikov형 알코올이 생성된다 (4.2.3절). 알코올을 토실화 반응을 시키고 LiI와 반응시키면 (S_N2 반응) 아이오딘화 알킬 화합물인 **M-15**가 생성된다.

- (–)-M-1의 합성

M-15와 아자 엔올 음이온인 **M-7**을 반응시키면 3-pentanone에 *α*-알킬화 반응이 일어나 keto acetonide (**M-16**)가 생성된다. 이를 산으로 가수 분해하면 생성된 다이올에 의한 분자 내 케탈화 반응이 반응 중에 (*in situ*) 일어나 목표물인 (–)-**M-1**이 입체 이성질체와 함께 생성된다. 부산물로 생성된 입체 이성질체들은 관 크로마토그래피법으로 제거한다.

D-Mannitol + MeO OMe (2,2-dimethoxypropane) → ($SnCl_2$; $MeOCH_2CH_2OMe$, reflux, 50~56%) **M-10** → ($NaIO_4$; $NaHCO_3$, H_2O, CH_2Cl_2, 70~80%) **M-11**

→ (1. MeMgBr, ether; 2. CrO_3, acetone) **M-13** → ($Ph_3P=CH_2$; DMSO) **M-14** → (1. BH_3-THF; 2. NaOH, H_2O_2; 3. *p*-TsCl, pyridine; 4. LiI, acetone) **M-15** → (1. **M-7**, THF; 2. $H_3O^{\oplus}$) (-)-**M-1**

Org. Synth. Coll. Vol. **1955**, *9*, 450 and *Tetrahedron* **1976**, *32*, 1979

그림 14.9 광학 활성 *α*-Multistriatin의 합성

14.3 Atorvastatin의 합성

Atorvastatin (상품명: Lipitor)은 Pfizer사에서 개발한 고지혈증 치료제로서 간에서 콜레스테롤을 만드는 효소 (HMG-CoA reductase)를 억제하여 혈중 콜레스테롤의 양을 감소시키는 약리 작용을 가지고 있다.

이 약은 치환된 pyrrole 고리의 질소 원자에 (3*R*,5*R*)-3,5-dihydroxyheptanoic acid의 잔기가 결합한 구조를 가지고 있는 카이랄 약의 일종으로 Ca 염으로 시판되고 있다. 2007년도 기준으로 세계에서 가장 많이 판매 (135억 달러)되는 약이다.

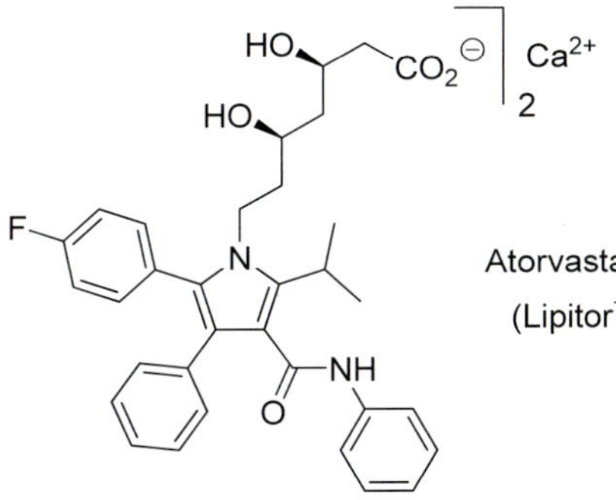

HO, $CO_2^{\ominus}$, Ca^{2+}, 2, HO, F, N, NH, O

Atorvastatin Ca salt (Lipitor™)

역합성 분석 (그림 14.10)

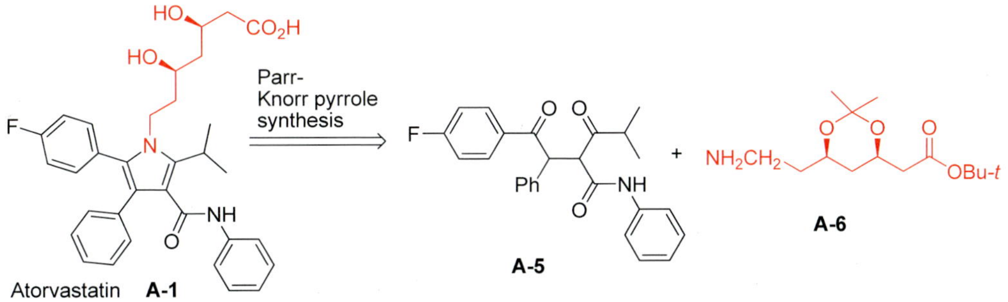

HO, CO_2H, HO, F, N, NH, O

Atorvastatin **A-1**

Parr-Knorr pyrrole synthesis

F, O, O, Ph, NH, O

A-5

\+ NH_2CH_2, O, O, O, OBu-*t*

A-6

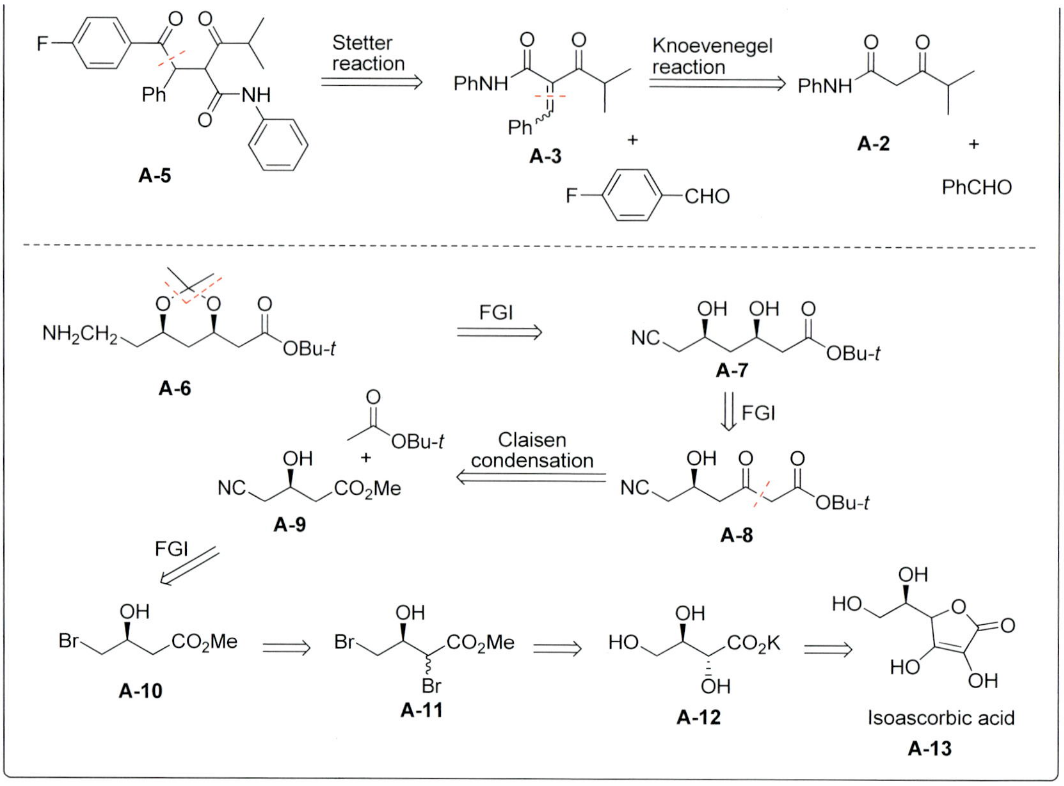

Stetter reaction
Knoevenegel reaction
A-5 A-3 A-2
$F-C_6H_4-CHO$ + PhCHO
FGI
A-6 A-7
FGI
Claisen condensation
A-9 A-8
FGI
A-10 A-11 A-12
Isoascorbic acid
A-13

그림 14.10 Atorvastatin의 역합성 분석

합성 설계 (역합성 분석)의 핵심

- 목표물 atorvastatin (A-1)은 수렴 합성법을 택하여 1,4-다이카보닐 화합물 (A-5)과 카이랄 하이드록시 아미노산 (A-6)의 두 부분으로 나누어 합성하고 이들을 축합 반응시켜 pyrrole 고리를 생성시킨다 (Parr-Knorr pyrrole 합성).
- A-5 화합물은 β-keto amide (A-2)로부터 Knoevenegel 반응 (10.5.2절)과 Stetter 반응 (10.4.3절)을 이용해 합성한다.
- A-6은 설탕으로부터 합성할 수 있는 isoascorbic acid (erythobic acid, A-13)을 출발물 (chiral pool)로 사용하여 methyl (*R*)-4-cyano-3-hydroxybutyrate (A-9)를 합성하고 이를 *t*-butyl acetate와 Claisen 축합 반응시켜 합성한다 (10.6.1절). A-9는 생체 촉매 (biocatalyst)를 이용한 합성도 가능하다.

Atorvastatin (A-1)의 합성 (그림 14.11)

• A-5의 합성

β-Keto anilide (A-2)를 PhCHO와 축합 반응 (Knoevenegel 반응)시켜 A-3을 합성하고 이를 thiazolium 염 촉매 (A-4)를 사용하여 *p*-fluorobenzaldehdye와 축합 반응 (Stetter 반응)시키면 1,4-다이카보닐 화합물인 A-5가 합성된다.

• A-1의 합성

A-5를 그림 14.12의 방법으로 만든 A-6과 축합 반응 (Parr-Knorr pyrrole 합성)시키면 A-1이 생성된다.

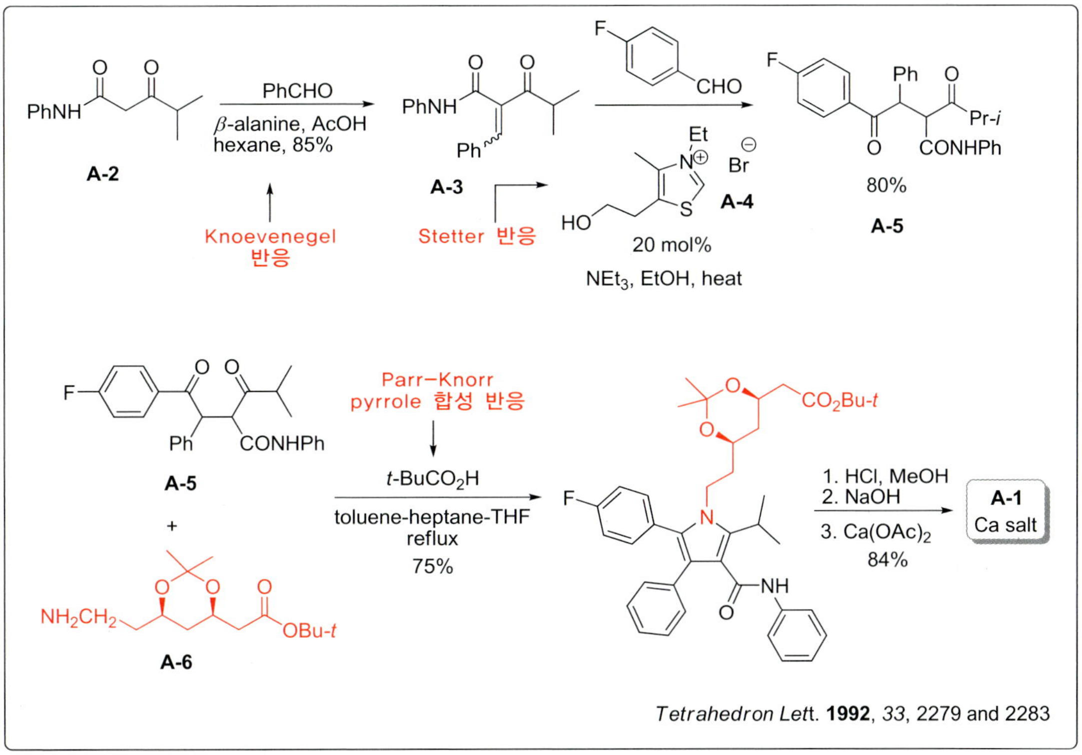

Tetrahedron Lett. **1992**, *33*, 2279 and 2283

그림 14.11 Atorvastatin의 칼슘 염 (A-1)의 합성

A-6의 합성 반응 (그림 14.12)

A-6은 chiral pool을 이용한 방법 [방법 1]과 생체 촉매를 이용하는 방법 [방법 2] 등 두 가지 합성법으로 합성한다.

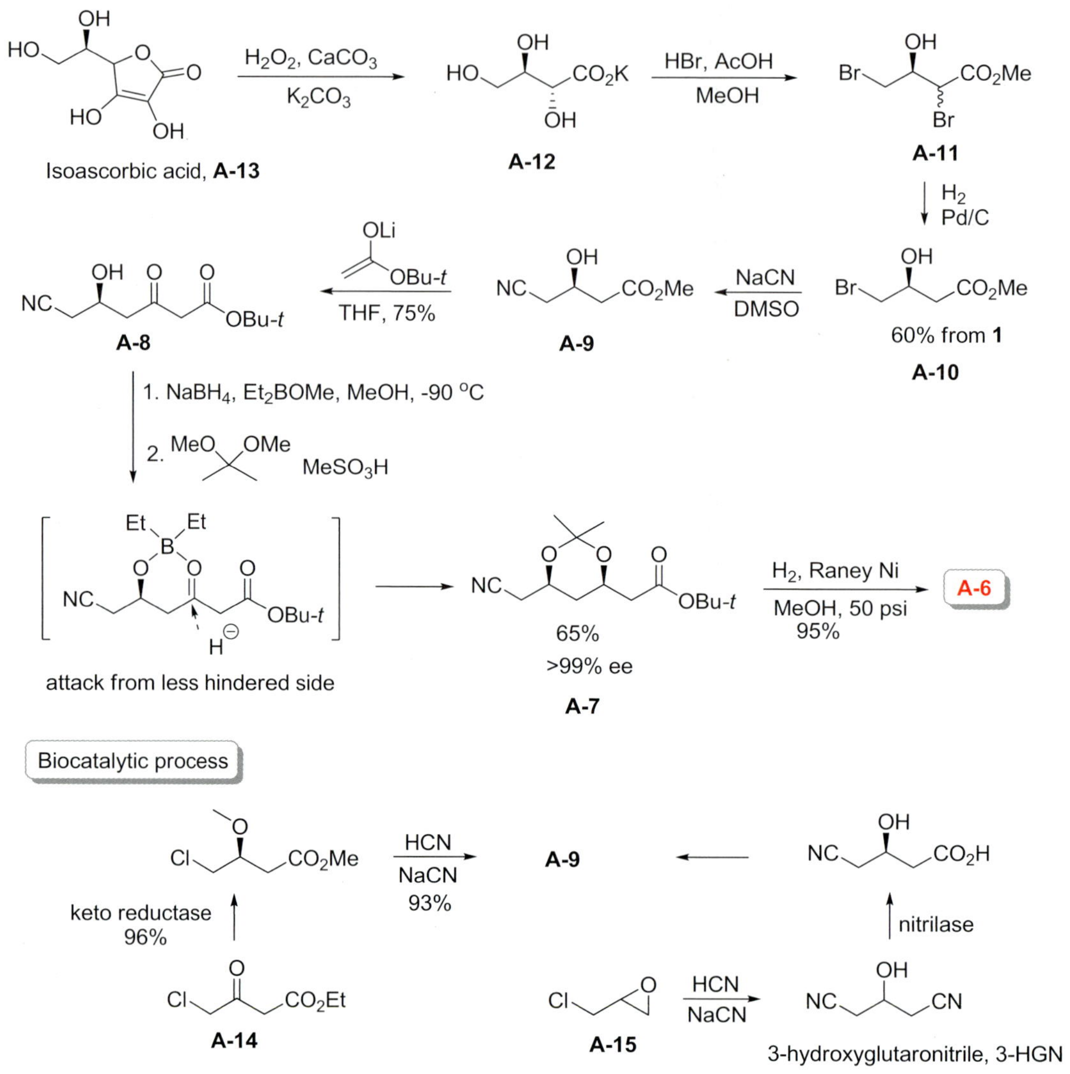

Green Chemistry **2010**, 12, 81, Org. Process. Res. Dev. **2006**, 10, 661and Ang. Chem. Int. Ed. **2005**, 44, 362

그림 14.12 Atorvastatin의 합성 중간체 A-6의 합성

[방법 1]: Isoascorbic acid (erythobic acid, A-13)를 산화 분해시켜 얻는 광학 활성 trihydroxybutyrate (A-12)에 HBr을 반응시켜 C-2와 C-4 위치의 OH기를 Br로 치환시킨 후 촉매 수소 환원으로 C-2 위치의 Br을 제거 (가수소 분해 반응)하면 A-10이 생성된다. 이 생성물에 NaCN을 반응시켜 얻은 광학 활성 cyano ester (A-9)를 강염기 존재 하에 *t*-butyl acetate와 Claisen 축합

반응시키면 **A-8**이 생성된다. 여기에 킬레이트 시약인 Et_2BOMe를 넣고 낮은 온도에서 $NaBH_4$와 반응시키면 인근 입체 배열로부터 비대칭이 유발된 입체 선택 환원 반응이 일어나 1,3-*syn*-diol이 생성되고 케탈화 반응에 의해 **A-7**이 생성된다. **A-7**의 CN기를 촉매 수소 환원시키면 목표물인 **A-6**이 합성된다.

[방법 2]: **A-14**의 케톤기를 환원 효소를 이용하여 비대칭 환원하거나 epichlorohydrin (**A-15**)으로부터 합성된 3-hydroxyglutaronitrile (3-HGN)을 나이트릴 가수 분해 효소로 비대칭적으로 가수 분해시키면 **A-6**의 핵심 합성 중간체인 Methyl (*R*)-4-cyano-3-hydroxybutyrate (**A-9**)를 합성할 수 있다. 이 후 **A-9**로부터 **A-6**의 합성 단계는 [방법 1]과 같다.

14.4 Esomeprazole의 합성

이 약은 AstraZeneca에서 개발한 역류성 식도염과 위 및 십이지장 궤양의 치료약으로 사용되는 치료약으로 양성자 펌프를 저해하는 약리 작용을 가지고 있다.

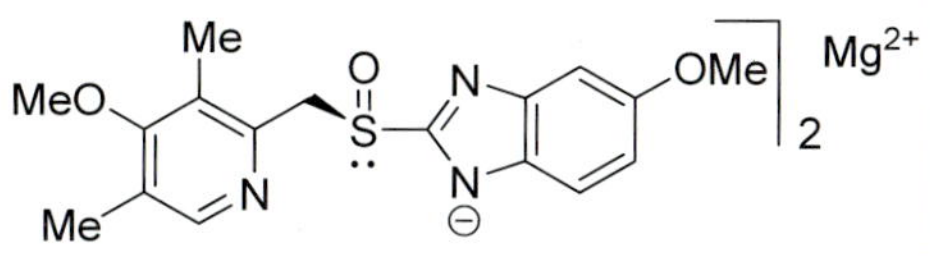

MeO, Me, Me, N, O, S, N, N, OMe, 2, Mg^{2+}

Esomeprazole Mg salt

(Nexium™)

이 약은 Omeprazole의 (*S*)-광학 이성질체로서 당초 라셈 형태로 사용되던 것을 카이랄 약으로 전환하여 사용하는 의약품 (이를 **chiral switch 약**이라 함) 중 하나이다. 라셈 형태의 이 약은 개인에 따라 약효의 차이가 심하게 나타나는 부작용을 가지고 있었다. 그 이유는 간에서의 대사 속도 차이 때문인 것으로 밝혀졌는데, 이 때문에 개인에 따라 약효가 나타나는 복용량에 차이가 발생한다. 연구 결과 이 약의 광학 이성질체 중 (*S*)-이성질체가 (*R*)-이성질체보다 간에서의 대사 속도가 더 느리고 생체 이용률이 더 우수한 것으로 밝혀졌다. 흥미로운 것은 인체 실험 (임상 실험)에서는 (*S*)-이성질체가 더 우수하지만 쥐 (rat) 실험에서는 (*R*)-이성질체가 더 우수하며, 개를 대상으로 한 실험에서는 (*S*)-이성질체와 (*R*)-이성질체가 동등한 것으로 나타났다.

합성법

Esomeprazole [(*S*)−**E−1**]의 합성법 중 라셈체의 카이랄 분할법과 비대칭 산화를 핵심 반응으로 사용한 비대칭 합성법 등 두 가지 방법을 소개한다 (그림 14.13).

- **카이랄 분할법**: 라셈 omeprazole (*dl*−**E−1**)을 NaOH로 처리하여 Na염을 만든 후 카이랄 분할제로 L−(+)−mandelic acid를 사용하여 (*S*)−**E−1**을 분할하여 얻는다.

- **비대칭 산화법**: 라셈 omeprazole의 전구체인 설파이드 (**E−2**)를 Ti(OPr−*i*)4와 (*S*, *S*)−diethyl tartarate로부터 만들어진 카이랄 착물의 존재 하에 cumene peroxide (**E−3**)로 비대칭 산화하면 목표물인 (*S*)−**E−1**이 생성된다.

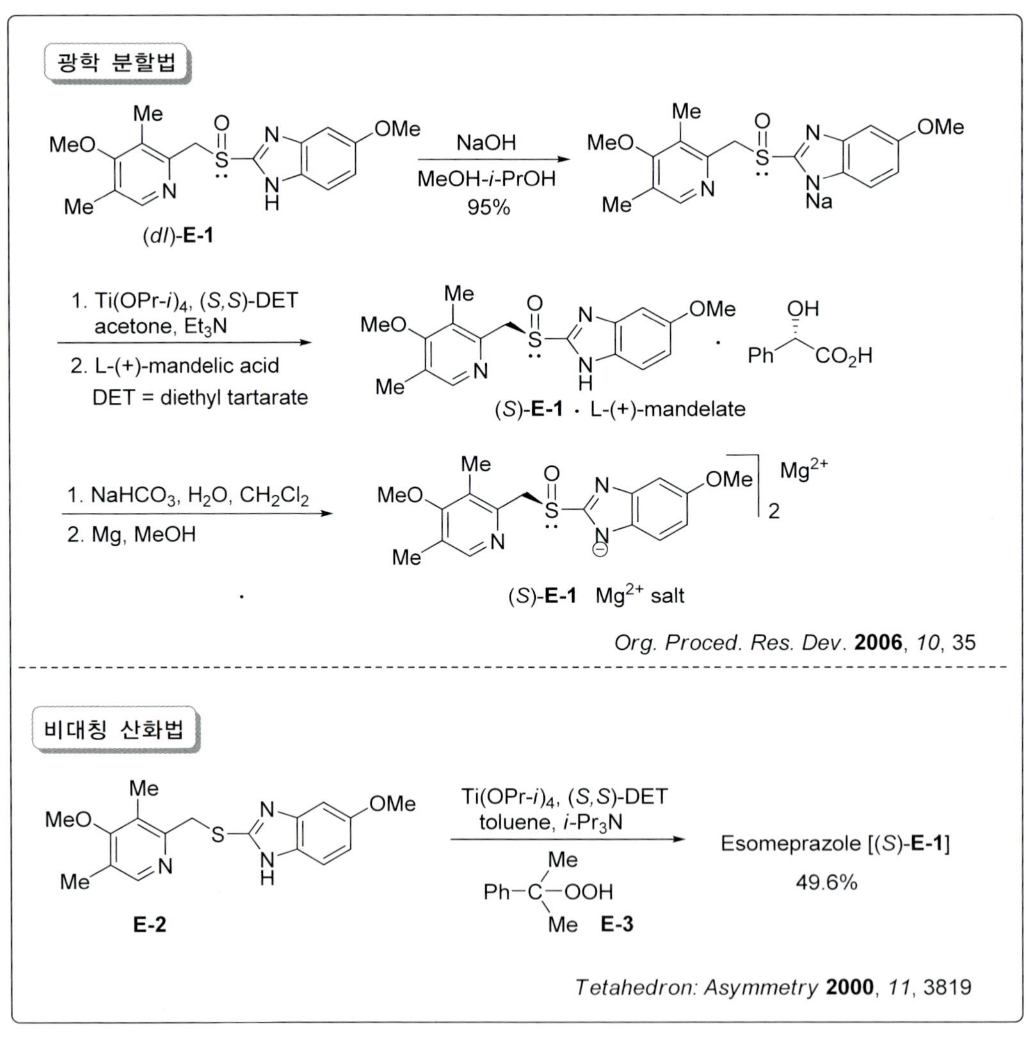

그림 14.13 Esomeprazole의 합성법

라셈 Omeprazole [(*dl*)−E−1]의 합성

• 역합성 분석 (그림 14.14)

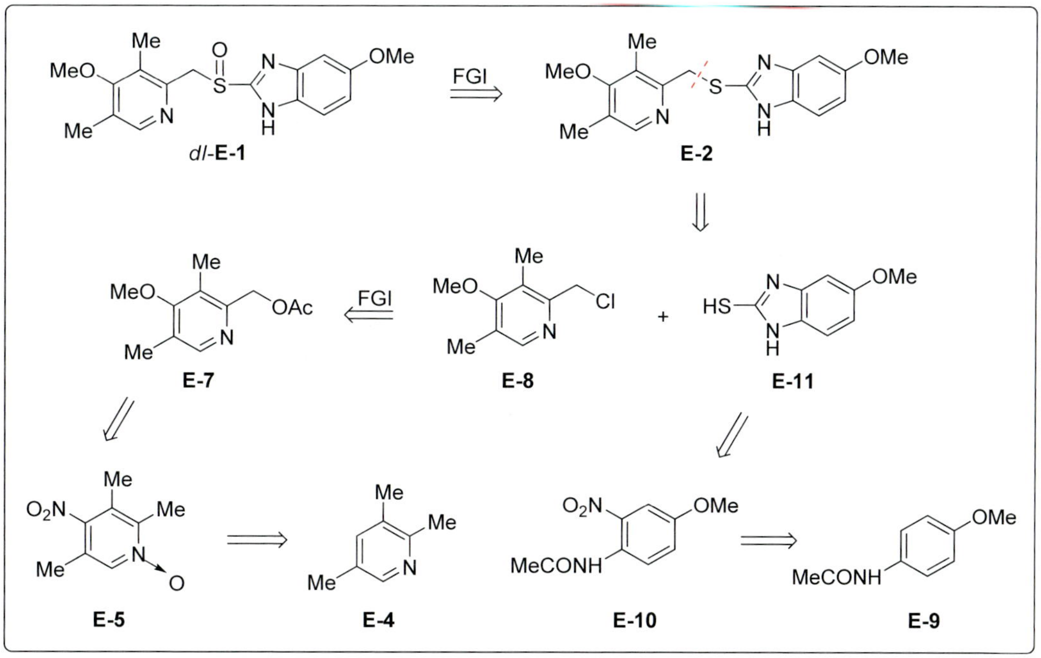

그림 14.14 라셈 omeprazole의 역합성 분석

합성 설계 (역학성 분석)의 핵심

수렴 합성법을 선택하여 2−chloromethylpyridine 유도체인 **E−8**과 2−mercaptobenzimidazole 유도체인 **E−11**을 따로 만들어 두 화합물을 친핵성 치환 반응으로 결합시킨다.

라셈 omeprazole의 합성 반응 (그림 14.15)

• **E−8 및 E−11의 합성**

2,3,5−Trimethylpyridine (**E−4**)를 H_2O_2로 산화하여 *N*−oxide로 전환시키고 나이트로화 반응시키면 **E−5**가 생성된다. 이를 NaOH 존재 하에 MeOH와 반응시키면 방향족 친핵성 치환 반응(2.1.4절)이 일어나 나이트로기가 메톡시기로 치환된 **E−6**이 생성된다. **E−6**을 무수아세트산과 반응(**Boekelheide 재배열 반응**)시켜 얻은 2−acetoxylutidine 유도체 (**E−7**)를 가수 분해하여 알코올을 얻은 후, 이를 $SOCl_2$으로 할로젠화시키면 목적물인 **E−8**이 생성된다. 한편, *p*−methoxyacetanilide (**E−9**)를 나이트로화 반응을 시켜 **E−10**을 합성하고 이를 CS_2 존재하에 Na_2S와 반응시키면 NO_2기가 환원되어 amino thiocarbamate 중간체를 거쳐 분자 내에서 헤테로고리 형성 반응이 일어나 합성 목표물인 2−mercaptobenzimidazole 유도체인 **E−11**이 합성된다.

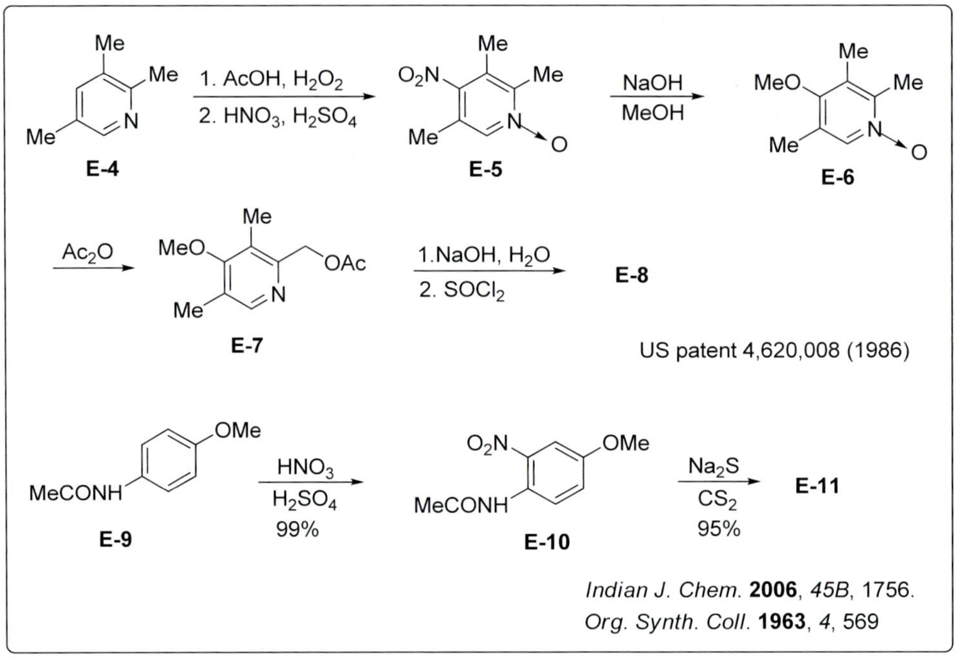

E-4 → 1. AcOH, H_2O_2 2. HNO_3, H_2SO_4 → E-5 → NaOH, MeOH → E-6

Ac_2O → E-7 → 1.NaOH, H_2O 2. $SOCl_2$ → E-8

US patent 4,620,008 (1986)

E-9 → HNO_3, H_2SO_4, 99% → E-10 → Na_2S, CS_2, 95% → E-11

Indian J. Chem. **2006**, *45B*, 1756.
Org. Synth. Coll. **1963**, *4*, 569

그림 14.15 라셈 Omeprazole 합성 중간체의 합성

- **라셈 omeprazole (*rac*–E–1)의 합성 (그림 14.16)**

2–Chloromethyllutidine 유도체 (E–8)와 2–mercaptobenzimidazole (E–11)을 S_N2 반응시켜 얻은 설파이드 (E–2)를 *m*CPBA로 산화시키면 목표물인 *rac*–E–1이 생성된다.

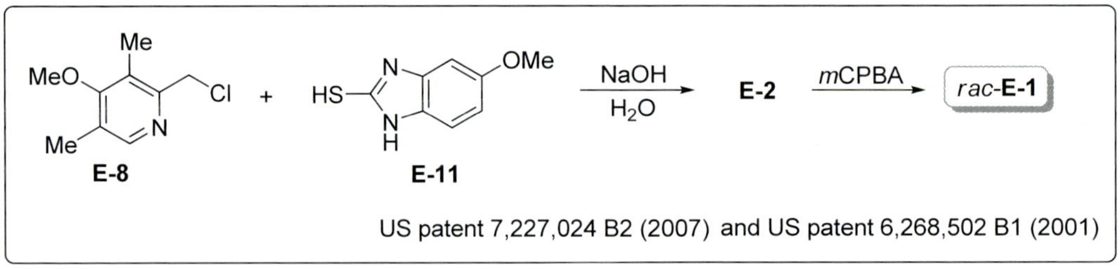

E-8 + E-11 → NaOH, H_2O → E-2 → *m*CPBA → *rac*-**E-1**

US patent 7,227,024 B2 (2007) and US patent 6,268,502 B1 (2001)

그림 14.16 라셈 omeprazole의 합성

14.5 (*S*)-Clopidogrel의 합성

이 약은 Bristol–Myers Squibb사와 Sanofi–Aventis사에서 개발한 혈전 방지 치료제로 혈소판 응집을 억제하여 혈액 응고를 방지하는 약리 작용을 가지고 있다. 이 약리 작용은 (*S*)–

이성질체에서만 나타나고 (*R*)-이성질체에서는 나타나지 않는다. 동물 (쥐)에 대한 독성 실험에서도 (*S*)-이성질체가 (*R*)-이성질체보다 훨씬 낮은 독성을 나타낸다.

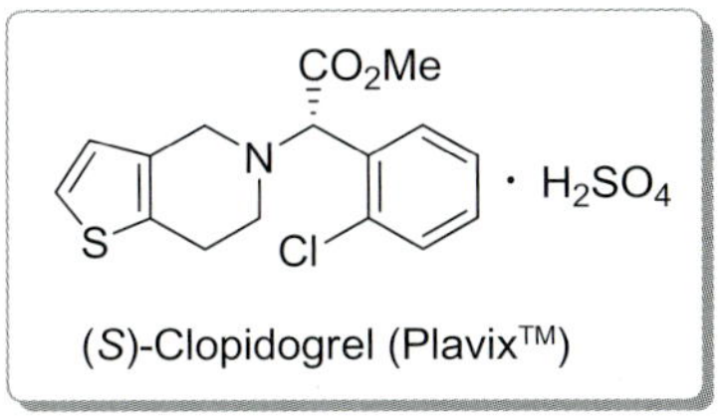

(*S*)-Clopidogrel (Plavix™) · H_2SO_4

이 약의 합성법은 크게 다음 두 종류로 분류할 수 있다.
가. 라셈 혼합물의 속도론적 카이랄 (거울상) 분할
나. 광학 활성 중간체를 이용한 합성법

14.5.1 라셈 혼합물의 속도론적 카이랄 분할에 의한 합성

rac–Clopidogrel (*rac*–C–1)의 합성

- 역합성 분석 (그림 14.17)

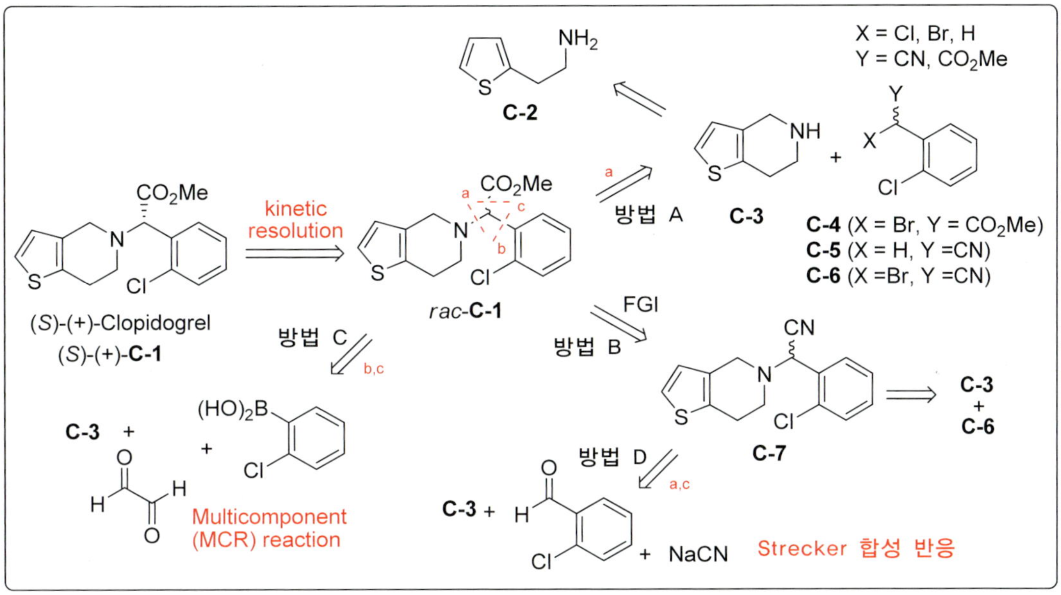

그림 14.17 라셈 clopidogrel의 역합성 분석

rac–Clopidogrel (*rac*–C–1)의 합성 반응 (그림 14.18)

라셈 clopidogrel (*rac*–C–1)은 그림 14.17의 역합성 분석에서 보인 바와 같이 수렴 합성법을 택하여 다음 네 가지 방법으로 합성할 수 있다.

방법 A: Methyl 2–bromo–(2–chlorophenyl)acetate (C–4)를 tetrahydrothienopyridine (C–3)와 S_N2 반응시키면 *rac*–C–1이 생성된다. 이 반응에서 친핵체로 사용된 C–3은 2–(2–thienyl) ethylamine (C–2)을 formaldehyde 또는 paraformaldehyde와 반응시켜 얻은 formimine을 분자 내 고리 형성 반응시켜 합성한다.

방법 B: *o*–Chlorobenzyl cyanide (C–5)를 자유 라디칼 브로민화 반응시켜 C–6을 합성하고 이를 C–3과 S_N2 반응시켜 얻은 나이트릴 화합물 (C–7)을 가수 분해시킨 후 생성된 카복실산 염을 Me_2SO_4로 메틸화시켜 합성한다.

방법 C: C–3, Gyoxal hydrate 및 2–chlorophenyl boronic acid 등 세 성분을 혼합하여 반응시키면 성분 사이의 연속적인 반응에 의하여 *rac*–C–1이 생성된다. 이 반응을 **다중 성분 반응** (multicomponent reaction, MCR)이라고 한다.

방법 D: *o*–Chlorobenzaldehdye를 C–3과 NaCN와 함께 **Strecker 반응** (9.2.2절)시켜 생성한 아미노 나이트릴 화합물 (C–7)을 가수 분해한 후 Me_2SO_4로 메틸화 반응시켜 합성한다.

C-2 → (35% HCHO, toluene, 90 °C) → N=CHO (100%) → (HCl, H_2O, 40 °C, 93%) → C-3

US Patent 5,132,435 (1992)

방법 A: C-3 + C-4 (CO_2Me, Br, Cl) → (K_2CO_3, acetone, 85%) → *rac*-**C-1**

US Patent 6,800,759 (1992)

방법 B: C-5 (CN, Cl) → (Br_2, heat, 86%) → C-6 (Br, CN, Cl) → (C-3, $NaHCO_3$, MeOH, 85%) → C-7 (CN, N, S, Cl); C-7 → (1. NaOH, 2. Me_2SO_4) → *rac*-**C-1**

Org. Proc. Res. Dev. **2008**, *3*, 487

방법 C: C-3 + H(O)C–C(O)H + $(HO)_2B$ (Cl) → (rt, 49%) → *rac*-**C-1** *Synthesis* **2008**, 4007

방법 D: C-3 + H(O)C (Cl) + NaCN → (H_2O, CH_2Cl_2, 92%) → C-7 → (H_2SO_4, Me_2SO_4) → *rac*-**C-1**

Der Pharma Chemica **2012**, 4, 479

그림 14.18 라셈 clopidogrel의 합성 반응

속도론적 카이랄 분할을 이용한 (*S*)-C-1의 합성 (그림 14.19)

rac-C-1에 광학 분할제로 (-)-camphor-10-sulfonic acid 0.4당량을 반응시키면 (*S*)-C-1이 우선적으로 염을 형성하여 침전으로 떨어진다. 이 염을 $NaHCO_3$로 중화한 후 황산을 가하여 목표물인 (*S*)-C-1의 황산염을 합성한다.

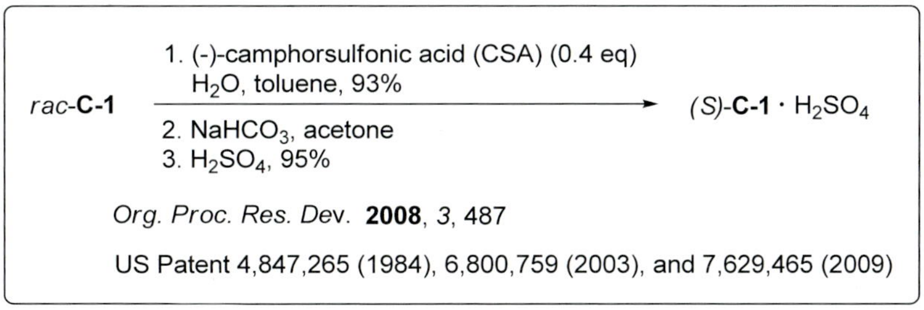

rac-**C-1** → (*S*)-**C-1** · H_2SO_4
1. (-)-camphorsulfonic acid (CSA) (0.4 eq), H_2O, toluene, 93%
2. $NaHCO_3$, acetone
3. H_2SO_4, 95%

Org. Proc. Res. Dev. **2008**, *3*, 487

US Patent 4,847,265 (1984), 6,800,759 (2003), and 7,629,465 (2009)

그림 14.19 카이랄 분할에 의한 광학 활성 clopidogrel의 합성

14.5.2 광학 활성 중간체를 이용한 합성법

광학 활성 중간체의 합성

- 역합성 분석 (그림 14.20)

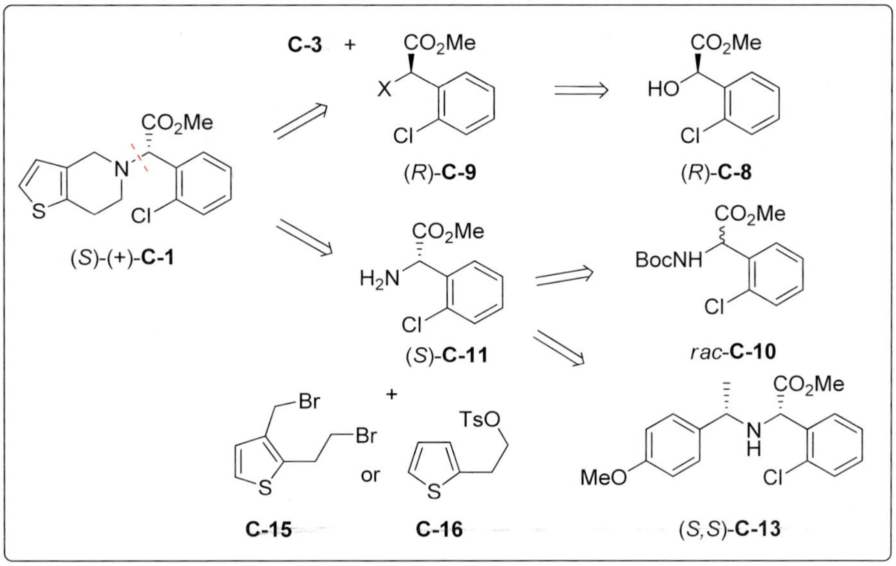

(*S*)-(+)-**C-1** ⟹ **C-3** + (*R*)-**C-9** ⟹ (*R*)-**C-8**

(*S*)-(+)-**C-1** ⟹ (*S*)-**C-11** ⟹ *rac*-**C-10**; (*S*)-**C-11** ⟹ (*S,S*)-**C-13**

C-15 or **C-16**

그림 14.20 (*S*)-Clopidogrel의 광학 활성 합성 중간체의 역합성 분석

중간체 합성법 (그림 14.21)

• (*R*)–C–8의 합성

광학 활성 mandelic acid 유도체인 (*R*)–C–8은 α–keto ester를 생체 촉매 또는 카이랄 Ru 촉매를 이용하여 비대칭 환원하여 합성한다.

• (*S*)–C–10의 합성

라셈 *o*–chlorophenylglycine (*rac*–C–9)로부터 합성한 Boc–amino ester (*rac*–C–10)을 생체 촉매 가수 분해 효소를 이용하여 가수 분해하면 광학 활성 아미노 에스터인 (*S*)–C–11이 합성된다. 한편, 이 화합물은 광학 활성 2–(4–methoxyphenyl)ethylamine [(*S*)–C–12]을 *o*–chlorobenzaldehyde (C–13)와 NaCN을 반응시켜 (**비대칭 Strecker 합성 반응**) 얻은 광학 활성 아미노 나이트릴 [(*S,S*)–C–14]을 가수 분해하여 합성한다.

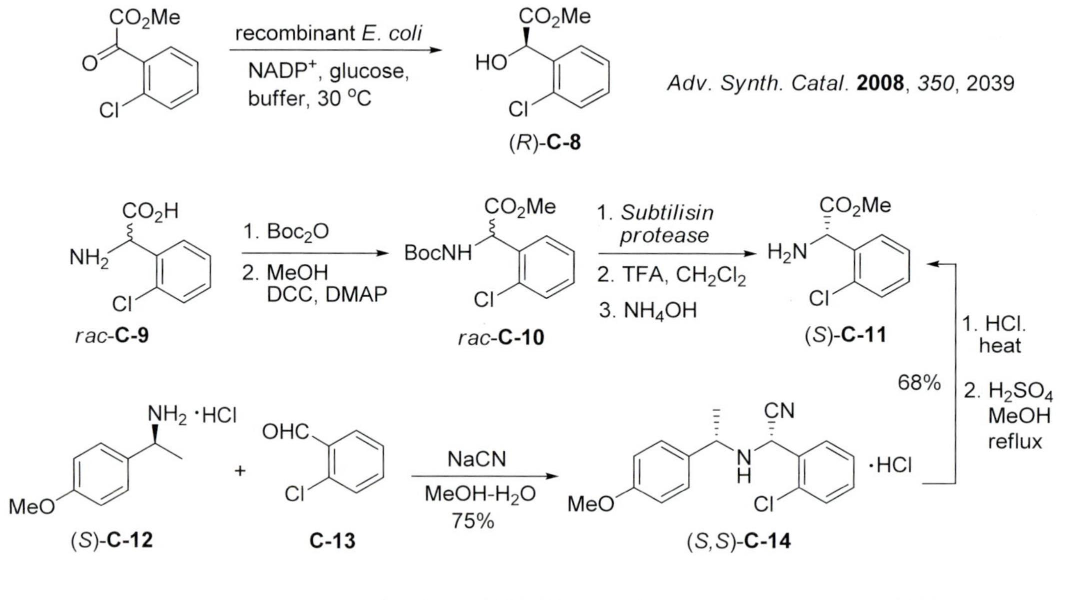

Adv. Synth. Catal. **2008**, *350*, 2039

Synthesis **2013**, 621 and *Tetrahedron: Asymmetry* **2010**, *21*, 2136

그림 14.21 (*S*)–Clopidogrel의 광학 활성 합성 중간체의 합성

광학 활성 중간체를 이용한 (*S*)–C–1의 합성 반응 (그림 14.22)

(*R*)–C–8로부터 합성한 설폰 에스터 [(*R*)–C–9]를 C–3과 반응시키면 S_N2 반응에 의해 목표물인 (*S*)–C–1이 합성된다. 이 화합물은 광학 활성 아미노 에스터인 (*S*)–C–11에 다이할로젠화 화합물인 C–15를 반응시켜 합성하던가 또는 토실레이트 화합물인 C–16을 반응시켜 얻은 *N*–알킬 아미노 에스터인 C–17에 formaldehyde를 축합시켜 합성한다.

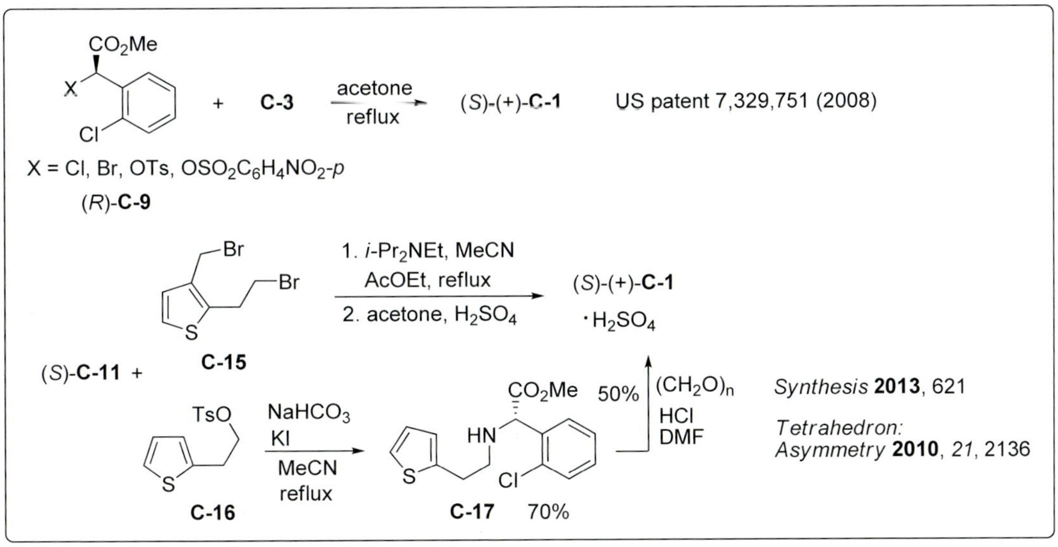

그림 14.22 (*S*)-Clopidogrel의 합성

14.6 Imatinib의 합성

이 약 (I-1)은 Novartis사에서 개발한 항암제로 tyrosine 생성 저해제 (tyrosine-kinase inhibitor)로서 만성 골수성 백혈병 치료제로서 상품명으로 Gleevec 또는 Glivec으로 알려진 약이다.

역합성 분석 (그림 14.23)

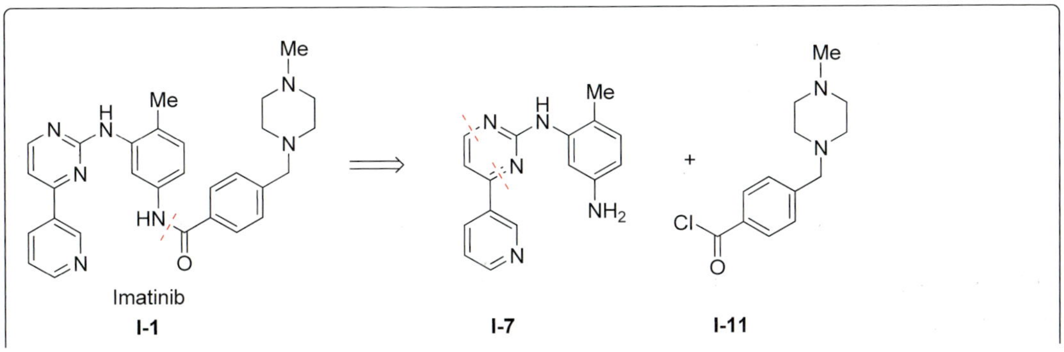

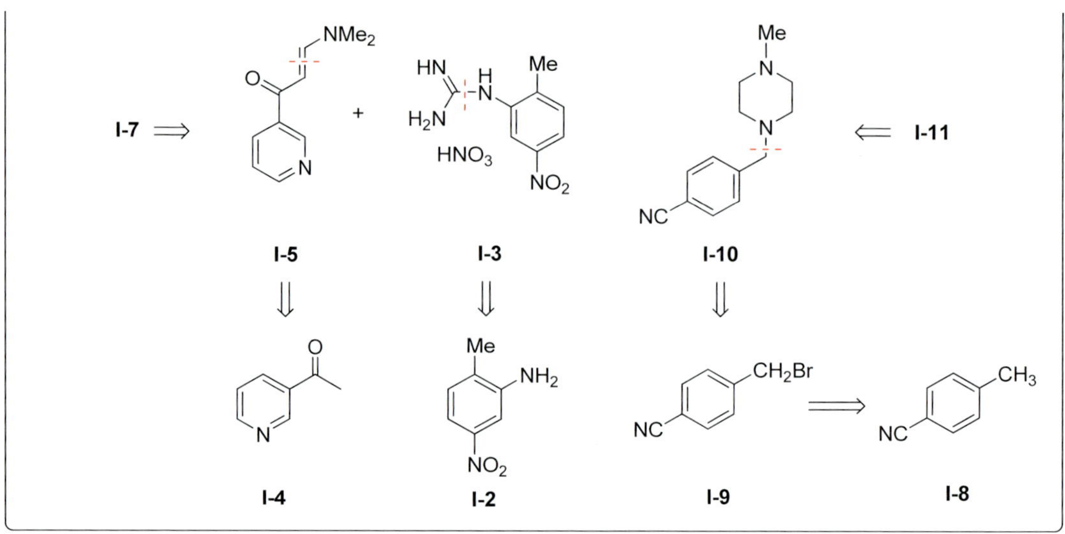

그림 14.23 Imatinib의 역합성 분석

합성 설계 (역합성 분석)의 핵심

아닐린 유도체 I–7과 산염화물 I–11을 합성 중간체로 별도로 합성한 후 두 화합물을 Schotten–Baumann 반응시켜 목표물을 합성한다 (수렴 합성).

Imatinib의 합성 반응 (그림 14.24)

• 중간체 I–7의 합성

2–Amino–4–nitrotoluene (I–2)를 질산 속에서 cyanoamine과 반응시키면 guanidine 질산염 (I–3)이 생성된다. 한편, 3–acetylpyridine (I–4)을 MeONa 염기 존재 하에 ethyl formate와 반응시키고 연이어 Me_2NH를 반응시키면 amino enone 화합물인 I–5가 생성한다. I–3과 I–5를 축합 반응시키면 피리미딘 고리가 형성되어 I–6이 생성된다. 이를 촉매 수소 환원시키면 I–6의 나이트로기가 아미노기로 환원된 I–7이 생성된다.

• 중간체 I–11의 합성

4–Cyanotoluene (I–8)을 라디칼 반응 조건에서 NBS로 브로민화 반응을 시키면 4–cyanobenzyl bromide (I–9)가 생성된다. 여기에 *N*–methylpiperazine을 치환 반응시켜 piperazine 유도체인 I–10을 합성하고, 이 물질의 나이트릴기를 염산으로 가수 분해하여 카복실산으로 전환시킨 후 $SOCl_2$와 반응시키면 산염화물인 I–11이 생성된다.

• 목표물 Imatinib (I–1)의 합성

I–7의 1° 아민기에 산염화물인 I–11을 K_2CO_3 존재 하에 반응시키면 (Schotten–Baumann 반응) 아마이드 결합이 형성되어 목표물인 Imatinib (I–1)가 생성된다.

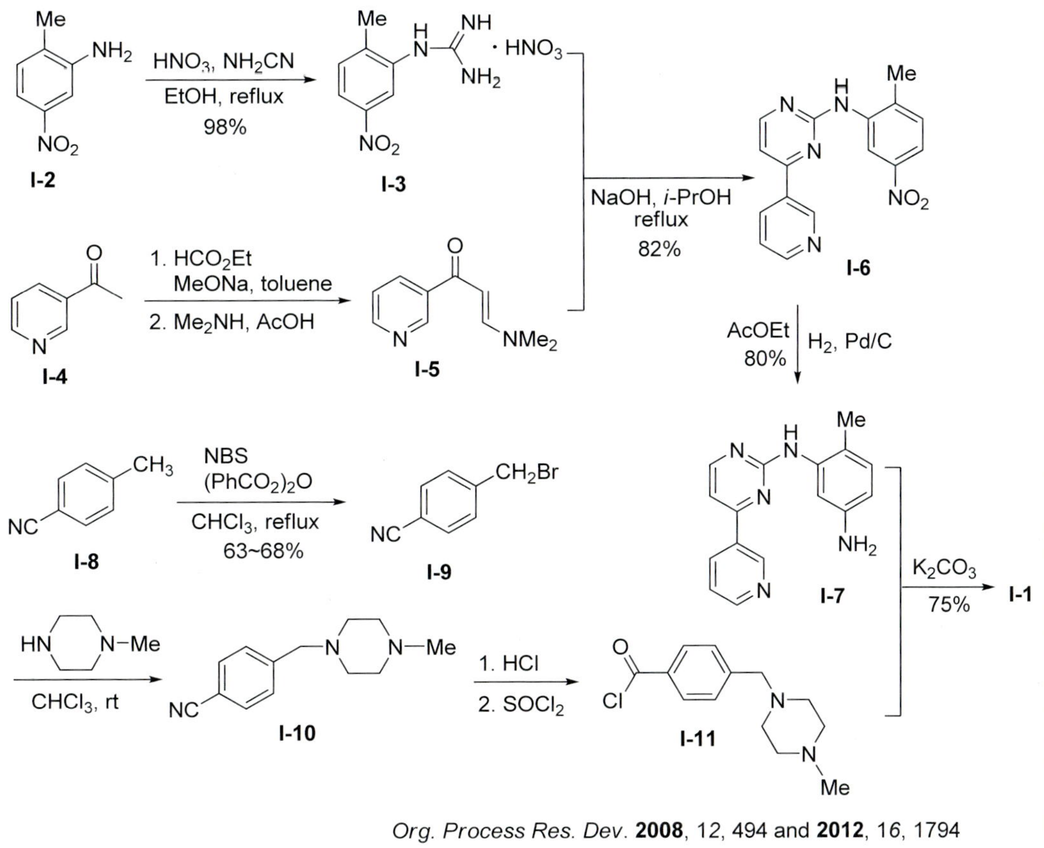

Org. Process Res. Dev. **2008**, 12, 494 and **2012**, 16, 1794

그림 14.24 Imatinib의 합성

14.7 Oseltamivir의 합성

이 약 (O–1)은 최근 세계적으로 대유행하였던 신종플루 (인플루엔자) 및 조류 독감을 포함하여 일부 계절성 독감의 치료에 사용되는 일종의 항바이러스제로서 Tamiflu라는 상품명으로 잘 알려져 있다. 바이러스는 자체적으로는 생명 활동을 할 수 없기 때문에 숙주 세포를 이용하여 핵산을 복제한 후 다른 숙주로 이동 (감염)하게 된다. 이때 기존 감염 숙주와의 결합을 끊기 위하여 neuraminidase라는 효소가 필요한데, 이 약은 이 효소와 결합하여 효소의 작용을 억제함으로써 결국 바이러스를 죽게 하는 작용을 한다.

이 약은 Gilead Sciences사에 의해 처음 신약으로 개발되었고 Hoffmann La Roche사에 의해 상품화되었다. 이 약의 합성은 *Illicium*과 식물에서 추출한 천연물인 shikimic acid 또는 quinic acid를 출발물로 사용하여 합성하고 있으나 그 함량이 너무 낮아 (건조 식물의 30 kg에서 shikimic acid 1 kg을 얻을 수 있음) 대량 생산에 필요한 원료를 지속적으로 공급하는 데 한계가 있다. 실제로 최근 신종플루가 전 세계적으로 유행하였을 때 다량의 약을 즉각적으로 공급하는 데 차질을 가져 오기도 하였다. 바이러스 질환은 항바이러스제를 2~3일 안에 투여하는 것이 효과적이기 때문에 천연물 원료를 출발물로 사용하는 합성법은 이런 점에 한계가 노출되었고, 비천연물을 원료로 사용한 이 약의 전합성에 대한 필요성이 크게 대두되었다. 이 목적에 부합한 전합성은 2006년부터 보고되고 있으며 현재 수십 종의 합성법이 보고되어 있다. 이에 관한 자세한 내용은 아래 인터넷 URL 주소를 참고하길 바란다.

http://en.wikipedia.org/wiki/Oseltamivir_total_synthesis
http://www.synarchive.com/molecule/oseltamivir

이 절에서는 합성 원료로 천연물 (shikimic acid)을 사용하는 Roche 합성법과 카이랄 유기 촉매를 사용하여 비대칭 합성 반응으로 비천연물로부터 합성하는 방법 몇 가지를 소개한다.

14.7.1 Shikimic acid를 출발물로 사용한 합성법 (Roche법)

역합성 분석 (그림 14.25)

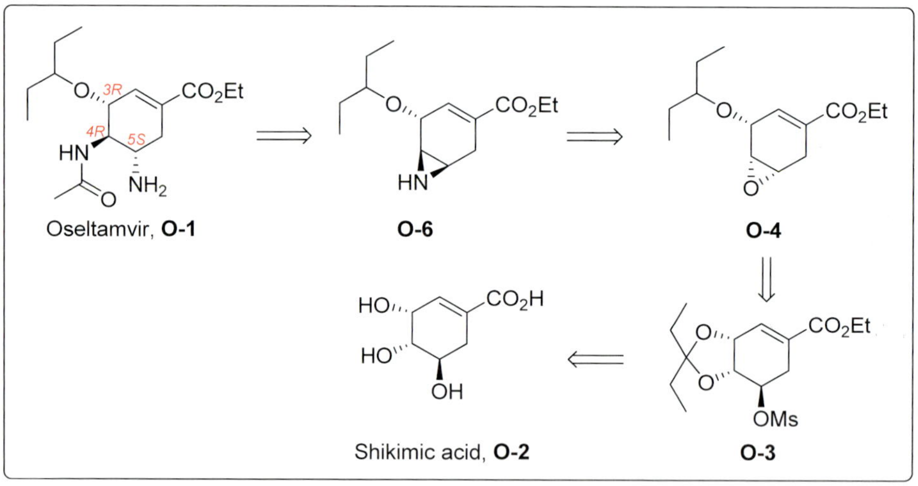

그림 14.25 천연 shikimic acid로부터 oseltamivir의 역합성 분석

합성 설계 (역합성 분석)의 핵심

Shikimic acid (O–2)는 이 약 (O–1)의 구조와 매우 유사한 C–3, C–4 및 C–5 위치에 비대칭 입체 중심을 가진 cyclohexene 고리에 카복실산기를 가지고 있다. 따라서 O–2는 작용기 변환과 입체 제어 반응으로 비교적 손쉽게 목표물을 합성할 수 있도록 출발물로서 좋은 구조적 조건을 가지고 있다. 이 합성법은 NaN_3를 반응 물질로 사용한 합성법과 allylamine을 사용하는 합성법이 있다. 후자의 방법은 대량 사용시 안전성 (폭발성)에 취약점을 가지고 있는 azide 법을 개선하기 위해 개발한 방법이다.

합성 반응

가. Azide 법 (그림 14.26)

Azide process

shikimic acid, **O-2** → (1. EtOH, $SOCl_2$ 2. 3-pentanone, TsOH 3. MsCl, Et_3N; 80%) → **O-3**

O-3 → (1. Et_3SiH, $TiCl_4$ 2. $NaHCO_3$ EtOH-H_2O; 80%) → **O-4**

O-4 → (NaN_3, NH_4Cl EtOH, 86%) → **O-5**

O-5 → (Me_3P MeCN 97%) → **O-6**

O-6 → (1. NaN_3, NH_4Cl DMF 2. Ac_2O 44%) → **O-7**

O-7 → (H_2, Raney Ni EtOH, 71%) → **O-1**

J. Org. Chem. **1998**, *63*, 4545 and **2001**, *66*, 2044
Org. Process Res. Dev. **1999**, *3*, 266

그림 14.26 천연 shikimic acid로부터 oseltamivir의 합성 (azide법)

- O–3의 합성

Shikimic acid (O–2)를 에스터화 반응시킨 후 3–pentanone과 반응시켜 C–3과 C–4 위치의 diol을 ketal화 반응을 시킨 후 나머지 C–5 위치의 OH를 CH_3SO_2Cl (MsCl)으로 메실화 (mesylation) 반응시키면 O–3이 생성된다.

- **O-4의 합성**

O-3의 케탈기의 C–O 결합을 $TiCl_4$ 존재 하에 Et_3SiH로 선택 분해시켜 생성한 메실 옥시 알코올에 염기를 작용시키면 분자 내 S_N2 반응으로 에폭시 화합물인 O-4가 생성된다.

- **O-6의 합성**

O-4에 NaN_3를 반응시키면 에폭사이드 고리의 S_N2형 고리 열림 반응이 일어나 *trans*-아지도 알코올 (O-5)을 생성시키고 Me_3P를 반응시키면 아자이드기가 아민기로의 환원(Staudinger 반응, 6.4.2절)됨과 동시에 분자 내 아지리딘화 반응이 일어나 O-6이 생성된다.

- **O-1의 합성**

O-6에 NaN_3를 반응시키면 아자이드 음이온이 친핵체로 작용하여 아지리딘 고리를 S_N2 형으로 공격하여 고리 열림 반응이 일어난다. 생성된 *trans*-아미노 아자이드 화합물에 Ac_2O를 반응시키면 *trans*-아지도 아세트 아마이드 (O-7)가 생성한다. 이를 촉매 수소 환원하면 목표물인 O-1이 생성된다.

나. Allylamine 법 (그림 14.27)

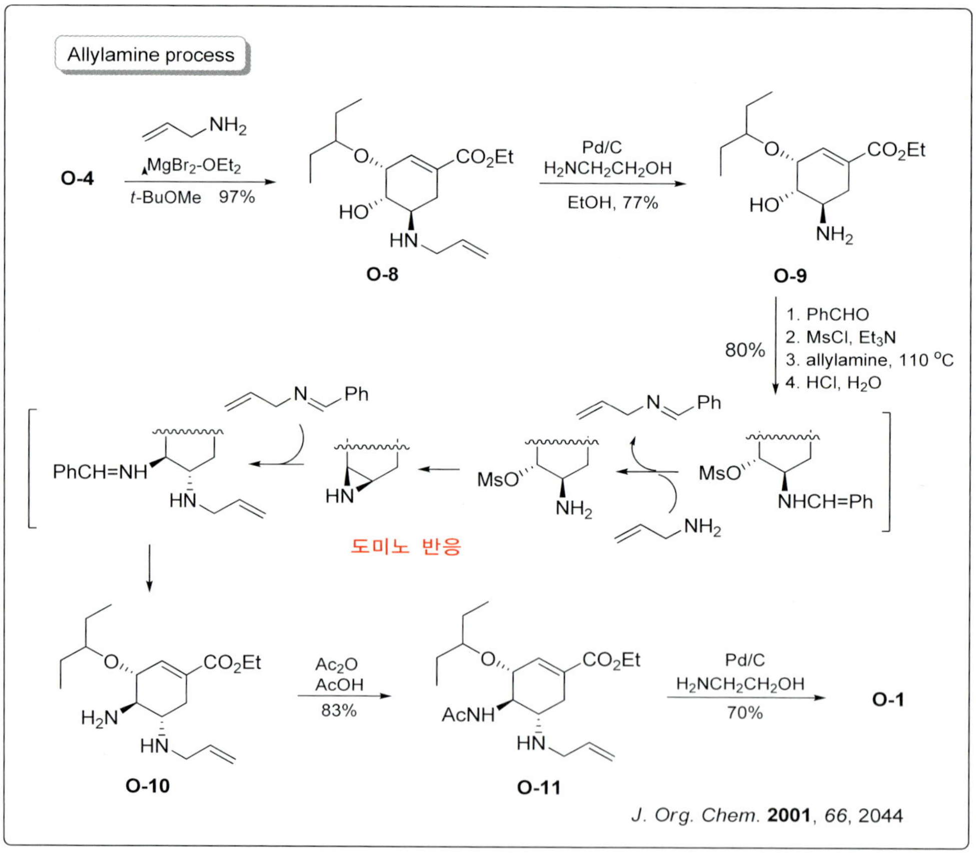

그림 14.27 천연 shikimic acid로부터 oseltamivir의 합성 (allylamine 법)

- **O-4로부터 O-9의 합성**

위에서 언급한 방법대로 천연 shikimic acid (**O-2**)로부터 합성한 **O-4**를 Lewis 산인 $MgBr_2$-OEt_2를 촉매로 사용하여 allylamine과 반응시키면 *trans-N*-allylamino alcohol인 **O-8**이 생성된다. 이를 Pd/C와 ethanolamine을 이용하여 탈알릴화 반응 (deallyation)을 시키면 *trans*-amino alcohol인 **O-9**가 생성된다.

- **O-10의 합성**

O-9를 PhCHO, MsCl/Et_3N 및 allylamine을 연속으로 반응시킨 후 산 가수 분해하면 *trans*-diamine인 **O-10**이 생성된다. 이 반응은 **'domino 반응'** 형태로 일어난다. **Domino 반응** (cascade 또는 **tandem 반응**이라고도 함)이란 반응물이 반응성이 큰 중간체를 형성하면서 연이어 일어나는 반응을 총괄하여 부르는 용어이다.

- **O-11 및 O-1의 합성**

O-10을 Ac_2O로 아세틸화 반응시켜 얻은 아마이드 **O-11**을 ethanolamine 존재 하에 Pd/C를 작용시켜 알릴기를 제거하면 목표물인 **O-1**이 합성된다.

14.7.2 카이랄 유기 촉매를 사용한 비대칭 합성법

역합성 분석 (그림 14.28)

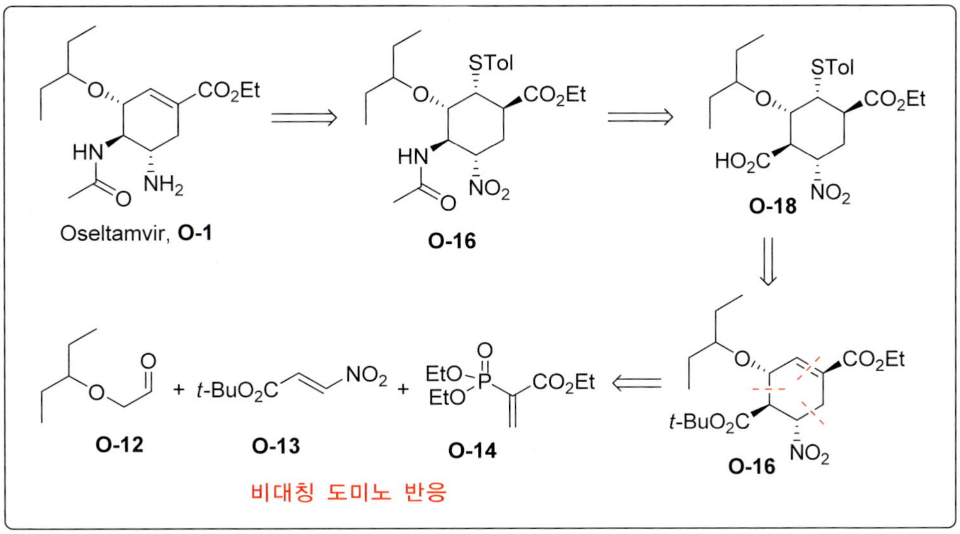

그림 14.28 카이랄 유기 촉매를 이용한 oseltamivir의 합성

합성 설계 (역합성 분석)의 핵심

이 합성법의 핵심은 카이랄 유기 촉매를 이용한 비대칭 **Michael 반응** (10.4.1절)과 분자 내 **HWE 반응** (12.1.2절)을 연이어 일으켜 (domino 반응) 목표물을 합성하는 데 있다. 이 합

성법은 목표물에 있는 cyclohexene 골격과 이 고리에 있는 입체 배열을 한 번에 형성시킬 수 있기 때문에 반응 공정이 짧고, 전체 수율도 57%로서 지금까지 발표된 비천연물로부터의 합성 방법 중 가장 우수하다고 알려져 있다.

O-1의 비대칭 합성 반응 (그림 14.29)

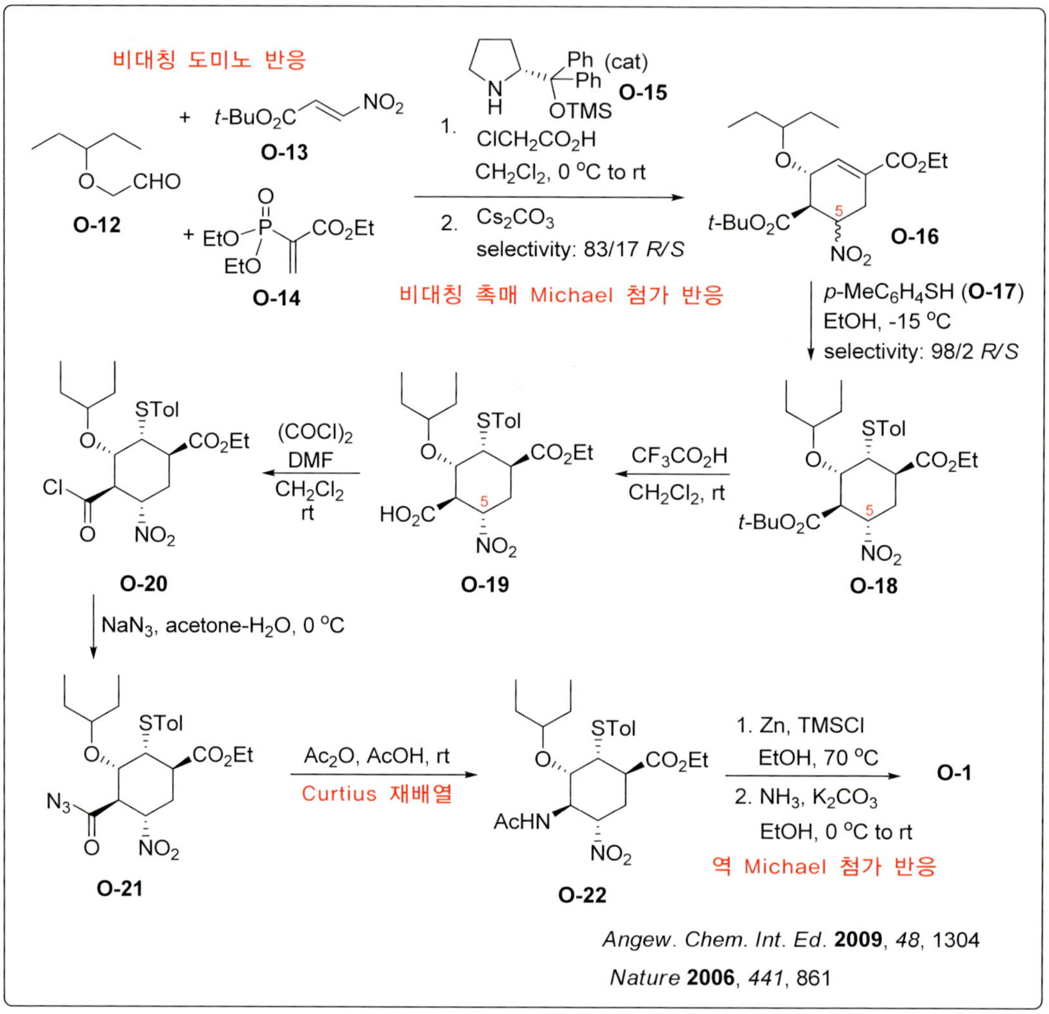

비대칭 도미노 반응
O-12
+ t-BuO2C NO2
O-13
+ EtO P CO2Et EtO
O-14
Ph (cat)
Ph
OTMS
O-15
1. ClCH2CO2H
CH2Cl2, 0 °C to rt
2. Cs2CO3
selectivity: 83/17 R/S
비대칭 촉매 Michael 첨가 반응
O-16
p-MeC6H4SH (O-17)
EtOH, -15 °C
selectivity: 98/2 R/S
O-18
CF3CO2H
CH2Cl2, rt
O-19
(COCl)2
DMF
CH2Cl2
rt
O-20
NaN3, acetone-H2O, 0 °C
O-21
Ac2O, AcOH, rt
Curtius 재배열
O-22
1. Zn, TMSCl
EtOH, 70 °C
2. NH3, K2CO3
EtOH, 0 °C to rt
역 Michael 첨가 반응
O-1
Angew. Chem. Int. Ed. 2009, 48, 1304
Nature 2006, 441, 861

그림 14.29 카이랄 유기 촉매를 이용한 Oseltamivir의 비대칭 합성 반응

- O-18의 합성

카이랄 유기 촉매인 (*R*)-diphenylprolinol silyl ether (O-15)의 존재 하에 α-alkoxyacetaldehyde (O-12)와 β-nitroacrylate (O-13)을 반응시키면 O-12와 O-13 사이에서 비대칭 Michael 반응이 일어나 첨가 생성물이 생성된다. 이를 분리하지 않고 vinylphosphonate (O-14)을

연이어 반응시키면 HWE 반응과 고리화 반응이 일어나 cyclohexenecarboxylate인 **O-16**이 생성된다. 그러나 이 생성물의 입체 배열은 5*R*/5*S* = 83/17로서 원하지 않은 이성질체가 17%나 함유되어 있다. **O-16**에 *p*-toluenethiol (**O-17**)을 반응시키면 Michael 첨가 반응이 일어나 5*R*/5*S*=98/1인 dicarboxylate 화합물인 **O-18**이 생성된다 (수득률 = 70%). 반응은 이 단계까지 중간체를 분리하지 않고 'one pot'으로 진행시킬 수 있다. 이 반응 단계에서 5*S* 이성질체가 5*R* 이성질체로 전환되는 이유는 **O-17**이 Michael 첨가 반응시 염기성 용액에서 열역학적으로 더 안정한 5*R* 이성질체로 전환되는 반응이 우선적으로 일어나기 때문이다.

- O-18로부터 O-1의 합성

O-18의 *t*-Butyl ester기를 CF_3CO_2H로 처리하여 생성한 카복실산 **O-19**에 oxalyl chloride를 반응시켜 산염화물 (**O-20**)을 합성한 후 NaN_3기를 반응시키면 생성한 아실 아자이드 **O-21**에서 **Curtius 재배열 반응** (8.2.4절)이 일어나 **O-19**의 카복실산기가 아미노기로 전환된다. 생성물을 분리하지 않고 AcOH와 Ac_2O를 반응시키면 아세트 아미도 화합물인 **O-22**가 생성된다. **O-22**의 나이트로기를 Zn 금속 용해 반응을 이용하여 아미노기로 환원한 뒤 염기성에서 역 Michael 반응을 시키면 thiol기가 제거되어 최종 목표물인 **O-1**이 생성된다. 이 반응에서 **O-18**에서 **O-1**까지의 6단계 반응은 'one pot'으로 진행된다 (수득률: 82%).

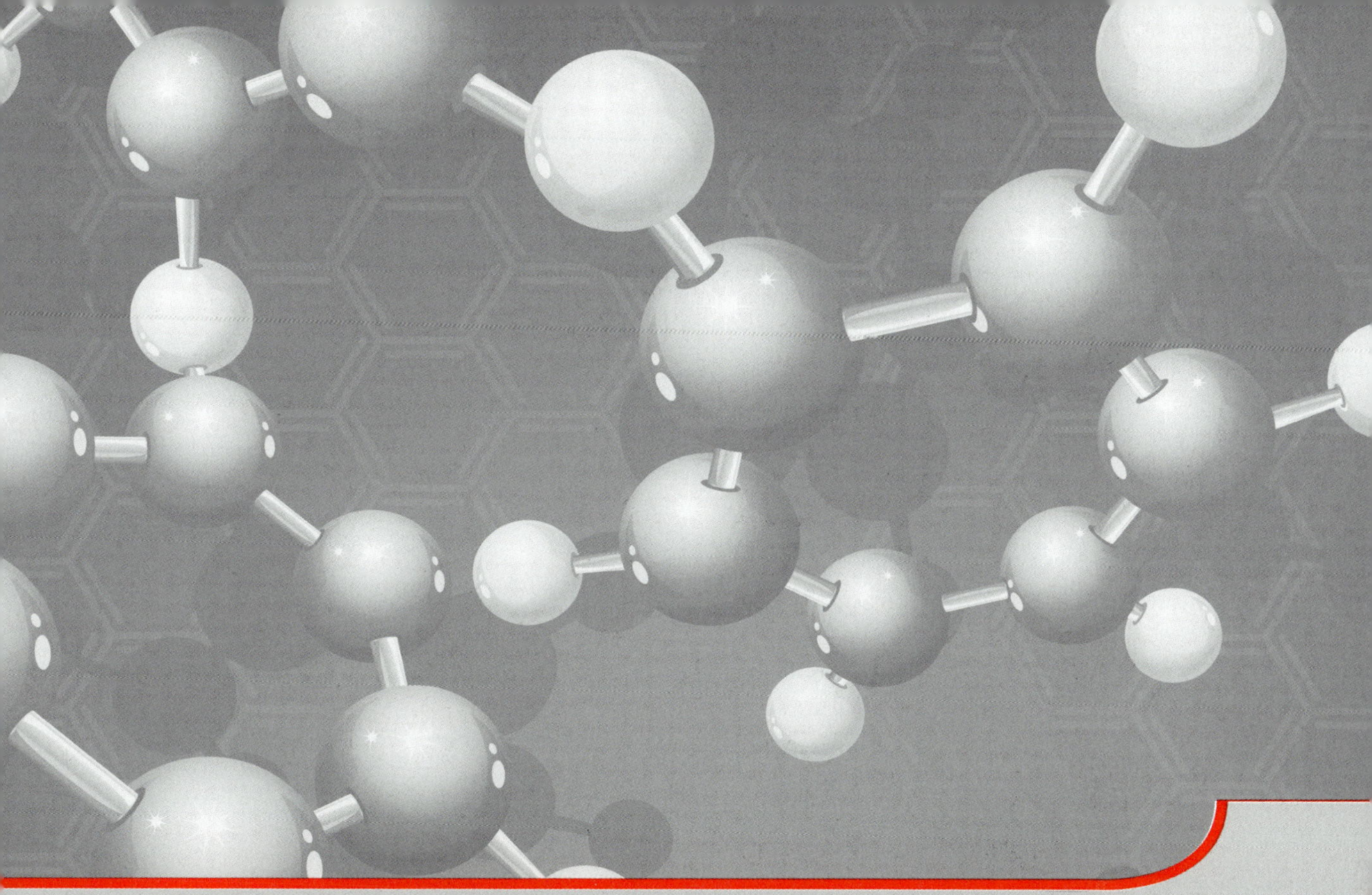

부 록

- 작용기 전환 반응의 모식도
- 작용기 전환 및 생성 반응 예
- 탄소-탄소 결합 형성 반응

작용기 전환 반응의 모식도

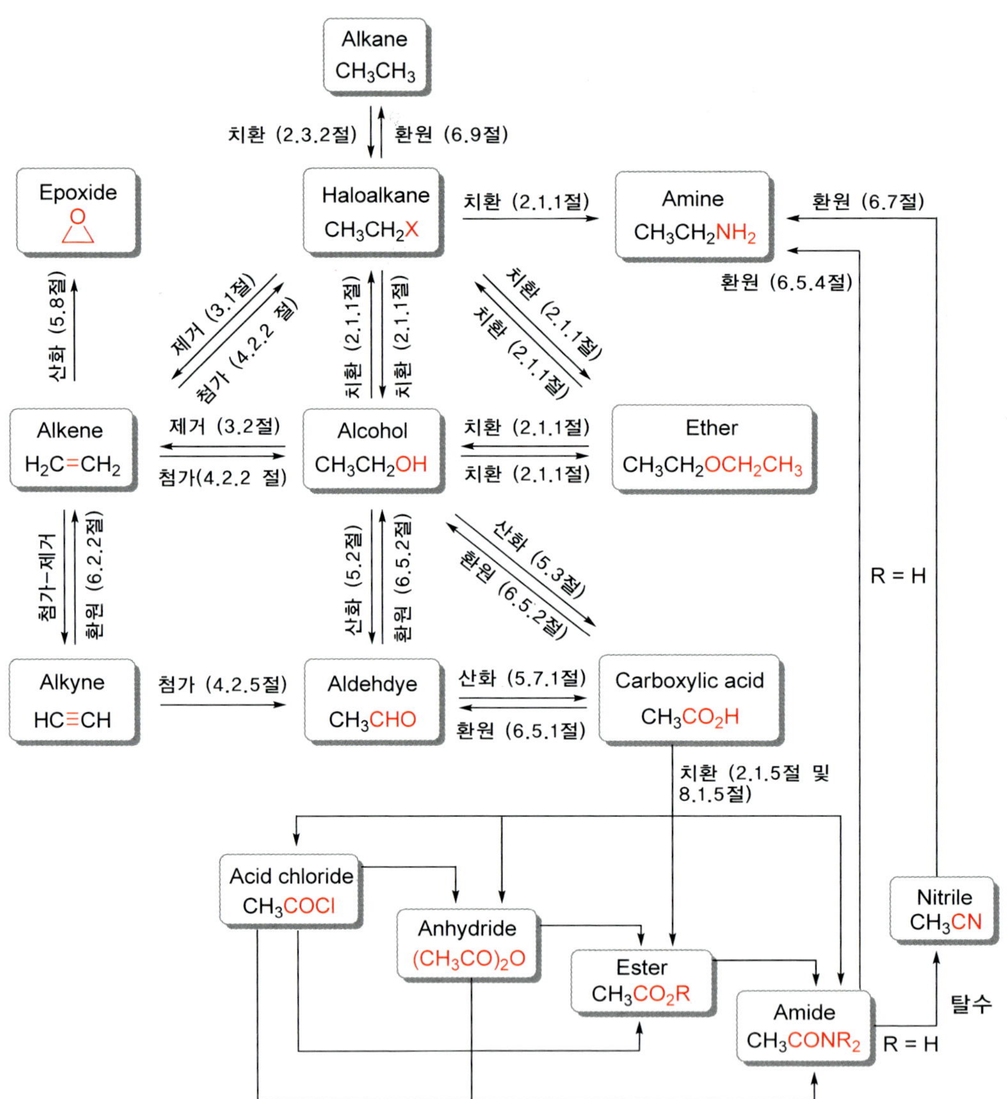

작용기 전환 및 생성 반응 예

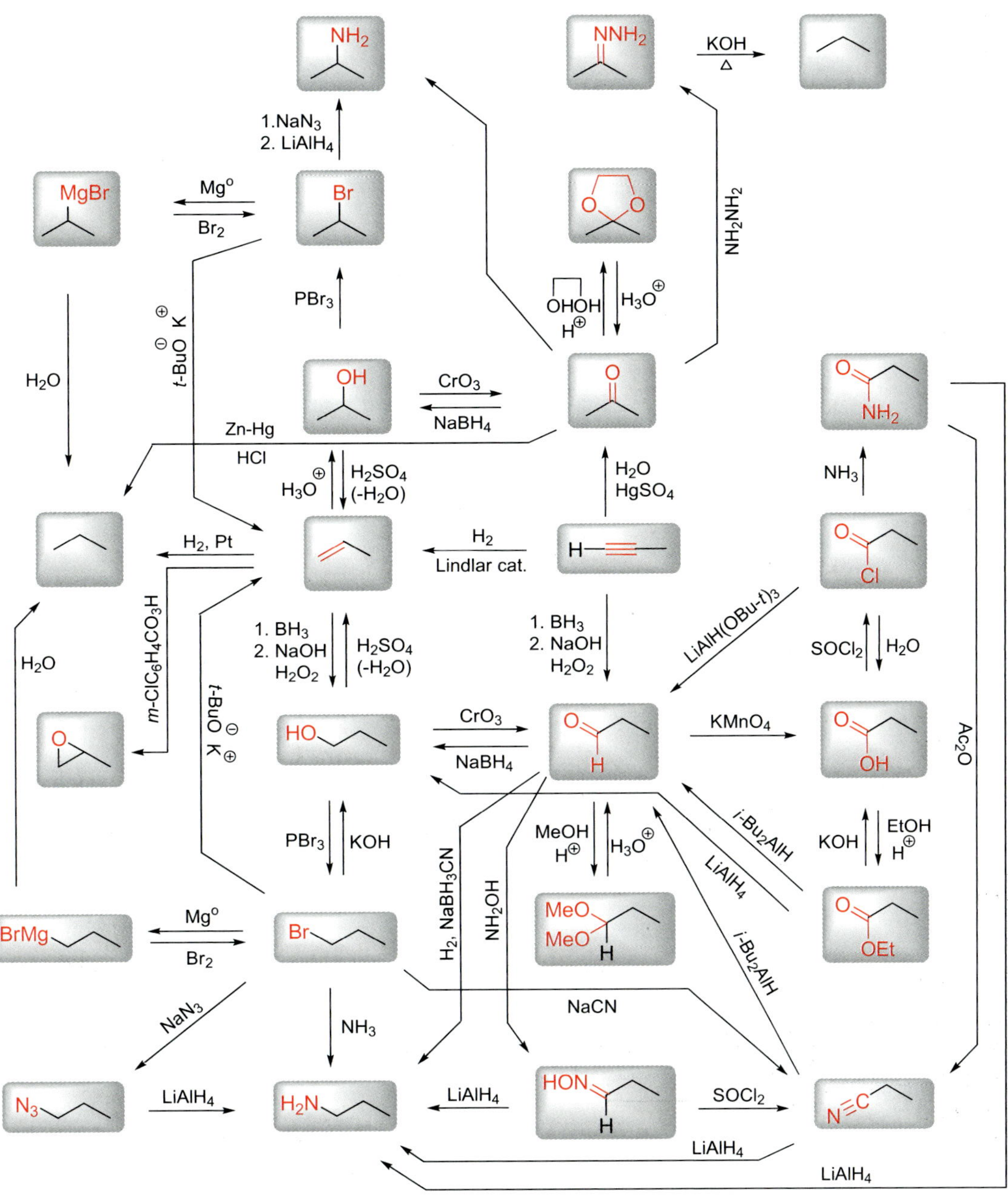

탄소-탄소 결합 형성 반응

탄소 친핵체에 의한 탄소-탄소 결합 반응

친핵성 탄소	반응의 분류	반응 예
$:\overset{\ominus}{C}\equiv N:$ Cyanide ion	친핵성 치환 반응: 9.2.1절	$PhCH_2Cl$ → (NaCN / aq. EtOH, reflux, 4 h) → $PhCH_2CN$ 80~90%
	친핵성 첨가 반응: 9.2.2절	Me−C(=O)−Me → (NaCN, H_2O / H_2SO_4, 10~20 °C) → Me−C(OH)(CN)−Me 77~78%
	콘쥬게이트 첨가 반응: 9.2.2절	PhCH=CHC(=O)Ph → (KCN, HOAc / aq. EtOH) → PhCH(CN)CH₂C(=O)Ph 93~96%
$R-C\equiv\overset{\ominus}{C}:$ Acetylide ion	친핵성 치환 반응: 9.3.1절	$H-C\equiv C-H$ → (1. $NaNH_2$, liq. NH_3, -78 °C / 2. n-C_4H_9Br, -78 °C) → $H-C\equiv C-C_4H_9$-n 70~77%
	친핵성 첨가 반응: 9.3.1절	cyclohexanone → ($HC\equiv\overset{\ominus}{C}\ \overset{\oplus}{Na}$ / liq. NH_3) → (H_2SO_4 / H_2O) → 1-ethynylcyclohexanol (HO, $C\equiv CH$) 65~75%
$\overset{\ominus}{R}-\overset{\oplus}{M}$ (RMgX: Grignard 시약 RLi: 유기리튬 시약 RZnX: Reformatsky 시약)	친핵성 치환 반응: 9.3.2~9.3.3절	$CH_3CH_2MgBr + CH_2{=}CHCH_2Br$ → (ether) → ($H_3O^{\oplus}$) → $CH_3CH_2CH_3CH{=}CH_2$ 94%
		n-BuMgBr + ethylene oxide → (ether / < -10 °C) → ($H_3O^{\oplus}$) → n-BuCH_2CH_2OH 60~62%
		PhCHO + $BrCH_2C(=O)OEt$ → (Zn, ether / benzene, reflux) → ($H_3O^{\oplus}$) → PhCH(OH)CH₂C(=O)OEt 61~64%

친핵성 탄소	반응의 분류	반응 예
	친핵성 첨가 반응: 9.3.2~9.3.5절	$(CH_3)_2CHMgBr + CH_3CHO \xrightarrow{ether} \xrightarrow{H_3O^{\oplus}} (CH_3)_2CHCH(OH)CH_3$ 53-54% $2\ PhMgBr + PhCO_2Et \longrightarrow \xrightarrow{H_3O^{\oplus}} Ph-C(OH)(Ph)-Ph$ 89-93% $CH_2{=}CHCH_2Li + CH_3-C(=O)-Bu\text{-}i \xrightarrow[reflux]{ether} \xrightarrow{H_2O} CH_3-C(OH)(Bu\text{-}i)-CH_2CH{=}CH_2$ 70~75%
R_2CuLi 유기구리 또는 Gilmann 시약 (시약 자체는 이온성 탄소 친핵체가 아님)	치환 반응: 9.3.4절	$PhCH{=}CHBr + Me_2CuLi \xrightarrow{ether} PhCH{=}CHMe$ 81%
	친핵성 콘쥬게이트 첨가 반응: 4.5.1절 및 9.3.4절	2-cyclohexen-1-one $\xrightarrow[THF,\ -78\ ^{o}C]{(CH_2{=}CHCH_2)_2CuLi} \xrightarrow{H_3O^{\oplus}}$ 3-($CH_2CH{=}CH_2$)cyclohexanone 94%
	친핵성 아실 첨가 반응: 9.3.4절	$MeO-C(=O)-(CH_2)_4-C(=O)-Cl \xrightarrow[CuI\ (5\ mol\%)]{n\text{-}BuMgBr} \longrightarrow MeO-C(=O)-(CH_2)_4-C(=O)-Bu\text{-}n$ 85%
R_3B, R_2BR' 또는 $RB(OR')_2$ 유기붕소 시약 (시약 자체는 이온성 탄소 친핵체가 아님)	카보닐화 반응: 9.3.6절	$(C_5H_9)_3B \xrightarrow[2.\ H_2O_2,\ ^{\ominus}OH]{1.\ CO,\ H_2O,\ 125\ ^{o}C} C_5H_9-C(=O)-C_5H_9$ 90% (2-methylcyclopentyl)-9-BBN $\xrightarrow{1.\ KBH(OPr\text{-}i)_3\quad 2.\ CO} \xrightarrow[NaOH]{H_2O_2}$ 2-methylcyclopentyl-CHO 96%
	치환 반응 (알킬화 반응): 9.3.6절	(2-methylcyclopentyl)-9-BBN $+ BrCH_2CO_2Et \xrightarrow[0\ ^{o}C]{t\text{-}BuOK}$ 2-methylcyclopentyl-CH_2CO_2Et 57%
	첨가 반응: 9.3.6절	9-BBN$-CH_2-CH{=}CH_2 \xrightarrow[2.\ NH_2CH_2CH_2OH]{1.\ n\text{-}C_5H_{11}CHO} n\text{-}C_5H_{11}CH(OH)CH_2-CH{=}CH_2$ 92%

친핵성 탄소	반응의 분류	반응 예
$R_2S{=}CHR$ ↔ $R_2\overset{\oplus}{S}-\overset{\ominus}{C}HR$ 황 Ylide	친핵성 첨가 반응: 9.4절	cyclohexanone + $(CH_3)_2\overset{\oplus}{S}(O)-\overset{\ominus}{C}H_3$, DMSO, 60 °C → H_2O → spiro-epoxide 67~76%
$R-C(=O)-\overset{\ominus}{C}H_2$ ↔ $R-C(-O^{\ominus})=CH_2$ 엔올 음이온 (Enolate anion)	친핵성 치환 반응(알킬화 반응): 10.3절	cyclohexanone, $NaNH_2$, ether, reflux → [sodium enolate] → allyl bromide, ether, reflux → 2-allylcyclohexanone 54~62%
		2,4-pentanedione + CH_3I, K_2CO_3, acetone, reflux → 3-methyl-2,4-pentanedione (CH_3) 75~77%
		EtO-C(=O)-CH₂-C(=O)-OEt + *n*-BuBr, Na, EtOH, reflux → EtO-C(=O)-CH(Bu-*n*)-C(=O)-OEt 80~90%
	친핵성 첨가 반응 (Aldol 반응): 10.5절	$CH_2=C(O^{\ominus})Me$ + Me-C(=O)-Me, $Ba(OH)_2$, reflux → $Me_2C(OH)CH_2C(=O)Me$ 71%
	친핵성 아실화 반응 (Claisen 반응): 10.6절	$CH_2=C(O^{\ominus})OEt$ + $CH_3C(=O)OEt$, 1. EtONa 2. AcOH → $CH_3C(=O)CH_2C(=O)OEt$ 28~29%
	콘쥬게이트 첨가 반응 (Michael 첨가 반응) : 10.4절	$CH_2(CO_2Et)_2$ + $EtO_2C-CH=CH-CO_2Et$, Na, EtOH, reflux 93~94% → $(EtO_2C)_2CH-CH(CO_2Et)-CH_2CO_2Et$
$R-C(=\ddot{N}R'_2)-\overset{\ominus}{C}H_2$ ↔ $R-C(-\overset{\ominus}{\ddot{N}}R'_2)=CH_2$	친핵성 치환 반응 (알킬화 반응): 10.3절	$(CH_3)_2C=CH-N(MgBr)CMe_3$ + $PhCH_2Cl$, THF, reflux → $PhCH_2C(CH_3)_2CHO$ 63~66%

친핵성 탄소	반응의 분류	반응 예
아자엔올 음이온 (azaenolate anion 또는 metalloenamine)	친핵성 첨가 반응 (Aldol 반응): 10.5절	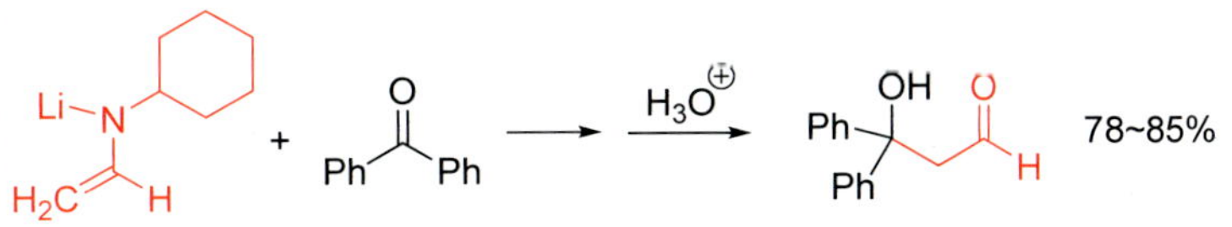 Li–N, H_2C, H + O, Ph, Ph → $H_3O^{\oplus}$ → OH, O, Ph, Ph, H 78~85%
	친핵성 첨가 반응 (아실화 반응): 10.6절	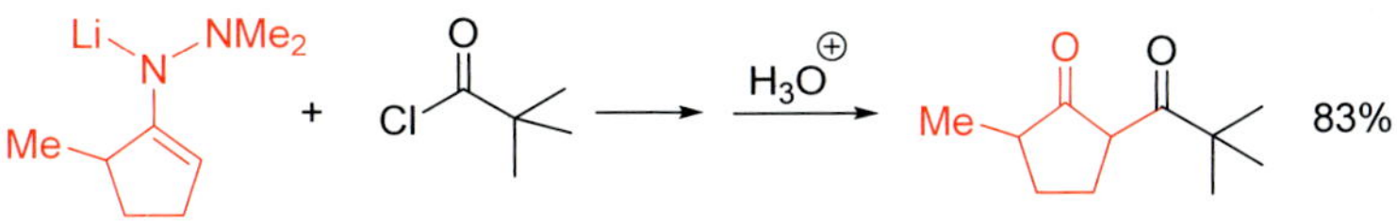 Li, N, NMe_2, Me + O, Cl → $H_3O^{\oplus}$ → Me, O, O 83%
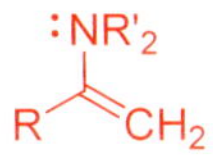 :NR'_2 R CH_2 엔아민 (Enamine)	친핵성 치환 반응 (알킬화 반응): 10.3절	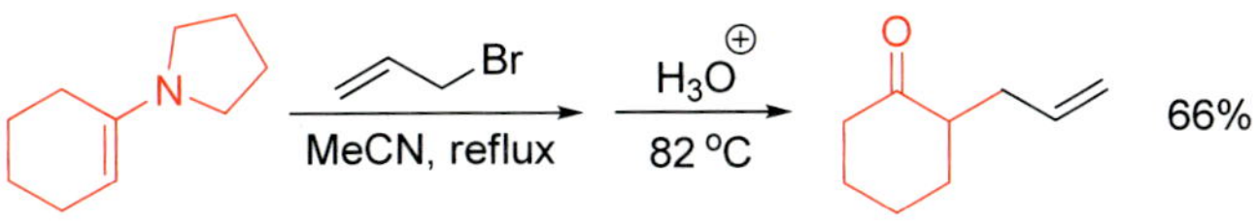 N + Br (MeCN, reflux) → $H_3O^{\oplus}$ (82 °C) → O 66%
	콘쥬게이트 첨가 반응 (Michael 첨가 반응) : 10.4절	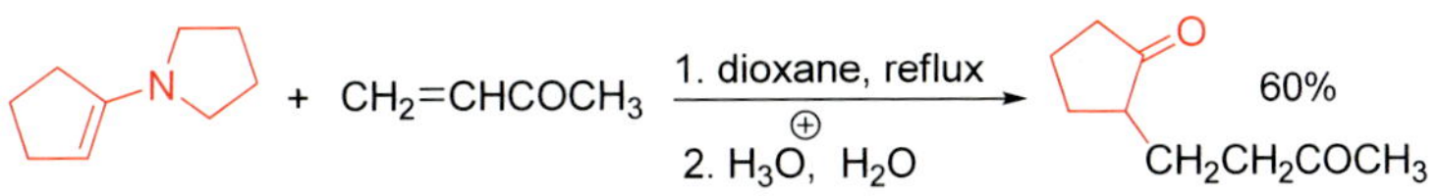 N + CH_2=$CHCOCH_3$ → 1. dioxane, reflux 2. $H_3O^{\oplus}$, H_2O → O, $CH_2CH_2COCH_3$ 60%
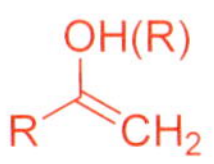 OH(R) R CH_2 엔올 또는 엔올 에터 (Enol 또는 Enol ether)	친핵성 치환 반응 (알킬화 반응): 10.3절	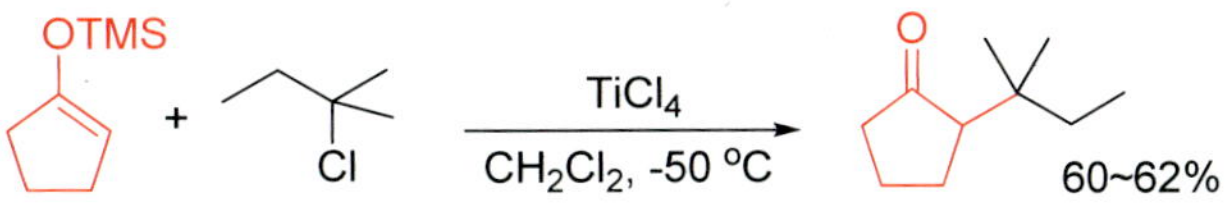 OTMS + Cl → $TiCl_4$ (CH_2Cl_2, -50 °C) → O 60~62%
	친핵성 첨가 반응: 10.5절	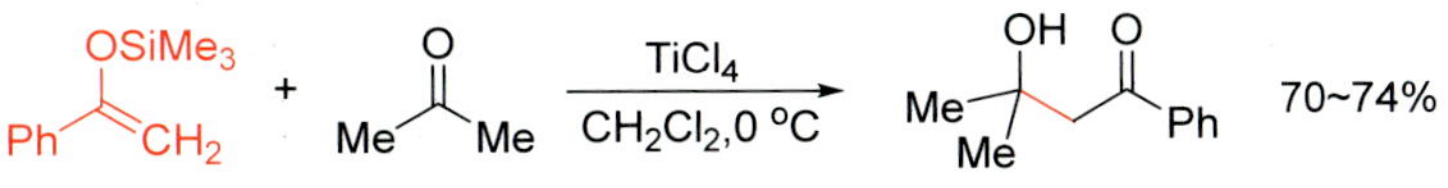 $OSiMe_3$, Ph, CH_2 + O, Me, Me → $TiCl_4$ (CH_2Cl_2,0 °C) → OH, O, Me, Me, Ph 70~74%
	콘쥬게이트 첨가 반응 (Michael 첨가 반응) : 10.4절	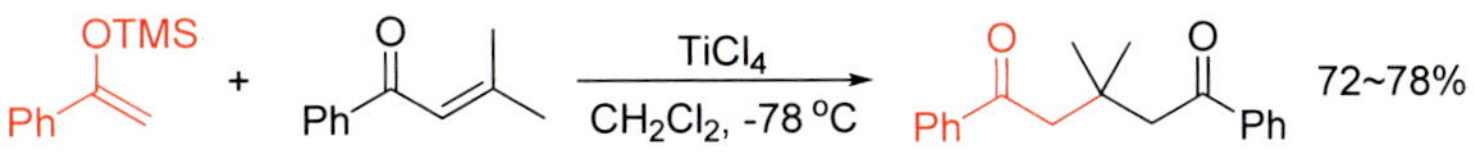 OTMS, Ph + O, Ph → $TiCl_4$ (CH_2Cl_2, -78 °C) → O, O, Ph, Ph 72~78%

친핵성 탄소	반응의 분류	반응 예
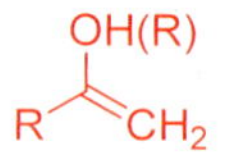 OH(R), R, CH_2 엔올 또는 엔올 에터 (Enol 또는 Enol ether)	친핵성 첨가 반응 (aldol 반응): 10.5절	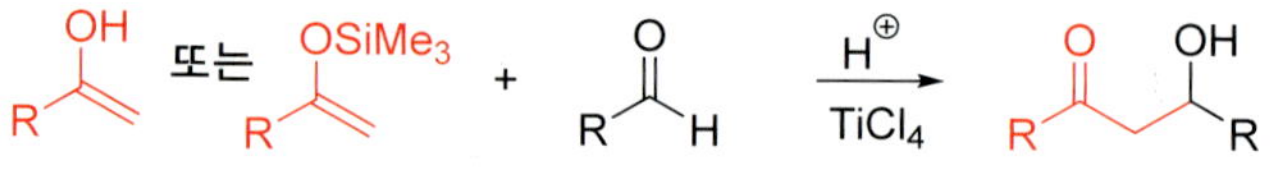 OH, R 또는 $OSiMe_3$, R + O, R, H → $H^{\oplus}$ / $TiCl_4$ → O, OH, R, R
	콘쥬게이트 첨가 반응 (Michael 첨가 반응): 10.4절	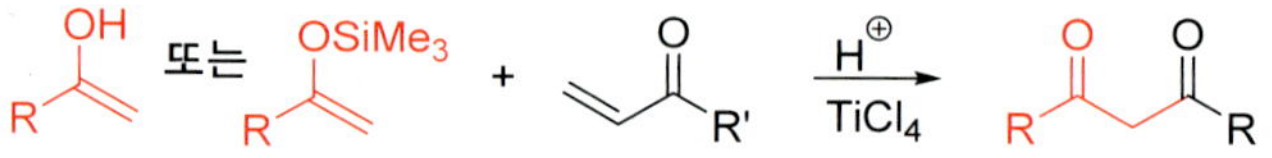 OH, R 또는 $OSiMe_3$, R + O, R' → $H^{\oplus}$ / $TiCl_4$ → O, O, R, R
$Ph_3P{=}CH_2$ 또는 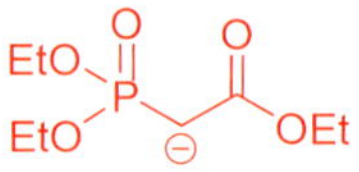 $(EtO)_2P(O)CH^{\ominus}C(O)OEt$ 인 ylide	카보닐기의 올레핀화 반응 (Wittig 시약): 12.1.2절	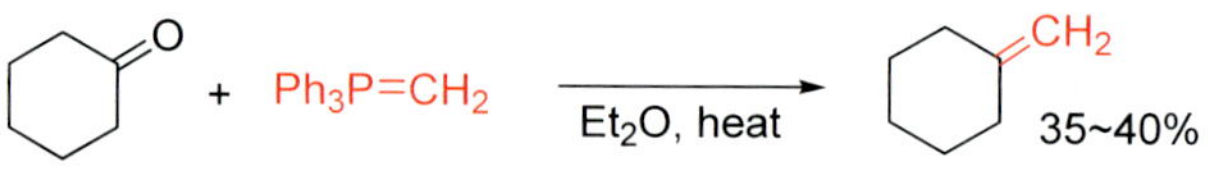 O + $Ph_3P{=}CH_2$ → Et_2O, heat → CH_2 35~40%
	카보닐기의 올레핀화 반응 (HWE 시약): 12.1.2절	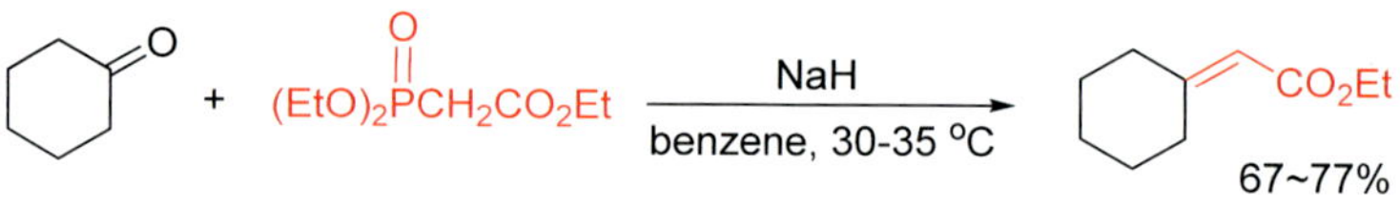 O + $(EtO)_2P(O)CH_2CO_2Et$ → NaH / benzene, 30-35 °C → CO_2Et 67~77%
 Ti=CH_2 Tebbe, Petasis Takai시약	카보닐기의 메틸렌화 반응 : 12.1.2절	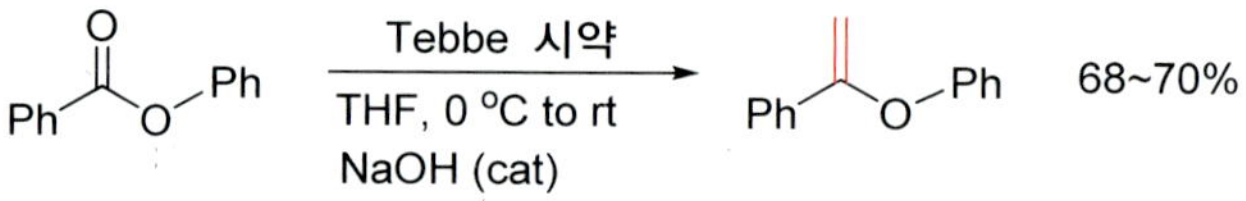 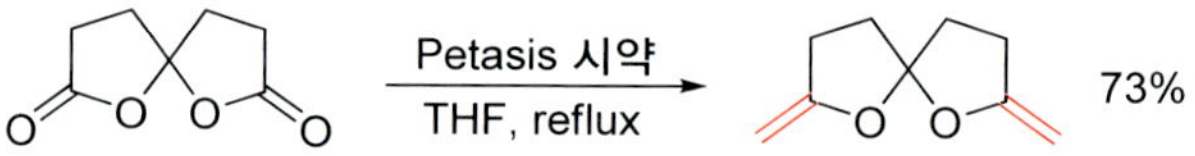 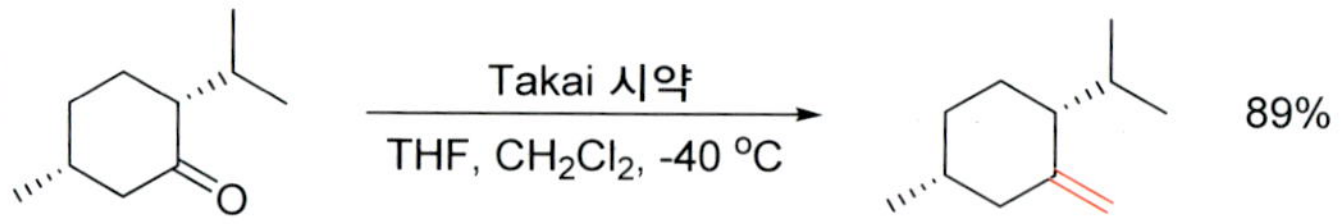 O, Ph, O, Ph → Tebbe 시약 / THF, 0 °C to rt NaOH (cat) → Ph, O, Ph 68~70% O, O, O, O → Petasis 시약 / THF, reflux → O, O 73% O → Takai 시약 / THF, CH_2Cl_2, -40 °C → 89%

탄소 친전자체에 의한 탄소-탄소 결합 반응

탄소 친전자체	반응의 분류	반응 예
 탄소 양이온	친전자성 치환 반응 (Friedel–Crafts 알킬화 반응): 2.2절	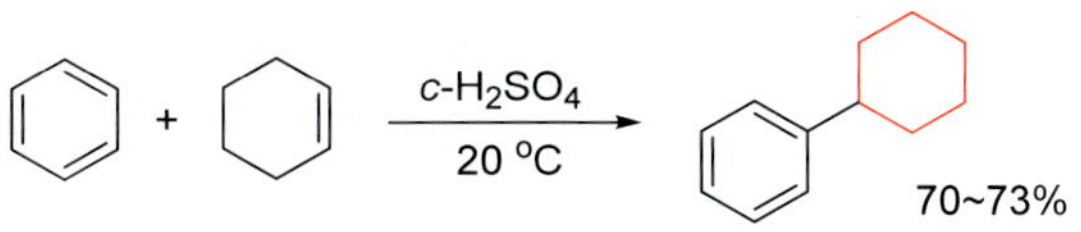 + ; c-H_2SO_4, 20 °C ; 70~73%
$R-\overset{\oplus}{C}=O$ Acylium ion	친전자성 치환 반응 (Friedel–Crafts 아실화 반응): 2.2절	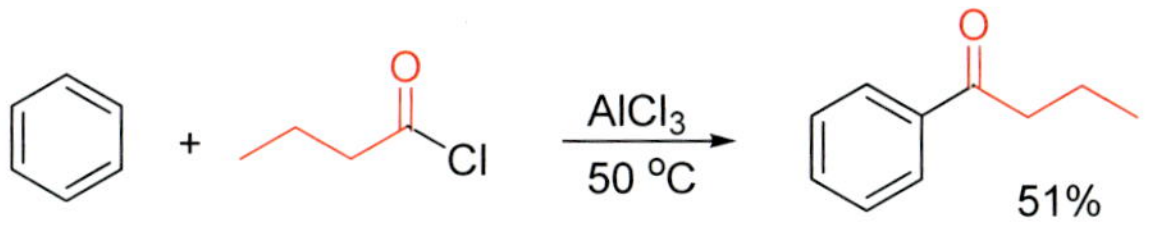 + Cl ; $AlCl_3$, 50 °C ; O ; 51%
	친전자성 치환 반응 (Vilsmyer 반응): 8.2.5절	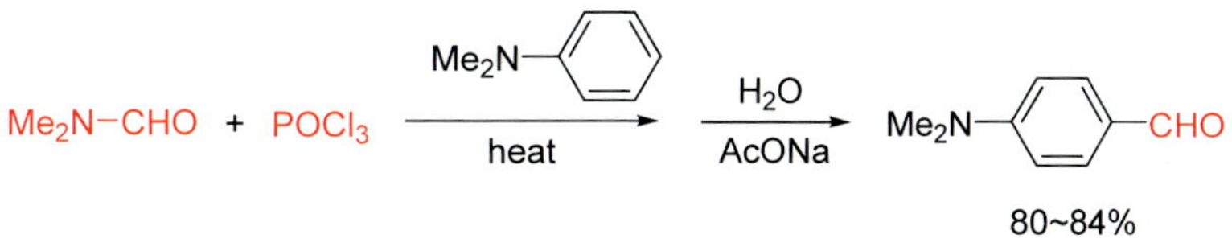 Me_2N-CHO + $POCl_3$; Me_2N ; heat ; H_2O, AcONa ; Me_2N CHO ; 80~84%
	친전자성 치환 반응 (Gattermann–Koch 반응) : 8.2.5절	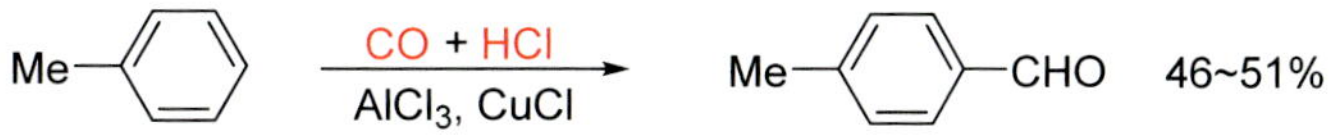 Me ; CO + HCl, $AlCl_3$, CuCl ; Me CHO ; 46~51%
$CH_2=\overset{\oplus}{O}H \leftrightarrow \overset{\oplus}{C}H_2-OH$	친전자성 첨가 반응: Prins 반응	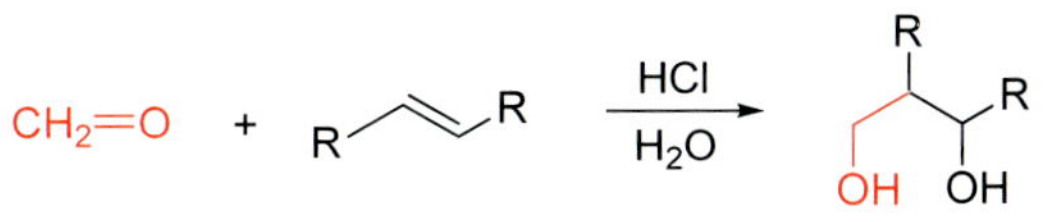 $CH_2=O$ + R R ; HCl, H_2O ; R R OH OH
$CH_2=\overset{\oplus}{N}R_2 \leftrightarrow \overset{\oplus}{C}H_2-NR_2$	친핵성 첨가반응 (Mannich 반응): 10.5절	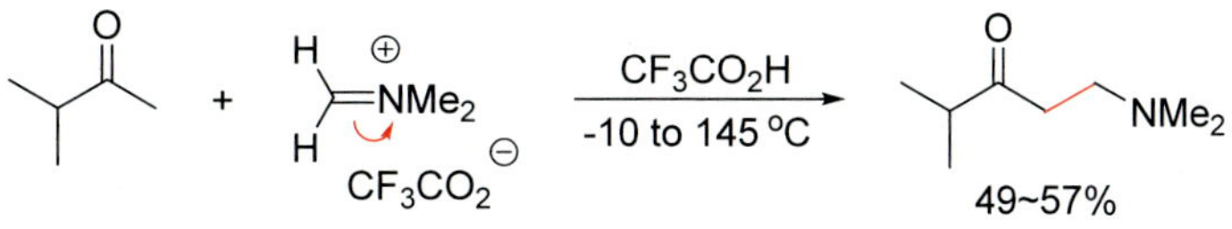 O + H H $\overset{\oplus}{N}Me_2$ $CF_3CO_2^{\ominus}$; CF_3CO_2H, -10 to 145 °C ; O NMe_2 ; 49~57%

탄소 라디칼 및 카벤에 의한 탄소-탄소 결합 반응

반응 시약	반응의 분류	반응 예
$-\dot{C}\cdot$ 탄소 라디칼	라디칼 콘쥬게이트 첨가 반응: 4.5.3절	iodocyclohexane + $CH_2{=}CHCN$ → (n-Bu_3SnH, AIBN) cyclohexyl–CH_2CH_2–CN 95%
Ar· 아릴 라디칼	친핵성 방향족 치환 반응 (Sandemyer 반응): 2.1.4절	2-methylaniline (NH_2, Me) → ($NaNO_2$, HCl, H_2O, 0 °C) [Me–C_6H_4–$N_2^{\oplus}$ $Cl^{\ominus}$] → (CuCN 수용액, 0~ 5 °C) 64~70% o-tolunitrile (CN, Me)
R_3B, R_2BR' 또는 $RB(OR')_2$ 유기붕소 시약	라디칼 첨가 반응: 9.3.6절	(Me–CH(Me)–CH₂)₃B + $CH_2{=}C(Me)CHO$ → O_2 → H_2O → Me–CH_2–CH(Me)–CH_2–CH(Me)–CHO 95%
$-\ddot{C}$: 카벤 시약	친전자성 첨가 반응 (Simmons–Smith 반응): 9.3.5절	cyclohexene + CH_2I_2 → (Zn-Cu, ether, reflux) → $H_3O^{\oplus}$ → bicyclo[4.1.0]heptane 56~58%
	친전자성 첨가 반응 (Reimer–Tiemann 반응): 8.2.5절	phenol (OH) → (KOH + $CHCl_3$, EtOH, reflux) salicylaldehyde (OH, CHO) 31%

고리형 협동 및 짝지음 반응에 의한 탄소–탄소 결합의 생성

종류	반응의 분류	반응 예
고리형 협동 반응	고리화 첨가 반응 (Diels–Alder 반응): 11.1.1절)	+ benzene, 50 °C → [ ] → H, H, 93~97%
	엔 반응: 11.1.2절	Me, H → 170 °C, 80% → Me, H
	전자 고리화 반응: 11.1.3절	H, Me, Me, H ⇄ (hν) Me, H, H, Me ⇄ (△) H, Me, Me, H
	시그마 결합 재배열 반응 : 11.1.4절	1, 1, 2, 2, CH_2 CH_2, 3, 3 → △, [3,3]-shift → CH_2–CH_2
Pd° 촉매 짝지음 반응	Heck 반응 : 11.2.6절	Cl + CO_2Bu-*n* → 3 % Pd[P(*t*-Bu)$_3$]$_2$, *c*-Hex$_2$NMe (1.1 eq), toluene, 100 °C → CO_2Bu-*n*, 95~96%
	Stille 반응 : 11.2.8절	O_2N, OTf + MeO, $SnBu_3$ → $PdCl_2(PPh_3)_2$, LiCl, DMF, 100-105 °C → O_2N–, –OMe, 48%
	Negishi 반응 : 11.2.9절	Me, ZnCl + Br–, –NO_2 → $Pd(PPh_3)_4$ (cat), 78% → Me, NO_2
	Suzuki 반응 : 11.2.10절	Br–, –CHO + $B(OH)_2$ → $Pd(OAc)_2$ + $Pd(PPh_3)_4$ (cat), Na_2CO_3, PrOH, H_2O, reflux → CHO, 86.3%
	Sonogashira 반응: 11.2.12절	O, EtO, Br, H, Br + H–≡–$SiMe_3$ → CuI + $Pd(PPh_3)_4$ (cat), (*i*-Pr)$_2$NEt, DMF, 0 °C, 48~56% → O, EtO, Br, H, $SiMe_3$

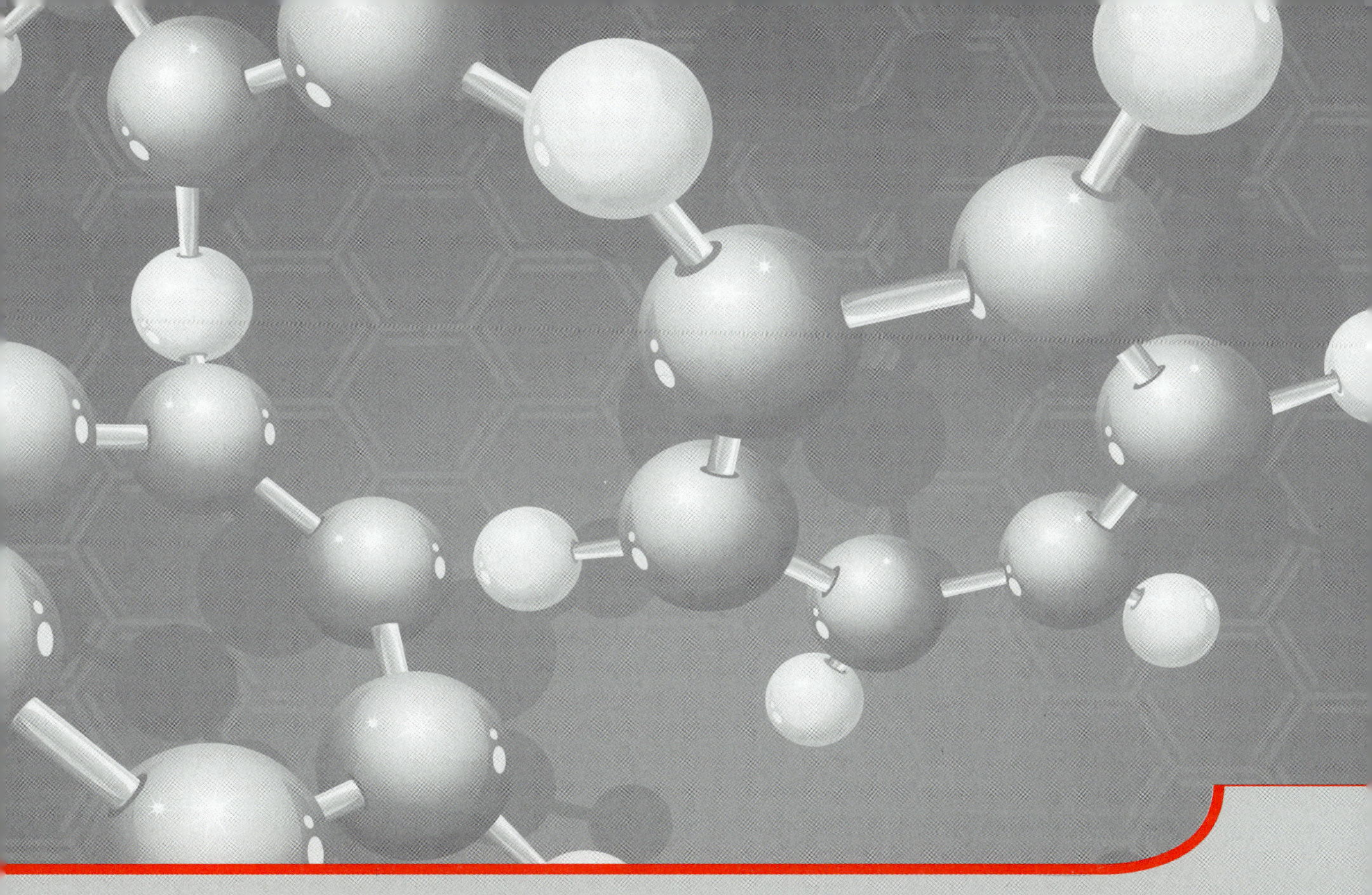

찾아보기

ㄱ

ㅁ

ㅂ

ㅇ

ㅈ

ㅊ

ㅋ

ㅎ

A

B

C

D

H

M

N

O

P

R

S

T

U

V

유기합성화학

|저　　자　조 병 태
|발 행 인　주 정 희
|발 행 처　자유아카데미
|주　　소　경기도 파주시 회동길 37-42
파주출판도시
|전　　화　031-955-1321
|팩　　스　031-955-1322
|홈페이지　www.freeaca.com
|전자우편　main@freeaca.com(대표)
editor@freeaca.com(편집)
crm@freeaca.com(영업)
|등　　록　제406-2003-017호, 1980. 7. 12
|제1판1쇄　2014년 2월 25일 발행
|제1판2쇄　2016년 7월 10일 발행
|정　　가　37,000원

저자와의 협의하에 인지생략

ISBN 978-89-7338-267-5 93430